土木建筑国家级工法汇编

（2005～2006 年度）

中　册

住房和城乡建设部工程质量安全监管司
中国建筑业协会　　主　编

中国建筑工业出版社

目 录

中 册

2005～2006 年度国家二级工法

钢丝网架 SB 保温板墙面抹灰施工工法 YJGF136—2006 ················· 1451

外墙外保温施工工法 YJGF137—2006 ················· 1455

FGC（有机硅）外墙外保温施工工法 YJGF138—2006 ················· 1463

MLC 多功能轻质混凝土保温屋面施工工法 YJGF139—2006 ················· 1470

EPS 保温板粘贴式施工工法 YJGF140—2006 ················· 1475

直立边锁扣式铝镁锰合金屋面施工工法 YJGF141—2006 ················· 1483

镂空铝型材幕墙施工工法 YJGF142—2006 ················· 1495

大面积大坡度屋面琉璃瓦施工工法 YJGF143—2006 ················· 1502

可拆装玻璃内幕墙（大板块）施工工法 YJGF144—2006 ················· 1512

薄木贴面密度板装饰部件安装工法 YJGF145—2006 ················· 1521

室内墙基布裱涂施工工法 YJGF146—2006 ················· 1526

刚性点支式玻璃幕墙施工工法 YJGF147—2006 ················· 1532

流水幕墙施工工法 YJGF148—2006 ················· 1539

干挂陶瓷板幕墙施工工法 YJGF149—2006 ················· 1546

大跨度预应力悬索钢结构玻璃屋面施工工法 YJGF150—2006 ················· 1550

喷涂型聚脲弹性防水涂料施工工法 YJGF151—2006 ················· 1569

钢筋混凝土结构录音棚房中房结构施工工法 YJGF152—2006 ················· 1577

GKP 外墙外保温（聚苯板聚合物砂浆增强网做法）涂料饰面施工工法
YJGF153—2006 ················· 1584

外墙仿真石漆面层施工工法 YJGF154—2006 ················· 1593

台风地区节能铝合金窗防渗漏施工工法 YJGF155—2006 ················· 1600

隐框型中空玻璃幕墙 90°平开窗施工工法 YJGF156—2006 ················· 1608

聚合物水泥基防水涂料工法 YJGF157—2006 ················· 1617

虹吸式屋面雨水排水系统施工工法 YJGF158—2006 ················· 1623

超高超长临空女儿墙施工工法 YJGF159—2006 ················· 1629

砂基透水砖施工工法 YJGF160—2006 ················· 1637

钢结构支撑体系同步等距卸载工法 YJGF161—2006 ················· 1643

空间钢结构节点平面自动测量快速定位施工工法 YJGF162—2006 ················· 1653

箱形空间弯扭钢结构构件加工制作工法 YJGF163—2006 ················· 1663

新式索托结构拉索张拉施工工法 YJGF164—2006 ……………………… 1673

多曲面壳形板结构喷射施工工法 YJGF165—2006 ……………………… 1682

穹顶桅杆整体提升施工工法 YJGF166—2006 ……………………… 1686

大跨度柱面网壳结构累积滑移施工工法 YJGF167—2006 ……………………… 1691

高层混凝土建筑钢筋焊接网施工工法 YJGF168—2006 ……………………… 1700

巨型框架结构转换层钢桁架组合吊装工法 YJGF169—2006 ……………………… 1707

管结构加工制作工法 YJGF170—2006 ……………………… 1714

重晶石防辐射混凝土现浇结构施工工法 YJGF171—2006 ……………………… 1735

超长大体积预应力混凝土结构施工工法 YJGF172—2006 ……………………… 1746

大直径高预拉值非标高强度螺栓预应力张拉施工工法 YJGF173—2006 ……………………… 1759

超长曲面混凝土墙体无缝整浇施工工法 YJGF174—2006 ……………………… 1765

超薄、超大面积钢筋混凝土预应力整体水池底板施工工法 YJGF175—2006 ……………………… 1771

有粘结及无粘结立体式预应力施工工法 YJGF176—2006 ……………………… 1781

重型塔基工具式路基支撑系统在长距离楼面上的施工工法 YJGF177—2006 ……………………… 1797

房屋建筑平移工法 YJGF178—2006 ……………………… 1807

大悬臂双预应力劲性钢筋混凝土大梁施工工法 YJGF179—2006 ……………………… 1816

钢管内混凝土浇筑施工工法 YJGF180—2006 ……………………… 1823

超高超重大跨度结构 HR 重型门架与钢筋混凝土临时结构联合支模架设计
与施工工法 YJGF181—2006 ……………………… 1828

空中连廊悬浮架施工工法 YJGF182—2006 ……………………… 1848

固定式塔吊无后浇带基础设计及应用施工工法 YJGF183—2006 ……………………… 1854

体外管内预应力吊拉多层外挑结构施工工法 YJGF184—2006 ……………………… 1861

钢筋混凝土钢筋安装施工工法 YJGF185—2006 ……………………… 1872

钢筋混凝土筒体外立柱式液压爬升倒模施工工法 YJGF186—2006 ……………………… 1881

无站台柱雨棚钢管桁架结构施工工法 YJGF187—2006 ……………………… 1892

木工字梁、方钢管组合式顶板模板快拆体系施工工法 YJGF188—2006 ……………………… 1902

内筒外架支撑式整体自升钢平台脚手模板系统施工工法 YJGF189—2006 ……………………… 1908

超高层、重荷载、大悬挑脚手架施工工法 YJGF190—2006 ……………………… 1914

电动同步爬架倒模施工工法 YJGF191—2006 ……………………… 1921

门式与扣件式钢管组合模板支架施工工法 YJGF192—2006 ……………………… 1926

筒中筒同步滑模施工工法 YJGF193—2006 ……………………… 1938

斜拉钢桁架高支模施工工法 YJGF194—2006 ……………………… 1956

大跨度干煤棚曲面钢网架安装用移动脚手架施工工法 YJGF195—2006 ……………………… 1964

混凝土砌块（砖）墙体裂缝控制施工工法 YJGF196—2006 ……………………… 1974

筒仓倒模施工工法 YJGF197—2006 ……………………… 1982

住宅工程现浇钢筋混凝土楼板控制裂缝施工工法 YJGF198—2006 ……………………… 1986

秸秆镁质水泥轻质条板（SMC）施工工法 YJGF199—2006 ……………………… 1992

混凝土模块砌体施工工法 YJGF200—2006 ……………………… 2001

高耸桥墩倒模提架施工工法 YJGF201—2006 ……………………… 2008

吊拉式电动附着升降脚手架施工工法 YJGF202—2006 ·········· 2015

房屋建筑工业灰渣混凝土空心隔墙条板内隔墙施工工法 YJGF203—2006 ·········· 2024

液压整体提升施工工法 YJGF204—2006 ·········· 2040

混凝土叠合箱网梁楼盖施工工法 YJGF205—2006 ·········· 2047

大型工业厂房混凝土地面施工工法 YJGF206—2006 ·········· 2054

大面积普通混凝土地面及耐磨地面一次成型机械研磨压光工法
YJGF207—2006 ·········· 2059

自密实混凝土扩大截面加固施工工法 YJGF208—2006 ·········· 2065

混凝土快速抹面施工（HKM）工法 YJGF209—2006 ·········· 2076

防静电环氧自流平地面施工工法 YJGF210—2006 ·········· 2081

高层建筑清水混凝土施工工法 YJGF211—2006 ·········· 2085

大掺量粉煤灰混凝土施工工法 YJGF212—2006 ·········· 2094

仿古建筑预制构件后置焊接安装施工工法 YJGF213—2006 ·········· 2105

隧道"零仰坡"开挖进洞施工工法 YJGF214—2006 ·········· 2112

大型深水沉井采用自制空气吸泥机下沉施工工法 YJGF215—2006 ·········· 2120

旋喷桩内插型钢工法 YJGF216—2006 ·········· 2131

小半径曲线段盾构始发施工工法 YJGF217—2006 ·········· 2149

混合地层泥水盾构施工工法 YJGF218—2006 ·········· 2156

连拱隧道两导洞施工工法 YJGF219—2006 ·········· 2167

盾构隧道衬砌管片制作工法 YJGF220—2006 ·········· 2176

顶管隧道地下对接施工工法 YJGF221—2006 ·········· 2183

桥梁深水桩基础基桩与钢套箱平行施工工法 YJGF222—2006 ·········· 2192

大断面斜井机械化作业线快速施工工法 YJGF223—2006 ·········· 2201

立井冻结表土机械化快速施工工法 YJGF224—2006 ·········· 2211

深立井冻结孔施工工法 YJGF225—2006 ·········· 2223

斜井井筒冻结工法 YJGF226—2006 ·········· 2230

盾构机通过矿山法开挖段管片衬砌施工工法 YJGF227—2006 ·········· 2237

浅埋暗挖地铁区间隧道"PBA"施工工法 YJGF228—2006 ·········· 2249

滩涂海域区承台装配式钢筋混凝土底板钢套箱围堰施工工法 YJGF229—2006 ·········· 2262

绞吸式挖泥船"三锚五缆"施工工法 YJGF230—2006 ·········· 2269

无盖重高压固结灌浆施工工法 YJGF231—2006 ·········· 2277

水泥混凝土路面碎石化施工工法 YJGF232—2006 ·········· 2286

机场停机坪混凝土道面施工工法 YJGF233—2006 ·········· 2294

适用于海上高墩施工的CDMss50/1200移动模架施工工法 YJGF234—2006 ·········· 2313

煤矸石填方路基施工工法 YJGF235—2006 ·········· 2333

钢桥面铺装浇筑式沥青混凝土施工工法 YJGF236—2006 ·········· 2340

水泥稳定再生混合料底基层施工工法 YJGF237—2006 ·········· 2345

混凝土结构自锚悬索桥施工裂缝控制施工工法 YJGF238—2006 ·········· 2352

195m跨钢筋混凝土拱桥多节段缆索吊装工法 YJGF239—2006 ·········· 2359

混凝土斜拉桥牵索式挂篮施工工法 YJGF240—2006 ················· 2367

YZP5 型路基边坡压实一体机施工工法 YJGF241—2006 ················· 2378

桥梁悬臂浇筑无主桁架体内斜拉挂篮施工工法 YJGF242—2006 ················· 2383

架桥机跨内斜吊桥面梁工法 YJGF243—2006 ················· 2388

地下水平拉索平衡上承式拱桥现浇施工工法 YJGF244—2006 ················· 2394

大跨度钢管混凝土平行拱侧倾转化提篮拱工法 YJGF245—2006 ················· 2405

自锚式悬索桥主跨钢梁无支架施工工法 YJGF246—2006 ················· 2411

70m 跨双铰型上承式拱桥施工工法 YJGF247—2006 ················· 2419

TLJ900t 箱梁架设工法 YJGF248—2006 ················· 2428

千斤顶斜拉扣挂连续浇筑拱肋混凝土施工工法 YJGF249—2006 ················· 2434

大跨度提篮拱桥拱肋单吊单扣安装工法 YJGF250—2006 ················· 2442

超宽桥面部分斜拉桥悬灌施工工法 YJGF251—2006 ················· 2451

斜拉桥预应力混凝土单索面牵索挂篮施工工法 YJGF252—2006 ················· 2460

钢箱梁双吊机吊装施工工法 YJGF253—2006 ················· 2469

风积沙路基（湿压法）施工工法 YJGF254—2006 ················· 2478

桥梁高塔（墩）液压爬模施工工法 YJGF255—2006 ················· 2487

大跨径钢筋混凝土箱形拱桥拱圈悬浇施工工法 YJGF256—2006 ················· 2495

门式膺架半拱整体安装钢管拱肋施工工法 YJGF257—2006 ················· 2504

高原、高寒大坡道铁路机械架梁施工工法 YJGF258—2006 ················· 2513

水泥药卷张拉锚杆施工工法 YJGF259—2006 ················· 2521

碾压混凝土拱坝诱导缝重复灌浆施工工法 YJGF260—2006 ················· 2527

石粉掺量对碾压混凝土性能影响试验工法 YJGF261—2006 ················· 2533

水工建筑物流道抗磨蚀层环氧砂浆施工工法 YJGF262—2006 ················· 2545

斜井开挖激光导向施工工法 YJGF263—2006 ················· 2549

混凝土坝塑料拔管法接缝灌浆系统施工工法 YJGF264—2006 ················· 2555

混凝土取长芯施工工法 YJGF265—2006 ················· 2561

混凝土面板堆石坝冬期施工工法 YJGF266—2006 ················· 2566

连续拉伸式液压千斤顶—钢绞线斜井滑模系统施工工法 YJGF267—2006 ················· 2574

面板堆石坝坝身溢洪道施工工法 YJGF268—2006 ················· 2585

大直径调压井混凝土衬砌滑模施工工法 YJGF269—2006 ················· 2592

大型环保人工砂石系统半干式制砂工艺施工工法 YJGF270—2006 ················· 2603

2005～2006 年度国家二级工法

钢丝网架 SB 保温板墙面抹灰施工工法

YJGF136—2006

莱西市建筑总公司

赵成福　于振方　蔡强　李承霖　沈雷

1. 前　　言

SB 保温板具有良好的保温性能，采用不同厚度的 SB 板可满足不同地区建筑节能 50% 的要求，并可增加使用面积，有良好的防潮防水性，安装方便，可缩短施工周期，降低工程造价。由于该板塑性好，可满足各种建筑外形装修要求。

千禧龙花园 4 号、5 号楼工程，其外墙外保温采用了双面钢丝网架聚苯板保温体系，双面钢丝网架 SB 保温板墙面抹灰质量优劣，将影响建筑物安全和保温效果，影响观感，必须攻关解决。该工程外墙外保温抹灰工艺较为先进，本工法根据钢丝网架 SB 保温板墙面抹灰工程实际难点进行编制。其攻关课题——"确保钢丝网架 SB 保温板墙面抹灰质量"的 QC 小组荣获 2005 年全国工程建设优秀质量管理小组称号，该成果荣获 2005 年度山东省建筑业群众性全面质量管理活动优秀成果一等奖，并据此形成了"钢丝网架聚苯板外保温墙面抹灰防裂技术措施"，该措施获 2005 年山东省技术创新二等奖，编制的工法 2006 年被评为山东省省级工法，该工艺得以成功应用。

2. 工 法 特 点

一是提高水泥砂浆的抗裂能力，减少自身收缩裂纹；二是提高水泥砂浆与聚苯板的粘结力和钢丝网架的握裹力；三是要解决好各层砂浆之间的结合力，使各层变形量渐变，逐层释放应力，抗放并举。

3. 适 用 范 围

本工法适用于由钢丝网片焊接而成，带有整体焊接钢丝骨架的 SB 保温板墙面抹灰。

4. 工 艺 原 理

外墙外保温防裂路线，就是要求保温层、抹灰层、防裂层、饰面层，各层之间变形由里往外，逐层渐变，逐层加强。各层变化相匹配，不允许相邻层材料的性能发生突变，允许变形，限制变形，最后消除裂缝。

5. 施工工艺流程及操作要点

5.1　外墙装修工艺流程为：基层处理→抹第一遍过渡层砂浆（甩浆）→抹第二遍找平砂浆→面层砂浆→养护

5.2　SB 板表面抹灰操作与普通墙面抹灰工艺类似，但 SB 板基层较为特殊。其抹灰分三层，底层、中层和罩面层。底层 8mm，中层 8mm，罩面层 4mm，总厚度为 20mm。底层和中层用 1：4 水泥砂浆加 0.5% HB 型增稠粉。面层用 1：2.5 水泥砂浆加 0.4% HB 型增稠粉，每立方米砂浆中再加

0.9kg 的抗裂纤维。

5.3 操作要点

5.3.1 基层处理：基层表面要保持平整洁净，无浮浆、油污，基层清理要干净。

5.3.2 在甩浆前用水将 SB 板湿润，喷水要均匀，不得遗漏。基层清理干净、润水要到位，重点抓好界面剂喷涂，其做法为：

界面剂：水泥：细砂＝1：1：2，用喷枪均匀喷涂，厚度 2mm，48h 后进行下道工序施工，水泥选用 32.5 普通硅酸盐水泥。

5.3.3 在喷涂完界面剂的 SB 板上，抹第一遍厚度为 8mm 的过渡层水泥砂浆，其配合比为：水泥：中砂＝1：4。掺水泥重量 0.5％的 HB 型高效砂浆增稠粉，以提高水泥砂浆的粘结力和抗裂能力。

为防止扰动首层抹灰应延长与下层抹灰的时间间隔，保证 24h 后进行第二遍抹灰。抹第二遍找平砂浆，随抹随用刮杆刮平，要求平整度、垂直度符合规范要求。砂浆配合比与第一遍过渡层砂浆相同，厚度为 8mm。

5.3.4 面层抹灰

在抹完第二遍找平砂浆 12h 后，抹面层砂浆，厚度 4mm。配合比为水泥：细砂＝1：2.5，掺水泥重量 0.4％的 HB 型高效砂浆增稠粉。再按每立方米砂浆掺 0.9kg 抗裂纤维，增强面层抗裂能力。水泥选用安定性好，自身收缩量少的普通硅酸盐水泥。

5.3.5 避免在气温高时抹灰，安排专人用喷雾器喷水养护，确保砂浆湿润，应能防止砂浆失水干缩裂缝。

6. 材料与设备

6.1 材料

抹灰所需用材料、成品、半成品等应按照材料的质量标准要求，具备材料合格证书并进行现场抽测。

本工法使用的抗裂纤维（抗裂纤维选用辽宁康达特种纤维厂生产的 KDZ-Ⅱ型产品）、增稠粉性能指标分别如表 6.1-1、表 6.1-2 所示。

抗裂纤维性能指标　　　　　　　　　　　　　　　　　表 6.1-1

材　质	100％聚丙烯	密　度	0.91g/cm³
线密度	7.5～18.5dtex	断裂强度	≥300MPa
熔点	165～175℃	燃点	590℃
长度	6、8、12、19mm	断裂伸长率	15％～20％
截面形状	Y 型	当量直径	0.033～0.048mm
耐酸碱性	强	抗老化性	良

增稠粉性能指标　　　　　　　　　　　　　　　　　表 6.1-2

砂浆分成度比	泌水率比	钢筋锈蚀	初凝时间	抗压度比	28d 收缩率比
24％	82％	无	＋37min	7d＝106％ 28d＝119％	91％

6.1.1 水泥：水泥选用 32.5 级普通硅酸盐水泥，水泥品种影响安定性，水泥砂浆开裂是质量差的主要原因（本工法水泥选用淄博榴园普通硅酸盐水泥）。其质量必须符合现行国家标准《硅酸盐水泥、普通硅酸盐水泥》GB 175—99 的要求，使用前必须对水泥的凝结时间和安定性进行复验，不同品种、强度等级水泥不得混用。

6.1.2 砂：应采用中砂，质量符合《普通混凝土用砂质量标准及检验方法》JGJ 52—92 细度模数的规定，含泥量不应大于 3％，使用前应过筛。

6.1.3 水：宜用饮用水，当采用其他水源时，水质应符合国家饮用水标准。

6.1.4 基层处理材料

6.1.4.1 界面处理剂：应符合 DBJ/T-40-98 规定的要求。

6.1.4.2 界面剂：水泥：细砂＝1：1：2 的比例配制后喷涂。

6.1.4.3 面层：面层砂浆掺加聚丙烯抗裂纤维，以增强面层抗裂能力。

6.2 施工机具设备

砂浆搅拌机、手推车、筛子、铁锹、灰盘、抹子、压刀、阴阳角抹子、刮杆、方尺等。

7. 质量要求

7.1 主控项目

7.1.1 抹灰前基层表面的尘土、污垢、油渍等应清除干净，并洒水润湿。

7.1.2 抹灰所用材料的品种和性能应符合设计要求。水泥的凝结时间和安定性复验应合格。砂浆的配合比应符合设计要求。

7.1.3 抹灰应分层进行，每层之间要间隔一定时间。

7.1.4 抹灰层与基层之间及各抹灰层之间必须粘结牢固，抹灰层应无脱层、空鼓，面层应无爆灰和裂缝。

7.2 一般项目

7.2.1 表面平整、洁净、接茬平整、无明显抹纹，线脚、分格条顺直、清晰。

7.2.2 抹灰层的总厚度应符合设计要求。

7.2.3 允许偏差和检验方法（表 7.2.3）。

钢丝网架 SB 板抹灰允许偏差及检验方法　　　　　　　　　　表 7.2.3

项 次	项 目	允许偏差（mm）	检 验 方 法
1	立面垂直度	4	用 2m 垂直检测尺检查
2	表面平整度	4	用 2m 靠尺和塞尺检查
3	阴阳角方正	4	用直角检测尺检查
4	分格条（缝）直线度	4	拉 5m 线，不足 5m 拉通线，用钢直尺检查

7.2.4 已完工的水泥砂浆墙面安排专人用喷雾器进行养护，以防开裂和空鼓。

8. 安全措施

严格贯彻执行国家颁发的《建筑安装安全技术操作规范》、《施工现场临时用电安全技术规范》等各项安全规定外，还应遵守下列安全措施。

8.1 组织专业抹灰队伍。施工前，应检查脚手架是否安全。

8.2 每班前应检查脚手架、高凳是否牢固稳定，如有不安全处应立即进行处理。并应经常清理脚手板上的杂物。

8.3 脚手板上放置的工具材料应平稳。材料的堆放高度和荷重不得超过规范规定。

8.4 施工前应对所用的机械设备进行检查，应满足施工能力和荷重不得超过规范规定。

8.5 所有用电设备必须有绝对可靠的绝缘装置和良好的接地。

9. 环保措施

9.1 采用该工法施工的 SB 板墙面抹灰，节省了水泥和玻璃纤维防裂网，减少了污染，有利于社会的环境保护和节约能源。

9.2 采用此工法对SB板进行抹灰，减少了抹灰表面的开裂，减少了返工的频次，保障了建筑物安全和环保节能效果。

9.3 落地灰要及时回收使用，施工现场应工完料净。

10. 经济效益和社会效益分析

10.1 经济效益

千禧龙花园工程SB板外墙墙面抹灰，通过使用该工法，使砂浆增稠粉、抗裂纤维新材料得到推广应用，较好的保证了施工质量，降低了成本，保证了19000m² 外墙饰面无一处裂缝。采用此工法对SB板进行抹灰减少了抹灰表面的开裂，减少了返工的频次，保障了建筑物安全和环保节能效果。降低费用111500元，节约水泥15％左右。此后，公司在多个同类工程中迅速推广应用。近几年，经过推广应用该成果，节省工程资金约120多万元。

10.2 社会效益

2004年6月，青岛市建管局在千禧龙花园召开了优质结构暨新技术、新工艺应用现场观摩会，与会各界领导、专家、业主对我公司应用的新技术给予了高度评价，对SB板基层装饰抹灰拟采用的新材料、新工艺给予充分肯定，并与我们一起深入探讨，鼓励我们攻关解决这一新增质量通病。经过三个冬季、夏季气温交替的检验，外墙面未发现裂纹现象，较好地解决了SB板外墙外保温墙面抹灰开裂质量通病。

11. 应 用 实 例

11.1 千禧龙花园4号、5号楼工程位于青岛市经济技术开发区，框架剪力墙结构，建筑面积50886m²，地下两层，地上两个单体分别为30层、28层，工程于2003年9月开工，2005年8月交付使用。其外墙外保温采用了较先进的双面钢丝网架聚苯板保温体系。2005年青岛市建管局在千禧龙花园4号、5号楼工程施工现场召开了新技术、新工艺应用现场观摩会，与会各界对SB板基层装饰抹灰采用的新材料、新工艺给予充分肯定。本工艺使砂浆增稠粉、抗裂纤维得以推广应用，解决了SB板装饰抹灰开裂问题。该工程2006年获"中国建筑工程鲁班奖"、山东省"泰山杯"奖、山东省新技术应用示范工程、青岛市"青岛杯"奖等荣誉。

11.2 兴隆家园工程，建筑面积17700m²，框架剪力墙结构，工程于2004年11月1日开工，2005年10月30日竣工，工程自交付使用至今外墙保温效果良好。

11.3 易初莲花超市住宅工程，建筑面积22000m²，框架剪力墙结构，工程于2005年11月5日开工，2006年12月30日竣工，工程交付使用至今外墙保温抹灰未发现任何质量问题。

外墙外保温施工工法

YJGF137—2006

中天建设集团有限公司　浙江省一建建设集团有限公司　杭州康居节能技术工程有限公司

东亚联合控股（集团）有限公司　中国核工业华兴建设有限公司

方旭慧　王国兴　解新刚　施泉民　任鸿飞

陈伟　张耀明　钱士明　姜温贤　李斌　李军平

1. 前　　言

外墙面砖＋保温系统是一种最近几年来发展起来的一种新型施工工艺，是在外墙保温的基础上，外立面采用面砖饰面。在现有大部分外保温工程施工中，外墙保温系统一般采用保温系统＋外墙涂料的形式。

对于保温系统＋外墙面砖的形式，从施工工艺上来讲还是一个新的技术课题，特别是应用在成片的小区建筑中，特别是在小高层及高层建筑中，外装饰既要保证外观漂亮，又要从安全角度确保面砖粘贴牢固，如何采取可靠的连接方式将保温层与基层牢固地连接在一起，并且保证能承受面砖重量所传递的荷载，是工程施工过程中控制的关键。

在南京御道家园 01、02 栋，御道家园 03、04、05 栋，御道家园 06 栋工程中，中国核工业华兴建设有限公司联合设计单位和有关厂家进行了科技创新，通过采用钉粘结合的方式对保温板进行固定，再在保温板外侧粘贴外墙面砖，取得了“外墙面砖＋保温系统施工技术”这一国内领先的新成果，该成果作为御道家园工程中的主要新技术，获得了江苏省第九批“新技术应用示范工程”称号。同时，形成了外墙面砖＋保温系统施工工法，由于在建筑物保温节能方面效果明显，技术先进，因此有显著的经济效益和社会效益。

2. 工 法 特 点

2.1　施工完成的建筑物具有良好的保温效果，大大节省能源，具有明显的技术经济效益，并对环保节能起到了很好的推动作用。

2.2　采用钉粘结合的方式对保温板进行固定，与传统的采用单一的粘贴固定方法相比，保温板固定牢靠、安全性更高。

2.3　由于保温板固定可靠，外墙饰面可采用面砖，改变了原来千篇一律的外墙涂料饰面材料，外墙美观漂亮。

2.4　与外墙保温砂浆施工方法比较，外墙面砖＋保温系统受环境、气候、气温的影响较小，可加快施工速度，节约工期。

3. 适 用 范 围

适用于新建、改建、扩建的建筑物外墙，包括混凝土墙、砖墙面的外墙外保温施工。

4. 工 艺 原 理

外墙面砖＋保温板采用钉粘结合的方式，即采用粘贴和固定件连接相结合的方式，将聚苯乙烯保

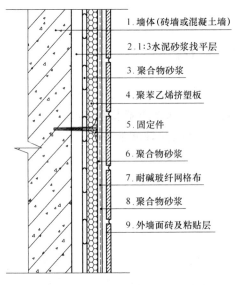

1. 墙体（砖墙或混凝土墙）
2. 1:3 水泥砂浆找平层
3. 聚合物砂浆
4. 聚苯乙烯挤塑板
5. 固定件
6. 聚合物砂浆
7. 耐碱玻纤网格布
8. 聚合物砂浆
9. 外墙面砖及粘贴层

图 4　外墙面砖＋保温板系统构造

温板固定在结构墙面上，达到一定的强度后进行面层面砖粘贴，并且保证能承受面砖重量所传递的荷载。

外墙面砖＋保温板系统施工方法：首先对保温墙面基层进行处理，然后采用专用聚合物粘结砂浆将保温板粘贴于墙面基层上，保温板粘贴牢固后，在 8～24h 内按设计要求的位置用冲击钻钻孔安装固定件，固定件安装后在保温板上涂抹聚合物砂浆，然后立即压入网格布，压入网格布后等砂浆干至不粘手时，抹面层聚合物砂浆，面层聚合物砂浆达到一定的强度后进行面层面砖粘贴。

由于采用了专用聚合物粘结砂浆粘贴和固定件连接两种连接方式，使保温板固定更加牢靠、安全。

外墙面砖＋保温板系统剖面构造见图 4。

5. 施工工艺流程及操作要点

5.1　施工工艺流程

工艺流程详见图 5.1。

5.2　操作要点

5.2.1　基层处理

1. 必须彻底清除基层表面浮灰、涂料、油污、脱模剂、空鼓及风化物等影响粘结强度的材料。

2. 对新建工程的结构墙，应按现行外墙标准检测其平整度及垂直度，局部采用 2m 靠尺检查，最大偏差应小于 4mm，超差部分应剔凿或用水泥砂浆修补平整。

5.2.2　滚（喷）涂专用界面剂

为增加保温板与粘结砂浆及保护面层的结合力，保温板表面应滚（喷）涂专用界面剂，待晾干至粘物时再用聚合物砂浆作粘结或作保护层。

5.2.3　调制聚合物砂浆

1. 在容器中加入清水和干混砂浆然后用手持式电动搅拌器搅拌约 5min，直到搅拌均匀，且稠度适中为止。使聚合物砂浆有一定黏度，以保证刚粘上墙的保温板不滑落。

2. 以上工作进行完后，应将配好的砂浆静置 5min，再搅拌即可使用。调好的砂浆宜在 1h 内用完。

5.2.4　安装保温板

1. 标准板面尺寸为 1200mm×600mm。非标准板按实际需要的尺寸加工，保温板切割用电热丝切割器或工具刀切割。尺寸允许偏差为 ±1.5mm，大小面垂直。

2. 网格布翻包：膨胀缝两侧，孔洞边的保温板上预贴窄幅网格布。

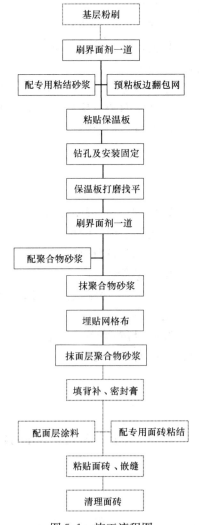

基层粉刷

刷界面剂一道

配专用粘结砂浆　　预粘板边翻包网

粘贴保温板

钻孔及安装固定

保温板打磨找平

刷界面剂一道

配聚合物砂浆

抹聚合物砂浆

埋贴网格布

抹面层聚合物砂浆

填背补、密封膏

配面层涂料　　配专用面砖粘结

粘贴面砖、嵌缝

清理面砖

图 5.1　施工流程图

3. 粘贴法

采用条点法：用抹子在每块保温板周边涂抹宽 50mm，从边缘向中间逐渐加厚专用粘结砂浆，最厚处达 10mm，然后再在挤塑板上，如图 5.2.4-1 所示抹 3 个厚 10mm ϕ100 的圆形专用粘结砂浆和 6 个厚 10mm ϕ80 的圆形专用粘结砂浆。

4. 涂好后立即将保温板贴在墙面上，动作要迅速，以防止聚合物砂浆结皮失去粘结作用。

5. 保温板贴在墙上时，应用 2m 靠尺压平操作，保证其平整度和粘贴牢固。板与板之间要挤紧，碰头缝处不抹聚合物砂浆。每贴完一块，应及时清除挤出的聚合物砂浆、板间不留间隙。若因保温板面方正或裁切不直形成缝隙，应用保温板条塞入并打磨平整。

6. 保温板应水平粘贴，保证连续结合，而且上下两排挤塑板宜竖向错缝板长 1/2，保证最小错缝尺寸 200mm。

7. 在墙阴阳角处，应先排好尺寸，裁切保温板，使其粘贴时垂直交错连接，保证拐角处顺直且垂直。

8. 在粘贴窗框四周的阳角和外墙阳角时，应先做出基准线，作为控制阳角上下垂直的依据。

9. 保温板粘贴砂浆条点布置详见图 5.2.4-1，保温板排列及固定件设置详见图 5.2.4-2。

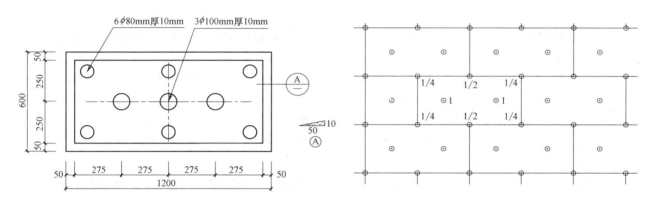

图 5.2.4-1　粘贴砂浆条点布置示意图　　　图 5.2.4-2　保温板排列及固定件设置示意图

5.2.5　安装固定件

1. 待保温板粘贴牢固，一般在 8～24h 内固定件安装完毕，按设计要求的位置用冲击钻钻孔。

2. 采用面砖面层时，固定件个数按以下数量布置：每平方米固定件约 6～9 套，根据建筑物层数和高度的差异，固定件数量需另行设计确定。任何面积大于 0.1m² 的单块板必须加固定件，数量视形状及现场情况而定，对于小于 0.1m² 的单块板应根据现场情况决定是否加固。

3. 固定件加密，阳角、檐口下、孔洞边缘四周应加密，其间距不大于 300mm，距基层边缘不小于 60mm。

4. 自攻螺丝应用电动螺丝刀拧紧并使工程塑料钉的帽子与保温板表面平齐或略拧入一些，确保膨胀钉尾部回拧使之与基层充分锚固。

5.2.6　打磨

1. 保温板接缝不平处应用粗砂纸打磨，打磨动作宜为轻柔的圆运动，不要沿着与保温板接缝平行的方向打磨。

2. 打磨后应用刷子或压缩空气将打磨操作产生的碎屑及浮灰清理干净。

5.2.7　划分格凹线条

1. 根据已弹好水平线和分格尺寸用墨斗弹出分格线的位置。竖向分格线用线锤或经纬仪校正垂直。

2. 按照已弹好的线，在保温板的适当位置安好定位靠尺，使用专用开槽机将保温板切成凹口。凹口处保温板的厚度不能少于 15mm。

3. 对不顺直的凹口要进行修理。

5.2.8 抹聚合物砂浆

清扫保温板面，滚（喷）涂界面剂，待晾干至粘手时将聚合物砂浆均匀地抹在保温板上，厚度约 2mm 左右。

5.2.9 压入网格布

1. 抹聚合物砂浆后立即压入网格布。

2. 网格布应按工作面的长宽要求剪裁，并应留出搭接宽度，网格布的剪裁应顺经纬向进行。

3. 门、窗洞口内侧周边与大墙面形成的阳角部分各加一层 300mm×200mm 网格布进行加强，大面网格布搭接在门窗洞口周边的网格布之上。

4. 对于窗口、门口及其他洞口四周的保温板端头应用网格布和粘结砂浆将其包住，也只有在此时，才允许保温板边涂抹粘结砂浆。

5. 将整幅网格布沿水平方向拉直绷平，注意将内曲的一面朝里，用抹子由中间向上、下两边将网格布抹平，使其紧贴底层聚合物砂浆。网格布左、右搭接宽度不小于 100mm，上、下搭接宽度不小于 80mm，局部搭接处可用聚合物砂浆补充原聚合物砂浆不足处，不得使网格布皱褶、空鼓、翘边。

6. 在凹凸线角处，应将窄幅网格布埋入聚合物砂浆内。整幅网格布应在窄幅网格布之上，搭接宽度不少于 80mm。

7. 在墙面施工预留孔洞四周 100mm 范围内仅抹一道聚合物砂浆并压入网格布，暂不抹面层聚合物砂浆，待大面积施工完毕后对局部进行修补。

8. 在墙身阴、阳角处两侧网格布双向绕角且相互搭接，各侧搭接宽度不小于 200mm。

9. 门窗口两侧网格布双向绕角且相互搭接，做法同墙体阴阳角部位。

5.2.10 抹面层聚合物砂浆

1. 抹完聚合物砂浆，压入网格布后等砂浆干至不粘手时，抹面层聚合物砂浆，抹灰厚度以盖住网格布为准，约 1mm 左右，使砂浆保护层总厚度约 2.5±0.5mm 左右。

2. 首层墙面为提高其抗冲击能力应外铺加一层网格布，保护层总厚度约 3.5±0.5mm 左右。

5.2.11 补洞及修理

1. 当脚手架拆除后，应及时对孔洞及损坏处进行修补。对墙体孔洞用相同的基层墙体材料进行填补，并用 1∶3 水泥砂浆抹平。

2. 根据孔洞尺寸切割保温板并打磨其边缘部分，使之能紧密填入孔洞处，并在保温板两面刷界面剂一道。

3. 等水泥砂浆表层干燥后，将此保温板背面涂上厚 10mm 的粘结砂浆，将保温板塞入孔洞中，注意不要在其四周边沿涂粘结砂浆。

4. 用胶带将周边已作好的涂层盖住，以防施工过程中对其污染。剪裁面积能覆盖整个修补区域大小的网格布，并与周边网格布搭接 80mm。

5. 涂抹聚合物砂浆，压入修补网格布，等表面干至不粘手时，再涂抹面层聚合物砂浆。注意修补施工中不要将聚合物砂浆涂到周围的表面涂层上。

5.2.12 沉降缝、伸缩缝、抗震缝（统称变形缝）做法

在变形缝处填塞发泡聚乙烯圆棒，其直径为变形缝宽的 1.3 倍，分两次勾填嵌缝膏，深度为缝宽的 50%～70%。

5.2.13 面砖施工

1. 当外装饰采用面砖，贴面砖及勾缝砂浆必须采用专业公司生产的粘结聚合物砂浆。

2. 保温板张贴 14d 后方可贴面砖

3. 在外墙面根据排砖图统一弹线分格。

4. 突出墙面的水平板部位，如窗台、腰线阳角及滴水线排砖，滴水线及窗台部分严格按节点进行施工。

5. 镶贴时，在面砖背面满铺 5mm 厚面砖粘结剂，镶贴后，用橡胶锤轻轻敲击，使之与基层粘结牢固，并用靠尺随时找平找方。

6. 在面砖镶贴完成一定流水段后，采用面砖嵌缝剂进行勾缝。勾缝成活后，缝表面比面砖面底 2mm。

7. 整个外墙面砖粘贴完工后，可用浓度 10％稀盐酸刷洗表面，并随即用水冲洗干净。

5.3 劳动力组织（表5.3）

劳动力组织情况表 表 5.3

序 号	单 项 工 程	所 需 人 数	备 注
1	管理人员	6	
2	技术人员	3	
3	基层抹灰	26	
4	保温板施工	38	
5	面砖粘贴	25	
6	杂工	8	
	合 计	116 人	

6. 材料与设备

6.1 外保温系统材料

1. 保温隔热材料（保温板）
2. 专用固定件
3. 专用聚合物粘结砂浆（以下简称专用粘结剂），
4. 聚合物砂浆
5. 聚合物水泥专用面砖粘结剂
6. 涂塑玻璃纤维网格布（以下简称网格布）
7. 嵌缝材料

6.2 外墙面砖

可采用釉面砖或仿石面砖。粘结层可为水泥砂浆或专用面砖粘结剂，勾缝采用专用勾缝剂。

6.3 设备

主要有 2m 靠尺、壁纸刀、冲击钻、电动螺丝力、电锤、滚筒、电热丝切割器、开槽器、剪刀、钢锯条、墨斗、棕刷、粗砂纸、电动搅拌器、塑料搅拌桶、抹子、压子、阴阳角捆子、托线板等。

7. 质 量 控 制

目前外墙保温施工中，应用最广泛的是在外立面为涂料墙面的工程中，如果外墙设计为面砖墙面，如何保证保温板与墙面结构之间的粘结强度、保温板与墙面面砖之间的粘结强度是施工的关键。

采用钉粘结合的方式，即采用粘贴和固定件连接相结合的方式，将聚苯乙烯保温板固定在结构墙面上，达到一定的强度后进行面层面砖粘贴，对于每一道工序都必须按照严格按照材料验收标准及工序验收标准进行严格把关，确保整个外墙施工的质量。

7.1 工程质量控制标准

保温墙面层执行国家标准《建筑工程施工质量验收统一标准》GB 50300—2001 的相关规定。

7.1.1 保温板、网格布的规格和各项技术指标，聚合物砂浆的使用要求，必须符合有关标准的要求。检验方法：检查出厂合格证。

7.1.2 保温板必须与基层面粘贴牢固，无松动和虚粘现象。

1. 检查数量：按楼层每20m长抽查一处（每处延长3m），但每层不少于3处。

2. 检验方法：观察和用手推拉检查。

7.1.3 聚合物砂浆与保温板必须粘结紧密，无脱层、空鼓。面层无爆灰和裂缝。

1. 检查数量：同7.1.2。

2. 检验方法：用小锤轻击和观察检查。

7.1.4 保温板安装的允许偏差应符合表7.1.4的规定。

保温板安装的允许偏差及检查方法 表 7.1.4

项 次	项 目		允许偏差(mm)	检 查 方 法
1	表面平整		3	用2m靠尺和楔形塞尺检查
2	垂直度	每层	5	用2m托线板检查
		全高	$H/1000$ 且不大于20	用经纬仪或吊线和尺量检查
3	阴阳角垂直度		2	用2m托线板检查
4	阴、阳角方正度		2	用200mm方尺和楔形塞尺检查
5	接缝高差		1	用直尺和楔形塞尺检查

7.2 质量保证措施

7.2.1 为保证保温工程的质量，减少材料的浪费，墙体保温板系统要求对不平整的墙面做找平层。当墙面平整度、垂直度检验合格符合国家中级抹灰验收标准方可进行下一步工序。

7.2.2 保温层的安装，必须采用专用粘结剂并辅助专用保温钉机械固定，专用粘结剂为干混专用粘结砂浆。粘钉结合的固定方式更安全、更可靠。高层建筑上部风压成倍增长，正负风压更替会产生往复作用的疲劳荷载。理论及实践均证明惟有粘钉结合的固定方式最为安全可靠。

7.2.3 基层为各类砖墙、混凝土砌块墙、混凝土墙等新建或旧房改造的外墙外保温工程，若对其基层墙体拉拔力有疑问时，可进行现场拉拔测试，单个固定件拉拔力应大于0.64kN。

7.2.4 墙体保温板系统适用于以下情况：

1. 按设计要求需冬季保温和（或）夏季隔热的地区。

2. 抗震设防烈度≤9度地区。

3. 新建、扩建、改建的工业与民用建筑的承重或非承重外墙。

4. 建筑物基层在正负区作用下其层间位移小于1/360。

8. 安 全 措 施

8.1 所有参加施工的人员都必须接受"三级"安全教育后方可上岗。

8.2 施工前，技术人员应会同安全部门人员对参加施工的操作人员进行详细的安全技术交底，并在安全技术交底上签字确认形成书面记录，使施工操作人员明确以下内容：（1）施工任务；（2）施工方法；（3）安全注意事项。

8.3 各岗位各工种施工操作人员应熟知并遵守本岗位《安全操作规程》，并能够对本岗位危险源进行辨识，并按要求采取相应的相应措施。

8.4 暑天施工时，应适当安排不同作业时间，尽量避开日光曝晒时段。

8.5 雨、雪和六级以上大风天气禁止进行外墙保温板施工。

8.6 施工现场施工人员必须正确佩戴安全帽并系好帽带，穿好劳保鞋，施工过程中施工操作人员必须正确使用个人劳动防护用品。

8.7 安全设施和劳动防护用品应定期检查，不符合要求严禁使用。

8.8 施工现场使用的防护设施、安全标志和警告牌等，不得擅自拆卸，确需拆卸应经施工负责人同意。

8.9 不得在保温板上放置易燃及溶剂性化学物品，不得在上面进行电气焊作业施工。

9. 环 保 措 施

9.1 施工现场使用或维修机械时，应有防止滴漏油措施，严禁将机油漏于地表，造成土壤污染。清修机械时，废弃的棉丝（布）等应及时回收，严禁随意丢弃或燃烧处理。

9.2 施工过程中应采取措施防止噪声污染，在施工场界噪声敏感区域宜选择使用低噪声的设备，也可以采取其他降低噪声的措施。

9.3 施工过程中应采取防护措施以防止粉尘污染。

9.4 拌制专用粘结剂和聚合物砂浆应用电动搅拌器，用毕清理干净。

10. 效 益 分 析

由于采用保温板外墙及中空玻璃，建筑物室内的热量损失减少，根据有关资料显示，带有 25mm 厚欧文斯科宁保温板的保温墙面，冬夏两季的耗电量约为正常耗电的 40%～60%。

以御道家园工程为例：本工程中总住户为 400 户，按照每户空调功率 1kW，日使用时间 12h，电量节省率 40% 进行考虑，每年冬夏两季各平均按照 60d 使用时间计算，每年节省电量为：$60d \times 2 \times 1kW \times 12h \times 40\% \times 40$ 户 $= 230400$ 度；如果供电价格按照 0.5 元/度计算，每年节省电力价值为：$230400 \times 0.5 = 115200$ 元；商品房使用年限 50 年，不考虑电力价格影响共节省能源价值 $11.52 \times 50 = 576$ 万元。

施工成本：保温板施工造价约 80 元/m² × 4.1 万 m² = 328 万元。门窗按照每 m² 造价增加 150 元/m² × 6000m² = 90 万元。

根据以上分析，采用外墙节能措施，保守计算总共节省造价为：576 − 328 − 90 = 158 万元。

11. 应 用 实 例

11.1 工程概况

南京御道家园小区工程，总建筑面积 60168m²，该工程由 01、02 栋高层住宅楼，03～05 栋小高层住宅楼、06 栋 5 层单身公寓楼组成。其中：

01～05 栋为短肢剪力墙结构，06 栋为框架结构。

01、02 栋为 15 层，地上主楼建筑高度 43.5m，建筑面积各约 16000m²。03 栋为 10～11 层，地上主楼建筑高度为 31.5m，建筑面积约为 7400m²。04、05 栋为 9～10 层，地上主楼建筑高度 29m，建筑面积分别为 8500m²、6300m²。06 栋为多层单身公寓楼，地下一层，地上 5 层，地上主楼建筑高度 23.4m，建筑面积约 6000m²。

御道家园 01、02 栋于 2003 年 10 月开工，2005 年 7 月竣工，该工程于 2004 年 6 月～2005 年 4 月应用了外墙面砖＋保温板系统施工工法；御道家园 03、04、05 栋于 2003 年 7 月开工，2005 年 3 月竣工，该工程于 2004 年 3 月～2005 年 1 月应用了外墙面砖＋保温板系统施工工法；御道家园 06 栋于 2003 年 12 月开工，2005 年 9 月竣工，该工程于 2004 年 8 月～2005 年 5 月应用了外墙面砖＋保温板系统施工工法。

11.2　结果评价

以上工程外立面设计为面砖墙面，外墙面要求全部采用聚苯乙烯板保温系统。经过在该工程中应用，取得了良好的效果，施工全过程处于安全、稳定、快速、优质的可控状态。

FGC（有机硅）外墙外保温施工工法

YJGF138—2006

江苏江都建设工程有限公司

沈克健　王健　仇育赋　薛秀明　姜磊

1. 前　言

　　FGC（有机硅）外墙外保温体系是一种采用FGC（有机硅）保温材料、钢丝网、有机硅憎水剂、抗裂腻子、抗裂砂浆、饰面材料等在现场成型的新型墙体保温体系［FGC（有机硅）外墙外保温构造示意见图1-1、图1-2］，保温节能明显，具有防裂、绿色环保功能，符合居住建筑墙体节能要求。在天津大学研究生公寓、天津嘉丽金融大厦、天津新发大厦工程中成功应用了FGC（有机硅）外墙外保温先进技术，工程质量得到建设单位、监理单位、住户、主管部门领导的一致好评；并据此制定了企业级JDJS/G—FGC—2004《FGC（有机硅）外墙外保温施工技术规程》。工程项目部QC小组总结的《新型FGC（有机硅）外墙外保温墙面质量控制》一文获2005年度江苏省工程建设优秀质量管理小组活动成果优秀奖。在此基础上组织编写了本工法，以利于规范操作和推广。

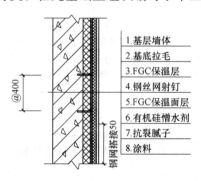

图 1-1　外墙外保温（涂料饰面）

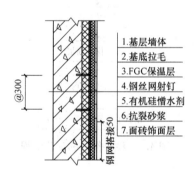

图 1-2　外墙外保温（面砖饰面）

2. 工法特点

　　2.1　FGC（有机硅）保温节能明显：FGC（有机硅）外墙外保温材料，以改进材料组织结构为科研基点，把建材中纤维状材料（水镁石、碳化纤维）和松散颗粒材料（漂珠、累托石黏土），通过化工材料（硼砂、有机硅添加剂），利用新工艺复合而形成网状拉力结构，使其具有固相和气相两大绝热性能的新型材料，经国家权威部门检测，在180mm剪力墙做35mm厚保温材料，传热系数为1.009W/(m²·K)。

　　2.2　FGC（有机硅）保温层粘结可靠：有机硅中羟基（氢氧离子）与主墙基底存在的游离酸发生反应生成化合物，渗入建筑物的主墙微孔隙中，形成共同体，对建筑物局部损坏起到预防和保护作用。

　　2.3　钢丝网防护层：采用固定镀锌电焊钢丝网，形成整体向内收缩，适应外墙应力变化，整体性好，有效防止裂缝产生。

　　2.4　FGC（有机硅）憎水剂耐水抗渗层：采用FGC（有机硅）憎水剂喷刷在保温层表面，形成透气性憎水膜，使保温层有很好的防水功能，能在夏季高温时，把主墙基底产生冷凝水，以热蒸汽向外释放，有效克服外饰层裂缝产生。

　　2.5　可采用涂料、面砖饰面材料，在保温体系的最外层形成饰面层起不同的装饰效果。

3. 适用范围

本工法适用于一般工业与民用建筑（外墙为空心砖墙、粉煤灰砖墙、混凝土砌块墙、陶粒砌块墙以及剪力墙）保温、面层为涂料或面砖饰面的工程。

4. 工艺原理

4.1 饰面为涂料作法的工艺流程（见图4.1）

4.2 饰面为粘贴面砖作法的工艺流程（见图4.2）

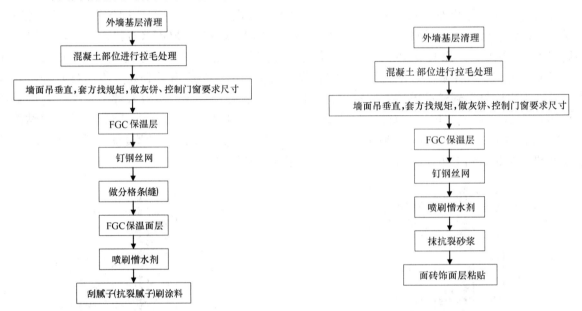

图4.1 涂料作法的工艺流程　　　　图4.2 粘贴面砖作法的工艺流程

5. 施工工艺流程及操作要点

5.1 保温层厚度（见表5.1）

围护结构构造与传热系数及保温层厚度选用表　　　　表5.1

外墙类型	构造简图	内饰层（mm）	外饰层（mm）	外墙厚度（mm）	保温层厚度（mm）	传热系数 W/(m²·K)
空心砖墙、粉煤灰砖、混凝土砌块墙		10	10	200	25	1.03
					30	0.94
					35	0.86
				240	20	1.05
					25	0.96
陶粒砌块墙		10	10	200	20	1.09
					25	0.99
					30	0.91
					35	0.84

续表

外墙类型	构造简图	内饰层（mm）	外饰层（mm）	外墙厚度（mm）	保温层厚度(mm)	传热系数 W/(m²·K)
剪力墙		10	10	200	32	1.15
					35	1.08
					40	0.98
				250	35	1.05
					40	0.96

5.2 施工条件

5.2.1 施工现场应做到通电、通水，并保持工作环境的清洁。

5.2.2 外墙和外门窗洞口施工及验收完毕，基层混凝土墙或砖墙的垂直度和平整度符合《建筑工程施工质量验收统一标准》GB 50300—2001 及 "建筑工程施工质量验收规范" 的混凝土工程和砌砖工程的要求。

5.2.3 操作地点环境温度和基层墙体表面温度均不得低于—5℃，风力不大于 5 级，雨天和砂尘暴天气禁止施工。

5.3 操作要点

5.3.1 施工准备

1. 外墙和外墙门窗洞口安装完毕经检验合格，结构墙体基层必须清理干净，使墙面表面没有浮尘、污垢等污染物，并剔除表面不应有的凸出物，使之清洁平整。

2. 混凝土基底（包括混凝土砌块、砖混结构的水泥梁柱部分以及用水泥砂浆打底后的表面）作拉毛处理，即抹 2～3mm 后界面剂水泥浆（32.5MPa 水泥：中砂：界面剂＝1：1：0.8），再用扫帚拉界面剂水泥浆；或用毛刷、扫帚甩界面剂水泥浆，确保墙面呈均匀毛钉状，严禁遗漏。

3. 非混凝土基底（黏土空心砖墙、粉煤灰砖墙、陶粒砌块墙）清除浮尘用水喷淋，使之表面保持湿润。

4. 基层吊垂直，拉水平、垂直通线，按设计厚度弹出保温层厚度控制线。

5. 做平整度、垂直度处理：平整度、垂直度用靠尺检查，误差较大的（超过 20mm），要用水泥砂浆找平，留毛面，不得空鼓开裂。

6. 贴饼、冲筋［可直接用 FGC（有机硅）保温材料］。

5.3.2 涂抹保温层

1. 拌合料：按保温材料：水＝1：2（重量比）搅拌均匀成膏状。拌合好的浆料必须在 60min 内使用完，随拌随用，不得一次拌合过多。

2. 分层涂抹：第一遍与主墙基底相连，必须压实，且厚度不超过 10mm，初凝后即可涂抹下一层，直到距设计厚度差 13mm。注意：（1）涂抹时适度按压，以确保与墙面有效粘结，避免在同一部位反复抹压。涂抹时若发现表面有气泡产生，应及时剔除补抹。（2）涂抹每层时，保温材料用靠尺找平，用木抹子搓平，钢板与墙面成 60°角刮平，使保温层中的纤维毛头被拉出，保持毛糙面，确保分层间粘结牢固。

5.3.3 固钉钢丝网

1. 待保温层基本干燥后（表面呈灰白色），铺钉钢丝网（钢丝网丝径 ϕ 为 0.93mm，网孔 25.4×25.4）。铺网自上而下竖向铺布，网要一卷一卷打开抻平，一趟一趟固定。钢丝网若有皱褶应先整理平整后再使用。网与网连接时必须顺序搭接，纵横向搭接宽度不小于 50mm。

2. 窗口部位（阴阳角），要量好外窗口至窗框边的尺寸，先用剪刀将钢丝网裁好，再将钢丝网从墙体沿外窗口折过去 150mm，与墙体一起固定（见图 5.3.3-1、图 5.3.3-2）。

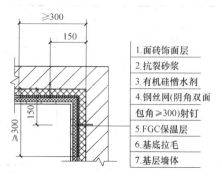

图 5.3.3-1　外墙外保温阳角（面砖饰面）

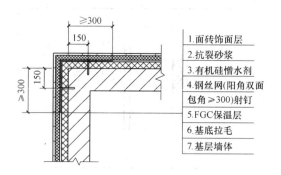

图 5.3.3-2　外墙外保温阴角（面砖饰面）

3. 固定钢丝网，混凝土墙一律用射钉固定；非混凝土墙可用水泥钉固定。固定钉长度选用大于保温层厚度 7～15mm，钉下使用 30mm×30mm×1mm 的垫片，固定钉必须钉入主墙体。固定点的水平、垂直距离为 400mm×400mm（涂料饰面做法）或 300mm×300mm（面砖饰面做法），呈"梅花形"分布（见图 5.3.3-3、图 5.3.3-4）。

图 5.3.3-3　涂料饰面外墙外保温示意图

图 5.3.3-4　面砖饰面外墙外保温示意图

5.3.4　做分格条（缝）（涂料饰面做法）

设计有分格条的保温墙面，按设计图纸弹出分格线后，在涂抹保温层面层材料前，钉固钢丝网后粘钉分格条，然后涂抹保温面层材料。这道工序也可根据需要，在"涂抹保温面层"之后进行，方法为：在涂抹保温面层时，将宽度不小于 10mm，深度不小于分格条 5mm 的塑料或木制条卧槽，待保温面层料抹完后，安装分格条。安装分格条方法为：用保温材料或抗裂砂浆镶嵌分格条，再用底漆刷涂封边，刷涂要严密，切勿漏涂漏刷。

5.3.5　涂抹保温面层（用于涂料饰面做法）

找出平面，抹平收光，其余方法同 7.3.2。

5.3.6　喷涂憎水剂

1. 严禁皮肤直接接触憎水剂原液，按重量比，料：水＝1：16 稀释后即可使用。

2. 保温层验收合格表面基本干燥（颜色呈灰白色），喷 FGC（有机硅）憎水剂两遍，严禁遗漏。

5.3.7　挂腻子刷涂料（涂料饰面做法）

1. 涂料底层腻子宜用抗裂腻子，腻子厚度不超过 2mm。

2. 待腻子层干燥后，再刷涂料层。

5.3.8　涂抹抗裂砂浆（面砖饰面做法）

1. 抗裂砂浆配比：按聚丙乳液：水＝1：1（重量比）搅拌均匀后，再按稀释的聚丙乳液：32.5MPa水泥：中砂＝1：1：4（重量比）用搅拌机搅拌均匀后使用。不得人工搅拌。

2. 涂抹抗裂砂浆，钢丝网网格内砂浆要求饱满度为100%，抹面、压实、表面留毛面。

3. 抗裂砂浆总厚度不得超过7mm。抗裂砂浆表面基本干燥后，粘贴面砖。

5.3.9 注意事项

施工前对施工人员进行技术培训，施工人员相对固定。

6. 材料与设备

6.1 吊篮或装修脚手架安装完毕，经调试运行安全无误、可靠，满足施工作业要求，并配备专职安全检查和维修人员。

6.2 常用机具。垂直运输机械，水平运输手推车、手提搅拌器、射钉枪等。

6.3 常用工具及专用检测工具。经纬仪及放线工具、拌灰槽、铁抹子、木抹子、刮尺、毛刷、喷雾器、扫帚、射钉枪、托线板、皮尺、靠尺、塞尺、剪刀等

6.4 FGC（有机硅）保温材料（袋装，每立方17包）、32.5MPa水泥、中砂、水、钢丝网（钢丝网丝径 ϕ 为0.93mm，网孔25.4×25.4，网宽1.2m，每卷10m）、射钉、钢钉、30mm×30mm×1mm垫片、憎水剂、界面剂、108胶等。FGC（有机硅）保温材料不得雨淋、受潮、结块，附有合格证，技术指标详见表6.4。

FGC（有机硅）外墙外保温材料技术指标　　　　　　　　　　　　　　　　**表6.4**

检 测 项 目	技 术 指 标	检 测 结 果	检 测 依 据
干密度 kg/m³	不大于500	299	Q/FTBQT 001—2002
导热系数 W/(m·k)	不大于0.12	0.055	
抗压强度 kPa	不小于200	426	
粘结强度 kPa	不小于100	277	
燃烧级别	B1	A级不燃性	GB 5465—85

7. 质量控制

7.1 主控项目

7.1.1 所用材料品种、质量、性能应符合要求。

7.1.2 保温层厚度及构造做法应符合要求，保温层厚度均匀。

7.1.3 保温层与墙体以及各构造层之间必须粘结牢固，无脱层、空鼓、裂缝，面层无粉化、起皮、爆灰等现象。

7.2 一般项目

7.2.1 表面平整、洁净、接茬平整、无明显抹纹，线脚、分层条顺直、清晰。

7.2.2 外墙面所有门窗口、孔洞、槽、盒位置尺寸准确，口角方正整齐，表面洁净光滑，管道后抹灰平整无缺陷。

7.2.3 分层色带宽度、深度均匀一致，平整光洁，棱角整齐，横平竖直，通顺。滴水线（槽）流水坡向正确，线（槽）顺直。

7.2.4 空调洞、支架位置准确无误。

7.2.5 允许偏差及检验方法。允许偏差及检验方法具体见表7.2.5。

允许偏差及检验方法 表7.2.5

项 次	项 目	允许偏差(mm)	检 验 方 法
1	立面垂直	4	用2m托线板检查
2	表面平整	4	用2m靠尺及塞尺检查
3	阴阳角垂直	4	用2m托线板检查
4	阴阳角方正	4	用20mm靠尺及塞尺检查
5	保温层厚度	±3	用探针、钢尺检查

8. 安 全 措 施

8.1 操作前对操作工人进行专业安全教育。

8.2 脚手架为双排标准脚手架，并应设有安全围栏及安全网。

8.3 使用射钉枪前，要认真检查，使用时注意不要伤害自己和别人。

8.4 喷刷憎水剂时，操作人员应使用防护用品，如坚实的棉布工作服、防护眼镜、防护口罩、胶皮手套、胶鞋等。

9. 环 保 措 施

9.1 成立施工环境卫生管理机构，在工程施工过程中严格按 GB/T 24001、ISO 14001：2004 环境管理体系要求运行。

9.2 遵守废弃物处理及防火的有关规定。剩余的 FGC（有机硅）材料要及时进库，不得随意放在工地。

9.3 认真做好施工计划，拌合好的 FGC 砂浆当日用完，不能废弃。

10. 效 益 分 析

10.1 FGC（有机硅）外墙保温材料为国家发明专利，通过了建设部科技成果鉴定，达到国内外领先水平，在 2002 年国际建筑材料科技成果博览暨学术交流研讨会，荣获保温节能界金奖。

10.2 FGC（有机硅）外墙保温材料与传统的外墙内保温相比，增加室内有效使用面积 1‰～2‰。

10.3 FGC（有机硅）外墙外保温材料与传统的 GRC 保温板、SPM 聚苯板相比较，平均降低保温材料造价 12.6 元/m²，节省了业主投资。

10.4 FGC（有机硅）外墙外保温节能明显，减少采暖费用，在 2～3 年可收回投资成本。

由此可见，使用 FGC（有机硅）外墙保温材料，其社会效益和经济效益十分明显。

11. 应 用 实 例

工程应用实例如表 11 所示。

应用实例　　　　　　　　　　　　　　　　　　　　　　　表11

工程名称	主要参数			使用FGC(有机硅)外墙保温材料情况
	结构形式	结构层数	建筑面积	
天津新发大厦	短肢剪力墙	30层	35000m²	1. 使用面积12000m²； 2. 创造经济效益、节省工程造价15.12万元； 3. 施工工期比计划工期提前20d
天津嘉丽金融大厦	剪力墙	16层	17800m²	1. 使用面积6500m²； 2. 创造经济效益、节省工程造价7.1万元； 3. 施工工期比计划工期提前15d
天津大学研究生公寓	剪力墙	22层	22000m²	1. 使用面积9300m²； 2. 创造经济效益、节省工程造价10.94万元； 3. 施工工期比计划工期提前18d

MLC 多功能轻质混凝土保温屋面施工工法

YJGF139—2006

江苏武进建筑安装工程有限公司　常州市武进东方人防实业有限公司

曹旦　张荣方　周盘方　陆建林　李海军

1. 前　言

屋面保温层和防水层的施工长期以来一直作为屋面施工的重点，它质量的好坏直接影响到屋面的防水性能，直接影响用户的使用功能。屋面新材料层出不穷，MLC 轻质混凝土是引进专利技术在常州地区应用的一种新型保温材料，目前已经在常州地区一些较大工程上使用。MLC 多功能轻质混凝土材料因其绿色环保，集高性能、多功能、实用性为一体，综合对比优于传统的轻骨料混凝土、加气混凝土和泡沫混凝土，并已开始得到推广使用。高性能发泡机专利号 ZL03 2 22594.6。

2. 工 法 特 点

MLC 多功能轻质混凝土具有超轻高强、保温隔热、隔声防火、整体性好、结合力强、环保耐久等特点。MLC 产品容重仅为普通混凝土的 15%～30%，可大幅度减轻建筑物的自重，优化结构设计。与几种常用保温隔热的填充材料相比，MLC 系列产品具有以下特性：

2.1　与加气混凝土块相比导热系数低 40%～60%，吸水率低 50% 以上。

2.2　与膨胀珍珠岩制品相比导热系数低 20%～50%，抗压强度高 2～3 倍，比水泥珍珠岩吸水率低 70% 以上。

2.3　与陶粒混凝土、炉渣混凝土相比导热系数低 70% 以上，吸水率低 50%～60%。

2.4　与聚氨酯类和挤塑 EPS 相比，同等热工性能，综合造价低 50% 以上。

2.5　MLC 多功能轻质混凝土类型（表 2.5）。

MLC 多功能轻质混凝土类型　　　　　　　　　　　　表 2.5

类　　型	MLC 超轻型			MLC 标准型			
干密度 kg/m³ ±50	300	400	500	600	700	800	900
压缩强度 kPa	≥250	≥300	≥350				
抗压强度 MPa				≥1.5	≥2.2	≥3.0	≥4.0
导热系数 W/m·K	≤0.070	≤0.085	≤0.1	≤0.12	≤0.14	≤0.18	≤0.22
吸水率%	16～23			14～20			
燃烧性能	不燃烧,耐火极限大于 3h						
pH 值	7～8						
空气隔声指标	40～50dB						

3. 适 用 范 围

所有屋面的保温隔热层和找坡层，整体现浇。

4. 工艺原理

MLC轻质混凝土是以普通硅酸盐水泥、粉煤灰等无机胶结料，以表面活性发泡剂为有机胶结料的双套连续结构的聚合物微孔轻质混凝土。发泡外加剂是阳离子表面活性剂，用以降低水的表面张力，使混凝土拌合过程中形成大量的微气泡，混凝土终凝后这些气泡生成大量独立封闭的微孔，形成蜂窝结构，降低体积密度和导热系数，提高抗压强度和热阻。

在MLC轻质混凝土浆料中再添加废弃的EPS泡沫粒料，可制得以MLC轻质混凝土和EPS粒料组成的超轻型高效双混保温材料。

5. 施工工艺流程及操作要点

5.1 工艺流程图（图5.1-1），现场制做图如图5.1-2所示。

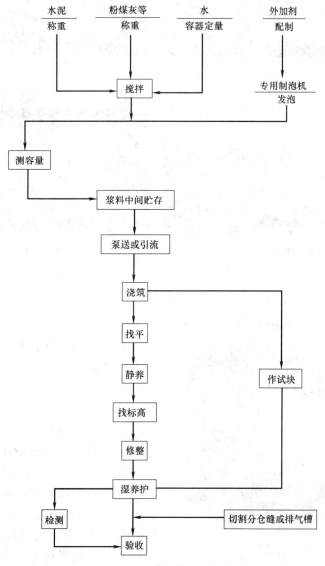

图5.1-1 MLC多功能混凝土施工工艺流程图

5.2 操作要点

5.2.1 搅拌

现场施工制作(一)　　　　　　　　现场施工制作(二)

现场制作完工(一)　　　　　　　　现场制作完工(二)

现场制作完工(三)　　　　　　　　现场制作完工(四)

图 5.1-2　MLC轻质混凝土屋面保温现场施工制做图

1. 将称量的水泥、粉煤灰等投入搅拌机内搅拌干料 2～3min 混合均匀。

2. 将定量的水加入搅拌机内搅拌约 2～3min。

图 5.2.1　加入发泡剂照片

3. 将泡沫加入搅拌机内搅拌 1.2～1.5min，使浆料达到均化。

4. 检测浆料容重。

如图 5.2.1 所示。

5.2.2　浇筑养护

1. 浇筑前应将基面清刷干净，标出浇筑层标高线，设计便于退步的浇筑路线。

2. 输送浆料浇筑时，输料出料口距浇筑面不得高于 1.2m，缓慢自由落料，浇筑点距搅拌点较远时，不得排赶，应用泵送或引流。

3. 连续浇筑浆料的一次堆积高度一般不宜超过 0.3m，面积一般不宜超过 10m²，可分层和设置围隔板。

4. 浆料浇筑后，终凝前应静停养护，不得扰动，终凝后，取出围隔板再堆积浇筑或浇筑上一层。

5. 作业层 48h 后应保湿养护 7～10d。

6. 气温低于 7℃ 不宜施工。

7. MLC 标准型浆料极限容重不得低于 500kg/m³。

5.2.3　屋面施工缝处理

1. 排气槽：每间隔 6m 留 20～30 宽分仓缝一道。

2. 当伸缩缝长、宽超过 5m 时，在其分仓缝交叉点处设排气孔一个（伞状）。

如图 5.2.3 所示。

图 5.2.3　屋面分仓缝照片

5.3　劳动力组织

每台搅拌机配 5 名工人，其中 1 名技工（铺料工），开机 2 名，2 名辅助工。

6. 材料与设备

6.1　材料

32.5 普硅水泥；

Ⅱ级粉煤灰；

专用发泡剂。

6.2　专用机械

双缸全液压泵送机（垂直输送高度最高达 120.0m）；

HA-500 型多功能搅拌机；

HA-A 高性能专用制泡机；

天平；

容重量筒。

7. 质量控制

7.1　技术标准：Q/3204CIU-2004

7.2　原材料品质要求

7.2.1　普硅水泥品质指标（表 7.2.1）

普硅水泥品质指标　　　　　　　　　　　　　　　　　表 7.2.1

项　　目		品　质　指　标
物理性能	细度	0.080mm 方孔筛筛余量不超过 12%
	凝结时间	初凝不得早于 45min，终凝不得迟于 12h
	安定性	用沸煮法检验必须合格
化学性能	烧失量	旋窑厂不得超过 5.0%，立窑厂不得超过 7.0%
	氧化镁	熟料中氧化镁含量不大于 5.0%
	三氧化硫	除矿渣硅酸盐水泥不得超过 4.0%，其余不得超过 3.5%
	粉煤灰	掺量不宜超过 10%

7.2.2　粉煤灰（表 7.2.2）

7.2.3　外加剂（制泡剂）

将专用外加剂原液搅均匀（冬季需隔水加温）后，将原液和水以 1：12～1：15 稀释后搅拌均匀待用，容器必须清洗干净，无砂浆和油污。

粉煤灰指标 表 7.2.2

项　目	指　标	说　明
细度(0.045mm 方孔筛筛余)	不大于 20%	
烧失量	不大于 8%	GB 1596—91 工业用Ⅱ级干灰
含水量	不大于 1%	
三氧化硫	不大于 3%	

7.3 允许偏差项目

《屋面工程质量验收规范》（GB 50207—2002）中内容。

8. 安全措施

8.1 施工人员必须遵守安全生产的有关规定，服从安全员的监督。

8.2 操作人员必须熟悉施工工艺过程，严格按施工工艺进行施工。

8.3 班前认真进行安全交底，人人懂得安全自我防范。

8.4 吊装机械时钢丝绳系紧系牢全由专人检查，吊装由专人指挥。

8.5 施工用电源线由分配箱引出后架空敷设，防止触电。

8.6 由安全员、班组长等组成检查组，定时和不定时对作业面进行检查。

9. 环保措施

9.1 成立施工环境卫生管理机构，加强对原材料的堆放管理，对粉煤灰灌袋保存，防止扬尘。

9.2 设立排水沟，搅拌后的清洗水经沉淀池沉淀后排入城市污水管网中。

9.3 工程材料运输中防散落与沿途防污染。

9.4 合理配料，做到工完场清。

9.5 选用先进的施工机械，优先选用小型泵车泵送浆料施工，减少垂直运输过程中的环境污染。

10. 效益分析

与以往的屋面挤塑保温板温层比较，按本工法施工可以省去保温层下的一层砂浆找平层，节约结构层上水泥砂浆找平层的支出。

11. 应用实例

11.1 武进农发区标准厂房：位于武进农发区稻香路，框架二层，2004 年 9 月开工，2005 年 3 月竣工，屋面保温层面积 28000m²，应用效果好。

11.2 长江塑化市场 100000m²：位于常州市通江大道沪宁高速公路北，框架四层，2004 年 9 月开工，2005 年 5 月竣工，屋面保温层面积 20000m²，应用效果好。

11.3 江苏百盛房地产开发有限公司湖塘纺织城：位于湖塘镇，房屋建筑面积 200000m²，2005 年 9 月开工建设，2006 年 4 月竣工，屋面保温层面积 110000m²，应用效果好。

11.4 江苏武进创业房地产有限公司晓柳二期（1-31 号房），2005 年 10 月开工，2006 年 10 月竣工，屋面保温 28000m²，应用效果好。

11.5 新闸镇人民政府（科技园）标准厂房、物管大楼共 17 幢，位于常州市新闸镇工业园内，2005 年 4 月开工，2005 年 12 月竣工，屋面保温 32000m²，应用效果好。

EPS 保温板粘贴式施工工法

YJGF140—2006

辽宁三盟建筑安装有限公司　上海市第一建筑有限公司

钟雷　金大海　李彦华　王庆龙　王浩浩

1. 前　　言

随着我国国民经济水平的不断提高，加上近年来国家墙体改革政策力度不断加大，对建筑节能的要求越来越高，特别是随着材料和应用技术的不断提高，EPS 板、玻纤网格布增强和饰面层组成的集墙体保温和装饰功能于一体的新型外保温饰面系统已成为当今建筑节能墙体中最具竞争的体系之一。这种 EPS 外保温系统非常适合我国的建筑节能，既保温降低能耗，又减小墙体厚度，增加使用面积，施工也较为方便，最近几年得到了广泛的应用。

2. 特　　点

新型 EPS 外保温饰面系统是一种简便易行的外保温技术，该系统吸收和消化了各种复合墙体、内保温系统，特别是 EPS 建筑模块墙体，EPS 板夹芯墙体的优点，克服了预制建筑模块、夹芯墙等工艺存在的施工繁琐、未能彻底消除冷桥、节能效果低等缺点。

2.1　自重轻

饰面系统重量仅为 $2\sim3kg/m^2$，可使外墙的厚度减少 1/3～1/2，故总的外墙自重可相应减轻 1/3～1/2，从而减少地震反应和地基负载。

2.2　增加房屋的有效使用面积

由于外墙大幅度减薄，可提高房屋面积的利用率 3％～5％。

2.3　节能效果显著

由于导热系数极低的 EPS 板整体将建筑物包了起来，消除了冷桥，保护墙体不受外界侵袭，减少了对建筑墙体冷热冲击。无论炎热的夏季，还是寒冷的冬季，保温隔热始终有效，年复一年的节能，使用该系列产品可满足建筑节能的设计要求。

2.4　更换修补方便

采用简单的工具切割修补原有的 EPS 保温层。

2.5　保护墙体、防水效果显著

该系统能有效的保护墙体不受外界侵袭，尤其对墙体裂缝有保护和限制其发展的作用，而使用该保温饰面系统的系列产品后，一般的裂纹不会影响该系列产品的整体性能，因为具有良好弹性的 EPS 板吸收了裂缝产生的位移，而裂缝又是包裹在外保温饰面防水层的里面，从而形成了有效的防水体系，确保了长期保温效果。

2.6　足够的强度和耐久性

2.7　综合效益显著

由于该外保温饰面系统自重轻、厚度薄、施工方便、节能效果显著、无污染。

3. 适 用 范 围

本工法适用于基层为墙体（混凝土墙体、各种砌体墙体）其外侧做保温的工程。

4. 工 艺 原 理

以 EPS 板为保温隔热层，采用粘结方式，辅以机械固定件（锚栓、锚筋、射钉等）固定于基层墙面，并以抗裂砂浆复合玻纤网格布作防护层，涂料或面砖饰面的外墙外保温系统。

5. 施工工艺流程及操作要点

5.1 施工工艺流程

5.1.1 涂料饰面外保温系统施工工艺流程（参见图 5.1.1）：基层墙体处理→剪裁玻纤网及 EPS 板→配制胶泥→粘贴 EPS 板→EPS 板打磨找平→板面抹胶泥铺设玻纤网→涂抹面胶泥及面层处理→饰面涂料→检查验收

5.1.2 面砖饰面外保温系统施工工艺流程（参见图 5.1.2）：基层墙体处理→钢丝网架聚苯板的固定→清除聚苯板酥松、空鼓部分和油渍、污物、灰尘等→设置钢丝网角网→聚苯板面抹抗裂砂浆覆裹钢丝网片→胶粘剂粘贴面砖→检查验收

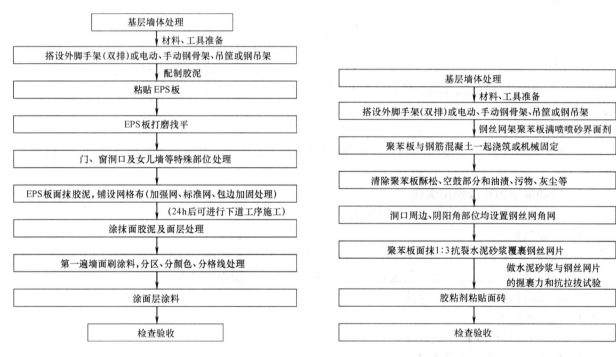

图 5.1.1 涂料饰面外保温系统施工流程图   图 5.1.2 面砖饰面外保温系统施工流程图

5.2 操作要点（涂料饰面）

5.2.1 准备工作

1. 要粘贴 EPS 板外墙体消防梯、水落管等及其他预埋件，进口管线或其他预留洞口，应按设计图纸和施工验收规范要求提前施工或安装完毕。

2. 施工脚手架或吊架安装完毕且内侧与墙面净距离不应小于 400mm。

5.2.2 基层墙体处理

1. EPS 外保温饰面系统的墙面应进行墙体抹灰（钢筋混凝土墙面除外），墙体表面的灰尘、污垢和油渍等应清理干净，并洒水湿润，对基层为混凝土的部分应进行"毛化"处理，以保证抹灰层与主体结构粘结牢固，避免空鼓造成脱落。找平基层，其墙面平整度≤3mm/m，墙角垂直度≤2mm/m。

2. 基层抹灰表面应平整、坚固、干燥、没有油漆、涂料等污染物。

3. 对既有建筑进行保温改造时，应将原有外墙饰面层彻底清除，露出基层墙体表面，并按上述基层墙体处理方法进行处理。

5.2.3　材料的准备

1. 配料前准备

1）用启盖器打开粘合剂料桶，用电动手提搅拌器先搅拌一下粘合剂，使其上下均匀一致。

2）准备一只干净的塑料桶（分料工具），如使用过的胶桶或其他桶具。

3）准备一把小撮子或小铲子（加水泥用具），再准备一把小瓦刀（刮胶泥用具）。

2. 配制胶泥

1）配制胶泥，必须有专人负责，以确保搅拌质量。

2）配合比（体积比）。粘合剂：P.O42.5 普硅水泥＝1：1。

3. 搅拌胶泥

1）初次搅拌：应逐渐地将水泥加入桶中，边加边搅拌，搅拌要充分，且不能一次加入过多的水泥，同时应避免过度搅拌出现离析。

2）再次搅拌：初次搅拌静停 5min 后应再搅拌，根据施工环境及和易性等要求，适当加入少许清水，加水量最多不得超过胶料量的 5％。

4. 胶泥的存放

配好的胶泥应放置于阴凉处，避免阳光暴晒。胶泥应随用随配，调配好的胶泥最好在 1h 内用完，最长不宜超过 2h，遇炎热天气宜适当缩短存放时间。

5. 剪裁玻纤网格布及 EPS 板

1）根据实际需要，对 EPS 板需要翻包的部位应提前剪裁好玻纤网。

2）根据建筑外墙的实际情况选定 EPS 板的主、副规格尺寸，主规格板的长宽比宜为 2：1，尺寸以 1200mm×600mm 为宜。

5.2.4　铺贴 EPS 板

1. 铺贴顺序

根据工程情况可采用从下至上或从上至下沿水平逐渐铺设方法。无论哪种方法应选好起始线（端）或界定板。贴板前先拉好垂直线、水平线，跟线贴板。首层铺板为了防止下滑，需在底部将 EPS 板临时固定。相临排板错缝搭接，搭接长度不宜小于 1/3 板长，转角部位应咬茬搭接。

2. EPS 板翻包部位及要求

根据建筑物的实际情况，对门窗洞口及突出的阳角部位，管道及其他设备穿墙洞口部位，勒角、阳台、雨篷等系统的尽端部位，变形缝等需要终止系统的部位，EPS 板需进行翻包标准网。其方法是将宽度为不小于 30cm（视 EPS 板厚度而定）的标准网与基层先粘贴，其粘贴宽度为 10cm，待 EPS 板粘贴后进行翻包，板面不小于 20cm。

3. 铺摊胶泥

粘贴 EPS 板时，采用点框粘结即在板背面沿周边刮上 50mm 宽，15mm 厚的胶泥，板中部位置均匀的刮上直径 100mm、厚 15mm 的胶泥饼（胶泥饼中心间距≤200mm，保证涂胶面积≥30％），一般情况下不允许在板的侧面刮胶泥。

4. 贴 EPS 板

将刮好胶泥的 EPS 板立即按规定的墙面部位就位，用手或靠尺在整块板面上均匀施加力，保证结合一致，粘结牢固，防止空鼓。

5. EPS 板的接缝

铺设时应保证 EPS 板缝相接紧密，不允许留缝。对铺贴时挤入板侧的胶泥应用灰刀清除干净。对下料尺寸偏差或切割等原因造成的板间小缝，应用 EPS 板裁成合适尺寸的小片塞入缝中。

6. EPS 板面初步找平

将刮好胶泥的 EPS 板按规定就位后，用 2m 长的靠尺将板压实、压平，进行初步找平，为下一道工序做好准备。

7. EPS 板打磨

待 EPS 板粘贴 24h 后方可进行打磨，使用粗砂纸或专用工具，对整个墙面打磨一遍，打磨时不要沿板缝平行方向，而是作轻柔地圆周运动将不平处磨平，墙面打磨后，应将 EPS 板碎屑清扫干净。随磨随用靠尺检查平整度，板面打磨成细麻面。

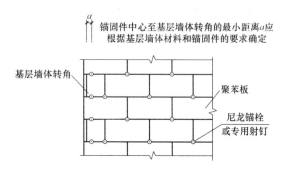

图 5.2.4 聚苯板排列及锚固点布置图

8. EPS 板采用机械固定件成品锚栓、锚筋等用于辅助固定保温层，锚栓应在粘贴板的胶粘剂初凝后，方能钻孔安装，EPS 板锚栓间距如图 5.2.4 所示，距转角处一定距离根据实际情况锚栓间距适当加密。

5.2.5 铺贴玻纤网

1. 玻纤网下料

按预先需要长度、宽度从整卷玻纤网上剪下网片，留出必要的搭接长度或重叠部分的长度。

2. 铺网顺序及要求

1）加强网：先在基层上铺设有包边要求的标准网，然后再根据实际需要或者设计要求，如底层窗台以下的墙体，墙转角部位。在 EPS 板上铺加强网，加强网在转角处应连续，除特殊要求部位为双层外，加强网一般为一层。

2）标准网：在整个墙面上铺设，开始铺设网从下至上一圈一圈往上铺，从而形成在加强的部位为三层，其他部位为单层的布网方式，标准网在大墙转角处也应连续。在已铺加强网的部位铺标准网，其时间间隔不少于 24h。

3. 刮胶粘网

1）刮胶泥：在基层或 EPS 板表面刮上胶泥，所刮面积应略大于网片的长和宽，厚度应一致约 1.5mm。除有包边要求者外，胶泥不允许涂在 EPS 板的侧边。

2）贴网：刮胶泥后立即将网摊开于其上，网的弯曲面朝向墙，从中央向四周用铁抹子施加力涂平，在埋置网时不应使网产生皱折，网应完全埋入胶泥中。

3）装饰部位的贴面：只需将附加标准网或加强网，按装饰部位的开头埋入这些部位表面的胶泥中，并满足与相邻网的搭接长度。

4. 网的搭接和埋入长度

1）边网：包在 EPS 板板面的长度，底板不小于 100mm，板面不小于 100mm。

2）墙转角：墙转角处网（包括加强网和标准网）应连续，由转角一侧包至另一侧的长度不应小于 200mm。

3）接或重叠：非连续的玻纤网之间必须相互搭接，在接缝处被切断的部位应采用补网搭接，网间的搭接长度不应小于 100mm。

5. 门、窗口加固处理：铺贴网完成后，在每个门、窗口的内侧及四角外侧粘贴一层标准网进行加固处理。其内侧长度 240mm，宽度与内侧门、窗口相同，其四角处侧网长度 200mm，宽度 100mm。窗口滴水线做法如图 5.2.5-1。

6. 首层或勒角的加固处理

1）首层增设加强网一道，以增加整体强度。

2）埋入地下的部分采用挤塑聚苯板用回填土夯实压紧。

3）墙面与散水交接处填塞泡沫塑料棒，然后使用密封

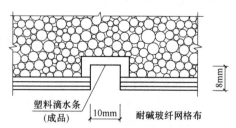

图 5.2.5-1 窗口滴水线

材料密封，达到防水防潮的目的。墙面变形缝做法如图 5.2.5-2。

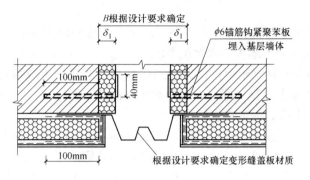

图 5.2.5-2　墙面变形缝

7. 质量自检：网铺完后，对墙面进行检查，确保铺网无裸露、表面平整，当发现有铺网裸露，应用胶泥补涂。

5.2.6　饰面层刮（抹）胶泥

铺网工作完成，待其干燥后，一般时间间隔不少于 24h，进行第二遍刮（抹）胶泥，做面层处理，此时，施工宜自上而下进行，刮（抹）厚度 1～1.5mm 为宜，要求外观均匀平整，无明显抹痕及其他不规则处，网的纹路不应可见。

5.2.7　面层涂料的施工

1. 基层检查与维修

对基层进行全面检查，检查是否有抹痕，粗糙的拐角和边沿，板和网是否适当埋入，网的纹路不应可见，修整好所有不规则处后再准备下道工序施工。

2. 施涂时机

全部墙体铺网，饰面刮（抹）面层胶泥完成 24h 后，方可进行面涂施工。大雾天气，应禁止施工。

3. 涂料搅拌

用专用搅拌器适度搅拌涂料至稳定均匀状态，不能过度搅拌。

4. 墙面分区

利用拐角、伸缩缝或装饰缝进行分区，一个分区内的墙面或一个独立的墙面应一次施涂完毕。

5. 施工要求

炎热天气，宜先在建筑物背面阴面施工，技工应使用相同的涂刷工具，涂抹的纹路要左右前后相同，施涂层的墙应有防雨措施，不得有污染，可用刷涂或滚涂，至少两遍成活。

5.3　操作要点（面砖饰面）

5.3.1　钢丝网架聚苯板与现浇钢筋混凝土一起浇筑的外保温系统

1. 采用腹丝穿透型钢丝网架聚苯板作保温隔热材料，置于外墙外模内侧，并以锚筋钩紧钢丝网片作为辅助固定措施与钢筋混凝土现浇为一体，聚苯板的抹面层为 1:3 抗裂水泥砂浆（覆裹钢丝网片），胶粘剂粘贴面砖。

2. 钢丝网架聚苯板内外表面均满喷喷砂界面剂，待其安装就位后，将 $\phi 6$ 锚筋双向@600mm 穿透板身与混凝土墙体钢筋绑牢，锚筋穿过聚苯板的部分刷防锈漆两遍。

3. 聚苯板面的钢丝网片，在楼层分层处均应断开，不得相连。

4. 必须采用大模板施工。

5. 墙体混凝土应分层浇筑，分层振捣，分层高度应控制在 500mm 以内，严禁正对聚苯板下料，振捣棒不得接触聚苯板，以免板受损。

6. 洞口周边、阴阳角部位均设置钢丝网角网，每边宽度≥100mm（洞口口膀满铺），角网与钢丝网片用双股镀锌钢丝绑扎牢固@150mm。

7. 抗裂砂浆抹面前，应清除聚苯板酥松、空鼓部分和油渍、污物、灰尘等，界面剂如有缺损也应补喷。

8. 面砖所采用胶粘剂和勾缝材料的技术性能满足相关规定。粘贴面砖前，须做水泥砂浆与钢丝网片的握裹力和抗拉拔试验。

9. 面砖墙面每层宜设水平分层缝，垂直分格缝的位置按缝间面积 30m² 左右确定。

5.3.2 机械固定钢丝网架聚苯板的外保温系统

1. 采用腹丝非穿透型钢丝网架聚苯板作保温隔热材料，通过网卡或预埋锚筋固定于基层墙体，聚苯板面抹 1:3 抗裂水泥砂浆覆裹钢丝网片，胶粘剂粘贴面砖。

2. 基层墙体应坚实、平整、突出物应剔除铲平。

3. 钢丝网架聚苯板外表面满喷喷砂界面剂，用预埋 $\phi6$ 锚筋固定钢丝网片时，锚筋在砌墙时埋入砖缝（锚筋端头露出钢丝网片 120～150mm），出基层墙面部分刷防锈漆两遍，待钢丝网架聚苯板铺设就位，即将露头的锚筋折弯压紧钢丝网片，并用镀锌钢丝绑牢。用网卡固定钢丝网片时，先在钢丝网架聚苯板面按网卡的位置和尺寸挖出板洞，放入网卡后，用金属锚栓将卡紧网片的网卡紧固在基层墙体上，再用聚苯板将孔洞填实。聚苯板的锚固点每平方米不少于 5 个，洞口周围应适当增加。

4. 聚苯板角钢承托件（l = 200mm）布置高层建筑每层设置其他隔层设置水平@1200mm。

5. 钢丝网片用双股镀锌钢丝绑扎牢固@150mm。

6. 抗裂砂浆抹面前，应清除聚苯板酥松、空鼓部分和油渍、污物、灰尘等，界面剂如有缺损也应补喷。

7. 面砖所采用胶粘剂和勾缝材料的技术性能满足相关规定。粘贴面砖前，须做水泥砂浆与钢丝网片的握裹力和抗拉拔试验。

8. 面砖墙面伸缩缝可按 6m×6m 设置。

6. 材料和设备

6.1 粘合剂（专用特种胶）、喷砂界面剂其技术性能应符合专门标准的规定。

6.2 玻纤网格布必须为耐碱定型产品分为标准网和加强网，主要技术指标见表 6.2；尼龙（金属）锚栓等作为固定件具备出厂合格证书。

耐碱玻纤网格布主要技术指标　　　　　　　　　　　　　　　　表 6.2

网孔距 mm	单位面积质量 g/m³	含胶量（%） 耐碱型	耐碱断裂强力保留值 N/50mm	耐碱断裂力保留值 （%）
4～6	≥160	≥20	≥750	50

6.3 EPS 板（阻燃自熄型）表观密度 ≥18kg/m³，挤塑聚苯板表观密度 ≥32kg/m³，同时钢丝网架聚苯板还应符合《钢丝网架水泥聚苯乙烯夹心板》的有关规定，且聚苯板需沉化 40 天后方可使用。

6.4 水泥（P.O42.5 普硅水泥）符合相关规定。

6.5 面层涂料、面砖均应符合相关规定；高层建筑镶贴面砖时，面砖重量 ≤20kg/m²，且面积 ≤10000mm²/块。

6.6 手提式搅拌器、切割玻纤网格布和 EPS 板的刀和工具、打磨 EPS 板面的粗砂纸和麻面刷、铁抹子、开槽器等。

6.7 外保温系统所有组成材料应由外保温系统材料供应商成套供应，同时提供法定检测部门出具的检测报告和出厂合格证，并保证相关材料的相容性，该系统产品的粘结强度、耐冻融等项目已进行检测并认定合格。材料进场后应按规定取样复检，严禁使用不合格产品。

7. 质量控制

7.1 基层墙体的质量

7.1.1 墙面抹灰基层应平整、坚固，无空鼓、脱层、裂纹等缺陷。

7.1.2 基底附着力满足粘贴 EPS 板要求。

7.2 本系统使用的所有材料的技术性能，均应满足国家有关标准和图集的有关要求。施工前应对材料质量进行抽样复查，抽样数量和次数均满足相关规定。

7.3 EPS 板的粘贴应满足以下要求

7.3.1 目测检查表面状况，板边的切割质量、板缝及填塞质量。

7.3.2 板面打磨完毕后，须用 2m 长靠尺及塞尺检查板面平整度及垂直度，误差均不得大于 4mm，阴阳角处板边加工与连接也必须整齐平顺。

7.3.3 EPS 板粘贴 48h 后，敲击检查是否有松动或粘贴不实处。

7.3.4 用最小刻度为 0.5mm 的金属直尺测量板缝间隙及高差，高差不得超过 1mm。

7.4 玻纤网格布的铺设

7.4.1 现场检查网格布是否按规定铺设，要求无明显接茬，无露底、漏网现象。

7.4.2 用插针法检查抹面胶泥的厚度，同时要求墙面无明显抹痕，表面平整，门窗洞口、阴阳角垂直、方正。

7.5 粘贴和涂抹作业期间及完工后的 24h 内，环境和基层表面温度均应高于 5℃，严禁雨中施工，遇雨或雨季施工应有可靠的防雨措施，抹面层和饰面层施工还应避免阳光直射和 5 级以上大风，否则将难以保证施工质量。

7.6 面层涂料的施工

涂料的施工质量应满足建筑工程质量检验评定标准的要求，并应用插针方法检查涂料的厚度。

7.7 面层面砖的施工

面砖的施工质量应满足建筑工程质量检验评定标准的要求，并应通过拉拔试验以保证粘结强度达到《建筑工程饰面砖粘结强度检验标准》JGJ 110—97 的要求。

8. 安 全 措 施

8.1 使用的各种电动机械，应符合相应的安全技术操作规程要求，配齐安全防护。

8.2 班组操作前应对操作环境认真进行安全条件检查，电动机具装设是否符合安全规定，脚手架或吊笼搭设是否符合安全操作要求。

8.3 在外架或吊筐等上操作时，杜绝向外向下抛掷材料及物品。不得穿拖鞋、高跟鞋、硬底鞋上架。

8.4 操作地点环境温度和基层墙体表面温度不得低于 5℃，风力不得大于 5 级，以免意外事故的发生。

8.5 操作人员应遵守安全操作规程，正确佩戴个人安全防护用品。

9. 环 保 措 施

9.1 设立专用沉淀池、集水坑等对污水进行集中处理，认真做好无害化处理。

9.2 保持施工现场干净清洁，定期清理施工现场 EPS 板头及时回收不得乱扔，防止污染环境。

9.3 注意使用水泥、切割 EPS 板时工人防护用品齐备并采取有效措施，减少扬尘，避免污染环境，保护职工的身体健康。

10. 效 益 分 析

10.1 EPS 外墙外保温系统综合效益显著，该外保温饰面系统自重轻、厚度薄、施工方便、节能效果显著、无污染。

10.2 通过对 EPS 外墙外保温系统的质量控制，大大提高建筑的节能指标，既保温降低能耗，又减小 1/3~1/2 的墙体厚度，增加房屋的有效使用面积，提高房屋面积的利用率 3%~5%。

10.3 节能效果显著，无论炎热的夏季，还是寒冷的冬季，保温隔热始终有效，完全满足建筑节能的设计要求。

10.4 同时能有效的保护墙体不受外界侵袭，使外墙面形成了有效的防水体系，确保了长期保温的效果。

11. 应 用 实 例

辽宁工业大学家属住宅 1~8 号楼，6 层，框架结构，建筑面积 42800m²。辽宁医学院 1 号、2 号、9 号、10 号宿舍楼，6 层，框架结构，建筑面积 26000m²。以上工程均采用外墙外保温，在施工过程中，我公司严格按上述工法施工，杜绝了外墙面渗漏等质量通病，大大提高了建筑物节能、环保指标，确保了工程质量，为公司赢得了良好的社会信誉。

直立边锁扣式铝镁锰合金屋面施工工法

YJGF141—2006

江苏省建工集团有限公司　通州建总集团有限公司

许平　陆建斌　徐建　丁锋　刘迎

1. 前　言

随着我国改革开放的不断深入和科技的飞速发展，各种新型建筑材料在短短的十几年间不断应运而生，从而解决了很多在过去很难解决的建筑技术难题。铝镁锰合金材料作为一种新型的建筑屋面材料在众多工程中的应用也已经越来越普遍，该种材料作为各种大型公共建筑尤其是体育建筑的屋面板已在很多工程中有了成功的实例。

原有金属屋面存在保温和隔声性能差、漏雨、耐腐蚀性差等缺点，产生了大量的后期维护费用。我公司开发运用了直立边锁扣式铝镁锰合金屋面这种施工技术，成功解决了上述几个问题，同时结合以往几个项目铝镁锰合金屋面的成功施工经验，总结出了一套行之有效的能够确保其安全、经济的施工工法。

2. 工 法 特 点

2.1 材料特点

2.1.1 立式咬合无螺钉外露，且每块板纵向长度不限，不需拼接，完全解决钢结构屋面漏雨难题；

2.1.2 铝镁锰屋面板的独特结构，使其在温差下热胀延伸，冷缩移动自如；

2.1.3 铝镁锰屋面板不含易老化塑料、橡胶类材料，正常使用寿命超过40年，性能价格比优越，一次性投资免除维修；

2.1.4 铝镁锰屋面板重量轻，保证风的负压和雪的预留荷载，安全可靠；

2.1.5 铝镁锰屋面板涂层绝缘不影响避雷效果；

2.1.6 铝镁锰屋面板耐腐蚀性能是普通铝板的3倍，是不锈钢的2倍，抗拉强度是普通铝板强度的2.5倍，能承受较大的冲击荷载；

2.1.7 铝镁锰屋面板具有电磁波屏蔽性能，使人体不受到伤害；

2.1.8 铝镁锰屋面板是理想的环保材料，不会释放有害毒素。

2.2 本工法的特点

2.2.1 屋面板采用现场压型的生产方式，其生产设备可装在集装箱内，能方便灵活搬运，不受运输场地的限制。

2.2.2 采用轻钢结构，材料构件重量小，无需大型吊装机械，只需人工搬运即可，节省了大型机械吊装费用。

2.2.3 屋面板面层即作为严密的防水层，无需柔性防水层，免去柔性防水材料的铺设工艺。同时，屋脊处的"固定点"可保证屋面板在热胀冷缩时只向天沟方向滑动，防止屋面变形而产生破坏，此两项从经济上可大大节省后期使用过程中的维护费用。

2.2.4 自行式直立锁边机无需人工推动即可从檐口处自动行至屋脊处完成锁边任务，不仅速度快，而且质量好，相比传统的人力锁边方法既节省了施工时间和人工，又大大降低了施工人员因可能踩踏面板而滑倒所产生的危险。

2.2.5 屋面板材下部的铝合金 T 形固定座的定位和安装要求高。屋面板屋脊到檐口均为一条通长板材，铝合金 T 形固定座是将屋面风载传递到檩条的主配件，它的安装质量直接影响到屋面板的抗风性能；铝合金 T 形固定座的安装误差还会影响到屋面板的纵向自由伸缩及屋面板的外观。因此，铝合金 T 形固定座安装既是重点又是难点。

3. 适 用 范 围

本工法可用于各种大型体育场馆或其他公共建筑屋面的施工。

4. 工 艺 原 理

直立边锁扣式铝镁锰合金屋面的施工工艺原理是：将 T 形固定座与檩条固定，然后将屋面板固定在 T 形固定座的梅花头上，再用电动锁边机将板的大小肋锁在固定座的梅花头上以达到饰面、防水等效果。

5. 工艺流程及操作要点

5.1 工艺流程

屋面放线定位→主檩托板安装→主檩条安装→镀锌压型钢板安装→次檩托安装→次檩条安装→铝合金 T 形固定座安装→避雷安装→保温层铺设→屋面板安装→天沟安装→屋面洞口的处理→交工验收。

5.2 操作要点

5.2.1 屋面放线定位

屋面放线定位是屋面系统施工的第一步，是非常重要的环节，直接影响到屋面系统的安装质量和外观效果。

具体操作步骤如下：

1. 明确屋面系统施工边界，按照设计图纸进行屋面边界尺寸定位，同时参照屋面收边节点，确定屋面板的实际铺设区域。确定屋面板布置区域后，进行屋面板布置放线，要注意尽量避开屋面孔洞。

2. 在屋面上建立测量基准点。用经纬仪在屋面上测出各控制球节点之间的尺寸误差，找出檩条调节的重点位置并确定檩托最大调节高度。

5.2.2 主檩托板安装

主檩托板是网架球节点和屋面系统连接的基础，是调节网架安装误差的主要构件。

主檩托板的高度 H 要根据屋面现场放线定位时得到的测量数据确定，这样才能保证屋面檩条有足够的调节空间（h）。

檩托板和球节点托架采用焊接连接方式，在焊接时要对焊接点进行打磨处理，同时焊接过程中保护网架防护涂料不被破坏。若在焊接过程中发现涂料被损坏，需及时进行补救。檩托板焊接完成后，也要对焊点进行防护补漆。

5.2.3 主檩条的安装

整个金属屋面系统安装的质量与檩条的安装质量是密不可分的。为保证金属屋面系统安装质量及其美观性，应严格按照屋面工程质量验收规范和钢结构工程施工质量验收规范进行安装施工。

檩条安装位置在整个屋面部位，采用人力将檩条运至屋面，人工散开安装，根据屋面主檩条布置，在安装时特别要注意对号入座。

主檩条与檩托采用焊接连接，当檩条安放就位后与主檩托焊接，在焊接之前应检查正在安装的檩条顶面是否与已安装好的相邻檩条顶面平齐，如不平齐应作调整，相邻檩条顶面高差在3mm以内时方可焊接，见图5.2.3。

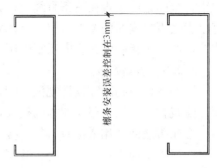

图5.2.3 檩条安装误差控制示意图

天沟部位的檩条截面和放置方向应注意区分，防止安装错误。针对每个节点安装檩条，安装好檩条校正后，及时安装拉杆，檩条支撑，使之形成稳定的檩条结构体系。每一跨安装完成后检查檩条螺栓的拧紧程度及檩条是否扭曲，是否在同一个平面，是否有错开现象发生，对出现的问题及时纠正，在屋面板安装前组织监理对檩条安装进行隐蔽验收。

5.2.4 镀锌压型钢板的安装

镀锌压型钢作用为支撑保温棉，铺设在次檩条与主檩条中间，同时作为吊顶层使用。这层底板在室内就能看见，所以施工时要求所有镀锌钢底板要求螺钉整齐排满底板，绝对不可以起拱，底板用螺钉连接于主檩条之上。

5.2.5 次檩托的安装

次檩托即为3mm厚几字码，通过自攻螺钉穿透镀锌压型钢板与下部的主檩条连接。次檩托因其上部承载的为通长次檩条，所以次檩托在安装之前应沿屋面坡向按照次檩条的间距弹出控制线，再根据次檩条控制线的位置来固定每一排的几字码。

5.2.6 次檩条的安装

次檩条垂直于主檩条安装固定，间距0.50m，螺栓固定。本工程所有檩条用螺栓与檩托连接固定，当檩条吊装就位后，穿入螺栓，先不拧紧，再检查正在安装的檩顶面与已安装的相邻檩条顶面是否平齐，或相邻檩条顶面高差在2mm以内时紧固螺栓。如不平，通过垫板调整后再紧固，安装时应尽量将两相邻檩条顶面调成一致。次檩条为直接安装屋面固定支座的平台，安装精度须得到绝对保证。

5.2.7 铝合金T形固定座安装（关键工序）

铝合金固定座即直立锁边屋面系统的支撑固定座。铝合金固定座是将屋面风载传递到附加檩的受力配件，它的安装质量直接影响到屋面板的抗风性能；铝合金固定座的安装误差还会影响到面板的纵向自由伸缩。因此，将铝合金固定座安装作为本工程的关键工序，在本工程中将采用固定与活动支座两种。铝合金固定座安装主要有以下几个施工步骤：

1. 放线：用经纬仪将轴线引测到檩条上，作为铝合金固定座安装的纵向控制线。第一列铝合金固定座位置要多次复核，以后的铝合金固定座位置用特殊标尺确定。铝合金固定座沿板长方向的位置只要保证在檩条顶面中心，铝合金固定座的数量多少决定着屋面板的抗风能力，所以铝合金固定座沿板长方向的排数严格按图纸施工。

图5.2.7 屋面固定座布置示意

2. 螺钉固定：本工程铝合金固定座用自攻自钻螺钉固定，将铝合金固定座对准其安装位置，然后用手电钻进行自钻固定，为保证固定座的均匀受力，采用两侧对称方式固定，首先固定一侧螺钉，在固定另一侧螺钉前，调整固定座的角度及位置，待检查无偏差后进行固定。

3. 安装铝合金固定座：安装铝合金固定座时，其下面的隔热垫必须同时安装，每钻完一个螺栓孔，立即打一颗螺栓。每个铝合金固定座需要对称打两颗螺栓见图5.2.7。

4. 复查铝合金固定座位置：用目测的方法检查每一

列铝合金固定座是否在一条直线上，如发现有较大偏差的铝合金固定座，在屋面板安装前一定要纠正，直至满足板材安装的要求。铝合金固定座如出现较大偏差，屋面板安装锁边后，会影响屋面板的自由伸缩，严重时板肋将在温度反复作用下磨穿。

5.2.8 避雷线安装

国家《建筑物防雷设计规范》GB 50057—94 第4.1.4条的规定，除第一类防雷建筑物外，金属屋面的建筑物宜利用其屋面作为闪接极，但应符合下列要求：

金属板之间采用搭接时，其搭接长度不应小于100mm；

金属板下面无易燃物品时，其厚度不应小于0.5mm；

金属板下面有易燃物品时，其厚度，钢板不应小于4mm，铜板不应小于5mm，铝板不应小于7mm；

金属板无绝缘被覆层。

铝镁锰合金屋面板下方为阻燃保温玻璃丝棉，屋面板厚度为0.9mm。完全符合利用屋面作为闪接极的条件，不需要在屋面上布置防雷网或避雷带。

在安装铝合金固定座时，必须按设计要求，将某些铝合金固定座的胶垫去掉，达到避雷的要求。

5.2.9 保温层的铺设

保温层采用200mm厚超细离心玻璃棉。为避免雨水淋湿，离心玻璃棉安装后必须紧跟着安装铝合金面板。为达到优良的保温效果，离心玻璃棉应完全覆盖钢丝网，两块棉之间不能有间隙，相邻两块棉的接口处用铝箔胶带粘牢钉好。铺离心玻璃棉时，应注意收听天气预报，做好充分防雨准备，当天铺的离心玻璃棉，必须当天安装完面板。铝箔是与离心玻璃棉连成一体的，铝箔面在下，用来防水、防潮、闭气的作用，还可防止热辐射对室内温度影响。

5.2.10 屋面板的安装

为使整个屋面安装顺利进行，在安装之前应对屋面放几条控制线与主钢结构相平行，在安装时依据控制线来安装整个屋面板的位置。

1. 安装屋面板：屋面板生产出来后，用人工将板抬到安装位置，就位时先对准板端控制线，然后将搭接边（大肋）用力压入前一块板的搭接边（小肋）。检查搭接边是否能够紧密接合，如不能应找出问题，及早处理。安装时共分4～6组，每组派出专人安装定位点，"固定点"位置按设计图纸要求。

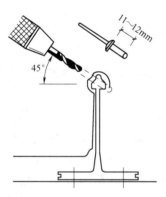

图5.2.10-1 固定点示意图

"固定点"通常是指在靠近屋脊的地方，用一颗防水铆钉固定住一端，保证屋面板在热胀冷缩时向天沟方向滑动。在每一块屋面板上，只允许在端头有一个"固定点"。具体施工的时候，通过板的小卷口和角码的顶端钻一个孔以便安装防水铆钉，铆钉长11～12mm，铆钉头则会被下一片板所遮盖见图5.2.10-1。

锁边完成后可以用螺栓在角码的位置固定作为"固定点"。如果"固定点"不是位于屋脊位置，那么在施工屋脊盖板时必须允许从"固定点"到屋脊这段板可以自由伸缩。

2. 铝合金屋面板锁边：面板位置调整好后，安装端部面板下的泡沫塑料封条，然后进行锁边。处于安全方面的考虑，直立锁边屋面板在铺板后必须立即进行锁边，这样板才可以共同工作，以保证承载能力。开始锁边之前，特别要检查锁边机的状况。当板覆盖有涂层时，必须保证锁边机滚轮的清洁以及没有毛刺，可以通过检查锁边完成后屋面板卷口的尺寸来判断锁边机是否正常。根据支撑结构平整度，锁边机可以自动运行而无须操作人员的照看，对于不平整的或弧形的屋面，则必须有操作人员的照看，操作人员必须位于已经锁边固定的板一侧。

3. 在产品生产过程中，直立锁边屋面板表面覆有薄薄一层油，潮湿的表面会增加滑倒的危险。在

图 5.2.10-2　屋面板锁边示意图

安装过程中，根据以下跨度要求在锁边完成后可以直接在上面行走。

4. 对于更大的跨度或厚度为 0.7 及 0.8 的板，使用至少 3m 长的厚木板作为分布荷载之用。

全部完成的屋面根据以下的板跨要求可以上人进行检查或维护。

板安装时，应保证板在檐口方向成一直线，将板的多余部分留在天沟部分，以后再切割整齐。切割时使用带保护盖板齿深 9～20mm 的硬质金属锯片的手提圆锯较为合适。用条直线边导引锯的裁剪方向以确保裁剪边成一直线。裁剪完成后即可安装檐口泡沫封口条及滴水片。滴水片安装完成后，即可进行波谷下弯工作。

5. 安装封边泛水

泛水分为两种，一种是压在屋面板下面的，称为底泛水；一种是压在屋面板上面的，称为面泛水。

（1）底泛水安装（图 5.2.10-3）：天沟两侧的泛水为底泛水，必须在屋面板安装前安装。底泛水的搭接长度、铆钉数量和位置严格按设计施工。泛水搭接前先用干布擦拭泛水搭接处，目的是除去水和灰尘，保证硅胶的可靠粘结。要求打出的硅胶均匀、连续、厚度合适。

（2）面泛水安装：屋面四周的收边及屋脊泛水均为面泛水，其施工方法与底泛水相同，但要在屋面泛水安装的同时安装泡沫密封条。要求密封条不能歪斜，与屋面板和泛水结合紧密这样才能防止风将雨水吹进板内。

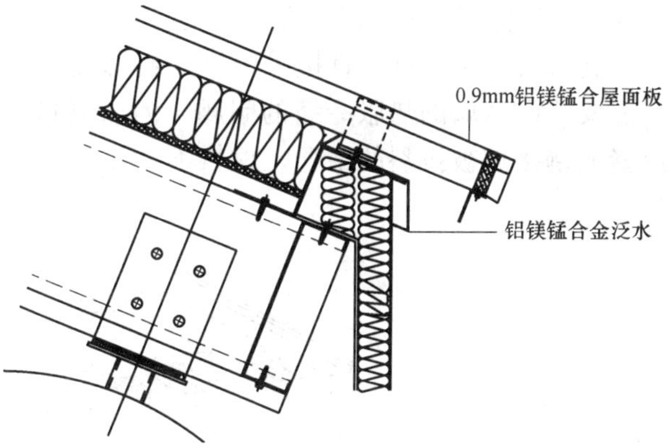

（3）侧向收边：共分若干组，每组用拉钉及耐候胶做好封边及泛水位，应确保每条收口之拉钉紧贴，密封胶饱满，及每件叠口之方向正确。

0.9mm铝镁锰合金屋面板

铝镁锰合金泛水

图 5.2.10-3　安装封边泛水示意图

（4）打胶：这里的打胶是指泛水之间的密封胶。打胶前要清理接口处的灰尘和其他污物及水分，并在要打胶的区域两侧适当位置贴上胶带，对于有夹角的部位，胶打完后用直径适合的圆头物体将胶刮一遍，使胶变得更均匀、密实和美观。打完胶后应立即将胶带撕去，避免胶干燥后与胶带粘结在一起。

6. 折边：折边的原则为水流入天沟处折边向下，否则折边向上。折边时不可用力过猛，应均匀用力，折边的角度应保持一致。

7. 屋面板的焊接：焊接前，先将咬完边的板肋切成 45° 斜角，然后用大力钳将其夹扁，使其咬合在一起，当缝隙不超过 2cm 时进行焊接。焊接设备选用氩弧焊机，选用进口铝硅焊条，焊条型号为 $\phi 2.4mm \times 900mm R4043$。

泛水为 0.9mm 厚铝板，焊接受热时很易产生较大变形，为了减小其焊接变形，在铝板与泛水及泛水与泛水焊接部位的正下方，安装了沿焊缝通长 Z 形支撑。Z 形支撑位置必须准确，如有较大偏差则起不到减小焊接变形的作用。

5.2.11 天沟安装

天沟材料采用 3mm 不锈钢，两段天沟之间的连接方式为焊接，考虑不锈钢热胀冷缩系数较大，每 60m 布置一条天沟伸缩缝。

天沟挂带安装：安装前检查天沟挂带有无变形，按设计的间距固定天沟挂带，并检查挂带的各个边是否平齐。

天沟对接、焊接：天沟对接前将切割口打磨干净，对接时要注意对缝间隙不能超过 1mm，先每隔 10cm 点焊，确认满足要求后方可焊接。焊条型号根据母材确定，但直径采用 ϕ2.5mm。焊缝一遍成型，待冷却后将药皮除去，天沟坡度与檐口坡度要保持一致，安装时只能在其设计位置组对焊接，而不能在地面扩大拼装。

天沟伸缩缝的安装（图 5.2.11）：当天沟安装到 60m 时，需要布置一条天沟伸缩缝。具体采用的办法是在天沟焊接的时候，在天沟的底部焊接一条褶皱，使天沟依靠褶皱拥有一段伸缩的空间。

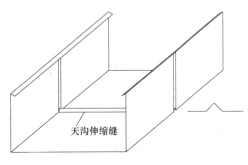

图 5.2.11 天沟伸缩缝示意图

开落水孔：安装好一段天沟后，先要在设计的落水孔位置中部钻几个孔，避免天沟存水，对施工造成影响。天沟对应部位的板安装好后，必须及时开落水孔。正式落水孔用空心钻开孔。

5.2.12 屋面洞口处理（图 5.2.12）

当金属拉杆穿出屋面时或在屋面安装采光天窗时，针对上人维修穿出洞口进行重点处理。

当洞口较小时，可以直接采用焊接或铆接的方法直接将泛水板固定。当洞口较大或材料不一致时，需要考虑金属的热胀冷缩的问题。因为洞口较大时，相对长度的伸缩量也会加大，有可能会出现焊缝或铆接点被拉裂的情况。材料不一致，会出现材料的伸缩系数不同，同样会将焊缝或铆接点拉裂。

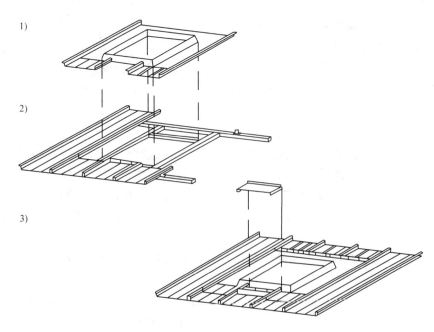

图 5.2.12 屋面洞口安装方法图

6. 材料与设备

6.1 主要材料见表 6.1

主要材料表

表 6.1

序 号	名 称	型号/规格	单 位	数 量
1	铝镁锰合金板	10251×575×0.9	m²	12000
2	T形铝合金座	L-27	件	23000
3	C形主檩条	80×80×6	T	30
4	次檩条	50×50×6	T	18
5	几字码			
6	不锈钢板	25×250×700×250×25×1219	件	666
7	离心玻璃丝棉	100	m²	24000
8	压型钢板	Y×820	T	50

6.2 主要设备见表 6.2

主要设备表

表 6.2

序 号	名 称	型号/规格	单 位	数 量
1	卷扬机	—	—	2
2	剪板机		台	2
3	台 钻	40mm	台	4
4	半自动切割机		台	3
5	空气压缩机		台	4
6	折方机		台	2
7	直流电焊机	16kVA	台	6
8	氩弧焊机	松下	台	2
9	直立锁边压板机		台	1
10	咬边机（配有折边器）		套	2
11	直立锁边400上弯器		把	3
12	直立锁边400下弯器		把	3
13	手动直立锁边咬边钳		把	3
14	手电钻		把	20
15	铆枪		把	20
16	电动螺钉枪	日本牧田	把	20
17	手用钢锯		把	10
18	电锯	可锯2.5mm不锈钢	台	4
19	角向磨光机	ϕ125	台	10
20	鱼嘴大力钳		把	20
21	C形大力钳		把	20
22	水平尺	1m	把	10
23	胶锤	2磅	把	8

7. 质 量 控 制

7.1 本工法执行的标准

7.1.1 《建筑结构荷载规范》GB 50009—2001

7.1.2 《建筑设计防火规范》GBJ 16—87（2001版）

7.1.3 《铝合金建筑型材》GB/T 5237—2000

7.1.4 《铝合金建筑型材》GB/T 5237—2000

7.1.5 《铝及铝合金加工产品的化学成分》GB/T 3190

7.1.6 《钢结构设计规范》GB 50017

7.1.7 《低合金高强度结构钢》GB/1597

7.1.8 《铝及铝合金板材》GB/T 3880—1997

7.1.9 《建筑用铝型材铝板氟碳涂层》JC 133—2000

7.1.10 《建筑用硅酮结构密封胶》GB 16776—2005

7.1.11 《压型金属板设计与施工规程》YBJ 216—88

7.1.12 《屋面和墙面的设计安装》AS 1562.1—1992

7.1.13 《建筑防雷设计规范》GB 50057—94

7.1.14 《压膜金属板设计和建造规范》YBJ 216

7.1.15 《铝及铝合金模压板》GB 6891—86

7.1.16 《建筑铝合金断面》GB/T 5237—93

7.1.17 《建筑供水和排水设计规范》GBJ 15—88（1997版）

7.1.18 《建筑抗震设计规范》GB 50011—2001

7.1.19 《屋面工程技术规范》GB 50207—94

7.1.20 《冷弯薄壁型钢结构技术规范》GB 5001—2002

7.2 本工法质量检验验收办法

7.2.1 材料进场的试验、检验：材料进场必须有产品出厂合格证以及经权威检测部门检测过的有效的产品检测报告，外观检验符合要求，再取样复试。取样复试主要检测其物理性能，取样按批进行，每批由同一厂别、同一牌号、同一规格、同一状态的材料组成。当必须对其进行化学成分分析时，每2000kg取一组样品。

7.2.2 外观质量检查：所有安装完的屋面系统，全面地进行外观质量检查，主要检查铝合金屋面板、铝合金包边装饰板和天窗表面有无锐物撞击伤痕和缺陷，以及泛水表面有无影响美观和防水的质量缺陷。板面清洁，无施工残留杂物或污物。屋面板安装后，要认真做好成品保护，板面不允许弯折或划伤。

7.2.3 屋面板边缘直线度检查：檐口和山墙的泛水是否平直将直接影响建筑物的外观。检查方法为拉通线。檐口与屋脊的平整度控制在允许偏差内，平整度偏差≤10mm；屋面板波纹线对屋脊的垂直度控制在允许偏差≤20mm（L/1000）内。屋面平整、线条顺直、檐口下端成一条直线，檐口相邻两块压型板端部错位不大于3mm。

7.2.4 收边泛水搭接检查：收边的搭接方法和搭接质量直接影响节点的防水，应对重要的节点进行认真检查，如发现搭接顺序错误或搭接不严密，须返工或补天沟防水检测。在较大降雨时，用望远镜从室内对天沟底部进行观察，检胶。

7.2.5 检查是否有渗水和漏水现象。

7.2.6 玻璃窗防水检测：在较大降雨时，用望远镜从室内对天窗底部进行观察，重点观察玻璃窗的四周，检查是否有渗水和漏水。

7.3　本工法关键部位和关键工序的质量要求

7.3.1　铝合金 T 形固定座的定位

1. 安装 T 形固定座时，在打入一边的自攻螺钉时，铝合金固定座位置会有一点偏移，必须重新校核其定位位置，确保其与其他 T 形固定座呈一条直线时，方可打入另一侧的自攻螺钉（可控制铝合金固定座水平转角误差）。

2. 用电动螺钉枪固定自攻螺钉，要求自攻螺钉松紧适度，不出现歪斜，安装铝合金固定座时，其下面的隔热垫必须同时安装。

3. 在确定第一排 T 形固定座以后，使用已加工好的标尺对其他 T 形固定座进行定位，标尺的每两个 58mm 宽（一个 T 形固定座的宽度）的凹槽之间的长度是 400mm（一片屋面板的理论宽度）＋5mm，其中 5mm 是因为铝镁锰合金板在压板成型的过程中两侧立板会因材料的自身特性产生变形，从而导致实际尺寸比理论尺寸大 5mm。如果 T 形固定座按 400mm 排列会使材料因张力而导致起拱，影响外观和质量。

7.3.2　屋面板的锁边

1. 在屋面板开始安装工作之前，应检查屋面的几何尺寸并同图纸进行对比。扇形板的安装宽度需要严格依照设计图纸确定，并且在工程开始施工前测量屋面的准确尺寸并校核屋面布置排板图。测量屋面的准确尺寸时，留意有变化的位置，例如孔洞、接口等。

2. 在屋面板安装工作开始之前，检查锁边机、手工锁边工具以及折边工具。将锁边机的导向滚轮调整到要求位置并保证锁边机完全达到封口要求。

3. 在屋面板锁边之前，应检查每件面板小卷口是否完全紧扣于固定座上。

4. 锁边机前进时，应派工人用脚踏上扣接位，令扣接位有良好扣接。

5. 锁边完成后，在屋脊或屋檐附近位置行走时应铺一块厚木板以免导致屋面板的局部变形。虽然完成后的屋面板可以直接上人行走，但为保证屋面完成后的美观性，行走时应踩在板肋位置。长时间踩在板的波谷位置可能会导致板的局部变形。

7.3.3 檩条的跨距及高低与最终确定之檩条设计图纸中所标示的尺寸误差不得超过 $L/200$（L 指次檩的间距）且不超过 5mm（±5mm）；每根檩条应垂直于屋面弧线在该点的切线，角度误差不得超过 1°（±1°）；每排檩条应尽量成一直线，每排檩条的最大误差不得超过 5mm（±5mm）。

7.3.4 支座的水平位置偏差不得超过 5mm（即该支座与其他支座纵向不在一条直线上），如果支座水平位置偏差，必然影响板在纵向的自由伸缩，当板受热膨胀时可能会在偏差支座处过大阻力作用下隆起，或板肋在长期的摩擦力作用下破损造成漏水。倾角不得大于 1°时，在支座范围（60mm）内如果产生大于 1.05mm 的高差，板伸缩时产生摩擦力，长期作用下也会摩坏板肋造成漏水。

7.3.5 檩托板和球节点托架采用焊接连接处进行防护补。

7.3.6 檩条安装时要注意对号入座，相邻檩条顶面高差控制在 3mm 以内。

7.3.7 天沟部位的檩条截面和放置方向应防止安装错误。檩条安装校正后，及时安装拉杆，檩条支撑，保证檩条结构体系稳定。每一跨安装完成后檩条螺栓要拧紧，保证檩条不扭曲，在同一个平面，有错开现象发生，在屋面板安装前组织业主方及监理对檩条安装进行隐蔽验收。

7.3.8 金属屋面的建筑物宜利用其屋面作为避雷线闪接极，金属板之间搭接长度不应小于 100mm；金属板下面无易燃物品时，钢板厚度不应小于 0.5mm；金属板下面有易燃物品时，钢板厚度不应小于 4mm，铜板不应小于 5mm，铝板不应小于 7mm。

7.3.9 玻璃丝棉保温层施工必须在晴朗天气，阴雨天不能施工。

7.3.10 折边时不可用力过猛，应均匀用力，折边的角度应保持一致。

7.3.11 泛水之间的密封胶均匀、密实和美观。打完胶后应立即将胶带撕去，避免胶干燥后与胶带粘结在一起。

7.3.12 焊缝外观：焊波均匀、焊缝光滑流畅、焊缝宽度适宜、无焊瘤、无咬边；焊缝内在质量：

无夹渣、无裂纹、无气孔。

7.4 本工法施工技术措施和管理办法

7.4.1 按照设计图纸进行屋面边界尺寸定位，同时参照屋面收边节点，确定屋面板的实际铺设区域，进行屋面板布置放线，要注意尽量避开屋面孔洞。

7.4.2 严格按照直立锁边屋面系统施工标准及有关国家施工验收标准进行安装施工。

7.4.3 严格控制板材质量、材质和加工尺寸都必须合格，符合设计、规范要求。

7.4.4 要仔细检查每块板材板有没有外喷涂问题，板材在运输和施工时注意不要磕碰，影响外观质量。

7.4.5 测量放线要十分精确，要统一放线，统一测量。

7.4.6 预埋件的设计和放置要合理，位置要准确。

7.4.7 根据现场放线数据，落实实际施工和加工尺寸。

7.4.8 检查板材与连接件的安装必须牢固可靠无松动。

7.4.9 检查板材外观质量：表面平整、洁净、无磕碰，分格均匀。相邻板材交接缝是否均匀、平整，整体是否满足直线度及垂直度。

7.4.10 检查压块间距是否满足要求，若大于此值，应补加。

8. 安 全 措 施

8.1 建立安全生产管理组织机构，健全安全生产责任制，制定安全生产管理制度。

8.2 工人进入施工前必须进行安全三级教育，进行安全作业技术交底。

8.3 进入施工现场必须佩戴安全帽，系好帽带；正确使用安全带，安全带高挂低用，且必须系在固定物上；必须穿安全劳保鞋，带电操作需戴安全手套。

8.4 进行合金板打磨等可能导致眼睛受到伤害的工作，必须佩戴护目镜。

8.5 利用钢屋架挂设全封闭安全网，确保上部作业人员的安全。

8.6 中小型机械应在操作场所悬挂安全操作规程牌，操作人员应熟悉其内容，并按要求操作。应持证上岗，操作时专心致志。机械要做到上有盖、下有垫，电箱要有安全装置，要有漏电保护装置。

8.7 打磨机等机具、电源线要完好无损，电源线与工具之间的线头绝缘是否损坏。

8.8 电焊机一次线接机处，应有保护罩，电线不得任意布放，放置露天应有防雨装置。焊把线不乱拉，焊把要绝缘，不跑电、不随意拖地。

8.9 高处作业时，工具应装入工具袋中，随取随用。高处作业时，拆下的小件材料不得随意往下抛掷。上下传递工具应用绳索绑好递送。

8.10 预防高空坠落措施，系好安全带，施工区域下方布设水平兜网，随施工区域推进周转设置。

8.11 通常屋脊或屋檐位置是易滑倒的地方，因此要提醒工人注意该处的安全性。边缘的最后一块板、未锁边固定的板以及采光板皆不可以上人。

8.12 在屋面板的下边缘的危险区域设置安全警示标志。高空作业等作业环境设置安全防护用品佩戴标志。

8.13 工地采用三相五线制保护接零系统，具有专用保护的 TN-S 线路（即保护零线专用，不得与工作零线相混用，所有保护零线均应与专用保护零线相连接）。

8.14 装置或检修设备时应先切断电源切勿带电作业，并挂警示牌，遇有人进行电工作业时应于接通电源前告知他人，电源线严禁破皮外露。

8.15 橡皮电缆架空敷设时应沿墙壁或电杆设置，严禁用金属裸线作为绑线，电缆的量子最大弧垂距地＞2.5m。

8.16 各工作操作人员使用手持电动工具必须穿绝缘鞋，戴绝缘手套。

8.17 用电设备要有各自专用的电源控制，必须严格实行"一机一闸一漏一箱"制，严禁一闸多机及超负荷运行。

8.18 施工所用电动工具，所引的电源线的拆接，均由电工操作。电源导线不准拖地，必须架空2m以上。

8.19 电焊工作要带齐面罩、手套、鞋盖。电焊机的一次电源线，拆、接需由电工完成。一次线不宜大于5m，2次线不宜大于30m。电焊机需有接地保护。在潮湿的地方施焊，要站在绝缘板上。

8.20 电焊机的把线，零线必须连接牢固，并不得用钢丝绳或机电设备代替零线，把线严禁破皮外露。

8.21 在电气焊施工前，应清除施工点的易燃物，高空焊接应用石棉布将可能通过下一层的孔洞封死。

8.22 施工人员在改变施工点，转入上层或下层施工时，应先将电焊机电源切断，或将气焊的气源切断，将电焊机就位或将气瓶就位后再行施工。

8.23 气焊点火时，不能对人，燃烧的割炬不能随手放置。

8.24 乙炔气瓶，必须装有防回火装置，氧气表、乙炔表及割炬上不得沾有油污、油脂。

9. 环保措施

9.1 防止大气污染

9.1.1 严禁随意凌空抛撒施工垃圾，施工垃圾及时清运。

9.1.2 易飞扬的细颗粒散体材料，应安排在库内存放或严密遮盖，运输时要防止洒、扬，卸运时采取有效措施，以减少扬尘。

9.2 防止施工噪声污染

9.2.1 施工现场应遵照《中华人民共和国建筑施工场界噪声限值》GB 12523—90 制定降噪制度。尽量减少人为的大声喧哗，增强全体施工人员防噪声扰民的自觉意识。

9.2.2 在进行强噪声作业的，严格控制作业时间，一般为早7时至夜间20时，特殊情况需连续作业的，应尽量采取降噪措施，事先做好周围群众工作，并报工地所在区环保局备案后方可施工。

9.2.3 对人为的施工噪声应有降噪措施和管理制度，并进行严格控制，最大限度地减少噪声扰民。

9.2.4 尽量选用低噪声或备有消声降噪设备的施工机械以减少强噪声的扩散。

9.2.5 加强施工现场环境噪声的长期监测，采取专人监测、专人管理的原则，根据测量结果填写建筑施工场地噪声测量记录表，凡超过《施工场界噪声限值》标准的，要及时对施工现场噪声超标的有关因素进行调整，达到施工噪声不扰民的目的。

9.3 废弃物管理

9.3.1 施工现场设立专门的废弃物临时贮存场地，废弃物应分类存放，对有可能造成二次污染的废弃物必须单独贮存、设置安全防范措施且有醒目标识。

9.3.2 废弃物的运输确保不散撒、不混放，送到政府批准的单位或场所进行处理、消纳，对可回收的废弃物做到再回收利用。

9.4 材料设备的管理

9.4.1 对现场堆场进行统一规划，对不同的进场材料设备进行分类合理堆放和储存，并挂牌标明，重要设备材料利用专门的围栏和库房储存，并设专人管理。

9.4.2 在施工过程中，严格按照材料管理办法，进行限额领料。

9.4.3 对废料、旧料做到每日清理回收。

10. 效益分析

铝镁锰合金材料本身的耐久性以及锁扣式结构的防水严密性能确保屋面在完工后的至少40年时间

内不再需要维修，以英东游泳馆屋面为例：整个屋面约有 12000m²，原为聚乙烯复合板屋面每平米单价约为 180 元，使用年限为 10 年，每次维修拆除费用约为 20 多万元，在维修期间（每次至少一个月）造成馆内设施停用，由此而减少收入费用每一次初估在 150 万元，则聚乙烯复合板屋面每 10 年成本等费用约为 386（12000×180＋200000＋1500000）万元。现采用的铝镁锰合金材料屋面板每平米单价为 1000 元，使用年限为 40 年，则铝镁锰合金材料屋面板每 10 年成本等费用为（12000×1000）/4＝300 万元。两者相比较采用铝镁锰合金材料屋面板比原聚乙烯复合板屋面 40 年时间内可省 344 万元。

铝镁锰合金屋面内使用的玻璃丝保温棉是室内与室外温度隔绝的绝好材料，其材料轻质，保温性能好，打破了常规的使用挤塑板或聚苯材料作为屋面保温材料的惯例，使屋面的保温做法越上了一个新的台阶。因此铝镁锰合金屋面系统在建筑节能方面也做出了一大贡献。

铝镁锰屋面板还是一种非常理想的环保材料，在当今无线通信技术日益发展的时代，电磁波对人体的伤害已经是众所周知的事实，而铝镁锰屋面板本身对无线电波的屏蔽性能使在室内的人体受到得伤害得以减少。另外铝镁锰屋面板既不含有也不释放任何有害毒素，因此，它也是理想的环保材料。

铝镁锰合金屋面在当今世界范围内的应用是广泛的，其众多的优点也使其在我国的各项基础建设当中得到广泛的运用，说明我国的社会发展也在逐渐向发达国家靠拢，这也是我国经济和科学水平飞速发展的重要体现，更对我国经济社会的发展起到了巨大的推动作用。因此，铝镁锰合金屋面将对我国的发展带来巨大的经济和社会效益。

11. 工程应用情况

盐城融凡制衣有限公司一期厂房工程采用直立边锁扣式铝镁锰合金屋面，2200m² 金属屋面于 2002 年 9 月竣工，其强度高、伸缩性、防腐蚀和防水性能良好，各项检测、试验指标均符合要求，整体效果好。

昆山三得利啤酒有限公司罐装车间直立边锁扣式铝镁锰合金屋面工程，施工面积 3100m²，于 2004 年 8 月竣工，此板重量轻、安全可靠；无需柔性防水层；在温差下热胀延伸，冷缩移动自如；立式咬合无螺钉外露且每块板纵向长度不限，不需拼接，完全解决钢结构屋面漏雨难题。使用至今各项指标良好。

国家奥林匹克体育中心英东游泳馆改造项目直立边锁扣式铝镁锰合金屋面工程，总建筑面积 44500m²，屋面面积 12080m²，此工程 2006 年 4 月开工，屋面于 2007 年 4 月完成，2007 年 7 月底完工，通过试验各项指标符合要求，整体效果好。

铝镁锰合金屋面因其一方面外形美观，能够被加工成各种不同曲率半径的弧形，另一方面，其高强度、良好的伸缩性、防腐蚀和防水性能也成为其被建筑师们选择的最大优势。铝镁锰合金金属屋面除在英东游泳馆工程中被使用外，在其他"08 工程"，如老山射击场、国奥体育馆、综合训练馆、中国农业大学体育馆、北京工业大学体育馆、北京大学体育馆和北京科技大学体育馆等工程中也被使用。

另外，金属屋面材料的构件尺寸均较小，无需大型吊装机械，采用人工搬运即可。防潮层和保温隔音层施工方便，采用人工铺设即可。因此，随着我国经济的蓬勃发展而进行的各项基础设施建设，铝镁锰合金金属屋面将得到更大的发展。

镂空铝型材幕墙施工工法

YJGF142—2006

中铁建工集团有限公司
许慧 张广平 毕彦春 张国洪

1. 前　　言

镂空铝型材幕墙（以下简称镂空幕墙）是一种新型的外立面装饰形式，这种幕墙是一种装饰幕墙，是由意大利 KOKAISTUDIOS（柯凯建筑设计顾问有限公司）和同济大学建筑设计研究院共同构思，最终通过我公司的样品试制、样板制做、试验和二次设计而完成施工的。

镂空幕墙是阳泉市文化广场工程外立面的一个建筑亮点。该工程下部两层为斜墙，外贴超薄的仿城墙砖，体现了该工程的古朴厚重。上部的外立面为玻璃幕墙外加设镂空铝型材幕墙。设计的主要意图是在厚重的城墙砖的基座上方、透明的玻璃幕墙外侧通过线条、图案和光影效果营造一种古老与现代相辉映、厚重与轻灵秀逸相融合的视觉效果，移步换景，从而达到良好的外立面效果。

通过近 7 个月的努力，这种新型的幕墙从纸面上的线条构思变为造型新颖的幕墙，达到了良好的外装饰效果。

2. 工法特点

2.1 镂空铝型材幕墙是一种新型的装饰幕墙，大面积的镂空幕墙在国内极为罕见，在国外也少有类似形式的幕墙。设计人员在施工图纸上只能反映出镂空铝型材幕墙的外轮廓和线条构思，无法达到按图施工的要求，因此要想真正体现设计意图需要在施工过程中进行二次设计，不断的实验、试制，从而确定具体的构造、节点和结构形式，最终实现设计意图，达到应有的效果。

2.2 镂空铝型材的外挂板铝线条之间大量地采用了铝材焊接连接。

2.3 在制做铝挂板的模具时，采用电脑雕刻刀进行精细线条的切割，确保线条成型准确、流畅。

2.4 在镂空幕墙的镀锌钢骨架上尝试使用冷氟碳喷涂并取得良好的效果，避免了由于二次焊接、螺栓连接造成镀锌层破坏引起的钢材的远期锈蚀。

3. 适用范围

镂空铝型材幕墙开拓了建筑外立面设计的思路，丰富了外立面装饰的形式，随着这种幕墙的成功实施，类似形式的幕墙将会应用到更多的工程中，该工法将为类似幕墙的施工提供思路和经验。

4. 工艺原理

镂空铝型材幕墙是在透明的玻璃幕墙外侧加挂的一层外装饰幕墙。这种装饰幕墙由铝板线条组成的单元格拼接而成，通过线条的图案和光影效果与内侧玻璃幕墙共同营造出外立面独特的装饰效果，达到移步换景的效果。幕墙的外立面效果见图 4。

主要工艺原理如下。

4.1 镂空幕墙与玻璃幕墙（或外实体墙）的距离为 800mm，800mm 的距离主要考虑两个方面：

图4　镂空铝型材幕墙成品的局部夜景

镂空幕墙与玻璃幕墙之间要形成较好的光影效果，两者之间应有一定的距离；玻璃幕墙的清洗应预留足够一人上下的空间；结构的安全度和经济性。

4.2　镂空幕墙线条的形式：设计最初的构思图镂空幕墙的线条为10mm宽，线条平行于墙面；为了达到较好的立面效果，我们制做了两种形式的线条：（1）按照设计意图线条平行于墙面；（2）10mm宽的线条垂直于墙面。经过样品试制后的效果比较，各方均选择了方案2，认为这样可以更好的体现线条的光影变换，立体感更强。

4.3　镂空幕墙的骨架构造：由于设计主要意图是要用飘逸的线条体现出云与天的意向，其骨架要尽可能的弱化，以免削弱线条的效果。经过多次方案对比，镂空幕墙用8号槽钢形成外挂板的主要受力框架。8号槽钢组成的框架尺寸为4.5m×7.5m，形成每5个单元格组成的一个大的单元的外挂板的骨架。这个骨架在水平方向每3.75m竖直方向每4.5m用变截面的H形钢与主体结构相连。

4.4　镂空幕墙的外挂板构造：飘逸的线条用10mm宽的铝板线条在模具完成各种形状然后焊接连接。每一个单元格的线条固定在40×60×5的铝折槽边框上，边框退至线条的后部。

5. 施工工艺流程及操作要点

5.1　施工工艺流程（图5.1）

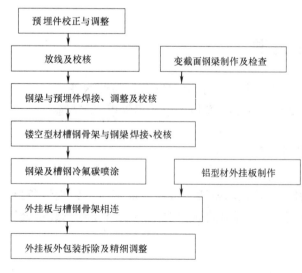

图5.1　施工工艺流程图

5.2　操作要点

5.2.1　镂空铝型材外挂板的制做

根据样品试制、1:1样板的制做、效果研讨与论证、受力计算等一系列过程，最终确定镂空幕墙外挂板的形式。

镂空幕墙的外挂板由若干个单元组成，每个单元又由线条相互联系的单元格拼接而成。设计单元为7.5m×4.5m，由5个1.5m×4.5m单元格拼接成。要最大程度实现幕墙的效果，在施工中必须弱化单元格边框对线条的影响。通过几个方案的分析和试制，最终选择40m×60m×5m的铝折槽作为单元格的边框，并将铝折槽退后至线条后面。外挂板与钢框架连接，最上边、最下边和幕墙转角处均用3mm的铝单板进行封边，封边宽度 200mm。

外挂板的加工精度和对设备的需求都很多高，因此选择了工厂制做。通过样板制做和比较，最终确定铝型材线条垂直于墙面的形式。铝型材线条宽度 100mm，厚度 3mm，铝型材线条之间及线条与外边框之间的连接方式采用铝焊剂进行焊接，焊缝高度 3mm，在施焊时由技艺较高的技师操作，保证焊缝质量和外观效果。为确保焊缝质量，仅对焊缝的焊剂进行清理，不对偶然形成的焊疤进行打磨。铝线条之间的焊缝见图 5.2.1-1。

考虑到温度变形及安装需要，外挂板的加工尺寸应比图纸标识尺寸缩小 1mm。但长短边的尺寸误差均不大于 1mm，对角线误差不大于 2mm，螺栓孔的累积误差不大于 3mm。为确保外挂板加工完毕不变形，在每一个角部加设加强角，加强角构造见图 5.2.1-2。

图 5.2.1-1　铝线条之间的焊缝

图 5.2.1-2　加强角构造图

外挂板加工的模具最终选择了用铝板制做。用电脑雕刻刀在 10mm 厚的铝板上精细的雕刻出铝型材线条的形状，使其流畅过渡自然。用电脑雕刻刀加工制做的模具参见图 5.2.1-3。

5.2.2　钢骨架的制做和安装

镂空幕墙是由线条组成的单元格拼接而成，每一个单元格相邻时都要求线条过渡自然。镂空幕墙与结构之间用钢骨架连接，因此为确保镂空幕墙的安装精度，钢骨架的制做和安装的精度都要求很高。在钢骨架安装的时候要控制空间三维的整体变形并根据外挂板的尺寸进行微调。

每一个单元的外框横竖向均为 8 号槽钢，组成 7.5m×4.5m 的钢框架。钢框架通过异形变截面 110×180×80 的 H 形钢与结构焊接连接，H 形钢间距 3.75m×4.5m，型钢钢梁与主体混凝土结构内的钢板焊接连接。由于钢梁要穿过玻璃幕墙，在穿过玻璃幕墙的部位用铝塑板封堵。钢骨架的构造参见图 5.2.2。

图 5.2.1-3　电脑雕刻刀加工制做的模具

图 5.2.2　钢骨架的构造

在施工过程中，严格三检制度，从三维空间上进行检查及时调整，保证钢骨架的制做精度。外挂板安装之后，撕下保护的包装，统一进行系统调整，以保证线条顺直流畅，同时铝挂板在同一平面上。

5.2.3　连接方式：外挂板之间及外挂板与槽钢的连接采用直径 12mm 的不锈钢螺栓相连：竖向 4.5m 方向为 10 个孔，横向 1.5m 方向为 4 个孔。与槽钢相连部分的外挂板考虑到槽钢和外挂板之间的

加工精度，边部开孔为长圆孔，孔径 12mm×16mm；相邻外挂板之间开孔为圆孔，孔径 12mm。铝材与型钢之间连接处加设绝缘垫片。

5.2.4 外挂板的防腐、自洁以及钢梁的防腐

外挂板的防腐及自洁选用了美国 PPG 公司生产的氟碳烤漆作为其面层处理工艺，氟碳喷涂涂层膜厚 ≥40μm，氟碳烤漆具有耐腐蚀性、无光污染、极强的自清洁性等优点。

钢梁采用热镀锌工艺进行防腐处理，但焊接节点、钢梁与螺栓连接等处热镀锌防腐层在施工的过程中会不同程度遭到破坏。如果处理不当将会引起锈斑及锈水，影响外观质量。因此必须在焊接及螺栓连接后进行二次防腐处理。在做了大量的咨询和实验后，最终采取了冷氟碳喷涂进行二次防腐处理。

冷氟碳漆是近年来新发展起来的一项金属表面处理工艺，其耐久性略逊于氟碳烤漆的质量，但要优于其他的一些金属表面处理的工艺。喷涂的几个关键点：（1）由于铝型材的表面处理为氟碳烤漆，而钢结构为现场喷涂，两种漆的品牌不一致，必须避免两种漆之间出现色差；（2）镀锌钢结构必须完全的清理干净；（3）在现场喷涂氟碳漆之前，要在已经清理干净的钢结构表面先喷涂一层氟碳漆的附着力助剂以增加氟碳漆的附着力和耐久性。

5.2.5 云彩铝板线条的调整

钢结构的制做误差、安装误差、云彩铝板的制做误差、安装误差，上述几种误差累加起来不可避免地使已经安装好的云彩铝板之间的线条出现一些误差，除了进行过程控制，严格限定各种制做及安装过程的误差之外，在云彩铝板安装完毕之后要对铝板线条进行整体的调整。铝板线条宽度为 100mm，在焊接部位与边侧之间存在一定的变形余量，因此可以用木锤或钳子对线条外侧进行轻微的调整，以达到相邻单元格线条顺畅的外观效果。

6. 材料与设备

6.1 采用的材料

6.1.1 外挂板所需的材料（表 6.1.1-1）。

外挂板所需的材料　　　　　　　　　　　　　　　　表 6.1.1-1

序　号	材料名称	单　位	数　量	用　途
1	3mm 厚铝单板	m²	1800	铝板线条及边框
2	60×40×5 挤压制做的铝折槽	m	1400	边框
3	PPG 氟碳漆	kg	1200	铝板表面处理
4	3mm 铝焊条	kg	1400	铝线条焊接

6.1.2 钢骨架所需要的材料：热镀锌钢材。

6.2 采用的机具设备

6.2.1 加工外挂板所需要的机具设备（表 6.2.1）。

加工外挂板所需要的机具设备　　　　　　　　　　　表 6.2.1

编　号	名　称	数　量	性　能
1	数控剪板机	1	用于铝板线条的切割
2	数控折弯机	1	用于弧度较大的线条成型
3	微电脑雕刻机	1	进行模具的绘制与切割
4	氩弧焊机	10	进行云彩铝板的焊接
5	台钻	2	铝板边框的开孔
6	氟碳喷涂生产线	1	云彩铝板的氟碳烤漆

6.2.2 现场施工所需要的机具及设备（表6.2.2）。

现场施工所需要的机具及设备 表6.2.2

编 号	设备名称	数 量	性 能
1	经纬仪	1台	用于铝板幕墙的放线及定位
2	水准仪	1台	幕墙安装前定位及安装质量检查
3	电焊机	3台	用于钢结构的焊接
4	气泵及喷枪	2套	用于现场氟碳喷涂
5	手电钻	3把	现场云彩铝板的局部扩孔

7. 质 量 控 制

7.1 工程质量控制标准

镂空幕墙的二次设计和施工主要执行和参照以下施工规范：

《玻璃幕墙工程技术规范》JGJ 102—2003

《金属与石材幕墙工程技术规范》JGJ 133—2001

《玻璃幕墙工程质量检验标准》JGJ/T 139—2001

《建筑结构荷载规范》GB 50009—2001

《建筑幕墙工程手册》中国建筑工业出版社

由于这种幕墙是一种新型的幕墙形式，具体的施工精度要求根据幕墙的外观要求确定，具体执行标准如下。

7.1.1 云彩铝板的加工误差（表7.1.1）。

云彩铝板的加工误差 表7.1.1

序 号	项 目	允许误差	检查频率	检验方法
1	长边尺寸	1mm		钢尺
2	短边尺寸	1mm	共计100个单元格，每樘检验	钢尺
3	对角线	2mm		钢尺
4	平面方向翘曲和变形	2mm		6m长20×76的铝合金型材及塞尺

7.1.2 槽钢骨架的制做加工误差参考《玻璃幕墙工程技术规范》JGJ 102—2003，允许偏差见表7.1.2。

槽钢骨架的制做加工的允许偏差 表7.1.2

序 号	项 目	允许偏差	检查频率	检验方法
1	相邻横梁的水平标高偏差	1mm	每3个检查一次	水准仪
2	同层的横梁水平标高偏差	5mm	每层	水准仪
3	钢框架的整体垂直度	10mm	每10m	激光仪
4	单元格竖向直线度	2mm	每3个检查一次	激光仪
5	横向构件水平度	2mm	每3个检查一次	水准仪
6	同高度相邻两根构件高度差	1mm	每3个检查一次	水准仪
7	幕墙横向钢梁整体水平度	5mm	每10m	水平仪
8	分格后对角线误差	3mm	抽查1/10	5m钢卷尺

7.1.3 外挂板的安装误差（表7.1.3）。

外挂板的安装误差 表7.1.3

序 号	项 目	允许偏差	检查频率	检验方法
1	铝折槽相邻边框错缝	1mm	每樘	目测及尺量
2	线条之间过渡	2mm	每樘	目测及尺量

7.2 质量保证措施

7.2.1 外挂板的制做质量保证措施

1. 详细审核外挂板的加工图纸，并根据加工图纸绘制出相同的单元格详细加工图。

2. 严格控制材料进场和半成品的加工，从铝材进场至运输出厂全过程派专职的质检员跟踪检查制做质量。铝材全部采用华北铝业的材料。

3. 实行样板制，每一种外挂板均先制做出样板，经我公司的项目总工程师认可后方能批量生产。

4. 及时跟踪：在过程检查中，发现误差及时纠偏。通过检查，调整了线条的流畅性，改进了部分线条的走向，提高了模具制做的精确性；采用专门的加固件加固角部，保证了角部的刚度并使单元格成为一个几何稳定体；改进螺栓孔的开孔措施：开螺栓孔常规的做法是从一边向另一边测量，累计误差较大。而从中间向两边开孔降低了累计误差。

7.2.2 幕墙钢结构安装及外挂板安装质量控制措施

1. 严格三检制，每一道工序完成之后，及时进行检查，从三维空间上进行检查及时调整，保证钢骨架的制做精度。

2. 外挂板整体安装完毕之后统一进行调整。在调整之前，所有的保护膜不得拆除。

3. 局部外挂板的微小偏差进行调整时，使用橡皮锤，以免破坏氟碳漆膜。

8. 安 全 措 施

8.1 脚手架施工方案的确定

由于是双层幕墙，在编制脚手架施工方案时要综合考虑下部斜墙的构造、幕墙的工艺流程、施工顺序和云彩铝板幕墙与玻璃幕墙之间的距离，经过仔细考虑，在局部搭设三排落地脚手架以满足双层幕墙的施工。

8.2 主要的安全措施

8.2.1 现场作业安全文明保护措施

1. 在现场设有专职安全负责人，专门负责与现场甲方，土建协调，落实有关安全生产的规章制度，进场前和施工中对安装队员进行安全教育。

2. 特殊工种（电工、焊工）要有市级以上审批专业证书。

3. 特种作业人员必须经专业培训，并获得操作证才能上岗作业。

4. 工作前必须按规定佩戴好劳动保护用品，如工作服、安全帽、安全带、手套、防护镜、绝缘鞋等。

5. 电工、电焊工工作时必须穿绝缘鞋。

6. 工作中禁止闲谈、打闹，不准分散他人注意力。

8.2.2 高处作业安全注意事项

1. 六级和六级以上的大风天，看不清信号的雾天、暴雨天均禁止露天高处作业。

2. 高处作业时禁止往下扔材料、工具、焊条头、钉和其他物品，必要时需用绳套拴牢工具装取送工具或材料。

3. 高处作业时，所有的工具零件，凡有可能掉下的物体必须事先拴好系在绳上或固定物上。

4. 高处作业时必须戴好安全帽，系好安全带，安全带要低作高挂。

5. 施工时，施工人员创造上下和操作的安全条件并教育施工人员按指定的通道上下，禁止沿绳索或架杆上下，或在墙上行走操作。

9. 环 保 措 施

9.1 建立了环境保护领导小组，制定了施工环境保护目标。在工程施工过程中严格遵守国家和地方政府下发的有关环境保护的法律、法规和规章，严格规划施工场地的位置，加强对施工扬尘的控制，加强对施工燃油、废水、生产生活垃圾、弃渣的控制和治理，做到生活污水、生产废水、固体垃圾的处理率达到100%。

9.2 严格按照已经颁布的施工暂行规定，合理规划生产场地的位置、规模，施工场地合理布置、规范围挡，做到标牌清楚、齐全，各种标识醒目，施工场地整洁文明。

9.3 严格遵守 GB 12523《建筑施工场界噪声限界》的有关规定，对空压机、钻机、发电机、爆破等高噪声机械，合理安排使用时间，减少噪声污染。加强机械设备的维修和保养，保证机械设备的正常运转，降低噪声的等级。

9.4 在施工区域及施工便道安排专人、专车辆洒水保护，确保施工场地及便道无起灰尘现象。做好弃渣及其他工程材料运输过程中的防散落与沿途污染措施，并按指定的地点和方案进行合理堆放和处治。

10. 效 益 分 析

镂空铝型材幕墙从二次设计到施工完毕历时 7 个月的时间。通过充分准备，严格控制，精心研讨各种方案，确保了该种幕墙效果的实现。

10.1 经济效益方面：由于是新的建筑幕墙形式，从制做工艺、二次设计、施工工艺上都没有成型的资料可供参考，我们充分发挥公司的优势，依托公司领导的支持，在前期研发过程中制做了一个1∶1实样的单元格，积极的努力和配合取得了令建设单位、设计单位满意的效果。

由于是新的产品，通过共同核算，建设单位给定的单价较成本价高出 15% 左右（不包含税金）。该种幕墙的建筑面积为 3100m²，经济效益比较显著。

10.2 社会效益方面：这种幕墙施工完毕之后，由于其创意新颖，表现出来形式美观，立面效果独特，日景可以体会到移步换景的效果，夜景流光溢彩、晶莹剔透，充分体现了设计意图，飘逸现代的镂空幕墙与山西传统建筑的深邃博大完美地结合在一起，成为阳泉市一道美丽的风景线，在阳泉市本地和山西省均引起较大的反响，阳泉市领导和建设单位对这种幕墙的效果非常满意，广大市民也给予了较高的评价，社会效益明显。

做好镂空幕墙的同时也提升了我们企业形象和在山西省的知名度，为经营创造了良好的氛围。

11. 应 用 实 例

镂空铝型材幕墙是山西省阳泉市文化广场工程外立面一道独特的风景线。阳泉市文化广场工程是阳泉市的重点工程，是建市以来投资最多的一项单体公共建筑，集博物馆、展览馆、图书馆为一体，建筑面积 30566m²，框架剪力墙结构。该工程 2006 年 2 月 19 日开工，计划于 2007 年 7 月 18 日竣工。镂空铝型材幕墙的工程量约为 3100m²，目前已施工完毕。镂空铝型材幕墙与其后的玻璃幕墙形成了明显的光影效果，移步换景，让文化广场工程的外立面从不同的角度、不同的距离、不同的时间去看都有不同的效果，独特而美丽。由于这种幕墙的应用目前在国内极为罕见，在本篇只列举了一个工程。但随着国内建筑设计的发展，应该会有更多更新颖的外立面设计方案满足不同的需求，让我们的建筑的外观更美，充满韵律和优美。镂空幕墙的施工工法为丰富和完善外立面幕墙的形式和构造提供了良好的思路并积累了相对成熟的施工经验。

大面积大坡度屋面琉璃瓦施工工法

YJGF143—2006

中建三局建设工程股份有限公司

胡宗铁　顾晴霞　何穆　徐均　刘宏林

1. 前　　言

琉璃瓦或青瓦坡屋面是我国延续了几千年的传统屋面形式。坡屋面的瓦由陶土制做成型、阴干后烧制而成；琉璃瓦还要在烧成的瓦坯表面上涂一层彩色釉，再经高温烧结。琉璃瓦表面致密、光亮、色彩华贵，采用琉璃瓦也是一种地位的象征。因此，琉璃瓦坡屋面成为重要古建筑的代表形式。坡屋面以其排水好、隔热保温优良和造型丰富，当前在我国公共建筑、住宅建筑建筑中得到了较为广泛的应用。

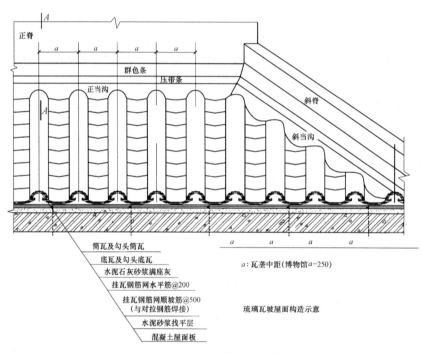

图 1-1　琉璃瓦坡屋面构造示意图

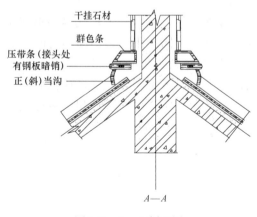

图 1-2　A—A 剖面图

湖北省博物馆是湖北省的标志性建筑，主要展馆有编钟馆、楚文化馆、综合陈列馆。编钟馆由外单位于20世纪80年代建成，建成后因坡屋面漏水、琉璃瓦多处大面积下滑等事故，造成了经济损失和极大的不良社会影响。我们承接到楚文化馆和综合陈列馆的工程后，考虑到大面积四坡屋面坡度陡、面积大（水平夹角38.66°，楚文化馆2400m²，综合陈列馆9000m²），构造复杂（图1-1、图1-2）。要在陡峭的斜面上展开大面积施工挂琉璃瓦有极大难度；更由于馆藏大量国宝级文物，必须要确保琉璃瓦屋面不渗不漏、保温良好。因此，陡峭琉璃瓦屋面施工成为湖北省博物馆扩建工程施工技术的主要难点和重点，需要开展相关项目的技术攻关，才能保证各道工序的质量完全符合设计要求；同时需要有综合性的技术突破，才能保证使用功能和耐久性，才能准确体现重要公共建筑的建筑艺术效果。

2. 工 法 特 点

2.1 四坡屋面的承重结构为 C35.S8 现浇钢筋混凝土梁板体系，琉璃瓦用水泥石灰混合砂浆坐浆铺设在屋面板上。鉴于前期形状与楚文化馆相同的编钟馆屋面琉璃瓦施工教训，在陡峭的混凝土板面设置柔性防水层，大面积的琉璃瓦在陡峭的屋面上的滑移问题难以解决。因此必须要有可靠的措施，保证屋面在直接承受日晒夜露、风霜雨雪的作用、剧烈的温湿度变化的作用下，保持琉璃瓦不松动、不下滑、不翘起、不裂不漏。湖北省博物馆扩建工程通过与设计协商，在不设置柔性防水层的情况下，采取屋面构造综合优化措施，保证屋面防水功能和使用年限，使之达到一类屋面防水要求。

2.1.1 由于屋面不能设置柔性防水层，屋面坡度必须准确、檐沟、脊沟的防水构造措施必须可靠，确保排水顺畅；设置有足够刚度的挂瓦钢筋网，钢筋网与浇筑屋面板的对拉螺杆焊接固定，形成固定琉璃瓦的挂瓦骨架，将瓦与屋面结构固定，防止琉璃瓦滑移。

2.1.2 用双股 18 号铜丝将琉璃瓦逐块绑扎固定在焊接钢筋网片上。

2.1.3 用水泥石灰混合砂浆坐灰，将琉璃瓦坐实找平、并将铜扎丝全部埋入砂浆中封闭严实。

2.1.4 大坡度琉璃瓦屋面采用内保温措施，将保温材料设在屋面混凝土板底，保温材料的骨架用浇筑屋面板的对拉螺杆固定。由于对拉螺杆也是固定挂瓦钢筋网的预埋件，安装保温材料时必须小心操作。

2.2 控制对每条瓦垄的中线标高，保证瓦屋面线条清晰美观、坡面平顺、排水顺畅。

2.3 通过对琉璃瓦验收、分选，控制琉璃瓦的质量，并使大面上色泽基本一致，外表美观。

2.4 自制运料小滑车运输琉璃瓦和砂浆，解决坡屋面材料运输困难和减少损耗。

2.5 自制挂架势斜坡平台，确保施工人员行走和操作安全、舒适。

2.6 科学的优化施工工艺流程、选择有效的成品保护措施。

3. 适 用 范 围

本工法适用于琉璃瓦、陶土瓦的仿古建筑，工业与民用建筑坡屋面和顶屋面"平改坡"改造的工程施工。

4. 工 艺 原 理

4.1 在大坡度屋面上大面积铺设琉璃瓦，必须确保瓦与屋面不产生相对滑移，因此要有可靠的构造措施将琉璃瓦牢固固定。湖北省博物馆综合陈列馆采用退火铜丝将琉璃瓦固定在穿出混凝土屋面板的大量密布的预埋件上，采用水泥混合砂浆将琉璃瓦直接坐砌在设置于自防水现浇钢筋混凝土上的防水砂浆找平层上，通过采取综合构造措施防止琉璃瓦滑移，改变和优化了琉璃瓦下设置防水卷材的传统工艺做法。

4.2 在大坡度屋面上大面积铺设琉璃瓦，必须确保琉璃瓦屋面不开裂、不渗漏，因此要采取可靠的构造措施保证琉璃瓦屋面的防水功能。湖北省博物馆综合陈列馆琉璃瓦屋面通过设置大坡度的现浇钢筋混凝土结构自防水层、防水砂浆找平层和大坡度的优良琉璃瓦面层，通过综合构造措施，确保琉璃瓦屋面不开裂、不渗漏，有效地保证屋面防水功能、提高屋面防水的使用年限，使之达到一类屋面防水的要求。

4.3 大面积大坡度琉璃瓦坡屋面必须确保屋面的保温隔热效果，因此要有可靠的构造措施保证屋面的保温隔热功能。湖北省博物馆综合陈列馆琉璃瓦屋面采用屋面板留设的对拉螺杆形成的骨架将保温材料固定在现浇钢筋混凝土坡屋面板板底，保证了屋面的保温隔热功能。

5. 工艺流程和操作方法

5.1 施工工艺流程（图 5.1）

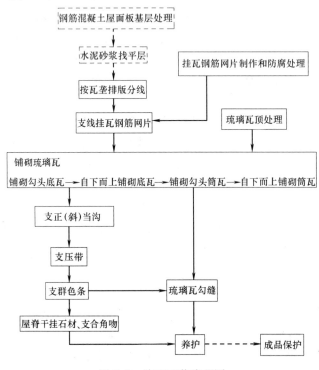

图 5.1 施工工艺流程图

5.2 操作方法

5.2.1 钢筋混凝土屋面板基层处理

混凝土表面按间距 5cm×5cm 凿毛，凿除明显超高部分混凝土。

5.2.2 水泥砂浆找平层施工

找平层施工方法、质量要求与一般混凝土面砂浆找平相同。本工程的控制要点是坡度正确、大面平整度符合要求、不空鼓、不开裂，表面压实抹平、搓毛，表面成均匀毛面；留出固定挂瓦钢筋网片的对拉螺栓端头。

1. 找平层上设分格缝

用上宽下窄的楔形小木枋作分格条，留出宽 20mm，深度同抹灰厚度的分格缝。分格缝既有控制找平层标高和平整度的作用，又有控制裂缝的诱导缝作用，其间距控制在 6m×6m 以内。

2. 找平层尽量安排在晴朗无风天气施工，施工气温不低于 5℃，雨雪天气禁止施工，防止受冻。特别要注意保湿养护，夏季要避免暴晒和高温时段施工，终凝前要注意防止水分大量散失出现塑性裂缝，终凝后要注意及时小水慢淋保湿，防止出现失水空鼓、开裂。

5.2.3 现场排版分线

1. 排版原则

（1）瓦垄的中心间距为 250mm，即：琉璃瓦底瓦及筒瓦中心间距均为 250mm。按屋面瓦水平方向（每垄）必须为整瓦，屋脊的泄水孔必须对准底瓦中心的原则。

（2）在脊沟部位分线时，需确定阴角脊沟瓦宽度，再进行底瓦水平分格（垄）。

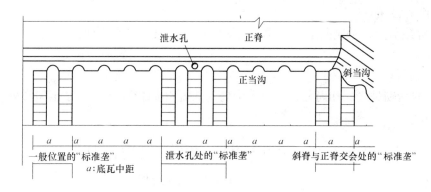

图 5.2.3-1　铺砌琉璃瓦的标准垄布置示意图

（3）调节天沟处筒、底瓦伸入天沟的长度，一般不超过 70mm，保证正屋脊处为整瓦、屋脊压带条及群色条交圈为整体的原则，弹出每块底瓦的上边线。

（4）力求不出现断头瓦。

根据上述原则确定底瓦之间及筒瓦之间的搭接长度，并根据现场琉璃瓦实物略作微调。

2. "标准垄"现场排版：按排版原则，结合屋面结构的实际尺寸误差情况排版分线，先在找平层上用墨线弹出泄水管及阴角部位底瓦的中心位置。以屋面中心泄水口处 3 垄底瓦 2 垄筒瓦、正脊与斜脊交会处 2 垄底瓦 1 垄筒瓦、与大屋面连接的屋面中心线处 2 垄底瓦 1 垄筒瓦、其他每隔 12m 处 2 垄底瓦 1 垄筒瓦以及脊沟处阴角瓦作为标准垄（图 5.2.3-1、图 5.2.3-2）。标准垄先施工，标准垄的瓦铺砌完毕后，有作为施工段划分和大面积铺贴琉璃瓦"标筋"的作用。

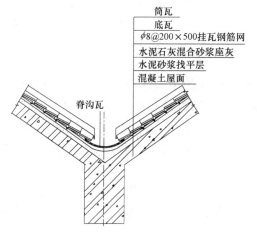

图 5.2.3-2　脊沟构造示意图

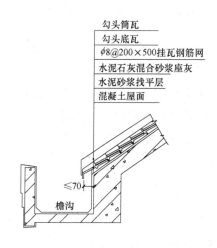

图 5.2.3-3　檐沟构造

标准垄施工前应进行现场预排，调整檐沟、脊沟处勾头瓦的起始位置（外伸长度），见图 5.2.3-3，保证与脊瓦相交处底瓦和筒瓦不出现 8 分以下瓦，然后用墨线弹出每垄、每一块底瓦沿坡面的上边线位置及每一垄底瓦顺坡向的中心线。

排版分线完毕后应由有关方面共同验收后进行下道工序。

5.2.4　钢筋网的焊接及防锈处理

1. 钢筋网片按挂瓦的水平方向钢筋 $\phi 8@200$；顺坡向的钢筋 $\phi 8@500$，用 E43 焊条焊成 3000×3000 大小的预制网片，每个钢筋相交点必须焊接牢固，验收后除锈、刷两道防锈漆。

2. 钢筋网片根据琉璃瓦的排版布置。顺坡向钢筋在下紧贴坡屋面砂浆找平层，挂瓦水平钢筋布置在底瓦上边线以的 2～3cm 处，每排底瓦有一道水平挂瓦钢筋。@500 的顺坡向钢筋宜放在筒瓦位置为好，校正位置后将顺坡向钢筋与每个对拉螺杆接点焊接牢固。

3. 钢筋网片焊接完毕后，将高出网片的对拉螺杆用氧割除，保留有标高标识的对拉螺杆。割除时应注意不可烧伤找平层。

4. 钢筋网片焊接节点处补刷两道红丹漆。涂刷时不得污染找平层表面。

5.2.5 铺砌琉璃瓦

1. 标准垄琉璃瓦铺

"标准垄"瓦的铺砌是底瓦和筒瓦逐垄由天沟处勾头瓦开始依次向上铺贴至屋脊处。铺砌的施工顺序（图5.2.5-1）：

底瓦勾头 —→ 底瓦 —→ 筒瓦勾头 —→ 筒瓦 —→ 压带条 —→ 群色条

图 5.2.5-1 铺砌的施工顺序图

2. "标准垄"将每一个坡面分隔成了若干个工作面，"标准垄"之间的工作面分别进行施工。

3. 施工方法

琉璃瓦铺贴用 1：2：4 水泥石灰砂浆坐砌，18 号双股铜丝绑扎，在挂瓦钢筋网的横向 $\phi 8$ 钢筋上缠绕不少于 3 圈。

4. 施工工艺

挂瓦前一天应将要用的琉璃瓦用水浸泡湿润，施工前 2h 拿出晾干表面才能使用。施工前基层应打扫干净，适当洒水润实表面，并保持基层清洁。

通过运料滑车和运输通道转运材料，施工人员通过麻绳软梯及斜坡式挂架平台上下坡屋面进行施工。

① 底瓦施工

底瓦的施工应逐陇自下而上进行。由下部天沟处开始。根据排版分线标记，在要铺沟头瓦的屋面铺设 10mm 厚砂浆，然后把穿好铜丝的沟头瓦按位置坐砌固定，瓦上口底面应用橡皮锤敲打、挤实砂浆、使瓦底与找平层贴紧，并将铜丝与预留钢筋网片绑扎牢固，再微调瓦的位置使与排版位置吻合（图5.2.5-2）。

沟头底瓦铺贴后，根据排版分线标记铺贴底瓦。先在要铺底瓦的屋面铺设 10mm 厚砂浆，再把穿好铜丝的底瓦按位置座砌固定，以底瓦底面的凸槽线抵紧下部已贴瓦片为准，与下部已贴瓦片搭接、贴紧，用橡皮锤敲打底瓦上表面、挤实砂浆、使瓦底与找平层贴紧，并将铜丝与钢筋网片绑扎牢固，再微调瓦的位置与排版位置吻合。该垄底瓦铺贴至屋脊处后，将两垄底瓦之间空隙用砂浆填实。阴沟瓦的施工同底瓦。

底瓦铺贴至斜阴角、斜阳脊处时，应根据左右方向不同选择异形斜底瓦铺贴，如斜底瓦尺寸偏小不能满足现场要求，应由厂家依据现场尺寸加工处理，如斜底瓦尺寸偏大不能满足现场要求，应依据实际尺寸对斜底瓦进行切割及打磨。

② 筒瓦施工

两陇底瓦铺贴完毕后进行筒瓦的铺贴。筒瓦的施工仍由天沟处沟头瓦开始，自下而上逐垄进行。筒瓦勾头的起始位置应紧贴底瓦勾头挡板。首先将穿好铜丝的筒瓦沟头底面满抹砂浆，然后根据位置扣在两陇底瓦之间挤压固定，筒瓦底面与底瓦之间不留缝隙，再把铜丝与预留钢筋网绑扎牢固，并调节定位，最后将筒瓦与底瓦之间的缝隙用砂浆塞满，用 $\phi 6$ 钢筋棍捣实。

筒瓦的施工与筒瓦沟头类似，起始位置应与下部筒瓦上口插榫抵紧，其他工序同筒瓦沟头施工，自下而上将该陇筒瓦铺贴至屋脊处。斜脊处应根据现场实际尺寸进行切割，确保筒瓦与屋脊斜脊结合严密。

③ 当沟、压带条及群色条的施工

当沟、压带条及群色条是屋脊处琉璃瓦收口构件。当沟瓦施工之前应按底瓦位置、标高以及天沟找坡后的标高按间距 2m 用机械钻孔后埋不锈钢管泄水孔，泄水孔不锈钢管一直穿通正当沟到底瓦上方，管周边采用灌浆料填实。

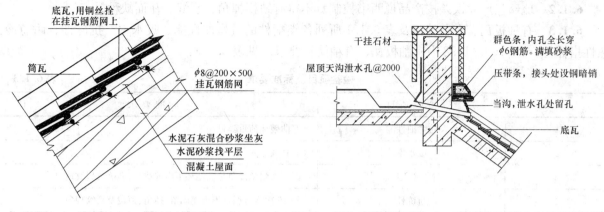

图 5.2.5-2　挂瓦示意图　　　　　　　　　　　图 5.2.5-3　屋顶排水口示意图

当沟瓦分为斜当沟和正当沟，分别用于斜屋脊和正屋脊处。当沟瓦采用砂浆粘贴在屋脊梁侧面。当沟瓦的中距、大小、曲率尺寸必须与筒瓦瓦垄匹配，如当沟瓦尺寸偏差不能满足现场要求时，应由厂家依据现场尺寸加工，依据实际尺寸对当沟瓦进行切割及打磨。斜当沟和正当沟上口应相互交圈，正脊处当沟瓦上口应水平，斜当沟上口应顺直，表面平整。

压带条采用砂浆粘贴在屋脊梁侧面、当沟瓦上口，粘贴时应注意斜脊顺直、正脊保证水平，凸出屋脊侧面的宽度保持一致。压带条之间接长。用钢暗销连接，详见图 1.2。

群色条采用砂浆粘贴在压带条上口的屋脊梁侧面，质量要求同压带条。群色条内设通长 $\phi6$ 钢筋，并用砂浆塞实，保持其整体性见图 5.2.5-3。

5.2.6　琉璃瓦勾缝

琉璃瓦及其配件施工完毕后，筒瓦之间、筒瓦与底瓦之间、瓦与当沟之间等接口处均应采用 801 胶水调白水泥并掺入琉璃瓦面釉色泽一致的颜料的水泥浆擦缝。擦缝完成后应立即用棉纱擦净琉璃瓦表面残留的水泥浆，保持瓦面整体清洁美观。

5.2.7　琉璃瓦养护及成品保护

琉璃瓦施工完毕，砂浆终凝后立即进行洒水保湿养护 14d。

安装屋脊干挂石材的钢骨架或其他钢骨架需要焊接时，应用不燃物将琉璃瓦面覆盖，防止焊接火花或熔渣损坏琉璃瓦。必须经过或在瓦面上放置重物时，要在瓦面上铺跳板、跳板与瓦之间垫放足够厚度的草袋柔软材料，防止损坏瓦面。

屋面施工期间及施工完毕后，非工作人员一律禁止进入，进入屋面的人员必须穿软底鞋。

6. 材 料 设 备

6.1　材料性能

6.1.1　琉璃瓦及配件的类型（表 6.1.1）

琉璃瓦及配件类型图　　　　　　　　　　　　　　　　　　　　　表 6.1.1

序　号	名　　称	规　格	备　注
1	底瓦	300×220×13	
2	勾头筒瓦	200×130×13	
3	筒瓦	200×130×13	
4	脊沟瓦	200×130×13	脊沟底瓦
5	正当沟	220×50×12	屋脊处收口配件
6	斜当沟	300×50×12	屋脊处收口配件
7	压带条	200×80×20	屋脊处收口配件
8	群色条	200×90×50	屋脊处收口配件

6.1.2 琉璃瓦尺寸误差按产品说明书控制。不得有缺楞掉角、裂缝、瓦面缺釉。

6.1.3 有釉板瓦、有釉筒瓦及表6.1.1所列各类配件的抗弯曲性能、吸水率、抗冻性、耐急冷急热性指标符合JC 709—1998中有釉板瓦、有釉筒瓦要求。见表6.1.3：

检验项目及标准要求   表6.1.3

序 号	检验项目	标准要求
1	抗弯曲性能	弯曲破坏荷重≥1170N
2	吸水率	≤12%
3	耐急冷急热性	经3次耐急冷急热性循环不出现炸裂、剥落及裂纹现象
4	抗冻性	经15次冻融循环不出现剥落、掉角、掉棱及裂纹现象

6.1.4 扎丝：应有足够的强度和韧性、较好的耐久性。一般宜采用经过退火处理的18号铜丝。

6.1.5 水泥石灰混合砂浆：石灰膏应用熟化7d以上的成品，砂采用中砂，筛去5mm以上颗粒；按重量比配制，拌合后3h内必须使用完毕。

6.2 坡屋面材料运输采用自制滑车（表6.2）。

机具名称及型号统计表   表6.2

序 号	名 称	型号规格	单 位	数 量
1	滑车	自制(380V/2.5t)	套	1
2	砂浆机	350型强制式拌合机	台	4
3	切割机	220V/350W	台	2
4	筛子	中粗	个	4
5	铁抹子		把	40
6	托灰板		把	40
7	橡皮榔头		把	40
8	麻袋		条	2000
9	斗车		辆	10
10	麻绳软梯	ϕ16 30m	条	15
11	钢管	ϕ48×3.5	t	35
12	扣件		万个	2.5
13	木跳板		m³	15
14	安全网		m²	240
15	灰桶		个	30

6.3 劳动组织（不包括屋面找平及找平前各道工序用工）
劳动力统计见表6.3。

劳动力统计表   表6.3

序 号	工 种	人 数	负责工作
1	挂瓦工	95	坐砌用砂浆找平，双股18号铜丝绑扎琉璃瓦
2	辅工	30	材料搬运、合灰、养护
3	电焊工	5	ϕ8钢筋网双向与屋面对拉螺杆的钢筋头焊接

7. 质 量 控 制

7.1 找平层质量标准及检验方法

7.1.1 主控项目：使用的材料品种、质量必须符合要求，各层之间，及找平层与基体之间必须粘结牢固、无脱层、空鼓，面层无起砂和裂缝（风裂除外）等缺陷。

7.1.2 一般项目：表面光滑、洁净，接槎平整，线条顺直清晰。允许偏差：表面平整 5mm，用 2m 尺及塞尺检查。

7.2 琉璃瓦质量标准及检验方法

7.2.1 主控项目：使用的材料品种、质量必须符合要求。屋面排水通畅，无渗水现象。瓦与基体之间必须粘结牢固、无脱层、空鼓等缺陷。检验方法：琉璃瓦屋面施工完毕后应进行淋水试验，淋水时间为 2h，在屋面底面观察应无渗水迹印。

7.2.2 一般项目：表面光滑、洁净，色泽均匀，瓦片排列整齐，线条顺直清晰，接缝严密。检验方法：目测。

8. 安 全 措 施

8.1 坡屋面操作人员正确佩戴安全帽、安全带，穿软底鞋。

8.2 坡屋面外架与天沟同高，满铺脚手板，外架设 1.5m 高栏杆，挂安全网、全封闭（图 8.2）。

8.3 材料运输采用自制小滑车运至屋顶回廊，通过屋顶回廊运送至各工作面，快捷安全。

8.4 大坡度斜屋面上设麻绳软梯供人员上下；铺瓦操作位置，利用焊接牢固的挂瓦钢筋网，临时拴挂材料搁架（图 8.4）。

图 8.2 琉璃瓦铺砌时的外架的防护措施　　　　　　图 8.4 铺砌琉璃瓦现场

9. 环 保 措 施

9.1 砂浆搅拌场地应平坦坚硬，并有良好的排水条件，应设置集水坑和沉淀池，现场污水经化验符合标准要求后方可排放到市政管道中，其场地要求还应符合建筑安全管理规定和国标的有关规定（包括沉淀池、污水池、扬尘、施工噪声控制等）。

9.2 屋面琉璃瓦施工时的废弃物应及时清运，保持工完料尽场地清，保证现场的整洁、干净，每一道工序完成以后，应按要求对施工中造成的污染进行认真的清理，前后工序应办理文明施工交接手续。

10. 效 益 分 析

10.1 技术经济效益

① 实现建筑造型多样化，大坡度琉璃瓦屋面的合理选用，体现了传统建筑的魅力，展示出建筑的独特风采。

② 大坡度琉璃瓦屋面排水良好，不需作卷材防水层，减少了构造层次，节约了材料费用、施工费用和卷材防水层维修费用。

③ 屋面挂瓦钢筋网、铜扎丝的设置和连接方式，确保了大坡度、大屋面的琉璃瓦与混凝土基层连接牢固，不会发生滑移。琉璃瓦下满座的水泥石灰混合砂浆能有效地防止铜扎丝锈蚀；砂浆的强度适宜，保证了瓦铺砌严实不易破损。上述措施都是有利于保证屋面结构耐久性的有效的构造措施。

④ 采用自制运料滑车运输砂浆、琉璃瓦及其他小配件，解决了大坡度屋面上大量易碎材料的垂直和水平运输难题，大大降低了操作人员的劳动强度、减少了材料和成品的损耗。

10.2 社会效益

在外单位施工的与楚文化馆同样规模、形制的编钟馆屋面工程失误的背景下，如何解决大面积、大坡度琉璃瓦屋面不裂、不漏、不滑移的问题是业主和社会的期待和要求。湖北省博物馆扩建工程通过与设计协商采取综合构造措施和先进施工方法，妥善地解决上述难题，屋面的质量和耐久性比设计预期的更好，得到了社会的一致好评。开发的工法可对类似工程的施工提供重要的借鉴。

11. 应 用 实 例

湖北省博物馆（图 11）位于武汉市武昌区东湖路 156 号，是国家级重点博物馆，馆藏大量珍贵的国宝级文物。本期楚文化馆和综合陈列馆的建成，完成了博物馆展馆的整体布局，采用大面积、大坡度（38.66°）、重檐四坡水琉璃瓦屋面，干挂石材屋脊、檐口的博物馆规模巨大、庄重大方、气势恢弘，体现了楚文化悠久的历史和丰富的内涵，成为湖北省重要的标志性建筑。

图 11　湖北省博物馆全景

楚文化馆为二重檐屋面，建筑高度 19.18m，屋面面积 2400m²，于 2002 年 12 月 8 日开工，2005 年 12 月 16 日竣工。综合陈列馆为三重檐屋面，建筑高度 37.85m、屋面面积 9000m²，于 2004 年 2 月 8 日开工，屋面琉璃瓦于 2005 年 10 月份竣工。

附录：

获 奖 情 况

获奖项目名称	获奖时间、授奖级别
大面积大坡度坡屋面施工综合技术	2006.11 获中建总公司科学技术奖三等奖 2006.11 获中建三局科技进步二等奖
湖北省博物馆综合陈列馆工程	2006.11 获中建三局科技成果推广一等奖
大面积大坡度坡屋面琉璃瓦施工工法	2004～2005 年度省级工法 2004～2005 年度局级工法
综合陈列馆 A 区斜屋面滑道及滑车设计	2006 年获湖北省优秀五小成果奖
9000m² 四坡 38.66°大坡屋面施工方法的创新	2005 年获湖北省 QC 成果特等奖
湖北省博物馆科技推广	2005 年湖北省科技示范工程 2005 中建三局科技示范工程
湖北省博物馆坡屋面技术创新 QC 小组	2005 年度全国优秀质量管理小组 2005 年度湖北省最佳质量管理小组
湖北省博物馆综合陈列馆工程	2006.11 获 2004～2005 年度中建三局优秀施工组织设计三等奖

可拆装玻璃内幕墙（大板块）施工工法

YJGF144—2006

北京市建筑工程装饰有限公司

张宝奇　张耀辉　上官越然　冯鹤　马洪波

1. 前　　言

随着我国建筑装饰行业的飞速发展、新型建筑材料的不断涌现，施工技术也不断出新，尤其是产品加工专业化的逐步完善，使装配式的施工方法成为建筑装饰行业一个新的发展趋势。北京市建筑工程装饰公司通过对可拆装玻璃内幕墙（大板块）技术的研发，总结出一套科技含量高、装饰效果佳、施工操作简便的装配式施工工艺，成功应用于首都机场 T3B 航站楼精装修工程中，取得了明显的社会效益和经济效益。该工法在此基础上形成。

该项技术于 2007 年 1 月 24 日通过了专家鉴定会，并荣获了北京建工集团有限责任公司 2007 年度"科技进步一等奖"，为同类工程提供了借鉴经验和参考依据。

2. 工 法 特 点

2.1 实现了玻璃内幕墙各板块、各配套组件的独立可拆装、可更换性能。

2.2 标准化设计、工厂化加工、装配化安装，提高了工程质量，减少了对环境的污染。

2.3 施工便捷、可操作性强，单元装饰板安装灵活，劳动强度低，工效高。

2.4 施工速度快、工期短、经济性高。

2.5 受气候影响小，全年可施工。

3. 适 用 范 围

本工法适用于有拆装要求的内幕墙工程、装饰面层下设备管线检修较频繁的内墙装饰板工程，尤其是公共建筑的大面积玻璃内幕墙装饰工程效果更加明显。

4. 工 艺 原 理

此工法以严格控制施工组件、构件的加工精度为基础，以精密的综合测量放线为面层平整度提供控制线，通过研究开发的偏心螺栓和专用龙骨，实现了玻璃内幕墙单元板块和踢脚、风口等配套组件的单独可拆装功能；减少了安装难度，提高了施工速度，并使每种构件都可进行误差微调，更易对整体平整度进行控制。

5. 节 点 构 造

5.1 偏心螺栓的构造及调节

在偏心螺栓的钉帽表面上刻有"一"字凹槽，既方便拧紧螺钉，也是对调节量的标识。"一"字转动到不同角度时，可对铝框进行上下方向的调节。当现场没有误差时，"一"字为竖向，当"一"字顺时针转动 60°时，可向上微调 0.8mm；当"－·"字顺时针转动 90°时，可向上微调 1.5mm；当"一"字转动 180°时，可向上微调 3mm（偏心螺栓的构造及调节见图 5.1）。

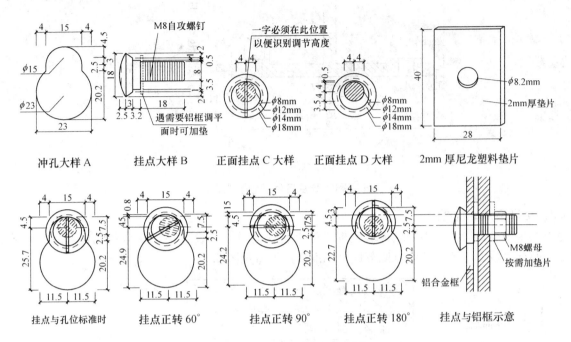

图 5.1　偏心螺栓构造及调节示意图

5.2　标准铝框及竖向龙骨的构造

A 号标准铝框是内幕墙玻璃板块的承载体，为了确保承载力和表面阳极氧化膜不被破坏，铝框采用角码的形式进行连接。标准铝框下部内腔中的凸起部分是为了配合角码的形状，也是利于角码的定位。在图中特殊位置的凸起小三角，是为了打孔过程中的尺寸定位；在打孔处设计的凹三角，是为了防止钻头钻孔时滑动从而破坏了氧化膜（A 号标准铝框见图 5.2-1，标准铝框角码连接见图 5.2-2）。

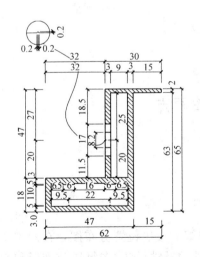

图 5.2-1　A 号标准铝框剖面图

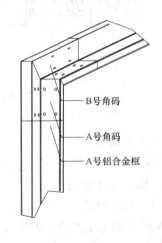

图 5.2-2　标准铝框角码连接图

B 号铝龙骨位于玻璃装饰面与钢骨架之间，是悬挂玻璃铝框的骨架。龙骨"T"形尾部打有 8.2mm×20mm 长圆孔，便于与钢架连接。在铝龙骨的螺栓连接孔部位局部加厚 2mm，以保证能达到安全要求。在铝型材两侧端头 6mm 部位厚度减半，便于与横龙骨进行搭接（B 号铝合金龙骨见图 5.2-3）。

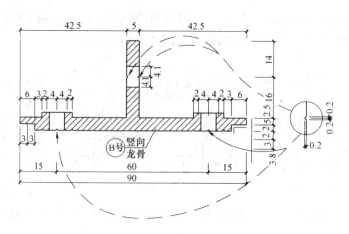

图 5.2-3　B号铝合金龙骨剖面图

5.3　标准节点的构造

为了实现玻璃幕墙系统中每块玻璃铝框都能够轻松的拆装，设计出了相应的铝框及龙骨形式，并通过偏心螺栓完成了幕墙系统的可调节性（标准节点构造见图5.3）。

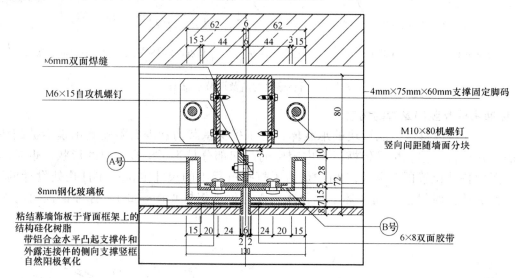

图 5.3　标准节点构造图

6. 施工工艺流程及操作要点

6.1　工艺流程

工艺流程见图 6.1。

6.2　施工操作要点

6.2.1　加工订货

1. 在厂家加工生产前，先为其提供玻璃内幕墙每个立面详细的玻璃位置分布图，在图中要详细的标出每块玻璃装饰板及铝龙骨的编号。厂家在材料出厂前，要将编号标签贴在每块装饰板和铝龙骨的明显位置上，并在出厂前进行自检。

2. 给厂家做进货前的交底：保证所使用的每批玻璃必须选择为全新的并为生产商最新近出厂的产品制品，铝型材表面必须做自然阳极氧化膜。

3. 铝龙骨及玻璃装饰板在装卸及运输中，要做好成品保护和衬垫弹性垫，防止运输途中颠簸。运抵现场后，现场质检员和施工人员对龙骨的质量、规格尺寸进行100%的检测，检查成品全部合格后方可进场使用.

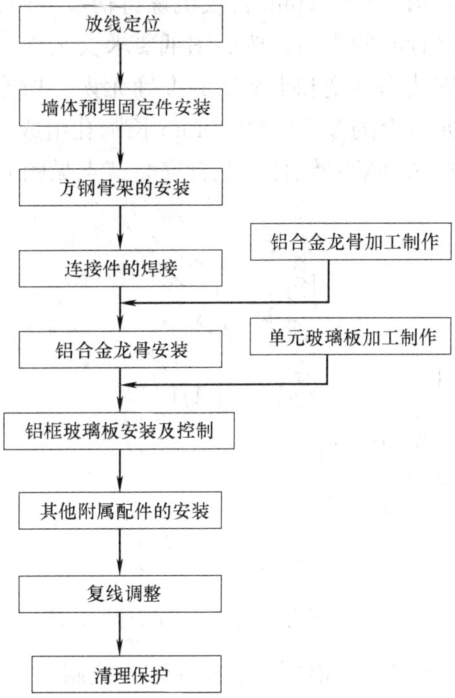

6.2.2 放线定位

1. 根据原结构图，找出砌块墙体的加强带位置，弹在墙体表面，确定预埋件需要混凝土浇筑的位置。

2. 根据幕墙钢架分隔大样图和结构施工标高、轴线的基准控制点、线，测设幕墙施工的各条基准控制线。先在首层的地、墙面上测设定位控制点、线，然后用经纬仪或激光铅锤仪在幕墙四周的大角、各立面的中心向上引垂直控制线和立面中心控制线，各大角用钢丝吊重锤作为施工线。

3. 用水准仪和标准钢尺测设各层水平控制线，水平标高应从各层建筑标高控制线引入，测量时应注意分配误差，最后按设计大样图和测设的垂直、中心、标高控制线，弹出横、竖构件、分格及转角的安装位置线。

6.2.3 墙体预埋固定件安装

根据钢架图在横竖龙骨交叉的位置弹出位置线，将砌块凿空，填入混凝土，将紧固件固定在混凝土上，是为了增加固定支撑件时的强度。把支撑件（∟50mm×5mm角钢）及垫片用加长的 M10 机螺钉与墙体固定，而且要交错放置，使竖向龙骨受力更均匀。

6.2.4 方钢骨架的安装

1. 竖向主龙骨的安装：在方钢骨架安装前先检查放线位置，每一洞口尺寸都复核确定无误后，进行骨架的固定。经过计算得出横、竖钢骨架均采用 60mm×80mm×4mm 镀锌方钢，钢架间距根据玻璃装饰板的尺寸而定。将同一立面靠大角的竖龙骨安装固定好，然后拉通线按顺序安装中间立柱，将立柱与角码进行焊接固定。立柱与角码在其接触面加垫隔离垫片。竖龙骨与地面楼板的固定采用固定脚码，在楼板处预埋铁件，在竖向方钢龙骨的两侧固定脚码，与混凝土楼板用四个 M10×100mm 膨胀螺栓固定。

2. 立柱安装完后用水平尺将各横梁位置线引至立柱上，再按要求安装横梁。横梁与立柱应垂直施焊，特别注意门洞口位置的横梁焊接。

6.2.5 连接件的焊接

连接件采用 32mm×50mm×6mm 的铁件，主要起到连接钢架与横竖铝龙骨的作用，一端与钢骨架焊接，另一端与铝龙骨通过螺栓连接。

在铁件焊接之前，先在钢骨架上弹出铝龙骨的位置线，为了减小误差，先把铁件与铝龙骨用螺栓固定好，而且中间要加塑料垫片，根据钢骨架上的弹线立好竖龙骨，再把铁件与钢架进行点焊。在焊接的过程中为了防止焊花对铝龙骨表面氧化膜的破坏，厂家对铝龙骨的保护层不能过早的撕掉。然后卸下铝龙骨，对铁件进行满焊，采用双面 6mm 角焊缝的焊接形式，固定在横、竖钢骨架上。最后检查所有铁件是否有漏焊的部位。

6.2.6 铝龙骨和偏心螺栓的安装

1. 施工准备：铝龙骨型号较多，要求熟悉图纸，测量复核现场与图纸设计尺寸是否符合，如存在偏差，及时进行设计调整。在铝龙骨打眼处固定偏心螺栓，偏心螺栓螺母与铝龙骨之间加设垫片。

2. 铝龙骨在与铁件固定前，用靠尺板检查有无变形，发现不符合要求应进行修正。首先准确定位幕墙四个角的 V 号铝龙骨是最关键的一步（转角 V 号铝合金龙骨构造形式见图 6.2.6-1）。

```
放线定位
   ↓
墙体预埋固定件安装
   ↓
方钢骨架的安装
   ↓
连接件的焊接 ← 铝合金龙骨加工制作
   ↓
铝合金龙骨安装 ← 单元玻璃板加工制作
   ↓
铝框玻璃板安装及控制
   ↓
其他附属配件的安装
   ↓
复线调整
   ↓
清理保护
```

图 6.1 施工工艺流程图

用 M6×15mm 自攻机螺钉初步将四角 V 号铝龙骨固定到铁件上，通过地面测量放线，确定装饰面距钢骨架的距离。按照图纸要求安装横竖铝龙骨，施工过程中要对各条控制线定时校核，以确保铝龙骨安装垂直度和水平度的准确无误。所有铝龙骨安装完毕后，通过铁件上的 8.2mm×13mm 长圆孔和铝龙骨上的 8.2mm×20mm 长圆孔组成"十"字形，对铝龙骨进行最后调整，将 M6×15mm 自攻机螺钉拧紧（V 号铝合金龙骨安装节点见图 6.2.6-2）。

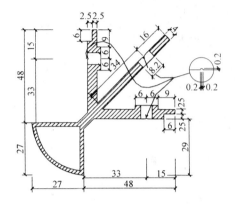

图 6.2.6-1　V 号铝合金龙骨构造形式图

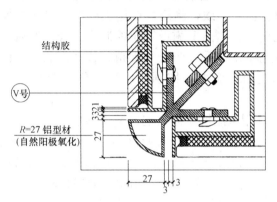

图 6.2.6-2　V 号铝合金龙骨安装节点图

6.2.7　铝框玻璃板安装及控制

1. 施工准备：要完成所有支撑结构的施工，包括钢骨架、铝合金龙骨等，并符合有关结构施工及验收的规定和设计要求。

2. 玻璃铝框装饰单元板的安装按照放线定位，采取先上后下的顺序；逐层安装调整。由于玻璃装饰板规格、体量较大，施工时工人用专用提升工具（手持真空吸盘）垂直提升到安装平台上进行定位、安装。提升单元板块时，应保证吊点不少于两个，而且保证不少于 3 个工人同时作业，提升过程应保持单元板块平稳；升降和平移应使单元板块不摆动、不撞击其他物体，并应采取措施保证装饰面不受磨损和挤压。

玻璃装饰单元板提升到铝龙骨偏心螺栓处，使铝框的孔准确就位，卡入螺栓。单元板块就位后，应及时校正。在整个过程中减少尺寸积累误差为±3。通过调整钉帽的表面"一"字凹槽，对铝框进行上下方向的调节，当误差超过 3mm 时，就需要通过 50mm×32mm×8mm 的铁件上的 8.2mm×13mm 长圆孔和铝龙骨上沿长边打有 8.2mm×20mm 长圆孔组成的"十"字形，来调整、找平铝龙骨。

3. 特殊部位的玻璃装饰单元板安装时要按照编号准确定位，防止返工；同时，安装过程中要在横缝 16mm，竖缝 6mm 的位置拉控制线，按线施工，调整玻璃铝框装饰单元板的平整度（标准玻璃装饰板排版见图 6.2.7）。

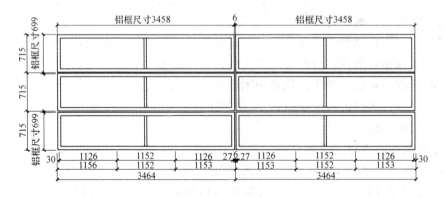

图 6.2.7　标准玻璃装饰板排版图

6.2.8　其他附属配件的安装

1. 风口、格栅的安装：确保风口格栅处上下玻璃铝框装饰单元板已安装完毕。通过放线定位保证位于支撑结构之间的静压箱风道已安装完毕，风口格栅的安装重点在上下槽口的准确定位，与静压箱颈口柔性连接，安装完毕后通过整体放线复查，格栅面应该与玻璃幕墙齐平（风口、格栅安装见图6.2.8-1）。

2. 缓冲栏杆、踢脚板安装：缓冲栏杆根据施工图尺寸与钢架通过螺栓进行连接。踢脚板则采用插接的方式与钢架固定，把插座固定到钢架上，在加工好的踢脚板背后设有插头，根据放线定位进行插接连接（踢脚板安装见图6.2.8-2）。

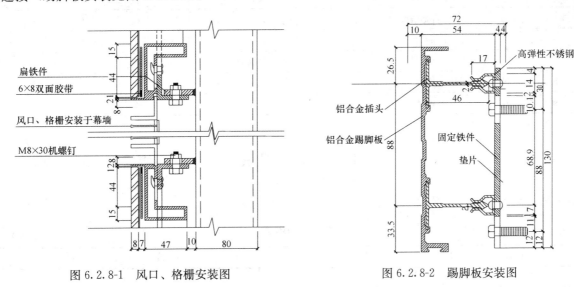

图 6.2.8-1　风口、格栅安装图　　　　　　图 6.2.8-2　踢脚板安装图

6.2.9　清理保护

玻璃板装饰工程完成后，用棉纱和清洁剂清洁面层的胶迹和污痕。为防止成品损伤，对饰面作必要的保护。

7. 材料与设备

7.1　材料性能

主要材料为80mm×60mm Q235号型钢（并采用热浸镀锌的方式进行防锈处理）、铝合金型材自然阳极氧化，背面涂饰白色釉面的单片钢化玻璃面板、硅酮结构胶、不锈钢偏心螺栓。各种材料性能符合设计规范要求，见表7.1。

主要材料性能表　　　　　　　　　　　　　　　　　　　　　　表 7.1

材　料　名　称	材料规格(mm)	性能指标
预埋件	250×150×10	Q235
钢龙骨连接件	角钢∟50×5	Q235
钢龙骨	方钢60×80×4	Q235
偏心螺栓	偏心 $\phi8(12)×27$	304型不锈钢
铝龙骨	根据现场实际要求制定	铝型材阳极氧化膜达到AA15级的要求
玻璃面板	3458×699(根据现场实际要求制定)	背面涂饰白色釉面,钢化处理
结构胶	双组分	硅酮结构胶

7.2　机械设备及测量仪器

本工法采用的机械设备及测量仪器见表7.2。

机械设备及测量仪器表　　　　　　　　　　表 7.2

序　号	机具名称	规格型号	单　位	数　量
1	手持真空吸盘		个	3
2	电焊机	21kVA	台	1
3	电子经纬仪	DJD2-G	台	1
4	水准仪	AL332	台	1
5	铝合金塔尺	5m	把	1
6	靠尺	2m	把	2
7	直角尺	200×200	把	1
8	卷尺		支	2
9	线坠		个	1

8. 劳动力组织

本工法劳动力组织见表 8。

劳动力组织表　　　　　　　　　　表 8

人员组成	人　数	职　　责
项目经理	1	负责施工组织、协调现场
技术负责人	1	负责各项施工技术工作及技术攻关
技术员	2	负责施工技术交底及验收、资料的收集与整理
质量员	1	负责施工质量
安全员	1	负责施工安全
材料员	1	负责组织材料进场及管理
班组长	1	负责指挥具体施工人员工作
测量放线工	2	负责放线及测量工作
木工	10	负责面层具体安装工作
暂设电工	2	负责施工现场的暂电工作
焊工	2	负责焊接工作
壮工	2	负责材料的运输工作及现场清理

9. 质 量 控 制

9.1 玻璃装饰板挂装后整体平整度控制

9.1.1 先用铁框按标准的规格尺寸制做模型，再按图纸设计和挂装方法，在实际施工中进行试挂，用来调整误差，以保证每块玻璃饰面板与铝龙骨之间连接孔位的准确性。

9.1.2 在挂装玻璃装饰板之前，用现场制做的 90°靠尺板检查每块装饰板的边角垂直度及用钢直尺检查对角线长度以便准确地调整装饰板的尺寸。

9.1.3 每块装饰板挂装完成后，用 2m 靠尺检查，平整度有误差的，利用在单元板与挂接螺栓之间加垫片进行调节。

9.2 质量标准
9.2.1 一般规定

幕墙工程验收时应检查下列文件和记录：

1. 幕墙工程的施工图、结构计算书、设计说明及其他设计文件。

2. 建筑设计单位对幕墙工程设计的确认文件。

3. 幕墙工程所用各种材料、构件及组件的产品合格证书、性能检测报告、进场验收记录和复验报告。

4. 幕墙工程所用硅酮结构胶的认定证书和抽查合格证明；国家指定检测机构出具的硅酮结构胶相容性和剥离粘结性试验报告；密封胶的耐污染性试验报告。

5. 后置埋件的现场拉拔强度检测报告。

6. 隐蔽工程验收记录。

9.2.2　玻璃内幕墙工程主控项目

1. 玻璃内幕墙工程所用材料的品种、规格、性能和等级，符合设计要求及国家现行产品标准和工程技术规范的规定。所选用的玻璃应符合中国国家标准《钢化玻璃》及《浮法玻璃》的规定，铝合金型材阳极氧化符合 GB 8013 规定，其氧化层厚度不应小于 AA15 级。铝合金型材表面处理前后均应符合 LD31-RCS 机械性能要求。

2. 玻璃内幕墙的造型、立面分格和图案符合设计要求。

3. 玻璃饰面板的数量、尺寸位置及板缝之间的宽度和深度都符合设计要求。

4. 玻璃内幕墙主体结构预埋件的位置、数量及拉拔力应符合设计要求。

5. 玻璃内幕墙后钢架与主体结构预埋件的连接、立柱与横梁的连接、铝龙骨与钢架的连接需符合设计要求，安装牢固。

6. 结构钢架的镀锌防腐符合设计要求。

9.2.3　玻璃内幕墙工程一般项目

1. 玻璃内幕墙表面平整、洁净、无缺损和划痕。

2. 玻璃饰面板板缝横平竖直、横缝宽为 16mm，竖缝宽度为 6mm，饰面板上的洞口、槽边应边缘整齐。

3. 玻璃内幕墙安装的允许偏差见表 9.2.3。

玻璃检验允许偏差 表 9.2.3

项　次	项　　目	允许偏差（mm）	检验方法
1	幕墙立面垂直度	2	用 2m 垂直检测尺检查
2	幕墙表面平整度	3	用 2m 靠尺和塞尺检查
3	阳角方正	3	用直角检测尺检查
4	接缝直线度	1	拉 5m 线用直尺检查
5	接缝高低差	1	用钢直尺和塞尺检查
6	接缝宽度	1	用钢直尺检查

10. 设计、施工中应注意的问题

10.1　在设计过程中要充分考虑各龙骨连接的形式以及调节范围，偏心螺栓的安装精度及调节范围。

10.2　施工中玻璃铝框及龙骨应按安装序列号指定位置存放、按安装顺序号安装。

10.3　安装后的铝框玻璃要保护其外表面质量，不能有任何的划痕。

10.4　施工单位按照质量验收标准进行全面检查，各个隐蔽部位要进行自检和抽检，合格后可上报工程监理或质检部门验收。

11. 安全措施

11.1 施工前管理者必须对操作班组进行相关安全知识的教育，并下发书面安全技术交底。

11.2 操作者必须依据有关安全操作规范进行安装，严格遵守各项安全规章制度。

11.3 施工人员进入现场必须戴好安全帽，上架子作业必须穿好防滑鞋，系挂好安全带。

11.4 安装使用的施工机具在使用前应进行严格检查，符合规定后方可使用。

11.5 要配有足够的施工人员安装玻璃铝框，在安装高处玻璃时，提升玻璃要避免摆晃，碰触到其他玻璃板块。

11.6 焊接施工时，焊工必须持证上岗，对焊缝的厚度、饱满度等进行全数检查。

11.7 现场焊接钢骨架时，在焊接下方应设防火斗，并在旁边设有看火工。

12. 环保措施

12.1 制定《施工现场环境保护计划》、《现场环境和职业健康安全管理条例》等规章制度。

12.2 对现场所使用的机械设备如电钻、切割机、电动空压机等，采取降噪措施，并错开使用时间，防止噪声污染。

12.3 施工废弃材料如焊头、铝型材废料、胶垫废料等，进行集中回收，避免环境污染。

13. 效益分析

13.1 幕墙可拆装技术解决了今后使用过程中会出现玻璃装饰面板的损坏和各种新型设备维护更新的难题，为其他有类似使用要求的工程提供了依据，具有很好的社会效益。

13.2 可拆装技术避免了拆改、维护等带来的材料二次采购，在资源利用和长远投资方面节约了大量投入。

13.3 现场装配的施工方法简单科学、施工速度快，大大提高了劳动生产率，满足了工期紧张的需要，实现了工期目标，同时创造了经济效益。

13.4 材料的工厂加工化，保证了材料加工的精度和准确度，避免了无谓的浪费。

14. 应用实例

本施工工法成功地应用于北京市首都机场 3 号航站楼 T3B 国际候机楼工程。该工程总面积达到 12000m²，所用标准玻璃铝框规格 3464mm×715mm，经过严格的施工控制，完全实现了内幕墙系统中每块玻璃装饰板的可拆装设计要求，达到了科技创新、节约创效的目的。

薄木贴面密度板装饰部件安装工法

YJGF145—2006

中天建设集团有限公司

蒋金生　姚晓东　傅元宏　胡翔宇　郭军

1. 前　言

薄木贴面密度板装饰件是工厂化生产的各式木装饰部件，用于室内高档装修门套、线板、梁面、柱面、墙面等部位，实现木装饰工厂化现场组装。中天集团装饰事业部承建的嘉善罗星阁宾馆的大堂，客房多项木装饰采用了薄木贴面密度板装饰部件安装，该项做法由于加工精细，安装合理，室内环境取得了完美的装饰效果。该工程被评为浙江省"科技文明工地"称号。

2. 工 法 特 点

薄木贴面密度板装饰部件是根据木装饰设计图施工要求，是装饰企业施工中与工厂一起深化设计，实现工厂加工处理预制成型部件。它以选用高档薄木单片为表面，柳安薄木单片为背面，中间高密度板经涂胶，配坯热压而成，根据实际造型需求，锯裁各种规格尺寸，并经封边、切铣等多道工艺加工处理而成。

薄木贴面密度板装饰部件具有以下特点：

稳定性：由于装饰部件是三层式结构，上下二层为单片，中间为高密度板经热压而成。这种复合形式材性稳定，一般性阳光日照，室内空气潮湿对表面基材不会产生影响。

安装方便：成型部件都采用挂挡式安装，安装容易，大大减少了现场作业的工作量。

美观大方：表面木纹清晰，美观高雅，安装时无钉孔迹斑。油漆采用工厂机械化透明色漆喷涂，饱和度好，色泽一致。

强度高：装饰件内基材为高密度板，因此板材抗击强度和弹性较高，表面受损部位易工艺修复。

3. 适 用 范 围

本工法适用建筑室内装饰的木装饰部件现场安装施工。薄木贴面密度板装饰件受自然气候的影响较少，能保证施工进度，施工质量和美观的要求，特别适用于高档宾馆、写字楼、餐饮娱乐类公共建筑内装修。

4. 工 艺 原 理

装饰部件的安装是采用挂挡或专用五金件作隐蔽固定连接。挂挡或五金件按要求先固定在墙面上或细木工板基层上，并用白乳胶粘结，使部件固定。在现场安装中，要根据装饰设计要求，抓好现场制做基层部分的尺寸控制及要求质量，同时要对工厂制做的装饰部件进行复核尺寸和精度校对。确保安装可靠牢固，达到质量标准及装饰效果。

5. 工艺流程及操作要点

5.1　工艺流程

技术准备→清理墙面、弹线→木基层制做→部件定制→挂挡制做安装→装饰件安装→修饰处理。

5.2 操作要点

5.2.1 技术准备

首先将室内装饰的木装饰部分图纸，进行深化设计，绘制加工图可供工厂生产的薄木贴面密度板装饰部件形式，确定分块安装部件，木基层制做以及搭接结构方式等。

5.2.2 清理墙面、弹线

对墙面基层进行清理，如墙面浮灰、浮浆的清除，凸面的敲凿和洞孔的修补，同时进行吊直，找规矩，弹出垂直线及水平线。按墙面部位木装饰设计图纸所示和实际需要弹出安装位置的分块线。同时考虑周边其他装饰材料的搭接余地。

5.2.3 木基层制做

在要装饰的墙面、柱面、梁面、门套等部位，根据已弹好的木线位置，确定打孔点。打孔使用冲击钻，可先用尖锥子在预先弹好的点上，凿一个点，然后用钻打孔。若遇结构钢筋时，要将孔位适当调整。在孔上打上木筋后，再安装木基层龙骨架，并用螺纹钉固定。校正木龙骨面的平整度后，将细木工板面画出木线位，再用螺纹钉钉入固定于木基架，木基层需涂防腐及防火涂料二遍。如做柱面、梁面、门套的基层，两垂直边一定要修直平整，务必用水平尺检查。

5.2.4 部件定制

按现场测得的实际放样尺寸，确认薄木贴面密度板装饰件生产图纸节点、工艺，各个部件，分列编号后，并下单工厂开始组织生产。同时确定材质和油漆色泽、具体完成时间，以便现场安装衔接。这部分作为木装饰表面，进场时提交的部分数量、规格、质量标准严格把关。

5.2.5 挂挡制做安装

一般选用干燥的不易变形的硬杂木制做挡木，木材含水率要求控制在 12％以内，按图纸由工厂加工制做，并同薄木贴面密度板装饰部件挂接，能起到精密的卡式配合。挂挡的安装沿弹线位置正确的固定在很平整的基层上，分别采用斜面的、方的挂槽结构，起到部件固定作用。

5.2.6 薄木贴面密度板装饰件的安装

1. 踢脚线及线饰安装

先将背面开有挂槽的线板，经现场复核校对，修正长度方向尺寸，安装实木挂挡于墙面上，要求部件与挂挡做自然配合，松紧适宜，经调试无误后，再将部件内槽上胶，用橡皮锤均匀慢慢地敲入，达到服贴平整装饰要求（图 5.2.6-1）。

2. 隔断和直窗板的安装

将右侧开 20mm×20mm 通槽，上下端开 20mm×20mm 槽的成型装饰部件，经现场校对、核实，在墙面弹线部位安装 20mm×20mm 槽线，与部件槽内配合自然，注意上下角度方正，部件槽内涂上胶后，从左侧上下平齐推入固定。有些墙面略有缝隙，最后可用打胶封缝处理（图 5.2.6-2）。

3. 柱面的安装

在方正的柱面木基层上安装装饰件，分二块 U 形部件拼装。首先一块先直向平行安装，部件内挂挡与柱面弹线位挂挡组合，在安装时要仔细调试平整垂直度、松紧关系，待正确无误后挡面上胶固定；另一块同此安装。注意检查二块之间拼缝严密，达到过渡缝均匀。柱面按设计用三段组装，段之间有 3mm×3mm 工艺槽处理（图 5.2.6-3）。

4. 门套的安装

在门套木基层上安装门套部件分二个组合装配。门形架组装方法是先装朝门的一面，正确平齐的进入门洞，待校正后内侧面木基层上涂胶，中间位用螺钉固定，经复核修正后，再装后面一门套，并在内侧涂胶固定（图 5.2.6-4）。

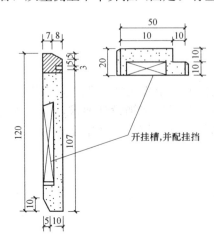

图 5.2.6-1 部件节点图

开挂槽，并配挂挡

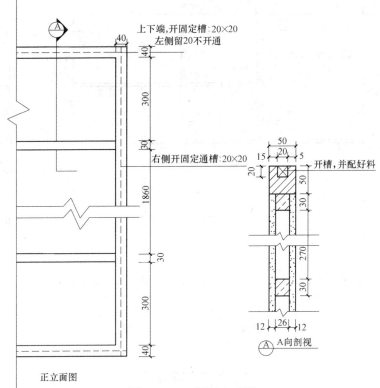

图 5.2.6-2 隔断立面图

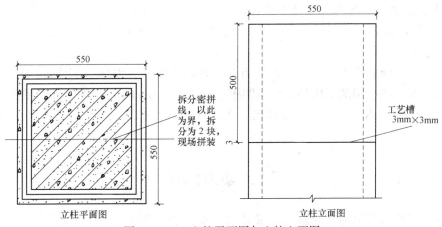

图 5.2.6-3 立柱平面图与立柱立面图

5. 墙面板的安装

在一幅较大面积的墙上，按设计要求先预装木龙骨架，有直挡布置 4 根，带斜面的横挡布置 4 根，通过墙面预埋塑料膨胀螺栓将木架固定后，达到幅面垂直水平要求。用玻璃吸盘工具，将内置框架式装饰部件整幅挂装上去，同固定的挂式 4 根横挡自然贴合，注意挂挡和连接缝都要上胶，检验整幅安装平整度，以达到要求（图 5.2.6-5）。

5.2.7 修饰处理

待装饰部件全部安装完成后，对于加工缝隙按设计要求，用装饰嵌条或缝内打胶装饰处理，然后撕去纸带，板面清理，安装工程结束。

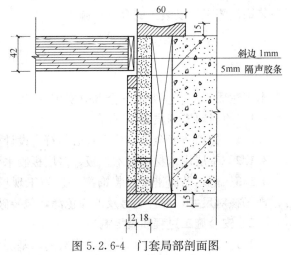

图 5.2.6-4 门套局部剖面图

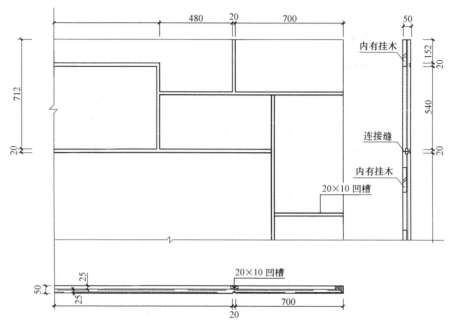

图 5.2.6-5　饰面板节点图

6. 材料与设备

6.1　做木基层，按设计要求，安装木龙骨，表面再用细木工板作基层。

6.2　薄木贴面密度板装饰件从工厂包装，运输到工地，每块板背后应标有编号。

6.3　内衬挂挡或专用五金插接件

薄木贴面密度板装饰件为工厂化加工，装饰施工现场安装，在安装过程中，需要局部进行加工修边，锯裁。现场需要一些小型加工机具，如切割锯、冲击钻、手枪钻、直线刨、边角锯、扳手、锤子、橡皮锤、靠尺、水平尺、角尺、墨斗、经纬仪、水准仪、激光标准仪等工具。同时现场配制工作台，便于安装加工。

7. 劳动力组织

根据施工现场工作面实际情况合理安排劳动力。本工法可采用分片、分段、分层施工，以工厂派出专业人员，以小组为单位安排工作面，一般以小组 2～4 人组成，对部件的搬运、存放、安装，其他现场装饰油漆工、安装工配合进行施工。

8. 质 量 控 制

本工法质量控制主要分三个部分实施。

8.1　原材料进场质量控制

8.1.1　挂挡、五金件连接方式必须符合设计要求，产品必须附有合格证，由专人进行验收。

8.1.2　基层用木材、细木工板、多层板胶水油漆等必须符合污染物含量规范及质量要求。

8.1.3　薄木贴面密度板装饰部件进施工现场，必须要有厂方出厂合格证及材料甲醛含量检测报告，现场核对尺寸，部件编号及油漆色泽，包装破损情况。

8.2　安装施工过程质量控制

8.2.1　部件安装前严格检查已完成的木基层面或墙面的平整度、垂直度以及表面牢固等，必须检验合格方可进行弹线工序。

8.2.2 基层放线一定要准确，纵横轴线及标高三线要仔细检查。

8.2.3 对于数量大的部件施工前要先做样板，经甲方认可后，方可大面积加工。

8.2.4 挂挡或五金件作为固定用件，安装要求尺寸正确，横平竖直，牢固。

8.2.5 薄木贴面密度板装饰部件安装必须注意背面清洁及表面油漆面的保护，装配时用橡胶垫，用木板块粘贴橡皮垫的铁锤，按对角位由外向内，轻轻自然敲入基面，严禁用铁锤直接敲主饰面，要求板块面安装方正，拼角密缝，压向密实。完成部分区、域及时核查，按标准要求用专用工具检查。

8.3 成品保护措施

8.3.1 从工厂运至施工现场的装饰件，分区域堆放；拆开包装安装时工作台上要有软物衬垫，避免磕碰损伤。

8.3.2 已安装完成的柱面、墙面、门套等部件经检验合格后，要有硬纸板加木板条胶带包扎，防止周边施工造成的污染和损伤。挂挡等配件要妥善保管，以防丢失。

9. 安 全 措 施

9.1 对于梁面、柱面等部位的施工，脚手架操作层要铺平，架上堆放物要稳定可靠，堆载不宜多，以免发生倒伏。

9.2 木工使用电动工具要装设漏电保护。

9.3 安装 2m 以上大块装饰部件，必须两人配合操作。

10. 环 保 措 施

首先执行《民用建筑工程室内环境污染控制规范》中对材料的要求，使用的细木工板、薄木贴面密度板装饰部件等人造木板以及所用粘合胶料，必须测定游离甲醛含量或游离甲醛释放量，部件表面所用的油漆应测定总挥发性有机化合物（TVOC）游离甲醛及苯的含量，其限量应符合规范中的具体规定，达到绿色环保要求。

11. 效 益 分 析

薄木贴面密度装饰部件作为木装饰工程实现工厂化生产，现场组装，可以改变我们传统的一些木作方式。装饰成品稳定性好，加工细腻，体现现代美感。因油漆面为一次性调色，在净化喷涂车间，经机械喷涂并烘干，装饰成品无色差、无杂质、无刷痕，表面光滑，明亮。部件由于工厂生产，基材得到充分套裁，浪费少；同时合理的安装形式设计，现场施工非常容易，对其他成品无污染，大幅降低了由于现场喷漆所造成的安全隐患及保障了施工现场的空气洁净；同时可以大大缩短施工工期，便于工地文明管理。

从工程分析，虽成本费用高于现场制做的 15% 左右，但随着市场的推进、工厂成本的降低、设计和生产方式的改进、包装运输更趋合理化，薄木贴面密度装饰部件将是一种值得推广的先进做法。

12. 应 用 实 例

嘉善罗星阁宾馆大堂、客房装饰工程中的木装饰运用了薄木贴面密度板装饰部件安装，在整个施工过程中形成了一套制做工艺，装饰工程完成后，整体效果不错，观感良好。

室内墙基布裱涂施工工法

YJGF146—2006

浙江省建工集团有限责任公司

缪方翔　吕步逸　钱昀　柴如飞

1. 前　　言

随着时代变迁与社会发展，家居环境也随之不断变化，在讲究家居日常实用性的同时，更注重艺术性与个性化。从 20 世纪 80 年代起，整体的家居以实用为主然，在墙面装饰方面出现了彩色墙围配合白浆刷墙的墙面装饰特色，设计界称之为刷白时代。到了 20 世纪 90 年代，个性化需求初现端倪，家居装饰也随之变得丰富起来，贴瓷砖、吊顶、哑口等等；墙面装饰也由 20 世纪 80 年代的刷白时代上升到了刷油时代，乳胶漆和壁纸的大量使用，丰富了人们的装饰视野。而到了 21 世纪的今天，随着科技和社会发展，催生了更多品类样式的家居产品，墙面装饰从最初的刷白到刷油再到如今的贴布——墙基布，品种多，品类全。

2. 工 法 特 点

墙基布可视为"墙涂料伴侣"，是介于传统壁纸和涂料之间的一种新式墙面装饰材料，可配合涂料使用，大大提升涂料的表现力，在赋予墙面更多肌理和造型的同时，克服了传统涂料缺乏质感和单调的缺点及克服了墙面裂缝的通病。由于墙基布具有可反复涂刷的优点，从而满足家居时尚装饰，自由创意的多变需求。产品无论是性能还是装饰效果都更趋完美，其多个品种数百个花色的组合，打破了墙漆、壁纸单一花色和品种的局限。

墙基布的基材为感觉舒适、柔软的超强丝绒纤维，有极强的机械强度、柔韧性和抗变形能力，能覆盖墙面的细小裂缝。产品加工采用缜密的三维处理，图案极具立体感，富有很强的肌理效果，并且其原材料可以分解循环再利用，属绿色环保建材产品。

3. 适 用 范 围

墙基布裱涂工艺适用于民用建筑中室内混凝土表面、水泥砂浆、混合砂浆抹灰表面、木饰面、纸面石膏板面等墙面涂饰工程。

4. 工 艺 原 理

本工艺在墙面基层进行腻子批平打磨平整处理后，涂刷封底漆，裱贴墙基布后，在墙基布表面涂刷各种颜色的乳胶漆，以达到墙面立体、赋于肌理的装饰造型，极大的提升乳胶漆的表现力。

5. 施工工艺流程及操作要点

5.1　工艺流程

基层处理→修补腻子→满刮腻子→刷封底漆→吊直、套方、找规矩、弹线→计算用料、裁纸→刷胶→裱贴→修整、清理→涂刷乳胶漆。

5.2　操作要点

5.2.1　基层处理

根据基层不同材质，采用不同的处理方法。

1. 混凝土及抹灰基层处理

裱糊墙基布的基层是混凝土面、抹灰面（如水泥砂浆、水泥混合砂浆、石灰砂浆等），要满刮腻子二遍打磨砂纸。但有的混凝土面、抹灰面有气孔、麻点、凸凹不平时，为了保证质量，应增加满刮腻子和磨砂纸遍数。刮腻子时，将混凝土或抹灰面清扫干净，使用胶皮刮板满刮一遍。刮时要有规律，要一板排一板，两板中间顺一板。既要刮严，又不得有明显接槎和凸痕。做到凸处薄刮，凹处厚刮，大面积找平。待腻子干固后，打磨砂纸并扫净。需要增加满刮腻子遍数的基层表面，应先将表面裂缝及凹面部分刮平，然后打磨砂纸、扫净，再满刮一遍后打磨砂纸，处理好的底层应该平整光滑，阴阳角线通畅、顺直，无裂痕、崩角，无砂眼麻点。

2. 木质基层处理

木基层要求接缝不显接槎，接缝、钉眼应用腻子补平并满刮油性腻子一遍（第一遍），用砂纸磨平。木夹板的不平整主要是钉接造成的，在钉接处木夹板往往下凹，非钉接处向外凸。所以第一遍满刮腻子主要是找平大面。第二遍可用石膏腻子找平，腻子的厚度应减薄，可在该腻子五六成干时，用塑料刮板有规律地压光，最后用干净的抹布轻轻将表面灰粒擦净。

3. 石膏板基层处理

纸面石膏板比较平整，披抹腻子主要是在对缝处和螺钉孔位处。对缝披抹腻子后，还需用棉纸带贴缝，以防止对缝处的开裂。在纸面石膏板上，应用腻子满刮一遍，找平大面，在第二遍腻子进行修整。

4. 不同基层对接处的处理

不同基层材料的相接处，如石膏板与木夹板、水泥或抹灰基面与木夹板、水泥基面与石膏板之间的对缝，应用棉纸带或穿孔纸带粘贴封口，以防止裱糊后的墙基布面层被拉裂撕开。

5. 涂刷防潮底漆和底胶

为了防止墙基布受潮脱胶，一般对要裱糊墙基布的墙面，涂刷防潮底漆。防潮底漆用酚醛清漆与汽油或松香水来调配，其配比为清漆：汽油（或松香水）1：3。该底漆可涂刷，也可喷刷，漆液不宜厚，且要均匀一致。涂刷底胶是为了增加粘结力，防止处理好的基层受潮弄污。底胶用厂家配套胶粉和胶水调配而成，也可用108胶配熟胶粉加水调成，其配比为108胶：水：熟胶粉＝10：10：0.2。在涂刷防潮底漆和底胶时，室内应无灰尘，且防止灰尘和杂物混入该底漆或底胶中。底胶一般是一遍成活，但不能漏刷。

6. 基层处理中的底灰腻子有乳胶腻子与油性腻子之分；其配合比（重量比）如下：

乳胶腻子：

白乳胶（聚醋酸乙烯乳液）：滑石粉：甲醛纤维素（2溶液）＝1：10：2.5。

白乳胶：石膏粉：甲醛纤维素（2溶液）＝1：6：0.6

油性腻子：

石膏粉：熟桐泊：清漆（酚醛）＝10：1：2

复粉：熟桐油：松节油＝10：2：1

5.2.2　吊直、套方、找规矩、弹线

1. 首先应将房间四角的阴阳角通过吊垂直、套方、找规矩，并确定从哪个阴角开始按照墙基布的尺寸进行分块弹线控制（习惯做法是进门左阴角处开始铺贴第一张），有挂镜线的按挂镜线弹线，没有挂镜线的按设计要求弹线控制。

2. 具体操作方法如下：

按墙基布的标准宽幅找规矩，每个墙面的第一条纸都要弹线找垂直，第一条线距墙阴角约30～

50cm处，作为裱糊时的准线。

在第一条墙基布位置的墙顶处敲进一枚墙钉，将有粉锤线系上，铅锤下吊到踢脚上缘处，锤线静止不动后，一手紧握锤头，按锤线的位置用铅笔在墙面划一短线，再松开铅锤头查看垂线是否与铅笔短线重合。如果重合，就用一只手将垂线按在铅笔短线上，另一只手把垂线往外拉，放手后使其弹回，便可得到墙面的基准垂线。弹出的基准垂线越细越好。

每个墙面的第一条垂线，应该定在距墙角距离约30～50cm处。墙面上有门窗口的应增加门窗两边的垂直线。

5.2.3 计算用料、裁纸

按基层实际尺寸进行测量计算所需用量，并在每边增加2～3cm作为裁纸量。

裁剪在工作台上进行。对有纹理的材料，应从粘贴的第一张开始对纹理，墙面从上部开始。边裁边编顺序号，以便按顺序粘贴。

对于需对纹理墙布，为减少浪费，应事先计算需要几卷纸，则几卷纸同时展开裁剪，可大大减少墙基布的浪费。

5.2.4 刷胶

由于墙基布一般质量较好，所以不必进行润水。在进行施工前将2～3块墙基布进行刷胶，使墙基布起到湿润、软化的作用，墙面也应涂刷胶粘剂，刷胶应厚薄均匀，从刷胶到最后上墙的时间一般控制在5～7min。

刷胶时，基层表面刷胶的宽度要比墙基布宽约3cm。刷胶要全面、均匀、不裹边、不起堆，以防溢出，弄脏墙基布。但也不能刷得过少，甚至刷不到位，以免墙基布粘结不牢。一般抹灰墙面用胶量为0.15kg/m² 左右，纸面为0.12kg/m² 左右。

5.2.5 裱贴

1. 裱贴墙基布时，首先要垂直，后对花纹拼缝，再用刮板用力抹压平整。原则是先垂直面后水平面，先细部后大面。贴垂直面时先上后下，贴水平面时先高后低。裱贴时剪刀和长刷可放在围裙袋中或手边。先将上过胶的墙基布下半截向上折一半，握住顶端的两角，在四脚梯或凳上站稳后。展开上半截，凑近墙壁，使边缘靠着垂线成一直线，轻轻压平，由中间向外用有机玻璃刮片敷平，在墙基布顶端作出记号，然后用剪刀修齐或用墙纸刀将多余的墙基布割去。再按上法同样处理下半截，修齐踢脚板与墙壁间的角落。墙基布初步敷平垂直后，及时用刮片由中间向两侧将气泡、褶皱等赶平。同时用海绵或干净毛巾擦掉沾在天花板及踢脚板上的胶糊。

2. 裱贴墙基布时，注意在阳角处不能拼缝，阴角边墙基布搭缝时，应先檬糊压在里面的转角墙基布，再粘贴非转角的正常墙基布。搭接面应根据阴角垂直度而定，搭接宽度一般不小于2～3cm。并且要保持垂直无毛边。

3. 裱糊前，应尽可能卸下墙上电灯等开关，首先要切断电源，用火柴棒或细木棒插入螺栓孔内，以便在裱糊时识别，以及在袜糊后切割留位。不易拆下的配件，不能在墙基布上剪口再辗上去。操作时，将墙基布轻轻糊于电灯开关上面，并找到中心点，从中心开始切割十字，一直切到墙体边。然后用手按出开关体的轮廓位置，慢慢拉起多余的墙基布，剪去不需的部分，再用橡胶刮子刮平，并擦去刮出的胶液。

4. 当墙面的墙布完成40m² 左右或自裱贴施工开始40～60min后，需安排一人用滚轮，从第一张墙布开始滚压或抹压，直至将已完成的墙布面滚压一遍。工序的原理和作用是，因墙布胶液的特性为开始润滑性好，易于墙布的对缝裱贴，当胶液内水分被墙体和墙布逐步吸收后但还没干时，胶性逐渐增大，时间均为40～60min，这时的胶液黏性最大，对墙布面进行滚压，可使墙布与基面更好贴合，使对缝处的缝口更加密合。

5. 墙基布接缝处理：在非阴角处墙面基布接缝时，必须保证接缝的严密和垂直度，且无起翘。相邻基布接缝应一次成型，若基布边缘有局部破损，则可相邻基布重叠2～3cm，挂垂线，按垂线用直尺及墙纸刀切割出接缝，然后分别取出多余的基布边料，再用刮片刮压平整。

5.2.6 修整、清理：墙基布裱糊后应认真检查，对墙布的翘边翘角，气泡，褶皱及胶痕擦等应及时处理和修整，使之完善。对接缝处挤出的胶糊应及时用海绵或毛巾擦净。修整完成符合质量要求，待胶水干燥后，一般视天气气温情况，第二天再行施工乳胶漆面层。

5.2.7 涂刷乳胶漆

施涂顺序应先上后下。先将墙布表面清扫干净，再用布将墙面粉尘擦净。乳液薄涂料一般用羊毛滚筒或排笔涂刷，使用新排笔时，注意将活动的排笔毛理掉。乳液薄涂料使用前应搅拌均匀，适当加水稀释，防止头遍涂料施涂不开。头遍漆膜干燥后，用细砂纸将墙面小疙瘩和排笔（滚筒）毛打磨掉，磨光滑后清扫干净。

施涂第二遍乳液薄涂料：操作要求同第一遍，使用前要充分搅拌，如不很稠，不宜加水或尽量少加水，以防露底。涂刷时从一头开始，逐渐涂刷向另一头，要注意上下顺刷互相衔接，避免干燥后出现接槎情况。

乳胶漆施涂遍数一般为二遍，若乳胶漆不能完全覆盖墙基布，可适当增加施涂遍数。

6. 材料与设备

6.1 材料

6.1.1 壁纸：采用棉、麻天然纤维或涤晴等合成纤维，编制成型。规格一般为 0.53m、1.06m 幅宽。

6.1.2 涂料：乙酸乙烯乳胶漆、无机涂料、水溶性涂料。应有产品合格证、出厂日期及使用说明。

6.1.3 填充料：大白粉、石膏粉、滑石粉、羧甲基纤维素、聚醋酸乙烯乳液、地板黄、红土子、黑烟子、立德粉以及界面剂或各种型号的墙布胶粘剂。

6.1.4 颜料：各色有机或无机颜料，应耐碱、耐光。

6.2 设备

一般应备有高凳、脚手板、裁纸工作台、滚轮、钢板尺、壁纸刀、半载大桶、小油桶、铜丝箩、橡皮刮板、钢片刮板、腻子托板、小铁锹、开刀、腻子槽、砂纸、笤帚、毛刷、羊毛滚筒、排笔、擦布、棉丝等。

7. 质量控制

7.1 主控项目

7.1.1 墙基布的种类、规格、图案、颜色和燃烧性能等级必须符合设计要求及国家现行的有关规定。

7.1.2 裱糊后各幅拼接应横平竖直，拼接处花纹、图案应吻合，不离缝，不搭接，不显拼缝。

7.1.3 墙基布应粘贴牢固，不得有漏贴、补贴、脱层、空鼓和翘边。

7.1.4 涂料涂饰工程所用涂料的品种、型号和性能应符合设计要求。

7.1.5 涂料涂饰工程的颜色、图案应符合设计要求。

7.1.6 涂料涂饰工程应涂饰均匀、粘结牢固，不得漏涂、透底、起皮和掉粉。

7.1.7 基层处理应符合下列要求：

1. 新建筑物的混凝土或抹灰基层在裱涂前应涂刷抗碱封闭底漆。

2. 旧墙面在裱涂前应清除疏松的旧装修层，平整度须达到规范要求，并涂刷界面剂。

3. 混凝土或抹灰基层裱糊墙布及涂刷涂料时，含水率不得大于8%。木材基层的含水率不得大于12%。

4. 基层腻子应平整、坚实、牢固，无粉化、起皮和裂缝；内墙腻子的粘结强度应符合《建筑室内用腻子》（JG/T 3049）的规定。

7.2 一般项目

7.2.1 裱糊后的墙布表面应平整，色泽应一致，不得有波纹起伏、气泡、裂缝、褶皱及污斑，斜视时应无胶痕。

7.2.2 墙基布与各种装饰线、设备线盒应交接严密。

7.2.3 墙基布边缘应平直整齐，不得有纸毛、飞刺。

7.2.4 墙基布阴角处搭接应顺光，阳角处应无接缝。

7.2.5 薄涂料的涂饰质量和检验方法应符合表 7.2.5 的规定。

薄涂料的涂饰质量和检验方法　　　　　　　　　　表 7.2.5

项　次	项　目	普通涂饰	高级涂饰	检验方法
1	颜色	均匀一致	均匀一致	观察
2	泛碱、咬色	允许少量轻微	不允许	
3	流坠、疙瘩	允许少量轻微	不允许	
4	砂眼、刷纹	允许少量轻微砂眼，刷纹通顺	无砂眼，无刷纹	
5	装饰线、分色线直线度允许偏差（mm）	2	1	拉 5m 线，不足 5m 拉通线，用钢直尺检查

7.2.6 厚涂料的涂饰质量和检验方法应符合表 7.2.6 的规定。

厚涂料的涂饰质量和检验方法　　　　　　　　　　表 7.2.6

项　次	项　目	普通涂饰	高级涂饰	检验方法
1	颜色	均匀一致	均匀一致	观察
2	泛碱、咬色	允许少量轻微	不允许	
3	点状分布	—	疏密均匀	

8. 安 全 措 施

8.1 操作前检查脚手架和跳板是否搭设牢固，高度是否满足操作要求，合格后才能上架操作，凡不符合安全之处应及时修整。

8.2 禁止穿硬底鞋、拖鞋、高跟鞋在架子上工作，架子上人数不得集中在一起，工具要搁置稳定，防止坠落伤人。

8.3 在两层脚手架上操作时，应尽量避免在同一垂直线上工作。

8.4 夜间临时用的移动照明灯，必须用安全电压。机械操作人员必须培训持证上岗，现场一切机械设备，非操作人员一律禁止乱动。

8.5 施工前应集中工人进行安全教育，并进行书面交底。

8.6 施工现场应有严禁烟火安全标语，现场应设专职安全员监督保证施工现场无明火。

9. 环 保 措 施

9.1 在施工过程中应符合《民用建筑工程室内环境污染控制规范》GB 50325—2001。

9.2 每天收工后应尽量不剩油漆材料，不准乱倒，应收集后集中处理。废弃物（如废漆桶、毛刷、海绵、毛巾等）按环保要求分类消纳。

9.3 现场清扫设专人洒水，不得有扬尘污染。打磨粉尘用潮布擦净。

9.4 施工现场周边应根据噪声敏感区域的不同，选择低噪声设备或其他措施，同时应按国家有关规定控制施工作业时间。

9.5 打磨、裱糊、涂刷作业时操作工人应佩戴相应的劳动保护设施如：防毒面具、口罩、手套等。以免危害工人的肺、皮肤等。

9.6 涂料使用后，应及时封闭存放，废料应及时清出室内，施工时室内应保持良好通风，但不宜过堂风。

10. 效 益 分 析

本墙基布裱涂工艺，采用墙基布与乳胶漆相结合的施工方法，大大提升墙漆的表现力，在富于墙面更多肌理和造型的同时，克服了传统墙漆缺乏质感和单调的缺点。它具有可反复涂刷的优点，降低了高档装修的成本。墙基布采用永固技术，在有效增强基材柔韧性和抗变形能力的同时，能真正覆盖墙面的细小裂纹，能省去墙面裂缝的修补费用。相比传统的墙面乳胶漆工艺，可省确腻子内抗拉纤维网格布的费用（大约 8 元左右/m²）。

图 11.1-1 五云山疗养院改扩建工程鸟瞰图

11. 应 用 实 例

11.1 杭州市五云山疗养院改扩建工程，建筑面积 6646.64m²，由 3 号楼、4 号楼和医技康复楼三个子单位工程组成（图 11.1-1）。其中 4 号楼属于地专级老干部疗养住宿，全部采用套间设计，套内墙面全部采用墙基布裱涂施工，应用面积为 1500m²。该墙基布具有网格状立体装饰效果，配合米黄色高级乳胶漆刷面，装饰效果良好，得到业主及用户的好评（图 11.1-2）。

11.2 杭州西湖博物馆是中国第一座湖泊类专题博物馆，是集中展示和传播西湖文化的专题博物馆（图 11.2）。工程位于南山路钱王祠南侧，建筑面积 8020m²。博物馆展厅区域墙面采用墙基布裱涂施工，应用面积为 1000m²，装饰效果良好，得到业主及用户、钱江杯评选专家的一致好评。

图 11.1-2 五云山疗养院改扩建工程室内应用局部效果

图 11.2 杭州西湖博物馆鸟瞰图

刚性点支式玻璃幕墙施工工法

YJGF147—2006

浙江省建工集团有限责任公司

王坚飞　许传惠　徐群力　施泽民　郑峰

1. 前　　言

点支式玻璃幕墙是 20 世纪六、七十年代首先在国外开发出来的新型幕墙结构安装体系，是随着玻璃物理性能和玻璃加工的提高及建筑事业的发展而产生和不断完善的。点式玻璃幕墙充分利用了玻璃材料通透的特性，使建筑物内外空间融为一体，扩大了建筑物内部的空间感，同时也从外立面效果显示了建筑的结构美。巴黎罗浮宫玻璃金字塔、法国拉维来特科学城、德国莱比锡展览中心以及我国的上海大剧院等建筑堪称点式玻璃幕墙应用的典范。随着我国国民经济的快速发展，高层、超高层建筑不断涌现，点支式玻璃幕墙作为一种高档的装饰围护形式越来越多地在各种公用、民用建筑中采用。其构造是通过钢爪结构上的驳接件，将幕墙玻璃连成一片，达到整体通透、简洁明快的效果，这种幕墙分为肋板支撑点支式、单柱支撑式、桁架式、拉杆式、钢索桁支撑式等，我们把肋板支撑点支式、单柱支撑式、桁架式定义为钢性点支式玻璃幕墙。人们可以通过玻璃看到整体结构系统，通过结构的精美，使玻璃和金属构件产生一种结合的美，别具风格。

桁架驳接点　　玻璃肋驳接点　　拉索桁架驳接点
支式玻璃幕墙　　支式玻璃幕墙　　支式玻璃幕墙

图 2.2　刚性点支式玻璃幕墙

2. 工 法 特 点

2.1　点支式玻璃幕墙具有施工简捷、通透性好的特性，迎合了人们回归自然、享受阳光的需求。

2.2　这一体系的最大特点是最大限度地表现了玻璃的通透性、最充分地显示金属材料的结构魅力（图 2.2）。

2.3　它可以按照不同的建筑空间形态，设计出独特的结构支撑体系，所以这种体系可以适应不同建筑的需要，用不同的方式表达建筑语言。

3. 适 用 范 围

适用于非抗震设防和抗震设防烈度为 6～8 度、建筑高度不大于 150m 的大型体育馆、写字楼、大型公用建筑、大型钢结构采光棚等建筑中刚性点支式玻璃幕墙安装工程。

4. 工 艺 原 理

图 4-1　驳接爪　　　图 4-2　转接件

点支式玻璃幕墙一般分为玻璃肋驳接点支式玻璃幕墙和钢结构点支式玻璃幕墙两大类。玻璃肋驳接点支式玻璃幕墙是指上下两片玻璃肋通过钢板和螺栓连接，面玻和肋板又通过驳接件连为一体的玻璃幕墙，驳接爪（图 4-1）主要起连接上下左右面玻的作用，面玻所承受的风荷载和水平地震作用主要通过肋板传到主体结构上。钢结构点支式玻璃幕墙是指采用钢结构作为面玻的支撑受力体系，在钢结构上伸出驳接件（图 4-2）和驳接爪固定面玻的玻璃幕墙，支撑结构分为驳接式、桁架驳接式、拉杆驳接式、网索驳接式，玻璃四角的驳接件承受着风荷载和水平地震作用，钢结构可以是钢管、钢杆，也可以采用拉杆或拉索组成。

5. 施工工艺流程及操作要点

下料、施工准备→钢结构焊接、安装→转接件、驳接爪安装→隐蔽工程验收→玻璃安装→玻璃打胶→清理。

5.1 施工准备

为了保证玻璃幕墙安装施工的质量，要求安装幕墙的钢结构、钢筋混凝土结构及砖混结构的主体工程，应符合有关结构施工及验收规范的要求。主体结构因施工、层间移位、沉降等因素造成建筑物的实际尺寸与设计尺寸不符，在幕墙制作安装前应对建筑物进行测量，测量的误差应及时调整，不得累积，使其符合幕墙的构造要求。

5.2 钢结构安装施工

5.2.1 安装前，应根据设计图纸复核各项数据，预埋件、支座面和地脚螺栓的位置、标高的尺寸偏差应符合相关的技术规定及验收规范。

5.2.2 钢结构尽量采用定性构件，工厂加工现场拼装，在装卸、运输、堆放的过程中，不得损坏构件并要防止变形，钢结构运送到安装地点的顺序，尚应满足安装程序的要求。

5.2.3 钢结构的复核定位应使用轴线控制点和测量的标高的基准点，保证幕墙主要竖向及横向构件的尺寸允许偏差符合有关规范及行业标准。

5.2.4 构件安装应按现场实际情况及结构形式采用扩大拼装时，对容易变形的构件应作强度和稳定性验算，必要时应采取加固措施。采用综合安装方法时，要保证结构能划分成若干个独立单元，安装后，均应具有足够的强度和刚度。

5.2.5 确定几何位置的主要构件，如柱、桁架等应吊装在设计位置上，在松开吊挂设备后应做初步校正，构件的连接接头必须经过检查合格后，方可紧固和焊接，详见图 5.2.5。

5.2.6 对焊缝要进行打磨，消除棱角和夹角，达到光滑过渡，有探伤检测要求的结构应按规范要求进行超声波探伤或射线探伤检测。

5.2.7 钢结构支撑体系完成后，进行转接件焊接再安装连接件，按设计尺寸弹出纵横线及设计标高，用夹具夹紧，进行定位点焊，装配完毕，焊接玻璃爪底座。

5.2.8 钢结构表面应根据设计要求喷涂防锈、防火漆并申报隐蔽工程验收。

5.3 玻璃安装

5.3.1 点式幕墙墙面全部以玻璃板块连接拼装而成，理想的玻璃材料具有较高的温强。但在平板玻璃的实际制造过程中，不可避免地会在其表面或内部出现裂纹、气泡、夹砂等缺陷。玻璃属非金属材料，其屈强比极低，破裂前几乎没有屈服形变，对应力集中极为敏感。另外，玻璃钻孔在长期自重荷载的作用下会发生蠕变，强度降低 1/3 甚至更多。所以，点式玻璃幕墙采用的玻璃必须经钢化处理，以提高玻璃的抗蠕变强度和减少应力集中敏感性。玻璃钢化加工宜采用水平钢化炉钢化，避免垂直钢化在夹具夹紧处造成的夹痕和钻孔的拉长。玻璃钢化后应进行保温均质处理，消除不均匀内应力。玻

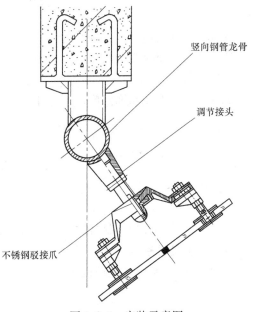

竖向钢管龙骨

调节接头

不锈钢驳接爪

图 5.2.5 安装示意图

璃的钻孔加工应于钢化前在自动钻孔机上进行，电脑定位，上、下两面用两只钻头相对同时钻孔，同心度偏差小于 0.3mm。玻璃切割和钻孔后，其边缘和孔周角部必须经过机械精磨边及倒角处理，以消除易产生应力集中的微裂纹和缺口。磨边余量应不小于 0.3mm，倒角应不小于 $1\times45°$。夹胶钢化玻璃两块玻璃的厚度应尽量一致，且应先钢化后夹胶。

    5.3.2 玻璃安装前应检查校对钢结构主支撑的垂直度、标高、横梁的高度和水平度是否符合设计要求，进行安装孔位的复查。

    5.3.3 安装前应用钢丝刷局部清洁钢槽表面及槽底，驳接玻璃底部的 U 形钢槽应加氯丁橡胶垫块于距玻璃边缘 1/4 宽度处。

    5.3.4 安装前，应清洁玻璃及吸盘，根据玻璃重量及吸盘规格确定吸盘个数，检查驳接爪安装位置是否准确。

    5.3.5 安装玻璃时，应先将驳接头与玻璃在安装平台上装配好，然后再与驳接爪进行安装。为确保驳接头处的气密性和水密性，必须使用扭矩扳手。根据驳接系统的具体规格尺寸来确定扭矩大小，按标准安装玻璃时，应始终保持悬挂在两个驳接头上。

    5.3.6 玻璃安装后，应调整上下左右的位置，保证玻璃水平偏差在允许范围内。

    5.3.7 玻璃全部调整后，应进行整体立面的平整度的检查。

    5.4 **玻璃打胶**

    5.4.1 打胶前应用"二甲苯"或工业乙醇和干净的毛巾擦净玻璃及钢槽打胶的部位。

    5.4.2 驳接玻璃底部与钢槽的缝隙用泡沫胶条塞紧，保证平直，并预留净高 8～12mm 的打胶厚度。

    5.4.3 打胶前，在需打胶的部分粘贴保护胶纸，注意胶纸与胶缝要平直。

    5.4.4 打胶时要持续均匀，操作顺序一般是：先打横向缝后打竖向缝；竖向胶缝宜自上而下进行，胶注满后，应检查里面是否有气泡、空、断缝、夹杂，若有应及时处理。

    5.4.5 玻璃胶修饰好后，应迅速将粘贴在玻璃上的胶带撤掉，玻璃胶固化后，应清洁内外玻璃，做好防护标志。

6. 材料与设备

    6.1 **材料**
玻璃肋（钢结构）支撑体系、不锈钢驳接爪、转接件、钢化玻璃等。

    6.2 **机具设备**
玻璃吸盘安装机、电焊机、手持玻璃吸盘、螺丝刀、扳手、线坠、水平尺、钢卷尺等。

7. 质量控制

    7.1 **点支式玻璃幕墙采用不锈钢时，宜采用奥氏体不锈钢材，并应符合下列现行国家标准的规定：**
《不锈钢焊条》GB/T 983
《不锈钢棒》GB/T 1220
《不锈耐酸钢铸件技术条件》GB/T 2100
《不锈钢冷轧钢板》GB/T 3280
《不锈钢冷加工钢棒》GB/T 4226
《不锈钢热轧等边角钢》GB/T 4227
《冷顶锻不锈钢丝》GB/T 4232
《不锈钢热轧钢板》GB/T 4237

《不锈钢丝》GB/T 4240

《不锈钢丝绳》GB/T 9944

《结构用不锈钢无缝钢管》GB/T 14975

7.2 点支式玻璃幕墙采用的碳钢和其他钢材应符合下列现行国家标准的规定：

《优质碳素结构钢技术条件》GB/T 699

《碳素结构钢》GB/T 700

《标准件用碳素钢热轧圆钢》GB/T 715

《低合金高强度结构钢》GB/T 1591

《合金结构钢技术条件》GB/T 3077

《优质结构钢冷拉钢材》GB/T 3078

《高耐候性结构钢》GB/T 4171

《焊接结构用耐候钢》GB/T 4172

《碳钢焊条》GB/T 5117

《低合金钢焊条》GB/T 5118

《钢丝绳》GB/T8918

《制绳用钢丝》GB/T 8919

《桥梁缆索用热镀锌钢丝》GB/T 17101

7.3 点支式玻璃幕墙采用的碳钢和其他钢材表面应进行防腐蚀处理。表面除锈不得低于 Sa2½ 级，并进行涂装等可靠的表面处理。

7.4 点支式玻璃幕墙采用的玻璃，必须经过钢化处理。

7.5 点支式玻璃幕墙采用夹层玻璃时，应采用聚乙烯醇缩丁醛（PVB）胶片干法加工合成技术，且胶片厚度不得小于 0.76mm。

7.6 点支式玻璃幕墙中的结构密封胶应采用高模数中性单组分或双组分硅酮结构密封胶，其性能应符合现行国家标准《建筑用硅酮结构密封胶》GB/T 16776 的规定。

7.7 在任何情况下，不得使用过期的硅酮密封胶。

7.8 玻璃幕墙可使用聚乙烯发泡材料作填充材料，其密度应不大于 $0.037g/cm^3$。

7.9 支承装置与玻璃之间的衬垫材料应有适宜的韧性和弹性，且不得产生明显蠕变。

7.10 主控项目

7.10.1 玻璃幕墙工程所使用的各种材料、构件和组件的质量，应符合设计要求及国家现行产品标准和工程技术规范的规定。

检验方法：检查材料、构件、组件的产品合格证书、进场验收记录、性能检测报告和材料的复验报告。

7.10.2 玻璃幕墙的造型和里面分格应符合设计要求。安装质量应符合表 7.10.2 要求

安装质量要求　　　　　　　　　　　　　　　　　　　　　　表 7.10.2

项　　目		允许偏差	检查方法
幕墙垂直度	幕墙高度不大于 30m	10mm	激光仪或经纬仪
	幕墙高度大于 30m 且不大于 50m	15mm	3m 靠尺、钢板尺
幕墙平面度		3mm	3m 靠尺、钢板尺
竖缝直线度		3mm	3m 靠尺、钢板尺
横缝直线度		3mm	3m 靠尺、钢板尺
拼缝宽度（与设计值比）		2mm	卡尺

检验方法：观察，尺量检查。

7.10.3 玻璃幕墙使用的玻璃应符合下列规定：

1. 幕墙应使用安全玻璃，玻璃的品种、规格、颜色、光学性能及安装方向应符合设计要求。

2. 幕墙玻璃的厚度不应小于 6.0mm。

3. 幕墙的中空玻璃应采用双道密封。

4. 幕墙的夹层玻璃应采用聚乙烯醇缩丁醛（PVB）胶片干法加工合成的夹层玻璃。点支承玻璃幕墙夹层玻璃的夹层胶片（PVB）厚度不应小于 0.76mm。

5. 钢化玻璃表面不得有损伤；8.0mm 以下的钢化玻璃应进行引爆处理。

6. 所有幕墙玻璃均应进行边缘处理。

检验方法：观察；尺量检查；检查施工记录。

7.10.4 玻璃幕墙与主体结构连接的各种预埋件、连接件、紧固件必须安装牢固，其数量、规格、位置、连接方法和防腐处理应符合设计要求。

检验方法：观察；检查隐蔽工程验收记录和施工记录。

7.10.5 各种连接件、紧固件的螺栓应有防松动措施；焊接连接应符合设计要求和焊接规范的规定。

检验方法：观察；检查隐蔽工程验收记录和施工记录。

7.10.6 点支承玻璃幕墙应采用带万向头的活动不锈钢爪，其钢爪间的中心距离应大于 250mm。支承结构应符合表 7.10.6 要求。

支承结构安装技术要求　　　　　　　　　　　　　　　　　表 7.10.6

名　　　称	允许偏差（mm）
相邻两竖向构件间距	±2.5
竖向构件垂直度	$l/1000$ 或≤5，l—跨度
相邻三竖向构件外表面平整度	5
相邻两爪座水平间距	−3～+1
相邻两爪座水平高低差	1.5
爪座水平度	2
同层高度内爪座高低差　　幕墙面宽≤35m 幕墙面宽>35m	5 7
相邻两爪座垂直间距	±2
单个分格爪座对角线差	4
爪座端面平面度	6

检验方法：观察；尺量检查。

7.10.7 玻璃幕墙四周、玻璃幕墙内表面与主体结构之间的连接节点、各种变形缝、墙角的连接节点应符合设计要求和技术标准的规定。

检验方法：观察；检查隐蔽工程验收记录和施工记录。

7.10.8 玻璃幕墙应无渗漏。

检验方法：在易渗漏部位进行淋水检查。

7.10.9 玻璃幕墙结构胶和密封胶的打注应饱满、密实、连续、均匀、无气泡，宽度和厚度应符合设计要求和技术标准的规定。

检验方法：观察；尺量检查；检查施工记录。

7.10.10 玻璃幕墙开启窗的配件应齐全，安装应牢固，安装位置和开启方向、角度应正确；开启应灵活，关闭应严密。

检验方法：观察；手扳检查；开启和关闭检查。

7.10.11 玻璃幕墙的防雷装置必须与主体结构的防雷装置可靠连接。

检验方法：观察；检查隐蔽工程验收记录和施工记录。

7.11　一般项目

7.11.1 玻璃幕墙表面应平整、洁净；整幅玻璃的色泽应均匀一致；不得有污染和镀膜损坏。

检验方法：观察。

7.11.2 每平方米玻璃的表面质量和检验方法应符合表 7.11.2 的规定。

每平方米玻璃的表面质量和检验方法 表 7.11.2

项次	项　目	质量要求	检验方法
1	明显划伤和长度＞100mm 的轻微划伤	不允许	观察
2	长度≤100mm 的轻微划伤	≤8 条	用钢尺检查
3	擦伤总面积	≤500mm²	用钢尺检查

7.11.3 玻璃幕墙的密封胶缝应横平竖直、深浅一致、宽窄均匀、光滑顺直。

检验方法：观察；手摸检查。

7.11.4 玻璃幕墙隐蔽节点的遮封装修应牢固、整齐、美观。

检验方法：观察；手扳检查。

8. 安 全 措 施

8.1 安装幕墙用的施工机具在使用强应进行严格试验。手持玻璃吸盘和玻璃吸盘安装机，应进行吸附重量和吸附持续时间试验。

8.2 点支式玻璃幕墙安装前应对作业人员进行安全技术交底。

8.3 施工人员应正确佩戴安全帽、系安全带、背工具袋等。

8.4 在高层玻璃幕墙安装与上部结构施工交叉作业时，结构施工层下方应设置防护网；在离地面 3m 高处，应搭设挑出 6m 的水平安全网。

8.5 现场需动用明火作业的，须按规定报批，开具动用明火许可证，防范措施可靠、到位。

8.6 点支式玻璃幕墙工程吊装与玻璃安装期间应设置警戒范围，先进行试吊装，可行后正式吊装。

9. 环 保 措 施

9.1 油漆等易挥发、易燃物品应存放在现场指定的位置，减少对环境的不利影响。

9.2 钢结构建议采用定制后现场安装，减少现场切割、敲打、焊接等加工引起的飞尘、噪声、气味对环境的不利影响。

9.3 施工产生的废弃物（塑料密封条、结构胶筒、胶带纸等）应及时清理并集中堆放在指定位置，防止对环境产生不利影响。

10. 效 益 分 析

刚性点支式玻璃幕墙具有安全性高、通透性好、支撑结构具有装饰性、支撑结构变化多、维修更方便、技术先进等特性，其支撑机构变化多，使每个建筑都有自己的特色，避免千篇一律，钢结构织成体系更是具有时代感很强的建筑装饰效果。刚性点支式玻璃幕墙构配件均在工厂制作完成，现场安装，与传统的建筑外立面装饰材料相比，提高约一半的施工进度，降低对环境所产生的噪声、粉尘等污染，采光效果提高 20%～30%，当采用中空（镀膜）玻璃时，可以显著地降低建筑物的能耗，具有良好的经济效益和社会效益。

11. 应 用 实 例

11.1 天辰国际广场

位于杭州市萧山经济开发区市心北路跟建设二路交叉口，建筑高度120m，外墙采用点式幕墙、石材幕墙、铝板幕墙、中空玻璃幕墙，总造价约2500万元，详见图11.1。

图 11.1　天辰国际广场工程

11.2　中田大厦

位于杭州市玉古路，黄龙体育中心外围，鲁班奖工程、全国优秀装饰工程。总建筑高度 102m，幕墙面积约 35000m²，幕墙工程造价 3000 万元，由全隐框中空 Low-e 玻璃幕墙、干挂石材幕墙、铝板幕墙、点式全玻璃幕墙组成，造型美观，结构合理，详见图 11.2。

图 11.2　中田大厦工程

11.3　杭钢健身馆工程

位于杭州市杭州钢铁集团生活区内，点式幕墙总面积约 1000m²，工程造价约 600 万元，主要为点式玻璃幕墙、明框中空玻璃幕墙、干挂石材幕墙、纯铝板装饰等构成，造型美观，结构合理，详见图 11.3。

图 11.3　杭钢健身馆工程

流水幕墙施工工法

YJGF148—2006

山东省建设建工（集团）有限责任公司

刘景波　张虎　陈凯　李冬冰　孙春利

1. 前　　言

随着城市建设的快速发展以及人们生活质量水平的不断提高，在满足建筑物使用功能和安全的前提下，越来越多的高层建筑已经成为城市中一道亮丽的风景线。幕墙工程因其装饰效果好、使用时间长、档次高的特点，在高层建筑外装饰中被广泛采用，而流水幕墙作为全玻幕墙的一种，也得到了越来越多的应用，山东移动通信枢纽工程就采用了这一施工工艺。

山东移动通信枢纽工程流水幕墙的跨度、高度、施工规模均处于国内领先水平。通过联合设计单位解决现场施工难题，我公司总结编写的《流水幕墙施工工法》并被评为 2006 年度山东省省级工法，山东移动通信枢纽工程被评为"国家级科技示范工程"。

2. 工 法 特 点

2.1　采用通长浮法玻璃，通透效果强烈，造型美观大方。

2.2　应用了点式幕墙和吊挂式幕墙的共同优点，使结构整体的安全性、功能性和极富特色的观赏性得以完美体现。

2.3　底部钢槽内附有橡胶垫块，保证了玻璃上下均为弹性接触，安全可靠。

2.4　玻璃接缝处采用耐候密封胶和聚氨酯防水胶，保证了雨水渗漏性能。

2.5　因玻璃靠吊具安装，避免了因玻璃自重产生的影像变形失真，具有平整的影像反射功能。

3. 适 用 范 围

流水幕墙因其档次高、观赏性强的特点，通过在办公建筑采用该技术，可以极大地提高建筑物的外观效果。

4. 工 艺 原 理

流水幕墙采用国内先进的铰接式吊挂结构，将大面玻璃产生的自重和风压产生的正压力有效吸收，当风压较大玻璃产生变形时弯矩传递到肋上对肋的要求较高，所以解决肋的承载就保证了流水幕墙的安全性。因本工程玻璃肋属超长，考虑到侧向稳定性问题，在玻璃肋中间（5.200m 处）加设一平衡稳定索直径为 12mm，这样当存在侧向不稳定力时钢索间相互作用能保证肋的稳定和安全，不会对安全造成隐患。为确保室内外人员的安全，在施工中对玻璃自爆也充分考虑，如果碎玻璃自高空坠落室内人员存在危险，这样在玻璃室内面加贴了安全防爆膜，以利紧急时刻避险。

本流水幕墙位于主楼 1～6 轴间，面玻璃为钢化玻璃，最大尺寸为 8811mm×1784mm，玻璃肋采用 19＋3.04PVB＋19 夹胶钢化玻璃，吊挂夹采用香港坚朗公司优质吊夹 2KLB，肋夹选用 316 材质大吊夹，稳定索肋夹选用 316 材质，结构胶采用 EL305 和 EL121，使用年限 10 年。本流水幕墙因处于 10m

以下所以不给予考虑地面避雷，玻璃幕墙的结构构件属于可替换的结构构件，其设计使用年限不低于25年。

考虑到幕墙的使用年限，自上而下的水流对玻璃的冲击力，计算时考虑到水流的不稳定性和不均匀性，最大厚度将水流拟成20mm厚，当实际使用时水压可调节，并且出水口点设计成600mm间隔一个，出水口不要直接朝向玻璃一侧，以减少水流对表面大玻璃的影响，水流下泄时水的厚度不能超过10mm。

5. 施工工艺流程及操作要点

5.1 工艺流程

门市架的搭设→测量放线→补打埋件→流水幕墙底部结构安装→吊挂顶部结构安装→竖框安装→顶部点玻支座焊接→吊装→注胶、清理。

5.2 操作要点

5.2.1 门市架的搭设：根据现场的实际情况，垂直高度需搭设三层门市架，东西1～6轴长度为42.5m，需60套门市架方能搭设完成，为确保施工安全，将门市架链接成整体后再进行施工，顶部1～6轴方向拉通长安全绳，施工人员将安全带系在安全绳上。

5.2.2 测量放线：根据现场施工图纸及总包单位提供的基准轴线：1层地面东西向水墨线距A轴4350mm，南北向水墨线距2轴4500mm。总包方引测才新建建筑物南面配电室北立面处的红色三角形上口位置为本工程的±0.000标高，依据此基准轴线和标高，用卷尺、墨斗、经纬仪返至梁底，用墨斗弹出轴线的基准线，控制顶部玻璃限位钢槽，玻璃吊挂点的左右及进出位置，依据地面基准线控制底部玻璃钢槽的进出位置，用水准仪将基准点逐至一层结构柱上以此作为基准控制底部钢槽、顶部挂点、顶部点驳的标高位置。

5.2.3 补打埋件：根据首层及梁底基准线，按埋件位置图示尺寸进行补打埋件，符合国家规范及设计要求，严格按照安全管理规范操作。

5.2.4 流水幕墙施工方法

1. 流水幕墙底部结构安装：根据基准控制线，顶底拉斜向控制线，控制底部U形槽的进出位置及倾斜角度、水平方向拉水平控制线控U形槽的标高位置，位置确定后将U形槽用转接件与埋件焊接。

图5.2.4 吊挂顶部结构安装图

2. 吊挂顶部结构安装（图5.2.4）：根据施工结构图纸首先将吊挂加强筋焊接到施工图示位置，将20号槽钢L=1000mm依据标高及进出位置焊接到吊挂加强肋上，依据施工结构图进行加强玻璃肋、吊耳及限位槽钢的焊接。

3. 竖框安装：根据施工结构图，在1～6轴处各安装1根400mm×400mm×13mm×21mm H形钢，拉线控制H形钢的进出位置及倾斜角度，两端各用300mm×300mm×8mm钢方管焊接到埋件上，H形钢位置定好后依据图纸位置在H形钢上焊接拉索耳板。

4. 顶部点玻支座焊接：依据施工图纸将转接件同铝框用螺栓连接，然后根据分格线及进出控制线，将转接件与埋件连接调整好其进出、水平、左右尺寸后进行再固定。

5. 结构安装完毕后进行满焊施工，焊接质量达到设计要求。

6. 清理焊口及周边的焊渣后刷两遍防锈漆、一遍银粉漆。

5.2.5 吊装程序

1. 玻璃到达现场后，首先分清玻璃编号，用吊车将整箱玻璃按规格放置在消防水池北侧，放置支架用钢管架搭设，底部及侧面放置厚度为 50mm×70mm 木方。

2. 吊装采用电动吸盘及吊车相结合的方式安装。吊车及玻璃放置位置如图 5.2.5-1 所示，安装顺序自 1～6 轴。

3. 在 20 号槽钢底部，约距面玻璃 30cm 位置自地面垂直搭设门吊架与主体可靠连接。按照图纸要求将坚朗面玻璃吊夹按分格尺寸安装在 20 号槽钢框架上将吊夹按图调整至指定标高位置，底部 U 形槽内放置玻璃垫块胶皮 25mm×12mm×100mm，每块玻璃 2 个。

4. 将吊车放置位置 1，调整好位置居 1～2 轴之间，首先检查电动吸盘各种连线、电器设备、电源线是否可靠连接绝缘、吸盘限位开关是否到位、真空管是否有阻碍物，检查正常后将电动吸盘装至吊车上。

5. 首先吊装 1 轴处 H 形钢与面玻交接处肋玻璃，先将 H 形钢 U 形槽内按图纸要求放置尼龙垫块 20mm×55mm×100mm 间距 500mm（将尼龙垫块用胶固定于 U 形槽内），将指定位置箱内肋玻璃抬出后平放于地面上（地面上放置 50mm×70mm 木方），将玻璃表面及吸盘用干净抹布擦拭干净，将玻璃吸盘放置玻璃重心位置，以免玻璃倾斜，吸盘表面紧贴玻璃面后通电启动真空泵，真空表值达上限，可以吊运起玻璃。

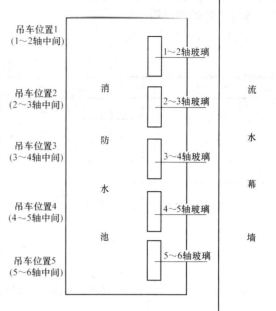

图 5.2.5-1　流水幕墙玻璃吊装位置示意图

6. 点动按钮操作进行旋转升降。

7. 玻璃达到位置后先将底部放于 U 形槽内，按图 5.2.5-2 调整进出及左右位置后将底部 U 形槽用 10mm×12mm×100mm 胶皮块垫于玻璃两侧，底部调整完毕后，施工人员在门市架上用安全绳系于玻璃上部将玻璃倾斜拉入顶部 U 形槽内，按要求放置垫块，用玻璃肋吊夹 SU316 夹紧。

8. 按上述顺序再安装第二块玻璃肋。

9. 安装完两块肋玻璃后将肋玻璃与面玻璃间尼龙垫块（24mm×12mm×100mm 间距 400mm 居肋中）用胶固定于肋玻璃上，安装第一块面玻璃，将指定位置箱内面玻璃抬出后平放于地面上（地面上放置 50mm×

图 5.2.5-2　支座底部结构安装图

70mm 木方）将玻璃表面及吸盘用干净抹布擦拭干净，将玻璃吸盘放置玻璃重心位置，以免玻璃倾斜，吸盘表面紧贴玻璃面后通电启动真空泵，真空表值达上限，可以吊运起玻璃。

10. 点动按钮操作进行旋转升降。

11. 玻璃达到位置后先将底部放于 U 形槽内，按图调整进出及左右位置后将底部 U 形槽用 10mm×12mm×100mm 胶皮块垫于玻璃两侧，底部调整完毕后，施工人员在门市架上用安全绳系于玻璃上部将玻璃倾斜拉入坚朗面玻璃吊夹内，用螺栓紧固（玻璃两侧与吊夹垫置尼龙垫块）。

12. 按照上述步骤依次安装。

13. 安装至 6 轴位置时先将 H 形钢内肋玻璃安装完毕后再安装最后一块面玻。

14. 面玻及肋玻安装完毕后按节点 ID07 安装玻璃肋拉索。

15. 面玻及肋玻安装完毕后将点式磨砂玻璃在地面安装好驳接头后用吊车吊起玻璃插入顶、底部孔中，用螺栓拧紧。

16. 施工人员最后在三层水槽内安装顶部夹胶磨砂玻璃盖板。

5.2.6 安装完毕后进行注胶、清理工作。

5.3 劳动力组织

劳动力组织见表5.3。

劳动力组织情况表 表5.3

序　号	单项工程	所需人数（人）	备　注
1	管理人员	3	
2	技术人员	4	
3	汽车吊指挥	1	
4	杂工	8	
	合计	16	

6. 材料与设备

本工法无需特别说明的材料，采用的机具设备见表6。

机具设备表 表6

序号	设备名称	设备型号	单位	数量	用途
1	汽车吊	12t	台	1	吊装玻璃
2	电动吸盘		台	1	吊装玻璃
3	手拉葫芦	st	台	1	玻璃就位
4	电焊机	BX-300	台	1	满焊

7. 质量控制

7.1 工程质量控制标准

流水幕墙施工质量执行《建筑装饰装修工程施工质量验收规范》（GB 50210—2001），允许偏差项目按表7.1-1、表7.1-2执行。

一般项目：

1. 玻璃幕墙表面应平整、洁净；整幅玻璃的色泽应均匀一致；不得有污染和镀膜损坏。

2. 每平方米玻璃的表面质量符合表7.1-1的规定。

3. 一个分格铝合金型材的表面质量和检验方法应符合表7.1-2的规定。

每平方米玻璃的表面质量和检验方法 表7.1-1

项　次	项　目	质量要求	检验方法
1	明显划伤和长度>100mm的轻微划伤	不允许	观察
2	长度≤100mm的轻微划伤	≤8条	用钢尺检
3	擦伤总面积	≤500mm^2	用钢尺检

一个分格铝合金型材的表面质量和检验方法 表7.1-2

项　次	项　目	质量要求	检验方法
1	明显划伤和长度>100mm的轻微划伤	不允许	观察
2	长度≤100mm的轻微划伤	≤2条	用钢尺检
3	擦伤总面积	≤500mm^2	用钢尺检

4. 明框玻璃幕墙的外露框或压条应横平竖直，颜色、规格应符合设计要求，压条安装应牢固，单元玻璃幕墙的单元拼缝或隐框玻璃幕墙的分格玻璃拼缝应横平竖直、均匀一致。

5. 玻璃幕墙的密封胶应横平竖直、深浅一致、宽窄均匀、光滑顺直。

6. 防火、保温材料填充应饱满、均匀，表面应密实、平整。

检查隐蔽工程验收记录。

7. 玻璃幕墙隐蔽节点的遮封装修应牢固、整齐、美观。

观察和手扳检查。

8. 明框玻璃幕墙安装的允许偏差用经纬仪、水准仪、拉线的尺量检查。

9. 隐框、半隐框玻璃幕墙安装的允许偏差符合表 7.1-3 的规定。

隐框、半隐框玻璃幕墙安装的允许偏差　　　　　　　表 7.1-3

项次	项　　　目		允许偏差(mm)	检　验　方　法
1	幕墙垂直度	幕墙高度≤30m	10	经纬仪检查
		30m<幕墙高度≤60m	15	
		60m<幕墙高度≤90m	20	
		幕墙高度>90m	25	
2	幕墙水平度	层高≤3m	3	水平仪检查
		层高>3m	5	
3	幕墙表面平整度		2	用2m靠尺和塞尺检查
4	板材立面垂直度		2	用垂直检测尺检查
5	板材上沿水平度		2	用1m水平尺和钢直尺检查
6	相邻板材板角错位		1	用钢直尺检查
7	阳角方正		2	用直角检测尺检测
8	接缝直线度		3	拉5m线,不足5m拉通线,用钢尺检查
9	接缝高低差		1	用钢直尺和塞尺检查
10	接缝宽度		1	用钢直尺检查

7.2 质量控制难点

7.2.1 流水幕墙施工中因为所用材料体量大、重量大，最大尺寸为8811mm×1784mm，主要的技术难点是如何吊装的问题。在施工中，采用汽车吊吊装玻璃肋、汽车吊和电动吸盘相结合的方式吊装面玻璃，通过合理的安排玻璃吊装位置自西向东依次进行吊装。

7.2.2 山东移动通信枢纽工程流水幕墙工程从跨度、高度以及施工规模目前在国内都是首屈一指的，其中，跨度为45.4m，玻璃高度为8810mm，面玻重量为1t/块，玻璃肋重量为1.11t/块，均在国内处于领先水平，相比国内同类工程来说，技术水平要求高、技术难度大。

7.3 质量保证措施

7.3.1 检查玻璃幕墙材料、构件和组件的质量，是否符合设计要求及工程规范。

7.3.2 检查幕墙与主体连接的各种预埋件、连接件、紧固件必须安装牢固其数量、规格、位置、连接方法和防腐处理应符合设计要求及焊接规范。

7.3.3 检查各种连接件、紧固件的螺栓应用防松动措施、焊接连接符合设计要求及焊接规范。

7.3.4 检查玻璃幕墙四周、玻璃幕墙内表面与主体结构之间的连接节点、各种变形缝、墙角的连接节点符合设计要求及技术规范。

7.3.5 检查玻璃注胶是否饱满、密实、连续、均匀、无气泡，宽度和厚度符合设计要求和技术标准的规定。

7.3.6 吊装过程中注意成品保护，将玻璃四个角用木板做成直角形的卡板套住，防止碰到角。

8. 安 全 措 施

8.1 电动吸盘操作指示灯要看清楚，操作手柄不能随意按动。

8.2 吸盘主控面柜上红绿两个指示灯，红灯表示真空低，这时不能移动玻璃，绿灯表示真空高，可按要求移动玻璃。

8.3 真空表针不能轻易调整。雨天不能用吸盘，起动时旁边不能有人，吸盘要远离酸碱地。

8.4 吸盘的升降丝杆要在一条线上，不成直线要检修。

8.5 鉴于吊车自重和消防水池的承重，特将吊车位置划在消防水池的承重梁上，在结构面上铺设 $\delta20$ 厚钢板，有效防止结构集中受力承重被压塌。

8.6 吊车在吊装玻璃肋时采用尼龙绳（单根 3m、2t 重）双根吊装，为防止在起吊过程中玻璃下滑，在玻璃底部用承重 1t 飞机带捆绑在吊装绳上，在吊装过程中施工人员在下方扶住肋玻璃，防止肋玻璃碰撞破损、坠落。

8.7 吊装面玻时，为防止玻璃在吊装过程中与吸盘脱离特对玻璃及吸盘表面特殊处理，擦拭干净，使玻璃与吸盘牢固贴实严密。吊装吸盘放置在玻璃重心位置，以免玻璃发生倾斜。

8.8 肋玻安装后安装面玻，为防止玻璃破损坠落，特将玻璃与吸盘、U 形槽接触处垫置垫块防止破损。

8.9 室内门市架搭设时与主体用钢管可靠连接，施工人员用挑板两端用 8 号钢丝捆绑牢固，严禁施工人员站在探头上施工，门市架上施工人员安全带挂在顶部东西拉通长 $\phi12$ 钢丝绳上，钢丝绳两端用卡扣卡紧。

8.10 此部位施工周围拉红黄警示旗，设专人看护，防止其他人员入内。

8.11 进入此部位施工人员必须正确佩戴安全帽，安全帽系好下颚带，超过 2m 高门市架施工必须正确系挂安全带，高挂低用。

8.12 施工部位做到工完场清。

9. 环 保 措 施

9.1 成立对应的施工环境卫生管理机构，在工程施工过程中严格遵守国家和地方政府下发的有关环境保护的法律、法规和规章，加强对施工燃油、工程材料、设备、废水等的控制和治理，遵守有关防火及废弃物处理的规章制度，认真接受城市交通管理，随时接受相关单位的监督检查。

9.2 将施工场地和作业限制在工程建设允许的范围内，合理布置、规范围挡，做到标牌清楚、齐全，各种标识醒目，施工现场整洁文明。

9.3 各种施工材料均在车间加工成型，避免了现场加工造成的污染，现场主要施工工序就是玻璃吊装与固定，缩短了施工时间。

9.4 优先选用先进的环保机械，同时尽可能避免夜间施工。

9.5 吊装过程中在晴天经常对施工通行道路进行洒水，防止尘土飞扬，污染周围环境。

10. 社 会 效 益

10.1 有效缩短工期。面玻、玻璃肋、夹具等均在厂房内加工完成，避免了现场加工，既节约了时间，又提高了加工质量，现场主要施工工序就是玻璃吊装与固定，仅用一周的时间就可施工完成，极人地缩短了工期，施工全过程处于安全、稳定、快速、优质的可控状态。

10.2 提高工程质量。相比于常用外装饰方案，流水幕墙施工工艺虽然复杂一些，但是施工过程中质量容易控制，更容易突出外装饰效果。

10.3 能源消耗较少。面玻采用双层夹胶钢化玻璃，能有效减少能源消耗。

11. 工 程 实 例

我集团公司施工的山东移动通信枢纽楼工程，各项功能完备、设施齐全、结构新颖、造型优美，建筑面积45976.2m²，框剪结构。整个外墙工程作为工程的一个关键部位，从设计到施工均体现出了较高的水平，施工内容几乎涵盖了目前所有的幕墙分项施工工艺，流水幕墙作为正立面外装饰的一个亮点，是通过表面直下的流水来体现的，考虑到水流的顺畅与防漏性能，整个流水幕墙全部由竖向通长的大面玻璃组成，即只有竖向分格、横向没有分格，极大地提高了整个工程的档次和外装饰效果。

干挂陶瓷板幕墙施工工法

YJGF149—2006

正太集团有限公司　河北建设集团有限公司
中天建设集团有限公司　温州东瓯建设集团有限公司
范宏甫　何益民　孟向惠　吴金辉　王朝阳　杨达　傅元宏　毛西平　唐宝兴

1. 前　　言

陶瓷板幕墙是选用陶瓷板作为幕墙装饰面板的一种新材料幕墙。陶瓷板的原材料为天然陶瓷，不添加任何其他成分，通过挤压成型、高温煅烧制成。陶瓷幕墙赋予建筑物庄重而强烈的艺术美感，使传统原料与现代建筑巧妙而完美地结合起来，产品具有极好的耐久性，颜色日久砺新，给幕墙带来生命力。陶瓷板技术品质优秀，拥有极好的抗冲击性、抗冻性等特性。幕墙产品通过了相应的国际通行标准，验证了系统的耐久性、牢固性和安全性。干挂系统的设计，在陶瓷板破损的情况下可实现单片更换。陶瓷板颜色全部为天然陶瓷本色，色泽均匀，自然，无色差，持久耐用。陶瓷板应用范围广泛，既能作为外墙板，也可在室内使用。通常采用干挂开放式系统，并可与保温材料配合使用，具有良好的保温、隔声功能，而且在陶瓷板破损时易于单片更换。陶瓷板幕墙在我国还处于起步阶段，已建成了一些陶瓷板幕墙工程。随着陶瓷板幕墙的发展和人们对其认识的加深理解，陶瓷板幕墙必将以它那优良的质地，鲜艳的色彩，独特的结构，优越的性能在我国得到广泛应用。

本公司通过对上海申花大厦外墙陶瓷板幕墙施工工艺的总结和攻关，形成本工法，并在实践中证明，通过应用本工法施工，确保了上海申花大厦外墙陶瓷幕墙的施工质量、安全和工期，效益明显。

2. 工 法 特 点

2.1　美丽新颖的外观设计

2.1.1　墙面活泼生动

陶瓷板颜色由陶瓷本色决定，不添加任何染料。因其色彩鲜艳自然，其墙面板的颜色亮度可随外界自然光和天气的变化跟随改变。

2.1.2　传统与现代相结合

陶瓷是原始的天然材料。在现代化的建筑中融入古老的文化，既保持了传统风格，又表现出现代的时尚设计。

2.1.3　陶瓷是一种温和材料，很容易与玻璃、金属和木材搭配使用，保持外墙立面的协调。

2.1.4　陶瓷板颜色美观自然，能有效抵抗紫外线的照射，经久耐用，长期保持色泽鲜艳。

2.1.5　陶瓷颜色丰富多样，不限于传统的一种红色。现已开发出14种颜色，为业主和建筑师提供了较大的选择空间。

2.1.6　陶瓷板先进的加工制作工艺，能最大地满足幕墙收边、收口的局部设计需要。无论是平面还是转角或其他部位，都能保持幕墙立面连贯、自然、美观。

2.1.7　陶瓷板的加工采用先进技术控制，表面平整，尺寸稳定，保持幕墙立面的美感。

2.1.8　陶瓷板材料、形式和颜色的多样化，为建筑艺术提供了更大的发展空间。

2.2　技术先进，结构简单

2.2.1　无论对于热还是对于冷，陶瓷本身都是一种很好的绝热材料。

2.2.2 陶瓷具有天然的优良声学功能。

2.2.3 陶瓷板的抗冲击力大，能满足幕墙的风荷载设计要求。

2.2.4 陶瓷是绿色环保材料，无污染。100％的可重复利用。

2.2.5 陶瓷板幕墙维护方便，材料经久耐用。用清水即可完成幕墙的清洗。

2.2.6 陶瓷板不燃烧，具有极好的防火功能。

2.2.7 陶瓷板可制成具有自洁功能的幕墙。

2.2.8 陶瓷板具有良好的抗霜冻能力。

2.2.9 陶瓷板尺寸稳定，几乎不受外界温度变化的影响。

2.2.10 陶瓷板安装固定简单，施工方便。由于其重量轻，支撑结构比石材幕墙轻巧。

3. 适 用 范 围

本工法适用于高层建筑外墙陶瓷板幕墙的安装。

4. 工 艺 原 理

单层陶瓷板系统，以开放式（拼接缝不采用密封胶密封）拼挂方式，具有通风、排湿、隔热等功能，固定系统创新，陶瓷板背面4根加筋肋的设计，采用通槽铝合金挂钩直接固定（非保温幕墙）在实心砖、混凝土的结构墙面上，或者固定在金属支撑框架（幕墙立柱）上，支撑框架再固定（保温幕墙）在结构墙体上，具有完美的抗冻融性和抗冲击性。

5. 施工工艺流程及操作要点

5.1 工艺流程
测量放线→预埋件清理→转接件安装调整→安装龙骨→挂板安装→检查、验收→清理。

5.2 操作要点

5.2.1 放线
1. 根据幕墙分格在所安装幕墙立柱的墙面上用激光或水平仪放出立柱安装的水平基准线。

2. 在幕墙立柱安装位置划出垂直控制线。

5.2.2 安装角码
1. 根据立柱安装位置定出角码安装标记。

2. 通过角码钻出螺栓孔（角码上的安装孔位间距可通过计算得出）。

3. 将连接螺栓放在孔内，放置连接角码然后用螺栓固定。

4. 检查调整安装立柱角码的垂直度。

5.2.3 安装立柱
1. 用螺栓将立柱固定在角码上，通过墙面端线确定立柱距墙面的距离，并使立柱位于角码的外侧。

2. 调节中间位置立柱的垂直度。

5.2.4 安装横梁
将横梁固定到立柱上。通常采用模板作为定位基准，保持尺寸精度，同时安装效率高。

5.2.5 安装陶瓷板
1. 陶瓷板自下而上逐层安装。

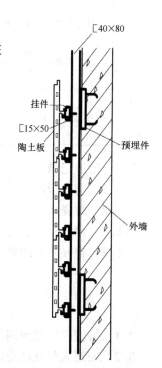

图 5.2.5 陶瓷板的安装

2. 在陶瓷板最下边凹槽的两处注入密封胶，将陶瓷板固定在横梁上。

3. 最后安装顶部的面板，完成整个幕墙的安装（见图5.2.5）。

6. 材料与设备

6.1 材料

陶瓷板（395×260×15）、预埋件、螺栓、密封胶、槽钢（[40×80、[15×50]）、挂件。

6.2 机具设备

电动扳手、钢卷尺、靠尺、电焊机、切割机、吊篮等。

6.3 技术准备

6.3.1 施工人员熟悉图纸，熟悉施工工艺，对施工班组进行技术交底和操作培训。

6.3.2 对陶瓷板材需开箱预检数量、规格及外观质量，逐块检查，不符合质量标准的立即按不合格品处理。

6.3.3 按图纸上的陶瓷板编号预摆排列检查有无明显色差。合格后详细对照分格排版图进行排列，严格做到认真细致。

7. 质 量 控 制

7.1 陶瓷板表面要平整，颜色均匀，分格缝宽度一致，横平竖直，大角通顺。

7.2 连接件与基层、陶瓷板要牢牢固定。

7.3 陶瓷板交汇处封胶严密、宽度均匀，上下通顺。

7.4 检查的数据标准（表7.4）。

允许偏差及检验方法　　　　　　　　　　　　　　　　表7.4

序号	项 目 内 容		允许偏差		检验方法及量具
			优良	合格	
1	竖缝及墙面的垂直度	高度≤20m	≤2.5	≤3	激光仪或经纬仪
		20m<高度≤60m	≤4	≤6	
		高度≤60m	≤7	≤9	
2	幕墙平面度		≤2	≤2.5	2m靠尺、钢板尺
3	竖缝直线度		≤2	≤2.5	2m靠尺、钢板尺
4	横缝水平度		≤2	≤2.5	用水平尺
5	胶缝宽度（与设计值比较），全长		±1	±1.5	用卡尺或钢板尺
6	胶缝厚度		±0.5	±1.0	钢板尺、塞尺

7.5 质量记录

7.5.1 陶瓷板产品合格证。

7.5.2 陶瓷板加工切割验收记录。

7.5.3 预埋件、连接件、龙骨安装预检记录。

7.5.4 整幅幕墙的垂直度、水平度、加固支座实测记录。

8. 安 全 措 施

8.1 吊篮在组装使用前，应先检查其安全性能，以防人员坠落。

8.2 安装人员在高空施工时，应注意陶瓷板块从高空坠落伤人。

8.3 切割工在切割时，应注意自身安全，速度要慢，并应设置挡板作为防护。

8.4 龙骨焊接时，应防止火星接触到易燃物品，以免发生火灾。

9. 环 保 措 施

9.1 破损的陶瓷板要及时清运出场，以免造成皮外伤。

9.2 切割所产生的污水、碎片应及时清理，并应排入市政污水系统。

10. 效 益 分 析

10.1 质量轻，降低了劳动强度

10.2 不容易破碎，降低了成本

10.3 维护方便，易于单片更换，釉面有自清洁功能，减少支出

10.4 施工快捷，加快了施工进度

11. 应 用 实 例

上海申花大厦工程项目

上海申花大厦工程地下二层，地上二十层，总建筑面积 61000m²，外墙幕墙采用陶瓷板幕墙体系，共使用陶瓷板幕墙 14000m²，该工程 2005 年 11 月开工，2007 年 3 月工程竣工。

大跨度预应力悬索钢结构玻璃屋面施工工法
YJGF150—2006

北京建工博海建设有限公司

郭剑飞　　王文月　崔广为　杨金卓　薛贺昌

1. 前　　言

北京农业生态工程试验基地"配套工程"属公共建筑，建筑功能定位为集餐饮、客房、娱乐为一体的五星级高级酒店，由上海华东建筑设计研究院有限公司设计，北京建工博海建设有限公司承建，建筑设计理念达到了 20 年不落后。在该工程温泉区的温泉大厅（北区）及游泳大厅（南区）采光屋盖施工中，为结合超前的设计理念，满足使用功能和美学功能，决定采用先进的预应力张弦梁结构体系，通过施工实践，研究开发的《大跨度预应力悬索钢结构玻璃屋面施工工法》得以成功应用。不仅较传统施工方法节约钢材，节省工期，还使结构受力更加合理，建筑外观轻巧，造型新颖，各项指标均达到设计预想。该成果已荣获北京建工集团有限责任公司科技进步二等奖、2005 年北京市优秀合理化建议、2006 年度北京市工程建设优秀质量管理小组一等奖、2006 年度全国工程建设优秀质量管理小组二等奖及 2007 年度北京市工程建设工法。

本工程钢管桁架张弦梁体系分为南区和北区两个独立体系，共有钢管桁架 12 榀，其中设有预应力悬索的 9 榀，北区桁架跨度 28m，南区 24m。南北区桁架上弦杆采用 φ245×18mm 曲面钢管，管桁架体系腹杆采用 φ83×6mm 钢管，屋面檩条采用 φ194×10mm 钢管，材质均为 Q345B。管桁架下弦采用经特殊拉拔工艺制造的 Z 形横截面德国进口小直径 Pfeifer 高强钢丝索体作为预应力悬索。屋面桁架均为一侧采用固定铰支座，另一侧采用橡胶支座。钢桁架主体全部熔透焊均为一级焊缝，防火极限 2h，钢结构表面喷涂防火涂料后，使用原子灰做中涂材料找平后，再做氟碳喷涂。屋盖采光顶棚采用中空夹膜夹胶钢化玻璃，玻璃由专业厂家制作，配铝合金副框，玻璃板块拼缝间填充圆形泡沫棒，外装饰面及防水部位耐候密封胶均采用进口优质 Dow Corning 硅酮密封胶。该分项工程已圆满通过验收，质量达到优良，验证了本工法的科学性、合理性和可操作性，并为今后该技术的推广应用提供了可借鉴的依据。

2. 工 法 特 点

2.1　通过对大跨度张弦梁结构中下弦柔性索体内施加预应力，可以控制刚性构件的弯矩大小和分布，使结构承载能力显著提高。

2.2　张弦梁结构中的刚性构件与下弦柔性索体形成整体刚度后，其作为空间受力结构的刚度就远远大于传统单纯刚性构件的刚度，在同样的使用荷载作用下，其变形比单纯刚性构件会小得多。

2.3　该结构在保证充分发挥柔性钢索的抗拉性能的同时，由于引进了具有抗压和抗弯能力的刚性构件而使体系的刚度和形状稳定性大为增强，保证了结构的整体稳定性。

2.4　张弦梁结构中刚性构件的外形可以根据建筑功能和美观功能等要求进行自由选择，而结构的受力特性不会受到影响，同时通过设置小直径的高强度柔性钢索，使得建筑外观轻巧，造型新颖，使其成为能够适用于有多种功能要求的大跨空间建筑的首选结构。

2.5　与网壳、网架等空间结构相比，张弦梁结构的构件和节点的种类、数量大大减少。不仅节省钢材、减轻自重、保护环境，还极大地方便该类结构的制作、运输和施工，并可通过控制钢索的张拉力消除部分施工误差，提高施工质量。为满足工期、质量、安全、成本及环保等目标提供了保障。

3. 适 用 范 围

适用于游泳馆、温泉馆、采光厅、体育馆、厂房、大会堂、展览馆、机场等要求建筑造型新颖、空间大、采光好、大跨度的建筑物。

4. 工 艺 原 理

张弦梁结构是一种区别于传统结构的新型杂交屋盖体系，是一种由刚性构件上弦、柔性拉索、中间连以撑杆形成的混合结构体系；其结构组成是一种新型自平衡体系，是一种大跨度预应力空间结构体系，也是混合结构体系发展中的一个比较成功的创造。其通过在下弦柔性拉索中施加预应力使上弦压弯构件产生反挠度，结构在荷载作用下的最终挠度得以减少，并通过撑杆对上弦的压弯构件提供弹性支撑，改善了结构的受力性能。上弦的压弯构件在荷载作用下的水平推力由下弦的抗拉构件承受，减轻对支座产生的负担，减少支座的水平位移；充分发挥了高强索的强抗拉性能，改善整体结构受力性能，使压弯构件和抗拉构件取长补短，协同工作，达到自平衡；充分发挥了每种结构材料的作用，使体系的刚度和稳定性大为加强；并可在施工过程中配合适当的分级施加预拉力和分级加载，使得张弦梁结构对支撑结构的作用力减少到最小限度。

5. 施工工艺流程及操作要点

5.1 施工工艺流程

施工工艺流程见图5.1。

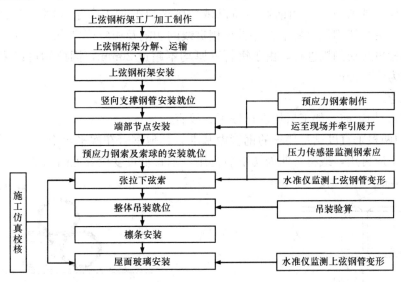

图5.1 施工工艺流程图

5.2 操作要点

5.2.1 上弦钢结构构件预制加工

1. 钢桁架放样、下料工艺

1) 钢屋架以1：1的比例在平台上弹出整体大样，求出杆件各个部位的实际下料长度。将钢管屋架的放样尺寸与计算机的原尺寸进行比较，得出加工尺寸。对于节点处的连接处、转角处和钢管对接，则使用铁皮或油毡做样板，进行下料。

2) 放制大样完毕后进行自互检，合格后上报相关技术部门检验，检验合格后在地板上在交点处钉上眼，并用油漆做好标记。

3）桁架上弦杆的制作：由于桁架为拱形，且管壁较厚为 $\phi245\times18$mm，因此在下料前使用 800t 液压机对单管进行冷煨（也可使用液压千斤进行），将钢管煨至要求的弧度。考虑到钢管会有自身回弹和焊接变形，因此在煨弯放样时应放出两道线，一道为标准弧线，另一道为实际煨弯线，实际煨弯线应比标准弧线的曲率大。由于不知实际回弹量和焊接收缩量，因此在开始煨制时，应先按照图纸要求进行试验，待单榀焊接完成后，可以满足设计要求的时候再大批量加工，并将该实际放样线记录、留档。

4）由于钢管为定尺进货，因此在钢管接口时应实际放样，按实样制作成油毡样板，以后的接口形状按照样板切割，并磨出剖口。上下弦杆对接接口形式见图 5.2.1-1。

5）腹杆下料：本钢屋架腹杆为 $\phi83\times6$mm，均为直杆件。由于一端水滴形索托连接，另一端为管-管相贯线连接。因此一端采用相贯线切割机进行切割和开设坡口，切割的精度和尺寸误差可通过与计算机模拟放样尺寸进行核对。另一端使用手工放样。由于每榀屋架的腹杆长度和两腹杆间的夹角均不相同，应对每个构件进行放样和相贯线切割，采用 CNC-CP600 数控管线切割机进行，该设备可根据事先编制的放样程序在电脑控制下自动切割。

6）程序编制过程简介如下：先在 EXCEL 中输入节点坐标，做成一定格式。然后在 AUTOCAD 中调用 AUTOLISP 程序，生成以各节点坐标为端点的线框模型，建立线框模型后，转换成标准图形交换文件 DXF 输入 WIN3D 设计软件中，经 WIN3D 计算所得的杆件角度、长度等参数输入 PIPE-COAST 软件的"切割数据单"，同时参照制作要领书，选择正确的加工设备、切割速度、坡口角度等各工艺元素，经专人检查无误后再进行加工。

7）下料划线时需将中心线标出钉上样冲眼，作为将来组装用。

8）焊接收缩量的预留，按零件总长的 0.5‰加长，腹板有坡口的宽度加 1.5mm，坡口为双"X"形 45°，钝边 1～2mm。

9）切割：根据以往的同类工程经验可先按照每根杆件预留 2～3mm 的焊接收缩量，并在计算杆件钢管的断料长度时计入预留收缩量和钢管端面机械切削坡口的加工余量（同钢板加工）后输入程序，依据数控数据，用相贯线切割机对每根管件进行相贯线的切割及相应接口处坡口加工。

10）切割使用相贯线切割机进行，由于钢管壁厚均不超过 20mm，因此均可以采用等离子头切割，管件加工精度偏差为±1.0mm。

2. 钢材矫正工艺

1）钢材在号料、加工前、加工后均进行校平、校直。

2）钢管先选用两根垂直度满足要求的钢管做基准，其他钢管在次平台上检查。如发现钢管直度不符合要求，次钢管不应再用，或将弯曲处切下后再用，钢管垂直度检查见图 5.2.1-2。

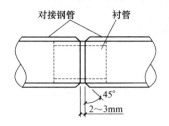

图 5.2.1-1 上下弦杆对接接口图

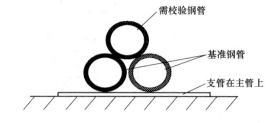

图 5.2.1-2 钢管垂直度检查示意图

3. 边缘加工工艺

1）钢管的切割是由于使用相贯线切割机进行，在切割时可以连带坡口一起加工。

2）钢板外露边缘采用火焰切割后再使用砂轮进行边缘坡口加工，如要求精度高，可采用刨边机进行坡口的切削。考虑到本工程质量要求高，全部采用机械设备进行边缘加工。

3）刨边的零件其刨边线与号料线允许偏差为±1mm，刨边线弯曲矢高不超过 2mm。

4. 钢管组对工艺

1) 钢屋架组对在专用胎具上进行，胎具使用 20 号工字钢以上的型钢做立柱，10 号槽钢做横梁。胎具按照实际放样线进行点焊固定，要求柱脚必须满焊，以防止在组对过程中胎具发生变形。调整使用捯链或千斤顶进行（图 5.2.1-3）。

2) 钢桁架组对精度要求：中心偏差±2mm，矢高偏差 0～±6mm。

3) 钢管相贯时，要求钢管轴线必须相交，因此各主管需参照同一个平面为基准面，其他各支管以主管为基准，方能保证整榀钢管桁架的受力满足设计要求。

4) 支管相贯接头的两端，均应使用样冲在 0°、90°、180°和 270°的位置做好标记，见图 5.2.1-4。

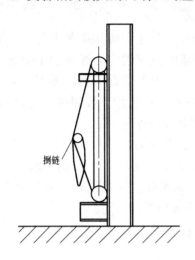

图 5.2.1-3　组对胎具示意图

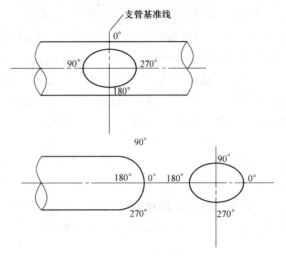

图 5.2.1-4　标记位置图

5) 主管也要用样冲在 0°、90°、180°和 270°的位置做好标记，按照各支管的轴线距离，在主管的外壁上位于主管和支管的轴线相交点的垂直面处，做出标记见图 5.2.1-5。

6) 在主管外壁上根据图纸角度做出支管的角度位置，并放出支管的中心线和外围轮廓线。

7) 装配时，先按照主管图纸尺寸、位置组装，并点固好主管。将支管 0°、180°轴线与主管的相应轴线对应、点固，保证轴线在一个平面内。

8) 组装前对各部件的规格、尺寸、质量进行进一步检查，凡是连接接触面及沿焊缝边缘 30～50mm 范围内的铁锈、毛刺必须清除干净。

9) 钢桁架的组对顺序为上弦杆两根→腹杆。

10) 组装在胎具上进行，焊缝间隙 1～2mm，错边量不大于 1mm，不得带力强行组对，不得有扭曲现象，钢管垂直度<1/1000 并不大于 3mm。

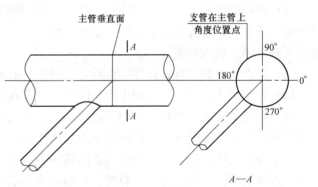

图 5.2.1-5　主管和支管相交点标记位置图

11) 定位点焊所用的焊条与正式施焊的材料相同，必须按质量证明书规定进行烘焙及保温，点焊的焊角宽为 4～6mm，长度 60～80mm 为宜，间距宜控制在 400mm 左右。

12) 定位点焊不允许出现裂纹、夹渣、气孔及未熔合等缺陷，出现时必须清除后重焊。

5. 焊接工艺

1) 本工程钢桁架在制作时采用整体制作法制作，在整体焊接完成后再按照安装分段要求的位置使用火焰将上弦杆切断，再利用角向磨光机磨出现场焊接坡口。因此除桁架接口处的腹杆不焊外，其他焊口必须在出厂前完成。

2) 参加施焊的焊工必须在考试合格证有效期内担任合格项目的焊接工作，严禁无证焊工上岗施焊，并制定专门的焊接工艺。所有焊工严格执行焊接工艺。

3）本工程所选用的焊材：手工电弧焊，焊条为 E5015、E4315；自动焊焊丝材质为 H08MnA、H08A，直径 ϕ5mm 镀铜焊丝，焊剂为 HJ-431；二氧化碳焊丝材质为 10Mn2，直径 ϕ1.2mm 镀铜焊丝。焊条根据规范要进行烘烤，并填写烘烤记录。

4）焊接采用多层多道焊接，人员必须对称布置，同时施焊以减少焊接变形和能量集中。要求偶数焊工必须在一处接口焊完一道后，移到下一道接口处进行焊接，待全部钢桁架的接口均完成后，再进行下一道的焊接。以此类推，直至完成整个焊接。

5）为保证焊透，打底焊及填充焊采用 CO_2 气体保护焊，CO_2 气体保护焊焊接电流与电压匹配（短路过渡）。焊接工法采用击穿焊工法，全位置焊接。

6）根部焊接：根部施焊应自下部起始处超越中心线 10mm 处引弧，与定位焊接头处前行 10mm 处收弧，再次始焊应在定位焊接上退行 10mm 引弧，在顶部中心处熄弧时应超越中心线至少 15mm 并填满焊坑，另一半焊接前将前半部始焊及收弧处修磨成较大缓坡状并确认无未熔合即为熔透现象后在前半部焊接上引弧，仰焊接头处应用力上顶，完全击穿，上部接头处应不熄弧连续引带到接头处 5mm 时稍用力下压，并连弧超越中心线至少一个熔池长度（10～15mm）方允许熄焊。

7）层焊接：焊接前剔除首层焊道上凸起部分及引弧收弧造成的多余部分，仔细检查坡口边沿有无未熔合及凹陷夹角，如有必须除去。飞溅与雾状附着物采用角向磨光机打磨时，不得伤及坡口边沿。此层的焊接在仰焊部分时采用小直径焊条，仰爬坡时电流稍调小，立焊部位时选用较大直径电焊条，电流适中，焊至爬坡时电流逐渐增大，在平焊部位再次增大，其他要求与首层相同。

8）填充层焊接：填充层的焊接工艺过程与次层完全相同，仅在接近面层时注意均匀流出 1.5～2mm 深度，且不得伤及坡边。

9）盖面焊采用手工电弧焊，焊条采用 ϕ4mm 焊条。

10）面层的焊接：面层焊接直接关系到接头的外观质量能否满足质量要求，因此在焊接面层时，应注意选用较小电流值并注意在坡口边熔合时间稍长，接头处焊接条重新燃弧动作要快。

11）钢构件的施焊顺序，焊完第一遍后，必须将药皮清理干净，否则第二遍易产生夹渣，影响焊缝质量。并检查是否有裂纹、夹渣等缺陷，如发现应使用角向磨光机或碳弧气刨进行清理后补焊。合格后再进行第二遍的焊接。

12）施焊前，焊工复查焊件接头质量和焊区的处理情况，当不符合要求时，经修整后方可施焊。

13）焊接区表面潮湿要处理干净，因为水分子在电弧高温作用下能分解出氢、氧，影响焊缝质量，所以规定必须待干燥后施焊，在四级以上风力的环境区域下施焊。一是电弧容易偏吹，二是迫使焊缝冷却速度加快而产生裂纹，因此规定增加防风措施。

14）焊接完毕，焊工清理焊缝表面的熔渣及两侧的飞溅物，检查焊缝外观质量，用肉眼和放大镜检查，焊缝表面无气孔、夹渣、裂纹、焊瘤及未熔合等缺陷。检查合格后在工艺规定的焊缝及部位上打上焊工钢印。

6. 控制变形措施

1）对于钢屋架焊接，先焊收缩量较大的焊缝，使焊缝能自由地收缩，即先焊对接焊缝，后焊角焊缝。对于组合构件，则先焊受力大的焊缝，后焊受力较小的焊缝。

2）对较长的焊缝，选择对称焊、分段逆向焊法、跳焊等方法，特别是采用分段逆向焊接法施工时，产生的应力较大，但变形较小。

3）通过采取各种措施控制焊接产生的变形，但仍然会有一定的残余变形存在，为此还需在施工完毕后进一步进行矫正处理。

7. 焊后矫形

1）焊接是在组装的构件上做纵、横向线装加热的全过程。随着焊接温度的变化（升温和冷却），在焊道上将产生强大的内应力，最后在焊缝收缩应力的作用下，就迫使构件变形，这是不可避免，减小变形的惟一办法就是依靠焊接工艺，焊接工艺的各项参数（电流、电压、焊接速度、焊接坡口大小、焊接顺序等）选的合理，变形可以相应减小。即使这样，被焊完的构件仍然要做矫正处理。矫正采用冷矫。

2）冷矫使用机械力作用于构件，使之产生反变形，使其达到规范要求的偏差范围内，达到图纸几何尺寸的要求。

3）在胎具上采用夹具配合千斤顶或放到液压机逐点进行矫正，矫正时随时进行测量，防止局部出现死弯。

8. 预拼装工艺

1）为保证钢结构的顺利安装，对两榀钢屋架在出厂前进行预拼装，以检验间距和联系桁架的尺寸是否正确。

2）预拼装在专用钢平台上进行，平台必须找好水平，统一标高。

3）将两榀钢屋架按支座位置放在平台上，检查桁架的拱度、桁架的几何尺寸、直线度等参数。

4）将次桁架进行试组装。有问题的及时整改，并检查相贯线是否吻合、尺寸是否正确。

5）检查合格后填写好检查记录转入下道工序。

9. 涂装施工工艺

1）钢桁架除锈采用抛丸机，因此在桁架钢管下完料后、组装前进行单管除锈。刷漆采用人工涂刷，涂料选用水性无机富锌漆两遍，漆膜厚度 $100\mu m$。中间漆采用环氧云铁两遍，漆膜厚度 $50\mu m$。

2）钢构件制作检验合格后，对钢构件表面进行喷砂除锈，其质量等级符合现行国家标准《涂装前钢材表面锈蚀等级和除锈等级》Sa21/2 级的规定，除锈采用抛丸机。

3）金属表面喷丸除锈经检查合格后在 $4\sim8h$ 内涂装，各层涂料涂装间隔按涂装材料说明书执行。

4）涂装前对涂料性能进行抽查，同时还要对环境情况进行检查并做好记录。

5）涂装过程对每一道涂层进行湿膜厚度检测及湿膜、干膜外观检查。

6）涂装结束漆膜固化后进行干膜厚度的测定，附着性能检查，针孔检查等。

7）除锈后表面粗糙度的数值达到 $40\sim70\mu m$，用表面粗糙度专用检测量具或比较样块检测。

8）除锈后钢材表面应尽快涂装底漆。使用的涂料、涂层厚度，涂料配比和使用注意事项严格按设计和厂家的说明书规定执行。

9）钢桁架除按设计要求进行涂装外，对于需在现场拼接的部位只涂装一道 $20\sim30\mu m$ 不影响焊接质量的车间底漆，作为临时除锈保护。

10）涂料在当天配置，并不得随意添加稀释剂。涂装时严格按说明书施工，涂装后 $4h$ 内不得雨淋。

5.2.2 构件运输

1. 构件运输前编制运输方案，确定运输路线，要对行车道路、路面坡度、桥涵、架空线等进行全面的调查，确保运输不发生意外。

2. 由于本工程的钢架在厂内制成不足 20m 的整榀钢架运输，因此在制定运输方案时必须考虑超长因素，运送钢桁架时使用 12m 或 16m 的可伸缩节平板拖车。

3. 钢桁架只能每榀单独运输。运输时必须使用钢丝绳或铅丝将桁架捆牢，形式采用八字形、交叉捆绑或下压式捆绑。

4. 对于支座、连接板、销钉等零散构件打捆或装箱，防止丢失。

5. 构件的放置、搬运由有经验的人员负责，减少材料在现场的搬运次数。

6. 构件装卸时要设置好吊点，并且要有防止划伤构件表面漆膜的措施。

7. 超长构件应设立警示灯。采用箱形货车时，当钢构件长度超过车厢后栏板时，不准将栏板放下，这样会遮挡转向灯和车牌。

5.2.3 钢结构组装

1. 基础测量放线

由管桁架支座基础施工单位提交中间工序交接资料，根据交接资料按设计要求检查管桁架支座基础定位轴线、顶面标高、地脚螺栓中心偏移、基础平整度，用经纬仪确定基础轴线，测量水平标高，然后由钢直尺检查支座的中心偏移。检测数量为管桁架支座基础数的 100%。

2. 钢屋架现场拼装

1）由于桁架构件超长，无法在工厂整榀加工后出厂，因此根据运输条件和吊车的起吊重量将桁架分为三段进行加工，运至现场组拼后整体吊装。

2）现场根据安装位置，确定构件拼装位置，采用胎模装配法。构件拼装场地应平整，拼装平台应用水准仪进行抄平，组装焊接胎具用槽钢焊接，保证钢屋架整榀组装成型后牢固、不变形。

3）整榀钢屋架焊接完毕后，经检查屋架几何尺寸、焊接质量、外观质量没有问题后，将整榀钢屋架移出拼装胎具，并用木方等垫平等候进行安装，继续下一榀钢屋架管桁架支座的拼装。

4）焊接工作在胎具上完成，以保证焊接质量，减少变形，并按设计图纸要求对焊缝进行超声波探伤。

5）现场构件组装胎具见图 5.2.3。

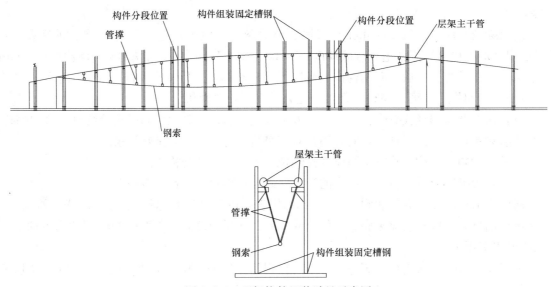

图 5.2.3　现场构件组装胎具示意图

3. 现场焊接

1）施工现场设置专门的焊材二次库，并派专人负责对焊条、焊丝存放、烘烤、发放和回收。

2）现场钢管对接焊质量要求为一级，必须进行 100% 的探伤检测。

3）为保证焊接质量，采用与预制焊接同样的工艺。

4）由于现场为高空焊接，因此在接口处必须设置防风棚，防风棚采用苫布或石棉布进行遮挡。待焊接完成后，经检验合格后再移至另一处继续使用。

5）现场焊接工艺具体操作、要求同预制加工焊接工艺。

5.2.4　预应力索施工

本工程中预应力索采用德国 Pfeifer 索，温泉大厅主桁架索采用 VSS3 型，直径 55mm，标准抗拉强度为 1570MPa；游泳大厅主桁架索采用 VVS2 型，直径 48mm，标准抗拉强度为 1570MPa。预应力索施工与钢桁架安装交叉进行。

1. 索体展开及吊装

1）在施工现场准备 3m×40m 的场地以满足索体放盘所需的空间要求。

2）针对索盘内径、外径、高度、重量等参数提前加工放索架并运到现场。

3）在放索过程中因索盘自身的弹性和牵引产生的偏心力，索盘转动会使转盘时产生加速，导致散盘，易危及工人安全，因此对转盘设置刹车和限位装置。

4）吊机将索从运输设备卸下，堆放在放线架附近，外侧索头朝上，索盘安装时只需用吊机垂直吊起安放至放线架即可。

5）索在地面开盘，放索采用人工牵引放索。放索由一端向另一端牵引。

6）为防止索体在移动过程中与地面接触，损坏拉索防护层或损伤索股，索头用布袋包住，将索逐渐放开，在地面沿放索方向铺设一些圆钢管，以保证索体不与地面接触，同时减少了与地面的摩擦力，圆钢管的长度不小于1m，间距2.5m左右。

7）由于索的长度要长于跨度，索展开后应与轴线倾斜一定角度才能放下，因此牵引方向要与轴线倾斜一定角度，牵引时使索基本保持直线状移动。

2. 张拉设备的选用

屋面下弦柔性拉索张拉时需对位移和材料应力进行双控，达到结构说明中结点位移和杆件内力要求，并在允许误差范围内，计算索张拉时，张拉力约20～25t左右，每根索需要2台千斤顶，故选用2台23t千斤顶。张拉设备布置见图5.2.4-1。

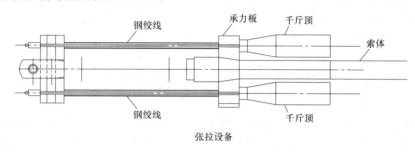

图 5.2.4-1　预应力索张拉设备图

张拉设备采用北京市建筑工程研究院研制的预应力钢结构用千斤顶、配套油泵、油压传感器及千斤顶支撑架。根据设计和预应力工艺要求的实际张拉力对油压传感器进行标定。实际使用时，由此标定曲线上找到控制张拉力值相对应的值，并将其打在相应的标牌上，以方便操作和查验。标定书在张拉资料中给出。

3. 预应力索张拉

1）选择第一榀作为试验架，施工前仿真模拟张拉工况，以此作为指导试张拉的依据。试张拉逐级加载分成3级，分别为 $0.3\sigma_{con}$、$0.65\sigma_{con}$、$1.05\sigma_{con}$。先测定拱架中点的矢高，依次测定跨度 L，以及其他测点的位移和内力，并及时在现场进行计算机辅助分析，调整下部张拉。

2）试张拉完成后，整理出各张拉技术参数的控制指标值，形成技术文件，用于指导正式张拉。

3）正式张拉前，张拉设备和工具等辅助设备全部准备及加工到位运至现场。

4）张拉设备在有资质试验单位的试验机上进行标定。千斤顶与油压表配套校验，并作主被动标定。标定数据的有效期在6个月以内。

5）张拉时，服从统一指挥，按张拉给定的控制技术参数进行精确控制张拉。

6）张拉的作业程序见图5.2.4-2。

7）张拉设备安装：由于本工程张拉设备组件较多，因此在进行安装时必须小心安放，使张拉设备形心与钢索重合，以保证预应力钢索在进行张拉时不产生偏心。

8）预应力钢索张拉：油泵启动供油正常后，开始加压，当压力达到钢索设计拉力时，超张拉5%左右，然后停止加压，完成预应力钢索张拉。张拉时，要控制给油速度，给油时间不应低于0.5min。

9）预应力钢索张拉测量记录：张拉前可把预应力钢索自由部分长度作

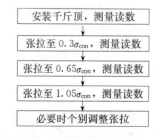

图 5.2.4-2　张拉作业程序图

为原始长度，当张拉完成后，再次测量原自由部分长度，两者之差即为实际伸长值。除了张拉长度记录，还应该对压力传感器测得压力和水准仪测得钢结构变形记录下来，以对结构施工期行为进行监测。

4. 张拉质量控制方法和要求

1) 张拉时张拉力按标定的数值进行，用伸长值和压力传感器数值进行校核；

2) 认真检查张拉设备和与张拉设备相接的钢索，以保证张拉安全、有效；

3) 张拉严格按照操作规程进行，控制给油速度，给油时间不应低于 0.5min；

4) 张拉设备形心应与预应力钢索在同一轴线上；

5) 实测伸长值与计算伸长值相差超过允许误差时，应停止张拉，报告工程师进行处理。

5. 试验与检验

1) 预应力钢索张拉监测监测目的

为保证结构在施工期的安全，并使预应力钢索张拉与设计相符，必须进行预应力钢索张拉阶段的监测，一部分为预应力钢索的受拉应力监测，一部分为结构的变形监测。

2) 监测原理

在预应力钢索进行张拉时，钢结构部分会随之变形。钢结构的位移与预应力钢索的拉力是相辅相成的，可以通过钢结构的变形计算出预应力钢索的应力。基于此，在预应力钢索张拉的过程中，结合施工仿真计算结果，对钢结构变形监测可以保证预应力施工安全、有效。

屋面下弦索由于在预应力钢索张拉完成前结构尚未成型，结构整体刚度较差，因此必须应用有限元计算理论，使用有限元计算软件进行预应力钢结构的施工仿真计算，以保证结构施工过程中及结构使用期安全。

施工仿真计算实际上是预应力钢结构施工方案中极其重要的工作。因为施工过程会使结构经历不同的初始几何态和预应力态，这样实际施工过程必须和结构设计初衷吻合，加载方式、加载次序及加载量级应充分考虑，且在实际施工中严格遵守。理论上将概念迥异的两个阶段或两个状态分别称为初始几何态和预应力态，这两个状态的分析理论和方法是不同的。在施工中严格地组织施工顺序，确定加载、提升方式，准确实施加载量、提升量程等是必要的。

3) 监测方法

预应力钢索拉力监测采用压力传感器测试，数据采集仪器采用 DH3818。压力传感器安装于液压千斤顶下方，通过专用传感器显示仪器可实时监测到预应力钢索的拉力，以保证预应力钢索施工完成后的应力与设计单位要求的应力吻合。

预应力钢索拉力监测采用油压传感器及振弦应变计测试。油压传感器安装于液压千斤顶油泵上，通过专用传感器显示仪器可随时监测到预应力钢索的拉力，以保证预应力钢索施工完成后的应力与设计单位要求的应力吻合。同时在每根预应力钢索上安装振弦式应变计监测实际的索力，每根索体的两侧和中间都安装一个振弦传感器，共安放三个。

在预应力钢索张拉的过程中，结合施工仿真计算结果，对钢结构采用水准仪及百分表进行变形监测可以保证预应力施工安全、有效。水准仪的测点位于每个桁架跨中上侧，百分表放置到两端支座处用于监测桁架水平位移。

4) 张拉时的技术参数及控制原则

拱索张拉控制原则：索力控制为主，变形控制为辅。

此阶段的张拉监测有 5 个主要技术参数：索力 P、杆件内力、跨度 L、控制节点和矢高 f。将 5 个参数分为两类：

变形技术控制参数：跨度 L、控制节点、矢高 f。

力控制技术参数：索力、杆件内力。

在变形控制中，将位于中柱上部节点矢高为首要变形控制参数。在对第一榀试验索试验张拉时，逐渐加大张拉力，逐级监控跨中节点的矢高变化。

在张拉过程中，在每级张拉完成后，都对各点进行测量，发现与计算差别超限后，须立即停止，查找原因，重新计算后再进行张拉。

5.2.5 钢桁架吊装工艺

1. 本工程钢结构安装共计12榀，其中温泉大厅跨度为28m的6榀，游泳大厅跨度为24m的6榀，单片最大重量约为9.8t，采用160t轮式汽车吊施工。

2. 吊装时，均先装6轴桁架。就位后临时点焊支座稳固。再装5轴桁架，用同样方法固定。

3. 随后装5轴，6轴间的上下弦水平系杆，使之形成稳定结构。最后装横向支撑。以次类推完成全部结构的安装工作。

4. 要求钢屋架的弦管接管焊缝间距不得小于300mm。

5. 为确保安全吊装，在钢桁架上焊接吊耳，吊耳采用30mm厚钢板制成，双面45°坡口满焊。每根钢屋架设四个吊点，吊点间距为单节钢架的1/3。

6. 吊装就位时为避免吊起的钢梁自由摆动，要在梁端栓上溜绳，牵制溜绳以调整方向，当准备工作就绪后进行试吊，吊起一端高度为100～200mm时停吊，检查锁具的牢固和吊车稳定情况，经检查正常后进行正式吊装。

7. 当两轴间的桁架钢管对接时，必须进行测量，确保刚架的直线度不超标，而后进行紧固点焊。

8. 吊车位置、回旋半径及吊起重量见图5.2.5-1和图5.2.5-2。

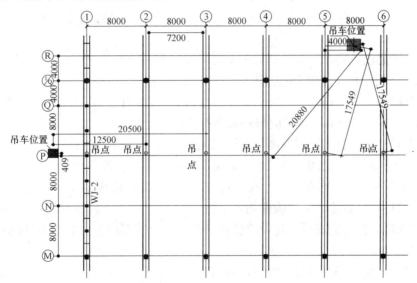

图 5.2.5-1　温泉大厅吊车位置及回转半径平面示意图

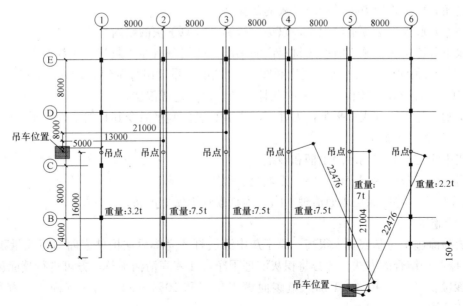

图 5.2.5-2　游泳大厅吊车位置及回转半径平面示意图

5.2.6 钢结构防火涂料、氟碳喷涂涂装工艺

1. 防火涂料施工

1）钢结构防火喷涂保护应由经过培训合格的专业施工队施工。施工中的安全技术和劳动保护等要求，应按国家现行有关规定执行。

2）施工前，钢结构安装就位，与其相连的构件安装完毕，并经验收合格后，将钢结构表面杂物清除干净，其连接处的缝隙用耐火腻子填补平整，防锈漆在前期施工中被破坏的部分需重新涂刷防锈漆，等其干燥后，方可进行防火涂料施工。

3）施工过程中环境温度宜保持在5～38℃，相对湿度不宜大于90％，空气应流通。当风速大于5m/s，或雨天和构件表面有结露时，不宜作业。

4）本工程采用薄涂型钢结构防火涂料，涂料使用重力式喷枪喷涂，施工时喷枪要垂直于被喷基面，距离0.2～0.5m为宜，喷涂气压0.4～0.6MPa，要保持各部位均匀、一致。局部修补和小面积施工，可用手工滚涂。

5）涂料应用电动搅棒搅拌，直至稠度均匀为止。底层需分2～3层喷涂，每次喷涂厚度应根据施工环境、温度的情况而定，一般第一遍应小于2mm，以后每遍喷涂厚度2mm左右，面层分1～2层喷涂，每次喷涂厚度2mm左右，直至达到设计要求，每遍喷涂间隔时间以手摸涂层表面有一定硬度即可。

6）涂层厚度应满足设计要求。如厚度低于原定标准，但必须大于原定标准的85％，且厚度不足部位的连续面段长度不大于1m，并在5m范围内不再出现类似情况。

7）涂层应完全闭合，不应露底，涂层不宜出现裂纹。面涂层施工应颜色均匀，接槎平整，如有个别裂缝，其宽度不应大于0.5mm，否则应修补直至符合标准。

8）操作者要携带测厚针检测涂层厚度，并确保喷涂达到设计规定的厚度。

9）涂层与钢材之间和涂层之间应粘结牢固，无脱层、空鼓和松散等情况。

10）涂层厚度应每隔3m左右在截面上取不同部位抽查，其值应满足设计规定。

11）喷涂后的涂层，应剔除乳突，确保均匀平整。

12）钢结构防火涂料施工完成后，建设单位应组织包括消防部门在内的有关单位进行验收。

2. 原子灰施工

1）防火涂料涂层喷涂完毕并经过干燥后，表面刮耐火腻子两道，厚度2mm，批嵌平整。

2）待耐火腻子干燥后，表面喷涂封闭底漆2遍，封闭底漆施工方法及质量要求同防火涂料。

3）封闭底漆表面干燥后方可进行原子灰的刮涂施工。

4）封闭底漆基底表面必须清洁无尘，以免直接影响到原子灰的粘附性。

5）采用双组分原子灰，施工时按照材料说明书所注明组分将原子灰与硬化剂混合。

6）室温20℃的条件下，原子灰与硬化剂按100：2的重量比组分调匀后，应在7min内用完，施工时每人每次限领一桶，不得多领，严禁一次调拌多桶，以免造成浪费。

7）原子灰刮涂施工达到表面平整，无乳突、裂缝。表面刮平后令其自然干燥，干燥时间约30min，干燥硬化后进行打磨工序施工。

8）原子灰中涂层打磨使用专用手柄和砂纸。

9）打磨后，原子灰中涂层表面平整，无乳突、裂缝。

10）打磨完毕后，将中涂层表面清理干净，为氟碳喷涂做好准备。

3. 氟碳喷涂施工

1）氟碳漆喷涂施工对基底要求很高，原子灰中涂层打磨完毕后在构件表面留下大量积灰，必须采用"扫、吹、抹"相结合的方法，务必将积灰清理干净，使基底清洁平整，方可进行喷涂施工。

2）氟碳漆喷涂施工时按4：1加入氟碳面漆固化剂和10％～30％的氟碳面漆稀释剂搅拌均匀，30min后方可进行涂装。

3）氟碳漆分 2 层喷涂，标准膜厚 20～25μm。第一遍涂装后间隔至少 8h 以上，同时漆面必须干燥后，方可进行第 2 遍喷涂。

4）氟碳漆喷涂具体施工方法和所采用的机具同防火涂料喷涂。

5.2.7　屋面采光玻璃施工

1. 本工程使用各种材料、配件、构件均按规定要求向监理出示证件，资料齐全方可入库登记和发放使用。

2. 钢构件连接采用焊接的焊接要牢固，确保焊缝饱满，焊脚尺寸达到设计要求的高度和宽度。

3. 连接件焊接完备，施工人员必须敲除焊渣自检焊缝，并由专检人员复查，符合要求并签字认可后，再由专检人员填报幕墙验收单，经监理复核签准后方可进行防腐处理。

4. 玻璃构件定位：玻璃构件采用螺栓及垫片固定在事先分格好的钢屋架钢檩条上，要求定位准确，牢固稳定。玻璃四框与钢屋架钢檩条间要加垫抗震橡胶垫片。

5. 玻璃完成面表面要平整，其平整度控制在 1mm 以内，相邻板块接缝高度差控制在 1mm 以内。

6. 玻璃分格缝宽度一致，横平竖直，竖缝及横缝偏差控制在 2mm 以内，大角通顺。

7. 净化：用异丙醇对注胶部位进行清洗，清洁方法为"两块抹布法"。必须使用清洁的干白布，不得重复使用。

8. 每项工程在大面积打胶前，必须用选定的结构胶做现场相容性实验。相容性试验合格后，才能进行大面积打胶。本工程外装饰面及防水部位耐候密封胶均采用进口优质 Dow Corning 硅酮密封胶，与同类产品相比，该胶具有无酸味，无环境污染，耐候性能优良，使用时不飘丝，质量稳定可靠，使用时无需进行混合。

9. 在安装好的玻璃分格缝凹槽内铺设圆形泡沫棒，确保凹槽封堵密实。

10. 给玻璃打胶施工前，要注意对玻璃成品的保护，在打胶凹槽的两侧玻璃边处预先贴好胶条，防止打胶过程中污染玻璃，胶条必须粘贴顺直牢固，不得翘边卷起。

11. 打胶施工时要注意打胶施工速度，以保证胶注满空腔，并溢出 2～3mm，注胶速度要均匀，防止空穴和减少气泡残留。

12. 注胶的同时，立即用刮铲将胶缝刮平。

13. 打完胶后，在每块板块的右上角铝框上贴上标签（标明规格、打胶日期及试件编号）并建立起档案保存，以便出现问题时查找。

14. 打胶处封胶严密、宽度均匀、上下通顺。

6. 材料与设备

6.1　材料性能

6.1.1　钢结构用钢材

本工程钢屋架采用 Q345B 钢材，其材质要符合 GB/T 1591 标准的规定。手工焊焊条采用 E5015，焊条要符合 GB/T 5118 的规定。自动焊采用 H08Mn2Si 焊丝及焊剂，技术性能满足 GB/T 12470、GB/T 14957 的规定。

1. 在市场上采购的钢材必须有材质证明书，其质量标准符合现行国家规范的要求，还要符合表 6.1.1-1 和表 6.1.1-2 的要求。

钢材化学成分表　　　　　　　　　　　　　　　　表 6.1.1-1

牌　号	化学成分（%）					
	C	Mn	Si	S	P	其　他
				不大于		
Q345B	0.12～0.20	1.20～1.6	0.20～0.55	0.045	0.045	—

钢材性能指标表　　　　　　　　　　　　表 6.1.1-2

牌号	抗拉强度 σ_b (kgf/mm²)	伸长率 δ_s (%)	屈服点 σ_s (N/mm²)	180°弯曲试验 d＝弯心直径 a＝试板厚度	冲　击　试　验	
					温度℃	V形冲击功 J 不小于
		不小于				
Q345B	470～620	22	345	$d＝2a$	0	27

2. 当钢材到货后，验证材质证明书和实物相符，检查钢材的外观质量，钢材表面不得有锈蚀点，划痕的表面深度不得大于该钢材厚度负偏差值的 50%，钢材端边不应有分层、夹渣等缺陷。主要受力杆件按监理要求取样送检进行复验。

3. 钢构件不得有褶皱和裂纹，其直径和圆度应符合规范要求。

6.1.2 预应力索

预应力索采用德国 Pfeifer 索，北区主桁架索采用 VSS3 型，直径 55mm，标准抗拉强度为 1570MPa；南区主桁架索采用 VVS2 型，直径 48mm，标准抗拉强度为 1570MPa；南、北区柱间联系索采用 OSS 型，直径 26mm，标准抗拉强度为 1670MPa。各索体参数见表 6.1.2。

索体参数表　　　　　　　　　　　　表 6.1.2

索编号	直径 (mm)	索型	调节端	固定端	预应力 (kN)	理论销孔中心距离(mm)	下料销孔中心距离(mm)	数量(根)	合计索长 (mm)
N-WJ1	55	VVS3	860＋800	802	250	27858	27858	5	139290
N-M-1-U	26	OSS	964	960	20	7586	7581	1	7581
N-M-1-D	26	OSS	964	960	20	7586	7568	1	7568
N-M-2-U	26	OSS	964	960	20	7586	7577	1	7577
N-M-2-D	26	OSS	964	960	20	7586	7586	1	7586
N-M-3-U	26	OSS	964	960	20	7586	7579	1	7579
N-M-3-D	26	OSS	964	960	20	7586	7605	1	7605
N-M-4-U	26	OSS	964	960	20	7586	7558	1	7558
N-M-4-D	26	OSS	964	960	20	7586	7601	1	7601
N-M-5-U	26	OSS	964	960	20	7586	7530	1	7530
N-M-5-D	26	OSS	964	960	20	7586	7548	1	7548
N-Q-Q	26	OSS	964	960	20	7180	7180	10	71800
S-WJ1-234	48	VVS2	860＋800	802	200	19591	19591	3	58773
S-WJ1-5	48	VVS2	860＋800	802	200	19036	19036	1	19036
S-A-A	26	OSS	964	960	20	7088	7088	8	56704
S-D-D	26	OSS	964	960	20	7631	7631	8	61048
合计	55	VVS3	860＋800	802	250			5	139290
	48	VVS2	860＋800	802	200			4	77809
	26	OSS	964	960	20			36	265285

6.1.3 玻璃原板

1. 各种玻璃都必须符合相应规范的规定。

2. 玻璃到货后应从外观、性能要求、尺寸偏差等几方面按照《中空玻璃》GB 11944 进行检验，不得有妨碍透视的污点及气泡，镀膜面无划伤、刻痕。

3. 玻璃构件在净化的玻璃加工厂加工，玻璃经切割，倒棱、磨边、净化后用双组分结构胶合成，玻璃构件应符合《钢化玻璃》GB 9963、《中空玻璃》GB 11944 之规定。

4. 玻璃加工精度见表 6.1.3：

玻璃加工精度表　　　　表 6.1.3

项　目	尺　寸	允许偏差	项　目	尺　寸	允许偏差
高度及宽度尺寸	≤2000	±0.5	对边平行尺寸差	>2000	≤1.5
	>2000	±1.0	对角线尺寸差	≤2000	≤1
对边平行尺寸差	≤2000	≤1.0		>2000	≤1.5

6.1.4 铝合金型材

1. 铝合金型材的表面平整度，断面尺寸，表面光洁度符合国家要求。

2. 铝合金型材用切割锯进行切断。主要竖向构件允许偏差为 ±1.0mm，主要横向构件偏差为 ±0.5mm，端头斜度−15°。截面端头不应有加工变形，毛刺不应大于 0.2mm。

6.2 主要施工机械及技术设备

6.2.1 现场主要施工机械及技术设备见表 6.2.1。

现场主要施工机械及技术设备表　　　　表 6.2.1

序号	名　称	规格型号	数量	序号	名　称	规格型号	数量
1	硅整流电焊机	EX5-450J	12 台	10	水准仪	S-3	1 台
2	气体保护焊机	YD-500KR2	2 台	11	经纬仪	J-2	1 台
3	气焊机具	氧气表、乙炔表	2 套	12	方尺	250mm×500mm	2 把
4	载重汽车	10t/20t	1/1 辆	13	钢板尺	2m/1m	2/2 把
5	捯链	10t/5t/3t	4/4/6 个	14	盘尺	50m/30m	2/2 把
6	磨光机	180/100	2/3 个	15	水平尺	600mm	1 把
7	焊条烤箱	E/HC-500℃	1 个	16	超声波探伤仪	CTS-26	1 台
8	吊车	20t/50t/160t	1/1/1 辆	17	焊缝检测尺	HCQ-1	1 把
9	缆风绳	φ19	200m	18	线缆盘	30m	3 个

6.2.2 用于本工程钢结构加工的设备见表 6.2.2。

钢结构加工设备表　　　　表 6.2.2

序号	设备名称	数量	工作参数	序号	设备名称	数量	工作参数
1	数控相贯线管子切割机	1	最大加工直径 600mm	6	龙门吊	1	20t
2	液压机	1	800t	7	龙门吊	1	5t
3	WSA-300 氩弧焊机	3		8	自动抛丸机	1	
4	ZX-400 硅整流焊机	5		9	CTS-23 超声波探伤仪	2	
5	桥式起重机	2	10t				

7. 质量控制

7.1 钢结构加工制作质量要求

7.1.1 构件表面除锈等级要达到 GB 8923《涂装前钢材表面锈蚀等级和除锈等级》规定的 Sa2.5 级。

7.1.2 钢结构主体所有焊缝全部熔透焊均为一级焊缝，100％的探伤检测合格。

7.1.3 焊接质量要求：焊接成型后的产品经外观检查合格后，进行超声波检测，执行 GB 11345—89 标准，二级焊缝进行 20％超声波探伤合格。

1. 焊缝外观质量标准见表 7.1.3-1。

2. 焊缝外观质量允许偏差见表 7.1.3-2。

7.2 钢桁架安装张拉质量要求

7.2.1 钢桁架组对精度要求：中心偏差±2mm，矢高偏差±6mm。

焊缝外观质量标准

表 7.1.3-1

项　目	焊缝种类		质量标准
气孔	横向对接焊缝		不允许
	纵向对接焊缝，主要角焊缝		直径<1.0m，不多于3个且间距不小于20mm
	其他焊缝		直径<1.5m，不多于3个且间距不小于20mm
咬边	受拉杆件横向对接焊缝及竖向加劲肋角焊缝（腹板侧受拉区）		不允许
	受压杆件横向对接焊缝及竖向加劲肋角焊缝（腹板侧受压区）		≤0.3
	纵向对接焊缝，主要角焊缝		≤0.5
	其他焊缝		≤1.0
焊角尺寸	主要角焊缝		按设计要求
	其他焊缝		按设计要求
余高	对接焊缝	焊缝宽 ≤12	≤3.0
		12≤25	≤4.0
		25	≤4/25
余高铲磨后表面	横向对接焊缝		不高于母材0.5
			不高于母材0.3
			=50μm

焊缝外观质量允许偏差表

表 7.1.3-2

检验项目 ＼ 焊缝质量等级	一级	二　级	三　级
未焊满	不允许	≤0.2＋0.02t且≤1mm，每100mm长度焊缝内未焊满累计长度≤25mm	≤0.2＋0.04t且≤2mm，每100mm长度焊缝内未焊满累计长度≤25mm
根部收缩	不允许	≤0.2＋0.02t且≤1mm，长度不限	≤0.2＋0.04t且≤2mm，长度不限
咬边	不允许	≤0.05t且≤0.5mm，连续长度≤100mm，且焊缝两侧咬边总长≤10%焊缝全长	≤0.1t且≤1mm，长度不限
裂纹	不允许	不允许	允许存在长度≤5mm的弧坑裂纹
电弧擦伤	不允许	不允许	允许存在个别电弧擦伤
接头不良	不允许	缺口深度≤0.05t且≤0.5mm，每1000mm长度焊缝内不得超过1处	缺口深度≤0.1t且≤1mm，每1000mm长度焊缝内不得超过1处
表面气孔		不允许	每50mm长度范围内允许存在直径<0.4且≤3mm的气孔2个；孔距应≥6倍孔径
表面夹渣		不允许	深≤0.2t，长≤0.5t且≤20mm

7.2.2 预应力索张拉：屋面下弦索拉索采用单端张拉。张拉时对位移和材料应力进行双控，北区预应力张拉力为 250kN±25kN，张拉变形值为 13mm±3mm；南区张拉力为 200kN±20kN，张拉变形值为 15mm±3mm。

7.3 钢结构涂装质量要求

桁架防火极限 2h。涂层厚度应满足设计要求。不得小于原定标准的 85%，且厚度不足部位的连续面段长度不大于 1m，并在 5m 范围内不再出现类似情况。涂层应完全闭合，不应露底，裂缝宽度不大于 0.5mm，涂层与钢材之间和涂层之间应粘结牢固，无脱层、空鼓和松散等情况。

7.4 玻璃屋面安装质量要求

玻璃完成面表面要平整，其平整度控制在 1mm 以内，相邻板块接缝高度差控制在 1mm 以内；分格缝宽度一致，横平竖直，竖缝及横缝偏差控制在 2mm 以内，大角通顺。

8. 安　全　措　施

8.1 严格遵守国务院、部委、北京市所颁发的各项安全生产法规和文件。

8.2 各级领导、施工员、操作工人严格贯彻执行《安全生产责任制》，遵守各项安全规章制度。

8.3 进入本工程进行安装施工的所有人员以及管理人员，在进入现场前必须进行安全教育，并组织书面考试，考试合格后方可进场工作。

8.4 各专业人员进行安装施工时，严格遵守安全操作规程，对违反安全操作规程者，任何人有权予以制止。各专业人员发现有不安全因素应立即停止工作，向施工员、安全员报告，在采取相应措施并经施工员、安全员确认已消除后，方可继续安装施工。

8.5 严格执行《建设工程施工现场供用电安全规范》以及现场所制定的各有关规定。严格禁止非暂设电工对现场用电进行操作。

8.6 施工员根据工程施工部位、施工条件、施工特点进行针对性的安全交底，提出要求和措施，并严格执行，经常督促检查。

8.7 坚持班前讲话制度，认真开展各项安全活动，提高安全知识与安全意识，按要求作好安全日志。

8.8 严禁酒后作业、穿高跟鞋或拖鞋进入施工现场。严禁施工过程中嬉笑打闹。

8.9 进入现场戴好安全帽，高处作业搭设脚手架，操作前系好安全带。

8.10 在工程的施工期间，要有一名专职的安全员常驻现场。有权制止任何违章作业和有权进行奖罚。

8.11 钢架安装要搭设脚手架。首先由工长提出书面要求，由土建架子工搭设，架子投入使用前，需要有专人检查验收，合格后方可使用。高空作业，必须系好安全带。施工周围及时清理障碍物，防止钉子扎脚或其他磕碰工伤事故。

8.12 如使用高凳和挂蓝进行操作时，使用前仔细检查安全平稳性，并一定要有防滑和防倾倒措施，即设专人看护等措施，坚决禁止使用安全性差的高凳和高梯。

8.13 建立严密的消防安全组织管理体系，形成网络，由专职消防安全员监督、执法。

8.14 各专业根据安装时作业的特点，随时书面提出消防安全的措施与要求。

8.15 现场消防设备应该配备齐全，并保证有效、可靠，任何人在任何时候不得以任何理由擅自将消防器材移作他用。

8.16 成立义务消防队，群防群治，常备不懈，应急出动，减少损失。并定期进行消防演练。

8.17 严格执行现场用火制度，电气焊工应严格按安全消防操作规程施工，五级以上大风天气不得进行室外明火作业。

8.18 氧气、乙炔、油漆等易燃、易爆物品，应妥善保管。施工现场严禁吸烟，严禁擅自点火取暖。

9. 环 保 措 施

9.1 建立体系并持续改进环境和职业安全健康绩效。

9.2 全面遵守国家和地方有关环境和职业安全健康的法律、法规。

9.3 教育员工增强对环境和职业安全健康的意识。

9.4 控制噪声、粉尘、废水、废气、预防污染，绿色施工。

9.5 预防事故、控制伤亡、保护员工的生产安全和身心健康。

9.6 节约能源、降低材料消耗，保护环境。

9.7 充分体现可持续发展的思想，尽可能在工程中采用先进的环保技术和建材，最大限度地利用自然通风和自然采光，在节省能源和资源、固体废气物处理、通风、设备的应用等方面树立环保典范，确保本工程建设成为保护生态环境的典范。

9.8 从源头做起，做好治理污染的预防措施，要求预防为主的观念，并贯穿于施工的全过程，采用防止、减少或控制污染的各个过程、管理、材料或产品。

9.9 对原材料和自然资源进行合理的利用，不但要对能源消耗和主要材料的消耗进行分析，并针对存在的问题制定技术措施或管理措施，提高能源或资源的利用水平，降低成本，提高本工程的环境和经济效益。

9.10 基于"PDCA"动态循环的机理上，通过不断的提出问题、分析问题、解决问题以达到强化环境管理体系的过程，实现改进环境绩效的目的。

9.11 既要遵循 ISO 14000 标准所规定的要求，又要使环境管理贯穿到企业各个环节的控制，使工程取得明显改善的环境绩效。

9.12 废水：施工现场废水排放符合国家废水排放达标规定。

9.13 噪声：施工现场噪声排放达标。

9.14 扬尘：施工现场目测无扬尘、运输无遗撒。

9.15 废弃物：施工现场内废弃物统一集中管理，生产、生活和有毒有害废弃物实现分类存放管理。

9.16 易燃、易爆品和油品、化学品：施工现场避免易燃、易爆品发生火灾爆炸，油品和化学品的泄漏。

9.17 光污染：施工现场夜间无光污染。

9.18 施工机械进入施工现场严禁鸣笛；提倡文明施工，加强人为噪声的控制；尽量减少人为的大声喧哗，增强全体施工人员的防噪声扰民的自觉意识。

9.19 现场环保人员负责在距现场围墙 1m、距地 2.2m 高处，安装固定的噪声监测仪器，现场设 7 个环境监测点，布置在场地四周，环保员不定时查读监测值，做好记录，并定期邀请环保部门共同监测，以接受社会监督。

9.20 成立噪声污染综合治理小组

由专职环保人员与业主、监理共同成立噪声污染综合治理办小组，做好宣传保障工作。

10. 效 益 分 析

10.1 经济效益分析

北京农业生态工程试验基地"配套工程"温泉区大跨度弧形采光屋盖由于采用了新型的钢桁架预应力张弦结构体系，较之最初采用单纯钢管桁架结构最明显的经济效益表现为以下两点。

10.1.1 节约钢材

由于采用了预应力结构，屋盖结构杆件大为减少，且腹杆、檩条等构件的截面尺寸与原设计相比都有缩小，根据原初步设计，钢桁架体系总吨位约为 400t，现采用的钢桁架预应力张弦结构体系总吨位约 230t，节约钢材约 170t。仅材料一项就节约资金约 93.5 万元。

10.1.2 缩减了工期

由于采用了钢桁架预应力张弦结构体系，现场焊接工程量大大减少，并且施工中采用钢桁架在加工厂加工制作，现场组拼后整体吊装的工艺，现场施工周期较之原设计缩短了近 20d，不仅节约了人工费、管理费，更为我部按时交工奠定了基础，避免了因为工期延误造成的经济损失 10 万元。

10.2 社会效益分析

北京农业生态工程试验基地"配套工程"采用的大跨度预应力悬索钢桁架屋盖结构体系，预应力钢结构体系较之单纯管桁架体系具有减轻自重，提高刚度，改善性能，减低成本的优点，预应力钢结构中的张拉结构体系，受力合理，节约钢材，外观轻巧，造型新颖，近年来在建筑领域应用广泛，成为建筑领域中的最新成就。

该体系的采用不仅满足了甲方对本工程建筑风格独特，造型轻巧美观，技术先进的多项要求，同时作为新的施工课题，为我部的技术、管理水平更上一层楼增加了助力。作为整个工程的质量控制要点，我部人员齐心协力，掌握并应用了大跨度的钢桁架加工制作，钢桁架分解后运输至现场再组拼，现场焊接质量控制，钢结构涂装，预应力悬索张拉，钢桁架整体吊装安装以及采光顶棚玻璃安装打胶等多项技术。该分项工程质量优良，圆满通过验收，整个施工过程有条不紊，未出过一起质量事故，受到业主单位、监理单位的肯定和赞赏。其他建筑公司也慕名来我部学习和参观预应力悬索张拉控制技术，提升了北京建工集团有限责任公司的名气，创造了良好的社会效益。

10.3 节能和环保效益

该工法施工过程中，通过制定有效环保措施，采用绿色环保材料，加装环境监测装置，避免废水、噪声、扬尘及废弃物等污染情况的发生，通过大跨度采光玻璃屋盖的自然采光，满足了温泉大厅及游泳大厅这类大空间建筑结构的采光、保温、隔热等使用功能及美学功能，大大减少了电能和通风空调的运行费用和维护费用，取得了极好的节能和环保效益。

11. 应 用 实 例

11.1 北京农业生态工程试验基地"配套工程"

北京农业生态工程试验基地"配套工程"位于北京市顺义区后沙峪镇裕民大街 2 号国家计委顺义培训中心院内，属公共建筑，建筑功能定位为集餐饮、客房、娱乐为一体五星级高级酒店，总建筑面积 40273m²，框架剪力墙结构，由温泉区、餐饮娱乐区及客房区三部分组成，开工日期 2004 年 7 月 20 日，竣工日期 2007 年 5 月 20 日。由北京农业生态工程试验基地开发建设，上海华东建筑设计研究院有限公司负责设计，中咨工程建设监理公司监理，北京建工集团有限责任公司总承包二部施工。

其中的温泉区温泉大厅（北区）及游泳大厅（南区）大跨度弧形采光屋盖面积约 2000m²，采用管桁架张弦梁结构体系，共有钢管桁架 12 榀，其中有预应力悬索的 9 榀，北区桁架跨度 28m，南区 24m，总吨位约 230t。南北区桁架上弦杆采用 ϕ245×18mm 曲面钢管，管桁架体系腹杆采用 ϕ83×6mm 钢管，檩条采用 ϕ194×10mm 钢管，材质均为 Q345B。管桁架下弦采用特殊拉拔工艺制造的 Z 形横截面德国进口小直径 Pfeifer 高强钢丝索体作为预应力悬索。屋面桁架均一侧支座采用固定铰支座，另一侧采用橡胶支座，对钢结构张拉后的尺寸要求较高。钢桁架主体所有焊缝全部熔透焊均为一级焊缝，桁架防火极限 2h，钢结构表面喷涂防火涂料，使用原子灰做中涂材料找平后，再做氟碳喷涂。屋盖采光顶棚采用中空夹膜夹胶钢化玻璃。

该分项工程施工时间为 2005 年 10 月至 11 月底，现已完成并圆满通过验收，质量优良，经观测屋架体系未出现超出设计要求的变形及位移。目前，北京农业生态工程试验基地"配套工程"已被评为 2004 年度北京市结构"长城杯金质奖"工程，该工法被评为 2005 年北京建工集团有限责任公司科技进步奖二等奖、2005 年北京市优秀合理化建议、2006 年度北京市工程建设优秀质量管理小组一等奖、2006 年度全国工程建设优秀质量管理小组二等奖及 2007 年度北京市工程建设工法。通过该工程实践，总结出一套科学合理可行的施工工法，为今后推广该技术提供了可靠保证。

11.2 金融街 F7/9 大厦工程

金融街 F7/9 大厦工程位于北京市西城区金融街与二环路地区 F7、F9 地块上，总建筑面积为 192436m²，其中地下部分建筑面积 103519m²，地上部分建筑面积 88917m²。F7 地块的东边为零售商店，地上为 5 层，地下为 3 层，地面至屋顶最高点为 29m；F9 地块的东部为 18 层酒店，地下为 3 层，地上高度为 66.5m；F7 与 F9 地块之间地上为五层的商场和体育中心，地下为 3～4 层，该部分建筑跨过中间的道路，地上至屋顶的最高点为 36.25m，屋面为张弦梁钢结构，长约 243m，宽约 3～35m。

2005 年 7 月在金融街活力中心 F7/9 大厦的屋面张弦梁中采用德国 Pfeifer 预应力索，最大跨度为

34.6m。该分项工程现已完成并圆满通过验收，质量优良，经观测屋架体系均符合设计要求的变形及位移。

11.3 凯晨广场

凯晨广场项目位于北京市西城区西长安街与太平桥交叉路口的东南角，项目占地面积约为 4.4hm²，建设用地约为 2.2hm²。北侧主体高度 53.8m，南侧主体高度 66.6m。

2005 年 12 月在凯晨广场工程的张弦梁中采用德国 Pfeifer 预应力索，最大跨度为 27m。该分项工程现已完成并圆满通过验收，质量优良，经观测屋架体系未出现超出设计要求的变形及位移。

喷涂型聚脲弹性防水涂料施工工法

YJGF151—2006

北京城乡建设集团有限责任公司　海洋化工研究院

北京市中通防水施工有限公司

吴培庆　王晓维　黄微波　郑延年　郝德昌

1. 前　言

喷涂型聚脲弹性防水涂料是一种无溶剂、无味、无毒，且可瞬间反应固化成膜的双组分涂料，可广泛应用于工业与民用建筑的地下工程、屋面、厨房与厕浴间、水池、体育场馆看台以及地铁、隧道等防水施工。该涂料具有施工效率高、涂膜厚度均匀、抗拉强度高、耐磨、耐腐蚀、耐高低温及耐老化等特点。北京城乡建设集团有限责任公司等根据施工经验编制本工法。

2. 工 法 特 点

2.1 对混凝土、金属、塑料等各类基材等具有优良的附着力。

2.2 可在任意曲面、斜面、垂直面上喷涂成型，固化快，不产生流挂现象。涂膜凝胶时间短，1min即可达到步行强度，施工效率高。

2.3 聚脲防水涂膜喷涂施工，一次施工达到厚度要求，涂层致密、连续、无接缝，厚度均匀，整体性好，克服了卷材多层施工的弊病，避免了卷材接缝可能造成的渗漏。

2.4 涂料无溶剂，固化后涂层无毒、无味，无挥发性有机物（VOC），符合环保要求。

2.5 可在低温及潮湿的基层上喷涂作业，施工受环境条件影响小。

2.6 涂膜力学强度高，耐磨、耐腐蚀、耐老化、耐交变温度、耐浸泡等性能突出。

2.7 涂膜热稳定性能好，可在$-40\sim120℃$长期使用，并可承受$150℃$的短时热冲击。

2.8 涂膜耐候性好，耐紫外线照射，可以户外使用。当户外使用时，可往涂料中加入各种颜、填料，制成不同颜色的制品。

2.9 燃烧性能达到国家标准《建筑材料燃烧性能分级法》GB 8624—1997的B_2级。

3. 适 用 范 围

3.1 适用于地下室、地铁、隧道等地下工程；厨房、厕浴间、楼板等室内防水；水池、水渠等水工防水；屋面、体育场馆看台等防水施工。

3.2 可在混凝土、金属（钢、铝等）、塑料、木材等基层上施工。

3.3 可在潮湿的基层上施工，但基层必须经过专门处理。

3.4 环境温度低于$-10℃$时不宜施工。

3.5 不得在结冰的基面上施工。

4. 工 艺 原 理

喷涂设备将异氰酸酯组分（A组分）与氨基化合物组分（B组分）按1∶1的比例送至喷枪，在喷枪混合室混合雾化后喷出，反应生成一种弹性体物质——聚脲弹性防水涂膜。它继承了 RIM（Reaction Injection Molding）撞击混合原理，却突破了 RIM 必须使用模具的局限性，将高速反应瞬间固化的特点扩展到一个全新的领域。

聚脲自身柔韧性好、耐老化、强度高，即使在混凝土开裂的情况下，不但自身不会断裂，而且还能将混凝土紧紧抓住，起到防水和保护作用，适用于建筑领域的防水处理。

5. 施工工艺流程及操作要点

5.1 施工工艺流程

基层处理→喷涂底漆→喷涂设备检查→附加层施工→喷涂聚脲弹性防水涂料→检查与修补→保护层施工→质量验收。

5.2 操作要点

5.2.1 基层处理

1. 混凝土或水泥砂浆基层若有蜂窝、疏松等缺陷时，将所有松动的杂物用水冲刷掉，直至见到坚硬的混凝土基层，用嵌缝材料修补、找平。嵌缝材料固化后，用手提砂轮机磨平，保证基层坚实、平整。

2. 对结构裂缝、施工缝等缺陷，应根据裂缝宽度的不同分别处理。当宽度小于 3mm 且不影响结构强度的裂缝，表面清扫干净后，直接粘贴增强材料即可，见图 5.2.1。裂缝宽度大于 3mm 或混凝土强度受到影响者，应按设计要求进行结构补强处理，并验收合格后再进行聚脲弹性防水涂料喷涂施工。

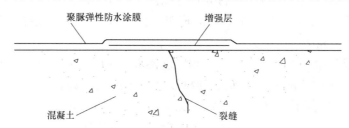

图 5.2.1 基层裂缝处理方式（裂缝宽度小于 3mm 且不影响结构强度时）

3. 将混凝土基层清理干净，必要时用高压水枪或吸尘器等将基层砂浆、油污、灰尘等清理干净。

4. 混凝土基层可潮湿，但不得有明水。当混凝土基层有漏水现象时，应先找出漏点，并用堵漏材料进行堵漏、补强后再喷涂施工。

5. 金属基层表面应去除油污。为得到附着良好的表面，可采用手工或机械打磨、喷砂或酸洗方式处理表面，使其具有一定的粗糙度。

5.2.2 涂刷底漆

1. 金属基层一般不涂刷底漆，在混凝土或水泥砂浆基层上必须涂刷底漆；潮湿的基层必须使用专用底漆。

2. 在混凝土或水泥砂浆基层满刷两道配套的专用封底底漆。第一道干燥后涂刷第二道，涂刷方向相互垂直，涂布量为 $0.5～0.8kg/m^2$。

3. 底漆涂刷完毕，应在 24h 内（最长不超过 48h）进行喷涂聚脲弹性防水涂料施工。

5.2.3 喷涂设备检查

1. 设定喷涂设备参数，工作压力：2500psi；工作温度（主体温管及加热器）65℃；外部气源（压缩空气）压力 0.7～0.8MPa。

2. 喷涂之前应将主机及附属设备进行调试。首先检查接电相位（正反转）应正确，然后检查以下设备是否正常：

1）检查空气压缩机的油水分离器是否正常工作；

2）喷涂主机的加热系统是否正常运转；

3）输出气管与主机的气管连接是否正常；

4）放出空气压缩机汽缸中和油水分离器中的水，避免水随涂料喷出，降低材料性能；

5）检查原料温度是否在 21～45℃，如低于 21℃，应将原料加热。

5.2.4 附加层施工

转角、管根等部位均应做成圆弧，圆弧半径不小于 50mm，然后喷涂聚脲弹性防水涂料附加层，厚度应不小于 0.5mm，宽度 250mm。

5.2.5 喷涂聚脲弹性防水涂料

1. 在附加层施工完 12h 内应进行大面聚脲弹性防水涂料防水层施工，如超过 12h，应打磨附加层，涂刷或喷涂一道层间粘合剂，2h 后再进行大面喷涂施工。

2. 喷涂机按 A、B 两组分等体积比（1：1）的比例，将料送到喷枪，在喷枪混合室混合雾化后喷出。喷枪以 0.5m/s 的速度移动，一次喷涂涂层厚度约 0.5mm。

3. 聚脲弹性防水涂料应分遍涂布至设计厚度，前后两遍喷涂施工不需间隔时间，且喷涂方向应相互垂直，保证涂层厚薄均匀，无漏喷。

4. 涂层的厚度应均匀，且表面平整。

5. 转角及立面的涂膜应薄涂多遍，不得有流淌和堆积的现象。

6. 涂层厚度宜为 1.5～2.0mm，可以单独作为一道防水层，也可以与水泥基渗透结晶型防水涂料等复合使用。

5.2.6 节点细部做法

节点部位容易引起结构变形、温差及干缩变形等，应综合处理。

1. 屋面细部处理

1）无组织排水檐口的喷涂聚脲涂膜防水层收头，采用防水涂料多遍喷涂或用密封材料封严，檐口下端做滴水处理，其构造做法应符合图 5.2.6-1 的要求。

2）泛水处的喷涂聚脲涂膜防水层，宜直接喷涂至墙的压顶下，收头处理应多遍喷涂封严，压顶做防水处理，其构造做法应符合图 5.2.6-2 的要求。

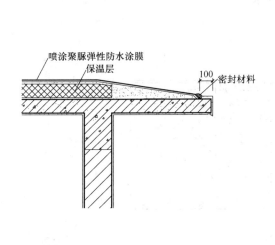

图 5.2.6-1 屋面檐口处理

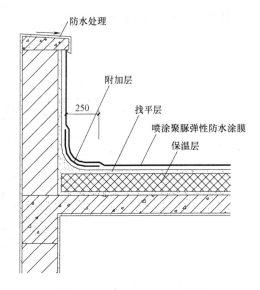

图 5.2.6-2 女儿墙泛水处理

3）变形缝内应填充泡沫塑料，其上放衬垫材料，并用卷材封盖；顶部应加扣混凝土盖板或金属盖板，其构造处理应符合图 5.2.6-3 的要求。

2. 厕浴间细部构造

1）厕浴间套管防水构造做法应符合图 5.2.6-4 的要求

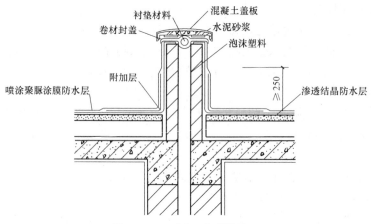

图 5.2.6-3　屋面变形缝处理

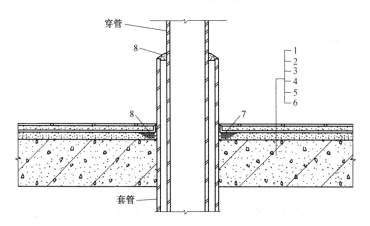

图 5.2.6-4　厕浴间套管防水处理

1—饰面层；2—保护层；3—喷涂防水层；4—渗透结晶防水层；

5—找坡层；6—混凝土结构层；7—防水加强层；8—建筑密封膏

2）厕浴间地漏防水构造做法应符合图 5.2.6-5 的要求。

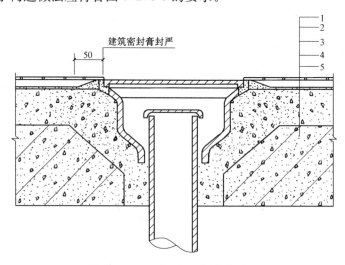

图 5.2.6-5　厕浴间地漏防水处理

1—饰面层；2—砂浆保护层；3—喷涂防水层；4—砂浆找平（坡）层；5—混凝土结构层

3. 隧道防水细部构造

隧道防水工程构造做法应符合图 5.2.6-6 的要求。

4. 体育场馆看台细部做法应符合图 5.2.6-7 的要求。

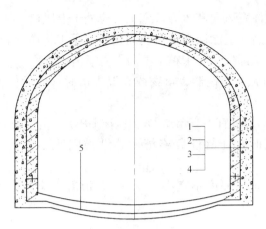

图 5.2.6-6 隧道防水细部构造

1—内衬砌自防水钢筋混凝土；2—喷涂防水涂料；3—无纺布缓冲层；

4—初期支护喷锚混凝土；5—止水带

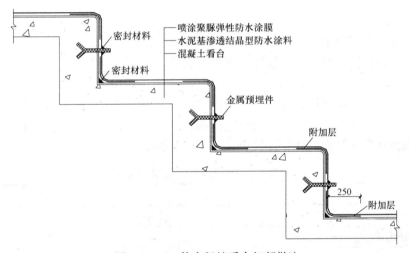

图 5.2.6-7 体育场馆看台细部做法

5.2.7 检查与修补

聚脲弹性防水涂膜施工后，应进行淋水、蓄水试验，检查防水层是否有渗漏现象。

防水层厚度应符合设计要求，可用针测法或割取 20mm×20mm 实样用卡尺测量。

喷涂型聚脲弹性防水涂膜的力学性能好，正常使用时一般不会破坏。一旦出现意外损坏（如重物砸落、撞击等），可用修补料进行局部修补，具体为：

1. 打磨待修补的表面，其边缘比待修补表面向外扩展 150mm。

2. 施工层间胶粘剂。

3. 在已打磨的部位施工修补料，注意使修补料的涂层平滑过渡到周围涂层。

4. 对特殊应用的部位，施工与之相匹配的面漆。

5.2.8 保护层施工

1. 喷涂型聚脲弹性防水涂膜具有表面强度、硬度高，耐磨性好的特点，行人踩踏、轻型落物不会损坏涂膜，一般不需做保护层。

2. 当不做防水保护层时，对于防滑要求较高的地方，可以在未干的涂层上人工造粒或手工铺撒防滑粒子（如橡胶粒子、金刚砂等）。

人工造粒的具体操作是利用聚脲弹性防水涂料快速固化的原理，通过施工者对喷射角度和流量的控制，于最后一道涂层完全固化前，在施工部位一定距离处打开喷枪，让已混合雾化的喷涂料自由降落在施工部位上，从而在防水层表面形成一定大小的颗粒，得到具有粗糙表面的防滑颗粒，起到防滑和消光的作用。人工造粒时应注意风向和风力，施工者应处于上风口，风力以 3 级以下为宜。

手工铺撒防滑粒子是在最后一道涂层尚未完全固化时，手工将防滑粒子均匀地抛撒在施工部位上，待涂层固化后清扫撒布防滑粒子部位，将未粘上的防滑粒子清扫干净。

3. 当涂层表面有可能接触强有力锐器、重物或高温焊屑时，应设保护层。保护层可采用细石混凝土、砂浆、面砖、聚苯板等。

4. 用水泥砂浆做保护层时，厚度宜为 20mm，表面应抹平压光，并应设表面分格缝，分格面积宜为 1m²。

5. 用块体材料做保护层时，宜留设分格缝，其纵横间距不宜大于 10m，分格缝宽度不宜小于 20mm。

6. 用细石混凝土做保护层时，厚度不宜小于 40mm，混凝土应振捣密实，表面抹平压光，并应留设分格缝，其纵横缝间距不宜大于 6m。

6. 材料及机具设备

6.1 材料

6.1.1 材料分类

1. 主要材料：喷涂型聚脲弹性防水涂料。
2. 辅助材料：嵌缝材料、密封胶、底漆、塑料薄膜等。

6.1.2 材料要求

1. 喷涂型聚脲弹性防水涂料原料在贮存、运输过程中，密封包装、严禁日光暴晒，并应远离火源、热源。贮存温度宜为 15～40℃，低温应采取保暖措施。

2. 喷涂型聚脲弹性防水涂料的质量应符合表 6.1.2-1 的要求。

喷涂型聚脲弹性防水涂料的质量要求　　　　　　　　　　表 6.1.2-1

序　号	项　　目		质 量 要 求
1	拉伸强度（MPa）		≥10
2	断裂伸长率（%）		≥450
3	低温柔性（℃，2h）		−40，绕 φ10mm 圆棒无裂纹
4	不透水性	压力（MPa）	≥0.3
		保持时间（min）	≥30
5	固体含量（%）		100

3. 配套双组分混凝土专用封闭底漆，作为基层处理剂，其物理性能应满足表 6.1.2-2 的质量要求。

专用底漆的质量要求　　　　　　　　　　　　　　表 6.1.2-2

序　号	项　　目		质 量 要 求
1	不挥发物（%）		≥40
2	干燥时间（h）	表干	≤2
		实干	≤24
3	漆膜外观		漆膜光滑平整
4	耐冲击性（kg/cm²）		≥40
5	附着力（拉开法）		≥1.5MPa
6	耐水性（168h）		涂层无开裂剥落起泡
7	耐碱性（168h）		涂层无开裂剥落起泡
8	耐冻融循环（10 次）		涂层无开裂剥落起泡

4. 喷涂型聚脲防水材料及专用底漆进场抽样复验，每 10t 为一批，不足 10t 者按一批进行抽样，全部物理性能指标达到标准规定时，即为合格。其中若有一项指标达不到要求，允许在受检产品中加倍

取样进行该项复检，复检结果如仍不合格，则判定该产品为不合格。

6.2　机具设备

6.2.1　喷涂设备 GUSmer（美国卡士玛），主机规格 H-20/35pro；喷枪，规格 GX-7DI；油水分离器、空气压缩机等。

6.2.2　其他机具：雾化喷涂机；吹风机、手提砂轮机、高压水枪、吸尘器、腻子刀、毛刷、扫帚及灭火器材、砂袋等。

6.2.3　防护设备：防护眼镜、滤毒口罩、防护服、排气扇等。

7. 质 量 控 制

7.1　进场材料应有合格证和检验报告，经现场复验合格后方能投入使用。

7.2　防水层的基层应牢固、基面应洁净、平整，不得有空鼓、松动、起砂、脱皮等缺陷。

7.3　防水层应与基层粘结牢固，防水层厚度达到设计要求，且厚薄均匀，无气泡、砂眼、流淌、堆积、漏喷等缺陷，不符合要求的应修整重刷。

7.4　防水层在转向处及细部构造部位做法应符合设计要求。

7.5　防水层不得有渗漏现象。

7.6　施工前应对图纸进行会审，掌握施工图中的防水细部构造及技术要求。同时，根据按设计要求及工程具体情况，编制出防水施工方案，经施工总包单位及监理（建设）单位审批后方可实施。实施前应向操作人员进行技术、安全交底。

7.7　正式喷涂施工之前应进行试喷，将涂料喷在硬纸板上，调整喷涂距离，观察涂层固化是否正常，留 3 块试件进行检测，合格后正式喷涂。

7.8　防水施工时，对工程质量应建立各道工序的自检、交接检和专职人员检查的"三检"制度。合格后方可进行下一道工序施工。

7.9　屋面防水层完工后，应进行淋水或蓄水试验。淋水时间不少于 2h，蓄水时间不少于 24h，无渗漏为合格。

8. 安 全 措 施

8.1　施工时，持喷枪的操作人员应经过专业培训，并应由专人施工。

8.2　喷涂型聚脲弹性防水涂料施工时应注意防火，远离现场火源、热源。

8.3　喷涂施工时注意通风良好，操作人员宜在上风口操作。

8.4　喷涂施工现场注意安全用电，喷涂设备定期检查，排除安全隐患。

9. 环 保 措 施

9.1　喷涂施工时操作人员应戴防护口罩、眼镜等防护用品。

9.2　喷涂施工时应注意遮挡（用塑料薄膜），不得污染其他部位。

9.3　废料应集中统一处理，不得随意丢弃。

10. 效 益 分 析

10.1　喷涂型聚脲防水涂料固化快，凝胶时间短，1min 即可达到步行强度，且可一次性完成设计的涂膜厚度，大大缩短了防水施工工期。以本工程为例，完成 4000m² 的体育看台防水施工，仅用了 7d

时间，比采用普通卷材防水做法至少提前 5d。

10.2 施工过程环保、安全。喷涂形聚脲弹性防水涂料无溶剂，固化后涂层无毒、无味，无挥发性有机物（VOC），符合环保要求，保障了施工作业人员的安全。

10.3 喷涂型聚脲弹性防水涂膜表面强度、硬度高，耐磨性好，一般不需做保护层，既可节省防水保护层施工的投入，又缩短了工期。以本工程为例，在最后一道涂层还没有完全固化前，在未干的聚脲弹性防水涂层上进行人工造粒，起到防滑和消光的作用，使防水涂膜集防水、装饰保护于一体，户外使用，不再进行防水保护层施工，降低了工程成本，并缩短了工期。

11. 应用实例

11.1 北京 2008 年奥运会丰台垒球场工程位于丰台体育中心院内，由中国中元兴华工程公司设计，北京城乡建设集团工程承包总部负责施工，总建筑面积 15570m²，为 2008 年奥运比赛专用场馆。其中，主比赛场看台共 20 级台阶，台阶宽 750mm、高 450mm，面层防水均采用喷涂型聚脲弹性防水涂料，面积约 4000m²。

采用本工法，合理组织，精心施工，防水质量合格率达到 100%，经历淋水试验、一个冬雨季和成功举办 2006 年世界女垒锦标赛后无一处渗漏，受到业主的好评，取得了显著的技术、经济和社会效益。

11.2 万芳亭公园网球馆工程位于北京市南三环西路万芳亭公园内，建设单位为北京市丰台区万芳亭公园管理处，屋面防水施工单位为北京市中通防水施工有限公司。该工程为彩钢瓦屋面，面积 7500m²，采用聚脲弹性防水涂料喷涂施工。

喷涂型聚脲弹性防水涂料适用于金属基层及复杂面的施工，固化迅速，保证涂层厚薄均匀，质量稳定。经淋水试验，未发现一处渗漏，工程顺利通过验收，受到建设单位的表扬，取得了良好的经济和社会效益。

11.3 北京市海淀区人民政府八里庄街道办事处屋面改造工程，建设单位为北京市海淀区人民政府八里庄街道办事处，施工单位为北京市中通防水施工有限公司。该屋面原为传统的卷材防水，面积 2800m²，为彻底解决因卷材接缝多造成的渗漏问题，采用喷涂聚脲弹性体防水涂料进行改造施工。

喷涂型聚脲弹性防水涂膜无接缝，立面喷涂不流挂，防水层上一般无需作保护层，耐紫外线，耐磨性优良，集防水、装饰使用于一身，既缩短了工期，又降低了工程成本。

钢筋混凝土结构录音棚房中房结构施工工法

YJGF152—2006

北京城建四建设工程有限责任公司

程占甫　张维成　周长泉　李维杰　葛海东

1. 前　言

随着国家经济的发展，人们对精神文化需求也越来越高，建设高品质的录音间、录音棚充分体现了这方面的要求。录音棚结构对减振及隔声的要求极高，传统录音棚的双层墙体多为砌体结构，施工简便，难以达到较高的声学要求。双层现浇钢筋混凝土房中房结构很好的满足了高品质录音棚在声学和减振等方面的要求。

为 2008 年北京奥运会转播赛事而建的中央电视台新台址电视文化中心工程，设计有大、小两个录音棚。其中大录音棚长 24.6m、宽 23.9m、高 19.1m，为超大型钢筋混凝土结构录音棚。该工程内房墙体模板的施工无法使用常规的模板和支模方法，研究解决墙体模板的设计和使用问题是施工的关键。经方案比选和专家论证，本工法摒弃了传统的模板工艺，设计开发了特殊构造的新型钢模板，成功的实现了设计目的并形成了一套施工技术，该项施工技术获得了 2006 年度北京城建集团科技进步二等奖。应用本项工法指导施工的中央电视台电视文化中心工程顺利通过了北京市建筑结构长城杯金杯的验收。

2. 工 法 特 点

2.1　与传统的录音棚相比：全现浇房中房结构录音棚在声学功能上要求的标准很高，其超高、超大跨度的建筑空间，使该结构录音棚在隔声、抗振、防干扰等方面的能力都要远远高于传统的录音棚。

2.2　本工法通过采用改进的具有特殊构造的大型钢模板，很好地解决了双层墙体混凝土施工难题。

2.3　内、外房各为一个单独、完整、结构可靠的整体，利用橡胶减振垫将内房与外房分离。

3. 适 用 范 围

本工法适用于全现浇钢筋混凝土结构录音棚、全现浇钢筋混凝土房中房结构以及其他双层墙体或底板的钢筋混凝土的结构。

4. 工 艺 原 理

4.1　录音棚双层底板的内房底板采用 6mm 厚钢板作为永久性模板，满足强度及受力要求。

4.2　双层墙体模板采用 86 系列大钢模板。内墙外侧模板采用特殊构造设计的异形大钢模板，模板设计时考虑在其他部位使用时的通用性。

4.3　内、外房之间完全由减振垫隔离，能够很好地消除外力对内房的振动干扰。

5. 施工工艺流程及操作要点

5.1　施工工艺流程（图 5.1）

5.2　操作要点

5.2.1　外房底板施工

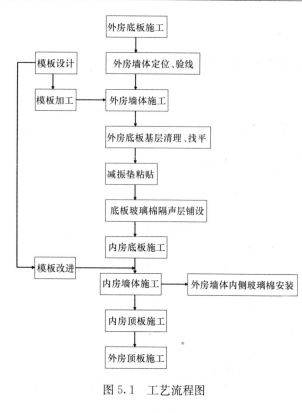

图 5.1　工艺流程图

按常规方法施工，但要特别注意以下两方面的问题：

1. 墙体插筋位置

严格控制墙体插筋的位置，位置不准确会导致墙体位置以及截面尺寸的不准确，以致影响内、外房之间隔声层尺寸，影响声学功能。

2. 板面平整度

混凝土施工时，将面层平整度控制在 5mm 之内。平整度偏差较大，会增加找平层厚度。

5.2.2　外房墙体定位、验线

外房底板混凝土施工完成后要对外房墙体进行准确的定位和放线，并仔细进行核验，确保墙体位置、截面尺寸准确。

5.2.3　外房墙体施工

外房墙体模板采用未经改进的内房墙体大钢模板，在内房墙体模板的基础上增加非标准板来满足外墙使用要求。外墙的钢筋和混凝土按模板高度分步进行施工，上步墙体模板压住下步墙体混凝土，利用下步墙体的最上一排穿墙螺栓孔插入短钢筋作为模板支撑。外墙两侧搭设双排脚手架作为钢筋绑扎、模板安装、混凝土浇筑的施工脚手架。墙体混凝土浇筑完成、模板拆除后墙体上不利用的穿墙螺栓孔及时用 C20 微膨胀细石混凝土填堵密实，墙体表面附着的杂物要清理干净。

5.2.4　外房底板顶面基层清理、找平

先将板面上的杂物清扫干净，用剁斧将板面及墙体内侧的浮浆全部清理干净，以露出混凝土坚实表层为准。内侧墙角存在轻微胀模现象的混凝土要剔凿后用砂轮机磨平。基层清理干净后洒水湿润水用高强度 CGM-1 型灌浆料进行找平，找平层平均厚度 20mm。灌浆料找平层顶面平整度控制在 2mm 内。

5.2.5　减振垫粘贴

待灌浆料找平层施工完成后铺设减振垫，减振垫安装前要按设计图纸的要求放出位置线，并注明减振垫的规格、型号，在不同部位，使用不同型号的减振垫。为防止减振垫在施工过程中滑移，减振垫要用胶固定在找平层上，选用胶的种类时要注意胶体不能对减振垫有腐蚀作用。减振垫粘贴完成后要再次检查、核对，确保位置、规格、数量符合设计图纸。

5.2.6　底板玻璃棉隔声层铺设

减振垫铺设完毕并经检查合格后，内房底板下面及侧面铺设玻璃棉，玻璃棉的各项指标均要满足设计要求。玻璃棉在减振垫的位置要裁出相应的孔洞（图 5.2.6）。

玻璃棉铺设时要注意雨雪天气的影响，如遇雨雪天气须采取必要的覆盖措施，防止玻璃棉被雨淋、水泡，影响隔声效果。

5.2.7　内房底板施工

1. 钢板铺设

减振垫、玻璃棉铺设完成并经过隐检验收后，铺设 6mm 厚钢板。此钢板为永久性房中房底板模板，钢板下面考虑防腐蚀影响，可涂刷两道防锈漆。钢板接缝要进行焊接，为防止焊接时损坏下层的减振垫和玻璃棉，焊缝位置要避开减振垫不小于 100mm，焊缝下设 4mm 厚，50mm 宽的垫板（图 5.2.7-1）。

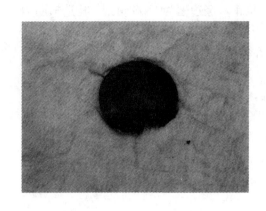

图 5.2.6 玻璃棉在减振垫位置裁孔

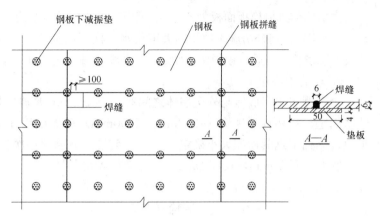

图 5.2.7-1 钢板焊缝示意图（单位：mm）

2. 防水层施工

钢板铺设完成后，在钢板上铺设 3mm 厚 SBS 防水卷材一层，卷材上做 40mm 厚细石混凝土保护层。此层防水的作用是防止内房底板在混凝土浇筑时向下层渗漏浸泡玻璃棉。

为了防止雨水从内外墙之间进入内房底板下，在内房底板下卷材防水施工时，将防水卷材沿外墙上返高于内房底板顶面 250mm，并直接粘贴在外墙上；为防止内外墙之间积水，施工时将内外墙之间的底板加高 50mm，内墙施工时在墙根部留排水孔，装修施工前用细石混凝土将排水孔封闭（图 5.2.7-2）。

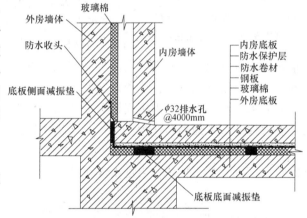

图 5.2.7-2 底板玻璃棉防水措施示意图

3. 钢筋绑扎

底板钢筋安装要点与普通楼板相同，主要控制内房墙体插筋的位置。

4. 混凝土浇筑

混凝土浇筑方法与普通楼板浇筑方法相同，混凝土坍落度控制在 160～180mm 之间，板面平整度控制在 5mm 内，混凝土浇筑完成后要及时养护。

5.2.8 内房墙体施工

1. 内房模板设计与加工

房中房内、外墙体之间间距仅有 300mm，故内房外侧模板无法采用普通钢模板进行支立。针对这一施工特点，采用特制定型大钢模进行施工，模板的设计主要在外房墙体模板的基础上进行改进，减小模板厚度，并形成一套可进行单侧支立的模板体系，使其满足在小空间内模板支立的要求。

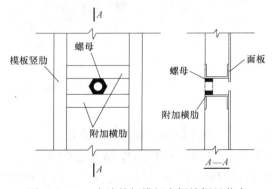

图 5.2.8-1 内墙外侧模板大螺栓螺母节点

图 5.2.8-2 玻璃棉安装固定点示意图（单位：mm）

内房墙体外侧模板面板为6mm厚钢板，横边框及竖肋为8号槽钢，竖边框为L808角钢，构造横肋为－60×6扁钢。将外房施工使用的大钢模水平横楞取消，减小模板厚度，整个模板厚度控制在86mm。在模板穿墙螺栓位置处，模板两竖肋之间，加焊水平8号短槽钢，在槽钢上焊接大螺栓螺母（图5.2.8-1）。

2. 玻璃棉固定

录音棚房中房墙体与外房墙体之间有一层100mm厚玻璃棉，附着在外墙内侧。玻璃棉采用胀栓与外墙固定，每块标准规格（1200mm×2200mm）玻璃棉用5个胀栓固定（图5.2.8-2），其他切割后的小块玻璃棉根据其面积大小确定固定螺栓数量。玻璃棉每次粘贴的高度要稍高于模板支设高度。

胀栓直径10mm，长度150mm，在墙体相应位置用直径12mm，钻头钻50mm深圆孔，钻孔时对内外墙之间空隙进行覆盖遮挡，防止杂物落入。胀栓埋入钻孔50mm，附带φ60垫片将玻璃棉卡住，拧紧胀栓（图5.2.8-3）。

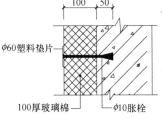

图5.2.8-3 胀栓固定玻璃棉节点图（单位：mm）

3. 钢筋绑扎

墙体玻璃棉安装完毕之后，进行钢筋绑扎施工，横竖向定位梯子筋要绑扎到位，控制好截面尺寸。录音棚墙体较高，混凝土需分段施工，钢筋的下料长度要按混凝土浇筑高度控制，不能过长。钢筋绑扎时注意不要刮蹭玻璃棉。

4. 内房墙体模板安装

模板安装时首先安装外侧（内外墙之间）模板，外侧模板就位后，安装内侧墙体模板，并将穿墙螺栓从内侧穿入对准外侧模板上的螺母拧紧，调整模板的位置及垂直度，将内侧螺栓的螺母拧紧。由于内墙外侧模板无法支撑加固，在录音棚内搭设满堂红脚手架利用钢管斜撑和钢丝绳对模板进行拉顶。

内墙第一步模板落在内房底板上，第二步以上每一步模板利用下一步已施工完成的混凝土最上排的穿墙螺栓孔穿入短钢筋作为支座（图5.2.8-4）。

为保证模板顺利拆除，每个穿墙螺栓均设置套管，并在套管两端安放橡胶密封圈（图5.2.8-5），确保水泥浆不会从螺栓孔漏出进入焊在模板上的螺母内而导致螺栓无法取出，影响模板拆除。

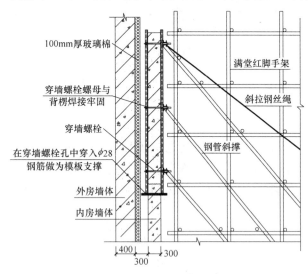

图5.2.8-4 房中房墙体模板支设示意图（单位：mm）

图5.2.8-5 穿墙螺栓套管及橡胶密封圈

5. 玻璃棉保护措施

为防止墙体大钢模安装和拆除时刮蹭玻璃棉而使玻璃棉损坏脱落，采用如下方法：

在模板就位之前，将φ48钢管立在玻璃棉与内房钢筋之间，钢管高度高于玻璃棉高度，间距2000mm左右，上部利用外墙穿墙螺栓孔临时固定。模板在钢管与钢筋之间入模就位，由于有钢管的拦挡，使模板不能与玻璃棉直接接触（图5.2.8-6）。

6. 混凝土浇筑

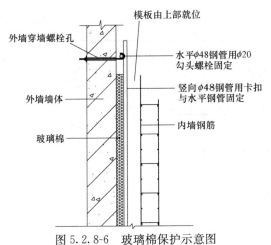

图 5.2.8-6 玻璃棉保护示意图

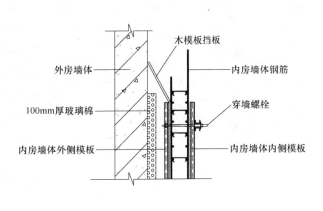

图 5.2.8-7 内外墙间挡板示意图

混凝土浇筑时，用木模板做挡板，挡在外墙与模板之间，防止混凝土掉入缝隙中（图 5.2.8-7）。混凝土浇筑标高要比模板顶面低 50mm 左右。

7. 模板拆除

墙体混凝土达到拆模强度后，先将墙体顶面（水平施工缝）浮浆凿除，施工时应注意凿除的浮浆不得进入双层墙体间的空隙中。拆模时先拆内侧模板，用气泵将浮浆清理干净，气泵清理时要从内墙外侧向内侧吹。浮浆清理干净后拆外侧模板，拆除后的穿墙螺栓孔用 C20 微膨胀细石混凝土填堵密实。

5.2.9 内房顶板施工

采用满堂红钢管脚手架作为内房顶板模板的支撑，采用胶合板模板作为梁板模板。在模板支设、钢筋绑扎、混凝土浇筑等施工过程中要对内外墙之间的空隙进行保护，防止杂物掉入内外墙之间。

5.2.10 外房顶板施工

在内房顶板上搭设钢管支撑架作为外房梁、板支撑，由于在外房顶板施工完成后，内、外房顶板间将形成一个封闭的空间，为方便外房支撑架及模板的拆除，需在外房顶板上设置施工洞，尺寸为 2000mm×2000mm。待外房顶板混凝土浇筑完成并达到设计强度后，拆除并清出双层板之间模板及支撑，清理干净后，对施工洞进行封堵。施工洞封堵采用吊模施工，按设计要求对钢筋进行焊接连接，采用高于顶板混凝土一个强度等级的微膨胀混凝土进行浇筑。外房顶板施工及模板拆除过程中，要注意不得有杂物落入内外房墙体之间。

5.2.11 季节性施工措施

由于录音棚的屋面板在最后才进行施工，外墙与内墙间的玻璃棉长期暴露在外，必须采取必要的防雨措施。每一步玻璃棉粘贴完成后要及时用塑料布遮盖，塑料布要跨过内墙防止雨水流入内外墙间的缝隙。外房顶板施工完成后，要在顶板上的预留施工洞口四周砌挡水台，并在洞口上方做防雨棚，防止雨水落到内房顶板流进内外墙之间。

6. 材料与设备

本工法无需特别说明的机具设备，采用的施工材料见表 6。

录音棚施工材料表

表 6

序号	名称	规格	主要技术指标	用途
1	减振垫	按设计要求	满足承载力和耐久性要求	承载内房荷载
2	玻璃棉	按设计要求	容重 32kg/m³	内、外房之间隔声
3	钢板	6mm 厚	Q235B	内房底板永久性模板
4	SBS 防水卷材	3mm 厚聚酯胎	厚度、拉伸强度、耐水性等满足规范要求	防止内房底板混凝土浇筑时漏浆

序号	名称	规格	主要技术指标	用　途
5	钢模板	背楞带螺母（86厚）	满足施工要求	内房墙体
6	塑料布		满足防雨覆盖要求	玻璃棉防雨
7	建筑胶		对减振垫无腐蚀；粘结强度满足规范要求	粘贴减振垫
8	灌浆料	CGM-1 型	强度达到 C60 及以上	找平层
9	钢筋	按设计要求	按设计要求	结构施工
10	混凝土	按设计要求	按设计要求	结构施工

7. 质量控制

7.1　混凝土结构工程质量控制标准

本工法钢筋、模板、混凝土等分项质量控制标准均执行《混凝土结构工程施工质量验收规范》GB 50204—2002 及《建筑结构长城杯工程质量评审标准》DBJ/T 01—69—2003。

7.2　减振垫安装质量控制标准

7.2.1　用于房中房结构的减振垫，其各项性能应符合设计要求，质量证明文件及检测报告齐全有效。

7.2.2　减振垫安装前应对基层进行清理、找平，保证减振垫安装后表面高度误差在 ±2mm 以内。

7.2.3　减振垫安装前应弹线确定安装位置，位置误差在 ±2mm 以内。

7.2.4　减振垫安装时要粘贴牢固，确保在后续施工及使用过程中减振垫不移位、不脱落。

7.3　玻璃棉安装质量控制标准

7.3.1　用于房中房结构的玻璃棉，其各项性能应符合设计要求，质量证明文件及检测报告齐全有效。

7.3.2　玻璃棉铺贴前基层必须干燥，铺贴过程中不得浸水或被雨水淋湿。

7.3.3　玻璃棉铺贴时不得有漏铺或大于 5mm 的空隙。

7.3.4　底板上铺设玻璃棉遇减振垫时，应在玻璃棉上切割与减振垫同尺寸的孔洞，挖孔尺寸误差应控制在 5mm 以内。

7.3.5　墙体上铺贴玻璃棉时，每块玻璃棉应采用至少 5 个胀栓进行固定，保证玻璃棉铺贴牢固并紧贴墙体。

7.4　房中房墙体质量控制标准

7.4.1　采用水平梯子筋和竖向梯子筋控制钢筋间距和墙体厚度。梯子筋中控制墙体厚度的顶模钢筋长度比墙厚小 2mm，端头用无齿锯锯平后刷防锈漆。梯子筋的间距控制在 2m 以内，安装竖向梯子筋时需认真吊垂直。

7.4.2　模板安装拼缝严密，保证整体模板的强度、刚度和稳定性，不得漏浆。

7.4.3　房中房墙体为超高混凝土墙体，需分多次进行混凝土浇筑，在上一层施工前必须对下一层混凝土接茬部位进行弹线、切割、剔凿处理并经检查合格。安装模板前，在切割线部位的模板与墙体接触处加海面条，保证接茬部位的模板与下一层混凝土压实。

7.4.4　在进行墙体混凝土浇筑时，应采用多层板对两层墙体间的空隙进行遮挡，避免混凝土落入双层墙体之间。

8. 安全措施

8.1　施工人员必须接受建筑施工安全生产教育，经考试合格后上岗作业，未经建筑施工安全生产教育或考试不合格者，严禁上岗作业。

8.2　操作人员进入现场时，必须戴安全帽、手套，高空作业时，必须系好安全带，所用的工具要放入工具袋内。

8.3　施工现场的其他安全用电必须符合《施工现场临时用电安全技术规范》JGJ 46—2005 的要求。

8.4　五级以上大风时应停止大模板的吊运作业，六级以上大风时应停止室外高空作业。

8.5　在进行玻璃棉施工时：为避免吸入玻璃棉，操作人员须佩戴口罩等防护措施。

9. 环 保 措 施

9.1　编制切实可行的环境保护方案及环保管理规定报环保局备案。项目环保员负责项目环保工作的监控，并依照管理规定定期进行检查、整改。

9.2　严格控制强噪声作业，施工现场在使用混凝土输送泵等强噪声机具前，采取隔声棚或隔声罩进行降噪封闭、遮挡，现场混凝土振捣采用低噪声混凝土振捣棒，振捣混凝土时，不得振动钢筋或模板。混凝土罐车、地泵、振捣棒、钢结构施工磨光机等小型机械、电锯等，噪声限值白天不得超过 70dB，夜间不得超过 55dB。

9.3　对于油料库、有毒物品及油漆库，应设专人负责，存放处的地面采取防毒措施，做到水泥地面，在储存和使用中防止跑、冒、滴、漏造成水体污染。

9.4　施工中裁剪的玻璃棉碎块不得随意丢弃，应进行统一收集、处理。

10. 效 益 分 析

本工法采用改进后的特制大型钢模板，模板设计时充分考虑了内外墙体模板的通用性，节约了另行加工模板的费用，约 13 万元。

内房底板模板采用普通钢板作为底模，减少了常规的支模拆模程序，加快了施工进度，节省了工期。

11. 应 用 实 例

中央电视台电视文化中心工程位于 CBD 中央商务区。该工程分为 TVCC 工程地上 34 层，地下 2 层，高度 159.68m，总建筑面积 105868m²，由主楼和裙楼组成。主楼为五星级酒店，裙楼由 8 个功能分区堆砌而成，分别为大、小录音棚、剧院看台、舞台塔、后舞台、视像室、数码影院和展览大厅。该工程结构形式复杂，包括钢筋混凝土结构、钢结构、型钢混凝土结构、空间网架结构等多种结构形式。工程于 2005 年 3 月 16 日开工建设，计划竣工时间为 2007 年 12 月 18 日。

小录音棚高 12.350m，建筑面积 338m²；大录音棚高 19.100m，建筑面积 1148 m²，大录音棚是现今国内体型最大、标准最高的录音棚。由于该工程的录音棚地理位置距地铁十号线仅 50m，在隔声和防振方面都有着极高的要求。

大、小两个录音棚的结构分别在 2006 年 3 月至 8 月进行施工，施工中应用本工法，在功能、质量、安全、进度、效益等方面均达到了令人满意的效果。在结构长城杯检查过程中，录音棚施工质量受到结构长城杯专家组的一致好评；工程施工现场被评为北京市安全文明施工样板工地。

GKP 外墙外保温（聚苯板聚合物砂浆增强网做法）涂料饰面施工工法

YJGF153—2006

北京住总集团有限责任公司

鲍宇清　钱选青　王文波　周宁　董坤

1. 前　　言

随着国家经济的发展和国际能源问题的日益突出，建筑节能已成为国家的一项重要国策。外墙外保温由于热桥少房间热稳定好等诸多优点，已成为目前墙体节能保温的主要做法。1994 年北京住总集团开发了 GKP 外墙外保温技术，于 1996 年通过北京市建委组织的技术鉴定；1999 年获得建设部科技进步三等奖；2002 年以 GKP 系统为基础的北京市地方标准颁布实施；2003 年获得国家发明专利（专利号为 ZL 96 1 20602.0）。之后经过对系统材料进一步改进和完善，优化了工艺方法，除发泡聚苯板外还可使用挤塑聚苯板作保温材料，可以更好的适用于涂料饰面的外墙外保温工程。在 GKP 外墙外保温技术的基础上，经过对大量的施工工程进行总结，完成本工法。

2. 技 术 特 点

2.1　以聚苯板（模塑板或挤塑板）作保温层，导热系数小，保温可靠，可满足现行 65％及更高节能标准的要求。

2.2　保温材料采用粘钉结合的连接方式，确保与结构墙体的连接安全。

2.3　配套的材料和完善的工艺措施，经过大型耐候性试验考验，确保外保温系统具有可靠的耐久性。

3. 适 用 范 围

本工法适用于各类地区新建建筑和既有建筑改造中采用聚苯板玻纤网格布聚合物砂浆做法外饰面为涂料的外墙外保温工程。

4. 工 艺 原 理

本工法用粘钉结合的方式将轻质高效的发泡聚苯板或挤塑聚苯板与结构墙体联结在一起，外面用 3～5mm 的薄抹灰聚合物砂浆复合耐碱玻纤网格布作防护层，并用专用柔性腻子和配套涂料作饰面，对热桥和节点部位采用多种不同的材料和构造措施处理，经过大型耐候性试验考验，可确保 GKP 外保温涂料做法的系统安全性和耐久性。

5. 施工工艺流程及操作要点

5.1　基本构造及工艺流程

5.1.1　基本构造见图 5.1.1 基本构造示意图。

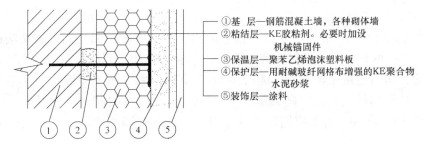

图 5.1.1　基本构造示意图

① 基　层—钢筋混凝土墙，各种砌体墙
② 粘结层—KE胶粘剂。必要时加设
　　　　　机械锚固件
③ 保温层—聚苯乙烯泡沫塑料板
④ 保护层—用耐碱玻纤网格布增强的KE聚合物
　　　　　水泥砂浆
⑤ 装饰层—涂料

5.1.2　工艺流程（弧内为选择性工序）

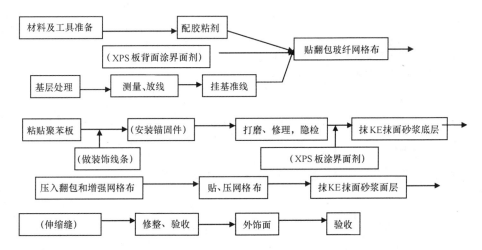

5.2　操作要点

5.2.1　放线

根据建筑立面设计和外保温技术要求，在墙面弹出外门窗水平、垂直控制线及伸缩缝线、装饰线条、装饰缝线等。

5.2.2　拉基准线

在建筑外墙大角（阳角、阴角）及其他必要处挂垂直基准钢线，每个楼层适当位置挂水平线，以控制聚苯板的垂直度和平整度。

5.2.3　XPS 板背面涂界面剂

如使用 XPS 板，在 XPS 板与墙的粘结面上涂刷界面剂，晾置备用。

5.2.4　配 KE 聚苯板胶粘剂

按配制要求，严格计量，机械搅拌，确保搅拌均匀。一次配制量应少于可操作时间内的用量。拌好的料注意防晒避风，超过可操作时间后不准使用。

5.2.5　粘贴翻包网格布

凡粘贴的聚苯板侧边外露处（如伸缩缝、建筑沉降缝、温度缝等缝线两侧、门窗口处），都应做网格布翻包处理。翻包网格布翻过来后要及时地粘到聚苯板上。

为避免门、窗、洞口加强网布处形成三层，应在翻包网格布翻贴时将其与加强网布重叠的部分裁掉（沿45°方向），做法见图5.2.5。

5.2.6　粘贴聚苯板

排板按水平顺序进行，上下应错缝粘贴，阴阳角处做错茬处理；聚苯板的拼缝不得留在门窗口的四角处。

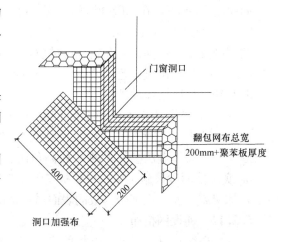

门窗洞口

翻包网布总宽
200mm+聚苯板厚度

400

200

洞口加强布

图 5.2.5　洞口做法

做法参见图 5.2.6-1。

聚苯板的粘结方式有点框法和条粘法。点框法适用于平整度较差的墙面；条粘法适用于平整度好的墙面，粘结面积率不小于 40％，不得在聚苯板侧面涂抹胶粘剂。具体做法参见图 5.2.6-2。

粘板时应轻柔、均匀地挤压聚苯板，随时用 2m 靠尺和托线板检查平整度和垂直度。注意清除板边溢出的胶粘剂，使板与板之间无"碰头灰"。板缝拼严，缝宽超出 2mm 时用相应厚度的聚苯片填塞。拼缝高差不大于 1.5mm，否则应用砂纸或专用打磨机具打磨平整，打磨后清除表面漂浮颗粒和灰尘。

局部不规则处粘贴聚苯板可现场裁切，但必须注意切口与板面垂直。整块墙面的边角处应用最小尺寸超过 300mm 的聚苯板。

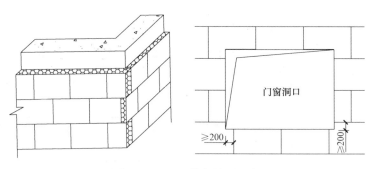

图 5.2.6-1 聚苯板排列示意

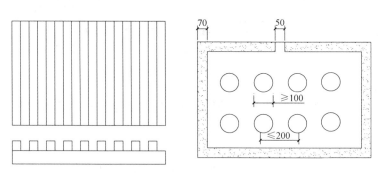

图 5.2.6-2 聚苯板粘结示意

5.2.7 安装锚固件

锚固件安装应至少在聚苯板粘贴 24h 后进行。打孔深度依设计要求，拧入或敲入锚固钉。

5.2.8 XPS 板涂界面剂

如使用 XPS 板，在 XPS 板面上涂刷界面剂。

5.2.9 配 KE 抹面砂浆

按配制要求，做到计量准确，机械搅拌，确保搅拌均匀。一次配制量应少于可操作时间内的用量。拌好的料注意防晒避风，超过可操作时间后不准使用。

5.2.10 抹底层抹面砂浆

1. 聚苯板安装完毕 24h 且经检查验收后进行。

2. 在聚苯板面抹底层抹面砂浆，厚度 2～3mm。门窗口四角和阴阳角部位所用的增强网格布随即压入砂浆中，具体做法参见附录 A 阴阳角做法和洞口做法。

3. 底层抹面砂浆施工应在聚苯板安装完毕后的 20d 之内进行。若聚苯板安装完毕而长期未能抹灰施工，抹灰施工前应根据聚苯板的表面质量情况制定相应的界面处理措施。

5.2.11 铺设网格布

在抹面砂浆可操作时间内，将网格布绷紧后贴于底层抹面砂浆上，用抹子由中间向四周把网格布压入砂浆中，要平整压实，严禁网格布褶皱。铺贴遇有搭接时，搭接长度不少于 80mm。

5.2.12　抹面层抹面砂浆

1. 在底层抹面砂浆凝结前抹面层抹面砂浆，厚度1～2mm，以覆盖网格布、微见网格布轮廓为宜。抹面砂浆切忌不停揉搓，以免形成空鼓。

2. 防护层抹面砂浆的总厚度宜控制在3～5mm。

3. 砂浆抹灰施工间歇应在自然断开处，如伸缩缝、挑台等部位，以方便后续施工的搭接。在连续墙面上如需停顿，面层抹面砂浆不应完全覆盖已铺好的网格布，需与网格布、底层抹面砂浆形成台阶形坡茬，留茬间距不小于150mm，以免网格布搭接处平整度超出偏差。

5.2.13　"缝"处理

伸缩缝、结构沉降缝的处理。伸缩缝施工时，分格条应在抹灰工序时就放入，待砂浆初凝后起出，修整缝边；缝内填塞发泡聚乙烯圆棒（条）作背衬，再分两次勾填建筑密封膏，勾填厚度为缝宽的50%～70%。沉降缝根据具体缝宽和位置设置金属盖板，以射钉或螺栓紧固。具体做法如图5.2.13-1、图5.2.13-2。

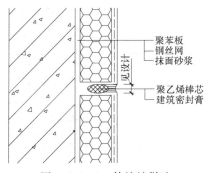

图5.2.13-1　伸缩缝做法

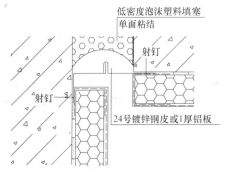

图5.2.13-2　沉降缝做法

5.2.14　加强层做法

考虑首层与其他需加强部位的抗冲击要求，在5.2.12抹面层抹面砂浆后加铺一层网格布，并加抹一道抹面砂浆，抹面砂浆总厚度控制在5～7mm。

5.2.15　装饰线条做法

装饰线条应根据建筑设计立面效果处理成凸形或凹形。

凸形称为装饰线，以聚苯板来体现为宜，此处网格布与抹面砂浆不断开。粘贴聚苯板时，先弹线标明装饰线条位置，将加工好的聚苯板线条粘于相应位置。线条突出墙面超过100mm时，需加设机械固定件。线条表面按外保温抹灰做法处理。凹形称为装饰缝，用专用工具在聚苯板上刨出凹槽再抹抹面砂浆。

5.2.16　涂料作业

1. 待抹面砂浆基面达到涂料施工要求时可进行外饰面作业。

2. 对平整度达不到装饰要求的部位应刮柔性腻子找平，找平施工时，应用靠尺对墙面及找平部位进行检验，对于局部不平整处，应先刮柔性耐水腻子进行修复。

3. 打磨柔性腻子宜用砂纸加打磨板进行打磨。

4. 大面积涂刮腻子应在局部修补之后进行，大面积涂刮腻子宜分两遍进行，但两遍涂刮方向应相互垂直。

5. 浮雕涂料可直接在抹面砂浆上进行喷涂，其他涂料在腻子层干燥后进行刷涂或喷涂。

6. 材料与设备

6.1　系统要求

其技术指标应符合表6.1要求。

GKP 涂料饰面外保温系统技术要求　　　　　　　　　表 6.1

项　目			指　标
系统热阻，m²·k/W			复合墙体热阻符合设计要求
耐候性	外观质量		无宽度大于 0.1mm 的裂缝，无粉化、空鼓、剥落现象
	拉伸粘结强度 MPa	EPS	切割至聚苯板表面　≥0.10
		XPS	切割至聚苯板表面　≥0.20
	抗冲击强度，J		≥3.0 无宽度大于 0.1mm 的裂缝
水蒸气湿流密度（包括涂料），g/(m²·h)			≥0.85
24h 吸水量（含涂料），g/m²			≤500
抗冲击强度，J	标准做法		≥3.0 无宽度大于 0.1mm 的裂缝
	首层加强做法		≥10.0 无宽度大于 0.1mm 的裂缝

6.2　聚苯板

应符合《绝热用模塑聚苯乙烯泡沫塑料》GB/T 10801.1 或《绝热用挤塑聚苯乙烯泡沫塑料》GB/T 10801.2 标准的要求，其技术指标见表 6.2-1 和表 6.2-2。EPS 板上墙前，应在自然条件下陈放不少于 42d 或在 60℃蒸汽中陈放不少于 5d；XPS 板应在自然条件下陈放不少于 28d。聚苯板的尺寸宽度不宜超过 1200mm，高度不宜超过 600mm。

聚苯乙烯泡沫塑料板技术要求　　　　　　　　　表 6.2-1

项　目		指　标	
		EPS	XPS
导热系数，W/(m·k)		≤0.042	满足 CB/T 10801.2 中 5.3 的要求
表观密度，kg/m³		≥18	—
熔结性	断裂弯曲负荷，N	≥25	—
	弯曲变形，mm	≥20	≥10
尺寸稳定性，%		≤0.5	≤1.2
水蒸气透湿系数，ng/(Pa·m·s)		2.0～4.5	1.2～3.5
吸水率，%(v/v)		≤4	≤2
燃烧性		B2 级	B2 级

聚苯板的允许偏差　　　　　　　　　表 6.2-2

项　目		允许偏差	项　目	允许偏差
厚度，mm	不大于 50	±1.5	高度，mm	±1.5
	大于 50	±2.0	对角线差，mm	±3.0
宽度，mm	≤900	±1.5	板边平直，mm	±2.0
	>900	±2.5	板面平整度，mm	−1.5，+2

6.3　KE 聚苯板胶粘剂

其技术要求见表 6.3。

KE聚苯板胶粘剂技术要求   表6.3

项　目		指标
拉伸粘结强度，MPa（与水泥砂浆）	常温常态	≥0.60
	耐水	≥0.40
拉伸粘结强度，MPa（与模塑板）	常温常态	≥0.10
	耐水	≥0.10
拉伸粘结强度，MPa（与配套的挤塑板）	常温常态	≥0.20
	耐水	≥0.20
聚苯板胶粘剂与基层墙体拉伸粘结强度，MPa		≥0.3
可操作时间，h		≥2
与聚苯板的相容性，mm		剥蚀厚度≤1.0

6.4 KE抹面砂浆

其技术要求见表6.4。

KE抹面砂浆技术要求   表6.4

项　目		指　标
拉伸粘结强度，MPa（与模塑板）	常温常态	≥0.10
	耐　水	≥0.10
	耐冻融	≥0.10
拉伸粘结强度，MPa（与挤塑板）	常温常态	≥0.20
	耐　水	≥0.20
	耐冻融	≥0.20
抗压强度/抗折强度		≤3.0
可操作时间，h		≥2
与聚苯板的相容性，mm		剥蚀厚度≤1.0

6.5 增强材料耐碱玻璃纤维网格布

其性能指标应符合表6.5的要求。

耐碱玻璃纤维网格布技术要求   表6.5

项　目	指标	项　目	指标
单位面积质量，g/m²	≥160	耐碱断裂强力保留率（经纬向），%	≥50
断裂应变，%	≤5	耐碱断裂强力（经纬向），N/50mm	≥750

6.6 机械锚固件

制作的金属机械锚固件应经耐腐蚀处理；塑料套管和圆盘应用聚酰胺（PA6或PA6.6）、聚乙烯（PE）或聚丙烯（PP）等材料制成，不得使用回收料。

机械锚固件的主要技术性能指标   表6.6

试 验 项 目	技术指标
拉拔力，kN	在C25以上的混凝土中，≥0.60

螺钉长度和有效锚固深度根据基层墙体材料和设计要求并参照生产厂使用说明确定。

6.7 柔性腻子

其性能指标应符合表6.7的要求。

柔性腻子的主要技术性能指标 表 6.7

试 验 项 目		技 术 指 标
施工性		刮涂无障碍
初期抗裂性		无裂纹
粘结强度，MPa	标准状态	≥0.6
	冻融循环后	≥0.4
耐水性，96h		无异常
耐碱性，48h		无异常
柔韧性		直径 50mm，无裂纹
吸水量，g/10min		≤2

6.8 建筑涂料

应符合《建筑外墙弹性涂料应用技术规程》DBJ/T 01—57—2001、《合成树脂乳液外墙涂料》GB/T 9755、《复层建筑涂料》GB 9779、《建筑涂料》GB 9153—88、《合成树脂乳液砂壁状建筑涂料》JC/T 24—2000 的要求。还应与外保温系统相容。

6.9 其他材料

6.9.1 发泡聚乙烯圆棒或条。用于填塞伸缩缝，作密封膏的背衬材料，直径（宽度）为缝宽的1.3 倍。

6.9.2 建筑密封膏。应采用聚氨酯、硅酮、丙烯酸酯型建筑密封膏，其技术性能除应符合《聚氨酯建筑密封膏》JC 482—92、《建筑用硅酮结构密封胶》GB 16776—1997、《丙烯酸酯建筑密封膏》JC/T 484—92 的有关要求外，还应与外保温系统相容。

6.10 机具设备

外接电源设备、电动搅拌器、开槽器、角磨机、电锤、称量衡器、密齿手锯、壁纸刀、剪刀、螺丝刀、钢丝刷、腻子刀、抹子、阴阳角捊子、托线板、2m靠尺、墨斗等。

7. 质 量 控 制

7.1 主控项目

7.1.1 外墙外保温系统性能及所用材料，应符合国家和本市有关标准的要求。材料进场后，应做质量检查和验收，其品种、规格、性能必须符合设计要求。

检验方法：检查系统形式检验报告和材料的产品合格证，现场抽样复验。复检材料及项目见表 7.1.1。

材料现场抽样复验项目 表 7.1.1

序号	材料名称	现场抽样数量	复验项目	判定方法
1	聚苯板	以同一厂家生产、同一规格产品、同一批次进场，每 500m³ 为一批，不足 500m³ 亦为一批。每批随即抽取 3 块样品进行检验	导热系数、表观密度、抗拉强度、尺寸稳定性、燃烧性能	复验项目均符合本规程第 6 章技术性能，即判为合格。其中任何一项不合格时应从原批中双倍取样对不合格项目重检，如两组样品均合格，则该批产品为合格，如仍有一组以上不合格，则该批产品判为不合格
2	聚苯板胶粘剂	每 20t 为一批，不足 20t 亦为一批。对砂浆从一批中随机抽取 5 袋，每袋取 2kg，总计不少于 10kg，液料则按《涂料产品的取样》GB 3186 进行	常温常态和浸水拉伸粘结强度（与水泥砂浆）	
3	抹面砂浆	同聚苯板胶粘剂	常温常态和浸水拉伸粘结强度（与聚苯板），柔韧性	
4	耐碱形玻纤网格布	每 7000m² 为一批，不足 7000m² 亦为一批。每批抽取 10m	耐碱断裂强力、耐碱断裂强力保留率	

7.1.2 聚苯板与墙面必须粘结牢固，无松动和虚粘现象。聚苯板胶粘剂与基层墙体拉伸粘结强度不得小于 0.3MPa。粘结面积率不小于 40%。

检验方法：观察；按《建筑工程饰面砖粘结强度检验标准》JGJ 110 的方法实测干燥条件下聚苯板胶粘剂与基层墙体的拉伸粘结强度；检查隐蔽工程验收记录。

7.1.3 锚固件数量、锚固位置和锚固深度应符合设计要求。

检验方法：观察；卸下锚固件，实测锚固深度；卡尺量。

7.1.4 聚苯板的厚度必须符合设计要求，其负偏差不得大于 3mm。

检验方法：用钢针插入和尺量检查。

7.1.5 抹面砂浆与聚苯板必须粘结牢固，无脱层、空鼓，面层无爆灰和裂缝等缺陷。抹面砂浆与聚苯板拉伸粘结强度采用 EPS 时不得小于 0.10MPa，采用 XPS 时不得小于 0.20MPa。

检验方法：观察；按《建筑工程饰面砖粘结强度检验标准》JGJ 110 的方法实测样板件抹面砂浆与聚苯板拉伸粘结强度；检查施工纪录。

7.2 一般项目

7.2.1 聚苯板安装应上下错缝，挤紧拼严，拼缝平整，碰头缝不得抹胶粘剂。

检验方法：观察；检查施工纪录。

7.2.2 聚苯板安装允许偏差应符合表 7.2.2 的规定。

聚苯板安装允许偏差和检验方法　　　　　　　　　　　　表 7.2.2

项次	项　目	允许偏差(mm)	检查方法
1	表面平整	3	用 2m 靠尺楔形塞尺检查
2	立面垂直	3	用 2m 垂直检查尺检查
3	阴、阳角垂直	3	用 2m 托线板检查
4	阳角方正	3	用 200mm 方尺检查
5	接茬高差	1.5	用直尺和楔形塞尺检查

7.2.3 玻纤网应铺压严实，不得有空鼓、褶皱、翘曲、外露等现象，加强部位的玻纤网做法应符合设计要求，搭接长度必须符合规定要求。

检验方法：观察；检查施工纪录。

7.2.4 变形缝构造处理和保温层开槽、开孔及装饰件的安装固定应符合设计要求。

检验方法：观察；手扳检查。

7.2.5 外保温墙面抹面砂浆层的允许偏差和检验方法应符合表 7.2.5 的规定。

外保温墙面层的允许偏差和检验方法　　　　　　　　　　表 7.2.5

项次	项　目	允许偏差(mm)	检查方法
1	表面平整	4	用 2m 靠尺楔形塞尺检查
2	立面垂直	4	用 2m 垂直检测尺检查
3	阴、阳角方正	4	用直角检测尺检查
4	分格缝(装饰线)直线度	4	拉 5m 线，不足 5m 拉通线，用钢直尺检查

8. 安　全　措　施

8.1 在进入现场必须戴安全帽。制定和落实防止工具、用具、材料坠落的措施，施工现场严禁上下抛扔工具等物品。

8.2 从事施工作业高度在 2m 以上时必须采取有效的防护措施，系好安全带，防止坠落。

8.3 必须对脚手架进行安全检查，确认合格后方可上人。脚手架应满铺脚手板，并固定牢固，严禁出现探头板。

8.4 使用手持电动工具均应设置漏电保护器，戴绝缘手套，防止触电。机械发生事故时，非机电维修人员严禁维修。

9. 环 保 措 施

9.1 施工时脚手架或吊篮应加强围挡，避免聚苯板碎屑遗撒。

9.2 专人及时清理、装袋并将废料放置到指定地点，及时清运。

9.3 靠近居民生活区施工时，要控制施工噪声。需夜间运输时，车辆不得鸣笛，减少噪声扰民。

10. 效 益 分 析

GKP外墙外保温涂料饰面施工是墙体节能的重要工法，可满足北京市及国内现行节能设计标准的要求。仅以北京为例，北京市每年的竣工面积超过5000万 m^2，大部分为涂料饰面。若10%采用GKP外墙外保温涂料饰面施工工法施工，每年就有近500万 m^3。按65%节能，其能耗从25.2kg/m^2 降到8.8 kg/m^2，每年将节约82000t标准煤，同时减少大量的二氧化碳、氮氧化物等有害气体排放，可带来巨大的社会和经济效益。

11. 工程应用实例

11.1 茂林居1号楼工程

位于海淀区木樨地的茂林居1号住宅楼是16层装配式壁板楼，建成时间为1986年。1999年为配合因国庆50年大庆的长安街沿线改造，进行旧楼外保温的节能改造。采用住总GKP外墙外保温涂料饰面施工工法施工，粘贴30mm聚苯板，聚合物砂浆玻纤网格布抹灰，外饰面涂料。1999年7月底完工至今未出现任何问题，居民住户反映良好。

11.2 延静里9号住宅楼

位于朝阳区延静里的9号住宅楼是16层装配式壁板楼，建成时间为1989年。2000年因该小区供暖系统无法保持充足供应量和房屋漏水两项原因，该楼决定进行旧楼改造作外保温施工。采用住总GKP外墙外保温涂料饰面施工工法施工，粘贴50mm聚苯板，聚合物砂浆玻纤网格布抹灰，外饰面涂料。2000年9月底完工至今未出现任何问题，居民住户反映良好。

11.3 小营住宅小区外保温工程

小营住宅小区即雪梨澳乡工程位于海淀区小营，为2～3层别墅群，由北京首创阳光房地产有限责任公司开发。其中的B区、E区北、E区南三期工程外保温面积共计31000m^2，采用住总GKP外墙外保温涂料饰面施工工法施工，聚合物砂浆粘贴密度18kg的聚苯板，玻纤网格布聚合物砂浆抹灰，外饰面为涂料。该工程从2002～2005年，前后三期历时3年，至今未出现任何质量问题，情况反映良好。

外墙仿真石漆面层施工工法

YJGF154—2006

内蒙古兴泰建筑有限公司

王静波　周文静　郅栓明　郭曙光　薛瑞

1. 前　　言

在民用建筑外墙装饰施工中，这几年仿真石漆涂料面层的施工已得到广泛应用，涂层显天然石材的麻石质感和自然色泽，具有典雅和谐的、庄重之感。生动逼真，有回归大自然之功效。

兴泰建筑有限责任公司这几年在很多大型民用建筑上采用此施工工法，取得了很好的社会效益和经济效益。先后施工的工程有：伊旗党政大楼（获 2005 年度鲁班奖工程）、内蒙古疾病预防控制中心（获 2004 年度自治区草原杯工程）、内蒙古医院外科手术楼（获 2006 年度自治区草原杯工程）、内蒙古政府搬迁通讯楼工程（获 2006 年度自治区草原杯工程）、东胜区政府综合楼（获 2006 年度自治区草原杯工程）。

2. 工 法 特 点

2.1 仿真石漆系列是一种可塑出天然石材质感的水性建筑漆，精选天然岩石晶体颗粒及进口合成树脂乳液，参照花岗岩晶体结构加工制作而成，适合各类建筑物的室内外装饰装修。

2.2 涂层防火、耐水、耐碱、耐污染，无毒无味，具有良好的附着性和抗冻融性能；颜色丰富、持久，保色性能优异；喷涂施工，简便快捷。

2.3 采用仿真石漆具有施工简便，降低造价和节省石材资源的特点。

3. 适 用 范 围

广泛用在建筑物室内外水泥抹灰墙面、水泥纤维板、石膏板、木板等各类基材。

4. 工 艺 原 理

4.1 基层处理：清除基层表面的油污、浮灰，修补基层裂缝、孔洞缺角等。基层要求干燥、密实、平整，含水率<10％，pH 值<9，喷涂前滚涂封底漆，按要求设置分格缝，视具体情况遮护非喷涂物。

4.2 施工操作：将真石漆搅拌均匀，装入专用喷枪喷涂。空气压缩机压力控制在 0.6～1.2MPa，先竖向打点，再横向平稳，均匀喷涂，待 24h 后，真石漆彻底干燥，适度打磨表面，并清除浮沙灰尘，均匀滚（喷）涂罩面漆。施工温度以 5～30℃为宜，避免雨天大风天施工，施工机具用后，及时用水清洗。

5. 施工工艺流程

5.1 施工工艺流程

施工准备→基层处理→涂底漆（两遍）→打墨线划分格缝→粘贴分格条纸→喷涂中层真石漆→拆纸

条→清扫接缝→打磨、罩两遍面漆→处理分格线条。

5.2 操作要点

5.2.1 真石漆施工

1）基层处理：将墙面上的灰渣与油污等杂物清理干净，用扫帚将墙面上浮土清扫干净。用聚合物砂浆或石膏腻子将墙面、门窗口、角等磕碰破损处、麻面、风裂、接磋缝隙等分别找平补好，干燥后用砂纸将凸起处磨平。

2）涂封闭底漆两遍：喷涂（刷涂、滚涂均可）用无气喷枪均匀薄喷两遍，施工温度 10℃以上，喷涂量 0.3～0.4kg/m²。

3）弹分格线和分色线：在涂真石漆前，弹分格线和分色线，先涂刷浅色涂料，后涂刷深色涂料。分格线条宽度为 8～10mm。

4）喷涂中层真石漆：采用喷涂方法，喷涂压力在 0.5～1.0mPa/cm²，根据样板要求选择合适喷嘴，施工温度在 10℃以上，厚度 1～2mm，涂抹两道，间隔 2h，干燥 24h 后打磨。喷枪应垂直于待喷涂面施工，距离约 60cm。对于阴阳角施工过程中，喷涂时特别注意不能一次喷厚，采用薄喷多层法。即表面干燥后重喷，喷枪距离为 80cm，运动速度快，且不能垂直阴阳角喷；只能采用散射，即喷涂两个面，上雾花的边缘扫入阴阳角，喷涂量 3～5kg/m²。

5）打磨：采用 400—600 目砂纸，轻轻抹平真石漆表面凸起的砂粒即可。注意用力不可太猛，否则会破坏漆膜，引起底部松动，严重时会造成附着力不良，真石漆脱落。

6）喷罩面漆：选用下壶喷枪，压力 4～7kg/cm²，施工不低于 10℃，喷涂两遍，间隔 2h，厚度约 30μm，完全干燥需 7d。

7）处理分格线条：将分格缝两边的毛刺及飞溅物清理干净，用油刷或排笔将分格缝用高级涂料（一般醇酸漆涂料）涂刷。

5.2.2 不同颜色真石漆施工

1）白色、浅色的真石漆施工

墙体先批刮一遍白水泥，要求平整、无明显批痕；或者直接涂刷有色液体底漆，再按规定喷涂中层、面层。

2）深色的真石漆施工

底漆按规定喷涂，在施工中层时，只需薄喷一层，厚度控制在 1～2mm，再罩面。

5.2.3 对于不同喷涂对象的真石漆施工

1）砖形真石漆：先按要求设计好砖形尺寸，然后在已涂好底油的墙面用木框架做好砖形模型，在喷上真石漆，在真石漆还没有表干前取下木框即可。

2）垂直面喷涂：采用划圈法，距离 30～40cm，以半径约 15cm 横向划圈喷涂，并不时上下抖动喷枪，这样喷速度快而均匀，且易控制。如果采用一排一排的主式重叠喷涂，速度慢，上下交接处难控制均匀，将影响外观，造成涂料缺陷。

3）罗马圆柱喷涂：因其是圆柱形，所以采用"M"线形喷涂，距离略远约 40cm，喷枪要垂直柱面喷涂，自上而下，喷好一面再转向另一面，转向角度约 60°为宜。

4）方形柱喷涂：方形柱棱角分明，很容易因喷涂不匀而使棱角模糊。为了喷涂方便，以约 50cm 的距离喷涂棱角，远距离喷涂，雾花散得开，面积大而均匀。如果距离太近，稍不注意就会喷厚，喷不均匀，使棱角线条显现不出来，失去了原有建筑的整体外观美感。

5）圆柱形小葫芦喷涂：现代建筑采用圆柱形小葫芦做栏杆装饰，大都要求喷上真石漆，因其小巧玲珑，极具装饰性，对它们的喷涂工艺也更为细致。做栏杆装饰的葫芦柱，距离太近，有些地方根本无法正面喷涂，所以按一般常规喷法是无法达到理想效果的。喷涂选用小喷嘴，距离约 40cm，快速散喷真石漆，自上而下一面一面来喷。不能正面喷涂的，用抖动喷枪的方法，令其周围尽量喷上真石漆，然后用毛刷刷平真石漆，没有喷到的地方也可以用毛刷略微抹上一层，再用喷枪散喷一遍，不能太薄，也不能太厚，盖住刷痕即可，薄了不能起到很好的保护效果，厚了则遮盖住了原有的线条美感，也可能出现裂缝等不良表面现象。

5.2.4 检测技术与分析

在施工开始前，应先检查其原材料材质单，所选用的涂料其品种、型号、和性能应符合设计和国家行业规范的标准要求。需要复检的材料交有资质的实验室进行复检，复检合格后方可使用。项目部及公司技术部门对施工方案应进行审核认证。在施工过程中，项目部质检人员应对每道、每步架体进行跟踪检查。主要检查内容参见表5.2.4。

检查项目汇总表　　　　　　　　　　　　　　　　　　表5.2.4

顺次	项目	中级涂料	高级涂料	检验方法
1	颜色	均匀一致	均匀一致	观察
2	光泽光滑	光泽基本均匀,光滑无挡手感	光滑、光泽,均匀一致	观察、手摸检查
3	刷纹	刷纹通顺	无刷纹	观察
4	裹楞、流坠、皱皮	明显处不允许	不允许	观察
5	装饰线、分色线直线度允许偏差	2mm	1mm	拉5m线,不足5m拉通线,用钢直尺检查

6. 材料与设备

6.1 本工法所需真石漆材料（表6.1）

所需真石漆材料表　　　　　　　　　　　　　　　　　　表6.1

商　品　名　称		真石漆涂料
实验材料		底漆 主漆 面漆
试验方法		依照JISK6909—1995
项目		规定
低温安全性		无块状,不会造成组合物的分离
初期干燥发生裂痕之抵抗性		不会产生裂痕
附着强度（N/mm²）	标准状态	0.5mm² 以上
	浸水后	0.3mm² 以上
温冷反复作用之抵抗性		试验体表面无剥落,裂痕或变色有光泽
耐冲击性		无裂痕,无明显变形及剥落
透水性A法		1.0cm 以下
耐候性A法		无裂痕、剥落、即使有褪色,亦达到3号灰色等级以上

6.2 本工法所需机具（表6.2）

每班组主要机具配备一览表　　　　　　　　　　　　　　表6.2

序号	机械设备名称	规格型号	功率容量	数量	性能	工种	备注
1	油漆搅拌机	JZZ-SD05	13A	1	良好	油工	按8～10人/班组计算
2	空气压缩机	VOA818	10匹	1	良好	油工	按8～10人/班组计算
3	单喷枪			2	良好	油工	按8～10人/班组计算
4	砂纸打磨机			4	良好	油工	按8～10人/班组计算
5	开刀			10	良好	油工	按8～10人/班组计算
6	油刷			10	良好	油工	按8～10人/班组计算
7	无空气喷枪			2	良好	油工	按8～10人/班组计算

7. 质 量 控 制

7.1 工程质量控制标准

真石漆施工质量标准执行《建筑工程施工质量验收统一标准》GB 50300—2001 和《建筑装饰装修工程质量验收规范》GB 50210—2001。

7.2 质量保证措施

7.2.1 强化质量意识，工人进场后，必须由施工技术负责人进行书面和口头的技术交底。严格控制每道工序，做到过程中有检查与记录，每道工序完成后有验收。

7.2.2 严格控制真石漆阴阳角裂缝：如发现裂缝的阴阳角，用喷枪再一次薄薄的覆喷，隔半小时再喷一遍，直至盖住裂缝。对于新喷涂的阴阳角，则在喷涂时特别注意不能一次喷厚，采取薄喷多层法，即表面干燥后重喷，喷枪距离要远，运动速度要快，且不能垂直阴阳角喷；只能采取散射，即喷涂两个面，让雾花的边缘扫入阴阳角。

7.2.3 平面出现裂缝是因为天气温差大，突然变冷，致使内外层干燥速度不同，表干里不干而形成裂缝，现场解决方法是改用小嘴喷枪，薄喷多层，尽量控制每层的干燥速度，喷涂距离以略远为好。

7.2.4 在喷涂时，覆盖不够均匀或者太厚，在涂层表面成膜后出现裂缝，施工时注意喷涂方法外，必要时应改变配方，重新试制。严格控制成膜过程中出现裂缝。

7.2.5 做好成品保护工作，严禁互相污染。

8. 安 全 措 施

8.1 认真贯彻"安全第一，预防为主"的方针，根据国家有关规定、条例，结合施工单位实际情况和工程的具体特点，组成专职安全员和班组兼职安全员以及工地安全用电负责人参加的安全生产管理网络，执行安全生产责任制，明确各级人员的职责，全面、全员、全过程的进行安全教育培训，确保培训合格人员才能上岗。抓好工程的安全生产。

8.2 施工现场按符合防火、防风、防雷、防触电等安全规定及安全施工要求进行布置，并完善布置各种安全标示。

8.3 各类房屋、库房、料场等的消防安全距离做到符合公安部门的规定，室内不堆放易燃品；严格做到不在木工加工场、料库等处吸烟；随时清除现场的易燃杂物；不在有火种的场所或其近旁对方生产物资。

8.4 氧气瓶和乙炔瓶隔离存放，严格保证氧气瓶不沾染油污、乙炔发生器有防止回火的安全装置。

8.5 施工现场的临时用电严格按照《施工现场临时用电安全技术规范》的有关规定执行。

8.6 电缆线路严格采用"三相五线"连线方式，电气设备和电气线路必须绝缘性能良好，场内架设的电力线路其悬挂高度和线间距除按安全规定要求外，将其布置在专用电杆上。

8.7 施工现场使用的手持照明灯使用36V以下的安全电压。

8.8 室内配电柜、配电箱前要有绝缘垫，并安装漏电保护装置。

8.9 吊篮和架体要经常派人检查，安全绳和安全带要正确佩带，并检查其有效性和可塑性。

8.10 建立完善的施工安全保证体系，加强施工作业中的安全检查，确保作业标准化、规范化。

9. 环 境 措 施

9.1 成立对应的施工环境卫生管理机构，在工程施工过程中严格遵守国家和地方政府下发的有关环境保护的法律、法规和规章，加强对施工燃油、工程材料、设备、废水、生产生活垃圾、弃渣的控制和治理，遵守有防火及废弃物处理的规章制度，做好交通环境疏导，充分满足便民要求，认真接受城市交通管理，随时接受相关单位的检查监督。

9.2 将施工场地和作业限制在工程建设允许的范围内，合理布置、规范围挡，做到标牌清楚、齐全，各种标示醒目，施工场地整洁文明。

9.3 对施工中可能影响到的各种公共设施制定可靠的防止损坏和位移的实施措施，加强实施中的监测、应对和验证。同时将相关方案和要求向全体施工人员详细交底。

9.4 设立专用排浆沟、集浆池，对废浆、污水进行集中，认真做好无害化处理，从根本上防止施工废浆乱流。

9.5 定期清运废弃材料，做好废弃材料及其他工程材料运输过程中的防散落与沿途污染措施。废水除按环境卫生指标进行处理达标外，并按当地环保要求的指定地点排放。其他的工程废弃物按工程的建设指定的地点和方案进行合理的堆放和治理。

9.6 优化选用先进的环保机械与设备，采取设立隔声墙、隔声罩等消声措施降低施工噪声到允许值以下，同时尽可能避免夜间施工。

9.7 对施工场地道路进行硬化，并在干燥天气中经常进行洒水，防止尘土飞扬，污染周围环境。

10. 效 益 分 析

本工法施工速度快，造价低，减少建设单位对工程建设项目的投资，施工产生的振动、噪声、粉尘等公害也得到了最大限度地降低。外墙真石漆具有天然石材的麻石质感和天然色泽，且天然石材是一种不可再生资源，本工法在一般工程上可替代天然石材，对于节省利用资源也是一件好事。新颖的工法技术将促进建筑业的发展，社会效益和经济效益显著。

11. 应 用 实 例

11.1 内蒙古鄂尔多斯市伊旗党政办公楼外墙装饰工程

11.1.1 工程概况

本工程结构类型主楼、连廊、会议中心均为钢筋混凝土框架结构，属二类建筑，耐火等级为一级；地下室按六级人防地下室设计，防水等级为一级；抗震设防烈度为 7 度，抗震设防类别为丙类建筑，主楼框架抗震等级为二级，其余部分为三级；建筑物使用年限为 50 年。

建筑总面积为 20550m²，北立面墙涂料面积为 8630m²，外形造型复杂多变。

11.1.2 施工情况

外墙喷涂总面积为 8630m²。因主体为高层且造型复杂，造成施工的复杂性，为保证工程质量与工期要求，采用几个班组轮流作业方式。以熟练度提高工程进度与质量，以交接检作为第一道检查方式。

工程施工时，第一班组与第二班组从上至下进行基层处理，第三与第四班组分别涂封闭底漆各一遍，然后在墙上弹出一横一竖两条控制线，在测量仪器的辅助下分别弹出分格线与分色线。然后先涂浅色涂料再涂刷深色涂料。喷涂中层石漆时因窗口较多，且因外墙造型变化，阴阳角较多，涂刷变得比较复杂，严格按照工艺中阴阳角喷涂方法喷涂。打磨前反复检查有无缺陷，及时修整合格且干燥后方可打磨。罩面漆喷涂厚度合格且均匀，绝对杜绝薄厚不均甚至流坠现象。

该工程于 2003 年 7 月 3 日开工，2003 年 7 月 20 日竣工。

11.1.3 工程监测与结果评介

采用外墙仿真石漆面层施工工法后，为保证施工质量并及时监测各主要工序施工阶段的质量，内蒙古建筑质量检测中心和施工单位监测组对本工程进行全过程的监控与检测。

质量监测结果显示仿真石漆施工质量结构达到了高级涂料的施工标准：颜色均匀一致，表面光滑，光泽均匀一致；无刷纹；无裹楞、流坠、皱皮现象；装饰线、分格线、分色线直线度控制在1mm以内。

施工全过程处于安全、稳定、和谐、快速、优质的可控状态中。平均施工速度为580m²，加上因雨停工3d，仅18d完成施工。完工检查98点，其中优良点94点，优良率达96%。无安全事故发生，得到各方好评。

11.2　内蒙古疾病预防控制中心外墙装饰工程

11.2.1　工程概况

本工程建筑面积为15649.2m²，位于内蒙古自治区呼和浩特市石羊桥西路1号，建筑物平面呈一字形，建筑物的总长度为81.3m，总宽为17.1m。层数为地下1层，地上10层，层高地下室为3.9m，一层层高为4.8m，2～9层层高为3.6m，10层层高为5.1m，10层顶装饰架的层高为3.6m，建筑物的总高度为42.9m，室内外高差为0.9m，占地面积为1595.5m²，涂料面积9320m²。

本工程室外装修主要以喷刷深灰红及浅灰红色的仿石材涂料为主，局部设干挂花岗石及铝板装饰条、玻璃幕墙，窗为塑钢窗，门为铝合金门。地面做法走廊、电梯前室，门厅多功能厅为花岗岩地面，卫生间为防滑地面，其余均为玻化砖地面，顶棚走廊为铝合金龙骨矿棉板吊顶，其余顶棚为刮腻子二道，墙面卫生间、开水间为瓷砖墙面，其余为刮大白腻子二道。

11.2.2　施工情况

外墙喷涂总面积为9320m²。因设计颜色多变，造成施工的复杂性，为保证工程质量与工期要求，采用几个班组轮流作业方式。以熟练度提高工程进度与质量，以交接检作为第一道检查方式。

工程施工时，第一班组与第二班组从上至下进行基层处理，第三与第四班组分别涂封闭底漆各一遍，然后在墙上弹出一横一竖两条控制线，在测量仪器的辅助下分别弹出分格线与分色线，先涂浅色涂料再涂刷深色涂料。喷涂中层石漆时因窗口较多，且因外墙造型变化，阴阳角较多，涂刷变得比较复杂，严格按照工艺中阴阳角喷涂方法喷涂。打磨前反复检查有无缺陷，及时修整合格且干燥后方可打磨。罩面漆喷涂厚度合格且均匀，绝对杜绝薄厚不均甚至流坠现象。

该工程于2004年9月3日开工，2004年10月15日竣工。

11.2.3　工程监测与结果评介

采用外墙仿真石漆面层施工工法后，为保证施工质量并及时监测各主要工序施工阶段的质量，内蒙古建筑质量检测中心和施工单位监测组对本工程进行全过程的监控与检测。

质量监测结果显示仿真石漆施工质量结构达到了高级涂料的施工标准：颜色均匀一致，表面光滑，光泽均匀一致；无刷纹；无裹楞、流坠、皱皮现象；装饰线、分格线、分色线直线度控制在1mm以内。

施工全过程处于安全、稳定、和谐、快速、优质的可控状态中。因温度及风的原因，造成将近10d的停工，但并不影响整体工期。完工检查76点，其中优良点73点，优良率达96%。无安全事故发生，得到各方好评。

11.3　内蒙古医院外科手术楼

11.3.1　工程概况

本工程地下2层，地上9层，附楼4层。框架剪力墙结构，梁板形筏形基础。建筑总面积22915m²，檐高39.05m，总长89.6m，总宽42.05m，属一类高层民用建筑。

外墙面以淡黄色真石漆涂料为主，喷涂面积为14500m²。

11.3.2　施工情况

外墙喷涂总面积为14500m²。为保证工程质量与工期要求，采用几个班组轮流作业方式。以熟练度提高工程进度与质量，以交接检作为第一道检查方式。

工程施工时，第一班组与第二班组从上至下进行基层处理，第三与第四班组分别涂封闭底漆各一遍，然后在墙上弹出一横一竖两条控制线，在测量仪器的辅助下分别弹出分格线与分色线，先涂浅色涂料再涂刷深色涂料。喷涂中层石漆时因窗口较多，且因外墙造型变化，阴阳角较多，涂刷变得比较复杂，严格按照工艺中阴阳角喷涂方法喷涂。打磨前反复检查有无缺陷，及时修整合格且干燥后方可打磨。罩面漆喷涂厚度合格且均匀，绝对杜绝薄厚不均甚至流坠现象。

该工程于 2004 年 6 月 15 日开工，2005 年 7 月 30 日竣工。

11.3.3　工程监测与结果评介

采用外墙仿真石漆面层施工工法后，为保证施工质量并及时监测各主要工序施工阶段的质量，内蒙古建筑质量检测中心和施工单位监测组对本工程进行全过程的监控与检测。

质量监测结果显示仿真石漆施工质量结构达到了高级涂料的施工标准：颜色均匀一致，表面光滑，光泽均匀一致；无刷纹；无裹楞、流坠、皱皮现象；装饰线、分格线、分色线直线度控制在 1mm 以内。

施工全过程处于安全、稳定、和谐、快速、优质的可控状态中。完工检查 157 点，其中优良点 151 点，优良率达 96％。无安全事故发生，得到各方好评。

台风地区节能铝合金窗防渗漏施工工法

YJGF155—2006

方远建设集团股份有限公司　龙信建设集团有限公司

应群勇　徐润胜　马从福　陈祖新　王士广　陈岗

1. 前　　言

近几年来，铝合金窗以其外形美观、重量轻、采光面积大和耐酸碱腐蚀等优点，广泛应用于民用建筑的外窗设计。2004 年的"云娜"及 2005 年的"麦莎"强台风，使铝合金窗经受了严酷考验。台风过后，住户投诉骤增，其中 80% 的投诉为：迎风面铝合金窗渗漏水十分严重。

为了摸清情况，我们对 3 个已投入使用的住宅小区进行了调查。根据调查结果显示：窗下滑框、窗框拼接处、窗框与结构间隙处三个部位的渗漏水，占全部渗漏水原因的 90% 以上。针对这种情况，我们组织了铝合金窗的制作、安装单位分析、研讨对策。在总结各方面成功经验的基础上，从制安工艺上加以提高、改进，形成工法，并在台州景元西苑 18 号楼（集团自建）工程中开始实施。对随后开工的一些工程项目，在征得建设单位同意后予以推广，较好地解决了铝合金窗在台风中的渗漏水问题，现已得到广泛地应用。

2. 工 法 特 点

本工法从建筑门窗的型材改进、产品制作、现场安装、门窗与墙体装饰面层防水工艺处理、嵌缝、注胶工艺处理、窗台防水处理等环节采取了有效措施，并对制安施工及验收全过程做出了明确规定，遏制了在台风气候条件下铝合金门窗大面积渗漏水情况的发生。

3. 适 用 范 围

本工法适用于有台风袭击的、沿海及浅内陆地区的工业与民用建筑铝合金外窗制安、施工。

4. 工 艺 原 理

4.1　荷载规范规定的基本风压 w_0 与台风期极端风速的差异

4.1.1　《建筑结构荷载规范》GB 50009—2001 在附表 D.4 中提供了浙江省台州市椒江区洪家 $n=50$ 的基本风压 $w_0=0.55\text{kN/m}^2$。按照贝努利公式，可以计算出此对应的风速为：$v_0=29.68\text{m/s}$（注：此 v_0 为离地 10m 高，自记 10min 平均年最大风速）。

4.1.2　根据现行国家标准《热带气旋等级》GB/T 19201，热带气旋按中心附近地面 2min 平均风速划分为：从热带低压到超强台风共 6 个等级。而上条中 $w_0=0.55\text{kN/m}^2$ 所对应的风速 $v_0=29.68\text{m/s}$，仅为 10～11 级（24.5～32.6m/s）的强热带风暴。

4.1.3　上述差异显然是由于实测最大平均风速的时间段长度不同所造成。经历过台风袭击的人们都知道台风来袭时，极端风速的持续过程也就 1～2min。而外窗的大量渗漏水，正是从这股极端风速开始的。为了防止台风袭击时窗体本身及其周边的渗漏水发生，就必须在外窗制安的各个环节对台风期的极端风速予以足够重视。

4.2 国家标准对台风地区外窗抗渗漏的规定

4.2.1 国家标准图集《门窗、幕墙风荷载标准值》04J906 是当前门窗、幕墙制造企业和施工单位校核建筑外门窗抗风压性能的依据。该图集也是根据《建筑结构荷载规范》GB 50009—2001 的有关规定，在考虑了 $n=50$ 的基本风压 w_0、地面粗糙度及建筑物高度等多种因素后，通过查表直接得出风荷载标准值 w_k，而分级指标值 p_3 应 $\geqslant w_k$，从而选定建筑外窗抗风压性能等级。以台州市椒江区 B 类地面、80m 高处为例，按图集选定的建筑外窗抗风压性能等级应为 5 级。

4.2.2 按照《建筑气候区划标准》GB 50178 规定，浙江沿海的甬、台、温地区应属于 ⅢA 类台风地区。按国家标准《建筑外窗水密性能分级及检测方法》GB/T 7108 及《建筑外窗气密性能分级及检测方法》GB/T 7107 中规定，该地区的建筑外窗，应采用指标值 $\geqslant$4 级的分级。

4.3 采用改进型材、提高拼接精度、胶密封及多种防水节点的工艺处理，从"堵"及"密封"上下工夫，提高建筑外窗的抗风压性能、水密性能及气密性能，减少外窗渗漏的危害。

5. 施工工艺流程及操作要点

5.1 施工工艺流程

窗框料选择→窗体外框尺寸的确定→制作→窗框安装→窗框与墙体间隙的封堵→窗与墙体装饰面层防水工艺处理→窗扇安装→注胶密封→土建方面的配合（窗台防水处理）。

5.2 操作要点

5.2.1 窗框料选择

此处的框料指与周边墙体连接的框料、用于分割窗形的竖/横挺料及窗扇四边料。

1. 铝合窗框料应选择：型材最小实测壁厚应 $\geqslant$1.4mm，应符合后文 6.1.1 条的规定。

2. 改进推拉门窗下滑框断面：挡水背高应 $\geqslant$65mm，在内外侧增加挡水板，两道附加止水胶片毛条卡槽和泄水孔位置的确定，形成下滑框止水体系（图 5.2.1）。

3. 下滑框泄水孔在制作时使用专用模具完成，应保证"在窗扇关闭的情况下，每个窗扇下的滑轨上不得开设泄水孔"，以防止在台风条件下"泄水孔"变成"进水孔"。

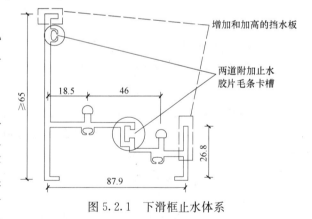

图 5.2.1　下滑框止水体系

5.2.2 窗体外框尺寸的确定

虽然土建施工时是按照图纸预留窗洞口的，但由于施工中的误差，设计上同一规格的洞口实际上存在一定的差别。所以，应首先对每个洞口进行实测实量，发现过大误差，应对洞口予以处理，以保证洞口尺寸。另外，窗体外框尺寸还受到外装修材料的影响。窗体外框与墙体饰面之间的间隙如表 5.2.2。

窗体外框与墙体饰面之间的间隙　　　　　　　　　　　　　　表 5.2.2

墙体饰层材料	洞口边与窗框间隙(mm)	墙体饰层材料	洞口边与窗框间隙(mm)
水泥砂浆或马赛克	15~20	大理石或花岗岩板	50~60
釉面瓷砖	20~25		

5.2.3 制作

工艺流程：放样→划线→切割→冲压、钻孔、铣（槽）榫→拼接装配。

1. 采用计算机放样下料，特别要保证不同型材拼接处的尺寸，确保拼接吻合精度。

2. 须用模板尺、钢尺、90°角钢尺、万能角度尺对照放样尺寸，使用钢制划针划线，严禁使用钢卷尺、木工铅笔。

3. 切割采用数控切割机械完成，特别是各种 45°角切割，须用高精度的数显双头切割机床完成工序，所有组角连接用角码采用角码自动切割锯床完成，不得手工或简单机械完成。

4. 冲压须使用与锁具、配件、滑轮、型材断面造型面相符的同类、同心、同标尺模具完成。钻孔必须依据所需部位采用专用工具一次成型完成，铣（槽）榫须用高精度自动端面铣床完成，减少误差。

5. 所有拼接增加采用"附加胶粘接密封技术"，确保拼接密封，不渗水。主要是使用特别制作的"组角胶"涂刷拼接面，对拼后挤压，在拼接面处形成一定强度的弹性密封连接，使窗框形成一个密封的整体（图 5.2.3-1）。装配时，对外露的螺钉也须进行胶处理，先在钉孔处注胶，上螺钉，在最后 5 丝处时应在螺钉杆上再打胶，上紧螺钉，使胶密封螺钉。另外采用附加止水胶片毛条，可以有效防止雨水通过毛条向室内渗透（图 5.2.3-2）。

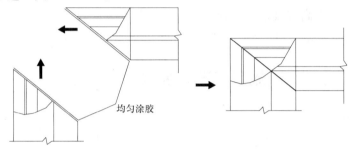

图 5.2.3-1　窗扇框附加胶粘接连接示意图

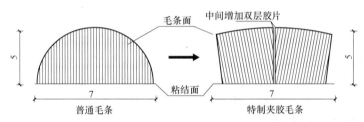

图 5.2.3-2　毛条改进示意图

5.2.4　窗框安装

1. 窗框安装应选择土建结构中间验收合格后进行。

2. 所有窗都应采用"后塞口"安装法，不得采用边安装边砌口或先安装后砌口的施工方法。

3. 安装窗框前，必须先弹好窗洞口中心线及室内标高控制线。

4. 当窗框装入洞口时，其上下框中心线应与洞口中心线对齐；窗的上下框四角及中横框的对称位置应用木楔塞紧。然后再调整窗框的垂直度、水平度，符合要求后，暂用木楔做临时固定。

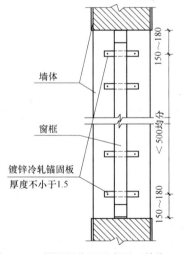

图 5.2.4　锚固板位置示意图（单位：mm）

5. 窗框与墙体的固定

窗框与墙体固定时，应先固定上框，而后固定边框。固定方法应符合下列要求：

1）窗框上的锚固板应采用厚度 1.5mm 的镀锌冷轧钢板，严禁采用白铁皮；应采用自攻螺钉或铜螺钉将锚固板与窗框固定，严禁采用纯铝抽心射钉连接；锚固板与墙体应采用螺钉式金属膨胀螺栓连接，不得采用水泥钉射钉枪连接。锚固板的位置，除四周离边角 15～18cm 设点外，其余间距不应＞50cm 均分固定（图 5.2.4）。

2）黏土多孔砖墙洞口不得固定在砖缝处；空心砖及加气混凝土砌块墙体应在洞口两边换砌黏土多孔砖或在拟固定位置补砌预制混凝土块。

3）窗框与墙体固定完成后，应立即进行嵌缝处理，待嵌缝

密实并具有一定强度后，方可抽出临时固定用
的木楔。

5.2.5　窗框与墙体间隙的封堵

由于铝合金窗具有热胀冷缩的特性，窗框
与墙体间隙处于弹性状态，所以最好采用弹性
材料封堵，也可以采用干硬性水泥砂浆封堵
（图5.2.5）。目前常用的弹性材料有：有机硅
泡沫密封剂和聚氨酯发泡剂。因为这两种材料
具有耐震、防裂、防水、防火、保温、黏着力
强等优点，使用较广泛，最常用的是聚氨酯发
泡剂。发泡剂等密封料必须填充饱满，未干前

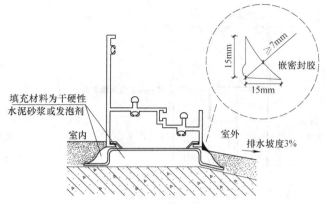

图 5.2.5　窗框与墙体间隙封堵示意图

在内、外侧各压出一条5～8mm深的凹槽，以方便嵌填密封胶。

5.2.6　与墙体装饰面层防水工艺处理

1. 当墙体装饰面层为水泥砂浆、弹性防水涂料饰面时，抹灰面层应小于型材底线面5mm，然后用
ϕ10 钢筋沿窗型材四周磨压成半圆状，待饰面干燥后注胶。

2. 当墙面装饰面层为面砖、块石时，门窗四周除做坡面、滴水线外，应严格做到防水带或隔离线
工艺处理，隔离线的工艺处理方法：应在基层抹灰面与面砖或块石距窗外边沿留出15～20mm空隙，
且装饰面层要低于型材底面5mm，然后将预留空隙清理干净、冲水，用1∶1的水泥砂浆添加建筑防水
型胶水填充严实、平直，再用ϕ10钢筋沿窗型材面四周磨压成半圆状后注胶。

5.2.7　窗扇安装

1. 窗扇安装宜选择在室内外装修基本结束后进行。

2. 铝合金推拉窗应先将外扇插入上滑道的外槽内，自然下落于外滑道上。再安内扇，调整整扇的
平行度、垂直度、滑动力、装置锁具并固定防盗块、防碰块，使窗扇与边框间平行。

3. 对于平开窗窗扇，应先把合叶（铰链）按要求固定在窗框上，然后将窗扇嵌入框内，临时固定，
调整合适后，再将窗扇固定在合叶（铰链）上。必须保证上下两个转动部分在同一轴线上，并复查窗
扇开关是否灵活。密封条采用连续的三元乙丙中空胶条，窗扇与窗框的密封条各自接头位置应相互错
开。三元乙丙中空胶条较普通胶条具有更大的弹性，可以达到更好的密封性。

4. 固定窗安装，先用橡胶垫块窗玻璃位置安装就位，依次先内后外进行注胶，待胶固化期结束后
方可安装活动内扇。

5.2.8　注胶密封

1. 当面层强度满足后，清除外框上的保护膜，铲除装饰面层遗留多余粘结物，扫清型材表面、墙
面注胶连接处，然后在型材与墙面连接处两侧粘贴专用胶带，中间留15mm左右胶缝，依次进行上方、
左右、下方注入与型材相溶的合格硅酮耐候胶，并用手指挤实、磨平，一次成型，不得留有断带、毛
刺现象。

2. 检查框组角处的胶密封情况，及时补救，并在框框接合部，框角处注入耐候胶加强处理。

3. 硅酮耐候胶使用质量受天气变化影响，在冬期或雨期施工时应注意注胶质量和时间。

5.2.9　土建方面的配合

1. 窗洞口上部应在抹灰时抹出向外的滴水坡度，并应做成老鹰嘴滴水线（图5.2.9-1）。

2. 由于墙体多为加气混凝土砌块或多孔砖，有较大的空隙率，为保证窗台处不渗水和窗台尺寸，
采用现浇 C20 细石混凝土窗台板，外侧向下坡度3％。窗台板外侧下口应做滴水槽或老鹰嘴滴水线，防
止雨水淋墙（图5.2.9-2）。

3. 窗洞口四周的任何一次抹灰，都要先清理被粉墙面，浇水湿润后（最好加抹一道界面剂）再抹
灰，以免抹灰层空鼓导致渗漏水。

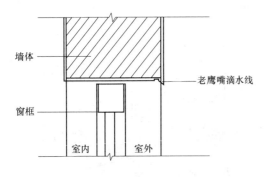

图 5.2.9-1　窗洞口上部老鹰嘴滴水线

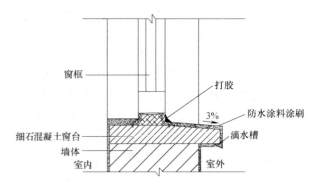

图 5.2.9-2　细石混凝土窗台详图

6. 材料与设备

6.1　材料

6.1.1　铝合金窗制安所需的基材为建筑行业用 6061、6063 和 6063A 铝合金热挤压型材，应符合《铝合金建筑型材》GB/T 5237 第 1～5 部分的要求，型材最小实测壁厚应≥1.4mm。铝合金窗制安应符合《铝合金窗》GB/T 8479 的要求，其窗纱、玻璃、密封材料、五金件也应符合《铝合金窗》GB/T 8479 附录 A 中所提供的标准规定。

6.1.2　密封胶料应采用产品性能符合《硅酮建筑密封胶》GB/T 14683—2003 要求的硅酮建筑密封胶，或产品性能符合《聚硫建筑密封膏》JC 483—92 要求的聚硫建筑密封胶。

6.1.3　平开窗的密封条采用三元乙丙中空胶条，框与扇的相切位置均应安装特制夹胶毛条。

6.1.4　五金件也应采用多点闭锁结构，对门窗的气密、水密性能有较大提高。

6.2　设备

铝合金窗窗的工厂制作及现场安装设备主要包括以下几项。

6.2.1　工厂制作设备

1. 用于型材料加工的有：数显双头切割机床（型号 LJZ2X-500×4200）；铝门窗端面铣床（型号 LXDB-250）；塑铝型材单轴仿形铣床（型号 1-YDF-100）；开式可倾压力机（型号 J23-6.3）；塑铝型材单轴仿形铣床（型号 1-YDF-100）；双角锯（型号 LJZ2-420）等。

2. 用于框/扇成型的有：重型隔热型材撞角机（型号 KT-333D）等。

3. 用于零配件及其他加工的有：角码自动切割锯床（型号 LJJA-500）等。

6.2.2　现场安装设备主要包括：手持式型材切割机、手持式磨光机、手持式冲击钻及钻头（与金属涨锚螺栓和固定锚固板配套）、射钉枪、手持式发泡剂注入枪和硅酮系列密封胶压注枪等。

7. 质 量 控 制

铝合金窗必须根据《建筑外窗抗风压性能分级及检测方法》GB/T 7106、《建筑外窗水密性能分级及检测方法》GB/T 7108 和《建筑外窗气密性能分级及检测方法》GB/T 7107 进行抗风压性能、水密性能及气密性能检测。

7.1　检测数量：同一窗型、规格尺寸应至少检测三樘试件。

7.2　试件要求

7.2.1　试件应为按所提供的图样生产的合格产品，不得附有任何多余配件或采用特殊的组装工艺或改善措施。

7.2.2　试件必须按照设计要求组合、装配完好，并保持清洁、干燥。

7.3 检测要求

7.3.1 抗风压性能检测采用定级检测压力差为分级指标。分级指标值 p_3 的选定，可直接根据工程的风荷载标准值 w_k 相对比，$p_3 \geqslant w_k$，w_k 的确定方法见《建筑结构荷载规范》GB 50009；也可以根据《门窗、幕墙风荷载标准值》04J906 来确定 w_k。试件经检测，未出现功能障碍或损坏时注明 $\pm p_3$ 值，按 $\pm p_3$ 值中绝对值较小者定级。如果经过检测，试件出现功能障碍或损坏时，记录出现功能障碍或损坏的情况及其发生部位。以出现功能障碍或损坏所对应的压力差值的前一级压力差值定级，其余检测要求见《建筑外窗抗风压性能分级及检测方法》GB/T 7106。

7.3.2 水密性能检测采用波动加压法。记录每个试件严重渗漏时的检测压力差值。以严重渗漏时所受压力差值的前一级压力差值为该试件水密性能检测值。如果检测至委托方确认的检测值尚未渗漏，则此值为该试件的检测值。其余检测要求见《建筑外窗水密性能分级及检测方法》GB/T 7108。

7.3.3 气密性能检测以在 10Pa 压力差下的单位缝长空气渗透量或单位面积空气渗透量进行评价。检测方法及检测值的处理要求见《建筑外窗气密性能分级及检测方法》GB/T 7107。

7.4 经检测合格的外窗除出据产品合格证书外，应同附抗风压性能、水密性能及气密性能检测报告。

7.5 其他关于窗安装的常规质量验收检查，执行现行金属门窗安装工程质量验收标准的有关规定。

8. 安 全 措 施

8.1 施工机械用电必须采用三级配电二级保护，使用三相五线制绝缘电缆，并安装漏电保护器，严禁乱拉乱接。施工机械的操作人员必须持证上岗，配备必要的防护设施，并遵守该机械的安全操作规程。

8.2 安装门窗不得站在外吊篮内操作，防止闪落伤人。安装门窗用的梯子必须结实牢固，不应缺挡，不得放置过陡，梯子与地面间的夹角以 60°～70° 为宜。严禁两人同时站在一个梯子上作业。

8.3 严禁穿拖鞋、高跟鞋、易滑鞋或光脚进入施工现场，进入施工现场必须戴好安全帽。

8.4 材料要堆放整齐、平稳。工具要随手放入工具袋内，上下传递物件时不得抛掷。

8.5 要经常检查手持电动工具是否有漏电现象，一经发现立即修理，坚决不能勉强使用。

9. 环 保 措 施

9.1 外窗制作及安装时所使用的型材切割机、磨光机、手持式冲击钻等设备工作时会产生很大的噪声，要注意防止噪声扰民，制作环境应按地方规定办理相应环保审批手续。对于噪声很大的制作及安装施工，不得在 22：00～次日 6：00 期间作业。

9.2 对于制作及安装过程所需的胶料等零碎料在运输过程中应避免洒落，以免污染沿途地面；对于所产生的废料，如用于防护的保护胶纸，在撕下后应集中清理回收，不得随便乱扔。

10. 效 益 分 析

10.1 经济效益分析

台州地区属台风频发地区，每当狂风暴雨过后，超过 80％ 的用户投诉集中到外窗的渗漏水严重，直接造成室内装修损坏、木地板浸水变形方面，问题的后续处理难度很大。特别是 2004 年的"云娜"及 2005 年的"麦莎"强台风过后，根据保修规定，我公司在这方面的付出极大。据财务统计数据，2004 年、2005 年、2006 年 3 年内"云娜"、"麦莎"、"桑美"等强台风过后，因外窗渗漏造成的索赔、返修损失达 14.05 万元。不但形成较高的施工成本，而且对企业的"创品牌"工作造成影响，更重要的是给用户带来严重不便。

因为在材料选用上，本工法较一般铝合金外窗为高，以常用规格 1500×2100 的铝合金推拉窗为例，工程成本增加情况如表 10.1。

工程成本 表 10.1

序号			单价	重量增加	费用增加
1	窗框下滑料	内侧高 65mm	32000 元/t	0.125kg/樘	4 元/樘
2		内侧高 42mm	32000 元/t	0	0
3	密封胶	新做法	3.80 元/樘	/	3.70 元/樘
4		原做法	0.10 元/樘	/	0
5	毛条 （10m 计）	附加止水胶片	0.35 元/m	/	2.30 元/樘
6		普通	0.12 元/m	/	0
7	合计				10 元/樘

铝合金推拉窗市场信息价 250 元/m^2，1500×2100 规格 3.15m^2，787.5 元/樘，则费用增加率为 1.3%；但与事后的修复费用比较还是微不足道的。

10.2 企业品牌效益

当我公司在 2005 年的"麦莎"强台风过后，从多方面采取预防措施。在 2006 年初形成企业工法并全面推广实施以后，取得了明显的效果。在 2006 年超强台风"桑美"过后，住户投诉量有了大幅度下降，已发生的用户投诉基本是工法实施前的已完工程。说明本工法的推广实施对预防台风地区铝合金窗防渗漏取得了显著的效果。更重要的是使"诚信为本""为用户设想"的企业理念落到实处，为创造企业品牌赢得了巨大的社会效益。

10.3 节能降耗效益

在建筑节能方面，根据《建筑技术》杂志 2006 年 10 期刊登的宁波大学建筑工程与环境学院闫成文教授等三人《夏热冬冷地区基础住宅围护结构能耗比例研究》的文章观点，夏热冬冷地区基础住宅围护结构各部分能耗中，外窗的总能耗比占 57%～63%，其中渗透占 34%～36%。因此，由于外窗的抗风压、水密性能及气密性能均有了明显地提高，改进了外窗的热工性能，达到了节能降耗的效果。

11. 应 用 实 例

11.1 台州高速公路办公大楼（现名天和大厦），建筑面积 50393m^2，为地下 1 层，地上 25 层的框架—剪力墙结构办公、住宅两用楼，开工日期 2002 年 11 月 2 日，竣工日期 2005 年 6 月 7 日。该工程在外窗安装时，采用了本工法研讨阶段的一系列关键工艺。历经了 2005 年的"麦莎"强台风和 2006 年"桑美"超强台风袭击的考验，台风过后经全面检查，未发现有外窗渗漏现象，受到用户的好评。

11.2 台州景元西苑 18 号楼（建设单位：方远建设集团房地产开发有限公司，监理单位：武汉中汉工程建设监理单公司），建筑面积 30486m^2，为地下 1 层，地上 16 层的框架结构商住楼，开工日期 2003 年 8 月 12 日，竣工日期 2006 年 5 月 8 日。根据集团公司要求，在该工程外窗安装时，是作为本工法"试验田"来管理的，全面实施了本工法的控制要求。因该工程已全部销售完毕，在 2006 年"桑美"超强台风袭击后，我们动员用户全面检查外窗渗漏情况，结果没有发现存在外窗渗漏现象，为创建"方远"品牌立了新功。

11.3 椒江安居工程一期三标段（现名椒江区百姓家园）位于浙江省台州市椒江区陶王村，是由区政府投资兴建的经济适用房工程。由四幢多层，十幢小高层组成，工程总建筑面积为 59349m^2。外墙采用铝合金窗，总共为 1440 樘，工程于 2005 年 4 月 28 日正式开工，2006 年 9 月 30 日竣工验收。区政府委托方远建设集团房地产开发有限公司为建设单位，监理单位为浙江质安建筑监理有限公司，由我方远建设集团股份有限公司总承包施工。我们在该工程项目部成立了课题为《提高台风地区铝合金窗防水质量》的攻关型 QC 小组，作为本工法实施的"试验田"，取得了明显的成果：窗下滑框、窗框拼接处及窗框与墙体间隙处渗水问题得到了有效控制，1440 樘外窗中仅有 36 樘有微量渗漏水，渗漏率 2.5％；该课题的 QC 小组被评为 2007 年浙江省工程建设优秀质量管理小组，并被推荐国家级 QC 小组。

隐框型中空玻璃幕墙 90°平开窗施工工法

YJGF156—2006

浙江八达建设集团有限公司

金国春　许煜　孙利强　俞一鸣　何军林

1. 前　　言

随着建筑业的发展和建筑功能要求的提高，隐框型中空玻璃玻璃幕墙由于解决了大型建筑的自然采光问题，正日益广泛地应用到工程建设中。但由于传统隐框型玻璃幕墙存在窗通风不良的缺陷，影响了玻璃幕墙功能的发挥和推广。我们在实际施工中总结出一套利用系统动力学原理进行分析，辅助以 3DMAX 和 CAD 进行动态模拟的隐框型中空玻璃幕墙 90°平开窗施工工法，该工法在多个分格式玻璃幕墙工程中成功运用，经验收得到专家们的一致好评，也为公司及同行在今后类似工程中的操作提供了参考。

《攻克中空玻璃幕墙 90°平开窗施工难关》项目部 QC 小组荣获"2005 年度全国优秀质量管理小组"称号。

2. 工 法 特 点

2.1 采用 3DMAX 动态模拟确定结构玻璃受力点和合页安装位置，并辅助 CAD 技术铝合金内外框下料。本工法在进行 3DMAX 动态模拟时，首先，采集结构玻璃组件空间尺寸和重量数据，应用结构力学理论分析受力特点，测算出合理受力点位；其次，结合主框架尺寸，对 90°平开窗进行模拟，确定合页与主框架横向连接点。与传统测量或安装方法相比，利用 3DMAX 技术确定安装方位既精确又快捷。并应用 CAD 技术进行铝合金框精确下料。

2.2 结构玻璃装配组件预加工和合叶构件特制加工。根据工程构件安装精度要求高的实际，中空玻璃、铝合金内外副框及组件在专业的生产车间进行预先加工制作，合并三道工序；结构玻璃装配组件与主框架的连接合叶构件，依据力学分析进行特别设计加工。这样有利于优化工程进度，提高加工精度。

2.3 改进平开窗施工工艺。传统的玻璃幕墙常采用平开上悬窗，开启角度 45°左右，受到工艺上的限制，通风效果很不理想。而本工法结合隐框型玻璃幕墙特点，克服开窗转角限制、平开窗接缝易渗漏水的难点，巧妙设计合叶连接构件，利用不锈钢摩擦铰链，使平开窗开启 90°。极大地改善了玻璃幕墙的通风要求，进一步完善了使用功能，经济社会效益明显。

3. 适 用 范 围

本工法适用于框架或框剪结构建筑，玻璃幕墙采用分格式进行设计安装的隐框型中空玻璃幕墙 90°平开窗的施工。

4. 工 艺 原 理

采用 3DMAX 动态模拟技术。采用 3DMAX 动态模拟确定结构玻璃受力点和合叶安装位置。根据结构力学和系统动力学原理，分析结构玻璃装配组件的受力支撑点，并辅以 3DMAX 动态模拟安装效果，由此确定铝合金框架与主框架的连接位置，控制坐标数据于误差范围以内，保证放样的精准性；并采用 CAD 技术进行铝合金窗内外框下料。

5. 施工工艺流程及操作要点

5.1 施工工艺流程

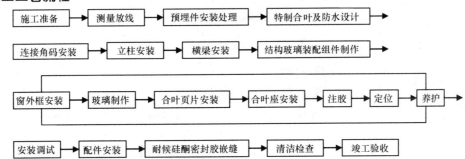

5.2 操作要点

5.2.1 施工准备

1. 材料准备：根据图纸及工程情况，编制详细的材料订货供应计划单。

2. 施工机具：对所用机具进行检测，确保其性能良好。

3. 人员准备：对技术工人进行技术培训、交底。

4. 技术准备：熟悉图纸，准备有关图集、质量验收标准和内业资料所用的表格。

5.2.2 测量放线

测量放线是根据土建单位提供的中心线及标高点进行，一般是以建筑物的轴线为依据，确定测量控制点，以及玻璃幕墙主框架立柱与建筑轴线的对应关系。根据土建标高基准线测预埋件标高中心线，检查预埋件标高偏差和左右偏差。整理以上测量结果，采用计算机 CAD 辅助施工放样确定幕墙立柱分隔的调整处理方案。

根据设计图纸和土建结构误差确定幕墙立柱外平面轴线距建筑物外平面轴线的距离，在墙面顶部合适位置用钢丝线定出幕墙立柱外平面轴线。用钢丝线定出每条立柱的左右位置。每一定位轴线间的误差在本定位轴线间消化，误差在每个分格间分摊小于 2mm。确定立柱顶标高与楼层标高的关系，沿楼板外沿弹出墨线定出立柱顶标高线。

5.2.3 幕墙预埋件安装处理

1. 严格按照施工图纸，结合现场实际情况，对于主体未设置预埋件的后置处理采用化学锚栓固定的方法，找准水平线和轴线位置。

2. 严格控制锚筋、钢板质量，经检验合格后，方可操作。

3. 在预埋件安装完成后，由专人负责混凝土浇捣，确保预埋件位置不产生偏移。

5.2.4 玻璃幕墙90°平开窗特制合叶构配件设计制作及防水设计

1. 研制90°平开窗的合叶配件、专用定位配件、专用密封胶条。合叶设计主要考虑分格式玻璃幕墙，中空玻璃厚度及转角，幕墙与建筑框架柱间距，以及二者的协调关系；同时还要兼顾内外铝合金副框初步设计后，保证胶缝尺寸在合理范围基础上，适当微调中空玻璃与铝合金外框结构胶缝，使平开窗玻璃外平面与整体玻璃幕墙在同一平面。综合上述因素，特制合叶样式如图 5.2.4-1 所示。

2. 铝合金内框制作。根据主框架分格和平开窗设计尺寸，应用辅助 CAD 进行铝合金下料。将图 5.2.4-1 合叶页片与图 5.2.4-2 内框连接，并用三个螺栓固定。

3. 针对90°平开窗的开启角度，制订防雨水、风压渗漏的专项施工方案。铝合金内外框接触面，采用防水胶条密封，以结构胶粘结。开启玻璃与固定玻璃缝隙处理，采用耐候胶呈弧形嵌缝，保证接触

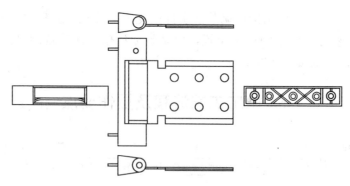

图 5.2.4-1　特制合叶样式图

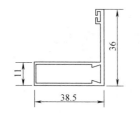

图 5.2.4-2　铝合金内框示意图

点的密封性。

5.2.5　连接角码安装

连接角码焊接钢板，连接角码端部在焊接钢板外无法安装时，切短角码，增加焊缝长度；角码侧边无法焊接时，切去角码边缘，留出焊缝；预埋板两个方向偏差很大时，补钢板；预埋板凹入或倾斜过大时，补加垫板。

5.2.6　立柱安装

先把芯套（接长立柱与立柱用，上下层立柱之间留 20mm 以上的伸入缝）插入立柱内，然后在立柱上钻孔，将连接角码用不锈钢螺栓安装在立柱上，二者之间用防腐垫片隔开。立柱安装顺序由下至上。使立柱上已有的中心线和测量时所定的立柱站线（钢丝线）重合，立柱顶和测量时所定的标高控制线呈水平，另一焊工把连接角码临时点焊在预埋钢板上，然后调整立柱位置。第一条立柱准确无误后，把上一层立柱套入下一层立柱芯套，就位准确后点焊。如此循环，完成一组立柱安装。一面幕墙立柱安装完毕，经检查位置准确、安装牢固后，再按焊缝要求加焊。立柱安装标高偏差不应大于 3mm，轴线前后偏差不应大于 2mm，左右偏差不应大于 3mm；相邻两根立柱安装标高偏差不应大于 3mm，立柱的最大标高偏差不应大于 5mm；相邻两根立柱的距离偏差不应大于 2mm。

5.2.7　横梁制作安装

用水准仪把楼层标高线引到立柱上。以楼层标高线为基准，在立柱侧面标出横梁位置。将横梁两端的连接件（铝角码）和弹性橡胶垫安装在立柱的预定位置，要求安装牢固、接缝严密。横梁的安装应由下向上进行，当安装完成时，应进行检查、调整、校正、固定，使其符合质量要求。相邻两根横梁的水平标高偏差不应大于 1mm。标高偏差：当一幅宽度小于或等于 35m 时，不应大于 5mm；当一幅宽度大于 35m 时，不应大于 7mm。

5.2.8　结构玻璃装配组件制作

结构玻璃装配组件在专业的生产车间制作。加工工艺如下：

1. 铝合金外框装配

铝型材下料后，在专业工作台上进行加工装配。大批量生产铝框时在工作台上设置模具，按固定的模具装配，保证铝框装配的统一性。装配后的铝框进行下列项目检查：铝框对边尺寸长度差；铝框对角线长度差；铝料之间的装配缝隙；相邻铝料之间的平整度。如图 5.2.8-1 所示。

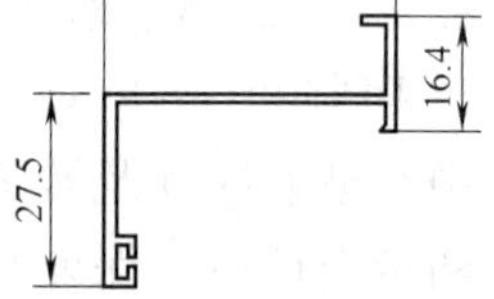

2. 玻璃制作

结构玻璃为两层单玻璃组成的夹层中空玻璃，两端用硅铜胶密封。

图 5.2.8-1　铝合金外框示意图

玻璃刚性强，保温隔热性能良好。玻璃应按设计形状和尺寸在车间放样加工，加工后再送铝框装配车间。

3. 净化

净化是结构玻璃装配生产最关键的工序，只有对基材表面认真按工艺要求进行净化，才能制造出具有规定可靠度的结构玻璃装配组件。净化材料：对油性污渍用二甲苯，对非油性污渍用异丙醇、水各一半的混合溶剂。净化方法：用两块抹布法，将溶剂倒在一块抹布上，对基材表面顺一个方向依次擦抹，在溶解了污渍的溶剂未挥发前，用一块干净的抹布将溶解了污渍的溶剂擦抹干净（如果这块抹布已脏，要再换一块干净的抹布）。不能在溶剂挥发后再擦，因为溶剂挥发后，污渍仍残留在基材表面，干抹布擦不掉。抹布要用不脱色、不脱绒的棉布，同时要注意溶剂只能倒到抹布上，不能用抹布到容器内去蘸溶剂，以防止已沾有污渍的抹布污染了溶剂。净化后15min内立即进行涂胶，因为净化后停留的时间太长，基材表面又会受到周围环境中污染物的污染，所以要重新净化后才能涂胶。

4. 铝合金外框安装合叶页片。安装玻璃前首先安装合叶页片用M5×16不锈钢机械螺栓固定，之间加防腐垫片，以避免不同金属之间发生接触腐蚀。

5. 定位。这里是指中空玻璃与铝合金外框格的固定定位。中空玻璃和铝合金框格制作完成后，根据设计确定玻璃板块在立面上的水平、垂直位置，并在主框格上划线。玻璃板块临时固定后对板块进行调整，调整标准横平、竖直、面平。用压块把玻璃板块固定在铝合金外框格上。压块间距不大于300mm。上压块时要注意钻孔，螺栓采用M5×20不锈钢机械螺栓。压块一定要压紧。

定位是使玻璃固定在铝框的规定位置上。一般采用定位夹具以保证两者的基准线重合。在定位平台上，沿平台一组相邻边设高约100mm的挡板，作为玻璃的定位基准，平台面上装置铝框定位夹具，按预定玻璃与铝框的设计位置，将铝框固定在平台上，按设计位置将双面胶条粘贴在铝框上，使玻璃沿挡板落下，达到两者基准线重合。玻璃要做到一次定位成功，不能在定位不准时移动玻璃，因为玻璃一旦与双面胶条接触，不干胶粘在玻璃上，在这层不干胶上涂结构胶不能保证其与玻璃粘结牢固。玻璃定位后形成以玻璃与铝框为侧壁、垫条为底的空腹，其尺寸应与胶缝宽、厚尺寸一样。

6. 注胶

将注胶处周围5cm左右范围的铝型材或玻璃表面用不沾胶带纸保护起来，防止这些部位受胶污染；核对结构胶的品种、牌号、生产日期；用打胶机注胶，注胶时要保持适当的速度，使空腔内的空气排出，防止空穴，并将压缩空气挤胶时的空气排出，防止胶缝内残留气泡，保证胶缝饱满；一个组件注胶结束，立即用刮刀将胶缝压实刮平。

7. 养护

注胶后的板材应在静置场静置养护，单组分结构胶静置7d后才能运输。养护环境要求温度为23±5℃，相对湿度为70％±5％；养护时玻璃板块要搁平；叠放时叠高不宜超过7层，每块用4个等边立方体泡沫塑料块垫于下一层，立方体尺寸偏差≤0.5mm。

8. 清洗污渍。将组件表面胶污渍用二甲苯清洗干净。操作时在离胶缝5cm范围内用胶带保护在涂胶后将胶带撕掉。

9. 组件质量检查。要求做到结构胶充满空腔，粘结牢固，胶缝平整，胶缝外无胶污渍，胶缝固化后铝框翘曲不大于1mm。

结构玻璃与铝合金外框装配构件制作完成后示意图如图5.2.8-2。

5.2.9 结构玻璃装配组件安装

1. 定位划线：确定结构玻璃装配组件在立面上的水平、垂直位置，并在方钢管主框格上划线。

2. 铝合金外框与立柱连接固定，根据外框上预先固定点位置，连接点现场打孔，用螺钉固定。

3. 结构玻璃装配构件与铝合金外框连接。由于铝合金内内框已预先安装固定页片，合叶的字母页片

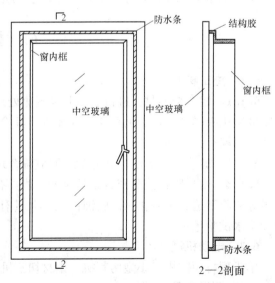

图5.2.8-2 结构玻璃装配构件示意图

通过销钉和小螺钉连接，销钉将特制合叶连接，小螺钉将销钉与合叶固定，从而使内外窗框合为牢固的整体。隐框型中空玻璃 90°平开窗合叶连接节点详图如图 5.2.9 所示。

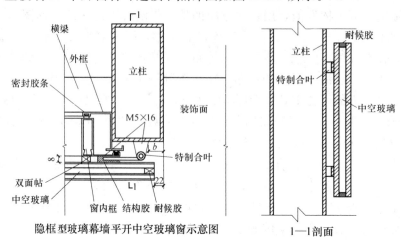

隐框型玻璃幕墙平开中空玻璃窗示意图

图 5.2.9 隐框型中空玻璃 90°平开窗合叶连接节点详图

5.2.10 配件安装

安装执手和不锈钢摩擦铰链，执手用于开关窗，及窗与框架的固定。铰链主要是防风要求，在开窗时候起到对窗扇的固定作用。

5.2.11 耐候胶、硅酮结构胶注胶

1. 充分清洁板材间缝隙，不应有水、油渍、涂料、铁锈、水泥砂浆、灰尘等。并充分清洁粘结面，加以干燥。

2. 中空玻璃在专用注胶车间养护，养护期满后作剥离试验，耐候胶、硅酮结构胶作相容性试验。

3. 在缝两侧贴保护胶纸保护玻璃不被污染。

4. 注胶后将胶缝表面抹平，去掉多余的胶。

5. 注胶完毕，将保护纸撕掉，必要时用溶剂擦拭玻璃。

6. 为调整缝的深度，避免三边粘胶，缝内填泡沫棒。

7. 注胶温度控制在 18°～28°，湿度控制在 65%～75%，中空玻璃养护时间不少于 14～21d，达到 21d 养护强度时采用特制工具叠层堆放，不得互相挤压，使板块处于水平放置状态。

8. 注胶后，从中间观察其胶体平整的表面是否固化，是否有气泡，若有，完全剥离后重新注胶。

6. 材料与设备

6.1 施工材料

6.1.1 铝合金型材： 进行表面阳极氧化处理。铝型材的品种、级别、规格、颜色、断面形状、表面阳极氧化膜厚度等，必须符合设计要求，其合金成分及机械性能应有生产厂家的合格证明，并应符合现行国家有关标准。

6.1.2 玻璃： 外观质量和光学性能应符合现行的国家标准。

6.1.3 密封胶： 接缝密封胶是保证幕墙具有防水性能、气密性能和抗震性能的关键。其材料必须有很好的防渗透、抗老化、抗腐蚀性能，并具有能适应结构变形和温度胀缩的弹性，因此应有出厂证明和防水试验记录。

6.2 电动机械

单头型材切割机、小型切割机、钢材切割机、电锤、电钻、交流弧焊机玻璃吸吊机。

6.3 测量工具

经纬仪、水准仪、水平尺、线锤。

6.4 其他工具

注胶机（安装在专业车间）、手动注胶枪、打胶枪、铝型材测膜仪、铝合金万能检尺扳手，螺丝刀、手动玻璃吸盘。

7. 质 量 控 制

7.1 质量标准及检验方法

7.1.1 有关标准规范

《玻璃幕墙工程技术规范》（JGJ 102—2003）

《建筑幕墙》（JGJ 3035—2003）

《建筑幕墙空气渗透性能测试方法》GB/T 15226

《建筑幕墙风压变形性能测试》GB/T 15227—94

《建筑幕墙雨水渗透性能测试方法》GB/T 15228

《建筑外窗空气渗透性能分级及其检测方法》GB 7107—86

《铝及合金阳极氧化、阳极氧化膜厚度的定义和有关测量厚度的规定》GB 8014

《玻璃幕墙工程质量检验标准》JGJ/T 139—2001

《建筑装饰装修工程质量验收标准》JGJ 50210—2001

《建筑工程质量验收统一标准》GB 50300—2001

《铝合金玻璃幕墙》LXB 001—93

《钢结构工程施工质量验收规范》GB 50205—2001

7.1.2 主要项目

1. 剥离性试验结果符合有关规定。

在注胶过程中按规定数量与程序留取做剥离试验的样品。具体剥离试验如下：

在玻璃基材上用抽样时的单组分密封胶注堆 15.3cm× 7.7cm×0.65cm～1.3cm 胶体作为切开试验样品；玻璃板块在规定的环境中养护 7d 后，将切开试验样品中部切开，观察切口胶体。如果是闪光的表面，则密封胶未完全固化，如果是平整或暗淡的表面则已完全固化；如检查到 14d 还未完全固化，说明胶的质量有问题。在基材表面注堆 20cm×1.5cm×1.5cm 胶体作为剥离试验样品；21d 后对剥离试验样品进行剥离试验，在胶样一头用刀在胶体厚度中部切开长 5cm 切口，用手捏住切头，用>90°的角度向后撕扯，只允许沿胶体撕开，如果发现胶体与基材剥离，则剥离试验不合格。

2. 连接可靠、牢固、不缺件。

检验方法：全过程跟踪检验。

7.1.3 一般项目

1. 隐框型玻璃幕墙安装的允许偏差和检验方法（表 7.1.3-1）。

隐框型玻璃幕墙安装的允许偏差和检验方法　　　　　　　　　　表 7.1.3-1

序号	项　　　目		允许偏差（mm）	检　验　方　法
1	幕墙垂直度	幕墙高度≤30m	10	用经纬仪检查
2	幕墙水平度	层高>3	5	用水平仪检查
3	幕墙表面平整度		2	用2m靠尺和塞尺检查
4	板材（横梁）立面垂直度		2	用垂直检测尺检查
5	板材上沿水平度		2	用1m水平尺和钢直尺检查
6	相邻板材板角错位		1	用钢直尺检查
7	接缝直线度		3	拉5m线,不足5m拉通线,用钢直尺检查
8	接缝高低差		1	用钢直尺和塞尺检查
9	接缝宽度		1	用钢直尺检查
10	整幅水平标高偏差		5	用1m水平尺和钢直尺检查
11	构件对角线尺寸		2	钢尺或板尺

2. 玻璃安装质量和检验方法（表7.1.3-2）

每平方米玻璃的表面质量和检验方法   表7.1.3-2

序号	项　　目	允许偏差(mm)	检验方法
1	明显划伤和长度＞100mm的轻微划伤	不允许	观察
2	长度≤100mm的轻微划伤	≤8 条	用钢尺检查
3	擦伤总面积	≤500mm^2	用钢尺检查

7.2 质量保证措施

7.2.1 严格执行建筑材料管理制度。幕墙所使用的各种材料必须符合设计和规范要求。检验不合格的材料严禁入场，并落实责任制，发挥各级质量员的能动作用，将质量隐患消除在萌芽状态。

7.2.2 做好组件成品保护。结构玻璃成品验收合格后，装箱运往工地。装箱时，每个组件间用泡沫板隔离，并用块状泡沫将组件与箱体之间塞紧，以保护组件在运输过程中安全。

7.2.3 突出对关键工序全程把关。立柱放线是幕墙施工中比较繁琐的工序，立柱放线是否准确将影响整过施工过程。测量人员在工作中必须反复校对，确保放线精确。立柱与主体结构的连接点施工中，使用技术过硬焊工，确定焊缝长度、厚度、确保焊缝饱满，技术人员检查焊接、防锈、安装精度合格，才进行下一个工序。连接质量是保证工程安全性和使用寿命的关键部位，必须严格按操作规范进行，在玻璃组件、铝板组件安装前由专职检查员实行"专检"，并相应填写"隐蔽工程验收记录"以备案。

7.2.4 玻璃、铝材安装的外观效果及平整度是工程质量的关键；在玻璃、铝材上墙前，专职质检人员对框的平整度，利用经纬仪、水平仪等仪器进行检查，对其平整性做统一调整，满焊固定后，再安装玻璃组件、铝材组件。

7.2.5 关键部位是控制图5.2.9中尺寸b的大小，要现场放样确定。

8. 安 全 措 施

8.1 安装幕墙用的施工机具在使用前必须进行严格检验。吊篮须作荷载试验和各种安全保护装置的运转试验；手电钻、电动改锥、焊钉枪等电动工具须作绝缘电压试验；手持玻璃吸盘和玻璃吸盘安装机，须检查吸附重量和进行吸附持续时间试验。

8.2 施工人员配备必要的劳动保护用品，如安全帽、安全带、工具袋、防毒面具、手套等，铺设施工安全网防止人员及物件的坠落伤人。

8.3 在幕墙安装与上部结构施工交叉作业时，结构施工层下方须架设挑出3m以上防护装置。

8.4 应注意防止密封材料在使用时产生的溶剂中毒，且要保管好溶剂，以免发生火灾。

8.5 幕墙施工设专职安全人员进行监督和巡回检查。

8.6 现场焊接时，应在焊件下方加设接火斗，以免发生火灾。

9. 环 保 措 施

9.1 实行环保目标责任制，把环保指标以责任书的形式层层分解到有关班组和个人，列入承包合同和岗位责任制，建立懂行善管的环保自我监控体系。

9.2 加强检查和监控工作，加强对施工现场粉尘、噪声、废气的监控工作，及时采取措施消除粉尘、噪声、废气和污水的污染。

9.3 保护和改善施工现场的环境，进行综合治理；采取有效措施控制人为噪声，粉尘的污染和采取技术措施控制烟尘，污水和噪声污染，并同当地环保部门加强联系。

9.4 在施工现场平面布置和组织施工过程中严格执行国家、地区、行业和企业有关环保的法律法规和规章制度。

9.5 施工现场的设施、设备、构件、材料等必须按施工总平面规定位置设置、堆放，符合定置管理要求，必要时在与业主、总包协调后方可修订调整。

9.6 减小施工噪声污染，尽量避免夜间作业，减少施工噪声对居民的影响，当为了保证施工质量或因施工工艺需要，必须要在夜间施工时，应事先向环保部门提出申请，经批准并向周围居民做出解释后再实施。采取一切可行的措施，改进施工工艺，减少施工噪声，减少夜间施工的机械数量。必要时在施工现场周边安装噪声隔离屏，防止噪声传出。

9.6.1 现场应遵照《中华人民共和国建筑施工场界噪声限值》（GB 12523）制定降噪制度和措施。

9.6.2 现场切割应有围护措施从而能降低噪声。

9.6.3 夜间施工时尽量安排噪声少的工种加班，并且夜间施工时间不超过22时。

9.7 清理施工垃圾，必须设置封闭式临时专用垃圾道或采用编织袋吊运，严禁随意凌空抛撒。施工垃圾应集中堆放，及时清运。

10. 效 益 分 析

本工法的应用，提高了隐框形玻璃幕墙窗通风效率，攻克了90°平开中空玻璃窗开启角度以及接缝处漏水的施工技术难题，产生了良好的社会效益、经济效益和环境效益。

10.1 经济效益

一是结构玻璃在专业车间预加工，与现场装配相比，节省了现场无尘注胶房建设费，密封胶材材料节省约3%。二是中空玻璃、结构玻璃构件、窗内外框由专业加工厂制作，与一般加工相比，节约铝材约占铝材总用量的5%。三是减少施工机具投入和人工用量。某工程使用本工法，节省经费约占玻璃天棚总造价的5%。

10.2 社会效益

在我国当前建设节约型社会的背景下，建筑节能的应用必然产生巨大的社会效益。本工法在节能方面主要有三点：一是接缝防水性、密封性好，能源利用率高。铝合金内框使用密封胶条，以及内外框接触面周边接缝处，用耐候胶注胶呈弧形面，密封性防水性较强。并且空气对流少，能耗少，隔声效果好，有效地调节空气循环，提高通风效率。二是中空玻璃采用双层镀膜玻璃，提高了刚性，也起到了紫外线过滤和保温隔热性能。而且采用低辐射夹层玻璃，由于其单向透射性能，能防止眩目，且传热系数较低。另外通过适当的增加室内的绿化更有效的避免了眩光、过热问题。三是开启角度大，通风效果良好。与传统平开窗开启45°相比，通风率提高100%，对于节能降耗，提高社会资源利用率大有益处，促进和谐的社会环境建设。节省了社会资源，产生了巨大的社会效益。

10.3 环境效益

玻璃幕墙的分格排布，进而设计了90°平开窗。不但实现了太阳光的最大通透性，增加了空间环境中的美感。施工现场严格的质量控制管理，减少了返工次数，及时回收了建筑废料，避免材料浪费，减少了对环境的污染。

11. 应 用 实 例

11.1 永康市人民检察院办公大楼工程

工程位于浙江省永康市，总建筑面积14206m²，地上十一层，框架剪力墙结构，建筑总高度49.65m，工程外墙采用了中空玻璃幕墙90°平开窗，施工中采用了该工法，效果良好。工程于2005年1月开工，2005年9月竣工。如图11.1所示。

图 11.1　幕墙 90°平开窗示意图

11.2　金华市婺城区会议中心、后勤服务中心工程

工程位于浙江省金华市，总建筑面积 17455m²，四层框架结构，建筑总高度 16.95m。工程外墙采用了中空玻璃幕墙，其中幕墙平开窗开启角度要求为 90°，幕墙工程 2006 年 4 月开工，2006 年 9 月完工。幕墙施工质量优良、通风性能好且无渗水、漏水现象。

11.3　慈溪市公安指挥中心迁建工程

工程位于浙江省慈溪市，总建筑面积 27389m²，地上十五层，地下一层框架结构。工程外墙采用了中空玻璃幕墙，其中幕墙平开窗开启角度要求为 90°，幕墙工程 2007 年 3 月开工，2007 年 5 月完工。

聚合物水泥基防水涂料工法

YJGF157—2006

江苏南通二建集团有限公司

陈建国　杨顺　陈东

1. 前　　言

随着化工产业的快速发展，建筑防水材料的更新换代一直走在建筑技术革新的前沿。聚合物水泥基防水涂料－快封104为双组分弹性聚合物水泥基复合防水涂料，由专门合成的树脂乳液与掺加优级填料的水泥组成，有弹性。该涂料弥补了水泥基渗透结晶型防水涂料柔性不足的缺陷，它提高了聚合物涂料的抗拉强度（刚性），既有有机材料高韧性高弹性能，又有无机材料耐久性好等优点，达到了二者性能上的优势互补，涂覆后形成高强坚韧的防水涂膜。江苏南通二建集团有限公司南京奥体中心游泳馆工程采用了弹性聚合物水泥基复合防水涂料，保证了游泳馆的防水质量。为了积极推广应用该项新材料，我公司组织了多名现场施工技术人员通过技术攻关和实施、总结，形成聚合物水泥基防水涂料工法，并进一步推广应用到南京奥体新城 A6 地块住宅楼工程（地下室防水面积 34000m²）、南京南山医院屋面（防水面积 10000m²）。

2. 工 法 特 点

2.1　本施工工法用滚筒直接在基层上滚涂，操作较简便，施工工期短，在常温下能自行干燥。

2.2　本施工工法可以在潮湿基层上施工，解决了卷材对基层含水率的控制难的问题。

2.3　本施工工法应用范围广，能在多种基面上直接施工。

2.4　应用此工法施工的地下室和屋面结构防水效果可达到50年，建筑使用期间不需防水层更换。

3. 适 用 范 围

适用地下室、屋面、厨卫间、阳台、水池、室内外各部位的防水，适用靠海地区混凝土结构防护，饮用水箱、泳池的防水层、桥梁/路面等混凝土的防水及维修。即可做迎水面又可做背水面。

4. 工 艺 原 理

本工法使用聚合物水泥基防水涂料－快封104为双组分弹性聚合物水泥基复合防水涂料，由专门合成的树脂乳液与掺加优级填料的水泥按一定的配比搅拌而成，利用滚筒直接涂在基层上，涂覆后形成高强坚韧的防水涂膜，既有有机材料高韧性高弹性能，又有无机材料耐久性好等优点，达到了二者性能上的优势互补。

5. 施工工艺流程及操作要点

5.1　工艺流程

基层清理→高压水枪冲洗→涂膜材料配置→基层干水泥料批平→阴阳角处理→第 1 遍涂刷→第 N

遍涂刷（根据涂刷厚度确定）→保养→验收。

5.2 基层要求及处理

5.2.1 混凝土表面必须洁净，无灰尘、浮浆、油漆及其他杂质。不允许有凹凸不平窟窿、松动和起砂掉灰等缺陷存在。阴阳角部位应作成半径约50mm的小圆角（图5.2.1），以便涂料施工。

图5.2.1 基层阴角做成圆角

5.2.2 所有穿墙管线必须安装牢固，接缝严密，收头圆滑，不得有任何松动现象。

5.2.3 稳定的裂缝、不合规格的建筑缝、网状裂缝应进行处理，可凿开一点用快封516密封砂浆或防水砂浆进行修补。裂纹处用快封104和网格布分层涂料、防水涂料要多涂刷一遍。见图5-2-3。

图5.2.3 裂缝修补

5.2.4 施工前，先以铲刀和扫帚将基层表面的突起物，砂浆疙瘩等异物铲除，并将尘土杂物彻底清除干净。对阴阳角、管道根部等部位更应认真清理，如发现有油污、铁锈等，要用钢丝刷、砂纸和有机溶剂等将其彻底清除干净。

5.2.5 湿润已处理好的混凝土面层，并保持潮湿。

5.3 涂膜材料的配置

快封104防水材料为双组分材料，应随配随用，配置好的混合料宜在1h内用完。配制方法是将A（液体）倒入干净的搅拌桶中，用转速为100～500r/min的电动搅拌器搅拌，然后把组分B（粉末）缓缓加到组分A中，继续搅拌直到分散均匀无结块为止，时长约2min。

5.4 涂刷防水层的操作要点

5.4.1 在正式涂刷快封104之前，一定要用高压水枪清洗混凝土表面，既达到润湿混凝土面层又达到清洗的作用，这样可加速防水涂料的活性化学物质与混凝土中的石灰之间的化学反应。用毛刷或滚筒进行施工。

5.4.2 微裂缝、缺口、粗糙面等细部构造部位要注意刷好，确保能渗透进去，不能漏刷。第一遍的涂抹方向要顺一个方向，均匀地涂在基层表面（图5.4.2）。

5.4.3 涂刷防水层厚度的均匀性和防水层的厚度都是防水质量优劣的主要因素之一，所以除了应保证防水层的厚度之外，还应保证防水层厚薄的均匀性，这可以通过分层分遍地涂布来实现，每遍涂层不宜过厚。快封104II防水涂料在平面基层可涂布3遍，第一遍涂层的用量为1.0～1.2kg/m²，以后每遍的涂布量应减少至0.8～0.9kg/m²。

5.4.4 第一遍涂层涂布后，一般需固化2h以上，待涂膜基本不粘手指时，再涂布第二遍涂层。第三遍的涂层仍应按上述要求进行涂布。为使基层任何方向的毛细微孔都渗进涂料和使涂膜厚薄均匀

图 5.4.2　第一遍涂布后的效果

一致，每相邻两遍涂层之间的涂布方向应相互垂直，每层的涂布量应按要求进行控制，不得过多过少，并根据施工时的环境温度控制好相邻两遍涂层涂布的时间间隔，一般夏季不小于 2h，冬季不超过 4h。在涂第二遍之前应先用水润湿第一遍的涂层。且涂刷方向相垂直，第二、三遍的涂覆量为 0.8～0.9 kg/m²。见图 5.4.4。

图 5.4.4　最后一遍涂布

5.4.5　后浇带、施工缝等部位要用快封 104 来弥补和加强及要多涂刷一到两遍，且要用无纺布。见图 5.4.5-1，图 5.4.5-2。

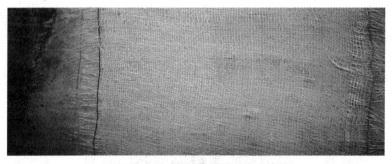

图 5.4.5-1　后浇带处用无纺布修补

图 5.4.5-2　施工缝处用无纺布修补

5.4.6　涂刷防水层末端收头处理（图 5.4.6）

涂刷防水层的细部构造等末端部位应认真进行收头处理。其末端收头可用防水涂料多遍涂刷或用与防水涂料相容的密封材料封严。管道口需用快封 105 打底、用快封 104 进行封口涂刷三到四遍。

图 5.4.6　防水涂料结束后的末端收头处理

5.4.7　裂纹和 R 角的处理

侧板开裂部位及施工缝、R 阴角、阳角等部位要用快封 105 来弥补和加强，且要用无纺布。具体做法如下：

（1）在裂纹处凿开一点用快封 105 刷两遍，宽度大于 200mm，然后用快封 516 或防水砂浆将裂纹填平。

（2）待第一遍快封 104 完成后，用配套的无纺布贴在裂纹处。并用快封 104 涂料涂刷两遍。在第二次大面积的涂刷 104 完成后，再在裂纹处涂料涂刷两遍。然后完成第三次大面积的涂刷快封 104 防水涂料。

5.4.8　面层饰面处理

在最后一层砂浆开始发硬后，在回填土之前，土建施工单位要用水泥砂浆粉刷层来保护，粉刷层的厚度不低于 20mm。

6. 材料与设备

6.1　快封 104（弹性聚合物水泥基复合防水涂料），40kg/套，每套为一桶乳液和一袋粉料。

6.2　快封 104 Ⅱ 标准配比：2.15（粉）：1（液）快封 104 Ⅰ 标准配比：1.32（粉）：1（液）。

6.3　快封 516，或防水砂浆。

6.4　草酸—清洗混凝土面层。

6.5　水。

6.6　施工机具

电动搅拌器、高压水枪、搅拌桶、小型油漆桶、塑料和橡胶刮板、毛刷、铲刀。

7. 质量控制要求

7.1　技术规范及验收标准

《地下防水工程质量验收规范》GB 50208—2002

《地下工程防水技术规范》GB 50108—2001

《聚合物水泥基防水涂料》JC/T 894—2001

7.2　质量保证措施

7.2.1　加强施工技术管理，对每项防水部位施工都应做好技术交底，所采用的材料应有质保书及抽样检验复试报告，确保其符合标准和设计要求，操作人员应为专业作业人员，且持证上岗。

7.2.2　严格按图施工，在各防水层隐蔽前应同建设单位、监理人员及时做好验收工作，办理隐蔽验收手续等。

7.2.3　防水施工完毕后，应进行 48h 的蓄水试验，蓄水高度 20～50mm。水池内满水试验。

7.2.4　施工时所采用的技术方案、工艺流程、组织措施、检测手段、技术交底等必须严格控制。

7.2.5　重视材料的使用认证，做好原材的质量抽检和复试试验。

7.2.6 施工条件：不能在 0℃以下或雨中施工。

7.3 检验方法

快封 104 防水层施工完毕，完全固化后，应按涂膜防水层面的质量要求、检查及修补方法的要求认真检查施工质量。涂膜防水层的厚度用针刺法检查后，如平均值小于规定值，则应增刷一遍涂料，使涂层厚度达到规定值；如涂膜厚度达到规定值，则应将针眼部位用涂料封严。

8. 安 全 措 施

8.1 参加施工的工人，要熟悉本工种的安全操作规程。

8.2 正确使用安全防护用品，制定安全防护措施。

8.3 进入施工现场必须戴好安全帽，进入施工地点应按照施工现场设置的安全标志和路线行走。

8.4 现场电气设备绝缘良好，接地接零良好，并必须安装触电保护器，遇有临时停电或停工时必须断电。

8.5 现场施工用电器应符合安全用电规定，照明电器必须使用 12V 低压电源。

8.6 所有进场操作的人员都必须经过三级安全教育，并与项目负责人签订安全保证书。

8.7 施工前必须对所有施工人员进行安全技术交底，并做好记录，被交底人必须签字。

9. 环 保 措 施

9.1 施工现场材料堆放整齐，清洁，随用随清。

9.2 水枪水管完好不漏水，严禁水管阀门打开无人管理。

9.3 建立专用的封闭仓库储存聚合物水泥基涂料，并在底部垫高。

9.4 使用完的废弃涂料桶应堆放在指定的区域并委托当地的环卫部门进行处理。

9.5 聚合物水泥基的粉料在搬用过程中要轻拿轻放减少扬尘产生。

9.6 设立专用废浆沉淀池，对废浆，污水进行集中，认真做好无害化处理，从根本上防止施工废浆乱流。

9.7 对施工场地道路进行硬化，并在晴天经常对施工通行道路进行洒水，防止尘土飞扬，污染周围环境。

10. 效 益 分 析

10.1 经济效益分析

以已施工的南京奥体游泳馆工程为例（防水面积 20000m²）。

10.1.1 与其他防水材料相比，缩短工期，使用此工法每人每天可施工 100m²，总计用工 200 工，如使用高分子卷材防水总计用工 260 工。每工按 60 元计，节约人工费（260－200）×60＝3600 元。

10.1.2 游泳馆工程防水施工原材料总造价 56.34 万元，如使用高分子卷材原材料总造价为 62.78 万，材料费节约 6.44 万元。

10.1.3 两种施工方法都未使用大型机械，所以机械使用费忽略不计，人工费和材料费共节约 6.8 万元。

10.2 社会效益

10.2.1 减少环境污染，节约社会资源。

10.2.2 本工法使用的防水涂料是水性涂料，无毒、无害、无污染属环保型防水材料，因而使用安全，对人员无任何危害。

11. 工 程 实 例

11.1　工程实例一

南京奥体中心游泳馆工程采用弹性聚合物水泥基复合防水涂料，防水面积 20000m²，施工时间为 2003 年 8 月。

11.2　工程实例二

南京奥体新城 A6 地块住宅楼工程采用弹性聚合物水泥基复合防水涂料，地下室防水面积 34000m²，施工时间为 2004 年 2 月。

11.3　工程实例三

南京南山医院屋面采用弹性聚合物水泥基复合防水涂料，防水面积 10000m²，施工时间为 2004 年 3 月。

虹吸式屋面雨水排水系统施工工法

YJGF158—2006

中国建筑第七工程局　北京城建集团有限责任公司　上海市安装工程有限公司

王水木　洪安辉　吴建英　梁丰　段先军　谢会雪　沈耀中　张忠秀

1. 前　　言

虹吸式雨水系统自诞生于欧洲以来，凭借其泄流量大、耗费管材少、节约建筑空间和减少地面开挖等突出优势，在全球范围内得以迅速发展和不断改进。在中国，随着大跨度、大面积的建筑日趋增多、对建筑空间的要求不断提高，在一些机场和展览馆等建筑上成功地应用后，虹吸雨水系统也得到迅速发展。

福建师范大学综合体育馆主体结构为钢管桁架，屋面为弧形钢屋面，若采用重力流雨水排水系统，大量立管破坏场馆内部整体结构、空间造型；大量雨水斗需要设置不锈钢集水斗也破坏场馆空间造型，而且投资也较大。

为克服上述问题，决定屋面排水采用虹吸式雨水排水系统，通过联合设计单位、厂家，根据建筑结构实际情况，最终确定一套最为理想的虹吸雨水排水方案。该方案在工程中取得很好的效果，形成的虹吸式屋面雨水排水系统施工工法被确定为福建省省级工法，并于 2006 年被评为"福建安装之星"，同时还获得福建省科技进步奖。

2. 工 法 特 点

2.1 虹吸式雨水斗采用机械固定方式，能确保雨水斗与屋面连接密封。

2.2 管道排水可实现满管流，排水畅通，节省雨水斗、管材和雨水检查井等；节约建筑空间，使建筑外形美观。

2.3 机械强度高，施工简便。

3. 适 用 范 围

本工法适用于工业与民用建筑的屋面雨水排水系统。

4. 工 艺 原 理

虹吸式屋面雨水排水系统依靠虹吸式雨水斗在天沟水深达到一定深度时实现气水分离，使整个管道呈现满流，在雨水连续流过雨水悬吊管转入雨水立管跌落时，产生最大负压而形成抽吸作用，从而进入虹吸状态，实现迅速、高效的排水功能。该系统由虹吸式雨水斗、管材（悬吊管、立管、排出管）、管件、固定件组成。

5. 施工工艺及操作要点

5.1 施工工艺（图 5.1）

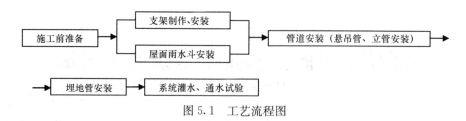

图 5.1　工艺流程图

5.2　操作要点

5.2.1　施工准备

审查图纸，在管道穿过楼板和剪力墙处预留孔洞。在屋面结构施工时，配合土建预留符合雨水斗安装孔洞或直接将雨水斗座连同保护螺丝预埋在屋面混凝土中，预埋时应留出屋面找平层厚度。

5.2.2　支架制作安装

1. 管道安装时应设置固定件，固定件必须能够承受满流管道的重量及高速水流所产生的冲击力。对 HDPE 管道系统，固定件还应吸收管道热胀冷缩时产生的轴向应力。

2. 固定件应根据各种管材要求设置，位置准确，埋设平整，与管道接触紧密，不得损伤管道表面。

3. 固定件宜采用与虹吸式屋面雨水排放系统配套的专用管道固定系统，且应镀锌。

4. 管道支吊架固定在承重结构上，位置正确，埋设牢固。

5. 钢管支、吊架间距：横管不大于表 1 的要求，立管≤3m。当层高≤4m 时，立管可安装 1 个支架。钢管沟槽式接口、铸铁管机械接口的支、吊架位置应靠近接口，但不得影响接口的拆装。见表 5.2.2-1。

钢管管道支架最大间距　　　　　　　　　　　　　　　　　　　　表 5.2.2-1

公称直径(mm)	DN50	DN70	DN80	DN100	DN125	DN150	DN200	DN250	DN300
最大间距(m)	5	6	6	6.5	7	8	9.5	11	12

6. 铸铁管支吊架间距：横架不大于2m，立管不大于3m。当层高≤4m 时，立管安装 1 个支架。

7. HDPE 悬吊管采用方形钢导管进行固定。方形钢导管的尺寸如表 5.2.2-2 的要求。方形导管沿 HDPE 悬吊管悬挂在建筑物结构上，HDPE 悬吊管则采用导向管卡和锚固管卡连接在方形钢导管上。HDPE 管悬吊管的锚固管卡宜设置在横管的始端、末端和三通的两端及支管处，当 HDPE 悬吊管管径大于 DN250 时每个固定点应采用两个锚固管卡。HDPE 管立管的锚固管卡间距≤5m，导向管卡间距≤15倍管外径。当虹吸式雨水斗的下端与悬吊管的距离≥750mm 时，在方形钢导管上或悬吊管上增加两个侧向管卡。

方形钢导管尺寸　　　　　　　　　　　　　　　　　　　　表 5.2.2-2

HDPE 管外径	方形钢导管尺寸	HDPE 管外径	方形钢导管尺寸
DN40～200	30×30	DN250～315	40×60

8. 不锈钢管支、吊架间距：横、立管不大于表 5.2.2-3 的要求。

不锈钢管支、吊架间距　　　　　　　　　　　　　　　　　　表 5.2.2-3

公称直径(mm)	DN50～65	DN80～125	DN150～200
横管间距(m)	2.5	3	3.5
立管间距(m)	3	3.5	4

5.3　雨水斗安装

虹吸式雨水斗宜设置在屋面或天沟的最低点，每个汇水区域的雨水斗数量及雨水斗之间的间距应符合设计要求；屋面或天沟的雨水斗与管路系统应可靠连接；系统接多个雨水斗时，雨水斗排水连接管应接在悬吊管上,不得直接接在雨水立管的顶部;接入同一悬吊管的虹吸式雨水斗宜在同一屋面标高;天沟起点标高应根据屋面的汇水面积、坡度及虹吸式雨水斗的斗前水深确定。天沟坡度不宜小于0.003;雨水斗内不得遗留杂物、充填物或包装材料等,短管内的密封膏清理干净,以免堵塞。雨水斗要水平安装且要保证天沟内雨水能排净。雨水斗与雨水管道连接时,若材质不同,应用相应的接头转接。

5.3.1 现浇钢筋混凝土屋面雨水斗安装(图 5.3.1)

将雨水斗座连同保护螺栓预埋在设计的混凝土中,并预留找坡、找平层的高度;屋面防水施工完成后,旋掉保护螺栓,将表面清理干净,安装上雨水斗配套的螺杆,装上密封胶圈;屋面铺设柔性防水卷材时将卷材在螺杆位置处钻孔;用螺帽将卷材压环,空气挡板、雨水整流栅固定在雨水斗座上;根据要求调节好空气挡板上部的调节螺杆并固定螺杆。

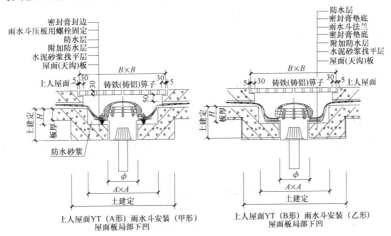

图 5.3.1 现浇钢筋混凝土屋面雨水斗安装(单位:mm)

5.3.2 钢板或不锈钢板天沟(檐沟)内雨水斗安装(图 5.3.2)

安装在钢板或不锈钢板天沟(檐沟)内的雨水斗,可采用氩弧焊与天沟(檐沟)焊接连接或螺栓连接。

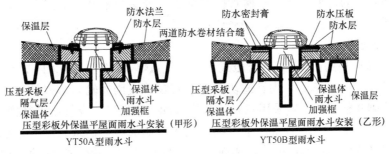

图 5.3.2 钢板或不锈钢板天沟(檐沟)内雨水斗安装

5.4 管道安装

雨水管道按施工图的位置安装,悬吊管宜水平安装,不得倒坡。雨水立管上设置的检查口中心距地面 1.0m。雨水斗立管与横管的连接采用 45°三通,横管与立管、立管与排出管的连接弯头采用 2 个45°弯头或 $R \geqslant 4D$ 的 90°弯头。雨水管穿过墙壁和楼板时,设套管,套管安装要符合有关规范要求。悬吊系统尽量少穿越建筑物沉降缝、伸缩缝,如现场情况无法避免时,按设计要求采取措施。安装过程中,要有成品保护措施。

5.4.1 HDPE 管安装

1. HDPE 管用热熔对焊连接或电熔套管连接。
2. HDPE 管用管子切割机切割,切口垂直于管中心。

3. 在悬吊的 HDPE 水平管上使用电熔管箍，与固定件配合安装。

5.4.2　承压铸铁排水管安装

1. 承压铸铁排水管采用法兰连接。

2. 按图纸要求安好支架。

3. 在插口上面画好安装线，承口端部的间隙取 5～10mm，在插口外壁上画好安装线，安装线所在平面应与管的轴线垂直。

4. 在插口端先套入压盖，再套入橡胶圈，胶圈边缘与安装线对齐。

5. 将插口端插入承口内，为保持橡胶圈在承口内深度相同，在推进过程中，尽量保证插入管的轴线与承口轴线在同一直线上，

6. 拧紧螺栓使胶圈均匀受力，螺栓紧固不得一次到位，要逐个逐次逐渐均匀紧固。

5.4.3　钢管安装（镀锌钢管、涂塑钢管、衬塑钢管）

1. $DN \leqslant 100$ 用螺纹连接，$DN > 100$ 沟槽连接。

2. 螺纹连接：按设计要求选材，下料，套丝分 2～3 次套完，且有 1°左右的锥度。立管安装从上到下统一吊线安装卡件，将预制好的管按编号分层排开。安装前先清扫管膛，丝扣连接时抹上白厚漆缠好麻丝，按编号安装，丝扣外露 2～3 扣安装完后找正找直，清除麻丝，加好丝堵。

3. 沟槽连接：按设计要求选材，下料，采用机械截管，截面垂直轴心，用专用滚槽机压槽。压槽时管段保持水平，钢管与滚槽机截面呈 90°，并持续渐进，槽深应符合表 5.4.3 的要求，并用标准量规测量槽的全周深度。

沟槽标准深度及公差（mm）　　　　　　　　表 5.4.3

管径 DN	沟槽深	公差	管径 DN	沟槽深	公差
≤80	2.20	+0.3	200～250	2.50	+0.3
100～150	2.20	+0.3	300	3.0	+0.5

对卡箍管件的密封圈进行相应的润滑，使用中性的润滑剂对密封圈整体或只对外表面进行润滑；把卡箍管件的密封圈套入管子一端，将另一管子与该端管口对齐，把密封圈移到两管子密封面处，密封圈两侧不应伸入两管子的沟槽；先把卡箍管件的接头两处螺丝松开，分成两块，先后在密封圈上套上两块外壳，装上螺栓，轮流拧紧螺帽，紧固卡箍。

5.4.4　不锈钢管安装

1. 不锈钢管 $DN \leqslant 100$ 采用卡压式、环压式、承插氩弧焊，$DN \geqslant 125$ 采用对接氩弧焊连接。

2. 卡压式管道安装：（1）断管，用管道切割器垂直断管或用砂轮切割机按所需长度垂直切割，切割后去除管口内外毛刺并整圆；（2）采用三元乙丙橡胶圈（EPDM）或氯化丁基橡胶圈（CIIR），放入管件端部 U 形槽内时，不得使用任何润滑剂；（3）在管材端部划出插入长度的划线标记，管材插入管件时，保证划线标记到管件承口端面的净距离在 2mm 以内，且橡胶圈不得扭曲、移位；（4）将卡压钳凹槽安置在接头本体圆弧凸出部位，通过压接式工具产生恒定压力，使管件和管材的外形微变形，压接成六角形或椭圆形，达到所需连接强度，同时使 "O" 形密封圈产生压缩形变，保障密封效果。

3. 承插氩弧焊式管道安装：（1）断管同前；（2）将不锈钢钢管插入管件的承口时，抵住承口底部后，再向外拉 1～2mm；（3）用钨极氩弧焊（简写 TIG），将承口端部作环状焊缝。

4. 对接氩弧焊式管道安装：（1）断管同前；（2）将准备连接的不锈钢钢管和管件的两端，用手提砂轮破口；（3）用氩弧焊（简写 TIG），将管材和管件作环状焊缝。

5.5　埋地管安装

排出管宜采用 HDPE 管或钢管。钢管可直接铺设在未经扰动的原土地基上，当不符合要求时，在管沟底部应铺设厚度不小于 100mm 的砂垫层。HDPE 管铺设在一般土质的管沟内铺一层厚度不小于 100mm 的砂垫层，在穿入检查井与井壁接触的管端部位涂刷二道胶粘剂，并滚上粗砂，然后用水泥砂

浆砌入，防止漏水，雨水立管的底部弯管处应设混凝土支墩或采取牢固的固定措施。

5.6 灌水、通水试验

5.6.1 埋地部分管道隐蔽前必须做灌水试验，试验合格后方可隐蔽。

5.6.2 雨水斗安装后，必须对屋顶或天沟做灌水试验。试验时堵住所有雨水斗，向屋顶或天沟灌水。淹没雨水斗，持续1h，雨水斗周围屋面或天沟应不渗漏，为合格。

5.6.3 雨水管道安装后应做灌水试验。灌水高度必须到每个系统上部的雨水斗。满水15min水面下降后，再灌满观察5min，液面不降，管口及接口无渗漏为合格。

5.6.4 雨水主立管、水平管及干管均应作通水试验，排水应畅通无堵塞。

5.7 劳动力组织（表5.7）

劳动力组织情况表　　　　　　　　　　　　表5.7

序　号	单项工程	所需人数	备　注
1	技术人员	2	视项目大小而定
2	管工	5	
3	电焊工	1	
4	普工	4	
	合计	12	

6. 材料与设备

6.1 管材

应采用铸铁管、钢管（镀锌钢管、涂塑钢管、衬塑钢管）、不锈钢管及HDPE管材料。用于同一系统的管材和管件及虹吸式雨水斗的连接短管应采用相同材质，且应符合相应的产品标准要求。

6.2 雨水斗（图6.2）、尺寸（表6.2）：应采用经水力测试的虹吸式雨水斗，且带有防涡流装置。

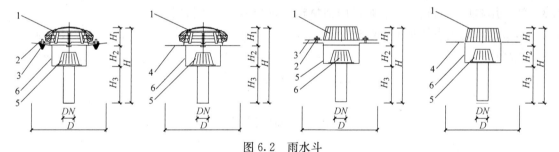

图6.2 雨水斗

雨水斗外形尺寸、部件名称　　　　　　　　　　　　表6.2

序号	型号	规格DN	D	H	H1	H2	H3	编号	部件名称
1	YT(YL)50A、B	50	330	415	85	120	200	1	导流罩
2	YT(YL)75A、B	75	460	504	144	160	200	2	固定螺栓
3	YG50A、B	50	400	420	100	120	200	3	防水压板
4	YG80A、B	80	450	460	100	160	200	4	防水法兰
								5	整流器
								6	雨水斗本体

　6.3 设置于屋面上的虹吸式雨水斗其接触片材质应和屋面防水材料相对应。对于采用沥青作为防水材料的屋面可采用不锈钢的接触片。设置于天沟内的虹吸式雨水斗应带连接片，连接片材质应根据天沟材质确定。

6.4 机具设备：电熔焊机、对接型热熔机、角磨机、电焊机、切割机、水平尺；套丝机、滚槽机、电钻。

7. 质量控制

7.1 管道施工应满足相应材料施工工艺及规范要求。

7.2 雨水斗安装位置符合设计要求。雨水斗与屋面之间连接处应严密不漏。

7.3 雨水管的固定件固定牢固，固定支架设置在承重结构上。

7.4 雨水斗安装后、灌水试验必须合格。主立管、水平管及干管均做灌水、通水试验，必须合格。

8. 安全措施

8.1 电工、焊工必须取得操作证，方可进行作业。电热熔施工过程要按照热熔技术规程进行，防止发热板烫伤人。

8.2 正确使用个人防护用品和安全防护措施，禁止穿拖鞋和光脚进入施工现场。在高空作业时，应系好安全带。

8.3 用电设备必须有可靠的接地保护装置。

9. 环保措施

9.1 施工作业面保持整洁，严禁将建筑施工垃圾随意抛弃，做到文明施工，工完场清，定点堆放。

9.2 施工用水不得随意排放，应进行沉淀处理后直接排入排水系统。

9.3 施工用料应做到长材不短用，加强材料回收利用，节约材料。

9.4 尽量使用低噪声的施工作业设置，无法避免噪声的施工设备，则应对其采取噪声隔离措施。

9.5 现场使用的粘结材料和油漆制品尽量使用环保标志产品，同时施工时应保证通风良好，并且施工人员要戴好防护口罩，同时使用后随即存放于专存库房内。

10. 效益分析

虹吸式雨水系统与普通（重力流）雨水系统的经济对比。

福建师范大学综合体育馆屋面为钢网架，排水采用虹吸式雨水系统。管道系统采用 HDPE 管，造价为 176414 元。如本工程采用普通（重力流）雨水系统，需用 24 根柔性铸铁雨水管，则其成本为 183884 元，天沟还需要做 24 个不锈钢集水槽汇集雨水，钢构加固费用约 1.5 万元/个×24 个＝36 万。从以上分析中不难看出，选择虹吸式雨水系统能够降低工程成本。今后，随着虹吸式雨水系统的广泛应用，虹吸式雨水斗的专利费会大大降低，工程成本也会下降。

11. 应用实例

福建师范大学综合体育馆屋面为钢网架，排水采用虹吸式雨水系统。管道系统采用 HDPE 管，热熔连接。整个屋面采用 6 套（F1—F6）虹吸式雨水系统。屋面排水面积为 6000m²。只用 18 个 $DN100$ 雨水斗，6 根排水立管。目前使用良好。

超高超长临空女儿墙施工工法

YJGF159—2006

河北建设集团有限公司

李贵良　汪孟　王保辉　朱梦杰　李新征

1. 前　　言

在工业厂房或特殊设计的民用建筑工程施工中常会遇到超长（一次浇筑超过 30 沿米）、超高（高度超过 4m）、截面尺寸小（120mm）钢筋混凝土结构女儿墙。女儿墙每 3m 设置抗风柱，顶部 200mm 宽压顶，底部构件仅为连系梁（没有结构楼板），女儿墙两侧全部临空施工，高大模板的斜撑没有固定支点。另外，传统的分步支模、分步浇筑的方式，会增加拆模、施工缝处理、二次支模等工序，造成工期拖延。而采用加固双排脚手架，形成刚性平台后一次支模、整体浇筑的方式，解决了模板斜撑加固的问题，增强了结构刚度，减少了支模、浇筑次数，大大加快了施工进度，又省去施工缝处理，达到了清水混凝土效果。

2. 工 法 特 点

2.1　一次支模到顶，加快施工进度，提高工效，可节约工时 40%～50%。

2.2　可达到清水混凝土效果，省去墙面抹灰层，节省了大量湿作业，解决女儿墙抹灰层开裂问题。

2.3　降低综合造价。

2.4　保证工程质量，刚度大，整体性好，内坚外美。

3. 适 用 范 围

适用于各种无结构楼板钢筋混凝土女儿墙结构。

4. 工 艺 原 理

4.1　利用两侧双排脚手架搭设成刚性施工平台，解决模板加固点的支撑问题。按照双排脚手架搭设的规范要求，进行脚手架搭设，同时将女儿墙两侧独立的双排脚手架连接在一起，局部增加斜撑，大大地增加了脚手架的刚度和稳定性，以至于将模板斜撑支设于其上，不会导致模板变形。

4.2　由于女儿墙过高，支设模板时采用 18 厚多层胶合板，以满足面板刚度要求，次龙骨为 50mm×100mm 木方，主龙骨为 $\phi48×3.5$mm 钢架管，斜撑为 $\phi48×3.5$mm 钢管。

4.3　混凝土采用 42m 汽车泵浇筑，每步浇筑厚度不得超过 300mm；由于女儿墙厚度仅为 120mm，采用 $\phi30$ 振捣棒振捣。同时利用女儿墙 200mm 宽压顶模板形成漏斗，作为下料口，解决传统二次浇筑时下段 120mm 宽女儿墙下料困难的问题。

5. 施工工艺流程及操作要点

5.1　工艺流程

脚手架接高、加固→钢筋绑扎验收→模板支设验收→浇筑混凝土→拆模、混凝土外观质量验收。

5.2 施工组织

因女儿墙结构超长，故而采用随工程进度组织流水施工，30m左右为一个施工段。每施工段配备人员见表5.2。

表 5.2

施工配备人员

架 子 工	木 工	钢 筋 工	混 凝 土 工	壮 工
10人	30人	15人	8人	15人

5.3 施工方法

5.3.1 脚手架搭设：由于墙体模板斜撑支设于双排脚手架上，故脚手架搭设是关键。

1. 材料选择：选择经过验收合格的 $\phi48 \times 3.5$ 钢架管、十字扣件、转向扣件、对接扣件、脚手板。

2. 基底要求：基底必须平整、坚实、有足够的承载力。

3. 搭设方法

1）双排脚手架下均铺垫脚手板，立杆排距为1000mm，纵向间距1500mm，步距1500mm。每步每跨均设置水平拉杆，同时在不影响施工的部位将两个双排脚手架用水平拉杆拉通。横、纵双向扫地杆搭设距离地面不得超过200mm。扫地杆采用直角扣件与立杆必须牢固连接。

2）立杆接头均采用对接扣件对接，扣件必须交错布置；两根相邻立杆的接头不应设置在同步内，同步内隔一根立杆的两个相隔接头在高度方向错开的距离不小于500mm；各接头中心至主节点的距离不大于步距的1/3。

3）纵向水平杆采用对接扣件连接，对接扣件应交错布置，两根相邻纵向水平杆的接头分步、分跨设置；不同步或不同跨两个相邻接头在水平方向错开的距离不小于500mm；各接头中心至最近主节点的距离不大于纵距的1/3。见图5.3.1-1。

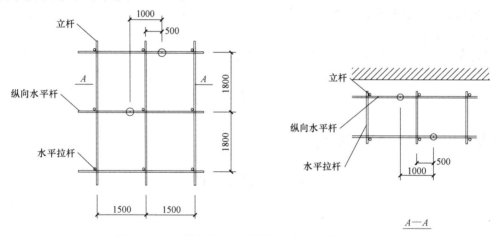

图5.3.1-1 纵向水平杆对接接头布置（单位：mm）

4）脚手架遇柱或联系梁时，用钢架管将架体锁定，加强架体与柱间的整体性，按此方法依次向上施工，施工完一步锁定一步。锁定方式见图5.3.1-2。

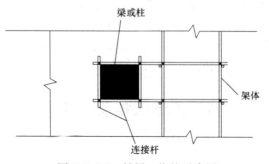

图5.3.1-2 锁梁、抱柱示意图

5）双排脚手架在外侧立面整个高度上连续设置剪刀撑到顶，剪刀撑斜杆的接长采用搭接，搭接长度不小于1m，等间距设置3个旋转扣件固定。详见图5.3.1-3。

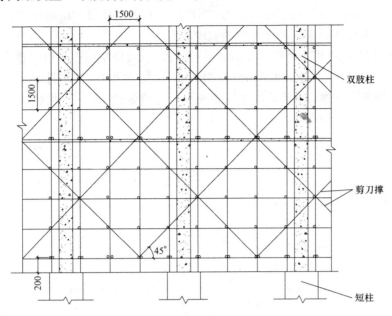

图 5.3.1-3　双肢柱脚手架立面示意图（单位：mm）

6）脚手架搭设到女儿墙位置后双排脚手架加设斜撑。详见图5.3.1-4。

5.3.2　女儿墙钢筋绑扎

1. 钢筋的下料长度、弯钩长度符合规范要求，绑扎钢筋前在女儿墙下梁上弹出女儿墙外皮线，按线将女儿墙插筋调正，将施工缝浮浆层剔除，露出坚硬石子，并清理干净。

2. 按照《混凝土结构施工图构造详图》03G101-1 的规定绑扎钢筋，竖向钢筋搭接部位必须保证有三道水平钢筋连续通过。

3. 女儿墙厚度 120mm，钢筋为双层双向网片，型号 φ10mm，保护层厚度 15mm，故钢筋保护层控制亦为重点。

1）钢筋网片之间加设双 F 卡@600mm，兼控制模板横断面尺寸，梅花形布置，见图5.3.2。

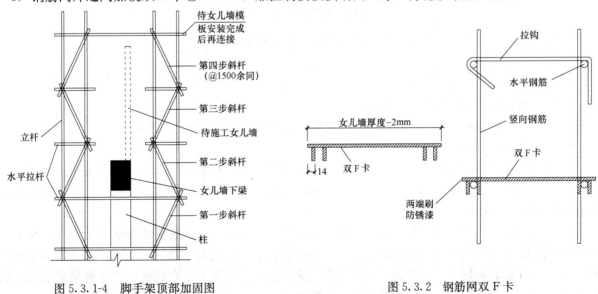

图 5.3.1-4　脚手架顶部加固图　　　　图 5.3.2　钢筋网双 F 卡

2）绑扎女儿墙拉钩时先采用双 F 卡卡住后再弯，然后将双 F 卡取下，以保证钢筋排距不变。

3）钢筋绑扎完成，拼装模板前加设钢筋保护层垫块@600mm。

5.3.3 模板支设

1. 由于单个女儿墙四面总长度超长，为了控制混凝土开裂，女儿墙每12m设置一道缝，钢筋不断。用20mm×15mm木条镶嵌在模板内侧，同时起到控制女儿墙钢筋保护层的作用，拆模后将木条留置于女儿墙内，利用木材本身弹性来抵消女儿墙的温度应力。

2. 模板支设前在女儿墙下梁上一侧弹出200mm控制线，单面控制模板下口位置。

3. 模板采用18厚多层胶合板，次龙骨50mm×100mm木方@200、主龙骨ϕ48×3.5钢架管@400（600），采用ϕ48×3.5钢架管支撑，全部采用水性脱模剂，对拉螺栓为ϕ14。模板、钢架管经过验收合格，木方四面刨光，支设形式见图5.3.3-1。

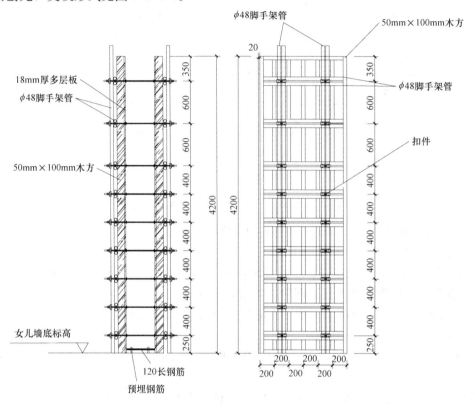

图 5.3.3-1 模板加固图一（单位：mm）

4. 模板拼装完成后，在模板上口拉通线校正上口模板平直度。

5. 吊线坠校正模板垂直度。

6. 模板支撑加固，见图5.3.3-2。

7. 模板拼装均采用企口形式，见图5.3.3-3。

8. 模板拼装时模板与模板之间的拼缝，模板与混凝土接触部位加设海面条。

5.3.4 混凝土浇筑

1. 全部选用预拌混凝土，坍落度160±20mm，混凝土的初凝时间为8h，终凝时间为10h，采用42m汽车泵浇筑。由于女儿墙体厚度仅为120mm，故选用ϕ30插入式振捣器振捣。上口浇筑时利用压顶模板形成的漏斗状下料口下料。

2. 浇筑前用清水充分湿润和冲洗施工缝，在浇筑混凝土时，先在底部铺与混凝土内成分相同的减石子水泥砂浆，每层混凝土的浇筑厚度控制在300mm左右，进行分层浇筑、振捣，振捣器的挪动距离不应大于350mm，间隔3～4h开始浇筑第二层。为使上下层混凝土结合成整体，振捣器应插入下层混凝土50～100mm。混凝土振捣要细致认真，不漏振。

3. 第一次振捣完毕后，间隔20～30min再进行二次振捣，有效排除混凝土中气体和多余水分，提高混凝土密实度，保证混凝土质量。

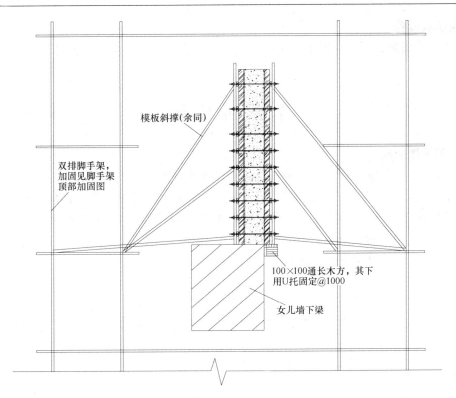

图 5.3.3-2　模板加固图二

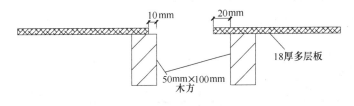

图 5.3.3-3　模板拼装形式

4. 混凝土浇筑过程中随时检查脚手架、模板支撑的稳定性，对拉螺栓是否松动，模板的垂直度，模板下口有无漏浆等。

5. 浇筑完成后在混凝土初凝以前，及时复查女儿墙上口标高，保证其标高准确无误。

5.3.5　模板拆除

1. 待混凝土达到终凝后，即开始拆除模板，拆模时不得在墙上撬模板，或用大锤砸模板，保证拆模时不晃动混凝土墙体。模板随拆除随在墙体上涂刷养护液，养护液涂刷到边到角。

2. 模板拆除后，经观察混凝土表面没有产生蜂窝、麻面、胀模等缺陷，表面平整度、垂直度都在北京市地方标准允许范围之内，达到了预期目的。

6. 材料和设备

6.1　脚手架所用材料

φ48×3.5 钢架管、十字扣件、转向扣件、对接扣件、脚手板等。

6.2　模板所用材料

18 厚多层胶合板、50mm×100mm 木方、100mm×100mm 木方、φ48×3.5 钢管、φ14 对拉螺栓、三形扣件、U 托、海绵条。

6.3　混凝土所用材料

预拌混凝土、养护液。

6.4 所用机具设备

塔吊等垂直运输机械、扳子、电锯、手锯、刨子、粉笔、墨斗、线坠、钢尺、42m 汽车泵、φ30 插入式振捣器等。

7. 质 量 控 制

7.1 脚手架质量控制

7.1.1 钢管外径、壁厚、断面等的偏差，应符合规范要求。钢管弯曲变形应符合规范要求。扣件应有生产许可证、法定检测单位的测试报告和产品质量合格证，旧扣件使用前应进行质量检查，有裂缝、变形的严禁使用，出现滑丝的螺栓必须更换。木脚手板的宽度不宜小于 200mm，厚度不应小于 50mm，两端应各设直径为 4mm 的镀锌钢丝箍两道。

7.1.2 架体允许偏差及检查方法见表 7.1.2。

架体允许偏差及检查方法 表 7.1.2

项 次	项 目		技术要求	允许偏差(mm)	检查方法
1	基础	表面	坚实平整	—	观察
		排水	不积水		
		垫板	不晃动		
		底座	不滑动		
			不沉降	—	
2	立杆	最后验收垂直度	—	±100	用经纬仪或吊线和卷尺
3	间距	步距	—	±20	钢板尺
		纵距	—	±50	
		横距	—	±20	
4	纵向水平杆高差	一根杆的两端	—	±20	水平仪或水平尺
		同跨内两根纵向水平杆高差	—	±10	

7.2 钢筋质量控制允许偏差及检查方法（表 7.2）

钢筋质量控制允许偏差及检查方法 表 7.2

项 次	项 目		允许偏差(mm)	检验方法
1	绑扎钢筋网	长、宽	±10	钢尺检查
		网眼尺寸	±10	钢尺量连续五档，取最大值
2	绑扎钢筋骨架	长	±10	钢尺检查
		宽、高	±5	钢尺检查
3	受力钢筋	间距	±10	钢尺量两端、中间各一点，取最大值
		排距	±5	
		保护层厚度	±3	钢尺检查
4	绑扎箍筋、横向钢筋间距		±10	钢尺量连续五档，取最大值

7.3 模板质量控制

7.3.1 进场材料经过验收合格，模板及时涂刷脱模剂，使用过程中及时维修保养。

7.3.2 允许偏差及检查方法见表 7.3.2。

允许偏差及检查方法 表 7.3.2

项 次	项 目		允许偏差（mm）	检 验 方 法
1	轴线位置		3	尺量
2	截面模内尺寸		±3	尺量
3	相邻两板表面高低差		2	尺量
4	阴阳角	方正	2	方尺、塞尺
		顺直	2	线尺
5	预留洞口中心线位移		+5,0	拉线、尺量

7.4 混凝土质量控制（表 7.4）

混凝土质量控制 表 7.4

项 次	项 目	允许偏差（mm）	检 验 方 法
1	轴线位置	5	尺量
2	垂直度	5	2m 靠尺和塞尺检查
3	标高	±5	水准仪、尺量
4	表面平整度	2	2m 靠尺和塞尺检查
5	保护层厚度	+5,−3	尺量
6	截面尺寸	±3	尺量
7	预留洞口中心线位移	10	尺量

8. 安 全 措 施

8.1 对作业队进行班前安全技术交底和安全教育，严禁烟火。

8.2 特殊作业人员必须持有《特种作业人员操作证》，上岗前必须进行安全教育考试，合格后方可上岗。

8.3 进入施工现场必须佩戴合格的安全帽，系好下颚带，锁好带扣，高处作业时必须系合格的安全带，系挂牢固，高挂低用。

8.4 支模过程中应遵守操作规程，如遇途中停歇，应将就位的支顶、模板连接稳固，不得空架浮搁。拆模间歇时应将松开的部件和模板运走，防止坠下伤人。

8.5 在脚手架或操作台上堆放模板时，应按规定码放平稳，防止脱落不得超载。操作工具及模板连接件要随手放入工具袋内，严禁放在脚手架或操作台上，严禁上下抛掷。

8.6 使用机械时，操作人员必须熟悉机械的构造性能和用途，并按照规范操作，及时进行机械的保养。

8.7 混凝土浇筑前，应对振动器进行试运转，振动器操作人员应穿绝缘靴、戴绝缘手套；振动器不能挂在钢筋上，湿手不能接触电源开关。

8.8 混凝土浇筑过程中，应检查模板及其支撑的稳固等情况，发现问题应及时加固，施工中不得踩踏模板支撑。

9. 环 保 措 施

9.1 施工过程中剩余的材料集中放置，下班前统一放回到指定场地，不得随意抛弃，周转、备用材料码放整齐。

9.2 所产生的建筑垃圾随时清理，集中堆放在密闭垃圾站里，及时消纳处理。

9.3 脚手架搭设，模板加工、支设、拆除，混凝土浇筑过程中尽量降低噪声，防止扰民。

10. 效益分析

10.1 加快施工进度，提高工效，缩短工期

此种模板支设方式，一次性支模到顶减少了二次支模、二次浇筑、施工缝处理等工序，大大地缩短了工期，根据测算单段施工至少可节省 5d。

单段流水可节约工期 5d，每天各种施工机械租赁费用约 5300 元（按两台塔吊计算），耗费人工 24000 元（按 400 人计算）。故而工期提前创造的经济效益为：（5300＋24000）×5＝146500 元。

10.2 达到清水混凝土墙面效果，省去墙面抹灰层，节省了大量湿作业及所产生的费用。按目前抹灰费用，省掉抹灰层可节约直接成本 18.0 元/m²，同时节省了抹灰所造成的垃圾清理和外运的费用。

11. 应用实例

我公司在航天城 921-3 工程中心区 7 号建筑物工程中应用了此项工艺。该工程建筑面积 24913m²，建筑功能为公建厂房，单层层高达到 25m，共分为 A、B、C、D 四段，檐口高度为南北辅助楼 24.2m，A 段厂房 20.2m，B 厂房 25.5m，形成高低跨结构。

女儿墙四段总长 500m，4.2m 高，120mm 厚，分段组织流水，采用此工艺，提前了工期，取得了良好的经济效益。500 沿米按建筑结构特征分为 14 个流水段施工，考虑穿插因素第 1 个流水段可节约工期 5d，以后每流水段按节约工期 2d，总共产生的经济效益如下：

$$（5300＋24000）×（5＋13×2）＝908300 元$$

省去单面抹灰层所产生的经济效益为：

$$500×4.2×18＝37800 元$$

故而在该项目应用此技术共产生直接经济效益：

$$908300＋37800＝946100 元$$

砂基透水砖施工工法
YJGF160—2006

北京城乡建设集团有限责任公司　北京仁创科技集团有限公司

吴培庆　秦升益　刘利　罗贤标　魏秀洁

1. 前　言

目前我国的城市基础设施建设中，广场、商业街、人行道、园林等道路施工基本选用沥青混凝土、现浇水泥混凝土、水泥混凝土预制块、人工和天然石材等作为面层材料。人们选择这些材料时注重了艺术观赏性，却忽视了环境的保护性。采用砂基透水砖作为铺路材料，能很好地克服上述材料带来的缺陷。首先，砂基透水砖具有良好的透水性和透气性，可使雨水迅速渗入地下，补充地表面水，增加土壤湿度，改善地面植物及微生物生存条件；其次，砂基透水砖可吸收水分与热量，调节地表局部空间的温度和湿度，对缓解城市热岛效应有较大的作用；再次，砂基透水砖能使道路雨后不产生积水，减轻城区排水及防洪压力，便于市民车辆出行；此外，砂基透水砖还能防止路面反光，吸收车辆行驶时产生的噪声，提高车辆通行的舒适度和安全性等等。

砂基透水砖以风积沙为主原料，采用独特的工艺粘合压制而成，加工过程不需要烧制，具有高透水性、表面致密防滑、抗冻融性好、铺装结构简单、可回收循环利用等诸多优点，在奥运场馆、大型工程中得以应用，如奥运村停车场、科技部办公楼广场工程、北京 2008 年奥运会丰台垒球场工程等，并得到建设单位的好评。

2. 工法特点

2.1　采用风积沙作为原料，97％的骨料来自沙漠，节省宝贵的矿土资源，变废为宝，化害为利。

2.2　砂基透水砖制作过程免烧结、常温下固结成型，可以有效地节约能源，减少污染，保护环境。

2.3　砂基透水砖透水系数高达 $6.8\times10\sim2\mathrm{cm/s}$，透水速度超过《透水砖》（JC/T 945—2005）中相应规定的 6 倍以上，真正实现雨洪利用，补充地下水，且有过滤、净化作用。

2.4　找平层采用风积沙，利用粘结材料常温固结，铺设方便，固结强度高，同时具有高通透性，保证透水性。

2.5　砂基透水砖表面致密，视觉效果好，且不会被灰尘堵塞，透水时效长。

2.6　砂基透水砖抗压、抗折强度高，防滑、抗冻融性能好。

2.7　砂基透水砖可保湿、涵养水分，自动调节空气温度和湿度。

2.8　砂基透水砖无放射毒副作用，集雨水收集、过滤和净化于一体，有效改善城市人居环境。

2.9　砂基透水砖可回收循环利用。

3. 适用范围

3.1　广场、商业街、园林等路面。

3.2　室外网球场、篮球场、田径场等场所。可根据需求制成不同颜色的地面，如制成绿、红相间的田径跑道，实现下雨不积水，雨停即可运动，防滑性能好。

3.3 停车场。雨后不积水，便于车辆出入及停放。

4. 工 艺 原 理

砂基透水砖突破了传统透水砖依靠颗粒粗大、缝隙大的原理，通过在砂表面涂覆新型添加剂，破坏水的表面张力，提高了水在孔隙的渗透能力，并且具有先慢后快的透水特性。此外，砂基透水砖表面致密，不易被灰尘堵死，具有长时效的透水性。其铺装结构见图 4 所示。

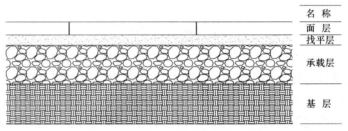

| 名 称 |
| 面 层 |
| 找平层 |
| 承载层 |
| 基 层 |

图 4 砂基透水砖铺砌剖面示意图

砂基透水砖铺砌时，承载层施工采用级配砾石或透水混凝土；找平层与传统铺设方法截然不同，采用风积沙，利用粘结材料常温固结，所用材料与透水砖相同，且具有相同的透水性和抗压性。整个铺装结构形成了从表层到基层的全透水剖面，使雨水顺利贯穿至土壤基层。

5. 施工工艺流程及操作要点

5.1 施工工艺流程

施工准备→测量放线→基层施工→承载层(级配砾石或透水混凝土)施工→找平层施工→砂基透水砖铺砌→灌缝→养护→现场清理。

5.2 操作要点

5.2.1 确定铺砌结构

铺砌结构分为三层：砂基透水砖、找平层、承载层 。根据路面使用功能的不同，分为以下三类：人行道铺砌、停车场铺砌、车行道铺砌。具体可见图 5.2.1-1～图 5.2.1-3 所示。

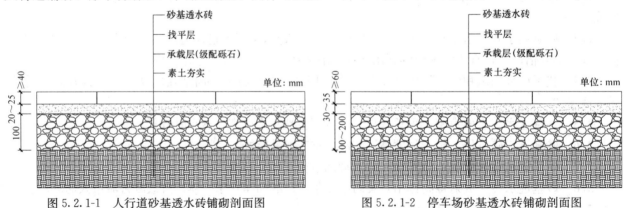

图 5.2.1-1 人行道砂基透水砖铺砌剖面图　　　　图 5.2.1-2 停车场砂基透水砖铺砌剖面图

5.2.2 施工准备

1. 施工前，参施人员应认真学习设计文件。

2. 熟悉施工现场情况，主要包括：

1) 现场地形、地貌，地上建筑物、构筑物、树木等。

2) 工程地质条件。

3) 施工供水、供电、排水、交通运输等。

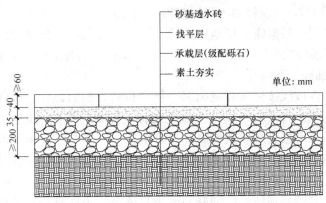

图 5.2.1-3　车行道砂基透水砖铺砌剖面图

3. 制定施工组织设计，并向监理工程师报批。

4. 组织施工作业人员、材料进场。

5. 根据施工组织设计设置好行人及车辆通行与绕行路线的标志，且施工前须先了解地下设施的铺设情况，做好标志，以免施工误毁。

5.2.3　测量放线

对给定的控制点进行复测验线，并按设计图纸进行实地放线，标定高程，一般为 10m 一桩，曲线段适当加密。在桩橛或建筑物划出预定标高"红平"。

5.2.4　基层施工

可采用人工或机械按标高填挖土方，挖土方不宜凿洞取土，如填土方＞20cm 应符合路基土填土基本要求。场地经找平（根据土质预留虚高）后用平碾或夯具夯实直至达到密实度要求。碾压应自地基边缘向中央进行，压路机每次重叠 150～200mm，约碾压 5～8 遍，至表面无显著轮迹，轮迹深度不大于 5mm，且达密实度为止。

场地弹软地段可采用换填、强夯、预浸、挤密等方法进行处理，如采用人工或机械挖除软土，换填强度较高的黏性土或砂、砾、卵石、片石等渗水性材料。如有地下管线等设施同时施工，应做好沟槽还填处理。当管线埋设覆土深度＜50cm 厚时，为保障地下设施不受毁坏可采用反开槽施工，先修筑基层后开槽。

基层完工后外观不得弹软、积水，无明显轮迹。

5.2.5　承载层施工

根据路面使用功能的不同，承载层施工主要采用两种材料：透水混凝土或级配碎石。

1. 透水混凝土

透水混凝土是由水泥、骨料和水等按照一定的比例拌制而成的多孔轻质混凝土，具有透气、透水、重量轻等特点。配制透水混凝土应采用 42.5 及以上强度等级的水泥及较大幅度级配的卵石骨料，水泥用量宜在 $250～350kg/m^3$，骨料用量宜为 1200～1400kg，水灰比宜为 0.25～0.40。

透水混凝土的浇筑。浇筑前，先用水湿润路面，防止混凝土水分流失加速水泥凝结。由于无砂混凝土中水泥量有限，只能包裹骨料颗粒，因此，在浇筑过程中不得强烈振捣或夯实，否则将会使水泥浆沉积，破坏混凝土结构均匀性，并在底部形成不透水层。

透水混凝土的养护。透水混凝土由于存在着大量的小孔洞，容易失去水分，所以早期养护很重要。浇筑成型后，可用塑料薄膜覆盖表面，并开始洒水养护，养护时间不少于 14d。

2. 级配砾石

碎石粒径宜取 5mm、10mm、20mm 三种，按 1∶1∶1 的比例配比混合，用平板振动器分层压实或者用 12t 以上压路机碾压，轮压深度不得大于 5mm，压实密度不小于 $2t/m^3$。

5.2.6　找平层施工

砂基透水砖的找平层采用风积沙，利用粘结材料常温固结而成。原材搅拌时应严格按配方下料，每罐料应在5min内搅拌均匀，且搅拌站不得远离施工现场。

采用刮板法摊铺找平层，根据施工场地用途的不同，确定相应的摊铺厚度，一般人行道的找平层厚度为20～25mm，停车场的找平层厚度为30～35mm，车行道的找平层厚度为35～40mm。

5.2.7 砂基透水砖铺砌

按放线高程，在方格内按线按标准缝宽砌第一行样板砖，然后以此挂纵横线，纵线不动，横线平移，依次按线及样板砖砌筑。直线段纵线应向远处延伸，以保持纵缝直顺。曲线段可砌筑成扇形状，空隙部分用切割砖填筑，也可按直线顺延铺筑，然后填补边缘处空隙。砌筑时应避免与路缘石出现空隙，如有空隙应甩在建筑物一侧，当建筑物一侧及井边出现空隙可用切割砖填平。如遇到切砖现象，必须将砖进行弹线切割；如遇到连续切割砖的现象，必须保证切边在一条直线，偏差不得大于2 mm。

砌筑时，砖要轻放，落砖必须贴近已铺好的砖垂直落下，不能推砖，造成积砂现象。用木锤或胶锤轻击砖的中间1/3面积处，使砖平铺在满实的找平层上稳定。如果找平层过厚，应重新调整找平层，如果找平层过薄，不得向砖底塞砂或支垫硬料。为保证平整度，铺砌时应随时用水平尺检验平整度，出现问题及时修整。

铺砌后的砖面整体要求必须平整一致，同时坡向要根据施工现场利于排水而调整。遇到雨水篦子及井盖时，应进行适当调整：

1. 雨水篦子：整体坡向应走向雨水篦子处，标高低于砖面5～10mm。
2. 雨水井、污水井处理方式同上。
3. 邮电井、暖气井、电缆井、消防井等应高出砖面5～10mm。

5.2.8 灌缝

砂基透水砖铺砌完成并养护24h后，用灌缝砂灌缝，分多次进行，直至缝隙饱满，同时将遗留在砖表面的余砂清理干净。

5.2.9 养护

砂基透水砖铺砌后，养护时间不得少于7d。

5.2.10 现场清理

完工后应将分散在各处物料集中，保持工地整洁。对完工后的面层根据质量要求进行检测和维修。

6. 材料与机具设备

6.1 材料

6.1.1 主要材料

砂基透水砖、风积沙、胶粘剂（PZG）、级配砾石或透水混凝土等。

6.1.2 材料要求

1. 砂基透水砖的规格

砂基透水砖常见产品规格尺寸见表6.1.2。砂基透水砖生产可塑性强，也可根据工程需要进行开模，生产特殊规格的透水砖。同时，砖的颜色也可根据需要进行调整。

砂基透水砖规格尺寸（单位：mm） 表 6.1.2

边　长	100,150,200,250,300,400,500
厚　度	40,50,60,80,100,120

2. 砂基透水砖的强度等级

根据抗压强度的不同，砂基透水砖分为以下几个等级：Cc30、Cc35、Cc40、Cc50、Cc60、Cc70、Cc80。

3. 外观质量、尺寸偏差、抗压强度和抗折破坏荷载、物理性能（耐磨性、保水性、透水系数、抗冻性）等应满足《透水砖》（JCT 945—2005）行业标准和设计要求。

4. 防滑性能应满足《城市道路混凝土路面砖》（DB11/T 152—2003）的相关要求。

5. 有害物质溶出应满足《环境标志产品技术要求 胶粘剂》（HJ/T 220—2005）。

6. 人行道路面砂基透水砖厚度不宜小于40mm，车行道、停车场等路面砂基透水砖厚度不宜小于60mm以上。

7. 风积沙选用沙漠擦洗沙，含泥量小于2‰，硅含量达到90%以上，粒形圆形，粒径40～150目。

6.2 机具设备

6.2.1 砂基透水砖施工所需主要施工机具设备见表6.2.1。

主要施工机具设备表　　　　　　　　　　　　　　　　　表6.2.1

序　号	机械或设备名称	型号规格	备　注
1	挖掘机	WY80	—
2	砂浆搅拌机	LZ350	用于找平层砂料搅拌
3	手推车	0.3m³	—
4	柴油发电机	150KVA以上	需自行发电时使用
5	交流电焊机	BX1-50	—
6	混凝土搅拌机	JS-500	用于搅拌透水混凝土
7	型材切割机	—	
8	电工仪表		

6.2.2 测量、计算器具：钢卷尺、靠尺、角尺、水平尺、小线。

6.2.3 辅助工具：橡皮锤、钳子、抹刀、扫帚、水桶、刮刀。

7. 质 量 控 制

7.1 进场材料应有合格证和检验报告，经现场复验合格后方能投入使用。

7.2 基层土方碾压夯实后不得有翻浆、弹软现象，且不得含有淤泥、腐殖土及有机物质等。

7.3 铺砌应平整稳固，不得有翘动现象，灌缝应饱满。

7.4 面层平整度、相邻块高差等应符合《北京市城市道路工程施工技术规程》（DBJ 01—45—2000）中的相关要求。

7.5 广场、人行道等面层与其他构筑物应接顺。

7.6 透水混凝土的抗压强度、透水系数等应满足设计要求。

7.7 基层土方压实度应满足《市政道路工程质量检验评定标准》（CJJ 1—90）的相关要求。

8. 安 全 措 施

8.1 施工机具应有专人使用并负责保管，施工过程中所用的电气设备、电动工具的安装、拆除、检修等，必须由专业电工进行操作，其他人严禁动用。

8.2 施工中，严禁移动、拆除安全设施标志。

8.3 进行土方开挖施工前，应依据《北京市实施〈建设工程安全生产管理条例〉的办法》等有关规定要求建设单位对现场地埋物进行详细书面交底，无详细书面交底不得擅自施工。

9. 环 保 措 施

9.1 完善施工现场临时围墙，尽量减少施工给周边环境带来的影响。

9.2 切割砖时，操作人员应戴上口罩，并且在切割板的前方放置一条湿抹布，降低粉尘污染。

9.3 施工土方、风积沙等要用苫布严密覆盖，四周牢固固定，以免大风天气掀翻苫布，造成施工扬尘。

9.4 建立全封闭垃圾站，要求工人及时清理施工产生的垃圾、废料，做到工人进场无垃圾，工人出场无废料。

9.5 现场出入口设置车轮清洁池，专人负责冲刷车轮，绝不带土上路。

10. 效 益 分 析

10.1 在节材、节地方面，砂基透水砖主要以沙漠中的风积沙代替传统透水砖常用的水泥、砂石、黏土等材料，采用覆膜、振压或挤压成型制作而成，节约了宝贵的矿土资源，且为治理沙化提供了新的有效途径。

10.2 在节能环保方面，砂基透水砖成型过程免烧结，常温下固结成型，大大降低了生产过程煤的消耗，同时减少二氧化碳及空气污染物的排放。

10.3 砂基透水砖无放射毒副作用，集雨水收集、过滤和净化等功能于一体。采用其铺砌的路面能使雨水快速渗透至地下，透水时效长，避免了地表积水给行人和交通带来的不便，且有益地补充了日益枯竭的地下水资源，相应减少了雨污水在污水管道的排放和污水处理费，为雨水收集处理提供了系统的解决方案。

10.4 砂基透水砖可保湿、涵养水分，有利于吸附空气中的尘土和进行热量交换，自动调节空气温度和湿度，减少城市的"热岛效应"，有效改善人居环境，环保作用明显。

10.5 砂基透水砖可回收循环利用，减少了建筑垃圾的产生。

11. 应 用 实 例

11.1 北京 2008 年奥运会丰台垒球场工程人行步道采用砂基透水砖（广场类砖），整个工程铺设透水砖近 9000m^2。经历 2006 年雨季数次暴雨后，不仅砖面无径流和积水，同时还消化了垒球场其他地方汇集的雨水，所有雨水全部渗入地下，补充了地下水资源。

11.2 科技部广场改造工程采用砂基透水砖铺装，整个工程施工面积近 4000m^2，经历 2006 年雨季和两场大雪的考验，雨水全部渗入地下，补充了地下水资源，做到雨天地面无积水，雪天不打滑，构建了生态友好的办公环境，舒适的车行、人行环境。

11.3 中南海办公区人行步道改造工程采用砂基透水砖（人行步道砖）铺装，工程施工面积约 3000m^2，不同的尺寸和颜色皆满足设计要求，整体视觉效果良好。在冬、雨季节，人行步道上无积水、不打滑，雨水渗入地下或涵养在砖体内，可调节局部大气湿度、温度，为中南海办公区提供了良好的办公环境。

钢结构支撑体系同步等距卸载工法

YJGF161—2006

中建一局钢结构工程有限公司　中建一局建设发展公司　中国建筑第一工程局第六建筑公司
庞京辉、佟强、吴月华、贺小村、韩文秀

1. 前　　言

近些年国内建筑钢结构技术发展日新月异，钢结构被广泛地用于高层、超高层建筑以及大跨度的工业厂房、体育场馆的建设中。许多大跨度及复杂钢结构的施工，采用临时支撑体系、空中组装的安装工艺，在结构组装完成后拆除临时支撑的施工方案。在拆除临时支撑过程中，支撑与结构的受力状态发生根本变化，由临时支撑受力转换到结构自身受力。在大体量钢结构工程中，临时支撑最大所承受的支座反力往往在成百上千吨。

在临时支撑搭设前，进行严谨的全过程施工工况模拟计算分析，根据计算结果科学合理地设置支撑点、选择支撑体系搭设方案及对支撑体系卸载工艺方法，同时在施工中周密细致地组织管理，是结构受力体系由临时支撑受力向结构自身受力平缓、安全过渡的重要环节。

在国家重点工程"国家游泳中心""延性多面体钢框架结构"钢结构施工中，施工单位根据计算机全过程模拟演算分析，使用手动螺旋千斤顶，采用同步等距的卸载工艺，对承载重量为6700t的支撑体系进行了卸载，安全高效地完成了钢结构的施工任务。

该工法施工技术是"国家游泳中心新型多面体空间刚架结构施工技术研究"核心技术之一。2007年5月16日，在北京市建委组织并主持召开的"国家游泳中心新型多面体空间刚架结构施工技术研究"科技成果鉴定会上，专家一致认为该项目施工综合技术达到国际领先水平。

2. 工 法 特 点

2.1 结构安全性好。小行程等距多步卸载，卸载过程中杆件内力变化平缓，避免了应力突变。

2.2 成本低，环保性好。采用手动螺旋式千斤顶，经济、简单、实用，较计算机中控液压式千斤顶的费用大幅降低，同时无能源消耗，无污染。

2.3 工艺操作简便。易于施工人员掌握操作要领，保证卸载行程的良好控制。

2.4 利用数据处理与反馈技术指导施工，同时施工措施受力部位进行实体受力试验使施工准确、确保安全。

2.5 采用手动螺旋式千斤顶，操作直观动作准确。

3. 适 用 范 围

本工法适用于各种钢结构类型的多支点大跨度钢框架及钢网格结构支撑体系的卸载。

4. 工 艺 原 理

在钢结构安装前，根据钢结构平面形状特点和下部结构允许的支撑条件进行钢结构安装临时支撑体系的布置和设计。支撑体系通过工况模拟计算确定，并根据受力情况进行支撑体系设计。在钢结构安装、焊接完毕并验收合格后，进行统一卸载。采用同步等距离将所有卸载支撑点下移，使千斤顶随着逐级卸载逐步退出工作，实现钢结构平缓地达到设计受力状态。

5. 施工工艺流程及操作要点

5.1 工艺流程

结构施工验收→卸载前施工准备→非卸载点千斤顶下降→预卸载→正式卸载一个行程→检查各项情况并记录→卸载过程中构件应力、支撑体系位移监测→进行下一行程卸载→逐级完成最终卸载

5.2 操作要点

5.2.1 卸载前施工准备

1. 卸载点千斤顶设计布置

千斤顶选择手动螺旋式千斤顶，规格根据计算机模拟演算确定。

2. 卸载支撑点的试验与检查

1）卸载支撑点的试验

根据计算机模拟计算受力结果，设计搭设卸载支撑点脚手架。卸载支撑点分3种形式搭设。

第一种9根间距为600mm单立杆组成为塔架，承受4t以下重量的荷载，横杆步距为1200mm，见图5.2.1-1；第二种为16根间距400mm单立杆组成为塔架，承受4t以上、9t以下重量的荷载，横杆步距为600mm 见图5.2.1-2；第三种为32根间距400mm双立杆组成塔架，承受9t以上重量的荷载见图5.2.1-3。按设计搭设形式检查支撑体系搭设形式与荷载是否相匹配。

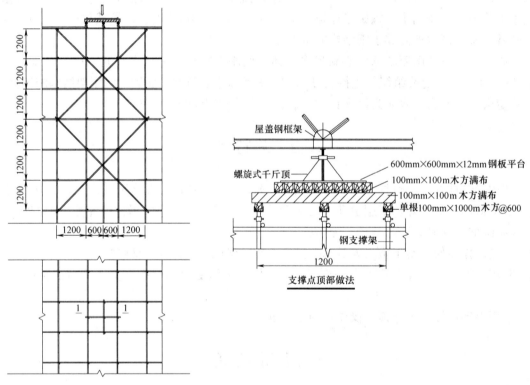

图 5.2.1-1　荷载 4t 以下支撑架详图

2）对三种支撑点进行 1：1 实体加载试验。

针对每种支撑形式进行加载试验，加载由 9kN 到 600kN，三种形式支撑符合卸载需要，见图5.2.1-4。

3. 卸载过程组织及人力安排

卸载由总指挥统一指挥，采用对讲机。对每个卸载点千斤顶均需划出下移刻度线（每格5mm），严

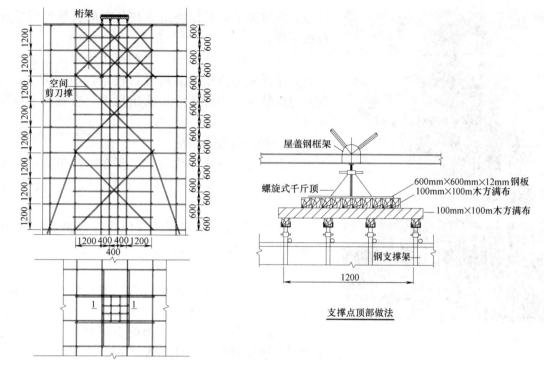

图 5.2.1-2　荷载 4t～9t 支撑架详图

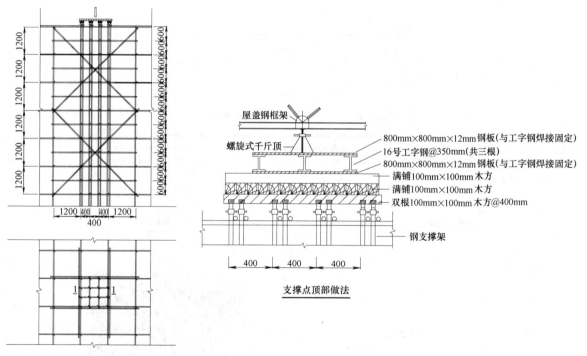

图 5.2.1-3　荷载大于 9t 支撑架详图

格控制千斤顶下降行程。见图 5.2.1-5。

　　总指挥负责现场统一指挥，一次卸载 5mm。现场操作管理人员按区域划分，每个卸载点设 2 名操作人员，管理人员每人负责 2～3 个卸载点，各自对责任区内的卸载点进行观测，如有问题及时与指挥人员联系。卸载过程中对应力比较大杆件的焊缝进行重点监测，设置监测总控制中心，集中实时监测相关杆件应力、位移，为整个卸载过程的决策提供真实有力的数据。

　　4. 卸载之前对所有参加卸载的管理和操作人员进行技术、质量、安全交底，保证卸载的精度和施工人员的安全。对所有参加卸载的施工人员提前进行模拟训练。即由现场总指挥统一指挥，规定下降

图 5.2.1-4　支撑架加载试验图

检查合格无误后，才可进行正式卸载。

速度，所有施工人员按照口令在各自的区域进行千斤顶的模拟下降。

5. 卸载前对所有节点、卸载点千斤顶及支撑平台逐个检查，千斤顶重点检查规格及行程是否能够满足要求。为防止意外情况发生时千斤顶弹出伤人，事先将千斤顶绑固主体钢结构上。

6. 支撑点反变形措施

为保证支撑点受力均匀，需要在卸载千斤顶顶面节点之间垫一块厚 20mm、300mm×300mm 的钢板，详见图 5.2.1-6。

7. 在卸载前将非卸载点部位千斤顶高度下降 20mm，观察 24h，无异常情况后拆除。

5.2.2　预卸载

为能够进一步了解承重结构的变化情况，在卸载前一天进行预卸载，千斤顶行程 5mm，预卸载完毕后对卸载部位承重架的变化情况、千斤顶的下降高度、结构焊缝的质量情况及屋架挠度的变化情况进行一次全面的检查。各项

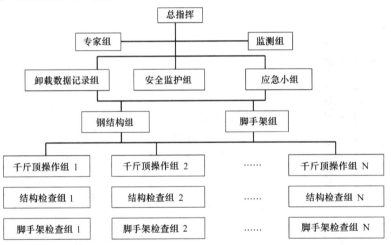

图 5.2.1-5　卸载组织结构图

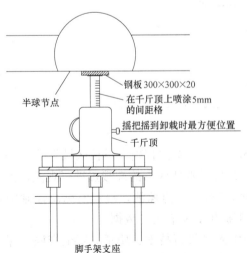

图 5.2.1-6　千斤顶措施图

5.2.3　同步等距卸载

卸载时采用同步等距的方法，每个卸载行程为 5mm，事先要在千斤顶上用油漆喷涂 5mm 间距格，卸载时统一指挥操作人员每次下降一格，卸载操作如图 5.2.3-1。

图 5.2.3-1　千斤顶操作图

卸载做到同步性，且在一个行程完毕后，各个工位操作人员应该通知指挥员。监测确认监测杆件应力、位移无异常后，通知总指挥，再统一进行下一个行程的卸载。见图 5.2.3-2。

图 5.2.3-2　过程检查记录图

5.2.4　检查各项情况并记录

在每一个卸载行程完毕后，各个工位操作人员应对各项目重新检查无误后，记录卸载过程控制资料，等候进行下一行程卸载。

5.2.5　卸载过程监测

为了对结构在卸载过程中的安全状况进行评估，应对大应力杆件的应力－应变进行监测。

卸载监测是对构件的安全性进行评定，采用光纤光栅应变传感器实时跟踪测试现场卸载时的数据，将其与材料设计强度进行比较，确定其安全水准。为屋盖的卸载提供安全评估并对不利情况提供现场预警，预警指数为 0.9（按照设计要求）。见图 5.2.5-1、图 5.2.5-2。

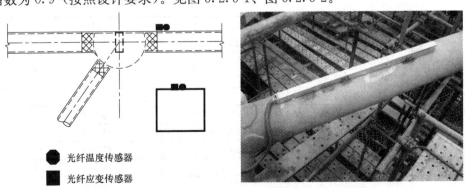

● 光纤温度传感器

■ 光纤应变传感器

图 5.2.5-1　传感器安装图

图 5.2.5-2　数据监测与反馈图

监测杆件的选择根据钢结构安装方案、卸载工况选择实际应力值较高的杆件作为监测对象，并与设计方共同确定。

5.2.6　卸载数据比较

通过利用计算机模拟演算技术，我们科学地组织了国家游泳中心的卸载工作，其结果完全符合设计要求。卸载数据如表5.2.6-1，表5.2.6-2。

杆件应力监测对比表　　　　　　　　　　　表 5.2.6-1

监测杆件位置	施工监测杆件号	钢材强度设计值（N/mm²）	允许应力比（N/mm²）	实际监测应力比（N/mm²）
墙体部分	860	360	0.31	0.04
	1474	310	0.34	0.02
	2237	310	0.51	0.18
	2293	310	0.37	0.11
	2301	310	0.32	0.08
	3072	360	0.36	0.026
	8778	310	0.31	0.11
	9913	360	0.36	0.05
屋盖部分	3620	310	0.31	0.12
	3824	310	0.38	0.12
	7294	310	0.33	0.15
	8383	310	0.32	0.05
	13304	310	0.33	0.21
	18479	310	0.31	0.07
	19813	360	0.32	0.06

结构自挠尺寸观测对比表　　　　　　　　　　表 5.2.6-2

1	2	3	4	5
观测点	初始值	下弦图纸标高	观测值	下挠值
8015	23.553	23.526	23.507	−19
8017	23.528	23.526	23.493	−33
9405	23.528	23.526	23.492	+8
9396	23.528	23.526	23.491	−35
9073	23.573	23.526	23.477	−49
387	23.612	23.526	23.468	−58
7820	23.581	23.526	23.514	−12
2194	23.642	23.526	23.445	−81
2340	23.539	23.526	23.508	−18

根据图纸要求下弦标高 23.526m，卸载完成后，屋面下弦标高最小值为 23.445m，因此屋面标高下降最大值为 81mm，作为观测下挠值的依据，远低于设计计算的自重荷载挠度 245mm，满足设计要求。

5.2.7　注意事项

1. 在卸载过程中对群顶的下降高度进行检查，看是否满足规定下降的数值，有无多降或少降的情况发生。

2. 千斤顶的受力情况，有无卡死未降或降值过大的千斤顶，如有及时更换调整。

3. 承重架支撑情况，有无弯曲变形的，如有变形的承重部位必须及时做补强处理。

4. 检查卸载部位钢构件的焊缝是否存在因卸载产生裂纹现象的部位，如有将立即调整该卸载部位的千斤顶的行程或更换该部位的千斤顶，并修补撕裂的焊缝。

5. 所有施工人员必须严格按照施工程序进行群顶的卸载，按照同时、等距的原则，按照规定数值进行循环卸载，每卸载一个 5mm 行程各个操作人员向指挥人员汇报自己卸载点的情况，确认 5mm 卸载完成，再统一进入下一个 5mm 卸载的进行。

6. 当卸载到设计规定值时，观测千斤顶是否退出工作。如果卸载过程中，出现个别卸载点挠度增加，千斤顶行程不够的情况，应通知指挥人员，暂停卸载，再次计算位移值，对继续卸载是否安全进行核对，确认无误后，更换千斤顶，继续卸载。

6. 材料与设备

除脚手架支撑体系外，卸载中需要的材料和设备主要有：千斤顶、千斤顶上下支撑钢板，应力、应变、位移监测设备、对讲机等。考虑在施工过程中，千斤顶在屋架安装过程中长期处于受力状态，液压千斤顶将出现回油现象，这样将对结构受力的整个过程控制不利，所以选用螺旋千斤顶。千斤顶的性能选型，根据卸载点最大支点反力，按《钢网格结构设计与施工规程》中规定，取 0.6～0.8 的折减系数后确定。

卸载点千斤顶规格表　　　　　　　　　　　　　　　　　　　　　　表6

千斤顶型号(t)	自重(kg)	自身高度(mm)	可调高度(mm)	数量(个)
16	17	320	180	21
32	28	395	200	17
50	54	452	250	87
50	70	618	400	10

对讲机配备数量依据卸载点数量确定，每个卸载点一台。

7. 质 量 控 制

7.1　监测控制

卸载前对所有卸载点标高进行测量，从中选出 9 个点作为卸载过程监测点，将监测点卸载前、卸载过程中、卸载后的绝对标高值随时监测，作为屋面下挠控制数据。

对受力较大杆件需进行应力、应变实时监测，应分别选择拉、压杆设计应力较高的杆件进行监测。监测点布置图见图 7.1。

7.2　控制标准

卸载中结构杆件内应力比不超过 0.9，卸载后结构自挠值不超过 245mm。

7.3　操作管理控制要点

7.3.1　卸载实施中做到高度集中的统一指挥和严谨认真的具体操作。

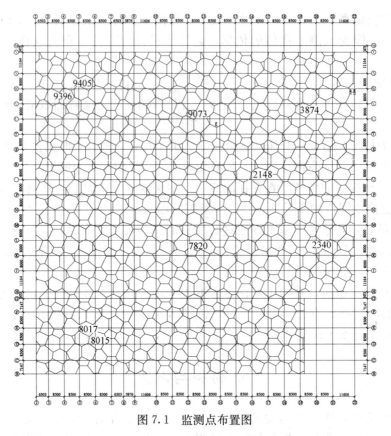

图 7.1　监测点布置图

7.3.2　卸载前进行精密细致的前期准备，组织所有参与人员对实施方案和应急预案进行详细交底。

7.3.3　安排模拟训练，根据模拟中反映的问题进行必要的完善和调整。

7.3.4　准备应急人员及需要的备用千斤顶等设备，对于应力检测设备须预备不间断电源。

7.3.5　正式卸载中严格执行操作规程和记录，及时反馈信息，听从总指挥统一指挥。

8. 安 全 措 施

8.1　卸载前，通告所有现场内施工单位及个人；清理现场，除卸载操作及指挥人员外，其他不相关人员不得进入卸载区；卸载区以下架体用警戒线封闭，防止意外。

8.2　不同反力的点位标注清楚，实际放线准确。卸载前应严格检查千斤顶的工作性能、卸载点下支撑架的情况。若发现千斤顶"带病工作"应立即更换，其中扣件式脚手架应特别注意步距的设置、上部平台钢板、工字钢的摆设；安德固脚手架应特别注意独立塔架的步距保证、与周边架体的拉接、上部工字钢的型号及摆设方法。

8.3　仔细检查钢结构自身的焊接情况，卸载区域及计算工况中假定需要满焊区域的结构是否已经形成了稳定体系，没有漏焊；焊接部位是否已经100％通过自检及第三方检验。

8.4　在卸载过程中，禁止随意拆除脚手架的基本构架杆件，以防止破坏脚手架的整体性，卸载过程中需要拆除的部分杆件必须经主管人员同意，采取相应的补救措施，方可拆除。

8.5　所有施工人员进入施工现场必须戴好安全帽、系好安全带，穿好防滑鞋。工人在脚手架面上作业，必须挂好安全带，为防止意外情况，卸载人员的安全带要挂在主钢结构上。在任何情况下，严禁从架上向下抛掷材料及其他物品。

8.6　在每步卸载作业完成之后，必须将架上剩余材料物品移走，清理脚手架面上的多余物品，防止坠落伤人。

8.7 卸载前对所有千斤顶的性能进行检查，同时为防止发生意外情况时千斤顶飞出伤人，先将每个千斤顶与主体钢结构连接固定。

8.8 卸载时切断除监测电源外的所有电源。

8.9 在卸载过程中，注意观察结构支座位移变形、异常响动等异常现象，以及恶劣天气停止卸载。

8.10 卸载过程中监测记录应力比变化较大，应暂停卸载，进行计算，确认无误后继续卸载。

9. 环保措施

本工法采用螺旋式千斤顶无噪声，对环境无影响。

10. 效益分析

采用螺旋式千斤顶与液压千斤顶对比，手动螺旋式千斤顶较液压千斤顶费用低，成本低，总费用相差 1590800 元。两种方法经济比较见表 10。

经济效益分析表　　　　　　　　　　表 10

方法 费用	数 量	螺旋千斤顶	液压千斤顶
千斤顶费用	135 个	660 元/个	8700 元/个
泵站费用	5 台	无	10 万元/台
人工费	270 人	80 元/人/天	100 元/人/天
合计		110700 元	1701500 元

11. 应用实例

国家游泳中心项目、上海文献中心项目、中央美术学院展厅均采用等距多步的卸载方法，卸载后结构下挠值均满足设计要求，取得了良好的效果。

国家游泳中心主体钢结构是基于"泡沫"理论，对自然界泡沫在三维空间进行有效分割而形成的"延性多面体钢框架结构"，其结构体现了"水晶体"的概念。该工程钢结构是对十二面体和十四面体在空间组合堆积后，进行有效分割、扭转而形成空间结构。主体钢结构节点在空间分布规律性差，杆件与节点围合形状很不规则，造成节点杆件构造复杂多样、非标准。结构形式前所未有，整个结构外形为立方体，结构化卸载点布置在下弦平面，下弦平面球节点总数 1400 个，其中卸载点 135 个，总体用钢量 6700t。如图 11-1。

图 11-1　国家游泳中心结构图

浦东文献中心主楼钢结构工程是 82.5m×82.5m 的箱形立体交叉斜拉结构，其最大边梁悬挑长度为 37.5m，并将桥梁拉索的理念溶入民建建筑中，设计新颖独特。总体用钢量 6700t。卸载采用 128 点支撑，卸载总重量 12000t（含楼板），如图 11-2～图 11-4。

图 11-2　浦东新区文献中心钢结构工程脚手架支撑体系

图 11-3　浦东新区文献中心钢结构工程卸载监控

图 11-4　上海浦东新区文献中心竣工图

空间钢结构节点平面自动测量快速定位施工工法

YJGF162—2006

中建一局建设发展公司　中建一局钢结构工程有限公司　中建一局华中建设有限公司　河北建工集团有限公司

张胜良　冯世伟　陆静文　安占法　王喜国　郭天宇

1. 前　言

随着建筑工程技术的进步，延性多面体空间钢框架结构等应用越来越多、造型越来越复杂。如何保证不规则钢结构三维空间精确测量定位是一个新的技术课题。

在国外，一些发达国家利用测量机器人进行三维空间自动测量，但造价昂贵。在国内，解决这一问题的方法有两种：一是 GPS-RTK，其精度在 2-3cm 左右，与施工要求的 5mm 有很大差距；二是两台经纬仪进行交会，这种方法在通视条件恶劣的施工现场难以达到。

国家游泳中心工程结构杆件异常复杂和多样，仅杆件总数就有 20670 根，焊接球 9843 个，且只有 1％的杆件有规律性，99％的杆件其型号和节点都不一致，杆件及节点总重量约 6300 吨，且现场通视条件差。为了保证测量的精确性，中建一局建设发展公司经过多次试验论证后将杆件节点三维空间坐标分解为二维平面坐标和高程，采用高精度的 Leica 全站仪对节点进行平面定位测量；采用高精度水准仪控制其高程；并在节点球上标出杆件连接位置，保证杆件中心线穿过节点球中心，快速高效地完成了国家游泳中心的钢结构三维空间定位测量工作。为此，中建一局建设发展公司编制了《空间钢结构三维节点快速定位测量施工工法》。至 2006 年 11 月底，国家游泳中心工程已六次通过结构长城杯验收，2007 年 5 月 16 日《大型延性多面体钢结构快速定位测量系统》作为《国家游泳中心新型多面体空间钢架结构施工技术研究》创新成果之一，通过北京市建设委员会科技成果鉴定，鉴定结果"国际领先水平"。

2. 特　点

2.1 作业效率高

本工法测量作业操作与钢结构安装人员配合简便有效，及时满足现场钢结构安装需要。采用常规方法每天只能测量校正 5-6 个球节点；采用本工法测量，球节点测量安装速度每天可达到 60～70 个，提高作业效率，大大加快施工进度。

2.2 精度高

由于全站仪与计算机实现双向通讯，测量数据自动传输到全站仪内存，系统实时计算出点位坐标和偏差信息数据，保证杆件节点连接安装的准确性。

2.3 设站灵活

因为全站仪设站灵活，可以在不同的现场条件下选择最佳位置设站，减少其他工序对测量的干扰，反之也减少了测量对其他工序的干扰。

3. 适用范围

适用于复杂形状、复杂环境的钢结构节点三维空间定位测量，特别是体育场馆等不规则钢结构节点的三维空间定位测量。

4. 工 艺 原 理

将钢结构节点三维空间坐标简化为二维平面坐标和高程，采用高精度的 Leica 全站仪对节点进行平面定位测量，采用高精度水准仪控制其高程。精确计算节点球与杆件的安装连接数据，在节点球上标出连接记号，按照节点球上标记安装杆件；保证杆件中心线过球中心。

5 工艺流程及操作要点

5.1 工艺流程

测量方案设计→控制测量→计算各样点坐标并存入全站仪内存建立数据库→球节点三维空间定位测量→杆件就位测量→三维空间位置复测校核及误差消除

5.2 操作要点

5.2.1 测量方案设计

钢结构安装的关键是要保证球节点和杆件的准确连接，因此节点定位测量的重点就是保证杆件中心线通过球中心点。

空间钢结构三维节点定位测量思路：采用高精度测量仪器进行球节点的空间三维定位，按照节点球上标记安装杆件，保证杆件中心线过球中心。

精度分析。在钢结构定位测量中，影响定位测量精度的主要是点位的平面定位精度，而影响平面定位精度的因素主要是测角误差和测距误差。

采用标称精度为 $1''$ $2mm+2ppm$ 的全站仪，设控制点至放样点距离为 $D=80m$，方位角为 $\alpha=40°$，观测竖直角 $\beta=2°$，则放样点的点位误差计算：

$$\Delta X=80\times\cos40°=61.284m$$
$$\Delta Y=80\times\sin40°=51.423m$$

放样点 X 方向精度：

$$m_X^2=\left(\frac{\Delta X}{D}\right)^2\times m_D^2+\Delta Y^2\times\left(\frac{m_a}{\rho}\right)^2=\left(\frac{61.284}{80}\right)^2\times\frac{2^2+0.08^2}{1000^2}+51.423^2\times\left(\frac{1}{206265}\right)^2=0.0000024132$$

$$m_X=0.00155346=1.55mm$$

放样点 Y 方向精度：

$$m_Y^2=\left(\frac{\Delta Y}{D}\right)^2\times m_D^2+\Delta X^2\times\left(\frac{m_a}{\rho}\right)^2=\left(\frac{51.423}{80}\right)^2\times\frac{2^2+0.08^2}{1000^2}+61.284^2\times\left(\frac{1}{206265}\right)^2=0.0000017436$$

$$m_Y=0.0013204=1.32mm$$

设站点的点位误差在 2mm 时，放样点的点位误差：

$$m=\sqrt{m_X^2+m_Y^2+m_{设站点}^2}=\sqrt{1.55^2+1.32^2+2^2}=2.85mm$$

精度分析说明，选用的仪器设备和测量放样方法切实可行，放样点的点位精度满足《钢结构工程施工质量验收规范》GB 50205—2001 中关于节点球中心偏移 ±5.0mm 的施工精度要求。

5.2.2 控制测量

1. 平面控制测量

1) 针对建筑工程施工的实际情况，通常采用导线测量的方法建立平面控制网。

2) 为保证控制点的相对精度，导线边长相对中误差应控制在 1/40000 以上。导线点相互之间距离不应太远，导线平均边长控制在 100m。

3) 导线点要根据现场实际情况布设，导线点与放样点的距离宜控制在 80m 之内，最远不应超过 100m。

4）导线等级采用《建筑施工测量技术规程》DB11/T 446—2007中的一级导线，导线角度和边长各观测二个测回。

5）导线水平角观测一般采用方向观测法。当导线点上只有两个方向时，以奇数测回和偶数测回分别观测导线前进方向的左角和右角，观测右角时仍以左角起始方向为准变换度盘位置。

6）采用全站仪观测水平角，各测回间可不配置度盘。

7）导线边长测量，各测回间应重新照准目标，每测回三次读数。各测回间平均值的较差应小于3mm。

8）导线内业平差采用严密平差方法计算。

2. 高程控制测量

1）针对建筑工程施工的实际情况，通常采用水准测量的方法建立平面控制网。

2）水准测量等级采用《建筑施工测量技术规程》DB11/T 446—2007中的四等水准，中丝读数法，每站观测顺序为"后—后—前—前"。

3）水准测量采用符合水准路线，每一测段测站数应为偶数。

4）水准测量应在成像清晰、稳定时进行，同一测站不应两次调焦。

5.2.3 计算各放样点坐标并存入全站仪内存建立数据库

以放样节点1、节点2以及中间连接杆为例：要计算出杆件与球体接触面的弧长、两端节点球顶点高差、相邻球节点平面投影相对距离、相邻球节点相对距离等数据，并将此数据与控制点坐标数据输入全站仪内存。

1. 钢结构杆件与两端节点球数据计算

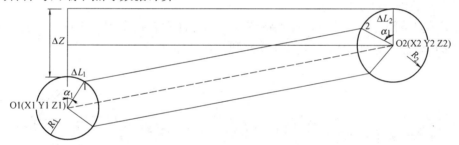

图5.2.3-1　杆件与节点球数据计算示意图

杆件与1号节点球连接点1之间弧长 ΔL_1

$$\Delta L_1 = 2 \times \pi \times R_1 \times \alpha_1 \div 360 \tag{5.2.3-1}$$

杆件与2号节点球连接点2之间弧长 ΔL_2

$$\Delta L_2 = 2 \times \pi \times R_2 \times \alpha_2 \div 360 \tag{5.2.3-2}$$

杆件两端节点球顶点高差 ΔZ

$$\Delta Z = Z_2 - Z_1 + R_2 - R_1 \tag{5.2.3-3}$$

2. 相邻球节点平面投影相对距离计算相邻球节点平面坐标增量

$$\Delta X_{1-2} = X_1 - X_2 \qquad \Delta Y_{1-2} = Y_1 - Y_2 \tag{5.2.3-4}$$

$$\Delta X_{1-3} = X_1 - X_3 \qquad \Delta Y_{1-3} = Y_1 - Y_3 \tag{5.2.3-5}$$

$$\Delta X_{2-3} = X_2 - X_3 \qquad \Delta Y_{2-3} = Y_2 - Y_3 \tag{5.2.3-6}$$

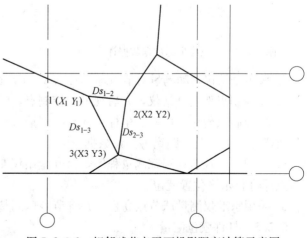

图5.2.3-2　相邻球节点平面投影距离计算示意图

相邻球节点平面投影相对距离

$$D_{S_{1-2}} = \sqrt{\Delta X_{1-2}^2 + \Delta Y_{1-2}^2} \qquad (5.2.3\text{-}7)$$

$$D_{S_{1-3}} = \sqrt{\Delta X_{1-3}^2 + \Delta Y_{1-3}^2} \qquad (5.2.3\text{-}8)$$

$$D_{S_{2-3}} = \sqrt{\Delta X_{2-3}^2 + \Delta Y_{2-3}^2} \qquad (5.2.3\text{-}9)$$

3. 相邻球节点相对距离计算

$$Dx_{1-2} = \sqrt{D_{S_{1-2}}^2 + \Delta Z_{1-2}^2} \qquad (5.2.3\text{-}10)$$

$$Dx_{1-3} = \sqrt{D_{S_{1-3}}^2 + \Delta Z_{1-3}^2} \qquad (5.2.3\text{-}11)$$

$$Dx_{2-3} = \sqrt{D_{S_{2-3}}^2 + \Delta Z_{2-3}^2} \qquad (5.2.3\text{-}12)$$

4. 全站仪设站点 O 至放样点 P 三维坐标计算

坐标增量计算：

$$\Delta X = D \times \cos\alpha \qquad (5.2.3\text{-}13)$$

$$\Delta Y = D \times \sin\alpha \qquad (5.2.3\text{-}14)$$

$$\Delta Z = S \times \sin\nu \qquad (5.2.3\text{-}15)$$

三维坐标计算：

$$X_P = X_O + \Delta X \qquad (5.2.3\text{-}16)$$

$$Y_P = Y_O + \Delta Y \qquad (5.2.3\text{-}17)$$

$$Z_P = Z_O + \Delta Z + h \qquad (5.2.3\text{-}18)$$

5.2.4 球节点三维空间定位测量

1. 在进行球节点空间三维定位时，首先将节点球和杆件垂直投影到水平面上，将节点球中心三维坐标（X、Y、Z）分解为平面二维坐标（X、Y）和高程坐标（Z）。

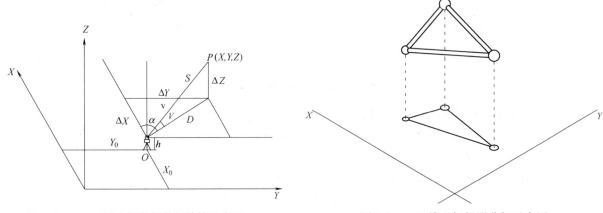

图 5.2.3-3　三维坐标数据数据计算示意图　　　　图 5.2.4　三维坐标投影分解示意图

2. 采用全站仪自动测量对节点球中心（X、Y）进行平面定位。

1）在控制点架设全站仪，并后视另一控制点，锁定全站仪制动螺旋。

2）将控制点坐标、放样点坐标等计算数据输入全站仪内存，调用全站仪内置程序自动计算控制点至各放样点的方位角、距离等测量数据。

3）启用全站仪自动跟踪测量程序，松开全站仪制动螺旋，全站仪自动测量放样点并指挥安装人员将节点球进行水平位置就位。

3. 采用水准仪测量球节点高程，并将节点球调整到设计高度。

5.2.5 杆件就位测量

1. 在节点球和杆件安装前，首先按照设计图纸对各节点球和杆件进行编号，保证节点球和杆件一一对应安装。

2. 根据互相连接的节点球半径 R 和杆件投影计算杆件与节点球连接角度、弧长等数据。

3. 使用特制的全圆仪等工具在球面上放样杆件与节点球连接点并做好标记。

4. 节点球安装就位后，依照编号一一对应连接点标记安装连接杆件。

5.2.6 三维空间位置复测校核及误差消除

1. 为保证杆件中心线准确通过节点球中心，应分别复测相邻节点的距离和高差。

1）使用 50 米钢尺丈量相邻节点的相对距离，读数到 mm。

2）使用水准仪测量相邻节点的高差，读数到 mm。

2. 空间钢结构三维节点测量的误差影响因素

1）误差累积。在测量过程中，由测量人员操作误差、测量仪器本身误差等误差源会传导和累积到定位点。

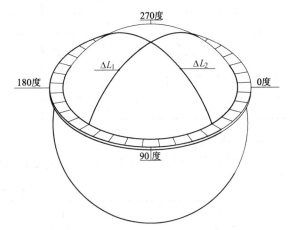

图 5.2.5 节点球表面连接标记放样示意图

2）钢结构焊接。钢结构焊接会引起钢结构构件的尺寸变化，进而产生误差。

3）日照影响。太阳光的日照对钢结构构件会产生位移变化，产生误差。

4）温差影响。由于钢构件随着温度变化而出现热胀冷缩现象，影响测量精度，产生误差。

3. 误差的消除

1）固定测量操作人员和测量仪器，减小测量误差。

2）测量时间安排控制。安排好测量外业作业时间，尽量保证前后作业时间段的外界条件一样，如气温、气压、风力等。

3）剩余误差处理。平面定位误差按照相邻节点球和杆件的距离为权值大小进行分配消除，高程定位误差按照各节点球之间高差为权值大小进行分配消除。

4. 放线要求。对钢结构放线不采用墨斗弹线，应采用钢冲打点和钢针划线。

6. 人员与设备

6.1 人员

测量人员的技术能力水平是空间钢结构三维节点定位测量的基础和关键因素，基本人员构成：

高级工程师 1 名，负责整体测量方案策划，施工组织管理。

工程师 2 名，1 人负责现场测量技术管理，方案深化，数据准备；1 人负责现场作业组织管理，现场安全、质量管理。

助理工程师 2 名，分别负责平面坐标定位测量与高程定位测量；

作业人员若干名，负责现场测量作业，根据工程进度和测量工作量多少增减数量。

6.2 设备组织

1. 基本仪器设备，各种仪器设备经检定合格并在检定有效期内。

仪器设备统计表　　　　　　　　　　　　　　　　　　　　　表 6.2-1

序　号	名　　称	型　　号	精度指标	数　量
1	全站仪	Leica TCRA 1201	$1''$ $2mm + 2ppm. D$	1
2	经纬仪	Topcon	$2''$	1
3	水准仪	Topcon	2.5mm/km	1
4	钢尺	50m	1mm	1

续表

序 号	名 称	型 号	精度指标	数 量
5	铝合金塔尺	5m	1mm	1
6	盒尺	5m	1mm	4
7	线坠			3
8	钢冲			1
9	钢针			1
10	对讲机			4

2. 全站仪的主要性能

全站仪型号为 Leica TCRA 1201，主要技术性能指标如下：

全站仪技术指标表　　　　　　　表 6.2-2

序 号	项 目	技 术 性 能
1	仪器精度	1″ 2mm＋2ppm·D
2	角度测量	绝对条码对径度盘连续测角，精度1″，最小显示 0.1″
3	距离测量	同轴红外相位测量，精度 2mm＋2ppm，最小显示 0.1mm
4	无棱镜测距	无棱镜测距最大测程 300m
5	补偿器	集成液体双轴补偿，补偿范围 4′
6	望远镜	放大倍数 30 倍
7	作业环境温度	－20℃至 ＋50℃
8	自动跟踪测量	EGL 电子导向
9	内存	128M 内存，RS232 输出

7. 质 量 控 制

7.1 质量要求按《建筑施工测量技术规程》DB11/T 446—2007 和《钢结构工程施工质量验收规范》GB 50205—2001 等规范执行。

7.2 导线的主要技术要求

导线技术要求表　　　　　　　表 7.2

等级	导线长度 km	平均边长 m	测角中误差″	边长相对中误差	全长相对闭合差	方位角闭合差″
一级	2.0	100	±5	1/40000	1/20000	$\pm10\sqrt{n}$

注：n 为测站数。

7.3 水准测量的主要技术要求

水准测量技术要求表　　　　　　　表 7.3

每千米高差中数偶然中误差 m_Δ mm	仪器型号	水准标尺	与已知点联测次数	往返较差、符合线路或环线闭合差 mm 平地
±5	S2.5	双面	往、返	$\pm4\sqrt{n}$

注：n 为测站数。

7.4 节点球支承面顶板、节点球位置的允许偏差（mm）

7.5 钢框架结构安装的允许偏差（mm）

节点球允许偏差表　　　　　　　　　　　　　　表 7.4

项　　目		最大允许偏差
支承面顶板	位置	15.0
	顶面标高	0 −3.0
	顶面水平度	$L/1000$
节点球	中心偏移	±5.0

钢框架安装允许偏差表　　　　　　　　　　　　表 7.5

项　　目	最大允许偏差
纵向、横向长度	$L/2000$，且不应大于 30.0 $−L/2000$，且不应大于 −30.0
支座中心偏移	$L/3000$，且不应大于 30.0
周边支承网架相邻支座高差	$L/400$，且不应大于 15.0
支座最大高差	30.0
多点支承网架相邻支座高差	$L_1/800$，且不应大于 30.0

注：L 为纵向、横向长度；L_1 为相邻支座间距。

8. 安 全 措 施

8.1　严格遵守施工现场安全管理规定。

8.2　测量人员进入施工现场时首先进行安全培训，并进行书面安全交底。

8.3　进入施工现场必须佩带好安全用具，安全帽戴好并系好帽带；不得穿拖鞋、短裤及宽松衣物进入施工现场。

8.4　作业人员处在建筑物边沿等可能坠落的区域应佩带好安全带，并挂在牢固位置，未到达安全位置不得松开安全带。

8.5　在场内、场外道路进行作业时，要注意来往车辆，防止发生交通事故。

8.6　在建筑物外侧区域作业时，要注意作业区域上方是否交叉作业，防止上方坠物伤人。

8.7　观测作业时拆除的防护网及护栏应及时恢复。

8.8　作业之前对作业人员进行安全讲话，每周向本工程测量人员进行书面安全交底，保证作业过程中的安全。

8.9　仪器设备在运送过程中，仪器携带者应将仪器放在车厢上或稳定的位置。仪器装箱时，应按规定位置安放，望远镜和竖轴制动应松开。长途运输仪器时，最好进行包装，并一定要使仪器仪器牢固可靠，切勿相互移动撞击。

8.10　仪器设备在使用过程中，必须注意安全，雨、风天气必须要进行外业作业时，应采取防护措施保证人和仪器的安全。

8.11　在三脚架上安装仪器时，要一手扶握照准部，一手旋动中心螺旋，防止仪器滑落，卸下时也是如此。

8.12　外业观测时，操作人员不得离开。严禁无人看管、闲杂人等动用仪器。

8.13　露天作业时，要注意仪器的防震、防潮、防晒、防尘，以免影响仪器的观测精度；阴雨、曝晒天气在野外作业时一定打伞，以防损坏仪器。

8.14　仪器搬站时，可视搬运距离的远近及道路情况决定仪器是否要装箱。若不装箱搬站时仪器制动螺旋应松开，最好把脚架挟在肋下，仪器放在前面，以手保护，不得横杠在肩上行走。

9. 环保措施

9.1 测量作业人员进入现场先进行环保培训，提高人员环保意识。

9.2 购置环保仪器设备，对于全站仪等红外线、激光、电磁波测量仪器，选用环保无放射和灼热的类型，避免在现场作业中灼伤人眼。

9.3 作业现场测量标识用的红油漆、墨汁在作业过程中要妥善保管，避免遗洒在现场。

9.4 对讲机、经纬仪所使用的 5 号电池不得丢置在现场，应放置于统一的废旧电池箱中。

9.5 现场办公室电脑、打印机的使用要尽量节约用电、用纸。

10. 效益分析

10.1 施工作业效率高

采用钢结构三维空间快速定位测量方法，与经纬仪常规测量方法相比，平均安装一个球节点的时间节省了 80％左右，大大加快了施工进度。国家游泳中心工程共有钢结构球节点 9843 个，按常规测量方法，需安装近 5 年。采用本工法施工，只用了 8 个月的时间就完成了钢结构安装。

10.2 设备投入少，成本大幅降低

采用空间钢结构三维节点快速定位测量方法，全站仪等主要设备的投入降低了 80％，节省了设备投入，原计划投入全站仪 10～15 台，工艺改进后实际投入 2～3 台。项目经理部原测量费用预算投入 160 万元，工艺改进后降低到 90 余万元。

11. 工程应用实例

国家游泳中心工程整个结构为立方体，平面尺寸 177.338×177.338m，结构墙体底标高＋1.059m，屋顶标高＋30.587m，外墙的围合厚度为 3472mm，内墙为 3472mm 和 5876mm 两种，屋顶为 7211mm。钢结构为新型延性多面体空间钢框架结构，杆件及节点总重量 6700 吨，节点数 9843 个，杆件 20670 根。

图 11-1 节点球照片（一）

图 11-2 节点球照片（二）

在国家游泳中心工程延性多面体不规则钢结构施工中，我们采用空间钢结构三维节点快速定位测量施工工法对钢结构进行空间三维定位测量，极大地提高了作业效率，圆满完成了国家游泳中心工程的钢结构定位测量工作（图 11-1，图 11-2）。

11.1 杆件中心线通过节点球中心的试验论证

11.1.1 现场试验过程

在安装平台放样节点1和节点2的平面位置中心，两中心相连即为杆件的设计位置平面投影线，安装固定1号球节点，按照节点球上标记连接杆件，安装固定2号球节点（图11.1.1-1，图11.1.1-2）。

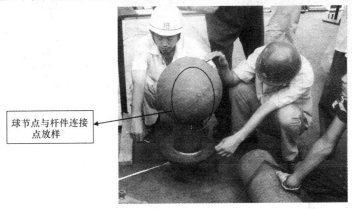

图 11.1.1-1　球节点与杆件连接点放样

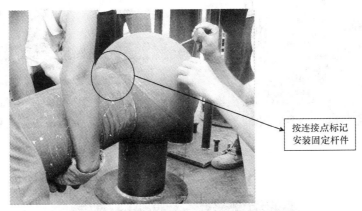

图 11.1.1-2　按连接点标记安装固定杆件

1. 试验结果数据比较（图11.1.1-3，图11.1.1-4）

经试验比较，杆件轮廓线设计值与实测值差1mm，1号球弧长设计值比实测值小1mm，2号球弧长设计值比实测值大1mm，证明在杆件中心线穿过两端球中心，符合施工精度要求。

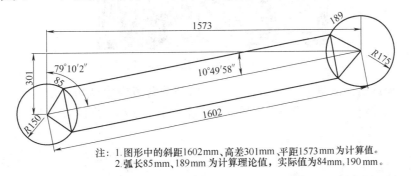

注：1. 图形中的斜距1602mm、高差301mm、平距1573mm为计算值。
　　2. 弧长85mm、189mm为计算理论值，实际值为84mm、190mm。

图 11.1.1-3　试验结果数据比较示意图

2. 试验结论

经试验证明，采用"空间钢结构三维节点快速定位测量施工工法"的定位测量方法，满足钢结构杆件中心线穿过两端球中心的精度要求，是切实可行的。

11.1.2 控制测量

国家游泳中心工程屋面共布设4个控制点（图11.1.2）。

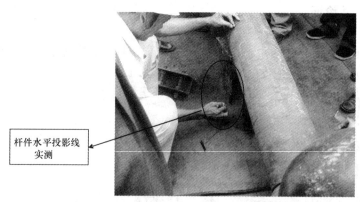

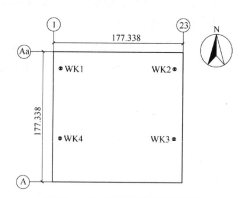

图 11.1.1-4 杆件水平投影线实测

图 11.1.2 屋面控制点示意图

11.1.3 空间钢结构三维节点定位测量（图 11.1.3-1～图 11.1.3-3）

图 11.1.3-1 三维节点定位测量（一）

图 11.1.3-2 三维节点定位测量（二）

图 11.1.3-3 三维节点定位测量（三）

国家游泳中心工程钢结构测量工法得到了业主、监理等各方专家认可，取得了良好效果，并为类似复杂不规则钢结构三维定位测量提供了典型的范例（图 11.1.3-4，图 11.1.3-5）。

图 11.1.3-4 国家游泳中心钢结构外墙

图 11.1.3-5 国家游泳中心钢屋盖

箱形空间弯扭钢结构构件加工制作工法

YJGF163—2006

北京城建集团有限责任公司　浙江精工钢结构有限公司

李久林　高树栋　邱德隆　俞荣华　董海

1. 前　　言

大尺寸箱形空间弯扭钢结构构件的加工制做，国内外钢结构制做厂尚无成熟的经验可借鉴，制做难度大。而随着建筑钢结构施工技术的发展，越来越多的工程采用新颖独特造型，构件截面形式也日趋向异型截面发展。因此，探索总结箱形空间弯扭构件的制做技术对于推动箱形空间弯扭构件在国内外建筑钢结构领域的应用具有积极的创新和推广意义，同时从节约资源的角度上也符合我国的可持续发展国策。

本工法是北京城建集团有限责任公司和浙江精工钢结构有限公司结合国家体育场钢结构工程箱形空间弯扭构件制做综合技术等研究成果，自行研制的兼具首创性和先进性的箱形空间弯扭钢构件的加工制做工法。

该工法的关键技术是国家科技攻关项目《国家体育场结构设计与施工的安全关键技术研究》之子课题《国家体育场钢结构工程箱形弯扭构件及微扭节点制做技术及应用研究》的研究成果，该研究成果于2007年2月1日通过北京市建委组织的科技成果鉴定，鉴定结论是该项技术填补国内空白、达到国际领先水平。

该工法成功应用于国家体育场钢结构工程12000t箱形空间弯扭构件的加工制做，对保证国家体育场钢结构工程的工程进度和施工质量具有重要意义。目前，该工程荣获北京市结构长城杯金杯、中国建筑钢结构金奖（国家优质工程）等殊荣。

2. 工 法 特 点

与传统钢构件加工制做相比，本工法的特点为：

首次将多点无模成形理论引入建筑钢结构加工制做领域，用数控模具取代传统的整体模具；通过优化无模压制成形的变形路径、实时控制变形曲面，实现可随意调整板材的变形路径和受力状态，从而扩大加工范围；通过采用分段成形新技术，实现小设备成形大工件功能；最终实现现代高新技术与传统制做工艺的完美结合，解决传统制做工艺难以解决的弯扭构件制做关键技术难题，并最大限度地降低生产成本、提高生产效率。

3. 适 用 范 围

本工法主要适用于板厚在 10～60mm 范围内，材质为 Q345、Q345GJ 钢，截面尺寸不大于 1350mm×1350mm 箱形空间弯扭构件的工厂制做，对于其他截面形状和强度等级的弯扭构件制做可以参照本工法执行。

4. 工 艺 原 理

根据箱形空间弯扭构件由四块空间弯扭的板件组装焊接形成的原理，先将箱形空间弯扭构件离散成四块空间弯扭的板件，采用多点无模成形技术将平板压制成符合要求的四块空间弯扭板件，然后将这四块空间弯扭板件在胎架上组装焊接形成箱形空间弯扭构件。

其中，弯扭板件多点无模成形原理则是将传统的整体模具离散成一系列规则排列、高度可调的基本体（即冲头），通过对各基本体运动的实时控制，自由地构造出成形面，实现板材的三维曲面成型。其成形过程如图4。

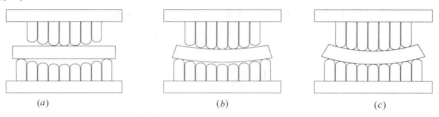

(a)　　　　　　　　　(b)　　　　　　　　　(c)

图 4　无模成形过程示意图

(a) 成形开始；(b) 成形过程中；(c) 成形结束

5. 施工工艺流程及操作要点

5.1　工艺流程

箱形空间弯扭构件制做工艺流程如图 5.1-1 所示，空间弯扭板件多点无模成形工艺流程如图 5.1-2 所示。

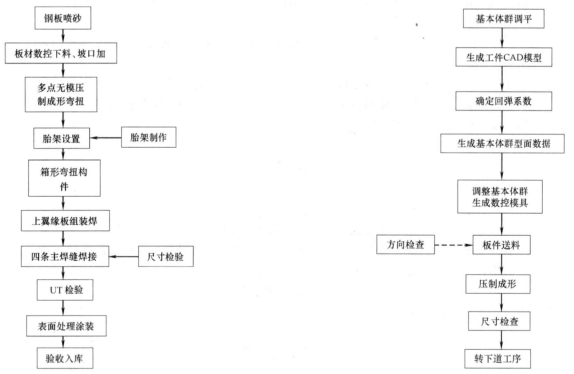

图 5.1-1　箱形空间弯扭构件制做工艺流程图　　　　图 5.1-2　弯扭板件压制成形工艺流程图

5.2　操作要点

本工法的工艺操作关键点主要包括：弯扭板件的多点无模压制成形和弯扭构件的组装焊接，具体操作要点如下：

5.2.1　弯扭板件多点无模压制成形

采用多点无模成形工艺进行空间弯扭板件的压制成形时，主要涉及基本体（即冲头）调平、工件加工、大型工件分段成形等内容，其操作要点如下：

1．基本体群调平

弯扭板件压制前首先需要进行基本体调平，确定所有基本体的初始零点，并保证其在同一参考平面内。调平时，应用控制软件的手动调形功能，将所有基本体的高度调整至较低数值，保证调平装置的顺利放入；然后选择调平选项，逐行将上下基本体群中所有的基本体调整至同一高度，以此高度值作为参考面，确定其基准零点。

2．板件压制成形工艺

板件压制成形时，其主要的操作要点如下：

1）根据加工图纸确定成形工件的尺寸，输入工件上数条表征其空间三维形状的曲线坐标值，软件将自动生成其CAD模型。

2）根据板材厚度及材料参数确定回弹系数，人机交互确定工件的定位关系。

3）进行工艺计算，得到上下基本体群的型面数据，并进行成形工艺校验。如果出现错误情况，返回第二步重新确定工艺参数，无误后转化为数控代码。

4）进行系统自检，通过总线将控制命令传递给各数控子系统，调整基本体群到设计的形状。

5）在接送装置的支撑下，将需要成形的板材定位，控制压力机成形，得到需要的空间形状。如果是分段成形，则需要多次调形、定位和成形，直到整张板材成形完毕。

3．大尺寸板件分段压制成形工艺

对于大尺寸（板长方向）板件弯扭成形时采用分段压制成形技术进行压制。压制时将弯扭板件的基本体成形面划分为成形区域和过渡区域两部分：对于成形区域板件按本文中板件压制成形工艺将板件一次压制成形；对于过渡区域板件采用NURBS曲面造型技术直接生成过渡区的形状，先按照本文中板件压制成形工艺将板件压制过渡形状，然后移动板件，调整基本体成形面，将过渡区压制到最终形状。

采用分段压制成形工艺可以实现大尺寸（板长方向）板件的连续压制成形。

5.2.2 弯扭构件制做要点

组成箱形弯扭构件的四块空间弯扭板件压制成形后，即可在胎架上进行箱形空间弯扭构件的组装、焊接工作，其操作要点如下：

1．胎架设置

装配胎架采用可调式专用胎架，刚性平台要求平面度±2mm；在平台上划出各控制点的二维坐标，先在钢平台上用洋冲标出弯扭构件的胎架定位点（如图5.2.2-1所示），作出标记点后再设置胎架。

根据深化图给定的坐标设置胎架，胎架间距不大于2000mm，为便于操作最低的支架离地高度为800mm，同时应考虑牛腿的安装空间。如图5.2.2-2所示。

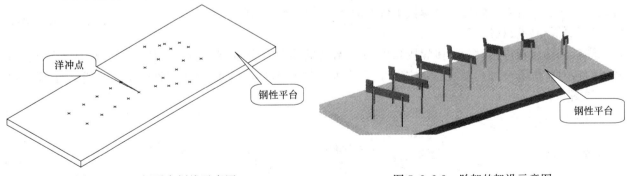

图5.2.2-1 钢平台划线示意图   图5.2.2-2 胎架的架设示意图

2．U形组装

1）放置下翼缘板

将喷有定位线的弯扭构件的下翼板置于胎架上（如图5.2.2-3所示），调整板件与胎架的贴合度使其控制在2mm内。

2）安装隔板

下翼缘调整到位后定位内隔板。内隔板定位主要是通过下翼板上的喷粉线及内隔板上部的一端点来进行定位（隔板上部的一端点的投影点事先在钢平台上已标出），在装配时通过吊线垂及测标高来确定空间位置。如图5.2.2-4所示。

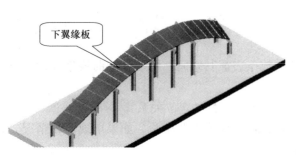

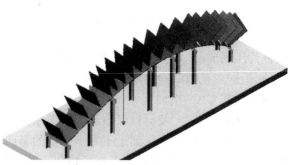

图5.2.2-3　下翼缘板安装放置示意图　　　　图5.2.2-4　隔板安装示意图

3）安装两侧腹板

两腹板安装以内隔板及下翼板作为定位基准，待各板件之间相互装配贴合后进行定位焊，组装时截面尺寸加4mm的余量（如图5.2.2-5所示）。组装定位焊从下翼板的中部开始向两侧进行，局部间隙采用花篮螺丝（板厚≤20mm）或15000～30000kg的拉杆式液压千斤调整或采用专用的装配工具进行装配（如图5.2.2-6所示）。在下胎架前测量构件两端头洋冲点之间的相对距离，作为后道焊接工序中的焊接变形的跟踪测量。

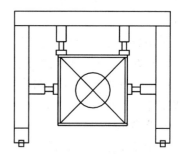

图5.2.2-5　两侧腹板安装示意图　　　　　　图5.2.2-6　专用装配工具示意图

3. U形焊接

U形焊接主要是指隔板与下翼板焊接和隔板与两侧腹板焊接。焊接时分两步进行，先是在胎架焊接完成1/3坡口焊缝，然后吊至焊接平台上焊接完成剩余2/3坡口焊缝。

1）隔板与两腹板焊接

隔板与两腹板焊接时，整体焊接顺序为由无余量端向有余量端进行，每块隔板的焊接方法相同；隔板焊接时，焊缝2和焊缝4同时进行，自下而上跳焊焊接，跳焊间距为200mm，焊缝焊接至坡口1/3,如图5.2.2-7所示。

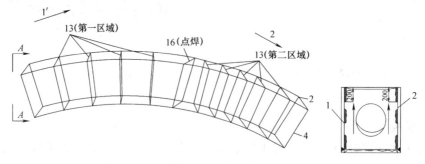

图5.2.2-7　隔板与两腹板焊接顺序示意图

2）隔板与下翼缘板焊接

隔板与下翼缘板焊接时，整体焊接顺序为由构件中间向两端进行，焊缝焊接至坡口1/3，如图5.2.2-8所示。

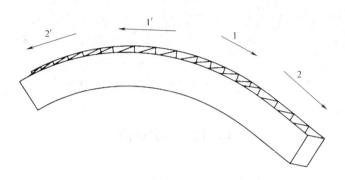

图5.2.2-8　隔板与下翼板焊接顺序示意图

3）焊接平台上U形弯扭构件的焊接

隔板与两腹板、下翼缘板焊缝焊接至坡口深度1/3后，将U形弯扭构件吊至焊接平台上继续焊接。焊接前按图5.2.2-9所示对U形弯扭构件进行刚性固定。焊接时，翻转构件采用平角焊，隔板与两侧腹板按图5.2.2-7的焊接顺序焊接，隔板与翼板按图5.2.2-8的焊接顺序焊接。焊接过程中要对构件凹面的AC，BD（弯曲），AD，BC（扭曲）等尺寸进行测量；当AC或BD超过8mm，应及时对构件翻身，焊接另一侧的焊缝；当AD或BC（扭曲）超过15mm，立即停止焊接进行火焰校正，并调整加强体的连接位置。

4. 上翼缘板组装焊接

1）U形组立弯扭构件焊接完成后，拆除其刚性固定装置，对其成形质量进行检查。AC或BD小于6mm，且AD或BC小于10mm时，可以进行上翼板的装配，否则应通过火焰校正等措施使其满足上述要求。

2）在装配上翼板前应对U形弯扭构件在胎架上进行校正，要求弯扭构件两头与胎架的贴合度控制在2mm内，其他部位贴合度控制在4mm内。

3）在U形弯扭构件焊接完成并检验合格后装配上翼板（如图5.2.2-10所示），刚性固定后即可进行隔板与上翼板焊接，整体焊接顺序为由构件中间向两端进行，如图5.2.2-8所示。

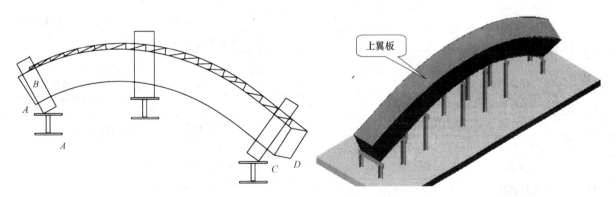

图5.2.2-9　焊接过程刚性固定及焊接控制点示意图　　　图5.2.2-10　上翼缘板安装示意图

5. 四条主焊缝焊接

四条主焊缝焊接时，要求两条主焊缝同时焊接，即由两名焊工先1、2后3、4对称进行焊接；焊接过程中要对AC，BD（弯曲），AD，BC（扭曲）等尺寸进行测量，如图5.2.2-11所示。另外，四条主焊缝距两端口各留100mm左右不焊接，待预拼装合格后焊接。

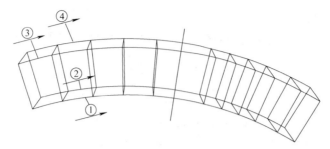

图 5.2.2-11　四条主焊缝焊接顺序示意图

6. 材料与设备

6.1　主要材料

本工法涉及的材料主要是焊接材料及氧气、乙炔等辅助材料；焊接材料的规格、型号由焊接工艺评定结果确定；氧气、乙炔等辅助材料的选用则根据烤枪、割枪等设备的型号确定，不再赘述。

6.2　主要设备

本工法需要的主要机具如表 6.2。

主要设备　　　　　　　　　　　　　　表 6.2

序号	设备名称	型号/规格	数量	用途	备注
1	多点无模成型系统	SM150	1套	弯扭板件压制成形	
2	数控等离子切割机	DHG-1840	1台	钢板切割及开坡口	
3	数控火焰切割机	HGR-2H3500	1台	钢板切割及开坡口	
4	烤枪	H01-12/20/40	若干	火焰矫正、预热等	
5	组装胎架	—	1套	弯扭构件组装焊接	
6	专用装配工具	—	2套	装配校正	
7	专用焊接平台	—	1套	弯扭构件焊接	
8	千斤顶	15t、30t	若干	装配校正	1. 本工法所列设备机具数量系按"一个作业面、三班倒"原则配备；
9	花篮螺丝	5t、10t	若干	装配校正	
10	全站仪	Leica	1台	测量放线、检查	2. 主要机具型号、数量，使用时应结合施工单位设备情况及工程量灵活采用；
11	钢板尺	—	若干	测量放线、检查	
12	线坠	—	若干	测量放线、检查	
13	交直流焊机	ZX_7-400/ZX_7-500	2台	焊接	3. 在使用电加热器对钢构件进行整体或局部热处理时，需要配有专门的温度控制箱来实现热处理工艺中的升温、降温、恒温等温度和时间的控制
14	CO_2 气体保护焊机	CL-500	2台	焊接	
15	埋弧焊机	MZ-800	1台	焊接	
16	碳弧气刨	W-0917	1台	清根、清理坡口	
17	焊条烘箱	ZYH-0-60	1台	焊条烘烤	
18	温控箱	DWK-A2	1台	预热、热处理	
19	电加热器	600mm×300mm	1套	预热、后热	
20	风动打渣机	—	4台	层间清渣	
21	角向磨光机	ϕ100～200mm	4台	层间清渣	
22	接触式/远红外测温仪	SAMO/RAYNGER	各1台	测温检查	
23	超声波探伤仪	EPOCA4	1台	焊缝内部质量检查	
24	放大镜	5倍	1台	焊缝表面裂纹检查	

7. 质 量 控 制

7.1 应执行的标准规范

本工法应执行的主要标准规范有《国家体育场钢结构施工质量验收标准》JQB—046—2005、《钢结构施工质量验收标准》GB 50205—2001、《建筑钢结构焊接技术规程》JGJ 81—2002、《低合金高强度结构钢》GB/T1591—1994 和《建筑结构用钢板》GB/T 19879—2005 等。

7.2 质量要求

本工法施工时，当设计文件无明确要求时箱形空间弯扭构件的成形质量按照表7.2的要求进行质量控制。弯扭构件的焊缝质量要求按照国家标准的有关要求执行。

弯扭构件成形质量标准　　　　　　　　　　　　　　表7.2

项　　目		允许偏差	检验方法	图　　例
构件扭曲		5.0	用激光经纬仪、水准仪、扫描仪或水平管及钢尺检查	
构件截面尺寸($b \times h$)	连接处(二端头)	±3.0		
	中间	±4.0		
二端面	平面度	2.0		
	四角垂直度	3.0		
	二对角线差	3.0		
	板件正截面直线度	$b/300$		
表面形状		四角弧度光顺、曲面平滑	观察检查	
翼板直边与腹板面的平齐度偏差 Δ		$\Delta \leqslant 0.05t$ 且 $\Delta \leqslant 1.0$(平滑过渡)(t 为最薄的面板厚度)	钢尺塞尺检查	
构件两端头及与其他构件有连接的部位的坐标偏差		±3.0	经纬仪或吊线检查	—
其他部位		无明显缺陷	观察检查	—

8. 安 全 措 施

8.1 管理制度

8.1.1 加强安全教育，使焊接操作人员牢固树立"安全第一、预防为主"的思想，认识到安全生产、文明施工的重要性，严格执行安全生产三级教育。

8.1.2 严格执行现场安全生产有关管理制度，建立奖罚措施，并定期检查考核。

8.1.3 根据工程特点编制焊接操作规程和作业人员岗位职责，确保分工明确、责任到人。

8.2 技术安全措施

8.2.1 加强操作人员的安全教育培训工作，开工前做好安全交底工作，并形成书面交底记录；每天认真开展好班前安全教育活动，确保每个操作人员对安全防护工作做到心中有数。

8.2.2 弯扭板件压制过程中，操作人员应严格按照无模压制成形的安全操作规程进行板件的计算机调形、传动机构的传输及压制等工序。

8.2.3 弯扭构件的胎架组装过程中应严格按照国家规范或标准的有关安全管理规定执行，不得进行野蛮施工。

8.2.4 弯扭构件胎架上焊接施工时，应严格执行国家规范或标准关于焊接施工安全的有关规定。

9. 环 保 措 施

环保措施主要从污染源的控制、传播途径治理、个人防护和环保教育等四方面进行。

9.1 污染源控制

9.1.1 焊接方法选择时，焊接条件允许的前提下优先选用自动化程度高的焊接方法进行焊接；选用低尘低毒性焊接材料，以降低电焊烟尘的浓度和毒性；改善焊工的作业条件，减少电焊烟尘污染。

9.1.2 选择合理的切割、矫正设备，控制加工制做过程的噪声到合理的范围。

9.1.3 加强对无模成型设备的维护、保养及管理，避免其对压制钢板造成二次污染。

9.2 传播途径治理

9.2.1 改善作业场所的通风条件，当封闭或半封闭结构施工时必须有机械通风措施。

9.2.2 车间焊接时，通过在墙体表面采用吸声、吸收材料进行装饰等措施，降低加工场所的噪声，减少焊接弧光的反射，加强对操作者的保护。

9.2.3 焊接时保证工件接地良好，控制做业场的温、湿度，控制焊接时电磁辐射对操作者的伤害。

9.3 个人防护

对作业人员配备必须的个人防护用品，若在封闭或半封闭机构内工作时，还需佩戴使用送风面罩。

9.4 强化职业卫生宣传教育及现场跟踪监测工作

对作业人员应进行必要的职业安全卫生知识教育，提高其职业卫生意识，降低职业病发病率。同时，还应对焊接作业场所的尘毒危害进行定期监测，对作业人员定期进行体检，以便及时发现问题，预防和控制职业病。

10. 效 益 分 析

本工法经济效益是巨大的，环保节能和社会效益是明显的。

10.1 经济效益分析

由于该工法的关键技术为新开发的技术，因此在进行经济效益分析时主要与传统技术方案（即传统模具工艺和传统火工弯板工艺）进行生产成本费用比较。

传统模具工艺、传统火工弯板工艺及本工法各项成本费用支出如表 10.1 所示。

各项成本费用支出 表 10.1

支 出 项 目	传统模具工艺	传统火工弯板工艺	本 工 法
2000t 压力机	500 万元	—	500 万元
数控模具	—		350 万元
模具加工	1.5 万元/套	—	—
弯支胎架	—	1.0 万元/套	—
火工能源消耗	—	0.15 万元/套	—
火工人工费	—	720 元/套	—

以国家体育场钢结构工程为例，采用本工法加工的箱形弯扭构件约 2000 根，总用量约 6000t，则该工程由于采用本工法其生产成本费用节约如下，材料摊销系数取 0.4。

相对于传统模具工艺：

$$[(500+1.5 \times 2000 \times 4)-(500+350)] \times (1-0.4)=6990 （万元）$$

相对于传统火工弯板工艺：

$$\{[(1+0.15+0.072) \times 2000 \times 4]-(500+350)\} \times (1-0.4)=5355.6 （万元）$$

10.2 环保节能效益分析

本工法的环保节能效益是十分明显的，各项环保节能指标同表 10.1。

以国家体育场钢结构工程为例，采用本工法加工的箱形弯扭构件总计 2000 根，总用量约 6000t，则该工程由于采用本工法导致能源节约如下，其中材料摊销系数取 0.4。

相对于传统模具工艺：

节约模具：$2000 \times 4=8000$（套）

成本节约：$1.5 万元/套 \times 8000 套 \times (1-0.4)=7200$（万元）

相对于传统火工弯板工艺：

节约弯支胎架：$1 万元/套 \times (2000 \times 4) 套=8000$（万元）

节约能源消耗：$0.15 万元/套 \times 8000 套=1200$（万元）

总成本节约：$(8000 万元+2400 万元) \times (1-0.4)=6240$（万元）

10.3 社会效益分析

本工法的社会效益是十分明显的，主要表现为：开创了建筑钢结构工程大量采用大尺寸箱形空间弯扭构件高效优质成形与制做工艺的先河，保证了国家体育场钢结构工程的顺利进行，并为今后国家有关规范标准相关内容的修订奠定了基础。

另外，本工法内容从节约资源角度符合我国的可持续发展战略，有利于推进能源与建筑结合配套技术研发、集成和规模化应用。

11. 应 用 实 例

截至目前国内外建筑钢结构工程仅有国家体育场钢结构工程大量采用了大尺寸箱形空间弯扭构件。但是，由于弯扭构件的线条更能符合建筑师的美学要求，我们相信随着国家体育场钢结构工程的成功应用，其必将会日益得到建筑师的青睐并广泛应用于建筑钢结构工程。

国家体育场工程为北京"2008"奥运会主会场，其钢结构工程为了编织"鸟巢"的特殊建筑造型，设计时在钢屋盖与立面相交部位（即肩部）全部采用了箱形空间弯扭构件，其截面尺寸基本为 1200mm×1200mm，钢板材质涉及 Q345C、Q345D、Q345GJD、板厚涉及 10～60mm，总用钢量

12000t。图 11-1 为国家体育场钢结构工程全貌，图 11-2 为典型弯扭构件实物图片。

图 11-1 国家体育场钢结构工程全貌

图 11-2 典型弯扭构件实物图片

在进行弯扭构件制做施工时，按照本工法规定的加工工艺、操作要点及质量标准等进行制做施工，历时四个月完成全部加工任务，实现弯扭构件成形及焊缝质量自检及第三方检查合格率 100％的佳绩，对保证国家体育场钢结构工程总体进度和工程质量具有重要意义。

新式索托结构拉索张拉施工工法

YJGF164—2006

北京韩建集团有限公司

侯俊　丁朝阳　马永利　王利　朱振刚

1. 前　　言

　　新式索托结构是我国自行开发的具有自主知识产权的一种新型结构形式，其外形类似斜拉结构，受力特点与悬索结构有相似之处。索托结构的索不是采用"拉"、"吊"的连接方式，而是采用"托"的方法，连接可靠性增加，而且越到跨中效率越高，能有效减少主桁架跨中挠度，支撑柱架高度可降低，当拉索角度较小时，仍能对结构提供比较大的竖向力，并且可以提高支撑柱架的侧向刚度，不易产生风振破坏。索与结构连接处不采用刚性锚头连接，也不切断钢索，而是直接在主桁架结构下贯穿而过，跨过支撑柱架锚固在地面的反力架上，索的利用率高，受力合理，较斜拉结构可节省索锚头，节省建筑结构用材，降低工程造价，且施工方便，社会经济效益显著，推广应用前景广阔。

　　北京芦城体校曲棍球训练馆工程由北京韩建集团有限公司承建。该工程采用了新式索托结构，项目部结合工程的特点难点组织技术攻关，联合设计单位组织多次试验和专家论证，总结并应用了新式索托结构张拉施工工法，确保了所有索托主桁架张拉一次成功，取得显著的社会经济效益和技术经济效果。"新式索托结构施工技术"于2007年5月，通过北京市建委组织的科学技术成果鉴定，专家评定该项技术达到了国内领先水平。

2. 工 法 特 点

　　2.1　张拉装置结构简单、造价低、施工速度快、操作方便、精度高。

　　2.2　张拉分级根据桁架跨度、设计允许挠度值、桁架的重量、拉索的型号等进行详细计算确定，减少了重复张拉，提高张拉的成功率，保证了结构的安全。

　　2.3　张拉采用桁架两侧同时进行，加力分级明确，减少对格构柱的影响，能有效控制张拉力和桁架的挠度。

　　2.4　张拉过程采用了CM-2B静态应变测试分析系统对主要受力杆件应力、应变进行监控，设定临界值，控制杆件承受力的范围，能及时、准确地掌握主要受力杆件的应力、应变变化情况，保证桁架的整体安全。

　　2.5　采用了索鞍、索托等构件，在弯折点处进行特殊处理，减少了张拉时索的弯折点摩擦力。

　　2.6　主桁架的变形受温度影响较大，张拉施工时必须控制温差在一定范围内。

3. 适 用 范 围

　　本工法适用于大型公共建筑大跨度结构体系，采用索托结构的张拉施工（图3）。

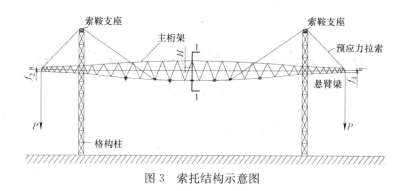

图 3　索托结构示意图

4. 工艺原理

新式索托结构张拉系统是由主桁架、悬臂梁、拉索、张拉装置、索托、索鞍、监测设备等组成，采用 ANSYS 结构分析软件，建立整个结构在正常使用状态下的模型，经过工况选取，确定张拉分级，引入接触计算，编制有限元程序处理 3 种接触状态（结合但无滑移；结合而有滑移；主桁架与拉索脱离开）的静力计算问题。张拉千斤顶两端对称布置，首先进行预张拉，以消除其非弹性延伸值和索受力后延伸不一致的影响，以及结构之间间隙影响，然后两端同时加力进行分级张拉，通过应用各种监测方法，控制张拉全过程，确保结构安全和达到设计要求。

5. 施工工艺流程及操作要点

5.1　施工工艺流程

参见图 5.1。

5.2　施工准备

5.2.1　张拉方案的确定

施工前应根据桁架的设计跨度、结构形式、构件重量、拉索以及主桁架梁和悬臂梁设计允许挠度值，在结构分析软件中建立整个结构在正常使用状态下的模型，经过合理的工况选取，研究制定切实可行的张拉方法和步骤，并把每步张拉详细分级，规定出允许变形的极限值，经有关部门审批后实施。

5.2.2　拉索及配套构件性能质量要求

1. 张拉索试件的检测

拉索材质采用低松弛高强镀锌钢丝，护套采用高密度黑色和白色双层聚四氟乙烯。拉索规格型号应根据工程设计选择。使用前应做破断荷载试验，并检查拉索各部位无异常；锚杯的外螺纹部位、螺母的内螺纹部位，经 MT 检测应没有超标缺陷。

1) 张拉索弹性模量测试

拉索试件弹性模量的测试用 CM-2 型静态应变测量分析系统和 10mm 应变式位移传感器进行测试，由 P-ΔL 曲线通过最小二乘法确定拉索最终的弹性模量。

对张拉索试件的拉力试验（测定弹模）按《公路工程金属试件规程》（JTJ 055—83）进行，测定钢绞线伸长率时，其标距不小于 600mm。加载时，最大应力值不能大于比例极限，但也不能小于它的一半，一般取屈服极限的 70%～80%。

2) 张拉索内芯与外包层应变关系的测试

为确定内芯与外包层应变关系，在测定拉索弹性模量的过程中，于拉索表层对称位置贴 4～8 片（两个截面）应变片，以测试拉索拉伸过程中外包层应变，并于拉索拉力比较，得到拉索外包层应变和拉索拉力的内在关系，总结规律，为拉索拉力的测试提供新的方法。

2. 索托

索托构件设在主桁架的下弦部位,起支托索的作用(图5.2.2),索与索托相互间保证相对切向移动,减少摩擦力。

3.索鞍

索鞍是设在格构柱柱顶,采用不锈钢材质,可转动又可移动,承受压力和剪力的构件,是与索托结构配套的构件。

4.聚四氟乙烯衬垫

托槽内配有聚四氟乙烯衬垫,减少弯折点的摩擦力,保证拉索在张拉过程中能自由移动。鞍槽内也同样配有聚四氟乙烯衬垫,减少弯折点的摩擦力,保证力的有效传递。

5.3 操作要点

5.3.1 张拉设备安装

索托结构抗拔基础达到设计强度后,主桁架、张拉设备和检测设备同时进行安装(图5.3.1)。

千斤顶安装于桁架平面轴线上,两个千斤顶要对称放置。

5.3.2 拉索安装

钢结构安装主桁架及悬臂梁经验收合格后进行吊装,每安装一榀桁架后即进行拉索的安装。拉索的开孔尽量靠近中心,预应力拉索索头由预应力施工操作人员将一端固定在抗拔基础上。

若主桁架是梭形,横截面是倒三角形(图5.3.2),采用将拉索在地面沿桁架展开,利用吊车将其吊到位,然后临时捆扎,待人工将其入托槽后将索头固定,避免对拉索的摩擦破坏,减少对主桁架和格构柱的侧向受力,同时也节约了费用。

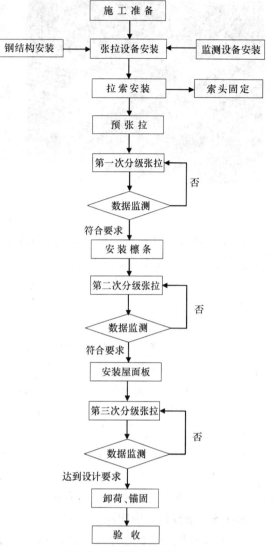

图5.1 张拉施工工艺流程

图5.2.2 索托构件

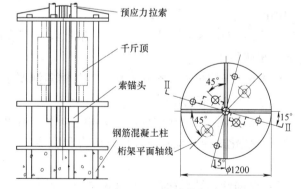

图5.3.1 张拉装置

5.3.3 根据主桁架和格构柱的结构形式合理布置测试点。

5.3.4 张拉设备安装完毕后应进行封闭管理,禁止无关人员进入。

5.4 张拉施工

5.4.1 预张拉

1.预张拉是在每榀桁架拉索的张拉过程中,采用2~3次预张拉以消除其非弹性延伸值和索受力后

图 5.3.2　主桁架、拉索

延伸不一致的影响，以及结构之间间隙影响，预拉时所施预拉力取设计横载索力的 1.25 倍，施力持续时间一般为 10～15min。

2. 张拉施工过程操作工艺：张拉索力达到控制吨位→持荷、测量结构挠度→放松张拉索、测量结构挠度→再次张拉索力至控制吨位→持荷、测量结构挠度，并与上次所测结构挠度对比，相差在允许范围内，证明已消除结构间隙的影响→张拉索锚固。

5.4.2　第一次张拉

1. 张拉力共分为 15 个等级，前 10 个等级，每级 20kN，以后每级为 10kN。

2. 桁架两端的张拉设备同时加力对桁架进行张拉，每加一个等级的张拉力保持恒定 5min，直至桁架下弦杆离开支撑架上固定标准点 2～3mm 后，停止张拉，待测定变形、应力等参数后，对拉索位置、索鞍、索托、张拉设备、各测点应力、支架状态、照明等是否正常进行检查，一切正常后，方可进行下一级张拉。

5.4.3　第二次张拉

1. 第一榀桁架张拉完毕后，依次张拉第二、第三榀桁架，其程序和第一榀相同。待三榀桁架张拉安装后，即可安装檩条，檩条安装完毕后，测定并记录各参数，根据参数制定第二次张拉方案。

2. 第二次张拉一般分为 15 个等级，前 5 个等级，每级 5kN，以后 10 个等级每级 20kN，每级到位后，应保持应定力 20min，其他程序同第一次张拉。

5.4.4　第三次张拉

第三次张拉是补张拉，待所有檩条屋面板及屋面全部设施安装到位后，测定桁架跨中挠度值和悬臂梁挠度值，根据规范和设计要求，进行补张拉。一般每级 20kN，待到挠度符合设计要求停止张拉，停留 2h 以上，观察挠度变化，待数据稳定后，张拉完毕，卸荷并固定锚头。

5.4.5　张拉过程中应注意的问题：

1. 张拉过程中要控制张拉速度，不宜太慢也不宜太快，要和正反纹螺牙的旋紧同步进行。

2. 每级到位后，应保持张拉力 5～10min，直至挠度达到张拉方案规定时停止张拉，在张拉过程中随时监测其他测试参数（桁架跨中、根部杆、腹杆、悬臂梁根部应力等），待所有参数均处于正常控制范围内时，才可进行下一步工作。

3. 如果某值达到临界预警值（一般取设计值或规范值的 70%）时，必须查明原因，排除后方可进行下一步张拉工作。

5.4.6　张拉过程对索和索托结构数据监测要求

1. 张拉数据监测作用：

1）在施工过程中通过检测索力和主要受力杆件的应变和变形，掌握索托结构在施工中的应力和应变情况及变化规律，检验设计计算应力和实测应力在各阶段的偏差，以达到监督和指导施工，确保工程质量和施工安全。

2）根据计算结果和各阶段实测数据，并与设计计算结果对比，调整结构的施力过程，实现结构顺利完工。

2. 张拉索张拉力测试

张拉索张拉力测试采用了压力表测试法和应变（力）测试有两种方法：

1）压力表测试法

由于一般拉索张力需要使用千斤顶，而千斤顶的液压和索的张力有直接的关系，所以，只要测定张拉油缸的压力就可以求得索力。使用 0.3～0.5 级的精密压力表并实现通过标定，求得压力表所示液压和千斤顶张拉力之间的关系，则利用压力表测定索力的精度可达到 1‰～2‰。

2）应变（力）测试法

由于拉索的弹性模量已知，并且拉索内芯与外包层之间的应变关系经试件预测已知，因此，只要测定拉索张拉时拉索外包的应变值，利用拉索内芯与外包之间的应变对应关系，再根据索力—应变关系，可以直接算出索力值。

3. 索托结构主要受力杆件的内力和变形测试

1）根据主桁架和格构柱的结构形式合理布置测试点，一般选用跨中截面、主梁固定端的内侧和外侧的上、下弦杆及腹杆以及塔底截面的立柱，测试各杆件的表面应变；

2）弦杆和立柱测试其轴力和在截面上两个方向上的弯矩，腹杆以及横向连接杆件只测轴力；

3）贴片工艺的好坏在相当程度上影响测量的精度和正确度，贴片位置需进行认真打磨、清洁，仔细观察基底下有无气泡和粘贴方位是否正确，对不符合要求的应变片必须铲除重贴；

4）测试导线接入惠斯登电桥及静态应变测试分析系统进行测量结构表面应变。

5）测试导线的位置要注意避开电磁场干扰或采取屏蔽措施。因测试时间较长，故还需进行防护和防潮处理。

6）由胡克定律将应变换算成应力，再由应力（主应力、次应力）换算成内力（轴力、弯矩）。

4. 索托结构挠度测试

1）建立三维坐标系

在不影响通试的前提下，在桁架中心连线平面投影上选择平面坐标系原点，垂直于桁架方向为 X 轴，顺桁架方向为 Y 轴，通过坐标系原点的铅锤方向为 Z 轴。根据设计图纸提供的桁架各节点的坐标，建立桁架在所选坐标系中的空间直线方程。

2）定位方法

桁架安装位置必须满足设计的精度要求，然后才能开始施工过程的挠度测试，为了提高放样精度，必须对施工控制网进行复测，用三维坐标法进行桁架定位，标高采用三角方程法传递，桁架立柱基础顶面即作为平面控制点，也是临时高程测试点。必须配备专业技术人员和操作熟练的技术工人作为测试人员。

3）测点布置

在每榀桁架的跨中、桁架支撑处和悬臂梁端设置测点，测点布置钢片并设置明显标记。

4）挠度测试

测试每榀桁架在每级张拉过程中的测点处的竖向挠度和偏位。并在每榀的索塔顶点处测量其沉降和偏位。测试挠度是需消除温度影响及结构间隙等非弹性变形的影响，可通过同一工况下多次测试消除其影响。

5.5 卸荷与锚固

张拉达到设计要求后两侧同时进行卸荷，卸荷后对各个参数进行复测，确认符合设计和规范要求后，进行锚固，并对张拉装置进行防腐和防护处理。

5.6 质量验收

锚固完成后，组织设计单位、施工单位、数据检测单位和有关专家根据设计文件和《钢结构工程施工质量验收规范》GB 50205—2001 进行验收。

5.7 劳动力组织（表 5.7）

劳动力组织情况表
表 5.7

序　号	工种名称	工作内容	人　数
1	指挥	统一指挥协调各工种工作	1
2	技术指导	负责技术方案制定、结构验收、技术指导	1
3	测量人员	负责桁架挠度测量观测、记录	5

续表

序　号	工种名称	工作内容	人　数
4	质检员	桁架、拼装等质量检查、评定	2
5	安全员	负责工地各工种、设备、现场的安全管理	2
6	吊装工	负责现场吊装指挥	1
7	电焊工	负责构件焊接作业	8
8	电工	负责工地电器设备和动力照明用电	3
9	张拉工	负责张拉工作	6
10	其他	配合各工种工作	12
11	合计		41

6. 材料与设备

由于索托结构张拉可借鉴的经验少，为确保施工安全和桁架不发生永久变形，采用了CM-2B静态应变测试分析系统，对杆件的应力、应变进行实时监测和分析处理，其他设备见表6。

施工主要机械设备表 表6

序　号	设备名称	规　格	单　位	数　量	备　注
1	超声波探伤仪	CTS-22A	台	2	结构检测
2	普通钢管	$\phi48\times3.5$	t	50	支架使用
3	水平安全网	锦纶平网-P-3×6	块	75	安全防护
4	汽车吊	50t	台	2	吊装拉索
5	液压千斤顶及电动油泵	200kN	台	4	张拉设备
6	钢丝绳	各种规格	t	1.3	吊装、固定
7	钢尺	50 m	盘	1	测距离
8	精密水准仪	NI005A	台	2	测标高、挠度及沉降量
9	全站仪	徕卡 TC1100	台	2	测垂直度、及偏位
10	静态应变测试分析系统	CM-2B	台	1	监测桁架杆件的应力、应变

7. 质量控制

7.1　张拉施工中具体控制指标

张拉以主桁架设计跨中下弦挠度和悬臂梁挠度值为基准来控制张拉力。

7.1.1 悬臂梁端挠度 f_1、f_2：规范要求：f_1、$f_2 \leqslant L/75$，为安全一般选用：f_1、$f_2 \leqslant L/80$。

7.1.2 桁架跨中挠度 H：规范要求：$H \leqslant L/250$，为安全一般选用：$H \leqslant L/300$。

7.1.3 选取格构柱、悬臂梁和主桁架的上弦杆、腹杆、下弦杆的相应位置作为应力、应变监测点，设定预警值 $\delta = 210MPa$（规范要求 $\delta \leqslant 300MPa$）。

7.1.4 抗拔基础混凝土强度达到设计强度后方可进行张拉施工。

7.1.5 索具安装部位、尺寸、角度、标高必须符合设计要求。

7.1.6 索锚头、张拉装置、主桁架等所使用的圆钢、钢板的材质及焊接质量、吊装质量等应符合设计及施工验收规范《钢结构工程施工质量验收规范》GB 50205—2001。

7.2　环境温度控制

张拉过程要保持环境温度基本恒定，宜选择夜间或早、晚施工，避免阳光直射，使桁架产生温差，张拉过程温差控制在±5℃以内为宜。

7.3 张拉速度控制

张拉时严格按照张拉方案分级张拉，每级张拉应匀速进行，不宜太慢也不宜太快，每级到位后必须使应力传递完毕，方可进行下一级张拉。

7.4 最终挠度值的调整

因为卸荷后桁架要进行不同程度的回调，故根据桁架和拉索的型号、跨度、重量等参数不同，悬臂梁端其控制挠度值可适当比设计挠度值大5～15mm，跨中挠度值变化不是很大。

8. 安 全 措 施

8.1 桁架及悬臂梁稳定措施

8.1.1 桁架吊装的吊点经过计算确定，应保证吊装过程中结构及构件的强度，刚度和稳定性，当天安装的钢构件应形成稳定的空间体系。

8.1.2 主桁架高空对接完成后，第一榀主桁架与抗风柱进行连接，两者之间采用销轴连接。当完成第二榀主桁架吊装后，在两榀主桁架之间必须马上安装水平支撑，形成稳定结构，以此安装后续梭形主桁架。

8.1.3 悬臂桁架吊装后，在横向拉四道钢丝绳，钢丝绳与地面固定。当一边完成两榀悬臂桁架的吊装后，即马上进行悬臂桁架之间柔性拉索的安装。

8.2 张拉施工安全措施

8.2.1 拉索张拉是一项组织纪律性严密、操作技术要求高的工作，张拉操作人员必须持证上岗，张拉过程应严格遵守张拉方案和操作规程。

8.2.2 现场必须建立明确的岗位责任制，统一指挥，统一信号，统一行动，除指定的现场指挥人员外，其他任何人员不得发号施令。

8.2.3 支撑架搭设应编制详细支撑架搭设方案，并经企业技术负责人审批后方可实施。

8.2.4 在张拉前应对桁架和张拉设备进行安全检查，并且在张拉过程中密切注意桁架、格构柱、张拉装置的稳定性，有异常情况，立即停止张拉查明原因。

8.2.5 拉索张拉时应架设风速仪，风力超过6级或雷雨时应禁止张拉，夜间施工要有足够的照明。

8.2.6 张拉时，应力、应变仪同时工作，随时监测桁架杆件应力、应变，当达到预警值时应停止张拉，查明原因，方可进行下一步工作。

8.2.7 拉索要经过三次张拉才能达到设计效果，故抗拔基础上的张拉装置周围必须搭设临时围挡，防止人为破坏，造成桁架变形，甚至倒塌。

9. 环 保 措 施

9.1 成立以项目经理为组长的现场文明施工、环境保护领导小组，严格遵守国家和地方的有关环境保护的法律、法规，制定施工现场环境保护责任区和措施，并落实到人。

9.2 定期对施工现场文明施工、环境保护管理过程中的各项措施落实情况进行检查，做好检查记录，组织考核工作。

9.3 施工现场物料堆放占用场地应紧凑，机械设备布置合理，尽量节约施工用地。材料堆放、加工应尽量利用废地、荒地，如果现场场地狭小，应选择第二场地堆放材料。

9.4 施工现场设置"五牌一图"，裸露地面进行覆盖或硬化处理，场界设置围挡，大门口设置洗车池，车辆出入进行清洗，现场定期进行洒水和清扫，减少扬尘。

9.5 对施工现场废机油、电焊条等有毒、有害物质派专人进行清理回收，消纳到政府制定地点；对预应力张拉设备定期检查，防止设备渗漏油，对土壤、水体造成污染。

10. 效 益 分 析

北京芦城体校曲棍球训练馆工程应用了索托结构，取得了如下社会效益和经济效益：

10.1 应用新式索托结构在保持原设计建筑方案外形和建筑构造的前提下用钢量小，结构用钢量从 88kg/m² ，降低到 48.5kg/m² ，节约钢材约 355t ，约合人民币 124 万元。

10.2 索托结构每榀梁用锚头 2 个，与斜拉结构相比减少 6 个，总共减少 48 个锚头，约合人民币 73.6 万元

10.3 索托结构采用的张拉装置具有结构简单、施工方便，没有任何环境污染等特点，符合国家关于建筑节能工程的有关要求。

10.4 索托结构预应力拉索安装采用吊车直接吊装，节约 2 台卷扬机及附属设施，减少了对格构柱、索鞍和拉索的摩擦损坏。在张拉过程中能够保证整体桁架的稳定性和作业人员的安全，而且能减少补张拉，保证一次成功。

10.5 采用分级张拉施工形成流水作业，节约人工 320 个工日，同时缩短工期 20d 。

新式索托结构是我国具有自主知识产权的新型结构形式，该结构安全系数高，钢材用量少，具有广阔的应用前景。我们总结形成的《新式索托结构拉索张拉施工工法》应用于工程，能够有效、安全的指导施工。对索托结构的推广有良好的促进作用，符合国家对经济发展提出的"节约资源，可持续发展的战略"要求。

11. 应 用 实 例

北京芦城体校曲棍球训练馆工程位于北京市大兴区芦城体育运动技术学校院内，其中钢结构工程长 105m ，宽 102m ；建筑面积为 11851m² ，建筑物最大高度为 30m ，其屋面钢结构（桁架结构）为倒三角桁架索托结构，跨度 75m 。该工程于 2003 年 10 月 18 日开工，2005 年 12 月 22 日竣工。其中，主桁架吊装和拉索张拉是于 2005 年 3 月 7 日开始，2005 年 5 月 23 日结束，历时 77d ，工程轴视图（参见图 11）。

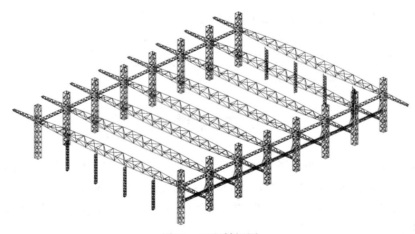

图 11　工程轴视图

11.1　施工情况

第一榀拉索张拉时，经过反复试验，最终确定了张拉分级和每级的张拉力，形成了"新式索托结构拉索张拉施工工法"，采用了该工法，剩余的七榀桁架加快了施工速度，保证了施工质量。

11.2　工程监测与结果评价

采用"新式索托结构拉索张拉施工工法"施工，为了保证施工过程中桁架结构与作业人员的安全，并且通过监测数据控制施工，中国铁道建筑总公司工程实验检测中心和施工单位监测组对索托结构的张拉施工进行了全过程监控量测。

通过监测数据表明 8 榀主桁架张拉全部合格，本工程被评为北京市结构长城杯和北京市竣工长城杯。

多曲面壳形板结构喷射施工工法

YJGF165—2006

上海市第二建筑有限公司

赵琪、张祝荣、李强

1. 前　　言

长期以来，极限运动对于大多数国人而言是一个陌生的词语，随着我们与世界距离拉近，极限运动也在我国逐渐普及，但大型滑板运动场所一直是我国各类运动场馆中的空白，多曲面壳形板结构在国内缺少施工经验。采用"多曲面壳形板结构喷射施工技术"能有效地解决不同曲率半径壳形曲面板的施工，且具有混凝土几何形状塑性精确、表观质量好、施工工期快、施工费用省等优点。该技术在新江湾城—滑板公园工程中运用获得成功。依托本工程申请实用新型专利两项，外观专利一项，依托该工程的科研课题已被上海市科委立项。

2. 工 法 特 点

多曲面精确造型清水混凝土不同于常规清水混凝土，由于曲面的几何形式多样化，若采用常规加工定型钢模板方式进行浇捣作业，则施工成本将非常大，且模板加工的难度很大。采用本工法将大幅降低工程成本，并有效确保施工质量。

2.1　多曲面壳形板利用土模作为多曲面壳形板的底部依托物，采用喷射混凝土施工工艺进行混凝土作业，然后采用特制造型工具进行混凝土表面的定型施工，最后利用特制收面和压光工具进行混凝土表面收面作业。

2.2　多曲面壳形板结构均为竖向、弧形立面，且混凝土表面需进行定型、收面和压光工序，特种喷射混凝土将作为工程主体，且满足曲面定型、收面和压光工序要求，应具备高致密双向可调凝等特点。

2.3　利用特制工具完成多曲面壳形板清水混凝土施工。多曲面壳形板的表观质量要求较高，除满足常规清水混凝土要求外，其曲面平顺度要求为±2mm/2m，施工缝接差小于1mm。

3. 适 用 范 围

本工法适用于大曲面壳形板施工，尤其适用于几何形状要求精确，表观质量要求严格的大曲面板结构施工，如：极限滑板运动场的混凝土滑面、各类城市曲面雕塑物。

4. 工 艺 原 理

多曲面壳形板利用土模作为多曲面壳形板的底部依托物，采用喷射混凝土施工工艺进行混凝土作业，然后采用特制造型工具进行混凝土表面的定型施工，最后利用特制收面和压光工具进行混凝土表面收面作业。

5. 施工工艺流程及操作要点

5.1　工艺流程（图 5.1）

5.2　操作要点

5.2.1　多曲面壳形板结构基层塑性材料（土模）施工

基层塑性材料可采用土模，其较为经济和简便，较适用于地表以下的曲面造型结构，对于大面积地表以下曲面群（如滑板公园），则需考虑地下水位高度，若地下水位高于曲壳板结构底部，应设置止水帷幕结构。

土模施工必须分层夯实回填，土体的密实度大于 95％，土模面层的造型精度不得超过 2cm/m，面层的造型精度采用定型测量工具控制，工具可采用模板加工制做，其弧度与薄壳结构底部弧度一致，采用全数方式进行检查。

5.2.2 四周限位模板和钢筋施工

四周限位模板必须的加工和支撑设置精度必须满足规范要求，模板支撑设置牢靠，确保施工过程中不发生移位和变形。施工过程中，派专人进行模板看护工作。

壳形板结构的钢筋分布间距和保护层厚度必须满足设计图纸和规范要求，杜绝由于钢筋作业过程不规范，引起壳形板结构的裂缝产生。

5.2.3 混凝土湿喷操作要点

1. 空压机的输出工作压力控制于 0.2～0.3MPa 之间。

2. 喷头与被喷射曲面之间的距离和角度分别控制控制在 90°±5°之间和 1.2～1.6m 之间施工质量控制最佳。

3. 每层喷射的混凝土厚度不易过厚，易控制在 6cm 之内。

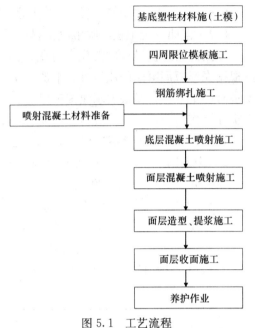

图 5.1 工艺流程

由于以上 3 点操作要点对喷射施工质量控制尤为关键，施工过程中，应严格加以控制。

5.2.4 多曲面壳形板混凝土造型、收面施工

多曲面壳形板混凝土造型、收面施工直接关系薄壳曲面结构的表观质量，是本工法的关键工序。

1. 多曲面壳形板混凝土造型施工

多曲面壳形板的造型工序，其主要为曲面结构面层进行塑形和吊浆作业。该工序通过特制定型造型工具完成。

造型作业：混凝土被喷至曲面完成面后，开始使用定型造型工具进行造型作业。造型工具上下二端各设置 2 人，特制造型工具依托模板小幅上下移动，并同时沿水平向缓慢位移造型，一段水平区域（一般 2～3m）范围内来回移动造型数次后，待混凝土表面的水泥浆被初步吊出后，及完成造型工序。

2. 多曲面壳形板混凝土收面施工

该工序为曲面混凝土面层成型工序，通过特制木蟹和铁板完成。

1）特制木蟹作业：特制木蟹分为握把式和带柄式二种。

首先使用带柄型特制木蟹，沿曲面垂直方向，从曲面底部至顶部连续反复搓动，同时向水平方向缓缓移动，确保接触区域连续作业。

对于吊浆不充分和带柄特制木蟹无法作业的曲面区域，使用握把型木蟹继续吊浆作业。

待曲面混凝土表面起浆充分后，进入下阶段作业。

2）弧形铁板作业：特制木蟹分为握把式和带柄式二种。

首先使带柄特制铁板，沿曲面垂直方向，从曲面底部至顶部单向反复压光作业，同时水平方向缓缓移动，施工过程中必须确保铁板作业区垂直方向一次连续作业。

对于混凝土曲面收光不充分的区域，采用握把特制铁板进行收光作业。

5.2.5 多曲面壳形板结构混凝土养护

养护采用混凝土面层上部覆盖土工布，并且洒水润湿，保持土工布处于湿润状态。养护时间不得少于 7d。

6. 材料与设备

6.1 工程中所采用的钢筋、混凝土等材料均需符合国家的相关规定，且质量证明和保证资料齐全有效。

6.2 多曲面壳形板湿喷混凝土材质要求

多曲面壳形板结构的混凝土材质特性应同时满足湿喷作业、曲面造型、收面和抗裂性要求。为较少根据壳形板混凝土的流淌性，混凝土分层进行喷射，根据施工操作需要，面层和基层的混凝土材质要求有一定不同，基层要求迅速凝结，面层混凝土需要慢凝结，为收面作业创造条件。根据试验和施工实际操作情况，该喷射混凝土材质特性如下：

1. 混凝土的粗骨料粒径 5～15mm 之间。
2. 混凝土的坍落度控制在 160±20mm 之间。
3. 混凝土的中砂石比例大于 1。
4. 混凝土内掺入一定比例的建筑纤维。
5. 混凝土内掺入一定比例的高效减水、缓凝剂。
6. 通过加入速凝剂，以到达混凝土双向调凝的性能。

6.3 工程中所使用的湿喷机和空压机上各类测量仪表必须完备（表 6.3），并配有相应的检测数据。

主要机具设备表　　　　　　　　　　　　　表 6.3

序　目	机 械 名 称	规　格	数　量
1	湿喷机		2
2	柴油空压机	12 立方	3
3	型树切割机	GJ5-40	1
4	圆盘踞		1
5	电动曲线机		1
6	电焊机	AX4-300-1	4
7	氧气乙炔设备		2

7. 质 量 标 准

施工过程中必须严格遵守《混凝土结构工程施工质量验收规范》GB 50204—2002 等各类相关规范。此外，还应注意：

7.1 施工时除了对于施工人员进行必要技术交底，提高施工人员专业素质外，另派有曲面施工经验的 4～5 名施工人员，主要负责薄壳曲面施工各个环节的质量把关，以确保整体成品施工质量。

7.2 多曲面壳形板结构基层塑性体系必须有足够的精度、刚度和稳定性。

7.3 多曲面壳形板结构四周模板将作为特制定型工具的依靠，故支设必须牢固，且模板支设的精度必须符合相应规范要求。

7.4 多曲面壳形板结构的钢筋绑扎间距和位置，需符合设计图纸和相应规范的要求。

7.5 喷射混凝土的材质在满足喷射作业和操作施工的前提要求下，运输至现场的混凝土必须具有均一性。

8. 安 全 措 施

施工过程中必须严格遵守《建筑安装工程安全技术规程》及《施工现场临时用电安全技术规范》

等相应规范。此外，还应注意：

8.1 正确使用个人防护用品和安全防护措施，施工人员进入现场必须戴好安全帽、穿工作服及劳保鞋，禁止穿拖鞋或光脚。尤其喷射混凝土操作人员必须做好眼部防护措施。

8.2 现场用电机具较多，电线不得乱拖、乱拉。材料运输、堆放时，一定要注意保护好电线，防止碰砸电线，造成电线包皮破碎剥落，一经发现有电线露芯或电线包皮破损要及时修调。

8.3 现场施工用的机电设备（特别是电焊机）均应有良好的二级防护装置。

8.4 电动机械及工具应严格按一机一闸制接线，并设安全漏电开关。

8.5 严格执行现场"四口"、"五临边"的防护措施规定。

8.6 夜间施工必须配备足够的照明灯光。

9. 环 保 措 施

施工过程中必须严格遵守国家的相关环保法规以及地方具体规定等，对施工的噪声等实施监测，此外，还应注意：

9.1 施工过程中落实专人负责场内外道路的保洁工作，并对进出工地的车辆实施清洗。

9.2 严格严禁夜间高噪声施工，施工场地的照明严禁向居民生活区方向照射。

9.3 在基地内设置建筑垃圾临时堆场，定时清理、外运，保持文明、整洁的施工场地环境。

10. 效 益 分 析

多曲面壳形板结构施工中，由于采用创新的施工工艺，完成了大曲面精确造型混凝土施工作业，获得较好的社会效益和经济效益，采用喷射作业和特制工具进行作业施工，解决了多曲面壳形板结构施工课题，相对于常规定型模板施工，一般可降低成本40%。

11. 应 用 实 例

上海新江湾城—滑板公园位于上海市杨浦区新江湾城地区，工程占地面积13023m²，总建筑面积12301m²。该公园主要由各类混凝土滑坑组成，滑坑则有不同曲率、半径的多曲面壳形板结构组合而成（详见图11）。该工程采用本工法实施施工，取得了较高的经济和社会效益。填补了我国此类运动场馆的空白，也为以后类似多曲面壳形板结构施工积累了宝贵的施工经验。

图11 建造完成后的实物照片

穹顶桅杆整体提升施工工法

YJGF166—2006

中国建筑工程总公司　深圳建升和钢结构建筑安装工程有限公司
南通华新建工集团有限公司
张琨　徐坤　高勇刚　王金军　史加庆　章季

1. 前　　言

随着社会经济的蓬勃发展，超高层建筑如雨后春笋在祖国的各大都市拔地而起，许多超高层建筑屋顶造型出于建筑外观造型的考虑，设计越来越新颖，这也给施工提出了新的挑战难度。南京国际金融大厦工程共 53 层，总建筑面积 73517m² ，结构外观造形呈独特扇形，屋顶为拱形穹顶，结构标高为215.25m，由 12 根等分圆周的弧形梁组成，弧形梁跨度 16.8m，中心交于一点，通过箱形环梁相互连接。穹顶上部为桅杆，高度 19m，顶标高 234.3m，桅杆下部截面为 $\phi550\times25$，顶部截面为 $\phi350\times16$，桅杆通过米字状的底座上均分圆周的八块连接与穹顶上的箱形环梁连接。主体结构采用内爬式塔吊（3H/36B）进行安装，穹顶安装完成后受主体结构内缩塔吊无法附着的影响，塔吊无法继续爬升，钩底最终高度只有 218.5m 无法达到安装桅杆的高度要求，在此情况下项目采用了设置轨道内提升的办法进行安装桅杆。通过中建三局建设工程股份钢结构公司在南京新街口南京国际金融大厦工程上的实践，充分证明了对于此类结构采用设置轨道内提升的办法来进行桅杆安装，既安全可靠又便捷、经济。

2. 工 法 特 点

2.1　整个桅杆安装过程不使用塔吊，而是采用四个葫芦将桅杆、底座、配重杆整体进行提升，大大地降低了成本。

2.2　采用内部提升的施工方法安装桅杆，避免了采用塔吊吊装需搭设大量脚手架及进行大量防护的工作，既降低了成本也提高了安全系数。

2.3　在穹顶柱脚的楼层测出桅杆的中心，通过铅垂仪将桅杆的中心往上投影，在穹顶顶部上方及下方的两个平行面上，以桅杆为中心设置两道卡环，使桅杆在两个卡环的轨道上笔直提升，保障了初安装精度，避免了桅杆在初安装后校正时需水平移位的不易操作，减少了校正工作。

2.4　在桅杆提升过程中，在桅杆底部接长桅杆起加配重作用，来调整桅杆的重心，使桅杆重心始终处于穹顶顶部的下方，从而避免桅杆升出太长而导致倾覆的危险。同时通过接长部分在楼层面来校正桅杆的垂直度，避免了要登高拉缆绳校正的危险。

3. 适 用 范 围

本工法适用于高空建筑中顶部有穹顶和桅杆的结构。

4. 工 艺 原 理

穹顶桅杆轨道内提升施工法，是在桅杆高空施工时将桅杆分成若干段，通过穹顶顶部临时的提升装置从内部将桅杆进行提升，并以桅杆纵向中心线为中心在提升装置中及穹顶底部安装卡环，使桅杆在两道卡环的轨道中垂直提升，在提升的过程中进行倒吊拼接，使桅杆达到设计长度，在桅杆到达设计长度后继续接长桅杆，通过接长部分起增加配重，来调整桅杆重心防止桅杆倾斜，桅杆提升达到设计高度后旋转桅杆底座就位安装，并通过接长部分采用杠杆的原理在楼层面来对桅杆进行校正的施工工艺，如图4-1，图4-2所示。

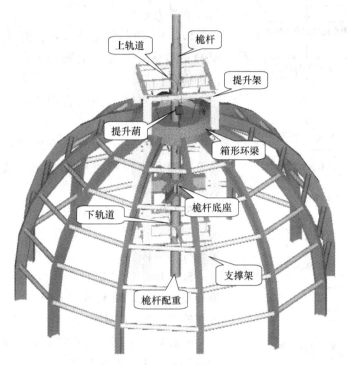

图 4-1　桅杆轨道内提升示意图

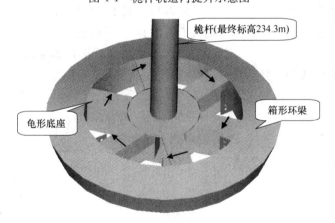

图 4-2　桅杆提升到达设计高度后旋转桅杆底座就位

5. 施工工艺流程及操作要点

5.1　桅杆轨道内提升流程图如图5-1所示。

5.2　施工要点

5.2.1　对用于安装穹顶的支撑进行计算，确保选用的支撑材料的强度满足要求。

5.2.2　进行化学植筋，安装四根钢柱支撑，并用连续梁将支撑钢柱连接起来，保证支撑的整体性。

5.2.3　穹顶安装后，进行提升架计算，确保选用支架材料满足强度要求，提升架受力按活荷载计算。

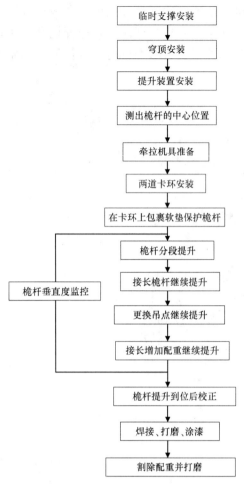

图 5-1　桅杆轨道内提升流程图

5.2.4　根据桅杆加配重的总重按活载要求选用合适的葫芦，确保葫芦强度满足吊装要求，提升共需四个葫芦，其中两个用于吊装，两个用于更换吊点。

5.2.5　检查葫芦和索具，确保葫芦索具完好，并满足吊装的受力要求。

5.2.6　进行测量放线，将桅杆中心往上投影，在支撑架的底部及提升装置上安装卡环，并在卡环上包裹软垫，保护桅杆杆身。

5.2.7　对桅杆进行合理分段，选择合理的吊点，分段进行提升。

5.2.8　桅杆提升到一定高度更换吊点，接长桅杆继续提升，提升过程中进行桅杆垂直度监控，确保桅杆笔直提升。

5.2.9　桅杆接长到设计长度后，继续在桅杆底端加长桅杆起配重作用，确保桅杆重心处于穹顶顶部的下方，避免桅杆出现倾斜。

5.2.10　桅杆提升到达设计高度后，桅杆底座到达箱形环梁的高度，旋转桅杆底座，使得龟形桅杆底座的八只爪与箱形环梁的靠板紧贴，然后安装上临时固定螺栓。

5.2.11　采用杠杆原理通过调节桅杆接长段进行校正，使桅杆垂直度符合规范要求。

5.2.12　桅杆垂直度校正好后，龟形底座与箱形环梁连接的临时螺栓更换成高强螺栓并拧紧，将龟形底座的翼缘与箱形环梁翼缘焊接，焊接完成后进行打磨涂漆。

5.2.13　割除桅杆接长部分，并对接口进行打磨。

5.2.14　拆除提升装置和支撑。

6. 材料与设备

葫芦：6 个

钢索：若干

支撑架需四根立柱及两道框梁，提升装置需四根立柱及一道框梁。

7. 质量控制

7.1　支撑架计算、提升架计算，选用合格材料确保施工质量。

7.2　卡环上注意包裹软垫，避免提升过程中对桅杆造成损伤。

7.3　提升过程中保持提升速度在 30cm/min 以下，尽量减小动态对结构的影响。

7.4　提升过程中进行测量控制，保障桅杆垂直度偏差≤10mm。

7.5　保障桅杆拼接节点处及桅杆与穹顶焊接位置的焊逢达到强度要求，避免桅杆提升过程中出现倾斜而产生侧向力而对焊接缝进行破坏。

7.6　提升过程中对于油漆损伤的部位要及时补油漆。

8. 安 全 措 施

采用本工法施工尽管是在内部进行操作，但毕竟属于高空作业，而且一般情况桅杆伸出极长，容易导致倾覆，所以施工过程中尚需注意以下几个方面：

由于桅杆提升后的最终高度高于塔吊起重臂高度，为避免在桅杆提升过程中塔吊起重臂与桅杆碰撞，在桅杆提升前拆除塔吊。

8.1 注意支撑底部埋件的化学植筋计算，避免穹顶安装时产生的侧向力对植筋拉拔而导致支撑倾覆。

8.2 注意支撑的刚度测算，避免穹顶安装时产生的侧向力导致支撑弯曲。

8.3 注意提升装置的测算，确保提升装置的强度能满足桅杆在增加配重重量的情况下提升而产生的动荷载要求。

8.4 注意选择足够刚度的卡环，确保桅杆在提升过程中出现倾斜而产生的侧向力对卡环有所破坏。

8.5 取较大的安全系数来计算选用葫芦，确保使用两个葫芦进行提升而能达到强度要求。

8.6 注意选择足够强度的钢丝绳作为提升挂索，并在提升前注意对钢丝绳及葫芦进行检查，确保钢丝绳及葫芦符合施工要求。

8.7 注意确保在穹顶内部搭设的提升操作平台有足够的强度，要按照活荷载进行考虑。

8.8 提升过程中要注意控制提升的速度，避免桅杆在提升过程中晃动而对结构产生影响。

8.9 注意桅杆拼接节点的焊接强度，避免焊接接口处出现质量问题而导致桅杆整体倾倒。

8.10 必须等桅杆焊接牢固焊缝达到强度要求后才能割除配重，避免过早割除配重而导致桅杆倾倒。

9. 环 保 措 施

为了保护和改善施工现场的生活环境，防止由于建筑施工造成的作业污染，保障施工现场施工过程的良好生活环境是十分重要的。切实做好建筑施工现场的环境保护工作，主要采取以下措施：

9.1 制定一系列管理制度，加强对施工现场的粉尘、噪声、废气的监测和监控，每周检查一次，每月考核与奖评一次，加大奖励和惩罚力度，采用现代化管理措施来做好环境保护。

9.2 对施工现场地进行硬化和绿化，并经常洒水和浇水，以减少粉尘污染；装卸有粉尘的材料时，要洒水湿润或在仓库内进行；建筑物外脚手架全封闭，防止粉尘外漏；严禁向建筑物外抛掷垃圾，所有垃圾装袋运出。现场主出入口外设有洗车台位，运输车辆必须冲洗干净后方能离场上路行驶；对装运建筑材料、土石方、建筑垃圾及工程渣土的车辆，派专人负责清扫及冲洗，保证行驶途中不污染道路和环境。

9.3 施工中采用低噪声的工艺和施工方法：建立定期噪声监测制度，发现噪声超标，立即查找原因，及时进行整改；建筑施工作业的噪声可能超过建筑施工现场的噪声限值时，应在开工前向建设行政主管部门和环保部门申报，核准后再施工。

10. 应 用 实 例

南京国际金融中心工程穹顶桅杆吊装，采用了内提升倒吊法进行施工，现在工程已顺利完工，由于采用了内提升倒吊法进行施工，大大提高该部分施工的安全保障，减少了设备投入和安防投入，同时在缩短工期上也取得了明显的效果。

10.1 如桅杆采用塔吊进行吊装，由于楼层结构收缩，作业空间狭小，而且施工处于高空，需要搭设大量的脚手架进行操作，会因此增加经济投入。采用内提升法进行施工仅需要投入葫芦及搭设支撑架。

10.2 如桅杆采用塔吊进行吊装，作业空间狭小，在穹顶的位置进行桅杆校正拉缆风绳极角度极小，不便于校正。

10.3 桅杆采用塔吊吊装解钩及割除吊耳，都必须攀爬到桅杆顶部进行，安全无法保障，而采用内提升法，吊装点在桅杆杆身，可以在桅杆提升过程中更换吊装点是割除吊耳，既安全又便于作业。

10.4 南京国际金融中心主楼结构收缩幅度较大，塔吊在施工完成主楼后如继续爬升，附着十分困难，而塔吊原高度无法达到吊装桅杆的要求，采用内提升施工方法问题迎刃而解，且方便、经济。

大跨度柱面网壳结构累积滑移施工工法

YJGF167—2006

浙江东南网架股份有限公司

周观根　肖炽　严永忠　张桂弟　万荣涛

1. 前　言

1.1　在发电厂、水泥厂等工业设施中，常常会有大跨度柱面网壳结构，这类结构往往具有施工难度大、施工周期短及在厂房扩建时车间不能停产，如干煤棚、煤场仍在作业等特点。柱面网壳施工时，内部的土建及设备安装通常都正在进行，常规的"满堂红脚手架"施工方法因其经济性差、施工周期长、不能交叉施工作业等诸多弊端，逐步地被滑移施工方法所取代。

1.2　大跨度柱面网壳结构累积滑移施工工法的关键技术是：

1.2.1　滑移单元的划分及其顺序；

1.2.2　滑轨的设置，滑轨分水平滑轨和侧向滑轨两种；

1.2.3　牵引方法的选择，主要需考虑牵引力的计算、牵引设备的选用；

1.2.4　滑移方法的确定和措施，常用的网架牵引方法有：手拉葫芦牵引法、电动卷扬机牵引法、液压同步牵引法等方法。在制定滑移的施工措施时需考虑：

1. 牵引点设置；

2. 牵引同步控制；

3. 支座置换；

4. 网壳结构牵引部位加强；

5. 滑移施工验算。

2. 工 法 特 点

2.1　大跨度柱面网壳结构累积滑移施工工法是在柱面网壳结构一端的拼装支架上将网壳滑移单元组装成型，然后在牵引设备的牵引下向前移动滑移单元，接着拼装下一单元，并再次向前滑移，以此类推，最终滑移到位。同时网壳内部其他工序可同时施工。

2.2　传统的大跨度柱面网壳施工采用的是在内部搭设"满堂红脚手架"，而采用大跨度柱面网壳结构累积滑移施工工法仅仅在网壳的一端搭设拼装支架，网壳在拼装支架上组装，滑移就位，从而避免使用大量的脚手架，工程造价经济。

2.3　大跨度柱面网壳累积滑移施工最大限度地避免了与土建、设备等工序的立体交叉作业，施工安全性好。

3. 适 用 范 围

适用于大跨度柱面网壳结构。

4. 工 艺 原 理

根据工程特点将柱面网壳划分成若干个滑移单元，在柱面网壳的一端设置一副拼装支架，支架的宽度为比一个滑移单元多两个网格尺寸。在网壳的支座处通长设置两条水平滑移轨道和两条侧向滑移轨道（当跨度较大时，在拼装支架上设置滑移支承轨道）。网壳在拼装支架上拼装成型后，在牵引系统的牵引下向前滑移一个单元距离，然后在拼装支架上组装下一个单元的柱面网壳，网壳组装完毕后，将第一、二单元一起向前滑移一个单元距离，并留两个网格在拼装支架上，以此类推安装完所有的柱面网壳结构并累积滑移到设计位置。

5. 施工工艺流程及操作要点

大跨度柱面网壳结构的一般结构形式见图 5-1、图 5-2。大跨度柱面网壳结构累积滑移施工工法就是解决这种结构安装的一种经济、合理的施工方法。

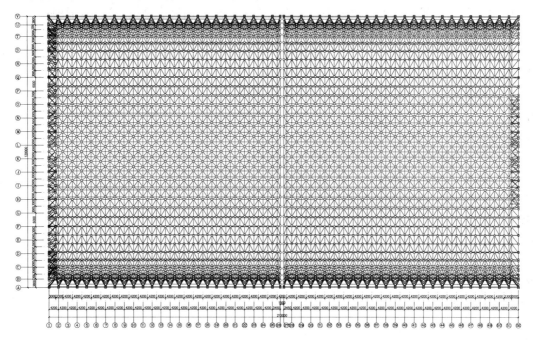

图 5-1　网壳的平面

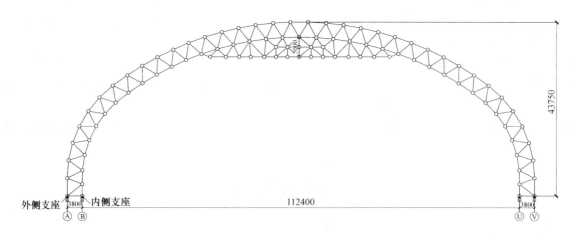

图 5-2　网壳的立面

5.1　工艺流程

5.1.1　工艺流程图。大跨度柱面网壳结构累积滑移施工工法流程图见图 5.1.1。

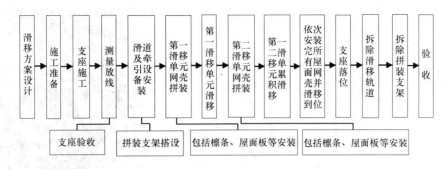

图 5.1.1　工艺流程图

5.1.2 滑移单元及其顺序。根据网壳结构特点，施工时可以将网壳从一端滑向另一端，也可以将网壳分成两半从两端分别向中间滑移施工（图 5.1.2）。

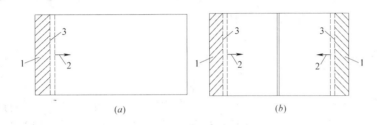

图 5.1.2　滑移单元示意图

1—操作平台；2—滑移方向；3—滑移单元

首先在网壳的一端搭设一定宽度的拼装支架，滑移单元一般取两个网格为一个滑移单元。将整个网壳划分成若干个滑移单元；滑移方向可由一端滑向另外一端，当滑移长度较长时，也可以从两端分别向中间累积滑移，端头余下的网壳在拼装平台上高空就位拼装完毕，不需要滑移。拼装支架搭设时必须向搭设和使用人员进行技术交底，按 JGJ 130—2001 规定的要求对钢管、扣件、脚手板等进行检查验收，不合格品不得使用，操作架底面基础经验收合格后按要求放线定位。由于拼装支架顶层为钢网壳作业层，顶层水平杆采用 $\phi48\times3.5$ 钢管，水平杆上方满铺安全网，安全网上方满铺竹片脚手板。单榀网架的安装要求如下：

1. 下弦杆与球的组装

根据安装图的编号，垫平垫实下弦球的安装平面，把下弦杆件与球连接并一次拧紧到位。

2. 腹杆与上弦球的组装

腹杆与上弦球应形成一个向下四角锥，腹杆与上弦球的连接必须一次拧紧到位，腹杆与下弦球的连接不能一次拧紧到位，主要是为安装上弦杆起松口服务。

3. 上弦杆的组装

上弦杆安装顺序就由内向外传，上弦杆与球拧紧应与腹杆和下弦球拧紧依次进行。

为了保证两个滑移单元的顺利拼装和滑移过程中的整体稳定性，前一个滑移单元滑移后留至少一个网格在拼装支架上，以便下一个滑移单元与之顺利拼装和整体的稳定性。

5.1.3 滑轨的设置

滑轨分水平滑轨和侧向滑轨两种（图 5.1.3-1、图 5.1.3-2）。

1. 水平滑轨——当网架结构落地支座每边有两个时，把内侧支座及与之相连的杆件先拆除，只留下外侧支座，待滑移到位后，再装上相应的杆件和支座。由于在滑移过程中拆除了其中一个内侧支座，因此必须对整个结构进行受力分析，支座强度进行验算。强度不够时采取局部杆件加强措施。在外侧支座底设置水平滑轨，水平滑轨用 $\llbracket$32b 槽钢平扣，用电焊连接，并将焊缝打磨光滑，然后抹上黄油，

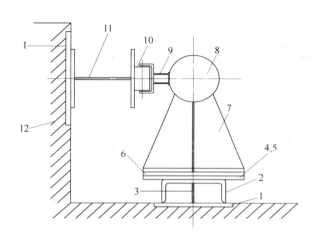

图 5.1.3-1　垂直及水平方向滑轨构造

1—预埋钢板；2—[32b 滑轨；3—加劲板厚 10mm 通长设置；
4—ϕ30 圆钢滚轴；5—格栅板；6—过度板；7—支座筋板；
8—支座球；9—M24 螺栓；10—ϕ60 滚轴；11—H250×250×
9×14 侧向垂直滑轨；12—混凝土承台立柱

图 5.1.3-2　侧向滑轨

使其充分润滑。为了固定水平滑道槽钢，每隔 1.5m 将槽钢与混凝土柱（梁）上的预埋铁件焊接连接。施工需在滑移梁和柱上弹出跨度的轴线，然后根据此轴线分开两根分轴线，以控制槽钢滑道安装精度。将滑道槽钢放好，调整滑道槽钢的顶面标高，最后焊接牢固。两边水平滑轨轴线应保持平行，轴线偏差不大于 4mm。滑道槽钢的轴线精度由两侧的定位分轴线保证。为进一步减少滑移时的摩擦力，用 ϕ30 圆钢做成滚轴（或用专用滚轮），并用格栅板固定滚轴相对位置。

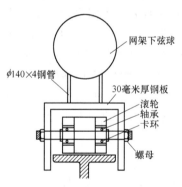

网架下弦球

ϕ140×4 钢管

30 毫米厚钢板

滚轮
轴承
卡环

螺母

图 5.1.3-3　支撑滑轨结构

2. 侧向滑轨——主要为了承受网壳在滑移过程中的水平推力，用 H250×250×9×14 H 型钢横放，H 型钢梁焊接在混凝土承台立柱预埋板上，滑轨之间采用电焊等强连接，焊缝表面用磨光机磨光，涂上黄油充分润滑，并用 ϕ60 圆钢作滚轮。

3. 滑移支承轨道——在拼装支架顶部，根据实际情况铺设滑移支承轨道（图 5.1.3-3），支撑轨道设在脚手架上，规格为 120b 工字钢，采用螺栓和扣件连接，支撑轨道的作用主要是网壳安装好后，部分重量可以支撑在轨道上，以保持滑移时网壳顶部标高正确，确保滑移结构安全。

5.1.4　牵引方法

1. 牵引力计算

1）滑动摩擦：$F_t = \mu_1 \times \mu_2 \times G_{ok}$

式中　F_t——总启动牵引力；

　　　μ_1——滑动摩擦系数，经粗除锈，表面充分润滑取 0.05（考虑滚轴在滑移时滚动不理想，仍用滑动摩擦计算公式，但将摩擦系数适当降低）；

　　　μ_2——阻力系数取 1.5；

　　　G_{ok}——滑移时网壳总重量。

两端同步牵引力为：$F_t/2$

2）滚动摩擦：
$$F_t = \left(\frac{k}{r_1} + \mu_2 \times \frac{r}{r_1} \right) \times G_{ok}$$

式中　F_t——总启动牵引力；

　　　G_{ok}——滑移时网壳总重量；

k——钢制轮与钢之间的滚动摩擦系数，取 0.5mm；

μ_1——圆锥滚子轴承摩擦系数 0.01（考虑安装和滑移偏差，而造成少量轴向荷载）；

r_1——滚轮的外圆半径；

r——轴的半径。

两端同步牵引力为：$F_t/2$。

2. 牵引设备

选用滑轮组 2 套，并配以钢丝绳。图 5.1.4 所示为牵引系统示意图。

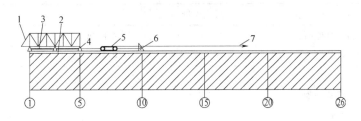

图 5.1.4　网壳滑移牵引示意图

1—网壳；2—[32b 滑轨；3—支座间加固杆 φ140×4；
4—滑移支座；5—滑轮组；6—反力锚板；7—10t 手拉葫芦

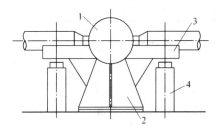

图 5.1.5　支座置换示意图

1—支座球；2—支座十字筋板；
3—[20 槽钢反扣；4—16t 千斤顶

5.1.5　滑移方法

网壳的牵引方法有：手拉葫芦牵引法、电动卷扬机牵引法、液压爬行机器人同步牵引法等。

1. 牵引点设置——牵引点设置在两轴线的两端，为使累积滑移时牵引力分布均匀，根据牵引结构长度的增加，随着滑移单元的增加可增设牵引点。

2. 牵引同步控制——在网壳两边滑轨上刻划出相同的尺寸线，网壳滑移时现场设有专人指挥，步调一致；各边有专门人员相互报数，随时校正牵引速度，要求网壳滑移速度不大于 0.3m/min，两端不同步值不大于 20mm。用全站仪测量各节点坐标，拉力表测量牵引力，用自整角机监测两边滑移时的同步差。

3. 支座置换——支座落位用图 5.1.5 所示装置，在支座两侧焊出两个挑梁，两边由两个 16t 液压千斤顶顶住，两边轮换分批下降；下降步骤如下：

1）在其中的一个轴线边，同步将支座提高一定高度（靠千斤顶顶升），将滑轨（或滚轮）撤除；

2）在支座下垫钢板垫块，千斤顶同步下降，并把千斤顶拿出放到另外一个轴线支座处；

3）同理，在另外一个轴线边，同步将支座提高一定高度，将滑轨（或滚轮）撤除；

4）在支座下垫钢板垫块，千斤顶同步下降；

5）支座落位。

5.2　操作要点

5.2.1　滑移同步控制。大跨度柱面网壳累积滑移施工时，必须保证两端牵引的不同步值在规范允许的范围内，靠标识在轨道两侧的刻度标尺采用等步法用自整角机测量滑移距离，如轨道两侧刻度标尺的不同步值超过允许值，用对讲机向控制总台发出停滑指令，对滞后的部位单独进行卷扬机牵引调整。调整符合要求后再进行滑移。另外还有液压爬行机器人同步技术等方法来控制两边滑移同步。

5.2.2　滑移轨道设置。为保证滑移施工的顺利进行，除设置水平滑道外，还应设置侧向垂直滑道，来抵抗柱面网壳在水平方向的推力。

5.2.3　网壳结构牵引部位加强。在滑移过程中，牵引力直接设置在网壳结构上，在设计时并没有考虑，因此在施工前对牵引部位进行加强，以保证结构在滑移时不被破坏。

5.2.4　支座落位。柱面网壳滑移就位后，两端分别设置两个千斤顶，借助千斤顶使支座落位。

5.2.5　滑移施工验算。对网壳在各阶段累积滑移过程中，按网壳离开支架滑移时的最不利情况，必须对其杆件最大内力和最大挠度进行验算，在滑移过程中应没有超应力杆件出现，网壳局部和整体变形均应满足设计要求，网壳在滑移过程中对混凝土承台的反力也应满足要求。否则必须对结构采取加固措施。

6 材料与设备

6.1 施工主要设备见表 6.1。

施工主要设备 表 6.1

序号	设备名称	用 处	最小用量	备 注
1	汽车吊	网壳拼装杆件吊装	2 台	根据起吊要求配备
2	手工电弧机	网壳拼装焊接	4 台	根据结构材料选用
3	多头烘枪	网壳拼装焊接	3 台	
4	射吸式割炬	网壳拼装切割	2 台	
5	电热烘箱	焊条烘干	1 台	
6	焊条保温桶	焊条保温	4 台	
7	角向砂轮机	网壳杆件拼装打磨	8 部	
8	碳弧气刨枪	网壳杆件拼装焊缝修补	2 台	
9	手动扳手	网壳杆件安装	20 把	
10	电动扳手	网壳杆件安装	10 把	
11	牵引器	牵引网壳	2 套	根据工程要求选用
12	千斤顶	网壳安装	10 台	
13	施工脚手架	网壳拼装平台		根据工程实际选用
14	钢丝绳	吊装用	根据要求	
15	电缆线	电源线、电动工具等	根据实际需求	
16	焊把线	焊枪	根据实际需求	
17	乙炔带	割刀	根据实际需求	
18	安全网	安装用	根据实际需求	
19	安全旗	安全警戒	根据实际需求	
20	刷子	补油漆	10 把	
21	焊条	焊接	根据实际需求	
22	主配电箱	电动工具	根据实际需求	
23	次配电箱	电动工具	根据实际需求	
24	进线		根据实际需求	
25	管子钳	网壳安装	根据实际需求	
26	手拉葫芦	网壳安装	根据实际需求	
27	脚手架	拼装支架	根据实际需求	
28	电钻		根据实际需求	
29	切割机	切割	2 个	
30	空压机		1 个	
31	焊钳		10 把	
32	钢丝	绑扎	若干	
33	安全帽	安全保护	根据实际需求	
34	安全带	安全保护	根据实际需求	
35	面罩	焊工焊接用	根据实际需求	
36	手套	工人配	根据实际需求	

6.2 质量检验控制设备表6.2。

质量检验控制表　　　　　　　　　　表6.2

序号	设备名称	用　　处	最小用量	备注
1	水准仪	网壳安装位置精度测量	2台	
2	经纬仪	网壳安装位置精度测量	2台	
3	刻度标尺	滑移轨道同步滑移检测	4套	
4	钢卷尺	测量	10把	
5	超声波探伤仪	焊缝质量检测		
6	应力应变仪	网壳滑移过程杆件应力应变监测		

7. 质 量 控 制

网壳安装质量遵照《钢结构工程施工质量验收规范》（GB 50205—2001）及相关标准相应条文执行。

7.1 网壳施工前，必须通过施工工况验算，计算滑移过程的各杆件应力、变形情况；

7.2 钢网壳结构安装完成后其挠度值不应超过相应设计值的1.15倍；

7.3 滑移过程必须采用应力应变传感仪时刻监控网壳杆件应力、变形情况；

7.4 根据理论分析和精确计算，采取施工措施保持结构构件及网壳节点不受损伤；

7.5 采用杆件加固网壳，进行滑移过程中的稳定性控制；

7.6 控制网壳滑移速度不大于0.3m/min，两端不同步值不大于20mm，减少动态对结构的影响。用全站仪测量各节点坐标，拉力表测量牵引力，用自整角机监测两边滑移时的同步差；

7.7 每一个滑移单元滑移时，滑移单元就位后即作限位，限位精度控制在8mm以内；

7.8 大跨度柱面网壳结构规范中对安装精度及验收标准规定不明确，大跨度柱面网壳结构滑移施工过程及就位后的施工精度、允许偏差，参照网壳规范，经设计、质检、业主、监理、施工单位共同协商；

7.9 网壳结构的质量控制如表7.9。

网壳结构的质量控制　　　　　　　　　　表7.9

项　　目	允许偏差(mm)	检验方法
纵向、横向长度	$L/2000$，且不应大于30.0 $-L/2000$，且不应小于-30.0	用钢尺实测
支座中心偏移	$L/3000$，且不应大于30.0	用钢尺和经纬仪实测
周边支承网壳相邻支座高差	$L/400$，且不应大于15.0	
支座最大高差	30.0	
多点支承网壳相邻支座高差	$L_1/800$，且不应大于30.0	
杆件变形矢高	$L_1/1000$，且不应大于5.0	

注：1. L 为纵向、横向长度；

　　2. L_1 为相邻支座间距。

8. 安 全 措 施

重视和加强安全管理是保证工程质量和工期的关键环节，必须坚持"预防为主、安全第一"的方针。为此采取如下安全管理措施：

8.1 成立安全领导小组，负责整个工程的安全管理工作，并接受有关部门的领导和监管。杜绝一切事故发生。

8.2 加强全体施工人员的安全意识，每个作业班组均设兼职安全员，由队长、组长、技术员担任，由专职安全员领导，做到安全工作时时处处有人抓。

8.3 网壳拼装，高空作业，吊装都须系安全带，必要时铺设安全网，搭设脚手架。

8.4 网壳滑移前，必须进行施工方案验算，确保施工过程安全。

8.5 吊装及零部件和构件提升时严禁在吊架下行走。任何吊装在吊装前应进行试吊检验，吊装时应有专人指挥，按程序作业。

8.6 必须定期对操作平台及暂未固定的结构自身进行检查，紧固加强。

8.7 当遇大风雨时，不宜操作，并及时检查已安装的部分，机电设备。必要时用缆绳固定。

8.8 滑移前要观察测试，如有不符合的挠度和杆件，由现场技术员或技术负责人决定加固个别杆件。

8.9 滑移过程中，要严密监视滑移的同步性，控制滑移同步误差在2cm以内，确保结构的自身安全。

8.10 各种用电装置都必须装漏电开关，电焊机、卷扬机等必须做好可靠的接地装置，下班后必须切断一切用电装置的电源。严禁操作人员玩弄电器设施。

登高焊接作业，在作业者周围10m范围内为危险作业区，禁止在作业下方及危险区内存放易燃易爆物品和停留人员。

8.11 焊工在高空作业应备有梯子、带栏杆的工作平台（或吊篮）、安全带、安全防护绳、工具袋及完好的工具和防护用品。

8.12 焊接及切割现场禁止把焊接电缆、气体胶管、钢丝绳混绞在一起。

8.13 焊工在高空焊接、交叉作业时，必须佩戴安全帽。

8.14 在狭小空间内焊接、切割时，应采取局部通风换气、严禁用氧气代替压缩空气。同时还应有专人负责监护工作。

8.15 焊接、切割操作人员属特殊工种，须持双证上岗（操作证、动火证）。

9. 环 保 措 施

9.1 实行环保目标责任制：把环保指标以责任书的形式层层分解到有关班组和个人，列入承包合同和岗位责任制，建立懂行善管的环保自我监控体系。

9.2 在建筑工程物资采购过程中，选择绿色、环保、节能产品，对于进场的建筑工程物资，主要包括：原材料、成品、半成品、构配件、器具、设备等进行有害物含量检测，符合标准的物资方可在工程中使用。在施工中，采用科学环保的施工方法、工艺进行施工，减少施工过程中可能出现的有害环境的因素发生，从始至终充分考虑环保及人文要求，从源头实现绿色、节能的效果。

9.3 施工垃圾搭设封闭式垃圾道或采用容器吊运到地面，杜绝将施工垃圾随意凌空抛撒。在垃圾道出口处搭设挡板，垃圾要及时清运，清运时要洒水，防止扬尘。工程本着节能、环保的理念做到垃圾分类堆放，及时清运出现场，现场不得堆积大量垃圾。

9.4 雨期施工期间，在施工现场出口处设冲洗车辆的设备，防止车轮将泥土带出现场，运输车驶出要保持车身清洁。

9.5 清扫施工现场时，要先将路面、地面进行喷洒湿润后再进行清扫，以免清扫时扬尘。当风力超过三级以上时，每天早、中、晚至少各洒水一次，洒水降尘应配备洒水装置并指定专人负责。

9.6 施工现场每月进行一次噪声监测，测点选在距现场围墙1m处，现场设四个监测点，布置在场地东、南侧，设专人做噪声监测并做记录，接受社会监督。

9.7 加强检查和监控工作，加强对施工现场粉尘、噪声、废气的监控工作，及时采取措施消除粉尘、噪声、废气和污水的污染。

9.8 保护和改善施工现场的环境，进行综合治理；施工单位采取有效措施控制人为噪声，粉尘的污染和采取技术措施控制烟尘，污水和噪声污染，并同当地环保部门加强联系。

9.9 在施工现场平面布置和组织施工过程中严格执行国家、地区、行业和企业有关环保的法律法规和规章制度。

9.10 保持施工机械整洁，电线、气焊带、风带等应沿柱成束自下而上拉放，并应捆扎牢固。

9.11 施工现场的设施、设备、构件、材料等必须按施工总平面规定位置设置、堆放，符合定置管理要求。

9.12 严格控制人为噪声，进入施工现场不得高声喊叫、乱吹哨、限制高音喇叭使用，最大限度减少扰民，早晨 6 时至夜间 22 时为白天施工时间，晚 22 时至次日早 6 时为夜间施工时间。

10. 效益分析

工法采用结构累积滑移施工，取得了很好的社会和企业的经济效益，具体分析如下：

10.1 根据对结构的分析验算和工况分析，采用本工法施工与常规方法施工节约费用 72.065 万元。

10.2 本工法对结构强度等要有一定的方法进行加固和分析，但其可有效地避开场内原建筑物和堆放物对施工的障碍，并最大限度地保证了其他方面的正常施工，具有很高的间接经济效益。

10.3 固定地点的安装代替了移动场地的安装，具有更好的安全可靠性。同时由于节省了大量脚手架的翻拆，有效地加快了总体进度。

10.4 对于大跨度柱面网壳的安装，采用网壳结构滑移，既可以满足设计、安全需要，又可以降低成本，缩短工期，同时还可以不影响业主的正常生产需求，为大跨度网壳的安装积累了新的经验，有利于网壳安装的科技水平，具有显著的社会效益。

11. 应用实例

华能北京热电有限责任公司干煤棚网壳，网壳长 210m，跨度 120m，高度 36.8m，厚度 3.8m，网壳剖面形式为三圆心落地式网壳，网壳结构下部为 4.5m 高直段。应用柱面网壳结构累积滑移法进行安装，施工工期、施工成本得到了节省，效果显著（图 11-1）。

北京高井热电厂干煤棚网壳展开面积 1.8 万 m²，跨度为 102m，高 36m，应用了柱面网壳结构累积滑移法施工，经济和社会效益显著（见图 11-2）。

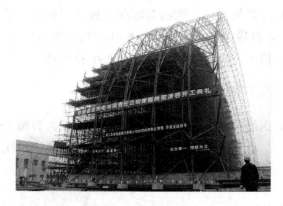

图 11-1 干煤棚网壳一

图 11-2 干煤棚网壳二

高层混凝土建筑钢筋焊接网施工工法

YJGF168—2006

中天建设集团有限公司　河北建设集团有限公司

金跃辉　姚晓东　胡翔宇　罗卫　高忠文　王志义

1. 前　　言

钢筋焊接网是在工厂制造，用专门的焊网机采用电阻点焊焊接成型的网状钢筋制品。即纵向钢筋和横向钢筋分别以一定间距排列且互成直角，全部交叉点均用电阻点焊在一起的钢筋网片。近年来钢筋焊接网在国内房屋建筑中应用逐年增多，尤其是在高层建筑使用增多。钢筋工程走焊接网道路是世界发展潮流，也是钢筋深加工的有效途径，钢筋焊接网是一种新型、高性能的结构材料，我们通过大连和平现代城等工程施工经验，总结编制了"高层住宅混凝土板墙钢筋焊接网施工工法"，已在多项工程中成功应用，并取得较好效果。

2. 工 法 特 点

2.1　构造特点

高层住宅混凝土板钢筋焊接网采用 CRB550 级冷轧带肋钢筋，混凝土墙体钢筋焊接网采用 HRB400级热轧带肋钢筋。钢筋焊接网采用定制焊接网，根据工程的具体情况确定钢筋的直径、间距、长度。钢筋焊接网搭接采用叠搭法。

2.2　显著提高钢筋工程质量

焊接网的网格尺寸非常规整，超过手工绑扎网，网片刚度大、弹性好，浇筑混凝土时钢筋不易被踏弯，混凝土保护层易控制。

2.3　明显加快施工进度

采用焊接网大量降低现场安装工时，省下钢筋加工场地，焊接网铺放时间仅为手工绑扎时间的20％～30％，可大大加快施工进度。

2.4　增强混凝土抗裂性能

传统配筋在纵横钢筋交叉点使用钢丝人工绑扎，绑扎点处易滑动，钢筋与混凝土握裹力较弱，易产生裂缝。焊接网的焊点不但能承受拉力，还能承受剪力，纵横钢筋形成网状结构共同粘结锚固作用，焊接网钢筋采用小直径、较密的间距，单位面积的焊接点增多，更有利于增强混凝土的抗裂性能，有利于防止混凝土裂缝的产生。

2.5　具有较好的综合经济效益

采用焊接网在工厂提前预制，现场不需要再加工，无钢筋废料头，节省大量现场绑扎工人和施工场地，可以做到文明施工，使钢筋工程的质量有明显提高。另外还可以缩短施工周期，从而减少机械及设备租赁费用，综合考虑采用焊接网可降低造价，具有较好的综合经济效益。

3. 适 用 范 围

本工法适用于高层住宅、多层、办公楼、厂房等房屋建筑类型，主要用于楼（屋面）板、地坪、墙体等配筋。对于桥梁工程也有借鉴作用。

4. 工 艺 原 理

采用CRB550级冷轧带肋钢筋和HRB400级热轧带肋钢筋制作而成的钢筋焊接网替代原先设计直径较大手工绑扎的热轧带肋钢筋。由于CRB550级冷轧带肋钢筋焊接网具有钢筋三面带肋、圆度好、开盘矫直方便、易矫直、焊接质量好、易铺放等特点，弥补了手工绑扎的热轧带肋钢筋缺点，而且焊接网可有效提高纵筋与混凝土之间的粘接锚固性能，且横筋间距越小，提高效果越大，从而提高抗裂性能。CRB550级冷轧带肋钢筋强度标准值为$550N/mm^2$，大于普通的热轧带肋钢筋。

5. 施工工艺流程及操作要点

5.1 楼板

制作钢筋网片→顶板模→绑扎梁钢筋→铺设下铁横向焊接网→铺设下铁纵向焊接网→水电预埋→放置马凳→铺设绑扎上铁焊接网→绑扎加强筋→检查截面尺寸、保护层厚度→验收

5.2 主要施工方法

顶板采用焊接网片，除阳台采用一次布网法施工外，即沿布网区域的主受力方向和次受力方向分二次布网。如图5.2。

分布筋法施工指受力钢筋在跨中不断开，加非受力钢筋（辅筋）、焊接成网，纵向受力钢筋深入支座的最小锚固长度不小于$10d$。

楼板加强钢筋，放射钢筋采用定尺寸下料的冷轧带肋钢筋现场绑扎。施工方法同普通钢筋。

5.3 施工程序

5.3.1 施工前根据钢网布置图上的编号找到对应编号的网片逐片安装。边梁处应用铁丝绑扎牢固。以保证网片在浇筑混凝土过程中不发生位移。绑扎前应检查网片安装位置是否正确。

5.3.2 由于本工程采用分布筋法铺设网片，在同一方向上的网片间没有搭接，相邻网片的最外侧受力钢筋的距离为该网片受力钢筋的间距。施工时先铺设主受力方向的网片，再铺设次受力方向的网片。

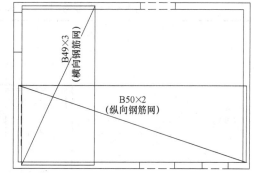

图5.2 分布筋法布网

注：图中"B49×3"，B49为网片编号，3为数量。

5.3.3 两层网间绑扎定位，每$2m^2$不宜小于一个绑扎点，保证主受力方向和次受力方向的两层网片间无空隙即可。

5.3.4 钢网铺装就位后，如与预留洞发生冲突，可将此处钢筋截断，并附加绑扎钢筋直条筋加固。

5.3.5 顶板钢筋保护层厚一般为20mm，下铁保护层采用塑料垫块，每隔600mm设置一个，梅花型布置。

5.3.6 为保证上铁的有效高度，网片每隔900mm放置一道马凳。

5.3.7 盖铁冷轧带肋钢筋（CRB550）绑扎施工与一般钢筋相同。

5.4 施工注意事项

5.4.1 焊接网的锚固

钢筋焊接网的锚固长度与钢筋强度、焊点抗剪力、混凝土强度、钢筋外形以及截面单位长度锚固钢筋的配筋量等因素有关。当钢筋焊接网在锚固长度范围内应不少于一根横向钢筋，当此时横向钢筋

至计算截面的距离不小于50mm时，由于横向钢筋的锚固作用，是单根钢筋的锚固长度减少25%左右（图5.4.1-1）。具体锚固长度见表5.4.1。

上部钢筋焊接网伸入梁的长度不应小于30d，当梁宽小于30d时，应将上部钢筋弯折，见图5.4.1-2。

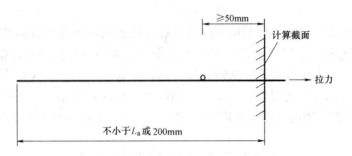

图5.4.1-1　受拉带肋钢筋焊接网的锚固

纵向受拉带肋钢筋焊接网最锚固长度 l_a（mm） 表5.4.1

钢筋焊接网类型		混凝土强度等级				
		C20	C25	C30	C35	≥C40
CRB550级钢筋焊接网	锚固长度内无横筋	40d	35d	30d	28d	25d
	锚固长度内有横筋	30d	26d	23d	21d	20d
HRB400级钢筋焊接网	锚固长度内无横筋	45d	40d	35d	32d	30d
	锚固长度内有横筋	35d	31d	28d	25d	23d

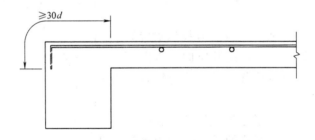

图5.4.1-2　板上部钢筋焊接网与混凝土梁（边跨）的连接

高差板的带肋钢筋面网，当高差大于30mm时，面网在高差处断开，分别锚入梁中。见图5.4.1-3。

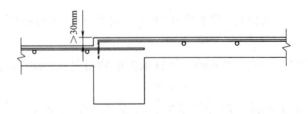

图5.4.1-3　高差板的面网布置

5.4.2　焊接网的搭接：

带肋钢筋焊接网在非受力方向的分布钢筋的搭接，采用叠搭法，搭接长度不应小于20d且不应小于150mm。见图5.4.2-1。

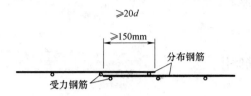

图 5.4.2-1　钢筋焊接网在非受力方向的搭接（叠搭法）

　　现浇双向板短跨方向的下部钢筋焊接网不宜设置搭接接头；长跨方向的底部钢筋焊接网采用叠搭法，并将钢筋焊接网伸入支座，见图 5.4.2-2。剪力墙焊接网片其竖向搭接设置在楼层面上，搭接长度不小于 400mm 或 40d，在搭接范围内，下层的焊接网不设水平分布筋，搭接时将下层网的钢筋与上层网的钢筋绑扎牢固。见图 5.4.2-3。

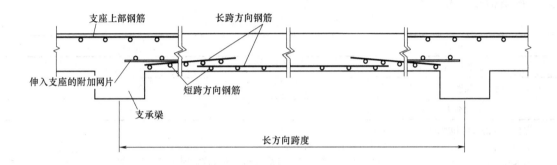

图 5.4.2-2　钢筋焊接网在双向板长跨方向的搭接

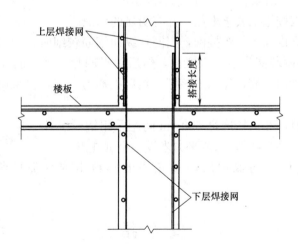

图 5.4.2-3　墙体钢筋焊接网的竖向搭接

6. 材料与设备

6.1　材料

6.1.1　定制钢筋焊接网 CRB550 级：$\phi^R 8 \sim 12$、HRB400 级$\Phi 6 \sim 16$。

6.1.2　保护层垫块：20mm 的塑料卡、20mm 的水泥砂浆垫块。

6.1.3 绑扎丝：22号火烧丝。

6.1.4 焊剂：E55焊条。

6.1.5 钢管支架。

6.1.6 马凳支架：ϕ12钢筋制作。

6.2 机具设备

机具：点焊机、钢筋切断机、除锈机。

7. 质量控制

7.1 基本规定

钢筋焊接网质量要求应该符合《混凝土结构工程质量验收规范》GB 50204—2002及《钢筋焊接网混凝土结构技术规程》JGJ 114—2003的相关规定。

7.2 质量标准（表7.2）

焊接网几何尺寸允许偏差   表7.2

项目	允许偏差
网片的长度、宽度(mm)	±25
网格的长度、宽度(mm)	±10
对角线差(%)	±1

注：1. 焊接网片的长度和宽度的允许偏差可取±10mm。
    2. 表中对角线偏差系指网片最外边两个对角焊点连线之差。
    3. 交叉点开焊数量不超过交叉点总数的1%；一根钢筋的开焊点数不超过该根钢筋交叉点总数50%。

7.3 质量保证措施

7.3.1 钢筋焊接网片应按批验收，每批必须由同一厂家、同一原材料来源、同一生产设备、同一时间生产、同一直径组成的焊接网片，每批重量不得超过30t。

7.3.2 进场钢筋焊接网按施工要求堆放，并有明显的标识。

7.3.3 对两端须伸入梁内锚固的焊接网，当网片纵向钢筋较细时，利用网片的弯曲变形性能，先将焊接网中部向上弯曲，使两端能先后插入梁内，然后铺平网片；当钢筋较粗焊接网不能弯曲时，将焊接网的一端少焊1～2根横向钢筋，先插入该端，然后推插另一端，再采用绑扎方法补回所减少的横向钢筋。

7.3.4 两张网片搭接时，在搭接区每600mm间距采用钢丝绑扎一道。附加钢筋与焊接网连接的每个节点处采用钢丝绑扎。双向板时，每两平方米设一个绑扎点。

7.3.5 钢筋焊接网应设置与保护层厚度相当的塑料卡或水泥砂浆垫块，梅花形布置，间距600mm。

8. 安全措施

8.1 本工法执行国家、省、市以及公司制定的各种安全技术规程。

8.2 起吊钢筋骨架，下方禁止站人，待骨架落至距安全标高1m以内方准靠近，并等就位支撑好后，方可摘钩。塔吊在吊运钢筋时，必须将两根钢丝绳吊索在钢筋材料上缠绕两圈，钢筋缠绕必须紧密，两个吊点长度必须均匀，钢筋吊起时，保证钢筋水平，预防材料在吊运中发生滑移坠落。

8.3 焊钢筋时架子要有足够的稳定性，架子要符合有关的要求脚手板要满铺，操作工人要戴好安全带、安全帽；空中作业要严格按规程操作，不得在空中脚手板上随意放东西，以防落下伤人。

8.4 雨天不宜进行施焊，必须施焊时，应采取有效遮蔽措施。焊机必须接地，焊工必须穿戴防护衣具，以保证操作人员安全。

9. 环保措施

钢筋加工尽量在工厂操作，减少现场加工量，降低钢筋加工的噪声污染，且节省施工现场。

10. 工程实例及效益分析

10.1 北环家园3区2号、3号楼位于北京市朝阳区广渠门内大街，为塔式公寓楼，地下2层，地上26层，总建筑面积为58898m²。

本工程钢筋工程原设计采用热轧带肋钢筋，为了加快施工进度节约成本，将地下一层至二十六层顶板钢筋均改为冷轧带肋钢筋（CRB550），顶板下铁采用成品钢筋焊接网，上铁采用冷轧带肋钢筋直条现场绑扎。征得设计方、业主方同意后实施。网片配筋根据原设计图纸代换而得，代换情况详见表10.1。

钢筋代换表　　　　　　　　　　　　　　　　　　　　　　　　　表10.1

序号	代换前钢筋	代换后冷轧带肋钢筋（CRB550）
1	$\phi 8@200$	$\phi^R 8@200$
2	$\phi 10@100$ $\phi 12@200$	$\phi^R 8@100$
3	$\phi 10@150$	$\phi^R 8@150(\phi^R 8@100)$
4	$\phi 10@200$	$\phi^R 8@200(\phi^R 8@150)$
5	$\phi 12@100$	$\phi^R 11@100$
6	$\phi 12@150$	$\phi^R 11@150$
7	$\phi 14@100$	$\phi^R 12@85$

受最小配筋率要求，对于板厚210mm的$\phi 10@150$钢筋代换为$\phi^R 8@100$；对于板厚150mm的$\phi 10@200$钢筋代换为$\phi^R 8@150$。

10.2 效益分析

10.2.1 由于本工程是总价承包，因此降低工程成本也是工程的一大目标。虽然冷轧带肋钢筋焊接网价格比一般热轧带肋钢筋高590元/t，但是由于冷轧带肋钢筋强度较高，节约了钢筋用量，另由于顶板下铁采用了成品焊接网，减少了钢筋加工工程量，降低了绑扎用工，分包的劳务单价减少了1元/m²。因此本工程通过冷轧带肋钢筋的应用，共计节约成本约103万元。

成本对比分析表　　　　　　　　　　　　　　　　　　　　　　　表10.2

	采用热轧带肋钢筋		采用冷轧带肋钢筋			
	钢筋用量	单价	焊网用量	单价	直条用量	单价
平均每层	24.6t	3750	9.06t	4340	7.93	4240
总计（52层）	1280t	3750	471t	4340	412t	4240
节约材料成本	1280×3750−471×4340−412−4240=1008980 元					
节约人工成本	70000(m²)×1=70000 元					
节约成本共计	1008980+70000=1078980 元					

10.2.2 顶板下铁采用钢筋绑扎每个流水段需工作3.5h；采用成品钢筋网片，每个流水段顶板下铁安装只需1.5h。在一定程度上加快了施工进度，百环家园节约工期约15d。

10.2.3 由于焊接网片是加工厂加工后成品进场，避免了钢筋间距不正确问题，降低了对操作工人的技术要求，简化了验收工作（可不再检查钢筋间距）。大大提高了钢筋工程的整体质量。

10.3 大连和平现代城住宅工程位于沙河口区和平广场西侧，结构形式为框架—剪力墙结构，总建筑面积 43000m^2，地下 2 层，地上 33 层，标准层层高 3m，内墙厚 160mm，混凝土强度 C30，±0.00 以上所有 160mm 厚的剪力墙的分布筋原设计为 ϕ10@200 绑扎钢筋，后改为双层双向 CRB550 级冷轧带肋焊接钢筋网，1～5 层为 ϕ^R8@150、6～30 层为 ϕ^R7@100。墙面水平向钢筋在端部弯成 90°、长 100mm 的直钩直接插入暗柱或端柱，两暗柱间实现整张网片无搭接，既节省了搭接长度，又加快了安装速度，节省工时 80%，节省钢材 25%。综合考虑采用焊接网可降低钢筋工程造价的 6% 左右，具有很好的综合经济效益；而且网片整体性好、刚度大，施工中网片竖向稳定性好，操作方便，墙面的钢筋质量很好，也给工程创优带来了保障。

巨型框架结构转换层钢桁架组合吊装工法

YJGF169—2006

江苏南通六建建设集团有限公司

石光明　卢兴明　许荣华　金树平　耿忠原

1. 前　言

随着我国经济的飞速发展，高层建筑如雨后春笋般地出现，高层建筑的结构转换层施工便成了一项新的技术课题。

南京电信局鼓楼多媒体通信楼为巨型框架结构，角部四个筒体作为巨型框架柱，位于第6、13和20层的三个结构转换层作为巨型框架梁，见图1-1、图1-2。转换层的结构形式为劲钢混凝土桁架，其中钢桁架的最大尺寸为：15.4m（长）×5.5m（高），最重的达219kN。

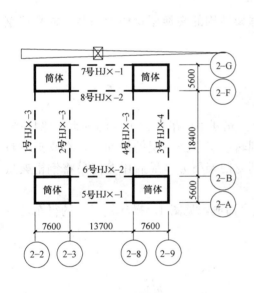

图1-1　转换层结构平面图

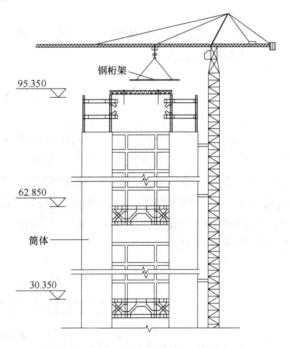

图1-2　主楼立面及钢桁架吊装示意图

按照设计要求，转换层钢桁架须整体制作，整体吊装。针对这样的大型构件高空吊装的重大技术难题，我们进行了充分的分析比较，履带或轮式起重机受吊臂长度所限，无法进行高空吊装作业；如采用桅杆/拔杆吊装，由于楼面尺寸小，无法锚碇缆风绳，桅杆/拔杆不能安全作业。若采用塔吊一次吊装就位，需投入1台5600kN·m或2台2500kN·m塔吊，不仅施工机械投入过大，而且在转换层以外的其他楼层施工时，塔吊的起重能力还无法得到充分利用。所以，传统的吊装方法无法解决或不能经济地解决这一技术难题。

为了寻求转换层钢桁架的最佳安装方案，南通六建公司在东南大学及南京市建筑设计院的指导下，进行科技创新，研制了一种塔吊—龙门吊组合吊装施工工艺，该工艺属国内首创，科学先进，新颖实用，经济合理，安全可靠，简便快捷。

我们应用塔吊—龙门架组合吊装技术，顺利完成了南京鼓楼多媒体通信楼转换层钢桁架的高空安装任务，取得了显著的经济效益和社会效益。据此，我们总结形成了施工工法，并被批准为江苏省省级施工工法。转换层钢桁架组合吊装技术是巨型框架结构设计与施工的成套技术，是"巨型框架结构的研究与应用"课题的主要技术内容，于2002年12月通过了江苏省建设厅组织的科技成果鉴定。

在南通市天乐园、苏州金河国际中心工程转换层钢桁架吊装中，我公司又相继应用了该工法，取得了良好效益，得到业主及各方的好评。

2. 工法特点

2.1 使用小吨位的塔吊及独特的龙门吊分次组合吊装，即可完成大型构件的高空吊装任务，投入少成本低，与大型起重设备一次吊装就位法相比，可节省施工成本50％以上。

2.2 操作简便，吊装快捷，尤其是龙门吊能灵活方便地进行微调，大大缩短了校正时间，与传统吊装方法相比，能节约60％的工期。

2.3 巧妙利用结构钢柱与专门制作的工具式钢梁组合成龙门吊，既能节约制作成本，又使龙门吊具有很好的稳定性，从而降低吊装过程中的危险性，确保作业安全。

3. 适用范围

适用于高层建筑大型构件的高空吊装，特别适用于巨型框架结构的转换层钢桁架吊装，或高层钢结构的大型构件吊装。

4. 工艺原理

先后利用塔吊和龙门吊，通过两次吊装将钢桁架吊装就位。先利用塔吊作为主要的垂直运输机械，充分利用塔吊的最大起重能力，将钢桁架从地面起吊，吊运到转换层下面一层的楼面上，在靠近塔身的位置处落放；然后通过楼面上的平移装置，将钢桁架移位到龙门架下方，最后用龙门吊将钢桁架从楼面起吊，提升到安装标高，最终就位固定，见图1-2、图4。

龙门架由已安装好的结构钢柱和专门制作的工具式钢梁组合而成，见图4。操作钢梁上的行车可调整钢桁架横向位置。

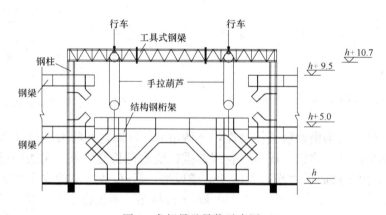

图4 龙门吊及吊装示意图

5. 施工工艺流程及操作要点

5.1 吊装顺序及吊装工艺流程

5.1.1 吊装顺序

每个转换层 8 榀钢桁架的吊装顺序如图 1-1 所示，按 1～8 号顺序依次安装。

5.1.2 工艺流程

施工准备→地面起吊→楼面平移→楼面翻身→垂直提升→校正就位→螺栓连接→拆卸工具式钢梁→吊运、安装工具式钢梁→……（下一榀吊装）

5.2 吊装操作要点

5.2.1 施工准备

1. 技术交底

施工前，对所有的施工人员分别进行有关的技术交底。

2. 塔吊的安装及检查验收

按照施工方案安装塔吊并组织验收，在每一层吊装施工前，还要对塔吊再进行检查，特别是塔吊基础、附墙装置以及垂直偏差等。

3. 龙门吊制作安装

1）工具式钢梁的设计制作

工具式钢梁一般设计为矩形断面的格构式钢梁。为保证结构钢柱不产生过大变形，工具式钢梁应有足够的刚度，其挠度限值按 $l/500$ 计算。本工程的工具式钢梁有两种跨度（18.4m 和 13.7m），为了更节约成本，我们设计了可拼装的三节式的钢梁。

2）工具式钢梁的安装

在场地上组拼所需跨度的工具式钢梁（分二节或三节），用塔吊吊运，搁置在两端已安装好的钢柱柱顶上，再用螺栓与钢柱固定，形成铰接连接，组合成龙门架。一榀主桁架吊装结束后，将其拆卸吊运至下一工位安装。

3）起重设备的设置

本工程选用 200kN 手拉葫芦作为龙门吊的起重设备，固定于工具式钢梁上，随其一起吊装。

4. 搭设脚手架

在操作层楼面上，用 $\phi48\times3.5$ 的钢管搭设两个临时脚手架，用作工人拉动葫芦捯链时的操作平台。

5. 铺设平移装置

在位于转换层下一层的楼面上，分别铺放枕木、钢管和搁架，组成平移装置，见图 5.2.1。

6. 钢桁架的场外运输

钢桁架平卧于大型货车上，从构件厂运到现场。

7. 钢桁架的质量检查

吊装前，进一步检查核验钢桁架，包括型号、尺寸以及变形、缺陷等。

8. 已安装钢结构的质量检查

对钢桁架两端已安装好的钢结构进行复查，包括钢柱、桁架上下弦杆端头，主要复核安装的允许偏差项目。

5.2.2 地面起吊

塔吊布置于主楼北侧，见图 1-1。在平卧状态的钢桁架上四点绑扎，用塔吊从地面起吊，垂直提升并吊运至转换层下面一层的操作层楼面，平放于楼面上的平移装置上，见图 5.2.1 和图 5.2.2。

5.2.3 楼面平移

转换层的下一层为大空间，正可用于平移结构钢桁架。结构钢桁架平放在平移装置上。采用撬杠推动，依靠钢管滚动使其向前移位，平移路线见图 5.2.2。对于南北方向的钢桁架，需进行两个方向的平移，待南北向平移到位后，把钢桁架提起 400mm，将下面的枕木和钢管进行 90°换向，然后东西方向平移钢桁架。

待钢桁架上弦平移至龙门架正下方位置后，进行纵向调整，使钢桁架位置对准安装纵坐标位置，调整方法为用 32kN 手拉葫芦牵引钢桁架，使钢桁架在钢管上纵向滑移。

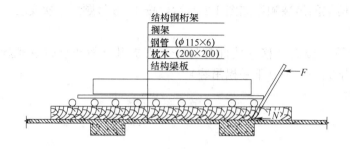

图 5.2.1　楼面平移装置示意图

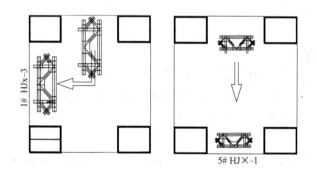

图 5.2.2　钢桁架楼面平移路线图

5.2.4　楼面翻身

在结构钢桁架的上弦上两点绑扎，依靠悬挂在工具式钢梁上的 2 个 200kN 手拉葫芦，吊起钢桁架上弦慢慢上升，同时用撬杠人力推动钢桁架下弦往前移动，逐步使结构钢桁架翻身至竖直状态。

5.2.5　垂直提升

待钢桁架直立后，拉动手拉葫芦将其吊离楼面，逐步提升到安装标高为止。

5.2.6　校正就位

当钢桁架提升到安装标高后，随后进行校正。通过提升用的 200kN 葫芦调整钢桁架的上下位置，通过工具式钢梁上的行车调整钢桁架的横向位置，在钢桁架两端，与钢柱之间分别系上 32kN 的手拉葫芦，用来调整钢桁架的纵向位置。

5.2.7　螺栓固定

在钢桁架准确就位后，分别在钢桁架的每个节点上穿入足够数量的临时螺栓和冲钉，随后即可松开 200kN 的葫芦，拆卸工具式钢梁，吊运到下一处安装固定，用于提升另外的钢桁架。而后按顺序安装高强螺栓连接副，进行初拧、复拧和终拧，完成高强螺栓连接。

6. 材料及设备

机具设备与材料表　　　　　　　　　　　　　　　　　　　　　　　表 6

序号	名　称	型　号	数量	用　途
1	塔吊	H3/36B	1 台	起吊钢桁架、钢梁
2	工具式钢梁		1 根	组成龙门架
3	葫芦	200kN	4 只	起吊钢桁架
4	葫芦	32kN	2 只	调整钢桁架
5	钢丝绳	6×37φ32.5	6 根	吊索

续表

序号	名　称	型　号	数量	用　途
6	钢丝绳	6×19φ12.5	4根	牵引钢桁架
7	白棕绳	φ38	4根	溜绳
8	卡环	14.0	4只	起吊钢桁架
9	卡环	7.5	4只	起吊钢桁架
10	卡环	2.1	4只	牵引钢桁架
11	方木	200×200×9000	40根	枕木
12	钢管	φ115×6×600	50根	平移钢桁架
13	钢管	φ48×3.5×6000	60根	搭设脚手架
14	钢管	φ48×3.5×3000	30根	平移钢桁架
15	扣件		400只	搭设脚手架
16	搁架		6只	平移钢桁架
17	撬杠		15根	平移钢桁架
18	电焊机		2台	安装焊接
19	经纬仪	J2	1台	测量垂直度
20	对讲机		4台	通信联络

7. 质量控制

7.1 质量标准

本工法的质量标准执行《钢结构工程施工质量验收规范》的规定。

7.2 质量保证措施

7.2.1 工具式钢梁制作完成后，须进行结构性能试验，经试验合格后方可投入正式使用。

7.2.2 钢桁架上的吊点位置，必须进行设计计算，确保构件的变形在允许范围内，尤其是平卧状态的吊装工况。

7.2.3 平移钢桁架时，撬杆分散布置于钢桁架上，由指挥统一号令，全体人员的操作应协调一致，做到同时用力。

7.2.4 钢桁架翻身时，应缓慢提升钢桁架的上弦，两个吊点应保持同步提升。人力推动下弦向前移动的速度与上弦上升速度协调一致。

7.2.5 钢桁架的安装质量经检验符合要求后，方可安装高强螺栓。

7.2.6 在龙门吊提吊钢桁架过程中，应采取监控措施，派专人观测工具式钢梁和结构钢柱的变形。

7.2.7 技术工人应选择熟练工，所有操作人员都应熟悉吊装工艺，现场操作时，应服从统一指挥，紧密配合，相互协调。

8. 安全措施

8.1 在吊装区域，设置临时护栏，悬挂明显标志，派专人警戒，禁止非操作人员入内。

8.2 在钢桁架落放于操作层楼面前，应通过溜绳调整钢桁架的方向，严禁用手直接推挡。

8.3 钢桁架翻身时，下弦前移与上弦提升动作协调，使吊钩上的钢丝绳基本保持竖直，不得斜吊，防止工具式钢梁承受过大的侧向力。

8.4 在钢桁架即将吊离楼面时，先调整好钢桁架下弦位置，使钢桁架呈竖直状态，然后缓缓起吊，将钢桁架吊离楼面，同时从两侧拉紧系在下弦上的溜绳，以防钢桁架在吊离楼面时刻出现较大的侧向摆动。

8.5 结构钢桁架吊离楼面后缓慢平稳提升，上升速度控制在200mm/min以内，且两个吊点保持同步上升。

8.6 高空作业人员必须系好安全带。

8.7 遇有六级以上大风或雷雨时，停止吊装作业。

9. 环 保 措 施

9.1 将吊装作业限制在施工场地内，尽量少占或不占城市道路，临时占道时设置临时护栏，悬挂醒目标志。

9.2 保护施工场地整洁文明，施工垃圾及时收集处理。

9.3 四周进行封闭围挡，尽量减少机械撞击或降低噪声，避免夜间吊装。

10. 效 益 分 析

10.1 将大型构件的高空吊装分解成二次组合吊装，仅需使用小吨位塔吊和简易龙门吊，龙门吊的支柱还巧妙利用了结构钢柱，又将龙门吊的钢横梁精心设计成三节可拼装式的，从而减少了机械设备投入，降低了施工成本，节约社会资源，有明显的经济效益。

10.2 吊装过程各个工序操作简便，吊装速度快，特别是龙门吊吊装构件时能灵活方便地进行微调，较短时间内即可完成校正作业。高空吊装一榀钢桁架只需1～2h，大大缩短施工工期。

10.3 吊装过程中的危险因素少，其中楼面平移、龙门吊吊装都是在封闭围护的楼面内完成，利用结构钢柱组成的龙门吊不用缆风绳也很稳定，吊装构件时十分平稳，降低了吊装的危险性，可确保安全生产。

11. 应 用 实 例

11.1 南京市电信局鼓楼多媒体通信楼，地上30层，总高度149.5m，建筑面积40770m²。结构形式为巨型框架结构，三个结构转换层分别设于第6、13和20层，共有24榀劲钢混凝土桁架，总重量4400kN。

该工程应用本工法，成功解决了重达219kN长达15.4m的转换层钢桁架高空整体吊装的技术难题，并取得了显著的技术经济效益：①投入少成本低，节约施工成本60多万元，降低率达到50％；②操作简便快捷，吊装速度快，实际安装一榀钢桁架仅需1～2h，三个转换层的24榀钢桁架的安装，提前了18d完成，缩短了60％的工期；③作业环境安全，吊装十分顺利，未发生任何事故；④巧妙利用了结构钢柱作为龙门吊支柱，而且对工程结构还没有产生任何影响（图11.1）。

图11.1 南京市电信局鼓楼多媒体通信楼工程

11.2 南通市天乐园工程，建筑面积42350m²，地下2层，地上30层，总高度138m，巨型框架结构，四个转角的电梯井的剪力墙井筒作为巨型框架柱，第7、14、21层的结构转换层作为巨型框架梁，转换层的层高为4.0m，为劲性钢筋混凝土，每榀钢桁架的重量为19.8t。

该工程运用组合吊装施工工法，解决转换层钢桁架高空整体吊装的技术难题，它的技术和经济效益有：①机械投入少，减少了机械进出场和拆装费用，节约施工成本38万元；②操作简便快捷，吊装速度快，提前工期15d；③该吊装方法对结构没有损伤，吊装安全可靠（图11.2）。

11.3 苏州金河国际中心工程，建筑面积68280.06m²，地下2层，地上28层，巨型框架结构，总高度133.1m，主楼的四个电梯井筒体为巨型框架柱，第9、16层的两个结构转换层作为巨型框架柱的梁，

图11.2 南通市天乐园工程

转换层的结构形式为劲性钢筋混凝土桁架，其中钢桁架的最大尺寸为16m（长）×4.8m（高），重量达到20.4t。

在施工中，利用已完成的核心筒体内的劲性钢柱作龙门吊的支柱，应用塔吊与龙门架组合吊装施工工法，解决转换层钢桁架高空整体吊装的技术难题，取得明显的社会和经济效益有：①钢桁架安装一次成功，提前21d完成施工任务；②机械投入少，节约人工、机械等费用44万元；③该工法安全可靠，操作方便（图11.3）。

图11.3 苏州金河国际中心工程

管结构加工制作工法

YJGF170—2006

苏州二建建筑集团有限公司　龙信建设集团有限公司

陈赟　朱江　周立人　张裕忠　董佩龙　葛杰

1. 前　　言

管结构是指结构中的杆件均为圆管杆件。管结构中的杆件大部分情况下只受轴向拉力或压力，应力在截面上均匀分布，因而容易发挥材料的作用，这些特点使得结构用料经济，结构自重小，易于构成各种外形以适应不同的用途。

例如可以做成简支桁架、拱、框架及塔架等，因而管结构在现今的许多大跨度的场馆建筑，如会展中心、体育场馆或其他一些大型公共建筑中得到了广泛运用。

2. 工法特点

管结构的工厂加工与施工现场基础制作可同步进行，能有效缩短工期；采用流水线加工制作，生产效率高；专用机械工具的使用，充分保证制作质量。

由于管结构杆件连接产生曲面相交，人工切割精度差，耗工耗时，因此管材的切割采用先进的数控切割技术，加快了切割速度，保证了构件的精准度。构件的组装、焊接及弯圆均在胎架上进行，提高了制作的效率。钢管弯圆采用冷加工，保证了钢管弯圆表面不起皱折。

3. 适用范围

管结构与网架比，杆件较少，节点美观，不会出现较大的球节点，利用大跨高空间管桁架结构，建造出各种体态轻盈的大跨度结构，在公共民用建筑中，尤其是在大型会展和体育场馆建设中，有着广泛推广应用前景。

4. 工艺原理

4.1　工艺的核心部分是管材的切割、组装及焊接。

4.2　管材切割采用先进的相贯线切割机进行数控切割。

4.3　根据基本桁架形式制作标准胎架，进行组装。

4.4　组装完在胎架上进行焊接。

5. 施工工艺流程及操作要点

5.1　工艺流程

5.1.1　工艺流程见图 5.1.1。

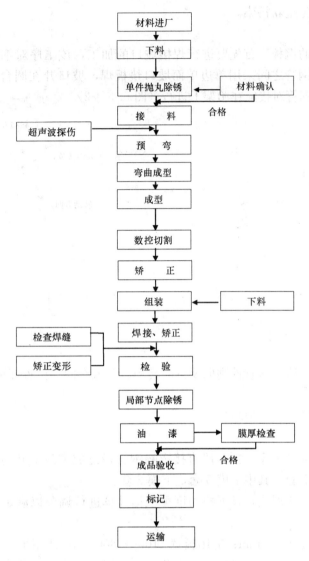

图 5.1.1 工艺流程图

5.1.2 下料（火焰切割）

核对施工图、熟悉工艺标准、掌握各部件的精确尺寸，严格控制尺寸精度；度量工具必须经法定计量单位校验，符合计量标准的规定方可使用；放样应以施工图的实际尺寸 1∶1 的大样放出有关的节点，连接尺寸，作为控制号料、弯制、剪切、铣刨、钻孔和组装等的依据。样板应标记切线、孔径、孔距、上下、左右、正反的工作线和加工符号，注明规格、数量及编号等。

放样的允许偏差限值应符合表 5.1.2 规定。

放样的允许偏差（mm） 表 5.1.2

项　　目	允许偏差	项　　目	允许偏差
平行线距离和分段尺寸	±0.5	宽度、长度	±0.5
对角线差	1.0	孔距	±0.5

5.1.3 单件抛丸除锈

由于圆管桁架单榀高度较高，无法组装后抛丸，故采用预处理的方式，表面处理应按设计规定的施工方法施工，并达到规定的除锈等级，GB 8923 标准 Sa2.5 级要求。

构件表面的毛刺、电焊药皮、飞溅物、油污、灰尘在除锈前应清除干净。除锈后的钢构件在起吊、运输过程中，其表面应避免重新污染。

5.1.4　接料

火焰下料或定宽尺寸的钢板，首先要进行焊接坡口的加工，该工序对钢板成型前的两边共 6 个面通过一次铣削加工完成。钢管之间采用单边单面坡口垫板焊，坡口开在圆台型钢管一侧，坡口角度为 45°。具体见图 5.1.4-1。钢管对接应在胎架上进行（图 5.1.4-2）

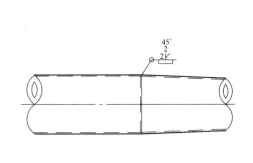

图 5.1.4-1　拼接接点示意图

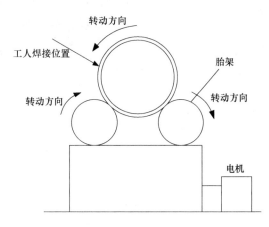

图 5.1.4-2　对接焊施工示意图

由电机带动胎架转动，待对接管件则向反方向转动。工人在同一位置即可焊接一周。

5.1.5　预弯

设备名称：预弯机 YW-2500/3000

设备用途：消除直边

预弯是成型前的直接准备工序。预弯段直接影响钢管最终成型后的几何尺寸误差，即圆度、棱角度。该机配置预弯模具共 7 套，其中上模 5 套，下模 2 套。

模具预弯成型段为渐开线形式，且下模角度可根据计算进行调节以满足该模具使用范围内的最佳圆弧成型段。

该机适用预弯钢板厚度 8～60mm；适用板宽 1100～4800mm；适用板长 12500mm；预弯有效步长 2300mm；前后预弯过渡段 600mm＋300mm（避免 30mm 以上厚板步进预弯时出现撕裂或拉伸，保证全长预弯直线度一致无波浪状）；对于 ϕ400～ϕ1400mm 范围内的钢管一般采用单直缝焊缝，ϕ1400～ϕ3000mm 范围内的钢管一般采用双直缝焊缝。

5.1.6　弯曲成型

设备名称：成型机 PPF3600/120

设备用途：成型

根据板料规格，材质等设定参数如折弯压力、上模规格、下模开口、折弯深度、步长等等，生成程序即可进行首件试折。首折的 PC 参数按理论计算后角度由大到小进行现场修正，直至与内圆弧样板吻合时定出 PC 参数。

ϕ400～ϕ1400mm 范围内的钢管一般采用单直缝焊缝，其成型后的管坯开口宽度应控制在能脱离上模垫板的最小尺寸。其直度偏差不大于 5mm，轴向错位不大于 5mm。

5.1.7　成型（收口）

设备名称：四柱压力机 Y32-500

设备用途：预焊前收口

5.1.8　管结构切割工艺

1. 切割注意事项

切割前，应对钢材表面的铁锈、油污等清除干净。切割后断口处不得有裂纹和大于 1.0mm 的缺棱，并及时清除切割边缘的熔瘤和飞溅物，对于切割边缘有缺陷应补焊后打磨修整。

切割中如发现有重皮缺陷严重的现象应立即停止切割，并通知技术人员及时处理。

所有管材全部采用数控相贯线切割机进行切割，板材切割宜采用多头直条机或数控切割机直接号料切割。坡口加工采用数控切割或刨边机加工。

管材采用数控相贯线切割机进行切割时切割工艺参数（表5.1.8-1）。

数控相贯线切割工艺参数表 表 5.1.8-1

序号	切割厚度(mm)	切割速度(mm/min)	乙炔压力(MPa)	氧气压力(MPa)	氧气耗量(m³/h)
1	5～10	700～500			1.25
2	10～20	600～380	>0.03	0.3～0.9	2.23
3	20～40	500～350			3.48
4	40～60	420～300			5.44

板材数控切割机的切割参数（表5.1.8-2）：

板材数控切割工艺参数表 表 5.1.8-2

序号	钢板厚度(mm)	气体压力 X105MPa		气体消耗量		气割速度(mm/min)
		氧气	丙烷	氧气(m³/h)	丙烷(m³/h)	
1	5～15	≥3	>0.3	2.5～3	350～400	450～500
2	15～30	≥35.5	>0.3	3.5～4.5	450～500	350～450

钢管端部坡口加工示意（图5.1.8-1）

2. 数控切割步骤

1）准备工作

选用行车将钢管吊至相贯线切割机胎架上（图5.1.8-2）。

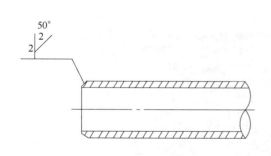

图 5.1.8-1 钢管端部坡口的加工　　　　图 5.1.8-2 行车将钢管吊至相贯线切割机胎架示意图

将钢管一端送入相贯线切割机转轴夹具内，同时调整胎架标高，使钢管处于水平位置（图5.1.8-3）。

2）切割步骤

第一步，打开文件转换器（图5.1.8-4）。

图 5.1.8-3　调整胎架标高使钢管处于水平位置示意图

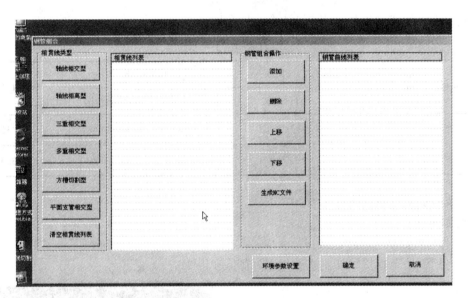

图 5.1.8-4　文件转换器界面

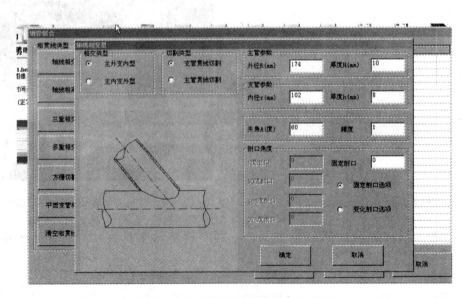

图 5.1.8-5　轴线相交型数据输入界面

第二步，选择相贯线类型。

共有轴线相交型、轴线相离型、三重相交型、多重相交型、方槽切割型、平面支管相交型 6 种。（详见图 5.1.8-5）

第三步，编排相贯线顺序，并添加至曲线列表（图 5.1.8-6）。

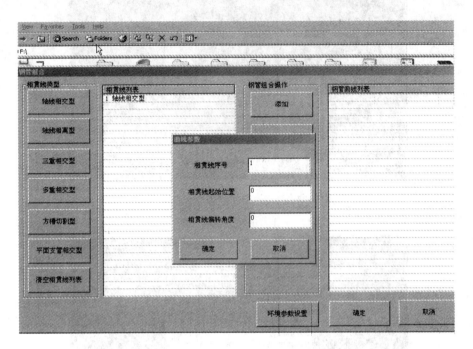

图 5.1.8-6 曲线编号界面

第四步，生成 NC 文件，并保存到工程的文件夹内（图 5.1.8-7）。

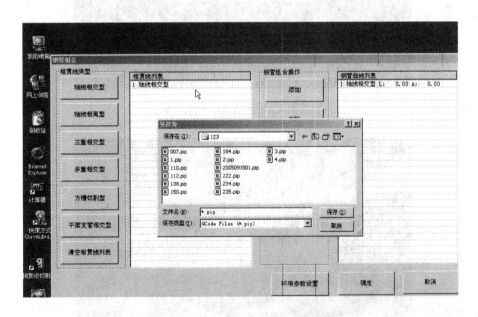

图 5.1.8-7 生成 NC 文件、保存界面

第五步，打开切割程序图（图 5.1.8-8）。

第六步，选择 NC 文件，生成加工仿真轨迹（图 5.1.8-9）。

第七步，加载文件，准备切割（图 5.1.8-10）。

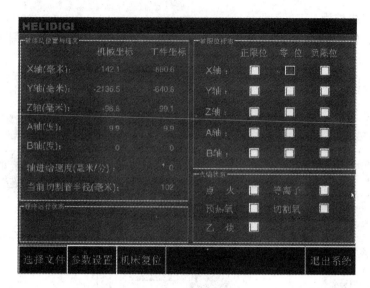

图 5.1.8-8　切割程序界面

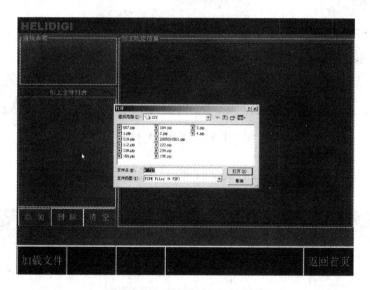

图 5.1.8-9　添加 NC 文件界面

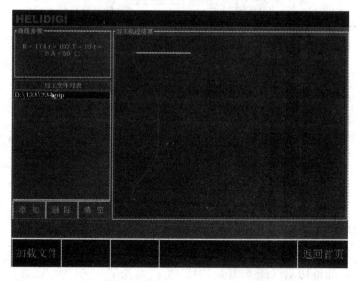

图 5.1.8-10　选择文件加载

5.1.9 校正

原材料变形采用手工校正，弯制件的精度可采用弧形样板或通过测量弦长和多点拱高的方法。弧形样板根据理论数据编程，由数控切割机下料成型。

5.1.10 主桁架主弦管弯圆工艺

为了保证钢管弯圆表面不起皱折和加热改变材质化学性能，钢管弯圆宜采用冷加工。加工方法示意图如图 5.1.10 所示。

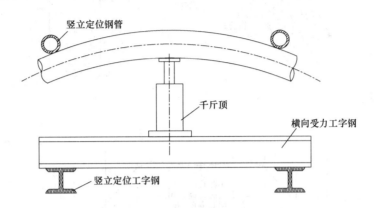

图 5.1.10 主桁架主弦管弯圆俯视图

5.1.11 组装

根据基本桁架形式制作标准胎架，以便进行标准化组装。由于构件较长，桁架可以分为数段制作，每段桁架在胎架上立放（详见图 5.1.11-1）。

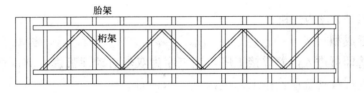

图 5.1.11-1 组装胎架图

对于管桁架结构在组装过程中应特别注意以下几点：

管管相贯时轴线相交，各管应参照同一平面为基准平面。

相贯线切割计算公式（钢管相贯曲线展开图详见图 5.1.11-2）：

$$x = \alpha d/2 \ (\alpha = 0 \sim 2\pi) \tag{5.1.11-1}$$

$$y = h_1 + h_2 = \{D - [D_2 - d(\sin\alpha)2]1/2 + d(1-\cos\alpha)\cos\beta\}/(2\sin\beta) \tag{5.1.11-2}$$

注：
$$h_1 = \{D/2 - [D_2/4 - (d\sin\alpha/2)2]1/2\}/\sin\beta \tag{5.1.11-3}$$

$$h_2 = d(1-\cos\alpha)/(2\tan\beta) \tag{5.1.11-4}$$

支管的对接接头或相贯接头的两端，均应用"样冲"在"十字"对角线位置上做好标记。主弦管用"样冲"在"十字"对角线位置上做好标记，按各支管的轴线距离，在主弦管的外臂上，结合主弦管和支管的轴线相交点和垂直面处作出标记。在主弦管的外臂上作出支管的角度位置。

装配时，先按主弦管图纸尺寸、位置组装，并点固好主弦管、支管 0°、180°轴线应与主弦管上的支管位置上在同一直线上。

每个构件的主弦管的对接接头应避开相贯口的焊缝。钢管轴线的汇交节点中，允许偏差小于 3.0mm。

5.1.12 焊接

1. 梭形钢柱的焊接

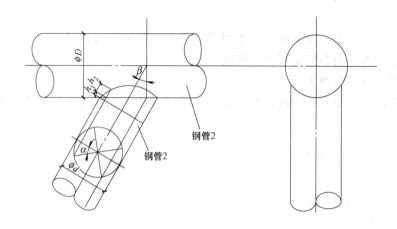

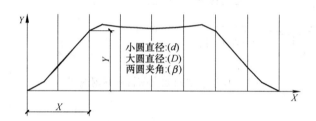

图 5.1.11-2　钢管相贯曲线展开图

1）内焊

设备名称：ZGNH-2-2 丝内焊机

设备用途：内焊缝成型

预焊清理后的钢管即可进入内缝焊接工序，该工序为双丝自动埋弧焊，其焊接过程全程电视监控，电控调节焊缝跟踪。其焊接规范严格按工艺执行。

2）外焊

设备名称：ZGWH-3-3 丝外焊机

设备用途：外焊缝成型

内焊结束进入外焊缝焊接工序，该工序为三丝自动埋弧焊接，其焊接过程全程电视监控，电控调节焊缝跟踪。其焊接规范严格按工艺执行。

3）矫直

设备名称：矫直机 LM400×100

设备用途：直线度精整

焊接后变形弯曲的钢管需要经过校直后才能达到标准允许的直线度。

4）成型（精装）

设备名称：精整机 JZ2000/1500×1500

设备用途：圆度精整 切头打坡口

校直后的钢管进入整形工序，钢管有 O 形模具强制精确整形，以达到较高的圆度和直度。

5）焊缝探伤检验

设备名称：超声波探伤仪

设备用途：焊缝探伤检查

焊接完毕即可进行全焊缝100％超声波探伤检测。对焊缝有缺陷必须将焊缝切开返修，重新焊接焊口，直到检验合格。

6）现场焊接直缝钢管

将梭形柱用手动葫芦拉到一起，现场打坡子，搭架子将梭型柱抬起，全熔透焊缝，接口处内衬衬板。梭形柱对接完成后，用吊车运到平台上，由于构件自重比较大，汽车吊只能将柱子吊到平台上，再通过捯链拉到现场放样位置就位。根据现场放样切口，将两根柱子口对好，相贯线对接熔透焊。人字柱对接好以后，再切钢管梁位置圆弧口。人字柱接口拼装焊好后，再增加两道 H 型钢支撑，用于临时加固人字柱。

7）焊接前的准备工作

（1）检查坡口质量，确保坡口面光滑，无明显割痕缺口；

（2）焊前必须去除施焊部位及其附近 30～50mm 范围内的杂质，包括：氧化皮、渣皮、水分、油污、铁锈及毛刺等；

（3）检查焊接接头装配质量，其装配质量必须符合表 5.1.12-1 中的要求：

焊接接头装配质量允许偏差表　　　　　　　　　　　表 5.1.12-1

序号	项目名称	示 意 简 图	允 许 公 差
1	坡口角度 $(\alpha+\alpha_1)$		$-5°<\alpha_1\leqslant+5°$
2	坡口钝边 $(f+f_1)$		$-1.0\leqslant f_1\leqslant+1.0$mm
3	根部间隙 $(R+R_1)$		$0\leqslant R_1\leqslant2.0$mm
4	装配间隙 (e)		$0\leqslant e\leqslant1.5$mm

8）焊接施工

（1）引弧与熄弧

严禁在焊接区以外的母材上引弧；

焊缝区外的引弧斑痕必须磨光，并用磁粉检查是否有裂纹；

有裂纹时，按焊接工艺对其进行修补。

（2）引弧板和熄弧板

材质与母材一致；

规格：手弧焊和气保焊 6×30×50（mm），埋弧焊 8×50×100（mm）；

焊后引弧和熄弧板应用气割切除，保留 2～3mm，修磨平整。如图 5.1.12-1 所示。

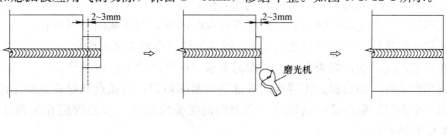

图 5.1.12-1　引弧与熄弧板的去除过程示意图

引弧和熄弧板不得用锤击落。

（3）焊接方法和工艺的选用

不同材质间的焊接，按低强度材质的焊接工艺执行。

不同厚度的钢板的焊接，按较厚板的工艺要求执行。

严格明确焊接方法和焊接材料的类型。

严格按施工图中的焊接要求进行，如果图中不明确，由焊接工程师进行确定，并报设计师批准。

（4）焊接设备的工作状态

焊机应处于良好的工作状态。

焊接电缆应适当绝缘，以防任何弧痕遗留或短路。

焊钳应与插入焊条保持良好接触。

回路夹与工件处于紧密的接触状态，以保证稳定的电传导性。

（5）临时焊缝的要求

临时焊缝的施焊应符合焊接工艺的要求；

在使用完后应对临时焊缝进行清除；

清除临时焊缝后，其表面应与原表面齐平。

（6）应力孔

三条焊缝交汇处有应力孔，半径不小于 25mm。

（7）钢衬垫

钢衬垫在整个焊缝长度内应与母材贴紧。

（8）手工焊、气体保护焊工艺

对手工焊而言，尽量保持短电弧；需要摆动时，宽度不超过线径的 2.5 倍；应采用起弧返回运条技术或使用引弧板引弧。

对手工焊，当可能存在立焊时，应在立焊中使用摆动技术，焊条直径应在 4.0mm 以下。

对气体保护焊，焊接时导电嘴到工件的距离应控制在 15～20mm；对 SAW 应控制在 23～38mm。

每一焊道熔敷金属的深度和熔敷的最大宽度不应超过焊道表面的宽度。

最大根部焊道厚度：

对手工焊，平焊为 6mm，横焊为 6mm，立焊为 8mm；

对气体保护焊，平焊为 8mm，横焊为 8mm。

最大中间焊道厚度：手弧焊为 4.8mm；气保焊为 6.4mm；SAW 为 6.4mm。

最大单道角焊缝尺寸：

对手工焊，平焊为 6mm，横焊为 6mm，立焊为 8mm；

对气体保护焊，平焊为 8mm，横焊为 8mm。

气体保护焊的最大单道焊的焊层宽度超过 16mm 应采用错层焊。

（9）焊缝施焊及清理

双面熔透焊缝，正面焊接完毕，反面碳弧气刨清根，再反面焊接。

焊缝应连续施焊，一次完成；焊完每一道焊缝后及时清理，发现缺陷必须修补。

当熔敷金属的深度达到最终焊缝厚度的 1/3，焊接工作可以在必要时中断。

中断后重新开始焊接之前，如果有预热方面的要求，应按此要求进行预热。

尽可能采用平焊位置；加劲板、连接板的端部不间断围角焊，引弧点和熄弧点距端部 10mm 以上。

焊道不在同一平面时，应由低向高填充。多道焊的接头应错开，多层焊应在端部作出台阶，焊缝结构应从坡口侧面开始焊接。

焊缝的根部、面层和边缘母材不得用尖锤锤击；允许使用凿铲、凿子以及轻型振动工具清除焊道。

顶紧接触部位应经质检部门检验合格才可施焊。

9）焊接变形控制措施

（1）下料时，预留焊接收缩余量；装配时，预留焊接反变形。

（2）装配前，矫正每一零件的变形，保证装配公差符合表的要求。使用必要的装配胎架，工装夹具，隔板和撑杆。

（3）同一构件上尽量采用热量分散，对称分布的方式施焊。

2. 桁架管结构焊接

钢管的连接主要采用焊接，因而焊接技术在钢管结构中占有重要地位。无论从焊接节点构造，焊接工艺和无损检测技术都有特殊的要求。

桁架钢管的规格多样，且管壁普遍较薄，所以焊接变形较大，且对焊接的掌握要求较高，否则很容易出现焊穿管壁的情况。

1）焊接步骤

（1）将焊接区域设置在无风地带，有利于氩弧焊施工，提高焊接质量。

（2）制作焊接胎架（详见图5.1.12-2）。

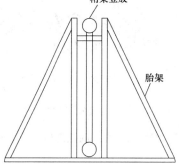

图 5.1.12-2　制作焊接胎架

（3）采用氩弧焊打底，对管接口焊接预留缝进行底层焊，此种方法可以避免焊接中出现未熔透区域，为达到焊缝要求提供最基本的保证。

（4）采用手工电弧焊进行最终焊接工作，但每焊一层都要用碳金棒进行清根，刨除不理想部分（例如夹渣、气孔等），来保证焊缝质量，同时也保证了管桁架的现场拼接质量。焊接顺序详见图5.1.12-3。

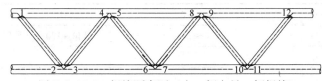

图 5.1.12-3　焊接顺序图（由一侧向另一侧焊接）

（5）焊缝检查工作。焊缝施工完毕后，对其进行超声波探伤，有缺陷的就要百分百地返工重焊，直至合格。随后，对焊缝表面进行清理打磨，以保证外观质量。

2）焊接形式

钢管连接形式，归纳有如下几种：T形、Y形、K形、T-Y形、T-K形复合形及X形节点（详见图5.1.12-4）。

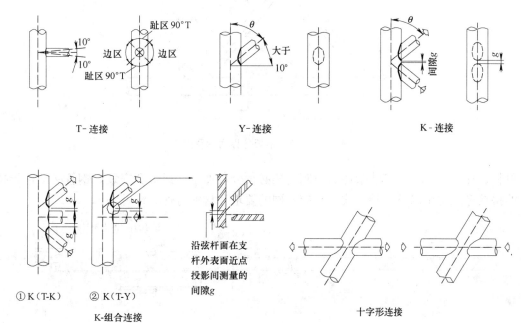

图 5.1.12-4　连接形式

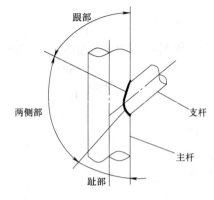

图 5.1.12-5　圆钢管相贯焊接形式

主管与支管的连接呈 T 形、Y 形、K 形或复合形相贯节点形式，支管端部为马鞍形曲线。此类圆管相贯接头分为 4 个区，即趾部、两侧部、根区部（详见图 5.1.12-5）。

3）焊接要求

相贯形节点的焊缝可分为全溶透焊、部分溶透焊和角焊缝三类，根据设计承载要求不同而不同。而由于管壁厚度的不同及支管与主管之间不同的夹角，能够采用的焊接形式和焊缝的高度也有所不同。如对应不同的管壁有的需要在支管马鞍形曲线处切割出一定的坡口角度才能焊透。

焊缝坡口的根部间隙大于标准规定值（1.5mm）时，可以按超标间隙值增加焊缝尺寸。但间隙大于 5mm 时应事先采用堆焊和打磨方法修整支管端头或在接口处主管表面堆焊焊道，以减少焊缝间隙。

焊接方法一般采用低氢型焊条手工电弧焊，焊接参数可按表 5.1.12-2 选取。

焊接参数　　　　　　　　　　　　　　　　　表 5.1.12-2

焊条直径(mm)	焊接电流			
	平焊	横焊	立焊	仰焊
$\phi3.2$	120～140	100～130	85～120	90～120
$\phi4$	160～180	150～170	140～170	140～170
$\phi5$	190～240	170～220		

注：此表仅供参考，实际制作时以焊接实验为准。

管—管桁架结构中包含大量 T、Y、K、X 形节点。焊工施焊时焊接位置包含平、横、立、仰全位置施焊，并针对支管与主管间的不同角度有不同的焊接要求（图 5.1.12-6）。

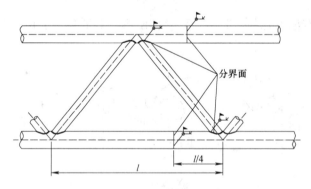

图 5.1.12-6　桁架分界面示意图

由于材料、加工、运输、安装条件的限制桁架必须分段加工、运输和安装，钢管必须进行拼接。钢管的拼接形式常用以下 3 种形式，对应不同的要求和材料特性。详见图 5.1.12-7。

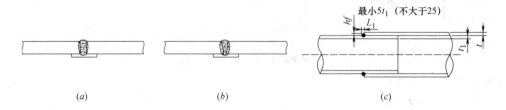

(a)　　　　　　　　　　(b)　　　　　　　　　　(c)

图 5.1.12-7　钢管拼接形式
(a) I 形带垫板坡口对接；(b) V 形带垫板坡口对接；(c) 套管搭接

桁架的组装在组装胎架上进行单榀桁架的焊接，在桁架组装时必须按照先焊中间节点，再向桁架两端节点扩展的焊接顺序，以免由于焊缝收缩向一端累计而引起的桁架各节点间尺寸误差，并且不得在同一支管的两端同时施焊。

焊缝尺寸应符合设计要求的计算厚度或焊缝大小，但也要避免过多的堆焊加高而产生较大的焊接残余应力。

4）焊接工艺及焊接工艺评定

焊接条件要求：

露天操作下雨时不允许焊接作业；室温小于5℃，焊接时构件应预热；焊缝区域表面应干燥、无浮锈；板厚大于36mm的钢板，焊接时应加热。

焊接材料要求：

材质为Q235B普通碳素结构钢焊接材料：手工焊焊条 E4303，E4315 $\phi3.2$、$\phi4.0$、$\phi5.0$；CO_2 气体保护焊焊丝 $H08Mn_2Si\phi1.2$、$\phi1.6$；埋弧焊焊丝 H08；焊剂 HJ431。所有焊接材料都必须具质量保证书，焊条和焊剂使用前必须经过烘培。焊工资格：所有焊工必须经考试合格，取得合格证书才能上岗操作。

焊接规范：

手工焊规范（详见表 5.1.12-3）。

手工焊规范表　　　　　　　　　　　　　表 5.1.12-3

焊条直径(mm)	焊接电流(A)			
	平焊	横焊	立焊	仰焊
$\phi3.2$	100～140	100～130	85～120	90～130
$\phi4$	160～180	150～180	140～170	140～170
$\phi5$	190～240	170～220		

埋弧焊规范（详见表 5.1.12-4）。

埋弧焊规范表　　　　　　　　　　　　　表 5.1.12-4

焊丝直径		焊接电流(A)	电弧电压(V)	焊接速度(cm/min)
型号	直径			
H08A	$\phi4$	525～575	32～34	37.5
	$\phi5$	600～650	34～36	37.5

CO_2 气体保护焊（详见表 5.1.12-5）。

CO_2 气体保护焊规范表　　　　　　　　表 5.1.12-5

焊丝		焊接参数			气体流量 (1/min)
牌号	直径	电流(A)	弧压(V)	焊接速度 (cm/min)	
H08mn2si	1.6mm	340～380	34～36	38～45	25

焊接工艺评定

钢材及焊接材料必须进行焊接工艺评定，工艺评定报告的试验数据必须符合设计要求和有关标准。工艺试验时焊接外部条件：温度、工位、各项焊接参数应与工程实际条件基本相符。

5）热校正

火焰矫正是现场制作主要的矫正方法：火焰矫正的常用方法有点状加热、线状加热和三角形加热三种。

点状加热根据结构特点和变形情况，可加热一点或数点。线状加热时，火焰沿直线移动或同时在宽度方向作横向摆动，加热宽度一般约为 0.5～2 倍的钢材厚度，多用于变形量较大或钢性较大的结构。三角形加热的收缩量较大，常用于矫正厚度较大、刚性较强的构件的弯曲变形。

低碳钢和普通低合金钢的热矫正加热温度一般为 600～900℃，800～900℃是热塑性变形的理想温度，但不得超过 900℃，中碳钢则会由于变形而产生裂纹，所以中碳钢一般不用火焰矫正。普通低合金结构钢在加热矫正后应缓慢冷却。

火焰矫正工艺规程进行火焰矫正操作要遵守一定的工艺规程，一般可按如下工艺程序进行操作：

做好矫正前的准备，检查氧、乙炔、工具、装备情况，选择合适的焊矩、焊嘴。

了解矫正构件的材质，及其塑性、结构特性、刚性、技术条件及装配关系等，找出变形原因。

做目测或直尺、粉线等测量变形尺寸，确定变形大小，并分析变形的类别。

确定加热位置和加热顺序，考虑是否需加外力。一般先矫正刚性大的方向和变形大的部位。

确定加热范围、加热温度和深度。一般对于变形大的工件，其加热温度为 600～800℃。焊接件的矫正加热温度为 700～800℃。

检查矫正质量，对未能达到质量要求的范围进行再次的火焰矫正。矫正量过大的应在反方向进行火焰矫正，直至符合技术要求。

一般工件经矫正后不需做退火处理，但对有专门技术规定的矫正工件需做退火处理，以消除矫正应力。焊接件退火温度一般为 650℃。

5.1.13 检验

1. 检测资料

产品合格证书，主要原材料及标准件的质量证明书，无损探伤报告。

焊接工艺评定报告，构件外形主要尺寸报告，构件涂装报告。

2. 检测依据

GB 50205《钢结构工程施工质量验收规范》。

施工详图、修改通知单及其他有关的技术规范。

制作工艺、焊接工艺及其规定的相关标准。

3. 超声波探伤工艺流程（图 5.1.13）

5.1.14 除锈

整体构件成型后还应进行喷砂除锈。

经处理好的摩擦面，不能有毛刺（钻孔后周边即应磨光）、焊疤飞溅、油污、氧化铁皮等，要露出金属光泽，并不允许再行打磨、锤击或碰撞。

钢材表面温度低于露点以上 3℃，相对湿度大于 90%时，干喷磨料除锈应停止进行。除锈处理后，一般应在 4h 内涂刷首道底漆。

5.1.15 油漆

涂底漆应于构件制作完毕预拼装之前进行。在工地现场施涂时（补漆），当遇有大雾、雨天或构件表面有结露时不宜作业。

涂刷之后在 4h 以内应严防雨水淋洒。

施工图注明不涂装的部位和安装时联结的接触面应加以遮盖，以防沾污，组装或安装焊缝处应留出 30～50mm 宽的范围暂不涂底。

1. 操作顺序

一般的操作顺序应该是从上而下，从内到外，先浅后深的分层次进行。

2. 操作方法

钢结构表面的清理工作经复检合格后，即可均匀地涂刷上一层已调制好防锈漆。

按设计规定，涂刷第二遍防锈底漆。涂刷时每遍均要做到横平竖直，纵横交错厚度均匀一致。

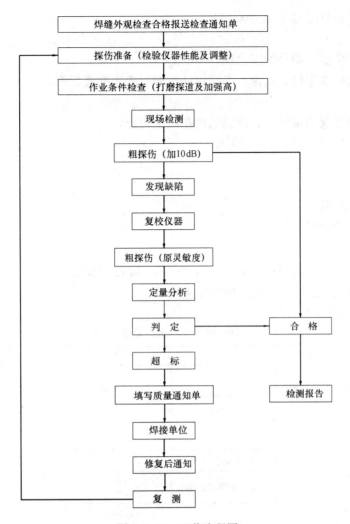

图 5.1.13 工艺流程图

底层涂刷完毕后，应在构件上按原编号标注，重大构件应标明重量、重心位置和定位标号。

构件安装完成经检查符合要求后，需对构件在运输和安装过程被擦伤部位以及安装焊缝处，按有关规定补涂底漆。最后应作全面的检查，确保做到无漏涂欠涂或少涂，并且符合设计要求及施工验收标准。

5.1.16 验收

1. 焊材的检验

检验项目：焊条质保资料、焊丝质保资料、焊剂质保资料、保护气质保资料。

检验要求：质保资料必须齐全。

2. 油漆检验

检验项目：色标试验、附着力试验、兼容试验。

检验手段：色标对比卡、混合试验、粘贴试验。

3. 制作过程检验

1）材料的追溯

检验内容：材料流转过程中的过程记录。

检验手段：检查流程卡的填写、零件的追溯抽检。

2）焊缝的追溯

检查内容：焊缝钢印及书面记录。

检查手段：专检员检查焊缝记录情况。

3）胎具的检验

检查内容：胎具的精度、胎具的安全性。

检查手段：经纬仪、水平仪、重锤、书面设计数据、激光准直仪等。

4）焊接检查：

检查内容：焊缝的外观质量检查、焊缝的内在质量检查。

检查手段：目检、焊缝量规、NDT 检测。

4. 涂装检验

1）除锈检验：

检验项目：粗糙度检验。

检验手段：粗糙度检测仪、目测。

2）油漆检验：

检验项目：油漆配比、涂装温度及湿度、涂装间隔、涂层厚度等。

检验手段：温度计及湿度计、感应式膜厚检测仪等。

5. 成品验收（详见表 5.1.16）。

钢桁架外形尺寸的允许偏差（mm） 表 5.1.16

项　　　目		允许偏差	检测方法
桁架最外端两个孔或两端支撑面最外侧距离(l)	$l \leqslant 24m$	+3.0 −7.0	用钢尺检查
	$l > 24m$	+5.0 −10.0	
桁架跨中高度		±10.0	
桁架跨中拱度	设计要求起拱	±l/5000	
	设计未要求起拱	10.0 −5.0	
相邻节间弦杆弯曲(受压除外)		l/1000	
檩条连接制作间距		±5.0	用钢尺检查

5.1.17　标记

构件编号：区号→桁架号（柱号）→部位。

构件制作后油漆前均用油漆笔在相应的位置标出。

杆件油漆后，各类标记用醒目区别底漆的油漆在构件上写出。

6. 材料与设备

6.1　材料

管材常用材质为 Q235 钢。

钢材的抗拉强度实测值与屈服强度实测值的比值应不小于 1.2。

钢材应具有明显的屈服台阶，且伸长率应大于 20%。

钢材应具有良好的可焊性和合格的冲击韧性。详见表 6.1。

手工焊接用焊条的质量，应符合现行国家标准《碳钢焊条》GB 5117 或《低合金钢焊条》GB 5118 的规定。

选用的焊条型号应与主体金属相匹配。自动焊接或半自动焊接采用的焊条和焊剂，应与主体金属强度相适应，焊丝应符合现行国家标准《熔化焊用钢丝》GB/T 14957 或《气体保护焊用钢丝》GB/T 14958 的规定。

Q235 碳素结构钢的化学成分表　　　　　表 6.1

| 等级 | 化学成分（%） | | | | | 脱氧方法 |
| | C | Mu | Si | S | P | |
			不　大　于			
A	0.14～0.22	0.30～0.65	0.30	0.050	0.045	F、b、Z
B	0.12～0.20	0.30～0.70		0.045		F、b、Z
C	≤0.18	0.35～0.80		0.040	0.040	Z
D	≤0.17			0.035	0.035	TZ

6.2　机具设备配备（表 6.2）

机具设备配备　　　　　表 6.2

序号	机械或　设备名称	型号规格	数量	国别产地
1	剪板机	Q11-13-2500	1	中国
2	气体保护焊机	S-62A-YA-356-500	6	中国
3	喷砂机	LMP-1/HP	1	中国
4	单梁起重机	LPA-5T	1	中国
5	摇臂钻床	2X-3725-Z3050	1	中国
6	摇臂钻床	Z3080X25	1	中国
7	自动埋弧焊	MZ100A	1	中国
8	仿型气割机	LGZ-150	1	中国
9	多头气割机	LG-400-13	1	中国
10	双头气割机	LG1-30	2	中国
11	卷扬机	JK-1T	2	中国
12	交流电焊机	13×300F-500	20	中国
13	叉车	CP120-0-2	1	中国
14	抛丸机	HP128-8	1	中国
15	烘干箱	SMY-7	1	中国
16	液压折弯机	WC6TY-125 型×3200	1	中国
17	联合冲剪机	Q35-16 型	1	中国
18	液压摆式剪板机	QC12Y-20 型×3200	1	中国
19	螺杆空气压缩机	L18.5-7.5	1	中国
20	数控相贯线切割机	CNC-CP600	2	中国
21	液压矫正机	YTJ60	1	中国
22	普通车床	CD6240A	1	中国
23	数控直条火焰切割机	CNC-CG4000A	1	中国
24	逆变式气保焊机	NBC	5	中国
25	逆变式直流弧焊机		5	中国
26	松下气保焊机		5	中国

6.3 劳动力（表6.3）

人工数量表

表6.3

工序名称序号	钢结构制作		工序名称序号	钢结构制作	
	工种	人数		工种	人数
1	冷作工	8	4	油漆工	8
2	电焊工	10	5	辅助工	4
3	机操工	6	6	机电工	2

7. 质 量 控 制

7.1 焊接材料

品种、规格、性能应符合现行国家产品标准 GB/T 5117 的规定和设计要求；主要检查焊接材料的质量合格证明文件、检验报告并进行抽样复检。

7.2 钢构、部件

所用钢材的品种、规格、性能应符合现行国家产品标准 GB 1591、GB/T 1591、GB 700 的规定和设计要求；

主要检查钢材质量合格证明文件、检验报告。对主要受力构件所采用钢材应进行抽样复检。

对工厂制作钢构、部件，设计有要求全焊透的一、二级焊缝应采用超声波探伤进行内部缺陷的检验。超声波探伤不能对缺陷作出判断时，应采用射线探伤，其内部缺陷分级及探伤方法应符合现行国家标准《钢焊缝手工超声波探伤方法和探伤结果分级法》GB 11345 或《钢熔化焊对接接头射线照相和质量等级》GB 3323 的规定。主要检查超声波或射线探伤记录。

端部设计有要求铣平的构部件铣平面的平面度极差不应大于 0.3mm；铣平面对轴线的垂直度极差不大于 L/1500；两端铣平时零件长度极差在 0.5mm 以内。

焊接材料：焊条外观不应有药皮脱落、焊芯生锈等缺陷；焊剂不应受潮结块。

圆形钢管直径、管件长度、管口圆度应符合设计要求且满足《钢结构工程施工质量验收规范》GB 50205 的规定。

钢构、部件安装焊缝坡口角度极差不应大于 5°；坡口钝边极差不应大于 1.0mm。

8. 安 全 措 施

贯彻执行劳动保护、安全生产、消防工作的各类法规、条例、规定，遵守工地的安全生产制度和规定。

施工负责人必须对职工进行安全生产教育，增强法制观念和提高职工的安全生产思想意识及自我保护能力，自觉遵守安全纪律、安全生产制度，服从安全生产管理。

所有的施工及管理人员必须严格遵守安全生产纪律，正确穿、戴和使用好劳动防护用品。

认真贯彻执行工地分部分项、工种及施工技术交底要求。施工负责人必须检查具体施工人员的落实情况，并经常性督促、指导，确保施工安全。

施工负责人应对所属施工区域的施工安全质量、防火、治安、生活卫生各方面全面负责。

按规定做好"三上岗"、"一讲评"活动，即做好上岗交底、上岗检查、上岗记录及周安全评比活动，定期检查工地安全活动、安全防火、生活卫生，做好检查活动的有关记录。

对施工区域、作业环境、操作设施设备、工具用具等必须认真检查。发现问题和隐患，立即停止施工并落实整改，确认安全后方准施工。

机械设备等设施，使用前需经有关单位按规定验收，并做好验收及交付使用的书面手续。租赁的大型机械设备现场组装后，经验收、负荷试验及有关单位颁发准用证方可使用，严禁在未经验收或验收不合格的情况下投入使用。

对于设施、设备的各种安全设施、安全标志和警告牌等不得擅自拆除、变动，必须经指定负责人及安全管理员的同意，并采取必要可靠的安全措施后方能拆除。

特殊工种的操作人员必须按规定经有关部门培训，考核合格后持有效证件上岗作业。严禁不懂电气、机械的人员擅自操作使用电器、机械设备。

必须严格执行各类防火防爆制度，易燃易爆场所严禁吸烟及动用明火，消防器材不准挪作他用。施工现场配备有一定数量干粉灭火器，落实防火、防中毒措施，并指派专人值班。

未经交底人员一律不准上岗。

9. 环 保 措 施

9.1 大气污染

认真贯彻执行有关规章制度，坚持文明施工，定期检查，保证在通风良好处涂刷及焊接作业。减少使用对大气有污染的产品。

对必须使用的污染物，应派专人看管，严格控制使用数量，以免过多使用造成对大气的污染。

9.2 固体废弃物

施工现场的场内成品、半成品须合理堆放、整齐有序，厂内堆场外禁止堆放任何机具、材料和杂物、垃圾。

办公区和施工场所，设专人负责清洁管理。

应当采取有效措施，控制施工现场产生的各种粉尘、固体废弃物，减轻施工机械产生的噪声。

生活固体垃圾应按可降解垃圾及不可降解垃圾分开处理，以方便资源的再利用。

9.3 噪声污染

施工时，注意各台设备产生的噪声会互相叠加，所以，应适时集中机械使用。

严格控制噪声产生的时间，尽量保持在 8h 以内。

采用新技术、新工艺、新设备、新材料以及自动化、密闭化措施，用低噪声的设备和工艺代替强声的设备和工艺，从声源上根治噪声。控制夜间施工更应注意控制噪声。

10. 效 益 分 析

由于钢管截面惯性半径较大，可减轻自重，节省了大量钢材与辅料，而表面积为工字钢截面表面积的 2/3，也相应减少了防腐和防火涂料的费用。通过钢结构 CAM 辅助制造技术，采用先进的相贯线切割机进行数控切割下料，与传统的人工切割法相比较，提高了工程质量，节省了结构施工工期，体现了较为显著的经济效益。应用该工法体现了管与管之间圆滑的曲线及圆管桁架整体美观的造型，有着较为显著的社会效益。同时，将老工艺中大量的喷砂除锈方法改为了封闭式抛丸除锈法，有效地控制了扬尘污染，节省了大量资源，也有利于环保和节能。

11. 应 用 实 例

11.1 应用实例1——达能食品苏州有限公司

2004 年，我公司承建的达能食品苏州有限公司，本工程主要包括三个区（Ⅱ区、Ⅲ区、Ⅳ区）。为管桁架结构。Ⅱ区桁架布置于 B～F 轴/1～12 轴，标高约 11.050m，平面尺寸为 127.8×31.5m。Ⅲ区（烘烤区）桁架布置于 C～E 轴/13～29 轴，标高约 6.300m，柱网平面尺寸为 10.8×18.5m。Ⅳ区桁架布置于 B～F 轴/30～34 轴，标高 11.050m，柱网平面尺寸为 10.8×18.5m。

11.2 应用实例 2——中新科技城入口

2006 年，我公司承建的中新科技城入口，工程总量约 220t，长 76.5m，宽 59.7m，投影面积 2780m²；采用相贯节点、四角锥与平台交错布置。

11.3 应用实例 3——苏州经贸学院体育馆

2006 年，我公司承建的苏州经贸学院体育馆采用了圆管桁架，工程总量约 330t，1～1/5 轴长约 46.2m，C～H 轴长约 48m，轴线面积约 2006m²。钢屋面，圆管主桁架跨度为 46m、圆管连系桁架 12m。

11.4 应用实例 4——北京大地林肯住宅小区公寓楼工程

北京大地林肯住宅小区公寓楼工程地下 2 层，地上 12 层，总建筑面积 68840m²，框剪结构，框架大堂长约 49m，宽约 26m，高 20.6m，采用了异形钢结构，人字梭形柱承重，底部利用抗震支座与主体结构铰接连接。

11.5 应用实例 5——青海省安全厅技术办公大楼工程

青海省安全厅技术办公大楼，地下 1 层，地上 16 层，总建筑面积 35600m²，屋顶造型采用了异形钢结构，人字梭形柱承重，底部利用抗震支座与主体结构铰接连接。

11.6 应用实例 6——北京中关村西区 16 号楼 1 号、2 号公寓酒店工程

北京中关村西区 16 号楼 1 号、2 号公寓酒店工程框架剪力墙结构，总建筑面积约 78000m²，地下 2 层、地上 10 层，屋顶造型采用了异形钢结构，人字梭形柱承重，底部利用抗震支座与主体结构铰接连接。

重晶石防辐射混凝土现浇结构施工工法

YJGF171—2006

湖南省第六工程公司

常科龙　常旗　陈鸿钧

1. 前　　言

随着原子能工业的发展及放射性同位素的广泛应用，人类在利用这把"双刃剑"为自身服务的同时，如何有效防止射线辐射伤害成了重要课题。因此，一批具有突出射线防护性能的防辐射混凝土结构应运而生。相对于采用铅、锌、铁等密度较大的防护材料和普通混凝土结构加铅板的复合防护结构等其他方式而言，重晶石防辐射混凝土现浇结构具有造价相对低廉，防护性能可靠，施工方便等优点，在射线防护结构中应用日益广泛。我公司在中南大学湘雅医院新医疗区建设项目放疗科地下防护结构重晶石混凝土施工中，针对其特点，采取一系列技术措施和施工方法，取得明显成效。

2. 工 法 特 点

2.1　本工法在遵循普通混凝土施工工艺的基础上进行了改进和完善，具有技术先进、操作简便的特点。同时，较普通混凝土而言，重晶石混凝土要求更加严格的原材料选用和指标控制以及施工配合比设计。

2.2　本工法采用泵送工艺现浇施工，与预填灌浆施工比较，既简化了施工工序又节约了施工成本，且成型的混凝土更具良好的密实性和均匀性。

2.3　重晶石防辐射混凝土结构防护墙上预留孔洞、套管采用折线穿墙。

2.4　重晶石防辐射混凝土结构必须留设施工缝时，应留凹凸形或波浪形的施工缝，不允许留设平缝。

3. 适 用 范 围

该工法广泛适用于反应堆、加速器或放射化学装置的防护结构，也可用于有防辐射要求级别较高的人防结构工程。

4. 工 艺 原 理

4.1　重晶石混凝土采用密度大，含结合水多的重晶石碎石、重晶石砂等粗细骨料（主要成分为 $BaSO_4 \cdot 2H_2O$），以普通水泥作为胶凝材料，同时加入水、外加剂按一定配合比拌合而成。重晶石防辐射混凝土表观密度 $\rho = 2.5 \sim 7.0 \times 10^3 \, kg/m^3$（普通混凝土表观密度 $\rho = 2.2 \sim 2.4 \times 10^3 \, kg/m^3$），其致密性好，对 X 射线和 γ 射线防护性能好；且由于骨料中有大量的结合水，氢元素含量多，因此能有效防护中子流；重晶石混凝土现浇成型后与钢筋骨架共同形成具有特殊防辐射性能的混凝土结构。

4.2　本工法关键技术是重晶石混凝土的配合比设计及其施工工艺。通过优选原材料和科学的配合比设计；确保混凝土在拌合和成型过程保持均匀；运输和浇捣过程中防止离析；成型密实；采取科学、有效的措施控制大体积混凝土温度裂缝；以及施工缝的特殊处理。从而保证结构混凝土的表观密度和结构构件厚度符合设计要求，达到设计的防辐射效果。

5. 施工工艺流程及操作要点

5.1 施工工艺流程

钢筋绑扎及模板支设→重晶石混凝土的制备→重晶石混凝土的运输→重晶石混凝土的现场泵送→重晶石混凝土浇捣→重晶石混凝土成型后的拆模和养护。

5.2 操作要点

5.2.1 模板支设

模板工程施工及验收严格执行《混凝土结构工程施工及验收规范》GB 50204—2002 第二章规定。

1. 考虑利于大体积混凝土的保温，模板一般采用双面覆膜木胶合板散拼散拆。

2. 模板支承系统必须进行详细的专项设计和承载力验算，在荷载允许的情况下一般采用 $\phi48\times3.5$mm 厚普碳钢管（局部配合顶托）及扣件搭设，龙骨采用普通木枋（双面刨光）；如验算支撑承载力不够，在征得设计认可的情况下，可对顶板结构进行分次浇捣或者考虑型钢支模等方案，确定方案后仍需进行支模系统验算。

3. 防护墙模板的支设

防护墙支模采用止水螺杆紧固，螺杆内口衬外侧加木垫片，拆模后挖掉垫片并吹断螺杆，用重晶石水泥砂浆补眼抹光。一次浇筑高度超过 3.0m 的，于内侧模板中上部按需要留设浇筑口，浇筑到该部位后及时封闭。

4. 框架柱模板的支设

柱模采用厚木胶合板定型制作。柱子断面 500×500 及其以下可采用钢管抱箍，断面 600×600（mm）及其以上宜采用槽钢抱箍。柱子高度 $h\geqslant5.5$m 的，抱箍 2/3 以下部位应加密，柱身上、中、下设多道钢管抱箍与支模架相连，确保柱身的稳定。

5. 梁板模板的选用

梁板模采用满堂架散拼散拆。梁底模一般采用双面覆膜木胶合板；梁侧模一般采用双面覆膜竹胶合板。

6. 重晶石混凝土防辐射结构控制区主防护墙、板上不能预留孔洞和线管，副防护墙、板不能留设直线型穿墙孔洞或套管，而必须采用折线穿墙（防护墙上预留孔洞、套管折线穿墙参见图 5.2.1）；预留洞口宽度 $\geqslant500$mm 时，洞口周边预埋不锈钢板；所有预留套管均出墙面 150mm。其套管制作、安装均应考虑浇捣混凝土时同一断面有重晶石混凝土通过，避免出现蜂窝、孔洞。

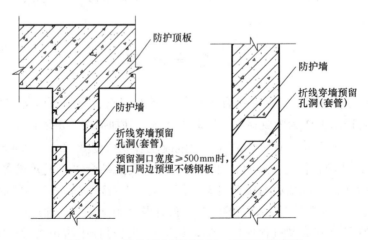

图 5.2.1 防护墙上预留孔洞、套管折线穿墙

7. 重晶石混凝土防辐射结构防护墙上预留的防护门洞要求位置准确，门垛后浇时，按设计要求留设钢筋；门垛处施工缝严格按操作要点中"施工缝的特殊处理措施"进行处理。

5.2.2 钢筋绑扎

1. 防辐射现浇结构钢筋工程必须严格控制其加工和现场绑扎质量，保证其骨架定位和几何尺寸，从而确保防护构件几何尺寸。

2. 钢筋现场绑扎骨架其保护层垫块必须采用重晶石水泥砂浆垫块，并保证其厚度和悬挂密度，从而有效控制防护构件单位体积混凝土容重和钢筋保护层厚度。

5.2.3 重晶石混凝土的制备

1. 考虑材料的特殊性和堆场需要以及生产过程的稳定性要求，重晶石混凝土采用商品混凝土由搅拌站集中生产，实行专用堆场，专机专用。

2. 掌握矿石形成条件和技术特征以及混凝土各种性能情况，选定厂商定矿供货，采用矿区样品按规定送检合格后，备足材料，进场后按规定取样送检，及时掌握每次混凝土连续生产重晶石碎石、重晶石砂的质量状况；重晶石粗、细骨料要严格分区堆放，定仓分仓使用；重晶石碎石，重晶砂每 200m 取样一次，进行级配分析和表观密度检测，经检验合格方可使用。

3. 定时校验自动计量装置，水泥、UEA、矿粉等掺合料的投料误差范围为 ±1%，石、砂投料误差范围为 ±2%，液体减水剂投料误差范围为 ±1%，加水量投料误差范围为 ±1%。

4. 由于重晶石骨料重而且较脆，必须严格控制每盘生产方量和搅拌时间。每盆搅拌方量控制在 1.2m³ 以内，搅拌时间 45s；泵送重晶石混凝土出厂坍落度控制在 14～16cm，入泵坍落度控制在 12～14cm。

5. 采用合理的投料顺序，为减少粉状料的飞扬和有利于拌合物均匀，先投入部分砂石，再投入水泥、UEA、掺合料和砂石，同时徐徐加入水和减水剂。

6. 每次生产要做开盘鉴定，车间负责人、质检员、试验员、工地施工员等共同参加。

7. 现场搅拌由于砂石含水率变化和白天、夜晚温度不同，对混凝土坍落度有影响，搅拌站根据以上变化，微调加水量，以达到泵送混凝土坍落度控制范围。

8. 每拌制 100 盘且不超过 100m 的混凝土，取样不得少于一次，每次取样应至少留置一组标准养护试件；每次浇筑混凝土时，同条件养护试件的留置组数应根据实际需要确定，不应少于三组。对有抗渗要求的混凝土结构，每次浇筑混凝土时，取样不应少于一次，留置组数可根据实际需要确定。每拌制 100 盘且不超过 100m 的混凝土，其表观密度检测取样不得少于一次，每次测量三组，结果取平均值，负偏差超过 1% 时应立即采取措施。

5.2.4 重晶石混凝土的运输

1. 采用搅拌车定车专车运输供应；

2. 每车装料时，罐体要高速搅拌，运输途中低速搅拌，防止混凝土离析；

3. 装载运输量控制在普通混凝土量的 60%～65%；

4. 供应速度应保证混凝土连续施工要求；还应考虑备用的运输路线和停水、停电及设备故障等应急措施。

5.2.5 重晶石混凝土的泵送

重晶石混凝土骨料重，易离析，目前很少采用泵送工艺输送。根据中南大学湘雅医院医疗大楼地下放疗科的现场施工经验，在遵循传统泵送工艺的基础上作了以下改进和完善，将放疗科地下结构 2500m³ 的大批量重晶石混凝土成功进行了泵送。

1. 采用功率较大的输送泵，根据现场场地和作业面情况合理布置泵体位置；料斗出口主泵管尽量沿直线、平面布置，避免过多的平面弯和回弯；主管不宜过长，控制在 100m 以内。

2. 泵管基本根据作业面高度进行平面布置，使混凝土沿水平输送。

3. 如果受现场条件限制，作业面与泵管布设平面有高差，不能进行平面输送而必须布设垂直泵管，则布设的主管道向下的垂直弯应尽量留设在接近出料一端，向上的垂直弯尽量留设在主管道中后部接近料斗一端，两种弯头同时布置时，先布置向上的弯头，再布置向下的弯头，确保混凝土流向先向上，再向下，能较好地解决输送过程中的离析和堵管。

4. 泵送前应检查泵机的转向阀门是否密封良好，其间隙保持在允许范围内，使水泥浆的回流降低到最低限度。

5. 泵送前，先开机送水湿润整个管道，而后送入重晶石水泥砂浆，使输送管壁处于充分滑润状态，再开始泵送重晶石混凝土。

6. 泵送开始时，注意观察混凝土的液压表和各部位的工作状态。一般在泵的出口处，最易发生堵塞现象。

7. 泵送过程中，料斗内应持续匀速搅拌，输送过程保持连续；移、拆管时，较普通混凝土施工增加 1～2 名操作工人。

8. 严格控制重晶石混凝土的质量，进场的每车混凝土必须经目测无离析，现场实测坍落度符合要求后，才能入泵。

9. 鉴于重晶石混凝土的泵送具有一定的难度，现场泵送施工时，一定要根据现场情况进行有针对性的泵送试验；即使试泵成功，实施浇筑作业前，也一定要准备第二套应急预备方案，其相应设备机具及技术准备必须落实，以便于出现紧急情况时，随时启动。

5.2.6 大体积重晶石混凝土的现场浇捣

1. 防护结构采取分段施工，先底板，再墙体，后顶板。底板、顶板厚度≤800mm 时，采用斜面分层的浇捣方法进行浇捣，即"一次浇捣、一个坡度、薄层覆盖、循环推进一次平仓"，浇捣时遵循"短边开始，沿长边推进"的原则。墙体按每次浇筑高度≤1.4m，分次浇筑到顶，每次浇捣高度范围内又分若干层进行浇捣，每层浇捣高度 500～700mm，每次、每层浇捣过程保持连续作业，不留冷缝。

2. 平板厚度超过 0.8～1.0m 时，为避免混凝土中重骨料在浇捣过程中产生不均匀下沉而影响混凝土质量，因而不能单纯考虑斜面分层浇捣方法，应在满足结构设计及防护设计要求的前提下，综合采用整体平面分层和斜面分层的方法。即整个平板厚度分二次或多次混凝土施工，第一次混凝土浇筑覆盖平板中间层钢筋网，与底层网片形成双层双向钢筋混凝土平板结构并达到一定强度后，再进行第二次混凝土浇捣到位，每次混凝土浇捣采用斜面分层的方式，完成后其表面应作凹凸不平的毛糙处理。在此基础上，二次或每次混凝土结合面还应采取加插筋和增加温度筋网片的措施，下次混凝土浇筑前要在结合面进行刷浆处理。该方法有利于大体积混凝土的散热和防止重骨料不均匀下沉而引起表面浮浆过厚，能够有效控制大体积混凝土裂纹，同时大幅度减轻了顶板模支模系统的荷载，也缓解了一次混凝土浇捣时间过长对搅拌站混凝土供应造成的压力。

3. 墙体混凝土浇筑，要严格控制混凝土落距，防止离析。落距大于 2.5m（较普通混凝土要求严格）时，采用串筒。墙上洞口两侧混凝土高度应保持一致且应同时浇筑、同时振捣，防止洞口移位、变形；大洞口下部模板应开口补充振捣，封闭洞口留设透气孔。

4. 采用插入式振动器作为墙、梁、板混凝土主振捣器，平板式振动器作板面混凝土辅助振捣；严格控制振捣时间，一般为 15s 左右，避免漏振和过振。

5. 剪力墙止水带部位应严格控制混凝土的浇筑高度，振捣时应于止水钢板两侧进行，同时禁止直接振捣止水钢板。

6. 混凝土浇筑要连续进行，如需间歇应在前层混凝土初凝前将次层混凝土浇筑完，超过初凝（2h）按施工缝处理。

7. 底板和楼板、顶板最后一次混凝土浇筑严格控制重晶石混凝土浇筑厚度及找平，厚度控制必须采用中部加密平水控制点结合布置周边环形控制点进行重点控制。

8. 墙、柱等竖向构件必须确保其成型厚度。重点控制钢筋绑扎质量和钢筋骨架定位及几何尺寸；

严格保证模板的加工制作、安装质量和支撑体系的稳定性。

9. 施工缝的特殊处理措施

混凝土应连续浇筑，一般不应留设水平施工缝；必须留设时，留设位置严格按 GB 50204—2002 规范和设计要求执行；同时应留凹凸形或波浪形的施工缝，不允许留设平缝，以确保防辐射效果；地下结构还应按设计要求加设止水钢板；施工缝的处理严格按施工规范要求进行。

1）重晶石混凝土防辐射结构墙体的凹凸形水平施工缝留设详见图 5.2.6-1。

2）重晶石混凝土防辐射结构顶板的波浪形垂直施工缝留设详见图 5.2.6-2。

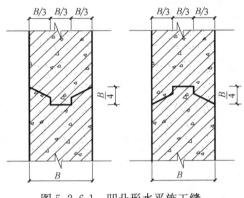

图 5.2.6-1　凹凸形水平施工缝

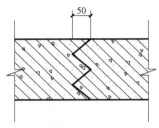

图 5.2.6-2　波浪形垂直施工缝

3）重晶石混凝土结构施工缝处继续浇筑混凝土时，已浇筑的混凝土抗压强度不应小于 1.2N/mm^2。

4）防辐射结构施工缝必须严格按 GB 50204—2002 规范要求进行重度凿毛、清洗；新混凝土浇筑前一天充分用水湿润，浇筑时结合面刷浆；水平施工缝二次浇筑前宜先铺 10～15mm 同配合比去石重晶石砂浆一层，新浇混凝土注意加强振捣密实；浇筑后，做好养护工作。

5.2.7　大体积重晶石混凝土的养护

1. 开始进行洒水养护后，要注意浇水均匀，不得出现积水现象。

2. 墙板混凝土浇捣后，前期为了避免混凝土表面温度降低过快，导致混凝土内外温差过大，进行带模养护不少于 7d；拆模后挂两层麻袋严密覆盖，继续保温，同时洒水养护至 14d（满足 UEA 防水混凝土养护要求）。

3. 顶板混凝土浇捣完成，待其终凝后，6h 内严禁浇水养护，以免出现起皮、起灰现象；8～12h 内（实际时间视终凝情况而定），用薄膜覆盖严密，面层加盖两层麻袋进行保温、养护，保证混凝土处在足够湿润状态。

6. 材料与设备

6.1　原材料选用

6.1.1　重晶石混凝土的选料关键在于重骨料的选矿。重晶石是一种脆性材料，加工时易碎成粉，具有严重多孔结构的骨料，不能用以制备混凝土；按重量含 0.25% 蛋白石和 5% 玉髓以上的骨料会与高碱性水泥反应使混凝土开裂，只能与低碱水泥配合使用；选矿时，要根据重晶石混凝土表观密度要求和需要量，重点考察矿场相关的开采手续是否齐全，储备量、伴生矿情况、开采情况、生产能力、质量是否有可靠保证并且稳定。另外，运输、加工和价格也很重要。不同表观密度的混凝土对骨料块状表观密度的要求详见表 6.1.1；防辐射混凝土粗骨料筛分曲线详见图 6.1.1-1；防辐射混凝土细骨料筛分曲线详见图 6.1.1-2。

不同表观密度的混凝土对骨料块状表观密度的要求 表 6.1.1

混凝土设计表观密度（kg/m³）	3000	3100	3200	3300	3400	3500	3600
要求骨料块状表观密度（kg/m³）	3600～3800	3700～3900	3800～4000	4000～4100	4100～4200	4300～4400	4400～4500

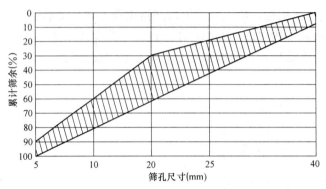

图 6.1.1-1 防辐射混凝土粗骨料筛分曲线

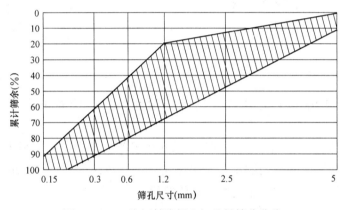

图 6.1.1-2 防辐射混凝土细骨料筛分曲线

6.1.2 拌制表观密度 3500kg/m³ 的 C30P8 重晶石混凝土，其材料选用和配合比设计如下：

1. 水泥：采用 42.5 级普通硅酸盐水泥和高效混凝土掺合料，其质量应符合 GB 175—1999《硅酸盐水泥、普通硅酸盐水泥》和 GB/T 18736—2002《高强高性能混凝土用矿物外加剂》的相关要求。也可采用其他密度较大、耐热性能好、低水化热的水泥。

2. 重晶石碎石：表观密度要求在 4300kg/m³ 以上，如湖北长阳产重晶石，其 $BaSO_4$ 含量不低于 90%，内含石膏或黄铁矿的硫化物及硫酸化合物不超过 7%，碎石含泥量≤1%，骨料级配要求详见表 6.1.2-1，其他质量要求参照 GB/T 14685—2001《建筑用卵石、碎石》的相关要求。

重晶石碎石骨料级配（5～25mm 连续粒径） 表 6.1.2-1

筛孔尺寸（mm）	31.5	26.5	19	16	9.5	4.75	2.36
筛余（%）	0	0～5	—	30～70	—	90～100	95～100

3. 重晶砂：表观密度要求在 4300kg/m³ 以上（如湖北长阳产重晶砂），其 $BaSO_4$ 含量不低于 90%，内含石膏或黄铁矿的硫化物及硫酸化合物不超过 7%，砂含泥量≤2%，骨料级配要求详见表 6.1.2-2，其他质量要求参照 GB/T 14684—2001《建筑用砂》的相关要求。

重晶砂骨料级配（中砂） 表 6.1.2-2

筛孔尺寸（mm）	4.75	2.36	1.18	0.6	0.3	0.15	细度模数
区 间	0	0～25	10～50	41～70	70～90	90～100	2.3～2.5

注：经试验确定，通过 0.3mm 筛孔的颗粒以不小于 20% 为宜，有利于混凝土泵送。

4. 拌合用水：混凝土拌合用水应符合 JGJ 63—89《混凝土拌合用水标准》的相关要求。

5. 外加剂：泵送剂和膨胀剂质量应符合 GB 50119—2003《混凝土外加剂应用技术规程》的相关要求。

6.2 重晶石混凝土配合比设计

经过原材料优选，主要参照 GB 50119—2003《混凝土外加剂应用技术规程》和 JBJ/T 55—2000、J 64—2000《普通混凝土配合比设计规程》的相关规定进行配合比设计。在考虑重晶石混凝土的容重、力学要求、抗渗要求、收缩及徐变等耐久性指标的基础上，特别针对大体积重晶石混凝土的抗裂和泵送性能作了相关技术控制。首先确保混凝土容重、力学和抗渗性能及耐久性指标；再进一步完善其可泵性和抗裂性，经过多次试配完善及试泵后，最后确定理想的、适于现场施工的配合比。

6.2.1 每立方米胶凝材料总用量控制在最大水泥用量以内；考虑地下结构防水要求和有利于大体积混凝土抗裂，采用 UEA-E 型膨胀剂（内掺10%）和高效混凝土掺合料（内掺50%）等量取代水泥。

6.2.2 基于大体积混凝土抗裂性，采用低水灰比；综合考虑重晶石混凝土的可泵性，采用 JG-IV-A 型泵送剂按水泥重量掺2.0%，浓度40%，以确保混凝土在满足可泵性的基础上，尽量采用低水灰比，减小混凝土的收缩变形，以获得良好的混凝土抗裂性能。

6.2.3 重晶石粗骨料粒径和级配为 5～25mm 连续粒径，以满足泵送混凝土要求。

6.2.4 砂率控制在43%左右，每立方米混凝土拌合物中净浆体积290L，砂浆体积600L。

6.2.5 出厂坍落度控制 14～16cm，到达工地入泵控制在 12～14cm。

6.2.6 外加剂采用技术监督机构认证的合格厂家产品，先经试配验证后，严格按说明书要求使用，注意与所用水泥的适应性。

6.2.7 混凝土配合比经过以往工程使用数据分析验证及实验测试，证实其容重及相关力学要求、抗渗要求、收缩及徐变等耐久性指标的基础上，再进行多次试泵后，最后确定满足设计要求、适于现场施工的配合比。

6.2.8 为防止混凝土产生离析，掺适量 CMC 改性羧甲基纤维素。

6.3 表观密度要求在 3500kg/m³ 以上的 C30，P8 防辐射重晶石混凝土配合比实例详见表 6.3。

防辐射重晶石混凝土配合比实例 表 6.3

工　程　名　称		中南大学湘雅医院新医疗区医疗大楼建设项目
混凝土强度等级		C30　P8
表观密度（kg/m³）	设计	3500
	实际	3760
拌合物坍落度（cm）		12～16
混凝土配合比（kg/m³）	自来水	145
	P·O 42.5 水泥	160（韶峰水泥）
	掺合料 I	40（江西瑞州 UEA-E 内掺10%）
	掺合料 II	200（高效混凝土掺合料内掺50%）
	重晶石（5～25mm）	1827（湖北长阳）
	重晶砂	1378（湖北长阳）
	泵送剂（水泥用量重量比）	10.0（JG-IV-A 型 2.0%浓度40%）
	CMC 改性羧甲基纤维素	防止混凝土产生离析，掺 CMC 改性羧甲基纤维素（0.2 kg/m³）

6.4 机具设备

重晶石混凝土制备采用搅拌站集中生产，其主要生产设备及机具按照 HZS-120 强制间歇式搅拌站的要求配备为例，详见表 6.4。

机具设备配置表   表 6.4

序号	设备名称	型号规格	电机功率(kW/台)	数量	备注
1	混凝土搅拌站	HZS-120120m³/h	70	1台	洛阳产
2	混凝土搅拌运输车	8m³		6～8辆	视工作量定
3	混凝土输送泵	中联牌 HTB80	85	1台	中联重科产
4	混凝土输送泵(备用)	中联牌 HTB80	85	1台	中联重科产
5	地磅	100t		1	
6	密度测量设备			1套	
7	装载机(斗铲)	ZL-50		1～2辆	
8	通信工具	步话机、手机		8～15台	视情况配备
9	高压水泵		30	1台	

7. 质 量 控 制

为确保重晶石混凝土对射线防护的有效性，关键是保证混凝土成型密实、均匀，表观密度、构件厚度符合设计要求；防护墙上预留孔洞、套管采用折线穿墙；对结构施工缝进行特殊处理；同时，鉴于防辐射结构构件具有厚重、体积大的特点，采取科学、有效的措施控制大体积混凝土温度裂缝也尤为重要。此外，由于结构的防护功能要求和构件的厚重特点，施工中支模方式较常规支模体系要求更高，其他工序可严格按设计及施工规范要求采用常规现浇结构施工方法进行施工。

7.1 防辐射重晶石混凝土施工严格执行 GB 50164—92《混凝土质量控制标准》、GB/T 14902—2003《预拌混凝土》及该标准中引用的有关标准，也适用于现场制备混凝土。

7.2 钢筋、模板、防水等分项工程施工严格执行现行国家、行业标准及标准中引用的其他有关标准并按各分项工程的验收标准严格验收合格。

7.3 按质量、环境与职业健康安全三位一体管理体系的要求进行全过程有效控制。执行标准：ISO 9001：2000 idt GB/T 19001—2000 和 ISO 14001：2004 idt GB/T 24001—2004 及 GB/T 28001—2001。

7.3.1 建立健全搅拌站生产作业和现场生产作业质量控制体系和制度，严格执行商品混凝土搅拌站的生产全过程监控制度，质量责任层层分解、落实到人；混凝土制品厂及工地搅拌站应建立质保体系，严格执行 GB/T 19001—2000 版之规定。

7.3.2 加强生产技术管理，实现质量的事先控制。

7.3.3 严格控制原材料质量，详见原材料相关要求及其引用的国家、行业标准之规定。混凝土质量评验标准详见表 7.3.3。

混凝土质量评验标准   表 7.3.3

混凝土性能	
检验项目	试验方法及验评标准
表观密度	按相关设计要求
强度	按 GBJ 81—85 及 GBJ 107—87 之有关评定
抗渗等级	
静力弹性模量	

7.3.4 严格落实过程控制，针对关特工序，要进行重点控制，关键工序控制标准（每班专业抽检1～2次）详见表 7.3.4。

关键工序控制标准（每班专业抽检1～2次） 表 7.3.4

工序名称	控制项目及标准技术参数					
	分项	水泥	水	集料	外加剂	掺合料
计量	每盘计量允许偏差（%）	±1.5	±1.5	±3	±1.5	±1.5
	累计允许偏差（%）	±1	±1	±2	±1	±1
	分项	控制量	检验及评定方法			
搅拌运送（混凝土拌合物性能）	混凝土表观密度（kg/m³）	设计要求	参照 GB/T 50080—2002《普通混凝土拌合物性能试验标准》有关规定			
	坍落度允许偏差（cm）	±2				
	压力泌水总量（mL）	40～80	按专用的压力泌水仪测试方法			

7.3.5 贯彻实施施工过程中的"三检"制度（自检、互检、专业检），验收合格后才能转入下道工序。

7.4 大体积重晶石混凝土的抗裂措施

控制裂缝的关键在于有效降低混凝土内外温差，延缓混凝土降温的速度，充分发挥混凝土的应力松弛效应；同时严格控制混凝土内外温差在20℃以内；有效监控混凝土内外温差变化；另外，注意降低结构边缘约束；就混凝土结构本身也应采取一定的构造、加强措施。

7.4.1 采用低水化热水泥和掺合料，有效降低混凝土核心温度；夏期施工可采用井水或冰水拌合混凝土，对骨料进行覆盖降温，从而有效降低混凝土的入模温度。

7.4.2 经过科学的核心温度计算和内外温差分析，采用有效的保温养护措施，延缓混凝土表面的降温速度；必要时预埋蛇型管，采用循环水降低混凝土核心温度（以后采用重晶石砂浆压力注浆填实）。

7.4.3 优化混凝土配合比，控制骨料质量和含泥量及水灰比。

7.4.4 采用科学的浇捣方法，切实做好二次抹平压实工序。

7.4.5 采取对底板基层压光或增加滑动层等降低结构边缘约束措施。

7.4.6 就结构本身而言，针对其相应薄弱部位及应力集中部位要采取有效地加强措施；外露结构表面应增加细而密的温度筋网片；水平施工缝适当增加插筋。

7.4.7 采取有效的温度测量与控制措施。混凝土浇捣后，采用在混凝土体内不同部位及深度预埋测温孔的办法，用温度计进行测量。测量视温度变化快慢，前4天每1～2h一次，以后每天测量6～8次，直至发展趋势稳定。温度测控由专人负责，测量记录、测量结果绘制成表，及时分析，发现偏差立即采取有效处理措施纠偏，直至达到预定控制范围。

7.5 重晶石混凝土防辐射结构防辐射专项验收

7.5.1 防辐射结构建设项目实施及相关专项验收法律、法规、规章、标准和文件详见附件。

7.5.2 检测防辐射结构重晶石混凝土的表观密度和防护结构构件（防护墙、顶板）的厚度，要求符合劳动卫生职业病防治所针对每个建设项目所作的关于《建设项目电离辐射职业病危害预评价报告》的相关分析、评价及验收要求及相关设计要求；同时在全套建筑施工资料齐全并具备土建验收要求的基础上进行防辐射专项验收。

7.5.3 防辐射结构建设项目落成，并将原设计采用的辐射源项全部安装到位后，采用专业检测设备对建筑环境背景值进行检测。检测合格整体验收后，出具相关证明方可投入使用。各项背景值的检测及其所用的仪器详见表7.5.3（以中南大学湘雅医院新医疗区医疗大楼建设项目放疗科为例）：

各项背景值的检测及其所用的仪器 表 7.5.3

检测项目	使用仪器及型号	生产厂家	探测下限	探测效率或刻度因子	检定单位
^{131}I 表面污染	SJ8900 碘表面污染仪	国营 262 厂	0.14Bq/cm²	21.7%	中国计量科学研究院
β 表面污染	FJ2207 表面污染仪	国营 262 厂	0.04Bq/cm²	31.2%	中国计量科学研究院
X、γ 外照射	LB123 多功能辐射防护测量仪	德国	0.04μSv/h	0.89	中国计量科学研究院

8. 安 全 措 施

8.1 本工法实施过程中严格执行国家"三规一标"（即《建筑机械使用安全技术规程》JGJ 33—2001、《施工现场临时用电安全技术规范》JGJ 46—2005、《建筑施工高处作业安全技术规范》JGJ 80—91、《建筑施工安全检查评分标准》）和省、市、企业制定的施工现场及专业工种安全技术操作规程。

8.2 各工种专业人员持证上岗，严格执行岗位责任制和"三级安全教育"制度。

8.3 确保搅拌站机械正常运转和生产作业安全；确保搅拌车运输过程中行车安全；确保现场设备运转正常和施工作业安全。

9. 环 保 措 施

9.1 搅拌站和现场严格进行噪声控制。噪声排放严格执行城市区域环境噪声标准（GB 3096—93）和建筑施工场界噪声限值（GB 12523—90）。

9.1.1 合理进行现场布置，噪声大的加工场地和设备在满足使用的前提下尽量远离居民区和办公区布置；

9.1.2 针对噪声大的加工场地和设备采取封闭式围护措施；

9.1.3 合理安排施工工序，噪声大的工序尽量避免在夜间或休息时施工；

9.1.4 定期对施工场界噪声进行检测，发现超标立即采取措施进行控制。

9.2 搅拌站和施工现场废水排放严格执行污水综合排放标准（GB 8978—1998）和污水排入城市下水道水质标准（CJ 3082—1999）。

9.2.1 现场设置沉淀池，施工污水经处理达到排放标准后分别排入指定的市政管网。

9.2.2 沉淀池派专人定期清理，同时定期对现场排放水水质进行检测，确保符合排放要求。

9.3 施工现场固体废弃物严格执行生活垃圾填埋污染控制标准（GB 16889—1997）。

9.4 场外运输按要求办理相关手续，采用规定车辆进行运输，避免沿途洒落；出工地现场的搅拌车、运输车辆进行清洗，避免污染场外环境和城市主干道。

10. 效 益 分 析

工程实践结果表明，采用重晶石混凝土防护结构比普通混凝土结构加铅板（$\rho=11.34\times10^3\,kg/m^3$）复合防护结构有明显的经济效益。同时，重晶石混凝土结构现浇施工法又比预填灌浆施工法在施工难度和造价方面更具优势。以中南大学湘雅医院新医疗区建设项目地下放疗科为例，对重晶石混凝土现浇防护结构和综合防护结构作比较：

重晶石混凝土防护结构顶板主防护区厚度2.2m（重晶石混凝土C30，P8，密度$\rho=3.76\times10^3\,kg/m^3$，钢筋含量135kg/m²）；若采用复合防护结构（顶板2.2m厚普通混凝土C35，P8，密度$\rho=2.5\times10^3\,kg/m^3$，钢筋含量120kg/m²，加190mm厚铅板$\rho=11.34\times10^3\,kg/m^3$）。

每平方米防护区顶板造价比较：

重晶石混凝土防护结构顶板：4980.0元/m³（重晶石混凝土含模板、浇捣）×2.2 m ＋3900.0元/t（钢筋含制作、绑扎）×0.135t/m²＝11482.5元/m²

复合防护结构顶板：370.0元/m³（普通混凝土含模板、浇捣）×2.2m ＋3900.0元/t（钢筋含制作、绑扎）×0.12t/m²＋11500.0元/t（铅板含安装）×2.15t/m²＝26007.0元/m²

显然，采用重晶石混凝土防护结构比普通混凝土结构加铅板复合防护结构每平方米防护区顶板要节约至少50％以上的造价；从长远看来，重晶石混凝土结构随着施工工艺的完善和原材料的进一步研发开采，仍具有一定的降价空间；而复合防护结构中的铅板原材料市场供应已经很紧张，将来会更加紧缺，因此采用重晶石混凝土防护具有较为明显的优势。

11. 应 用 实 例

中南大学湘雅医院新医疗区医疗大楼建设项目

11.1 工程概况

该工程系 28 层框架—剪力墙结构，总建筑面积 26 万 m^2，建筑高度 98.00m。其放疗科位于地下一层，建筑面积 1500 m^2。包括辅助部分的计量室、稳压器机房、控制室、技术员室、资料存放室及核心部分的伽玛刀机房、直线加速器（4 台）、钴 60、后装机室及迷道（6 条）。核心部分防护结构设计采用重晶石防辐射混凝土现浇单层结构，混凝土 C30，P8，表观密度 $3.5 \times 10^3 kg/m^3$。结构底板板面标高-7.1m，顶板标高-1.2m，层高 5.9m（地面有 0.6m 的回填层），地下室防水采用混凝土结构自防水与氯化聚乙烯卷材外包防水相结合。防护结构底板厚度 1.2m；墙板厚 1.5 m（主防护区 2.65m）；顶板厚 1.8 m（主防护区 2.2m），板底、板中、板面设置三层双向钢筋网片。其结构的突出特点是防辐射性能要求和混凝土构件断面尺寸厚大，属大体积混凝土结构。

11.2 施工情况

鉴于该防护结构系单层现浇地下结构，平面面积不大，施工时平面不分段；地下结构竖向分段施工。分别在标高－6.5m（底板面以上 600mm）、－3.25m（顶板底下口 250mm）以及顶板中标高－2.0m 处（顶板混凝土分二次浇捣）留设三道水平施工缝；外墙水平施工缝、底板、顶板、侧墙后浇带均留设止水钢板－400×4（厚）。考虑防辐射要求，墙体水平施工缝及侧墙、顶板后浇带竖向部位均分别采用凹凸形和波浪形断面。施工时留设定型木条（刷隔离剂），采用钢筋撑 Φ12@300 与结构主筋可靠固定，混凝土成型后凿出木条，并将结合面重度凿毛。本工程地下放疗科重晶石防辐射混凝土现浇结构 2500m^3 混凝土严格按"重晶石防辐射混凝土现浇结构施工工法"顺利施工。

11.3 工程监测与结果评价

本工程按该工法施工，进行了严格的原材料选料和科学的重晶石混凝土配合比设计，现场重晶石混凝土实测表观密度达到了 $3.76 \times 10^3 kg/m^3$，超过设计要求的 $3.5 \times 10^3 kg/m^3$；施工过程中改进了现浇结构施工工艺；同时对结构施工缝、后浇带以及穿墙预埋进行了特殊处理；有效地控制了大体积混凝土裂缝，从根本上保证了结构混凝土的表观密度、结构构件厚度以及特殊的构造处理符合设计要求，达到设计要求的结构防辐射效果。

超长大体积预应力混凝土结构施工工法

YJGF172—2006

青岛建设集团公司　青岛建设装饰集团有限公司　福建省第五建筑工程公司

张同波　周伟桥　李衍雷　吕建昌　昊炳来　蔡自力

1. 前　言

近年来，会展中心、机场、体育场馆、商业中心等大型公共建筑的建设项目不断增多，该类建筑因使用功能要求高空间、大跨度，因此较多地采用超长大体积预应力混凝土结构。

青岛国际会展中心工程是 2005 年度山东省和青岛市的重点工程，该工程工期紧（开工时间：2004 年 11 月，竣工时间：2006 年 5 月 18 日），质量要求高（鲁班奖）。该工程的最大技术难点是展厅部分的超长大体积预应力钢筋混凝土结构的施工，其梁最大跨度 30m，截面尺寸 1.4m×2.8m，如何在工期的要求下保证超长大体积预应力混凝土结构的施工质量是该工程的关键，现有的技术无法保证该目标的实现。

为了保证该工程的工期和质量，2004 年 11 月～2005 年 10 月，青建集团股份公司技术中心组织相关科技人员针对超长大体积预应力梁板的裂缝控制、大体积混凝土结构实体强度的检测、预应力混凝土结构后浇带的封闭时间等技术难点，开展了科技攻关。课题组通过大量试验研究和理论分析，不仅解决了工程的技术难题，而且形成了"大体积预应力混凝土结构综合施工技术研究"的科技成果。该成果于 2005 年 11 月 11 日通过了青岛市科技局主持的专家鉴定，其总体技术水平达到国际先进，并获得了 2006 年度山东省科技进步二等奖、青岛市科技进步一等奖和山东省建筑业技术创新一等奖。本工法是青建集团股份公司在总结该项技术成果及工程实践的基础上编写形成的。

2. 工 法 特 点

本工法结合设计、材料、施工工艺三方面，通过配制高性能抗裂早强混凝土和施工过程中的一系列保证措施，可消除预应力大体积混凝土的裂缝，保证工程质量，并具有工效高，施工速度快，工程成本低的特点。

2.1 大掺量粉煤灰的抗裂早强型高性能混凝土，能够保证大体积预应力混凝土的质量和耐久性，成本较低，有利于环境保护。

2.2 大体积混凝土实体强度的检测和预应力混凝土后浇带的提前封闭，可以较大地提前工期，降低工程成本。

2.3 本工法较循环水管的方法，操作简单、控制方便、成本低。

3. 适 用 范 围

本工法适用于超长、大跨度、预应力大体积混凝土梁板结构，也可用于大体积混凝土的转换层结构施工。

4. 工 艺 原 理

通过掺加粉煤灰、聚丙烯纤维、高效减水剂等措施，优化混凝土配合比，降低大体积混凝土的水化热，增强混凝土的抗裂性能，提高混凝土的早期强度和密实性；依据大体积混凝土的实体强度高于试块强度的原理，通过检测结构的实体强度，以提前张拉预应力并拆除模板支撑；通过计算预应力混凝土后浇带部位的收缩应力，确定出预应力混凝土结构后浇带合理的封闭时间，以提前封闭并张拉后浇带区间的混凝土结构。

5. 设计及构造要求

5.1 混凝土强度等级。为了降低水化热、防止结构裂缝，预应力大体积混凝土结构强度等级不宜大于 C45，且不宜采用补偿收缩混凝土。后浇带部位的混凝土应提高 1 个强度等级。

5.2 后浇带及间歇式膨胀带。为了防止混凝土收缩应力造成结构开裂，应每间隔 50m 左右设置一条后浇带或间歇式加强带。间歇式膨胀加强带取代后浇带，有利于减少后浇带部位的收缩应力，防止有害裂缝的出现，应优先采用。间歇式膨胀带的宽度为 2～2.5m，其混凝土中掺加一定数量的膨胀剂。

5.3 后浇带封闭时间。后浇带部位混凝土应进行收缩应力的验算，浇筑后混凝土的抗拉强度应大于其收缩应力。后浇带两侧混凝土浇筑后不低于 20d，且其两侧混凝土结构的预应力已张拉，即可封闭预应力混凝土结构的后浇带。

6. 抗裂早强高性能混凝土配合比及材料要求

为了降低水化热、防止开裂、提前进行预应力张拉，应配制抗裂、早强型高性能混凝土，青岛国际会展中心展厅预应力混凝土配合比见表 6。

展厅预应力混凝土配合比　单位：kg　　　表 6

P.O42.5 水泥	砂	石子	水	Ⅱ级粉煤灰	泵送剂	聚丙烯纤维
335	647	1056	180	135	9.4	0.8

6.1 优化混凝土配合比的原则

预应力大体积混凝土配合比除应按《普通混凝土配合比设计规程》JGJ 55—2000 的规定，根据要求的强度等级、耐久性及工作性进行配合比设计外，还应符合下列规定。

6.1.1 干缩率。混凝土 90d 的干缩率宜小于 0.06%。

6.1.2 坍落度。在满足施工要求的条件下，尽量采用较小的混凝土坍落度；预应力大体积混凝土的坍落度可控制在 160±20mm。

6.1.3 水胶比及砂率。混凝土水胶比不宜大于 0.40；在满足工作性要求的前提下，应采用较小的砂率，砂率宜控制在 37%～42%。

6.1.4 水泥及矿物掺合料用量。为降低水化热并使混凝土具有一定的早期强度，可掺加基准水泥用量 30% 左右的 Ⅱ 级以上的粉煤灰，等量取代 20% 左右水泥用量。水泥用量宜控制在 320～340kg/m³；

6.1.5 用水量。不宜大于 180kg/m³。

6.1.6 为提高混凝土的抗裂性能，可掺加 0.7～0.9kg/m³ 的聚丙烯纤维。

7. 施工工艺流程及操作要点

7.1 工艺流程

主梁底模、次梁底模及单面侧模→主、次梁纵向钢筋→主梁有粘结预应力波纹管定位、敷设，次梁无粘结预应力钢绞线穿束→有粘结预应力钢绞线穿束→主梁箍筋绑扎、固定→主、次梁侧模→板底模板→板钢筋绑扎→混凝土浇筑→养护→主梁有粘结预应力张拉→次梁无粘结预应力张拉→预应力张拉端封锚

7.2 操作要点

7.2.1 模板工程

1. 面板采用保温效果较好的12mm厚高强覆膜竹胶板，使大体积混凝土表面和中心的温差控制在10℃左右，有利于大体积混凝土内部强度的均匀增长，见混凝土温度曲线图7.2.1-1。

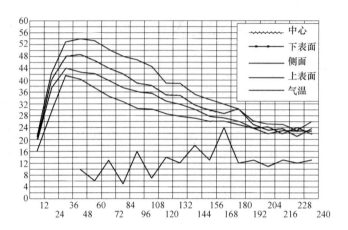

图 7.2.1-1　同断面试件的测温曲线

2. 设有预应力张拉端的梁，后浇带两侧采用封口模板，根据预应力锚具按实际尺寸密封（空隙采用密封胶纸），以确保不漏浆和混凝土的密实。无张拉端的梁，后浇带两侧可采用封口网或快易收口网，底模采用生口模板，其作用是漏浆后能够及时清理。浇捣后浇带两侧混凝土时拆除生口模板，之后，再把生口模板安装上。后浇带模板见图7.2.1-2。

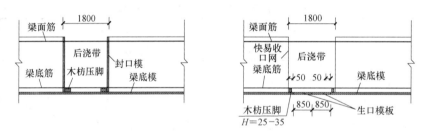

图 7.2.1-2　后浇带模板制安示意图

3. 大体积预应力混凝土结构的模板属于高大模板，应通过计算确定模板主、次龙骨的截面尺寸、间距，支撑体系立杆间距、水平杆步高，并验算支撑体系的地基，水平、垂直剪刀撑按照构造要求设置。立杆采用受力明确的带顶托的 $\phi 48$ mm 的钢管，主龙骨宜采用 100mm×100mm 的方木，见图7.2.1-3。

主梁支撑的纵向水平拉杆与钢筋混凝土柱（先期浇筑）拉好顶紧，主次梁板的各层纵横水平支撑必须拉通。主梁的纵向剪刀撑在其支撑两侧连续布置，横向为每5～6m一道；次梁及板的剪刀撑纵横向每5～6m一道。

模板支架应设置扫地杆，纵横连通，扫地杆距离楼地面200mm。立杆及其顶托高出最上层水平杆之上不应大于300mm；所有立杆之间均用采取对接连接，并保证其垂直度满足规范要求。为增强扣件的抗滑能力，梁的支撑架应设双扣件，板的支撑架应梅花丁增设双扣件。

支撑架立杆底部设钢底座，采用 150mm×150mm×8mm 的钢板，钢底座下连续铺设长 4m、宽 200mm、厚 50mm 的木垫板。

4. 模板及支撑体系的拆除。预应力梁张拉前，必须将梁的侧模板拆除，防止侧模影响预应力张拉；主梁的有粘结预应力张拉完，并且灌浆体的强度已达到设计要求，方可拆除模板支撑；无粘结预应力张拉完毕后，次梁和板即可拆模；后浇带混凝土达到设计强度，经预应力张拉后，其支撑方能拆除。

7.2.2 钢筋及预应力筋绑扎

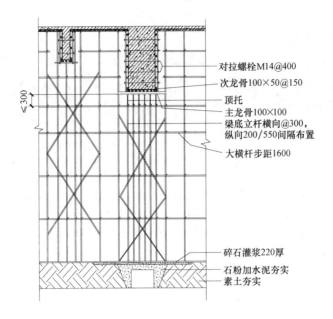

对拉螺栓M14@400
次龙骨100×50@150
顶托
主龙骨100×100
梁底立杆横向@300,纵向200/550间隔布置
大横杆步距1600
≤300
碎石灌浆220厚
石粉加水泥夯实
素土夯实

图 7.2.1-3　展厅二层梁、板高支模剖面

1. 直径大于 20mm 的钢筋接头应选用机械连接，机械连接中应优先选用剥肋直螺纹和镦粗直螺纹连接方式，不宜用搭接接头。

2. 施工中应严格控制钢筋保护层厚度以保证混凝土的施工质量。楼板及次梁保护层垫块可采用砂浆垫块，布置间距不大于 1m；主梁由于钢筋重量较大可采用花岗岩板作为保护层垫块，或刚度较大成品保护层垫块。

3. 对梁柱、主次梁节点应进行深化设计，并确定钢筋、预应力筋的绑扎顺序，以保证钢筋的位置、结构的标高和操作的方便。预应力结构的深化设计应结合节点的竖向、纵横向钢筋和箍筋的相互排列进行，并按照设计要求间距进行钢筋和箍筋的绑扎，确保预应力筋能顺利通过节点。预应力施工应以普通钢筋避让预应力筋为原则，如果发生矛盾，应进行调整。梁柱节点内的柱箍筋应在保证预应力筋通过后，再进行绑扎固定。框架梁钢筋绑扎如果在模板内进行，应采用单侧模板，以方便预应力施工。

4. 确定预应力孔道高度。首先在绑扎完成的箍筋上，确定孔道跨中高度和反弯点高度。支架钢筋采用 $\phi12\sim14$mm 钢筋，形状为一字形，长度与梁箍筋宽度相同，水平间距一般不大于 1000mm，与箍筋焊接固定。

支架钢筋安装完成后，可铺放波纹管。在穿入波纹管前，应先将套管旋上波纹管另一端，穿入孔道后将套管倒旋与另一波纹管相连接。为保证连接处的密封性，在套管连接处采用水密性胶带紧密包扎。波纹管固定后，即可采用人工或机械的方法穿预应力筋。

二端张拉的预应力筋，一般以每跨每一束预应力曲线高处设置一个灌浆泌水孔，水平间距不超过 30m。一端张拉的预应力筋在固定端处必须设置灌浆泌水孔。在泌水孔处的波纹管上覆盖一层海绵垫片和带嘴的塑料弧形压板，并用铁丝与波纹管绑扎，再用 $\phi25$ 增强软管插在嘴上，并将其引出梁顶面，高于顶面约 300mm，加以固定。

7.2.3　混凝土工程

1. 混凝土的浇筑应按照后浇带的位置分区段进行，并按照一次浇筑的平面尺寸和混凝土量计算混凝土泵的数量、设计浇筑路线、确定混凝土的缓凝时间，混凝土初凝时间一般应不小于 10h。青岛国际会展中心展厅混凝土浇筑顺序见图 7.2.3-1。

主梁大体积混凝土浇筑时，为了使模板支撑体系的荷载分布均匀和避免出现沉陷裂缝，应在竖向分 2～3 层施工。层与层之间停置时间在 2～3h。每一层的混凝土浇筑时采用"分层赶浆法"施工。梁混凝土浇筑完成至板底标高后，再与板同时浇筑到设计顶标高，见图 7.2.3-2。

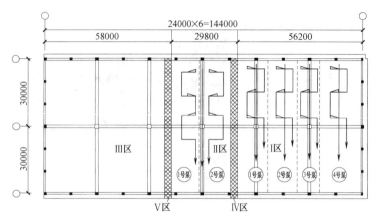

图 7.2.3-1　展厅二层梁、板混凝土浇筑顺序

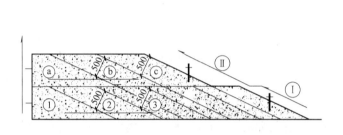

图 7.2.3-2　混凝土主梁浇筑顺序图

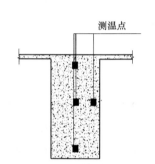

图 7.2.3-3　主梁测温点布置图

梁采用插入式振捣器，板采用平板式振捣器振捣。梁的钢筋水平间距较小，截面高度又高，为了振捣密实，采用预先确定振捣路线及位置的方法，在梁钢筋绑扎前，按照有效振捣半径，确定好路线，在此路线上的钢筋绑扎时，适量调整其水平间距，以保证振捣的有效操作。

混凝土浇捣时应注意对预应力孔道的保护，振捣棒应从波纹管间间隙中插入，在波纹管位置振捣棒停留时间尽量不要过长，严禁振捣棒直接振捣在波纹管上。为防止在混凝土浇捣时由于预应力孔道意外破损而引起的漏浆，混凝土浇筑后，采用人力或机械设备对孔道内钢绞线进行单根抽拔，这样可以避免孔道中渗漏的水泥浆凝结并握裹住钢绞线束造成孔道堵塞。

2. 加强混凝土的测温工作，实行信息化管理，随时控制混凝土内的温度变化，并做好测温记录，及时调整保温与养护措施，防止出现有害裂缝。混凝土中部与表面的温差及表面与环境的温差控制在25℃之内。采用电阻测温仪测温，梁中每一测点埋设上、中、下、侧 4 个电阻。上、下、侧表面测温点设在混凝土表面下 50～100mm，中部测温点设在混凝土的中间位置。测温点布置见图 7.2.3-3。

混凝土浇筑后 12h 开始测温，间隔 2h；48h 后，间隔 4h；96h 后间隔 6h；7d 后间隔 1d，14d 后测温结束。所有测点与墙体插筋绑在一起，并设置警示标识，安排专人看管，防止人为破坏。

3. 养护。为了保证混凝土的内外温差和充分利用大体积混凝土内部的温度提高混凝土的早期强度，应采用保湿、保温的养护方法。梁侧面、底面采用不小于 12mm 厚高强覆膜竹胶板模板，并在梁侧顶部预留短管渗水至梁的侧面带模养护的方法。顶面采取薄膜外满铺两层草袋保湿、保温养护；板顶采用覆盖一层草袋浇水养护。养护时间不少于 14d。上述养护措施还应保证混凝土的降温速率小于 1.5℃/d。

4. 大体积混凝土实体强度的检测。大体积混凝土内部温度高，其强度发展快于同条件及标准养护试块，因此试块的强度不能准确反映大体积混凝土的实体强度。为了按实体强度确定张拉及拆模时间，需要找出大体积混凝土强度的增长规律。在会展中心工程，通过对同断面试件的测温、取芯、模拟温升试块、回弹值的试验研究，确定了大体积混凝土实体强度的检测方法，该工程实体强度检测值见表 7.2.3。

实体结构强度数值   表 7.2.3

龄期(d)	芯样中心距实验梁表面距离(mm)				回弹强度	回弹与芯样强度比	
	100	200	300	平均		单值	平均
14	47.5	49.5	49.9	49.0	39.1	0.80	
28	49.3	49.8	51.4	50.2	40.2	0.80	0.81
60	50.6	50.7	51.8	51.0	41.8	0.82	

随混凝土同步施工,浇筑同断面试件;根据测温记录推算混凝土的实体温度,并结合实体强度的回弹值和对同断面试件的取芯值确定大体积混凝土的实体强度。

5. 预应力张拉及后浇带封闭。大体积混凝土经实体强度检测达到设计强度后,即可实施预应力张拉。张拉顺序:有粘结→无粘结;纵向框架(次)梁→横向框架(次)梁;先张拉周边梁,再张拉中间柱之间梁;同一根梁二端张拉次序应遵循,先内后外,对称实施的原则。张拉采用多台千斤顶,在框架梁截面的预应力筋两侧对称进行。为保证张拉质量,应控制张拉应力和张拉伸长值两项指标。

后浇带在两侧混凝土浇筑 20d,且其两侧混凝土结构张拉后进行封闭。后浇带两侧混凝土张拉前,应拆除模板并凿毛、清理干净;后浇带混凝土浇筑前应将钢筋绑扎完善并封闭模板,浇筑后应加强养护,养护时间不低于 14d。当后浇带混凝土达到设计要求强度后,即可进行预应力张拉。预应力张拉完成后,方可拆除后浇带跨的梁底支撑。青岛国际会展中心展厅张拉及后浇带浇筑顺序为Ⅰ区、Ⅱ区、Ⅲ区混凝土浇筑→Ⅰ区、Ⅲ区预应力张拉→Ⅳ、Ⅴ区混凝土浇筑→Ⅱ、Ⅳ、Ⅴ区预应力张拉,见图 7.2.3-1。

8. 材料与设备

8.1 原材料要求

8.1.1 水泥。宜用中、低水化热水泥,如:硅酸盐水泥、普通硅酸盐水泥或矿渣硅酸盐水泥,不应采用早强型水泥;所用水泥的铝酸三钙(C_3A)含量不宜大于 8%,使用时水泥的温度不宜超过 60℃;水泥的强度等级不应低于 32.5MPa。

8.1.2 骨料。砂宜采用中砂,其要求应符合《普通混凝土用砂质量标准及检验方法》JGJ 52 的规定。选用级配良好的碎石,粒径在 5~31mm,含泥量小于 1%,并应符合《普通混凝土用碎石或卵石质量标准及检验方法》JGJ 53。为避免碱骨料反应,混凝土应采用非碱活性的骨料。每立方混凝土中各类材料的总碱量不得大于 3kg。

8.1.3 矿物掺合料。在混凝土中掺加的Ⅱ或Ⅰ优质粉煤灰及磨细矿渣粉应分别符合《用于水泥和混凝土中的粉煤灰》GB 1596,《用于水泥和混凝土中的粒化高炉矿渣粉》GB/T 18046 中的规定。

8.1.4 外加剂。混凝土应采用的高效减水剂和外加剂应分别符合《混凝土外加剂》GB 8076,《混凝土泵送剂》JC 473,《混凝土膨胀剂》JC 476,《混凝土外加剂应用技术规范》GB 50119 等规定。

8.1.5 聚丙烯纤维。混凝土中掺加的聚丙烯纤维的各项指标应符合:线密度偏差率±6%,抗拉强度≥550MPa,断裂伸长率≤28%,初始模量≥6600MPa。

8.2 应用本工法所需要的主要机具设备见表 8.2-1 和表 8.2-2,表中机具的数量是依据青岛国际会展工程确定的,仅供参考。

混凝土结构施工主要机具一览表   表 8.2-1

序号	机械/设备名称	型 号	数量	备 注
1	输送泵	HBT60	4台	三用一备
2	混凝土罐车		20辆	

序号	机械/设备名称	型　号	数量	备　注
3	自升式塔吊	QTZ50	4	
4	钢筋切断机	GJ5-40	2	
5	钢筋弯曲机	GC40	2	
6	卷扬机	JJK-1A	1	
7	闪光对焊机		1	
8	电焊机	BX-400	4	
9	圆盘锯	MJ104	1	
10	混凝土振动器	ZX-100	8	
11	灰浆搅拌机		2	
12	直螺纹套丝机		4台	

预应力施工主要设备一览表　　　　表 8.2-2

序号	主要设备名称	型号	数量	备注
1	穿心式千斤顶	YCW-250	5台	备用2台
2	穿心式前卡式千斤顶	YCW-25	2台	备用2台
3	电动油泵	ZB-500	4台	备用2台
4	砂轮切割机	$\phi=400$	2台	
5	手提式砂轮切割机	$\phi=180$	10台	备用2台
6	高压油管	6m	20根	备用10根
7	开关电箱（一机一闸）	380V	20台	备用2台
8	开关电箱（一机一闸）	220V	4台	备用2台
9	螺杆式灌浆机	J2GG	2台	备用1台
10	手动葫芦	1.0t	20台	备用4台
11	水泥灌浆料拌合机	0.3	2台	
12	压力灌浆输送管	2.0 MPa	120 m	备用20m
13	灌浆保压阀门		20套	
14	手持式对讲机		12对	
15	常用工具箱		8套	

9. 质量控制

9.1　规范及标准

9.1.1　使用本工法所涉及的规范、规程及标准见表 9.1.1。

主要规范和标准　　　　表 9.1.1

序号	引用标准名称	标准编号
1	混凝土结构设计规范	GB 50010—2002
2	混凝土泵送施工技术规程	JGJ/T 10—95
3	粉煤灰在砂浆和混凝土中应用技术规程	JGJ 28—86
4	混凝土膨胀剂	JC 476—2001

续表

序号	引用标准名称	标准编号
5	混凝土外加剂应用技术规范	GBJ 50119—2003
6	普通混凝土拌合物性能试验方法	GBJ 80—2002
7	普通混凝土配合比设计规程	JGJ 55—2000 J 64—2000
8	用于水泥和混凝土中的粒化高炉矿渣粉	GB/T 18046
9	用于水泥和混凝土中的粉煤灰	GB 1596
10	工程结构裂缝控制	王铁梦
11	建筑工程施工手册	第四版
12	预应力混凝土用钢绞线	GB 5224—95
13	预应力钢筋用锚具、夹具和连接器应用技术规程	JGJ 85—2002
14	建筑施工高处作业安全技术规范	JGJ 80—91
15	工程测量规范	GB 50026—93
16	建筑机械使用安全技术规程	JGJ 33—2001
17	施工现场临时用电安全技术规范	JGJ 46—88
18	建设工程项目管理规范	GB/T 50326—2001
19	建筑工程施工质量验收统一标准	GB 50300—2001
20	混凝土结构工程施工质量验收规范	GB 50204—2002
21	混凝土结构工程施工技术标准	QDCG—JB 102—2004

9.1.2 大体积预应力混凝土掺加粉煤灰的数量可执行本工法"6. 抗裂早强高性能混凝土配合比及材料要求"的规定。

9.1.3 大体积混凝土的实体强度较同条件和标养试块的强度发展快，应按照本工法 7.2.3 中"大体积混凝土实体强度的检测"的方法确定大体积混凝土的实体强度。

9.1.4 预应力混凝土后浇带的封闭时间应执行本工法 5.3 中的规定。

9.2 质量保证措施

9.2.1 认真审学图纸，作好同业主、监理及设计的结合，统一思想、统一认识；结合工程的实际向设计提出恰当的建议，以保证工程质量，满足设计要求。

9.2.2 优化混凝土的配合比。结合各地区的情况，选用普通硅酸盐水泥，采用高等级、低水泥用量的方法。严格执行经试验研究的确定高性能混凝土配合比及混凝土外加剂、掺合料等各种材料要求，并在施工中控制好材料用量。

9.2.3 对班组做好混凝土浇筑的技术交底，在生产过程中要不断检查和抽查混凝土搅拌、计量、配合比、材料、搅拌时间、用水量、外加剂使用情况是否符合规定要求。

9.2.4 浇筑前应认真检查钢筋、模板，纠正钢筋的位移和模板的尺寸、强度、刚度。支撑要通过设计计算，模板要刷水性隔离剂，做到不漏浆、不变形。

9.2.5 建立测温管理制度。设置专职测温工及技术管理人员，测温工应将当日测温表项目填写完整并签名后，及时交给技术管理人员，一方面使管理层随时掌握第一手资料，另一方面各管理层应及时对有代表性的点位（不得少于3点）掌握测温记录值，绘制该点位的中部温度和上、下、侧部温度变化曲线。以便准确推算温度变化趋势和检查测温记录的真实性，以及确认是否增加覆盖或采取其他措施。

在混凝土浇筑时随时用测温探杆测出混凝土的入模温度。在混凝土强度达到1MPa时，开始对预埋的测温探头进行测试读数。测温时间安排要求同测温试件一致。测试结果按不同浇筑区填写，每天早晚将测试结果交技术人员签阅。

9.2.6 为了准确测定大体积混凝土的实体强度在结构混凝土浇筑的同时，应制作同断面试件，将试件取芯的结果与推算值和回弹值进行比较。

10. 安 全 措 施

10.1 模板体系在施工过程中应派专人进行检查。对架管、扣件、加固件应按规范要求进行验收，严禁使用不合格的架管、扣件等。支撑立杆、水平杆的间距、步距，模板的主、次龙骨间距，对拉螺栓型号、间距等应严格按照方案执行。施工完成后应仔细检查连接件是否紧固，避免涨模和因架体变形过大导致梁、板下沉。

10.2 高空作业人员必须经医生体检合格，凡患有不适宜从事高空作业疾病的人员，一律禁止从事高空作业。

10.3 在作业区域划出禁区，设置围墙进行封闭，禁止行人、闲人通行闯入。高空作业必须配备足够的照明设备和避雷设施。

10.4 高空作业人员必须按规定路线行走，禁止在没有防护设施的情况下沿高墙、脚手架、挑梁、支撑等处攀登或行走。

10.5 高空作业所需料具、设备等必须根据施工进度随用随运且堆放平稳，禁止超负荷。严禁乱堆放和在高处抛掷材料、工具、物件。

11. 环 保 措 施

11.1 扬尘污染。采用商品混凝土以减少水泥、砂、石等造成的现场扬尘污染，使扬尘指标控制在规定范围内。

11.2 噪声污染。钢筋、模板加工区的布置避开生活及办公区，控制混凝土浇筑、钢筋加工等工序的场界噪声限值为：夜间 55dB、白天 75dB。混凝土振捣棒宜采用环保型低噪声产品或采取相应降噪措施，以避免对工人及周边环境造成噪声危害。

11:3 冲洗出场区的混凝土运输车，防止污染周边的市政道路。冲洗混凝土泵车、输送管等的污水应流入现场的明沟及沉淀池中。

11.4 规范场区管理。按照标准化工地的要求规范场区管理，使进入场区的材料、设备、拆除的周转材料等按照要求有序堆放。

12. 效 益 分 析

以下为本工法在青岛国际会展中心工程应用中所取得的经济及社会效益分析。

12.1 经济效益

12.1.1 混凝土价格对比

通过优化混凝土配合比，不仅配制了适合于大体积预应力混凝土的抗裂早强型高性能混凝土，保证了工程质量，而且降低了混凝土的成本，优化后的混凝土造价降低 49 元/m³，见表 12.1.1。

每立方米混凝土造价对比 表 12.1.1

原材料	单价	原配合比		优化配合比	
		用量(kg)	造价(元)	用量(kg)	造价(元)
水泥	340 元/t	419	142.46	335	113.9
中砂	38 元/m³	760	18.05	710	16.86
碎石	45 元/m³	1024	20.03	1024	20.03
膨胀剂	480 元/t	58	27.84	—	

原材料	单价	原配合比		优化配合比	
		用量(kg)	造价(元)	用量(kg)	造价(元)
泵送剂	3500 元 t	9.7	33.95	10.1	35.35
施工用水	3.5 元/m³	175	0.6	175	0.6
粉煤灰	60 元/t	—		126	7.56
PP 纤维	30 元/kg	0.8	27	0.8	27
合计			269.84		220.4

青岛国际会展中心展厅部位混凝土总量为 6752m³，优化前后造价对比如下：

优化前　　　269.84×6752＝1816288 元

优化后　　　220.4×6752＝1485440 元

降低造价　　1816288－1485440＝330848 元

12.1.2　与采用循环水管方案的经济对比分析

循环水管材料及安装费用：25×3000＝75000 元，25 元为每米水管的安装及材料费用。

循环系统设备购置及运行费用约为：10000 元。

循环水管灌浆费用约为：10000 元。

增加的费用 75000＋20000＝95000 元。

12.1.3　节省模板支撑体系费用分析

端部支撑体系木方模板，扣件钢管租赁费用节省 15×30000＝450000 元；

中间段支撑体系木方模板，扣件钢管租赁费用节省 45×15000＝450000 元。

12.1.4　总经济效益分析

330848＋95000＋900000＝1325848 元。

12.2　工期效益

由于综合运用了抗裂早强型高性能混凝土、大体积混凝土结构实体强度的检测方法和预应力混凝土结构后浇带提前封闭技术，使装饰、安装等分项得以提前穿插，加快了工程进度。

两端预应力张拉提前　　　15d

后浇带提前封闭　　　　　30d

中间段预应力提前张拉　　15d

累计提前工期　　　　　　60d

12.3　节能环保效益

按本工法要求配制的高性能混凝土，采用大量粉煤灰替代（20%）水泥，不仅保证了结构的强度和耐久性，而且降低了水泥用量，节约了材料和能源，解决了工业粉煤灰带来的大量环境污染问题，变废为宝，符合"四节一环保"的要求。

12.4　社会效益

本工法的研究和成功的应用解决了大体积预应力混凝土的质量控制，强度监测和后浇带封闭等技术难题，并能够加快施工进度，降低工程成本，为大量的超长、大跨预应力结构工程的施工提供了成功的经验，进一步的推广应用将产生良好的社会效益。

13. 应 用 实 例

13.1　青岛国际会展中心一层展厅

13.1.1　工程概况

青岛国际会展中心

包括会议和展览中心两部分，面积67743m²，其中展厅部分平面尺寸为94×163.05m，地下一层，地上两层，建筑总高32.8m，展厅部分一层为大跨度预应力混凝土结构，二层屋面为大跨度钢结构，见图13.1.1-1。展厅一层梁、板的轴线尺寸为144×60m，柱网尺寸为24×30m，由后浇带将整个平面分成60mm×56m，60mm×56m，32mm×60m三个区域，见图13.1.1-2。该部分梁板纵横向框架主梁截面尺寸分别为1.2mm×2.4m和1.4mm×2.8m，采用有粘结预应力，属于大体积预应力混凝土结构；纵横向框架次梁截面尺寸为0.4mm×1.4m，采用无粘结预应力，梁板混凝土强度等级为C40。其特点是大跨度、大开间、纵横双向预应力梁布置。

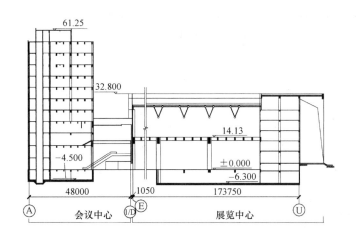

图13.1.1-1　会展中心平面示意图　　　　　图13.1.1-2　展厅二层结构平面图

13.1.2　施工情况

Ⅰ段一层顶梁板轴线尺寸144m×60m，主框架梁截面尺寸为1400mm×2800mm、1200mm×2400mm，次梁截面尺寸为400mm×1400mm，属超长大体积钢筋混凝土结构，温度控制较困难，易产生收缩裂缝。

工程施工时，混凝土配合比采用"超量替代法"，在该层梁板混凝土中掺加一定量的聚丙烯纤维（掺量0.9kg/m³混凝土），同时沿梁板的长度方向分别在M、K轴线处设置后浇带。后浇带宽度1.80m，沿横向通长设置。在后浇带两边结构混凝土浇筑45d后，用高于结构混凝土强度一个标号并掺加一定量微膨胀剂的混凝土进行封闭，同时在混凝土浇筑过程中采用"分层赶浆法"，有效的控制裂缝的产生。在混凝土测温工程中，采用电阻测温仪测温，梁中每一测点埋设上、中、下、侧4个电阻，上、下、侧表面测温点设在混凝土表面下50～100mm，中部测温点设在混凝土的中间位置，随时观察温度变化，保证混凝土中部与表面的温差及表面与环境的温差控制在25℃之内。

该段于2004年11月开工，2005年10月竣工。

13.1.3　工程监测与结果评价

采用"超长大体积预应力混凝土结构施工"工法，为保证工程施工的稳定，并及时监测各主要工序施工阶段对温差的影响，青岛理工大学和施工单位监测组一起对该部位施工进行了全工程监控量测。

施工全过程处于安全、稳定、快速、优质的可控状态，施工工期比计划工期提前了60天，使装饰、安装等分项得以提前穿插，加快了工程进度。工程质量优良率达到了97%以上，无安全生产事故发生，得到了各方的好评。

13.2　瀚海华庭板式结构转换层

13.2.1　工程概况

瀚海华庭工程位于青岛市贵州路40号，总建筑面积85000m²，主楼地下3层，地上33层，建筑总高113.9m。地上三层以下为框架剪力墙结构，四层以上为剪力墙结构，三层顶板为2.2m厚的结构转换层，该结构转换层于 2004 年 9 月施工完成，施工周期为一个月。结构转换层东西长 38.8m，南北长 38.16m，面积为 1480m²，C40 混凝土用量为 2850m³，钢筋用量 1100t。

13.2.2 施工情况

提高转换层下层楼板结构的承载力，减少了下层楼板的支撑数量。

选择普通的钢管脚手架作为支撑系统，施工方便、操作性强。使用带顶托的钢管作为支撑的立杆，受力明确，承载力高，既减少了周转材料的数量，又提高了支撑系统的安全性。采用 50mm 厚木板作为转换层底模板的次楞骨，提高了模板的保温性能，并且有利于板材的重复利用。

采用大掺量粉煤灰、优化混凝土配合比的方法，降低大体积混凝土的水化热，保证了转换层结构的质量，降低了工程成本。

13.2.3 应用效果

本工法为转换层混凝土一次性浇筑的方案，虽较二次浇筑的方案投入支撑的数量多，但有利于保证整体结构的质量，操作方便，施工速度快，减少了二次施工的措施费。

本方案模板及支撑体系所用的周转材料均是通用的周转材料，施工方便，成本较低。

采用优化混凝土配合比方法降低水化热，较预埋冷却循环水管降温的方法，操作简单，成本低（节约钢管约 35t），并保证了大体积混凝土水化热温差的要求。大掺量粉煤灰取代水泥，改善了混凝土的性能，降低了水化热，保证了工程质量，并有利于环保，其技术经济效果明显。在混凝土中掺加了聚丙烯纤维，取消了膨胀剂，改善了混凝土的性能，有效地防止了混凝土裂缝，单位工程现经青岛市建筑工程质监站顺利竣工验收。

13.3 青岛流亭机场扩建工程（国际航站楼工程）

13.3.1 工程概况

航站楼整体平面呈弧形状，建筑面积 105000m²，平面尺寸为 215m（最大环向）×96m，整体结构采用钢筋混凝土框架结构（图 13.3.1），地下两层、地上两层其中楼面环、径向框架梁采用后张有粘接预应力混凝土体系，在地下室 A 轴和 K 轴侧墙、各层环、径向井字梁以及楼板均采用后张无粘接预应力混凝土体系，框架梁和井字次梁的结构跨度分别为 9～16m 不等。后张预应力体系的预应力筋均采用 270K 级钢绞线，直径 φs15.20mm，标准强度 1860（MPa），采用夹片式锚具，孔道采用镀锌金属波纹管，混凝土强度等级：C40。

本工程属超长结构，平面面积大，如何搞好超长结构大体积混凝土的施工是本工程质量控制的关键，并且是青岛市范围内首次采用预应力结构的地下室工程。

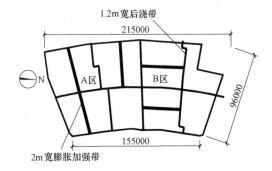

图 13.3.1　航站楼施工平面示意图

13.3.2 施工情况

结构中 A～K 轴/1～17 轴区域内框架梁全部采用后张有粘结预应力体系，框架梁内配筋量最大为 32 根预应力钢绞线，最小为 20 根预应力钢绞线。施工中为了满足预应力筋截面有效预压应力的要求，在一定长度内进行分段处理。预应力筋采用分段处理的有搭接法和连续法等多种方式。对照本工程的结构和实际配筋特点，纵向采用集中布置和分离式交叉搭接相结合的方法。见图 13.3.2。

此工程预应力梁配筋量较多，在深化设计中对于梁中柱节点处张拉端采用加腋处理的方法在梁柱节点处使得有足够空间设置多束预应力筋的张拉端。对于宽扁梁体系的结构，一般在梁柱节点处柱四周的加强钢筋较多，而加腋可以使张拉端避开钢筋加强区。这样在保证了预应力筋施工的质量同时又保证了非预应力筋的施工要求。

工程施工时，混凝土配合比采用"超量替代法"，在该工程梁板混凝土中掺加一定量的聚丙烯纤维（掺量 0.9kg/m³ 混凝土）。本工程后浇带将整体划分为 8 部分，后浇带宽 1.2m，同时在较大区域内设

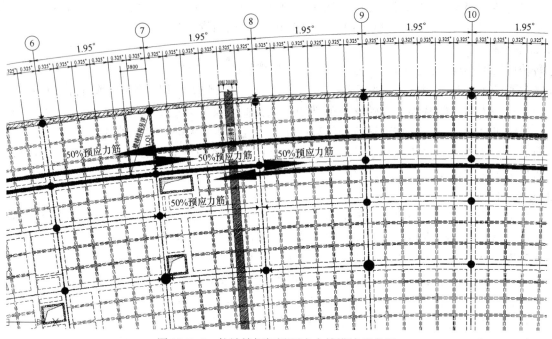

图 13.3.2 航站楼框架梁预应力筋搭接示意图

置混凝土膨胀带宽 2m，设置后浇带、分区施工、释放施工前期混凝土收缩应力，在楼板及剪力墙施加预应力抵消温度应力和部分收缩应力，同时在混凝土浇筑过程中采用"分层赶浆法"，有效地控制裂缝的产生。在混凝土测温工程中，采用电阻测温仪测温，随时观察温度变化，保证混凝土中部与表面的温差及表面与环境的温差控制在 25℃之内。采取以上措施有效控制了超大面积超长结构施工中的混凝土收缩变形。

本工程于 2005 年 6 月 1 日开工，2006 年 7 月 10 日主体工程竣工。

13.3.3　应用效果

工程中成功应用"超长大体积预应力混凝土结构施工"工法，保证了预应力在结构中的应用效果，并有效地控制了混凝土的伸缩裂缝，取得了良好的社会及经济效果。本工程主体工程达到优良标准，因控制准确有效，使工期得到有效保证，缩短了后浇带浇筑时间，降低了后浇带封闭时间过长而带来不良影响，同时避免了因地下室裂缝渗漏而造成的维修损失。

大直径高预拉值非标高强度螺栓预应力张拉施工工法
YJGF173—2006

中建国际建设公司
安建民 孙先锋 秦力 余建国 张家伟

1. 前 言

高强度螺栓是建筑钢结构中最常用的连接副，我国现行专项规范中对 8.8S、10.9S 的 M12～M30 规格高强度螺栓有明确的材质、力学性能、预拉力、扭矩值等参数的规定，相关技术规程中对此类高强度螺栓的施工方法也有详细的叙述。在现代建筑钢结构设计中，由于结构受力、节点构造及施工条件限制等特性要求，在受力复杂的节点结构形式中，为满足结构设计要求往往需要采用超出现行专项规范规定的螺栓形式及特殊技术参数，如使用直径在 M30 以上、材质有特殊及预拉力值偏大等超出规范中明确规定的高强度螺栓，这些高强度螺栓通称为非标高强度螺栓。

非标高强度螺栓最显著的特征为螺杆直径大以及预拉力值大，相应地要求施工扭矩值大，一般无相应的标准安装设备。采用常规施工方法一般是采用简易的特制加长扭矩扳手，且需两名或多名工人同时施拧，力矩损失大，且无法准确测定施工控制数据，操作性差，不易保证施工质量。预应力张拉法安装非标高强度螺栓则解决了上述问题。

2. 特 点

不通过扭矩转换，直接对高强度螺栓栓杆施加预拉力，预拉力的施加则通过穿心式油压千斤顶实现。高强度螺栓张拉施工前，须确定设备回归方程式和拉力损失，施工时通过油压转换和作用力传递，使高预拉力值非标高强度螺栓达到设计预拉力值。

3. 适用范围

适用于大直径高预拉力设计值的非标高强度螺栓安装。

4. 工艺原理

常规高强度螺栓施拧时通过扭矩扳手对螺母施加扭矩 T_c，通过螺纹传递将扭矩转化为拉力 P_c，从而使高强度螺栓螺杆达到设计预拉力 P。预应力张拉法则直接通过对螺杆直接施加拉力 P_c，并在螺杆张拉状态下拧紧螺母，最终使螺杆在预应力 P 作用下夹紧连接件（图 4-1）。

通过扭矩扳手施加预拉力的工况中扭矩 T_c 与预拉力 P_c 的关系为：

$$T_c = k \cdot P_c \cdot d$$

式中　T_c——终拧扭矩（N·m）；

P_c——高强度螺栓施工预拉力（kN）；

k——高强度螺栓连接副的扭矩系数平均值。

大直径高强度螺栓预拉力值较大，一般采用穿心式液压千斤顶通过

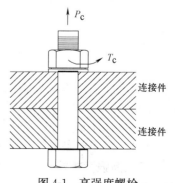

图 4-1　高强度螺栓

张拉提供预拉力值保证。张拉杆为穿心式液压千斤顶的传力杆，通过将油缸行程转化为拉力 P；张拉杆与高强度螺栓栓杆之间通过配合良好的特制连接套筒连接，使张拉力 P 传递至栓杆，油缸行程转化到高强度螺栓预拉力 P_c，张拉力在传递过程中会有部分损失而需要进行补偿，补偿修正值应通过专项试验确定（图4-2）。

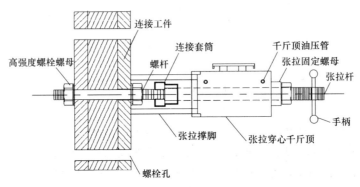

图 4-2　穿心千斤顶张拉栓杆原理示意图

5. 施工工艺流程及操作要点

5.1　工艺流程（图5.1）

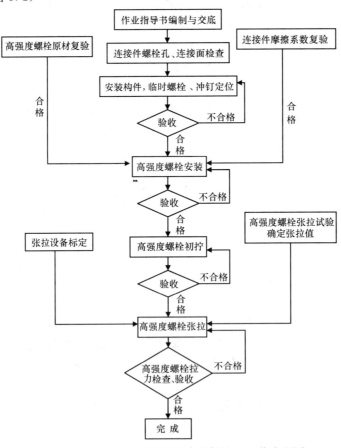

图 5.1　非标高强度螺栓预应力张拉施工工艺流程图

5.2　操作要点

（1）高强度螺栓复验。对非标高强度螺栓在材质和力学性能的要求规范中无明确规定，复验项目和相关参数值的确定以设计要求和厂家资料为依据，必要时应通过组织专题专家会评审确定。

（2）张拉设备标定。张拉设备在使用前须进行标定，确定油泵油压－千斤顶张拉力的回归方程，根据设计预拉力值和回归方程计算出可控油泵油压值。

（3）张拉值测设试验（图 5.2-1）。非标高强度螺栓栓杆预先定制 6 根（样本数应专题确定）加长螺杆和配套螺母，作为张拉试验用。在螺杆上设置环型应变传感器，以根据螺杆应力应变反应曲线计算在张拉过程中螺杆预拉力值的变化，测定出栓杆张拉值、回弹值、稳定值等参数，通过对 6 根螺栓的数据统计分析，最终确定施工张拉值。

（4）连接件、螺栓孔检查。非标高强度螺栓连接处的钢板表面应平整、无焊接飞溅、无毛刺、无油污等要求。其表面处理方法与设计要求一致。检查孔径、孔距符合设计要求。

图 5.2-1　张拉试验过程

（5）非标高强度螺栓定位及安装。利用临时螺栓冲钉进行定位，保证高强度螺栓能够自由穿入。在每个节点上应穿入不少于安装总数 1/3 的临时螺栓，最少不得少于 2 套，在安装过程中冲钉穿入的数量不宜超过临时螺栓数量的 30%，不允许非标高强度螺栓兼作临时螺栓使用，以防止损伤螺纹。

（6）非标高强度螺栓初拧。采用大规格高强度螺栓的扭矩扳手并配以加力杆，更换与非标高强度螺栓螺母配套的套筒，初拧值按设计预拉力的 50% 施拧。施拧时要根据具体工程节点形式和高强度螺栓数量、规格及发布特点选择最佳顺序，一般遵循由中心向四周扩散或由上到下或从右（左）到左（右）的原则。施拧过程中具体施拧顺序尚应通过塞尺检查连接件的连接紧密均匀程度辅证，若由于施工顺序导致连接件连接紧密程度不均匀时，应研究并重新调整顺序（图 5.2-2）。

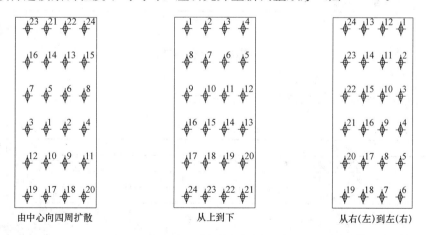

图 5.2-2　非标高强度螺栓初拧顺序示意图

（7）非标高强度螺栓张拉（终拧）。根据试验确定的施工张拉值换算为施工油压值，利用张拉设备按初拧顺序逐一进行高强度螺栓张拉。油泵油压达到标定的施工油压值后，利用自制非标扳手结合大规格扭矩扳手将螺母拧紧即可。施拧人在张拉试验和张拉施工中必须为同一操作者。

（8）非标高强度螺栓施工质量检查。初拧时检查。初拧完毕采用小锤敲击法对高强度螺栓进行检

图 5.2-3　张拉设备与高强度螺栓的细部连接

查，防止漏拧。小锤敲击法是用手指紧按螺母的一个边，按的位置尽量靠近螺母垫圈处，然后采用
0.3～0.5kg重的小锤敲击螺母相对应的另一边，如手指感到轻微的颤动既为合格，颤动较大既为欠拧
或漏拧，完全不颤动即为超拧。终拧时检查。由于张拉法施工在张拉完毕后无法进行常规方法检查，
因此应在张拉过程中，选择节点区高强度螺栓数量的10％，对栓杆进行预拉力应力应变监测，测定的
结果与试验数据进行比对确定（图 5.2-3）。

6. 标料与设备

大直径非标高强度螺栓采用的主要张拉设备如表6。

预应力张拉设备的清单　　　　　　　　　　　　　　　　　　　　　表 6

序号	设备名称	规格型号	数量	备注
1	高压电动油泵	YBZ2-80	1台	动力源
2	穿心式液压千斤顶	YDC600-200	1台	张拉设备
3	张拉撑脚	YDC600	1台	设备配件
4	张拉撑组件	YDC600	1套	设备配件
5	精制螺纹连接器	ϕ36	1件	设备配件
6	扭矩扳手	1000kN·m	1把	初拧
7	非标自制普通扳手	开口式	1把	螺母安装

7. 劳动力组织

大直径非标高强度螺栓施工时的主要劳动力组织如表7。

主要劳动力组织　　　　　　　　　　　　　　　　　　　　　表 7

序号	工种/岗位	人员数量	岗位职责
1	现场负责人	1	张拉过程技术和生产协调
2	油泵操作工	1	油压控制
3	千斤顶操作工	1	千斤顶安装,套筒卡具安装
4	安装工	2	高强度螺栓安装,扳手施拧
5	辅助工	2	材料、设备搬运
6	数据统计员	1	数据记录与统计

8. 质 量 控 制

非标高强度螺栓连接副（螺栓、螺母、垫圈）应配套成箱供货，检查出厂合格证、质保书、材质单、质量检验报告。由于规范中对 M30 以上非标高强度螺栓无明确材性规定,对螺栓的材质和力学性能参数要以设计要求为准,必要时应组织专题专家会。

施加预拉力值以(±0%~+10%)×设计预拉力值为合格。

螺栓丝扣外露长度比照常规高强度螺栓的长度值基础上应增加一个套筒卡具高度。

非标高强度螺栓摩擦面、螺栓孔、初拧与终拧时间间隔等其他检查检测项目,宜参照普通高强度螺栓的要求,施工中要编制专项质量控制表。具体要求可参照《钢结构高强度螺栓连接的设计、施工及验收规程》JGJ 82—91、《钢结构工程施工质量验收规范》GB 50205—2001、《高层民用建筑钢结构技术规程》JGJ 99—98 及相关设计技术资料。

9. 安全环保措施

非标高强度螺栓施工时主要涉及张拉设备的安全和正确使用:

9.1 使用前一定要详细阅读产品说明书,熟悉设备对电压、工作环境的要求以及操作过程中应注意的事项,对参与张拉施工的人员进行安全技术交底。

9.2 油泵和千斤顶操作必须由专业工人操作。接通电源前,应先查看电源电压是否与本产品铭牌规定相符、是否有接地装置等;当电源电压超出额定值的±6%时,应采取稳压措施,否则会影响数据测设控制精度,当用电设备接地不良易造成安全事故。

9.3 使用中如发现液压穿心千斤顶、张拉撑脚、张拉撑杆上的设备螺钉松动时应及时紧固,操作时应避免千斤顶及撑脚倾斜状态下工作。

9.4 使用和搬运工具时,不可提拉电缆线且在每次使用前检查电缆线外护层的完好,以免漏电。并注意设备的轻拿、轻放,防止震动和摔碰,不用时放在通风干燥处,如发现受潮应及时进行干燥处理。不可与酸、碱等有害物质、气体接触或存放在一起。

9.5 张拉施工时对张拉件采取加固保护措施,预防在超张拉时部分螺栓断裂后对操作者造成伤害。张拉施工时施工人员不可站在张拉螺杆的正前方。

9.6 高空作业时,须搭设安全操作平台,平台应满足设备布置和人员操作空间需要。

10. 效 益 分 析

在复杂结构节点中,根据结构受力要求须采用大直径非标高强度螺栓连接、或因不同钢材材质连接时施焊困难,常规高强度螺栓又难以达到设计要求,均可采用非标高强度螺栓连接。非标高强度螺栓在近几年的建筑钢结构、桥梁钢结构中应用比较广泛,尽管在工程中的使用数量相对较少,但均在结构关键部位,对结构的安全影响度大。因此总结非标高强度螺栓施工技术十分必要。预应力张拉法施工具有所需设备体积小、易操作、精度高,安装方法科学有效等特点,在工程实施中值得推广。预应力张拉法施工在本工程中的成功应用为本企业节约成本 5 万元,与原计划采用其他施工方法相比节省费用近 30%,且精度更高。

11. 应 用 实 例

北京新保利大厦特式吊楼顶部 V 形钢索与悬吊吊楼间的连接采用了两个大体积高强度铸钢连接件,其碳当量高、可焊性差,因此铸钢件工作点与吊楼结构构件之间采用高强度螺栓连接。螺栓的规格为 $\phi36\times830$mm、$\phi36\times930$mm 和 $\phi30\times800$mm 三种,其中 M36 为非标高强度螺栓,且为国内建筑钢结构中首次使用。经与设计院及国内相关专家多次探讨,确定用特制预应力设备采用张拉法施工,实施效果良好(图 11-1,图 11-2)。

图 11-1　节点吊装

图 11-2　节点就位

　　预应力张拉法施工在本工程中的成功应用得到了国内高强度螺栓方面专家的现场指导及认可，取得了成功，并为本工艺的总结推广积累了经验和科学数据。

超长曲面混凝土墙体无缝整浇施工工法

YJGF174—2006

中国建筑第五工程局　　中国建筑工程总公司
谭青　张剑　刘忠林　胡跃军

1. 前　言

东莞玉兰大剧院地下室超长曲面墙体，在没有采取预应力的情况下，强调裂缝综合控制的施工技术，从设计、原材料选择及配合比优化（低坍落度）到施工，包括施工环境（温度、湿度及风速、日照等）的选择，充分利用裂缝控制的有利条件，改变了过去只从某一个或某几个方面采取措施控制裂缝并不理想的状况，为今后类似工程裂缝控制的设计与施工提供了很好的借鉴作用。

地下一层 420m 无缝整体浇筑，为国内整浇长度最长的曲面墙体，施工难度大，施工中通过创新应用多种新工艺，添加聚丙烯纤维，有效改善了混凝土的抗裂性、耐久性等，加强混凝土浇筑和养护综合措施，圆满解决了地下室超长混凝土墙体抗裂问题，该裂缝控制均匀密实，无缺陷、未出现结构有害裂缝。"超长曲面混凝土墙体裂缝控制综合技术"于 2005 年 11 月 28 日，通过中国建筑工程总公司组织的科学技术成果鉴定达到国际领先水平。

2. 工 法 特 点

2.1 地下室施工缝分段长、造型复杂，采用快拆模板体系，可以大大缩短施工工期。

2.2 充分利用有利的气候条件，减少混凝土裂缝的产生。

2.3 混凝土配制中掺入外加剂、聚丙烯纤维及粉煤灰技术，不仅能提高混凝土的抗裂性能，而且可以改善混凝土的抗渗性、耐久性等综合性能（图 2.3）。

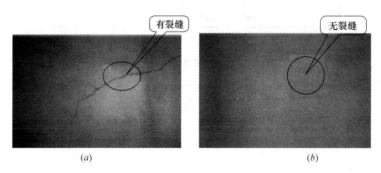

(a)　　　　　　　　　　　　　　　　*(b)*

图 2.3　聚丙烯纤维对混凝土的阻裂效果
（*a*）未添加聚丙烯纤维的混凝土表面出现裂缝；（*b*）添加聚丙烯纤维的混凝土表面未出现裂缝

2.4 混凝土浇筑完毕后推迟拆模时间加强保湿养护。

2.5 施工操作简便，采用综合措施，合理选用常规建筑材料及机具设备，不增加施工成本。

2.6 综合考虑设计、材料、施工、环境、操作等多方面影响因素，裂缝控制效果明显。

3. 适 用 范 围

本工法适用于工业与民用建筑地下室超长、大面积墙体，特别适用于地下抗渗性及抗裂性墙体、地下工程的重要性和防水使用等级要求高大型公共建筑工程。

4. 工 艺 原 理

4.1 混凝土裂缝是由于混凝土在凝结硬化过程中产生体积变化，当混凝土产生收缩而结构又受到约束时，就可能产生收缩裂缝。

4.1.1 干燥收缩：混凝土内部失水造成不可逆收缩，通过严格控制混凝土的水灰比和水化程度、水泥的组成和用量、细掺料和外加剂、集料的品种和用量等，加强混凝土早期养护，减少混凝土自收开裂。

4.1.2 塑性收缩：应充分考虑气候条件风速、环境温度、相对湿度影响，保障混凝土终凝前表面有足够的湿润，如在混凝土表面覆盖塑料薄膜、喷洒养护剂等。

4.1.3 自收缩：混凝土内部相对湿度随水泥水化的进展而降低，加强原材料性能检验，严格控制水灰比、细掺料的活性、水泥细度等有关因素。

4.2 温度裂缝是水泥水化过程中形成的水化热与散热条件形成的内表温差，降温过快或急冷急热产生的温差导致的收缩裂缝。控制浇筑时混凝土内外温差，做好降温措施。

4.3 综合控制：通过在普通混凝土拌合物基础上添加杜克裂单丝纤维，改善纤维在混凝土基体中的分散性，可以阻止水泥基体中原有微裂缝的扩展并有效延缓新裂缝的出现，这种阻裂效应主要是对混凝土早期塑性开裂起抑制作用，以起到阻断混凝土内毛细作用的效果，使其致密、细润。提高纤维与基体的抗拉强度、抗裂能力、抗渗性、耐久及增强韧性等综合能力（见图4.3所示）。

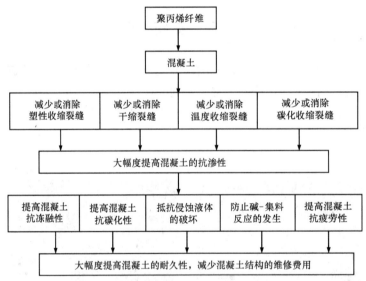

图4.3 聚丙烯纤维提高混凝土性能的综合效果

5. 施工工艺流程及操作要点

5.1 施工工艺流程（图5.1）

5.2 操作要点

5.2.1 混凝土配合比

根据施工现场原材料要求配置施工配合比，并进行试配，以利于混凝土配合比的优化设计，确保混凝土满足以下的技术参数要求：

1. 水灰比控制在0.45～0.5，坍落度控制在140～160mm。

2. 初凝时间不少于8h。

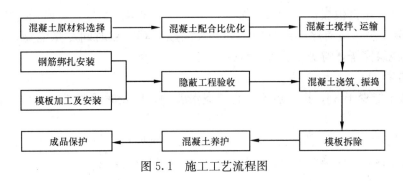

图 5.1 施工工艺流程图

3. 砂率控制在 40%～45%。

4. 强度满足设计要求。

5. 掺加外加剂，外加剂能起到降低水化热峰值及推迟峰值热出现的时间，延缓混凝土凝结时间，减少混凝土水泥用量，降低水化热。减少混凝土的干缩，提高混凝土强度，改善混凝土和易性。

6. 掺入 0.9kg/m³ 混凝土体积率的聚丙烯单丝纤维，直径及长度为 48μm/19mm，以提高混凝土的抗拉能力，有利于混凝土的裂缝控制。

7. 掺加适量粉煤灰，以降低水化热。

8. 抗渗等级：P6～P8。

5.2.2 混凝土搅拌

1. 混凝土搅拌前，应测定砂、碎石含水率，并根据测试结果提出施工配合比，满足混凝土施工和易性。

2. 混凝土搅拌中，严格控制水灰比和坍落度要求，未经试验员同意不得随意加减用水量，应按投料顺序上料将纤维与水泥、砂、石、粉煤灰干拌后，再加入水搅拌均匀即可，确保搅拌物均匀搭配。

3. 控制好混凝土搅拌的最短时间，当掺有外加剂或外掺料时，搅拌时间适当延长。

4. 采用现场搅拌或使用商品混凝土，确定运输的道路的距离，混凝土运输过程中防止混凝土离析及产生初凝现象，混凝土初凝时间在浇筑前完成，确保混凝土供应质量。

5.2.3 混凝土浇筑与振捣

1. 混凝土浇筑前，先将与下层混凝土结合处凿毛，在混凝土浇筑前应在底面先均匀浇筑 50～100mm 厚与混凝土配合比相同的水泥砂浆，掌握好砂浆下料浇筑速度。

2. 混凝土浇筑时不定时观察模板、钢筋，预埋件、预留洞口有无松动、变形等现象，检查钢筋保护层厚度是否符合设计要求，模板内的杂物是否清理干净。

3. 墙体高度超过 3m 时，用串桶、溜管使混凝土下落分段分层连续浇筑，观看有无离析现象，坍落度值控制在 160mm 之内。

4. 混凝土浇筑采用斜坡推进法，靠混凝土自流形成斜坡，每次推进 1000mm 左右。分别向两个方向往返浇筑，每次在中部汇合，形成 V 字形结合面，有利于中间浮浆的抽出。同时，采用两台混凝土输送泵缩短了混凝土下料与凝结之间的时间差，避免了产生施工冷缝。

5. 充分考虑了气候条件对混凝土浇影响，防止雨天浇筑。

6. 加强混凝土现场检验，目测混凝土和易性外观质量是否符合要求，保证混凝土拌合物均匀性。

7. 混凝土振捣应按顺序从两边向中间靠拢，振捣棒应快插慢拔，振点布置要排列均匀，不得欠振、过振、漏振，做到均匀振动。振动棒间距不得大于 500mm，层与层之间加强振捣，伸入下层为 100mm，促使混凝土在浇筑期间散失部分热量，减少后期升温幅度。对预留洞口、预埋件等关键部位充分振动，确保混凝土均匀密实，无渗漏。

8. 混凝土振捣时间控制在 30s 内，防止砂、碎石大量下沉，目测混凝土表面不再显著下沉，不出现气泡，表面泛出水泥浆和外观均匀即可停止，及时排除泌水，减少内部水分和气泡。

9. 对外墙后浇带处均设钢板网模板，其间安装止水钢板。由于宽度小且高度大，混凝土浇筑时在模板两边专人负责随时敲打模板，减少二次振捣，使混凝土到达内实外观，增强抗渗性。

10. 控制好混凝土浇筑应有序连续进行，如必须间歇，其间歇时间尽量缩短，并在混凝土凝结之前，将次层混凝土浇筑完毕，避免留置施工缝。

5.2.4 拆模与养护

1. 拆模时间都不能少于 3d，拆模后不宜直接浇水养护，应及时覆膜进行保温养护，以尽量减少墙的表面收缩裂缝。

2. 混凝土裂缝防治工作中，新浇混凝土早期养护尤为重要，在拆模后半个月内应保持湿养护，朝阳面的墙面尤其要保养好，应采取覆膜挂草袋、专人喷水等办法保湿保温。养护时间不得少于 14d，养护混凝土时不允许用大水直接冲淋养护面。

3. 混凝土浇筑完毕后，常温下在 12h 之内浇水（小水）养护。遇高温时 6h 之内浇水养护。墙体采用涂刷养生液养护，保证这些关键构件始终处于湿润状态，并加强施工中养护的监督，保证混凝土在早期时不产生收缩裂缝和温度裂缝。

4. 混凝土养护测温点水平方向布置，测温计留置孔内不得小于 3min，记录好浇筑完毕前 7d 混凝土内部温度与表面的温度的温差值。

5.3 劳动组织

5.3.1 超长曲面墙体施工组织机构配备人员以下，技术部：项目总工、技术负责、质检员、技术员、资料员、试验员；工程部：生产经理、钢筋工长、模板工长、混凝土工长，预埋件工长、测量员、安全员、机电管理员；材料部及综合部：材料主管、材料员、库管员、后勤管理员、塔吊指挥。

5.3.2 劳务班组应按钢筋工、木工、混凝土工、电工、水管工、机修工、混凝土泵机工等工种，具体人员按工程需求另外安排。

6. 材料与设备

6.1 混凝土

6.1.1 混凝土原材料符合地下防水工程质量验收规范要求。

6.1.2 混凝土所用的原材料有以下具体要求。

6.1.2.1 水泥

水泥选用早期化学收缩性较小的 42.5 级普通硅酸水泥，水化热低、含碱量低、安定性好，水泥的主要技术指标应符合标准，避免温度应力过大而产生裂缝，水泥与外加剂之间具有良好的适应性。

6.1.2.2 骨料

粗骨料：选用连续级配且压碎指标小于 12% 的碎石，粒径为 25～40mm，其含泥量不得大于 0.6%，泥块含量不得大于 0.5%，且不得含有机杂质。

细骨料：选用级配较好的中砂，含泥量不得超过 3%，泥块含量不得超过 2.0%，通过 0.315mm 筛孔的砂不得少于 15%。

6.1.2.3 掺合料

外加剂应掺加缓凝剂、膨胀剂，掺量必须严格按照配合比来进行，进场必须有出厂合格证或质量保证书，确保其性能和质量的可靠性；外掺Ⅱ级粉煤灰，降低水热化，有利于混凝土后期强度增长，满足混凝土抗裂要求，有效提高混凝土泵送性能，而且还可节约水泥。

6.1.3 混凝土拌合物添加聚丙烯纤维提高纤维与基体的粘接强度，减少内部裂缝，达到了混凝土的抗裂性要求（表 6.1.3）。

杜克裂单丝纤维主要技术性能指标 表 6.1.3

密度(g/cm³)	纤维长度(mm)	抗拉强度(MPa)	断裂伸长率(%)	弹性模量(MPa)	熔点(℃)	耐酸耐碱腐蚀
0.91	12～15	500	20～25	3800	170	好

6.2 钢筋工程

切割机、调直机、弯曲机、砂轮切割机、钢筋钩子、钢筋刷子、撬棍、扳手、钢卷尺、钢筋连接机具设备。

6.3 模板工程

电锯、电刨、压刨、手锯、锤子、钢卷尺、电钻、直角尺，棉线。

6.4 混凝土工程

混凝土输送泵、混凝土运输车、输送管、橡胶软管、混凝土吊斗、布料杆、振捣电机、振捣棒、铁锹、刮杠、抹子。

6.5 其他设备

塔吊、激光经纬仪、水准仪、钢直尺、测温计、混凝土坍落度、试模、振动台、对讲机、灯具灯泡。

7. 质 量 控 制

7.1 混凝土原材料外观质量应符合规范要求，按规范要求进行复检，检查产品合格证，出厂检验报告和进场复试报告。

7.2 混凝土表面密实整洁，无露筋、蜂窝、孔洞、夹渣、疏松、裂缝、麻面等，尺寸偏差应符合规范标准要求，垂直度用吊线、钢尺检查是否平整、垂直。

7.3 钢筋保护层厚度应符合设计要求，要保证钢筋、混凝土垫块的位置正确，观察有无露筋，预留孔洞是否方正、整齐。

7.4 模板及其支架就具有足够的承载能力、刚度和稳定性，能可靠的承受浇筑混凝土的重量及施工荷载。施工中不得用重物冲击模板，结构拆模后应按施工技术方案执行，外质质量应符合规范要求。

7.5 混凝土曲面墙体施工缝应按设计布置，浇筑高度按技术按方案确定或符合规范要求。

8. 安 全 措 施

8.1 混凝土浇筑前，项目部应对操作人员进行安全技术交底，做到事前预控，事中执行，事后检查。

8.2 混凝土浇筑前，应对振动器进行试运转，振动器操作人员应穿绝缘鞋、戴绝缘手套；振动器不能挂在钢筋上，湿手不能按触电源开关。

8.3 混凝土运输、浇筑部位应有安全防护栏杆，操作平台。

8.4 根据施工特点编制安全操作的注意事项及具体施工安全措施。

8.5 操作人员应熟悉作业环境和施工条件，听从指挥，遵守现场安全规则。

9. 环 保 措 施

9.1 成立对应的施工环境卫生管理机构，在工程施工过程中严格遵守国家和地方政府下发的有关环境保护法律、法规和规章，加强对施工燃油、工程材料、设备、废水、生产生活垃圾、弃渣的控制和治理，遵守有防火及废弃物处理的规章制度，做好交通环境疏导，充分满足便民的要求，认真接受城市交通管理，随时接受相关单位的监督检查。

9.2 优先选用先进的环保机械，降低施工噪声到允许值以下，同时尽可能避免夜间施工。

9.3 将施工场地和作业限制在工程建设允许的范围内，合理布置、规范围挡，做到标牌清楚、齐全，各种标识醒目，施工场地整洁文明。

9.4 对施工场地道路进行硬化，并在晴天经常对施工通行道路进行洒水，防止尘土飞扬，污染周围环境。

10. 效 益 分 析

10.1 社会效益

钢筋混凝土曲面墙体裂缝控制进行理论分析、研究、探讨，提出了裂缝控制综合技术，并将其应用于工程实践取得了良好的效果。通过超长曲面混凝土墙体防裂缝控制技术的实施，从而全面提高企业生产水平，以今后类似工程裂缝控制的设计与施工提供了很好的借鉴作用。

10.2 经济效益

可显著缩短施工工期，节约工期效益 43.8 万元。

采用清水模板体系节约抹灰量及人工、材料费。

适量添加粉煤灰、聚丙烯纤维纤维，可减少水泥用量，不增加混凝土成本。

11. 应 用 实 例

东莞玉兰大剧院地下室一层外墙长达 420m（如图 11 所示），高分别为 6.8m 和 5m。它由弧形墙、斜形墙、斜柱和异形柱组成的外墙。弧形墙在（D11～D1 轴和 C11～C1 轴）墙厚为 600mm，斜形墙和斜柱在（A1～A11 轴和 B1～B11 轴）墙厚为 600mm，斜墙和斜柱均向内倾斜 62°，向上收缩，斜柱截面尺寸为 600mm×800mm 和 1200mm×800mm，共有 24 根斜柱。整个地下室外墙以后浇带分为四个施工段，最长施工段曲面墙体长达 198m，如何避免因各种原因引起的肉眼可见裂缝，是本工程的一个难点。

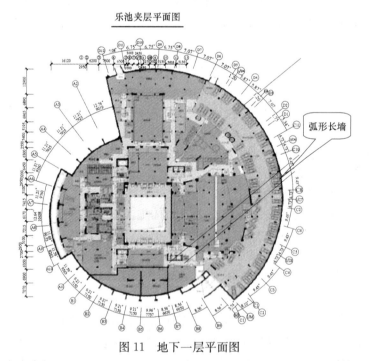

图 11　地下一层平面图

在超长曲面混凝土墙体中添加聚丙烯纤维，有效改善了混凝土的综合性能，对混凝土裂缝控制起到了积极的作用，并经过精心组织、精心施工，一次整浇曲面墙体长度达 198m，为国内整浇长度最长的曲面墙体，经地质雷达检测地下室外剪力墙混凝土均匀密实，无缺陷、裂缝。施工中采用该项技术有效缩短了混凝土墙体施工工期，经济效益节约 67.9 万元。同时获得社会同行业高度的评价。

超薄、超大面积钢筋混凝土预应力整体水池底板施工工法

YJGF175—2006

中国建筑第六工程局

柳晓君　解新宇　巍鑫　尹晓明　赵绪刚

1. 前　言

随着城市的不断发展，相应的配套设施污水处理厂的数量也正在不断增加，无粘结预应力技术越来越多地被用于此类建筑中，也正逐步走向成熟，而超大面积、超薄预应力整体水池底板施工成为其中的代表之一。

由我中建六局北方公司承建的锦州污水处理厂工程生化池底板是中国市政工程东北设计研究院采用美国JHCE公司专利技术进行设计的整体无粘结预应力底板，设计十分新颖，它取消了以往大型池体温度伸缩缝，形成了一个90m×55m的整体底板，厚度由以往的400mm～600mm厚变为150mm厚。由于生化池底板的厚度仅有150mm，且无分割缝，这在同类设计中尚属罕见，施工技术要求高，且面积大，所以施工中的技术含量较高，施工质量的控制也具有很大的难度。

该施工工法荣获获2005～2006年度中建总公司级工法，2006年度中国建筑工程总公司科学技术奖三等奖。

2. 工 法 特 点

2.1　施工工艺科学、合理。有效解决了因施工缝和由于混凝土徐变造成的生化池底渗露使整个池体渗水量超标的问题。

2.2　降低施工成本、缩短施工工期、提高工程质量，由于无粘结预应力技术的应用，生化池底板从400mm～600mm厚变为150mm厚底板，大大缩短了工期并且给项目带来了直接可观的经济效益。

2.3　由于是超薄的底板，双向预应力钢绞线的敷设要求定位准确，否则底板会因受力不均造成质量隐患，因此施工精度高、操作要求严格。

3. 适 用 范 围

适用于工业、民用建筑中大面积、超薄预应力板的施工。

4. 工 艺 原 理

将钢绞线及锚具预埋在混凝土板内，待混凝土板达到强度后通过张拉使钢绞线对混凝土板产生预应力，从而达到增加混凝土板承载力的目的。

5. 施工工艺流程及操作要点

5.1　工艺流程（图5.1）

5.2 操作要点

5.2.1 材料要求

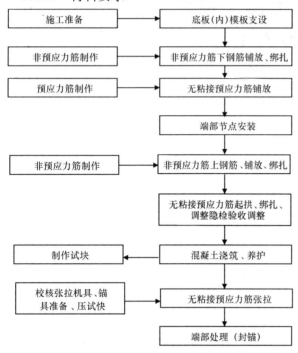

图 5.1 施工工艺流程图

1. 无粘结预应力筋：采用高强低松弛钢铰线强度、尺寸要求应满足设计规定。钢绞线须采用大型企业优质产品，进场时附有生产厂家的合格证书、检测报告，并按每 60t 为一批进行抽样复验。

无粘结预应力筋护套应光滑、无裂缝，无明显褶皱；对局部破损的外包层，可用水密性胶带进行缠绕修补，胶带搭接宽度不小于胶带宽度的 1/2，缠绕长度应超过破损长度。严重破损者不得进入现场并予以报废。

无粘结预应力筋装卸、起吊、搬运、不得摔砸踩踏；严禁钢丝绳或其他坚硬吊具与无粘结预应力筋外包层直接接触。

无粘接筋露天堆放，不得直接与地面接触，应采用方木垫置，并用塑料布覆盖严实。

2. 锚具：采用Ⅰ类锚具，锚具效率系数 $\eta_A \geqslant 0.95$，试件破断时的总应变 $\varepsilon_u \geqslant 2\%$。进场锚具与钢绞线配套，有生产厂家出具的合格证书、检测报告，并按要求进行硬度和静载锚固性能复试。所有进场锚具、夹具表面应无污物、锈蚀、机械损伤和裂纹。

3. 锚具密封：使用 Sikadur32 或 Hi-mod 粘接剂，然后用环氧 Sikadur35 或 Hi-modLV 密封。

4. 焊条：施焊Ⅰ级钢（含 Q235B），采用 E43×× 型，施焊Ⅱ级钢采用 E50×× 型。

无粘结预应力筋及配件运输过程中尽量避免碰撞挤压，运到施工现场后，应按不同规格分类、挂牌标识，整齐堆放在干燥平整地方，切忌接触电气焊作业。锚夹具及配件应存放在室内干燥平整地方，避免受潮和锈蚀。

5.2.2 制作下料

1. 无粘结预应力筋按照施工图纸规定进行下料。按施工图上结构尺寸和数量，考虑预应力筋的曲线长度、张拉设备以及不同形式的组装要求，定长下料。预应力筋下料应用砂轮切割机切割，严禁使用电气焊。

2. 为避免预应力筋在下料过程中破损并方便施工，现场就近设下料场 600m² 左右，（长 100m，宽 6m），采用 C10 混凝土浇筑地面，保证平整干净。

3. 在下料过程中，遇钢绞线有死弯的应去除死弯部分，以保证每根钢绞线通长顺直。

4. 为保证预应力筋成型正确，采用马蹬筋来控制预应力筋的矢高。

5. 在制作过程中，应根据预应力筋的长短及所铺设位置逐根编号，并在堆放过程中分号堆放，以免造成施工时的混乱。

6. 张拉端外露长度要求控制在 80cm 以内；张拉用的锚具由专人负责发放，做到一孔一锚。

5.2.3 垫层施工

在垫层施工前在垫层下铺设 10mm 厚的石夹砂，经整平压实后再进行垫层施工，垫层施工时采用按轴线网格预埋标高控制钢筋的方法控制垫层施工的标高，并采用平板振捣器进行振捣，混凝土未达到强度前严禁任何人上到垫层上行走、踩踏，从而确保垫层的平整度不超过 ±5mm。

5.2.4 滑动层铺设

垫层达到强度后在垫层上铺设滑动层，滑动层采用三层 0.2mm 厚的滑动塑料板。

5.2.5 铺设与安放

1. 铺筋前的准备工作

1) 准备端模：预应力构件端模宜采用木模，并根据预应力筋的剖面位置在端模上打孔。

2) 定位筋的制作：

a. 为保证线形正确，误差在±5mm之间，在预应力筋的下部设置马镫筋的间距在1.2m以内。

b. 预应力筋的线形通过支撑筋控制，水平误差在±5mm，竖直误差在±5mm。

待底板普通钢筋下层绑扎完成后安放定位马镫筋；非预应力筋（里）绑扎基本完毕后，根据每层预应力筋高度安放并绑扎（或点焊）预应力定位筋，其高度为预应力筋中线高度减去预应力筋半径（约10mm）。为保证预应力筋矢高准确，曲线顺滑，要求每层筋水平方向每隔1.5m左右设置一个定位筋。

2. 铺设与安放

1) 无粘结预应力筋应严格按要求就位并固定牢靠。无粘结预应力筋的曲率，垫铁马蹬控制，铁马蹬间距不大于2m，并应采用铁丝与无粘接筋扎紧。

2) 预应力筋逐层穿入，注意尽量避免与普通筋发生摩擦。每穿好一束预应力筋，待位置调整无误后，利用绑丝将其固定，除了将其固定在定位筋上，还应在每两个定位筋设一定位点（与普通筋绑牢）。竖向预应力筋同样定位。

3) 施工前由土建将各种留洞、预埋管道准确标示在模板处。躲洞口处预应力筋应顺滑，预应力筋转弯位置在水平方向上与洞口距离不得大于500mm，且预应力筋距洞口最小不得小于50mm.

4) 过洞口预应力筋处理方法：在竖直方向上与洞口边缘距离小于400mm的预应力筋，应绕过洞口。应注意预应力筋转弯处距洞口水平距离应不小于500mm，同时预应力筋与洞口上下边缘最小距离不小于50mm，在竖直方向上与洞口边缘距离小于400mm的预应力筋，应断开并在洞口两侧的扶壁柱上设置张拉端，预应力筋遇孔洞时尽量按构造要求绕行，避免增加张拉结点。

5) 节点安装：

将端模板固定好；将承压板用火烧丝固定好，使其表面靠紧模板。张拉作用线（沿外露预应力筋方向）应与承压板面垂直。

在预应力筋的张拉端后装上一个螺旋筋，要求螺旋筋要紧贴承压板。

结点安装要求：

a. 要求预应力筋伸出承压板长度（预留张拉长度）≥40cm。

b. 将木端模固定好。

c. 螺旋筋应固定在张拉端及锚固端的承压板后面，圈数不少于3～4圈。

6) 铺设：

a．张拉端部预留孔应按施工图中规定的无粘接预应力筋的位置、编号和钻孔。

b. 张拉端的承压板应用钉子或螺栓固定在端部模板上，且应保持与张拉作用线与承压板相垂直。

c. 无粘结预应力筋垂直高度采用支撑钢筋控制，在板内垂直偏差为±5mm。

d. 无粘接预应力筋的位置宜保持顺直，施工时采用多点画线或挂线方法，按点线铺设预应力筋。

e. 双向铺放预应力筋时，应对每个纵横筋交叉点相应的两个标高进行比较，对各交叉点标高较低的无粘结预应力筋应先进行铺放，标高较高的次之宜避免两个方向的无粘结预应力筋相互穿插铺放。

f. 铺放各种预埋管道管线不应将无粘结预应力筋的垂直位置抬高或压低。

g. 当集束配置多根无粘接筋时，应保持平行走向，防止相互扭绞。

h. 无粘结预应力筋的外露长度应根据张拉机具所需要的长度确定，无粘结预应力曲线筋或折线筋末端的切线应与承压板相垂直，曲线度的起始点至张拉锚固点应有不少于300的直线段。

i. 在安装穴模或张拉端锚具时，各部件之间不应有缝隙。

j. 张拉端和固定端须配置螺旋筋，螺旋筋应紧靠承压板或锚具，并固定可靠。预应力筋铺设时张拉端构造如图：

3. 质量自检及持续改进措施

1）预应力筋根数、位置是否正确；

2）预应力筋高度及顺直偏差；

3）无粘结筋外包塑料皮有无破损；

4）节点安装是否正确、牢固。

5.2.6　混凝土的浇筑与振捣

1. 预应力筋铺放完成后，应由业主单位、施工单位、监理公司及设计人员对预应力筋锚具的品种、规格、数量、位置及锚固区局部加强构造等进行隐检验收，确认合格后，方可浇筑混凝土。

2. 无粘结预应力筋的定位应确认牢固，浇混凝土时不应出现移位和变形。

3. 混凝土浇筑时，严禁踏压撞碰无粘结预应力筋，支撑架以及端部预埋部件。

4. 混凝土浇筑时应认真振捣，保证混凝土的密实。尤其是张拉端、固定端、承压板周围的混凝土必须振捣密实，严禁漏振和出现蜂窝孔洞，以免张拉时变形。

5. 严格控制混凝土骨料、外加剂材质，计量准确，搅拌时间不少于90s。混凝土振捣到位，遵循"紧插慢拨30s"的原则并由人工配合适当敲打，本模板提前浇水湿润，消除混凝土成型出现气泡缺陷。

6. 混凝土浇筑过程中，应派专人跟踪看护。遇有预应力筋位置改变时，应立即与土建方配合及时纠正。

7. 混凝土裂纹控制

① 池子结构混凝土中掺加高效复合抗裂外加剂，提高抗渗和防裂能力，减少混凝土中的微裂缝，同时减少混凝土的收缩裂缝，掺量为水泥用量的3%。

② 选用低热低碱胶凝材料，降低混凝土中心最高温度和内外温差。

③ 选用低碱含量的缓凝高效减水剂。

使用高效减水剂在保证同样工作度和强度条件下可以降低水灰比，降低水泥用量，减少水化热温升。使用缓凝剂高效减水剂可以推迟高峰出现的时间，降低最高温度，减少内外温差，减少混凝土裂缝。

④ 混凝土配比中遵守中低强度高效高性能混凝土（HPC）配合比的设计原则。

a. 控制水灰比≤0.5；

b. 坍落度≤160mm；

8. 混凝土试块留置：混凝土除按要求留置抗压、抗渗、抗冻融标养试块外，还应根据需要做同条件养护试块。预应力筋分两次张拉（35%及75%强度），同条件试块抗压强度作为预应力筋张拉的主要依据，必要时可采用无损回弹方法测定混凝土强度以作参考。

5.2.7　预应力张拉

无粘结预应力张拉工艺流程（图5.2.7）。

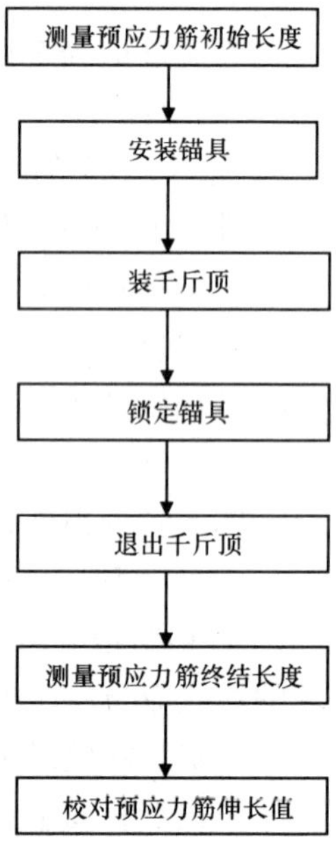

1. 张拉前机具标定

张拉前根据设计和预应力工艺要求的实际张拉力对机具进行标定并由专人使用和管理。实际使用时，根据此标定值作出"张拉力—油压力"曲线，根据该曲线找到控制张拉力值相对应的油压表读值，并将其打在相应的泵顶表牌上，以方便操作和查验。

2. 预应力筋张拉前的准备

1）根据施工要求采用千斤顶及油泵的配套校验，以确定千斤顶张拉力与油泵压力表读间的关系，保证张拉力准确无误。

2）清理穴模及承压板，去除张拉部分钢绞线的外包层。

3）安装张拉锚具，安装时应保证夹片清洁无杂物。

4）张拉伸长值的计算：$\Delta L_{p}^{c} = F_{pm} l_{p} / A_{p} E_{p}$，$E_{p}$值由钢铰线厂家提供，以

图5.2.7　无粘结预应力张拉工艺流程图

测量预应力筋初始长度

↓

安装锚具

↓

装千斤顶

↓

锁定锚具

↓

退出千斤顶

↓

测量预应力筋终结长度

↓

校对预应力筋伸长值

及复算。

5）确定张拉顺序。

6）张拉班组的安全教育，技术交底及工作分配。

7）准备张拉记录表。

3. 无粘结预应力钢筋张拉

1）张拉前按混凝土张拉强度要求提供混凝土强度报告。

2）张拉时应以控制应力为主并校核理论伸长值张拉。由于无粘接预应力筋较长，张拉值大于千斤顶行程，所以采用分级张拉，即锚固一次后千斤顶回程进行第二次循环，直至达到控制值。两端均应拉到控制值，伸长值合并计算。当实际拉伸值超出理论值的＋6％～－6％的范围应停止张拉，待查出原因后再继续张拉。

3）如预应力筋超长，张拉过程中应缓慢加力，张拉程序为：0～10％～100％σ_{con}。

4）安装张拉设备时，对直线的无粘接预应力筋，应使张拉力的作用线与无粘接筋中心线重合；对曲线的无粘接预应力筋，应使张拉力的作用线与无粘接筋中心线末端的切线重合。

5）无粘接预应力筋张拉时，应逐根编号填写张拉记录。

6）片锚具张拉前，应清理承压板面，检查承压板后面的混凝土质量；张拉后，采用砂轮锯切断超长部分的无粘接预应力筋，严禁电弧焊切断。

7）张拉完成后应待 24h 后，查看锚固情况，如一切正常后，可将端部剩余无粘接预应力筋用无齿锯切掉，剩余的余留长度不小于 30mm。

4. 张拉操作要点

1）穿筋：将预应力筋从千斤顶的前端穿入，直至千斤顶的顶压器顶住锚具为止。如果需用斜垫片或变角器，则先将其穿入，再穿千斤顶。

2）张拉：油泵启动供油正常后，开始加压，当压力达到 2.5MPa 时，停止加压。调整千斤顶的位置，继续加压，直至达到设计要求的张拉力。当千斤顶行程满足不了所需伸长值时，中途可停止张拉，作临时锚固，倒回千斤顶行程，再进行第二次张拉。

3）采用张拉时张拉力按标定的数值进行，用伸长值进行校核，即张拉质量采用应力应变双控方法。根据有关规范张拉实际伸长值误差不应超过理论伸长值的±6％。

4）认真检查张拉端清理情况，不能夹带杂物张拉。

5）锚具要检验合格，使用前逐个进行检查，严禁使用锈蚀锚具。

6）张拉严格按照造作规程进行，控制给油速度，给油时间不应低于 0.5min。

7）无粘结筋应与承压板保持垂直，否则，应加斜垫片进行调整。

8）千斤顶安装位置应与无粘结筋在同一轴线上，并与承压板保持垂直，否则，应采用变角器进行张拉。

9）张拉中钢绞线发生断裂，应报告工程师，由工程师视具体情况决定处理。

10）实测伸长值与计算伸长值相差 6％以上时，应停止张拉，报告工程师进行处理。小于 6％时，可进行二次补拉。

11）张拉控制要求

12）底板无粘结预应力的张拉控制要求

5.2.8 采用二次张拉施工工艺。

1. 从一个方向的直径处开始，并依次进行对称张拉。最后进行环向张拉。当直径处浇筑的混凝土强度达到设计值时进行第一次张拉，然后进行另一个方向的张拉，所有张拉均为两端同时张拉。

2. 无粘结预应力筋张拉要求：

当强度达到设计要求时先进行竖向预应力筋的张拉，然后再进行水平方向的第二次张拉。水平向、竖向的每根无粘预应力筋的控制张拉力为 193.9kN，且水平向为两端同时张拉。

竖向无粘预应力筋的张拉点应从中间开始，两侧均匀进行。在套管、孔洞两侧应对称进行。水平向无粘预应力筋的张拉从底部开始，向上间隔进行张拉，且两根水平钢绞线同时在两端被张拉。即张拉顺序为底部第一排，向上第三排，向上第五排……至顶部。然后在从底部进行第二排，向上第四排……依次进行。

5.2.9 张拉测量纪录

张拉前逐根测量外露无粘结预应力筋的长度，依次记录，作为张拉前的原始长度。张拉后再次测量无粘结筋的外露长度，减去张拉前测量的长度，所得之差即为实际伸长值，用以校核计算伸长值。测量记录：应准确到毫米。

5.2.10 封锚

预应力筋在张拉后，经监理验收合格后，用砂轮锯将外漏预应力筋切断，剩余30～40mm，然后涂防锈漆，最后根据设计要求使用 Sikadur32 或 Hi-mod 粘接剂，然后用环氧 Sikadur35 或 Hi-modLV 密封处理。

6. 材料与设备

6.1 材料

无粘接预应力筋、张拉锚、挤压锚、承压板、螺旋筋支撑马镫筋。

6.2 机具设备

油泵、张拉千斤顶、超短工具顶、砂轮锯、配电箱、电焊机挤压机、无齿锯、工具箱、卸锚及密封件工具、变角张拉器、对讲机、钢卷尺、钢卷尺等。

主要机具设备一览表　　　　　　　　　　　　　　　　　　　　表 6.2

序号	机械设备名称	规格型号	额定功率或吨位	单位	数量
1	前置内卡式油压千斤顶及油泵	YCN-18	8kW,18t	组	2
2	前置内卡式油压千斤顶及油泵	YCN-25	10kW,25t	组	2
3	拉杆式千斤顶及油泵	YC-20D	20t	组	4
4	无齿锯	WJ400	2.2	个	4
5	电焊机	500A	25kW	个	6
6	挤压泵			个	5
7	对讲机			个	20
8	钢卷尺			个	40

7. 质量控制

7.1 执行规范

《混凝土结构施工及验收规范》GB 50204—2002。

《预应力筋用锚具、夹具和连接器应用技术规程》JG J85—2002。

7.2 验收标准（表 7.2-1～表 7.2-5）

碳素钢丝及钢绞线力学性能　　　　　　　　　　　　　　　　表 7.2-1

项　次	性 能 指 标	钢 绞 线
1	公称直径	$d=15.24$
2	抗拉强度标准值(MPa)	1860
3	整根钢绞线最大负荷(kN)	不小于259
4	屈服负荷(kN)	不小于220
5	延伸率(%)	3.5
6	松弛率级别	Ⅱ级
7	弹性模量(GPa)	195±10

无粘结预应力筋锚具   表7.2-2

无粘结预应力筋品种	张 拉 端	固 定 端
钢绞线 1×7-φ15.0	夹片式锚具 XM 型、QM 型	焊板夹片式锚具、挤压锚具

无粘结预应力筋铺放质量标准   表7.2-3

项 次	项 目		允许偏差（mm）
1	无粘结预应力筋位置	垂直高度偏差	±5
		水平位置偏差	30
2	端节点承压板垂直度偏差		3
3	曲线段起始点至张拉锚固点的平直段长度		≥300
4	镦头式锚具张拉螺杆拧入锚杯内深度		≥30

锚具质量标准   表7.2-4

项 次	项 目	质量标准
1	外观检查	表面无裂纹、夹渣
2	硬度检验	符合图纸要求
3	硬度检验	硬度值在要求范围内
4	预应力筋——锚具组装件静载锚固性能：锚具效率系数 η_a 实测极限拉力时总应变 ε_{apu}	≥0.95 ≥2.0%
5	疲劳锚固性能（试验应力上限取预应力钢材抗拉强度标准值的65%，应力幅度取 80N/mm²）	200万次
6	低周荷载试验（用于地震区时）周期荷载循环次数（试验应力上、下限分别取预应力钢材抗拉强度标准值的80%、40%）	50次
7	镦头式锚具同束钢丝下料长度的相对误差	不大于预应力筋长度的1/5000；且不大于5mm

无粘结预应力筋张拉质量标准   表7.2-5

项 次	项 目		标 准
1	实际伸长值与计算伸长值的差		+10%～-5%
2	锚固阶段，张拉端预应力筋的内缩量不大于	镦头式锚具	1mm
		夹片式锚具	5mm
3	滑、断丝数量占同一截面预应力筋总量不大于		2%
4	张拉锚固后，实际预应力值与设计规定校验值的相对允许偏差		±5%
5	预应力筋切断后露出锚具外长度不小于		30mm

7.3 质量控制措施

7.3.1 校验油泵和千斤顶。

7.3.2 张拉要严格按照校验后提供的数值进行张拉，油泵送油要缓慢，防止一次加油过大使钢绞线断裂，两侧张拉要对称、同步。

7.3.3 施工前对工人进行技术培训，确保工人按工艺要求进行张拉施工。

7.3.4 张拉按施组顺序进行张拉，张拉过程中及时填写数据资料，确保张拉数据准确无误，及时归档。

7.3.5 预应力筋只有在其曲线矢高得到保证的条件下，才能建立起设计要求的预应力值，因此，确定合理的铺设顺序非常关键。另外，敷设和各种和线不应将无粘结预应力筋的垂直位置抬高或降低，必须保证预应力筋位置正确。

7.3.6 由于固定端锚具预先埋入混凝土中，无法更换，因此应具有更高的可靠度，保证在张拉过程中和使用阶段的可靠锚固。固定端锚具安装后应认真检查，逐个验收。

7.3.7 张拉设备应由专人负责使用、管理、维护与校验。张拉设备必须配套校验，校验期限根据工程情况而定，一般不宜超过半年。

7.3.8 无粘结预应力筋锚固端安装时，必须保证承压钢板、螺旋筋、网片以及抗侧力钢筋的规格、尺寸、安装位置符合设计要求，并可靠固定。锚固区的混凝土必须认真振捣，确保混凝土密实。

7.3.9 计算预应力筋的张拉伸长值时，各曲线段、直线段应分段计算再相加。计算伸长的弹性模量取值，宜对预应力钢材进行实测确定。

8. 安 全 措 施

8.1 坚决贯彻"安全第一、预防为主"的方针，以防为主、防管结合，专职管理和群众管理相结合，做到精心组织、文明施工、杜绝重大伤亡事故。

8.2 贯彻落实安全生产、安全例会等规章制度，做好安全技术交底，详细安全操作规程，加强安全三级教育，提高安全生产意识和自我安全防范意识。

8.3 实行经理部、职能部门、班组三级安全保证体系，坚决贯彻"管生产必须管安全"的基本原则。

8.4 成立以总经理为组长的安全生产领导小组，认真实施安全例会制度和安全生产否决权，深入开展安全教育，强化"安全生产"意识，并充分发挥安全监督职能作用。

8.5 坚持安排生产的同时，安排安全工作目标，措施及安全要点，并落实到人，在向班组下达生产任务的同时，下达书面安全措施交底，并说明施工中的安全要点。

8.6 实行领导安全值班制度，定期组织安全大检查，对不安全情况，限期整改，并落实到部门和个人，对重要施工部位，推行安全哨责任制，加强巡回检查。

8.7 施工现场设立安全标语。宣传口号及安全警示色标。

8.8 编制施工现场临时用电组织设计并审批。现场采用三相五线制，做到一机一闸一漏保。严禁使用破损或绝缘性能不好的电线，严禁电线随地走，所有电闸箱有门有锁。

8.9 电焊机要上有防雨盖，下有防潮垫，一、二次电源接头处有防护装置，二次线使用接线柱，一次电源采用橡套电缆或穿塑料软管，长度不大于 3m。

8.10 手持电动工具要有灵敏有效的漏电装置，振捣器、打夯机等操作者应戴有绝缘手套。

夜间施工，必须有充分照明。照明灯具应有防护措施，并接地良好。机器传动部分有防护，专人专机、不超载、不带病运转，各种限位装置良好。

8.11 特殊工种持证上岗，各工种精通安全操作规程。

8.12 项目应按照《建筑施工安全检查标准》（JGJ 59—99）对施工现场各类设施及行为随时作出评价，发现问题及时整改。项目安全员随时对各种资料进行收集、整理、汇总，以保证其及时性、正确性和完整性。

8.13 消防工作必须列入现场管理重要议事日程，加强领导，健全组织，严格制度，建立安全消防体系，成立消防领导小组，统筹施工现场生活区等消防安全工作。定期与不定期开展防火检查，整治隐患。

8.14 对消防员进行培训，熟练掌握消防的操作规程。请专职消防员对现场所有管理人员及工人进行消防常识教育，演示常用灭火器的操作。

8.15 严格明火制度，设专人监护。施工现场可燃气体及助燃气体如乙炔和氧气、汽油、油漆等不得混乱堆放，设专用库房，远离建筑物及临时设施，防止露天曝晒。按施工现场有关规定配备消防器材，对易燃、易爆、剧毒物品设专库专人管理，严格控制电焊、气焊地盘位置，采取保证消防用水的措施。

9. 环 保 措 施

9.1 从设备选择方面，在满足生产需要的前提下，尽量避免选用废气排放大、噪声大等污染较重的设备机具。

9.2 对于现场使用的设备及运输车辆定期进行检验维修，避免因设备运转不良以及超量排放废气等原因造成的污染。

9.3 对运输人员进行交底，避免超载、满载对场地造成的地面污染。

9.4 在现场指定垃圾排放地点，统一外运。严禁将建筑、生活垃圾随意排放。

9.5 严禁在现场焚烧废弃物。

9.6 严禁将废物性废弃物排入地下排水管网。

9.7 现场生产中，要求操作人员做到"工完场清"，及时清理所处作业面的废物。

9.8 对钢筋加工场地、木工房等噪声污染大的加工场所采用封闭式结构。

9.9 工地出入口设有车辆冲洗设备，防止进出车辆带泥上道。

10. 效 益 分 析

10.1 经济效益

通过超薄钢筋混凝土预应力水池施工技术的开发和应用，为本项目创造了良好的经济效益。

正常污水处理厂生化池底板如要达到使用要求厚度需为 400~500mm，而本工程所施工池体仅为 150mm，降低了混凝土用量 62.5%~70%，降低了本工程混凝土的直接造价 210.96 万元。

超薄钢筋混凝土预应力水池施工技术的应用，有效地缩短了施工工期，节约人工、机械费用 20 万元。

共计降低造价 210.96＋20＝230.96 万元

10.2 社会效益

锦州市污水处理厂是锦州市惟一的一个污水处理厂，是锦州市的重点工程，它的圆满竣工将被写入 2004 年辽宁省政府工作报告中。

2003 年我局在生化池底板施工中，在锦州污水处理厂工程的施工中采用了本项技术，大大提高了生化池底板的承载力，在施工质量提高的基础上节约了成本，浇筑 150 厚的混凝土底板，整个池底需 742.5m³ 混凝土，而按照平常浇筑 500mm 厚的混凝土底板，整个池底需要浇筑 2475m³ 混凝土，每方混凝土造价按 350 元计算，使用该项新技术为建设单位共节约工程成本 606375 元。业主在 2004 年元旦到来之际发来了表扬信，赞扬锦州污水处理厂项目部 2003 年的施工质量令业主十分满意。

本着"过程精品，质量重于泰山，中国建筑，服务跨越五洲"的质量观，我们严格按照 ISO 9001 相关程序文件控制工程质量。由于积极推广应用和开发新技术，我们在质量、安全、文明施工等方面均取得了良好的成绩，由中建六局施工的锦州市（城市）污水处理厂工程能够高质量、高速度的完成，令业主、监理十分满意，本工程先后获得了中建总公司优质工程金奖、辽宁省"世纪杯"、锦州市"古塔杯"、中建总公司 CI 创优奖、中建六局示范工程、中建六局 QC 三等奖、中建六局局级施工工法等。

中建六局以本工程为龙头，先后在锦州市和周边城市承揽了葫芦岛污水处理厂、葫芦岛水泥厂、葫芦岛锌厂、长春污水处理厂等多个工程，为进一步打开辽西市场打下了坚实的基础，赢得了良好的社会效益。

10.3 技术效益

超薄钢筋混凝土预应力水池施工工法为此项技术在同类工程中的应用起到了推进作用。

11. 工程应用实例

由中建六局北方公司承建的锦州市污水处理厂工程是锦州惟一的一个污水处理厂，锦州市的重点工程，2003年在生化池施工中，采用了本项技术，大大提高了生化池池体的承载力，在施工质量提高的基础上还缩短了工期，得到了设计单位、监理单位及业主的一直好评，为公司赢得良好的社会效益和230.96万的经济效益。

本工程厂区占地面积8.28hm^2；总建筑面积：18000m^2；其中建筑物面积4500m^2，构筑物面积13500m^2；主要工程量：土方工程量478620m^2，钢筋工程量2124t。混凝土工程量27664m^3。锦州污水处理厂工程是以治理辽河流域为目的的环保工程，日处理污水10万t，是目前锦州市惟一的污水处理厂。

有粘结及无粘结立体式预应力施工工法

YJGF176—2006

浙江省建工集团有限责任公司　中国建筑科学研究院上海分院　贵州建工集团总公司

柴如飞　南建林　陆优民　张均涛　钟伟　张玉琴

1. 前　言

21世纪是技术创新的时代，在混凝土结构设计领域中，创新一方面表现在高性能材料及具有指定性能材料的开发研究，另一方面表现在新的结构设计方法和新的施工手段的应用。高效预应力混凝土技术集成了新材料、新工艺，以及新的设计和施工手段，因而获得高速而广泛的发展，并在建设领域发挥着越来越重要的作用。

预应力混凝土技术适用于工程体态大、结构超长、结构跨度和荷载较大，房屋结构层高、跨度要求特别高的情形下采用，使用部位可在楼板（底板）、梁、柱、墙板。在不同结构部位，根据受力特点综合采用了有粘结及无粘结立体式预应力技术，对提高结构承载力、抵抗温度应力，防止收缩裂缝的产生，减小了构件的断面尺寸及用钢量，增加楼层的净空，增加有效使用面积等方面有特别显著的作用。在一个工程中的多个部位、多个构件、多个方位，同时采用多种预应力技术（有粘结及无粘结）并共同作用形成结构体系可以称为有粘结及无粘结立体式预应力技术。该技术特别适用于大型公共建筑、特大型地下室、大型厂房、体育场馆及路桥等领域。

2. 工 法 特 点

立体式预应力技术可以在各类结构构件中采用，应用范围非常广阔。结构中的梁、板采用水平（直线、曲线）预应力，对于有抗震要求的框架梁，采用有粘结，对于次梁和无抗震要求的框架梁可以采用无粘结；楼板（底板）采用有粘结扁管或无粘结水平（直线、曲线）预应力；柱用有粘结竖向预应力；墙有水平（直线、曲线）预应力及竖向预应力（当需承受较大水平荷载或有特殊受力要求时），可以是有粘结，也可以是无粘结。

立体式预应力技术有以下特点：

（1）经济合理、降低工程造价：该技术可以减小构件的断面尺寸及用钢量，增加楼层的净空，增加有效使用面积，对节约工程造价有显著作用。立体预应力形成的大空间能提高建筑的灵活性和适用性，避免我国建筑普遍存在的"短寿"现象。

（2）能够解决常规结构难以克服的设计和施工难题。在采用立体式预应力技术建造的建筑中，预应力不仅是一种结构材料，而且是一种重要的结构设计手段或施工关键技术。如应用于超长结构中，预应力技术可以使地下结构连续长度达到300~400m，地上结构连续长度达到200m，而不需要留设温度伸缩缝；又如采用立体式预应力的混凝土框架结构，柱网可以达到16m×25m，甚至更大，12m×12m的预应力无梁楼盖在机场航站楼工程中得到广泛应用；在此类工程中立体式预应力技术是实现结构合理设计的必要手段。在施工中，通过在已经先期施工的侧墙中采用竖向预应力，使之成为后期地下室基坑水平支撑的反力墙，立体式预应力技术成为一种有效的施工手段。

（3）立体式预应力技术具有相当的复杂性：由于在一个工程中的多个部位、多个构件、多个方位，同时采用多种预应力技术，对结构设计、土建施工组织和预应力的专业化施工提出较高要求。在多种构件、多个方向的预应力铺放安装、锚具布置、张拉顺序、灌浆工艺等方面均要进行认真分析和研究后才能实施。

3. 适用范围

该技术特别适用于大型公共建筑、特大型地下室、大型厂房、体育场馆等工业与民用建筑领域。

4. 工艺原理

由于混凝土的抗压强度高、抗拉强度低、抗压极限应变大、抗拉极限应变小，因此，钢筋混凝土结构在正常使用荷载下总是带裂缝工作。

预应力混凝土结构是在结构承受荷载之前，在其可能开裂的部位，预先人为地施加压力，以抵消或减少外荷载产生的拉应力，使构件在正常的使用荷载下不开裂，或者裂缝开得晚一些、裂缝开展的宽度小一些。

立体式预应力技术是在工程体态大，结构超长，荷载较大，房屋结构层高、跨度要求特别高的情形下采用。涉及预应力形式和种类繁多，用量较大。通过采用了有粘结及无粘结预应力技术，提高结构承载力、提高抗裂度、抵抗温度应力，防止收缩裂缝的产生，减小了框架梁的尺寸，增加了楼层的净空，增加有效使用面积。

梁中通常采用有粘结预应力筋（次梁中可布置无粘结预应力筋），可有效地提高结构承载力，可有效地减小梁的断面尺寸，有效地增加楼层的净空，增加有效使用面积；柱中通常采用竖向有粘结预应力筋，以抵抗偏心产生的弯矩；楼（底）板、墙板内通常采用无粘结预应力筋，可有效抵抗温度应力，控制非受力裂缝的产生；当地下室墙板承受较大水平荷载时（如分期施工地下室结构时，后期的基坑支撑作用在先期施工的地下室外墙上），可以布置竖向有粘结预应力筋抵抗传递来的水平荷载。

5. 施工工艺流程及操作要点

5.1 有粘结及无粘结立体式预应力总体施工工艺流程

施工工艺流程：基础底板（水平向无粘结预应力直线筋、曲线筋）→柱（竖向有粘结预应力直线筋）、墙板（竖向有粘结预应力直线筋）→墙板（水平向无粘结预应力直线筋、曲线筋）→梁（水平向有粘结及无粘结预应力直线筋、曲线筋）→楼板（水平向无粘结预应力直线筋、曲线筋）。

跨后浇带水平向有粘结和无粘结预应力筋在各结构构件预应力施工时，一同施工，但需要单独布置短筋。

张拉工艺流程：水平向无粘结预应力直线筋、曲线筋（基础底板）→水平向有粘结预应力曲线筋、直线筋→竖向有粘结预应力直线筋→水平向无粘结预应力直线筋、曲线筋→后浇带水平向有粘结筋→后浇带水平向无粘结预应力筋。

各构件张拉均应自下而上，凡是跨后浇带有粘结、无粘结预应力筋都需待后浇带封闭达到强度方可张拉；凡水平向有粘结曲线筋预应力梁底模拆除需待预应力建立以后进行。

5.2 有粘结及无粘结立体式预应力具体施工工艺流程

5.2.1 无粘结预应力基础底板施工流程：浇筑混凝土基础垫层→绑扎板底普通钢筋→铺设并固定无粘结预应力钢绞线→绑扎板面普通钢筋安装端部垫板、螺旋筋→端部封闭→隐蔽工程验收→浇筑混凝土→混凝土养护→清理张拉端→压混凝土试块→张拉端锚具的密封→张拉端混凝土封端处理。

5.2.2 有粘结预应力墙柱施工工艺流程：支设承台底筋→绑扎柱插筋→预应力筋制做、铺设薄壁钢管→安装端部配件及钢筋网（在距垫层面15cm处安装承压板、锚环、锚具）→穿筋→隐蔽工程验收→浇筑混凝土（制做混凝土试块）→混凝土养护、拆模→清理张拉端→张拉（张拉机具标定、压

混凝土试块、80％强度或设计要求）→冲洗孔道→孔道灌浆（灌浆机具准备、制做水泥浆试块→封端处理。

5.2.3 无粘结预应力墙板施工流程：绑扎墙板普通钢筋→铺设并固定无粘结预应力钢绞线→安装端部垫板、螺旋筋→隐蔽工程验收→封墙板模板及端部模板（地下室外墙端部应放在墙板内侧柱处）→浇筑混凝土→混凝土养护、拆模→清理张拉端→压混凝土试块→张拉端锚具的密封→张拉端混凝土封端处理。

5.2.4 有粘结预应力梁施工流程：支设框梁主筋→绑扎次梁主筋→铺设波纹管安装端部配件及螺旋筋→穿预应力筋→封侧模、端部模板→隐蔽工程验收→浇筑混凝土→混凝土养护、拆侧模→清理张拉端→压混凝土试块、安装锚具→预应力筋张拉→冲洗孔道、孔道灌浆→张拉端预应力筋切割→细石混凝土封堵→拆除底模。

5.2.5 无粘结预应力梁施工工艺流程：支设梁底模（侧模不支）→绑扎梁纵筋→铺设并固定无粘结预应力钢绞线（无粘结预应力筋制做）→支设梁侧模→安装端部垫板、螺旋筋→隐蔽工程验收→浇筑混凝土（制做混凝土试块）→混凝土养护、拆侧模→清理张拉端→张拉〔张拉机具标定、压混凝土试块（80％强度）或按设计要求〕→张拉端锚具的密封→张拉端混凝土封端处理→拆除底模。

5.2.6 无粘结预应力楼板施工流程：支设板底模→绑扎板底普通钢筋→铺设并固定无粘结预应力钢绞线→绑扎板面普通钢筋安装端部垫板、螺旋筋→封端部模板→隐蔽工程验收→浇筑混凝土→混凝土养护、拆模→清理张拉端→压混凝土试块→张拉→张拉端锚具的密封→张拉端混凝土封端处理。

5.2.7 跨后浇带有粘结预应力梁施工流程：

施工流程与有粘结预应力梁施工流程基本一样，区别在于：a. 所有跨后浇带的需要布置有粘结预应力筋的梁均要在后浇带所在跨内单独布置预应力短筋；b. 跨后浇带有粘结预应力筋需待后浇带封闭达到强度方可张拉。

5.2.8 跨后浇带无粘结预应力施工流程：

施工流程与无粘结预应力梁、楼板、墙板施工流程基本一样，区别在于：a. 所有跨后浇带的需要布置有粘结及无粘结预应力筋的构件均要在后浇带所在跨内单独布置预应力短筋；b. 跨后浇带有粘结及无粘结预应力筋需待后浇带封闭达到设计强度方可张拉。

5.3 有粘结及无粘结立体式预应力施工操作要点

5.3.1 柱、墙板、梁中有粘结预应力筋端部构造

1. 柱（墙板）中预应力筋端部构造示意图如图 5.3.1-1 所示：

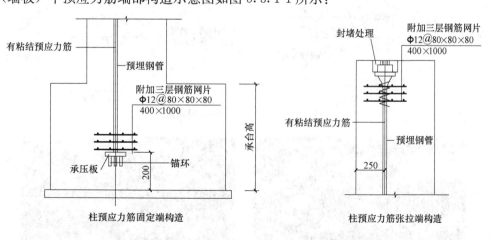

图 5.3.1-1　柱（墙板）中预应力筋端部构造示意图

2. 梁预应力筋张拉端设置在框架梁中间部位的端部构造（最多可达 8 个张拉端），纵横交叉，构造极其复杂，预应力筋布置要深化设计，梁侧加腋宽度可根据设计要求进行，如图 5.3.1-2，图 5.3.1-3 所示。

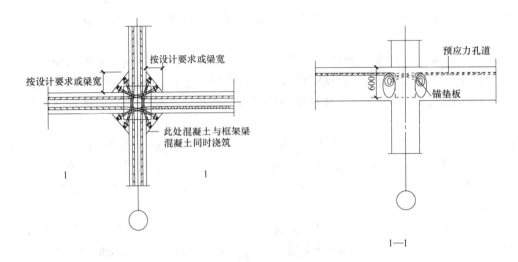

图 5.3.1-2　纵向预应力搭接处加腋尺寸图

图 5.3.1-3　纵向预应力搭接外观图

5.3.2　板、梁中无粘结预应力筋端部构造（图 5.3.2-1～图 5.3.2-3）

图 5.3.2-1　预应力张拉端详图

图 5.3.2-2　预应力筋布置示意图

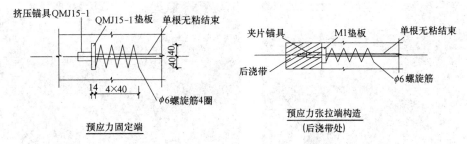

图 5.3.2-3 预应力固定端和张拉端构造图

5.3.3 穿设波纹管、薄壁钢管和预应力钢绞线

1. 墙、柱内穿设薄壁钢管和预应力钢绞线

1) 柱内普通钢筋就位之后，根据设计要求安装预应力定位支架，其间距根据施工图的要求确定。支架用 $\phi12$ 以上的钢筋制做，为确保位置的准确，定位支架必须焊在柱的箍筋上。

2) 铺设薄壁钢管，6m 一段接头采用大一号钢管焊接，并牢牢绑扎在定位支架上，支架采用 $\phi12@1000\times100$。连接部位用防水胶带缠绕。

3) 安装张拉端的喇叭管，将预应力筋编为集团束并用铅丝绑扎在一起，然后整束穿入钢管内。

4) 用棉丝密封灌浆孔、喇叭口等重要部位，连接部位用胶带缠绕密封。

5) 在构件的端部应设置灌浆孔，为防止排气管的意外破损导致漏浆，薄壁钢管不得打孔。

6) 在浇筑混凝土前，技术人员认真检查各关键部位及预应力孔道的位置，认真填写"自检记录"和"隐蔽工程验收记录"。

2. 梁内穿设波纹管和预应力钢绞线

1) 梁内普通钢筋就位之后，根据设计要求安装预应力定位支架，其间距根据施工图的要求确定。支架用 $\phi12$ 以上的钢筋制做，为确保位置的准确，定位支架必须焊在梁的箍筋上。

2) 铺设波纹管，并牢牢绑扎在定位支架上，连接部位用防水胶带缠绕。

3) 其他同 4.3.3.1 点。

3. 穿设无粘结预应力筋（图 5.3.3）

1) 支好梁底模并绑扎底筋之后，按设计图上预应力筋位置，用 $\phi12$ 钢筋制做定位支架，然后铺设无粘结预应力钢绞线。

2) 穿设无粘结预应力筋时必须平行顺直，要求其水平偏摆不得大于 30mm，竖向偏差不得大于 5mm，以减少张拉时的摩擦损失并保证张拉后有效应力达到设计要求。

3) 固定好预应力筋的位置及高度之后，安放聚苯塑料块和螺旋筋等，并固定好。

4) 无粘结筋应牢牢地固定在事先安放好的固定支架上。固定支架间距按图纸要求排设，并与箍筋点焊。

5) 为保证张拉的顺利进行，无粘结筋在靠近端模板处要有不小于 300mm 的平直段（即无粘结筋与垫板垂直），并用钢丝绑扎牢靠。

6) 在浇筑混凝土前，技术人员认真检查验收预应力筋及锚具、垫板、螺旋筋的安装情况，填写"隐蔽工程验收记录"。

7) 在浇筑混凝土时，振捣棒不得长时间碰撞无粘结筋，防止钢绞线偏离原位或塑料皮受损伤。

8) 及时拆模，拆模后清理张拉预留洞，并安装张拉端锚具。

9) 尽量使各种管线为预应力筋让路，在穿设预应力筋之后，尽量减少电焊次数，以免损伤预应力筋。

4. 浇筑混凝土

1) 在浇筑混凝土时，振捣棒不得直接碰撞预应力孔道，防止破坏金属、塑料波纹管、塑料皮而导致浆体进入预应力孔道。

图 5.3.3　穿设无粘结预应力筋示意图

2）混凝土达到设计要求强度以后，清理张拉端喇叭口和预应力筋，安装锚具，为张拉工序做好准备。

5.3.4　预应力张拉作业

立体式预应力体系是一种复杂的结构体系，由于采用预应力部位的不同，以及各个工程的具体特点，需要根据具体工程情况编制详尽的张拉方案，并严格按照技术方案按时、分批进行张拉，才能保证结构效果。

1. 为使张拉应力达到设计要求，张拉机具必须经过标定，油标满足设计要求，张拉前还要与设计及时联系，以保证预应力的有效施加。

2. 在混凝土强度达到设计要求的强度之后，方可开始预应力筋的张拉。预应力张拉采用控制张拉力，并校核伸长值的双控方式，控制应力及伸长值应满足设计和规范要求。

3. 预应力张拉设备在使用前，应送权威检验机构采用顶机的方式，对千斤顶和油表进行配套标定，并且在张拉前要试运行，保证设备处于完好状态。

4. 理顺张拉端预应力筋顺序（一般应自下而上），依次安装工作锚、千斤顶和工具锚。安装时应注意各部件之间的槽口搭接，保证安装紧密。无粘结预应力筋张拉：a. 剥去张拉端塑料护套，擦净预应力筋上油脂，清理端部及穴模后安装锚环及夹片；b. 安装千斤顶，连接好油路系统。

5. 由于开始张拉时，预应力筋在孔道内自由放置，而且张拉端各个零件之间有一定的空隙，需要用一定的张拉力，才能使之收紧。因此，应当首先张拉至初应力（张拉控制应力的 10%），量测预应力筋的伸长值，然后张拉至控制应力，再次量测伸长值，两次伸长值之差即为从初应力至最大张拉力之间的实测伸长值 ΔL_1。核算伸长值符合要求后，卸载锚固回程并卸下千斤顶，张拉完毕。

6. 如果预应力筋的伸长值大于千斤顶的行程，可采用分级张拉，即第一级张拉到行程后锚固，千斤顶回程，再进行第二次张拉，直至达到张拉控制值。

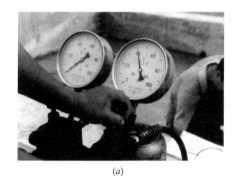

(a)　　　　　　　　　　　　　　　(b)

图 5.3.4　预应力张拉作业示意图
(a) 张拉力的控制；(b) 伸长值的量测

7. 张拉作业，以控制张拉力为主，同时用张拉伸长值作为校核依据，即双控为依据。实测伸长值与理论计算伸长值的偏差应在（−6～+6）%范围之内，超出时应立即停止张拉，查明原因并采取相应的措施之后再继续作业。

5.3.5 孔道灌浆

孔道灌浆仅针对有粘结预应力筋，波纹管按设计规定预留排气排水孔和灌浆孔，孔口的引出管与波纹管连接处应密实。引出管高出构件顶面 300mm 左右，塑料引出管内插放短钢筋以便临时固定。

1. 灌浆前切割外伸钢绞线，钢绞线露在夹片外的长度控制在 30～50mm，然后用水泥浆密封所有张拉端，以防浆体外溢。

2. 灌浆前，应进行机具准备和试车，对孔道应湿润、洁净。

3. 灌浆工作应缓慢均匀地进行，不得中断，并应排气通顺。

4. 若灌浆孔设在柱底部，水泥浆灌浆压力控制为 0.5～0.6MPa。孔道较长或灌浆管较长时压力宜大些，反之可小些。

5. 灌浆过程中制做 2 组 70mm×70mm×70mm 的立方体水泥净浆试块，标准养护 28d 后送交实验室检验试块强度，其强度不应小于 20MPa。

由于灌浆质量的好坏直接关系到预应力钢绞线与混凝土的粘结效果以及结构的耐久性，因此施工过程中必须从每一个环节上进行严格控制。

5.3.6 张拉端的封堵保护

预应力筋的锚固区，必须有严格的密封防护措施，严防水汽进入，锈蚀预应力筋。因此，预应力筋张拉完毕后，应立即对预应力筋进行封端保护。

1. 用砂轮切除多余预应力筋，预应力筋切断后露出锚具夹片外的长度应不得小于 30mm。严禁采用电弧烧断。

2. 将外露预应力筋涂专用防腐润滑脂，并罩上封端塑料套。

3. 用比结构高一强度等级微膨胀混凝土封堵张拉端后浇部分以保护锚具，混凝土中不得使用含氯离子的外加剂。封堵时应注意插捣密实。

5.4 预应力张拉控制力与伸长值

5.4.1 预应力张拉控制力

1. 对混凝土强度的要求

要求混凝土强度达到设计要求的张拉强度才能张拉。只有混凝土强度试验报告表明混凝土强度达到要求后，提交张拉申请，同意后开始张拉。

2. 张拉控制力

预应力筋的张拉控制，以控制张拉力为主，同时用张拉伸长值作为校核依据。

$$\sigma_{con} = 0.7 f_{ptk} \tag{5.4.1}$$

式中 σ_{con} ——超张拉后实际张拉力

f_{ptk} ——钢绞线强度标准值

5.4.2 理论伸长值

1. 理论伸长值计算公式

曲线预应力筋的理论张拉伸长值 ΔL_T 按以下近似公式计算：

$$\Delta L_T = (1 + \exp[-(kL_T + u\theta)]) F_j / (2A_p E_p) L_T \tag{5.4.2}$$

式中 F_j ——预应力筋的张拉力；

A_p ——预应力筋的截面面积；

E_p ——预应力筋的弹性模量；

L_T ——从张拉端至固定端的孔道长度（m）；

k——每米孔道局部偏差摩擦影响系数；

u——预应力筋与孔道壁之间的摩擦系数；

θ——从张拉端至固定端曲线孔道部分切线的总夹角（rad）。

2. 参数取值

理论伸长值计算时，预应力筋的摩擦系数取值如表 5.4.2。

摩擦系数表 表 5.4.2

预应力筋种类	k	u
无粘结钢绞线	0.0040	0.12
有粘结钢绞线	0.0015	0.25

5.4.3 伸长值的实测和校核

由于开始张拉时，预应力筋在孔道内自由放置，而且张拉端各个零件之间有一定的空隙，需要用一定的张拉力，才能使之收紧。预应力筋张拉伸长值的量测，是在建立初应力之后进行。实际伸长值 ΔL 应等于：

$$\Delta L = \Delta L_1 + \Delta L_2 - \Delta L_c \qquad (5.4.3)$$

式中 ΔL_1——从初应力至最大张拉力之间的实测伸长值；

ΔL_2——初应力以下的推算伸长值；

ΔL_c——混凝土构件在张拉过程中的弹性压缩值（量值很小，可忽略）。

初应力取为张拉控制应力的 10%。初应力以下的推算伸长值 ΔL_2 根据弹性范围内张拉力与伸长值成正比的关系推算。

张拉时，通过张拉伸长值的校核，可以综合反映张拉力是否足够，孔道摩擦损失是否偏大，以及预应力筋是否有异常。张拉时要求实测伸长值与理论计算伸长值的偏差应在（－6～＋6)%范围之内，超出时应立即停止张拉，查明原因并采取相应的措施之后再继续作业。

图 5.4.3 预应力张拉实测伸长值

5.4.4 预应力损失与测定

预应力张拉时产生的预应力损失包括：锚具损失，孔道摩擦损失、弹性压缩损失，锚口摩擦损失。张拉时的预应力损失不得大于设计规定。

预应力损失的测定：a. 锚具损失：在锚圈口以内的钢绞线上粘贴"L"形测点，用百分表测定。

b. 孔道摩擦损失：千斤顶应配置精度为 0.4 的油压表或设置精密压力传感器测定。

c. 锚口摩擦损失：千斤顶应配置精度为 0.4 的油压表或设置精密压力传感器测定。

当预应力损失大于设计规定时，应停止张拉，查明原因，然后继续进行张拉，通过提高张拉控制力或超张拉进行补救。

5.5 变角张拉技术

穿过后浇带预应力束的张拉采用中国建筑科学研究院研制的预应力筋张拉新工艺——变角张拉技术。

张拉端设置在框架梁梁面部位（距柱边距离应大于 $L/3$）的端部构造，板、梁预应力筋采用变角张拉示意图如图 5.5。

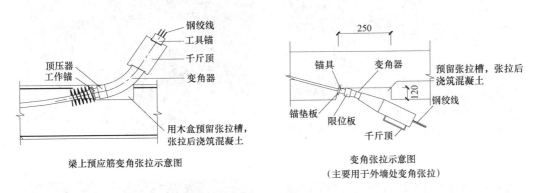

梁上预应筋变角张拉示意图　　　　变角张拉示意图
　　　　　　　　　　　　　　　（主要用于外墙处变角张拉）

图 5.5　梁及外墙处预力筋变角张拉示意图

5.5.1 变角张拉技术

变角张拉是指用变角块将张拉端的预应力筋按规定的方向和转角弯起，使张拉千斤顶的轴线和锚垫板法线呈一定角度并对预应力筋实施张拉的工艺。变角张拉技术解决了诸多张拉空间受限制时的张拉锚固问题。

变角张拉装置是由顶压器、变角块、千斤顶等组成。每一变角块有一定的变角量，通过叠加不同数量的变角块，可满足 5°～60° 的变角要求。变角块与顶压器和千斤顶的连接，都要一个过渡块。安装变角块时应注意块与块之间的槽口搭接，一定要保证变角轴线向结构外侧弯曲。采用变角张拉技术可以缩短张拉孔槽的宽度和长度，减少张拉空间。

5.5.2 变角张拉的控制参数和技术要求

为使张拉后应力达到设计要求，张拉设备采用群锚变角器及其配套的液压顶压器，其摩擦损失和张拉控制应力的修正均采用该专项技术的有关试验参数。

在施工中，安装变角块时应注意块与块之间的槽口搭接，一定要保证变角轴线向结构外侧弯曲。张拉过程中应避免夹片嵌住钢绞线。

5.6 超长结构的后浇带处理技术

后浇带是超长结构释放料收缩的最有效施工措施之一。超长结构采用预应力技术是通过留设后浇带来释放早期的混凝土收缩，通过施加预应力来抵消后期收缩以及温度应力。

目前的施工方法是后浇带梁板钢筋连续，而后浇带宽度大多仅 1m，计算分析表明，后浇带内钢筋应力往往非常高，甚至达到屈服，从而拉通的钢筋对混凝土单元构成较大的弹性约束。为减小后浇带内钢筋的影响，本工法建议采用较宽的后浇带，后浇带宽度以 1600～2000mm 为宜，或采取措施使后浇带内钢筋预留伸长变形量。另外，不宜将后浇带留设在结构的平面薄弱部位，避免使用过程中该部位的反复开裂。后浇带处预应力筋采用短束进行搭接，以减小各区施工的相互干扰，如图 5.6。

图 5.6　后浇带处预应力筋的处理

5.7 超长预应力楼盖的预应力筋搭接技术

为防止超长结构的开裂，必须保证预应力效果的连续，但预应力筋过长不仅带来施工的困难，而且预应力损失也会很大，因此，预应力筋可以结合结构后浇带的留设分段布置，各区的预应力筋相互独立，后浇带处预应力筋采用短束进行搭接。有粘结和无粘结预应力筋的搭接节点见图5.7-1，图5.7-2。

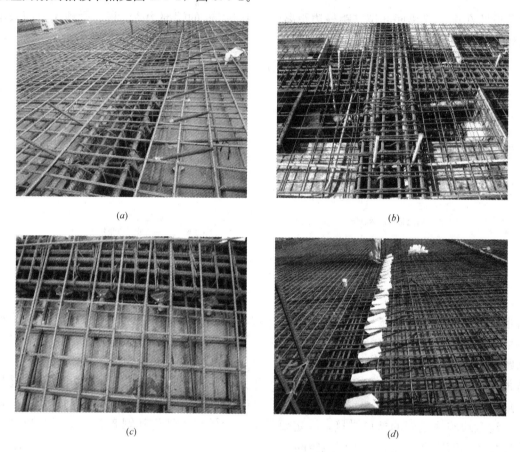

图 5.7-1 超长结构预应力筋的搭接

（*a*）无粘结预应力筋的搭接；（*b*）有粘结预应力筋的搭接；（*c*）超长结构楼面设置预应力筋固定端；（*d*）超长结构楼面设置预应力张拉端

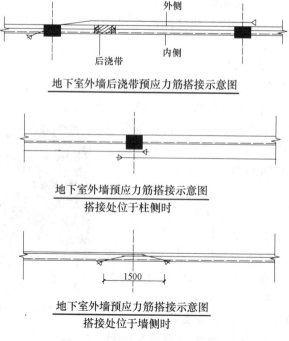

图 5.7-2 预应力筋搭接构造图

5.8　不同结构构件中的预应力筋布置

预应力筋用于不同结构构件，其特点是不同的，图5.8-1～图5.8-4为部分有特点的代表性布置实例。

图5.8-1　普通预应力主次梁结构楼盖

图5.8-2　楼板采用直线预应力技术

图5.8-3　有覆土的地下室顶板采用预应力反梁

图5.8-4　预应力基础底板

6. 材料与设备

6.1　材料

6.1.1　预应力主材的选购（表6.1.1-1，表6.1.1-2）

主要预应力材料选购表　　　　　　　　　　　　　　　　　表6.1.1-1

编号	材　料　名　称	类　　　　别	验　收　标　准
1	预应力筋	钢绞线、碳素钢丝、高强粗钢筋	《预应力用钢绞线》GB/T 5224—1995
2	锚具和连接器	支承式、镦紧式、握裹式、组合式	《混凝土结构工程施工质量验收规范》
3	制孔材料	波纹管、薄壁钢管、夹布胶管、钢管	《预应力混凝土用金属螺旋管》及其他国家规范

6.1.2　主要材料、设备构造

1. 预应力筋（图6.1.2-1）

2. 锚具

A. 张拉端：有两种做法：

（1）锚具凸出混凝土表面。这种做法应用普遍，由锚环、夹片、承压板、螺旋筋组成，见图6.1.2-2。

目前工程中常用预应力材料选购表　　　　　　　　表 6.1.1-2

材料名称	类别	验收标准
钢绞线	1860MPa 级、ϕ15.24 低松弛	《预应力用钢绞线》GB/T 5224—1995
15—5 群锚 15—7 群锚	Ⅰ类	《混凝土结构工程施工质量验收规范》GB 50204—2002
15—1 单孔锚	Ⅰ类	
固定端锚具	J15-1 型挤压式	
金属波纹管		《预应力混凝土用金属螺旋管》JG/T 3013—94
钢绞线涂包		《钢绞线、钢丝束无粘结预应力筋》JG 3006—93

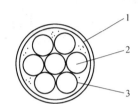

图 6.1.2-1　无粘结筋断面

1—塑料管；2—钢绞线或钢丝束；3—油脂

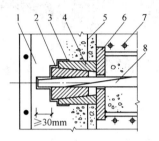

图 6.1.2-2　张拉端凸出时的构造

1—混凝土圈梁；2—防腐油脂；3—塑料帽；

4—锚具；5—钢筋；6—承压板；7—螺旋筋；

8—无粘结预应力筋

（2）锚具凹进混凝土表面。当建筑上不允许有外包混凝土梁时，采用这种端部作法，该作法施工较繁。它由锚环、夹片、承压板、塑料塞及固定件、螺旋筋组成，见图 6.1.2-3（a）。

垫板连体式锚具凹进混凝土表面。由锚具、夹片、塑料塞及固定件、螺旋筋等组成，见图 6.1.2-3（b）。

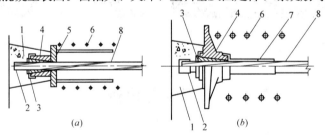

图 6.1.2-3　凹入式夹片锚具张拉端构造

（a）圆套筒式锚具；（b）垫板连体式锚具

1—混凝土或砂浆填实；2—塑料帽；3—防腐油脂；4—锚具；5—承压板；

6—螺旋筋；7—塑料保护套；8—无粘结预应力筋

B．固定端

挤压锚具。由挤压锚具、承压板和螺旋筋组成，见图 6.1.2-4。

6.1.3　材料的进场验收

1．锚具按有关规定进场验收，验收方式根据《混凝土结构工程施工质量验收规范》GB 50204—2002 的第 6.2.3 条进行，每 1000 套锚具作为一批进行检查和验收，检验项目包括：

1）外观检查，锚具的包装合乎规定，锚板及夹片表面无裂纹，外观尺寸符合产品标准；

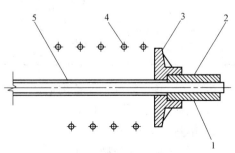

图 6.1.2-4　固定端挤压锚具构造

1—异形钢丝衬套；2—挤压元件；3—承压板；4—螺旋筋；5—无粘结预应力筋

2）夹片及锚环的硬度检验，磁粉探伤；

3）锚具静载锚固性能试验，钢绞线-锚具组装件的锚固效率系数要求大于或等于 0.95，延伸率大于或等于 2%。

2. 钢绞线进场后抽样送检，每 60t 作为一批验收，材料的极限强度和延伸率须符合规范的有关规定。伸直性：取 1m 放在平面上，其弦与弧内侧最大矢高不小于 25mm。

3. 金属波纹管：要抽查 3 根，且保证 30D 圆弧咬口不脱开、对管道灌水 30min，无漏水现象。

4. 锚环、夹片：应保证表面光洁无裂缝进行硬度检验并符合要求。

5. 锚具与钢绞线在施工前需要做匹配试验和常规的应力、应变试验。

6. 灌浆材料要求

1）灌浆水泥采用 42.5 级普通硅酸盐水泥，水泥浆体 28d 标准强度大于 30MPa。

2）水泥浆的水灰比为 0.4～0.45，并掺入 0.01% 的铝粉。

3）水泥浆自调制至灌入孔道的延续时间不宜超过 30min。

4）灌浆不得使用压缩空气，灌浆过程要求连续，并且灌浆嘴不得离开灌浆孔，以免空气进入孔道。

6.1.4 预应力筋锈蚀问题

1. 加强制做过程的质量监控，尽量将水蒸气带走。

2. 运输、存放过程中注意不要露天堆放和潮湿处。

3. 由于分段施工、施工时间长、必须防止预应力锈蚀，有粘结预应力刷水泥浆再严密包裹塑料布。

4. 设计上应充分考虑这一点，断面放大一点，以加强安全储备。

6.2 机具设备（表 6.2）

机具设备表　　　　　　　　　表 6.2

编号	设备名称	型 号	数 量（可根据工程大小调整）	备 注
1	油泵	ZB4-50	4台	用于张拉作业
2	千斤顶	YCQ-20	4台	用于张拉无粘结筋
3	挤压机	JY-45	2台	挤压锚的制做
4	电焊机	—	2台	固定预应力筋矢高及垫板
5	电钻	—	2台	张拉端模板的穿孔
6	螺旋卷制机	—	2台	制做螺旋筋
7	钢筋调直机	—	1台	钢绞线调直
8	切割机	—	6个	钢绞线下料
9	角磨机	—	20个	张拉后切割多余钢绞线
10	放线盘架	—	4个	用以放置预应力筋

7. 质 量 要 求

7.1 施工及验收规范

施工及验收规范表　　　　　　　　　表 7.1

1	《钢绞线、钢丝束无粘结预应力筋》JG 3006—93
2	《预应力筋用锚具、夹具和连接器》GB/T 14370—93
3	《预应力筋用锚具、夹具和连接器应用技术规程》JGJ 85—93
4	《无粘结预应力混凝土结构技术规程》JGJ/T 92—93
5	《混凝土结构工程施工质量验收规范》GB 50204—2002
6	《预应力混凝土用钢绞线》GB 5224—95
7	《预应力混凝土用金属螺旋管》JG/T 3013—94
8	《预应力用液压千斤顶》JG/T 5028
9	《预应力用电动油泵》JG/T 5029

7.2 验收标准

7.2.1 预应力原材料

1. 预应力筋进场时，应按现行国家标准《预应力混凝土用钢绞线》GB/T 5224 等规定执行。

2. 无粘结预应力筋的涂包质量应符合《无粘结预应力钢绞线标准》的规定。

3. 预应力筋用锚具、夹具和连接器应按设计要求采用，其性能应符合现行国家标准《预应力筋用锚具、夹具和连接器》GB/T 14370 等规定。

4. 孔道灌浆用水泥应采用普通硅酸盐水泥，其质量应符合《普通硅酸盐水泥》规范规定。孔道灌浆用外加剂的质量应符合 GB 50204—2002 规范规定。

5. 预应力混凝土用金属螺旋管的尺寸和性能应符合国家现行标准《预应力混凝土用金属螺旋管》JG/T 3013 的规定。

7.2.2 预应力筋制做与安装

预应力筋制做与安装应按《混凝土结构工程施工质量验收规范》GB 50204—2002 执行；钢绞线下料时应采用砂轮切割机，严禁用气割。

7.2.3 预应力筋张拉

1. 预应力筋张拉应按《混凝土结构工程施工质量验收规范》GB 50204—2002 执行。

2. 当施工需要超张拉时，最大张拉应力不应大于国家现行标准《混凝土结构设计规范》GB 50010 的规定。

7.2.4 预应力筋灌浆与封锚

预应力筋灌浆与封锚应按《混凝土结构工程施工质量验收规范》GB 50204—2002 执行。

7.3 施工验收

施工过程中，要保留好全部施工资料，待全部预应力梁、柱、楼板（底板）、墙板张拉及端部封堵完成之后，预应力分项工程结束。根据要求提供验收所需的全套资料，主要包括：①预应力施工组织设计方案及审查意见；②预应力筋原材料质量证明书；③预应力筋进场检验报告；④波纹管、锚具出厂合格证和抽检记录或检验报告；⑤预应力工程施工日志；⑥张拉设备标定报告；⑦隐蔽工程验收记录；⑧预应力筋的张拉记录；⑨孔道灌浆记录及水泥砂浆试块立方体强度试验记录；⑩预应力设计更改及重大问题处理文件；⑪预应力工程竣工总结报告。

预应力施工验收，除检查文件、记录外，尚应进行外观抽查。当提供的文件、记录及外观抽查，均符合本规程的具体规定时即可进行验收。

8. 安 全 措 施

8.1 高空、临边张拉作业应搭设脚手架或操作平台，脚手架应牢固可靠、有装卸操作千斤顶所用面积，并有可靠的护栏。特殊情况下如无可靠的安全设施，操作人员应配戴安全带。雨天张拉时，应架设防雨棚。

8.2 现场放线切割预应力钢丝、钢绞线，应设置专用放线架，避免放线时钢丝、钢绞线跳弹伤人。

8.3 预应力梁板的模板体系及拆模时间应在施工组织设计中详细规定，预应力张拉完成前，梁的支撑不得移动。张拉后可设置防止超载的二次支撑。

8.4 对工程经验不足的大跨、大柱网预应力梁、板施工时应加强施工过程中的观测。预应力张拉程序应符合结构受力和设计的结构受力体系转换要求。

8.5 张拉时严禁踩踏预应力筋、千斤顶后面不得站人，当预应力束一端张拉时，另一端也不得站人。在测量钢筋伸长值或拧紧锚具螺帽时，应停止拉伸，操作人员必须站在千斤顶侧面操作。

8.6 张拉时发现以下情况，应立即放松千斤顶，查明原因，采取措施后再张拉。

8.6.1 断丝、滑丝或锚具破碎。

8.6.2 混凝土破碎，垫板陷入混凝土。

8.6.3 孔道中有异常声响。

8.6.4 达到张拉力后，伸长值明显不足，或张拉力不足，预应力筋已被拉动并继续伸长。

8.7 孔道灌浆时，操作人员应戴防护眼镜，以防水泥浆喷伤眼睛。

9. 环 保 措 施

9.1 在存放钢绞线等材料的地方下方放置隔油布，特别是无粘结预应力筋表面有油脂，防止油脂污染土地。

9.2 在千斤顶、油泵等机械设备地下放置隔油布，避免滴落的油污染混凝土或渗入土地。在更换液压油时和检查油路时，在隔油布上操作，避免大量漏油引起污染；同时在清洗油污时，把清洗后的污水排入城市污水管道，由城市污水处理厂处理后排放，避免二次污染。

9.3 对下料多余的钢绞线及塑料包皮、泡沫块应集中收集、存放，防止造成环境破坏。

10. 效 益 分 析

10.1 形成了一整套可应用于特大型公共建筑的有粘结及无粘结立体式的预应力混凝土施工技术，对类似工程具有重要的指导意义。

10.2 应用该技术可产生众多间接经济效益，其可有效提高结构承载力、提高抗裂度、抵抗温度应力，防止收缩裂缝的产生，减小结构构件断面尺寸，增加楼层净空，增加有效使用面积。

10.3 立体式预应力形成的大空间能提高建筑的灵活性和适用性，避免我国建筑普遍存在的"短寿"现象。

11. 应 用 实 例

11.1 浙江省重点工程"西湖文化广场"一期工程

杭州西湖文化广场位于市区中心武林广场运河段北岸，中山北路西侧，东清新村及文晖路的南侧，其南面和西面均为运河所环绕，交通十分便利。西湖文化广场占地 13.6hm²，总建筑面积 37.5 万 m²。一期工程由 2 个区域组成，呈超长异形状分布（近似人头像），如图 11.1 所示。

图 11.1　西湖文化广场效果图

一期（F、G 区）为 170×160m 异形平面，为纯地下室结构，总建筑面积 5.68m²，西湖文化广场由于使用功能的要求，鉴于工程结构超长、荷载大，采用了有粘结及无粘结立体式预应力技术，涉及预应力形式和种类繁多，用量较大。在地下室墙板、地下室顶板梁中配置了有粘结及无粘结预应力筋；带悬挑的柱子内配置了有粘结预应力筋，楼板中配置了无粘结预应力筋。对提高结构承载力、抵抗温度应力，防止收缩裂缝的产生，减小了构件的断面尺寸及用钢量，增加楼层的净空，增加有效使用面积等方面有特别显著的作用。整个一期工程总计使用无粘结钢绞线 300t 左右，有粘结钢绞线 400t 左右。

11.2 浙江省重点工程"西湖文化广场"二期工程

杭州西湖文化广场位于市区中心武林广场运河段北岸，中山北路西侧，东清新村及文晖路的南侧，其南面和西面均为运河所环绕，交通十分便利。西湖文化广场占地 13.6hm²，总建筑面积 37.5 万 m²。二期工程由 9 个区域组成，各区域平面上紧密相连，呈超长异形状分布。

二期工程地下室工程体量很大，（A～E 区）径向长约 150m，外弧长约 500 多 m，扇形平面，其他还有 H、J、K、L 区域；总建筑面积近 9.6 万 m²。根据工程的使用功能的要求，鉴于工程结构超长、荷载大，本工程中采用了有粘结及无粘结立体式预应力技术，涉及预应力形式和种类繁多，用量较大。二期底板、楼板、墙板、梁、柱同时或单独采用有粘结或无粘结预应力技术，其中一期与二期墙板在二期施工时凿去原一期围护桩，二期支撑连结到一期地下室外墙板上，因此一期有关的外墙板厚度增加至 1000mm，设置了竖向预应力筋 7φ15.24@500～1000，以抵抗二期传递来的水平荷载。有粘结及无粘结立体式预应力技术对提高结构承载力、抵抗温度应力，防止收缩裂缝的产生，减小了构件的断面尺寸及钢筋用量、规格，增加楼层的净空，增加有效使用面积等方面有特别显著的作用。整个二期工程总计使用无粘结钢绞线 600t 左右，有粘结钢绞线 700t 左右。

11.3 上海兴力达商业广场工程

上海兴力达商业广场位于上海普陀区，与欧倍德、麦德龙毗邻，占地 10 万 m²，建筑面积 45 万 m²，总投资 23 亿元，是一座规模大、档次高、设备完善的大型复合式商业建筑群（图 11.3）。

图 11.3　上海兴力达商业广场效果图

该工程包括 A、B、C 三个区。其中 A 区为 200m×176m 的超长建筑，地下部分为整体，不设结构缝，上部为高层写字楼；B 区为高层公寓楼；C 区为直径 176m 的半圆形展厅。在该工程中采用了立体预应力技术，预应力广泛应用于以下部位：1）超长结构底板、侧墙和楼盖。A 区的底板厚度 1m，采用预应力技术不仅可以平衡地下水的向上浮力，而且预压应力改善了超长超宽底板的抗裂性能；楼盖中配置曲线预应力筋即作为受力钢筋，承担竖向荷载，同时通过施加预压应力可以抵消混凝土收缩和温度应力，改善抗裂性能；侧墙内配置水平预应力束防止外墙的开裂。2）大空间和大悬挑结构。C 区的汽车展销中心，为跨度 16.5m，开间 15m 的框架结构，最大悬挑部分为 8m，采用大跨度有粘结预应力框架梁及无粘结预应力次梁。3）大开间预应力平板。B 区公寓和 A 区写字楼均采用大开间框架剪力墙——平板结构，预应力平板跨度 7.2m×8.7m，很好地满足了室内空间的灵活布置。

重型塔基工具式路基支撑系统在长距离楼面上的施工工法
YJGF177—2006

北京建工集团有限责任公司

北京市机械施工有限公司

高玉兰　董巍　王益民　冯贵宝　张伟

1. 前　　言

目前在钢结构安装施工中，在现场条件允许的情况下通常采用吊车、固定塔式或龙门吊工具式吊具安装，但由于目前在钢结构施工领域中由于技术难度增大，现场条件复杂，施工工期紧以及与土建施工的交叉作业等情况，钢结构安装无法按正常方法施工时，特别是在大型的重点工程中无法按正常的施工方法，正常的工期进行施工时，通过方案分析和比较，我们有针对性地研究了《重型塔机工具式路基支撑系统在长距离楼面上的施工工法》解决了构件安装的难题。

该工法在 2005 年 5 月 9 日首次应用于"北京首都国际机场 T3B 南指廊巨型钢管柱的施工"，并赢得了工期，节约了成本，保证了质量，赢得了同行钢结构专家的一致好评。之后又成功地应用于"奥林匹克公园国家会议中心钢结构工程"、"中石化办公及科研用房工程"。

2. 工法特点

2.1　将塔机钢轨固定在工具式路基支撑系统（以下简称"支撑系统"）上，塔式起重机边吊装边自行倒轨，解决了大面积、超长距离在混凝土楼板上作业及轨道问题，并且工具式支撑系统设计将上部荷载直接传到地下结构顶板的钢筋混凝土柱上，解决了地下无需加固继续施工的问题，节省了加固费用。

2.2　此方法解决了复杂施工现场条件下大型吊车在混凝土楼板上大面积长距离的施工作业，并且楼板下无需加固的问题，采用此方法施工比采用其他方法施工节约成本近数倍。

3. 适用范围

3.1　复杂现场施工条件下无法用吊车将构件安装就位的问题；

3.2　塔式在大面积、长距离楼面上（楼面下无须加固）将构件安装就位的问题；

3.3　工期短、成本低。

4. 工艺原理

4.1　利用支撑系统将上部荷载传到结构顶板下的混凝土梁及柱上。支撑系统为可滑移式钢结构，截面设计的条件：

4.1.1　楼板下钢筋混凝土梁、柱位置；

4.1.2　上部荷载；

4.1.3　塔机轨道及吊车轮距尺寸。

根据上述条件设计支撑系统的截面尺寸及外形尺寸，尽量设计轻巧、实用，便于移动和拆卸。

4.2 验算楼板下混凝土梁及柱的强度和最大承载力。如达不到设计要求，建议设计增加施工中的配筋率或采取其他施工措施。

4.3 采用此工法可以解决大面积长距离楼板上施工作业问题，解决复杂施工现场作业问题，达到施工程序简化、提高效率、降低造价的目标。

5. 施工工艺流程与操作要点

5.1 支撑系统

支撑系统由数根主次钢梁组成，钢梁的截面尺寸根据上部荷载计算确定。钢梁的受力点均作用于混凝土梁上，其中 GL1、GL3 的位置根据施工现场楼板下混凝土梁的实际跨度确定，GL2 的位置由作用于支撑系统上方的重型塔机的轨距确定。上述钢梁的截面尺寸、长度及数量根据上部荷载计算确定，上部荷载包括：吊装构件重量、塔机轮压值、塔机轨道及轨道支撑梁重量。

见图 5.1-1～图 5.1-5 所示：

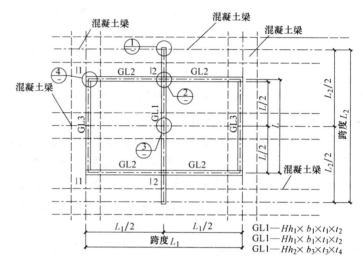

$GL1—Hh_1 \times b_1 \times t_1 t_2$
$GL1—Hh_1 \times b_1 \times t_1 t_2$
$GL1—Hh_2 \times b_3 \times t_3 \times t_4$

图 5.1-1　支撑系统平面示意图

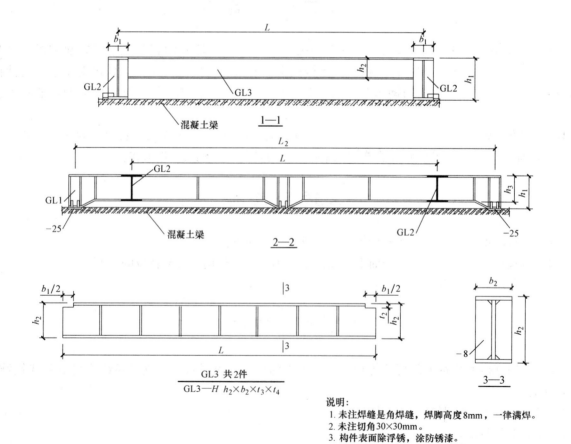

GL3 共2件

$GL3—H\ h_2 \times b_2 \times t_3 \times t_4$

说明：
1. 未注焊缝是角焊缝，焊脚高度8mm，一律满焊。
2. 未注切角30×30mm。
3. 构件表面除浮锈，涂防锈漆。
4. 其他符合 GB 50205—2001要求。

图 5.1-2　支撑系统钢梁示意图

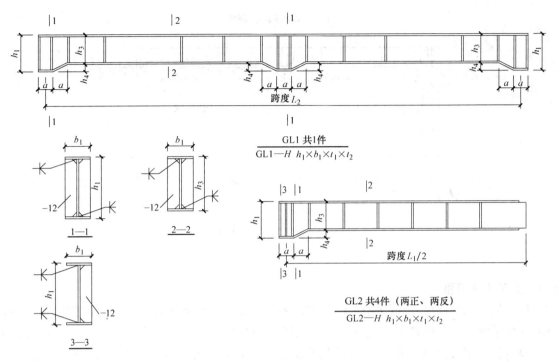

说明：
1. 未注焊缝是角焊缝，焊脚高度8mm，一律满焊。
2. 未注切角30×30mm。
3. 构件表面除浮锈，涂防锈漆。
4. 其他符合GB 50205—2001要求。

图 5.1-3　支撑系统钢梁示意图

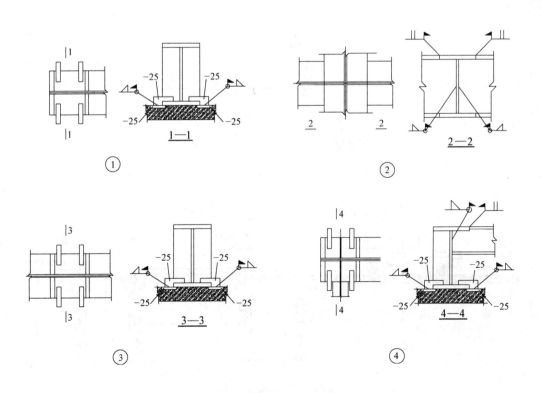

图 5.1-4　支撑系统钢梁连接节点示意图

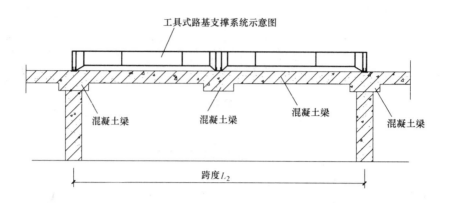

图 5.1-5　支撑系统剖面示意图

5.2　施工工艺流程

①设计支撑系统截面尺寸→②制做支撑系统→③在楼板下的钢筋混凝土梁方向的楼板上架设支撑系统→④支撑系统上固定钢枕及钢轨→⑤塔式直接行驶在支撑系统上（塔式轮压传力方向为：钢轨→钢枕→支撑系统→钢筋混凝土梁)→⑥塔式吊装支撑系统范围之内的构件→⑦塔式自行将用过的支撑系统及钢轨倒到下一个构件吊装区域内（倒用支撑系统及钢轨，减少支撑系统及钢轨用量，节约成本)→重复⑥⑦工艺→完成全部构件吊装。

如图 5.2-1～图 5.2-6 所示。

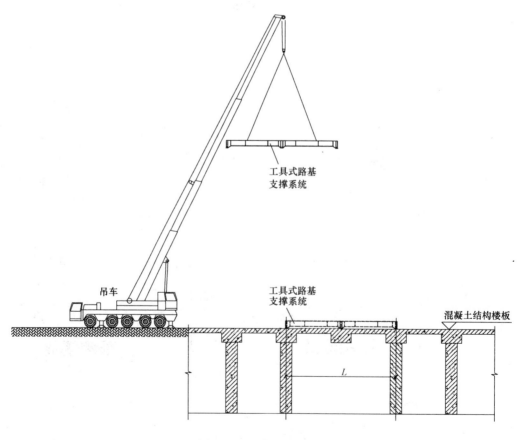

图 5.2-1　铺设支撑系统

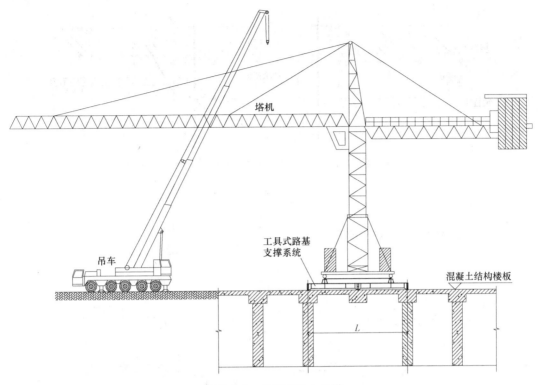

图 5.2-2　支撑系统上立塔

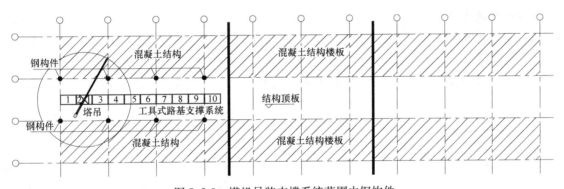

图 5.2-3　塔机吊装支撑系统范围内钢构件

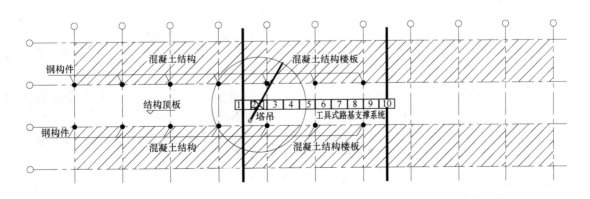

图 5.2-4　塔机自行倒运支撑系统并吊装支撑系统范围内钢构件

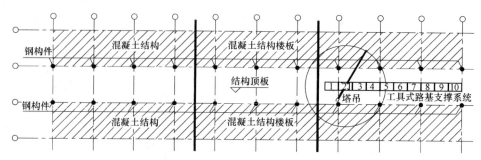

图 5.2-5　塔机自行多次倒运支撑系统并吊装完成所有钢构件

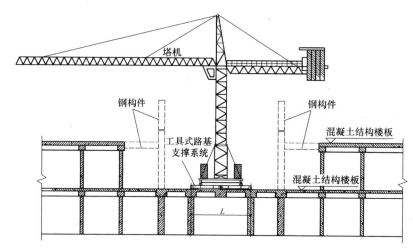

图 5.2-6　塔机吊装支撑系统范围内钢构件立面示意图

5.3　支撑系统计算

5.3.1　支撑系统截面尺寸验算

1. 计算简图

由图 5.3.1 可知，仅需对 GL2 按两端简支梁进行验算，上部重型塔机轮压值按集中力考虑，所用钢材为 Q345B。

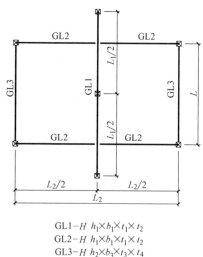

GL1–H $h_1 \times b_1 \times t_1 \times t_2$
GL2–H $h_1 \times b_1 \times t_1 \times t_2$
GL3–H $h_2 \times b_3 \times t_3 \times t_4$

图 5.3.1　支撑系统简图

2. 内力计算公式

$$最大弯矩（跨中）M_{max}=1.2M \qquad (5.3.1-1)$$
$$M=Pl/4+ql^2/8 \qquad (5.3.1-2)$$
$$最大剪力（端部）V_{max}=1.2V \qquad (5.3.1-3)$$
$$V=P/2+ql/2 \qquad (5.3.1-4)$$

式中　P——路基支撑系统上部重型塔机轮压值（kN）；

　　　　l——钢梁 GL2 计算长度，即 L2/2（m）；

　　　　q——$q_1+q_2+q_3$（kN/m）；

　　　　q_1——路基支撑系统上部重型塔机钢轨自重（kN/m）；

　　　　q_2——路基支撑系统上部重型塔机轨道梁自重（kN/m）；

　　　　q_3——路基支撑系统钢梁 GL2 自重（kN/m）；

3. 验算结果

1) 抗弯强度：　　　　　　　　　　$\sigma=M_{max}/W_x \leqslant f$ 　　　　　　　　(5.3.1-5)

式中　M_{max}——钢梁 GL2 跨中弯矩（kN·m）；

　　　　W_x——对 x 轴的截面抵抗矩（mm³）；

f——钢材的抗弯强度设计值。

2）抗剪强度：
$$\tau = V_{max} \cdot S_x / (I_x \cdot t_w) \leqslant f_v \tag{5.3.1-6}$$

式中　V_{max}——钢梁 GL2 端部剪力（kN）；

S_x——计算剪应力处以上毛截面对 x 轴的面积矩（mm³）；

I_x——毛截面惯性矩（mm⁴）；

t_w——腹板厚度（mm）；

f_v——钢材的抗剪强度设计值。

3）局部压应力：
$$\sigma_c = F / (l_z \cdot t_w) \leqslant f \tag{5.3.1-7}$$

式中　F——集中荷载，即重型塔机轮压值（kN）；

l_z——集中荷载在腹板计算高度上边缘的假定分布长度；

按下式计算：
$$l_z = a + 2h_y \tag{5.3.1-8}$$

a——集中荷载沿梁跨度方向的支承长度（mm）；

h_y——自梁顶面至腹板计算高度上边缘的距离（mm）。

4）折算应力：
$$\sigma_1 = M_{max} \cdot y_1 / I_x \leqslant f \tag{5.3.1-9}$$

式中　y_1——所计算点至梁中和轴的距离（mm）；

I_x——毛截面惯性矩（mm⁴）；

5）挠度：
$$w < [w]/400 \tag{5.3.1-10}$$

式中
$$w = (ql^3 + pl^2/3)/24EI \tag{5.3.1-11}$$

$[w]$——受弯构件的跨度（mm）。

6）混凝土承压强度：
$$P/A_c < f_c \tag{5.3.1-12}$$

式中　P——支座处最大压力值（kN）；

A_c——支座处面积（mm²）；

f_c——混凝土抗压强度设计值（kN/mm²）。

5.3.2 支撑系统下钢筋混凝土梁受力计算

按《混凝土结构设计规范》GB 50010—2002 对钢筋混凝土梁进行验算。

最大裂缝宽度验算
$$\omega_{max} = \alpha_{cr} \times \psi \times \sigma_{sk} \times (1.9 \times c + 0.08 \times d_{eq}/\rho_{te})/E_s \tag{5.3.2-1}$$

式中　α_{cr}——构件受力特征系数，受弯构件取 2.1；

ψ——裂缝间纵向受拉钢筋应变不均匀系数；
$$\psi = 1.1 - 0.65 \times f_{tk}/(\rho_{te} \times \sigma_{sk}) \tag{5.3.2-2}$$

σ_{sk}——按荷载效应的标准组合计算的纵向受拉钢筋的等效应力；
$$\sigma_{sk} = M_k/(0.87 \times h_o \times A_s) \tag{5.3.2-3}$$

c——最外层纵向受拉钢筋外边缘至受拉区底边的距离；

d_{eq}——受拉区纵向钢筋的等效直径；
$$d_{eq} = \sum(n_i \times d_i^2) / \sum(n_i \times v \times d_i) \tag{5.3.2-4}$$

ρ_{te}——按有效受拉混凝土截面面积计算的纵向受拉钢筋配筋率；
$$\rho_{te} = A_s/A_{te} \tag{5.3.2-5}$$

E_s——钢筋弹性模量；

A_s——受拉区纵向非预应力钢筋的截面面积（mm²）；

A_{te}——有效受拉混凝土截面面积，对受弯、偏心受压和偏心受拉构件，取 $A_{te} = 0.5bh + (b_f - b)$
h_f，此处，b_f、h_f 为受拉翼缘的宽度、高度；

v——纵向钢筋的相对粘结特性系数，按规范要求取值；

d_i——纵向钢筋公称直径；

h_o——纵向受拉钢筋合力点至截面近边的距离；

M_k——按荷载效应的标准组合计算的弯矩值；

f_{tk}——混凝土抗拉强度标准值。

5.4 操作要点

5.4.1 编制施工方案，根据现场条件确定立塔位置；

5.4.2 依据塔式在楼板上的行驶路线，设计支撑系统的截面尺寸，并根据上部荷载的大小验算混凝土楼板下的混凝土梁及柱的承载能力，确定支撑系统的截面尺寸，将上部荷载的力传到楼板下的混凝土梁及柱上，楼板下无须加固；

5.4.3 加工支撑系统，一个支撑系统长度约等于一节钢轨长；

5.4.4 根据实际吊装面积、长度及钢轨数量确定须加工多少个支撑系统；

5.4.5 支撑系统之间做成可拆卸的节点，以便倒用；

5.4.6 将钢轨固定在支撑系统上一起倒用，到位后将支撑系统与楼板预埋件点焊牢固后在进行吊装。

6. 材料与设备

6.1 主要材料配置（表6.1）

主要材料配置表　　　　　　　　　　　　　　　　　　　　　　　　　　表6.1

序号	材 料 名 称	规 格 型 号	数量	单位	备　　注
1	支撑主钢梁	根据塔形及吊装重量计算确定	10	件	
2	支撑主钢梁	根据塔形及吊装重量计算确定	40	件	
3	支撑次钢梁	根据塔形及吊装重量计算确定	20	件	
4	塔式行走路轨	12m单元	20	件	
5	加固支撑	[160	80	件	

6.2 主要设备配置（表6.2）

主要设备配置表　　　　　　　　　　　　　　　　　　　　　　　　　　表6.2

序号	设 备 名 称	型号及性能	数量	单位	备　　注
1	塔式起重机	根据构件吊装性能确定	1	台	
2	塔式行走机构	与塔式起重机配套	1	套	
3	汽车吊	根据塔式安装性能确定	1	台	塔式起重机安装
4	履带吊	根据吊装性能确定	1	台	钢构件就位吊装
5	移运小车		1	辆	钢构件水平运输
6	经纬仪	J2	2	台	支撑系统安装测量
7	水准仪	S3	2	台	支撑系统安装测量
8	全站仪	TC1100	1	台	支撑系统安装测量

7. 质 量 控 制

本工法质量标准按《钢结构施工及验收规范》GB 50205—2001、《建筑钢结构焊接规程》JGJ 81—

2002、《工程测量规范》GB 50026—93、《建筑工程施工质量验收统一标准》GB 50300—2001执行。并且根据本工法的具体特点，在如下几方面还需做特殊的要求。

7.1 塔基支撑系统的组装技术标准

7.1.1 支撑系统完成安装后保证塔式行走钢轨的高差不超过3mm，用水准仪进行整体测量；

7.1.2 支撑系统完成安装后保证塔式行走钢轨的平直度偏差不超过3mm，用经纬仪进行整体测量；

7.1.3 支撑系统拼接处焊缝连接部位对接焊缝保证全熔透，贴角焊缝部位保证焊缝高度$h_f \geq 0.7$板厚。

7.2 质量保证措施

7.2.1 对支撑系统组装人员、钢结构吊装人员以及塔司进行必要的安全技术交底，确保施工质量；

7.2.2 成立质量管理小组，严格按照国家有关规范、规程要求施工，实现全面质量管理；

7.2.3 每次支撑系统进行完拆卸组装后技术、质量人员都要对新组装完的整套支撑系统进行查验，并抽测施工人员的安装测量技术数据。

8. 安全措施

8.1 按照国家有关部门颁发的《建筑机械使用安全技术规程》JGJ 33—2001、《施工现场临时用电安全技术规程》JGJ 46—88、《建筑施工安全检查标准》JGJ 59—99等有关规范标准和上级及本企业制定的有关安全规定执行；

8.2 在应用本工法前应对混凝土楼板下的梁柱进行科学演算；

8.3 塔式吊支撑系统行走时应缓慢行进，并不可进行吊重行走；

8.4 作业人员每天施工前，必须对塔式起重机、塔式行走机构、支撑系统、支撑系统之间的连接部位及支撑系统与楼板预埋件之间的连接进行检查，发现存在安全隐患的部位，应立即上报并进行修理，严禁带着安全隐患进行吊装作业；

8.5 施工人员应随时检查塔式电缆线的位置及防护情况，发现安全隐患随时进行整改；

8.6 塔式作业人员每天班前应随时检查塔式刹车制动工作情况，发现隐患及时整改。

9. 环保措施

9.1 现场材料成堆、成型、成色进库，整洁干净，及时清理现场建筑垃圾；

9.2 场容整洁，宣传标志、安全标志醒目；

9.3 对施工人员进行环保教育，加强职工的环保意识；

9.4 切实加强火源管理，现场禁止吸烟，电、气焊及焊接作业时应清理周围的易燃物，消防工具要齐全，动火区域都要安放灭火器，并定期检查，加强噪声管理，控制噪声污染；

9.5 做好已安装好的构件及待安构件的外观及形体保护，减少污染。

10. 效益分析

10.1 采用此工法可解决现场场地复杂，吊车无法站车，节省平整吊车场地的费用；

10.2 采用此工法可解决土建结构外侧已施工、构件安装距离大、回转半径远等难题，节省大吨位吊车费用；

10.3 采用此工法可节省重型塔机钢枕及轨道费用，塔式可自行倒运钢轨；

10.4 采用此工法可节省混凝土楼板下大面积长距离的加固费用；

10.5 采用此工法工期短，可节省工期发生的费用。

11. 应 用 实 例

11.1 北京首都国际机场新航站楼 T3B 工程南指廊钢结构工程

该工法首次应用于北京首都国际机场新航站楼 T3B 工程南指廊钢结构吊装施工中。南指廊东西 3 跨分别为 36m，南北向为 500m，东西边跨混凝土结构已施工两层，巨型钢管柱的安装位置在中间跨的两侧南北方向 500m 的范围内，并且中间跨（捷运通道）的结构底板已施工完成，在这种现场条件下采用大吊车站在东西跨外无法将钢柱就位（外侧没有站大吊车的条件），并且回转半径远，两侧结构以施工，即便外侧可以站大吨位吊车，用 400t 以上吊车才能安装就位，成本高于此方法的 3 倍。指廊部位的钢管直柱共 22 根（C51～C62），钢柱重约 $Q = 60t/$根，长 $L = 30.332m$。根据现场施工条件和机械性能，将每根钢柱分为四段吊装，吊次 88 吊，在加两根钢管柱之间的圆管劲性钢柱 40 根，吊次共计 128 吊。TOPKIT MC480 塔式起重机，性能：$L = 50m$，$R_{max} = 50m$，$Q_{min} = 9.1t$；$R_{min} = 23.8m$，$Q_{max} = 20t$，$H = 50.8m$。满足起重要求。

11.2 奥林匹克公园国家会议中心钢结构工程

奥林匹克公园国家会议中心钢结构为大跨度钢桁架屋盖结构，其中展览区大厅钢结构长 200m，宽 120m。根据工程特点，采用工具式路基支撑系统上立大吨位塔吊的施工方法，有效地解决了大面积钢结构构件的吊装问题。可拆装支撑系统可根据下层土建结构随时调节支撑跨度，并且可以倒运支撑系统，既解决了塔机基础加固问题，又减少了支撑系统的使用量，降低了成本。

11.3 中石化科研及办公用房工程

中石化科研及办公用房工程中厅部分为钢结构框架，由于构件重量较大，土建塔吊无法满足吊装要求。因此，采用在混凝土结构楼板上铺设工具式路基支撑系统，在支撑系统上立大吨位塔吊（SK560）的施工方法，有效地解决了钢构件吊装的施工难题，并且楼板下部不需要加固。既解决了钢构件吊装的问题，又降低了工程成本。

房屋建筑平移工法

YJGF178—2006

山东省建设建工（集团）有限责任公司

赵经海　黄启政　陶敬生　王首鉴　杨全新

1. 前　　言

近年来，随着我国经济的快速发展，城市建设的日新月异，在大规模城市改造和房地产开发过程中，常常涉及一些保护性的文物建筑和近代优秀建筑与现在的总体规划相矛盾。由于这些建筑的特殊性及其在地块中的特殊位置，常使城市规划部门处于艰难的选择境地。如何保护这些优秀的建筑和有纪念意义的古建筑不受破坏，同时又不影响当前的整体城市布局，这是摆在城市规划部门和我们施工企业面前的一个新课题。显然全部拆除重建的方式已不能适合当前城市开发建设的要求，而且，这样做城市开发成本巨大，浪费惊人，既不环保又不节能，也不符合国家可持续发展的要求。为此，山东建工集团和山东建筑大学联合研发了"建筑整体平移及关键技术"施工新技术，该项新技术的研发成功，很好地解决了以上城市规划和优秀建筑保护相矛盾的难题。该项新技术是通过严格计算结合转动原理，利用数控牵引设备把需要保留的优秀建筑完好无损地平移到城市新的规划位置，使城市的整体布局更加科学合理。其经济效益和社会效益非常可观。该项技术荣获 2003 年山东省科技进步二等奖、教育部科技进步二等奖和中国施工协会 QC 成果优秀奖，根据该项技术整理的施工工法，被山东省评为省级工法。

2. 工 法 特 点

该项施工技术方法与传统的全拆重建方法相比，有以下特点：

2.1 工期短，约为拆除重建工期的 1/4。

2.2 节约资金，移楼费用一般为原楼房拆除重建费用的 30%～40%。

2.3 节省资源，避免城市建筑垃圾的产生和清运和由此产生的灰尘污染，是绿色环保技术。

2.4 对有纪念意义的古建筑可原样保留，不受任何损坏。

2.5 能满足现代城市总体规划布局的要求。

2.6 能满足现行国家规范、规程和质量标准的要求。

3. 适 用 范 围

本工法适用于一般工业与民用建筑工程的砖混合钢筋混凝土结构，对于有特殊要求的砖石结构、木结构的古建筑，在进行可靠加固的情况下也可平移。根据我集团在山东省施工实际，该技术不但能够满足平移，而且也能够满足转向平移和标高提升的要求。已施工的临沂市国家安全局办公楼平移工程，楼高 34.5m，8 层框架结构，重约 6000t，向西平移 96.9m，再向南平移 74.6m，效果非常好。

4. 工 艺 原 理

建筑物的整体平移是指在保持房屋整体性和使用功能不变的前提下将其从原址移到新址并复位的

全过程，它包括纵横向平移，转向平移或者移动加转向。平移前，一般应对建筑物进行全面的鉴定，根据鉴定结果进行加固处理。其原理是在建筑物基础部位建一个钢筋混凝土水平框架，并在该框架下再建造另一个与基础连为整体的水平框架，两层框架之间安放滚轴，根据计算的数据，选用相适应的牵引设备，将建筑物滚动牵引到预定位置。该项技术要求较高，具有一定风险性，要求在施工前必须摸清原建筑物结构和地质报告，精心设计，精心组织，精心施工（图4）。

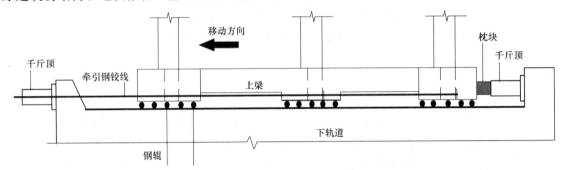

图 4　建筑整体平移示意图

5. 施工工艺流程及操作要点

5.1　工艺流程如图5.1所示。

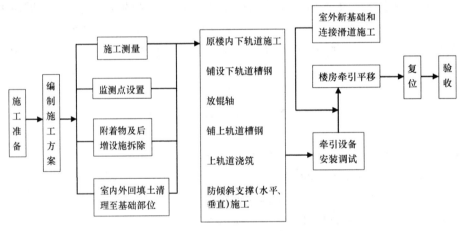

图 5.1　工艺流程图

5.2　操作要点

5.2.1　建筑物整体平移主要包括方案设计和施工两部分，方案设计包括：平移方案的确定，建筑物的结构内力分析，下轨道及基础的设计，上部结构的托换及上轨道梁的设计，行走机构的设计布置，牵引力的计算及牵引装置的选择与布置，平移建筑物到位后与新基础的连接等，并应提供详细的施工图。

5.2.2　应根据平移建筑物的结构形式、施工质量、地质情况、移动方向、移动距离、周围条件，并在初步计算分析的基础上制定平移的总体方案，包括上部结构的托换方法及上轨道梁、上托梁的布置，下轨道的布置及新基础的形式，行走机构的选择，牵引设备的选择，平移建筑物到位后与新基础的连接等。建筑物水平移动一般有直线移动、折线移动、曲线移动，在制定移动方案时应视具体条件确定。并应尽可能使建筑物上部结构在移动过程中的受力状态与原设计一致（图5.2.2）。

5.2.3　在进行上、下轨道梁和基础设计前，应根据原图纸设计全面了解建筑物的内力状况，特别是底层框架柱的内力值，然后根据每个柱子的内力值，对相应的上、下轨道梁和基础作出合理的设计。正确的结构内力分析是成功完成建筑物整体平移的必要条件。通过内力分析，一方面可以明确建筑物

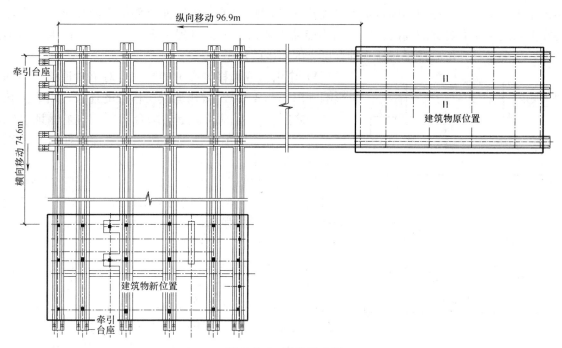

图 5.2.2 平移示意图

每个构件的内力，为上、下轨道梁、轨道基础、新基础的设计提供必要的参数；另外可以了解建筑物的总体重量及重心位置，为牵引力的估算及牵引设备的布置提供必要的依据。进行结构内力分析时，可以根据建筑物的实际使用情况参考《建筑结构荷载规范》对荷载取值及荷载组合做适当的调整。对平移过程的临时构件（如中间过程的下轨道及基础）可以取荷载标准值，非冬期施工时可以不考虑积雪荷载，若平移过程中楼面没有活荷载作用可以对其荷载取值进行折减甚至不考虑，风荷载可以按十年一遇取值等。对于平移到位后需永久工作的构件，则必须严格按荷载规范取值与组合。

5.2.4 在平移框架结构建筑物时，上轨道梁与框架柱的连接设计极为关键，因为在切断框架柱进行楼房平移过程中，上轨道梁除了要承担柱子传来的全部荷载以外，还要承受滚轴传来的摩擦力和上下轨道不平引起的附加内力，因此上轨道梁截面设计的合理与否直接关系到上轨道梁能否安全有效地工作，其截面设计主要应考虑以下几个方面的因素：

1) 上轨道梁的计算模型，应力求其受力明确、计算简单。可以按放置在下轨道梁上的弹性地基梁（图 5.2.4-1a）、也可以按倒置的牛腿（图 5.2.4-1b），计算模型的确定直接关系到上轨道梁的安全性、经济性与合理性。上轨道梁的竖向挠曲变形不仅会导致其下部的滚轴受力极不均匀，还会在框架柱（尤其是边柱）内产生较大的附加应力，这样不仅对框架柱的受力不利而且也不经济。经过分析对比，我们认为按倒置的牛腿设计上轨道梁既合理又经济，此时上轨道梁的受力比较明确，当设计中使得 $L \leq h$ 或 L 略大于 h 时，倒置牛腿的变形要远远小于相同情况下的弹性地基梁，而其配筋量却远远小于相同情况下的弹性地基梁，相应的上轨道梁下滚轴的受力相对比较均匀，相邻柱子之间的上轨道梁（牛腿）通过一个截面相对较小的连梁连接，连梁可以承担一定的水平力、保证每个柱子位移的同步，又可起到增加上轨道梁稳定性的作用；采用变截面的上轨道梁，人为地在变截面处设置了一个薄弱环节（类似人为设置的塑性铰），当相邻柱产生竖向不均匀位移（如局部顶升、不均匀沉降、轨道不平）时，变截面处将首先产生变形，而与柱直接连接的上轨道梁（倒置牛腿部分）的变形可以相对减轻，进而减轻竖向不均匀位移对底层框架柱内力的影响。

2) 根据框架柱内力的大小不同，分别对上轨道梁进行抗剪强度和抗弯强度计算；

3) 柱内纵筋在上轨道梁中的锚固长度。这一点在有些移楼工程中没有引起重视，我们认为它应引起设计者足够的重视，因为楼房在平移过程中，上轨道梁就是上部结构的基础，它至少应起到与原楼房基础相同的作用，因为在平移过程中，上轨道梁除了承担楼房正常的荷载以外，还要承担楼房平移过程中的水平牵引力、摩擦力和因轨道不平而产生的附加力等，要保证上部结构的安全，必须保证柱内纵筋在上轨道梁中有足够的锚固长度，而不能简单地认为平移过程中满足不满足柱内纵筋的锚固长度无所谓，只要平移到位后柱子与新基础有可靠的连接就行了。

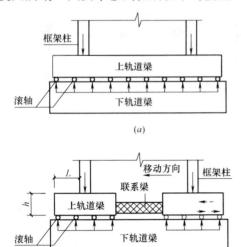

图 5.2.4-1　上轨道梁的受力示意图

4）牵引力或平移过程中的摩擦力对上轨道梁受力的不利影响（图 5.2.4-1b）。上轨道梁与柱子的连接，由于上轨道梁与柱子之间存在新旧混凝土的结合问题，为了保证上轨道梁能够安全、有效地承担柱子的荷载，结合面处新旧混凝土能否成为一个整体，也是一个很关键的因素。

设计中，我们除了要求对柱子的结合面进行必要的凿毛，还采用化学植筋法在柱子的每个结合面上植 2 排 $\phi 12$ 间距 200 的连接钢筋，以加强新旧混凝土的结合。对于要两个方向平移的建筑，应设置了纵横双向的上轨道梁，并在原址处一次施工完毕。在上轨道梁之间还加设了斜梁，使上轨道梁与斜梁形成一个水平放置的桁架（图 5.4.2-2），桁架本身具有非常大的水平刚度，平移过程中一旦出现位移不同步、牵引力不均匀的现象，作用于上轨道梁的不均匀水平牵引力就会消耗在水平桁架内，而不会对上部结构产生不利影响。

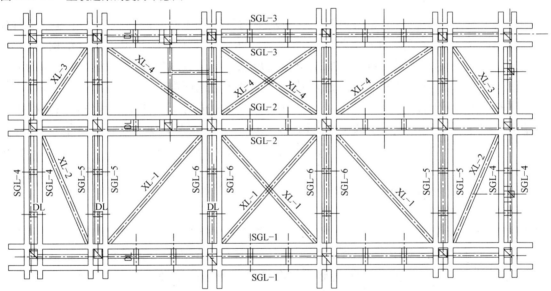

图 5.2.4-2　上轨道梁与斜梁形成水平放置的桁架图

5.2.5　牵引力的确定，根据楼房平移实验和以往的工程经验，牵引力与楼房的总重量、轨道板的平整度、滚轴的直径、轨道是否涂润滑油、单个滚轴承担的压力等因素有关，正常施工条件下，平移时牵引力一般是楼房总重量的 1/25～1/14 之间，第一次的启动力约是正常牵引力的 1.5～2 倍。在千斤顶的张拉过程中，千斤顶前端的一套锚具带动钢绞线牵引着楼房一起向前移动，而在千斤顶回油时，另有一套锚具起着限制钢绞线松弛的作用，使得钢绞线始终处于张紧状态，千斤顶二次供油时前端的锚具再次带动钢绞线牵引着楼房一起向前移动，这样千斤顶的每一个循环过程都是自动完成的，采用 1000kN、200mm 行程的千斤顶，每完成一个行程，楼房可以前进约 190mm，千斤顶每完成一个循环过程需要 5～6min 的时间，因此正常情况下，采用这种牵引方案，每小时楼房可以平移 2m 左右。这种牵引方案的优点是：（1）千斤顶可以相对连续地工作、不需要人的干预、工作效率高、操作人员的劳动强度低；（2）千斤顶行程的有效利用率高；（3）平移速度快。由于采用了千斤顶的交错布置，可以保证楼房平移过程中每个轴线位移的同步。在牵引力的布置上，充分考虑每个轴线上平移摩阻力的大小与整栋楼房的水平重心的位置，使得每个轴线上牵引力的合力与该轴线的平移摩阻力成正比，总的牵引力的合力位置与上部结构的水平重心重合。

5.2.6 建筑物平移到位后应进行复位。为了保证整座楼房在新基础上的稳定性和增加其抗震性能，设计中一般采用如下的连接方式：（1）在柱四侧的上轨道梁上设计有预埋件，楼房平移至新位置后，通过钢板与下轨道梁上的预埋件焊接连接；（2）上、下轨道梁间的滚轴保留在内部，滚轴之间的孔隙用细石混凝土浇灌密实。这样即能保证上部结构与新基础连接在一起，同时在遇到地震作用时连接钢板的变形、滚轴与填充混凝土之间的挤压变形可以吸收一部分地震能量，从而减轻地震对上部结构的作用，达到减震的目的。

5.3 注意事项

5.3.1 加强沉降观测

楼房在柱子截断及前进过程中，有可能发生不均匀沉降，如果不均匀沉降大于 5mm，则上下轨道梁会发生破坏，因此在框架柱截断前应做好沉降观测点，并及时观测楼房移动过程中各点的沉降量，如超出允许范围及时采取措施。对于楼层较多、单柱荷载较大的建筑，设计要求地基承载力较大，地基沉降严格控制在 5mm 以内，最好挖至岩石或采用桩基，确保地基受压后不发生大的变形。

5.3.2 上、下轨道制做

下轨道一般采用钢筋混凝土，在表面扣 32a 槽钢，与混凝土上表面间隙 15～20mm，用 CGM 灌浆料灌实。对槽钢应预先调直，表面平整度控制在 2mm 以内。在下轨道上放置 $L=400mm$ 的 $\phi60$ 钢辊。形状如图 5.2.4-1，间距 300mm，其上放置上轨道槽钢，槽钢内表面焊接，$L=400mm$，由 $\phi12$ 钢筋，间距 300mm，梅花布置，以增加槽钢与上轨道混凝土粘结力，然后绑扎钢筋，支模板，浇筑混凝土。

5.3.3 框架柱截断

上下轨道梁浇筑完毕后，待上轨道梁混凝土达到设计强度的 75% 以上时（用回弹仪现场检测），截断框架柱，由于上下轨道间距只有 6cm，普通方法无法截断，我们采用目前国际上最先进、瑞士生产的钻石钢丝绳锯，将锯绳穿过柱子套紧，传动机械固定在轨道外侧，一边箍紧柱子，一边通过驱动轮带动锯绳高速转动，切断柱子。示意图见图 5.3.3，一根 600×600mm 的框架柱只需 15min 就能切断，切断面平整光滑，效率非常高。

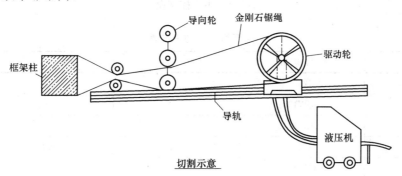

图 5.3.3 框架柱截断示意图

6. 设备与材料

6.1 机械设备

动力设备采用大吨位的同步液压千斤顶，计算机自动控制的多油路伺服液压稳压控制台，液压控制台的各个油路相互独立、供油压力在额定工作压力范围内任意可调和固定。计算机可以通过位移监控点的位移传感器反馈的精确移动距离（精度 0.1mm）和移动速度，自动调增或调减相应千斤顶的供油压力，以保证整个建筑移动的同步性，防止因移动距离和移动速度不均匀在建筑物内产生附加的内力。具体施力采用后推前拉、以后推为主的施力方式，即在建筑物移动方向的后端设置多台 200t 的顶推千斤顶，每个轴线上的顶推千斤顶由一个油路单独供油，在移动方向的前端设置多台 QFZ100-20S 张拉千斤顶，并通过高强钢绞线均匀作用于建筑物的不同位置（具体施力位置根据移动阻力的计算分析结果确定），这样可以保证移动动力的均匀布置，使得移动动力尽可能直接地（以尽可能短的距离）克服移动阻力，从而有效减少上轨道梁的累计内力，另外前端的张拉千斤顶还可起到牵引导向的作用，比单纯的顶推法更利于移动方向的控制。主要控制设备如图 6.1 和表 6.1 所示：

计算机控制系统

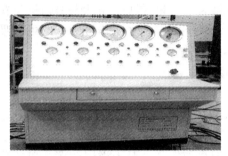

液压控制台

分油系统

牵引千斤顶

图 6.1　主要控制设备

主要施工机械设备表　　　　　　　　　　　　　　　　表 6.1

名　称	型号规格	数　量	功率(kW)	产　地
混凝土搅拌机	J250	1	3	上海
千斤顶	YCW100	20	7.5	济南
千斤顶	YD200A	6	7.5	上海
电焊机	BX3	4	19.3	上海
钢筋弯曲机	GJ405	1	7.5	济南
钢筋切断机	GJ40	1	7	济南
精密水准仪	S1	1		江苏
经纬仪	J2	1		苏州
空压机	KY500	4	18.5	德州
插入式混凝土振捣器	Z-50	5	1.1	德州
电锯	PJ30	1	3	上海
电压刨	PB40	1	4	上海
卷扬机	JY30	1	3	济南
平板式振动器	PZ10	4	1	济南
蛙式打夯机	WD30	1	3	济南

名　　称	型 号 规 格	数　　量	功率（kW）	产　　地
磨光机	MG11	5	1	济南
HILTI 电锤	HY-76	2	1.5	瑞士
HILTI 钻石链锯	DS-TS32	1	48	瑞士
砂浆机	SJJ	2	1.5	济南
钢绞线		1500		济南
灰浆泵	UB-3	2	15	上海
挖掘机	WJ2000	1		日本
钢筋定位仪	PS-20	1		瑞士

6.2 劳动力组织

根据工程量的大小和工期的要求，严格按照施工组织设计中劳动力的计划需求选择素质好、创优能力强的施工专业班组，并根据各阶段的施工需求，分批分阶段及时组织劳动工人进场施工（表6.2）。

劳动力计划表　　　　　　　　　　　　　　　　　　　　表6.2

工　　种	按工程施工阶段投入劳动力情况					
	土方工程	基础工程	框架柱截断	楼房平移	楼房与新基础连接	地面工程
钢筋工		20			5	
木工		50			5	
混凝土工		40			20	20
混凝土切割工			8			
牵引工				10		
电气焊工		4			10	
水、电工	2	2		2	2	2
普通工	50	20	30	30	10	30

7. 质 量 控 制

在施工过程中除严格遵照国家标准《混凝土施工及验收规定》和《建筑工程质量检验详定标准》的有关规定以外，对于新复位地基和基础（含运行轨道）必须严格按照地质报告依据《混凝土设计规范》GB 50010—2002 和《建筑地基基础设计规范》GB 50007—2002 进行设计。在运行过程中，应严格按照《工程测量规范》GB 50026—93 进行观测和观察。

具体措施如下：

7.1 建立健全技术质量保证监督体系。按国家 GB/T 19002—ISO 9002 质量体系，使预防控制与检验相结合。

7.2 项目经理部设专职质检员，各专业施工班组设专职质量检查员。对职工加强质量管理的宣传教育工作，强化职工的质量意识，以工种和施工技术难点为对象，成立 QC 质量攻关小组。

7.3 做好各种原材料、半成品及设备进场前的检查工作，把好质量关，不合格的材料一律不准进场使用，重要材料会同甲方看样订货。

7.4 加强质量监督检查，抓好"三检"制，实行质量跟踪检查，发现问题及时改正，将质量事故消灭在萌芽状态。把住分项工程验收评定关，事先制定出各分项工程的质量目标，做到上道工序达不到要求下道工序不施工。

7.5 加强各工种间的配合，做好基础结构的中间验收。搞好成品保护，制定切实可行的措施，杜绝后道工序损坏前道工序的成品。

7.6 加强技术管理，完善技术复核制度，施工前技术人员应对施工班组做好技术交底，明确施工方法和技术要求，施工中发现问题应先办洽商后施工。

7.7 制定详尽的分部、分项工程创优计划，按目标按计划安排各分项工程师的施工。

7.8 加强施工试验和施工计量工作：

① 设专人负责施工试验工作，并制定工程试验计划。

② 对进场的钢材、水泥、砂石都要及时按规定取样做试验，防止把不合格的材料用到工程上。

③ 做好混凝土同条件养护试块，及时掌握混凝土强度发展情况。

④ 做好混凝土的试配工作，在混凝土搅拌前测定砂、石含水率，根据配合比通知单加以调整，混凝土搅拌后再用坍落度桶测定混凝土坍落度，然后根据情况再加以调整，确保混凝土强度。

⑤ 严格计量工作，在混凝土搅拌机附近设置吊称对砂、石进行严格计量，同时还要悬挂混凝土配合比标牌。

7.9 紧紧抓住对质量影响面大，易发生质量通病的主要环节，实行全方位质量检查。主要环节是：

① 模板工程：接缝严密，有足够的强度、刚度、稳定性。

② 钢筋工程：无移位、变形、间距正确，钢筋保护层符合要求。

③ 混凝土工程：密实无蜂窝、麻面、露筋及轴线位移、断面尺寸准确。

8. 安 全 措 施

8.1 操作施工人员必须戴好安全帽。

8.2 施工现场周围应做好安全防护工作。

8.3 对平移全过程进行静、动态实时监测。监测中心通过安置在楼内、楼外的加速度传感器、倾角仪、应变仪、沉降监测仪，对大楼的平移进行监控。一旦有异常情况发生，监测人员就会立即通知现场的指挥人员，采取相应的措施。

9. 环 保 措 施

对于现场环境保护应严格按照《建筑施工现场环境与卫生标准》JGJ 146—2004 施工，具体措施如下：

9.1 设专人对所有出场车辆进行检查，有泥土污染的车轮必须清洗干净，方能出场。

9.2 从场内排入城市下水管网的水，必须是经过处理的清洁水。

9.3 进入现场的施工材料，施工机具必须及时转入场内，不得在人行道及马路上堆放。

9.4 每天安排施工人员清扫现场外围有关的道路。

9.5 在交通高峰时间尽量避免大型车辆进出现场以免影响交通。

9.6 建筑垃圾及时外运处理。

9.7 噪声较大的施工工序尽量安排在白天施工。

9.8 做好场地的硬化，设置排水措施，清除堵塞的下水道。

9.9 场外宿舍要有消暑、防蚊、卫生设施。

9.10 设置标准饮水桶，配备必须的消暑药品。

9.11 加强场外食堂的卫生管理，要有防鼠、防蝇措施。

9.12 要有必须的医疗防暑降温药品，开展卫生防病宣传教育。

9.13 现场要配备雨靴、雨衣等雨具，防止雨天施工职工淋雨生病。

9.14 适当调整作息时间，避开高温作业。

9.15 厕所卫生要有专人负责，定期清扫、消毒。

10. 效 益 分 析

房屋建筑采用整体平移的技术与拆除重建相比有以下优点：

10.1 可以节约大量的资金，一般平移的费用只为原楼房价值的30%～40%。

10.2 工期非常短，一般拆除重建需要1～2年，而搬迁平移从挖土开始一直到平移完毕需要的工期约为拆除重建工期的1/4。

10.3 如果不通过平移，而把一个房屋建筑拆除，这样就有很多的建筑垃圾要运出去，而且建筑材料都变成垃圾，这样一来既浪费了资源，又不符合绿色环保的要求。通过整体搬迁呢，既节省了人力、物力、财力，符合节约型社会和持续发展的要求，又有利于保护环境，符合绿色环保的要求。

10.4 对于一些具有保护性的文物建筑和近代优秀建筑，通过平移而保存下来，其保存下来的文化价值是无法估量的。

10.5 一般楼房平移施工对二楼以上楼层影响很小，可继续使用，减少用户的搬迁费用和商业建筑停业期间的损失。

11. 应 用 实 例

近几年此工法已在我集团施工的十九幢建筑物整体平移工程中得到应用，均获得成功，取得了显著的经济效益、社会效益和环保效益，举例如下：

临沂市国家安全局办公楼，建筑面积3500m²，共8层，框架结构，楼高为34.5m（楼顶建有35.5m高铁塔），总重约6000t，呈"L"形整体移动171.5m（先自东向西平移96.9m，再向南平移74.6m），该工程施工工期4个月，节约资金800余万元。

山东澳利集团办公楼，建筑面积4900m²，共8层，框架结构，楼高为32m，总重约7500t，向北平移6.9m，该工程施工工期2个月，节约资金2000余万元。

山东商职学院综合楼，建筑面积6000m²，共9层，框架结构，楼高为36m，总重约9000t，向北平移7.2m，该工程施工工期2个月，节约资金1200余万元。

人民日报山东印务中心办公楼，建筑面积2200m²，共4层，砖混结构，楼高为13m，总重约3300t，向南平移13m，该工程施工工期2个月，节约资金200余万元。

大悬臂双预应力劲性钢筋混凝土大梁施工工法

YJGF179—2006

中国建筑第七工程局

翟国政　王国栋　聂意江　黄延铮　张银竹

1. 前　　言

为满足小断面大跨度的钢筋混凝土梁的挠度和抗裂要求，有时只靠预应力钢筋混凝土结构或只靠劲性钢筋混凝土结构是难以完成，有时必须在劲性钢筋混凝土结构的基础上再增加预应力钢筋，甚至再增加反力作用措施，在三者共同作用下才能满足设计要求。本工法就是根据这一结构形式总结出来的。本技术经河南省科学技术情报研究所检索为国内首例，经河南省建设厅专家评审为国内先进技术，并获河南省工法，中建总公司科技进步三等奖。

2. 工 法 特 点

2.1 跨高比可以适当加大。

2.2 延缓裂缝开展，甚至没有裂缝发生。

2.3 挠度控制更易满足。

2.4 用钢量较多。

2.5 施工复杂，技术含量高。

3. 适 用 范 围

可适用于大跨度、断面要求小，裂缝要求严，挠度要求高的钢筋混凝土结构的梁。

4. 工 艺 原 理

在预应力钢筋（有粘结和无粘结）和在梁内对型钢增加的反力共同作用下的劲性钢筋混凝土梁产生一个向上的挠度值，在使用荷载的作用下，它可以减少了梁的向下挠度和裂缝宽度，确保了梁的使用功能和建筑设计的要求。

5. 施工工艺流程及操作要点

5.1 施工工艺流程

详见图 5.1。

5.2 操作要点

5.2.1 钢结构的安装

1. 钢结构在工厂制做，由拖车运至现场。

钢筋穿过钢结构的孔洞，预先进行设计，在工厂加工完成。

2. 由吊车进行吊装，现场焊接、校正。

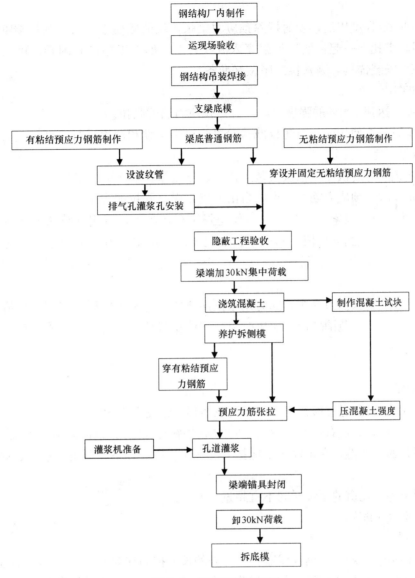

图 5.1　施工工艺流程图

3. 扭紧地脚螺栓。

5.2.2　有粘结预应力施工方法及操作要点

1. 框架梁内穿设金属波纹管和预应力束

1）支好框架梁的底模，普通钢筋就位之后，根据设计要求的矢高安装预应力定位支架，其间距根据施工图的要求确定。支架用 φ12 以上的钢筋制做，为确保位置的准确，定位支架必须焊在梁的箍筋上。

2）铺设预应力波纹管，并牢牢绑扎在定位支架上。连接部位用防水胶带缠绕。

3）安装张拉端的喇叭管。

4）用棉丝密封灌浆孔、喇叭口等重要部位，连接部位用胶带缠绕密封。

5）在跨间的最高点安装盖瓦的排气管，为防止排气管的意外破损导致漏浆，波纹管其他位置不得打孔。

6）在浇筑混凝土前，技术人员认真检查各关键部位及预应力孔道的高度，认真填写"自检记录"和"隐蔽工程验收记录"。

2. 浇筑混凝土

1）在浇筑混凝土时，振捣棒不得直接碰撞预应力孔道，防止破坏波纹管而导致浆体进入预应力孔道。

2）混凝土达到一定强度以后，及时拆除预应力梁张拉端的侧模板，清理张拉端喇叭口，将预应力筋编为集束并用铅丝绑扎在一起，然后整束穿入波纹管内。如人工穿设有困难，可以在张拉端采用穿束机进行牵引穿束。安装锚具，为张拉工序做好准备。

3. 预应力张拉作业

1）在混凝土强度达到100％的强度之后，开始预应力筋的张拉。

2）预应力张拉设备在使用前，应送权威检验机构对千斤顶和油表进行配套标定，并且在张拉前要试运行，保证设备处于完好状态。

3）理顺张拉端预应力筋次序，依次安装工作锚、顶压器、千斤顶、工具锚。

4）由于开始张拉时，预应力筋在孔道内自由放置，而且张拉端各个零件之间有一定的空隙，需要用一定的张拉力，才能使之收紧。因此，应当首先张拉至初应力，可用计算法或图解法确定 ΔL_1，然后张拉至控制应力，再次量测伸长值，两次伸长值之差即为从初应力至最大张拉力之间的实测伸长值 ΔL_2。根据 ΔL_1、ΔL_2 和其他损失后计算总伸长值，核算伸长值符合要求后，卸载锚固回程并卸下千斤顶，张拉完毕。

5）张拉作业，以控制张拉力为主，同时用张拉伸长值作为校核依据。实测伸长值与理论计算伸长值的偏差应在（－6～＋6)％范围之内，超出时应立即停止张拉，查明原因并采取相应的措施之后再继续作业。

4. 孔道灌浆

1）灌浆材料要求

灌浆水泥采用42.5级普通硅酸盐水泥，水泥浆体标准强度大于30MPa。

水泥浆的水灰比为0.35左右，搅拌后三小时的泌水率控制在2％以内，流动度大于200mm。

为增加孔道灌浆的密实性，在水泥浆中应掺入膨胀剂MNC-EPS。水泥：水：膨胀剂MNC-EPS＝1：0.35：0.08。

水泥浆自调制至灌入孔道的延续时间不宜超过30min。

灌浆不得使用空气压缩机。

2）灌浆工艺要求

灌浆前切割外伸多余钢绞线，钢绞线露在夹片外的长度控制在30～50mm，然后用水泥浆密封所有张拉端，以防浆体外溢。并将波纹管上的排气孔逐个打通，为下一操作做好准备。

灌浆采用UB3型灌浆泵和PJ02型搅拌机。灌浆前，应进行机具准备和试车。对孔道应湿润、洁净。

灌浆工作应缓慢均匀地进行，不得中断，并应排气通顺。

灌浆孔设在张拉端垫板上，水泥浆从一端灌入，灌浆压力控制为0.4～0.6MPa。孔道较长或灌浆管较长时压力宜大些，反之可小些。

灌浆进行到排气孔冒出浓浆时，即可堵塞此处的排气孔，再继续保压3～5min。

灌浆过程中制做1组70mm×70mm×70mm的立方体水泥净浆试块，标准养护28d后，送交实验室检验试块强度，其强度不应小于30MPa。

由于灌浆质量的好坏直接关系到预应力钢绞线与混凝土的粘结效果以及结构的耐久性，因此施工过程必须从每一个环节进行严格控制。

5. 张拉端的封堵

灌浆后张拉端锚具用C40微膨胀细石混凝土封堵，外露钢绞线的保护厚度不小于30mm，后浇的混凝土必须振捣密实。

5.2.3 无粘结预应力施工操作要点

1. 穿设无粘结预应力筋及浇筑混凝土

1）支好梁底模并绑扎普通钢筋（板底普通钢筋）之后，按设计图上预应力筋位置，用 $\phi12$ 钢筋制做定位支架，然后穿设无粘结预应力钢绞线。

2）穿设无粘结预应力筋时必须平行顺直，要求其水平偏差不得大于 40mm，竖向偏差不得大于 5mm，以减少张拉时的摩擦损失并保证张拉后有效应力达到设计要求。

3）固定好预应力筋的矢高及位置之后，安放钢垫板和螺旋筋等，并固定好。

4）无粘结筋应牢牢地固定在事先放好的固定支架上。固定支架间距按图纸要求排设。

5）为保证张拉的顺利进行，无粘结筋在靠近端模板处要有不小于 300mm 的平直段，无粘结筋与垫板垂直，并用铁丝绑扎牢靠。

6）在浇筑混凝土前，技术人员认真检查验收预应力筋及锚具、垫板、螺旋筋的安装情况，填写"隐蔽工程验收记录"。

7）在浇筑混凝土时，振捣棒尽量不要碰撞无粘结筋，防止钢绞线偏差原位或塑料皮损伤。

8）及时拆侧模，拆模后清理张拉预留洞，并安装张拉端锚具。

9）尽量使各种管线为预应力筋让路，在穿设预应力筋之后，尽量减少电焊次数，以免损伤预应力筋。

2. 无粘结预应力张拉作业

1）混凝土强度达到张拉要求之后，开始预应力筋的张拉。

2）预应力张拉控制应力及伸长值应满足设计要求。

3）预应力筋张拉采用张拉力与伸长值双控进行，如发现伸长值不满足规范的有关规定，应立即停止张拉，并查明原因。

3. 张拉步骤

1）剥去张拉端塑料护套，擦净预应力筋上油脂，清理端部及穴模后安装锚环及夹片；

2）安装千斤顶，连接好油路系统。张拉到初应力（张拉控制应力的 10%）时，首次记录千斤顶伸长值，然后继续张拉至控制应力，再次量测伸长值。核算伸长值符合要求后，卸载锚固回程并卸下千斤顶，张拉完毕；

3）张拉时以控制张拉力为主，同时用张拉伸长值作为校核依据，实测伸长值与计算伸长值的偏差应在（-6～+6）%范围之内，如果超出正常范围，应立即停止张拉，查明原因并采取相应的措施之后再继续作业。

4. 封端保护

无粘结筋的锚固区，必须有严格的密封防护措施，严防水汽进入，锈蚀预应力筋。因此，无粘结预应力筋张拉完毕后，应立即对无粘结预应力筋进行封端保护。

1）用砂轮切除多余预应力筋。无粘结预应力筋切断后露出锚具夹片外的长度应不得小于 30mm。严禁采用电弧烧断；

2）将外露预应力筋涂专用防腐润滑脂，并罩上封端塑料套；

3）用膨胀 C40 混凝土封堵张拉端后浇部分以保护锚具，混凝土中不得使用含氯离子的外加剂。封堵时应注意插捣密实。

5.2.4 普通钢筋、模板及混凝土施工方法及操作要点按照一般建筑工程施工工艺标准。

6. 工程材料及设备

6.1 工程材料

普通钢筋为Ⅱ级钢，按设计。

$\phi15.24$ 有粘结预应力钢筋和无粘结预应力钢筋，数量按设计。

H 型钢为 Q235B，H1360/610×350×26×35 和 H1370/600×350×26×35，具体应用按设计。

混凝土强度等级为 C40。

6.2 机械设备

机械设备详见表 6.2 机械设备表。

机械设备表　　　　　　　　　　　　　　　　　　　　　　表 6.2

设备名称	型号	数量		技术性能
		单位	数量	
穿心式千斤顶	YCD200	个	1	额定油压 50N/mm², 公称张拉力 2450kN, 张拉外径 180mm, 穿孔直径 160mm, 自重 250kg
电动油泵	ZBA-500	台	1	额定油压 50N/mm², 额定流量 2×2L/min, 功率 3.0kW, 油箱容积 50L
混凝土搅拌机	J₄-375	台	2	功率 10kW/台
混凝土输送泵	HBT60C	台	1	功率 100kW
混凝土配料机	HP750	台	1	功率 7.5kW
装载机	ZLM15	台	1	功率 73.5kW
灌浆泵	UB3	台	1	功率 1.3kW
电焊机	BX₁-500	台	3	功率 31kW, 二次空载电压 60V, 额定工作电压 40V, 焊接电流 115～680A
履带式起重机	W₁-100	辆	1	主钩起重量 15t, 臂长 13～23m, 发动机 88kW

7. 质 量 控 制

7.1 型钢的质量保证措施

7.1.1 型钢制做必须采用机械加工，宜在钢结构加工厂承担。制做者应根据设计和施工详图，编制制做工艺书。型钢的切割、焊接、运输、吊装、探伤检验应符合现行国家标准。

7.1.2 结构用钢应有质量证明书，质量应符合现行国家标准。焊接材料、高强度螺栓、普通螺栓应具有质量证明书，且应符合国家现行标准。

7.1.3 型钢拼装前应将构件焊接面的油漆、锈清除。工艺要评定合格，焊工要持证上岗。

7.1.4 钢结构安装应严格按图纸规定的轴线方向和位置定位，受力和孔位应正确，吊装过程中应使用经纬仪严格校准垂直度，并及时定位。安装的垂直度、现场吊装误差范围应符合现行国家标准。

7.1.5 型钢柱的拼接和梁节点连接的焊接质量，应满足一级焊缝质量等级要求。对一般焊缝应进行外观质量检查，并应达到二级焊缝质量等级要求。

7.1.6 H 型钢的腹板与翼缘，垂直加劲肋与翼缘的焊接应采用坡口熔透焊缝，水平加劲肋与腹板连接可采用角焊缝。

7.1.7 型钢钢板制孔，应首先设计好位置，在工厂车床制孔，严禁用氧气切割开孔。

7.1.8 其他要求可参考《型钢混凝土组合结构技术规程》JGJ 138—2001　J 130—2001。

7.2 预应力钢筋的质量控制

7.2.1 预应力应严格按工程图纸和施工方案进行施工，因特殊情况需要变更，须监理单位批准。

7.2.2 施工前由项目技术负责人向有关施工人员进行技术交底，并在施工过程中检查执行情况。

7.2.3 预应力分项工程项目负责人、施工人员和技术工人应持证上岗。

7.2.4 应建立质保体系，完善施工质量控制和质量检验制度。

7.2.5 预应力分项工程施工质量应由施工班组自检、施工单位质量检查员及监理工程师监控等把关，对后张预应力张拉质量，应做到见证记录。

预应力分项工程检验批质量检查记录见《建筑工程预应力施工规程》（CECS 180：2005）附录 F。

7.2.6 一般混凝土分项工程、普通钢筋分项工程、模板工程可参照《建筑工程质量验收统一标准》（GB 50300—2001）和《混凝土结构工程质量验收规范》（GB 50204—2002）执行。

8. 安 全 措 施

8.1 钢结构施工要严格根据高空作业操作规程，戴安全帽，系安全带，穿防滑鞋。

8.2 严禁不适合高空作业人员登高作业。

8.3 对登高用的脚手架要经常检查安全情况，无误后才可作业。

8.4 高空作业的辅助工具要放在工具袋内，以防落下伤人。

8.5 焊工必须学习焊工知识，经考试合格后才可单独操作。

8.6 电焊设备必须有接地装置，停止焊接时，电源开关要拉开。

8.7 焊工及其他操作工人必须按劳动部门颁发的有关规定使用劳保用品。

8.8 在工作地点周围，严禁放易燃或爆炸物品。

8.9 预应力张拉设备不允许随意更换。

8.10 张拉过程中，锚具和其他机具严防高空坠落伤人。油管接头处、张拉油缸端部严禁站人，应站在油缸两侧，测量伸长值时，严禁用手抚摸缸体，避免油缸崩裂伤人。

8.11 严防高压油管出现扭转或死弯现象。

8.12 油箱油量不足时，要在没有压力下加油。

8.13 其他措施可在编制施工组织设计时列入。

可执行《建设工程施工安全技术操作规程》（中国建筑工业出版社）和《建筑施工安全检查标准》（JGJ 59—99）。

9. 环 保 措 施

9.1 成立对应的施工环境卫生管理机构，在工程施工过程中严格遵守国家和地方政府下发的有关环境保护的法律、法规和规章，加强对施工燃油、工程材料、设备、废水、生产生活垃圾、弃渣的控制和治理，遵守有防火及废弃物处理的规章制度，做好交通环境疏导，充分满足便民要求，认真接受城市交通管理，随时接受相关单位的监督检查。

9.2 将施工场地和作业限制在工程建设允许的范围内，合理布置、规范围挡，做到标牌清楚、齐全，各种标识醒目，施工场地整洁文明。

9.3 优先选用先进的环保机械。采取设立隔音墙、隔音罩等消音措施降低施工噪声到允许值以下，同时尽可能避免夜间施工。

9.4 对施工场地道路进行硬化，并在晴天经常对施工通行道路进行洒水，防止尘土飞扬，污染周围环境。

10. 效 益 分 析

本工法可在小断面、大跨度、裂缝要求严，挠度要求高的钢筋混凝土梁推广应用，比普通钢筋混凝土梁、预应力钢筋混凝土梁费用要低，效果要好。

11. 应 用 实 例

中国济源篮球城体育馆工程

11.1 工程概况

位于河南省济源市文化路中段，东方世纪广场对面。工程平面投影是一个直径为136.4m的圆形建筑，总建筑面积为20200m²，内设5500个席位，建筑高度为28m，总层数为三层，该工程被评为2006年度国家优质工程。

图11.1　中国济源篮球城体育馆工程

11.2 施工情况与结果评价

我公司于2003年5月承接中国济源篮球城体育馆工程的建设任务，6月份安装完异型钢框梁，7月8日开始36榀YKL1大梁的施工，至2003年9月12日结束，经检查后能达到设计和规范要求，该工程被评为河南省科技示范工程。YKL1大梁的施工是本工程技术最先进也是最复杂的项目，在一个梁内同时使用普通钢筋、有粘结预应力钢筋和无粘结预应力钢筋，H型钢在国内从设计到施工均没有成熟经验。经过建设单位、设计单位和施工单位的共同努力，最终圆满完成了这一课题。

本工程二层悬挑平台是预应力梁板结构，其梁是大悬臂双预应力劲性钢筋混凝土结构，悬臂长9.6m，断面宽×高为1000mm×1600mm（850mm），加悬挑板总悬挑长度11.5m，在梁的断面小跨度大的情况下能否满足变形和裂缝控制是一个关键，通过本工法的实施，该梁从2003年9月12日频繁应用至今，没有发现一根梁发生裂缝和变形，应用效果很好，本工法很有推广和使用价值。

钢管内混凝土浇筑施工工法

YJGF180—2006

浙江国泰建设集团有限公司　宏润建设集团股份有限公司

洪昌华　刘远明　陈明　庄国强　章文湘　李津

1. 前　　言

矩形钢管混凝土结构是一种具有承载力高、塑性和韧性好、材料节省、施工方便等特点的新型组合结构形式。相对于圆形钢管混凝土结构来说，矩形钢管混凝土结构具有节点形式简单、便于施工等优点。因此，近年来已经有越来越多的建筑采用了矩形（方）钢管混凝土组合结构。

最近几年，我公司施工过数个矩形钢管混凝土结构的工程，技术经济效果很好。矩形钢管柱内一般设置有多道内横隔板，传统施工方法浇筑混凝土难以成功，因此我公司采用了矩形钢管柱内混凝土导管浇筑施工工法，保证了柱内混凝土的浇筑质量。为了在矩形钢管混凝土结构施工中，做到技术先进、经济合理、质量可靠、安全适用，现根据工程实际应用情况及经验编制本工法。

2. 工 法 特 点

2.1 施工操作简便，不需要复杂的机械设备。

2.2 相对于泵送顶升浇筑法来说，不需要在钢管上开设同泵管直径的孔，避免削弱钢柱钢板的整体性。

2.3 可以使柱内混凝土质量均匀，特别是每一节矩形钢管柱上部的混凝土密实度容易达到要求。

2.4 钢管本身是很好的钢筋承重骨架，免去了钢筋成型等一系列工艺过程，简化了施工工艺。钢管本身就是很好的耐侧压模板。因此浇灌混凝土时，可节省大量的支模、拆模人工和材料。

3. 适 用 范 围

本工法适用于各种工业与民用建筑物的矩形钢管柱内混凝土的分节浇筑施工。

4. 工 艺 原 理

矩形钢管柱内混凝土导管浇筑法施工工艺就是在钢柱顶搭设操作平台，在矩形钢管柱内插入上端装有混凝土料斗的钢制导管，同时在钢柱内插入振动棒，自下而上一边浇筑振捣一边提升，直到完成管内混凝土的浇筑。

5. 施工工艺流程及操作要点

5.1　施工准备

5.1.1　技术准备

1. 编制《矩形钢管柱内混凝土导管浇筑法施工方案》。

2. 工前培训及技术交底。矩形钢管柱内混凝土导管浇筑法连续性较强，要求多班组、多工种协调作业。务必使参与施工的管理人员、操作人员了解这一特点。并根据施工图纸及有关规定要求进行详尽的技术交底，按照不同班组、不同岗位进行认真的岗前培训，让参加作业的人员明确本岗位应完成的任务，必须达到的质量标准以及与其他工种的配合要求，确保各工种协调一致，优质高速的施工。

5.1.2 物资准备（见后面第 6 章）。

5.1.3 劳动力准备。劳动力应按岗位定人，持证上岗，并有一定的富余量。制定各项劳动力管理措施，强化管理，责任到人，保证施工质量和安全。

5.1.4 作业条件。一节钢柱及该节内钢梁已经安装、校正、探伤完毕，并完成了钢构安装检验批的验收。

5.2　施工工艺流程（图 5.2）

5.3　操作要点

5.3.1　混凝土配合比的设计

1. 矩形钢管柱内混凝土导管浇筑法施工应采用商品混凝土，塔吊料斗运输。钢管混凝土强度较高（一般在 C40 以上），现场自拌通常难以满足要求。并且，单节柱子一次性浇筑量较小，不宜采用泵送。

2. 矩形钢管混凝土宜采用补偿收缩或无收缩等高性能混凝土。配合比应根据混凝土的设计强度等级计算，并通过实验确定。可以在混凝土拌合物中掺入活性掺合料、减水剂、膨胀剂等，以达到减小收缩率，减少泌水率、改善和易性等目的。

3. 矩形钢管柱内一般每隔一定距离设置有加强横隔板，因此混凝土坍落度不宜太小，一般将坍落度控制在 120mm 左右。另外，初凝时间应根据混凝土的运输距离、现场浇筑时间综合考虑。

5.3.2 钢结构制做时，应在每个加强横隔板底的柱对角四侧各开一个 $\phi 5mm$ 的排气孔，以利于横隔板底部混凝土的密实，并可在浇筑过程中查看柱壁小孔砂浆溢出程度，初步判断混凝土密实度。

5.3.3 柱顶操作平台应安全稳固，可以给操作工人足够的空间，主要受力杆件的选型应经过计算。可以采用型钢定型制做，方便装拆。

5.3.4　矩形钢管混凝土导管法浇筑（图 5.3.4）

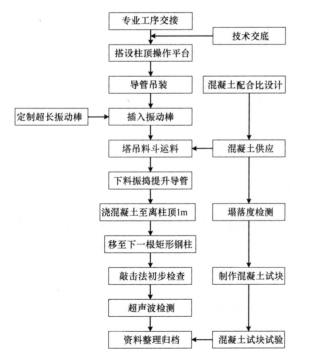

图 5.2　施工工艺流程图

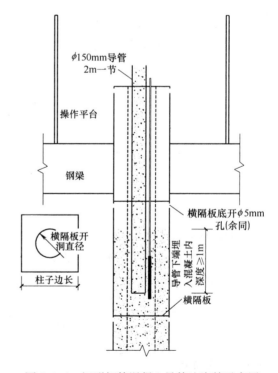

图 5.3.4　矩形钢管混凝土导管法浇筑示意图

1. 下导管和振动棒。导管可以在空场地上连接拼装完成到所需的长度后用塔吊垂直吊运入矩形钢柱内。浇筑前导管下口离柱底的距离不宜太近，应控制在 300～400mm 之间。由于插入式振动棒软轴长度很长，所以在振动棒软轴橡胶管外侧绑扎一根钢丝绳，以增强振动棒的抗拔性能。

2. 一次投料振捣高度不超过 1.5m，用混凝土体积控制高度。导管入混凝土深度应保证不小于 1m，导管上拔后逐节卸除。

3. 振动棒在使用过程中先开动振动机，再灌入混凝土，料斗运料期间则将振动棒拔出混凝土层，让其保持空振状态。振捣方法为快插慢拔，插入点沿矩形平面四角分布，每次振捣时间不应少于 30s，以保证混凝土内气泡的顺利溢出。振动时间不能过长，以防止混凝土的离析、分层。振动棒在浇灌过程中保证与导管同步上拔。

4. 连续混凝土浇筑至离上端柱口 1m 处后停止（留施工缝），以避免上层柱子焊接时产生的高温对混凝土质量有不利影响。

5. 在矩形钢管内混凝土终凝后，用干海绵吸除泌水。并在柱顶上加盖封口板，避免雨水、垃圾落入钢柱内。

6. 材料与设备

6.1 混凝土原材料

6.1.1 水泥：应选用 42.5 级以上高等级普通硅酸盐水泥。水胶比控制在 0.4 以下。

6.1.2 粗骨料：应选用二次破碎石子，连续级配，最大粒径应在 40mm 以下，并不得大于导管内径的 1/3。

6.1.3 细骨料：应选用类圆形颗粒，细度模数≥2.5 的天然中粗河砂，砂率 35%～40%。

6.1.4 活性掺合料：可掺入粉煤灰或者磨细矿粉，有效改善混凝土拌合物的工作性能。

6.1.5 化学外加剂：一般应掺入高效减水剂和微膨胀剂。掺入微膨胀剂的目的在于使混凝土微膨胀，补偿收缩，避免混凝土和矩形钢管壁脱开。

6.2 导管直径应根据矩形钢柱内横隔板上的浇筑孔尺寸选择，导管壁与浇筑孔边的侧隙不宜小于 100mm，通常情况下可以选择 φ100～200mm 的导管。导管 2m 一节，以方便装拆和提升。导管接头外凸尺寸应较小，可采用螺纹式接头、键销式快速接头、软索式快速接头等。

6.3 振动棒的软管长度必须大于单节矩形钢柱的长度，必要时可向厂家定制。

6.4 主要机具设备表（表 6.4）。

主要机具设备表　　　　表 6.4

名　称	规 格 型 号	功　率(kW)	数　量
塔吊	QTZ80	55	1
插入式振动机	ZN-1	1.5	2
混凝土振动棒	ZN-35		2
混凝土运输车	SY5256GJB		3
导管和接头	φ150mm		若干
混凝土超声波检测仪	U-Sonic		1

其他机具设备还包括料斗、坍落度筒、混凝土试模、钢丝绳、铁锤等。

7. 质量控制

7.1 施工质量检测依据

《混凝土结构工程施工质量验收规范》GB 50204—2002，《矩形钢管混凝土结构技术规程》CECS 159：2004，《钢结构工程施工质量验收规范》GB 50205—2001，《混凝土强度检验评定标准》GBJ

107—87。

7.2 矩形钢管混凝土所用的水泥、石子、砂、水、掺合料、外加剂等原材料必须符合相应的国家及行业标准。混凝土拌合过程中应经常检测砂石粒径、含泥量、含水率等，并根据检测结果及时调整配合比。混凝土浇筑过程中，应有专人负责坍落度检测，以及试块的制做、保管、养护、送检工作，并应按规定制做同条件养护试块。

7.3 矩形钢管柱内混凝土的浇筑质量，可以用铁锤敲击钢板的方法作初步检查。对于重要构件和部位，还需要采用超声波法进行检测。对于敲击法检查发现声音异常的部位，可进一步用超声波法检测。如果发现混凝土有不密实的部位，可以采用局部钻孔压浆法进行补强，然后将钻孔补焊封固。

8. 安 全 措 施

8.1 矩形钢管柱内混凝土导管浇筑法施工过程中应遵循《建筑施工安全检查标准》JGJ 59—99、《建筑施工高处作业安全技术规范》JGJ 80—91、《施工现场临时用电安全技术规范》JGJ 46—2005 以及地方有关施工现场安全生产管理的规定。

8.2 其他安全措施

8.2.1 柱顶操作平台应安全稳固，和钢梁有可靠的连接，并设置 1.2m 以上高度的安全防护栏杆。

8.2.2 柱顶操作平台上的作业人员应系安全带施工。当风速达到六级以上时，应停止高空作业。

8.2.3 混凝土浇筑前，应对振动棒进行试运转，操作人员应戴绝缘手套、穿绝缘靴。

9. 环 保 措 施

9.1 柱顶操作平台四周栏杆设密目网防护，以减少噪声对周围环境的影响。

9.2 采用商品混凝土施工，避免自拌过程中粉尘、噪声、污水排放。

9.3 混凝土运输车出工地大门前应冲洗干净；施工过程中产生的废弃物及时清运，保证工完场清。

10. 效 益 分 析

10.1 矩形钢管柱内一般设置有多道内横隔板，传统施工方法浇筑混凝土难以成功，采用本工法，可以保证柱内混凝土的浇筑质量。

10.2 相对于圆形钢管混凝土结构来说，矩形钢管混凝土的柱梁连接节点较为简单，工厂制做及现场连接工作量均较小。

10.3 矩形钢管柱内混凝土采用导管浇筑法施工不需要在钢管上开设同泵管直径的孔（泵管连接孔及溢流卸压孔），避免削弱钢柱钢板的整体性。

10.4 矩形钢管柱内混凝土导管浇筑法施工工艺简单，不需要复杂的设备，施工工期短，材料节约，并可节省混凝土泵送费用。

11. 应 用 实 例

11.1 瑞丰商业大厦

工程位于杭州市庆春路中河路路口，总建筑面积为 50200m²，地下 2 层，裙房 5 层，主楼 24 层，副楼 15 层，总建筑高度为 89.1m。工程自 2000 年 6 月 28 日开工，2002 年 12 月 24 日竣工。本工程采用钻孔灌注桩基础，矩型钢柱、H 型钢梁的钢混凝土组合结构，楼面为压型钢板钢筋混凝土组合楼板。

本工程是浙江省第一幢钢混凝土组合结构的高层建筑，也是国内首次采用矩形钢管混凝土组合结构的建筑，并被原国家经贸委、建设部列入 2000 年国家技术创新重点专项计划。

矩型钢柱截面尺寸 500mm×500mm、600mm×600mm，钢板厚度 16～28mm，内灌 C55～C40 级的混凝土，钢梁高度 500mm。矩型钢柱单节长度 8.2～13.2m，柱子内有间距 2m 左右一道的加强横隔板，内隔板开洞尺寸 $\phi250$、$\phi300$mm。矩型钢柱内混凝土采用导管浇筑法施工。

在正式浇筑之前，在施工现场做了二根试浇灌柱，试件与标准柱节完全一致，并在养护 28d 后进行现场剖割，检查钢管混凝土的外观、密实度、强度等情况，完善了配合比、坍落度、振捣方法、振捣时间、最终浇灌高度等参数。2001 年 2 月 18 日～7 月 20 日成功浇筑完成全部 1218m³ 的矩形钢管混凝土。和泵送顶升法相比，节约了泵送费、矩形钢管开孔、补孔等费用，总计约 3.5 万余元。

2001 年 8 月底，委托上海同济建设工程质量检测站用超声波非破损检测法进行矩形钢管内混凝土的质量检测，共抽测了 80 个点。被检部位的超声信号正常，柱内混凝土完整密实，没有发现存在混凝土和钢管壁脱开、混凝土离析、蜂窝、孔洞等缺陷。本工程获得了 2004 年度浙江省钱江杯以及国家优质工程银奖。

如果采用普通混凝土框剪结构，柱截面至少要 1000mm×1000mm，梁高至少要 800mm。所以采用矩形钢管混凝土组合结构增加了使用空间（至少 750m²），减小了层高（同样的檐高，可增加 2 层），降低了总造价。

本工法施工工艺简便，工效高，质量容易保证。本工程采用的矩形钢柱内混凝土导管浇筑工法，为国内同类型工程的实施提供了宝贵的实践经验。

11.2 浙江丽水华富商务中心

工程总建筑面积为 17160m²，地下 1 层，裙房 4 层，塔楼 17 层，总建筑高度为 67.1m。采用矩型钢管柱、H 型钢梁、压型钢板钢筋混凝土组合楼板的钢混凝土组合结构。工程自 2002 年 11 月 18 日开工，于 2004 年 3 月 28 日竣工。

矩形钢柱截面尺寸 600mm×600mm（主楼）、450mm×450mm（裙房），内灌 C50～C40 级的混凝土，钢柱单节长度 8.2～11.6m，内横隔板开洞尺寸 $\phi300$、$\phi225$mm。在施工中，成功应用矩形钢管柱内混凝土导管浇筑施工工法，完成了 507m³ 的矩形钢管混凝土浇筑。和采用泵送顶升法相比，该工法的综合经济效益约 1.66 万元。

11.3 上海宝俊大厦

工程总建筑面积为 35600m²，地下 1 层，裙房 3 层，塔楼 20 层，总建筑高度 78.3m。同样采用矩形钢管柱的钢混凝土组合结构。工程自 2004 年 7 月 22 日开工，于 2006 年 4 月 15 日竣工。

主楼矩形钢柱截面尺寸 600mm×600mm，内灌 C50～C40 级的混凝土，内横隔板开洞尺寸 $\phi300$mm，钢柱单节长度 8.9～11.1m。全部矩形钢管混凝土约 906m³（裙房柱子内不灌筑混凝土），采用了矩形钢管柱内混凝土导管浇筑施工工法施工获得了成功，节约资金 2.75 万元。质量受到业主及监理公司的高度评价，工期缩短了 42d，创造了社会效益和经济效益双丰收。

超高超重大跨度结构 HR 重型门架与
钢筋混凝土临时结构联合支模架设计与施工工法

YJGF181—2006

浙江省长城建设集团股份有限公司

何邦顺　李元武　李宏伟　汪琼

1. 前　　言

1.1　近几年，高空、大跨度结构越来越多，其梁板支模体系设计、施工、架体材料也在不断创新、完善和发展，但对于高空、大跨结构（如带转换层高层建筑结构、连体结构），其部分区域结构荷载很大或结构设计对支模架体变形有特殊要求，而采用常用架体材料或单一架体材料不能满足结构设计对架体要求的情况下，采用 HR 重型门架与钢筋混凝土临时结构联合支模架体，可以达到功能合理、安全可靠、费用优化等综合目的。

1.2　工法于 2004～2005 年应用于浙江工商大学下沙校区行政楼工程入口门厅的连体结构六层位置，转换大梁跨度 19m，大跨度预应力梁截面尺寸 700mm×3800mm，支撑架搭设高度为 15.65m；2006 年应用于长城大厦工程，在主楼五层中庭顶部设有大跨度预应力梁，跨度 18m，最大梁截面 400mm×4400mm，支撑架搭设高度为 20.3m；2006～2007 年应用于福雷德广场会展中心工程，在主楼门厅处三层楼面有大跨度预应力梁，最大梁截面尺寸 1200mm×3600mm，支撑架搭设高度为 10.02m。

1.3　采用的关键技术"高空大跨度预应力结构支模技术"于 2006 年 8 月 8 日通过了浙江省建设厅科技成果鉴定，专家组认为该技术达到国内先进水平，可为今后类似工程的支模体系提供参考。

2. 工 法 特 点

2.1　本工法结合工程结构设计对支模架体的特殊要求，对于局部荷载很大、变形要求很严的部位（如连体结构托柱的柱下），结合工程具体情况合理设置钢筋混凝土临时支撑、其他部位采用 HR 重型门架，可以满足结构设计对大跨度支模体系的强度、刚度和稳定性要求，并可费用优化。

2.2　集中荷载由钢筋混凝土柱承担，均布荷载由门架承担，荷载传递路线明确，方便设计，适用于各种平面和竖向结构布局形式。

2.3　采用施工方法成熟的钢筋混凝土结构和门架支模架体，搭设灵活性强，施工效率高。

3. 适 用 范 围

本工法适用于超高（一般高度超过 8.0m）、大跨（一般跨度≥18.0m）结构，采用常用支模架体或单一支模架体满足不了结构超重荷载（如连体结构托柱集中荷载）及工程结构设计对变形有特殊要求的支模架体的设计与施工。

4. 工 艺 原 理

4.1　对超高、超重、超跨的结构梁、板承重支撑架设计，应根据结构设计要求、施工工艺和施工方法进行综合考虑。见图 4.1-1、图 4.1-2。

4.2 超高超重大跨度支模系统的梁板部位采用 HR 型重型门式架，梁、板上均布荷载由门架承担。平面图、剖面图见图 4.2-1、图 4.2-2。

4.3 大跨度梁上托柱下的竖向支撑采用临时钢筋混凝土柱，其集中荷载由钢筋混凝土柱承担，并满足设计对沉降变形的特殊要求。

4.4 临时钢筋混凝土柱下利用结构承台基础，或另设抬梁支承在结构柱上，高柱之间设置水平连系梁。

4.5 设置临时钢筋混凝土支承平台，把上部数层结构（特别是设置有后浇带的结构）的高空支撑架体转换为常规支模架体，保证上部结构支模体系的稳定性，同时也可作为预应力大梁施工时的操作平台。

4.6 对此类超高、超重、超跨的承重支撑架，选择 HR 重型门架与钢筋混凝土临时结构联合支模架恰当合适，配筋满足结构设计对支模架的特殊要求，又安全经济。

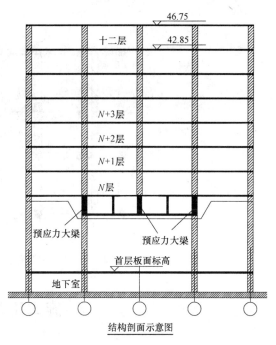

图 4.1-1 超高超重大跨度系统结构剖面示意

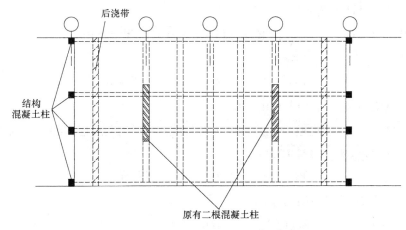

图 4.1-2 超高超重大跨度系统结构平面示意

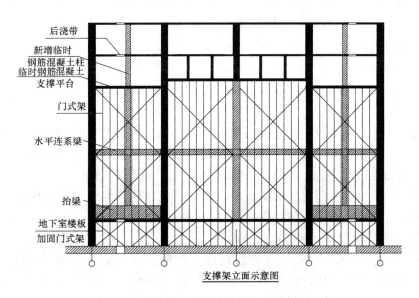

图 4.2-1 超高超重大跨度支撑架系统剖面示意

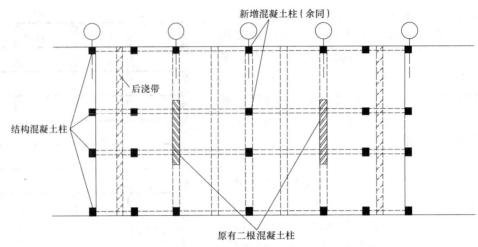

图 4.2-2　超高超重大跨度支撑架系统结构平面示意

5. 施工工艺流程及操作要点

5.1　工艺流程

5.1.1　承重支撑架设计工艺流程（图 5.1.1）

熟悉图纸 → 支撑架方案选择 → 建模 → 受力分析 → 绘制计算简图 → 荷载计算 → 临时混凝土结构计算 →

门架托梁计算 → 门架承载力计算 → 门架基础复核

图 5.1.1　承重支撑架设计工艺流程图

5.1.2　承重支撑架施工工艺流程（图 5.1.2）

施工准备 → 定位放线 → 基础（抬梁）施工 → 临时混凝土结构施工 → 支撑门式架搭设 → 结构混凝土大梁施工 →

上部结构施工 → 符合结构设计要求后，支撑架拆除

图 5.1.2　承重支撑架施工工艺流程图

5.1.3　HR 重型门式脚手架施工工艺流程（图 5.1.3）

弹线复核 → 安放垫板底座 → 立门架立杆 → 设置交叉支撑剪刀撑 → 水平、垂直度调整 → 设置锁臂 →

安装上部门架 → 设置刚性连墙件 → 设置抛撑、扫地杆 → 安装可调托座及调整节（架） → 安装模梁、木楞等 → 架设模板

图 5.1.3　HR 重型门式脚手架施工工艺流程图

5.2　设计及施工要点

5.2.1　承重支撑架体设计

承重支撑架采用 HR 重型门架与钢筋混凝土临时结构联合支模架搭设。

1. 门式钢管支撑架的搭设

HR 重型门架 1m 宽，1.7m 高，主立杆采用 $\phi57 \times 2.5$ 大口径钢管。门架间距根据荷载情况进行设计，对梁、板分别布置。设计的门架间距均指最大间距，实际施工排布时不超过设计的门架间距，门式钢管支撑架搭设进行相应的构造加固处理。见图 5.2.1-1。

大梁底的门式钢管支撑架采用交叉支撑交叉设置，并在该范围大梁底的支撑架左右各设一排门式加固支撑架。门式支撑架间距根据荷载计算确定。

2. 门式支撑架上部的横梁、钢管、木楞等设置

1）梁底模支撑架托梁采用不小于 10 号槽钢作支撑横梁（垂直于梁轴线方向），横梁上的纵向（平行于梁轴线）水平杆采用 $\phi48 \times 3.5$ 钢管或者采用 60mm×80mm 松木方楞，排布间距按均匀布置；

2）纵向水平杆上直接铺设模板；纵向水平杆不混合使用钢管和木楞，同一根梁底只能同时采用同一种材料；

3）楼板下支撑门架（包括大梁左右两侧的加固支撑架）采用不小于 8 号槽钢作门架纵向支撑托梁（垂直于门架方向），槽钢支撑梁上铺设 60mm×80mm 松木方楞，间距为 300mm 以内，上铺木模板，见图 5.2.1-2。

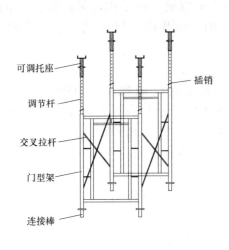

图 5.2.1-1　门架示意图

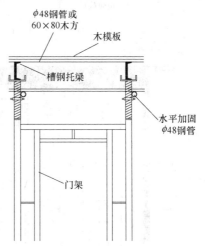

图 5.2.1-2　门式支撑架上部节点大样图

3. 临时混凝土支撑柱的设置

1）对超高、超重、大跨度结构的承重支撑架，加设钢筋混凝土柱减少支模跨度，并作为上部柱子集中荷载的支承。柱基础宜利用地下室底板的柱子，或根据地质情况采用承台基础，柱顶标高为大梁底；在柱顶设置 500mm 高（板厚 20mm）钢箱柱封顶，柱顶与梁底采用橡胶板隔离，以防止拆除临时柱时产生的冲击荷载。

2）在大跨梁的后浇带处设置钢筋混凝土支撑柱，确保梁板变形要求，该柱所处位置若无地下室结构柱，或不便于设置承台基础，可设置钢筋混凝土抬梁，把该柱的荷载传到周边竖向构件上。

4. 支撑架基础部分的处理

1）支撑架座于地下室顶板或楼板上时：

该区域地下室顶板、或楼板、梁的加固支撑架采用 HR 新型可调重型门式脚手架，支撑高度小于 1.7m 的支撑架采用普通扣件式钢管支撑架；$\phi48×3.5$ 钢管作水平杆，上下间距控制在 600mm 以内，顶部为 120mm，顶部增设两只顶轧扣件，形成片式支撑架代替门式支撑架；设计计算时考虑设计工况下的上部所有荷载，该位置支撑架须安排在最后拆除。

2）支撑架座于自然地面时：

该区域自然地面需铺设碎石层，并对表面土层夯实，门式支撑架立脚下铺设垫木，对地基土层承载力要求通过计算确定。设计依据：《建筑结构荷载规范》GB 50009—2001、《建筑地基基础设计规范》GB 50007—2002。

5. 临时钢筋混凝土支承平台的设置

临时钢筋混凝土支承平台梁板的截面尺寸、混凝土强度等级按支承平台所受荷载进行计算、配筋。设计依据：《建筑结构荷载规范》GB 50009—2001、《混凝土结构设计规范》GB 50010—2002。

6. 承重支撑架的其他加固措施

1）整个支撑架在支撑架的外侧周边和内部与支撑架同步设置剪刀撑，同时在每层高度范围和水平间距为 3.6m 处设置一刚性连墙件；

2）整个支撑架内部的钢筋混凝土支撑柱和水平支撑梁的加固：采用 $\phi48×3.5$ 钢管进行扣件式连接

作刚性侧向约束，与支撑柱的连接按每 3.9m 设置（竖向），与水平支撑梁的连接按 3.6m 内设置（水平），其连接做法采用 φ48×3.5 钢管与柱、梁进行扣件式抱箍连接方法。

5.2.2 承重支撑架体计算

承重支撑架的计算分为两个部分：支撑门架的计算和混凝土支撑柱、基础（抬梁）的计算。

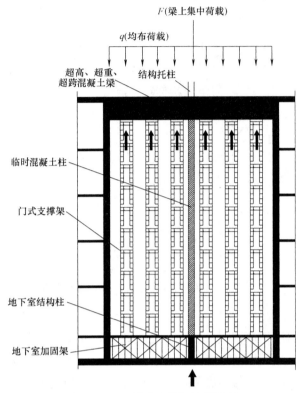

图 5.2.2-1 承重支撑架计算模型

1. 承重支撑架受力方式为：大跨度梁上集中荷载由钢筋混凝土柱承担，梁、板上均布荷载由门架承担，荷载传递路线明确，计算模型见图 5.2.2-1。

2. 设计依据

《建筑结构荷载规范》（GB 50009—2001）、《建筑施工门式钢管脚手架安全技术规范》（JGJ 128—2000）、《钢结构设计规范》（GB 50017—2003）、《建筑施工扣件式钢管脚手架安全技术规范》（JGJ 130—2001）、《混凝土结构设计规范》GB 50010—2002、《建筑施工安全检查标准》JGJ 59—99。

3. 荷载计算

支撑架所受荷载有：（1）梁、板混凝土自重，按 24kN/m³ 计算；（2）钢筋自重，按 1.5kN/m³ 计算；（3）模板自重：按 0.35kN/m² 计算；（4）施工荷载：3kN/m²，振捣荷载：2kN/m²。

4. 门式支撑架计算

1）门架稳定承载力的计算原则

由基本单元"门架"组成的门式脚手架属于节点约束性能较为复杂的多层多跨空间结构，但组成门式脚手架的基本单元"门架"属于框架结构，且门架立杆以受轴心压力为主，故简化为计算门架平面外局部稳定性问题。

2）HR 型可调重型门架的稳定承载力计算

门式脚手架的稳定性按下述公式计算：

$$N \leqslant N^d \tag{5.2.2-1}$$

式中　N——作用于一榀门架的轴向力设计值，取式（5.2.2-2）和式（5.2.2-3）计算结果的较大者：

$$不组合风荷载时：N = 1.2(N_{GK1} + N_{GK2})H + 1.4\sum N_{Qik} \tag{5.2.2-2}$$

$$组合风荷载时：N = 1.2(N_{GK1} + N_{GK2})H + 0.85 \times 1.4(\sum N_{Qik} + 2M_k/b) \tag{5.2.2-3}$$

N_{GK1}——每米高度脚手架构配件自重产生的轴向力标准值；

N_{GK2}——每米高度脚手架附件重产生的轴向力标准值；

$\sum N_{Qik}$——各施工荷载作用于一榀门架的轴向力标准值总和；

H——以 m 为单位的脚手架高度值；

M_k——风荷载产生弯矩标准值，$M_k = q_k H_1^2/10$；

q_k——风线荷载标准值；

H_1——连墙件的竖向间距；

N^d——一榀门架的稳定承载力设计值，按下式（5.2.2-4）计算：

$$N^d = \phi \cdot A \cdot f \tag{5.2.2-4}$$

φ——门架立杆的稳定系数，按 $\lambda=kh_0/i$ 查建筑施工门式钢管脚手架安全技术规范（JGJ 128—2000）规范表 B.6；

i——门架立杆换算截面回转半径，按 $i=(I/A_1)^{1/2}$ 计算；

I——门架立杆换算截面惯性矩，$I=I_0+I_1 \cdot h_1/h_0$；

h_0——门架高度；

A——一榀门架立杆的毛截面积，$A=2A_1$；

I_0、A_1——分别为门架立杆的毛截面惯性矩与毛截面积；

h_1、I_1——分别为门架加强杆的高度及毛截面惯性矩；

f——门架钢材的强度设计值，对 Q235 钢采用 205N/mm²。

k——调整系数，按表 5.2.2 采用：

脚手架高度(m)	≤30	31~45	46~60
k	1.13	1.17	1.22

k 调整系数取值　　　　　　　　　　　表 5.2.2

计算出的 N^d 应于门架生产厂家提供的单片门架允许承载力进行比较，取其最小值进行验算。

5. 支撑架上部的横梁及钢管、木楞、模板等验算

门架上部托梁采用槽钢作门架支撑横梁，横梁上的纵向水平杆采用钢管，松木方楞放置于纵向水平杆上；荷载传力顺序为：结构荷载和施工荷载→模板→松木方楞→纵向水平杆→槽钢托梁→门架。钢托梁、纵向水平杆及门架平面布置示意见图 5.2.2-2。

木楞、门架槽钢托梁根据受力情况进行分析、绘制计算简图进行验算。

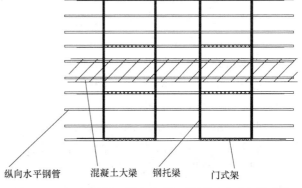

图 5.2.2-2　钢托梁、纵向水平杆及门架平面布置示意

6. 支撑柱及连系梁、抬梁的计算

取代工况为最不利因素处的混凝土柱计算，钢筋混凝土支撑柱所承受的荷载除了计算区域范围内的结构梁、板混凝土荷载、施工荷载和振捣荷载外，还包括结构设计要求的或支撑架未拆除前上部楼层施工的结构荷载。

地基表面不平，或临时混凝土柱不便于设置承台基础时，可设置抬梁，将门式承重架或临时混凝土柱的荷载传递到周边结构柱上。

连系梁是构造梁，用于联系各临时混凝土柱，起到稳定混凝土柱，加强支撑柱的整体稳定性作用。

支撑柱、连系梁、抬梁按《混凝土结构设计规范》GB 50010—2002 进行计算；

5.2.3 承重支撑架体施工

1. 工艺流程

定位放线→基础（抬梁）施工→临时混凝土结构柱施工→支撑门式架搭设（临时混凝土结构联系梁施工）

2. HR 重型门式架施工

1）门架分二次搭设，即地下室顶板结构模板的加固支撑架和地下室顶板以上部分的支撑架，其立杆的平面位置上下对齐。

2）门架搭设前按门架搭设平面布置图所示位置先弹出门架立杆位置线，垫板、底座安放位置应准确。

3）门式支撑架的搭设采用逐排和逐层搭设的方法，其交叉支撑、剪刀撑、水平纵横加固杆、抛撑应紧随门架的安装及时设置，做到随搭随设，连接门架与配件的锁臂、搭钩必须处于锁住状态。

4）门式支撑架顶部采用可调托座和分别采用热轧普通槽钢作托梁，保证让立杆直接传递上部荷载，托座调节螺杆伸出长度不得超过 200mm。

5）门式支撑架底部采用固定底座，顶部采用调整架及木楔调整标高。

6）交叉支撑在每列门架两侧设置，并采用锁销与门架立杆锁牢，施工期间不随意拆除；水平加固杆采用 $\phi48\times3.5$ 钢管，在整个支撑架的周边顶层、底层及中间每 2 列以上每排通长连续设置，梁下支撑架包括加固支撑梁采用 2$\phi48\times3.5$ 钢管作加固水平杆，水平加固杆均采用扣件与门架立杆扣牢；上下层门架间设置锁臂；整个支撑架设置扫地杆。

7）整个高支撑架在支撑架的外侧周边和内部与支撑架同步设置剪刀撑，同时按每层高度范围设置一刚性连墙件。整个支撑架内部利用钢筋混凝土支撑柱和水平联系梁，采用 $\phi48\times3.5$ 钢管进行扣件式连接作刚性侧向约束，与支撑柱的连接按每 3.9m 设置（竖向），与水平支撑梁的连接按 3.6m 内设置（水平），其连接做法采用 $\phi48\times3.5$ 钢管与柱、梁进行扣件式抱箍连接方法。整个支撑架外侧设置抛撑。

8）搭设门式支撑架及配件安装注意事项：

① 交叉支撑、水平架、脚手板、连接棒、锁臂的设置符合构造规定。

② 不同产品的门架与配件不得混合使用于同一脚手架。

③ 交叉支撑、水平架及脚手板紧随门架的安装及时设置。

④ 各部件的锁、搭钩处于锁住状态。

9）水平加固杆、剪刀撑的安装：

① 水平加固杆、剪刀撑安装符合构造要求，并与门架搭设同步进行。

② 水平加固杆采用扣件与门架在立杆内侧连牢，剪刀撑采用扣件与门架立杆外侧连牢。

10）门式支撑架施工时的要求：

① 可调顶托采用四层不干胶带圈绕紧密，防止砂浆、水泥浆等污物填塞螺纹。

② 混凝土浇捣时，按先大梁后模板的原则进行浇捣，大梁混凝土浇捣时分层分皮进行，逐步到位，不一次浇捣到顶。采用泵送混凝土，随浇随捣随平整，混凝土不堆积在泵送管路出口处，并及时摊平；

③ 避免装卸物料对模板与支撑架产生偏心，振动和冲击；

④ 交叉支撑、水平加固杆、剪刀撑不随意拆卸。

3. 临时钢筋混凝土结构施工

1）施工顺序为：先施工基础（抬梁）、再施工临时混凝土支撑柱和联系梁，临时混凝土柱按联系梁位置分段施工。

2）钢筋翻样根据高支撑架设计方案，提出钢筋加工单，经项目部技术负责人审核后，送交加工车间加工，加工好的钢筋按不同规格挂设标识牌，并分类堆放在指定位置。

3）待基础（抬梁）钢筋绑扎完成后，再插入临时混凝土支撑柱插筋，柱插筋下端有平直弯钩，伸至抬梁下皮钢筋处，与钢筋焊牢。

4）柱模板的支设在柱钢筋绑扎完并通过验收后进行，矩形柱模板采用 $\phi14$ 螺杆对拉，螺杆间距为沿柱高@650。支设方法为：先柱子第一段四面模板就位组拼，校正调整好对角线，并用柱箍固定；然后以第一段模板为基准，用同样方法组拼第二段模板，直到柱全高。

5）临时混凝土支撑柱、联系梁、抬梁的浇灌，按常规方法进行。柱混凝土浇灌时，先将混凝土运输送到受料平台上，然后将混凝土用锹铲入串筒内，沿串筒溜入柱内，做到分层振捣；梁混凝土施工时浇灌步距按 2m 控制，全断面平推。

6）在临时混凝土支撑柱顶设置 500mm 高（板厚 20mm）钢箱柱封顶，防止拆除临时柱时产生冲击荷载，柱顶与梁底采用橡胶板隔离，构造如图 5.2.3 所示。

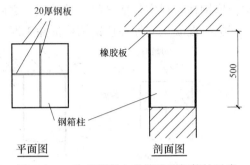

图 5.2.3 临时混凝土支撑柱顶钢箱柱示意

4. 高支撑架体验收

高支撑架组装完毕后，由公司组织进行下列各项内容的验收检查，办理相关手续和书面检查、验收记录。

1）按照《建筑施工门式钢管脚手架安全技术规范》（JGJ 128—2000）的规定对下列几项进行验收检查：①门架设置情况，包括底座、连接棒、锁销、锁臂的设置；②交叉支撑、水平加固杆、扫地杆、剪刀撑、抛撑及水平侧向约束构造的配置情况；③门架横杆荷载状况；④顶托螺旋杆伸出长度；⑤扣件紧固力矩。

2）按照《混凝土结构工程施工质量的验收规范》（GB 50204—2002）的规定，临时混凝土结构划分为模板、钢筋、混凝土三个分项工程组织验收，并按施工缝或施工段划分为若干检验批，对质量控制资料及观感质量进行检查验收，并对临时混凝土柱、联系梁和基础（抬梁）进行见证检测或实体检验。

5.2.4　承重支撑架体拆除

1. 工艺流程

门式承重架从上到下进行拆除→临时混凝土结构柱拆除→临时混凝土结构联系梁拆除→基础（抬梁）拆除。

2. 竖向支撑构件根据设计要求和施工工艺确定拆除步骤。

3. 在支撑楼面梁、板混凝土强度达到设计强度后拆除下部支撑架和临时混凝土结构；支撑楼面梁为预应力大梁时，根据设计要求在预应力筋张拉后拆除下部支撑架，具体根据设计要求确定拆除时间和拆除顺序。

4. 拆除支撑架按从上往下的原则进行，临时混凝土结构紧随门式承重架进行凿除，最后拆除地下室内的加固架。

5. HR 重型门式架拆除：

1）门式架的拆除按施工方案的总体拆除顺序要求确定拆除时间；拆除时在统一指挥下，按后装先拆、先搭后拆的顺序组织拆除工作。

2）拆除门式架前，清除门式架上的材料、工具和杂物等，然后先拆除上部的可调托座及调整节（架），同时卸下跨梁、木楞、钢筋等，再拆除梁板底模板，后按顺序要求自上而下逐层拆除整个支撑架。

3）在拆除过程中，门式架的自由悬臂高度不得超过两步；连墙杆（侧向约束构造）、通常水平杆和剪刀撑等，在门式架拆卸到相关的门架时方可拆除；拆除工作中，严禁使用榔头等硬物击打、撬挖，拆下的连接棒放入袋内，锁臂先传递至地面并放室内堆存；拆卸连接部件时，先将锁座上的锁板与卡钩上的锁片旋转至开启位置，然后开始拆除，不得硬拉，严禁敲击。

4）拆除门式架时，施工操作层铺设脚手板，工人系好安全带。

5）拆除门式架时，设置警戒区和警戒标志，并设专职人员负责警戒。

6）拆下的门架、钢管与配件，分单件由人工传递至地面，分类堆放，严禁高空抛掷。

6. 临时混凝土结构拆除：

1）临时混凝土结构拆除紧随门式承重架的拆除，先柱后梁，从上到下依次拆除。

2）临时混凝土结构拆除前应对混凝土柱受力进行监测，为了防止在拆除临时柱子时，大梁受到冲击荷载，在箱形钢柱下埋设 20mm 厚的预埋钢板埋件，在柱子内侧及两侧埋设。

3）考虑大梁还残留有对柱子的压力，在预埋钢板上焊接钢牛腿，采用液压千斤顶预顶大梁，切割调箱形钢柱，视实际情况收回千斤顶，之后拆除临时柱子。

临时混凝土支撑柱顶钢箱柱拆除工况示意参见图 5.2.4-1。

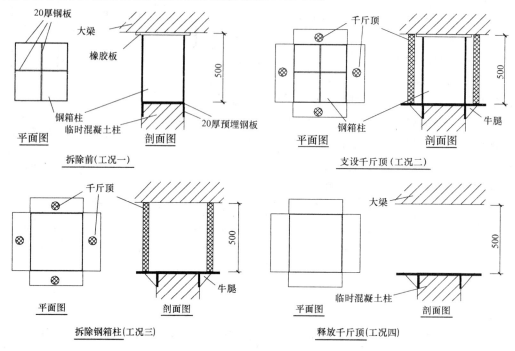

图 5.2.4-1　临时混凝土支撑柱顶钢箱柱拆除工况示意

4）对预应力大梁支撑混凝土柱拆除，按预应力筋张拉次数分阶段释放结构变形，有序缓慢地拆除现有的支撑柱支点钢箱，同时每个支撑柱支点处采用 4 根定做的临时支撑钢管构件作为下个阶段施工的临时支撑，确保结构的安全和正常使用。

5）临时支撑钢管构件采用 3 根 Q235 焊接钢管相套组合成一个钢管支撑构件，其长度均为

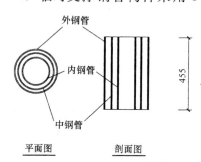

图 5.2.4-2　临时支撑钢管构件示意

455mm，以保留其与钢箱顶板有 5mm 空隙；待预应力筋全部完成张拉工作后拆除钢管支撑。钢管支撑构件规格须经强度计算确定。临时支撑钢管构件示意参见图 5.2.4-2。

7. 施工监测

1）监测内容

在超高超重大跨度结构施工过程中，对高支撑架须进行监测，监测分为三个部分：柱顶和柱底轴力监测、门式脚手架监测和结构柱沉降监测。

2）监测目的

① 掌握结构大梁施工阶段（特别是混凝土浇捣期间）联合支模架体的内力状态和变形状态；

② 掌握上部结构逐层施工阶段联合支模架体的内力状态和变形状态；

③ 掌握结构大梁预应力张拉前后联合支模架体的内力状态和变形状态；

④ 掌握联合支模架体拆除前的内力状态和变形状态，对拆除过程全段跟踪，监控指导拆除进程及方法，了解拆除完毕后的残余应力和变形。

3）监测方法

① 柱顶和柱底轴力监测：为准确反映超高超重大跨度结构大梁在施工完成后还有可能传递到临时设置柱子上的荷载，在柱顶设置轴力监测计，设置方法为：大梁下每根柱子全部设置，具体监测工作委托有监测资质的单位进行全过程的支撑柱轴力检测。

② 门式脚手架监测：门式承重架在搭设过程中，除保证其水平度、垂直度外，还应对门式支撑架的主立杆进行应力应变监测，主要监测范围是：大梁下的承重门式架，悬挑梁下的门式架和楼板下的

门式架，点位设置在跨中位置。

③ 结构柱沉降监测：为准确反映上部主体结构传递到临时设置的混凝土支撑柱子上的荷载引起竖向构件的压缩变形和沉降变形，在柱顶和柱底设置沉降观测点，设置方法为：在超高超重大跨度结构的结构柱和临时混凝土柱子上、下部位全部都设。由专业测量员进行全过程的变形检测，并绘制相应的监测报告。

4）监测频率

① 门架搭设过程中监测三次，分别为：初始、搭设过程中、搭设完毕。

② 结构大梁钢筋绑扎完毕，监测一次；结构大梁混凝土浇捣过程中全程监测。

③ 上部结构每施工一层监测二次，分别为钢筋绑扎完毕和混凝土浇捣完毕。

④ 结构大梁预应力张拉前、张拉完毕分别监测一次。

⑤ 门架拆除前监测一次；临时钢筋混凝土柱拆除前、拆除后各监测一次，拆除过程中全程监测。

6. 材料与设备

6.1 材料

6.1.1 HR 型重型门式脚手架：门架主立杆为 $\phi57 \times 2.5$ 大口径钢管，门架之间交叉支撑为 HR301E 型，质量符合《建筑施工门式钢管脚手架安全技术规范》JGJ 128—2000 的规定。

6.1.2 槽钢：采用 12～8 号槽钢，其质量符合《钢结构结构施工质量验收规范》GB 50205—2001 的规定。

6.1.3 钢管、扣件：钢管采用 $\phi48 \times 3.5$ 规格，扣件种类有：直角形式扣件、旋转形式扣件、对接形式扣件。采购和租赁的钢管、扣件有产品合格证、质量技术监督部门颁发的生产许可证和法定检测机构的检测检验报告，其质量符合《建筑施工扣件式钢管脚手架安全技术规范》JGJ 130—2001、《钢管脚手架扣件》GB 15831—95 的规定和技术标准要求。

6.1.4 木楞、模板：木楞采用 60mm×80mm 松木方楞，模板采用九夹胶合板，其质量符合《木结构工程施工质量验收规范》GB 50206—2002、《混凝土结构工程施工质量验收规范》GB 50204—2002 的规定。

6.1.5 混凝土：其质量符合《混凝土结构工程施工质量验收规范》GB 50204—2002、《预拌混凝土》GB 14902—2004、《普通混凝土配合比设计规程》JGJ 55—2000 的规定。

6.2 机具设备和劳动力

6.2.1 机具设备：

1. 施工所用的机具设备有：塔吊、商品混凝土运输车、吊斗、插入式振动棒、交流电焊机以及调直机、弯曲机、平刨机等钢筋混凝土施工有关设备。

2. 检测所用的仪器有：扭力扳手、水准仪、经纬仪、轴力监测计等。

6.2.2 劳动力：

支撑架所需操作人员主要有：架子工、混凝土工、钢筋工、电焊工、电工、机操工、普工。劳动力数量根据实际工程量进行安排。架子工、电焊工、电工、机操工等特殊工种必须持证上岗。

7. 质量控制

7.1 质量控制标准

本工法施工质量应符合《混凝土结构工程施工质量验收规范》GB 50204—2002《建筑施工门式钢管脚手架安全技术规范》JGJ 128—2000 和《建筑施工扣件式钢管脚手架安全技术规范》JGJ 130—2001有关规定。

7.2　施工操作中的质量控制

7.2.1　对每个进入本项目搭设施工的人员，均要求达到一定的技术等级，具有相应的操作技能，操作人员持证上岗，项目部对每个进场的劳动力进行考核，同时，在施工中进行考察，对不合格的施工人员坚决退场，保证操作者本身具有合格的技术素质。

7.2.2　加强对每个施工人员的质量意识教育，提高他们的质量意识，自觉按操作规程进行操作，在质量控制上加强其自觉性。

7.2.3　施工管理人员，特别是工长及质检人员，随时对操作人员所施工的内容，过程进行检查，在现场为他们解决施工难点，进行质量标准的测试，对达不到质量要求及标准的部位，指导操作者整改。

7.2.4　在施工中各工序要坚持自检、互检、专业检制度，在整个施工过程中，做到工前有交底，过程有检查，工后有验收的"一条龙"操作管理方式，以确保工程质量。

7.3　混凝土施工质量控制

7.3.1　临时支撑柱、联系梁、抬梁的模板以九夹板为主，木材搁栅和扣件钢管作支撑，所有模板均由木工翻样画出翻样图，经施工、技术人员复核。

7.3.2　钢筋绑扎施工时，钢筋接头要互相错开，搭接长度和钢筋截面积比率、钢筋级别、直径、根数和间距均符合设计规定和施工规范要求。钢筋接头焊接前，根据同等施工条件进行试焊，合格后再正式焊接。在钢筋绑扎完成后，质量员进行全面复核，并进行隐蔽工程验收，做好隐检记录。

7.3.3　混凝土所用原材料，包括水泥，砂，石等，有质保书和复检资料，并按国家规范和有关规定检验，每项技术指标符合要求后方能使用。水泥质量符合《硅酸盐水泥、普通硅酸盐水泥》（GB 175—1999）的技术规定，粗骨料的质量和检验符合《普通混凝土用碎石或卵石质量标准及检验方法》（JGJ 53—92）中的有关规定；细骨料的质量和检验符合《普通混凝土用砂质量标准及检验方法》（JGJ 52—92）中的有关规定，拌合用水采用无污染自来水。

7.3.4　振捣临时支撑柱时，用串筒或溜槽下料，避免离析，混凝土浇捣严格分层作业，严格控制沉实时间，对于梁、柱交接位置，钢筋密集，避免在此停歇或交接班。

7.3.5　混凝土浇捣完成后，由专人负责混凝土养护，混凝土在浇筑12h后即行浇水养护。对支撑柱竖向混凝土，拆模后用麻袋进行外包浇水养护，对梁、板等水平结构的混凝土进行保水养护，同时在梁板底面用喷管向上喷水养护。

7.4　门式架施工质量控制

7.4.1　门架及其配件的规格、材质、性能及质量应符合《建筑施工门式钢管脚手架安全技术规范》JGJ 128—2000、《门式钢管脚手架》JG 76 的规定，并有出厂合格证明、检验鉴定证书和产品标志，项目部按规定进行检查、验收，且达到规范规定的 A 类质量要求，不配套的门架与配件不能混合使用，严禁使用不合格的门架、配件。

7.4.2　钢管表面平直光滑，没有裂缝、结疤、分层、错位、硬弯、毛刺和深的划道，不自行对接加长，明显弯曲变形不超过《建筑施工扣件式钢管脚手架安全技术规范》JGJ 130—2001 的规定，并做好防锈处理，扣件没有裂缝、变形，表面大于10mm²的砂眼不超过3处，且累计面不大于50mm²；螺栓不出现滑丝。

7.4.3　钢管、扣件使用前，按照有关规定对钢管、扣件质量进行见证取样，送法定检测机构检测，检测批次按不同厂家、不同型号和规定的批量划分，原则上钢管、扣件不少于一个检测批。

7.4.4　门架垂直上下安装时，注意检查连接棒的直径是否与门架钢管内径配套，既便于插放又不能空隙较大，连接后必须保证紧密结合，水平架随门架搭设到预定位置时同步安装。

7.4.5　门式支撑架每搭完一步架体后，按表7.4.5要求检查并调整其水平度与垂直度。

7.4.6　加固件、连墙件等与门架采用扣件连接时符合下列规定：

1. 扣件规格与所连钢管的外径相配；

门式支撑架水平度与垂直度允许偏差 表 7.4.5

项　目		允许偏差(mm)	项　目		允许偏差(mm)
垂直度	每步架	$h/1000$ 及 ± 2.0	水平度	一跨距内水平架两端高差	$\pm l/600$ 及 ± 3.0
	脚手架整体	$H/600$ 及 ± 25		脚手架整体	$\pm L/600$ 及 ± 50

注:h—步距;H—支撑架高度;l—跨距;L—支撑架长度。

2. 扣件螺栓拧紧扭力矩为 $50 \sim 60 \mathrm{N} \cdot \mathrm{m}$,并不小于 $40 \mathrm{N} \cdot \mathrm{m}$;

3. 各杆件端头伸出扣件盖板边缘长度不小于 $100 \mathrm{mm}$。

8. 安 全 措 施

8.1 交叉支撑在每列门架两侧设置,并采用锁销与门架立杆锁牢,施工期间不随意拆除。

8.2 水平加固杆采用 $\phi 48 \times 3.5$ 钢管,在整个支撑架的周边顶层、底层及中间每 2 列以上每排通长连续设置,水平加固杆采用扣件与门架立杆扣牢。

8.3 上下层门架间设置锁臂,整个支撑架设置扫地杆。

8.4 在整个支撑架的外侧周边和内部与支撑架同步设置剪刀撑,同时支撑梁、板下各层层高范围和水平间距为 3.6m 处设置一刚性连墙件。整个支撑架外侧设置抛撑。

8.5 整个重型门式架与钢筋混凝土支撑柱、水平联系梁进行扣件式连接作刚性侧向约束,与支撑柱的连接按每 3.9m 设置(竖向),与水平联系梁的连接按 3.6m 内设置(水平),其连接做法采用 $\phi 48 \times 3.5$ 钢管与柱、梁进行扣件式抱箍连接方法。

8.6 拆除支撑架时,地面设围栏和警戒标志,并派专人看守,严禁一切非操作人员人内。

8.7 门式支撑架按后装先拆的原则拆除,拆除前,清除脚手架上的材料、工具和杂物,拆除时门架的自由悬臂高度不得超过三步,否则加设临时拉结。对于连墙件、水平加固杆、剪刀撑等,须在门架拆卸到相关跨门架后,方可拆除。

8.8 拆卸连接部件时,先将锁座上的锁板与搭钩上的锁片转至开启位置,然后开始拆卸,不准硬拉,严禁敲击;拆下的连接棒放入袋内,锁臂应先传递至地面并放入室内堆存,拆下的门架、钢管与配件,捆好后用塔吊机械吊运至地面,防止碰撞,严禁抛掷。

8.9 临时混凝土支撑结构拆除,按照先梁后柱的顺序依次从上到下拆除,保证未拆除部分的稳定性;作业人员拆除时,注意随时挂牢安全带,工作中,严禁使用重型榔头等硬物击打、撬挖。

8.10 高支撑架使用和拆除过程中,对混凝土支撑柱顶轴力和门式脚手架主立杆应力应变进行监测,通过监测了解混凝土支撑柱与门式架的受力情况,核对与支撑架设计数据是否相符,若发现异常立即停止上部结构的施工,对支撑架进行加固,避免出现安全事故。

9. 环 保 措 施

9.1 认真学习环境保护法,执行当地环保部门的有关规定,会同有关部门组织环境监测,调查和掌握环境状态。

9.2 督促施工人员遵守市民规范,现场施工人员统一着装,均佩戴胸卡,按人员类别、工种统一编号管理。

9.3 建立环保工作自我监控体系,采取有效措施控制人为噪声、粉尘的污染和采取技术措施控制污水、烟尘、噪声污染。

9.4 工程使用的机动车辆,保持技术性能良好,部件紧固,无刹车尖叫声;并安装完整有效的排气消声器,行车噪声符合国家机动车允许噪声标准。

9.5 施工现场生产加工区中噪声较大地点,例如木加工棚采取适当隔声措施。

9.6 合理调节作息时间，尽量减少在夜间施工时间，不影响施工场地周围居民的正常休息。

9.7 混凝土采用商品混凝土，避免现场混凝土搅拌对工地及周围环境的影响。

9.8 建筑垃圾、散体物料运输车辆的车厢确保牢固、密闭化，严禁在装运过程中沿途抛、洒、滴、漏，工地道路用混凝土硬化，出入口设置通畅的排水设施，并派专人冲洗运输车辆轮胎，保持出入口通道的整洁。

9.9 高支撑架外侧满包细目绿色安全网，防止杂物、灰尘外散，形成环境污染，密目网拆除前先清洗后拆除。

9.10 对进出场道路，不乱挖乱弃，旱季注重道路洒水养护，降低粉尘对环境的污染，雨季做好沟渠疏通，防止因雨水剥离道路造成污染。

10. 效 益 分 析

超高、超重、大跨度结构的承重支撑架采用 HR 重型门架门式脚手架为主，并加设了若干根钢筋混凝土柱、钢筋混凝土抬梁、钢筋混凝土联系梁，经过工程实践，具有良好的社会效益和经济效益。

10.1 门式脚手架比传统的钢管扣件支模架有较多的优点，门式脚手架结构设计科学，结构尺寸标准，拼拆无需工具，方便快捷。整体构架可靠性好，承载能力大，搭设灵活性强，施工效率高；整体构架垂直方向通过调节杆、可调托座和可调底座调节所需施工高度，调节灵活，充分满足各种高度现浇工程的要求，其安全性能可靠，是解决超高、超重、大跨度结构施工的重要保证。

10.2 超高、超重、大跨度结构，若采用钢结构支撑架，其结构设计复杂，节点多，施工质量要求高，整体成本费用较高，而且也难以满足结构设计对架体变形的特殊要求，但采用门式支撑架为主，加设若干根钢筋混凝土柱、钢筋混凝土抬梁、钢筋混凝土联系梁的做法，即减少了支撑结构跨度，又充分利用了混凝土易于受压的特性，且搭拆方便，整体性好，成本较低，确保了工程安全。

11. 应 用 实 例

超高超重大跨度结构 HR 重型门架与钢筋混凝土临时结构联合支模架设计与施工工法于 2004～2005 年应用于浙江工商大学下沙校区行政楼工程入口门厅的连体结构位置；2006 年应用于长城大厦工程；2006～2007 年应用于福雷德广场会展中心工程。

11.1 浙江工商大学行政楼工程

11.1.1 浙江工商大学下沙校区行政楼工程位于杭州下沙经济开发区高教园区东区，浙江工商大学校内。该工程总建筑面积 48208m²，地下一层，地上总层数 12 层，总高度 51m。在 B 区（15）～（19）×（A）～（D）轴间除在 16 轴和 18 轴间中部各有一根 0.8m×6.8m 高 18.05m 的钢筋混凝土柱外，该区域内（15）～（16）轴间和（18）～（19）轴间从地下室底板起至屋面板均各设置一条后浇带，其余为通透空间形成的入口门厅，其中六层楼面结构标高为 19.45m，转换大梁底标高为 15.65m，跨度 19m，大跨度预应力梁截面尺寸 700mm×3800mm。

建筑物中部六层楼面下（15）～（19）×（A）～（D）轴区域内设有通透空间形成的入口门厅，六层楼面结构标高为 19.45m，在 16 轴和 18 轴间中部各有一根 0.8m×6.8m 的钢筋混凝土柱，入口顶部大跨度预应力转换大梁截面尺寸 700mm×3800mm，跨度 19m，大梁底标高为 15.65m。

大梁结构平面示意参见图 11.1.1-1，转换梁、悬挑梁模板示意参见图 11.1.1-2、图 11.1.1-3。

剖面示意参见图 11.1.1-4，竣工后照片参见图 11.1.1-5。

11.1.2 该工程的结构设计对施工提出的要求如下：

1. 转换大梁和悬臂梁的预应力钢绞线分两次张拉，第一次张拉为九层楼面施工完成，且（15）～（19）轴八层楼面混凝土强度达到 90% 设计强度后进行，第二次张拉为屋面施工完成，且（15）～（19）

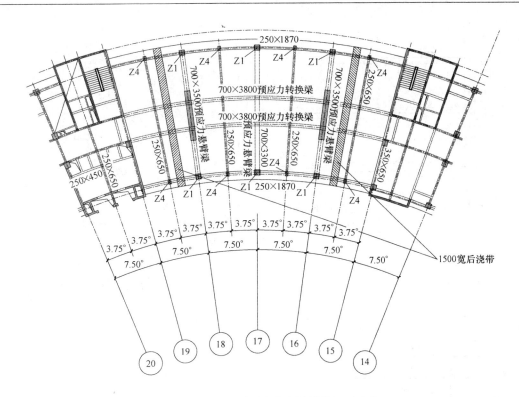

图 11.1.1-1 六层预应力大梁结构平面示意

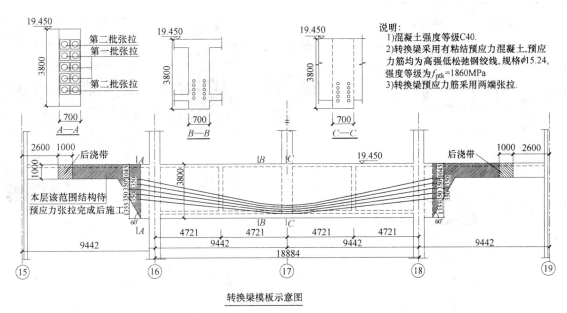

转换梁模板示意图

图 11.1.1-2 转换梁模板示意

轴屋面混凝土强度达到 70% 设计强度后进行；

2. 中柱轴力按 5000kN，边柱按 3000kN 进行设计，支撑构件的压缩变形及地基变形不大于 4mm；

3. 该区域内（15）～（16）轴间和（18）～（19）轴间从地下室底板起至屋面板各设置一条后浇带，后浇带封闭需在主体结构结顶后 30d 进行；

4. 六层楼面在（15）～（16）轴间和（18）～（19）轴间有较大范围楼面结构混凝土需待转换大梁预应力张拉完成后施工。

11.1.3 主体结构荷载情况：

1. 静载部分：

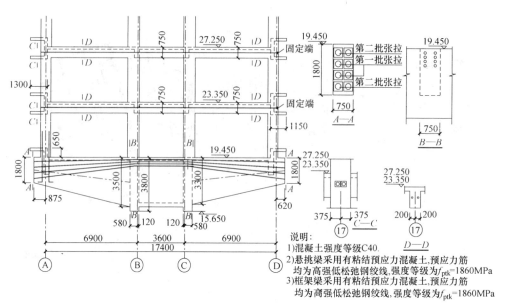

图 11.1.1-3　悬挑梁模板示意

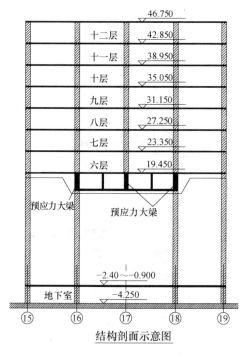

图 11.1.1-4　剖面示意

图 11.1.1-5　浙江工商大学下沙校区行政楼竣工后照片

1）地下室顶板厚度按 300mm 考虑，其面荷载为 7.50kN/m²，地下室顶板梁最大截面尺寸为 500mm×750mm，其线荷载为 9.375kN/m。

2）支撑平台、七层、八层板厚为 150mm，其面荷载为 3.75kN/m²，八层以上板厚为 130mm，其面荷载为 3.25kN/m²，梁最大截面尺寸为 400mm×750mm，其线荷载为 7.5kN/m。

3）六层最大板厚为 300mm，其面荷载为 7.5kN/m²，梁最大截面尺寸为 700mm×3800mm 和 750mm×3500mm，其线荷载分别为 66.5kN/m 和 65.625kN/m。

2. 活载部分：

1）施工荷载标准值为 3kN/m²。

2）振捣混凝土时产生的荷载标准值为 2kN/m²。

3）杭州地区基本风压值为 0.45kN/m²。

11.1.4 高支撑体系搭设

为保证高支撑体系有足够的承载力、刚度和稳定性，采用 HR 型重型门式架搭设，大梁下加设 16 根钢筋混凝土柱以作为上部集中荷载的支承结构，并加设了钢筋混凝土抬梁、钢筋混凝土联系梁和钢筋混凝土支撑平台，经计算，受力及变形都能满足规范的要求，且满足本工程设计的特殊变形要求，同时费用相对较便宜，施工简便。高支撑体系搭设示意参见图 11.1.4-1～图 11.1.4-4。

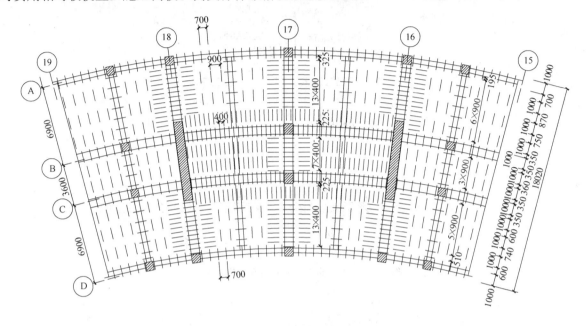

图 11.1.4-1　门架搭设平面示意图

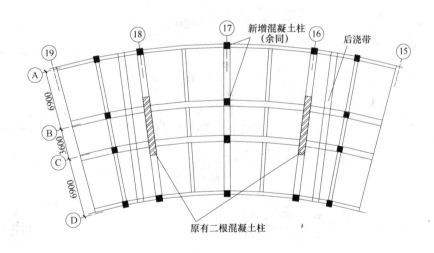

图 11.1.4-2　临时支撑柱设置平面示意图

11.1.5 施工过程

2004 年 4～5 月进行高支撑架的方案设计、编制工作，2004 年 6 月聘请专家论证高支撑架方案，2004 年 6 月开始搭设高支撑架，2004 年 8 月搭设完毕。

转换层（即六层）结构混凝土浇筑于 2004 年 9 月 11 日完成，七层结构混凝土于 9 月 21 日浇筑完成，八层结构混凝土于 9 月 30 日浇筑完成，九层结构混凝土于 10 月 10 日浇筑完成，十层结构钢筋、模板支设于 10 月 18 日完成，预应力按设计要求于 10 月 20 日进行预应力张拉，10 月 25 日第一次预应力张拉完成，10 月 27 日转换大梁下门架拆除，十层结构混凝土于 11 月 16 日浇筑完成，十一层结构混凝土于 11 月 28 日浇筑完成，12 月 18 日结顶，12 月 30 日第二次预应力张拉完成。

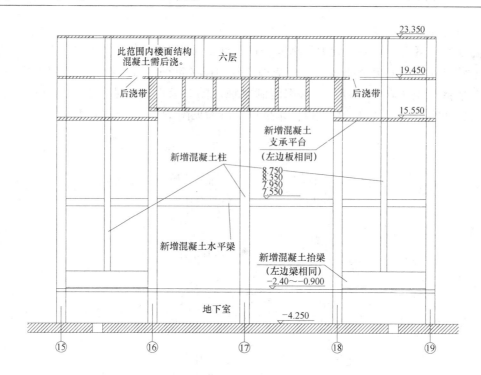

图 11.1.4-3　临时混凝土结构立面示意图

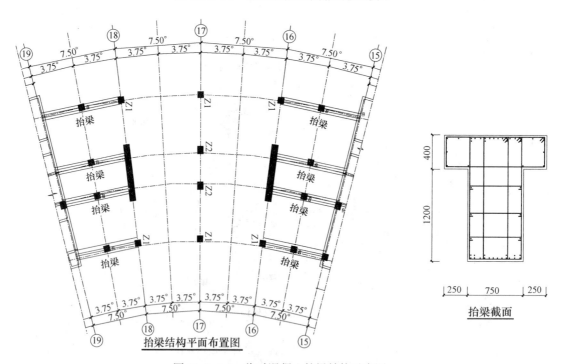

图 11.1.4-4　临时混凝土抬梁结构示意图

11.1.6　施工中的监测

在整个施工过程中，由浙江大学土木系检测中心和华东工程检测技术有限公司对支撑架进行了监测，监测分为：柱顶轴力的监测、门式脚手架应力应变的监测、结构柱沉降监测。

1. 柱顶轴力的监测

为准确反映转换大梁及悬挑大梁在预应力张拉后还有可能传递到临时设置的 8 根柱子上的荷载，在柱顶设置轴力监测计。

设置方法为：⑰轴上的四根柱子全部都设，每根柱子在对角各设一只轴力计；选Ⓐ×⑱轴和Ⓓ×

⑯轴的二根柱子，以保证是对角线上的，每根柱子在对角各设一只轴力计。同时，为了防止在拆除临时柱子时造成转换大梁和悬挑大梁受到冲击荷载，在箱形钢柱下埋设 20mm 厚的预埋钢板埋件，具体埋设方法为：Ⓐ轴和Ⓓ轴的悬挑大梁下柱子内侧埋设；⑰×Ⓑ、Ⓒ轴的转换大梁下柱子两侧埋设，具体布置详图 11.1.6-1。

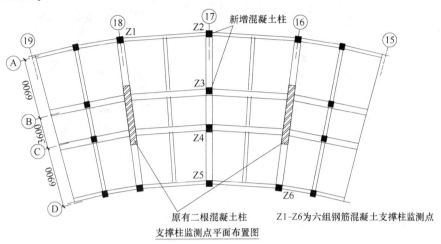

图 11.1.6-1 支撑柱监测点平面示意

2. 门式脚手架应力应变的监测

在门式钢管支撑架在搭设过程中，除保证其水平度、垂直度外，还对门式支撑架的主立杆进行了应力应变监测，主要监测范围是：在地下室门式支撑架、六层转换大梁下的门式架、悬挑梁下门式架和楼板下门式架。地下室共设置 6 个点，六层梁、板结构下共设置 9 个点，具体布置详图 11.1.6-2。

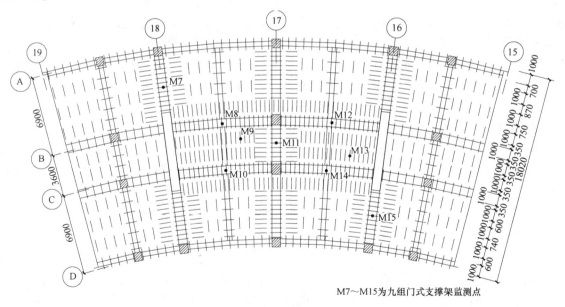

图 11.1.6-2 门式架监测点平面示意

3. 混凝土结构柱沉降监测

为了准确反映上部主体结构传递到临时设置的 8 根柱子和 2 根永久性结构柱上的荷载引起竖向构件的压缩变形和沉降变形，在 10 根柱子的柱顶和柱底设置沉降观测点，具体点位布置详图 11.1.6-3。

4. 监测总结

柱顶轴力的监测从 9 月 22 日七层混凝土浇筑后开始监测，一直到 12 月 30 日预应力张拉全部完成后结束，共监测 16 次，经过监测柱顶最大轴力值出现在Ⓐ×⑰轴和Ⓓ×⑰轴的二根边柱处，最小轴力

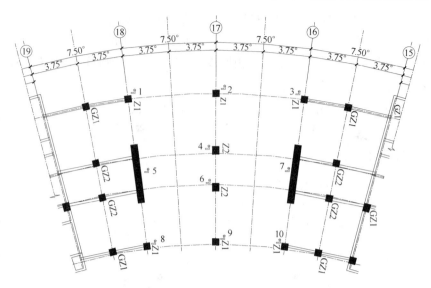

变形监测点平面布置图

图 11.1.6-3　变形监测点平面布置图

值出现在⑰轴的二根中柱处，最大轴力值 2478kN 未超过计算的数值。

门式支撑架的监测时间为：从 6 月 28 日地下室顶板混凝土施工完成后开始监测，直到门架全部拆除为止，地下室门式脚手架共监测 15 次，六层门转换大梁下的门式架，悬挑梁下门式架和楼板下门式架共监测 9 次。门架所受最大轴力出现在转换大梁浇筑后，最大值为 42.3kN，未超过计算的数值。

混凝土结构柱沉降监测的时间为：从 9 月 12 日转换层结构混凝土浇筑后开始监测，直到第二次预应力张拉完毕为止，共监测 11 次，结构柱最终沉降变形值最大为 3mm，未超过设计要求的数值。

11.1.7　经济效益分析

对于本工程而言，由于其线荷载重、跨度大、支撑架搭设高度高，若采用钢结构支撑架，其搭设及拆除后整体成本为 210 万元，但采用门式支撑架的做法，整个支撑架成本为 180 万元（含增加的钢筋混凝土柱、抬梁、连系梁和支撑平台），可节约 30 万元，并且搭拆方便。

11.2　福雷德广场会展中心工程

福雷德广场会展中心工程位于杭州下沙高校园区，南隔学林街与杭州电子学院相望，北邻学源街，东接文泽路，西靠规划道路。工程总建筑面积 93868m²，一幢二十九层主楼及三层裙房，地上 4～29 层，地下 1 层。

在主楼门厅处三层楼面有大跨度预应力梁，最大梁截面尺寸 1200mm×3600mm，支撑架搭设高度为 10.02m，大梁平面布置图参见图 11.2，该支撑架属于高支撑架系统。

为保证高支撑体系有足够的承载力、刚度和稳定性，该区域板、梁的模板支撑采用采用 HR 型重型门式架搭设，预应力大梁下搭设间距控制在 0.500m 以内，其他梁板下控制在 0.93m 以内，大梁下加设 1 根钢筋混凝土柱以减小支撑体系的跨度，并加设了钢筋混凝土联系梁，保证高支撑体系的整体稳定，经计算，受力及变形都能满足规范的要求，同时费用相对较便宜，施工简便。

11.3　长城大厦工程

长城大厦工程位于钱江新城，西南临望江路，西北为规划拟建的长城路，东南及东北面为尚未开发的商业用地，地下 2 层，地上 23 层，结构形式为钢筋混凝土框架-筒体结构，建筑高度 99.8 米，总建筑面积为 35553.9m²。

在主楼五层中庭顶部设有大跨度预应力梁，跨度 18m，最大梁截面 400mm×4400mm，支撑架搭设高度为 20.3m。梁的模板支撑采用采用 HR 型重型门式架搭设，门架沿平行梁轴线方向放置，梁底两

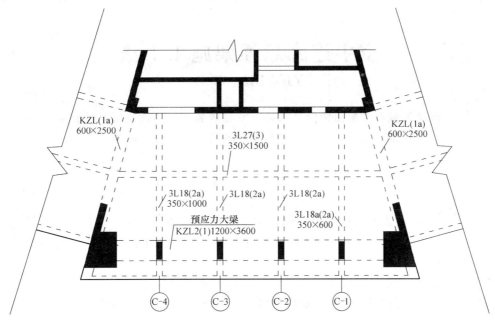

图 11.2　三层楼面大梁平面布置图

侧各设 3 排门架，门架采用交叉拉杆连接，横向间距 0.93m，沿跨度方向门架与门架间距 0.22m 和 0.85m，大梁下加设 1 根钢筋混凝土柱以减小支撑体系的跨度，并加设了钢筋混凝土联系梁，保证高支撑体系的整体稳定，经计算，受力及变形都能满足规范的要求。

空中连廊悬浮架施工工法

YJGF182—2006

浙江展诚建设集团股份有限公司　福建省九龙建设集团有限公司

楼道安　吴建挺　赵鹏飞　朝明　陈兆溪　胡治良

1. 前　　言

在城市建设中，越来越多的高层建筑、钢结构建筑因设计外观需要，设置高空外挑、空中连廊等建筑结构形式，其结构为劲性混凝土或者钢结构。采用悬浮架施工工法是解决上述建筑结构高空安装施工的简便、经济的施工工法。

悬浮架施工工法是浙江展诚建设集团股份有限公司在浙江舟山新城大厦等项目施工过程中应用的技术成果，已于 2005 年 8 月 2 日和 7 月 26 日分别申请中华人民共和国国家知识产权局发明专利和实用新型专利。

2. 工 法 特 点

2.1 不影响原有主建筑的施工进度，适时插入或平行施工高空连廊建筑，不占用工期关键线路。

2.2 施工不需要占用场地，对于施工场地狭小，大设备不能进场时，该技术显示出独特的优势。

2.3 结构轻盈，施工便捷、安全，制作、安装简单易行，且灵活机动，可以利用现场现有塔吊进行吊装。

2.4 钢结构构件以及其他预制构件可以在室内加工制作，可以缩短工期 10%～40% 左右。

2.5 费用低，与其他形式脚手架相比，工程造价降低 20%～50% 左右。

3. 适 用 范 围

本工法适用于劲性混凝土结构或者钢结构高空外挑、空中连廊建筑结构体系，从地面搭设脚手架成本过高的工程。

4. 工 艺 原 理

本工法的工艺原理为：利用劲性混凝土结构钢主梁以及预制次梁（或者钢次梁）在高空安装就位形成空中连廊建筑物的钢结构框架，利用该钢结构框架的承载力搭设悬浮脚手架的原理。钢主梁在室内加工制作时，在钢主梁（预制次梁）下表面预先焊接或者连接 $\phi12$ 螺杆@1000，在搭设外挑脚手架时作为固定杆件之用，用现场已有的塔吊安装就位。完成了脚手架的搭设，就可以进行钢主梁、楼板模板的制作。利用钢结构自身承载力承载模板、施工荷载，然后进行混凝土的浇捣，最后完成高空外挑、空中连廊建筑结构的施工。

5. 施工工艺流程及操作要点

5.1　施工流程

连廊钢主梁及预制次梁制作→各层钢主梁吊装→第一层钢主梁斜拉杆安装→第一层连廊预制混凝

土次梁（或者钢次梁）吊装→第一层水平支撑安装→悬浮脚手架安装→第一层模板、钢筋制作安装→第一层连廊梁板混凝土浇捣→外架搭设→以上各层连廊模板、钢筋、混凝土施工→连廊外墙及底板装修→外架拆除→悬浮脚手架拆除。

5.2 各流程具体操作要点

5.2.1 连廊钢主梁制作

为保证钢主梁本身的制作质量，钢主梁均需委托专业厂家加工而成。为便于运输，钢梁应该分段预制，然后运到工地现场，再请制作厂家到现场拼接成完整梁。将接头焊缝置于梁的三分之一处，该处梁的弯矩和剪力相对不是最大，从而减小焊接对钢梁的承载力的影响。为减小焊接产生的变形，焊接时尽可能的实行对称焊接；为保证焊缝的高度及焊接的质量，电焊时尽可能采用剖口平焊。各阶段的焊接要严格按照图纸及规范执行，钢梁的制作要仔细，其附在上面的一些部件也一定要做好，减小高空作业。

5.2.2 连廊钢主梁吊装

连廊钢主梁吊装前应预埋好用于搁置钢梁的支座钢板和格构柱，放置格构柱时应注意轴线、标高以及垂直度。

连廊钢主梁吊装应该在主楼混凝土浇筑完，支模完成时吊装，吊装连廊钢主梁时利用已有塔吊，采用二点吊法；要求钢丝绳长短一致，吊于已做好的工字钢吊环上，然后平稳起吊；一端搁置在预埋钢板上，另一端搁置于格构柱上，待复核无误后用电焊焊牢（各层钢主梁吊装工艺流程参见图5.2.2）。上面几层以次类推。

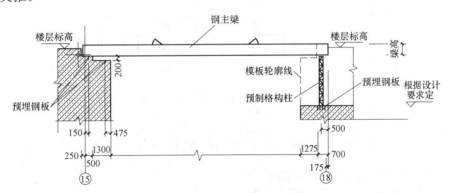

图5.2.2　各层钢主梁吊装工艺流程示意图

5.2.3 斜拉杆安装

在经过计算第一层钢主梁不能承担相应的模板、钢筋以及混凝土浇捣施工荷载时要设置斜拉杆；斜拉杆在主楼上一层混凝土浇筑完成后，第一层连廊开始施工前首先安装。斜拉杆采用6φ28钢筋，与钢板的焊接总长度应大于30cm，采用双面焊，钢筋间距8cm，拉杆必须保证顺直，不得有弯曲现象。

5.2.4 预制混凝土次梁（或者钢次梁）制作及吊装

（以预制混凝土次梁为例）应提前预制，次梁应严格按照图纸尺寸和要求预制，（预制混凝土次梁施工参见图5.2.4）。

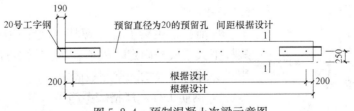

图5.2.4　预制混凝土次梁示意图

在预制次梁强度达到100％后，才能进行预制次梁的吊装，吊装预制次梁时利用一个塔吊，采用二点吊法，要求钢丝绳长短一致，平稳起吊，放置于钢主梁的牛腿上，待复核无误后用电焊在加肋板上焊牢。在吊装时同时安装水平拉杆，吊装时应从两边向中间，要检查钢主梁有没有侧向弯曲，并注意随时校正，吊一根预制次梁，搭设一段悬浮脚手架，其方法见下节。

5.2.5 悬浮脚手架安装

在预制次梁安装前，将方木用螺杆装配好吊杆。在次梁和水平拉杆安装完毕后开始安装悬浮脚手架钢管，第一排钢管穿过第一根次梁的吊环，并与主楼脚手架连接，参见图 5.2.5-1。第二排 3m 长钢管穿过第二根次梁的吊环，另一头与第一根钢管连接，并不少于二个轧头，参见图 5.2.5-2。第三次安装，用 3m 长钢管穿过第三根次梁的吊环，另一头与第二根钢管用轧头连接，依此类推。分布钢管及脚手片在铺设时及时跟上，东西两头应对称同时施工。

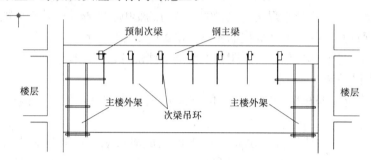

图 5.2.5-1 第一次安装示意图

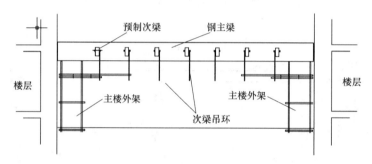

图 5.2.5-2 第二次安装示意图

5.2.6 第一层悬浮脚手架外侧架的安装

提前在钢主梁上焊好螺杆，使吊架的分布钢管能固定在其上面（参见图 5.2.6）。在上一层的钢主梁上穿好钢丝绳，再把一头固定的侧架的外侧（若觉得外侧架不够牢固时的加固措施，实际施工时根据情况确定）。

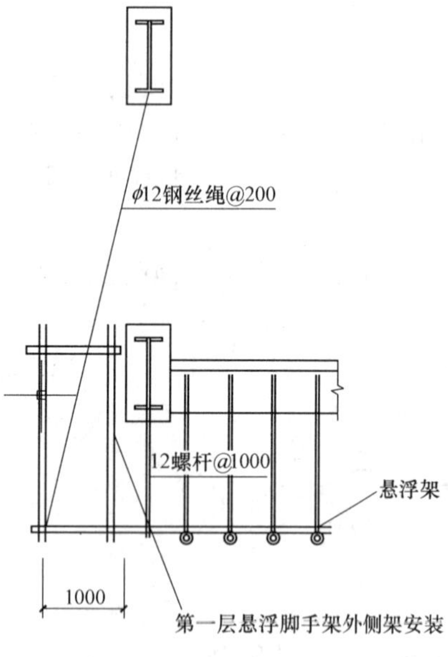

5.2.7 第一层梁板混凝土工程

1. 模板工程（底模板的铺设方法参见图 5.2.7-1）。

1）板底模板铺设。在预制梁的预留洞中穿螺杆，使方木固定在梁上（此项工作在次梁吊装前完成），上放二块小木楔，再在其上放置搁栅方木，放置模板九夹板。

2）大梁模板铺设（劲性混凝土主梁模板做法参见图 5.2.7-2）。

提前在钢主梁上焊好螺杆（在钢主梁吊装前完成），利用螺杆把大梁底模固定，提前在钢主梁上打好穿螺杆的眼，再利用对穿螺杆把大梁的梁侧板固定。

2. 钢筋工程。严格按图施工（略）。

3. 混凝土工程。混凝土掺入适量早强剂，浇捣时要注意混凝土的堆放高度，减小集中荷载（过程略）。

5.2.8 外挑架搭设

在第一层楼板面放置长为 3m 的槽钢，在一层混凝土强度

图 5.2.6 第一层悬浮脚手架外侧架的安装示意图

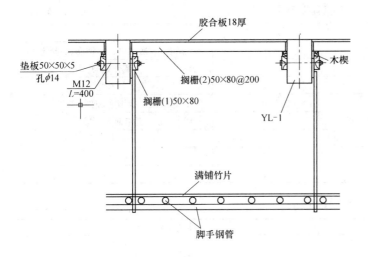

图 5.2.7-1　底模板的铺设方法示意图

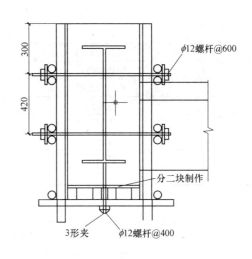

图 5.2.7-2　劲性混凝土主梁模板做法示意图

达到 70％时，开始搭设联廊外挑架，搭设方法为：一头焊一根L50×5 角钢与楼板预埋铁连接，中间焊在主梁预埋铁上，间距为 1500mm，外挑脚手架立杆插槽钢预先焊好的 ϕ30 的钢管上，然后按外挑架搭设方法搭设，具体参数为：脚手架立杆横距 1000mm，纵距 1500mm，步高 1800mm，每边设二道剪刀撑外设栏杆并挂安全网（参见图 5.2.8）。

5.2.9　上一层联廊主体施工

在第一层外架搭设到上一层楼面上一步后，开始在上一层连廊支模扎钢筋，待第一层混凝土强度达到 100％后，方可浇捣上一层混凝土，按一般的钢筋混凝土结构操作规程施工。

5.2.10　其他各层联廊主体施工

在外架搭设至各层楼面上一步后，开始在各层连廊支

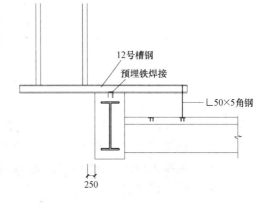

图 5.2.8　外挑架搭设示意图

模扎钢筋，待下一层混凝土强度达到 70％后，方可浇捣各层混凝土，按一般的钢筋混凝土结构操作规程施工。

5.2.11　外墙及底板装修

外墙按一般的操作规程施工（略）。

底板装修：先施工完底板的骨架部分，再做装饰面板。在施工装饰面板时应配合底架的拆除，从中间开始，拆一排吊杆，做一排装饰面板。

5.2.12　外架及悬浮架拆除

外墙装修完后先拆外架，外架拆完后再拆内架，外架拆除时应与安装时顺序相反。悬浮架拆除时应配合装饰面板的安装。

6. 材料与设备

本工法所需的主要材料有：12 号槽钢、L50×5 角钢、ϕ12 螺杆、ϕ12 钢丝绳、脚手架用钢管、脚手片、木搁栅、木锲、模板等。

6.1　主要机具设备（表 6.1）

6.2　本工法施工组织机构（表 6.2）

主要机具设备 表6.1

序 号	名 称	单 位	数 量	备 注
1	塔吊(60T-M)	台	1	吊装主、次梁，模板、钢筋、混凝土
2	钢筋切断机	台	2	制作钢筋
3	钢筋弯曲机	台	1	制作钢筋
4	电焊机	台	2	焊接梁板钢筋；钢主、次梁
5	钢板切割机	台	1	制作钢主、次梁
6	振动棒	组	5	浇捣混凝土
7	经纬仪	台	2	测量、定位、校正
8	全站仪	台	1	测量、定位、校正

施工组织机构表 表6.2

序 号	职 责	主要工作内容
（一）	项目组	负责施工现场全面管理
1	项目经理	负责施工现场施工总组织、协调
2	技术负责	负责技术方案制定、技术交底、指导实施及质量控制
3	施工员	负责各道工序的施工、协调
4	质量安全员 （等几大员）	负责各道工序的施工质量、安全 （技术资料、预结算、材料采购等）
（二）	施工组	负责各道工序的施工

7. 质量控制

7.1 质量标准

7.1.1 《钢结构工程施工质量验收规范》GB 50205—2001；

7.1.2 《混凝土结构工程施工质量验收规范》GB 50204—2002；

7.1.3 《高层建筑混凝土结构技术规程》JGJ 3—2002；

7.1.4 《型钢混凝土组合结构技术规程》JGJ 138—2001；

7.1.5 《钢筋焊接及验收规程》JGJ 18—96；

7.1.6 《钢筋焊接接头试验方法标准》JGJ/T 27—2001；

7.1.7 《建筑钢结构焊接规程》JGJ 81—91；

7.1.8 《建筑施工安全检查标准》JGJ 59—99；

7.1.9 《建筑施工高处作业安全技术规程》JGJ 80—91；

7.1.10 《建筑施工扣件式钢管脚手架安全技术规程》JGJ 130—2001；

7.1.11 《建筑机械使用安全技术规程》JGJ 33—2001。

7.2 质量控制措施

7.2.1 提高测量、定位的准确性：利用经纬仪、全站仪准确测量、定位钢主梁两个支座即预埋钢板、格构柱的位置，保证安装精确。

7.2.2 在钢主梁、次梁加工制作过程中，要事先考虑好安装悬浮架施工方案中要求的预焊吊环、穿次梁的螺栓等构配件，在地面施工时预埋、预焊好，避免高空作用。

7.3 检测方法（表7.3）

质量检测方法 表7.3

序 号	检测项目	检测手段	序 号	检测项目	检测手段
1	轴线的偏移	经纬仪、全站仪	3	悬浮架搭设	目测、直尺、扳手
2	垂直度	全站仪	4	吊环等构件	直尺、扳手

8. 安 全 措 施

8.1 高空作业钢主梁、次梁吊装必须有专项施工方案，吊装前必须有技术交底，施工人员必须系挂好安全带，戴好安全帽。

8.2 高空作业施工悬浮脚手架时必须稳固、安全，必须有专项施工方案，施工前必须有技术交底，施工人员必须系挂好安全带，戴好安全帽。

8.3 空中连廊施工过程中，在楼板上所有材料堆放不要过于集中，以免超过楼板的允许荷载。

8.4 施工机具应有专人使用并负责保管，施工作业前应认真检查电动工具的绝缘是否良好，安全保护装置是否齐全有效；移动电箱的电线应架空，严禁拖地。

8.5 要严格按照施工现场制定的安全措施进行施工。

9. 环 保 措 施

9.1 悬浮架搭设以及拆除过程中的钢管、脚手片、模板等材料应集中、整齐堆放，并有防尘措施。

9.2 使用外加剂等材料，必须符合环保要求。

9.3 现场电焊作业时，应有防护措施，杜绝电渣直接落到下面楼层。

9.4 混凝土高空作业时，应有防护措施，杜绝混凝土直接落到下面楼层。

9.5 施工过程中的工程垃圾宜密封包装、并放在指定的垃圾堆放地。

10. 效 益 分 析

10.1 实践证明，在舟山新城大厦76m标高处的空中连廊施工中，采用悬浮架施工工法，节约成本80多万元，缩短工期1个多月。

10.2 如果按常规做法，必须从四层结构面搭设专门的型钢脚手架，经计算，必须投入钢材62t，而且施工时必须对四层结构进行调整：增加配筋，增加板厚，梁、柱截面必须加大。对此我们编制"悬浮架法"施工新工法，解决了高空作业中传统做法的弊端。取得了良好的经济效益和社会效益。

11. 应 用 实 例

本悬浮架施工方法首先在浙江省舟山市新城大厦得到应用，并且获得成功，取得了较好的施工效果。

舟山市新城大厦位于舟山市临城新区，南望东海，西临世纪大道；总建筑面积59158m²，建筑总高98.05m，分东西两幢塔楼，中间76m标高处有空中连廊相连；新城大厦集科技化、智能化、信息化、现代化、环保化为一体，是舟山市标志性建筑（图11）。

悬浮架施工方法推广应用前景广阔：在城市建设中，越来越多的高层建筑都有劲性混凝土或者钢结构空中外挑、空中连廊，采用悬浮架施工工法是解决高空外挑脚手架较好的施工工法。

图11 舟山新城大厦

固定式塔吊无后浇带基础设计及应用施工工法

YJGF183—2006

江苏省苏中建设集团股份有限公司

钱红　王亚琦　韩良荣　蔡善波　徐玉健

1. 前　　言

在上海地区，特别是繁华地段，一种新的平面组合设计方式：±0.000 以下部分地下室、地下车库、人防地下室等连成一体，占地面积大，基本上与建筑红线控制的范围相等；±0.000 以上（地下部分的顶板上）再分建各幢号、路面、绿化和辅助设施等。根据此设计方式，工程 ±0.000 以下结构部分，已经无法按常规方式设置固定式塔吊基础，不能发挥固定式塔吊机械效益。

2003 年施工的"证大联洋商城"工程，地下室近 4 万 m²，±0.000 以上分建 12 个单体；地下室周边为以有交通要道和建筑，距离道路红线 4.5m；基坑围护采用"预应力锚杆补偿重力式围护结构"，围护结构宽度 2.5m。塔吊基础布置具有相当的技术难题，我公司积极开展 QC 小组活动，进行科技创新，在上海地区首创本工法。

本工法合理解决施工中固定式塔吊在地下结构平面内布置的难题，且在基坑土方开挖前，完成塔吊组装和验收工作；基坑土方开挖中，就能充分发挥塔吊垂直和水平运输作用，达到提高施工效率、缩短施工工期、保证工程质量和文明施工，并取得显著的经济效益，得到了专家及主管部门的肯定，在类似工程中被推广。

2. 工 法 特 点

2.1 塔吊位置不受场地的限制，而是根据工程的需要确定塔吊的位置。减少塔吊的投入，降低了施工成本。

2.2 在基坑土方开挖前完成塔吊的组装、调试、验收等工作，安全可靠，土方开挖完成，就能充分发挥机械效率。

2.3 方便组织分段流水施工，缩短施工工期。

2.4 塔吊基础桩承台顶面标高与地下部位的底板结构顶面同一标高；塔吊基础桩承台周边与地下部位的底板结构无后浇带结合为一体，施工期间，地下水无法进入地下室内和塔吊基础周边无危险源；达到文明施工的要求。

2.5 基础施工时一能确保工程桩静养期内不受扰动；二能消除因塔吊工况和非工况时对周边浇筑成型的混凝土产生质量隐患，保证工程施工质量。

2.6 塔吊布置可根据施工现场情况而定；塔吊使作过程中，对周边建筑、城市道路和交通影响极小。

3. 适 用 范 围

3.1 本工法适用于建筑工程地下和周边均为地下室、施工场地窄小、周边环境特殊的多层、高层建筑施工中固定塔吊布置。

3.2 地下室施工时，需将塔吊安装到位，满足垂直、水平运输的要求。

3.3 适合各种类型的地质条件。

4. 工 艺 原 理

4.1 将塔吊基础和地下室底板的标高设在同一高度，塔吊先进行安装、使用。

4.2 塔吊桩、承台基础设计时，按国家相关设计规范，充分考虑塔吊基础的稳定性，消除因塔吊工况和非工况时对周边浇筑成型的混凝土产生质量隐患。

4.3 塔吊基础周边地下室底板混凝土浇筑时，遵循"抗放兼施，先放后抗，以抗为主"的原则，确保塔吊基础与周边混凝土一次浇筑成型，施工缝无开裂和渗漏现象。

5. 施工工艺流程及操作要点

5.1 工艺流程图（图 5.1）

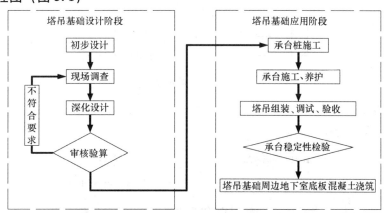

图 5.1 固定式塔吊无后浇带基础设计及应用施工工艺流程

5.2 操作要点

5.2.1 塔吊基础设计

1. 按 4 桩承台计算确定基础底板下层配筋，底板中层、上层配筋按原图配筋要求。

2. 塔吊基础厚度要满足塔吊说明书中要求。确保塔吊肢脚的最小埋置深度。一般控制塔吊基础厚度在 1.0～1.2m。

3. 塔身传至基础顶面荷载取值时，无论塔吊附着高度有多高，只对塔吊独立高度时的工况与非工况情况下，进行荷载取值。

4. 塔吊基础承台截面尺寸确定时，充分考虑工程桩承台的位置，确保塔吊基础承台施工时，不对工程桩产生扰动。一般控制承台平面尺寸在 4×4m 范围内。

5. 计算确定桩径、桩长，同时复核桩必须满足以下条件：

偏心竖向力作用下：

$$Q_{ik} = |(F_k + G_k)/n + M_{xk}y_i/\sum y_i^2 \pm M_{yk}x_i/\sum x_i^2| \leqslant 1.2R_a \qquad (5.2.1\text{-}1)$$

水平力作用下：

$$H_{ik} = H_k/n \qquad (5.2.1\text{-}2)$$

式中 G_k——桩基承台自重及承台上土自重标准值；

F_k——相应于荷载效应标准组合时，作用于桩基承台顶面的竖向力；

n——桩基中的桩数；

Q_{ik}——相应于荷载效应标准组合偏心竖向力作用下第 i 根桩竖向力；

M_{xk}、M_{yk}——相应于荷载效应标准组合作用于承台底面通过桩群形心的 x、y 轴线的力矩；

x_i、y_i——桩 i 至桩群形心的 y、x 轴线的距离；

R_a——桩承载力特征值。

6. 塔吊基础上对地下室底板原配筋采取预留方式（图 5.2.2-1、图 5.2.2-2）。

5.2.2 构造要求

1. 根据地下水位的位置、塔吊基础底部土层的漏透系数、基坑内有无承压水。合理确定塔吊基础周边采用的防水层道数。

塔吊基础土层水的渗透系数小于 5×10^{-5} cm/s 时，塔吊基础周边采用一道钢板止水带（图 5.2.2-1、图 5.2.2-2）。

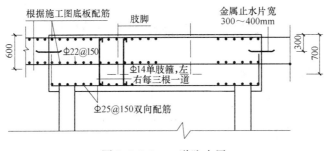

图 5.2.2-1 一道防水层

塔吊基础土层水的渗透系数大于等于 5×10^{-5} cm/s 时，塔吊基础周边采用一道钢板止水带，一道缓膨胀止水条见图 5.2.2-2、图 5.2.2-3。

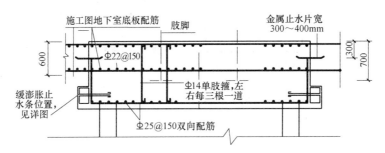

图 5.2.2-2 二道防水层

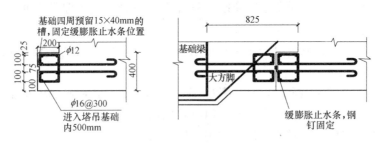

图 5.2.2-3 详图

2. 桩进入承台 50～100mm，桩钢筋锚入承台内一个锚固长度。提高承台抗倾覆能力和充分利用桩的抗拔能力。

3. 为增强塔吊基础桩基承台四根桩的稳定性，利用承台内的原有配筋作为主筋，形成暗梁，暗梁宽度同桩径、箍筋 $\phi10@200$，将四根桩连成一体，并将暗梁延伸至两侧工程基础梁内，主筋锚入原基础梁一个锚固长度。在局部区域内行成井字梁格式。达到提高承台抗倾覆承载能力、桩基承台抗扭能力，确保抗拔桩力的传递分解。暗梁箍筋穿过钢板止水带，钢板止水带穿孔处满焊。如图 5.2.2-4 所示。

5.2.3 承台施工、养护

1. 承台施工过程作为特殊过程进行控制。

2. 承台混凝土施工时，按大体积混凝土施工工艺进行。

3. 承台混凝土施工过程中，制作不少于 3 组同条养护试块，分别进行 3d、5d、7d 混凝土强度检测，确定混凝土强度增长状况，明确塔吊组装时间。

4. 混凝土养护措施可行、及时、到位。保证在塔吊组装前"混凝土承压能力达到设计值的 100％"。

5.2.4 承台稳定性检验

1. 基坑土开挖完毕，及时组织人力，对塔吊基础周边土方修整成型。

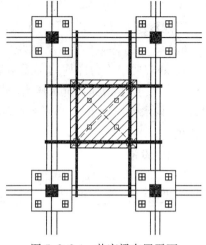

图 5.2.2-4 井字梁布置平面

2. 在塔吊满负荷动作 2h 的工况过程中，观察塔吊基础底部四周与土层之间的变化（分层、流砂和水），做好记录。

3. 及时进行塔吊基础周边结构混凝土垫层施工。进行塔吊满负荷动作 2h 的工况过程检测，观察塔吊基础底部四周与垫层间的变化（开裂、抖动），做好记录。

4. 在上述第 3 项检查过程中，用四只装满水的洗脸盆，分放在塔吊基础四角处，盆中水面漂浮三张 2cm×2cm 蜡纸片，进一步检测塔吊在满负荷动作 2h 的工况过程，塔吊基础有无抖动和扭动现象。每天检测一次，共检测三天，做好记录。

5. 对上述检查过程中的记录进行分析，消除塔吊基础周边混凝土浇筑时产生的质量缺陷。

5.2.5 塔吊基础周边地下室底板混凝土浇筑

1. 塔吊基础混凝土浇筑时间与周边地下室底板混凝土浇筑时间差不得少于 15d。满足"抗放兼施，先放后抗，以抗为主"的"跳仓法"施工工艺要求。

2. 对塔吊基础混凝土四周、侧面混凝土连接面进行清理、凿毛或弹、刷连接剂，混凝土浇前安装缓膨胀止水条。

3. 严格控制混凝土坍落度在 120±30mm 以内，对每车混凝土均进行坍落度测试；同时控制混凝土出厂、到达现场和浇筑完成时间；保证混凝土在初凝时间内浇筑完成。

4. 塔吊基础周边地下室底板混凝土浇筑时，配两名混凝土振捣手，专门浇筑周边 2m 范围内混凝土，同时配一名监控人员跟踪指挥。

5. 混凝土投料时距离塔吊基础周边 1.5m 处进行，而后向塔吊基础周边推进，采用斜面分层法进行浇筑。

6. 塔吊基础周边与地下室底板混凝土接缝处 100cm 范围表面找平时，严格控制砂浆层厚度在 2cm 以内。如砂浆层超厚时，用铁抹子将浇筑的同一种混凝土中石子压入砂浆层中，挤压出多余砂浆，再进行混凝土刮平。

7. 塔吊基础周边接缝处混凝土养护时间要延长，在地下室底板混凝土养护 14d 后，接缝处混凝土再采用蓄水养护 10d。

6. 材料与设备

6.1 材料

除缓膨胀止水条（膨润土橡胶遇水膨胀止水条）为新型防水材料，其他为工程正常使用的材料。

6.1.1 缓膨胀止水条施工方便，在浇筑前 12h 内，将缓膨胀止水条安放在塔吊基础周边预留的槽内，用枪钉固定（每米 4～5 个钉）或水膨胀密封胶粘合。

6.1.2 缓膨胀止水条截面尺寸 2.5×3.5cm，长条型（每卷 10m 长，规格、尺寸可按施工现场要求厂家加工）。遇水逐渐膨胀，6d 膨胀倍率达标准的 70％，具有平衡自愈功能；膨胀后紧密填充空间，封堵阻隔渗漏水源，实现主动止水，以水止水；在外部压力作用下发生弹性形变，具有弹性止水作用。

6.1.3 主要技术指标及外观要求

1. 外观要求：色泽均匀、无明显凹凸。

2. 主要技术指标：抗水压力≥2.5MPa；144h 吸水膨胀倍率 200％～250％；最大吸水膨胀倍率≥300％；耐水性（浸泡 240h）整体膨胀无碎片；耐热性（80℃、2h）无流淌；低温柔性（－20℃、2h）无裂纹。

6.2 设备

塔吊基础和周边地下室底板 2m 混凝土施工：插入式振捣机四台，其中两台备用。其他所需机械、工具、设备及仪器为工程施工正常配置。

7. 质 量 控 制

7.1 遵循的国家标准

7.1.1 《地基基础设计规范》GB 50007—2002。

7.1.2 《混凝土结构工程施工质量验收规范》GB 50204—2002。

7.1.3 《地下防水工程质量验收规范》GB 50208—2002。

7.1.4 《人防工程施工及验收规范》GBJ 134—90。

7.2 需检测的材料必须检验合格后方可使用，防水处理及混凝土浇筑时，严格按照 5.2.5 的要求执行。

8. 安 全 措 施

8.1 严格执行国家、行业和企业的安全生产法规和规章制度，认真落实各级人员的安全生产责任制。

8.2 塔吊基础需经设计、审核方可实施。

8.3 塔吊安装必须编制专项施工方案。

8.4 施工时认真做好技术交底。

8.5 特殊工种持证上岗。

8.6 塔吊安装结束须经有关部门验收方可使用。

9. 环 保 措 施

9.1 成立对应的施工环境卫生管理机构，在施工过程中严格遵守国家和地方政府下发的有关环境保护的法律、法规和规章。制定管理方案和管理制度。

9.2 根据施工现场周围的环境、工程实际施工需要、文明施工的要求，合理布置塔吊的位置，保证施工现场场内道路的畅通。

9.3 对塔吊塔身穿地下室顶板位置的预留洞口，做好一是防止雨水、施工用水流入地下室的保证措施，如沿周边砌筑 120mm 厚（高 200mm，水泥砂浆粉刷）防水堵墙；二是防止建筑垃圾进入地下室的保证措施，如对整过预留洞口，采用多层板封堵，每天对封堵板上的垃圾落实专人清理；三是预留洞口周边规范围挡，如设立安全防护栏杆（1.2m 高）等。

9.4 定期和不定期对塔吊的工作状况进行检查，保证机械性能完好，机械噪音在允许值以下，机械不发生漏油。

10. 效 益 分 析

10.1 经济效益（表 10.1）

经济效益分析　　　　　　　　　　　　　　表 10.1

序　号	分 项 名 称	工作量	机械运输费用	人工运输费用	节约金额（元）
1	基础梁斜坡修整土方	13560m³	1.89 元/ m³	9.87 元/ m³	108208.80
2	基础梁斜坡混凝土垫层	11080m³	0.9 元/ m³	6.21 元/ m³	58834.80
3	基础砖胎模砖运输	103 万块	34.2 元/万块	174.2 元/万块	14420.00
4	基础砖胎模砂浆运输	1986 m³	1.6 元/ m³	13.87 元/ m³	24368.22
5	基础底板钢筋运输	8462t	0.33 元/ t	8.5 元/ t	69134.54
	合　　计				274966.36

10.2 社会效益

地下部分主体结构比合同工期提前 20d。工期提前奖为 17 万元。

10.3 技术效益

培养了企业技术人员解决实际问题的能力，提高了操作工人的素质。

11. 应 用 实 例

11.1　2003 年施工的"证大联洋商城"建设在上海浦东新区方甸路与迎春路交汇处，建筑面积 108000m²，地下一层，地上 2～18 层；地下一体，地下结构平面与建筑红线控制范围基本相等，用地面积达 40000m²（宽度 172m、长度 261m），±0.000 以上分为 12 个单体；±0.000 以上结构相对于地下部分，四周后退 0～9m 不等。采用此施工方法有效地解决了塔吊布置的吊布置施工难题，在地下室平面位置布置 4 台塔吊满足工程施工（图 11.1-1～图 11.1-5）。

11.2　公司承接的"东晶国际公寓"小区Ⅱ标段，此工程于 2004 年 9 月 1 日开工，2006 年 4 月 25 日竣工，建设在上海浦东新区浦东大道与源深路交汇处，建筑面 51000m²，混凝土剪力墙结构，地下 1 层、地上 26 层；地下一体（与Ⅰ标段）为人防工程，地下结构平面相对于建筑红线控制范围基本等同；地上分为 2 号、3 号楼，两楼相隔

图 11.1-1　证大联洋商城塔吊布置

60m，建筑物±0.000 上最高点 82m。同样采用本工法有效地解决了塔吊布置的施工难题，满足工程施工的需要，单地下基础部分钢筋运输一项，节约施工成本近 2 万元见图（图 11.2-1、图 11.2-2）。

图 11.1-2　基础承台混凝土

图 11.1-3　塔吊状况

图 11.1-4　地下室底板混凝土浇筑

图 11.1-5　跟踪检查状况

图 11.2-1　东晶国际公寓 2 号楼

图 11.2-2　东晶国际公寓 3 号楼

11.3　"中邦康城一期二标段"工程，于 2005 年 3 月 28 日开工，2006 年 8 月 20 日竣工，建设在上海康沈路与秀沿路交汇处，建筑面积 81996 m²，混凝土剪力墙结构；工程由 7 幢小高层和一座地下车库组成，地下车库布置各幢号之间，且本工程遵循先深后浅进行施工，同样采用此工法有效地解决了塔吊布置的施工难题，满足工程施工的需要，单地下车库施工时钢筋运输一项，节约施工成本近 5 万元，地下室施工工期提前 15d。

体外管内预应力吊拉多层外挑结构施工工法

YJGF184—2006

江苏南通六建建设集团有限公司

邹科华　石光明　祝志明　陈书兵　陈小兰

1. 前　　言

　　体外预应力是后张预应力体系的重要分支，在世界上许多国家广泛应用、不断创新，是近年来预应力技术的研究热点之一。其最早也是应用最成熟最广泛的领域是桥梁结构，近年来也越来越多地应用在建筑结构中，但在我国的研究和应用非常有限，相对体内有粘结和无粘结预应力研究较少。随着体外预应力结构在桥梁和结构加固中表现出的优越性，我国的专业人士正日益认识到体外预应力结构的重要价值，体外预应力技术开始在我国的一些大型场馆的悬挂、吊拉结构中开始应用，并出现了体外管内预应力技术。

　　体外管内预应力吊拉多层外挑结构（图1），是一种新的结构形式，不同于通常的预应力混凝土结构，其施工技术难度很大，有一些施工技术参数尚需研究，一些技术难题尚需探讨，如施工流程、节点构造、张拉值、张拉时机、施工控制方法等，对于这种结构施工，没有技术规程可循，也没有可借鉴的技术资料。

　　为此，我们成立创新QC小组，在东南大学的指导和设计单位的支持下，获得了"预应力吊拉外挑结构技术

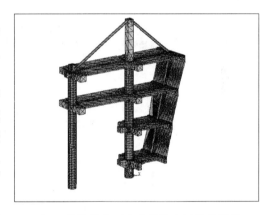

图1　体外管内预应力吊拉多层外挑结构

创新"QC成果（江苏省"QC成果二等奖"），并总结形成了体外管内预应力吊拉多层外挑结构施工工法。该工法技术先进，科学合理，有明显的社会效益和经济效益。我公司在南京、吉林、重庆等地大型场馆建筑的多层外挑结构施工中，应用了此工法，取得了较好的效果。

2. 工 法 特 点

2.1　通过吊拉可实现大跨度的多层外挑结构，有效实现建筑设计意图，使建筑物轻飘、美观。

2.2　将预应力筋设置于混凝土结构体外，更方便于混凝土构件的施工。

2.3　钢绞线外套钢管，能最好地保护钢绞线，防止生锈，同时作为吊拉构件，将多层外挑梁连成整体，使外挑结构整体协调工作。

2.4　合理的施工流程，恰当的张拉时机，最佳的张拉力及控制应力，确保施工顺利和结构安全。

2.5　通过信息化施工手段，可动态调整施工方法及施工参数，确保结构安全。

3. 适 用 范 围

　　本工法适用于大跨度外挑结构的施工，特别适用于建筑主入口上方、大空间外侧、外侧荷载大的外挑结构的施工。

4. 工艺原理

4.1 利用体外管内预应力，为多层外挑结构提供弹性支点，改变多层外挑结构的受力方式，使外挑结构整体协调工作，提高结构刚度和承载能力，可实现大跨度的外挑结构，也可使外挑结构更轻巧。

4.2 采用大型通用有限元软件 ANSYS，建立整体结构有限元模型，确定优化的施工流程、适当的张拉时机、合理的张拉控制应力、理论伸长值，通过优化的关键节点、锚具安装、钢绞线下料、穿索、张拉等环节控制措施，减少预应力损失以及张拉对外挑梁造成的不利影响；将理论分析与现场监测相结合，实现信息化施工，分次加荷，既能建立有效预应力，又不致对结构产生不利影响。

5. 施工工艺流程及操作要点

5.1 施工工艺流程（图5.1）

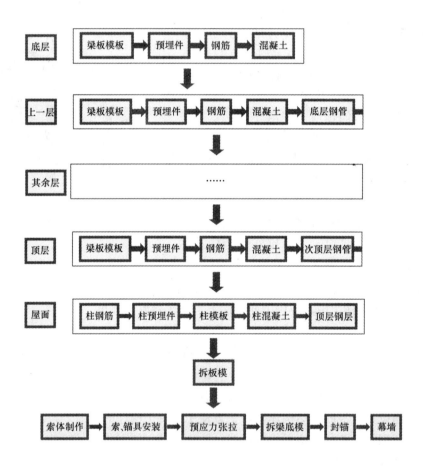

图 5.1 施工工艺流程

5.2 操作要点

5.2.1 模板

按模板方案进行施工，挑梁下支架要按预应力施工荷载设计。

5.2.2 预埋件制作安装

1. 为保证张拉过程中预埋件牢固、不偏位，必须有足够数量的锚筋（一般为 $\phi25$），锚筋与预埋件锚筋孔间采用穿孔塞焊，焊缝质量等级为二级。

2. 为振捣方便，保证预埋件下混凝土密实，预埋件上表面设一个 $\phi50$ 振捣（出气）孔。

3. 预埋件的质量是质量控制的重点：①预埋件的制作力求倾斜角度准确；②先放置预埋件，然后穿梁的钢筋，以确保预埋件位置；③控制预埋件的轴线位置，认真复核，宜用激光束对准下层预埋件孔进行检查。

5.2.3 钢筋绑扎

严格按设计图纸和施工方案施工，对张拉端、锚固端、转向接点、梁端节点处和挑梁根部进行必要的配筋加强。

5.2.4 混凝土浇筑

待本层钢筋绑扎、预埋件安装完，均符合要求后，进行混凝土浇筑，挑梁端部钢筋密集，又有预埋件，必须采用小直径的振捣棒，保证混凝土浇筑密实。

5.2.5 钢管的制作和安装

待上一层的混凝土浇筑完，进行层间钢管的安装。

1. 钢管采用热轧无缝钢管，钢管与钢板采用坡口对接焊缝，焊缝质量等级为一级。

2. 为防止在张拉过程中钢管出现移位或破坏，在张拉端、梁端转向节点和柱顶转向节点的钢管根部增设加劲肋；其他节点处，预埋件上小钢管高出预埋件平面，其根部增设加劲肋。

3. 钢管安装过程中需事先穿入两根通长连续的 8 号钢丝；与拉索相碰的钢构件内壁焊接处均打磨圆滑。

4. 将梁端转向节点处钢管切去 1.2m 长半管，以方便用预先放入钢管内的两根通长 8 号钢丝穿入牵引钢绞线，所切管待现场穿束后拼接，为防止焊接半管时损伤无粘结钢束，在钢束外圈卷包耐热防火石棉布卷包两层固定。

5. 其余钢管下部预留观察孔，方便穿索。

6. 考虑到钢管安装过程中的实际困难及穿索方便，将柱顶转向节点喇叭斗先焊于预埋件小钢管底部，将梁端转向节点、梁端节点底部的喇叭斗先焊接于钢管上，并开 100mm×100mm 的洞口。

7. 为降低转向节点处预应力损失，方便穿束，柱顶转向节点处预埋件钢管拐弯处半径为 R1000mm，梁端转向节点处预埋件钢管拐弯处半径为 R1591mm。

在张拉端梁柱节点锚垫板处加腋加筋，保证锚垫板表面与钢管垂直，钢绞线对中，降低张拉时的预应力摩擦损失。

为穿索方便，在钢管内设定位衬点。

5.2.6 拆板模

所有钢管安装完成形成吊拉结构后，且混凝土强度达规范规定强度后，拆除板底模板。

5.2.7 索体构造与制作

拉索折线状布置在钢管中，钢索索体采用 1860 级高强低松弛无粘结的钢绞线。索体采用以下形式：

无粘结预应力钢绞线由 $\phi 5$ 高强钢丝扭绞而成，$\phi 5$ 高强钢丝抗拉强度为 1860MPa，外包单层 PE。张拉端和固定端采用夹片锚。

5.2.8 索、锚具安装

1. 流程

预应力索施工结合钢结构施工方案的要求进行。其施工工艺流程为：

搭设工作平台→预应力索下料→牵引钢丝穿入钢结构→牵引钢绞线安装→索体从张拉端端穿入、就位→张拉端和锚固端锚具安装→锚具质量检查

2. 搭设工作平台

工作平台需能承受千斤顶、张拉工作人员及其他设备等施工荷载，脚手架立杆的稳定性必须进行验算。

3. 现场预应力索的下料

1）无粘结预应力筋下料长度

L＝管道内无粘结筋长度＋张拉端工作长度（800mm）。

2）放线下料

成盘供应的无粘结筋重量约为 1.5t，在放线时尽量减少破损。现场用砂轮切割机下料。下料中仔细检查无粘结筋个别破损处，及时用胶粘带封裹。下料时对不同长度的无粘结筋分类编号。

3）拉索的防腐蚀及防老化

无粘结预应力钢绞线，用建筑 1 号油脂防腐，成品外包 PE 管厚度≥1.2mm，表皮无破损。

4. 牵引钢丝穿入钢结构

在钢结构安装过程中，在钢管内穿入两根通长连续的 8 号钢丝。

5. 牵引钢绞线安装

在每层钢管楼层处开 100mm×100mm 的小方孔，利用钢丝先将两根钢绞线穿入，该钢绞线作为牵引钢绞线。

6. 现场预应力索穿束

将拉索钢绞线的张拉端与牵引钢绞线连接。卷扬机设置在拉索锚固端，用于牵引穿索钢绞线，拉索从张拉端穿入钢管。

安装过程一方面要保证在固定端节点、张拉端、弯折节点处能顺利就位，另一方面还要尽量避免安装中的碰撞，防止损伤预应力钢绞线。考虑布索方便，设喇叭斗、定位衬点，考虑转折点处布索方便，考虑切半管后焊，并考虑钢绞线的保护。

7. 安装锚具

拉索就位后安装锚具，打磨锚垫板成楔形，安装锚具并在固定端锚具底部安装楔形垫块，使其锚具与钢绞线截面垂直，减小锚具与钢绞线摩擦。

8. 锚具质量检查

锚具安装完成后，及时进行质量检查。

5.2.9 张拉

1. 张拉力的确定

在不考虑预应力损失的情况下，分别按外挑梁的最大承载力、外挑梁的抗裂考虑最大张拉力，两者取小值，在此基础上，考虑预应力损失，同时考虑到外挑结构底层挑梁根部是否有裂缝超标的风险，得出张拉力，张拉控制应力宜控制在 $0.45\sim0.6\sigma_{con}$。

2. 预应力损失的计算与分析

体外管内预应力，预应力只在锚固处和折线的转向块处有损失，考虑预应力损失组合 $\sigma=\sigma_{l1}+\sigma_{l2}$。其中 σ_{l1} 为由于锚具变形和预应力钢筋内缩引起的预应力损失值，σ_{l2} 为预应力钢筋与孔道壁之间的摩擦引起的预应力损失值。

当预应力损失大于 σ_{con} 的 10%，应修改节点构造。

3. 张拉理论伸长值计算

1）无粘结预应力下料长度

L＝管内无粘结筋长度＋张拉端工作长度（800mm）

2）理论伸长值

$$L=l_1+l_2+l_3+\cdots\cdots \tag{5.2.9}$$

l_1，l_2，l_3，……，为各段预应力直线段的长度。

减除各部分预应力损失以后，得出各直线段有效预应力，并与有限元分析的数值进行对比，近似相等，即可计算伸长值

按公式 $l=\dfrac{\sigma}{E}L$ 计算各段的伸长量，将各段的伸长量汇总得出理论伸长值，其中有效预应力分别用计算值、有限元分析数值代入，取平均值。

4. 千斤顶校验、检查张拉设备

索穿好后，张拉固定端锚具和垫块安装就位，张拉前对已标定的张拉设备和锚具需做仔细的检查，确保无误后开始张拉。

5. 张拉程序与测控

采用一台千斤顶顺次张拉；张拉采用一端张拉，一次张拉到位；张拉实行四控（张拉力、伸长值、外挑结构底层挑梁根部裂缝、外挑结构底层挑梁端部变形）。

6. 张拉设备选用

张拉设备选用 150t 千斤顶。

7. 张拉时机的选择

张拉的最佳时机为：幕墙安装前，板底模拆除后。

8. 张拉时的技术参数及控制原则

通常预应力张拉有 2 个主要技术参数：张拉力和张拉伸长值。

这种结构增加两个辅助指标：外挑结构底层挑梁根部裂缝、端部变形。

通过以下张拉控制措施保证张拉索力值：

1) 张拉操作前，对千斤顶、油压表和油泵进行标定。油压表采用 0.4 级精密油压表，与油泵配套标定。

2) 拉索张拉过程中，对张拉伸长值进行测试。

3) 张拉开始后，统一指挥，确保操作无误，采用对称张拉。

9. 预应力筋的张拉管理

采用应力控制，伸长校核。并注意观察外挑结构底层挑梁根部裂缝、端部变形。实际伸长值与计算伸长值的允许偏差为 -6% ～ $+6\%$。如超过该值，应找出原因或采取措施予以调整后，方可继续张拉。另要考虑千斤顶缸体内钢绞线有一定伸长。

10. 现场测控

实际施工可能发生很多无法预期的情况，采用张拉力、伸长值、裂缝、变形四个指标控制张拉过程，一旦发现异常情况，立即暂停施工，待找到问题的原因后再继续进行，保证施工的可靠性和安全性。

1) 张拉力测控

按张拉控制力进行测控；张拉力从 0 开始逐步递增。

2) 张拉伸长值测控

对现场实际伸长值进行实测，并将其与理论伸长值进行比较，实测伸长值在理论伸长值的 94% ～ 106% 的范围内，正常。

3) 外挑结构底层挑梁端部变形测控

现场实际张拉，可采用百分表固定于外挑结构最下层挑梁端部，对其变形进行控制，观察最下层悬挑梁端部变形是否小于理论计算值（大型有限元软件 ANSYS 的模拟计算结果）；实测值小于计算值，正常。

4) 外挑结构底层挑梁根部裂缝测控

在张拉力最后递增阶段，注意观察外挑结构底层悬挑梁根部，不发现裂缝，为正常。

根据以上四个方面，可以得出：挑梁实际刚度大于理论计算刚度，计算偏于安全；预应力吊拉外挑结构的优化设计与施工是成功的，张拉过程顺利，结构安全，达到了设计意图。

5.2.10 拆外挑梁底模

外挑结构预应力张拉成功后拆除外挑梁下模板及其支架。

5.2.11 锚具的封固

待张拉端张拉调整完成后，切除多余钢绞线，外露长度不小于 30mm。

安装防松夹板，端部锚具用密封罩，罩内注入建筑 1 号油脂防腐。

6. 材料与设备

6.1 材料

6.1.1 无粘结预应力钢绞线：无粘结筋采用钢绞线按照《无粘结钢绞线预应力筋》技术标准的规定要求制作。对无粘结筋塑料包裹层（高密度聚乙烯）的厚度，涂油的饱满和均匀程度等作外观检查。

6.1.2 预应力锚具：锚具采用夹片锚，锚具进场时应有生产厂家出厂合格证明。其性能应符合现行国家标准《预应力筋用锚具、夹具和连接器》GB/T 14370 的有关规定。硬度检查应满足要求，锚固效率系数：$\eta_a \geq 0.95$，极限拉力时的总应变：$\varepsilon_{apu.} \geq 2.0\%$，合格后方可应用。

6.1.3 预应力施工主要材料（表 6.1.3）

预应力施工主要材料一览表　　　　　　　　　　　表 6.1.3

序　号	材料名称	单　位	数　量	备　注
1	无粘结预应力钢绞线	t	0.672	净用量
2	7 孔 OVM 夹片锚具	套	8	净用量

6.1.4 钢管主要材料（表 6.1.4）

钢管主要材料用量　　　　　　　　　　　表 6.1.4

名　称	规　格	数　量	重量(t)	备　注
无缝钢管	$\phi299\times16$	160m	17.867	Q345B
加劲板	$16\times200\times300$	160 件	1.206	
定位衬点牵引导管	$\phi265\times10$	3m	0.196	
牵引钢丝	8 号	150m	0.059	
防火石棉板	5 厚	5m²		
合　计			19.328	

6.1.5 预埋件主要用量（表 6.1.5）

预埋件主要用量　　　　　　　　　　　表 6.1.5

名　称	尺寸(规格)			数量	重量(t)	总重量(t)
	厚	宽	长			
钢管预埋件	20	500	500	2	0.079	
	$\phi108\times10$		1100	1	0.027	
	$\phi25$		850	12	0.039	
小计					0.145	1.739
	20	500	600	2	0.094	
	$\phi108\times10$		1300	1	0.032	
	$\phi25$		850	12	0.039	
小计					0.166	1.325
	20	540	600	1	0.051	
	20	250	250	1	0.010	
	$\phi108\times10$		1520	1	0.038	
	$\phi25$		750	16	0.046	

名　　称	尺寸（规格）			数量	重量（t）	总重量（t）
	厚	宽	长			
	$\phi20$	500	4	0.005		
小计					0.149	0.299
	20	540	600	1	0.051	
	20	250	250	1	0.010	
	$\phi108\times10$		2110	1	0.052	
	$\phi25$		750	16	0.046	
	$\phi20$		500	4	0.005	
小计					0.164	0.328
合计						3.691

6.2　机具设备（表6.2）

预应力施工主要机具设备一览表　　　　　　　表6.2

序　号	设 备 名 称	单　位	数　量
1	ZB-500/400 高压油泵	台	1
2	YCW-150 千斤顶	台	1
3	电焊机	台	1
4	砂轮切割机	台	1
5	接线盘	个	2

7. 质 量 控 制

7.1　材料进场控制

7.1.1　总则

1. 采购物资时，须在确定合格的分供方厂家中进行采购，所采购的材料、设备必须有出厂合格证、材质证明和使用说明书，对材料、设备有疑问的禁止进货，材料进货要对材料质量、规格、性能、服务及价格进行多方面的考察或试验后确定。

2. 加强质量检测，采购物资要根据国家、地方政府主管部门的规定、标准、规范及合同规定要求，按经批准的质量计划要求进行抽样和试验，并做好标记，当对其质量有怀疑时应加倍抽样或全数检验，严把质量关。

7.1.2　钢绞线进场验收

1. 采用1860级低松弛高强钢绞线，钢绞线的质量验收参照国家标准。钢绞线的规格与力学性能应符合国家标准《预应力用钢绞线》GB 5224—2003 的规定。

2. 应分批进场，进场后现场储存应架空堆放在有遮盖的棚内，最好堆放在仓库内。

3. 采购的预应力筋，每批应附有质量证明书，预应力筋进场时应核对质量证明书和标牌、检查外观质量、按规定抽取试件作力学性能检验，检查钢绞线的屈服强度、破断强度、伸长率，其质量须符合有关标准的规定，满足规范要求方能使用。

4. 钢绞线的外观质量应逐盘（卷）检查，钢绞线的捻距应均匀，切断后不松散，其表面不得带有油污、锈斑或机械损伤，允许有轻微的浮锈。

7.1.3　锚具进场验收

1. 锚具采用夹片锚，现场应堆放在干燥场所。

2. 预应力筋用锚具夹具和连接器的性能均应符合国家标准《预应力筋用锚具夹具和连接器》GB/T 14370—2000 规定。

3. 在抗震结构中，预应力筋锚具组装件还应满足循环次数为 50 次的周期荷载试验（供货方提供形式检验报告）。

4. 采购的锚具应附有质量保证书和装箱单。在质量保证书中，应注明供方、需方、合同号，锚具品种、数量、各项指标检查结果和质量监督部门印记等。锚具进场时，应核对锚具的品种、规格及数量，并按下列规定验收。

5. 外观检查：从每批中抽 10％且不应小于 10 套锚具，检查其外观质量和外形尺寸。锚具表面应无污物、锈蚀、机械损伤和裂纹。如有一套表面有裂纹则应对本批产品逐套检查，合格者方可进入后续检验组批。

6. 硬度检查应满足要求，采用 I 类锚具，锚具效率系数 $\eta_a \geqslant 0.95$，试件破断时的总应变 $\varepsilon_u \geqslant 2.0\%$，合格后方可应用。

7. 静载锚固性能试验：应从同批中抽取 6 套锚具，与符合试验要求的预应力筋组装成 3 束预应力筋锚具组装件，由国家或省级质量技术监督部门授权的专业质量检测机构进行。群锚静载锚固性能应不超过 1000 套，单孔锚具静载锚固性能应不超过 2000 套。预应力锚具用量较少时，根据规范规定，可不作锚具的静载锚固性能试验。

7.2　工艺施工控制

7.2.1　下料与穿束

1. 下料前应现场检查孔道所在位置的实际长度以校核下料长度，以保证下料长度的准确。

2. 钢绞线用砂轮切割机切断，任何场合严禁用电弧焊熔断。

7.2.2　预应力张拉

1. 构件模板、钢筋、混凝土等达到现行规范的要求。

2. 梁底脚手支架在张拉前不得随意拆除，应待预应力筋张拉后方能拆除。

3. 张拉前应确定梁混凝土强度是否已满足设计要求、框架梁混凝土外观检查合格、表面无裂纹。

4. 张拉前应确认端部混凝土密实、预埋锚垫板平整、并且应与孔道中心线垂直。

5. 千斤顶和压力表应配套校验、配套使用，有效期为半年。压力表宜用精度为 0.4 级的标准（精密）压力表。

6. 钢绞线位置是否居中，是否流畅，张拉端、铁件焊接是否牢固妥当，喇叭斗是否与钢绞线垂直，验收后逐项做好验收记录。

7. 预应力张拉采用双控法，即应力控制（油压表读数），同时校核预应力筋实际伸长值。实测伸长值与理论伸长值相比，应在 −6％～＋6％ 范围内。

8. 夹片回缩应符合 ≤6mm。

9. 预应力布筋完成后，严禁电气焊触及预应力钢筋。必需施焊的位置，应对预应力筋有可靠保护，以免影响预应力筋的力学性能，严禁变通预应力钢筋，以及张拉、锚固端。确需变通时，作业完成后应及时准确的恢复，以满足结构受力要求。

10. 预应力张拉完成后，应及时按要求进行张拉端锚具清理及封锚。

11. 预应力张拉完成后，相关的混凝土结构构件，不得随意剔凿、打孔及开洞，确需改造的，须经相关专业设计单位出具设计施工方案。

7.3　质量管理措施

7.3.1　实行岗位责任制，按质量目标分解，将质量责任层层挂牌，层层落实。由质检员行使质量否决权和奖惩权。

7.3.2　加强技术管理，明确岗位责任制，认真做好技术交底工作。除进行书面交底外，还应组织

各班组召开技术交底会，对施工难点和重点专门进行讲解。

7.3.3 各种不同的材料必须合理分类，堆放整齐，严格管理。加强原材料检验工作，严格执行各项材料的检验制度。钢绞线、锚夹具等材料都必须有出厂合格证和试验资料。

7.3.4 实行质量奖罚制，实行优质重奖、劣质重罚的方法，最大限度地调动工人积极性。

7.3.5 三检制，质量严格检查，坚持"自检、互检、交接检"三检制。

7.3.6 隐检制，根据施工进度安排预检、隐检计划，进行预检、隐检程序，办理预检、隐检手续，并及时履行签证归档。

7.3.7 组织和参加各种工程例会。

1. 外部会议：总结汇报前一天工作完成情况，对第二天工作提出计划，听取业主、设计院、监理、质检站等各方面的指导和意见，提出施工或图纸上的问题、方案措施；加强协作关系。

2. 内部会议：总结工程施工的进展、质量、安全情况，传达业主、设计院、监理、质检站等各方面的指导和意见，明确施工顺序和工序穿插的交接关系及质量责任，加强各工种之间的协调、配合及工序交接管理，保证施工顺利进行。

8. 安 全 措 施

预应力施工由于其具有高风险性，操作人员要进行高空、电气作业及使用机械设备等。因此，预应力操作人员除遵守国家、部、省、市等有关安全操作规定、遵守工地的一切安全措施外，还应：

8.1 张拉作业前，各级管理人员应根据安全措施要求和现场实际情况，亲自逐级进行书面交底，要建立各级岗位责任制，分工明确，统一指挥，保证施工安全。

8.2 安全管理人员对作业人员履行安全措施的情况进行逐一检查，合格后方可进行施工。

8.3 每周一组织全体工人进行安全教育，对上一周安全方面存在的问题进行总结，对本周的安全重点和注意事项做必要的交底，使广大工人能心中有数，从意识上时刻绷紧安全施工这根弦。

8.4 每两周要组织一次安全生产检查，对查出的安全隐患必须制定措施，定时间定人员落实整改，并做好安全隐患整改消项记录。

8.5 每季统一组织进行安全考核，增强安全意识。

8.6 现场应有专职的电工负责预应力施工用电。

8.7 张拉时应有专人统一指挥，张拉时千斤顶两端严禁站人、闲杂人员不得围观、操作人员应在千斤顶两侧工作、沿预应力筋轴线上不得站人；不得在端部来回穿越。

8.8 对于固定端采用夹片锚的预应力筋，张拉时固定端需有人看守，并悬挂挡板。

8.9 用电前应检查电线接头是否脱落，外皮有无破损，相线与零线是否接错。

8.10 穿束和张拉时应搭设牢固可靠的操作平台，周围应有防护栏杆；平台上应满铺脚手板，平台挑出张拉端应不小于2m，保证足够的张拉空间。

8.11 穿束时必须系好安全带。

8.12 张拉操作人员应集中精力，注意压力表读数，给油回油要平稳。千斤顶和油泵应定期保养，张拉时不漏油，油压应缓慢、平稳、同步上升。

8.13 高空作业时防止高空坠落，必要时可搭设安全网。

8.14 穿束和张拉地点上、下垂直方向严禁其他工种同时施工。

8.15 锚具与其他机具设备防止高空坠落伤人。

9. 环 保 措 施

9.1 防止施工噪声污染

在施工现场遵照《中华人民共和国施工场界噪声限值》GB 12523—90要求指定如下降噪措施：切

割机、张拉机具白天时噪声限值为60dB，夜间时为40dB。

9.2 废弃物管理措施

施工现场设立专人负责施工下脚料及废弃物的回收工作，做到不散撒，不混放，不滞留施工操作面，及时清理，临时堆放及时回收。

10. 效 益 分 析

10.1 社会效益

当今，随着科技的迅猛发展，体外管内预应力吊拉结构凭着自身独特的优势，在大型场馆建设中发展前景看好，应用空间广阔，该结构易于检查质量，易于预应力筋的更换和维护，具有造型美观、结构自重小、结构变形小、受力性能好、跨越能力大的优势；

体外管内预应力吊拉多层外挑结构与多层悬挑结构相比，造型美观轻飘；

该工法在结构、关键节点、施工流程的优化，张拉控制应力、张拉时机、测控方法的确定，张拉理论伸长值、预应力损失的计算，钢构件、预埋件的安装，穿索、张拉等环节的控制等方面，为类似工程施工提供借鉴。

10.2 经济效益

张拉力与张拉时机的合理确定，关键节点与施工流程的优化，使结构施工一次成功，提高了施工效率，节约工期约12%，节省费用约8%。

10.3 环境效益

现场湿作业量小，扬尘、噪声、道路遗撒、污水污染小，现场清理量小。

11. 应 用 实 例

11.1 江苏省科学历史文化中心工程

11.1.1 工程概况

江苏省科学历史文化中心工程，位于南京河西新区，南邻纬八路，西侧为恒山路，建筑面积30977m²，由南京金宸建筑设计有限公司设计，南京工大建设监理咨询有限公司监理，主体结构由江苏南通六建建设集团有限公司进行施工。本工程东西两端均有外挑结构，外挑长度2962～5408mm，从三层向六层、从中间向两翼递增，设计采用了体外管内预应力吊拉多层外挑结构（图11.1.1）。

图 11.1.1　江苏省科学历史文化中心工程

11.1.2 应用情况

我们于2005年9月8日开始，从预应力吊拉外挑结构的方案讨论、钢管制作、预埋件安装开始，到2005年11月30日结束，通过对关键节点和挑梁进行优化设计，确定了准确的张拉力、预应力损失、理论伸长值，采用了正确的施工流程、合理的施工控制方法，有效地建立吊拉结构拉索预应力，有效控制了体外管内预应力吊拉结构的变形，保证了施工阶段和使用阶段结构的安全，达到了造型美观、轻飘的设计意图，取得直接经济效益约1万元，同时减少了扬尘、噪声、道路遗洒、污水污染，环保效益好。

11.2 吉大一院扩建工程

11.2.1 工程概况

吉大一院扩建工程，地下建筑面积 40160m²，医技门诊建筑面积 55023m²。该工程由南通六建施工，2005 年 9 月开工，2006 年 12 月竣工，本工程北临解放大路，南靠朝阳公园。本工程主入口及两侧均设计有外挑结构（图 11.2.1），外挑长度 3558～6538mm，从三层向六层递增。

11.2.2 应用情况

我们于 2006 年 5 月 8 日至 2006 年 7 月 10 日，对外挑结构采用了体外管内预应力吊拉多层外挑结构施工工法进行施工，使得建筑两翼造型美观轻飘，成为该工程的一大亮点，取得直接经济效益 3 万元，而且减少了现场扬尘、噪声、污水、遗洒，环保效益好，该院非常满意。

11.3 阳光华庭三期工程

11.3.1 工程概况

阳光华庭三期工程，44560.58m²，由江苏南通六建建设集团有限公司承建施工，在 2006 年 4 月 8 日开工，本工程主入口上方，二～七层设计有外挑结构（图 11.3.1），宽度 16.8m，外挑长度 4.28～7.56m。

11.3.2 应用情况

从 2006 年 8 月 10 日开始进行钢构件制作、预埋件安装，到 2006 年 9 月 18 日张拉顺利结束，底模拆除，成功应用了"体外管内预应力吊拉多层外挑结构施工工法"，取得直接经济效益 1.5 万元，得到了业主、监理及各方的高度评价。

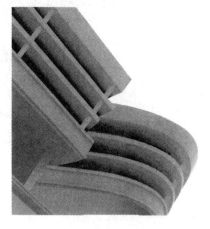

图 11.2.1 吉大一院扩建工程

图 11.3.1 阳光华庭三期工程

钢筋混凝土钢筋安装施工工法

YJGF185—2006

江苏江都建设工程有限公司　江苏省苏中建设集团股份有限公司

王健　钱红　朱雪峰　刘光荣　吕昌祝

1. 前　言

钢筋工程是钢筋混凝土工程的重要分项工程。钢筋安装位置的准确是满足结构设计要求，保证主体结构工程质量的根本。随着红外钢筋检测仪器的普遍使用，对钢筋安装位置和保护层厚度，有了直观的检查手段。为了提高钢筋工程的绑扎质量，确保混凝土保护层的厚度达到设计要求，保证钢筋混凝土结构的安全性、耐久性，我们在创优质结构的活动中，总结了本工法。本工法对提高钢筋混凝土结构墙、柱钢筋安装质量、缩短钢筋安装工期、提高经济效益有显著的作用，经多项工程应用，效益显著。

2. 工法特点

2.1　本工法能有效控制钢筋混凝土结构墙、柱钢筋的间距及保护层的准确性，保证钢筋工程的安装定位质量。

2.2　本工法可以使钢筋混凝土结构墙、柱钢筋的安装标准化，易于操作，易于推广，降低技术工人占熟练工人的比例；提高安装速度，提高劳动生产率。

3. 适用范围

本工法适用于房屋工程全现浇剪力墙结构、框架结构、框架剪力墙结构以及交通、水利钢筋混凝土结构工程墙、柱钢筋安装定位质量的控制，应用具有广泛性。尤其适用于剪力墙纵横交错、钢筋直径较小且间距较小钢筋工程的安装施工，特别适用于创优质结构及优质工程。

4. 工艺原理

本工法通过在钢筋安装过程中增加竖向梯子筋、水平梯子筋、"∏"形内撑筋、定距框、在大钢模上边框上焊接可翻转合页卡具来定位水平及竖向钢筋的安装位置，使钢筋的位置保持准确，确保钢筋混凝土保护层达到设计要求。

5. 施工工艺流程及操作要点

5.1　工艺流程

5.1.1　框架柱钢筋安装工艺流程如图 5.1.1 所示。

5.1.2　剪力墙钢筋安装工艺流程如图 5.1.2 所示。

5.2 操作要点

5.2.1 施工准备

根据图纸及规范要求，绘制竖向梯形筋、水平梯形筋、定距框、"Π"形内撑筋、可翻转合页、保护层垫块加工图，由技术部门审核后交加工厂加工，加工厂根据图纸尺寸制作定型模具，经过检查验收及试焊合格后方可大批量加工。

5.2.2 竖向梯形筋、水平梯形筋、定距框、"Π"形内撑筋、可翻转合页、保护层垫块加工。

1. 竖向梯形筋加工

竖向梯形筋是固定于钢筋骨架内不可周转使用的工具；因此，为了节约材料可以使用比墙体立筋大一个直径等级钢筋制作，代替墙体立筋使用。梯档横筋一般使用 $\phi10$ 圆钢，分为两种长度规格：一种为墙厚减保护层，一种为墙厚减 2mm，第一种主要用来限制水平钢筋间距，间距同墙体水平钢筋间距；第二种同时起到控制钢筋网片位置和墙体厚度尺寸作用，其设置间距一般为 1.5m 且每段墙不少于三个。制作图示及实物图如图 5.2.2-1 及图 5.2.2-2 所示。

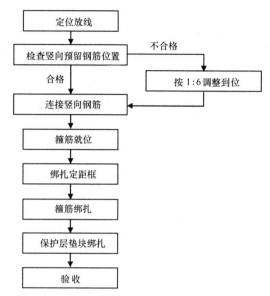

图 5.1.1 框架柱钢筋安装工艺流程

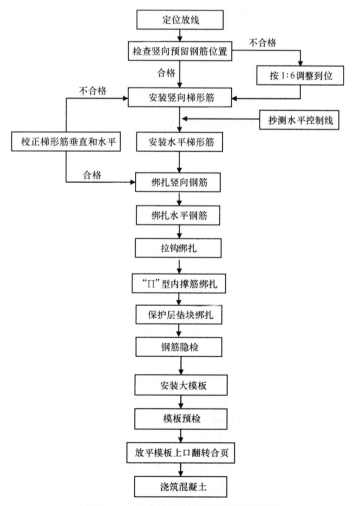

图 5.1.2 剪力墙钢筋安装工艺流程图

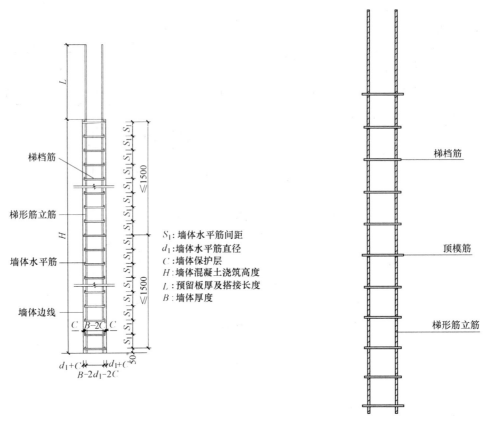

S_1：墙体水平筋间距
d_1：墙体水平筋直径
C：墙体保护层
H：墙体混凝土浇筑高度
L：预留板厚及搭接长度
B：墙体厚度

图 5.2.2-1　制作图示　　　　　　　　　图 5.2.2-2　实物图

2. 水平梯形筋加工

水平梯形筋类似于竖向梯形筋，但它是可以周转使用的，临时固定在墙体立筋上，当绑扎上层钢筋时，撤除整理后待用。水平梯子筋的纵向筋一般使用 $\phi 12 \sim 14$ 钢筋制作，长度控制为墙长且不大于 3000mm 左右为宜，梯档横筋一般使用 $\phi 10$ 圆钢，长度为墙厚减 30mm，距离同墙体立筋间距。制作图示及实物图如图 5.2.2-3 及图 5.2.2-4 所示。

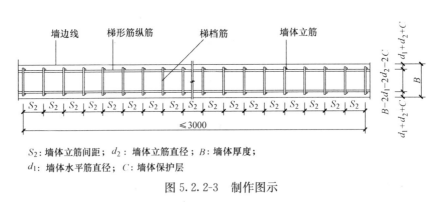

S_2：墙体立筋间距；d_2：墙体立筋直径；B：墙体厚度；
d_1：墙体水平筋直径；C：墙体保护层

图 5.2.2-3　制作图示

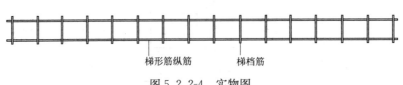

图 5.2.2-4　实物图

3. 可翻转合页加工

在大钢模边框上焊接可翻转合页，合页用角钢L50×32×3制作，角钢放平后端面正好抵住墙体竖筋，使卡在水平梯子筋内的竖向钢筋不得外移，保证了竖向钢筋不位移，如图5.2.2-5、图5.2.2-6所示。

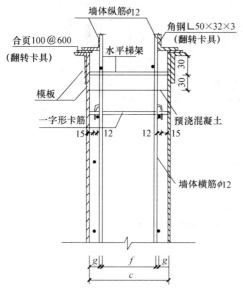
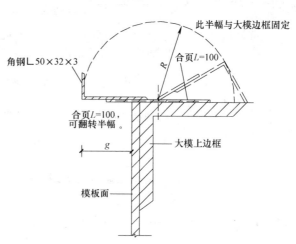

图5.2.2-5　翻转卡具的使用方法

g—水平筋直径+15mm；f—墙内竖向钢筋间距；

c—墙体厚度

图5.2.2-6　墙顶翻转卡具

4. 定距框加工

定距框是用于限制剪力墙暗柱和框架柱纵向主筋的工具，可以周转使用，根据柱截面大小使用 ϕ14～16圆钢制作定距框的框架，其余纵向钢筋挡点采用 ϕ10圆钢制作，挡点长度取30mm。制作图示及实物图如图5.2.2-7、图5.2.2-8所示。

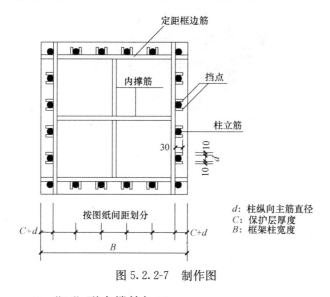
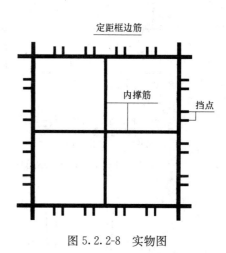

d：柱纵向主筋直径
C：保护层厚度
B：框架柱宽度

图5.2.2-7　制作图

图5.2.2-8　实物图

5. "∏"形内撑筋加工

"∏"形内撑筋是用于固定两层钢筋网片间距的定位工具，分为单控和双控两种，单控内撑筋绑扎固定于墙体内，不可周转使用；双控内撑筋绑扎于墙顶附加水平筋上（平模板上口，可周转使用），能防止混凝土浇筑时顶部墙体水平钢筋侧向位移。"∏"形内撑筋的支撑筋可根据墙厚选用 ϕ10～12圆钢制作，长度为墙厚减2mm；墙体水平钢筋挡点选用 ϕ8圆钢制作，长度为20mm。为防止支撑筋端部锈蚀，可将端部磨成3mm高的圆台形并涂刷两度防锈漆。制作图示及实物图如图5.2.2-9、图5.2.2-10所示。

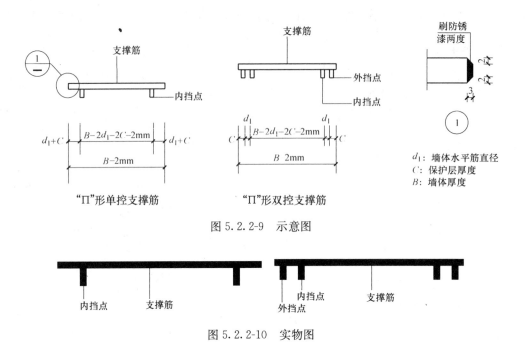

图 5.2.2-9　示意图

图 5.2.2-10　实物图

6. 保护层垫块

本工法所指的保护层垫块采用水泥砂浆垫块或塑料垫块，水泥砂浆垫块呈"U"形状，便于固定、不易滑脱而且尺寸准确，适用于水平及竖向钢筋保护层控制，保护层厚度不同采用不同规格垫块。水泥垫块（图 5.2.2-11）、塑料垫块（图 5.2.2-12），实物图（图 5.2.2-13 图 5.2.2-14）如图所示。

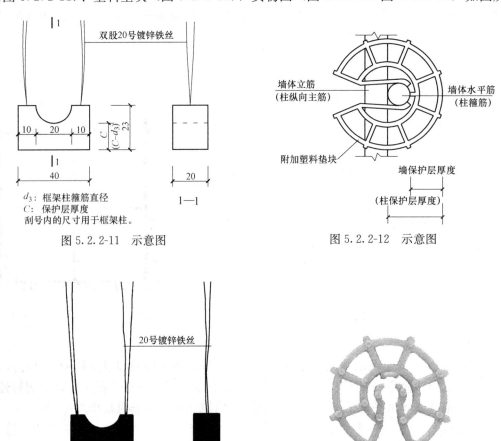

图 5.2.2-11　示意图

图 5.2.2-12　示意图

图 5.2.2-13　实物图

图 5.2.2-14　实物图

5.2.3 钢筋安装施工

1. 弹线：弹出墙体的轴线，及 30cm 控制线，然后根据 30cm 控制线再弹出墙体边线。

2. 钢筋校正：根据墙边线及时调整伸出楼面的钢筋，按不大于 1：6 比例调整钢筋位置。

3. 绑扎竖向梯形筋和水平梯形筋，该工序是本工法施工的关键；因为，墙体竖向钢筋和水平钢筋的间距是依靠它们来定位的，可以直接按照梯形筋上设置的梯档筋布置墙体钢筋。梯形筋绑扎要求横平竖直，可利用钢筋绑扎时搭设的脚手架或设置临时支撑进行固定，竖向梯形筋的梯档筋同一楼层标高应统一。竖向梯形筋设置间距不大于 2m 且每条墙不少于两个，水平梯形筋设于上层板面上 200mm 处，沿墙长通长设置并与暗柱、附墙柱等的定距框相连，梯形筋位置宜避开钢筋搭接长度范围内。

4. 墙体竖向和水平钢筋绑扎相对较为简单，不需要划分钢筋间距，不需要每根立筋都吊垂直、水平筋拉通线；而是直接将需绑扎钢筋与梯形筋的梯档筋固定，先接长全部竖向钢筋，然后再逐根绑扎水平钢筋，施工中应注意被绑扎钢筋均应位于梯档筋同一侧且与梯形筋紧贴。

5. 墙体钢筋网片绑扎完毕后，即可加设"Π"形内撑筋和保护层垫块，内撑筋设置间距为 800mm 呈梅花形布置，与墙体钢筋用绑丝绑牢；保护层垫块绑扎在纵横钢筋十字交叉点部位，与内撑筋位置对应。

6. 安装塑料保护层垫块：为了保证保护层均匀一致，在墙筋外侧卡放塑料保护层垫块，不同的保护层厚度可用不同颜色的塑料垫块表示，塑料垫块摆放按 800mm×800mm 梅花形布置。

7. 钢筋隐检：合模之前，首先对绑完的钢筋进行自检、互检和专检，合格以后才能报监理验收，监理验收合格后方能进入下道工序的施工。

8. 钢筋隐检合格后，进行大模板安装，模板预检合格后，放平大钢模上边框上焊接可翻转合页，合页用角钢 L50×32×3 制作，角钢放平后端面正好抵住墙体竖筋，使卡在水平梯子筋内的竖向钢筋不得外移，保证了竖向钢筋不位移，钢筋保护层的准确。

9. 浇筑混凝土，混凝土浇完后拆下水平梯子筋，水平梯子筋可重复使用。

10. 框架柱钢筋绑扎关键在于控制纵向主筋垂直和相对位置，箍筋绑扎前利用定距框来限制立筋位置，定距框与脚手架间临时进行固定，保证定距框水平及与柱边线对应。

6. 材料与设备

6.1 材料准备

6.1.1 钢筋：现场使用的 I 级或 II 级钢筋零料，无污染、无锈蚀

6.1.2 焊条：E4303 型

6.1.3 防锈漆

6.1.4 20 号、22 号钢丝

6.1.5 塑料垫块、混凝土垫块，成型尺寸满足混凝土保护层要求

6.1.6 梯形定位筋、定位框成型尺尺寸符合图纸钢筋间距要求。

6.1.7 长 100～125mm 的合页、L50×32×3 的角钢。

6.2 主要设备、仪器准备

交流电焊机、型材切割机、钢筋钩、线坠、钢卷尺、水准仪、脚手架、梯形筋模具、钢筋切断机。

主要设备、仪器配置一览表如表 6.2。

主要设备、仪器配置表　　　　表 6.2

序号	设备、仪器名称	型号	性能	数量	功率(kW)
1	交流电焊机	BX6-250		1 台	15.6
2	型材切割机	J3G-400	φ50	1 台	3
3	钢筋切断机	GJ5-40	φ40	1 台	2.2

序号	设备、仪器名称	型号	性能	数量	功率（kW）
4	线　坠	2kg		3只	
5	钢卷尺	5m		3把	
6	梯形筋模具			2套	
7	水准仪	S3	3mm	1台	

7. 质 量 控 制

7.1 竖向梯形筋、水平梯形筋、定距框、"Ⅱ"形内撑筋、可翻转合页、保护层垫块加工

7.1.1 保证项目

1. 代替结构钢筋用的竖向梯形筋，应有出厂证明和试验报告，并符合《混凝土结构工程施工质量验收规范》GB 50204—2002 要求。

2. 钢筋无污染、锈蚀，表面清洁。

3. 钢筋焊接应符合《钢筋焊接及验收规程》JGJ 18—2003 要求。

7.1.2 允许偏差项目（表7.1.2）

允许偏差值　　　　　　　　　　　　　　　　　　　表 7.1.2

项次	项　　目		允许偏差（mm）	检验方法
1	梯形筋纵筋	间距偏差	±2	尺量检查
2		位置偏移	±2	尺量检查
3	梯档筋间距偏差		±3	尺量检查
4	Ⅱ形内撑筋	支撑筋长度	−0、+2	尺量检查
5		挡点偏移	±2	尺量检查
6	定距框	外框筋长度	−0、+2	尺量检查
7		挡点偏移	±3	尺量检查
8	保护层垫块	长、宽、高	−0、+2	尺量检查
9		保护层尺寸	±2	尺量检查

7.2 钢筋安装质量标准

剪力墙钢筋绑扎应横平竖直，间距均匀，尺寸符合图纸规范要求，钢筋工程安装允许偏差及检查方法见表7.2。

钢筋工程安装允许偏差及检查方法表　　　　　　　　表 7.2

序号	项　　目		允许偏差（mm）结构长城杯标准	检查方法
1	绑扎骨架	宽、高	±5	尺量
		长	±10	
2	受力主筋	间距	±10	尺量
		排距	±5	
3	箍筋、横向筋焊接网片	间距	±10	尺量连续5个间距
		网格尺寸	±10	
4	保护层厚度	基础	±5	尺量
		柱、梁	±3	
		板、墙、壳	±3	
		垂直度	0	

8. 安 全 措 施

8.1 严格执行国家、行业和企业的安全生产法规和规章制度，认真落实各级人员的安全生产责任制。

8.2 焊工进行明火作业时，应有动火许可证并配备看火人和灭火器材。

8.3 使用砂轮切割机时，操作方法应正确，防止火星或树脂切割片破裂飞溅伤人。

8.4 进入施工现场戴好安全帽，高空作业系好安全带。

8.5 临时固定的梯形筋，与脚手架或附加支撑体系帮扎牢固，防止倒下伤人。

8.6 2m 以上必须搭设脚手架或操作平台。临边应设防护栏杆。

8.7 绑扎立柱和墙体钢筋时，不得站在钢筋骨架上或攀登骨架上下。

8.8 绑扎和安装钢筋不得将工具、箍筋或短钢筋随意放在脚手架或模板上。

9. 环 保 措 施

9.1 钢筋切割应在隔声的车间内进行，噪声排放控制在：白天小于 70dB，夜间小于 55dB。

9.2 采用型材切割机切割钢筋时，应在切割片前设铁制器具遮挡，防止产生扬尘。

9.3 现场的油漆、稀料存放处一律实行封闭、容器式管理，尽量减少泄漏的现象。

9.4 固体废物排放符合法律法规和其他要求规定，分类存放、分类处理。

9.5 钢筋切断机应设置接油盘。

9.6 避免在夜间进行焊接施工，控制光污染排放。

10. 经 济 效 益

10.1 本工法具有操作简单、方便易行，可以就地取材、投入少等优点，能有效地控制现浇混凝土剪力墙、柱钢筋绑扎的质量和对钢筋绑扎成品实施有效保护，确保整个钢筋位置在混凝土成型后仍能满足规范要求。

10.2 对保证钢筋位置正确的施工难度降低，整个操作过程模式化，缓解了技工紧张的矛盾，降低人工消耗，提高施工进度。

10.3 利用钢筋短料制作定位短筋，既满足施工规范对钢筋绑扎的要求，又减少浪费。

10.4 采用此工法能达到清水混凝土对钢筋绑扎的质量要求，可以使混凝土不抹灰直接批腻子进行装饰装修施工，不仅节约大量的人力、物力、财力、提高工效、节约资源，而且减少湿作业，有利于环境保护。

11. 工 程 实 例

该工法自 2000 年开始在我公司施工的项目上使用，施工效果很好，其中有代表性的项目有：二炮南院 1 号高层住宅楼，建筑面积 20000m²，全现浇剪力墙结构，地下 2 层，地上 22 层，工程为 2000 年 2 月 25 日开工，2000 年 12 月 30 日封顶；清缘小区 W17 号楼，建筑面积 21000m²，地下 2 层，地上 13 层，全现浇剪力墙结构，工程 2001 年 6 月 8 日开工，2002 年 6 月 30 日主体封顶；解放军艺术学院经济适用房工程，建筑面积 56584m²，地下 2 层，地上 16 层，框架剪力墙结构，工程 2002 年 12 月 8 日开工，2003 年 12 月 15 日主体结构封顶。中关村青年公寓 10 号、11 号楼，建筑面积 46000m²，地下 3 层，地上 28 层，2003 年 4 月 1 日开工，2004 年 11 月 20 日竣工。由于按照本工法施工，降低了技术工人占熟练工人的比例和因绑扎质量偏差较大而造成的返工；提高了钢筋绑扎的质量，加快了施工进度，取得了明显的经济和社会效益。二炮南院 1 号高层住宅楼工程，剪力墙钢筋绑扎用工量 1260 工日，节约人工费 6 万元，荣获 2000 年度北京市结构长城杯；清缘小区 W17 号楼工程，剪力墙钢筋绑扎用工量 1360 工日，节约人工费 6 万元，荣获 2002 年度北京市结构长城杯；解放军艺术学院经济适用房工程、中关村青年公寓 10 号、11 号楼剪力墙钢筋绑扎用工量 4120 工日，节约人工费 16 万元，于 2003 年 10 月顺利通过北京市结构长城杯的评审，受到了专家评审组的充分肯定。

钢筋混凝土筒体外立柱式液压爬升倒模施工工法

YJGF186—2006

江西省建工集团公司

夏有保　李富荣　胡章福　李向阳　乐金亮

1. 前　　言

在火力发电厂建设中，高耸构筑物—烟囱是其主要建筑物之一。江西丰城电厂二期 2×660MW 机组 210m 套筒烟囱合同要求：工期短（计划工期 335 日历天）、质量高（确保省优，力争国优）、造价低。按原有技术施工难以达到要求。为了履行合同，江西省建工集团组织二建公司开展了科技创新，成立了项目攻关科研组，制定了课题方案：1）提高整个施工平台的稳定性（改善施工安全条件）；2）减少施工过程对已浇捣的混凝土的扰动（改善混凝土内在质量）；3）改造模板体系及其接缝处理（改善混凝土外观观感质量）；4）适当增大每板模的高度（缩短施工工期）；5）减少钢材的一次性耗用量（节约施工成本）。研发了外立柱式液压爬升倒模施工技术，并首次在本工程上成功应用。

本工法的施工技术已通过了中国施工企业管理协会滑模工程分会专家组的现场评审（中施滑字 2005-6 号）。

本工法施工技术成果已通过了由江西省科技厅组织的科技成果鉴定（赣科鉴字〔2005〕第 106 号）。并获江西省科技进步奖三等奖。本工法的施工装置已获得一项实用新型专利，专利号为：ZL 2005 2 0099196.0。

2. 工 法 特 点

2.1　技术先进：外立柱式液压爬升倒模技术其支承杆由传统的受压杆件变为受拉杆件。

2.2　施工安全：外立柱式液压爬升倒模工艺不会因受压杆失稳导致操作平台失稳。其操作平台通过钢结构立柱和挂靴支承于已经具有一定强度的混凝土壁上，稳定可靠。

2.3　施工质量提高：外立柱式液压爬升系统工艺支承杆由体内变为体外，不会对混凝土产生扰动，保证了混凝土的内在质量。

2.4　施工进度快：模板高度加大到 1500mm（原工艺模板高度受支承杆脱空高度影响只能控制在 1250mm 内）。

2.5　施工成本节约：支撑杆由一次性耗用钢材变为可重复使用。

3. 适 用 范 围

本施工工法可应用于各种类型的钢筋混凝土高耸构筑物筒体施工。

4. 工 艺 原 理

该工艺的动力系统为可升降 6t（由计算确定）重荷载液压千斤顶，该工艺的附着系统为 φ25（由计算确定）螺栓挂靴、提升立柱、φ48（由计算确定）钢管支承杆。外立柱式液压爬升倒模技术其主要原理是通过液压大吨位千斤顶的正反向爬升，使得附着在筒壁上的提升立柱往上爬，大吨位千斤顶往上爬升支承杆时，提升立柱通过挂靴固定在筒壁上，使大吨位千斤顶带动整个操作平台上升，只要提升立柱的强度和刚度得到保证，就可根据需要选用不同高度的爬升距离，从而选用不同高度的模板。

本工艺施工前应根据工程项目的特点对提升平台设备进行设计计算，包括垂直运输系统、钢平台系统等。设计主要依据：《建筑结构荷载规范》GB 50009—2001、《建筑抗震设计规范》GB 50011—2001、《钢结构设计规范》GB 50017—2003、《冷弯薄壁型钢结构技术规范》GB 50018—2002，《滑动模板工程技术规范》GB 50113—2005。

5. 施工工艺流程及操作要点

5.1 工艺流程（图 5.1-1、图 5.1-2）

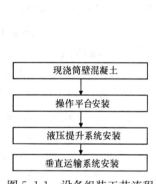

图 5.1-1 设备组装工艺流程

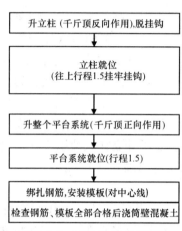

图 5.1-2 设备提升工艺流程

5.2 操作要点

5.2.1 ±0.00m 至积灰平台筒体混凝土浇捣：积灰平台筒体混凝土采用常规支模现浇方法施工。

5.2.2 设备组装：积灰平台混凝土浇筑后开始设备组装，设备组装主要包括操作平台安装、液压提升系统安装、垂直运输系统安装（图 5.2.2-1）。

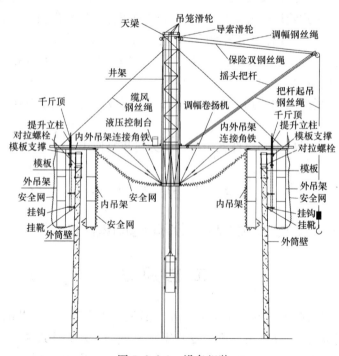

图 5.2.2-1 设备组装

1. 操作平台安装：操作平台安装操作平台采用刚性平台系统。布置辐射梁、提升立柱及可升降千斤顶。平台组装程序为：

鼓筒就位——辐射梁均分安装——环梁安装——斜撑安装——悬索拉杆安装——铺设平台板——安装吊架。

作业层设置五层：第一层（平台层）主要用于浇筑筒壁混凝土和材料运输；第二层（吊架第一层）主要用于钢筋绑扎及模板安装；第三层（吊架第二层）主要用于守模、清洗；第四层（吊架第三层）主要用于爬升操作、拆模；第五层（吊架第四层）主要用于爬升操作，养护。

2. 液压提升系统安装（图 5.2.2-2）：液压提升系统包括液压控制台、提升立柱、挂靴，对拉螺栓为 $\phi25$、油管、液压千斤顶及支承杆等，千斤顶采用单个布置，支承杆为 $\phi48 \times 3.5$ 钢管，工具式支承杆长 3.5m。

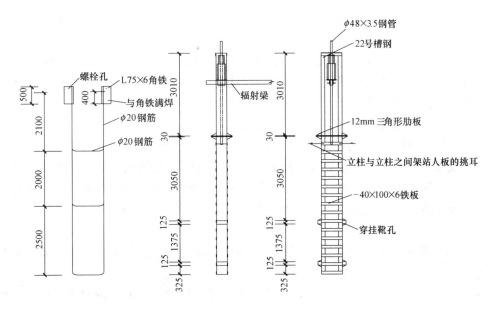

图 5.2.2-2　液压提升系统安装

3. 垂直运输系统安装：垂直运输系统主要由双滚筒卷扬机、单滚筒卷扬机、井架、导向滑轮、吊笼等组成。

4. 技术措施

1）在外筒壁混凝土上搭设单排脚手架与内满堂脚手架连接，立杆间距为 1.5m 左右，支撑面高出积灰平台 2.98m，辐射梁在鼓筒处起拱 150mm。

2）安装鼓筒：鼓筒在地面组装好后用吊车吊至内平台中心就位，鼓筒中心与筒体中心重合。

3）安装辐射梁：每次水平吊运一根辐射梁，外端插入立柱，内端与鼓筒上环形钢圈采用 M30 螺栓连接，全部辐射梁安装完后，把所有连接螺栓紧固。

4）立柱就位：穿好穿墙杆（$\phi25$ 螺杆），挂好挂靴，螺杆紧靠内壁处设 8mm 厚钢垫片，与挂靴连接处设 3mm 厚钢垫片，挂靴必须紧靠外筒壁，立杆必须安装垂直，洞口处立柱要进行加固。

5）安装千斤顶：千斤顶通过基座安装在立柱中心线部位的辐射梁上，千斤顶就位后，插入 $\phi48 \times 3.5$ 无缝钢管支承杆，支承杆上下两端安装防滑脱装置。

6）安装吊架：吊架总高度 6m，宽 600mm，分三层，采用 $\phi18$ 钢筋焊接，整个吊架通过 L75×6 角钢与千斤顶下基座螺栓连接，可沿辐射梁径向收缩。

7）安装悬索拉杆及环梁：悬索拉杆共设三道，分别拉设在半径为 $R_1 = 4.6m$、$R_2 = 6.6m$、$R_3 = 9.6m$ 处的辐射梁连接件上，首先在鼓筒下钢圈上逐个安装经拉伸试验合格的 $\phi25$ 自制法兰，再用

$\phi15.5$mm 钢丝绳与 $R=4.6$m 处辐射梁间的连接螺栓连接，安装完第一道悬索拉杆，接着安装第一道环梁，再安装第二道悬索拉杆与环梁，以此类推，当三道环梁与悬索拉杆安装完成后，通过调节法兰把悬索拉杆调紧均匀，并将鼓筒悬空。

8）铺设平台板及吊架板：平台板采用 50mm 厚松木板，吊架板使用专门加工的竹跳板，在辐射梁间距超过 150mm 处加设钢管，防止平台板折断。

9）井架及天梁安装

① 平台板铺设完成后，进行井架安装，不同长度的水平杆和斜杆分类摆放在平台上，以免出现安装错误；井架安装时两人同时配对安装，自下而上安装完成后，安装天梁及滑轮，井架垂直偏差控制在 1/200 以内，井架中心应与筒体中心一致；

② 安装斜拉索，四个斜拉索对称安装在井架四个角上，斜拉索与操作平台面的夹角不大于 45°。

10）垂直运输系统安装

① 首先在对中室焊接安装地梁及导向滑轮，安装下滑轮时从天梁上对应的滑轮吊线确定其位置，使上下滑轮在同一条垂直线上；

② 卷扬机绕钢丝绳：双滚筒卷扬机绕钢丝绳时，同一双滚筒卷扬机使用同一卷钢丝绳，并保持松紧程度一致，且钢丝绳的层数及每层的圈数一致，每绕完一层钢丝绳用 0.5mm 厚铁皮包平；

③ 吊笼就位：钢丝绳用滑轮进行导向，使钢丝绳受力后在预留孔中心；

④ 安装导索机具：导索卷扬机放置在内筒的内侧；

⑤ 摇头扒杆安装：根据现场情况，摇头扒杆安装在提升平台的西南方向。

11）液压系统安装：液压系统包括液压控制台、液压油管、闸阀以及油管分配器，液压控制台在安装前做加压试车工作，经严格检查合格后再安装，液压控制台通过分油路器到各个千斤顶的油管长度相等，液压系统安装完后，把液压千斤顶闸阀关闭，进行管路的充油和排气工作。

12）安全防护系统安装

① 外环梁安装完毕后，在其上焊制 $\phi25$ 栏杆：立杆间距 2m，立杆高度 1.4m；水平栏杆两道，上层栏杆钢筋为 $\phi18$，下层栏杆钢筋为 $\phi14$；

② 挂设安全网：操作平台下挂设平网，外吊架及栏杆处挂设双层网，内侧为立网，外侧用密目网封闭，内侧安全网必须收紧紧靠筒壁；

③ 安全通道设双层立人板防护，层间距离 600mm，且距外筒壁 5m 范围内及内外筒间防护通道加设 3mm 厚钢板覆盖；

④ 内筒积灰平台 3×3m 施工孔至地面用钢管脚手架搭成四方整体，外用钢板网密封，在两吊笼出入口相对应的位置预留出洞口；

⑤ 内外筒间及外筒外面的钢丝绳设防护装置，防止落物击打钢丝绳，钢丝绳下面铺设木板，避免钢丝绳磨地沾砂影响钢丝绳使用寿命，钢丝绳周围设栏杆，防止闲杂人员进入。

5.2.3 液压提升系统的荷载试验

液压提升系统按规定要求组装完毕后，进行荷载试验，验证结构设计和系统的可靠性，确保施工安全。

1. 试验内容

1）检查操作平台在荷载作用下下沉量是否符合要求；

2）检查提升机构提升能力及支承杆的稳定性；

3）检测垂直运输系统起重能力。

2. 试验荷载：采用砂包作为试验荷载。

1）平台施工荷载：按 1.5kN/m²。进行试验。

2）垂直运输系统：吊笼荷载按 10kN+30％进行超载试验。

3. 加载方法

1）操作平台上自平台中心 1.5m 至 10m 内分为 3 个荷载环，3 个荷载环自平台中心向外分别按 2.0kN/m² 、1.5kN/m² 、1.0kN/m² 划分。试验荷载在荷载环内均匀整齐堆放。

2）加载程序：按 25％、50％、75％、100％分级逐步加载，每两级加载时间相隔 2h，使平台充分受力后，测量平台的下沉量图 5.2.3。

4. 试验步骤

1）准备工作：设备全部组装好后，检查所有紧固件是否拧紧，悬索拉杆是否调整均匀，卷扬机地锚是否牢固，电器通信设备是否正常。

2）完成以上准备工作后，开动油泵将整个操作平台及提升结构提升一个行程（1.5m），然后拆除烟囱内部安装用的脚手架。

3）在内部中心位置搭设脚手架，固定一标尺（方料）用于测量平台下沉量，并记下初始位置。

4）测量平台的下沉量：按第 3 条加载方法和程序进行加载，分别测得平台下沉量；

5）垂直运输系统试验：操作平台加载 100％完成后，两个吊笼同时加载 13kN。

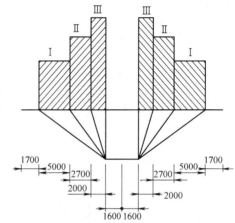

图 5.2.3　荷载试验分区加载图

6）开动卷扬机牵引电笼在±0.000 及操作平台上井架内运行三次，检查垂直系统所有构件是否有变形，并测量平台下沉量。

7）上、下限位开关的检查：开动卷扬机牵引吊笼上、下运动，检查其在上、下限位开关位置是否能自动断电而使吊笼停止动行，试验三次。

8）卷扬机的制动性能，开动卷扬机牵引吊笼上、下运行，在下降过程中突然制动，观察各部件是否有异常变形和吊笼滑引距离，试验 3 次。

以上试验完毕后，分别卸除吊笼及平台的荷载，全部荷载卸除后，测量平台的下沉量；

经过试验检测：平台下沉量不得超过 $L/400$（L 为平台组装处烟囱直径），提升机构提升能力及支承杆稳定性以及垂直运输系统起重和制动能力应满足设计要求。

5.2.4　筒体洞口位置施工：在洞口位置，提升立柱暂不能布置，先预留，在过洞口后再挂上筒壁，洞口处施工时，在空当的两头用模板隔开，并在中间间隔插入一些等壁厚隔板，保证该处内外木板的弧度符合设计要求。随着模板升高，在筒壁内外搭设水平钢管，紧贴内外筒壁，并用短钢管与支承杆连接牢固，减小支承杆的有效长度，保证平台的稳定（图 5.2.4-1、图 5.2.4-2）。

5.2.5　设备提升

1. 提升立柱：立柱提升为单个依次进行，提升立柱时其受力点为相应的辐射梁，千斤顶反向工作，行程 1500mm 后就位，就位时应校正立柱的垂直偏差。

2. 提升平台：平台提升时各千斤顶同时正向工作，其受力点为立柱，行程 1500mm 后就位。

5.2.6　筒体混凝土施工：设备提升就位并校正后，即可绑扎钢筋、安装模板、浇筑混凝土。再提升，再浇筑，循环施工。

5.2.7　设备拆除

1. 拆除顺序：拆除分两个阶段，第一阶段：当外筒施工到顶后，按下列顺序拆除以下设备：模板拆除→外架围护系统拆除→外吊架拆除→立柱拆除—安装外信号平台→内架围护系统拆除→内吊架拆除→液压系统拆除；第二阶段：当施工完外爬梯、避雷设施、航空色标及内筒后按以下顺序将所有设备拆除：拆除摇头把杆→拆除电气设备→拆除四根斜拉缆风撑→辐射梁及悬索拉杆拆除→拆除吊笼及导索→整体降落。

2. 拆除人员及机具安排（表 5.2.7-1～表 5.2.7-3）

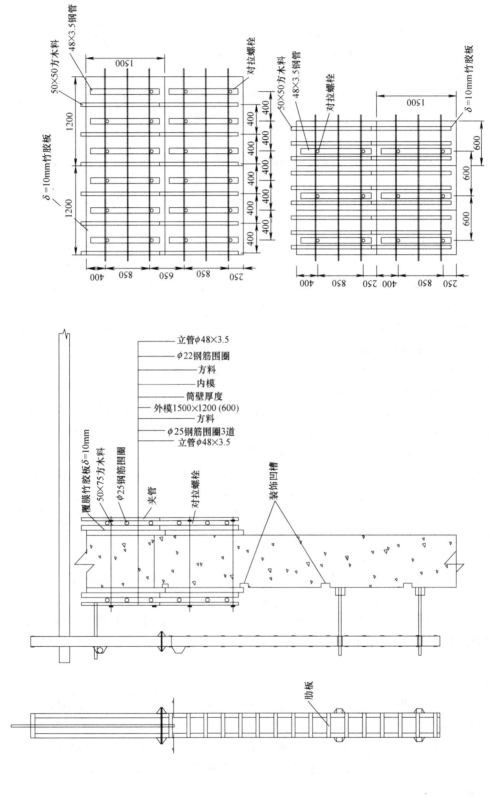

图 5.2.4-1　筒体洞口位置施工示意图

设备拆除人员安排 表 5.2.7-1

工种	人数	主要工作内容
机械工	8	安装机具设备,上钢丝绳扣,拆除设备,控制吊笼及卷扬机等
木工	6	拆除吊架板、模板,安装信号平台等
电工	1	拆除电路系统
焊工	1	焊接、氧割、协助机操工作业
普工	12	搬运材料、拉缆风绳、信号平台上监护钢丝绳等
管理人员	2	上下各一人,统一协调、指挥

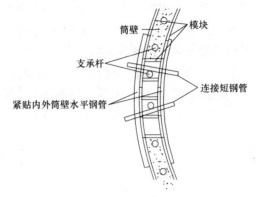

图 5.2.4-2 筒壁内外搭设水平钢管示意图

整体降落人员安排 表 5.2.7-2

工种	数量	工作内容
管理人员	3	总指挥一人,上下各一人负责协调
机械工	9	拆除设备、操作六个长链葫芦
木工	4	拉缆风绳、协助机械工作业
普工	10	转运拆除后的设备,协助机械工盘卷扬机钢丝绳

机具安排 表 5.2.7-3

名 称	型号规格	数 量	备注
长链条捯链葫芦	3t	7 只	
开门葫芦	5t	4 只	
开门葫芦	3t	4 只	
捯链葫芦	1t	4 只	
双滚筒卷扬机	3t	2 台	
钢丝绳	$\phi15$	1200m	
钢丝绳	$\phi12$	80m	
线卡	$\phi15$	12 只	
线卡	$\phi12$	30 只	

3. 拆除方法:

1)模板拆除:待筒首混凝土养护达到 70% 强度时即拆除全部模板,由吊笼运至地面,拆除时应尽量保证设备的完整性。

2)围护系统拆除:按先外架,后内架,先拆除密目网后拆除安全网,再拆栏杆的顺序进行。

3)内外吊架及立柱拆除:内外吊架及立柱利用摇头把杆钢丝绳及卷扬机通过平台中心安装导向滑轮导向逐个拆除,外吊架即立柱下降时应用一根 $\phi20$ 棕绳做缆风,由地面人员拉离筒壁,然后下降。

4)信号平台安装:该层信号平台由于在外吊架范围内不能预先安装,须待到外架降下后,方可随拆随装。

5)液压系统拆除:在内衬砌筑完成,压顶耐酸混凝土达到 70% 以上强度后,将辐射梁落到筒首上,随即拆除千斤顶、爬杆、油泵、油管等用吊笼运至地面。

6)摇头把杆移位到爬梯方向,安装完爬梯、避雷设施后,接着分两步同时施工:内筒施工,筒身外航空色标施工。

7)操作平台整体降落:先拆除摇头把杆,利用 6 个 3t 长链条捯链葫芦分别挂在筒身六个方向的预埋件上,另一端用钢丝绳系在鼓筒下钢圈,使六个葫芦均匀受力,将辐射梁稍悬起,同时在井架上部拉四根缆风绳，每根绳端部挂一个1t捯链葫芦，固定在筒首四个对称方向的埋件上，然后拆除平台铺板、辐射梁悬索拉杆及斜拉撑，通过吊笼放至地面。拆除吊笼电缆后，起动六个长链条捯链葫芦，使整个平台徐徐下降，捯链放完后，用另一个3t葫芦逐个将六个3t长链葫芦换挂到鼓筒上钢圈上，继续使平台下降，当平台降落高度达到7～8m时，将2台原吊笼卷扬机的钢丝绳通过挂在筒首四个（按对称方向）埋件上的5t开门葫芦，并固定于井架上，使钢丝绳受力，然后卸掉六个捯链葫芦，同时启动两台卷扬机，使平台整体降落至内平台后解体。

6. 材料与设备

主要材料、施工机具、仪器如表6.1、表6.2所示。

主要材料一览表   表6.1

序号	名称	规格型号	运用部位	数量
1	槽钢	14a～22a	辐射梁、环梁	数量要根据平台大小而定，一般在30～40t
2	角钢	75×75	鼓筒	
3	钢管	ϕ60～75×5	平台井架	
4	钢管	ϕ48×3.5	其他	

主要施工机具、仪器一览表   表6.2

序号	名称	数量	规格型号	说明
1	操作平台	1套		
2	双滚筒卷扬机	2台	3t	
3	单滚筒卷扬机	3台	3t、2t	导索张拉，把杆动力
4	千斤顶	25台	SJGYD-60	备用5台
5	油泵	1台		为千斤顶供油
6	捯链葫芦	12个	3t,1t	降落、抽模板、调整提升架等
7	对讲机	4部		现场指挥、上下联系
8	吊线锤	1个	30kg	筒身对中
9	水平仪	1台		
10	钢卷尺	4把	15m	筒身拉半径
11	吊车	1台	45t	翻模设备安装
12	水平尺	2把		翻模设备安装
13	开门葫芦	10		钢丝绳导向
14	经纬仪	1台	J2	定位放线
15	水准仪	2台	DS3	标高
16	垂准仪	1台	DJ2	垂直度
17	线锤	1个	50kg	垂直定点
18	钢卷尺	1把	30m	丈量

7. 质 量 控 制

7.1 工程质量控制标准

1.《钢结构工程施工及验收规范》GB 50205—2002
2.《钢结构工程质量检验评定标准》GB 50221—2002
3.《建筑工程质量检验评定标准》GB 50300—2001
4.《施工现场临时用电安全技术规范》JGJ 46—88
5.《滑动模板工程技术规范》GB 50113—2005
6.《液压滑升模板施工安全技术规程》JGJ 65—89
7.《工程测量规范》GB 50026—93
8.《混凝土结构工程施工质量验收规范》GB 50204—2002
9.《建筑电气工程质量验收规范》GB 50303—2002
10.《建筑施工高处作业安全技术规范》JGJ 80—91
11.《龙门架及井架物料提升机安全技术规范》JGJ 88—90

7.2 材料质量控制

1. 提升设备所需主要材料：槽钢、角钢、钢管。

2. 设备所需材料应按设计的规格、型号、种类编制材料采购计划，并按计划向有生产资质的厂家或供应商采购，并要求供方提供合格证。

3. 设备组装前必须对槽钢、角钢、钢管进行抗拉、冷弯、探伤试验，试验合格后方可组装，组装前做好防锈处理。

4. 液压千斤顶应提供设计意图给有资质的专业生产厂家，由其定向生产，并要求厂家提供检验合格证书。

7.3 组装、提升过程质量控制

1. 提升设备装置的构件制作、组装应符合国家现行的《钢结构工程施工及验收规范》GB 50205—2002 的规定，设备组装的允许偏差应满足表 7.3。

2. 立柱：其平直度偏差不应大于 1/1000，提升就位后其垂直度应不大于 5mm，实际操作时可采用带法兰拉索校正。

3. 挂靴：每一层的螺栓预留孔水平度不应大于 10mm，垂直向相邻挂靴间距为 1500mm，其预留孔中心线竖向偏差不应大于 20mm。

4. 注意事项：设备提升过程中要有专人统一指挥，协调各千斤顶的升差情况，检查操作平台上各观测点与相对应的标准控制点位置偏差及平台的空间位置状态，发现异常及时纠偏或纠扭。

提升设备装置组装允许偏差 表 7.3

内　　　容		允许偏差（mm）
模板结构轴线与相应结构轴线位置		3
环梁位置偏差	水平方向	3
	垂直方向	3
提升架的垂直偏差	平面内	3
	平面外	2
辐射梁的相对标高偏差		5
千斤顶位置偏差	提升架平面内	5
	提升架平面外	5

8. 安 全 措 施

在工程开工前按规定建立施工安全监督机构，建立安全保证体系，建立安全管理制度，并将安全监督机构、安全保证体系、主要项目施工技术措施、安全措施等有关的资料提交相关管理方审查备案。施工时除应遵守国家现行建筑施工安全操作规程及企业制订的安全生产条例外，针对工程的实际情况还应注意以下事项：

1. 建立完善的安全生产管理组织机构。

2. 建筑物四周划出非安全区（筒壁外 30m 圆周内）。危险区内的通道均应搭设防护。

3. 本工艺施工属高空作业，所有施工人员必须经过体检合格后方能进入现场参加施工。严禁酒后上班，不得在操作平台上打闹，不得向下抛掷杂物。

4. 操作平台的铺板采用厚度不小于 5cm 的松木板，铺设必须铺设密实，内平台离筒壁不得大于10cm，外平台板紧靠立柱，内外吊架必须牢固，工作台周围设置围栏和双层安全网（内层为立网，外层为绿色密目网），内外吊架外侧、底部及操作平台底部均设置安全网（平网）吊架底部设兜底，安全网、密目网用紧绳器紧靠筒壁。

5. 操作平台必须保持清洁，需用材料应随用随运，不能集中堆放在平台上，暂不用的材料，设备及杂物应及时清理运送至地面。平台井架上必须设置临时避雷装置，与永久避雷线接通，阻碍升模每滑升一次拆除一次，并使接触良好，防止雷击事件发生。

6. 导索必须先松开后方能提升，提升时吊笼放至于上操作平台位置，且将吊笼电源关闭，垂直运输系统，如吊笼、摇头把杆等要设置限位器，吊笼运行中不得人货混装，卷扬机前后设置限位开关，地锚稳定可靠，吊笼地面停靠处放置轮胎做缓冲装置。

7. 每日由专人检查巡视，检查钢丝绳和机具滑轮并加油润滑，发现损坏应及时更换，特别注意地梁及天梁处的导向滑轮的工作状况，防止钢丝绳脱轨，对磨损严重的滑轮及时更换。

8. 立柱提升时信号要精确，逐个提升，挂靴必须紧靠筒壁，挂钩全部挂设，且使其受力均匀，并插好插销，防止滑脱。

9. 平台提升前派专人到内外吊架巡视检查，消除阻碍平台上升的各种因素。

10. 吊架板、安全网及吊架内外围栏杆应及时收缩，保证平台正常提升。

11. 各种导线应绝缘良好，要有安全保护装置，防止漏电及触电事故的发生，操作平台及内外吊架必须采用低压照明，操作平台、控制室、材料库等地应按规定配备相应的防火消防器材，且上操作平台上必须配备足量的消防用水。

12. 在筒体内部吊笼通道，地面与内平台间搭设内外双层方形防护罩，用双层钢板网四周围护，留出吊笼上下出入口，安装安全门。

13. 吊笼载人每次不得超过 6 人，载物不得超过 1.2t，摇头把杆吊运材料每次不得超过 0.5t，并要有专人拉缆风绳，专人指挥，确保运输安全。

14. 在施工过程中，及时掌握气象信息，当操作平台上遇有五级以上大风或暴雨时，所有高空作业必须停止，施工人员应迅速下到地面，并切断电源。

15. 设备组装期间应注意：（1）有螺栓连接件螺杆外露丝扣不得少于两丝，所有焊接焊缝按设计规定要求，最小不得低于 6mm。（2）施工避雷针安装于井架顶部，避雷引下线的下端必须与外筒竖向钢筋焊接（或螺栓连接，螺栓必须紧固）。

16. 试验期间：在每次加载时密切观察平台有无异常，出现异常应立即中止，制定解决措施后方能继续试载。

9. 环 保 措 施

9.1 采用本工法施工时环保控制措施按一般高层建筑施工控制，不会对环境产生特殊污染。

9.2 在施工过程中严格遵守国家和地方政府有关环境保护的法律、法规和规章，有专职责任人负责对油料、油漆、废水、粉尘的污染控制，并做好防火工作。

9.3 施工现场施工机械，临时设施，大宗材料，成品及半成品等按施工总平面图布置，对料场地面进行硬化，作业点做到工完料尽、场地清，保持现场文明整洁。

10. 效益分析

10.1 经济效益（就丰城电厂 210m 烟囱单个项目为例）

1. 由于该工艺使混凝土内在质量的提高减少了业主在使用过程中的维修费用。

2. 安全生产是最大的效益

在施工安全生产方面，外立柱式液压爬升系统工艺与其他工艺比较，具有更高的可靠性。这种安全性的提高不是以增加投入为手段，而是用改变工艺的方式来实现。

3. 投资比较

应用本工法施工技术与同类技术相比可节约模板投资 5.6 万元；节约千斤顶投资 6.5 万元；节约支承杆投资 14.6 万元；人工费 14.583 万元。工程直接成本节约 41.283 万元。

10.2 社会效益

通过本工法技术的应用，可使烟囱的施工质量大大提高、工期缩短、企业信誉度和市场竞争力加强。

11. 应 用 实 例

11.1 实例一

项目名称	工程地点	结构形式	开竣工日期	实物工作量
丰城电厂 210m 烟囱	江西丰城市	钢筋混凝土筒体	2005.3～2006.5	210m 钢筋混凝土筒体

应用效果：

应用该工法施工技术使施工更安全,筒体混凝土内在质量提高,筒壁外观质量较同类烟囱明显改善,施工进度加快。中心偏差为 3mm,无扭转,接缝美观,提高了企业的信誉和市场竞争力。烟囱的施工质量得到业主、工程重点办的高度评价,达到了预期目标。本工程被评为省优。

11.2 实例二

项目名称	工程地点	结构形式	开竣工日期	实物工作量
淮阴电厂 180m 烟囱	江苏淮安	钢筋混凝土筒体	2006.11～2007.4	180m 钢筋混凝土筒体

应用效果：

应用该工法施工技术使施工更安全,筒体混凝土内在质量提高,筒壁外观质量较同类烟囱明显改善,施工进度加快。无扭转,接缝美观,提高了企业的信誉和市场竞争力。

无站台柱雨棚钢管桁架结构施工工法

YJGF187—2006

中铁四局集团有限公司

陈宝民　龚剑波　刘辉　刘瑜　杜世军

1. 前　　言

　　无站台柱雨棚钢管桁架结构是应用于车站雨棚的一种新型建筑形式，与老式站台雨棚相比，它具有视野开阔、造型美观的优点。钢管桁架结构是由桁架柱、桁架主次梁组成。因其强度高、刚度大，构件截面小，有利于建筑空间的拓展，适用于车站大跨度空间建筑结构。中铁四局完成了国内第一个无柱雨棚工程（北京站）的施工，并综合北京西站、沈阳北站、南京站、上海南站等无站台柱雨棚施工技术，总结形成本工法。随着国家对无站台柱雨棚钢管桁架结构应用的扩大，该项技术具有广阔的市场前景。

2. 工法特点

　　2.1　工厂化生产模式，采用埋弧自动焊接机械和可编程控制的三维数控切割机床，以及胎具制作构件，提高构件制作质量，确保安装工作的快速和精确。

　　2.2　设计制作专用的运输支架和安装辅助支架，安全、便捷解决了构件的运输和安装问题。

3. 适用范围

　　本工法适用于钢管及相类似的钢管桁架结构，尤其是车站站房、车站无柱雨棚、各种体育场馆、会展中心、机场等其他大跨度钢管桁架结构工程。

4. 工艺原理

　　4.1　在无站台柱雨棚钢管桁架结构冬期施工中，针对高空低温环境对焊接参数试验对比研究，掌握高空低温焊接技术，编制高空低温焊接工艺。

　　4.2　针对钢管桁架结构特点，研究应用钢管相贯切割组焊技术，掌握钢管相贯切割的程序编制、钢管组焊工装设计以及编制施工工艺。

　　4.3　采用不中断车站运营条件下大型构件吊装安全技术，不影响发车的正常运营，在铁路上空接触网密布的情况下，确保大型梁柱构件准确安全地吊装就位。

5. 施工工艺流程及操作要点

5.1　施工工艺流程

　　根据车站现场条件以及无站台柱雨棚工程施工的特点，制定总体施工工艺流程（图5.1）。根据总体施工工艺流程，确定出分部分项的施工工艺。

5.1.1　制作工艺流程

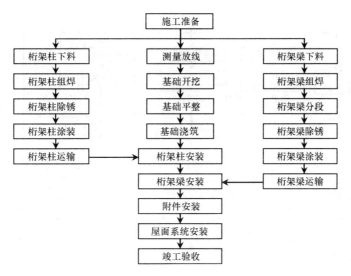

图 5.1　总体施工工艺流程

钢管桁架结构制作难点在于桁架梁、桁架柱等主构件尺寸控制及焊接变形控制，主构件制作详细工艺流程见图 5.1.1-1、图 5.1.1-2。

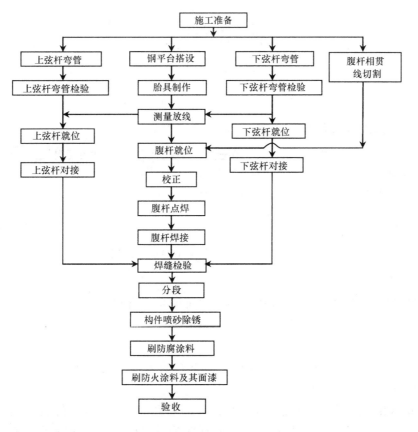

图 5.1.1-1　桁架梁制作工艺流程

5.1.2　安装工艺流程

为满足运输限界要求，并为提高安装的安全性，桁架梁采用分段吊装组拼的方案。

安装工艺流程：

测量放线→清理基础→运输（吊车及构件）→桁架柱吊安装→胎架搭设→桁架梁的分段安装→校正→焊接→焊接检验→涂装补刷→验收。

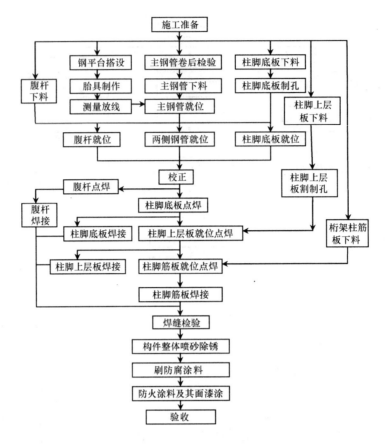

图 5.1.1-2　桁架柱制作工艺流程

5.2　操作方法或要点（图5.2）

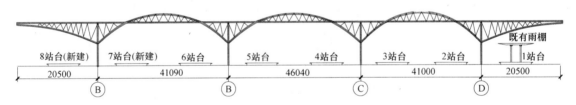

图 5.2　北京站钢管桁架结构立面示意图

5.2.1　原材料检验

所有主构件材料和焊接材料进场时检查材料质检证明书、合格证等质量证明文件，并按规范要求进行复验。

5.2.2　下料

1. 下料前审核设计文件，根据设计文件对所有下料的装配件按比例放样，并形成书面技术交底资料。

2. 编制桁架钢管相贯线切割程序进行相贯线接口的切割，按照设计文件进行三维建模，利用三维模型生成相贯线接口图形，运用专用软件将图形转换为相贯线接口的平面图形，并将此图形转换为相贯线切割程序，检查无误后输入到相贯线切割机内进行相贯线接口的切割。

3. 钢板采用半自动切割机下料。

4. 切割前将钢材切割区域表面的铁锈、污物等用钢丝刷清除干净，切割后清除熔渣和飞溅物。

5. 要求全熔透的焊缝，按设计要求开制坡口。

6. 普通制孔采用半自动切割机气割，对孔径及孔壁有特殊要求的采用摇臂钻或磁力钻来完成。

7. 所有下料零部件编号标识，分类堆放。

5.2.3 组装焊接

1. 组装焊接前，根据桁架结构形式设计制作桁架柱和桁架梁胎具；胎具充分考虑到构件的重量与变形应力，通过胎具的高精度和高强度来保证构件的尺寸公差。

2. 桁架柱胎具由型钢、钢板组焊成钢平台，在钢板上焊接角钢作为横担及挡块作为定位块和夹具，以提高桁架柱装配速度。

3. 桁架梁胎具制作前，根据地基承载力设计基础的预埋件；用型钢作地梁，上部焊接垂直的型钢桁架柱作为立柱、角钢做斜撑。立柱上设置牛腿作为弦杆支撑点；并在胎具两侧设置固定测量定位点，构件拼装前，对相应的胎具几何尺寸、轴线、标高进行复测、检查、校正。

4. 桁架梁和桁架柱拼装原则

1）根据外形尺寸桁架柱可拼装焊接成整体。

2）为便于运输方便，桁架梁整榀拼装后分段。

5. 组装

同一类型的构件在同一胎模上拼装。拼焊时先将焊口周边的污物清理干净，将内衬管放入各拼接接口内，然后将预先制作好的各个单元插接拼对好，拼好后对构件的几何尺寸、坡口质量、组对间隙进行检查，符合要求后进行定位点焊。

6. 焊接施工

钢管桁架结构焊接的接头形式主要有V形坡口、T形角焊缝等形式的焊接；根据各焊接节点、焊缝形式、位置与母材材质编制相应的焊接工艺，根据每种接头形式按所编制的焊接工艺焊接成试件进行抗拉、抗弯、冲击试验并对试验结果进行评定，进一步完善焊接工艺。

1）焊接的前期准备

a. 焊接前的防护

焊接前，在焊接处搭设稳固的焊接操作平台做好防风雨措施。

b. 焊条的预热处理

焊条在焊接前放入烘箱里烘烤，施焊过程有保温桶保持焊条的温度，烘烤温度及保温时间按照焊接工艺要求确定。

2）焊接

定位点焊：定位点焊时采用与正式焊接相同的焊接材料，焊接电流比正式施焊时加大15％为宜，每段长度控制在40～60mm，间隔300～400mm；点焊牢固后检测构件的几何尺寸并及时进行校正。

焊前清理：将定位焊处焊皮、飞溅、雾状附着物仔细清除，定位焊起点及收弧处必须用磨光机修磨成缓坡状，并确认无未熔合、收缩孔等缺陷存在。

正式焊接：此工序是本工艺流程的一道重要工序，焊前制订焊接工艺规程及低温焊接保护措施，并进行焊接工艺评定；采取对称和分层施焊的工艺措施来减少和防止焊接变形和焊接应力，并及时采取火焰加热的手段校正变形。采用 CO_2 气体保护焊打底和填充，手工焊盖面。

a. 根部焊接：根部施焊应自下部起始处超越中心线100mm起弧与定位焊接头处前行100mm受弧，再次施焊应在定位焊缝上退行100mm引弧，在顶部中心处熄弧时应超越中心线至少10mm；另一半焊接前应将前半部施焊及收弧处修磨成较大缓坡状并确认无未熔合及未熔透现象后在前半部焊缝上引弧。上部接头处应不熄弧连续引带至接头处5mm时稍用力下压，并连弧超越中心线至少一个熔池长度（10～12mm）才允许熄弧。

b. 填充层的焊接：焊接前剔除首层焊道上的凸起部分及引弧收弧造成的多余部分，仔细检查坡口边沿有无未熔合及凹陷夹角，如有采用角向磨光机或气刨除去，应注意不得伤及坡口边沿。焊接仰焊部分时采用小直径焊条，仰爬坡时电流稍小，立焊部位时先用较大直径的焊条，电流适中，焊至爬坡时电流逐渐增大，在平焊部位再次增大。焊条呈月牙形运行，在接近面层时，注意留出1.5～2.0mm的深度，且不得伤及坡边。

c. 面层的焊接：在面层焊接时，选用适中的电流值并在坡口边熔合时间稍长一些，焊接搭接时将收弧处清理干净，确保外观质量满足质量要求。

3）焊接变形的控制

成立焊接变形控制攻关小组，通过试验确定合理的焊接工艺；设计专用工装对构件刚性固定，焊接过程设置停检点检验、校正（火焰校正），且严格按照焊接工艺采用对称焊、分段焊等方法予以控制。

环境温度过低时，必须充分考虑低温施工措施。将对焊缝焊前进行预热处理，焊后在焊缝左右200mm 范围内采用石棉绳多层捆绑进行保温，使焊缝温度缓慢冷却，以保证焊缝焊接质量。

4）分段

由于运输限制，桁架梁必须分段运输，分段的主要原则如下：

1）满足货物运输限宽限高要求。

2）考虑结构的受力，保证断点位置离节点有一定距离且弦杆间断点必须错开。

3）利于现场安装和搭设承重胎架。

4）断点切口方向应利于安装就位。

在运输前对桁架梁组装成整榀后，检查其几何尺寸精度符合质量规定，按要求分割。分段采用模板划线、手工气割的方法，并在断口处开制坡口。

现场分段试拼装完成后对桁架部件进行检查，如发现有超差变形则必须进行矫正。各工序完工后，对构件进行全面检测，测量数据整理成资料存档，合格后发放合格证。

拼装完成后将管口用塑料布封头，防止雨水进入；所有焊缝处用电动钢丝刷清理干净，分段后在断点断面处标出轴线位置。

5）焊缝检测

焊缝检测主要为外观检查和非破坏性检查，非破坏性检查主要手段为超声波探伤。

5.2.4 构件运输

运输时设置专用支架作为支护，用手拉葫芦或捯链使构件牢固，并用钢丝绳结合花篮螺栓设置倒八字防窜措施，以保证在运输过程中构件稳定、减少变形、提高装卸效率。

对主桁架构件根据安装方向确定装车方向，以利于卸车就位。

5.2.5 吊装作业

按列车要点计划，提前由机车牵引进入施工地点，按现场标识位置，停好待命。现场将吊具、支腿枕木、爬梯准备好，确保安装正常施工。

1. 桁架柱吊装

1）桁架柱的吊升

桁架柱的吊升采用旋转法进行。吊车起臂边升钩、边回转，使柱身绕柱脚而旋转，当桁架柱由水平转为直立后，将桁架柱吊离地面，然后转至基础上方，将桁架柱落在基础顶面对正。

2）桁架柱的对位和临时固定

当柱脚离基础顶面约 30～50mm 时进行对位；对位后桁架柱落到基础顶面，在桁架柱中心线与基础轴线重合后，用钢楔块沿桁架柱四边打紧，使桁架柱临时固定。

3）桁架柱的校正固定

桁架柱吊装后进行平面位置、垂直度和标高的校正；采用楔形铁或钢板进行调整，桁架柱校正后立即进行固定。

2. 桁架梁吊装

1）承重胎架及加固脚手的搭设

按轴线位置和桁架分段处所对应的位置搭设承重胎架，其上固定可调的螺旋千斤顶；承重胎架采用钢管，搭设高度为桁架下弦以下 200～500mm。

2）桁架梁分段部分现场拼装

利用吊车将需拼装的杆件吊装就位点焊，利用手拉葫芦进行调整找直、对口。

3）桁架梁分段部分吊装

将钢丝绳在预定吊点处挂好，梁的两端绑上牵引绳；构件吊起后通过梁两端的牵引绳将梁在空中旋转到位。将梁端与端梁的接口对准，检查接口的对接间隙、错边量、套管安装，接口对正后用专用抱箍将接头卡紧。进行点焊，定位点焊后检查对接接口，满足要求后正式进行焊接。

4）测量控制

桁架梁安装测量内容：桁架梁直线度、轴线、标高及变形控制。

5）现场高空焊接

焊前检查对焊接坡口的洁净度、对接间隙、坡口尺寸、坡口表面平整度；焊接采用分层多道焊进行，每层焊缝厚度不大于 5mm，焊完后将焊渣彻底清理干净。

焊接过程中层间温度控制在 120℃ 以上；各层间的焊渣、飞溅等必须清理干净，焊接采用直流焊机手工电弧焊。

6）检验、校正

拼安装质量是控制主体钢结构工程质量的最后一关，因此在吊装、拼装及安装过程中，必须用经纬仪、水准仪对桁架上下弦杆件的直线度、上下弦的拱高随时进行检测，并与设计值进行比较，以便对钢桁架进行全方位的质量跟踪监测。

7）焊接检验

焊接完成 24h 后进行焊缝的外观检查，外观合格后进行超声波探伤。

6. 材料与设备

本工法无需特别说明的材料，采用的机具设备见表6。

主要施工机械和检测试仪器配备表   表6

序号	设备名称	规格型号	单位	数量	备注
1	三维数控相贯线切割机	SKGG-B2	台	1	相贯线切割
2	CO₂气保焊机	ND315CO2/MAG 20kVA	台	30	构件焊接
3	半自动切割机	CG1-30	台	2	
4	摇臂钻床	Z35A	台	3	制孔
5	磁力钻	JIC-AD02-23	台	4	檩条制孔
6	剪板机	Q11-8×2500	台	1	
7	直流电焊机	ZX5-630 25kVA	台	20	安装现场焊接
8	碳弧气刨	ZXJ	台	1	
9	抛丸机	WL-2 140kVA	台	1	
10	喷砂成套设备		套	1	制作现场
11	交流电焊机	BX1-400 25kVA	台	58	构件焊接
12	电焊条烘干炉	ZYM30	台	8	
13	电焊条烘干箱	ZYHC-30	台	8	
14	磨光机		台	20	
15	保温桶		个	40	

序号	设备名称	规格型号	单位	数量	备注
16	汽车起重机	QY-20	台	2	制作现场装卸
17	汽车起重机	QY-25	台	2	制作现场倒运
18	汽车起重机	QY-40	台	2	制作现场倒运
19	汽车起重机	QY-50	台	4	安装现场吊装用
20	汽车起重机	QY-80	台	2	安装现场吊装用
21	龙门起重机	40t	台	1	制作现场
22	龙门起重机	25t	台	1	制作现场
23	平板拖车	30	辆	4	运输
24	超声波探伤仪	CTS-22	台	2	
25	水准仪	DSX2	台	2	
26	经纬仪	J2	台	3	
27	Ⅱ级全站仪	DTM2	台	1	安装现场

7. 质 量 控 制

严格执行《钢结构工程施工质量验收规范》、《建筑钢结构焊接技术规程》，做到规范操作。

7.1 制作允许偏差

7.1.1 桁架柱制作允许偏差，见表7.1.1。

桁架柱制作允许偏差 表7.1.1

项　目	允许偏差(mm)	项　目	允许偏差(mm)
几何外形尺寸	±L/2000，±10	钢管弯曲矢高	±L/1000，且≤5
钢管与柱脚板垂直度	±L/1500，且≤8	柱脚底面平整度	5

7.1.2 桁架梁制作允许偏差，见表7.1.2。

桁架梁制作允许偏差 表7.1.2

项　目	允许偏差(mm)	项　目	允许偏差(mm)
几何外形尺寸	±L/2000，±10	水平杆直线度	6
曲率半径	±50	管—管对接轴线交点错位	3
两弯管轴线平行度	5		

7.2 质量保证措施

7.2.1 加强图纸的审核，及时与设计单位沟通，细化构件节点图。

7.2.2 确定施工中的关键工序，编制施工工艺卡及焊接工艺规程；并进行焊接工艺评定，根据评定结果进一步完善焊接工艺。

7.2.3 制定严格的材料管理制度，所有替代材料或施工工艺的改变须事先征得设计单位的同意。

7.2.4 严格执行ISO 9001—2000质量体系，对每一道工序进行自检、互检、专检。

7.2.5 管与管对接位置焊缝为一级，必须全部进行超声波检测，保证符合要求。

7.2.6 开展 QC 小组活动，组织技术攻关，改进施工工艺。

8. 安 全 措 施

8.1 进入施工现场必须戴安全帽，登高作业必须系好安全带、穿防滑鞋，工具应放置工具包内。

8.2 钢结构是良好的导电体，四周接地良好；施工用的电源线采用胶皮电缆线，所有电动设备应装漏电保护开关，严格遵守安全用电操作规程。

8.3 施工中的氧气、乙炔气瓶按规定安全距离摆放。

8.4 吊装作业前检查索吊具是否符合规格要求，是否有损伤，所有起重指挥和操作人员持证上岗；空中吊装时，构件两端要系好揽风绳，构件上严禁站人。

8.5 吊装分段桁架时，检查承重胎架可有足够的强度、刚度及稳定性。

8.6 风力超过六级或雷雨时应禁止施焊、吊装作业，夜间作业保证有足够的照明。

8.7 检查焊接区域有无易燃物品，施焊位置应下挂耐高温的物件，防止熔渣飞溅。

9. 环 保 措 施

9.1 强化对员工环保意识的教育，提高全员的环保意识。

9.2 采取经济手段和技术手段并用的方法控制环保。

9.3 施工中产生的焊条短头、包装物、焊渣及其他废弃物采取每日清理，集中统一的方法处理。

9.4 构件的翻转、吊装时地面垫以较软的物体如枕木等，减少噪声的产生或降低其强度。

10. 效 益 分 析

10.1 本工法极大地减少了对车站正常运营的干扰，站台、股道占用时间短，施工期间旅客仍然能够正常的乘车，具有技术先进、缩短施工周期、能做到文明施工和安全生产等优点，具有较好的社会效益和经济效益。

10.2 本工法使无站台柱雨棚工程施工进度大大加快，多台套简捷的胎具的重复使用，并在梁柱焊接过程中大量采用 CO_2 气体保护焊，焊接速度快、焊接质量稳定，比计划工期缩短约 10%，运用此工法后，各项费用相应降低。

10.3 由于施工进度快、质量好、安全无事故，受到甲方、监理及各个铁路局的一致好评，为中铁四局在铁路内钢结构建筑市场树立了良好的信誉。

11. 应 用 实 例

11.1 北京站扩能改造工程无站台柱雨棚是铁路上第一座无站台柱雨棚，其主体结构为 A、B、C、D 四轴线三连跨连续拱形钢管式桁架结构，跨度为 41.09m、46m、41m，悬挑 20.5m，桁架柱采用 3 根 $\phi500 \times 24mm$ 的钢管与柱底板焊接，腹杆 $\phi159 \times 6mm$ 钢管在 3 根钢管柱之间相贯而成；钢桁架梁截面为三角形，分别由 3 根 $\phi377 \times 18mm$ 钢管与 $\phi159 \times 6mm$ 腹杆焊接，部分外包 $\phi417 \times 20mm$ 钢管；A、D 轴外侧分别设置外伸 20.5m 的悬挑结构梁；屋面檩条采用 $H220 \times 450 \times 4.5 \times 9$ 和 $H220 \times 450 \times 6 \times 9$ 高频焊接 H 型钢。

北京站无站台柱雨棚建筑面积为 78796m²，总用钢量约 8000t，其中桁架柱 75t、桁架梁 3000t、檩条及其连接系约 4250t；该结构设计新颖、造型独特、施工难度大。我公司于 2003 年 9 月中旬开始钢构件制作，2004 年 6 月 25 日安装全部完成；2004 年 7 月 9 日竣工验收完毕，工程质量满足设计和规范要求，达到优良，受到业主北京铁路局的嘉奖（图 11.1）。

图 11.1　北京站无站台柱雨棚

11.2　上海铁路南站无站台柱雨棚钢结构覆盖总面积为 42908m²，总重量为 2763t，其中桁架梁 236 榀，纵向桁架梁 254 榀，立柱 118 根。单位面积重量约 65kg/m²。

上海铁路南站无站台柱雨棚于 2005 年 7 月 9 日开始制作，期间受到专列及施工要点的影响，施工期间要跨过春运，于 2005 年 12 月 28 日全部完成钢管桁架结构的安装，总施工工期为 5 个月，采用了分区分片的构件制作、安装，屋面檩系、屋面板、接触网实施平行立体交叉作业。缩短施工工期 3～4 个月左右。随着钢管桁架结构的发展、应用、经验的积累，施工速度还可以加快。

11.3　沈阳北站为东北三省第一大客运中转站，京哈、哈大、沈吉铁路、秦沈客运专线交汇处，重要的铁路交通枢纽，站内有到发线和正线 17 条，并且有六座站台，改建后的无站台柱雨棚采用新型的管桁架结构，主体每榀由两跨、一个悬挑、三根立柱组成，自基本站台（一站台）向六站台跨度布置 59.2m＋66.5m＋20.85m。主体结构为 19 榀上弦斜拉索钢管桁架结构，自高架候车室分为东西两大部分，总建筑面积 57207m²。

沈阳北站无站台柱雨棚跨度大，中间跨 66.5m 覆盖三个站台并且跨越 7 股道，站内车流、客流密度大，本工程在施工中既要保证工程安全质量和工期要求，又要保证车站正常运营，难度较大，也是施工的关键所在。采用本工法，采取"场外制作—铁路运输—站内安装"的钢桁架总体施工思路，减少了对车站运营的影响，并且保证了工程的正常施工。很难想象若采取混凝土结构，无论从工程的结构形式、结构外形尺寸、结构自重跨度、施工工期，还是施工期间对车站运输的影响都是不能相提并论的。钢桁架结构施工不仅在施工期间最大限度地减少对运营的影响，同时在施工总工期上能够提前一倍以上。

另外受东北气候因素影响，低温施工质量不易保证，有效的工作时间较短。钢桁架施工分为两个阶段，第一阶段为 2004 年 9 月～2004 年 11 月（钢立柱的加工制作与安装），第二阶段 2005 年 3 月～2005 年 6 月（桁架梁的加工制作与安装），在工期要求紧，场地有限，为尽可能小的影响沈阳北站正常运营，施工封锁股道有限，作业面少，采用本工法施工，将工程分步实施，制作安装流水作业，合理利用了时间和有限的空间。

沈阳北站无站台柱雨棚钢结构工程在场地条件复杂，施工制约因素多，质量要求高，采用本工法，严格按照工艺要求进行，使得桁架整体制作，分断安装吊装顺利，合龙尺寸满足要求，圆满成功地完成了该工程项目，用最简洁的方式塑造出轻盈、通透、飘逸的崭新交通建筑形象（图 11.3-1）。

目前为止，公司目前已完成北京站、北京西站、南京站（图 11.3-2）、上海南站、济南站、昆明站，沈阳北站，江苏新长线三站（淮安、南通、盐城）等无站台柱雨棚工程，为中铁四局立足于铁路内钢结构建筑市场打下了坚实的基础。

图 11.3-1　沈阳北站无站台柱雨棚

图 11.3-2　南京站无站台柱雨棚

木工字梁、方钢管组合式顶板模板快拆体系施工工法

YJGF188—2006

北京城建五建设工程有限公司

毛杰　李全智　彭其兵　黄沛成　范明

1. 前　　言

木工字梁、方钢管组合式顶板模板快拆体系，是北京城建五建设工程有限公司针对传统顶板模板支设方式的缺点，研究开发的一种简便的顶板模板快拆支撑体系。此项技术立足于有效利用市场现有常用支模材料，不需要大量引进、加工特制构件，施工技术简单实用，易于推广，而且，木材使用量少，符合国家环保政策。关键技术"可调快拆顶托"已申报国家发明专利，通过调节该顶托的微调装置，使模板支设更加安全合理。该工法在北京电子城三期标准 A1 厂房、北展综合楼和京粮广场等多个工程成功应用，三项工程均获得北京市结构长城杯。其中北展综合楼通过第五批"全国建筑业新技术应用示范工程"验收、"顶板模板快拆体系研究与应用"获北京城建集团 2005 年度科技进步奖、"电子城三期标准 A1 厂房模板设计方案"获北京城建集团 2004 年度优秀模板设计二等奖。

2. 工 法 特 点

2.1　木工字梁、方钢管组合式顶板模板快拆体系通过使用一种可调快拆顶托装置，在满足规范要求，确保结构安全的前提下，提前拆除不受施工荷载影响的模板，由此可以最大限度地增加材料的周转次数，提高材料的使用率，大大降低非实体性消耗部分的费用，提高施工企业的市场竞争力。

2.2　该体系中的可调快拆顶托解决了目前市场上其他类似装置顶标高不宜控制，以及模板支设后，顶托与顶板出现虚顶的问题，模板支设的安全性进一步提高，施工质量也得到有效控制。

2.3　该项技术有效利用了市场现有的常用支模材料，对于当前施工企业来说，不需要投入大量的资金购买成套设备，就可以摒弃原有不经济的支模方式。按照该工法进行顶板模板支撑系统的施工，方法简单明了，工人不需要进行过多的培训就可以掌握该施工方法，这是能推广该工法的重要条件。

2.4　用方钢管和木工字梁等材料代替普通方木作主次龙骨，减少木材的使用，有利于环境保护。传统顶板模板支撑系统的主次龙骨多采用 50mm×100mm 或 100mm×100mm 方木，其尺寸规格不均，抗弯性能较差，挠度变形大，施工投入的木材用量大，周转次数少，浪费严重，不经济。

2.5　木工字梁、方钢管的力学性能均优于普通方木，二者组合使用，更能发挥材料的优势，周转材料的使用量大大减少，从而也降低了工人的劳动强度。

3. 适 用 范 围

木工字梁、方钢管组合式顶板模板快拆体系主要适用于具有标准层的大开间框架结构形式，尤其是单层面积大，楼层层数多的工程。

4. 工 艺 原 理

根据《混凝土结构工程施工质量验收规范》GB 50204—2002 的规定，现浇混凝土结构底模及其支

架拆除时的混凝土强度应符合设计要求，当设计无具体要求时，混凝土强度应符合表4规定。

底模拆除时的混凝土强度要求		表4

构件类型	构件跨度(m)	达到设计的混凝土立方体抗压强度标准值百分率(%)
梁、板	≤2	≥50
	>2,≤8	≥75
	>8	≥100

由上表可以看出，要想尽快拆除梁板模板，加快支设材料的周转次数，就应想办法减小构件跨度。传统的模板支设方式只能等到混凝土构件达到规定强度才能拆除。木工字梁、方钢管组合式顶板模板快拆施工技术就是通过使用的可调快拆顶托装置，在满足规范要求，确保结构安全的前提下，提前拆除不受施工荷载影响的模板。

"可调快拆顶托"由可调顶托、主龙骨钢托、降落装置三部分组成，长度600mm，管径38mm，可以插放到碗扣架立杆中，顶托支顶在次龙骨底部，主龙骨钢托上直接安放主龙骨，通过旋转可调顶托，可有效解决顶托与次龙骨的虚顶问题，使模板支设更加安全合理。可调快拆顶托的工作原理参见图4。

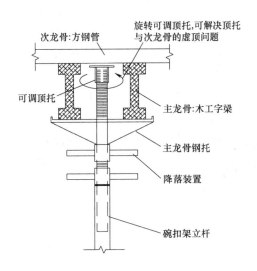

图4　可调快拆顶托工作原理示意图

5. 施工工艺流程及操作要点

5.1　模板安装工艺流程
前期准备工作→模板支架搭设→安装顶托→安装梁底模板→绑扎梁钢筋及验收→安装梁侧模板→安装顶板主龙骨→安装顶板次龙骨→安装模板面板→调节快拆顶托微调装置→模板验收

5.2　模板安装主要操作要点
5.2.1　前期准备工作：
1. 要想最大限度地提高该体系模板的利用效率，同时确保模板支设的安全，模板设计是一项非常重要的前期准备工作，模板设计应遵循以下原则：
1) 模板支架和主次龙骨应根据梁板结构特点进行布置。
2) 模板支架以及主次龙骨的间距应根据计算确定，确保在施工过程中具有足够的强度、刚度和稳定性。

3）根据龙骨受力特点，主龙骨的荷载较大，其设计跨度应尽可能的小，次龙骨承受的荷载较小，其设计跨度可以适当加大，这样可以充分利用龙骨的力学性能，在满足安全的前提下尽可能地减少材料的投入。

4）对于面板的排版要精心设计，尽可能减少整块竹胶板（或多层板）的裁割。

2. 结合以上原则，根据工程结构实际情况，通过计算明确模板支架的布设位置、主次龙骨的排布方向、间距等内容，并绘制出模板设计图。

5.2.2 模板支架搭设：根据模板设计图，在作业面上测放出模板支架（碗扣架）立杆的位置线，并根据位置线布设模板支架，各楼层碗扣架立杆要垂直对正，立杆下应铺设垫木，若立杆支设在钢筋混凝土楼板上时，垫木一般采用 50mm×100mm 木板，梁上立杆采用通长垫木。立杆的长度应根据楼层净高和主次龙骨、面板的厚度确定，同时兼顾立杆上端的顶托的长度。

5.2.3 安装顶托：晚拆立杆顶端采用可调式快拆顶托，其他立杆可采用普通顶托。调整顶托可调支座至设计高度（快拆顶托顶标高同模板次龙骨的底标高，普通顶托顶标高同主龙骨底标高），顶托伸出立杆自由长度不宜大于 300mm，同时保证可以自由调整快拆装置。

5.2.4 安装顶板模板主次龙骨、面板：双根木工字梁安放在可调式快拆顶托的主龙骨钢托上，次龙骨方钢管垂直于主龙骨平放，间距符合模板设计要求，在面板接缝处为了便于钉钉子，可用 50mm×100mm 方木代替方钢管。后拆面板应与先拆面板分开铺设，铺好后要及时对可调顶托进行微调，确保顶托与模板顶实。模板支设方式参见图 5.2.4。

5.3 模板拆除工艺流程

5.3.1 模板拆除分为两个阶段，第一阶段提前拆除早拆部分，第二阶段拆除剩余模板。

5.3.2 第一阶段：

旋转快拆顶托主龙骨的降落装置→下调普通顶托→拆除顶板主次龙骨→拆除梁侧面模板→拆除早拆部位的面板

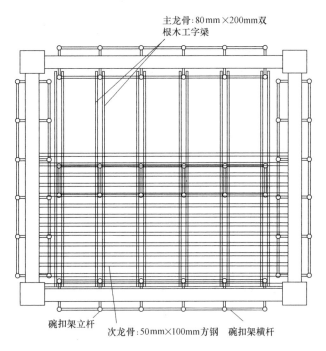

图 5.2.4　模板支撑体系平面示意图

主龙骨：80mm×200mm双根木工字梁

碗扣架立杆　　次龙骨：50mm×100mm方钢　　碗扣架横杆

5.3.3 第二阶段：

下调快拆顶托→拆除后拆部位的面板→拆除碗扣架支撑→拆除梁底模

5.4 模板拆除操作要点

5.4.1 第一阶段拆除模板时首先应根据同条件试块试压数据确定，同时兼顾上部施工荷载的影响，对于截面较大的梁可以保留梁下模板不拆。

5.4.2 要从一侧顺序敲击可调顶托主龙骨的降落装置，使同一部位的龙骨、面板依次降落到同一高度。

5.4.3 第一阶段拆除梁侧模、梁底模、顶板模的时候，严禁撞击或拆除后拆立杆。

5.4.4 第二阶段拆除该层全部剩余模板时，该层楼板混凝土强度需达到设计强度，同时要经过验算证明该层楼板能够承受上部结构的施工荷载。

木工字梁、方钢管组合式顶板模板快拆体系模板拆除示意参见图 5.4.4。

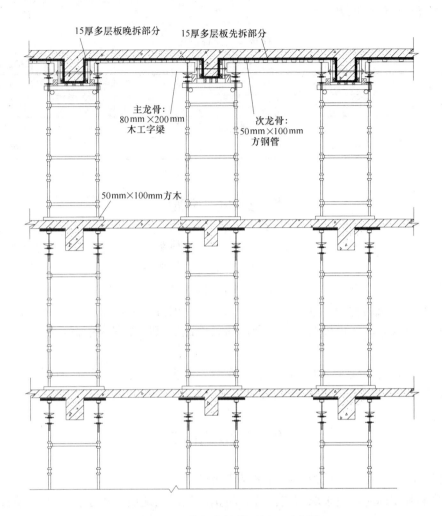

图 5.4.4　模板支撑体系剖面示意图

6. 材料与设备

本工法无需特别说明的设备，采用的主要材料见表6。

主 要 材 料

表6

序号	材料名称	规格	用途
1	H200木工字梁	80mm×200mm	主龙骨
2	方钢管	50mm×100mm×3mm	次龙骨
3	碗扣架	直径48mm	模板支架
4	可调快拆顶托	长度600mm，管径38mm	通过调节降落装置达到提前拆除主次龙骨，加快材料周转的目的
5	普通钢托	管径38mm	支顶主龙骨

7. 质量控制

7.1　主要依据的标准：模板工程施工质量执行《混凝土结构工程施工质量验收规范》GB 50204—2002。

7.2　模板安装允许偏差见表7.2。

模板安装允许偏差　　　　　　　　　　　　　　　　　　表7.2

项目	允许偏差（mm）	检验方法
底模上表面标高	±5	拉线钢尺检查
梁截面内部尺寸	+4，−5	钢尺检查
相邻两板面高低差	2	钢尺检查
板面平整度	5	2m 靠尺和塞尺检查

8. 安全措施

8.1　对模板进行验算时要充分考虑模板所承受的各种荷载，确保其强度、刚度和稳定性。

8.2　施工前应对施工人员进行详细的安全技术交底，使相关人员明确施工要点和施工顺序。

8.3　加强模板支设的检查验收，模板体系所用材料规格、间距、支设方式等必须符合方案要求。

8.4　顶板混凝土浇筑前和浇筑过程中应由专人对模板进行检查，发现问题及时采取相应措施。

8.5　严格控制拆模时间，模板的拆除必须以同条件试块试压数据为依据，由现场技术负责人下达拆模通知。

8.6　由于顶板支撑跨距较大，拆下的钢管、龙骨、模板应该分类码放，但不应集中放置，防止集中荷载过大，导致顶板出现裂缝，同时做到及时清理。

9. 环保措施

9.1　清理模板时，不得猛砸模板，以减少噪声污染。

9.2　模板涂刷脱模剂时，应采取相应措施，防止油腻污染地面。用于清理维护模板的废旧棉丝应及时回收并集中消除。

9.3　施工中有噪声的工序应安排在白天，锯、刨材料时，应在木工棚内进行，必要时采取隔声减噪措施。

9.4　木工作业区的刨花、木屑、碎木应自产自清、日产日清、活完场清。

9.5　施工清理出的垃圾应装入容器外运，不得随意向下抛洒。

10. 效益分析

10.1　经济效益：该工法采用力学性能比较好的方钢管和木工字梁，首先使模板支架间距和龙骨间距均可以加大，减少了材料的使用量，另一方面通过采用快拆方式，也加快了模板的周转次数，避免材料积压。其中碗扣架比传统支模方式减少30%，龙骨减少50%～70%，总成本可降低20%左右。

10.2　社会和环保效益：该工法采用方钢管和木工字梁等材料代替传统方木作主次龙骨，每百平米将减少 0.8m³ 的木材使用量，因此采用该工法具有重要的环保意义。

11. 应用实例

11.1　电子城三期标准 A1 厂房位于北京市朝阳区酒仙桥北京兆维电子有限公司东北角。于 2004 年 6 月 9 日开工，2005 年 12 月 26 日竣工。主体结构形式为框架结构，地上 8 层，总建筑面积为 29120.28m²。该工程初次采用顶板模板快拆施工技术，应用快拆模板面积约 6489 m²，节约木材

220.8m³，比普通支撑体系减少投入 31.2 万元，总成本节约 23％。2005 年顶板模板快拆施工技术获得北京城建集团科技进步三等奖，优秀模板设计二等奖，同时该工程获得北京市结构长城杯金杯。

11.2 北展综合楼位于北京市西城区西外大街 135 号北京展览馆东北角，西临展览馆后湖，北靠南长河，是一个集办公、商业、展示、会议及酒店为一体的综合型建筑，于 2004 年 7 月 12 日开工，2006 年 6 月 15 日竣工。该工程由 A、B、C、D、E、F 六座楼组成，地下 3 层，地上 2～11 层，总建筑面积 85283m²。由于该工程最大单层面积约 11450 m²，主要为框架结构，适宜采用木工字梁、方钢管组合式顶板模板快拆体系。该工程采用快拆体系面积约 27400m²，比普通支撑体系减少投入 105.6 万元，总成本节约 19.8％。该工程获得 2005 年结构长城杯金杯。北展综合楼工程被列为"第五批全国建筑业新技术应用示范工程"，于 2006 年 12 月 21 日通过了全国建筑业新技术应用示范工程的验收，顶板模板快拆体系施工技术应用效果显著。

11.3 京粮广场工程位于北京市昌平区东小口镇中滩村 394 号，开工日期为 2006 年 2 月，计划竣工日期为 2007 年 10 月。该工程地下 2 层，地上 5 层，建筑面积 25 万 m²，单层面积约为 3.5 万 m²，采用该技术比普通顶板支撑体系节约成本 282.36 万元，总成本节约 21.7％。该工程通过了北京市结构长城杯检查验收。

内筒外架支撑式整体自升钢平台
脚手模板系统施工工法

YJGF189—2006

上海市第一建筑有限公司

龚剑　朱毅敏　汤洪家　钱磊　周虹

1. 前　　言

内筒外架支撑式整体自升钢平台脚手模板系统是上海市第一建筑有限公司开发研究的课题，经过多年的工程实践，已取得了良好的经济效益和社会效益。本成果于1993年在东方明珠广播电视塔工程实践获得第一手资料，于当年申报了发明专利，1999年授权，专利名称：《内筒外架整体自升式施工方法及其装置》，专利号：ZL 93 1 12641. X。1995年，本项目成果获得上海科技进步一等奖。目前新建的广州新电视塔工程也进一步运用和拓展了本项目成果。通过多次实践，本项目成果已趋于成熟和稳定，申请专利共计7项。经权威机构检测，所有指标均符合国家有关标准，并经中科院查新中心查新，本项目成果达到国际领先水平。为了更好地使内筒外架支撑式整体自升钢平台脚手模板系统施工技术适应超高层建筑日益发展的需要，使其尽快地发挥作用，转化成生产力，特编制本工法。

2. 工　法　特　点

2.1　工程施工适应性强。整个钢平台通过外构架、内筒体支撑于建（构）筑物孔壁内，受自然环境影响较小，根据实施对象的不同可以局部地变动和组合。

2.2　施工速度快。提供交叉作业面，各工序搭接顺畅，模板依靠钢平台提升，加快施工速度，大大减少施工工期。

2.3　钢平台承载力大，可按规定荷载堆放大量施工材料和机具，减少了垂直运输的压力，满足超高层施工全过程各工序施工需要。

2.4　施工工艺比较简便，劳动强度低，施工操作技术易于掌握。

2.5　超高空施工安全可靠。整个系统形成一个高空封闭的安全操作环境。同时在提升过程中，运用数控系统和人机交互方式，对钢平台各个提升点进行受力控制，提高系统的安全性和稳定性。

2.6　与国际同类先进模板系统相比，本系统造价经济，并具有一定回收利用的价值。

3. 适　用　范　围

根据实施对象的不同可以局部地变动和组合，可广泛地应用于所有高耸混凝土建筑物，高层或超高层框架框筒体结构建筑物，大小型桥梁塔体构筑物及大中型公共筒式建筑结构的工程施工中，特别能适应复杂的多筒体超高层结构的施工。

4. 工　艺　原　理

内筒外架支撑式整体自升钢平台脚手模板系统是一种下承式整体自升式外挂脚手模板系统，通过内筒与外构架（支撑平台）交替承力实现作业平台的整体提升，并且分别通过内筒与外构架的承力底座的可翻转钢销及可伸缩大梁传至下部混凝土筒体预留空壁上，在外架上的可伸缩限位滚轮可以抵御水平方向的风力荷载，并在提升时减小外架与筒体的摩擦，以达到一个提供安全作业环境的目的，见图4。

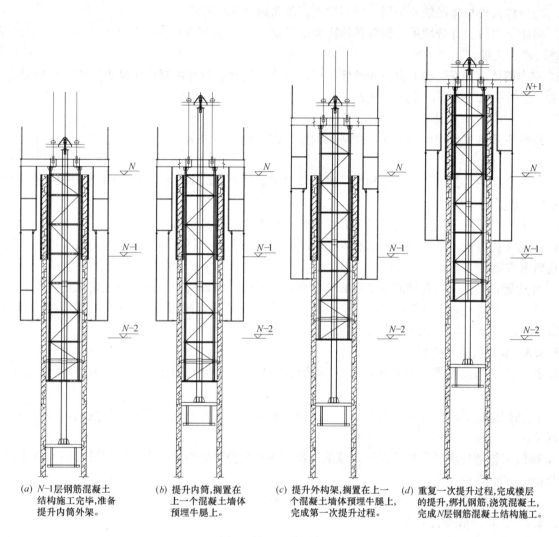

(a) N-1层钢筋混凝土结构施工完毕,准备提升内筒外架。

(b) 提升内筒,搁置在上一个混凝土墙体预埋牛腿上。

(c) 提升外构架,搁置在上一个混凝土墙体预埋牛腿上,完成第一次提升过程。

(d) 重复一次提升过程,完成楼层的提升,绑扎钢筋,浇筑混凝土,完成N层钢筋混凝土结构施工。

图4 施工工艺原理图

5. 施工工艺流程及操作要点

5.1 施工工艺流程

5.1.1 安装流程

方案编制设计→预留承重销洞→外构架吊装就位→内筒体安装→钢平台安装→提升设备和丝杆吊杆安装→钢平台内外挂脚手及吊篮安装→钢大模安装

5.1.2 爬升流程

1. 外构架承重销搁置在混凝土墙体销孔内，将内筒体的承重销收缩进构架钢梁内，使其脱离承重销孔。

2. 以外构架上的钢梁为吊点，利用手拉葫芦提升内筒体至层高一半高度。

3. 内筒体的承重销搁置在承重销孔内，将外构架的承重销脱离承重销孔。

4. 以内筒架作为支承点，开动电动提升机，提升机丝杆提升钢平台和外构架至层高一半高度，将外构架承重销插进承重销孔内，完成一个提升过程。

5. 重复以上过程，即完成一个楼层的提升过程。

5.2 操作要点

5.2.1 架体组装操作要点

1. 内筒体及外构架吊装完毕后，分别检查其顶面标高和垂直度。

2. 将钢平台按设计分块吊装搁置在外构架的承载梁上，连接成一整体框架钢平台，并检查焊接质量和螺栓连接质量。

3. 在内筒体上端安装提升设备和丝杆吊杆，并检查提升设备和内筒连接是否牢固，丝杆是否垂直，铺设电器控制系统的线路，并进行调试。

5.2.2 架体爬升操作要点

1. 操纵室及各机位线电源正常，线路无钩挂。钢平台、内外脚手、大模板、底部手拉葫芦链条无钩挂。

2. 检查全部内外挂脚手，清除异物，确保清理完后打开底部下闸板。检查内筒体限位套是否牢固，伸缩限位滚轮是否完好。

3. 提升机各丝杆预紧，各责任区域人员到位。检查哈夫套及丝杆垂直与否。

4. 内筒体提升前，外构架承重销搁置在混凝土墙体销孔内，将内筒体的承重销收缩进构架钢梁内，使其脱离承重销孔。

5. 外构架提升前，内筒体的承重销搁置在承重销孔内，将外构架的承重销脱离承重销孔。

6. 上部人员监控设备运转正常，下部人员监控模板螺栓是否碰擦。各监控点注意内筒外架承重销与混凝土接触情况，混凝土受力情况。

5.2.3 模板提升操作要点

1. 提升工具与模板吊点连接牢固后，拆除模板与墙体连接的固定螺栓，使钢大模与混凝土墙体分离。

2. 拉动捯链链条时，应均匀缓和，不得猛拉。不得在与链轮不同平面内进行拽动，以免造成跳链、卡环现象。

3. 捯链齿轮部分应经常加油润滑，棘爪、棘轮和棘爪弹簧应经常检查，发现异常情况应予以更换，防止制动失灵使模板坠落。

4. 支承在内外钢平台上的模板吊点板要经常检查，确保受力可靠。

5.2.4 架体拆除操作要点

1. 拆除顺序：

提升机→内筒→钢大模→钢平台连同脚手→外架

2. 内筒分块吊出前，应先拆除提升机、控制室及管线，将其全部吊离。清理钢平台上及挂脚手里的垃圾，以防吊离钢平台时有物体高空坠落。

3. 根据钢平台形状及塔吊起重能力等原则对钢平台进行分块，然后利用塔吊将分割后的钢平台连同挂脚手整块吊下。

4. 在吊出内筒外架前，应先将承重销缩进构架钢梁内，使其脱离承重孔。

5. 每个钢平台分块吊离时须至少采用4点捆吊，起吊钢丝绳根据单块钢平台重量进行选用。

6. 在气割钢平台前，应检查剪力墙侧面无任何凸出物，确保钢平台起吊时，钢平台挂脚手不会被钩住。

6. 材料与设备

6.1 系统构造

6.1.1 内筒外架整体提升钢平台系统的组成：钢平台、内筒外架支承提升架、悬挂脚手架、钢大模板、提升设备、电气控制系统等组成。

6.1.2 内筒外架支承提升架由内筒和外构架构成，通过外构架上的限位套来控制内筒，确保其受力时不产生偏心。内筒、外架下部各自都设置承重底座和转动承重销，承重销搁置于安装在混凝土墙相应牛腿上。内筒外架立面，平面见图6.1.2-1，图6.1.2-2。

6.1.3 外构架由采用 $\phi121\times14$、$\phi50\times5$ 钢管和12号槽钢组成格构式构架。外构架外侧设置上下二道可伸缩限位滚轮，以避免筒架与混凝土筒壁发生碰撞、摩擦。外构架内部设置上中下三道限位套来控制内筒体。

6.1.4 内筒体由 $\phi299\times20$ 钢管和水平承重底架构成，外构架与内筒体上设有可伸缩的承重销，可以在相互交替提升时，承受来自钢平台的荷载，承重销搁置在核心筒混凝土墙体上的销孔内。内筒顶部端头安装电动提升机。

6.1.5 施工钢平台主、次梁均由工字形钢组成，位于同一水平面，工字钢形号根据计算确定。在整个钢平台上无混凝土剪力墙的位置都用平台钢板覆盖，作为操作平台。

6.1.6 围绕整体钢平台设置的内外挂脚手及操作吊篮由槽钢、角钢和钢管组成框架，绷设钢丝网作为侧挡板封闭，外脚手底部设有可与建筑结构体外壁接触的伸缩闸板，内外脚手上下全部贯通。

6.1.7 提升机构设备为电动提升机，即穿心式涡轮涡杆提升机，该机具有技术成熟、装拆方便、安全可靠等特点，是国内成熟的建筑用大吨位提升设备。

6.1.8 内外钢大模主要结构为钢面板、竖围檩和横围檩三部分系统组成，钢模板顶部设置吊耳和保险吊耳。

6.2 制作材料

6.2.1 主要材料：热轧I40a工字钢、12号槽钢、5号槽钢、L50×5角钢、L40×4角钢、10mm×10mm×2mm钢丝网、8mm花纹钢板、40mm×60mm方管、$\phi299\times20$钢管、$\phi121\times14$钢管、$\phi50\times5$钢管、$\phi48\times3.5$钢管。

6.2.2 辅助材料：E43系列焊条、氧气、乙炔、防锈漆等材料。

6.3 机具设备

内筒外架支撑式整体自升钢平台脚手模板系统施工的主要机具设备如表6.3所示。

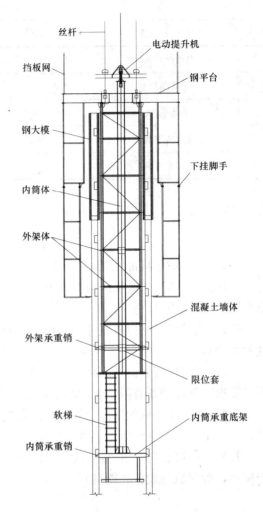

图 6.1.2-1 立面图

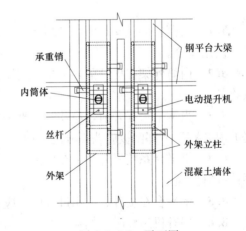

图 6.1.2-2 平面图

系统主要机具设备 表6.3

序号	施工机械设备	型号	数量	用途
1	电焊机	BX3-300	3台	钢平台及内筒外架安装、拆除施工
2	氧气、乙炔、气割	—	2套	钢平台及内筒外架安装、拆除施工

序号	施工机械设备	型号	数量	用途
3	电动提升机	单只安全负荷15t	每组机位2台	钢平台及外构架提升
4	手动葫芦	5t	每个内筒体1个	内筒体提升
5	手动葫芦	3t	每块模板3个	钢模板提升
6	重式传感器	MS-2型	根据设计方案确定	钢平台提升监控
7	笔记本电脑	—	1台	钢平台提升控制

7. 质量控制

7.1 质量应用标准：《钢筋混凝土升板结构技术规范》GBJ 130—90、《高层民用建筑钢结构技术规程》JGJ 99—98、《建筑结构荷载规范》GB 50009—2001、《建筑施工扣件式钢管脚手架安全技术规范》JGJ 130—2001。

7.2 内筒外架支撑式整体自升钢平台脚手模板系统的加工质量应满足《高层民用建筑钢结构技术规程》要求。

7.3 严格把好内筒外架的加工和施工质量，焊缝焊接质量应符合《高层民用建筑钢结构技术规程》要求，外构架所有限位套间的垂直度偏差不大于 $h/1000$，内筒体整体垂直度偏差不大于 $h/1500$。

7.4 外构架中间的限位套管在定位焊接时，应先将内筒体插入限位套中，内筒体与限位套管之间隙，须以上、下3点榫牢后再将限位套管与外构架组装定位、焊接，以确保内筒外架中心线一致。

7.5 提升机和电气控制系统是保证架体顺利提升的重要保障，施工中必须认真检查，并按要求维修保养，确保机械设备性能良好。

8. 安全措施

8.1 内筒外架在安装前，必须检查是否符合设计要求，特别要检查承重销位置的可靠性，确保提升、使用安全。

8.2 内筒外架在提升前，承重销应缩进钢梁内，使其完全脱离承重孔。钢平台上应按设计要求堆放物品。

8.3 当钢平台提升前，应及时将脚手中的垃圾清除，确保脚手在提升时无杂物坠落伤人；钢平台提升时，脚手下部闸板应墙面分离，钢平台提升后闸板应及时关闭。

8.4 钢平台系统提升时，在塔吊、泵管、水管以及电缆等位置，应有专人进行监护，确保钢平台系统提升安全。

8.5 钢平台在提升、使用过程中，应经常检查承重销孔，确保受力使用正常。

8.6 提升机运转时应加强检查各机构的工作是否正常，必要时停机加以调整或检修。

8.7 提升钢平台工作应尽量放在白天进行，若需夜间进行提升钢平台工作，应保证有足够的照明度以确保安全。

8.8 在钢平台上要求安装风速仪，掌握高空风速情况，确保使用情况与设计工况相同。

8.9 如遇六级以上大风、大雪、大雾或大雨等恶劣天气时，禁止提升钢平台系统。钢平台在使用时，如遇十二级以上大风，应采用 $\phi48$ 钢管顶紧墙面，$\phi48$ 钢管设置数量由当时具体情况确定，以确保钢平台安全。

8.10 堆放钢筋时，应均匀分开，不得集中堆放，满足钢平台堆载要求。

9. 环 境 措 施

9.1 内外下挂脚手底部采用钢板和钢闸板进行封闭,防止混凝土浆液、施工粉尘等的飘洒,减少对周边环境造成污染。

9.2 本模板系统钢平台、脚手架、内筒外架支撑体系、提升系统等部分均可实现重复利用,大大减少了材料的损耗。

10. 效 益 分 析

10.1 在超高层建筑的施工中,钢大模在架体内拆装和提升既安全又快速,并大大节约了模板的材料费用,模板体系费用仅相当于国外同类模板价格的1/3,可节约费用1000万元左右(德国PERI模板系统造价为1533.75万元,本模板系统造价为505万元)。

10.2 本模板系统完全实现了标准化和工具化,平均回收率可达26%,节约费用达130多万元,符合绿色环保施工的相关要求,也符合可持续发展政策要求。

10.3 该模板系统解决了超高层高空坠落的施工隐患,施工工序、劳动组织系统化、规范化,大大提高了施工效率。使施工最快速度达到了2d/层,平均2.5~3d/层(德国PERI模板系统的施工速度平均为5~6d/层)

10.4 由于内筒外架支撑式整体自升钢平台脚手模板系统采用全封闭的施工作业环境,从而确保了上下交叉施工的安全,减少了施工安全防护设施费用,并且使得后期施工工序能尽早开始,大大缩短了施工总工期。

10.5 由于内筒外架支撑式整体自升钢平台脚手模板系统的材料堆载量大,从而减少了垂直运输施工材料的次数将近1/4,缓解了高空垂直运输的矛盾。

10.6 模板体系在解决了超高层结构施工难题的同时还确保了工程质量与精度,经专业人员测量,东方明珠电视塔直筒体施工垂直偏差仅为1.5万分之一。

10.7 本课题获得多项发明专利和实用新型专利,发表了多篇学术论文,完成了多项企业标准,并且正在制定相应的地方标准,研究成果形成了系统的自主知识产权,社会效益显著。

11. 应 用 实 例

内筒外架支撑式整体自升钢平台脚手模板系统通过上海东方明珠广播电视塔的创新研制与实施,总结出了一整套宝贵的经验,在以后的多项超高层中也不断借鉴与应用,目前新建广州新电视塔也采用同样原理进行设计与施工,它已成为一套成熟的体系,在实际施工中获得了良好的经济效益和社会效益。典型工程实例见表11。

典型工程实例 表11

工程名称	东方明珠广播电视塔	广州新电视塔
建筑高度	468m	610m
建筑面积	7万m²	11.41万m²
开工日期	1991.9	2005.12
竣工日期	2001.2	在建
工法应用时间	1992.8~1993.10	2007.1~

超高层、重荷载、大悬挑脚手架施工工法

YJGF190—2006

天元建设集团有限公司　　华丰建设股份有限公司

张建华　张建平　胡美辉　王兼嵘　黄秋红　孙策

1. 前　　言

　　随着社会的发展，高层建筑越来越多，人们的审美观点也越来越高，对建筑外观、造型提出了更高的要求。超高层、重荷载、大悬挑的建筑越来越多，这就要求建筑安装企业不仅要确保高层工程重荷载、大悬挑部位的质量、美观，还要确保施工人员的生命安全。为此，我们结合工程实际，以工程实体为依托，采取分层卸荷的方法，组织编制了本工法。该工法既解决了超高、超大、重荷悬挑脚手架搭设难点，也满足了工程构件施工质量要求及施工人员安全要求，并且施工材料可以重复周转使用，通过在多个工程的实践，具有明显的安全无形效益和较高的经济效益。

2. 工 法 特 点

　　2.1　在外挑梁板下的结构楼层上设圆钢锚固件，用槽钢外挑，在槽钢上设钢管三角桁架，并在三角桁架上搭设槽钢横梁，作为外挑梁板模板的支撑。最大限度的优化融合圆钢锚固、槽钢悬挑、钢管三角桁架刚性支撑、钢丝绳柔性拉接卸荷，充分发挥了结构材料的力学性能，满足了水平外挑较长、构件荷载较重、结构变形要求严格的高层建筑施工要求。

　　2.2　安全可靠，易操作，缩短施工周期。

　　2.3　所用材料可以多次周转使用，降低了工程成本。

　　2.4　为今后的类似工程施工提供了安全可靠的经验、数据。

3. 适 用 范 围

　　3.1　主要适用于高层建筑、水平构件外挑较长、施工荷载较重、结构变形要求严格的工程。

　　3.2　高度超过落地式脚手架最大允许搭设高度的工程。

　　3.3　使用落地式脚手架能满足结构施工外挑要求，但耗用大量钢材，降低经济效益的工程。

4. 工 艺 原 理

4.1　荷载分析

超高层、重荷载、大悬挑脚手架主要采用槽钢逐步外出悬挑、钢管及槽钢斜撑构成三角桁架支撑，刚性、柔性拉接卸荷，立面密目网、竹笆双层安全防护，满足模板支撑、钢筋绑扎、浇筑混凝土、装饰工程、悬挑体系自重、施工人员生命安全、风雪荷载等的要求。其受力分析网络如图4.1。

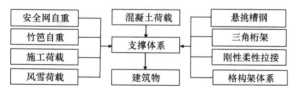

图 4.1　超高层、重荷载、大悬挑脚手架受力分析网络

4.2　技术分析

　　明确悬挑脚手架方案设计计算要点。方案设计

时，综合考虑外挑脚手架的外挑槽钢受力情况，外挑槽钢在楼内受力情况及所需钢筋拉环情况，槽钢与混凝土接触处混凝土受力情况及槽钢的受剪情况，确定悬挑架受力情况。首先选择最大受力单元，进行荷载传力途径分析，绘制最大弯矩图进行计算、验算，详见悬挑支撑计算单元图 4.2-1、弯矩图 4.2-2。

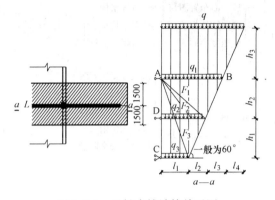

图 4.2-1　悬挑支撑计算单元图

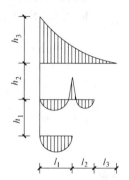

图 4.2-2　悬挑支撑弯矩图

5. 施工工艺流程及操作要点

5.1　绘制施工平面图、立面图（图 5.1-1、图 5.1-2）

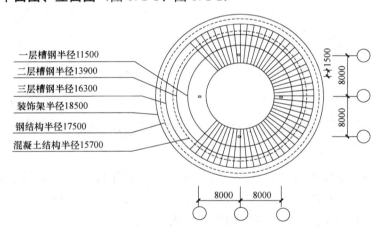

一层槽钢半径11500
二层槽钢半径13900
三层槽钢半径16300
装饰架半径18500
钢结构半径17500
混凝土结构半径15700

图 5.1-1　悬挑脚手架平面布置图

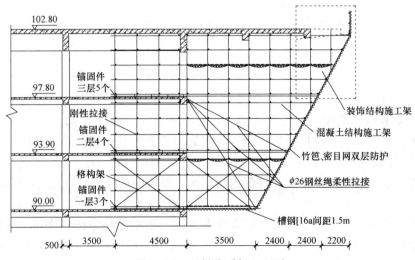

图 5.1-2　悬挑脚手架立面图

5.2 施工工艺流程

依据设计计算及施工图纸，确定工艺流程，如图 5.2。

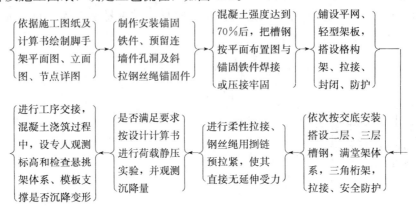

图 5.2 施工工艺流程图

5.3 操作要点

5.3.1 锚固铁件制作安装

根据技术交底要求制作锚固铁件，在第一层、第二层、第三层现浇板钢筋施工时将锚固拉环预埋（图 5.3.1），铁件锚固端要安装在现浇板筋下面。同一根槽钢的锚固铁件需拉通线校核，以确保位置正确。安装第二层、三层预埋锚固铁件时，需确保与第一层的在同一垂直面上。

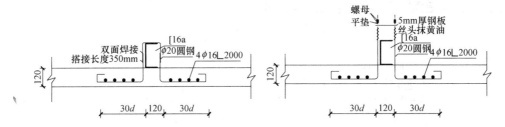

图 5.3.1 锚固拉环预埋图（左图为焊接、右图为定型化工具式压接）

5.3.2 槽钢就位安装

槽钢就位需待混凝土强度达到 70％后方可进行，以免影响锚固铁件和混凝土强度，对于长度不够的槽钢，可采用帮条焊（详见图 5.3.2），槽钢就位时，焊接部位严禁放在应力集中处。安装第二、第三层槽钢需与第一层垂直对中，确保三层槽钢在同一受力垂直面上。

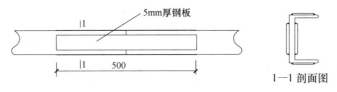

图 5.3.2 槽钢对接帮条焊

5.3.3 钢丝绳柔性卸荷

采用钢丝绳拉紧槽钢悬挑端，用捯链预拉紧，使槽钢在同一受力平面。确保钢丝绳无延伸受力，以免架体变形过大，影响混凝土构件质量。钢丝绳端部用 5 个绳卡卡紧（图 5.3.3）。

5.3.4 钢管刚性卸荷

钢管刚性卸荷主要以连墙件的形式，外低内高，步步靠近构造柱的部位设置刚性卸荷装置。

5.3.5 杆件安装

立杆底部要设在槽钢上，第一层、第二层立杆上下端与槽钢焊接牢固（图 5.3.5），确保立杆垂直安装，且纵向扫地杆应安装在立杆的底部 20cm 处，纵向水平杆设置在立杆内侧，其长度不应少于 3 跨。每隔 6m 设置一组剪刀撑，每道剪刀撑跨越的立杆为 3 空，连续设置，斜杆与水平面的倾角为 60°，

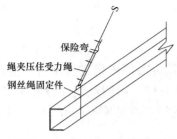

图 5.3.3 钢丝绳卸荷固定图

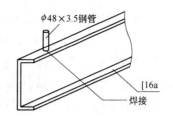

图 5.3.5 立杆上下端与槽钢焊接图

再横向加一组剪刀撑，将各道剪刀撑连成三角桁架，确保悬挑架的整体稳定性。另外，梁底支撑增加斜撑和杆件防变形滑移措施，以确保支撑的刚度和稳定性。

5.3.6 双层外防护

混凝土构件悬挑较大，易发生立体交叉作业物体打击安全事故，因此脚手架立面安全防护采用轻型竹笆和密目网（图 5.3.6）双层防护，从而满足高空作业防护要求。

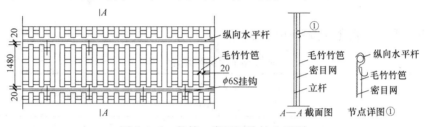

图 5.3.6 竹笆、密目网防护立面图

5.3.7 装饰施工

装饰施工荷载一般较小，待结构施工完毕后，可根据装饰工艺特点和施工荷载等，进行加固搭设外挑装饰脚手架。

5.3.8 脚手架拆除

当混凝土强度达到拆模要求时，即可进行拆模，拆模顺序按支模的逆顺序进行。当外挑部位外装饰完成时，即可进行整个悬挑结构的拆除，拆除顺序先轻型竹笆和密目网，再拆除三角桁架及水平杆、立杆，最后拆除槽钢挑梁。

5.4 劳动力组织

需要技术员 1 名，负责预埋锚固铁件，架体搭设尺寸控制，焊接质量验收，混凝土浇筑沉降变形监测。专职安全员 1 名，负责整个超大悬挑架物料坠落打击、危险区的管理及搭设过程中的安全监督工作。相应技术工人若干名。

6. 材料与设备

6.1 材料

6.1.1 槽钢：采用热轧普通槽钢，其质量应符合《碳素结构钢》GB/T 700 的规定，且须有生产厂家提供的质量证明书；表面不允许有结疤、裂纹、折叠和分层等缺陷，表面的锈蚀深度，不得超过其厚度负偏差的 1/2。

6.1.2 预埋件：采用 Q235 钢，须有生产厂家提供的质量证明书，并有钢材复试报告。

6.1.3 钢管：采用 Φ48×3.5 钢管，符合现行国家标准《直缝电焊钢管》GB/T 13793 或《低压流体输送用焊接钢管》GB/T 3092 中规定的 3 号普通钢管，其质量应符合现行国家标准《碳素结构钢》GB/T 700 中 Q235-A 级钢的规定。

6.1.4 扣件：采用可锻铸铁制作的扣件，其材质符合现行国家标准《钢管脚手架扣件》GB 15831

的规定。

6.1.5 钢丝绳：钢丝绳质量符合 GB 5972 规定。

6.2 设备

锚固铁件制作需要钢筋切断机、钢筋弯曲机各一台，槽钢的就位需要塔机进行配合，槽钢与锚固铁件进行焊接，用电焊机二台，锚固铁件需要气割设备一套割开上口，切钢丝绳需砂轮切割机一台，扣件力矩检测需扭矩扳手多把，测设仪器有经纬仪、水准仪、钢卷尺等。另外不再需要配置其他设备。

7. 质 量 控 制

7.1 质量控制标准

7.1.1 锚固件、槽钢三角架施工必须符合《钢结构工程施工质量验收规范》GB 50205 的验收要求。

7.1.2 钢管扣件式支撑架符合《建筑施工扣件式钢管脚手架安全技术规范》JGJ 130 要求和验收标准。

7.1.3 悬挑脚手架安装允许偏差详见表 7.1.3。

悬挑脚手架安装允许偏差　　　　　　　　　表 7.1.3

项次	项目		技术要求	允许偏差 Δ(mm)	示意图	检查方法与工具
1	立杆垂直度	最后验收 垂直度 20～80m	—	±100		用经纬仪或吊线和卷尺
		下列允许水平偏差(mm)				
		搭设中检查 偏差的高度(m)		总高度		
				<20m		
		H=10		±7		
2	间距	步距 纵距 横距	—	±20 ±50 ±20	—	钢卷尺
3	纵向水平杆高差	一根杆的两端	—	±20		水平仪或水平尺
		同跨内两根水平杆高差	—	±10		
4	水平杆外伸长度偏差		外伸 500mm	−50	—	钢卷尺
5	扣件安装	同步立杆上两个相隔对接扣件的高差	a≥ 500mm			钢卷尺
6		水平杆上的对接扣件至主节点的距离	a≤ 1a/3	—	—	钢卷尺
7		扣件螺栓拧紧扭力矩	40～65N·m	—	—	扭力扳手

7.2 质量保证措施

7.2.1 锚固铁件锚固端必须置于板筋下面，焊接时焊口要饱满，严禁出现夹渣、裂缝、未熔合等质量问题，压接时要保护好螺丝、螺帽等，经常检查。

7.2.2 槽钢要做好防腐，端部按照千分之五坡度由内向外顺直抬高。

7.2.3 用捯链预拉紧钢丝绳柔性拉接卸荷时，要用水准仪抄测，保证槽钢在同一受力面上。

7.2.4 内侧格构架立杆要顶紧该楼层现浇板，对槽钢形成上顶下压。

7.2.5 严格浇筑混凝土顺序，先浇筑中间，在对称浇筑两侧，使整个体系受力均衡。

7.2.6 定人观察荷载增加悬挑体系变形情况，并配备照明设施，为动态过程控制及时提供信息。

8. 安 全 措 施

8.1 安全保障

8.1.1 从准备外挑第一层现浇板，预留锚固铁件安装槽钢为基础，并搭设格构架作为基础受力层，为第一安全保障。

8.1.2 从第二层、第三层逐层外挑槽钢，分步卸荷，并且用钢管支撑成三角形桁架，作为第二安全保障。

8.1.3 第一层、第二层、第三层满堂架均安装钢管连墙件，形成外低内高的刚性拉接，作为第三安全保障。

8.1.4 槽钢的端部用钢丝绳（钢丝绳用捯链预拉紧）斜拉，用来调节钢管变形和抗倾覆作用作为第四安全保障。

8.1.5 外架采用 2000 目密目网和竹笆（宽毛竹片制成）进行防护，作为安全施工、抗掉落物冲击、杜绝物体打击事故发生的第五道安全保障。

8.2 安全措施

8.2.1 安、拆时在楼下划分物料打击区，周围设栏杆，挂密目网，设警戒标志，专人管理，禁止任何非作业人员入内。

8.2.2 所有施工操作人员必须配备齐全有效的安全帽、安全带，同时将安全带挂于结构稳定部位，以确保人身安全。

8.2.3 定人观察荷载增加后悬挑槽钢变形情况，并配备照明设施，为安全施工及时提供信息。

8.2.4 施工机械、电气设备、仪器仪表等需经有关部门鉴定合格，并由专人保管。

8.2.5 安装较重的构件要多人合作好，服从指挥，操作中严禁开玩笑打闹和避免单人作业。

8.2.6 使用塔吊安装槽钢就位时，要由专业指挥人员用对讲机指挥，信号明确，就位准确。

8.2.7 搭设时，架上作业人员不得集中作业，物料要分散均匀，严禁集中堆放。

8.2.8 所有机械操作人员、脚手架操作人员必须持证上岗，并做好进场工人的三级教育工作和班前安全技术交底工作。

8.2.9 要严格按照技术交底搭设，不得擅自改拆架体，遇有特殊情况，必须经技术负责人批准后进行。

9. 环 保 措 施

9.1 成立施工环境卫生管理机构，在工程施工过程中严格遵守国家和地方政府下发的有关环境保护的法律、法规和规章，加强对施工材料、设备、弃渣的控制和治理，遵守有防火及废弃物处理的规章制度，随时接受相关单位的监督检查。

9.2 在现场布置"六牌二图"，严格按照 JGJ 59—99 要求，施工现场美化、绿化、硬化、亮化、净化，创建安全文明型、卫生环保型工地。

9.3 槽钢防腐油漆、稀料要封闭保管好，不得遗洒污染环境。

9.4 尽可能避免夜间施工，以免施工扰民。

9.5 对施工现场电焊条包装纸、包装袋等及时分类回收，避免环境污染。

10. 效 益 分 析

10.1 解决了普通悬挑或落地式脚手架无法满足的施工要求、质量要求、安全要求，缩短了施工周期。

10.2 该设计计算方案已发表在国家级刊物《建筑安全》上，和全国兄弟单位进行技术交流，为今后类似工程施工提供了安全可靠的经验、数据。

10.3 双层安全防护既保证了外脚手架的美观，又杜绝了拆模板或操作失误等原因，在脚手架立面冲出架杆、架板造成物体打击的安全事故，解决了现场安全管理的一大难题。

10.4 所用材料可以多次周转使用，同全部采用槽钢焊接搭设成的体系相比，能节约槽钢65％，用工减少50％，提高了搭设和拆除过程中的安全保证系数。

11. 应 用 实 例

工程应用实例如表11所示。

工程应用实例表　　　　　　　　　　　　　　　　　　表11

序号	工程名称	建筑面积（m²）	层数	建筑物总高度	造型结构外伸长度	悬挑架结构施工外伸长度	造型装饰外伸长度	悬挑架装饰施工外伸长度	施工时间	应用效果
1	山东天元科研中心	10000	16	65m	6m	6.7m	6m	6.7m	2000年	良好
2	浙江省委党校综合楼	24746	12	48.7m	3.3m	4m	3.3m	4m	2000年	良好
3	临沂一中科技楼	9000	6	35m	6m	6.7m	6m	6.7m	2001年	良好
4	临沂市人民医院主体大楼	88600	25	102.8m	8m	9.0m	10.6m	11.5m	2002年	良好
5	杭州市第一人民医院医疗综合楼	44000	15	68.8m	2m	2.7m	4.2m	5.0m	2002年	良好
6	苏泊尔大厦	32000	20	72.5m	2.5m	3.0m	3.7m	4.5m	2005年	良好
7	临沂市规划局人才培训中心	36000	15	57m	8m	8.5m	8m	8.5m	2006年	良好

电动同步爬架倒模施工工法

YJGF191—2006

中国建筑第二工程局　重庆中建机械制造厂　湖南省第四工程公司

李景芳　许远峰　邵宝奎　匡达　朱林　何格利

1. 前　　言

在超高钢筋混凝土结构工程施工中，混凝土结构高度高、涉及施工周转材料量多、作业的安全性不可靠、施工工序特殊复杂、操作难度比较大。应用电动同步爬架倒模施工工法可以解决上述施工难题。

2. 特　　点

2.1　整个体系荷载通过操作架，直接传力于已有一定强度的混凝土筒壁上，不需用支承爬杆，不仅施工安全，而且降低生产成本。

2.2　体系提升动力采用行星摆线针轮减速机，选用电动机的功率为 2.2kW，配合丝杆进行提升，提升平稳，同步效果好，操作平台不会产生倾斜。

2.3　模板采用双节模板体系，上下节模板交互支拆，与现浇支模法相同，施工的筒壁混凝土结构内实外光，接缝平整，混凝土外观质量比滑模好。

2.4　施工进度一般控制在 1 节/d，定人、定点、定岗，施工较易管理，而且基本上为静态施工，克服了滑模动态施工连续作业的缺点。

2.5　每爬升 1 次，高空平台中心就对中 1 次，模板半径用钢尺丈量及时纠偏，因而减小了烟囱中心偏差，这是电动爬架倒模的最大优点之一。

3. 适 用 范 围

本工法适用于各类超高钢筋混凝土结构工程施工。

4. 工 艺 原 理

整个电动同步爬架倒模体系通过工具式锚固件固定在已有一定承载力的钢筋混凝土结构上作为电动同步爬架倒模支撑点，靠其自身结构来支撑整个工具式操作平台、操作架、周转材料模板等，电动同步爬架倒模施工工法不受钢筋混凝土结构超高高度影响。结构有多高，电动同步爬架倒模系统就升到多高来实现超高钢筋混凝土结构施工；其中模板组合单元采用双节模板体系，上下节模板交互支拆，与现浇支模法相同。满足了施工质量、施工安全的需要。

（实例）电动同步爬架倒模的具体步骤是：在每节混凝土筒壁上预先留好孔，用以安装爬升靴。每个单元操作架系统由爬升架和外操作架通过可相互滑动的嵌镶构造组成。爬升动力设备装置于爬升架上，当爬升架相对于外操作架处在高位时，借其上之挂钩与筒壁上的爬升靴作锚固点，启动爬升操作，即可将外操作架、随升平台和模板提升一个新的标准层（1.5m）。此时，爬升架相对处于低位，下一循环又借其操作架和筒壁间的爬升靴锚固作用，反转电机，则可将爬升架顶高到新的高度；如此相互依靠，相互提升，循环往复，直至整个体系提升至筒壁设计高度，这便是升模工艺的升模原理。

5. 施工工艺流程和操作要点

5.1 体系结构组成

电动爬架倒模装置由随升平台、操作架与提升架、模板体系、锚固件、施工电梯、电气控制系统等组成，其动力为电动机和减速机，配合丝杆进行提升，如图5.1所示。

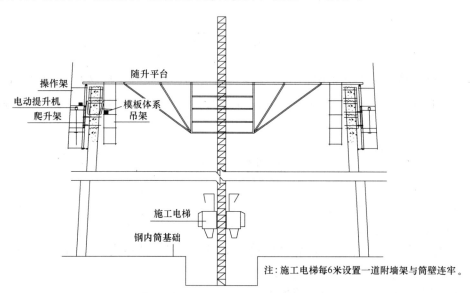

图5.1 电动爬架倒模装置示意图

1. 随升平台

随升平台由中心鼓圈、辐射梁、斜支撑、斜拉杆及把辐射梁环向连成整体的围圈等组成。

随升平台结构设计时可采用"斜拉杆空间桁架结构承重方案"。

2. 施工升降机（电梯）

施工升降机装在鼓圈中心，作材料运输及施工人员上下之用。施工电梯为自承重体系，通过多道的升降机附墙件与筒壁连接；随升平台荷载通过辐射梁传递给附着在烟囱筒体上的操作架上。垂直运输系统为双笼施工升降机，其上装有二部升降机笼作运输材料和供施工人员上下用。每只升降机笼下挂一个混凝土吊笼作运送混凝土用。

3. 操作架与提升架

操作架：分内、外两种操作架，各自组成一个空间结构，它是支承整个体系及提升操作的主要结构，内操作架（吊架）宽0.8m，高8.4m，外操作架宽1.2m，高7.2m。外操作架顶端支承着随升平台辐射梁。操作架不仅担负提升任务，其上各层平台通过木跳板环向连通后，即为提供作业人员进行提模、支模等操作的工作面。

提升架：每个提升架为一整体结构，其上装有行星摆线针轮减速机等传动机构，提升架通过滚轮与操作架立柱内侧整合，以保证两者之间的相对位置准确和提升顺利。

4. 模板组合单元

模板组合单元由普通定型钢模板、围檩等组成，同现浇翻模体系基本相同，依靠操作架固定模板半径。根据操作架布置数量划分模板组合单元（在爬升靴预留孔的位置必须用开孔的模板），单元与单元之间以特制的专用模板作收分。

5. 锚固件

锚固件包括爬升靴、锚固螺栓及端头螺帽等，固定在混凝土筒壁上，用以挂操作架和提升架。

结构施工层浇筑混凝土前，在操作架和提升架的锚固挂钩位置处的模板上留孔，并穿入钢套管，混凝土浇筑后在凝固期间内，应对套管进行旋转，以便它能顺利抽拔。这样，每节筒壁上预先留好孔洞，以便固定锚固件。

5.2　工艺流程（图5.2）

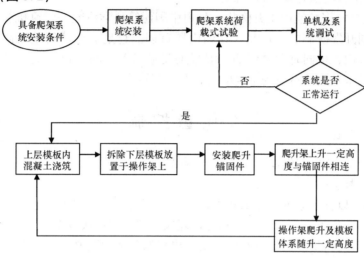

图5.2　工艺流程图

5.3　操作要点

1. 施工准备工作

1）提升架在组装前，对提升丝杆应进行探伤检验，合格后方可使用。组装前丝杆与螺母应进行套合，达到吻合良好后进行配套。

2）在现浇段施工时，准确预留好安装爬升靴用的孔洞，预留孔的方位准确与否，是今后提模体系组装及爬升施工能否顺利进行的关键。因此，必须控制好预留孔的等分中心线、预留孔的相对位置及水平度、上下排预留孔的间距及垂直方向的偏差。

3）单元操作架系统在高空组装前应作空载试验，运行灵活方可投入使用。

4）随升平台在正式提升前，必须做加1.2系数的满负荷静载试验或满负荷提升试验。

2. 施工注意事项

1）每次爬升前应对现场人员进行安全技术交底、安全培训、持证上岗。

2）每次爬升前施工升降机应停到0m，无关人员不得在现场。

3）爬升前要检查主电源电缆长度是否足够，平台、架体等与施工升降机和烟囱壁有无摩擦和死挡。

4）烟囱上下有可靠信号联络。

5）爬升时平台上不得有材料、杂物等。

6）吊平台与烟囱壁爬升完毕要及时固定。

7）施工升降机与鼓权圈的两道临时附墙连接可靠后方可开动升降机到平台顶。

8）对挂钩的松开和挂装切勿疏漏，应由专人检查。

9）在提升过程中，应随时检查，以防出现故障。

10）承受体系荷载的内操作架提升时，应集中控制进行提升，不允许单控操作，保证个单元之间同步爬升。

11）单元操作架上模板组体的就位对中是系统能够顺利进行的关键，应严格检查。

12）使用中施工平台上材料堆码要均布。

6. 材料机具设备

6.1 采用 JC100 全自动激光垂准仪检测。

6.2 采用 SC200/200 多功能施工升降机，是由中国建筑科学研究院建筑机械化研究分院与廊坊凯博新技术开发公司共同开发研制的新产品，在国内属首创。它是适应建筑施工高效、快捷、经济、安全的要求，做到一机多用，可同时运送钢筋、混凝土及施工人员的三合一型设备，极大地方便了施工企业的使用，避免了设备及周转材料的重复购置，节约了资金。

7. 质量控制

7.1 因采用了电动同步爬架倒模施工工法，所以混凝土的质量控制与常规的混凝土施工规范标准相同，很好地保证了混凝土的整体质量。

7.2 提高广大员工以强烈的创优意识和责任意识，努力达到质目标要求，从事前控制，到事后检验，对每一个环节，每一道工序都力求工作到位，确保关键工序一次成功。

7.3 测量控制：平台每提升一次要对中一次，出现偏差及时调整，中心垂直偏差大大减少。

8. 安全措施

8.1 操作架上各层平台外均设置固定栏杆，并用安全网严密封闭。烟囱筒体施工提升操作全部在操作架内进行。

8.2 应定期（提升 30 次为一周期）对丝杆进行探伤检查，如发现问题，应及时更换，提升螺母原则上每升七模应检查一次，发现螺纹磨损严重，应立即更换。

8.3 造成平台漂移的主要原因是辐射梁分布不均，使一边平台收缩时阻力增大而产生漂移。因而加工时孔位应准确，如有误差，组装时应校正。平台上的施工荷载应对称布设，以防偏心荷载作用使平台产生偏移。

8.4 在升降机井架上设有避雷针。

8.5 遇 6 级以上大风应停止施工。

9. 环保措施

采用电动爬架倒模工艺克服了滑模施工存在的混凝土表面拉裂、跑浆流淌，千斤顶漏油污染、结构扭转等通病。

10. 效益分析

10.1 结构体系与滑模体系投入基本相当，但它不需用支承杆，仅这一项就可节约钢材 50 余吨，节约成本 20 余万元等经济效益。

10.2 进度方面，加快了施工进度、缩短了施工工期。

10.3 施工质量取得了很好的效果。

11. 应用实例

11.1 国电南埔火电厂 240m 烟囱筒身施工中，电动爬架倒模施工 160m 以下为 1d 施工 1 模，在

160m 以上可以做到每 2d 施工 3 模，烟囱外筒按业主压缩后的工期提前 5d，在 2004 年 11 月 25 日封顶。

福建省电力工程质量监督中心站的质量监检时，专家们都给予了这样的评价：中建二局施工质保体系健全，质量目标明确，管理制度健全，技术资料齐全，真实，准确，总体施工质量均在受控状态，无安全事故发生。烟囱施工共验收分项工程 33 项，其中优良 32 项，优良率为 96.9％，中心偏差 23mm，半径偏差 5mm，均满足《火电施工质量检验及评定标准（土建工程篇）》中规定的允许偏差 140mm、25mm 的要求。

11.2 广西来宾电厂改扩建工程 210m 烟囱筒身施工中，电动爬架倒模施工 120m 以下为 1.5d 施工 1 模，在 120m 以上可以做到每 1d 施工 1 模，烟囱外筒按业主压缩后的工期提前 10d，在 2006 年 7 月 29 日封顶。总体施工质量均在受控状态，无安全事故发生。

11.3 广西百色火电厂 180m 烟囱筒身施工中，电动爬架倒模施工 90m 以下为 1.5d 施工 1 模，在 90m 以上可以做到每 1d 施工 1 模，烟囱外筒按业主压缩后的工期提前 5d，在 2007 年 3 月 5 日封顶。总体施工质量均在受控状态，无安全事故发生。

11.4 广东顺德火电厂 210m 烟囱筒身施工中，电动爬架倒模施工 90m 以下为 1.5d 施工 1 模，在 160m 以上可以做到每 1d 施工 1 模。总体施工质量均在受控状态，未安全事故发生。

门式与扣件式钢管组合模板支架施工工法

YJGF192—2006

中天建设集团有限公司

方旭慧　林王剑　周乐宾　汤华　吴惠进

1. 前　　言

随着建筑技术的不断发展，一般工业与民用建筑工程中常采用超高、超重、大跨度的结构构件，以满足使用功能的需求。单纯地扣件式钢管模板支架用于超高、超重、大跨度模板支撑系统，实践经验证明不能满足模板支架的强度与稳定性要求，尤其是用于联结模板支架成整体的扣件抗滑性能远远不能满足设计与使用要求；但门式钢管模板支架由于其结构的合理性，其总体承载力与稳定性均较扣件式钢管模板支架要高，用于超高、超重、大跨度模板支撑系统，可满足模板支架的强度与稳定性要求，但其成本略高于扣件式钢管模板支架。对于普通现浇混凝土梁板结构，由于其施工过程荷载相对较小，可采用扣件式钢管模板支架，即可满足强度与稳定性要求，而且扣件式钢管模板支架搭设灵活，供货方便，又有成熟的使用经验。故在超高、超重、大跨度模板支架中采用门式钢管模板支架、在普通现浇混凝土梁板结构中采用扣件式钢管模板支架的组合模板支架的运用，可各发挥其优点。

我公司在多个类似工程中，都采用了门式钢管模板支架与扣件式钢管模板支架相结合的组合模板支架，均取得了良好效果，达到了安全、经济、施工简便的目的，为此编制了本工法，以利推广应用。

2. 工 法 特 点

2.1　采用门式钢管模板支架与扣件式钢管模板支架相结合的组合模板支架，便于合理选择、灵活布置支模体系。本模板支架既发挥了扣件式钢管模板支架平面布置灵活、造价低的优点，又发挥了门式钢管模板支架整体构架安全性能高，承载能力大的优点。

2.2　对于超高、超重、大跨度的现浇钢筋混凝土梁板结构，选用门式钢管模板支架，克服了扣件式钢管模板支架依靠扣件传力的弊病，保证了施工的安全；而对于普通现浇钢筋混凝土梁板结构，只需按常规搭设扣件式钢管模板支架便可满足承载力要求，即方便施工，又降低了工程造价。

2.3　门式钢管模板支架与扣件式钢管模板支架通过加强构造措施，提高了支撑体系的整体稳定性，工艺简单，经济合理。

3. 适 用 范 围

适用于一般工业与民用建筑工程中现浇钢筋混凝土梁板结构模板支撑系统中对超高、超重、大跨度的梁板结构采用门式钢管模板支架，而对普通梁板结构的承重支模架采用扣件式钢管模板支架的门式与扣件式钢管组合模板支架的施工。

4. 工 艺 原 理

针对超高、超重、大跨度的现浇混凝土梁板结构，凡高度超过8m、或跨度超过18m、或施工总荷载大于$10kN/m^2$、或集中线荷载大于$15kN/m$的承重支模架，采用门式钢管模板支架，以保证其有足够的强度、刚度和稳定性；而普通现浇混凝土工程的承重支模架，采用扣件式钢管模板支架，并将门式钢管模板支架与扣件式钢管模板支架通过构造连接成为组合模板支架。

5. 施工工艺流程与操作要点

5.1 门式钢管模板支架与扣件式钢管模板支架相结合的组合模板支架的工艺流程（图 5.1）。

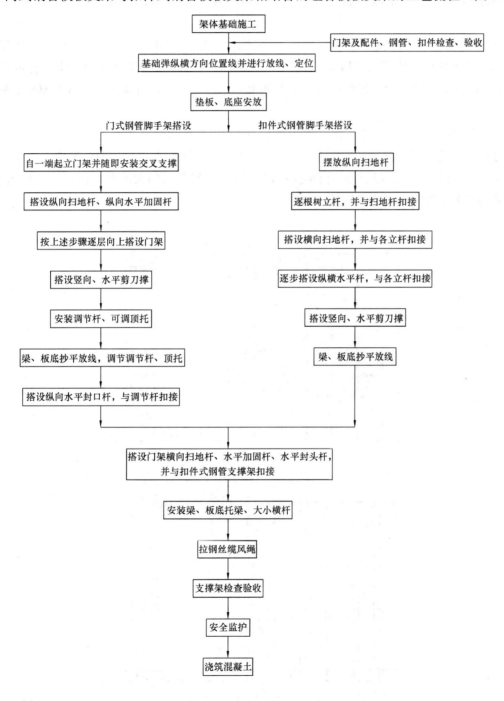

（拆除的工艺流程与搭设相逆）

图 5.1 工艺流程图

5.2 门式钢管模板支架与扣件式钢管模板支架组合模板支撑架施工前必须编制专项施工方案。

5.3 模板支架搭设前，应由项目技术负责人向全体操作人员进行安全技术交底。安全技术交底内容应与模板支架专项施工方案统一，交底的重点为搭设参数、构造措施和安全注意事项。安全技术交底应形成书面记录，交底方和全体被交底人员应在交底文件上签字确认。

5.4 模板支架搭设前，应对地基与基础承载力进行验算，并进行处理。露天支模架四周应设排水沟及集水井抽排水。对搭设在楼面和地下室顶板上的模板支架，应对楼面承载力进行验算，如不能满足要求时，应采取可靠的加固措施。

5.5 模板支架地基与基础经验收合格后，应按专项施工方案的要求弹纵横方向线并进行放线定位。

5.6 模板支架立杆底部应设置底座或垫板。底座、垫板均应准确地放在定位线上；垫板采用厚度不小于50mm的木垫板，或采用[14槽钢；当在门架立杆底部设置可调底座时，将立杆内的连接棒套入可调底座φ35调节丝杆，使底座丝杆的调节器朝上一侧与之匹配，可调底座的调节螺杆的伸出长度不应大于200mm。

5.7 门架布置方式：用于梁模板支撑的门架，可采用平行或垂直于梁轴线的布置方式。垂直于梁轴线布置时，门架两侧应设置交叉支撑（图5.7a）；平行于梁轴线布置时，两门架应采用交叉支撑或梁底小楞连接牢固（图5.7b）。用于楼板模板支撑时，门架的间距与门架跨距应由计算和构造要求确定，门架间应采用交叉支撑或板底小楞连接牢固。

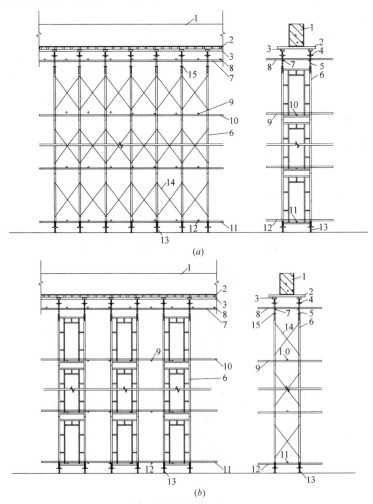

图5.7 门架布置方式

1—混凝土梁；2—小楞；3—托梁；4—可调托座；5—调节杆；6—门架；7—纵向水平封头杆；8—横向水平封头杆；9—横向水平加固杆；10—纵向水平加固杆；11—纵向扫地杆；12—横向扫地杆；13—可调底座；14—交叉支撑；15—插销

5.8 门架安装应自一端向另一端延伸，并逐层改变搭设方向，不得相对进行。搭完一步架后，应按要求检查并调整其水平度和垂直度。

5.9 门架交叉支撑：门架两侧均应设置交叉支撑并应与门架立杆上的锁销锁牢，施工期间不得任意拆除。交叉支撑应紧随门架的安装及时设置。

5.10 门架纵横扫地杆、水平加固杆：纵横扫地杆、水平加固杆均采用$\phi48\times3.5$mm钢管。底步门架必须设置纵、横向扫地杆。纵横水平加固杆应在模板支架的中间每2步通长连续设置，并应采用扣件与门架扣牢。当门架立杆采用大口径钢管时，纵横扫地杆、水平加固杆采用扣件与门架自身横向钢管连接。门架立杆外径与普通钢管相同时，纵横扫地杆、水平加固杆宜直接采用扣件与门架两侧立杆扣牢。

5.11 门架竖向及水平剪力撑：竖向剪刀撑应在模板支架外侧周边和内部每隔15m间距设置，剪刀撑宽度不应大于4个跨距或间距，斜杆与地面倾角宜为$45°\sim60°$。水平剪力撑根据方案的具体要求设置，一般每隔二步设一道。

5.12 门架调节杆：调节杆通过插销与顶层门架连接并承受顶托传递荷载。调节杆长度有1700mm、1900mm两种，沿调节杆长度方向插销孔间距为120mm。门架承载力需根据调节杆伸出长度进行承载力折减，调节杆承载性能见表5.12。

调节杆承载性能				表5.12
调节杆伸出长度（m）	0.6	0.9	1.2	1.5
调节杆自由状态下的容许荷载（kN）	37.5	30.0	26.2	22.5
调节杆在两个方向拉紧下的容许荷载（kN）	37.5	37.5	33.7	30.5

5.13 门架可调顶托：可调顶托设在调节杆上部，用于微调梁底下托梁标高以及大跨度梁底起拱度并直接承受梁板荷载，其调节螺杆的伸出长度不应大于200mm。

5.14 门架纵横方向水平封头杆：水平封头杆采用$\phi48\times3.5$mm钢管。门架顶部调节杆纵横方向采用水平封头杆固定，使调节杆双向受约束。

5.15 扣件式钢管模板支架必须设置纵、横向扫地杆。扫地杆应采用直角扣件固定在距底座上皮不大于200mm处的立杆上。

5.16 扣件式钢管模板支架底层步距，除满足设计要求外，一般不应大于1.8m。每步的纵、横向水平杆应双向拉通。

5.17 扣件式钢管模板支架立杆接长必须采用对接扣件连接。

5.18 扣件式钢管模板支架四边满布竖向剪刀撑，中间每隔四排立杆设置一道纵、横向竖向剪刀撑，由底至顶连续设置；架体高度超过4m时，四边与中间每隔4排立杆从顶层开始向下每隔2步设置一道水平剪刀撑。

5.19 满铺操作层脚手片：当模板支架搭设到最上一层，支模、钢筋、混凝土三个工种均需在该层操作。为保证施工安全，操作层脚手片必须满铺，同时四周外围应设高1.2m、0.6m二道水平杆和180mm高踢脚杆，用密目网封闭。

5.20 钢丝缆风绳：当模板支架高度超过10m时，架子四周应设置抛撑或钢丝缆风绳。缆风钢丝绳的直径、数量、间距根据专项施工方案抗风载计算确定，一般可采用每隔6m对称设置一道。缆风绳与架体连接主节点处宜为顶步架水平剪力撑交叉主节点位置。缆风与地面夹角$45°\sim60°$，地锚用双钢管打入地坪2m以上。当缆风绳受风力较大时，与缆风绳直接连接的主力杆应考虑风力产生的轴向压力，水平杆应能承受水平风力。

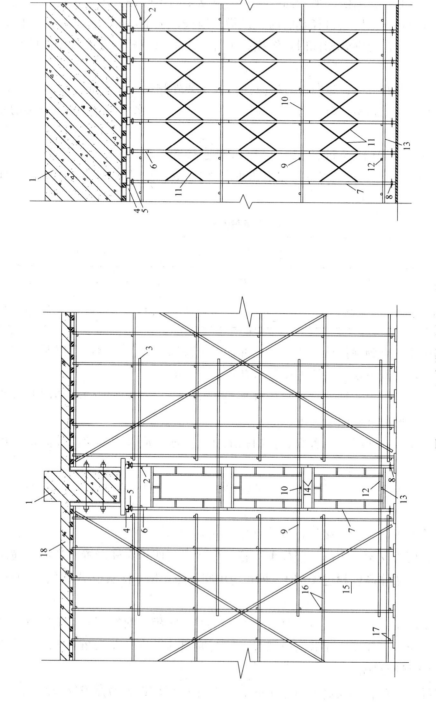

图5.21-1 组合模板支架立面构造示意图

1—现浇钢筋混凝土梁；2—门架纵向水平封头梁；3—门架横向水平封头杆；4—槽钢托梁；5—可调顶托；6—调节杆；7—门架；8—可调底座；9—门架横向水平加固杆；10—门架纵向加固杆；11—交叉支撑；12—门架横向扫地杆；13—门加纵向扫地杆；14—门架自身横杆；15—扣件式钢管模板支架立杆；16—扣件式钢管模板支架纵向水平杆；17—扣件式钢管模板支架纵横向水平杆；18—现浇混凝土板

5.21 门式钢管模板支架与扣件式钢管模板支架采用 φ48×3.5mm 钢管与扣件连接；门式钢管模板支架与扣件式钢管模板支架通过横向扫地杆、横向水平加固杆及横向水平封头杆连接。门架横向扫地杆、横向水平加固杆、横向水平封头杆应向扣件式钢管模板支架延伸二～三跨，与扣件式钢管模板支架立杆采用扣件扣接。其水平方向按照门架两侧扣件式钢管支撑架立杆间距设置，并采用直角扣件分别固定在与之相交的纵向扫地杆、纵向水平加固杆、纵向水平封头杆上（图 5.21-1～图 5.21-3）。横

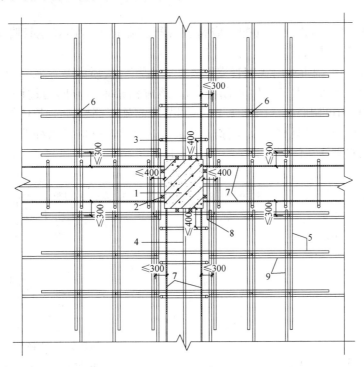

图 5.21-2 组合模板支架平面构造示意图

1—已浇筑混凝土柱；2—垫木；3—门式钢管模板支架；4—门架纵向扫地杆、水平加固杆；5—门架横向扫地杆、水平加固杆、水平封头杆（采用门米长 φ48 钢管）；6—扣件式钢管模板支架立杆；7—梁侧模；8—拉接用柱箍；9—扣件式钢管模板支架纵横水平杆

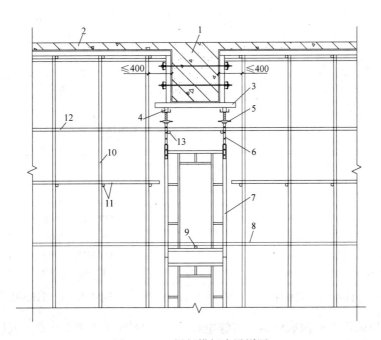

图 5.21-3 梁板模板支设详图

1—混凝土梁；2—混凝土楼板；3—梁底小楞；4—托梁；5—可调托座；6—调节杆；7—门架；8—横向水平加固杆；9—纵向水平加固杆；10—扣件式钢管模板支架立杆；11—扣件式钢管模板支架水平杆；12—横向水平封头杆；13—纵向水平封头杆

向扫地杆、横向水平加固杆、横向水平封头杆接长应采用搭接，搭接长度不应小于1m，应等距离设置3个旋转扣件固定，端部扣件盖板边缘至搭接水平杆杆端的距离不应小于100mm。

6. 材料与设备

6.1 材料

6.1.1 门式架及其配件：门式架及其配件应符合现行行业标准《门式钢管脚手架》JGJ 76 的规定，并应有出厂合格证明及产品标志。

门式架采用 H 系列新型可调重型门式钢管模板支架，由相应资质的专业制造公司生产，产品组成为：a. 门架主立杆选用 $\phi57\times2.5$ 大口径钢管制作；b. 整体构架垂直方向通过调节杆（图 6.1.1-3）、可调托座图（图 6.1.1-2）和可调底座（图 6.1.1-1）调节所需施工高度；c. 整体构架水平方向通过设置在门架上的八只锁销，仅用一种规格交叉支撑（图 6.1.1-4），即可搭设六种架距；门架托梁采用型钢，或采用扇形卡固定的双钢管。门架承载性能如表 6.1.1。

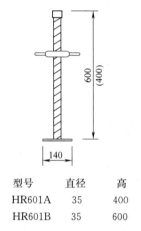

型号	直径	高
HR601A	35	400
HR601B	35	600

图 6.1.1-1　HR601　可调底座

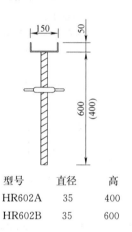

型号	直径	高
HR602A	35	400
HR602B	35	600

图 6.1.1-2　HR602　可调顶托

型号	直径	高
HR201	1700	1500
HR201 A	1900	1800

图 6.1.1-3　HR201　调节杆

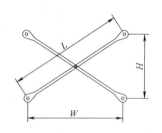

型号	宽 W	高 H	长 L
HR301A	1800	1200	2163
HR301K	1500	1200	1921
HR301E	1200	1200	1697
HR301J	900	1200	1500

图 6.1.1-4　HR301　交叉支撑

6.1.2 钢管：应采用现行国家标准《直缝电焊钢管》（GB/T 13793）或《低压流体输送用焊接钢管》（GB/T 3092）中规定的 3 号普通钢管，其质量应符合现行国家标准《碳素结构钢》（GB/T 700）中 Q235-A 级钢的规定。应采用标准规格 $\phi48\times3.5$mm，壁厚不得小于3mm，模板支架设计时必须按工程实际采用壁厚计算其强度与稳定性。不得使用打孔、锈蚀、变形的钢管。

门架承载性能　　　　　　　　　　　　　　　　　　　　　表 6.1.1

载重点					
最大载量(kN)	150	135	115	75	45
允许载量(kN)	75	55	45	30	20

6.1.3　扣件：应采用可锻铸铁制作的扣件，其材质应符合现行国家标准《钢管脚手架扣件》（GB 15831）的规定，扣件的螺栓拧紧扭矩达 65N·m 时应完好无损。

6.1.4　其他：①方木、底模的材料应符合现行国家标准《木结构工程施工质量验收规范》（GB 50206）的有关规定。②模板支架中其他辅助材料的质量应符合相关规定。

6.2　施工机具与工具

门式钢管模板支架与扣件式钢管模板支架搭拆工具（表 6.2）。

门式钢管模板支架与扣件式钢管模板支架搭拆工具　　　　　表 6.2

工具名称	使用功能
经纬仪	门式钢管模板支架与扣件式钢管模板支架垂直度检查
水平仪	控制门式钢管模板支架与扣件式钢管模板支架搭设水平度及基础沉降观测
吊坠	单榀门架、钢管立杆搭设垂直度控制
卷尺(5m)	门型架、钢管等材料进场验收
游标卡尺	门型架、钢管壁厚检查验收
紧丝器	张拉钢丝缆风绳
砂轮切割机	切 $\phi48\times3.5$ 钢管
整弯机	轻微弯曲变形钢管整直
老虎钳	剪扎丝、绑安全网、脚手片
力矩扳手	检测扣件扭紧力矩
活动扳手	扭扣件螺栓
缆风绳	拉接加固

7. 质 量 控 制

7.1　主控项目

7.1.1　现场所用原材料（尤其是钢管与扣件）的品种、规格、性能应符合现行国家产品标准和设计要求，并应按规定进行抽样检查试验。

检查数量：所有品种，全数检查。

检验方法：检查产品质量合格证明文件及检验报告等。

7.1.2 地基与基础的处理与其承载力应符合专项方案设计要求。

检查数量：全数检查。

检验方法：检查专项方案、隐蔽验收资料及沉降观测记录。

7.1.3 模板支架的搭设参数（包括纵距、横距、步距）及构造要求必须严格按施工设计方案采用，不得任意扩大与更改。

检查数量：全数检查。

检验方法：用拉线，钢尺检查。

7.2 一般项目

7.2.1 支撑系统上安装后的扣件螺栓拧紧力矩应不少于 $40N\cdot m$，且不应大于 $65N\cdot m$。抽样检查数量与质量判定标准，应按表 7.2.1 确定。

检查数量：按立杆、纵横向水平杆、剪刀撑、连墙杆，各类杆件各抽查 10%，且不应少于 5 个节点。梁板底水平杆与立杆连接扣件螺栓拧紧扭力矩应全数检查。

检验方法：采用扭力扳手，按随机分布原则进行，不合格的必须重新拧紧，直至合格为止。

扣件拧紧抽样检查数量与质量判定标准 表 7.2.1

项次	检查项目	安装扣件数量（个）	抽检数量（个）	允许的不合格数
1	连接立杆与纵（横）向水平杆或剪刀撑的扣件；接长立杆、纵向水平杆或剪刀撑的扣件	51～90	5	0
		91～150	8	1
		151～280	13	1
		281～500	20	2
		501～1200	32	3
		1201～3200	50	3
2	连接横向水平杆与纵向水平杆的扣件（非主节点处）	51～90	5	1
		91～150	8	2
		151～280	13	3
		281～500	20	5
		501～1200	32	7
		1201～3200	50	10

7.2.2 对于跨度大于 4m 的梁板，其模板应按设计要求起拱，当设计院无要求时，起拱高度宜为跨度的 1/1000～3/1000。

检查数量：在同一检验批内抽查构件数量的 10%，且不应少于 3 件。

检验方法：用水平仪或拉线，钢尺检查。

7.2.3 对下层楼板或地下室顶板采取加固措施的模板支架，应检查加固措施与方案的符合性及加固的可靠性。

检查数量：全数检查。

检验方法：对照专项施工方案观察检查。

7.2.4 模板支架的立杆垂直度应 $\leqslant 7.5‰$ 且 $\not> 50mm$，并应按规定进行抽样检查。

检查数量：按同类构件抽查 10%，且不少于 3 个。

检验方法：用吊线、拉线、经纬仪和钢尺现场实测。

7.3 模板支架验收后应形成记录，记录表式见附表 1。

8. 安 全 措 施

8.1 模板支架搭设和拆除人员必须是经过按现行国家标准《特种作业人员安全技术考核管理规

则》(GB 5036)考核合格的专业架子工。上岗人员应定期体检，上岗人员应体检合格。

8.2 搭设模板支架人员必须戴安全帽、系安全带、穿防滑鞋。

8.3 钢管、扣件质量与搭设质量，应按规定进行检查验收，合格后方准使用。做好模板支架的安全检查与维护。

8.4 作业层上的施工荷载应符合设计要求，不得超载。模板支架不得与模板支架相连。不得将泵送混凝土和砂浆的输送管等固定在模板支架上；严禁悬挂起重设备。

8.5 模板支架使用期间，不得任意拆除杆件。

8.6 当模板支架基础下或相邻处有设备基础、管沟时，在支架使用过程中不得开挖，否则必须采取加固措施。

8.7 当有六级及六级以上大风和雾、雨、雪天气时应停止模板支架搭设与拆除作业。雨、雪后上架作业应有防滑措施，并应扫除积雪。

8.8 混凝土浇筑过程中，应派专人观测模板支撑系统的工作状态，观测人员发现异常时应及时报告施工负责人，施工负责人应立即通知浇筑人员暂停作业，情况紧急时应采取迅速撤离人员的应急措施，并进行加固处理。

8.9 混凝土浇筑过程中，宜均匀对称浇捣，并采取有效措施防止混凝土超高堆置。

8.10 工地临时用电线路的架设，应按现行行业标准《施工现场临时用电安全技术规范》(JG J46)的有关规定执行。

8.11 在模板支架上进行电、气焊作业时，必须有防火措施和专人看守。

8.12 模板支架拆除时，应在周边设置围栏和警戒标志，并派专人看守，严禁非操作人员入内。

9. 环保措施

9.1 设置封闭的木工加工棚，木料加工应在固定制作棚内完成，减少噪声污染。

9.2 利用电锯、电刨等机具进行操作，在封闭的木工棚内进行，电锯发生的噪声不超过规范要求。

9.3 现场支模减少大声的敲击声，并在晚 10：00 后禁止作业。

9.4 拆模时，不得用大锤硬砸硬撬，不得高空掀翻模板。

9.5 施工班组每天做好活完脚下清的工作，并设专人检查落实情况。

9.6 木模通过电锯加工木屑锯末必须当天进行清理，以免锯末刮入空气中。

9.7 模板、模板支架在支设、拆除和搬运时，必须轻拿轻放，上下、左右有人传递。

9.8 模板、钢管修理时，禁止使用大锤。

10. 效益分析

10.1 工期短、造价低：门式钢管模板支架装拆无需大型机械设备，操作简单、快捷，搭设灵活性强，施工效率高，可节约大量的人工费、机械费，降低了工程造价，缩短了工期。

10.2 周转材料省：门式钢管模板支架、扣件式钢管模板支架作为目前施工现场最常用的模板支架，其材料可直接通过市场租赁获得，对比采用钢桁架和钢柱，大量节省了模板支架材料的投入。

10.3 安全可靠：门式钢管模板支架采用闭式结构，牢固耐用，提高了横向刚度和整架的抗失稳能力，顶部采用可调托座直接承受荷载，保证了荷载的安全转递，防止扣件破坏引发事故。门式钢管模板支架整体构架可靠性好，承载能力大，保证了超高、超重、大跨度混凝土构件的施工安全。

11. 应 用 实 例

中国棋院杭州分院亲水平台，位于杭州钱江新城，为一层现浇钢筋混凝土框架结构建筑物，建筑面积为 5225.4m²，南北方向长 79.3m，东西方向宽 43.3m，柱网尺寸以 18500mm×8000mm、20000mm×10000mm 为主，层高 6.500m。屋面板厚 200mm，屋面横向梁为次梁，截面尺寸主要由 350mm×750mm、400mm×850mm、400mm×1000mm 组成，纵向梁为主梁，截面尺寸有 400mm×1200mm、700mm×1200mm、700mm×1800mm。于 2006 年 4 月 1 日开工，2006 年 6 月 10 日完成屋面结构混凝土浇筑。纵向主梁为现浇混凝土后张预应力梁，自重大（最大线荷载达到 35.56kN/m）、跨度大（最大达 20m）是扣件式钢管模板支撑系统难以承受的。施工中采用了在纵向主梁采用 H 系列重型门式钢管模板支架作为模板支架，在屋面板和横向次梁中采用扣件式钢管模板支架作为模板支架的门式钢管模板支架和扣件式钢管模板支架相结合的组合模板支架的施工方法，确保了工程顺利、安全地完工，取得了良好的社会和经济效益。

宁波明州花园酒店公寓 A 楼工程位于宁波市鄞县大道 1288 号，建筑面积为 34055m²，地上 29 层，建筑面积为 34055m²，主体塔楼采用框支—剪力墙、裙房采用框架结构形式。于 2005 年 1 月 1 日开工，2006 年 10 月封顶。该工程结构转换层设在五层，层高 2150mm，南北方向长 24.5m，东西方向宽 49.8m。五层楼面板厚 180mm，转换梁尺寸分别为 400mm×3000mm、500mm×3000mm、600mm×3050mm、800mm×3050mm，转换梁平面间距主要为 4.500m，跨越了五、六两个结构楼层。转换梁空间尺寸大、自重大（线荷载达到 6.56t/m）、结构复杂 [转换梁内置钢梁，且中间有 1200mm×1200mm 设备通道]，所以在施工过程中其支撑体系杂、施工难度大，如采用钢构桁架式支模架施工法，不光制作安装工期较长，而且造价昂贵。施工中采用了在转换梁采用 H 系列重型门式钢管模板支架作为模板支架，在五层楼面板采用扣件式钢管模板支架作为模板支架的门式钢管模板支架和扣件式钢管模板支架相结合的组合模板支架的施工方法，顺利完成转换层结构施工，取得了良好的社会和经济效益（图 11）。

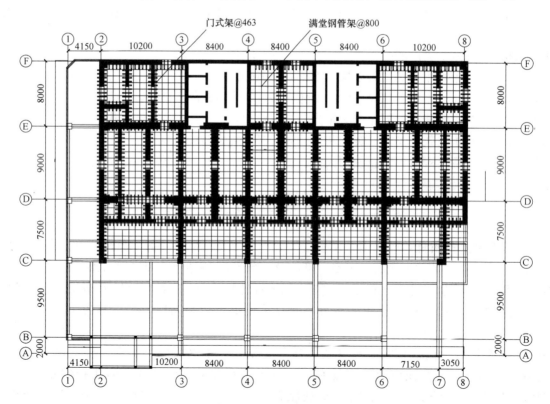

图 11　宁波明州花园酒店公寓 A 楼组合模板支架平面布置图

附表1 模板支架验收记录表

模板支架验收记录表

项目名称												
搭设部位		高度		跨度		最大荷载						
搭设班组				班组长								
操作人员持证人数				证书符合性								
专项方案编审程序符合性		技术交底情况			安全交底情况							
门型架及其配件、钢管、扣件	进场前质量验收情况											
	材质、规格与方案的符合性											
	使用前质量检测情况											
	外观质量检查情况											
检查内容		允许偏差	方案要求	实际质量情况						符合性		
立杆间距	梁底	＋30mm										
	板底	＋30mm										
门式架间距		—										
门式架跨距		＋30mm										
步距		＋50mm										
立杆垂直度（门式架、扣件式架）		≤0.75%且≤50mm										
扣件拧紧		40～65N·m										
立杆基础												
扫地杆设置												
拉结点设置												
立杆搭接方式												
纵、横向水平杆设置												
交叉支撑设置												
水平加固杆、封头杆设置												
剪刀撑	垂直纵、横向											
	水平（高度＞4m）											
其他												

施工单位检查结论	结论：　　　　　　　　检查日期：　　年　月　日
	检查人员：　　　项目技术负责人：　　　项目经理：
监理单位验收结论	结论：　　　　　　　　验收日期：　　年　月　日
	专业监理工程师：　　　总监理工程师：

筒中筒同步滑模施工工法

YJGF193—2006

镇江建工建设集团有限公司　中国十五冶金建设有限公司　河北省第四建筑工程公司

朱坚　朱先玉　黄康南　郭文胜　刘明华　龚必武　线登洲　高任清　王彦航

1. 前　　言

近几年我国的水泥建材行业飞速发展，使得水泥散装储存的需求不断增大，其仓储工艺也得到不断改进，一种能同时储存两种不同水泥品种的水泥散装筒仓——筒中筒（又称子母库）水泥散装筒仓就是这种储存工艺改进的产物。随着社会需求不断的细化，这种储存工艺逐渐显示其优越性，正被越来越多的新建水泥生产线所选用。镇江建工建设集团有限公司在江西亚东（瑞昌）水泥有限公司一期水泥生产线的1号、2号水泥筒仓（内筒直径10m，外筒直径20m，高度50m）的土建施工中首创内外库同步滑模施工技术，并在随后的海螺（泰州）水泥有限公司的4只水泥筒仓施工中得到进一步的实践，获得良好的经济效益和社会信誉。

这种结构形式目前国内常规的施工方法是内、外单体滑模，库顶钢结构滑后安装。我们首创内、外筒同步滑模施工技术，并利用这一独特的滑模平台将库顶钢梁同步顶升到位安装。与常规施工方法相比，具有工期短，施工质量更易保证，作业安全的可靠性得到提高，同时施工成本进一步降低，经济、社会效益显著。

2. 工 法 特 点

2.1　独特的同步滑升平台系统

采用由钢管与扣件组合的类似网架的格构结构，并以此在内、外筒壁之间形成一个整体的滑升平台系统。具有施工质量好、作业安全、施工周期短、节约成本的特点，相对于常规单体型钢滑模平台的优势如下：

1）保证内外筒壁同步滑升施工，需要平台既有刚性平台的特点，又具有一定的相对柔度。平台系统的刚度太大，千斤顶的升差将给整个系统增加额外的荷载，同时会使模板变形。刚度太小，内、外平台系统之间失去约束，筒仓的几何尺寸极易产生偏差。而钢管这种柔性杆件组成的类网架结构具备刚柔两方面的优点，是保证同步滑升的基础。

2）由于内、外滑升平台形成一个整体，可以有效地控制筒仓的几何尺寸，特别是筒仓的圆度和两仓的净距偏差因施工过程中内外模板系统的相互作用而减小，同样筒仓的扭转、中心偏移也得到约束，因此施工质量显著提高。

3）平台结构采用的是施工中常用的钢管、扣件，无需大量的型钢制做，减小了施工投入。充分利用钢管、扣件的重复利用率高的特性，通过通用化、模块化的优化设计可以显著提高工效，因此施工成本大幅降低。

4）平台增大后，施工面扩大，作业环境得到改善，有利于对平台作业实施有效的组织，因而施工过程更加安全，显著降低了滑模作业的安全风险。

5）无需二次的滑模系统组装、滑升的施工周期，可以明显缩短工程总体工期。

2.2　随滑顶升施工技术

利用滑模平台将库顶钢结构直接顶升到位安装，无需大吨位起重设备，降低了高空作业的安全风险，拼装作业质量得到了保证，同时作业效率显著提高，成本降低，施工周期缩短。其优势如下：

1）库顶钢结构在拼装、涂料实施过程中，可以及时对过程实施检验，消除过程缺陷，因而施工质量得到保证。同时无安装位置筒壁的混凝土施工缝，筒仓的混凝土施工质量进一步提高。

2）库顶钢结构滑后安装，作业人员只能立足于库壁上实施操作，作业面极其狭小，同时受库壁钢筋的影响，作业的安全风险极大。而现在无此过程，消除了上述的安全风险。同时库顶钢结构在滑升过程中完成安装就位，滑模完成后滑模平台位于库顶钢结构上面，以此作为滑模系统的拆除平台，作业安全性得到进一步提升，进一步减少滑模施工中的作业安全风险。

3）由于在地面拼装，无作业面的影响，无高空作业的安全风险，可以有效地利用现有资源，作业效率得到提高，因而施工周期明显缩短。

4）库顶钢结构主梁的重量较大，受周围场地及筒仓高度的影响，滑后安装需要大吨位起重设备方能实施。其进退场、使用费用较高。而采用地面拼装，常规的起重设备就能满足，施工成本显著减少。

2.3 因为滑模平台的增大，因而可以采用预拌混凝土泵送技术，在保证混凝土内在质量的同时，使得对混凝土出模强度的精细控制成为可能，进而实现原浆随滑随光，混凝土外观质量得到显著提高。同时机械使用率得到提高，带来平台作业人员减少，相对作业面增大，大大降低了滑模施工作业的安全风险。

2.4 虽然是针对筒中筒结构的施工，但其思路完全可以运用到相邻恒定截面竖向结构的滑模施工中，具有广泛的指导意义。

3. 适 用 范 围

适用于内、外筒仓壁净距小于 15m，采用钢结构库顶的筒中筒结构筒仓。对截面恒定，净间距小于 8m 的群体竖向结构施工具有实施的指导价值。

4. 工 艺 原 理

实施的关键在于采用独特的同步滑升平台系统，并结合随滑顶升施工技术，从而实现了筒中筒的同步滑升。这两项关键工艺的核心在于充分利用了现有材料和设备的特性，通过优化使其满足实施的需要，其主要原理如下：

4.1 独特的同步滑升平台系统

在滑模的提升过程中，由于千斤顶的受力情况复杂，无论采用何种控制其同步的方法，只能确保每次滑升结束时的总升差一致，但均无法消除过程中升差不一的现象。本结构形式实施同步滑模施工有内外两套模板、提升系统，其施工荷载不一，这种现象更加明显。因此需要施工平台应具有足够的刚度，承担施工荷载并保持内外筒仓间距不变，又不至于因滑升过程中的升差造成模板系统变形。

目前常用的平台形式均无法同时满足上述要求，需要重新设计。通过对多种平台结构形式的方案比较，如要满足同步滑升的要求，采用压杆组成的网架结构形式，是最佳的方案。这种结构形式作为滑模平台只要计算确定合适的高度、选择恰当的杆件，其刚度足以承受施工荷载及保持两库间距不变。在受到控制的升差范围内，所引起的水平线性变形很小，不至于造成模板变形。

规范对千斤顶的升差控制为 2mm，根据测试，施工过程中的内外筒仓的千斤顶极限升差不大于 7mm，因此当一个滑升层高 300mm 分两次进行调平控制时，12 个滑升行程其最大升差小于 84mm，如平台跨度为 5000mm 时，引起的水平线性变化小于 0.71mm，假设内外模板围圈刚度相等，此时内外模板平面尺寸各有 0.36mm 的水平变形，因此这个数值对模板的外形尺寸基本没有影响。

实现这种网架结构的材料很多，如采用角铁焊接等。但考虑到通用性和可重复率，最终选择用钢管和扣件进行组合，这样可省去大量的平台型钢制做，使用完成后拆除下来也几乎没有损耗。根据计算在跨度小于 15m 以内，这种结构形式均能满足施工需要。

4.2 随滑顶升施工技术

实施随滑顶升的关键是滑模提升系统必须具备足够的提升力，这主要受选择的提升设备和支撑杆刚度的限制。过去滑模施工一般采用的是 GYD35 液压千斤顶，如实施随滑顶升需要增加大量的千斤顶，其调平控制困难，而且升差不同时产生的附加荷载，极易造成支撑杆失稳，所以在过去的滑模施工中采用随滑顶升施工技术较少。而选用 GYD60 液压千斤顶，利用该千斤顶提升能力的增加，使一般滑模也可以随滑顶升工艺。而且该千斤顶以 φ48×3.5 钢管作为支撑杆，相对于 φ25 圆钢在不增加用钢量的前提下其刚度有了大幅提升。液压千斤顶技术参数比较见表 4.2-1，两种支撑杆其构件截面特征对比见表 4.2-2。

两种液压千斤顶技术参数表　　表 4.2-1

技术参数 型号	额定工作压力 （MPa）	工作起重量 （kN）	最大起重量 （kN）	行程 （mm）	质量 （kg）	适用支撑杆 （mm）
GYD60 滚珠式	8	30	60	≥25	36	φ48 钢管
GYD35 滚珠式	8	15	30	≥20	13	φ25 圆钢

两种支撑杆其构件截面特征对比　　表 4.2-2

规　格	截面面积 （cm²）	单位重量 （kg/m）	截　面　特　征		
			I（cm⁴）	W（cm³）	i（cm）
φ25 圆钢	4.91	3.85	1.92	1.53	0.63
φ48×3.5 钢管	4.89	3.84	12.19	5	1.58

通过上述两表对比可以看到，千斤顶的提升能力增加了 100%，钢管的极限承载力提高 500% 以上，在荷载相同的情况下，其脱空长度增加 150% 以上，因此采用 GYD60 液压千斤顶是实施随滑顶升施工技术必要前提条件。除此以外，钢管作为建筑施工中的常用支撑杆件，有极强的通用性，使得同步滑升过程中，内库空滑时的支撑杆滑空加固，可以与锥斗支撑统一考虑，加固实施容易，并且无需额外的费用投入。

通过担放在两榀提升架上两根槽钢搁置库顶钢结构，槽钢的型号选用依据该点的负载通过简支梁计算确定，搁置的高度根据需要用互为垂直的槽钢叠加。由于在滑升过程中，相邻千斤顶爬升速度不一时，爬升速度快的，作用在上面的荷载将会增大，从而限制其爬升速度，而原来爬升速度慢的，又因为荷载减小而加快，因而各支撑点上升速度基本一致，不会造成钢结构因升差而发生变形。

当模板上口标高＝钢结构安装底标高－模板上口到钢结构支固距离－锚入混凝土内长度时，在支撑点两侧预埋支撑，其支撑长度＝模板上口到钢结构支固距离＋锚入混凝土内长度，其中锚入混凝土内长度规范的计算值为 950mm，实际应根据气温适当加长。支撑的选型可根据压杆稳定计算，安全系数为 2，压杆计算长度为支撑长度的 2 倍（一段锚固，一段自由）。

5. 施工工艺流程及操作要点

5.1　工艺流程

施工工艺流程见图 5.1。

注：图中粗框为关键工序，细框为常规工序。

5.2　操作要点

5.2.1　施工准备

为确保实施的顺利，不但需要根据常规做好施工准备，还要做好以下几项工作：

1. 确定混凝土配合比及出模强度固化时间。混凝土配合比应按照滑模施工实际使用的材料进行试

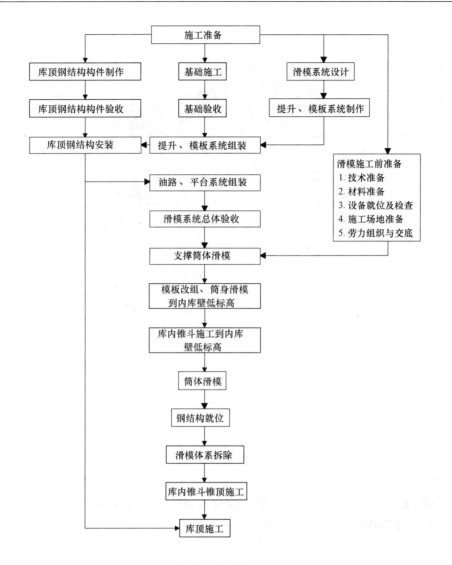

图 5.1 筒中筒同步滑模施工工艺流程图

配，材料应考虑整个施工期材料的一致性，同时水泥宜选用硅酸盐或普通硅酸盐水泥，采用泵送混凝土坍落度宜控制在 12±2cm 以内。混凝土出模强度固化时间这个参数对滑模施工而言至关重要，必须根据设计强度、施工期的气候条件、施工实际使用的材料，按照滑模期预计平均气温通过模拟条件下，试配测定当混凝土强度达到 0.2MPa 时的固化时间值。

2. 做好施工图会审。技术人员应仔细阅读施工图，对影响滑模施工的细部提出修改建议，通过与设计沟通，在不影响结构安全和使用功能实现的基础上，予以修改以便于滑模作业。

5.2.2 滑模系统设计

这是保证滑模施工成败的关键。主要内容及流程有：平台系统设计；提升系统设计；模板系统设计；电气、油路系统设计；运输体系设计；测量、监视体系设计。

5.2.2.1 平台系统设计

滑模平台依据平台上的作业流程不同而各异，最终选定应综合考虑工艺流程、质量控制和安全设防等因素。在遵循这一原则进行设计时，平台 1 主要用于钢筋工程，平台 2 用于混凝土工程，这样平台上的两大主要作业区域分开。两库之间采用钢管桁架刚性平台结构体系，使内外筒库模板形成整体，便于控制筒仓的几何尺寸。平台桁架布置形式考虑到今后库顶钢结构的安装，平台主桁架与钢梁平行，在需要时仅拆除连接支撑，减少作业内容，缩短作业时间，从而保证正常滑升。

其平台形式见图 5.2.2.1-1、图 5.2.2.1-2，这种平台形式作业流程分开，减少了交叉作业，既保

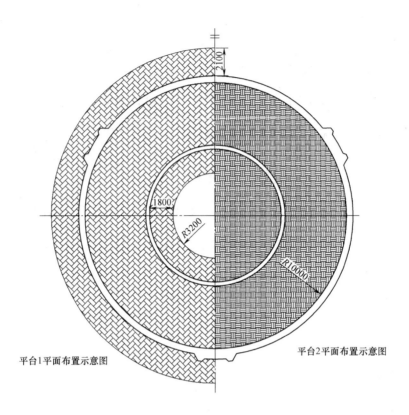

平台1平面布置示意图　　　　平台2平面布置示意图

图 5.2.2.1-1　平台平面布置示意图

证工程质量，又有利于安全设防。

平台体系设计中应符合以下要求：

1. 主桁架数量应与提升架相适应，桁架两端着力点应尽可能靠近提升架，主桁架间距宜小于1500mm，桁架之间支撑间距不宜大于1500mm。

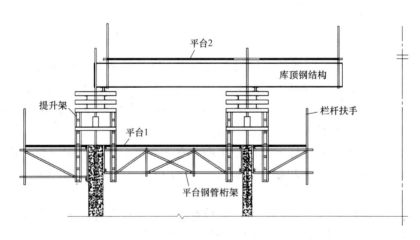

图 5.2.2.1-2　平台剖面示意图

2. 外平台三角支架间距与提升架一致，其三角架之间联系应形成桁架结构。

3. 平台板应采用厚度不小于50mm的木板铺设，板底的搁底应采用50mm×100mm的木方，间距不宜大于1500mm。

4. 平台的设置应能便于作业实施，不同工种的作业区域应尽可能分开，材料堆放区域应与作业区域分开，并尽可能荷载分布均匀。

5.2.2.2　提升系统设计

提升系统设计是整个滑模系统设计的关键，其中提升架的布置是重中之重，应以分布均匀、荷载均衡、避开库壁预留预埋为原则。提升架的布置，涉及到滑模提升的主要设备——千斤顶配置，不同的是千斤顶配置相对灵活一些，当提升力不足可以采用双顶或多顶抬顶形式，而提升架受结构尺寸、库壁结构特征、库顶钢结构支点位置等因素的影响，应作为设计的重点。提升系统设计应按照以下程序计算确定：

1. 确定提升架布置数量、布置位置。相邻提升架间距不宜大于1800mm，库顶钢结构支点位置两侧提升架间距不宜大于1500mm，尽可能避开筒壁预留预埋，特殊截面应在变化处设置约束提升架。

2. 计算荷载及分布。首先计算总荷载和库顶钢结构支点荷载，再根据施工组织情况计算施工集中荷载，通过不利荷载组合计算各提升架设计荷载值。应注意一些施工荷载在不同时间段荷载值的变化，应加以考虑，避免设计过于保守，造成浪费。

3. 确定千斤顶分布。根据上述计算结果，计算各提升架的千斤顶配置，应注意各千斤顶之间荷载值偏差一般不应大于30％，单只千斤顶荷载值不大于25kN，关键部位单只荷载值不大于20kN，不能满足时应遵循布置原则调整提升架布置。

4. 按照施工实施过程中可能出现的最大滑空高度，对支撑杆的承载力进行计算复核，其实际荷载不得大于计算允许值的一半，加固方式应有利于作业，并能控制平面的位移。

当考虑对千斤顶爬升速度进行控制时，对荷载偏差的控制可放宽到不大于50％。最终的目的是对千斤顶的爬升速度实施控制，避免由此而引起模板系统变形以及结构构件定型、定位尺寸偏差。

江西亚东水泥库支撑筒体壁厚为500mm，上部筒体壁厚为300mm，内库壁厚为300mm，库壁有门洞和护壁柱，共使用标准提升架57榀，异形提升架6榀。内库及护壁柱均为双千斤顶，其余为单千斤顶，共计使用84只。其滑模提升架及千斤顶布置如图5.2.2.2所示。

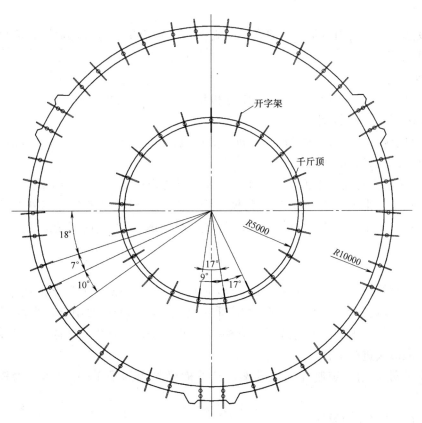

图5.2.2.2 提升架、千斤顶布置示意图

5.2.2.3 模板系统设计

模板系统主要由提升架、组合式定型钢模板和钢管组成。由于大量采用建筑施工常用构配件，因

此本系统除具有无可比拟的通用性外，还有施工投入小，作业效率高等优势，已广泛用于本公司的滑模施工，取得良好的经济效益。

采用本模板系统组合后的断面形式如图 5.2.2.3 所示。

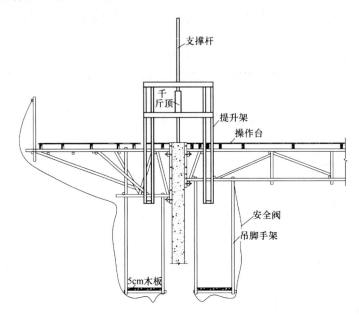

图 5.2.2.3　模板断面示意图

系统设计的关键是定型组合钢模板的选型，应符合以下要求：

1. 钢模的宽度

确定钢模宽度选型的决定因素是筒体曲率，应确保最大钢模单位宽度部分圆弧高度小于 1mm，一般为模板宽度≤直径/80。

2. 钢模的高度

高度的确定取决于混凝土出模强度的时间和单层滑升高度施工作业周期。一般为 900mm、1200mm，最终选型应符合下列要求：

1）单层滑升高度应在 200mm～400mm 之间，推荐值为 300mm，主要是为了与钢模模数一致，同时这个高度值有利于滑模平台的作业组织。

2）模板高度×单层滑升高度施工作业周期×1.2/单层滑升高度≤混凝土出模强度的时间。

江西水泥库采用单层滑升高度 300mm，每模 3 个滑升层。模板高度为外库外壁外模板 1200mm，外壁内模板 900mm，内库内、外壁模板 900mm。这主要是考虑到施工中水泥的水化热对混凝土出模强度时间的影响。

3. 提升架设计

提升架是由两个钢管焊接桁架片和两对 12 号槽钢上、下横梁组成"开"字形构件（俗称开字架），其外形如图 5.2.2.3 所示。200～600mm 壁厚均应采用公司定型标准模块组合，当截面大于 600mm 时应单独设计。设计主要是考虑下横梁的选择，应根据该横梁所受的荷载情况通过计算确定，横梁仍然采用槽钢以便与标准模块进行组合。

本工程在护壁柱处采用了定制异形提升架，其下横梁采用的是 14 号槽钢，滑模结束后未发现形变。

5.2.2.4　电气、油路系统设计

电气的设计应以满足使用和使用安全为原则。各类设备应分开控制互不影响，必要时主要设备应分组或单独实施控制。线路布置应不影响作业实施，有利于线路保护，架设应满足国家现行规程的要求。照明用电应采用安全电压，并分组实施控制。

油路设计以油压损失最小，端口压力均衡为原则。各千斤顶的油管规格、长度尽可能一致，布管应便于维护。油泵机应根据其工作参数计算确定，实际控制千斤顶数量应为计算值的 70%，当一台油泵机不能满足时，应采用多机并联，应配合电气实施同步控制。

5.2.2.5　运输体系设计

运输系统设计关乎整个滑模施工的滑升速度控制，并最终影响到滑模的混凝土结构观感质量，应给予高度的重视。设计的目的主要是保证单层滑升高度施工所需要的主要材料最长运输时间小于该层施工作业周期的三分之二。同时还需要考虑材料运输与现场作业的安全控制，应全盘考虑堆、运、放三个环节之间相互的关联和影响，采取技术措施来保证运输与作业的安全，因此运输体系宜满足以下要求：

1）混凝土运输应考虑滑模到库顶时从出料到入模全过程的时间，并小于该层施工作业周期的三分之二。运输通道应独立设置，平面布置应与其他材料运输区域分离。

2）地面上塔吊吊运的区域不宜与混凝土运输作业区域重叠，人员上下的通道尽可能避开塔吊作业区域内。

3）机械的选型除应满足运输能力的要求外，更应考虑其可靠性对施工过程的影响，必要时混凝土、钢筋运输应设置备用设备，其运输能力应达到实际使用需要的一半。

建议混凝土采用泵机作为主要设备，随升吊笼作为备用。钢筋、爬杆以及其他小型材料、机具以塔吊运输为主，仍以随升吊笼作为备用。人员采用独立搭设的爬梯上下。

5.2.2.6　测量、监视体系设计

测量和监视系统是控制定型、定位的重要手段，也是保证工程质量的基础，应作为一个系统进行单独设计。设计包含平面测量和竖向测量两个部分，所确定的方法和设备，应能保证测量精度，便于操作和施测安全。

1. 平面测量

主要是测量、监视筒库的轴线，以此获得对结构或预留、预埋的平面位置的控制。要求在筒仓轴线的外平台下对称设置四个观测点，以监视筒仓的扭转及平台的变形，内库设置一个观测点用于中心偏移观测。测量设备采用线坠、垂准仪，线坠用于过程监视，垂准仪用于结果测量。外平台同一个观测点应同时设置上述两种观测标志，并应保持在同一轴线上。

2. 竖向测量

标高传递采用水平仪钢尺传递法，每库至少设置两个互为校验的传递观测点。平面的高程采用水平仪结合水平管测放，其中水平仪测放不少于 8 个点，并应均匀分布。

设计中除了上述测量方法和设备的规划外，还应考虑测量人员的安全防护，地面测量通道及其施测作业区域设置防护棚，测量点位的设置尽可能避开作业危险源。

5.2.3　提升、模板系统制做

由于模块组件的使用，需要制做的提升、模板系统的量相对较小，主要有特殊模板、提升架及模板围圈的制做。应符合以下要求：

1. 钢构件的制做应符合现行国家规范的要求，几何定位尺寸应与现有系统一致。除计算的焊缝高度以外，一般连接焊缝高度不得小于 8mm。

2. 定制模板应与现有的模板系统配套，模板必须是钢模，钢板厚度不得小于 3mm，其阴阳角应做成圆弧形，圆弧的半径不得小于 25mm。

3. 提升架的横梁宜采用槽钢，其长度应以 200mm 为模数，并综合考虑以后再利用的可能。

4. 模板的围圈宜采用钢管卷制，最后应采用人工调整，圆弧的半径偏差应小于千分之一。

5.2.4　提升、模板系统组装

5.2.4.1　组装要求

滑模作为一个已经成熟的施工工艺，其主要关键过程——提升、模板系统的组装也已经形成一套

完整的实施程序和要求，除此以外，还应符合以下规定：

1. 准确控制提升架、模板上口相对标高误差，应小于为±3mm。提升架下横梁顶与该处模板上口间距偏差应小于±3mm。

2. 模板两端采用螺栓拼接，其余部分应全数采用回形卡。

3. 模板与围圈连接应先用勾头螺栓紧固后，再用8号钢丝将模板与围圈铰紧。

4. 筒仓外壁必须全部采用全新钢模，其他模板宜采用全新钢模。

5. 围圈在系统组装完成后全部采用焊接连成整体，变截面处还应采用型钢对围圈进行加固，在保证围圈的完整性的同时防止受力变形。

6. 模板下口的找补应在模内清理完成，系统验收后进行。

5.2.4.2 作业流程（图5.2.4.2）

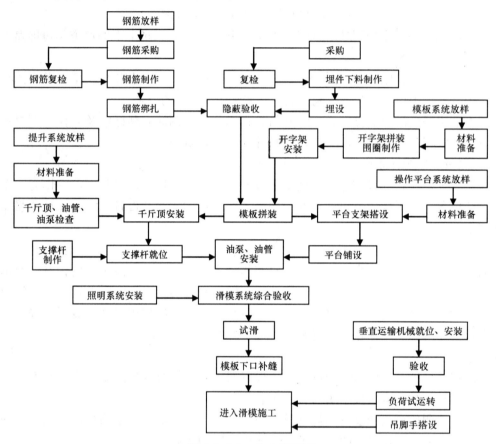

图 5.2.4.2　作业流程图

5.2.4.3 质量要求

项目	容许偏差值（mm）
模板结构轴线相对工程结构轴线位置	±3mm
围圈的水平及垂直位置	±3mm
提升架的垂直偏差	平面内不大于　3mm
	平面外不大于　2mm
安放千斤顶提升架钢梁相对标高	不大于5mm
考虑斜度后模板尺寸	上口－3mm* 下口－2mm*
千斤顶位置	不大于5mm
圆模直径	不大于5mm
相邻两块模板平整度	不大于2mm

其中＊标记数值已经考虑到模板受力的变形，根据我公司经验值对现有标准做的调整。

5.2.5 库顶钢结构安装

在提升、模板系统组装完成后，实施库顶钢结构安装。库顶钢结构主钢梁为径向布置，当布置形式不同时应调整平台结构形式，便于达到标高时的安装就位。钢结构主梁与平台桁架、提升架的平面关系如图 5.2.5-1 所示。安装按照预定标高在独立的临时支撑上进行，主要钢梁安装完成后，再按照图 5.2.5-2 的形式与提升架焊接，最后拆除拼装使用的临时支撑。

操作过程的要点及其注意事项如下：

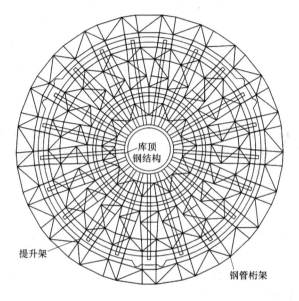

图 5.2.5-1　库顶钢梁、平台桁架布置示意图　　　　图 5.2.5-2　钢梁支撑方式示意图

1. 确定合理的安装高度。安装高度由滑模施工过程中，平台上该处作业所需要的空间高度确定。支撑的形式主要考虑应便于就位安装作业便利性和实施安全。采用的支撑形式如图 5.2.5-2 所示。

2. 这一阶段库顶钢结构的拼装，应按照设计和规范要求实施，主要拼装在滑模过程整体结构不会发生形变的必要构件，次要构件可在滑模完成后安装，但是必须征得设计同意。后续的拼装方法应满足安全作业要求。

3. 完成拼装后应按照规范对钢结构进行验收，并涂刷防锈底漆，钢结构的底面可以涂刷设计规定的涂料，在保证装涂质量的同时，减少高空作业的危险。

5.2.6 油路、平台系统组装

根据系统的设计，系统的组装主要是设计意图的实施，因为涉及整个滑模系统的运行稳定和实施安全，故应严格按照现行规范的要求实施作业和验收。同时应注意以下事项：

1. 所有与提升动力相关的千斤顶、液压控制台、油管等，在安装前必须全数进行工作压力试验，满足原产品参数的方可使用。

2. 液压控制台宜放置在筒库中心，尽可能保持到各千斤顶的油路相同。所有液压设备安装完成后，应进行空载试验，重点检查千斤顶的响应速度，对明显不一致的千斤顶应予以更换。

3. 平台板宜采用 50mm 厚木板或多层胶合铺设，其平面刚度应能满足该平台上作业需要。人员的主要进出口应采取必要的防护措施，并设置醒目的标记。

4. 各种引测到平台上的控制点、线应标注醒目，不易被破坏。

5.2.7 滑模系统总体验收

全部滑模系统组装完成后，应由系统的使用负责人组织系统的设计人、审核批准人、设备管理员、安全员、质量员、项目相关其他管理人员，以及业主代表、监理代表对系统进行验收，验收通过后才能使用。

验收不但是对过程质量的检验，更重要的是通过实物，对系统的可靠性、合理性进行全面的评估，应充分考虑其对施工的过程和结果的影响。应按照各个子系统逐项检查，先考察设计的合理性，再检查完成质量。对发现的不足应及时调整或纠正，并进行再次验证。

液压系统应进行负载试验，所有千斤顶应插入支撑杆进行空载和负载试验，千斤顶负载提升不少于一个工作行程，静置不少于8h，对出现漏油或锁卡不紧的千斤顶及时更换。

5.2.8 滑模施工前准备

一个滑模工程的成败，依赖于良好的设计、充分的准备和精心的组织。因此本项工作是整个滑模施工过程中的关键过程，作为滑模施工的组织者应从"4W1E"的角度，全方位地考虑和组织实施，确实落实各项准备工作。

5.2.8.1 技术准备

需要重点做好以下几项工作：

1. 绘制技术准备图。为直观体现结构的特征，避免工作上的遗漏，必须绘制相关的技术准备图：

1）控制线平面图：除轴线外，为控制预留、预埋，根据需要可以设置施工过程中的控制线，所有控制线的位置及其编号应单独绘制，并与平台上的标记对应一致。

2）预留、预埋示意图：通过平面和立面示意图，将所有预留预埋绘制出来，有助于管理人员在实施过程中及时安排，防止遗漏。所有的预留、预埋均应换算为最低点标高值，以便实施控制。

3）液压控制示意图：将所有液压设备编号，并绘制示意图，表述其相互作用关系，有利于实施控制或排除故障。

2. 编制交底

由于滑模作业的特殊性，因此交底内容应全面系统。重点应包含：工作内容；作业要点；质量要求；作业安全；交叉作业的时序和要求，应针对每一个工作岗位分别编制。

3. 编制滑模作业表。由于滑模作业内容多，时间短，为防止在施工过程中的工作遗漏，应按照单层滑升高度施工作业层的划分，编制分层工作内容一览表。

4. 完成测量基准设定。根据测量系统设计，进行相关基准值的测放，其中支撑杆在系统验收完成后，应采用水平仪全数测放水平控制线。

5.2.8.2 材料准备

1. 所有材料应尽可能在滑模施工前准备就绪。

2. 钢筋、预埋、预留、支撑杆均一次加工完成，以单层滑升高度施工作业需要量，分类编号，并按照施工次续逆序堆放。

3. 当能在24h内获得水泥安定性检查结果的现场，其水泥储存量不宜低于3昼夜的需求量，否则不应低于4昼夜需求量，砂石应按照48h的需要量进行储备，同时供应商应有保证相同材料持续供应的能力。

4. 其他如外加剂、养护液等使用数量较少的材料，应一次全部进场。

5.2.8.3 设备就位及检查

在滑模系统的总体验收时，应对所有与滑模有关的在用或备用设备进行检验。特别是垂直运输设备，在条件许可时应进行负载试验。现场将投入使用的设备应编号，并绘制简图，相应的安全装置和防护措施应已完成。

5.2.8.4 施工场地准备

主要是堆场和道路的准备，由于滑模施工连续作业时间较长，期间气象变化较大，为保障滑模施工的正常进行，应对可能出现的不利气候条件对施工现场的影响采取必要的预防措施准备。

堆场一般应硬化，以防止堆放的材料受到污染。道路宜硬化，并设置排水沟等确保在不利气候下的正常使用措施。与此同时，还应对现场进行规划安排，标记出危险区域，对危险区域内的作业区设置安全防护。

5.2.8.5 人员组织与交底

人员组织应涵盖所有参与（包括备用）的管理和作业层次。按照交接的班次规划，定人、定岗、定位、定责。应编制相应的岗位人员名册，使人员管理明确，管理层次清晰。

交底除通过书面形式以外，在滑模前还应采取大会的形式组织所有参与人员集中交底，各相关管理人员在会后应组织各自管理范围内的作业人员进行现场交底。

5.2.9 支撑筒体、筒身滑模

滑模作为成熟的施工工艺，基本的过程和控制方法相同，因为工序的安排以及滑模系统的形式不同，而有别于一般常规滑模施工工艺。其实施控制的要点如下：

5.2.9.1 混凝土工程

1. 应严格按照规定的单层滑升高度分层均匀有序浇捣混凝土，内外库的浇筑方向相反，相邻两个浇筑层的方向应相反。

2. 严格控制混凝土坍落度，不得随意调整。

3. 每层混凝土浇筑完成面宜低于模板上口 3～5cm，每层出模混凝土强度都应及时检查，通过调整滑升速度控制混凝土的出模强度。

4. 出模混凝土表面缺陷应采用混凝土原浆修补，模板下口三个单层滑升高度以下部分混凝土应及时喷涂养护液。

5.2.9.2 钢筋工程

1. 钢筋绑扎应与混凝土浇筑反向作业，并应保证混凝土浇筑完成后模板上口不少于两道绑扎完成的水平筋。

2. 圆弧外侧的所有水平钢筋的绑扎接头，应采用 12 号钢丝在两端和中间绑扎不少于 3 道，当钢筋直径大于 25 时绑扎不少于 4 道。

3. 钢筋网片的水平控制横筋外伸部分，不宜大于最小水平钢筋直径。所有钢筋交点都应绑扎。

4. 直径大于 20mm 的水平钢筋应制成与筒仓直径相同的圆弧筋，直径误差宜小不宜大。

5.2.9.3 滑升控制

1. 严格控制滑升速度。为保证出模混凝土强度满足随打随光的要求，出模混凝土强度至关重要，每次滑升应先提一个千斤顶行程，检查相应的混凝土强度，并据此决定本次提升的时机，并对下一个滑升作出预控。

2. 严格控制平台的水平。保证平台水平提升是保证筒仓垂直和防止模板变形的基础，因此采用千斤顶限位装置，分两次对水平位置进行控制。当采用倾斜措施纠正垂直偏差时，千斤顶的最大高差不易大于筒仓直径的千分之三。

此外，控制平台的水平也是同步滑升的需要，虽然在系统设计时已经予以充分考虑，实施过程还应按照检测和测量的要求，对内外平台实施连续监控，并及时调整千斤顶的限位装置。

3. 加强监测和测量。平面位置检测应在每次滑升结束时进行，每班次不少于 3 次测量，每次监测和测量所获知的偏差均应在下一个滑升过程中予以纠正。每层应有不少于 8 个水准仪测设点，每 3 个单层滑升高度施工层应保证所有的控制点不少于一次使用水准仪测设。在支撑筒壁顶、钢结构底、库顶等关键高程控制点，应全数采用水准仪测设。

4. 减少并均布荷载。尽可能减轻平台负载有利于滑模作业的顺利实施，因此应加强对平台负载的控制。平台堆料以保证连续作业的最小用量为限，混凝土按照需求量供应到平台集料斗内，滑升时应全部用完。

5.2.9.4 滑空处理

在支撑筒体施工完成后以及滑到内库壁底标高时，均需要暂时停止滑模作业，因此模板系统需要滑空。而模板系统上负载库顶钢结构，支撑杆负载较大，除在施工前通过计算确定加固方式，并认真组织实施，还应在滑空到位后对整个平台进行稳固支护，防止中心偏移影响后续的滑模作业。

此外内库在未达到内库壁底标高时，均为空滑，因此其支撑杆均需要加固，加固应结合库内锥斗的施工支撑统一考虑，在搭设支撑杆加固的同时完成锥斗的施工支撑搭设。

为保证停滑后再次施工时水平施工缝的施工质量，应清理混凝土表面松动石子和浮渣，并用水冲洗干净，清理下来的垃圾必须清出模板，如不拆除模板清理时，应提升模板使得模板下口与混凝土有 5～10cm 的间隙，清理完成后补齐。再次浇筑时，应按配合比减半石子的混凝土浇筑一层（30cm）后，再继续按原配合比浇筑。

5.2.10 钢结构就位

当模板上口标高＝钢结构安装底标高－模板上口到钢结构支固距离－950mm 时应在混凝土壁内埋

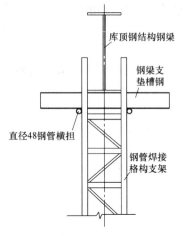

入钢结构支撑，支撑长度＝模板上口到钢结构支固距离＋950mm。支撑的选用应通过计算，并便于作业。采用 4 根钢管焊接格构，其支撑形式如图 5.2.10 所示。

当钢结构达到其安装底标高时，应拆除其与提升架的联系，将荷载转移到预埋上。在此之前应对平台的标高和轴线位置进行精确控制，确保最终安装位置的准确。

此后继续滑升过程中，凡是受钢结构影响的模板、围圈、平台及其桁架均及时拆除，钢结构与混凝土筒壁连接处采用事前配置的木模找补。

图 5.2.10 钢梁就位支撑示意图

支撑的作业应在一个浇筑层的施工时间内完成，以确保不影响正常的滑升进程，连续滑模应一直到滑模全部结束，相关后续作业均随滑模同步实施。

5.3 人员组织

人员组织是顺利实施的保证，因此应从管理和作业两个层次进行统筹考虑。人员组织的关键是滑模施工阶段，其主要实施人员如下：

1. 管理层次的组织

每班次的管理人员如图 5.3：

2. 作业层次的组织（表 5.3）

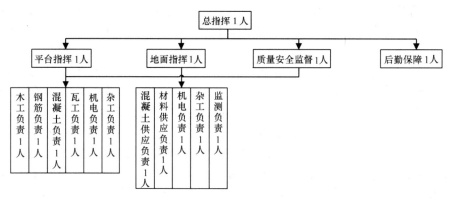

图 5.3 管理人员配置图

滑模作业人员配置表 表 5.3

工 种	每班人数		主要工作内容
	平台上	平台下	
木工	12	2	负责滑模控制，支撑杆接长，预埋件，孔洞安放。其中支撑杆接长，共计 11 人，液压控制台开油泵机计 1 人。平台下材料运输 2 人
钢筋工	16	3	负责钢筋绑扎，外库 9 人，内库 7 人。共计 16 人，平台下运输 3 人
混凝土工	23	5	负责混凝土浇捣全过程，外库 12 人，内库 9 人，集料斗 2 人，计 23 人，后台泵机 2 人，平台上清理 2 人，平台下清理 1 人
瓦工	22		平台上每只库外粉 7 人，内粉 4 人，内外库共计 22 人。负责混凝土表面处理及养护
电焊工	5		负责支撑杆接长、铁件安装，共计 5 人
机电工	1	1	负责机电设备正常运转，平台上 1 人，平台下 1 人看护保证设备正常运行

工　　种	每班人数		主要工作内容
	平台上	平台下	
机操工		1	负责 1 台混凝土泵机械操作
塔吊司机	1		负责钢筋,支承杆等其他材料垂直运输
装运工	2	2	负责塔吊运输的装卸,在塔吊指挥指导下,根据滑升需要吊运材料,平台上、下各 2 人
普　　工		10	负责吊脚手搭设,挂安全网,以及上人梯接口处理等滑模需要,只设一个白班,共计 10 人
测　　工	1	2	负责测量和监视
合　　计	83	26	
总　　计	白班 109	晚班 99	两班合计 208 人

注:滑模按 2 班制考虑,白班工作时间 7:00～19:00,晚班为 19:00～次日 7:00。

6. 材料与设备

虽然采用的是现行成熟的滑模施工工艺,但由于主要提升设备的改进,施工工艺的可靠性和安全性得到了很大的改观。为确保达到预期的目标,在材料的使用上应注意以下几点:

6.1 支撑杆的选用

$\phi 48 \times 3.5$ 钢管是常用的周转架设材料,被广泛的使用,然而作为支撑杆由于对其受力性能要求高于一般的建筑支撑,因此必须保证其壁厚达到 3.5mm。必要时还应采用灌注与筒壁混凝土标号相同配比的水泥砂浆,进一步提高钢管的力学性能。

这一改进不能简单的看成设备的更新,由于钢管支撑的使用,给滑模施工工艺的可靠性和便利性、安全性带来质的飞跃,以前滑模施工的外观质量一直是施工方的心病,现在已经达到甚至超过大模板翻模的外观质量。

提升能力的提高、支撑刚度增大,使得过去一些不能实施的施工工艺组合,现在成为可能。采用库顶钢结构随滑顶升,就是得益于此。而且利用支撑杆与钢管规格的一致性,滑空加固变得简单易行,并且无需额外的费用投入。

6.2 水泥品种的选择

优选硅酸盐水泥或普通硅酸盐水泥的目的,是利用其早期强度高、和易性好的特点。

早期强度高,对提高支撑杆的强度有利,根据杆件的受压计算公式,我们知道其计算长度越小,承受的荷载越大。而混凝土早期强度的提高,可以有效地减小其计算长度。当支撑杆的强度提高后,整个滑模体系的刚度将显著的改善,能有效的遏止扭转、偏移现象的发生。

和易性好是为了减少混凝土的泌水现象,避免这种带有水泥浆的污水,将污染已经完成的混凝土筒壁,从而消除表面挂浆的现象。

6.3 砂石的选择

在水泥品种确定的情况下,砂石的选择成为关键,要求筒壁混凝土所使用的所有砂石除应满足国家规范的要求以外,必须保证其一致性,以便混凝土硬化后,其外观色质基本一致。

6.4 机具设备

机具设备的选用应根据工程规模确定,主要设备以滑模施工为主。江西水泥库的施工设备见表 6.4。

施工机械表

表 6.4

序号	机 具 名 称	型 号 规 格	单位	数量	备注
1	塔吊	QT60R40	台	1	55.5kW
2	液压油泵及控制台	HY-72	台	1	17kW/台
3	液压千斤顶	GYD-60	只	97	13 只备用
4	主油管	$\phi16\times4$	根	50	含备用
5	支油管	$\phi8\times4m$	根	90	含备用
6	针形阀		只	97	含备用
7	三通	$\phi22$	只	10	含备用
8	五通	$\phi16$	只	20	含备用
9	堵头	$\phi22$	只	8	含备用
10	堵头	$\phi16$	只	10	含备用
11	提升架	自制	榀	63	
12	钢筋切断机	QJ-40	台	1	7kW
13	钢筋对焊机	ON1-100	台	1	100kVA
14	钢筋弯曲机	GW40	台	1	6kW
15	电焊机	BX-300	台	1	46.8kW
16	砂浆机	200L	台	1	3kW
17	插入式振动器	2×50	台	4	8.8kW
18	平板振动器		台	2	2.2kW
19	砂轮磨光机		台	3	3.75kW
20	砂轮切割机		台	1	2.2kW
21	打夯机	HW-32	台	1	3kW
22	潜水泵	$\phi50$	台	1	2.2kW
23	泥浆泵		台	1	6kW
24	高压水泵	$H=120m$	台	1	7.5kW
25	镝灯		台	2	10.5kW
26	碘钨灯		台	10	20kW
27	木工刨床		台	1	2kW
28	型材切割机	JIG350	台	1	4kW
29	电动油泵	ZB4-500	台	2	2.4kW
30	手持砂轮机		台	2	0.6kW
31	混凝土泵	60 型拖式泵	台	1	备用
32	柴油发电机	90kVA	台	1	备用

7. 质 量 控 制

1. 实施过程应以国家现行的验收规范为依据，进行组织规划和过程验收，下列规范应采用最新版本：

　　建筑工程施工质量验收统一标准　GB 50300

　　混凝土结构工程施工质量验收规范　GB 50204

钢结构工程施工质量验收规范　　GB 50205

液压滑动模板施工技术规程　　JGJ 113

组合钢模板技术规程　GB 50214

混凝土泵送施工技术规程　　JGJ/T 10

2. 施工用周转架设材料按《组合钢模板技术规程》GB 50214、《建筑施工扣件式钢管脚手架安全技术规程》JGJ 130 的要求采购、检验和验收。

3. 虽然已从技术上采取保证工程质量的措施，在实施过程中应严格遵守相关的参数控制。

4. 在执行 JGJ 113 液压滑动模板施工技术规范时，应结合国家现行施工验评体系的相关内容实施过程控制。滑模施工工程结构的质量标准见表7。

滑模施工工程结构的质量标准　　　　　　　　　　表7

项　目			允许偏差(mm)
轴线间的相对位移			5
圆形筒壁结构		直径偏差	该截面筒壁直径的1‰并不得超过±30*
标　高		每层	±10
		全高	±20*
垂直度	每层	层高≤5m	5
		层高>5m	层高的0.1‰
	全高	高度<10m	10
		高度≥10m	高度的0.1‰，并不得>40*
墙，柱，梁，壁截面尺寸偏差			+5*，-5
表面平整		抹灰	5*
		不抹灰	5
筒仓之间净距			不得>40*
门窗洞及预留洞口位置偏差			10*
预埋件中心位置偏差			±15*

注：标记＊号为我公司企业标准。

8. 安 全 措 施

滑模施工工艺历来安全风险较大，虽消除了一些作业风险，但是作为高耸构筑物的施工，安全风险依然不可忽视。在施工过程中重点设防的依然是滑模施工过程，在实施过程中除应按照滑模施工的安全规定，还应加强防坠、防电的控制，通过预防，避免事故的发生。

1. 在编制规划和组织交底时，遵守和实施以下有关安全的现行最新版本的国家规范、规程：

JGJ 65　液压滑动模板施工安全技术规程

JGJ 80　建筑施工高空作业安全技术规程

JGJ 33　建筑机械使用安全技术规程

JGJ 46　施工现场临时用电安全技术规范

2. 成立安全生产领导小组，配备专职安全员，领导负责工程的安全生产工作。

3. 滑模施工前除对作业人员进行书面安全交底外，还应进入实际作业区域现场交底。

4. 按照滑模高度的八分之一设置危险区域，在组织规划时尽可能避免作业人员进入危险区，不可避免时应根据作业情况搭设安全防护棚，并简化作业程序，减少危险区域的停留时间。

5. 为防止高空坠落，施工过程中"四口"五临边要设置防护措施，滑模平台、挂脚手、均设安全网水平、垂直封闭。

6. 已经考虑到保证安全施工的技术措施，因此在实施过程中，应严格按照涉及安全所作出的规定实施。

7. 平台临边应设置 300mm 高档灰板，防止散落在平台上的混凝土碎屑坠落伤人。

8. 平台上动力电应按照规定设置漏电保护，照明用电还应采用低于 36V 的安全电压供电，照明灯具应有防护罩。

9. 环 保 措 施

1. 建立以项目经理为首的环境与职业健康管理体系，编制并组织施工作业人员学习相关环境保护方案和环境事故应急预案。

2. 液压设备使用前应进行检验，消除设备缺陷，防止漏油对周围环境的污染。使用过程中应及时检查设备工况，发现问题及时更换，更换过程中，应先关闭阀门。

3. 滑模平台上除要求作业人员随做随清以外，还应安排专职清洁人员，保持平台整洁，清理垃圾实施袋装，集中调运到地面指定地点堆放。

4. 采用固定泵提供滑膜混凝土的垂直运输，应搭设罩棚，泵送作业应遵循现行的规范、规程的要求，结束后应拆除设备，到指定地点冲洗。

5. 筒体混凝土养护应采用养生液，如采用水养护，应采用专用设备，不可自然抛洒。

6. 液压油应采用有盖专用容器，防止运输过程中的滴漏。平台液压设备更换时，液压油应用专用容器收集，经处理后方可回收使用。

7. 现场大型照明设备应控制投射方向，避免照射民居，影响附近居民正常生活。

8. 禁止施工现场采用焚烧的方法处理废弃油料或其他化学物质，必要时应联系当地环保部门，集中收集后有专业单位运出现场处置。

10. 效 益 分 析

在利用现有成熟施工工艺的基础上，通过采用新型液压千斤顶，改变工序安排，实现了工期短、施工安全和降低施工成本等良好的经济和社会效益。根据我公司的施工经验数据，其效益收益见表 10。

经济效益对比表 表 10

对比项目	本工法施工方法	常规施工方法	效　益
社会效益			
工期	191d	220d	缩短 29d
安全风险	中	大	安全风险降低
观感质量	好	一般	质量提高
经济效益(元)			
塔吊租金	72450	85500	−13050
周转材料租赁	167440	197600	−30160
液压设备租赁	1000	2000	−1000
千斤顶租赁	4800	9600	−4800
后勤人员工资	162000	189000	−27000
合计	407690	483700	−76010

注：常规施工方法是指如采用单体分别滑模，滑模到顶后进行库顶钢结构安装的施工方法。

从表 10 简单的对比可以看到，工期缩短，安全风险降低，工程质量提高，并且成本降低 7.6 万元，效益显著，已被江苏省建筑行业评为省级工法在全省推广和应用。

11. 应 用 实 例

江西亚东水泥有限公司 1 号、2 号水泥库土建工程

11.1 工程概况

工程名称：1 号、2 号水泥库土建工程；

建设单位：江西亚东水泥有限公司；

设计单位：冶金工业部马鞍山钢铁设计研究院设计；

质量目标：合同约定为合格，实际工程验收质量等级为合格；

工期目标：合同约定为 220d，实际竣工工期为 191d；

工程造价：中标价为 1160 万元。

基础：各库基础为直径 25.40m，厚 5.00m 圆形 C30 现浇钢筋混凝土整板基础承台。

筒身：外库内径 20m，壁厚内库内径 10m，支撑筒体壁厚为 500mm，上部筒体壁厚为 300mm，内库壁厚为 300mm，总高度 50m。筒壁混凝土标号为 C30。筒壁部分配有无粘结预应力筋，240°包角，共计三个护壁柱。

锥体：锥体下部支承于外筒上，底标高 12.425m，锥体坡度 60°，顶标高 29.478m，锥壳板厚 400mm。22.092m 标高设环梁支承上部内筒结构。混凝土标号为 C30。

库顶：库顶板采用焊接工字形钢骨架梁，钢梁骨架由支座预埋件直接支承于库壁之上。库顶钢梁上铺设压型钢板，上浇筑 150mm C20 现浇钢筋混凝土结构层。

11.2 施工情况

该工程采用的是总价包干的报价形式，在招投标过程中，针对该工程的独特结构形式，总工程师室招集集团相关专家，通过多个方案比较，最终选定采用筒中筒同步滑模施工技术作为投标技术方案，并根据方案提出具有竞争力的报价，从而竞得本工程。

在工程实施中，集团选派了在滑模施工方面经验丰富的技术人员，主持该工程的技术实施，由于方案合理，组织得当，该工程得到预期的目标。工期缩短 29d，降低施工成本 7.601 万元，无安全事故。

工程基本按照工法组织实施，滑模平台制做两组，投入滑模设备一组，组织形成基础→滑模组装及支撑筒体、筒体滑模→库内锥斗→库顶及了尾等四个主要阶段的流水作业。滑模平台非标钢构件制做为 2.026t，其中可回收利用的为 1.841t，每库滑模平台投入通用钢构件 14.254t。平台的组装周期为 9d，地面钢结构安装及涂装 7d。全部滑模时间为 12d，平均每天 4.17m。

该工程的业主江西亚东水泥有限公司是中国台湾亚东水泥集团的全资子公司，该公司在其本部也有两个同样结构的水泥库，由台湾本地营造公司承建，采用的是分体滑模，滑后安装库顶钢结构的施工方法。故业主对我公司采用工法完成的两只水泥库给予了很高的评价。其后的二期熟料线扩建、武汉 120 万吨粉磨站、四川 5000d/t 水泥生产线等扩建项目均采用议标的方式，交由我公司承建，为企业带来了良好的经济和社会效益。

11.3 应用评价

本工法经济效益明显，施工周期短，施工技术成熟，施工安全性得到提高，值得在今后的水泥生产线建设及类似工程施工中推广。

斜拉钢桁架高支模施工工法

YJGF194—2006

龙信建设集团有限公司　东南大学华东预应力技术联合开发中心　南通四建集团有限公司

陈祖新　刘瑛　刘新龙　耿裕华　宋茂进　庄永国

1. 前　言

随着建筑业的不断发展，大量高技术含量的创新意识不断出现，建筑结构形式的多样化为城市增添了不少新亮点。

在高层建筑连体结构、公共建筑的共享空间等高大厅堂楼盖现浇混凝土结构施工中，高大支模的整体坍塌造成多人伤亡的恶性事故时有发生，建设部也将高大支模工程的施工安全列为重点管理的内容。对于高大厅堂现浇混凝土楼盖施工的支模，常规施工方法为采用扣件式钢管脚手架满堂排架支模。但该方法当支模高度超过 20m 时，不仅脚手钢管和扣件用量巨大，搭设人工费用高，且超高落地扣件钢管支模架的传力复杂，安全隐患多，这样的结构施工具有相当大的技术难度。

龙信建设集团与南通四建集团有限公司联合东南大学华东预应力技术联合开发中心提出了不落地的传力简洁明了的斜拉钢桁架作为高大支模的施工方法。该方法在南京四季仁恒酒店式公寓的 A 楼（地上 29 层）和 B 楼（地上 44 层）工程的每隔九层楼面（支模高度 25～30m 左右）设置的内凹大平台空中花园反梁厚板楼盖施工中得到应用，并在常州市阳湖广场 1 号楼的双塔楼在十六层处分别悬挑出 6.375m 的空中会议室楼面结构和北京银创小区 A 栋住宅楼的室内空中景观平台的高支模施工中也得到应用。经过探索与实践，本方法于 2005 年 6 月通过省内专家论证，获 2006 年度江苏省 QC 成果一等奖，全国 QC 成果优秀奖，2006 年度江苏省省级工法。实践证明：斜拉钢桁架高支模施工方法是一个避免超高支架落地搭设，减少超高支架整体失稳风险，安全、经济和实用的超高支模施工方法。

2. 工 法 特 点

2.1　根据所应用的工程结构特点，钢桁架可采用成品的贝雷架或军用桁架梁，也可采用自行设计和工地加工制做的型钢桁架。斜吊拉钢桁架可借助塔吊快速安装，安装的安全度高，荷载传力清晰，并可调整钢桁架的反拱量。

2.2　用斜吊拉钢桁架作为基本的底部承力结构，桁架间设置联系次桁架，增加钢桁架的平面外稳定性。在钢桁架上方铺放工字钢，按正常扣件钢管排架支模，支模高度一般不超过两个楼层。斜拉钢桁架高支模方案实用，模板支撑架不落地搭设，最大限度利用了工地常规的周转材料、可重复使用、省力、省材、经济好。

2.3　利用月牙肋形粗钢筋做吊拉杆，工地上可就地取材，吊拉杆预埋入混凝土结构锚固牢靠。钢筋吊拉杆与钢桁架的拉结点采用加长滚压直螺纹钢筋套筒做螺母固定，加工方便，吊拉杆拉在已具有一定强度的混凝土主体结构上，形成有效卸载传力，并具有第二道高支模安全防线作用。

2.4　对大跨度钢桁架进行斜拉后，在两端搁置点的跨间增加了钢桁架的支点，可减小钢桁架的高度及优化钢桁架的用钢量，也降低了整榀吊装钢桁架对工地塔吊吊重能力的要求。

2.5　当钢桁架跨度较大时，可采用将钢桁架分段制做后分段吊装，分段吊拉。先吊装两侧段并于混凝土结构固定，后吊装中间段，拼装连接。此方法可实现塔吊吊重能力小时或吊臂长时都能进行钢桁架的安装。

3. 适 用 范 围

本工法属不落地的吊拉工具式钢桁架与传统的扣件钢管架混搭的高支模施工方法，普遍适用于公共建筑的高大厅堂或高层建筑塔楼间连体结构等高空大跨度钢筋混凝土楼盖结构的高支模施工，最适用于多层次高空间（如室内空中花园或内凹大平台空中花园）的混凝土楼板的需周转搭设的高支模架施工。

4. 工 艺 原 理

4.1 工艺原理

斜拉钢桁架支模体系充分利用已浇筑混凝土结构的承载力，采用钢桁架附着（或搁置）于已建成的结构之上，并利用斜吊拉杆作为钢桁架中部的柔性支撑，减小了大跨钢桁架的支承跨度，有效地控制了钢桁架跨中的挠度，并使钢桁架的用钢量进一步降低，经济性提高但安全度不降低。以此斜拉结构形成的支模平台，把超高支模变为在斜拉钢桁架支撑平台上的一般模板支设。对于斜拉钢桁架的支撑系统，借助于 SAP2000 等有限元计算软件进行施工力学的整体计算分析，控制钢桁架关键杆件和钢筋吊拉杆在最不利施工工况下应力比在 0.6 以下，既保证安全性又不失经济性。

4.2 基本构造

斜拉钢桁架支模体系主要构造为：主承力钢桁架、钢桁架间联系钢支撑、桁架斜拉吊筋、钢桁架上方排放的工字钢横梁及搭设的钢管脚手架模板支撑（图 4.2-1～图 4.2-5）。

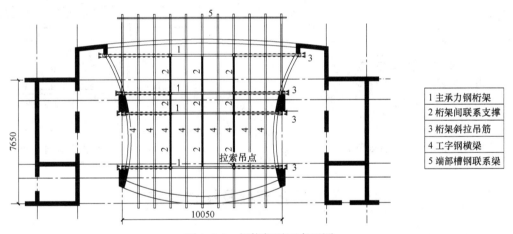

| 1 主承力钢桁架 |
| 2 桁架间联系支撑 |
| 3 桁架斜拉吊筋 |
| 4 工字钢横梁 |
| 5 端部槽钢联系梁 |

图 4.2-1　钢桁架平面布置图

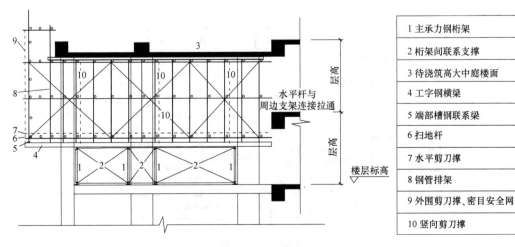

| 1 主承力钢桁架 |
| 2 桁架间联系支撑 |
| 3 待浇筑高大中庭楼面 |
| 4 工字钢横梁 |
| 5 端部槽钢联系梁 |
| 6 扫地杆 |
| 7 水平剪刀撑 |
| 8 钢管排架 |
| 9 外围剪刀撑、密目安全网 |
| 10 竖向剪刀撑 |

图 4.2-2　钢桁架横向剖面图

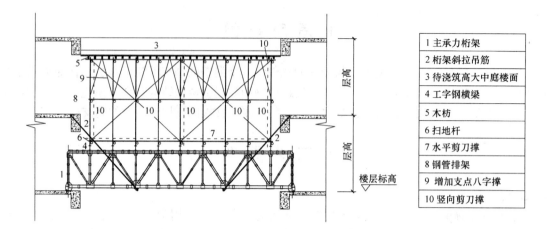

1	主承力桁架
2	桁架斜拉吊筋
3	待浇筑高大中庭楼面
4	工字钢横梁
5	木枋
6	扫地杆
7	水平剪刀撑
8	钢管排架
9	增加支点八字撑
10	竖向剪刀撑

图 4.2-3 钢桁架纵向剖面图

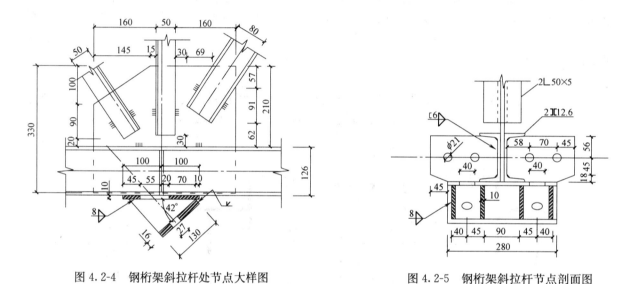

图 4.2-4 钢桁架斜拉杆处节点大样图   图 4.2-5 钢桁架斜拉杆节点剖面图

5. 施工工艺流程及操作要点

5.1 施工工艺流程

本工法的具体施工工艺流程见图 5.1。

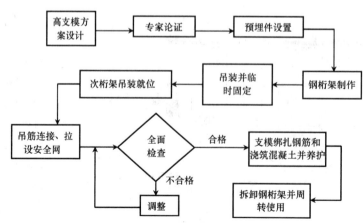

图 5.1 斜拉钢桁架支模系统施工工艺流程图

5.2 操作要点

5.2.1 钢桁架制做

1. 先安装垫板及引弧板，同一节点应先焊下翼缘再焊上翼缘，先焊梁的一端再焊梁的另一端，严禁两端同时焊接，避免焊后结构扭曲变形。

2. 钢桁架节点焊接按设计要求的焊缝高度进行焊接，一般塞焊缝高度为5mm，型钢焊接均采用两侧面焊缝，角钢焊接的角焊缝高度为一般5mm，其余未注明处焊缝高度一般均为8mm。

3. 型钢杆件与节点板采用两侧面角焊缝，每条焊缝长度为不小于型钢的截面高度，当两侧面焊缝不能保证时，采用三面围焊。

4. 对一榀钢桁架而言，节点的焊接顺序应从整个结构的中间开始，先形成框架，后向外扩展施焊。

5. 钢桁架的焊接，避免梁的两端同时焊接受热、在梁中产生较大的收缩应力。

6. 钢桁架焊接宜采用两名焊工对称焊接减少焊接变形和焊接应力。

7. 对每榀钢桁架的焊接施工都要做详尽的记录，对钢桁架角焊缝的焊接质量可采用磁粉探伤检查。

5.2.2 钢桁架安装

1. 钢桁架在制做场地制做完成后，尽量利用施工现场已有的塔吊完成吊装工作，在正式吊装前，应严格确认吊装就位点的吊机承载能力，必要时分段制做，分段安装。

2. 钢桁架安装按高支模方案的组织施工要求进行，一般安装在离待浇高大厅堂混凝土楼板下两层的楼面处，固定支座的螺栓位置应根据钢桁架施工图纸预埋在钢桁架安装层处，结合钢桁架实际加工尺寸定位。

3. 钢桁架支座处另增加抗冲切受力钢筋并伸入边梁或柱墙内长度不小于300mm。

4. 钢桁架间横向联系剪刀撑在施工现场拼装，对于周转使用的应设计成螺栓连接，便于装配化施工，并应控制加工尺寸误差。

5. 钢桁架吊拉钢筋埋设前应现场预拼，保证吊拉钢筋与钢桁架的安装角度正确，并在同一受力平面内。

6. 斜吊拉钢筋滚压套丝加工前应用切割机切平，保证套丝的质量。

7. 钢桁架上弦杆与正交排放的工字钢接触的部位应打磨平整，保证工字钢平稳搁置在钢桁架上。工字钢与钢桁架上弦杆节点采用压板限位固定，保证工字钢不产生滑移。

8. 工字钢横梁上按上部排架的设计间距焊接立杆承插套管，套管内径50mm，高度80～100mm，保证支模排架立杆在泵送混凝土浇筑时不滑动。

5.2.3 钢桁架拆除

1. 被浇筑的高大厅堂混凝土楼盖的同条件养护混凝土试块强度达到100％设计强度时方可拆模。钢桁架待上部模板及钢管支撑排架荷载全部卸掉后，由外向内逐榀拆除钢桁架。

2. 钢桁架拆除采用两点吊，吊点位置焊接ϕ16圆钢吊环，吊环以不影响排架安装为宜。

3. 钢桁架拆除根据结构特点，充分利用吊装设备，制定合适的吊装方案，并可借助手拉葫芦平移，保证塔吊不受横向牵拉力，确保安全。

4. 钢桁架中心出楼层后，塔吊可以直接将其调运到指定位置。桁架吊至地面后进行检查，保修，保证下次周转利用时的完好性。

5.3 劳动力组织

劳动力可根据施工方案中工作量具体拆分，其主要劳动组合可参考表5.3。

斜拉钢桁架高空支模主要劳动力组织表 表5.3

序号	工作内容	人 数	备 注
1	电焊工	4人	特殊工种
2	架子工	8人	特殊工种
3	机操工	5～6人	特殊工种
4	技术指导、检查	2人	中级职称

6. 材料与设备

6.1 材料要求

6.1.1 钢桁架可采用 Q235 型钢焊接而成，型钢试件拉伸、冷弯均应符合《碳素结构钢》GB 700 中 Q235 的技术要求。

6.1.2 斜吊拉杆采用 HRB400 ϕ20～32 钢筋，钢筋拉伸、冷弯均应符合《钢筋混凝土用热扎带肋钢筋》GB 1499 的技术要求。

6.1.3 连接时采用的直螺纹连接套筒试件拉伸强度应符合《钢筋机械连接通用技术规程》JGJ107 Ⅰ级接头的技术要求，并采用加长的连接套筒。

6.1.4 钢桁架间的联系剪刀撑连接采用的高强螺栓为大六角摩擦型，强度等级为 8.9 级，其材料和机械性能应符合《钢结构用高强度大六角头、大六角螺母、垫圈技术条件》GB 1231 中相应规定。

6.1.5 型钢钢桁架的焊接制做采用角焊缝，焊缝等级为 3 级，焊条型号 E4303。焊接材料应按牌号、种类分别存放在干燥的室内，焊条在使用前应按出厂证明书上或工艺规定进行烘焙和烘干。

6.1.6 钢材堆放采用专用专放，防止与其他材料混放。

6.1.7 钢材进场前检查材质、规格、厚度、长度等符合图纸要求，进场后的钢材必须用油漆在型钢上做标识。

6.1.8 使用的材料表面不得有铁锈、伤痕、裂缝、夹皮等缺陷，如需修补，必须办理有关手续。

6.1.9 材料部门必须按计划在下料前向制做人员提供钢材的料单，以便合理用料和确定拼接位置。

6.2 机具设备

本工法所用机具设备见表 6.2。

机具设备表　　　　　　　　　　　　　　　　　　　表 6.2

序　号	名　　称	规格型号	数量	用　　途
1	交流电焊机	BX1-500	4 台	拼装焊接
2	塔吊	QTZ80（或其他型号）	1 台	吊装拼接
3	手拉葫芦	3t	2 台	拉紧吊杆安装，平移钢桁架
4	钢筋直螺纹加工机		1 台	加工吊杆端部直螺纹
5	氧乙炔割枪		2 套	切　割
6	砂轮磨光机	手持式	2 台	打磨、除锈
7	水平尺	2m	1 根	检查平整度
8	水准仪	DS3	1 台	拼装测量
9	经纬仪	DJ2	1 台	拼装测量

7. 质 量 控 制

7.1 质量标准

7.1.1 钢桁架制做焊接施工时执行《建筑钢结构焊接技术规程》JGJ 81，三级焊缝的外观质量应符合表 7.1.1 的相关规定。

7.1.2 钢桁架安装施工时执行《钢结构工程施工质量验收规范》GB 50205，钢桁架安装完成后的外形尺寸应符合表 7.1.2 的相关规定。

钢桁架三级焊缝外观质量允许偏差表　　　　　　　　　表 7.1.1

项次	检查项目	允许偏差
1	未焊满	≤0.2+0.04t 且≤2mm,每 100mm 长度焊缝内未焊满累积长度≤25mm
2	根部收缩	≤0.2+0.04t 且≤2mm,长度不限
3	咬边	≤0.1t 且≤1mm,长度不限
4	裂纹	允许存在个别长度≤5mm 的弧坑裂纹
5	电弧擦伤	允许存在个别电弧擦伤
6	接头不良	缺口深度≤0.1t 且≤1mm,每 1000mm 长度焊缝不得超过 1 处
7	表面气孔	每 50mm 长度焊缝内允许存在直径<0.4t 且≤3mm 的气孔 2 个;孔距应≥6 倍孔径
8	表面夹渣	深≤0.2t,长≤0.5t 且≤20mm

注:表内 t 为连接处较薄的板厚

钢桁架外形尺寸的允许偏差表　　　　　　　　　表 7.1.2

项次	检查项目		允许偏差	检查方法
1	桁架跨中高度		±10mm	
2	桁架跨中拱度	设计要求起拱	±L/5000mm	用钢尺检查
		设计未要求起拱	10mm,−5mm	
3	相邻节间弦杆弯曲(受压除外)		L/1000mm	

注:表内 L 为桁架跨度。

7.1.3 斜吊拉杆的钢筋质量符合《钢筋混凝土用热扎带肋钢筋》GB 1499 的技术要求,利用进场钢筋加工制做。端部直螺纹的加工质量符合《钢筋机械连接通用技术规程》JGJ 107 中的 I 级接头要求,现场做外观检查时要求螺牙完整,每端的螺牙数在 11 牙以上。加长的连接钢套筒应保证两端均有连接 11 个螺牙以上的长度。

7.2　质量保证措施

7.2.1 斜拉钢桁架高支模专项施工方案应通过专家论证。正式施工前,必须向参与的施工人员进行全面的技术交底,做到分工到人、各负其责。

7.2.2 制做桁架用型钢质量须保证资料齐全,焊缝质量外观检查合格,且按焊缝验收要求检测焊节点不应少于 20%。直螺纹机械连接接头应做力学性能检验合格后方可使用。

7.2.3 严格按工艺程序施工,每道工序完成后,必须经质检员、安全员检验合格后报经现场监理工程师验收合格,方可进行下道工序施工。

7.2.4 应严格确保斜拉钢桁架的吊拉筋锚杆预埋时与框架梁底面成设计的角度。

7.2.5 斜拉杆支座处结构混凝土强度应达到 C25 混凝土以上强度要求后,方可浇筑上部平台混凝土。

8. 安全措施

8.1 由于斜拉钢桁架高支模一般应用于重大支模,编制专项方案时应有详细的钢桁架设计加工图、平立面布置图和构造详图,并有计算复核书。在专项方案中还应有应急预案。

8.2 严格按照国家颁布的《建筑安装安全技术操作规程》执行,施工用电应符合《施工现场临时用电安全技术规范》JGJ46 的要求。

8.3 作业人员进场前必须经过安全教育,操作前进行安全交底。高空作业必须系好安全带,特殊工种操作人员必须持证上岗。

8.4 周边施工用脚手架及桁架支撑下部安全防护应到位。

8.5 在钢桁架下方吊拉钢筋预埋时应严格检查钢筋端部的螺牙加工质量及必须的螺牙数，对安装角度做严格的复查。

8.6 斜拉钢桁架支撑安装全过程应严格控制施工质量，重点检查吊拉钢筋连接的质量，基本旋入套筒的螺牙数，与钢桁架拉结点的安装质量，并加强观测，发现隐患及时解决。

8.7 对搭设在钢桁架上的钢管支模排架应检查搭设是否满足设计要求，重点检查水平层的剪刀撑及竖向剪刀撑。当采用扣件钢管脚手架搭设支模排架时，应重点检查扣件的拧紧力矩在 40～65N·m 之间。对顶部的纵横向水平钢管与立杆扣接的双扣件应全数检查扣件的拧紧力矩。

8.8 在钢桁架部位浇筑混凝土时，应按规定的流程浇筑并及时摊铺，防止混凝土堆积过高（不超过 500mm），并注意施工荷载的对称，以防钢桁架失稳。

8.9 项目部应加强职工安全施工教育，强化安全生产意识。

9. 环 保 措 施

9.1 建立环保领导小组，定期召集职工进行环保宣传和学习。

9.2 现场做好标化工作。派专人对现场进行清扫，晴天及大风天做好洒水防尘工作。

9.3 对桁架制做场地进行合理安排，保证焊接及气割时工作面上通风良好，并远离易燃易爆物品。

9.4 保证氧气瓶、乙炔瓶工作距离不小于 5m，施工时配置相应的防火设施。

9.5 钢桁架制做及吊装时尽可能避开夜间施工，以免影响周围居民的休息。

9.6 钢桁架制做过程中产生的废旧料及时收集堆放到指定地点。

10. 效 益 分 析

本工法采用了可反复周转使用的斜拉钢桁架作为上部模板支架的承力平台结构，满足了实用性、经济性和安全性三者结合的要求。其中，钢桁架采用普通 Q235 型钢制做，在跨度满足成品钢桁架时也可直接租赁，钢桁架的投入费用不高。用工地钢筋做吊拉杆，取材容易，安全也有保证。

以南京四季仁恒大厦工程的斜拉钢桁架支模为例，整个平台支撑工程仅用型钢 13t，现场自行加工，利用塔吊整体吊装，多次重复周转使用，且操作简单快捷，安全可靠。在施工方案初期，曾考虑采用普通扣件式钢管脚手架落地支模，若按排架立杆间距为 500mm×700mm，步距为 1500mm，四边均设剪力撑，且下设二层满堂脚手架（以此满足高支模层下部楼板的承载力加强要求）计算，仅高空支模层的钢管需 65t 左右，耗材多、安全风险大。采用本工法与普通扣件式钢管落地脚手架搭设费用相比较，在南京四季仁恒双塔 A 楼工程施工中直接成本节约了 34 万元，在南京四季仁恒双塔 B 楼工程施工中直接成本节约了 46 万元，相应施工工期也均提前了 15d 左右。

11. 应 用 实 例

11.1 应用实例一、二——南京四季仁恒大厦 A、B 楼工程

11.1.1 工程概况

南京四季仁恒大厦工程地处南京市河西奥体中心附近，总建筑面积约 140000m²，由地下车库和南北两座塔楼组成，结构形式均为现浇混凝土剪力墙结构。

四季仁恒双塔 A 楼地下 2 层，地上 29 层，建筑面积约 60000m²。主楼中部第 11、19 层、27 层各有一朝北悬挑的共享空中花园，北侧临空，南侧为公用走廊空中花园结构板厚 200mm，面积约 100m²，支模底净高 30m 左右，斜拉钢桁架支模体系重复使用 3 次。

四季仁恒双塔 B 楼地下 2 层，地上 44 层，建筑面积约 80000m²。主楼中部第 11、19 层、27 层、35 层有一朝北悬挑的共享空中花园，北侧临空，南侧为公用走廊。空中花园结构板厚 200mm，面积约 100m²，支模底净高 30m 左右，斜拉钢桁架支模体系重复用 4 次。

11.1.2　应用情况

南京四季仁恒双塔 A 楼工程，开工为 2004 年 6 月 20 日，竣工为 2006 年 2 月 10 日，钢桁架平台支撑工程用型钢 13t，斜拉钢桁架重复使用 3 次。节省费用 34 万元。

南京四季仁恒双塔 B 楼工程，开工为 2004 年 7 月 10 日，竣工为 2006 年 3 月 25 日，钢桁架平台支撑工程用型钢 13t，斜拉钢桁架重复使用 4 次，节省费用 46 万元。

本工程应用此工法过程中，用塔吊将单榀钢桁架整体吊装并拆卸，实现了多次周转重复使用，确保了高空支模施工的安全高效，工程质量也得到了很好的保证，获得了业主、监理及南京市安全监督部门的各方的一致好评。

11.2　应用实例三——常州市阳湖广场 1 号楼工程

11.2.1　工程概况

常州市欣达房地产开发总公司的阳湖广场 1 号楼工程为混凝土框架剪力墙结构的双塔楼，在 16 层处分别悬挑出 6.375m，形成一类似于连体的空中会议室。面积约为 360m²，纵向跨度为 13m。板厚 150mm，四道预应力悬挑大梁 500×1000～1400mm，次梁为 300×600mm 不等，混凝土采用 C30，悬挑连体部位标高约为 58.75m。该部位主要施工方案采用钢筋斜吊拉四榀钢桁架的高支模方法，钢桁架上正交铺设 32b 工字钢，再搭设普通扣件钢管脚手架排架支模。

11.2.2　应用情况

常州阳湖广场 1 号楼工程开工日期为开工为 2004 年 9 月 10 日，竣工为 2006 年 3 月 10 日，其中钢桁架部分用型钢 10t，钢桁架上的工字钢利用原有的材料，直接成本节约了 34 万元。

11.3　应用实例四——北京银创小区 A 栋住宅楼工程

11.3.1　工程概况

北京银创小区 A 栋住宅楼，地下 2 层，地上 18 层，总建筑面积 55700m²，剪力墙结构，在 6 层和 12 层内部分别有一处室内高空景观平台，面积约为 260m²，板厚 200mm，距下部净空高度为 18m。采用了斜拉钢桁架的高支模方法。

11.3.2　应用情况

北京银创小区 A 楼开工日期为开工为 2005 年 10 月 8 日，竣工为 2006 年 12 月 30 日。斜拉钢桁架平台支撑用型钢 16t，斜拉钢桁架重复使用 2 次，直接成本节约了 15 万元，并得到业主、监理及各方的高度评价。

大跨度干煤棚曲面钢网架安装用移动脚手架施工工法

YJGF195—2006

南通建工集团股份有限公司　江西省建工集团公司

张向阳　易兴中　邱林　丁庆云　李文　张乐

1. 前　言

近年来，在本公司承建的发电厂、热电厂大跨度干煤棚曲面网架工程施工中，设计使用了一种新型实用的移动式脚手架，有效保障了施工安全，大大降低了网架安装成本，保证了网架施工质量，维护了电厂整体正常运营秩序。

2. 工 法 特 点

2.1　尽可能地使用电厂（热电厂）施工中所必需的、重复周转使用的材料，最大限度地减少或避免资源或费用的投入，实现绿色作业生产，做到了低原材料投入、低能源消耗、低机械设备投入、不损害人员安全健康、设施可循环与再周转使用、不产生二次污染物；

2.2　操作简单，移动方便；

2.3　相比同高度移动脚手架或落地脚手架，本移动脚手架对地基土承载力要求相对低得多，一般不须对地基进行预加固处理；

2.4　确保了施工过程中，干煤棚内斗轮机、煤输送系统的正常使用功能；

2.5　方便了网架的安装，最大限度地减少了网架安装过程中资源的投入，有效降低了网架施工成本。

3. 适 用 范 围

3.1　本工法适用于各类干煤棚网架安装用移动脚手架设计、搭设与使用。

3.2　同时本工法适用于工业与民用建筑中大面积平面网架、大面积轻钢屋盖结构安装用移动脚手架（胎架）的设计与施工。设计使用前应对网架单向受力性能与变形进行校核。

4. 工 艺 原 理

4.1　本工法移动脚手架分为左右对称相对独立的两组，每组移动脚手架均由钢管扣件脚手架系统、平台基座系统、抗倾覆风拉系统、滑移装置等四个部分组成。依据《钢结构设计规范》GB 50017、《建筑结构荷载规范》GB 50009、《建筑地基基础设计规范》GB 50007、《建筑施工扣件式钢管脚手架安全技术规范》JGJ 130 等现行国家标准规范设计。采用钢管扣件将立面布置成网架结构形式，参见图4.1所示；通过布置侧向、水平钢管扣件剪刀撑与脚手架短向水平杆一道，将若干组立面网架组成排架结构形式，共同控制脚手架的侧向刚度，形成整体稳定性能；两组移动脚手架间留设大空间，以方便煤场斗轮机正常行走、保证输煤系统的正常使用功能；每组脚手架下、平台基座间的梯形空间，留作方便网架构配件的运输，同时将脚手架所受竖向力较简捷地传递至由路基箱、轨道与滑轮、脚手架支撑钢平台组成的平台基座系统；由钢丝绳、地锚等组成的抗倾覆风拉系统；由手动葫芦、钢丝绳、轮轨系统等组成的滑移装置移动脚手架（图4.1）。

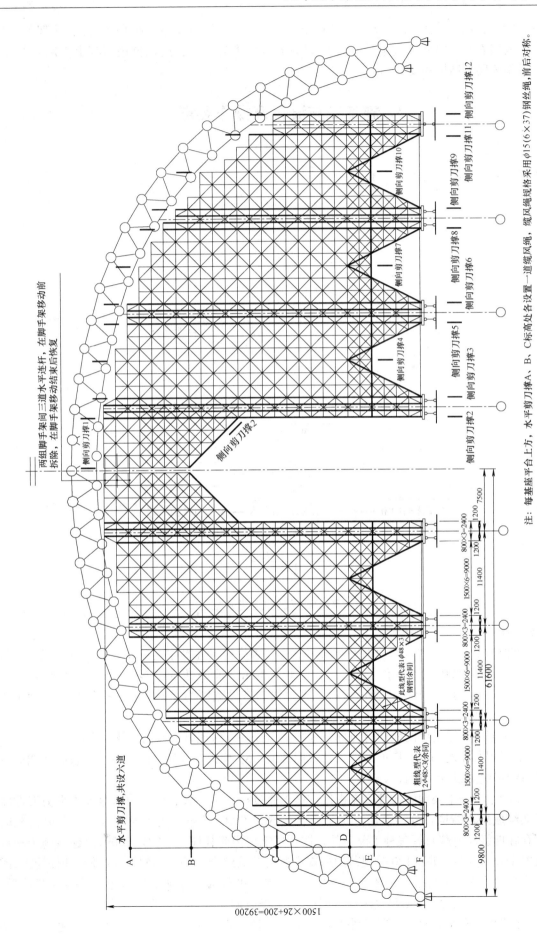

图 4.1 移动脚手架正面立面示意图

4.2 在网架安装前搭设约 12m 宽、宽高比不小于 0.3 的钢管扣件移动脚手架，在脚手架验收合格后进行其上空网架安装；而后通过滑移装置将脚手架向前移动架宽长度，再进行其上空网架的安装，如此顺序完成整体网架结构的安装。

5. 施工工艺流程及操作要点

5.1 工艺流程

本工法的工艺流程图参见图 5.1 示。

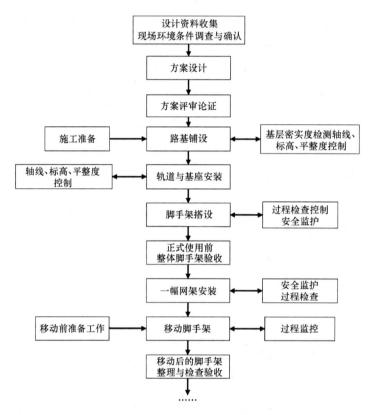

图 5.1 移动脚手架施工工艺流程图

5.2 设计要点

5.2.1 应根据工程特点进行移动脚手架深化设计。活荷载（含操作人员及网架自重荷载）按投影面积 $2kN/m^2$ 计；钢管采用 $\phi48$ 脚手钢管，壁厚不小于 3mm，自重按 38.4N/m 计；扣件平均按 15N/只考虑；隔离层采用新竹笆，按 $50N/m^2$ 考虑。脚手架的搭设宽度为 12m，最大搭设高度控制不大于 40m，宽高比不小于 0.3，支座平台间距应控制不大于 12m。

5.2.2 脚手架应布置足够的侧向剪刀撑、水平剪刀撑，以保证脚手架的整体稳定性。

5.2.3 取工程所在地基本风压值计算风荷载标准值，对脚手架的整体稳定性、抗倾覆性能进行校验，同时进行缆风绳的设计、布置与验算。

5.2.4 立面上将脚手架钢管扣件节点视作铰接，通过横向水平管、侧向剪刀撑及水平剪刀撑将若干组立面网架组成排架结构，分为使用工况（存在六级风荷载）、非使用工况（存在基期风荷载时）、移动工况（存在四级风荷载）等三种工况条件，按《建筑结构荷载规范》GB 50009、《建筑施工扣件式钢管脚手架安全技术规范》JGJ 130 等规范中的规定进行荷载组合，采用 SAP2000 进行杆件受力计算，取得杆件轴力数值。水平杆件受力应不大于 12kN，非支座平台部位底端部采用扣件传力的杆件受力：立杆轴力≤12kN，斜杆轴力≤8kN，否则应对设计方案予以调整，直至计算值满足要求。

5.2.5 在使用工况及非使用工况条件下，脚手架立杆稳定性采用 JGJ 130—2001《建筑施工扣件式钢管脚手架安全技术规范》中 5.3.1 条进行验算，立杆计算长度取值为 1.7325h（h 为立杆步距）。在移动工况条件下进行立杆稳定性验算时，立杆轴向力应考虑动力增大影响。

5.2.6 在进行轮轨系统设计时，在移动工况条件下应考虑动力增大因素的影响。

5.2.7 施工设计方案实施前须通过相关专家的方案评审论证。

5.3 操作要点

5.3.1 脚手架搭设前应检查地基承载力，确认地基承载力不小于 70kPa，当地基承载力小于这一数值时应进行地基加固处理，然后铺设石料，布置路基箱，安装轨道及基座平台系统。如图 5.3.1 所示。当干煤棚设计地坪采用混凝土场地时，可先进行混凝土场地的施工，这样可直接在混凝土地坪上固定布置轨道，而避免路基箱的使用投入；当然可建议设计师取消干煤棚内混凝土场地，在一定程度上可减少建设工程造价。

5.3.2 应严格按批准确认的移动脚手架设计图纸进行布置与搭设移动脚手架。脚手架深化设计时应考虑搭设过程或拆除过程中不同受力工况时的临时加固构造措施。

5.3.3 应做好移动脚手架侧向与水平向刚度的控制，布置侧向及水平剪刀撑。参图 5.3.3-1～图 5.3.3-3 所示。

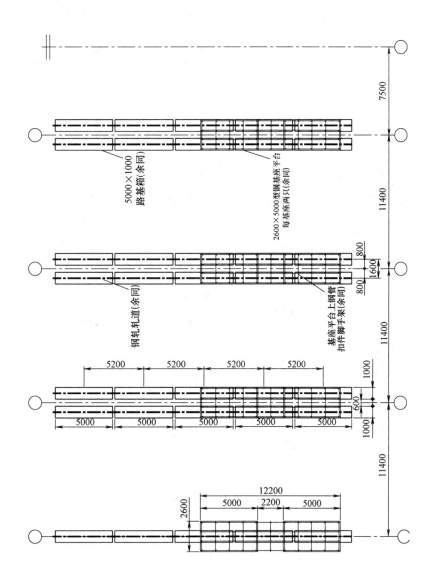

图 5.3.1 脚手架基座平面布置示意图

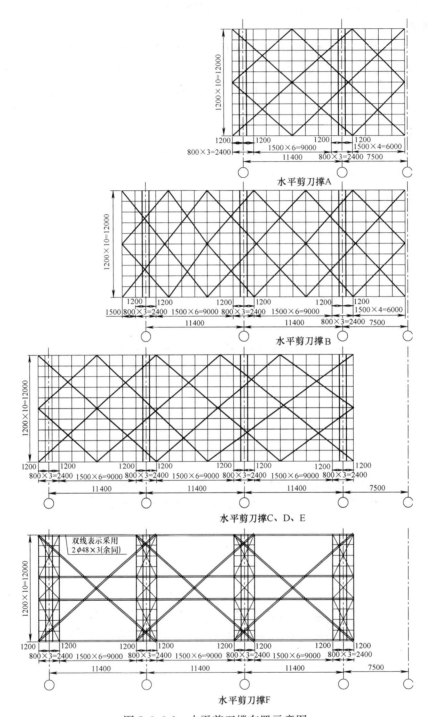

图 5.3.3-1　水平剪刀撑布置示意图

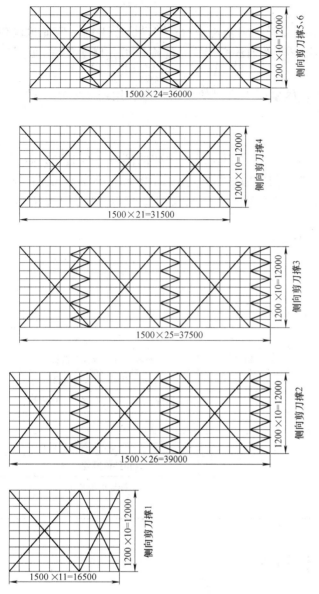

图 5.3.3-2　侧向剪刀撑布置示意图之一

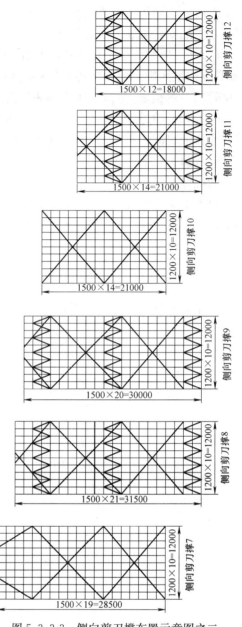

图 5.3.3-3　侧向剪刀撑布置示意图之二

5.3.4　脚手架基座钢平台上，立杆位置焊接 $\phi38\times2.5$mm 短钢管内胆，脚手架立杆直接插在钢管内胆上，同时立杆与基座钢平台周边围焊，以此保证立杆与基座平台保持良好的铰接状态。立杆及水平杆应依据各基座平台中心线对称布置，以使钢管扣件偏心作用在横向水平杆上所形成的水平力相对称。

5.3.5　脚手架立面上的水平钢管、斜向钢管，参见图 4.1 所示，均不得采用对接扣件接长钢管，须采用搭接连接，或错开布置，并同时于两根或两根以上的立杆节点相连接。

5.3.6　脚手架由顶层开始，每间隔 6m 布置一层竹笆隔离层，同时在水平剪刀撑 B、C、D 标高位置外侧布置安全兜网；每一基座平台中间，布置一个人员上下专用安全爬梯。脚手架的防护隔离设施、安全爬梯以及其他安全装置，应随脚手架搭设布置到位。

5.3.7　在每一基座平台上空、水平剪刀撑 A、B、C 标高处，各布置一道缆风绳，缆风绳采用 $\phi15$（6×37）钢丝绳，前后通长、连通、对称布置；钢丝绳穿过脚手架所经过的每一脚手架立杆节点，均采用卡箍与钢管扣件节点卡牢、绑紧；缆风绳与水平面的水平夹角应不大于 60°，并向边侧倾斜约 5°，采用 3T 葫芦及滑轮将钢丝绳拉紧、固定。

5.3.8　脚手架移动前应使左右两组脚手架相互完全脱离，每组脚手架单独移动，以使轮轨滑移系统工作协调、同步；滑移结束，两组脚手架间立面上采用三道水平钢管扣连，参见图 4.1，以保证脚手架处于更加安全可靠的受力状态。

5.3.9 每组脚手架移动时，采用手拉葫芦同步、缓慢牵引基座平台；移动脚手架前，应先松动约 5m 长度的缆风绳，而后将脚手架移动约 2m 的距离，再松动约 5m 长度的缆风绳；脚手架移动结束，应将轮轨系统锁紧，同时应前后对称绷紧缆风绳。

5.3.10 轨道、路基箱等的布置应考虑周转性，尽量减少材料的投入，可利用网架安装及脚手架移动非作业时间进行路基及轨道系统的移动与布置。

5.3.11 监测控制

为确保本移动脚手架的安全，在使用过程中应对基座平台的沉降及脚手架的倾斜进行监测。监测频率：每天不少于 2 次，且上午、下午各不少于 1 次；监测报警值：不均匀沉降 10mm；脚手架倾斜：倾斜增加值大于 30mm。当出现监测报警值时，应停止脚手架的相关作业，分析原因，采取适当的纠正措施。

6. 材料与设备

本工法所使用主要机具设备如表 6 所示。

机具设备一览表 表 6

序　号	机 具 名 称	单　位	数　量	使 用 用 途
1	交流电焊机	台	2	基座平台制做或改造加固
2	3 吨手拉葫芦	只	20	移动脚手架、拉紧钢丝绳等用
3	J2 经纬仪	台	1	脚手架立杆垂直度检测与控制
4	DS1 水准仪	台	1	沉降观测用
5	DS3 水准仪	台	2	基座平台平整度检测，标高控制
6	扭力扳手	只	30	扣件松紧度检测
7	接地电阻检测仪	只	1	接地电阻检测
8	对讲机	对	4	指挥、指令传输

7. 质 量 控 制

7.1 本工法必须遵照执行的标准、规范有：

1.《建筑结构荷载规范》GB 50009；

2.《钢结构设计规范》GB 50017；

3.《建筑施工扣件式钢管脚手架安全技术规范》JGJ 130；

4.《钢结构工程施工质量验收规范》GB 50205；

5.《钢管脚手架扣件》GB 15831；

6.《建筑地基基础设计规范》GB 50007；

7.《建筑地基基础工程施工质量验收规范》GB 50202。

7.2 质量控制措施

7.2.1 应根据工程特点，根据本工法进行深化设计，并严格遵循审核、审批确认程序。

7.2.2 本脚手架所使用的机具、材料等除特别说明外，均应满足相关规范、标准要求。

7.2.3 扣件的质量应满足相关质量要求，扣件螺栓拧紧度应控制在 40～65N·m，对端部无平台基座支撑的杆件扣件，应进行全数检查，确保全数合格。对其他部位按每步层 10% 比例进行抽查，允许不合格数应不大于 2 只。

7.2.4 地基应平整、无积水，排水通畅，地基承载力应不小于70kPa。基座的制做应满足深化设计要求。脚手架基座的不均匀沉降应不大于10mm；路基箱、轨道、平台应安装平整、顺直，偏差不大于±5mm。

7.2.5 立杆垂直度偏差不大于100mm，且每10m高度垂直度偏差不大于25mm；脚手架整体侧向倾斜不大于50mm，或高度的1/1000；脚手架使用过程中的扭曲不应大于20mm；纵距、步距、横距偏差不大于20mm；纵、横方向水平杆高度偏差不大于20mm；斜撑或剪刀撑弯曲偏离轴线最大值不大于150mm，并不大于长度的1‰。

7.2.6 主节点各扣件距中心点距离应不大于150mm；斜撑或剪刀撑应与节点处立杆或纵向水平杆扣连，严禁漏设。

7.2.7 同步层立杆、斜杆对接接头数量应小于50%，并应相互错开布置，同时对接节点至主节点的距离应不大于1/3步高。

7.2.8 水平杆、斜撑、剪刀撑的接长应采用搭接，或采用相互错开，与不少于2根立杆节点连接，严禁采用对接扣件接长杆件。

7.2.9 本移动脚手架应在下列阶段应对脚手架各系统进行全方位的检查验收：

1. 基础处理后，路基箱铺装前；

2. 跨基箱铺装后，轨道安装前；

3. 轨道安装后，脚手架基座系统安装前；

4. 脚手架基座系统安装后，脚手架搭设前；

5. 每搭设10～13m高度后；

6. 达到设计高度后，正式使用前；

7. 遇有六级或六级以上大风后，或遇上大雨后；

8. 脚手架移动前；

9. 脚手架移动后；

10. 脚手架停用超过15d。

7.2.10 其他质量要求参考以下规范：《建筑施工扣件式钢管脚手架安全技术规范》JGJ 130、《钢结构工程施工质量验收规范》GB 50205、《建筑地基工程施工质量验收规范》GB 50202等。

8. 安 全 措 施

8.1 认真贯彻"安全第一，预防为主"的方针，建立项目安全生管理网络，落实安全生产责任制度，明确各级人员的职责；须充分识别危险源，并认真做好危险源评价，制定有效的危险源控制措施与方案，并组织实施。

8.2 施工现场的布置应符合防火消防、防坠落、防触电、防机械伤害、防高空坠物等相关安全规定与要求，完善各种安全标识。

8.3 严格执行动火作业管理规章制度，专人监护，每次作业完毕及时清理现场。

8.4 施工现场的临时用电严格按照《施工现场临时用安全技术规范》JGJ 46的有关规定执行。临时用电TN-S系统，按分路控制、分级管理的三级配电、二级保护原则布置；临时用电线路采用橡胶绝缘电缆、架空布置。用电设备应布置有完善的防漏电、防触电绝缘措施。施工现场临时照明采用36V低压安全照明。

8.5 应做好临时防护，防止高处坠落或坠物；高处作业应严格执行《建筑施工高处作业安全技术规范》JGJ 80相关规定要求。

8.6 机械吊装作业应严格执行相关安全操作规程，专人指挥、专人监护。

8.7 脚手架钢管采用ϕ48钢管，钢管壁厚不小于3mm，其质量应符合《碳素结构钢》GB/T 700

中 Q235-A 级钢的规定，钢管上严禁打孔；扣件的螺栓拧紧扭力矩值应在 40～60N·m 间，在螺栓拧紧扭力矩达 65N·m 时，不得发生破坏，每一单扣件的抗滑力不小于 8kN；由纵横钢管组成的双扣件体系承载抗滑能力不小于 12kN。竹笆应采用新竹笆。不合格产品不得用于本脚手架。

8.8　脚手架搭设前应向搭设人员及使用人员做好脚手架设计图及施工方案的交底，明确脚手架搭设、使用、移动及拆除过程中关键安全控制点。所有操作人员应持有有效的特殊工种证，并经岗前培训教育合格，方可上岗。所有有资格上脚手架的人员，必须戴安全帽、系安全带、穿防滑鞋。人员上下必须走专用安全爬梯。

8.9　脚手架的搭设、使用、移动、拆除等全过程设专人指挥、监护；并设置安全警戒标志，禁止非工作人员入内。操作人员上下走专用爬梯，遵守相关高处作业安全规定。

8.10　本脚手架顶面均为操作平台，操作平台满铺新竹笆，操作平台临边设安全防护栏杆。为防高空坠物打击事故的发生，本脚手架每间隔不大于 10m 设竹笆隔层；为防高空坠落，在水平剪刀撑 A、B、C 标高的外侧布置安全兜网；斗轮机上方脚手架底面或侧面满挂密目安全等网，防止坠物打击斗轮机或输煤带系统。

8.11　本脚手架须具有良好的接地措施，接地电阻不大于 10Ω，接地数量为每基座平台布置一组，脚手架立杆与平台采用电焊焊连。

8.12　当出现六级及六级以上大风和雷雨时，应停止本脚手架的使用。雨天及出现大于 4 级及 4 级以上风时，不得进行脚手架的滑移作业。严禁夜间进行任何脚手架上的作业施工或进行脚手架的移动作业。

8.13　应按本工法 7.2.9 条规定，对脚手架各系统进行全方位的检查、验收，检查、验收合格，方可进行下阶段作业。

9. 环 保 措 施

9.1　贯彻执行"遵守法规，文明施工，维护环境"的环境管理方针，建立施工现场文明施工管理网络，制定各项文明施工管理制度，明确各级人员的职责；充分辨识与评价环境因素，落实环境因素管理与控制措施方案。

9.2　施工现场内外整洁，通道通畅，排水系统齐全、有效，污染废弃物堆处置得当，物料堆放有序，施工人员衣容整洁，做到操作落手清。

9.3　施工现场清扫时，或在易产生扬尘的季节，应经常性对施工场地或道路适量洒水降尘，避免尘土飞扬，污染环境。

10. 效 益 分 析

10.1　本工法结合电厂工程特点，成功确保了施工过程中干煤棚内斗轮机、煤输送系统的正常使用功能，即保障施工安全，又维护了电厂整体运营秩序，其经济效益、社会效益明显。

10.2　本工法尽可能地使用电厂（热电厂）工程施工中所必需的、可重复周转使用的材料，最大限度地减少或避免了资源或费用的投入，实现了绿色施工，具有明显的节能、环保效益。

10.3　本工法与其他网架安装用移动脚手架相比，操作简单，移动方便；对地基土承载力要求相对低得多，一般不须对地基进行预加固处理；方便了网架的安装过程中的材料运输，最大限度地减少了网架安装过程中资源投入。因此本工法又有效降低了网架施工成本，具有显著的经济合理性。

10.4　本工法将钢管扣件良好的力学性能与使用性能予以充分发挥，突破了钢管扣件脚手架理论方面的局限，因此具有较高的技术先进性。

11. 应 用 实 例

11.1 应用实例1

南通天生港发电有限公司 2×325MW 技改工程中的干煤棚屋盖采用螺栓节点曲面网架，跨度 103m、长度约 98m；工程所在地质土层为 20 世纪 70 年代中期河堤吹土地基，上覆 2～4m 厚粉煤灰；网架安装过程中须不得影响先行安装的输煤系统及斗轮机的正常运行，从而保证电厂正常运营秩序。该工程大跨度曲面钢网架安装用移动脚手架采用本工法阐述工艺，成功地得到实施，工程质量优良，社会效益显著，得到业主的高度赞誉；与一般落地脚手架或桁架支承式移动脚手架相比，其经济技术效益显著，参见表 11.1 所示。

经济效益对比分析一览表　　　　　　　　　　　　　　　　　表 11.1

序号	技术经济对比项目	满堂脚手架工艺	桁架支托式移动脚手架	本工法工艺
1	工期(d)	150	110	90
2	基础处理费(元)①	约 50 万	—	—
3	基座费用(元)②	垫板费用约 3 万元	5 万	5 万
4	钢管扣件数量(T)③	2400	约 300	约 360
5	钢管扣件租费(元)④	115.2	10.56	10.368
6	搭拆及维护费用(元)⑤	45 万	14 万	15 万
7	桁架费用(元)⑥	—	$50T \times 3500 = 175000$	—
8	网架作业安装时设备使用费(元)⑦	约 45 万	约 20 万	约 12 万
9	缆风费用(元)⑧	—	5 万	5 万
10	①②④⑤⑥⑦⑧费用总额(元)	258.2 万	72.06 万	47.368 万

11.2 应用实例2

南通观音山环保热电厂干煤棚 76m（跨度）×86m（长）曲面网架安装用脚手架亦采用本工法工艺，即保证工程质量，又保障了施工安全；同时输煤带与斗轮机系统作为电厂运行功能线路上重要系统之一与干煤棚大跨度网架同步安装，缩短了建设工期 60d 以上，社会与经济效益显著。与采用满堂脚手架相比，减少施工成本支出 80 余万元人民币。

11.3 应用实例3

在南通醋酸纤维有限公司热电站干煤棚网架安装施工过程中，采用了本工法工艺，有效减少了干煤棚钢结构安装对电站其他工序施工的干扰，即保证了网架安装质量，又保障了施工安全，有效保证了整体建设目标的实现，节支总额 10 余万元。

混凝土砌块（砖）墙体裂缝控制施工工法

YJGF196—2006

湖南建筑工程集团总公司　长沙理工大学　福建省泉州市丰泽区建设工程质监站
福建省第五建筑工程公司　华侨大学土木工程学院
陈火炎　杨伟军　赵波　薛宗明　蔡自力　严捍东

1. 前　　言

混凝土多孔砖、混凝土小型空心砌块等混凝土砖块制品是新型墙体材料的主导产品，在建筑工程中起重要的作用。它们是以水泥、砂、石为主要原料，可掺入适量工业废渣，经机械搅拌、震动成型、脱模养护而成的新型墙体材料，符合国家节地、节能及环保政策，符合墙改精神，具有较好的社会经济效益。由于这类新型墙体材料有其自身的特性，在施工中混凝土制品墙体较烧结的黏土砖墙更容易出现墙体开裂现象，施工应用不当会产生一些质量通病，严重影响新型墙体材料的推广应用。经过多年的现场调研、室内试验、示范工程推广应用，总结制定本工法。

2. 工 法 特 点

2.1　强调对砖块材料干缩率和最大吸水率的控制以减少混凝土制品干缩变形。

2.2　在墙体不同材料和构件交接处设置应力释放缝以释放温度应力和干缩变形产生的内应力，并在该处采取增强措施。

2.3　本工法通过设置通长拉结钢筋（拉结钢筋网片）阻碍拉结钢筋和砌体的相对滑移，增大了拉结钢筋（网片）与砌体共同工作范围，加大其约束砌体变形的作用；

2.4　在墙体应力集中处设置控制缝以释放温度应力和其他荷载、变形产生的内应力。

2.5　本工法易于操作，便于事后质量检查，可有效解决或减轻混凝土制品墙体裂缝问题。

3. 适 用 范 围

本工法适用于非抗震设防地区和抗震设防烈度为6～7度地区一般工业与民用建筑，以混凝土制品为墙体的裂缝控制施工。

不包括±0.000以下的墙体和构筑物墙体。

4. 工 艺 原 理

控制砌体砖块出厂时的干燥收缩率和绝干至含水饱和的吸水率，使用混凝土砌块专用砂浆，在墙体与梁柱等不同材料和构件交接处设置应力释放缝，并在该处加设抗裂砂浆粘贴耐碱涂覆玻纤网格布增强层，在开槽开孔处以及洞口周边设置耐碱涂覆玻纤网格布，采取如加设构造柱、适量配置通长钢筋等构造措施，以增加墙体的整体性和抵抗温度收缩应力的能力，来控制墙体裂缝的产生和扩展。

5. 施工工艺流程及操作要点

5.1 工艺流程图（图 5.1）

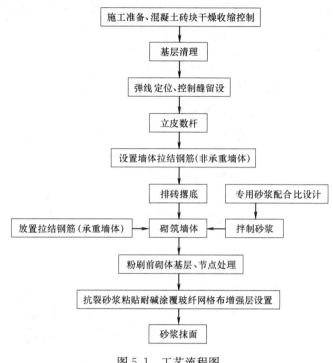

图 5.1 工艺流程图

5.2 施工要点

5.2.1 施工准备

1. 混凝土制品（砖、块）产品龄期不应少于 28d，在湿度较大或温度较低的环境下宜适当延长。出厂时控制 2 个指标。干燥收缩率不大于 0.065%；绝干至含水饱和的最大吸水率：当密度大于 2000kg/m³ 时，最大吸水率不大于 160kg/m³；当密度 1680～2000kg/m³ 时，最大吸水率不大于 200kg/m³；当密度小于 1680kg/m³ 时，最大吸水率不大于 240kg/m³。

产品运输与堆放应避免磕碰，防止缺棱掉角。现场存放场地必须硬化，周边排水畅通，并有防止雨淋措施。不得使用被雨水淋湿的砖块。雨季时砖块应提前备料并置放于室内。砖块应防止被油物等污染。

2. 外墙宜采用二排孔及以上混凝土空心砌块或混凝土多孔砖。砌筑砂浆宜采用专用砂浆，并应符合设计强度要求和具有良好的和易性和保水性，砂浆稠度宜控制在 50～70mm。

3. 砌筑前应将构造柱钢筋扎好，并保证其位置准确，钢筋的数量、长度、接头、型号等应满足规定的要求。

4. 砖块砌筑前应做好技术交底，详细说明墙体上的门窗洞口、窗台、预留预制构件的位置，并将灰缝厚度、拉结筋布置、组砌方式做详细交底。应根据设计要求，结合现场情况、设备条件等制定施工方案。

5. 墙体砌筑前必须按照设计图纸的房屋轴线编绘墙体砌块平、立面排列图。应根据砌块规格、灰缝厚度和宽度、门窗洞口尺寸、过梁与圈梁的高度、构造柱位置、预留洞大小、管线、开关、插座敷设部位等进行排列，并以主规格砌块为主辅以相应的配套砌块。

5.2.2 砌筑墙体

1. 墙体施工应采用双排外脚手架或里脚手架，在墙体内不应设脚手架眼，如必须设置时，待砌体完成后，须用 C20 混凝土将脚手架眼填实。严禁在墙体下列部位设置脚手架眼：

过梁上部与过梁成 60°角的三角形范围及过梁跨度 1/2 的高度范围内；

宽度小于 800mm 的窗间墙；

梁或梁垫下及其左右各 500mm 范围内；

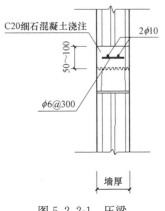

图 5.2.2-1 压梁

门窗洞两侧 200mm 和墙体交接处 400mm 的范围内；

设计规定不允许设脚手架眼的部位。

2. 非承重墙体应与钢筋混凝土柱或剪力墙拉结，拉结筋间距应 ≤500mm，并根据砖块的模数进行调整，并应满足《建筑抗震设计规范》（GB 50011）要求及设计要求。

3. 砖块非承重墙体大于 4m 时，宜加设构造柱。当墙高超过 4m 时，在墙体半高处设置与柱连接且沿墙贯通的现浇钢筋混凝土压梁（图 5.2.2-1）。

4. 在墙体薄弱和应力集中处宜设置控制缝，如墙体高度和厚度突变处，门窗洞口的一侧（图 5.2.2-2）。控制缝间距不宜超过 18m，并应做好室内墙面的盖缝粉刷。

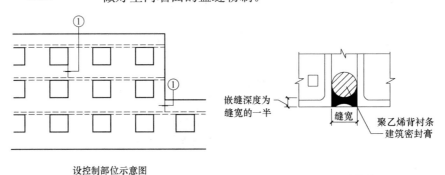

设控制部位示意图

① 嵌缝构造

图 5.2.2-2 控制缝构造

5. 线管预埋密集的墙体（如住宅楼梯间墙），应在墙体砌筑时预先留出线槽，在管线预埋完毕后用 C20 细石混凝土浇灌填实（图 5.2.2-3），不得在砖块墙体砌筑完毕后切割槽、打线槽。

6. 墙体内不得混砌黏土砖或其他墙体材料。镶砌时，应采用有混凝土制品材料强度同等级的预制混凝土块。

7. 砌筑时应控制砖块的含水率，一般情况下混凝土制品不得浇水。当气候干燥炎热时，砂浆水分蒸发太快，砌筑时可稍加喷水湿润（含水率应为 5%～8%），并立即砌到位。砖块表面有浮水时，不得砌筑施工，并避免施工用水流淌到砖墙上。

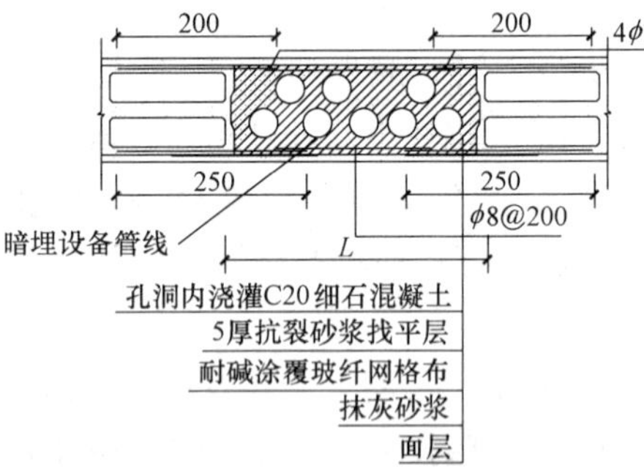

图 5.2.2-3 砖块密集管线安装措施

8. 砌筑砖块的砂浆将封底面朝上错缝砌筑，外墙外侧应采用原浆勾缝。

9. 砌筑砖块的砂浆应随铺随砌，墙体灰缝应横平竖直。水平灰缝宜采用坐浆法满铺砖封底面或小型空心砌块全部壁肋，竖向灰缝应采取满铺端面法，即将砖块端面朝上满铺砂浆再上墙挤紧，然后再加浆插捣密实。水平灰缝饱满度不低于 90%，竖向灰缝饱满度不低于 80%。水平灰缝厚度和竖向灰缝宽度宜为 8～12mm，并做勾缝处理，凹进墙面 2mm。

10. 墙体的第一皮砌块孔洞应用不低于 M7.5 的砌筑砂浆（或 C20 细石混凝土）填实。±0.00 以下及卫生间宜采用不低于 MU10.0 的混凝土实心砖砌筑，如采用空心砌块，砌块孔洞应用不低于 M7.5 的砌筑砂浆（或 C20 细石混凝土）填实；卫生间墙体根部应预先浇筑高度不小于 200mm 的 C20 素混凝土坎台。

11. 墙体日砌高度不宜超过 1.5m，冬期和雨天不宜超过 1.2m。雨天砌筑时，砂浆稠度应适当减少，收工时应将砌体顶部覆盖好。

12. 加强顶层构造柱与墙体的拉结，拉结钢筋网片或拉筋的竖向间距不宜大于 400mm，伸入墙体长度不宜小于 1000mm。

13. 房屋顶层山墙可采取设置水平钢筋网片或在山墙中增设钢筋混凝土构造柱。在山墙内设置水平钢筋网片时，其间距不宜大于 400mm；在山墙内增设钢筋混凝土构造柱时，其间距不宜大于 3m。

14. 墙体承重房屋，宜在顶层和底层设置通长钢筋混凝土窗台梁，窗台梁的高度宜为块高的模数，纵筋不少于 4φ10，箍筋为 φ6@200，混凝土强度等级宜为 C20。

15. 当混凝土砖块墙体与圈梁底的连接设计无明确规定时，可在要浇筑混凝土时，沿梁底每 1.5m 水平长度预留 2φ6 拉结筋伸入墙中一皮砖高度的竖向灰缝内，与砌筑砂浆固结成整体。

16. 设置构造柱和圈梁的墙体应先砌墙，后浇混凝土。构造柱与墙体的连接处应砌成马牙槎，每一个马牙槎沿高度方向的尺寸不宜超过 300mm，马牙槎应先退后进，拉结筋按设计要求设置，设计无要求时，一般沿墙高每 500mm 设置 2 根 φ6 的水平拉结钢筋或 φ6 拉结钢筋网片，每边伸入墙内不宜小于 1000mm 或伸至洞口边（见图 5.2.2-4）。

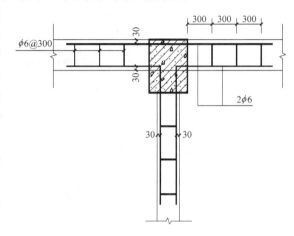

图 5.2.2-4　拉结钢筋网片

17. 距梁板底部约 300mm 高的砖块墙体，至少应间隔 7d，待下部墙体变形稳定后再砌筑。最上一皮应采用混凝土实心砖斜砌挤紧，空隙处宜待 7d 后用砂浆填实。

18. 施工中如需设置临时施工洞口，其侧边离交接处的墙面不应小于 600mm，且顶部应设过梁。填砌施工洞口时所用砂浆强度等级应提高一级。

5.2.3　粉刷前墙面节点处理

1. 砖块墙体内设置暗管、暗线、暗盒应考虑采用开槽、钻孔，但不得引起砖块松动和开裂；在预埋暗线、暗管等的孔槽间隙，应先用砂浆分层填实，并沿缝长方向用抗裂砂浆粘贴耐碱涂覆玻纤网格布加强（图 5.2.3-1）。

2. 砖块墙体门窗洞口应采取下列措施：

门窗洞两边 200mm 范围内的砖块墙体宜采用不低于 MU10 混凝土实心砖砌筑，如采用混凝土多孔砖、混凝土小型空心砌块，砖块孔洞应用不低于 M7.5 砂浆（或 C20 细石混凝土）填实。

门窗洞口四角（600mm×600mm）范围内用耐碱涂覆玻纤网格布加强（图 5.2.3-2）。

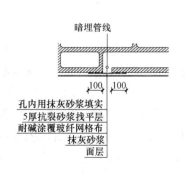

图 5.2.3-1　预埋管线处加强

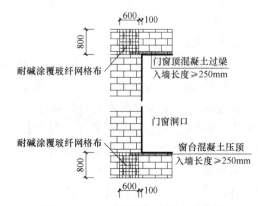

图 5.2.3-2　砖块墙门窗洞防裂措施

窗台应加设现浇或预制钢筋混凝土压顶。门窗洞口上方应采用钢筋混凝土过梁。压顶和过梁入墙长度不小于250mm，或锚入柱内；压顶和过梁的高度应符合砖块的模数。

3. 非承重砖块墙体与不同材料（如混凝土梁、柱、板）的界面应用耐碱涂覆玻纤网格布加强；在墙体与不同材料交接处，抹灰前沿缝长方向应先抹一道宽度为300mm、厚度为5mm的抗裂砂浆（1∶3水泥砂浆掺入抗裂纤维，掺量为0.9kg/m³）找平层，再将宽度为250mm的耐碱涂覆玻纤网格布均匀压入砂浆层中（图5.2.3-3）。

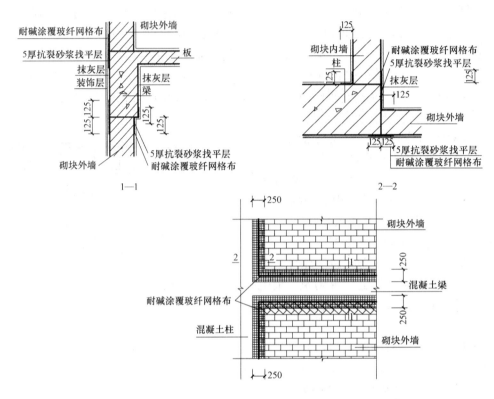

图5.2.3-3　砖块墙体与混凝土梁（板）柱交接处加网示意

4. 墙体基层表面的尘土、残渣污垢、油渍、隔离剂等应清理干净，墙面的灰缝、孔洞、凿槽填补密实、整平、清除浮灰，同时应剔平突出部位，光滑部位应凿毛。

5. 抹灰前墙面不宜洒水，天气炎热干燥时可在操作前1～2h适度喷水。墙上的配电箱、盘、盒应做保护。

6. 为保证抹灰面与基层粘结牢固，抹灰前应对基层进行处理。可用细砂拌制1∶0.5水泥108胶浆对墙体表面（包括混凝土柱、梁、板）进行甩浆（宜喷浆处理），并及时养护，待浆面凝结达到一定的强度（≥1MPa）后方可进行抹灰。对填充墙与柱、梁、板相交处易形成抹灰裂缝、空鼓的部位，宜提前刷界面剂。

5.2.4　抹灰工程

1. 抹灰宜在墙体砌筑完工14d后进行。房屋顶层内粉刷宜待屋面保温层、隔热层施工完毕后方可进行。

2. 外墙抹灰层应设置分格缝，分格条必须深入过渡层表面，分格缝间距不宜大于3m，并采用高弹塑性、高粘结力、耐老化的密封材料镶嵌。

3. 门窗侧壁：门窗侧壁分层填实抹严后（木门窗框与墙体间隙用麻刀水泥砂浆或麻刀混合砂浆进行填补，塑钢与铝合金门窗与墙体间隙采用PU发泡剂进行填塞，并切割成深5～8mm槽后，内外再用砂浆填补密实），用抹子划出深、宽为3mm×3mm的沟槽，避免框体膨胀造成侧壁空鼓。需要打密封胶的框体周围，抹灰时应留出5mm×7mm的缝隙，以便嵌缝打胶。

4. 外墙抹灰底层宜采用聚丙烯纤维防裂砂浆（1∶3水泥砂浆中加入抗裂聚丙烯纤维，纤维长度

6mm，纤维掺量为 0.9kg/m³）。

5. 在进行框架填充墙抹灰时，如填充墙厚度小于梁、柱厚度时，应先抹墙面灰再抹梁面和柱面灰，以使钢筋混凝土梁、柱与填充墙交界面可能出现的裂缝，隐藏在梁、柱抹灰层的内部；当填充墙与梁、柱同厚度时（如异型框架梁、柱），则可在填充墙与梁、柱交界处，用专用工具抹出凹槽，并嵌填柔性好的密封膏，使可能出现的裂缝控制在凹槽内，或在上述部位设置耐碱涂覆玻纤网格布，防止在交界处灰层开裂。

6. 材料与设备

6.1 材料要求

6.1.1 工程中采用的普通混凝土制品的品种、规格、强度等级和密度等级等技术指标应符合设计要求。外观质量、尺寸偏差和技术性能，应满足《混凝土多孔砖》JC 943—2004、《混凝土小型空心砌块》GB 8239—1997 等标准中有关条文规定。不得使用龄期不足 28d 的砖块。

6.1.2 砖块出厂时的干燥收缩率不得大于 0.065%。

6.1.3 砖块出厂时的最大吸水率应符合表 6.1.3 的规定。

最大吸水率
表 6.1.3

密度（kg/m³）	最大吸水率（kg/m³）不大于	密度（kg/m³）	最大吸水率（kg/m³）不大于
>2000	160	<1680	240
1680～2000	200		

6.1.4 用于承重的砖块强度等级不得低于 MU10。用于非承重的外墙砖块的强度等级不宜低于 MU7.5，内墙不宜低于 MU5.0。

6.1.5 优先选用专用砂浆，采用的砌筑砂浆或抹灰砂浆应符合《混凝土小型空心砌块砌筑砂浆》JC 860—2000 的标准要求，其砂浆分层度不得大于 30mm，稠度宜为 60～90mm。

6.1.6 拌制混合砂浆用的石灰膏，电石灰，粉煤灰和磨细生石灰粉等无机掺合料应符合《混凝土小型空心砌块建筑技术规程》JGJ/T 14—2004 有关条文的规定。

6.1.7 配制砂浆时可掺入外加剂，外加剂应符合国家有关标准的规定。

6.1.8 用于增强的玻纤网格布，应为耐碱涂覆玻纤网格布，网眼尺寸≤8mm×8mm，单位面积重量≥130g/m²，耐碱断裂强力（经纬向）不小于 1000N/50mm，7d 耐碱强力保留率（经纬向）≥90%。并具有出厂合格证。

6.1.9 运输工具有：砌块夹具、专用砌块小推车、塔吊、施工电梯井、物料提升机。

6.2 设备机具

6.2.1 小型机具：切割机、小电钻、冲击钻。

6.2.2 辅助工具：瓦刀、刮尺、拌砂浆的桶、铲、喷水壶、线坠等。

6.2.3 检测工具：靠尺、垂球、钢尺、拉线、塞尺、皮数杆等。

7. 质量控制

7.1 按本工法施工时，应严格按照建筑工程质量有关要求及《砌体工程施工质量验收规范》GB 50203—2002、《混凝土小型空心砌块建筑技术规程》JGJ/T 14—2004、《建筑装饰装修工程施工规范》GB 50210—2001、《混凝土多孔砖建筑技术规程》DBJ 43/002—2005 和《非承重混凝土空心砖砌体工程技术规程》DBJ 43/003—2005 执行。

7.2 进入施工现场的混凝土制品应具有产品出厂合格证。

7.3 砖块的最大吸水率应符合本工法5.1.3条要求。

7.4 砖块砌体水平灰缝的砂浆饱满度不得低于90％，竖向灰缝饱满度不得低于80％。

7.5 用于增强的耐碱涂覆玻纤网格布、抗裂纤维应具有出厂合格证。

7.6 耐碱涂覆玻纤网格布裁减尺寸允许偏差不大于－10mm。

7.7 耐碱涂覆玻纤网片位置偏差：埋置位置应符合要求，涂塑耐碱玻璃纤维网片与各基体的搭接宽度不应小于100mm。

7.8 耐碱涂覆玻纤网格布与基体之间和抹灰层之间必须粘结牢固，耐碱涂覆玻纤网格布应无脱落，空鼓率不大于10％，面层应无爆灰和裂缝。

8. 安 全 措 施

8.1 混凝土制品墙体施工的安全技术要求应按《混凝土小型空心砌块建筑技术规程》JGJ/T 14—2004、《建筑装饰装修工程施工规范》GB 50210—2001、《混凝土多孔砖建筑技术规程》DBJ 43/002—2005和《非承重混凝土空心砖砌体工程技术规程》DBJ 43/003—2005有关要求执行，并遵守现行建筑工程安全技术规定。

8.2 在2.0m以上高度作业时，必须制定相应的预防高处坠落措施。

8.3 高处作业人员要求全部接受高处作业安全知识教育，能正确使用安全防护用品，特种作业人员全部持证上岗。

8.4 施工现场应有针对性地将各类安全警示标志悬挂于施工现场各相应部位，夜间设红灯警示。

8.5 安全防护设施需经验收合格签字后，方可使用。需要临时拆除或变动安全设施的以及变动后重新恢复的均须经项目部分管负责人审批签字，方可实施。

8.6 各类移动式操作平台及作业平台、卸料平台需按规定编制专项施工方案，经验收合格后，方可进行作业。各作业平台的平台口应设置安全门或活动防护栏杆。

8.7 小型施工机具和砌体临时堆放处离楼层边沿不应小于1m，堆放高度不得超过1m。楼层边口、通道口、脚手架边缘等处，严禁堆放任何物件。

8.8 砌体砌筑时，保证作业人员有可靠立足点，作业面按规定设置安全防护设施。作业下方不得有其他操作人员。

9. 环 保 措 施

9.1 水泥、砂、纤维投料人员应佩戴口罩、穿长袖衣服，接触耐碱涂覆玻纤网格布人员还应戴手套，防止吸入粉尘、损伤皮肤。

9.2 现场实行封闭化施工，采取有效措施控制噪声、扬尘、废物排放。

9.3 现场砌体堆码整齐。

10. 效 益 分 析

本工法针对混凝土制品（砖、块）的自身特性，有针对性地提出解决混凝土制品（砖、块）墙体裂缝问题的技术措施，已在湖南各地数百幢工程中得到应用和取得成效，建筑面积达366.55万 m²。使用混凝土制品（砖、块）45660万块标砖，应用效果良好，应用工程的砖块墙体无结构性裂缝产生，墙面无龟裂纹、渗漏水等现象发生。由于裂缝的控制，保证工程质量，避免由于墙体裂渗而返工修补造成的工期延误及其经济损失，推动了混凝土制品（砖、块）的工程应用，从而带来了巨大的社会和经济效益。

10.1 经济效益分析

10.1.1 直接经济效益

1. 砌筑 240 墙体 10m³，采用混凝土小型空心砌块或混凝土多孔砖较黏土实心砖墙节约材料费 261.18 元，节约人工费 73.11 元。

2. 混凝土多孔砖外形比黏土实心砖规整，外形尺寸误差小，墙面抹灰可减薄，从而简化了墙体的抹灰工序，也节约了抹灰的砂浆。按每面墙体抹灰层（10mm）减薄 2mm，则抹灰造价降低 20％。以石灰砂浆砖墙抹灰为例，由每 100m² 596.33 元下降到 477.06 元，节约 119.27 元。

每平方米建筑面积约有墙体 0.5m³，墙面 2.8m²，因此，每平方米建筑面积约降低直接成本：（261.18＋73.11）×0.05＋119.27×0.028＝20.05 元

耐碱涂覆玻纤网格布、抗裂砂浆等材料和施工费增加，每平方米建筑面积约 5.10 元。

保守估计按 30％各种取费，则每平方米建筑面积降低综合成本约 21.36 元。

10.1.2 间接经济效益

1. 混凝土制品在运输装卸施工过程中，不易损坏，损耗较黏土实心砖约低 25 个百分点以上，则 10m³ 一砖砖墙可节省费用 5.31×0.25×240＝318.6 元。

合每平方米建筑面积约 318.6×0.05＝15.93 元

2. 使用混凝土多孔砖可免交新型墙体材料费每平方米 6.9 元。

3. 施工工期缩短效益忽略。

砌筑混凝土制品（砖、块）比砌筑黏土实心砖每天至少可多砌 4m²。考虑每天每人产生的其他费用为 10 元，则每平方米建筑面积砌筑混凝土多孔砖比砌筑黏土实心砖可节约：10×30％×2.8/4＝2.1 元

故每平方米建筑面积间接降低综合成本约 24.93 元。

综合考虑各方面，混凝土制品（砖、块）砌体建筑的造价相对于黏土实心砖的造价降低了 46.29 元/m²，对于一栋 10000m² 的建筑，可节约投资 46 余万元。可见，混凝土制品（砖、块）较黏土砖还便宜些，就经济性而言，混凝土制品（砖、块）的价格优势为其今后的推广应用提供先决条件。

10.1.3 社会效益

1. 节土：黏土实心砖每万块标砖需土 22m³，按 2m 深土计算，占用土地 11m²，合 0.0165 亩，故混凝土制品（砖、块）每万块标砖可节土 0.0165 亩。

2. 节能：黏土实心砖每万块标砖能耗约 1.45t 标煤，混凝土制品（砖、块）每万块标砖能耗约 0.4t 标煤，故混凝土制品（砖、块）每万块标砖可节能 1.05t 标煤。

3. 减排（减少环境污染）：每吨标煤产生二氧化硫约 0.025t，混凝土制品（砖、块）每万块标砖可节约 1.05t 标煤。故混凝土制品（砖、块）每万块标砖可减少二氧化硫排放量约 0.026t。减少环境污染 1.05/1.45＝72.4％。

11. 应 用 实 例

自 1999 年至今，共有百余幢建筑物（总建筑面积 527700m²）按照本工法进行裂渗控制施工，其中长沙理工大学西苑学生公寓 7 号、8 号楼、长沙金秋房地产开发有限公司开发的 BOBO 天下城商务楼、湖南工业大学学生公寓、株洲新苑小区等工程在施工过程中能较严格控制各工艺流程，确保工程施工质量，这些工程均已通过竣工验收，经检定墙体无结构性裂缝产生，墙面无龟裂纹、渗漏水现象发生。

长沙金秋房地产开发有限公司开发的 BOBO 天下城商务楼工程位于长沙市芙蓉南路 1 段 88 号，2005 年 4 月开工，2006 年 8 月竣工，框剪结构；裙楼 5 层，塔楼 20 层，室内分户墙为混凝土空心砌块墙体，墙厚 190mm，户内厨、卫间隔墙 120 厚混凝土空心砌块墙体，应用混凝土空心砌块共计 1875m³。

长沙理工大学西苑学生公寓 7 号、8 号栋，位于长沙理工大学东校区内。建筑面积 29674m²，7 层砖混结构（局部框架），条基（局部独立基础），每平方米造价 765.97 元。2003 年 5 月 4 日工程开工，2003 年 12 月 20 日主体验收，2004 年 5 月 1 日工程竣工。墙体全部采用混凝土多孔砖，按本工法控制裂缝。

上述工程均被湖南省建设厅评为湖南省优质工程。

筒仓倒模施工工法

YJGF197—2006

长春建工集团有限公司

郭乃武　葛春城　樊天恩

1. 前　　言

筒仓作为独立的构筑物在工业建筑中占有十分重要的地位。筒仓施工的关键是模板工程，其高度越大，支模越难，必须保证模板的刚度、强度要求。而且在保证模板及混凝土几何尺寸的前提下，拆装方便，施工周期短。

传统的筒仓支模方法一般采用钢（木）模板作为内外侧模。水平及竖向支撑采用型钢（木方）。用中心找正仪及固定调整杆来控制垂直度和表面平整度。当筒仓高度超过27m时，内外脚手架必须采用钢管及钢扣件脚手架。这种支撑方法须用大量的钢管脚手，而且拆模周期长，不易拆运，用工多。

另外一种支模方法就是采用滑模施工，但这种方法购置设备成本较高。

本工法采用一种新技术——筒仓倒模支模方法，就是采用（通过计算来确定的）一定直径的螺杆将内外倒模、操作平台以及三角支架连接起来。根据每节混凝土实物量的大小做成几节模板。由下向上依次支模、校正、浇筑、养护、脱模、倒支。在无需另行搭设内外脚手工具的情况下，进行现浇混凝土筒壁的浇筑。

该工法于1990年在双阳水泥厂筒仓工程首次应用，共施工4个筒仓，取得施工进度快，工程质量好的效果，并于1992年在吉林省土木建筑学会建筑施工学术委员会1991年年会上被评为优秀三等奖。

2. 工 法 特 点

2.1　施工操作简单，安装方便，拆卸容易。

2.2　施工进度快。

2.3　节省材料。

2.4　用倒模法施工筒仓，其底部漏斗及扶壁柱处混凝土的施工方法比滑模施工简捷，省工省时。

2.5　易于模板校正，确保筒壁的几何截面尺寸、筒体垂直度及表面平整度。

2.6　节省劳动力，降低工程成本。

3. 适 用 范 围

本工法适用于筒形构筑物与筒形建筑物，特别是高度较高的工程。其经济效果、质量保证尤为突出。

4. 工 艺 原 理

筒仓倒模施工工艺，一是用锚固在混凝土筒壁中的穿心螺栓作为支撑。充分利用拟建构筑物已浇筑部分的自身强度。二是利用拟建构筑物的圆筒形，通过围圈、三角支架、预制带ϕ22孔的混凝土支撑块及穿心螺栓组成体形稳定的里、外脚手架和用于浇筑所需的模板工程。

5. 施工工艺流程及操作要点

5.1 本工法采用倒模系统，其组成为：

5.1.1 型钢组对的三角架。

5.1.2 钢模板。

5.1.3 弧型围圈。

5.1.4 水平提杆。

5.1.5 调整杆。

5.1.6 吊架。

5.1.7 中心找正仪。

5.1.8 $\phi 20$ 螺杆和螺帽。

5.1.9 预制带 $\phi 22$ 孔的混凝土支撑块。

5.2 对三角架的水平杆、斜杆和围圈进行设计，根据施工荷载、水平荷载及恒荷载计算出三角架、围圈整体强度及刚度，确保安全生产。

制做围圈：其围圈的弧度与筒壁弧度相同，在加工过程中，采用角钢型钢卷圆机，使型钢产生塑性变形，保证弧度。

将钢模板编号，形成若干个单元，每个单元用钻机将其内外钻出 $\phi 22$ 孔。通过穿心螺栓来固定围圈、三角支架、预制带 $\phi 22$ 孔的混凝土支撑块，组成体形稳定的里外脚手架和所需的模板支架。

每套倒模三节，每节 1.5m 高。每个单元的划分是依据筒仓周长而定，一般每单元长度应在 1.2m 左右最为经济，而且便于施工。

5.3 绑扎筒仓混凝土壁的钢筋，横向钢筋不得采用焊接（使钢筋成为铰节点，可以随水平荷载的变化产生位移和温度的升降产生收缩）。

5.4 模板组对后，涂刷隔离剂，先支内侧模板，扶正，使模板就位，用中心找正仪调正，使垂直度和平整度控制在允许偏差范围内。

5.5 穿入带 $\phi 22$ 孔混凝土支撑块（支撑块标号与筒壁的混凝土相同）。

5.6 穿入 $\phi 20$ 的连接螺栓。

5.7 支外侧模板，同时刷隔离剂，用中心找正仪对筒壁、模板的里外尺寸，半径 R，逐个检查，校正。合格后，用螺母固定，开始浇筑第一级混凝土。如此完成第二、第三级支架、模板和混凝土的浇筑。

5.8 当已浇筑的第一节混凝土强度达到设计强度的 60% 时，将第一节钢模拆除。

5.9 拆除最下方第一套三角支架及模板，将拆除的支架和经过表面处理的模板依次由下向上分节倒模安装，工艺程序同上。

5.10 倒模施工工艺流程如图 5.10 所示。

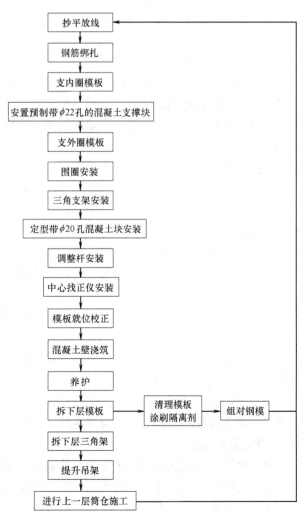

图 5.10　倒模施工工艺流程图

6. 材料与设备

6.1 材料准备

6.1.1 施工前需用的各种材料准备齐全并运送到施工现场，材质必须符合要求。

6.1.2 角钢70×4、—30钢板、钢丝、钢铰线、8号线、φ20穿心螺栓及螺母、木方、木板、钢模。根据工作面的大小做相应准备。

6.2 机具准备

电焊机两台、角钢型钢卷圆机两台、切割机一台、钻机一台、线锤一个、定滑轮一个、调正器若干、安全网、木跳板、预制细石带φ22孔混凝土支撑块。

6.3 各种材料应有专门库房存放，并符合防火、防潮要求。

7. 质 量 控 制

7.1 模板工程质量标准

7.1.1 围圈位置的横向偏差（水平、垂直方向）控制在5mm以内。

7.1.2 相邻两块模板的平面平整度控制在±3mm以内。

7.1.3 模板的垂直度控制在±5mm以内。

7.1.4 模板的中心线（内外圈）的偏差控制在3mm以内。

7.1.5 穿墙螺栓孔位置应控制在2mm以内。

7.2 质量保证措施

施工中用全面质量管理工作方法指导施工，遵循PDCA循环工作原则。

7.2.1 创优目标明确：保证筒壁混凝土质量达优良，允许偏差项目合格率保证90％以上。

7.2.2 进行质量意识教育和技术岗位练兵，施工前组织学习工艺标准，质量标准及有关规范、技术规程内容。

7.2.3 施工前做好技术、质量、安全工作的交底。

7.2.4 从组织上保证执行各级人员质量责任制，严格贯彻"三检一评"制度，做好施工中的自检、互检、交接检及专职技术人员的检评。专职检查员在工作中要强化"质量第一"的工作思想，行使质量否决权。

7.2.5 严格执行质量奖罚制度，优质优价，奖罚分明。

7.2.6 加强施工中的计量监督管理，认真执行材料试化验制度。

8. 安 全 措 施

8.1 必须定期对三角支架的焊缝进行严格检查，是否有开焊、裂缝现象。如发现应立即补焊或更新。

8.2 定期检查各部位的螺栓、螺母是否有脱扣现象，发现问题，立即处理。

8.3 筒仓外围应支搭竖直交圈安全网，随节上升，另外，在距地面5m处以及每隔10m处增设一道水平固定安全网。

8.4 模板在安装就位前清扫干净，涂刷隔离剂，不得在就位时和就位后处理。

8.5 模板拆除后，在涂刷隔离剂时模板要临时固定好。

8.6 高空作业必须带好安全帽、系好安全带，施工现场30m以内，不允许与施工无关人员进入，以防模板或工具落下伤人。

9. 环保措施

筒仓类构筑物一般均在工业区对噪声要求较低，该工法造成的噪声污染也较小。为解决粉煤灰及水泥的粉尘污染，采用预拌商品混凝土。

10. 效益分析

筒仓倒模施工工艺，是用围圈和锚固在混凝土墙体内的穿心螺栓来固定内、外圈模板；穿心螺栓、围圈和三角支架组成内、外脚手架，大大节省了全部高层构筑物所用的扣件和钢管脚手的数量，而且由于采用里外三角支架。代替了钢模板的垂直支撑，一举两得。有效地提高了工作效率，缩短了支模周期。降低了工程造价。

另外，采用定型带 $\phi 22$ 孔的空心混凝土支撑块使穿心螺栓可反复周转使用，节省了用钢量。

11. 应用实例

本工法 1990 年 1 月编制而成，在双阳水泥厂 C 区水泥储库工程中应用。该工程是由四个独立的直径为 18.8m 壁厚为 400mm 的筒仓组成，地下 −20m 基础系人工成孔灌注桩，桩上两道环梁，筒身上有一道 1.7m 高的现浇环梁与 1.2m 厚的现浇板，地上 40m 高的筒壁全部是现浇钢筋混凝土。该工程的特点是体积大，高空作业难度大，通过应用倒模法施工，取得了显著的综合效益。

11.1 质量效益

该水泥储存筒仓主体工程经上级质检站检评，符合国家质量验收规范，被吉林省优质施工奖审定委员会评为 1994 年省级优质工程二等奖。

11.2 社会效益

该工程多次受到国家建材局领导和省市领导的高度赞誉。与当时采用满堂脚手架方法施工的同规格筒仓比较缩短工期 25d。

11.3 经济效益

每座筒仓节省 $\phi 20$ 螺纹钢 3.5t，节省了全部里外满堂钢脚手架。

筒仓倒模施工工法每座筒仓采用三节倒模，所需三角架、斜杆和围圈需用钢材 19.2t，折合资金为 6.91 万元；若按传统施工方法计算每座筒仓需损耗钢脚手 40.83 吨，折合资金为 14.7 万元。因此，节省资金 7.79 万元。

与购置滑模设备比较。购置一套施工同规格筒仓的滑模设备需要 170～180 万元，使用后又很难找到同类的施工项目。

住宅工程现浇钢筋混凝土楼板控制裂缝施工工法
YJGF198—2006

浙江中成建工集团有限公司

刘有才　张荣灿　陈尧火　徐涛　陈珍刚

1. 前　　言

随着住房消费及房地产的发展，商品混凝土的大量使用（由于商品混凝土坍落度大、水灰比大，使楼板产生裂缝的概率大大增加），现浇楼板裂缝构成了当今建筑业一个普遍困扰的难题。鉴于此情，上海市建委科技委和市质监总站组织了12家施工企业、混凝土搅拌站、设计单位、高等院校等单位的技术负责人，于2001年进行"现浇混凝土楼板裂缝控制"的课题研究。通过近一年的住宅工程调查研究，2002年9月市建委组织专家对该课题研究进行评审，鉴定评审认为该研究课题——"住宅工程现浇钢筋混凝土楼板控制裂缝"技术达到国内领先水平。在课题研究期间，市质监总站发出《关于公布本市工程控制钢筋混凝土现浇楼板裂缝首批试点工程名单的通知》，并指定由浙江中成建工集团有限公司施工总承包的"上海财经大学学生公寓1号楼"等几个住宅项目为控制现浇混凝土楼板裂缝试点工程，经过以上工程的试点，认为现浇钢筋混凝土楼板裂缝成套技术科研成果正确可行，各项目现浇混凝土楼板都得到有效控制。为此特编制"住宅工程现浇钢筋混凝土楼板施工控制裂缝"工法。

2. 工 法 特 点

2.1 强调过程管理，从结构设计、材料配置（商品混凝土）、施工方法到现场管理，每个环节都要认真对待。

2.2 对材料（商品混凝土）质量要求高，对混合料掺量、用水量及骨料质量、数量有严格规定。

2.3 操作方便，与传统的混凝土施工相比，无特殊的机械器具要求。

2.4 本工法与传统的施工工艺相比，工程造价略有提高，但社会效益显著。

3. 适 用 范 围

3.1 本工法适用于住宅工程中砖混结构、剪力墙结构、框架结构的现浇钢筋混凝土楼板结构的裂缝控制。

3.2 适用采用商品混凝土的其他结构类型的现浇混凝土板。

4. 工 艺 原 理

应用系统工程管理的方法，认真、严格执行国家建筑施工强制性标准条文与上海市建委"控制住宅工程钢筋混凝土现浇楼板裂缝的技术导则"和上海市建委科技委《住宅工程钢筋混凝土现浇楼板裂缝对策研究》课题组的研究成果，从设计、材料（商品混凝土）、施工、管理等四个方面存在影响住宅工程钢筋混凝土现浇楼板裂缝的原因着手，在施工一开始就进行严格控制，使现浇混凝土楼板裂缝控制在肉眼看不见的程度。

4.1 设计方面

我国的设计规范对结构的荷载裂缝有计算公式并有严格的允许宽度限制，而对于温度变形、湿度变化、差异沉降变形引起的裂缝没有规定，而大量的现浇楼板裂缝恰恰是由这方面的原因产生的。

鉴于设计理论和规范方面的不足，本工法规定住宅工程现浇混凝土楼板结构在设计时就考虑楼板与剪力墙体、楼板与圈梁在交角部的热胀裂缝，考虑楼板结构内PVC管对板厚的损伤，考虑楼层超长超凸，楼板开洞等在温度（湿度）变化、不均匀沉降变化的对策措施，将楼板的裂缝控制在工程的施工图纸交底阶段。

4.2　材料方面

影响现浇楼板混凝土裂缝产生的主要原因是混凝土中水泥胶体的收缩，混凝土收缩值与水泥胶体总量有关，水泥胶体越多，混凝土收缩也就越大，因此在保证混凝土强度的前提下，减少水泥胶体总量成为减少混凝土收缩的关键所在，于是本工法从控制混凝土用水量、控制水泥品种和用量、控制骨料质量和用量、控制外加剂和掺合料，进而实现从混凝土自身质量上控制混凝土的裂缝。

4.3　施工及管理方面

4.3.1　模板工程方面原因

1. 模板支撑刚度不够导致支撑变形加大，使强度尚未达到一定值的混凝土楼板中间下沉，楼板产生超值挠曲，引起楼层混凝土的裂缝。

2. 工期短、模板配备数量不足，出现非预期的早拆模，拆模后混凝土强度未达到规范要求，导致挠曲增大，引起裂缝。

3. 当模板支撑支承在回填土上时，混凝土浇捣后填土沉陷，模板支撑随着下沉，使混凝土楼板产生超值挠曲，引起裂缝。

4.3.2　钢筋工程方面的原因

板的四周支座处钢筋、板的四角放射形钢筋或阳台板钢筋均应按负弯矩钢筋设置在板的上部。但有些工程上述钢筋的绑扎位置不正确；或绑扎位置正确而未设置足够的小支架将其牢固固定；或浇捣后此处保护层变大，板的计算厚度减小，楼板受力后出现裂缝。

4.3.3　混凝土工程方面的原因

1. 楼板混凝土浇捣时，无板厚控制措施，导致板的厚度不符合设计和规范要求。当板的厚度小于规定要求时，容易导致出现裂缝。

2. 混凝土浇捣后，终凝前未用木蟹压抹以增加混凝土表面抗裂能力，容易出现板面龟裂。

3. 混凝土浇捣后，没有及时浇水养护并保证一定的养护期，也没有采取其他有效措施，加快了混凝土的收缩，从而导致楼板裂缝。

4. 混凝土浇捣后，在其强度尚未达到一定的值时（规范要求为1.2MPa），就安排后续工序施工；甚至吊运重物冲击楼板，使楼板出现不规则裂缝。

4.3.4　其他方面原因

1. 局部内隔墙设计为直接砌筑在楼板上。施工时由下而上逐层完成，墙体自重传递到当前层及下层楼板，随着荷载的逐渐增加，使下层楼板在内隔墙处板底出现裂缝。

2. 预埋管位置处理不当。钢筋、管线交叉重叠或管线上下表面接近混凝土表面，又未加钢筋网，因此在管线的下面或上面出现裂缝。

4.3.5　现场施工管理方面的原因

1. 技术质量管理责任制不落实；技术交底、技术复核、过程控制不到位。

2. 进度计划安排时，不考虑混凝土的养护期或施工现场未创造混凝土养护条件，不能保证混凝土得到养护。

5. 施工工艺流程与操作要点

5.1　施工工艺流程如图5.1所示。

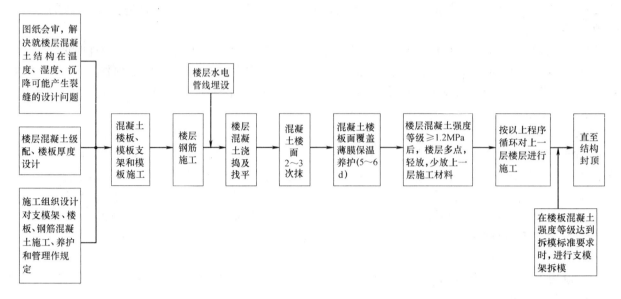

图 5.1　施工工艺流程图

5.2　在图纸会审时，施工总包单位、设计单位、监理单位、业主单位就混凝土楼层产生裂缝的可能性进行讨论，使楼层的施工图在设计方面满足以下几点：

5.2.1　控制建筑物的长度，当房屋长度大于 40m 时，应采取设置伸缩缝等构造措施，如超长量不大时，可在中部设置后浇带，以减少楼板混凝土收缩影响（多层住宅长度一般控制在 55m 以内）。

5.2.2　楼板厚度宜控制在支承跨度的 1/30，一般宜采用 12～16cm，不小于 12cm。

5.2.3　在房屋端部及转角单元、在山墙与纵墙交角处，应设置幅射钢筋。在层面的阳角处，跨度≥3.9m处，不规则平面凹角处的楼板，均应设置双层双向钢筋，以控制楼板构件变形。

5.2.4　加强圈梁设置，圈梁高度应≤20cm，也可以在楼板靠墙体的支承端上，用增加配筋方法设置暗圈梁。

5.2.5　楼板混凝土强度一般不宜大于 C30。

5.3　施工环节的控制

5.3.1　严格控制模板工程支承体系

1. 模板支撑的选用必须经过计算，除满足强度要求外，还必须有足够的刚度和稳定性，支撑立杆（φ48 钢管）的间距一般不大于 900mm。

2. 模板支撑支承在回填土时，填土应夯实，支撑下应加设足够厚度的垫板，并有较好的排水措施。

3. 根据工期要求，配备足够数量的模板，保证按规范要求拆模。

5.3.2　保证钢筋绑扎固定到位

1. 对于板周边支座处的负弯矩钢筋、板四角的放射形钢筋和阳台板钢筋，绑扎时位置正确。同时必须设置钢筋支架，将上述钢筋牢固架设，支架的间距≤1m。

2. 混凝土浇捣前，必须在板周边支座处的负弯矩钢筋、板四角的放射形钢筋和阳台板钢筋范围内搭设操作跳板，供操作人员站立。操作人员不得踩踏在上述钢筋上作业。

3. 当板内有预埋管线（特别是 PVC 管）通过时，应按设计要求在其上下各铺设钢丝网片（φ4@200 宽 600）。

5.4　保证混凝土楼板浇筑质量

5.4.1　楼板厚度符合设计和规范要求。在浇捣混凝土前应设置标示板厚的标记，这些标记可放在立柱的竖向钢筋上，操作人员必须严格依据标记控制板厚。

5.4.2　严格混凝土浇捣工艺。混凝土浇捣时，必须在规定的坍落度条件下施工，严禁任意加水现象，以防混凝土离析度过大，影响强度。混凝土浇捣后，在终凝前须用木蟹进行两次或三次压抹处理，以提高混凝土表面的抗裂能力。

5.5 确保混凝土充分、规范养护

5.5.1 混凝土浇捣后，12h 内应对混凝土加以覆盖和浇水，浇水养护时间一般不得少于 7d；对掺用缓凝型外加剂的混凝土，不得少于 14d。施工现场必须安装供浇水养护的水管。高层建筑应设计足够扬程的临时用水泵和水源。

5.5.2 后续工序施工时应采取措施，保证继续浇水养护不受影响。当不能保证浇水养护时，必须在混凝土表面覆盖塑料薄膜。

5.5.3 在养护期内，混凝土强度小于 1.2MPa 时，不得进行后续工序的施工。吊运重物时，重物堆放位置应采取有效措施，减轻对楼板的冲击影响。混凝土强度小于 10MPa 时，楼板上不得吊运堆放重物；在大于 10MPa 时，也要既保证施工的连续高效，又要保证前期施工的结构强度刚度，才继续进行下层结构施工。

5.6 加强施工过程管理

5.6.1 在施工组织设计的编制中，应有对住宅现浇楼板混凝土可能产生的裂缝部位、施工操作环节、控制楼板裂缝的措施等详细的内容，项目部对现浇楼板控制裂缝应有透彻的了解，做好项目工程师对管理人员和管理人员对操作班组的技术交底。

5.6.2 施工过程中，明确管理人员、班组长的岗位责任制，坚持过程中检验批的动态验收，坚持班组自检，自检合格后项目部复验，最后监理工程师验收，对于不合格项，不整改合格，不进入下道工序。

除正常的过程管理外，特别坚持以下几个环节的管理

1. 对楼层重物堆放的定址管理，吊重的轻吊多点管理。
2. 对楼层混凝土浇捣收头后两次或三次抹木蟹的监督管理。
3. 施工过程的沉降观察。

6. 材料与设备

本工法的主要材料是混凝土和钢筋，其中钢筋为普通建筑用钢筋，而对于现浇楼板混凝土从控制楼板裂缝角度应满足以下要求：

6.1 严格控制混凝土用水量，现浇楼层混凝土的最大用水量宜控制在 180kg/m³ 以下，不得超过 190kg/m³。

6.2 严格控制混凝土坍落度。适当降低混凝土坍落度对减少混凝土的收缩，控制混凝土裂缝是有利的，且是完全可行的，现浇楼板混凝土坍落度最大值应符合表 6.2 的规定。

混凝土坍落度　　　　　　　　　　　　　　　　　　　　　　　　　　　　　表 6.2

泵送高度	最大坍落度	泵送高度	最大坍落度
50m 以下	120±30mm	100m 以上	可根据情况作适当调整
50m 至 100m 之间	150±30mm		

6.3 提高骨料（砂、石）质量、控制粗骨数量

提高骨料质量，控制粗骨料数量，适当降低砂率有利于混凝土的收缩，砂率宜控制在 40% 以内。控制混凝土中粗骨料（石子）的用量，对于现浇混凝土楼板，粗骨料用量不小于 1000kg/m³。严禁使用细砂。

6.4 控制混凝土掺合料掺量

6.4.1 掺合料的质量必须符合有关标准的要求。

6.4.2 低钙粉煤灰和高钙粉煤灰的使用及其掺量应符合有关标准或规范的要求。

6.4.3 矿渣微粉的使用应符合有关标准或规范的要求，矿渣微粉的掺量不应大于水泥用量的 30%。

6.4.4 混凝土中水泥用量不应少于 200kg/m³（若采用纯硅水泥，其用量不应少于 180kg/m³）。同时，混凝土中最多水泥用量应符合有关规定。

6.5 该工法的机具设备同一般钢筋混凝土工程类似。

6.6 根据不同面积与结构类型、层高确定劳动组织。本工法实例工程在结构施工阶段，每栋房配：木工 100 人，钢筋工 50 人，泥工 40 人，其中：混凝土浇捣时泵管 5 人，泵车工 2 人，振捣 3 人，抹蟹 6 人，小工：4 人。（注：抹蟹人工根据混凝土的终凝时间长短适时调整。）

7. 质 量 控 制

7.1 工程质量控制标准

7.1.1 现浇楼板施工质量严格执行《混凝土结构工程施工质量验收规范》GB 50204—2002、工程建设标准强制性条文与上海市建委"控制住宅工程钢筋混凝土现浇楼板裂缝的技术导则"中的有关规定。

7.1.2 粉煤灰的使用及其掺量应符合《用于水泥和混凝土中的粉煤灰》GB/T 1596—2005 中的有关标准。

7.2 工程质量保证措施

7.2.1 模板支撑的选用必须经过计算，除满足强度要求外，还必须有足够的刚度和稳定性。根据工期安排配足够模板的套数，同时严格控制拆模时间。

7.2.2 保证钢筋绑扎固定到位，混凝土浇捣时在板负弯矩钢筋等有面层钢筋区域内，搭设操作跳板，严禁操作人员在上踩踏。

7.2.3 要确保混凝土能得到充分、规范养护，在养护期内，混凝土强度小于 1.2MPa 时，不得进行后续工序的施工。

7.2.4 加强施工过程管理，对住宅现浇楼板混凝土可能产生的裂缝部位、施工操作注意环节等事项，做好对管理人员、操作班组技术交底。

7.2.5 特别要做以下几个环节的管理：对楼层重物堆放的定址管理，吊重的轻吊多点管理；对楼层混凝土浇捣收头后两次或三次抹木蟹的监督管理；施工过程的沉降观察。

8. 安全环保措施

认真贯彻《建筑施工现场环境与卫生标准》及安全第一、预防为主的方针，符合行业标准有关安全规定要求，同时做好以下几方面工作：

8.1 楼板支模架支撑间距，必须经计算确定，并不大于 900mm，荷载选取时应考虑泵送混凝土的堆载作用及操作人员集中的作用。

8.2 预防高空坠落，施工层外围护必须安全可靠。

8.3 泵送混凝土浇捣时，泵管出料口混凝土堵塞。管拆接头时，操作人员头部、脸部不要正对该两部位，以免突然喷出混凝土伤人。

8.4 预防塔吊吊重伤人。预防电气设备及线路破损伤人。加强安全自查、专查工作。

8.5 对于浇筑混凝土时产生的浆液、废水及时冲洗并导引至沉淀池，避免污水外流。

8.6 覆盖用的塑料薄膜能重复利用的则利用，破损的统一堆放在仓库，事后集中处理，防止产生白色污染。

9. 效 益 分 析

9.1 社会效益

本工法的一系列技术措施使住宅工程现浇楼板裂缝问题得到有效控制，解决住户楼板裂缝和由裂缝带来的后顾之忧，老百姓住进放心房减少用户投诉，减少法律纠纷，让政府部门摆脱困扰，这个社会效益是十分明显的。

9.2 经济效益

本工法中增加了对楼层四角幅射钢筋，PVC管的钢筋网片及相应的人工费用等，据统计工程造价新增 10 元/m²，而 04 年某个住宅工程由于混凝土楼板裂缝造成的渗漏修补费用约 13 元/m²，这样由于维修费用的降低使管理成本降低 3 元/m²。

9.3 采用本工法造价略有增加，但对于需事后渗漏修补的工程还是有一定的经济优势，当然我们更为看重的是社会效益。

10. 应 用 实 例

10.1 上海财经大学学生公寓楼 1 号楼建筑面积 6915m²，框剪 12 层，2 号楼建筑面积 5770m²，框剪 10 层，于 2002 年 4 月开工，2003 年 6 月竣工，该两单位工程在结构施工阶段和装饰施工阶段，经历了近一年的日夜温差，季节温差的变化，经历了结构荷载，装饰荷载的施加，各楼现浇混凝土楼板层均未发现裂缝。

10.2 春莘花苑一期工程 2 标总建筑面积为 18021.86m²，有四幢住宅和一幢变电所组成。其中，2 号楼为 2524.79m²，4 号楼 5242.36m²，6 号楼为 5242.36m²，8 号楼为 4928.35m²。2 号楼为 6F 砖混结构，4 号、6 号、8 号楼为 11F＋6F＋6F 单元拼接形成。结构形式 11F 的为框架剪力墙结构，6F 的为砖混结构。

针对目前住宅楼工程中，现浇楼板裂缝等用户投诉较多的问题，在施工过程中我公司采用了正在实施中的"上海财经大学学生公寓楼"的楼板防裂施工技术，同时结合市建设和管理委员会颁发的《控制住宅工程钢筋混凝土现浇楼板裂缝的技术导则》来解决上述新质量通病，确定了以 4 号、6 号楼为重点实施目标、2 号、8 号楼为参与目标的方案。工程 2003 年 8 月 20 日开工，2004 年 9 月 18 日竣工，在现浇钢筋混凝土楼板的防裂问题上取得了理想的效果。

10.3 上海财大国权北路 12 号地块学生宿舍二期工程，总建筑面积 23000m²，由 3 幢 12 层的小高层组成，结构形式为框剪结构。工程 2004 上年 1 月开工，于同年 9 月竣工，由于本工程的施工任务由实例 1 "上海财经大学学生公寓"的项目部承担，在楼板裂缝控制施工方面有丰富的实践经验，在总结实例 1 中成功施工经验的基础上，结合《控制住宅工程钢筋混凝土现浇楼板裂缝的技术导则》，该工程交付使用后未出现楼板开裂现象，受到了业主及广大师生的好评。

秸秆镁质水泥轻质条板（SMC）施工工法

YJGF199—2006

广厦重庆第一建筑（集团）有限公司　重庆君泰环保轻质建材有限公司

成都市金橙环保轻质建材有限公司　南通市新华建筑安装工程有限公司

姚刚　周忠明　陈阁琳　邬建华　赵汉祥　李晓新

1. 前　　言

SMC板是一种节能环保型新型墙体材料，广泛应用于框架与剪力墙结构中，满足了工程对建筑节能的要求。该产品已获国家实用新型专利（专利证书号：ZL013039482）；经建设部组织的专家鉴定，"金橙"秸秆镁质水泥轻质条板（SMC板）成果具有一定的创新性，达到了国内同类产品的领先水平。使用了SMC轻质墙板的重庆大学主教学楼工程通过了建设部的科技示范工程验收，评定该工程整体施工技术达到了国内领先水平，工程质量获国家鲁班奖。在成功的施工实践基础上，总结编写了本工法。

2. 工 法 特 点

2.1　本工法施工简便易操作，受环境影响小，无湿作业，并可在恶劣的气候条件下施工，易于施工人员掌握。

2.2　SMC墙板具有轻质高强、防火防水、无毒无味、抗震防腐、易加工等特点，解决了板材本身开裂的问题。

2.3　本工法能有效地解决传统轻质墙板安装中的板缝开裂和墙体上下、左右开裂的问题。

2.4　以农作物废弃物为填料的墙板，保护了环境，利用了资源，降低了成本，有较好的社会效益、经济效益和环保效益。

3. 适 用 范 围

本工法适用于工业与民用建筑无长期浸水环境的各种结构形式的非承重内隔墙施工。

4. 工 艺 原 理

4.1　SMC墙板生产的原理

SMC墙板是以镁质水泥为胶凝材料，秸秆为填料，玻璃纤维为增强材料，经特殊改性处理和严格原料质量控制及配方，加工而成的一种新型轻质条板，解决了镁质水泥制品的吸潮返卤、翘曲变形、耐水性差等三大难题，其生产原理主要表现在：

4.1.1　在母液的配置中加入多种无机、有机改性剂，改变母液的化学成分，在增加反应速度的情况下，产生$Fe(OH)_3$、$Al(OH)_3 \cdot 8H_2O$组成的胶状絮凝物，并与MgO充分反应后生成新的具有晶向结构的产品，在大幅度提高制品的各项物理指标性能的同时，缩短了制品内部应力的释放周期，减少了制品的形变，提高了材质的稳定性，有效地防止了墙板自身的开裂。

4.1.2　SMC板生产配方从温度对$MgCl_2$与MgO化学反应的程度入手，引入计算机辅助设计技术建立了三者的最佳定量的变量公式和函数曲线，解决了在不同气温条件下，大批量工业化生产镁质水泥制品基本原材料的精确定量问题，从而攻克了国内长期存在吸潮返卤这一难关。

4.1.3 SMC 板生产工艺中研制和运用防水剂成膜封堵毛细孔技术，成功解决了板经长期浸泡会出现软化现象的重大弊端。

4.2 SMC 墙板安装的原理

SMC 墙体安装的墙板与墙板、墙板与主体结构墙及上下梁（顶棚）、地面的连接部位均采用专用粘接嵌缝料的柔性连接，有效地解决 SMC 墙板安装中的板缝开裂和墙体上下、左右开裂的问题，是本工法的关键技术。SMC 墙体安装的关键技术系统由以下内容组成：

4.2.1 专用粘接嵌缝料中掺入黏性好，且同时与 SMC 板材质及硅酸盐水泥制品具有较好亲和性的添加剂，提高了抗拉强度。

4.2.2 通过在专用粘接嵌缝料中掺入保水剂、网状纤维等添加料并加适量河砂，延长了硅酸盐水泥的水化反应时间；增强了抗拉性；限制了材料本身的收缩性；提高了柔性和微膨胀性。

4.2.3 用卡件固定于墙体上、下两面，防止墙体位移和提高其抗震性能。

5. 施工工艺流程及操作要点

5.1 工艺流程

5.1.1 SMC 墙板生产工艺流程和操作要点属产品专利，并已通过科技成果鉴定。

5.1.2 SMC 墙板安装工艺流程见图 5.1.2。

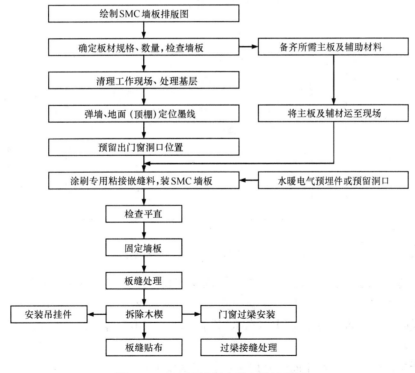

图 5.1.2 SMC 墙板安装工艺流程图

5.2 操作要点

5.2.1 根据设计图纸制出排版图。SMC 隔墙板门窗洞口排版见图 5.2.1-1，SMC 隔墙板排版见图 5.2.1-2。

5.2.2 确定板材规格数量。使用前应对 SMC 墙板按《建筑隔墙用轻质条板》JG/T 169—2005 要求进行外观检查，发现外形尺寸超过允许偏差或有严重缺陷的不合格产品不得使用。

5.2.3 清理场地，将要安装墙板的位置清扫干净，根据设计图纸要求弹出墙线，按排版图复核墙线，并预留出门窗洞口位置。

5.2.4 涂刷专用粘接嵌缝料。安装前，先在SMC板的企口处（连接处），包括板同楼地面的连接处、同其他墙、柱的连接处，满涂粘接嵌缝料；涂粘接嵌缝料前，应先将涂刷处清理干净，用木抹子均匀满涂粘接嵌缝料，母榫内应满涂，墙、柱、梁板等连接处涂刷厚度约2～3cm，并应涂刷均匀且边涂边安装墙板，避免嵌缝料涂刷时间过长失去工作性能。

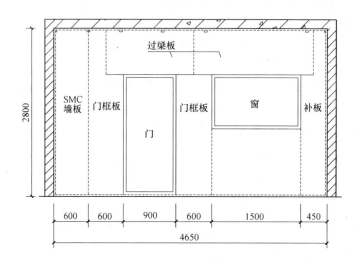

图5.2.1-1　SMC隔墙板门窗洞口排版示意图

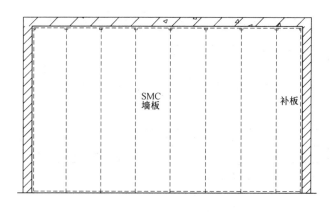

图5.2.1-2　SMC隔墙板排版示意图

5.2.5 安装SMC墙板。按排版图从一边开始逐块安装，尽量减少补板，若隔墙上有门窗洞口时，先从门窗洞口开始分别向两边安装。在主体墙旁安装第一块SMC板的操作过程：

1. 按照已弹墨线在主体墙一定高度上（SMC板长1/2）用电钻钻12～14mm的孔两个（深度大于50mm），并打入木楔；

2. 将宽度与SMC板母榫内宽相同的专用木块钉于木楔上；

3. 母榫内均匀满涂专用粘接嵌缝料，卡入木块内与墙连接。

5.2.6 固定墙板。安装时，先把SMC板沿弹出的墙线安装，合线后用木楔在楼地面塞紧，用2m靠尺和吊线坠检查调整垂直度，需要接板的，要检查连接处的平整度。垂直就位后在顶部用木楔固定牢固。

5.2.7 安装过程中，墙板就位后必须用木楔塞紧后才能放手，避免墙板倒下伤人。井道墙板安装时，必须先用跳板搭在井道上，避免安装中失足掉进井道洞中。

5.2.8 水电管敷设应与SMC墙板的安装同步进行，板面若需开孔，应在安装前用电钻钻孔，切割机切割，并尽量避免水平方向的走线穿管。槽孔根据水电管数、洞口大小确定，安装后用专用粘接嵌缝料填实补平。严禁用手工打洞。

5.2.9 检查墙板。整面隔墙安装完毕后，用 2m 靠尺检查墙面平整度和垂直度，用木楔对整个墙面进行校平。

5.2.10 将预先涂好防锈漆的∠30×4 角钢卡件按间距 600mm 固定在墙板与主体结构梁、顶棚、楼地面交接处，并确保将墙板固定牢固。

5.2.11 板缝处理。经检查合格后，用专用粘接嵌缝料补平板缝，以不露板缝为准（第一次填缝深一半，第二次填平）。板底与楼地面、板顶与楼板底、梁底的接口用专用粘接嵌缝料填充。SMC 墙板与顶棚连接见图 5.2.11。

5.2.12 SMC 板与楼地面的连接，用专用粘接嵌缝料粘接，要求地面是硬化后的地面，在 SMC 板底连接处涂上专用粘接嵌缝料后，安装墙板，安装完成后抹平缝口。SMC 板间的连接，在板的企口处满涂专用粘接嵌缝料，安装完成后压实抹平板缝。SMC 墙板与楼地面连接见图 5.2.12。

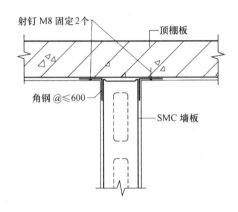

图 5.2.11　SMC 墙板与顶棚连接图

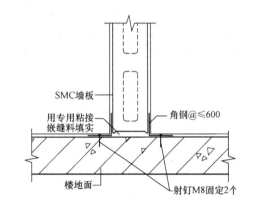

图 5.2.12　SMC 墙板与楼地面连接图

5.2.13 SMC 板同其他墙、柱的连接，在 SMC 板连接处位置满涂专用粘接嵌缝料，安装完成后抹平板缝，后塞口在安装完成后用专用粘接嵌缝料灌缝抹平。SMC 墙板与承重墙（柱）连接见图 5.2.13。

5.2.14 拆除木楔。在用专用嵌缝料处理板缝 3d 后可以取掉木楔，取掉后形成的空洞用专用粘接嵌缝料补平。

5.2.15 门窗过梁安装。门、窗过梁待门（窗）边板专用粘接嵌缝料达到强度后才安装，门（窗）边板的支座长度为 300mm，以便于搁置门窗过梁板。为防止开裂，企口处的专用粘接嵌缝料必须饱满，板缝的处理，一定要在墙板调整到位后，再用专用粘结嵌缝料将板缝填实压紧抹平后进行，严禁在板缝处理后达到强度前对墙板进行震动，避免接缝开裂。

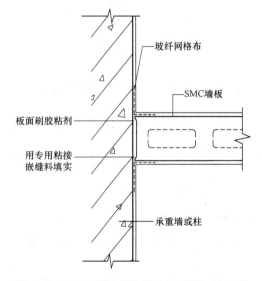

图 5.2.13　SMC 墙板与承重墙（柱）连接图

5.2.16 安装吊挂件。水暖件吊挂必须固定在 SMC 墙板的专用铁块上，即在墙上开一个槽，用一个上有螺母的专用铁块卡入槽内，并用专用粘接嵌缝料粘牢。电气连接盒、插座四周用专用粘结剂粘牢，其表面应与墙板平齐。

5.2.17 板缝贴布。SMC 墙板安装后，将粘缝玻璃纤维网格带粘贴于板缝处，用建筑密封胶粘贴并刮平，以不露板缝为准。

5.2.18 每一面墙体安装完毕后，当气温在 10℃ 以上时须在 3d 后，当气温在 10℃ 以下时须在 5d

后，其他装修工序才能在墙体上施工。

5.2.19 SMC 板墙面平整，无需抹灰，可以直接刮腻子进行面层装饰；在 SMC 板同其他材质的连接处（同其他墙、柱、梁底、板底）贴 160mm 宽玻璃纤维网格带后再进行腻子的涂刮。

6. 材料与设备

6.1 材料

6.1.1 材料准备：SMC 墙板、卡件、射钉、专用粘接嵌缝料、建筑密封胶、32.5 级普通硅酸盐水泥、中砂、玻璃纤维网格带（宽 160mm）、L30×4 角钢（长 50mm）。

6.1.2 SMC 墙板是以农作物秸秆和镁质水泥为主要原料，添加无机材料为辅助材料组成的一种节能、环保型新型墙体材料，通过了建设部科技成果鉴定，达到国内同类产品的领先水平。标准板尺寸见图 6.1.2-1，门框板尺寸见图 6.1.2-2。

6.1.3 专用粘接嵌缝料是以 SMC 墙板的母料和硅酸盐水泥为主要原料，以保证其与母材、混凝土结构的相容性，同时按一定比例添加了保水剂和网状纤维、适量河砂等辅助材料，是一种与水泥制品等具有较强的粘接性及较好的保水性、抗拉性和微膨胀性的嵌缝材料。

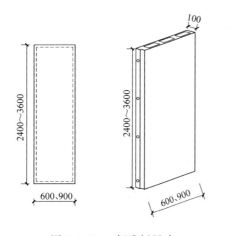

图 6.1.2-1 标准板尺寸

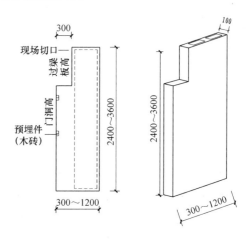

图 6.1.2-2 门框板尺寸

6.1.4 SMC 墙板规格尺寸见表 6.1.4。

SMC 墙板规格尺寸 　　　　　　　　　　　　　　　　　表 6.1.4

长度(mm)	宽度(mm)	厚度(mm)	空心率(%)	备　　注
2400	300～600	100	65～82	宽度为 600mm 和 900mm，厚度为 100mm 的板为标准板；其他尺寸可加工定做。
2500～3000	300～900	100～200	65～81	
3100～3600	300～1200	100～300	65～82.4	

6.1.5 SMC 墙板的技术性能指标见表 6.1.5。

SMC 墙板的技术性能指标 　　　　　　　　　　　　　　表 6.1.5

序号	名　　称	计量单位	标准及技术指标	检验结果	结论
1	面密度	kg/m²	≤60	45	合格
2	耐火极限	min	≥60	120	合格
3	含水率	%	JG 3063—1999	5.4	合格
4	吸水率	%	一等品<25	10.7	一等品
5	放射性核素限量	/	/	/	/

序号	名 称	计量单位	标准及技术指标	检验结果	结论
5	内照射指数	/	≤1.0	0	合格
	外照射指数	/	≤1.0	0	合格
6	抗压强度（自然状态）	MPa	/	19.7	合格
7	抗压强度（80℃烘干至恒重）	MPa	/	23.0	合格
8	抗弯破坏荷载	倍	≥0.75（板自重）	≥11.6	合格
9	抗冲击强度	/	30kg砂袋落差0.5m摆动三次,不出现贯通裂纹	10次未出现贯通裂纹	合格
10	单点吊挂力	N	800N 24h不出现贯通裂纹	未出现贯通裂纹	合格
11	隔声测试	dB	GBJ 121—88	41	合格
12	干燥收缩值	mm/m	≤0.6	≤0.57	合格
13	传热系数[b]	W/m²·K	/	/	/

6.2 机具设备

6.2.1 脚手架：采用可移动门式脚手架。

6.2.2 机具：撬棍、开刀、托板、木抹子、橡胶锤、线坠、木楔、墨线盒、钢丝刷、水桶、拉毛刷、扫帚、木凳子、切割机、电钻、射钉枪、钢卷尺、2m靠尺。

7. 质 量 控 制

7.1 SMC板安装验收以《建筑工程施工质量验收统一标准》（GB 50300—2001）和《建筑装饰装修工程质量验收规范》（GB 50210—2001）为依据，并参照《建筑隔墙用轻质条板》（JG/T 169—2005）。

7.2 安装完的SMC墙板表面光滑、平整，不得有起皮、掉角、空鼓、裂纹、飞毛刺。

7.3 板材接缝应填实，不得出现干缩裂缝；玻璃纤维网格带（宽160mm）不得有翘边、皱折、外露现象。

7.4 门窗洞口位置准确，边角整齐垂直。

7.5 预埋件安装牢固，位置准确。

7.6 SMC墙板安装允许偏差值应符合表7.6的规定。

SMC墙板安装允许偏差值　　　　　　　　　　　　　　　　表7.6

项 次	项 目	允许偏差值(mm)	检 查 方 法
1	轴线偏差	10	钢尺测量
2	表面平整度	4	2m靠尺和塞尺检查
3	垂直度偏差	4	托线板和经纬仪检查
4	接缝高低差	3	直尺和塞尺
5	转角偏差	4	200mm方尺,特殊角尺,塞尺
6	门窗洞口中心偏差	−3,+10	钢尺测量
7	门窗洞口尺寸高差	−4,+10	钢尺测量

8. 劳动组织与安全措施

8.1 劳动组织（表8.1）

8.2 安全措施

8.2.1 进入施工现场必须戴安全帽，建筑物临时洞口处必须设置安全防护栏及警戒牌。

劳动组织情况表   表 8.1

序　号	工　种	工 作 内 容	人　数	说　明
1	木工	就位找垂直、平整	2	
2	瓦工、普工	搬运墙板、协助安装	4～8	
3	抹灰工	嵌缝、粘贴玻纤网格带	2	

8.2.2 全部用电由工地专职电工（有专业操作证书和上岗证）负责，严禁私接乱搭。电气设备和线路必须绝缘良好，规范用电，杜绝漏电伤亡事故发生。

8.2.3 施工现场的脚手架、防护措施、安全标志和警示牌不得擅自拆动，需要拆动的，需经施工负责人同意。

8.2.4 参加施工的工人需熟知安全操作规程，坚守工作岗位，严禁酒后操作。

8.2.5 采用机械吊装起吊墙板时，指挥信号明确，起重作业半径内严禁通行。

8.2.6 严格遵循安全生产制度、安全操作规程以及经审批的各项安全技术措施和操作规程，作好安全技术交底记录，加强安全工作。

9. 环 保 措 施

采用本工法，除遵照国家有关环境保护法规《建筑材料放射性卫生防护标准》（GB 6566—2000）、《建筑施工现场环境与卫生标准》（JGJ 146—2004）等和当地相关环境保护的具体要求外，结合本工法的构造特征和具体工程实际情况，尚应做到：

9.1 进入施工现场的各种材料及机械设备，均须按指定位置整齐堆放；加强现场清洁、用水、排污的管理；做到场地整洁，井然有序。

9.2 对于需要裁割的板材要做好防尘措施，经常洒水降沉，裁割时应在有封闭的地方进行施工，减少粉尘污染。

9.3 施工过程中的废弃物及时清除到指定位置，集中后运离场地。剩余材料和可回收容器及时转到下一工作面或指定堆放地点，做到工完场清。

9.4 现场施工要注意环境保护，合理安排作息时间，尽量减少噪声污染。

9.5 文明施工

9.5.1 施工现场不得乱堆乱放，不得将板集中堆放在同一跨内，堆放高度不得超过 2000mm。

9.5.2 保持施工现场干净整齐，做到"工完、料尽、场地清"，作好文明施工工作。

9.5.3 施工现场严禁打闹，做到施工有序，文明施工。

10. 效 益 分 析

采用本工法，经济效益和社会效益显著，主要表现在工期快、效益佳、质量优、节能环保、社会效益好五个方面。

10.1 工期快

根据工程实际施工情况，SMC 轻质墙板与其他墙体材料如加气混凝土砌块、页岩空心砖施工速度相比，可提高工效 10 倍以上。

10.2 效益佳

以我司承建的重庆大学主教学楼工程为例，该工程主楼标准层共 20 层的内隔墙均采用 SMC 轻质墙板，使用量 17948m²。

10.2.1 由于 SMC 轻质墙板墙面平整度控制在 4mm 以内，表面不需做水泥砂浆找平，就可以在上面直接刮腻子，可以节约水泥砂浆 3.00 元/m²，界面剂 0.95 元/m²，节省抹灰用工 2.50 元/m²，合计节约 6.45 元/m²，共计节约 17948m²×6.45 元/m²＝11.577 万元。SMC 轻质墙板与加气混凝土砌块市场差价：76.5 元/m²－59.8 元/m²＝16.7 元/m²，材料费价差：17948m²×16.7 元/m²＝29.9 万元。

与砌筑砖墙（加气混凝土砌块）相比较，可以节省工期 60d，节约人工费 50 元/d·人×60d×156 人＝46.8 万元，节约设备租赁费用（包括垂直运输费用和砂浆搅拌机械费用）2000 元/d×60d×70%＝8.4 万元。

重庆大学主教学楼工程产生经济效益共计：11.577 万元＋46.8 万元＋8.4 万元－29.9 万元＝36.877 万元。

同理，经应用后分析，重庆医科大学第二附属医院住院部综合大楼（续建）工程和重庆海韵楼住宅工程产生经济效益分别为：19.875 万元和 6.554 万元。

10.2.2 使用 SMC 板可以降低结构承受的荷载，降低地基处理费用。

10.2.3 增加使用面积：因墙体厚度减少，可增加使用面积，以重庆地区较普遍的户型，一套三室一厅的房子，套内面积为 85m²，当采用 100 厚 SMC 轻质隔墙和内隔墙传统使用 100 厚加气混凝土砌块比较，可以节约面积 1.225m²，面积节约率达 1.5%。

10.3 质量优

SMC 墙板安装后表面平整度好，便于二次装修；板上可直接刮腻子，消除了墙面因抹灰造成的容易开裂、空鼓的质量通病，确保工程质量一次合格。

10.4 节能环保

SMC 板全部以农作物废弃物秸秆为主材，不但保护了环境，充分利用了资源，变废为宝，也符合国家限制黏土砖的生产和使用，大力发展节能、节地、利废、保温隔热、环保新型墙体材料产业政策规定，对推进（可再生）能源与建筑结合配套技术研发工作具有重要意义。

10.5 社会效益好

10.5.1 由于缩短工期，受到了业主及相关部门的好评，为承接新的工程创造了良好的条件，取得了较好的社会效益。

10.5.2 施工中，节水节电，对环境无污染，起到了节能环保的效果。

10.5.3 采用 SMC 墙板增加了使用面积，得到了用户的喜爱，社会影响好。

10.5.4 产品空心率高，管线安装方便，节省工时，提高效率。

11. 应 用 实 例

工程应用实例见表 11。

工程应用实例　　　　　　　　　　　　　　　　　　　　表 11

序号	1	2	3	4	5	6
工程名称	重庆大学主教学楼工程	重庆医科大学第二附属医院住院部综合大楼(续建)工程	重庆海韵楼住宅工程	南营房危改小区丁区 2 号楼	北京日坛国际广场	浩庭二期 1 号楼
工程地点	重庆大学 A 区校园内	重庆市渝中区临江门	重庆市南岸区	北京朝外大街南营房	北京朝阳门外市场街	北京广渠门
建筑面积	70032m²	31821m²	23860m²	195995m²	78000m²	21000m²
使用部位	共 20 层的主楼标准层内隔墙	地上部分的卫生间、井道等内隔墙	住宅的内隔墙	内隔墙	建筑内隔墙	建筑内隔墙

续表

序号	1	2	3	4	5	6
使用数量	17948m²	9000m²	9700m²	15000m²	3000m²	1000m²
开工时间	2003 年 4 月	2005 年 6 月	2002 年 5 月	2006 年 3 月	2005 年 12 月	2006 年 5 月
竣工时间	2005 年 6 月	2006 年 12 月	2004 年 6 月	2007 年 12 月	2007 年 9 月	2007 年 6 月
工程质量	荣获 2006 年中国建筑工程鲁班奖、建设部节能省地型科技示范工程	合格，得到了业主、监理及市质监站的一致好评	合格，得到业主、监理及用户的一致好评	良好	良好	良好

续表

混凝土模块砌体施工工法

YJGF200—2006

北京市政建设集团有限责任公司　北京市市政工程管理处　北京四方如钢混凝土制品有限公司
南通华新建工集团有限公司　　上海钟宏科技发展有限公司

杨树丛　梁林华　孙宪宪　马勤俊　陈丰华　钱忠勤

1. 前　言

本工法是采用"混凝土模块（井壁墙体模块以及采用该模块构筑井壁墙体的方法，发明专利号：03105335.1）"（12345）作为砌体材料砌筑地下设施构筑物的指导性文件。由北京四方如钢混凝土制品有限公司研发的混凝土模块于 2003 年 7 月通过北京市建设委员会组织的专家委员会的鉴定，该项技术被评定为国际先进水平。在将近四年的工程实践中，北京市政建设集团有限责任公司及所属的北京市市政工程管理处、北京四方如钢混凝土制品有限公司等单位在市政工程施工领域进行了大量的工程实践，通过对比现有的施工技术，参考国内相关规范、规程，分析总结，逐步形成了混凝土模块砌体的专有施工技术工法，并通过实践进行了进一步提高和完善。

本工法应用过程中，获得"2006 年度建设部颁发的中国建设科技自主创新优势企业证书"、"2007 年第十届北京技术市场金桥奖项目三等奖"，由建设部标准化研究所主编的"混凝土模块式排水检查井（05SS522）"、"混凝土砌块系列块型（05SG516）"等国标图集都已在全国颁布实施，"电力电缆井设计与安装"国标图集已经通过审核。另有"混凝土模块式化粪池"、"砌体雨水方沟"、"室外热力管道安装（混凝土模块地沟敷设）"和"室外热力管道检查井"四部图集已经列入 2007 年国家建筑标准设计编制工作计划。

2. 工 法 特 点

2.1　将混凝土模块按施工图码砌，经简单支撑后进行混凝土灌孔即完成砌体施工。砌筑分为砂浆砌筑和干码砌筑。砂浆砌筑一般应用于找平层和非对孔砌筑的模块墙体，干码砌筑主要应用于抗渗要求较高的构筑物。

2.2　混凝土模块尺度大小适度、重量适宜，施工操作简便，对作业人员的技术要求较低，易于保障工程质量，缩短施工周期。

2.3　工业化产品混凝土模块、预拌砂浆和预拌混凝土的使用，大大减少了施工现场扬尘，利于环境保护，为文明施工创造了条件。

2.4　混凝土模块砌体与传统砌体相比，具有较高的力学性能、较好的抗渗性及耐久性。

3. 适 用 范 围

本工法适用于城镇公用基础设施和厂矿企业排水工程的无内压的矩形排水管道、各类市政地下基础设施管线的管沟、检查井、小室、道路的雨水口、城镇生活区化粪池、水处理池、排水泵站、安全等级不大于二级的储液构筑物及挡土墙等。

4. 工 艺 原 理

4.1　工艺原理

本工法涉及的主要材料——混凝土模块是由混凝土通过专用加工设备制做而成，模块上下左右均有嵌锁结构，内部纵横孔道相互贯通，其开孔率在35％～80％。砌筑后可在空心部位灌筑混凝土（必要时可在孔内配置一定数量的钢筋，以增加墙体的抗力），形成模块与灌孔混凝土结合的墙体结构，可满足各类市政设施中砌体构筑物结构强度及抗渗要求。

4.2 本工法主要依据和参考文件为

《北京市给排水管道工程施工技术规程》DBJ 01—47；

《给水排水管道工程施工及验收规范》GB 50268；

《排水管（渠）工程施工质量检验标准》DBJ 01—13；

《给排水构筑物施工及验收规范》GBJ 141；

《北京市市政工程施工安全操作规程》DBJ 01—56；

《施工现场临时用电安全技术规范》JGJ 46；

《建筑工程冬期施工规程》JGJ 104；

《混凝土小型空心砌块砌筑砂浆》JC 860；

《混凝土结构工程施工质量验收规程》DBJ 01—82。

5. 施工工艺流程及操作要点

5.1 施工工艺流程（图5.1）

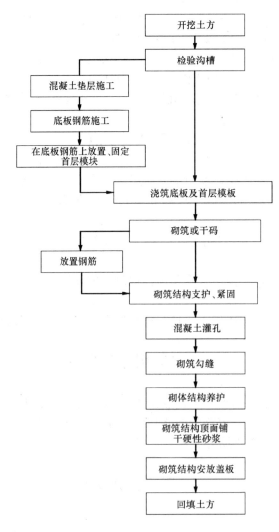

图5.1 施工工艺流程图

5.2 施工操作要点

5.2.1 土方开挖

1. 测量、放线、定位。

2. 做好施工场地的物探工作，如遇障碍物应采取相应的措施。

3. 采用机械挖槽时，应在槽底标高以上保留 100～200mm 的土层，采用人工清槽，严禁超挖。

4. 基槽如遇软弱地基需处理时，须事先征得地勘及设计部门的许可。

5.2.2 确认基槽符合要求后，按图纸要求浇筑垫层混凝土。

5.2.3 钢筋施工的原材料加工、连接、安装和验收应符合现行国家标准《混凝土结构工程施工验收规范》GB 5024 中的有关规定。

5.2.4 首层模块应直接安放在底板钢筋龙骨上并进行固定，并保证混凝土底板与首层模块的一次浇筑。无配筋的底板应在混凝土初凝之前将首层模块植入底板 30～50mm。

5.2.5 混凝土模块砌筑

1. 砌筑准备

1) 砌筑前应将混凝土模块表面和孔洞内的杂物清理干净。

2) 气候炎热干燥时，砌筑前宜对混凝土模块应进行喷水湿润。

2. 砌筑

1) 干码砌筑的各类形构筑物，每砌筑五层应修正累计误差，一次码砌高度应控制在 4.0m 以内。

2) 砂浆砌筑应分层进行，铺浆宜使用专用工具均匀铺浆，应避免砂浆落入孔内。

3) 混凝土直墙模块、弧形模块上下层应错缝对孔砌筑；混凝土轴头模块对缝对孔砌筑。

4) 混凝土模块砌体灰缝应横平竖直，采用不低于 M7.5 水泥砂浆勾缝（设计有特殊要求的除外），勾缝后须清扫墙面。

5) 混凝土模块砌筑后如出现扰动错位，应重新砌筑。

5.2.6 选用与混凝土模块相匹配的球墨铸铁踏步，踏步应随砌随安装，并做临时固定，灌孔混凝土未达到设计强度不得踩踏。

5.2.7 在混凝土灌孔之前需做必要的临时支撑与紧固。

1. 混凝土弧形模块砌筑圆形构筑物，应在混凝土灌孔之前，将构筑物的最上层模块用紧固工具紧固，方可进行混凝土灌孔施工。

2. 混凝土轴头模块砌筑圆形构筑物，应在混凝土灌孔之前，使用木方竖向紧贴构筑物外壁间距约 600mm，在环向用紧固工具紧固，方可进行混凝土灌孔施工。

3. 混凝土直墙模块砌筑矩形构筑物，应在混凝土灌孔之前，对构筑物的角部及相关部位采取支护措施，方可进行混凝土灌孔施工。

5.2.8 钢筋设置、连接方式、锚固或搭接长度按图纸要求施工。

5.2.9 灌孔与振捣

1. 灌孔前应检查、清除模块孔内的落地灰或杂物等，一定要保证孔底干净、孔道通畅；灌孔应在砌筑砂浆强度达到 1.0MPa 以上时方可进行（干码施工除外）。

2. 一次灌筑高度一般不大于 4.0m。

3. 灌孔混凝土必须按连续灌筑、分层捣实的原则进行施工，分层高度控制在 300～500mm，依次灌筑完成，不宜留施工缝。

4. 振捣棒插入混凝土中上下移动振捣，直至无上升气泡时为最佳。振捣时，宜隔孔插振，不得漏振、过振。

5.2.10 严禁在混凝土模块砌体上留设脚手架孔。

5.2.11 变形缝按照设计要求设置及施工。止水带安装应当位置准确、牢固，符合相关的施工验收规范。

5.2.12 混凝土预制盖板的安装须符合设计要求及相关的施工验收规范。

5.3 施工现场模块码放及转运

5.3.1 验收合格的混凝土模块经清点后，按规格、类别码放整齐、牢固，不宜过高。

5.3.2 混凝土模块转运时严禁倾卸和抛掷。

5.3.3 向沟槽内输送混凝土模块，宜用溜板与绳钩配合缓慢滑下，或采用机械吊运输送。

6. 材料与设备

6.1 材料

6.1.1 混凝土模块强度等级为 MU7.5、MU10、MU12.5，分别对应的混凝土强度等级为 C25、C30、C35。

6.1.2 砌筑砂浆强度等级为 M10、M15。

6.1.3 灌孔混凝土强度等级为 C25、C30。

6.1.4 钢筋（按图纸要求）。

6.2 工具

云石机、$\phi20\sim\phi30$mm 插入式混凝土振捣器、紧固器。

6.3 产品检验

6.3.1 混凝土模块批量使用达到 2 万块时，产品复检由使用单位采用供应厂家提供的同批标准试块进行检测。

6.3.2 砌筑砂浆、灌孔混凝土、钢筋符合《混凝土小型空心砌块砌筑砂浆》JC 860、《混凝土结构工程施工质量验收规程》DBJ 01—82 中的规定。

7. 质量控制

7.1 市政工程混凝土模块砌体施工质量控制

7.1.1 混凝土模块砌筑允许偏差（表 7.1.1）。

混凝土模块砌筑允许偏差　　　　　　　　　　　　　　　　表 7.1.1

序　号	项　目		允许偏差(mm)	检验方法
1	轴线位置偏移		±15	经纬仪或拉线和尺量检查
2	墙面垂直度	H≤5.0m 时	10	经纬仪或线坠挂线和尺量检查
		H＞5.0m 时	15	
3	表面平整度	清水墙2.0m 以内	10	靠尺检查
4	水平灰缝平直度	清水墙2.0m 以内	10	拉线和尺量检查
5	水平灰缝宽度	—	5～10	尺量检查
6	竖向灰缝宽度	—	6～14	尺量检查

7.1.2 混凝土模块砌体检测

1. 灌孔施工时混凝土灌筑量应达到计算的需要量；用小锤敲击砌体时应无异常空洞声音，否则应剔开空洞声响部位的混凝土模块壁，采取措施补救；质量检查应从每个工序把关，并要做好各项检查的记录。

2. 混凝土模块砌体的质量检测，可在构筑物完成后，使用回弹仪确认其强度等级或取芯测定。

7.2 闭水

有闭水要求的构筑物，闭水试验参照《北京市给排水管道工程施工技术规程》DBJ 01—47 的标准执行。

7.3 雨、冬期施工

7.3.1 雨期施工应有防雨措施，降雨发生时，对新砌筑的混凝土模块砌体应及时进行遮盖，防止雨水冲刷、浸泡。

7.3.2 冬期施工应参照执行《建筑工程冬期施工规程》JCJ 104 的规定。

8. 安 全 措 施

8.1 土方工程

8.1.1 开挖土方前必须了解土质、地下水等情况，查清地下埋设管道，电缆的位置、深度、走向并要加设标记。负责施工人员必须向操作工人详细交底，内容应包括：地下设施情况，危险性，安全措施，操作方法和施工过程中的安全注意事项。

8.1.2 沟槽边必须设护栏及警告标识，夜间设灯光警示，沟槽边 1.5m 以内不准堆物堆料，禁止停放车辆。

8.1.3 挖土时要从上而下顺序作业，严禁掏洞挖土，机械挖运土方要有专人指挥。

8.1.4 开挖沟槽要按照土质情况进行放坡或支护，并经常检查边坡的稳定性。

8.1.5 挖土时发现有洞穴等不能肯定其性质或未决定处理方法前不得进入，以免发生坍塌或中毒。

8.1.6 进入施工现场的所有人员要戴好安全帽等安全防护用品。

8.1.7 开挖土方，人与人横向间距不少于 2m，纵向间距不少于 3m。

8.2 安全用电工作

8.2.1 严格执行《施工现场临时用电安全技术规范》JCJ 46。

8.2.2 电工必须持证上岗，负责现场所有用电工作，作业时必须穿戴好防护用品，采用云石机切割模块时，云石机正前方不得站人。

8.2.3 电动工具必须保证技术状态良好，严禁使用漏电机具参与作业，严禁违章使用机具。

8.2.4 施工现场使用的电气设备必须符合防火要求，临时用电必须安装过载保护装置。

8.2.5 低压配电要符合民政部安排变压器负荷分配原则，生活用电、办公用电、施工用电在配电时分开。

8.2.6 作业区内用电电压必须符合国家规范要求，电线、电缆不准随意架设。电线敷设根据施工现场采用埋地、沿墙、沿柱架空敷设方式。基础尚未开工前，设立临时接地装置，保障施工现场安全用电。

8.3 安全消防

8.3.1 安全消防参照《北京市建设工程施工现场保卫消防标准》执行。

8.3.2 施工现场的堆料及垃圾不得圈占消防设备，不得阻塞消防安全通道和疏散楼梯，消火栓处昼夜设有明显标志配备足够的水龙带，周围 3m 内不准存放模块。

8.3.3 易燃、易爆物品，必须采用严格的防火措施，指定防火负责人，配有灭火器材。

8.3.4 施工单位必须在施工现场建立禁烟标志和防火安全制度牌。

8.3.5 如果发生各类事故，要立即报告公司领导和建设行政主管部门及公安部门，并保护好现场，配合公安机关开展工作。

8.3.6 其他安全措施参照《北京市市政工程施工安全操作规程》DBJ 01 及《建筑基坑支护技术规程》JGJ 120 执行。

9. 环 保 措 施

9.1 施工现场要设置护栏、围挡，采用硬质型围挡隔离施工现场，在施工过程中设专人进行维护。

9.2 施工区内道路通畅、平坦、整洁。构造物周围设散水坡，四周保持清洁。场地平整不积水，无散落的杂物。对施工现场场地进行硬化和绿化。

9.3 对施工现场、社会道路采取及时清扫和除尘洒水措施，对施工车辆及土方运输车辆采取严密覆盖和清扫措施，确保不遗洒，对施工及生活垃圾做到及时清运，对损坏的道路及时进行修整。

9.4 设置专门的交通疏导员，积极协助交警搞好交通疏导工作，减少因施工造成的交通堵塞现象。

9.5 大气污染控制措施

9.5.1 水泥和其他易飞扬的细颗粒散体材料，须在库内存放或严密遮盖，运输时要防止遗洒、飞扬，卸运时采取有效措施，以减少扬尘。

9.5.2 拆除旧有建筑时，随时洒水，减少扬尘污染。

9.6 水污染控制措施

施工废水、生活污水源，要采取处理措施。工地垃圾及时运往指定地点深埋，使生态环境受损减到最低程度。

9.7 噪声控制的技术措施

9.7.1 建立定期噪声监测制度。

9.7.2 调整作业时间，噪声较大的工序按相关委、办的规定执行。

10. 效 益 分 析

混凝土模块结构安全稳定性好，施工快捷，降低了工人劳动强度，缩短了施工工期，减少了施工占道和断路时间，降低了施工成本，有着显著的经济效益和社会效益。

采用混凝土模块施工成本低于现浇混凝土构筑物11%～20%，低于装配式各类检查井40%，节约建设资金。

工法作为施工操作指导，为工程项目节约了宝贵的工期、节省了大量的人力和物力资源。混凝土模块其结构安全稳定、外形美观、操作简便快捷、减少施工作业风险，文明施工达标等特点，反映了该产品具有广阔的市场推广前景。

混凝土模块的原材料掺入粉煤灰、建筑垃圾等，绿色、环保，节约了黏土资源。符合可持续发展的战略要求，具有广泛的社会效益。

11. 应 用 实 例

北辰西路（辛站村路—五环路）雨水工程

11.1 工程概况及设计情况

北辰西路（辛站村路—五环路）雨水工程设计由北京市政工程设计研究总院设计。设计雨水干线为 $W \times H = 3000 \times 1950$、$4000 \times 2000$ 方沟两种结构形式，全长2090m。其中结构断面 $W \times H = 3000 \times 1950$ 为模块砌筑方沟，长度906m；结构断面 $W \times H = 4000 \times 2000$ 为现浇钢筑混凝土方沟。

混凝土模块方沟其结构形式：

现浇钢筑混凝土底板	厚度为380mm；
混凝土模块侧墙	墙厚为400mm；
预制混凝土盖板	C30；
灌孔混凝土	Cb30；
模块强度	MU15；

砌筑砂浆　　　　　　　Mb15：

11.2　工程施工特点

1. 工程急、工期短，施工周期60d。
2. 槽深，平均深度9m。
3. 雨期施工且地下水位较高。

11.3　施工方法

1. 沟槽开挖前，制定和采取了有效的降水措施，保证了槽底干槽作业。

2. 当浇筑底板混凝土达到所需要高度时，根据墙体位置将混凝土模块按要求卧入底板混凝土内。

3. 当混凝土底板达到设计高度后，需连续进行首层模块的安放，而后进行墙体干码砌筑施工。墙体砌筑按照国家工法进行操作作业，即每干码至2m高度时，填充一次灌孔混凝土，直至墙体完成。

4. 在墙体灌孔混凝土达到一定强度后进行盖板安装，主体结构完成后即可按规范要求进行沟槽回填。

5. 混凝土模块采用吊车垂直运输，模块孔所需混凝土采用泵车填充。

11.4　施工结果评价

1. 混凝土模块及盖板可提前加工定货，减少了现场施工的环节。

2. 施工速度快，为保证按期完成提供了技术保证。由于本工程工期短，按每仓15m计算，工期只需9～10d。相对钢筋混凝土闭合结构，减少了模块支架支拆和混凝土养生时间，从而大大提高了工程进度。

3. 施工易于控制，施工安全及施工质量易于保证。由于砌筑和灌注混凝土均良好的施工环境下进行操作，墙体的施工质量随时可以检查。在墙体砌筑时，作业人员均在墙体内侧进行作业，即使边坡有少量坍塌也能保证作业人员安全。

4. 模块材料具有环保意义，便于施工现场文明施工和管理。混凝土模块，外观整洁，可"干码"施工，砂浆用量少，大大减少施工散体材料用量。预制混凝土检查井模块，施工便利，根据井筒尺寸直接砌筑并填充即可。

5. 由于混凝土模块强度高，结构抗侧压能力强，因而减少了施工现场的重复修整的工作量，文明施工程度高。

6. 大大减少了用工量，缩短了施工周期从而使工程造价大大降低。

11.5　采用混凝土模块与现浇混凝土方沟工效比较

混凝土模块与现浇混凝土方沟工效比较　　　　　　　　表11.5

结构形式	仓数	工期 d	结构难易	质量控制	现场管理	材料用量	安全防护	工序	垂直运输量	用工	成本
混凝土模块	6	6	简单	易	易	少	隐患易查	少	较少	较少	易掌握
钢筋混凝土闭合框架	6	21	复杂	难	难	多	隐患不易查	多	较多	较多	不易掌握

高耸桥墩倒模提架施工工法

YJGF201—2006

通州建总集团有限公司

瞿启忠　丁春颖　丁海峰　黄晓松　刘萍

1. 前　　言

　　高耸桥墩倒模提架施工成套技术，是通州市建筑安装工程总公司为三门峡至灵宝段高速公路枣乡河特大桥桥墩施工于 2000 年设计并制作使用的成套施工技术。

　　枣乡河特大桥全长 1159.4m，分上行桥与下行桥，共有 40 个空心墩，均为矩形截面，横桥向双面收坡（坡度为 2%）薄壁空心墩，空心墩高度 40m 以下有 2 个，40～50m 有 12 个，50～60m 有 26 个，最高空心墩达 59m，空心墩墩身截面规格：横桥向 6m，顺桥向墩顶为 2.8m，墩底最大尺寸为 5.16m，墩身壁厚 0.6m，盖梁横桥向悬挑 3m，见图 1。为解决墩身施工难题，制订了一套较为完整的高耸桥墩倒模提架施工成套技术，经过工程施工实践，证明行之有效，具有广阔的推广应用前景。

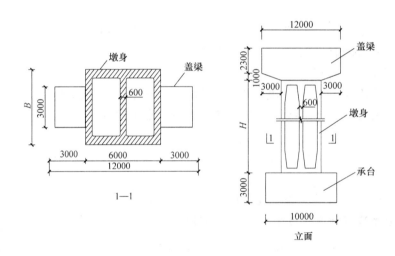

图 1　空心墩平面、立面示意图

　　该技术 2001 年通过了江苏省科技厅鉴定，2002 年获得江苏省科学技术进步三等奖，南通市科学技术进步二等奖，通州市科学技术进步一等奖，达到了国内领先水平。其中关键技术分离伸缩舌板式筒子模获国家实用新型专利，专利号：ZL00240855.0。

2. 工　法　特　点

　　2.1　倒模提架的模板采用全钢大模板，整体性强，刚度好，变形小。模板采用三节模板施工法，比以往的单节支模可减少接槎和漏浆等质量通病，使墩身外观更美观。

　　2.2　倒模提架的架体由各独立的刚架片通过水平杆件连接而成，拆、装、吊、运方便快捷，是集操作平台、普通脚手架功能于一体的多层功能架体，能满足施工全过程各工序施工的需要。

　　2.3　架体由钢管刚性架片通过杆件连接组成，整体稳定性好，施工安全。

　　2.4　模板与架体采用操作简便的起重机交替提升，从而可达到逐段浇捣混凝土的目的。

　　2.5　倒模提架与滑模比较，施工操作简便，在技术人员的指导下，普通工人即可操作；且无需处于动态的连续施工，减轻了工人劳动强度。

2.6 倒模比滑模施工的墩壁表面更光滑平整，无搓动痕迹，无扭曲现象，并易确保以预留洞及墩身几何尺寸。

3. 适 用 范 围

本工法适用于高耸全现浇钢筋混凝土构筑物施工。

4. 工 艺 原 理

4.1 模板与脚手架各成结构体系。墩身模板施工采用接口模板跳跃提升的施工工艺，模板在高度方向由 2 块接口模（一般各 1.5m 高）和一块翻转模（一般 4.5m 高）组成。即模板提升时，下部接口模与翻转模一起用起重机先行拆除，在地面上，将下部接口模拼接在翻转模上部，然后再用起重机一起提升至原上部接口模上用螺栓固定，而原上部接口模仍固定在墩身混凝土分层处不动，作为翻转模板就位时的支承基准位置。

4.2 架体是以单片平面竖向刚架为基本受力单位，通过水平联杆组合而成。当模板提升一个浇筑高度（可定为 6m）时，由起重机分别将四周架体逐个整体提升一个浇筑高度，从而达到逐节浇捣墩身混凝土的目的。

4.3 桥墩盖梁模板与支撑系统组成一个整体，整体吊装与拆除。盖梁模板支设时，顺桥向悬挑模板先行安装，此侧面的提升脚手架先下降，然后将整体式的盖梁模板支撑系统用起重机进行安装固定，待两悬挑侧模板安装完后，再安装横桥向模板，并用螺栓固定四个转角处模板。

4.4 基本构造

4.4.1 墩身架体系统（图 4.4.1）

1. 外架体是以单片平面竖向刚架为基本受力单位，通过水平联杆组合而成。

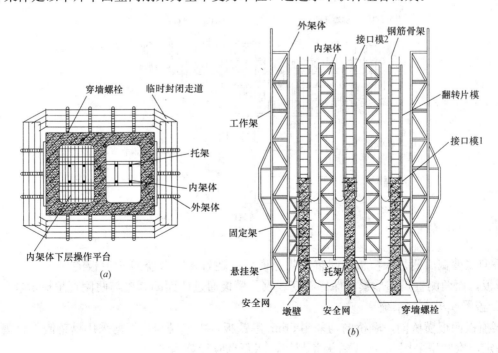

图 4.4.1 架体系统示意图
(a) 平面；(b) 剖面

2. 外架体从高度方向上分为上、中、下三大部分，上部为工作架，高9m，中部为附墙固定架（高3.6m），下部为悬挂架（高为1.8m）。工作架宽度为650mm，固定架宽度为工作架宽度加操作面宽度，操作面宽度主要为清理、钢筋绑扎和焊接、提升与安装模板、紧固螺栓等工作需要，宽度为400mm。

3. 内架体以井架为基本受力单位，内架体支承于由槽钢与工字钢组成的托架上，各部分尺寸应根据施工需要计算确定。

4. 内架体整体制作大小是按墩顶洞口截面（最小截面）设计的。因此，墩身施工中内架体与墩壁间的空隙应随时用普通钢管和铺脚手板组成操作平台。平台下同时挂安全网利于安全。

5. 内架体与外架体一样，也随着模板的提升而逐渐提升，直到施工至墩顶，内外架体支承螺栓使用模板留下的穿墙螺栓孔。

4.4.2 墩身模板系统

1. 内外模板均采用大模板，在现场拼装台上组装。面板采用5mm厚铁板，背面主竖楞分别采用槽钢，间距1200mm，次竖楞采用5mm厚铁板条，其两端焊接在横楞上。钢楞规格大小间距应计算确定。

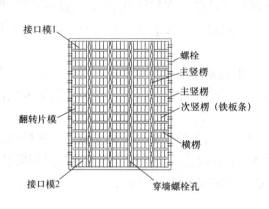

图4.4.2-1 横桥向外模板结构示意图

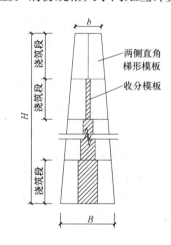

图4.4.2-2 顺桥向模板收分示意图

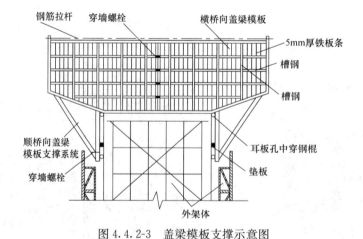

图4.4.2-3 盖梁模板支撑示意图

2. 顺桥向（变截面侧）大模板中间布置收分模板，随着每一节浇筑段模板的提升，拆换上相应宽度的收分模板，而两侧直角梯形模板保持不变。收分模板通过侧面的螺栓与两侧直角梯形模板固定。

4.4.3 盖梁模板支撑系统

1. 盖梁模板面板横桥向、顺桥向均采用5mm厚铁板，主竖楞与横楞均采用槽钢制作，规格与间距通过计算确定，次竖楞采用5mm厚铁板条制作，间距也应计算确定。

2. 顺桥向模板上焊接三角支撑作为一个整体，三角支撑采用双肢槽钢制作，三角支撑的榀数由计算确定。

3. 盖梁模板根部焊有一定间距的圆形耳板，耳板中间开孔，此孔起销键作用，即待模板吊到相应位置，耳板插入到墩壁预埋件中时用钢棍销入耳板孔中，即可实现模板的支承。

4. 横桥向模板分成对称两块制作，在中间用螺栓连接利于拆模。

4.4.4 动力装置

架体模板安装与拆除应配备一定规格和型号的起重机，悬挂于架体下的封闭式钢筋爬梯供施工人员上下。

5. 施工工艺流程及操作要点

5.1 施工工艺流程

架体吊装就位、整体固定→钢筋绑扎→支内、外模→墩身混凝土浇筑→下部接口模与翻转模拆除、吊运到地面→架体提升→钢筋绑扎→提升模板至上部接口模固定→墩身混凝土浇筑→养护……循环至墩顶→盖梁悬挑侧架体下降→盖梁模板安装→盖梁钢筋吊装入模→盖梁混凝土浇筑→模板拆除→架体拆除。

5.2 操作要点

5.2.1 倒模提架前的准备工作

1. 架体拼装后，技术、质监、安全各部门按规定质量要求，对焊缝、外形尺寸、配件等逐一检查验收。

2. 按大模板要求对模板验收，同时校核螺栓孔尺寸、位置是否正确，吊点是否符合要求。检查提升设备、节点板、拼接螺栓等配件是否配齐。

3. 检查混凝土内预留螺栓孔位置是否与架体孔位一致。

5.2.2 架体组装

1. 在地面上将附墙架与工作架组装成整体用起重机一次安装就位。

2. 架体安装顺序为先远后近。

3. 架体安装就位后，用螺栓使之固定附墙架紧贴墙面。穿墙螺栓紧固扭矩保证符合 40～50N·m，螺栓安装应对称进行。

4. 四周架体安装后，用脚手钢管把架体四角连接固定成一整体。

5.2.3 模板组装

1. 翻转片模、接口模等模板均在地面拼装台上组装。

2. 经验收合格的模板吊入架体内就位。

5.2.4 架体提升

1. 提升前的准备工作

1) 检查吊点是否安全可靠，复核混凝土面预留螺栓孔位置是否准确。

2) 清除架体上不必要的荷载（包括剩余施工原材料）。

3) 按规定配齐劳动力，并作好安全操作措施交底。

2. 架体提升与固定

1) 在拆除外架体附墙架固定螺栓前，用 I16 工字钢作挑架与内外架体同时锁紧并搁置在模板上。挑架数量按每片刚架一根，作为内外架体临时保险装置。同时用起重机吊着外架体。

2) 拆除附墙螺栓，解除型钢挑架与内外架体间的连接，用起重机将各侧架体分别整体吊至上一工作段，再次用型钢挑架将内外架体锁紧，随即将外架体固定于墩身上，解除型钢挑架。

3) 当墩身四周外架体安装完毕，按同样方法，将内架体提升至相应工作段。

5.2.5 模板提升

1. 检查提升用吊点，配齐劳动力，准备好清理、整修模板的工具和脱模剂等材料。

2. 启动起重机动力，拉紧模板。

3. 松开下部接口模与翻转模部位的穿墙螺栓，吊离出架体，吊运到地面上。

4. 在地面上，下部接口模拼接在翻转模上部，然后再用起重机一起提升至原上部接口模处用螺栓固定，而原上部接口模固定在墩身混凝土分层处不动。

5.2.6 架体与模板拆除

1. 架体与模板拆除由起重机完成。

2. 先拆除模板，后拆除架体，架体拆除时要将架体上的设备、多余材料及垃圾清理干净。

6. 材料与设备

6.1 系统所用材料见表 6.1。

材料表　　　　　　　　　　　　　　　　　　　　　　　　　　　　　　表 6.1

序　号	材 料 规 格	数　　量	长度 m
1	ϕ48 钢管　　$L=1200$	24 根	28.8
2	ϕ48 钢管　　$L=2700$	48 根	129.6
3	ϕ48 钢管　　$L=6000$	600 根	3600
4	千斤顶	24 只	
5	[12　　　$L=1200$	48 根	57.6
6	[12 幅射梁		
7	L75×6 角铁　$L=200$	48 根	9.6
8	ϕ48 钢管　　$L=105$	192 根	20.16
9	调径装置ϕ32 方牙螺丝	24 根	12
10	一6 钢板	10m²	
11	一12 钢板	5m²	
12	9.3 钢丝绳	27m	

6.2 系统所用设备主要为塔式起重机一台。

7. 质 量 控 制

模板与架体制作和组装质量要求见表 7。

质量检查表　　　　　　　　　　　　　　　　　　　　　　　　　　　　表 7

		项　　目	质量标准	检 测 方 法
制作质量	架体	截面尺寸	±5mm	钢尺测量
		全高弯曲	±5mm	挂线测量
		端面平行度	±5mm	挂线、钢尺测量
		附墙架螺栓孔径	+2mm	量规检验
		附墙架螺栓中心孔位	±2mm	钢尺测量
	模板	焊缝	按设计图	焊缝量尺
		外形尺寸	±3mm	钢尺测量
		对角线	±3mm	钢尺测量
		板面平整度	<2mm	2m 靠尺、塞尺
		板边平直度	±2mm	2m 靠尺、塞尺
		螺栓孔直径	±1mm	量规检验
		螺栓孔中心位置	±2mm	钢尺测量

项 目		质量标准	检测方法
组装质量	架体	架体平直度	±5mm 或 1‰	钢尺测量
		固定架与混凝土面平行度	±5mm	钢尺测量
		螺栓孔位	±5mm	钢尺测量
	模板	拼缝缝隙	<3mm	钢尺测量
		平缝处平整度	<2mm	2m 靠尺、塞尺

8. 安 全 措 施

8.1 施工前必须认真把倒模提架施工操作工艺和安全技术措施落实交底，落实到指挥人员、班组操作人员。

8.2 操作平台上各种材料和设备必须严格按设计规定的位置和数量进行布置，不得随意变动，以防超载发生事故。

8.3 整个架体外侧周边用密目安全网进行兜底全封闭，架体外侧用竹笆封闭。

8.4 施工作业必须配置专业组，做到定人、定岗、定责。

8.5 每次提升前，均需由安全质监、技术部门专人对固定螺栓、吊点、动力设施等一些重要部位逐一检查，提升到位固定后，应对固定螺栓进行验收。

8.6 架体与模板提升前应清除每层操作平台上的临时堆场，随架体上升的物体必须有牢靠的固定措施。

8.7 风力大于六级时，停止提升作业。

8.8 架体固定螺栓用扭力扳手测其扭矩，必须保证符合 40～50N·m。

8.9 每次提升前应全面检查固定螺栓是否拧紧，在提升过程中，出现架体间的碰撞，严禁硬拉提升。

8.10 按防火要求配备一定数量的消防器材。

9. 环 保 措 施

遵守有关环境保护规定，采取措施控制施工现场各种扬尘、废气、废水、固体废弃物以及噪声、振动对环境的污染和危害。

9.1 施工现场设置沉淀池处理混凝土施工、保养时的泥浆，经过处理后排入城市排水系统。

9.2 严禁施工现场焚烧油类，产生有毒有害烟尘。

9.3 对于高空废弃物使用密封式容器装好后运下，并运出指定位置。

9.4 对提升设备进行维护保养，防止废油散落污染。

9.5 定型模板安装拆除时，合理安排计划，降低施工中噪声对环境的影响。

10. 效 益 分 析

针对工程施工的情况，以四座高 59m 的墩身与滑模工艺测算比较倒模提架工艺的效益如下：

10.1 工期

倒模提架需 60d（5d 安装，53d 倒模提架，2d 拆除），滑模需 65d（3d 安装，60d 滑模，2d 拆除），40 个墩身共提前 50d。

10.2 材料节约

倒模提架比滑模平均每个墩身节约钢材 2t，40 个空心墩可节约钢材 80t，折合人民币 28 万元。

10.3 倒模提架有效克服滑模施工中易出现混凝土裂缝的问题，倒模提架施工要求比滑模低，施工可中断，不受气候条件影响。

10.4 使用倒模提架技术，在枣乡河大桥桥墩工程上取得直接经济效益 240 万元。

11. 应 用 实 例

11.1 枣乡河特大桥位于河南省灵宝市西约 50km 处，桥全长 1159.54m，共有 40 个空心墩，空心墩最大高度达 59m，施工该桥墩采用倒模提架施工工艺，共设计制作了 4 套模板与脚手架体系，施工操作简便，施工速度快、质量好，各项指标均达到设计要求，实践证明本工法应用于高耸桥墩身的施工切实可行。

11.2 京杭运河特大桥是连云港—徐州高速公路中的一座特大型桥梁，位于江苏邳州市南侧 2km 处，桥梁东西全长为 2577m，由主桥和引桥组成，主桥全长为 350m，引桥全长为 2227m。引桥结构体系为混凝土空心高支墩、预应力混凝土组合连续箱梁结构，共有 72 个空心墩，空心墩最大高度达 23.5m，施工中该桥墩采用了倒模提架施工工艺，该工艺施工操作简便，施工速度快、施工质量好，各项指标均达到设计要求，实践证明本工法应用于高耸桥墩身的施工切实可行。

11.3 新长铁路南通通吕运河铁路大桥位于南通市 3 号桥东 4km 处，桥梁南北全长为 1235m，主桥全长为 251m，引桥全长为 984m，其中引桥采用混凝土空心高支墩结构，共有 34 个空心墩，空心墩最大高度达 19.6m，工程于 2006 年 3 月 15 日开工至今。施工中该桥墩采用了倒模提架施工工艺，该工艺施工操作简便，施工速度快、质量效果好，各项指标均达到设计要求，实践证明本工法应用于高耸桥墩身的施工切实可行。

吊拉式电动附着升降脚手架施工工法

YJGF202—2006

歌山建设集团有限公司　　上海星呈建筑机械有限公司　　龙元建设集团股份有限公司
广州市第四建筑工程有限公司

沈小军　　骆卫群　　李耀　　程舒　　向海静　　史盛华　　冯文锦　　冯永鎏　　江涌波

1. 前　言

随着我国经济建设的高速发展，高层、超高层建筑越来越多。施工外架常采用悬挑架，然而悬挑架需反复搭拆，劳动强度大，所需材料多。采用附着式升降脚手架可以有效地解决这一问题。附着式升降脚手架是建设部"建筑业 10 项新技术"之一，施工时仅需搭设一定高度的脚手架附着于工程结构上，依靠架体自身的升降设备，可随工程结构施工逐层爬升，具有防倾覆、防坠落功能，在装饰阶段还可逐层下降。根据附着形式不同可分为导轨式、套框式、吊拉式、导座式等形式。我公司在浙江万马竖向交联电缆生产车间、安徽淮南财富中心和浙江裕都大厦等工程施工中采用吊拉式电动附着升降脚手架，取得了较好的效果，总结后形成本工法。

2. 工 法 特 点

2.1　脚手架一次搭设，施工时只需对架体进行升降操作，不需在中间搭拆脚手架，使得施工简便、节省人工、节约材料。

2.2　设置了防坠落、防倾覆安全装置，施工安全可靠，而且避免了悬挑架反复搭拆可能造成的落物伤人和高空操作对施工人员造成的安全隐患。

2.3　架体底部设置承力桁架，提升点位置设主框架，保证了架体的整体性。

2.4　由于升降脚手架设备化程度较高，可以按大型机械设备进行管理。附着支撑设置在固定位置，规律性强，便于检查管理。并且操作专业化，提高了效率，保证了施工质量和施工安全。

3. 适 用 范 围

本施工工法适用于外立面基本没有变化的高层和超高层建筑的主体结构和外装饰施工。

4. 工 艺 原 理

吊拉式附着升降脚手架是在吊拉式悬挑脚手架的基础上增设升降功能而形成的一种附着式升降脚手架，由架体、附着支撑结构、升降系统、防倾装置、防坠装置、升降动力控制设备等组成。提升系统设两根独立钢悬挑梁，一根为提升钢梁，一根为防坠钢梁。

在脚手架固定状态下，承力架内侧与建筑结构附着固定，外侧用斜拉索与上层结构固定，支承架体重量。爬升时，先松开架体与建筑物的拉结点，通过悬挂在悬挑钢梁上的电动捯链将架体提升，爬升到位后（一般为一个楼层），固定承力架及上部各拉结点，进行结构施工。当该层施工完毕，将悬挑钢梁及电动捯链移至上一层重新安装，准备下一次提升。下降时与爬升顺序相反。

5. 施工工艺流程及操作要点

5.1 施工工艺流程（图5.1）

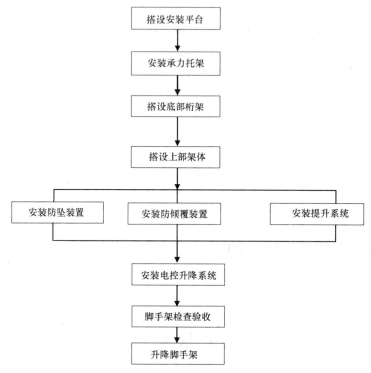

图 5.1 施工工艺流程图

5.2 操作要点

5.2.1 脚手架体安装

1. 安装平台搭设

附着升降脚手架要在平台上进行组装，所以在架体安装前首先搭设组装平台。平台可由建筑物下部几层的防护架改造而成，如原防护架宽度不足，在外侧搭设挑架。对安装平台有如下要求：

1）平台要有足够的宽度，外边沿比升降脚手架外排立杆宽300mm。

2）外沿设1.5m高的防护栏杆。

3）能承受上部架体的全部荷载，稳固牢靠。

4）应满足水平度（通长）在2%以内的要求，且任意两点间的高差不大于2mm。

2. 预留孔和预埋件设置

1）脚手架拉结管的埋置

为保证脚手架的稳定，在架体全高范围内与主体结构间设置拉结点。拉结点处预埋短钢管，应按每一个楼层主体架的对应部位预埋一道，预埋管不得小于500mm，埋深不得小于300mm。

在卸料平台处两端须埋设两根预埋管件。

2）穿墙螺栓预留孔的设置

附着承力系统的预埋点设置必须在主体结构梁上，可采用φ50的塑料管。

预埋位置应正对主体架中心线向两边展开，如图5.2.1。

预埋孔应尽可能处于框架梁中轴附近区域，预埋孔要严密控制精度，机位的防坠落装置及支承钢梁预埋孔最大高差不得超过±5mm，其他高差应控制在±10～12mm内。

3. 承重托架安装

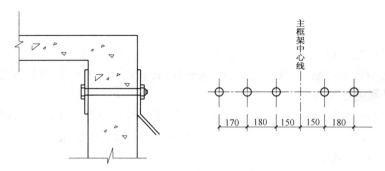

图 5.2.1　附着支撑预埋空位置图

承重托架由槽钢焊接成型。利用安装平台先组装承重托架，安装时必须用水平尺调平。

1）组装完后根据主体结构梁上预埋孔位置将承重托架的内侧用 M30 螺栓与混凝土梁固定，承重托架外侧用斜拉杆与上层混凝土梁拉结固定。每个主框架位置处斜拉杆为 4 根，斜拉杆通过附着支承连接件用 M30 螺栓与混凝土梁固定。

2）斜拉杆要求间距相等，受力均匀。斜拉杆安装后用中部的花篮螺栓将承重架调平，承重托架相邻两机位高差必须小于 2mm。

4. 承力桁架和主框架搭设

承力桁架的上下弦为 6.3 号槽钢，主框架为标准门式框架。

1）根据机位平面图的要求布置主框架位置，将竖向主框架插入承重托架中，保持良好的垂直度，然后搭设承力桁架，搭设顺序为：

竖向主框架→下弦槽钢→上弦槽钢→竖向主框架→斜八字撑→踩脚管→底部隔离板→挂密目安全网。

2）在主框架间安装横向支撑进行固定，主框架初定位后须进行调整，使之位置准确，距主体结构 400mm 为宜，竖向框架间水平高低差不小于 50mm，竖向框架的垂直偏差小于 3‰。

5. 主体脚手架的搭设

主体脚手架的搭设参照标准双排架搭设方法。搭设程序为：

竖向框架→内立杆→外立杆→大横杆→小横杆→搁栅→防护栏杆→斜拉杆→连墙杆→竹笆→安全网。

1）主架支撑框架设置完后，依据建筑物施工高度确定搭设高度，但剪刀撑应随架体搭设高度同步跟上，以防架体变形。在脚手架搭设过程中，随搭设高度的增加，应采取相应加固措施，将脚手架与建筑物稳固连接。

2）直线方向纵向水平杆必须用对接扣件连接且与所有立杆连接。

3）主架的立杆纵距为 1500mm，架宽 900mm，步高为 1800mm。架体根据建筑物层高搭设 4 层，7.5 步。

4）架设的剪刀撑必须沿主体架全高设置，跨度不得大于 6000mm，夹角为 45°～60°。

5）搭设最下一步大横杆和小横杆。

6. 升降脚手架与塔吊、电梯关系

1）由于塔吊锚固杆件的限制，在该处无法设置定型的支撑框架，因此该处脚手架可用普通脚手架杆件进行连接，但每段长度不得超过 2000mm，该段脚手架必须有相应的加强措施，如在桁架上增设腹管等。

2）施工电梯处升降脚手架不能连成整体，该处搭设的悬挑长度每段应控制在 2500，必须采用斜拉腹杆的方式。

7. 架体安全防护

1）底部桁架搭设完毕后，除机位位置外，挂好兜底网，铺设底部隔离板，底部与结构间空档须用木板全封闭，以防止上部构件坠落。

2）铺设安全网

应沿脚手架全高内侧挂设安全网。

主体脚手架底部与建筑物横向间距应控制在60～100mm之间，在每层架体与结构的空挡处均设置25mm网眼的安全平网进行隔离。

3）主体架作业层铺设竹制脚手片，并绑扎牢固；脚手架在装饰作业中，必须层层铺设竹笆片。

4）作业层按必须设置1200mm、600mm防护栏杆和180mm高踢脚板。

5.2.2 附着支承系统的安装

附着支撑系统包括升降系统、防坠系统、防倾覆系统、承重系统等。

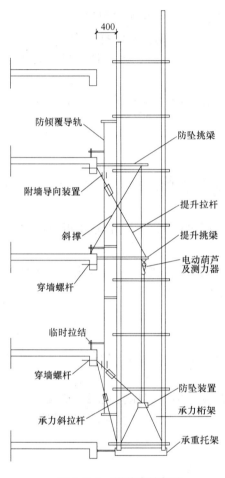

图5.2.2 附着支撑构造

附着支撑构造见图5.2.2。

1. 升降系统的安装

脚手架的升降系统与防坠系统分别设两根悬挑钢梁，一根为提升钢梁，一根为防坠钢梁，使升降与防坠功能完全分开。

1）对建筑物预埋处混凝土强度进行检验，保证混凝土强度不低于C20。

2）升降附着钢梁与建筑物通过M30的穿墙螺栓连接，螺栓为双头螺栓，双螺母。一个竖向主框架安装一道升降钢梁。

3）升降拉杆安装。先在主体框架梁预埋孔位置安装支承底座，螺栓要求同上。

4）每个主体架升降拉索为两根调节用花篮螺栓。

2. 防倾覆支承系统安装

为了防止脚手架在提升（下降）过程中发生倾覆，必须设置防倾覆装置系统，防倾覆装置由槽钢制作的导轨和导轮组组成。

1）导轨安装：将防倾覆导轨垂直安装于整体脚手架上，安装时应调整槽钢上、下两端与主体垂直线的距离。在主框架上先焊接导轨连接件，导轨通过连接板用M16的螺栓与主框架上的连接件连接，每段导轨需设置4道连接件用8个M16的螺栓连接。

2）导轮组安装：将防倾覆导轮组的后座与主体进行连接，安装好固定螺栓，然后将导轮组件套在防倾覆槽钢适当的部位，再固定于主体结构上，安装时要控制好导轮的水平度。

3）脚手架在遇到施工电梯、塔吊附墙件等处需要断口时，应在断口处增设一套防倾覆装置。

3. 防坠落系统的安装

1）防坠钢梁与建筑物通过M30的穿墙螺栓连接，钢梁承载采用下撑式或上拉式。用穿墙螺栓将撑杆或拉杆的支承底座与建筑结构连接，依次安装撑杆或拉杆。撑杆和拉杆中设置调节花兰螺栓，可以调节升降拉杆的松紧，使其均匀受力。

2）安装防坠装置

防坠机构在每一电动葫芦处均设置一套，安装于电动葫芦下吊钩处。防坠吊杆上端与防坠钢梁环扣连接，下端插入主框架底盘中坠落防止器的夹钳孔中，用 ϕ25mm的吊杆通过防坠器将架体与建筑主体结构相连。

4. 升降动力系统安装

1）防坠装置安装调试完毕后，按设计位置编号，在相应位置处挂设电动葫芦，电动葫芦的上钩挂在防坠装置的承重托架上，同时将防坠锁杆调整到适当位置。检查电动葫芦链条是否与地面垂直，不允许有翻链、扭转现象，并涂适量的机油润滑。

2）在脚手架的第三步位置搭设一操作间，将电控柜安装在里面，操作间必须有防雨、防晒措施。

3）按设计要求连接电控系统，逐台通电检查电动机转动方向是否一致，防坠联动开关是否工作正常，调整电控系统的同步性。

4）进行整体联动升降试验，保证正常投入使用。

5）安装质量要求：电动葫芦编号与电控柜按钮编号必须一致，电动葫芦编号与脚手架机位编号也须一致；电控柜、电动葫芦的连接方法及所用电缆型号必须设计要求，以保证升降系统正常运行。

5.2.3 电气线路安装

1. 附着爬架第三、五步架上四周栏杆处架设绝缘子，间隔 2500mm 为宜。

2. 布线电缆选用规格不小于 $1.5mm^2$ 的六芯电缆，电缆走线从操控台引出，固定在绝缘子上，至主架体处留有 10m 以上余地，满足升降距离需要。

3. 主电源线采用 $16mm^2$ 以上的五芯电缆线。必须按一机、一闸、一保护的要求配置二级分配箱、闸刀、开关、漏电保护装置（110A 以上）。

4. 线路接完后必须进行调试，电工必须持有上岗证，确保线路安全有效。

5.2.4 架体的检查和验收

当整个架体系统搭设完成后，必须对架体进行严格的检查和验收，具体内容包括：

1）技术资料的审查验收；

2）附着支承系统质量检查；

3）架体搭设质量查验；

4）架体安全防护措施质量；

5）电气线路的架设质量查验；

6）经检查验收，查验人员签字确认合格后才允许交付使用。

5.2.5 脚手架升降操作要点

1. 准备工作

1）操作人员必须经过专业培训，作业前进行详细的技术交底。

2）查明附着支承部位主体结构的混凝土强度是否已达到设计要求。

3）检查脚手架与建筑物之间有无碰撞与接触，发现后立即排除。

4）逐台检查电动葫芦的链条是否处于拉紧状态，确保电动葫芦都处于同步起始状态。

5）确认升降及防倾覆系统起作用的前提下才能拆除承力附着支承系统。

6）检查防坠拉杆就位状况。

7）除了升降附着支撑、防倾覆附着支撑、防坠落附着支承保留外，拆除升降脚手架其他部分与主体结构的拉结。

8）安排专门安全员随时监护架子的安全防护、升降过程、人员进退、杂物清理。

2. 升降步骤

提升前，在各项准备工作经过检查和验收全部合格的前提下，松动并脱开下部承重托架的斜拉杆，使脚手架仅由上部提升钢梁承受架体荷载，并与建筑物连接。然后全面检查脚手架各部位是否与建筑物全部分离，由指挥人员发出提升指令，全部电动葫芦同时启动，牵动脚手架上升。提升到位后立即将底部承重托架的斜拉杆与建筑物连接，并安装好临时拉结。

3. 架体升降就位后的处理

1）架体完全升降就位后，应将所有连墙杆与建筑主体结构进行有效连接，使其处于有效受力状态。

2）确保承力附着支承系统受力后，才能松开电动葫芦，让防坠落系统起作用。

3）升降操作完成后，应复位升降中可能阻碍升降的杆件。

4）技术人员和安全人员进行查验后脚手架才能交付使用。

4．升降作业中注意事项

1）升降过程中安排专职人员巡视观察每个机位电动葫芦的工作情况以及脚手架与建筑物之间的情况，如发现电动葫芦不同步或不工作，必须立即停机。随即检查防坠装置工作状态，在保证可靠有效的情况下，维修人员上架排除故障。

2）观察升降过程有无影响升降的障碍物，如发现应立即停机彻底排除后才能恢复升降作业。

3）升降过程中架体的腹杆即将碰到提升钢梁时，应立即停机，进行临时腹杆连接加强，待提升钢梁通过后应立即复位。

4）升降作业完毕，首先将脚手架底部承力架固定好、安装斜拉杆、设置架与主体结构的临时拉结点，才能进行正常施工。

5）每完成一层的提升或下降后，都要全面检查电缆线、电动葫芦、电控柜的性能状况，如有磨损或失效，立即维修或更换，并调整至正常状态。

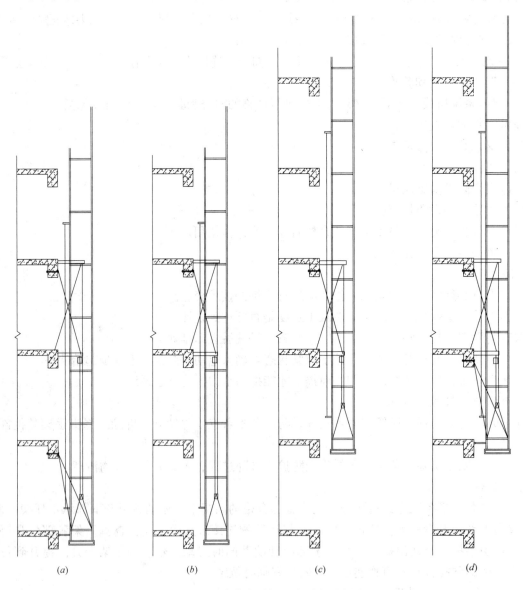

(a)　　　　　　　(b)　　　　　　　(c)　　　　　　　(d)

图 5.2.5　升降脚手架爬升顺序示意图

(a) 架体固定状态；(b) 架体准备提升；(c) 架体提升到位；(d) 架体提升后固定

5. 升降脚手架工艺流程

升降工艺流程：全面检查架体、爬升机构→安装电动葫芦并调试预紧→拆除承力斜拉杆及附着点→提升架体一个楼层高→安装附着点、安装承力斜拉杆→将提升挑梁、防坠钢梁、电动葫芦周转至上层安装位置，准备下一次升降循环。

脚手架爬升顺序见图 5.2.5。

5.2.6 劳动力组织和培训

施工前必须对工人进行培训，培训内容为：施工规范；操作规程；安全措施等，并进行技术交底，使施工人员掌握架体升降原理与操作程序。施工中分工明确，建立岗位责任制（表 5.2.6）。

劳动组织　　　　　　　　　　　　　　　　表 5.2.6

序　号	工　　种	人　数	职　　责
1	总指挥	1	全面负责
2	班组负责人	1	组织施工
3	电工	1	负责电控柜的操作和电气线路的维护
4	架子工	多名	架体搭设、升降操作、架体维护

6. 材料与设备

6.1 升降支承构件和设备

升降钢梁，升降拉杆，穿墙螺栓，承力斜拉杆，环链电动葫芦，电控柜，控制电缆。

6.2 防倾覆系统

防倾导轨，防倾导向装置。

6.3 防坠落系统

防坠梁，防坠拉杆（撑杆），穿墙螺栓，限载联动防坠器，防坠吊杆。

6.4 同步限载系统

同步限载器，控制柜。

6.5 架体搭设材料

槽钢，钢管（$\phi 48 \times 3.5mm$），扣件，标准门式框架，密目安全网，M14～M16 螺栓，竹脚手片，竹胶板。

6.6 作业器具

手拉葫芦，活动扳手，锤子，切割机，对讲机，冲击钻。

6.7 其他

灭火器材、应急照明灯具、对讲机等。

7. 质量控制

7.1 质量要求

7.1.1 承力架的几何尺寸必须准确，对角线误差不大于 5mm，中心线偏差在 2mm 以内。

7.1.2 各部件清除铁锈、焊渣，硬磨掉外露的尖角，刷防锈漆两遍。

7.1.3 预留孔位置准确，水平绝对偏差应≤20mm，两预留孔水平相对偏差≤20mm。

7.2 使用要求

7.2.1 使用工况下，脚手架允许有三个操作层同时作业，施工荷载不大于 $2kN/m^2$。

7.2.2 升降工况下，施工荷载不大于 $0.5kN/m^2$。

7.3 附着式升降脚手架质量必须符合以下规范规程

《扣件式钢管脚手架安全技术规程》JGJ 130—2001；

《建筑施工安全检查标准》JGJ 59—99；

《建筑施工附着升降脚手架管理暂行规定》建建〔2000〕230 号；

《起重机械安全规程》GB 6067—85；

《钢结构施工质量验收规范》GB 50205—2001。

8. 安全措施

8.1 建立以项目经理总负责的安全生产小组，并经常性、针对性地开展安全活动。

8.2 操作人员身体健康，经培训合格后持证上岗。

8.3 在架体搭设、升降与拆除过程中，建筑物周围应设置 15m 范围内警戒区，警戒区内派专人监视。升降过程中，架子上除操作电工、架子工外，其他施工人员不得在架子上作业。

8.4 架子在升降过程中，应由专人统一指挥，分工明确，指令规范，并配备足够的巡视人员

8.5 在升降作业时，外架上不得进行施工作业，无关人员不得滞留在脚手架上。

8.6 设专职安全员对脚手架进行经常检查，发现问题及时报告处理。

8.7 六级以上大风、下雨、下雪、大雾及夜间禁止施工。如遇台风警报，必须及时增设临时拉结点，进行架体加固。

8.8 升降脚手架只能作为操作架，不能作为外模板的支模架。也不得将其他施工设施搭设在外架上，严禁擅自拆除任何零部件。

8.9 滑轮、导轮及所有螺栓均应定期润滑，确保使用时灵活方便。

8.10 在使用过程中，脚手架上的施工必须符合设计规定，严禁超载，严禁放置影响局部杆件安全的集中荷载。

8.11 在脚手架装拆时要随时检查构件焊缝情况、穿墙螺栓是否有裂纹和变形。

8.12 每次提升后，全面检查扣件紧固情况，对垂直度、水平度发生位移的应及时加以调整、校正。

9. 环保措施

9.1 施工中要防止由于建筑施工造成的作业污染和扰民，保障建筑工地周围居民和施工人员的健康，努力做好环境保护工作。严格遵守国家、地方有关环境保护措施的法律和规章制度，加强对工地扬尘、噪声、废水排放、固体废弃物等的控制。

9.2 爬升架上的施工垃圾清理时使用容器吊运，严禁随意高空抛洒。施工垃圾及时清运，清运时，适量洒水减少扬尘。

9.3 建立安全防火制度并加强监控，制订应急预案。在脚手架上进行电、气焊作业时，必须有防火措施；对于电气线路加强检查和维护，防止火灾。

9.4 施工现场倡导文明施工，把施工噪声降低到最低限度，增强施工人员防噪声扰民的自觉意识。

10. 效益分析

和传统的脚手架相比，附着式升降脚手架用料节约，操作简单，适用性强，安全可靠，性能良好，技术先进等优点，具有广泛的发展前景。

以安徽淮南财富中心工程为例，该建筑高度95m，周长约180m，该工程采用附着式升降脚手架与双排钢管脚手架比较结果如表10所示：

工程效益分析对比表 表10

比较项目	升降脚手架	双排钢管架	降低率
钢材一次投入量(t)	63	310	80%
用工量(工日)	1020	2250	50%

附着式升降脚手架的材料用量仅与建筑物的周长有关，而与高度无关，建筑物的高度越大，层数越高，经济效益越显著。随着高层建筑的不断增多，附着式脚手架将有更加广阔的应用前景，将为全社会节约大量的材料，有利于构建节约型社会。

11. 工 程 实 例

11.1 我公司施工的浙江万马竖向交联电缆生产车间，建筑高度138m，框筒结构，施工时采用附着升降脚手架按本工法进行施工，满足了主体结构施工的进度要求，施工进度最快时达到月进度5层半，为主体施工提供了安全可靠的操作平台及安全防护保障。由于施工速度快，使甲方早日投产，受到了甲方的高度赞扬。

11.2 安徽淮南市金大陆财富中心工程A区、B区工程地处淮南市人民路，该工程总高度95m，28层，裙房4层，标准层层高3.0m，标准层总延边周长为180m，框架剪力墙结构。该工程主体结构施工至标准层后外架采用电动附着升降脚手架，为工程顺利施工提供了保证，并取得了显著的经济效益和社会效益。

11.3 浙江裕都大厦

浙江裕都大厦为一办公管理及汽车展示综合用房，位于杭州市天目山路与古墩路交叉口。地下2层，地上26层，高度91m，地上部分建筑面积24140m²，1～3层为裙房。结构类型为钢筋混凝土框架—剪力墙结构体系。

外架采用采用吊拉式电动整体附着升降脚手架，我们对于爬架的设计计算、结构构造、检测、施工操作、施工管理等每一方面严格把关，确保工程施工安全、优质、高效。得到了业主和建设行政部门的好评。

房屋建筑工业灰渣混凝土空心隔墙条板内隔墙施工工法

YJGF203—2006

浙江宝业建设集团有限公司　福建省九龙建设集团有限公司

葛兴杰　李锋　周旭亚　韩明　张党生　陈川

1. 前　　言

在科学发展观的指导下，房屋建筑墙材革新与建筑节能成为人们关注的焦点，新的安全、适用、经济、节能、环保型的墙体材料不断出现并被推广使用。工业灰渣混凝土空心隔墙条板（以下简称条板）具有质量轻、强度好等优点，有很好的推广使用价值。根据我公司在苏州市都市花园七期 A 标等工程上使用张家港市常阴河新型墙体材料厂生产的条板安装施工内隔墙的实践，总结出一套施工速度快、质量好的条板内隔墙施工技术，经浙江省科技信息研究院查新，本施工技术有创新点。浙江省建筑装饰行业协会组织专家鉴定认为：该技术先进可行，有较强的实用性，节能环保，可推广应用，具有国内领先水平。为推广该施工技术，本编制本工法。

2. 工 法 特 点

2.1 墙体质量轻、强度好。可减轻墙体自重，降低了建筑基础和结构处理费用。板材强度高，物理性能指标均达到国家标准，满足设计和使用要求。条板安装固定牢固，墙体节点及板材接缝等部位无裂缝产生。

2.2 墙体保温隔声、防水、防火性能优良。户内隔墙不用其他辅助材料即能达到保温隔声效果，分户隔墙可做复合保温墙或双层板保温隔墙。根据不同墙体厚度和表面处理方式，单层墙体隔声可达35～50dB，增加了使用的私密空间。条板隔墙的防水防潮及防火性能优良，可用于防火隔墙。

2.3 墙板的几何尺寸准确，可加工性能好，便于安装施工。条板为工厂化生产，外观质量优良，安装后的墙体垂直平整。便于管线、设施的埋设和装修作业，板沿墙高、长度方向均可接长，施工便捷，降低劳动强度。

2.4 环保节能效果好、经济适用性强。墙板主材为水泥、粉煤灰、炉渣、农作物秸秆、锯末，原材料资源十分丰富，并利用工农业废弃物，符合国家节能利废政策，无放射污染。一般安装好的墙板直接批刮腻子后刮大白刷涂料装饰，减少了抹灰作业，节约建设资金。

3. 适 用 范 围

本工法适用于抗震设防裂度 8 度及以下地区工业与民用建筑户内分室隔墙，分户隔墙、防火隔墙、管道井隔墙、厨卫间隔墙等非承重的室内隔墙。

4. 工 艺 原 理

工业灰渣混凝土空心隔墙条板是属于轻质隔墙板，其在隔墙安装施工中，主要是解决条板连接固定、长高隔墙施工等难题，使安装后的条板隔墙固定牢固、垂直平整、节点及板缝无裂缝，满足抗震及使用功能要求。本工法主要采取以下措施：

4.1 合理选择符合标准要求的隔墙板及配件、材料。

4.2 板的固定及抗震措施：在非抗震地区，条板墙与结构梁、板和结构墙、柱、地面连接采用刚性连接方法；在有抗震设防要求的地区采用刚性与柔性结合的方法连接固定。

4.3 板缝抗裂措施：板间满嵌胶粘剂，板缝两侧以胶粘剂加玻纤网布增强处理。

4.4 建筑隔音：分户墙体的空气声计权隔声量应≥45dB，可做双排板隔墙构造，所选用条板的厚度不宜小于 60mm，板间也可填入吸声保温材料。亦可选用隔声性能符合要求的单层板，其厚度不能小于 120mm。户内分室隔墙空气声计权隔声量应≥35dB，条板的厚度不宜小于 90mm。

4.5 防潮防水：无水房间不需采取其他防水防潮措施。有水房间一侧墙体应设有防水防潮措施，沿隔墙设有水池、面盆等设备时，墙面应做防水层，隔墙下部做 C20 细石混凝土条基 200mm 高。

4.6 防火：可按设计对墙体防火功能的要求，来选择条板的厚度，120mm 条板耐火极限可达 4h 以上。对要求特别高的防火墙也可采用双层板隔墙构造。

4.7 电气设施：电气线路可作明设；亦可作暗设，利用条板孔敷设线路或在墙板上开槽敷设线路，开关插座户内箱盒可作相应明装或暗装。

4.8 管道设备：在隔墙上安装管道支架、设备吊挂点。根据使用要求设埋件，吊挂点的间距应≥300mm，单点吊挂力应≤1kN。

4.9 门窗安装：门、窗两边和顶部用门、窗框板、过梁板，板上有埋件与门、窗框固定。门、窗框板均在工厂制作，门、窗框与墙板结合部位采取密封处理措施。

4.10 装饰及保温：隔墙面可根据设计要求采用涂料、抹灰及其他装饰。在安装分户隔墙及楼梯间隔墙时，应按设计要求做保温层，可采用粘贴保温板或抹保温砂浆，也可采用复合保温墙做法。

4.11 条板隔墙长、高控制措施：隔墙安装长度较长时，设构造柱和施工缝。隔墙高度超过条板长度时，条板竖向接板安装，错缝连接，错缝间距≥500mm，并根据隔墙的高度及抗震要求采取相应加固措施。

条板墙体的接板限制高度为：60mm 厚隔墙≤3.0m；90mm 厚隔墙≤3.6m；120mm 厚隔墙≤4.2m；150mm 厚隔墙≤4.5m。

竖向条板接缝不宜大于 2 次。如需要超过限高安装隔墙，应由工程设计单位另做加固、抗震设计，安装单位按图施工。

宽度小于 300mm 的条板应加设加强筋，条板最小宽度不得小于 200mm。

5. 施工工艺流程及操作要点

5.1 工艺流程
工艺流程如图 5.1 所示。

5.2 作业条件
5.2.1 现场具备条板的堆放场地，接通施工用水及用电。

5.2.2 垂直运输机械或提升机械的运输能力和吊笼尺寸须满足条板垂直运输的要求。

5.2.3 主体结构已施工完毕，经检查验收合格。与条板相接的墙体，最好不做抹灰层。

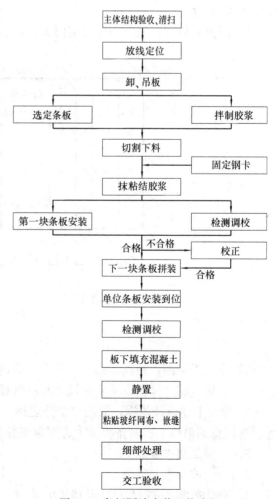

图 5.1 条板隔墙安装工艺流程

5.2.4 安装隔墙板部位的楼地面、梁板底面、柱面、墙面等须平整、无杂物且无浮尘。

5.2.5 水暖电气设备安装应先放线定点，钻孔埋设预埋件或开关、插座，尽量利用板孔敷设暗埋管线。

5.2.6 施工环境温度应不低于5℃。

5.3 施工准备

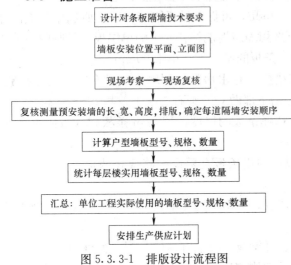

图 5.3.3-1 排版设计流程图

5.3.1 检查条板、胶粘剂、耐碱玻纤网布、钢卡、水泥等材料规格、品种、性能等技术指标，是否符合设计和有关标准要求，应现场取样测试的，按规定取样测试。

5.3.2 对预安装部位进行认真清扫，墙、柱面不平处用水泥砂浆修补平整。

5.3.3 隔墙的排版设计。

1. 在工程施工前，必须进行排版设计，其流程如图5.3.3-1。

2. 排版设计应搞清如下事项：

1）设计对条板隔墙安装的技术要求：包括墙板的规格、型号、抗震设防等级、节点处理、质量要求，等等。为排版设计提供依据。

2）现场考察：考察施工环境、作业条件、是否采用拼接方案等。

3）安装立面图：确定墙板的长度，测量安装空间的净高减去30～50mm的技术处理层，该尺寸为墙板的实际长度。

4）门窗洞口图：洞口高度确定门头板，洞口宽度影响墙板面积和数量（图5.3.3-2）。

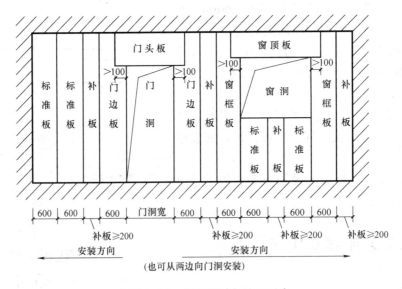

图 5.3.3-2 排版设计与施工示意

5）安装平面图：根据墙的实际长度，确定每道墙实际使用条板数量。

6）现场复核：复核现场实际尺寸与图纸是否有出入。

3. 按照上述设计依据，先按户型分规格、型号、列表逐一计算，然后统计每个楼层的实际使用数量，再汇总到单位工程。排版应考虑正常损耗和切割剩下边料的充分利用。

5.4 施工操作要点

5.4.1 放墙板安装线

1. 场地放线定位：弹好安装墙板的轴线、控制线或基准线。

2. 放墙板安装线：先弹长线，后弹短线；先放平行线，后放垂直线，交叉线；最后确定门窗洞位置线。再把同一位置线返到结构梁板底，能放双线，一定要上、下都要放双线。

3. 墙板与没有抹灰的墙、梁、柱边平行相接时，应注意 15～20mm 厚度的抹灰层。

5.4.2 卸、吊、堆放墙板

1. 在离垂直运输机械较近的位置处卸板，按不同规格堆放整齐。露天堆放最好要用雨布遮盖，防止日晒雨淋。

2. 条板堆放：板下端 1/4 处设两横向垫木，凹槽朝下侧立斜角不小于 75°堆放。

3. 吊板时，用两个略小于板孔的圆棒插入墙的第二孔中抬入吊笼，板在吊笼里应侧立放置稳固。

5.4.3 钢卡固定

根据排版图，在条板拼缝处的上端将 U 形钢卡或 1 号 L 形钢卡预先固定在结构梁、板上。结构墙、柱与隔墙相接节点处，也同时将钢卡固定好（图 5.4.3）。

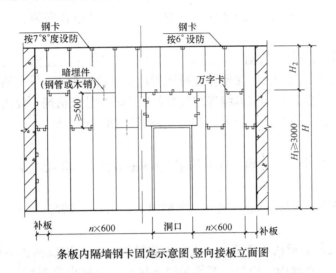

条板内隔墙钢卡固定示意图、竖向接板立面图

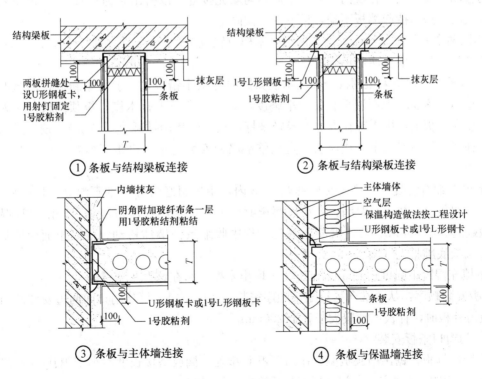

① 条板与结构梁板连接　　② 条板与结构梁板连接

③ 条板与主体墙连接　　④ 条板与保温墙连接

图 5.4.3　钢卡固定示意图

钢卡固定按以下三种情况设置：

1. 非抗震设防地区：室内装饰抹灰后，抹灰砂浆能把条板墙牢牢夹住。如设计无明确要求时，可不设置钢卡加固，但门窗顶板位置须设钢卡。

2. 抗震设防烈度为 6 度区时：在条板拼缝处的上端隔缝设置钢卡，条板与结构墙、柱相接部位按设计要求设置钢卡；抗震设防烈度为 7、8 度区时：在条板拼缝处的上端每缝设置钢卡，条板与结构墙、柱相接部位钢卡的设置按下列规定执行：

1）每块条板不少于 2 个钢卡；

2）钢卡的间距不大于 1.5m。

3. 条板隔墙需竖向接板安装或隔墙顶端处不抹灰而直接吊顶装饰时，必须按上述第 2 条规定设置钢卡。

5.4.4 条板安装

1. 根据安装排版图，对预安装条板进行切割。需在条板上钻通孔安装管线的，用多功能钻孔机在预安装条板上打孔。板顶孔用木塞堵严。

2. 拌合胶粘剂。用灰桶搅拌。拌合时，按确定的重量配比称量，先向桶内倒入水泥、细砂，加入胶液后搅拌均匀。如胶粘剂稠度较大不便操作，可适量增加少许胶液。1 号胶粘剂主要用于条板缝、条板与结构梁板缝及墙柱缝、条板与门窗框缝等缝隙粘结处理；2 号胶粘剂主要用于条板上开槽开孔、预埋预下部位的修补、填封、粘合等粘结处理。胶粘剂随拌随用，存放时间不可超过 1.5h。已开始硬化的胶粘剂不可使用。

3. 与墙板相接触的结构梁、板、墙、柱上均用 1∶3 的胶液（108 胶∶水＝1∶3）涂刷湿润后，抹胶粘剂。

4. 按楼层净高选用不同长度的条板，侧立、凹槽向上，用软毛刷醮 1∶3 胶液湿润，抹粘结剂（顶面、凹槽、侧面）。

5. 墙板就位。由两人将墙板扶正就位，一人在一侧推挤，一人用撬棒将墙板撬起，边撬边挤；并通过撬棒的移动，使墙板移在线内，使胶粘剂均匀填充接缝（以挤出浆为宜）；一人准备木楔，拿好手锤，待对准线时，撬棒撬起墙板不动，板下用木楔固定。

6. 木楔以两个一组，每块墙板底打两组，木楔位置应选择在墙板实心肋位处，以免造成墙板破损，为便于调校应尽量打在墙板两侧。

7. 由于墙板对线就位为粗调校，加上木楔紧固时有微小错位，一般需重新调校即微调。板下端调校：一人手拿靠尺紧靠墙板面测垂直度、平整度，另一手拿锤击打木楔；板顶调校：一人拿靠尺，另一人拿方木靠在墙板上，用手锤在方木上轻轻敲打校正（严禁用铁锤直击墙板）。校正后用刮刀将挤出的胶浆刮平补齐，然后安装下一块墙板，直至整幅墙板安装完毕。再重新检查，消除偏差后可填充板下细石混凝土。

8. 板下填充细石混凝土。墙板安装完毕后 4h 内，用拌制好的 C20 细石混凝土填充板下。填充前，清除板下杂物和灰尘，并浇水湿润，灌注混凝土时两人在墙板两边对挤混凝土，使底脚混凝土在墙板内孔中微微鼓起 20～30mm，防止混凝土水化过程中收缩致使墙体松动。混凝土面应凹进墙面内 3～5mm，便于墙板底脚收光（图 5.4.4）。

9. 板下填充混凝土强度达到 50％以上时，取出木楔，并在该处填塞混凝土。

10. 墙板安装顺序：从一端向另一端按顺序安装；有门洞时，可从门口向两边安装。当墙板宽度不足一块整板需补板时，补板尺寸应大于等于 200mm。

5.4.5 门窗口条板安装

1. 先安装门框板，锯出门头板搁放在门框板 L 型处，搁放搭接长度不小于 100mm，门框板与门相接边≥150mm 范围内必须实心。门框板安装后再向两侧安装。

窗框板安装方法及技术要求与门框板安装相同。

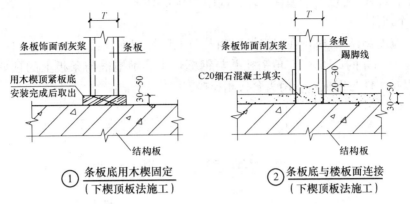

图 5.4.4　条板安装示意图

2. 门头板、窗顶板架立在门窗框板上，水平接缝，四周用 1 号胶粘剂挤压密实，灰缝控制在 5～7mm 为宜，并以 2 号预埋件或万字型钢卡与门窗框板固定（图 5.4.5-1）。

3. 当门窗洞口宽≤1.5m 时，在门框板上设预埋件，与门窗框相连接。当门洞口高度不大于 2.1m

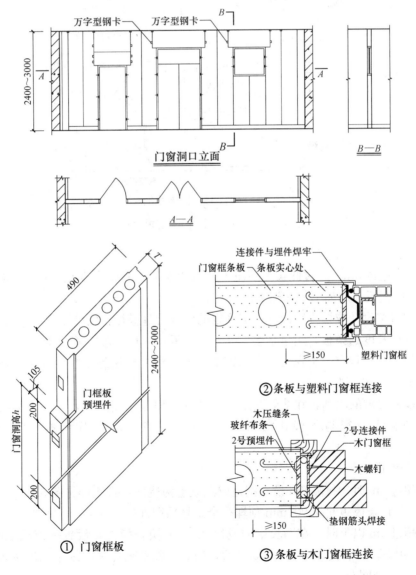

图 5.4.5-1　门窗口条板安装

时设 3 个埋件，大于 2.1m 时设 4 个埋件，埋件间距沿高度均分；窗洞口埋件一般设 2 个，窗洞口高度大于 1.5m 时设 3 个埋件。

4. 当门窗洞口宽度≥1.5m 时，在门窗框两侧及顶上增加钢抱框或门头套板，门上条板横向拼接，条板两端下角设长 60mm 的∟50×50 角钢托并与钢框焊牢。钢抱框与条板上的预埋件焊牢。详见图 5.4.5-2。门窗框以预埋件与钢抱框或门头套板相连接。

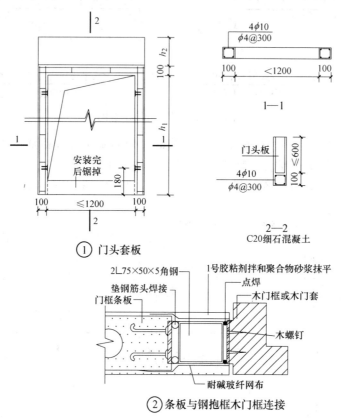

① 门头套板

② 条板与钢抱框木门框连接

图 5.4.5-2　钢抱框、门头套板示意图

5.4.6　条板的竖向接板安装

条板长度一般不超过 3m，超过此长度不便于搬运和安装，隔墙高度在 3m 以下时，不宜用竖向接板的方法安装。竖向接板采用如下方法施工：

1. 条板搭接位置按设计或按排版设计方案确定的位置错缝搭接，错缝距离≥500mm。

2. 选定两种不同长度的条板，用坐浆法安装下部条板，一长一短间隔安装。

3. 待底部墙板胶粘剂具有一定强度后，用脚手架或马蹬跳板做施工平台安装上部条板，注意接缝口顺直平整，满嵌 1 号胶粘剂。

4. 对有抗震设防要求的隔墙，在接缝处用万字形钢卡加强连接固定，或在板缝接头处暗埋 6 分钢管，长 300mm，或插入直径与条板孔相当的圆木销，长 300mm，加强连接固定（图 5.4.3、图 5.4.6）。

5.4.7　裂缝防治措施：

1. 隔墙长度超过 6m 时，每隔 6m 设一钢柱或混凝土构造柱，做法详见图 5.4.7。

如采用钢柱时，在条板边间隔 900mm 预埋一个 1 号预埋件。

2. 墙体长度超过 4m 以上时，在墙长中部或每 3m（五块条板宽）设置一道施工缝，此缝为空装，缝宽约 5～7mm。让安装的墙板自然收缩，30d 后，用 2 号胶粘剂拌和的细水泥砂浆多次填抹密实，缝两侧粘结 100mm 宽玻纤网布。

3. 严格控制条板的养护龄期，不足 28d 不得上墙安装。

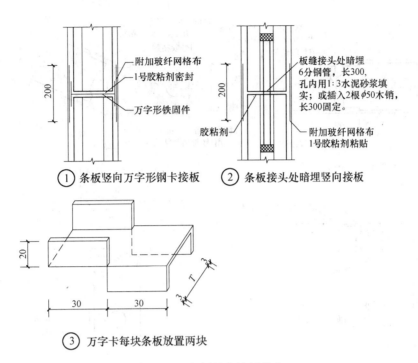

图 5.4.6 条板竖向接板节点

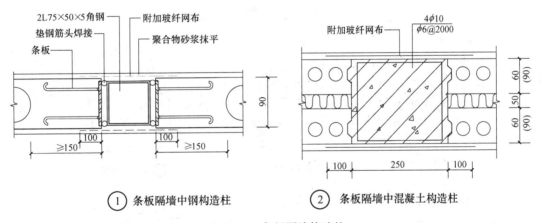

图 5.4.7 条板隔墙构造柱

4. 控制进入现场安装的墙板含水率，保证≤10%，安装前对墙板含水率进行检验。

5. 装饰施工前，条板墙面均应涂刷一遍1:3胶液，以利墙板保持含水率平衡。

5.4.8 节点安装处理

条板安装阴阳角为应力集中处，应做增强处理，角部板拼缝处须满嵌1号胶粘剂。阴阳角均粘结玻纤网布。其他各类节点连接做法参见图5.4.8。

5.4.9 嵌缝

1. 在隔墙安装14d后（也可在水电预埋后），可进行嵌缝处理。方法如下：在条板拼接处先用毛刷蘸1:3胶液湿润板口，之后，在拼缝处批刮1号胶粘剂1.5~2mm厚，将耐碱玻纤布条铺平压入胶粘剂。一天后刮第二遍胶粘剂，胶粘剂总厚度3~5mm，面层胶粘剂应抹平压实。详见图5.4.8。

2. 结构梁、板、墙、柱与条板接缝处、墙板拼接处、转角处、构造柱及门窗框边等部位，同样用上述做法粘结玻纤网布，布宽不小于200mm，且保证每侧墙搭接宽度100mm以上，参见各节点图。

5.4.10 细部处理

1. 墙板局部凹陷。平整度达不到要求时（差3~5mm），可在墙板凹陷处用1号胶粘剂拌合的特细

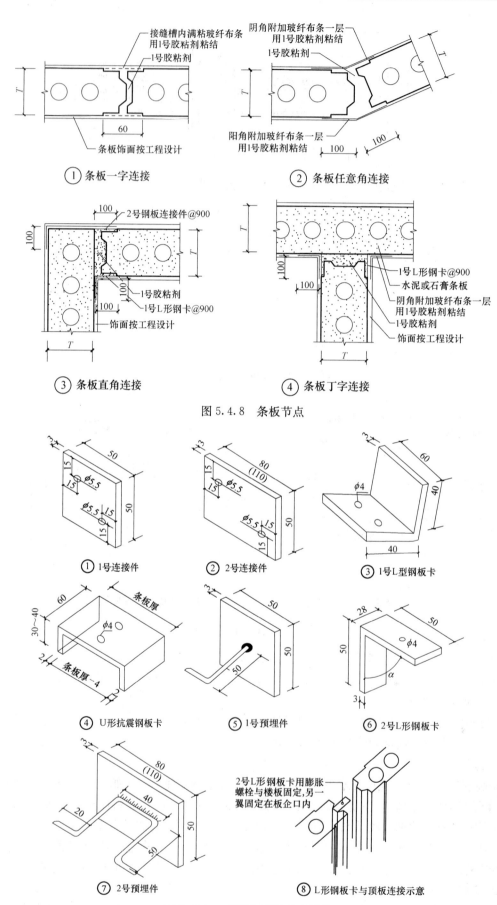

图 5.4.8　条板节点

① 1号连接件　　② 2号连接件　　③ 1号L型钢板卡

④ U形抗震钢板卡　　⑤ 1号预埋件　　⑥ 2号L形钢板卡

⑦ 2号预埋件　　⑧ L形钢板卡与顶板连接示意

图 5.4.10　钢板预埋件及连接件

砂浆抹平。抹压前，先用 1∶3 胶液涂刷湿润。

2. 墙板面局部凸起。其超出部分用角磨砂轮机磨平，之后，用上述方法抹平压光。

3. 墙板安装时出现缺楞掉角、局部破损等，用 1 号胶粘剂拌和的细石混凝土补起，至少二遍补平，底层应凹进板面约 3~5mm，第二遍用 1 号胶粘剂补平。

4. 钢板预埋件及连接件形状、用途见图 5.4.10。

5.4.11 水电专业配合要点

1. 施工时间。应在墙板安装一周后进行。不可过早，以免墙板强度不足而损坏。

2. 划线定位。在墙体上划出水电管线、线盒、吊挂预埋件的位置，误差不超过 5mm。

3. 板面若需开孔开槽，应用电钻开孔或用切割机切割后用手锤錾子轻稳剔凿，不得大锤敲打。洞口尺寸不宜过大（一般应控制在 0.03m² 以内）。预埋件不得开通透孔，禁止在条板的同一位置上两侧开槽预埋。水暖吊挂件必须固定在预埋铁件上。

4. 电器开关、插座四周应用 2 号胶粘剂粘牢，表面应与墙板面层平齐。

5. 管线埋设。纵向管线可采用板孔布设；横向管线尽可能在板底 C20 细石混凝土带中敷设，如必须在板上横向开槽，槽宽、深控制在 1/2 条板厚度以内，开槽长度以不大于墙长 1/2 为宜，尽量开在墙板底部。管线敷设好以后，用 2 号胶粘剂拌合成砂浆，分二次把缝口填塞密实并抹平，表面用 2 号胶粘剂粘贴玻纤网布。封堵时，板应堵孔。

6. 较小的吊挂点，如衣帽钩、挂镜线条等可在条板上钻 φ35 孔后用胶粘剂埋入木楔，用木螺丝拧紧即可。

7. 超过 0.03m² 的孔洞，应在厂家制作定型板，否则会影响墙体的稳固或损耗大。

8. 水电安装施工时一定细心操作。预埋各部位详细做法见图 5.4.11。

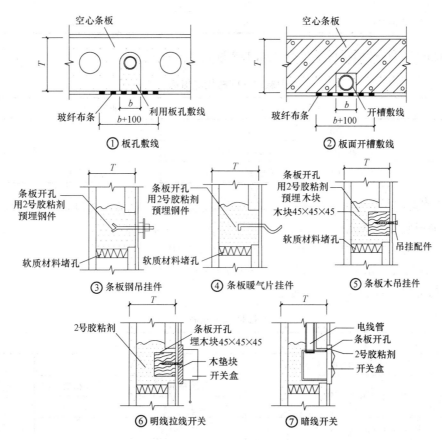

图 5.4.11 水电预埋节点

5.4.12 装饰施工配合要点

1. 防水处理：条板本身具有较好的防渗防水性能，一般隔墙不需特殊防水处理。厨、卫间等有水房间按常规做防水处理即可。

2. 装饰吊挂：条板隔墙板上可直接钉混凝土钉子和埋设膨胀螺栓；装饰线条等可埋入木楔，用钉子钉紧即可；如需挂重物，要在板墙内埋设预埋木砖或铁件等。

3. 一般大白涂料饰面：先用1：3胶水涂刷湿润墙面，然后批刮腻子，找平，干燥后用砂纸打磨，之后，即可做面层大白涂料装饰。腻子的配比按水泥：108胶＝100：15～20，适量加入水和纤维素。

4. 一般抹灰饰面：先用1：3胶液涂刷湿润墙面，然后涂刮界面剂一遍，直接抹灰装饰。

5. 厨卫间瓷砖饰面：可先用1：3胶液涂刷湿润墙面，然后涂刮界面剂一遍，水泥砂浆打底，粘贴瓷砖。

6. 材料与设备

6.1 材料

6.1.1 条板的外观质量、尺寸偏差、物理力学性能应符合《工业灰渣混凝土空心隔墙条板》JG 3063第5.2和5.3条规定。其中板的面密度、抗弯破坏荷载、空气声计权隔声量按表6.1.1控制。

物理性能　　　　　　　　　　　　　　　　　　　　　　　　表6.1.1

序号	项　目	指　标			检验方法
		板厚 60mm	板厚 90mm	板厚 120mm	
1	面密度(kg/m²)	≤70	≤90	≤110	JG 3063 JG/T 169
2	抗弯破坏荷载/板自重倍数	≥1.5	≥1.5	≥1.5	
3	空气声隔声量(dB)	≥30	≥35	≥40	

6.1.2 耐碱玻纤网布性能指标应符合表6.1.2规定

耐碱玻纤网布性能指标　　　　　　　　　　　　　　　　　　表6.1.2

序　号	项　目	指标要求	试验方法
1	单位面积质量(g/m²)	≥130	JC 561.1
2	拉伸断裂强力(经、纬向)(N/50mm)	≥1310	GB/T 7689.5
3	耐碱拉伸断裂强力保留率(经、纬向)(%)	≥50	JC 561.2

6.1.3 胶粘剂采用32.5R型硅酸盐水泥，Ⅱ类细砂，加建筑胶及水拌制，拌制时应先将胶与水按比例拌和均匀，形成胶液。拌制前应经试配检验符合要求，参考配比如下：

1号胶粘剂：建筑胶：水：水泥：砂＝1～1.3：4：5：10
2号胶粘剂：建筑胶：水：水泥：砂＝1.4～1.7：4：6：10
胶粘剂性能指标应符合表6.1.3的规定。

胶粘剂性能指标　　　　　　　　　　　　　　　　　　　　　表6.1.3

序　号	项　目		指标要求		试验方法
1	可操作时间(h)		1.5～4.0		
2	抗剪强度(MPa)		1号胶粘剂	2号胶粘剂	JG 149 JG/T 3049
			≥1.5	≥2.0	
	拉伸胶粘强度(MPa) (与水泥砂浆)	干燥	≥1.5	≥3.0	
		浸水	≥1.0	≥2.0	

6.1.4 条板安装所需用的材料：参照表6.1.4中的名称规格按实际需要用量备齐。

条板安装材料品种和主要性能 表 6.1.4

序号	材料名称	规格型号执行标准	主要性能	注意事项
1	硅酸盐水泥	32.5R 型水泥 GB 175	3d 抗压强度≥16MPa 28d 抗压强度≥32.5MPa	使用前抽样复试
2	细砂	Ⅱ类细砂 GB/T 14684	含泥量≤5%松散堆 积密度≥1350kg/m³	用筛孔为 1.28mm 筛子过筛
3	碎石	粒径:5~15mm GB/T 14685	连续级配:针状颗粒<25%; 含泥量<1.5%	
4	胶粘剂	胶凝材料配制	表 6.1.3	经测试合格后使用
5	耐碱玻纤网布	宽 60、100、200、 300~400	表 6.1.2	使用前裁好打卷
6	射钉(射弹)	Φ3.5×30mm	Φ6.5×11mm,"H"型	固定钢卡用
7	水	混凝土用水 JGJ 63		取当地饮用水
8	条板	60、90、120 形 JGJ 3063	6.1.1 条	宽度、长度按设计规定,其他 宽度型号需定购
9	各类连接件、钢卡、 预埋件	3mm 厚	见图 5.4.10	防锈处理或用镀锌件

6.2 条板安装的机械工具

墙板安装所需的机械、工具,参照表 6.2 中的有关名称、规格型号按实际用量配备。

墙板安装的机械工具名称规格型号 表 6.2

序号	工具名称	规格型号	备注	序号	工具名称	规格型号	备注
测量、放线工具				6	铁锤	2P	
1	钢卷尺	3.5m、5m、10m		7	铁锹		拌料
2	双人梯		自制	8	泥抹子		塑、钢制
3	画线工具			9	油灰刀		
4	钢直尺	1m、0.5m		10	灰桶		
5	靠尺	2m		11	电工用具		
6	水平尺			12	凿子		
7	吊线锤			现场吊运墙板机械、工具			
8	水平软管	测量门窗洞高度用		1	井架、货梯		
安装机械、工具				2	平车		
1	手提切割机	C91750W		3	木方	50×100	
2	手电钻			4	抬棒	φ50×800	木或钢
3	钻孔机			5	尼龙绳	φ25	
4	砂浆搅拌机			6	木棒	φ80 长 1100	
5	木楔、撬棒	自制	见图 6.2				

自制工具如图 6.2 所示。

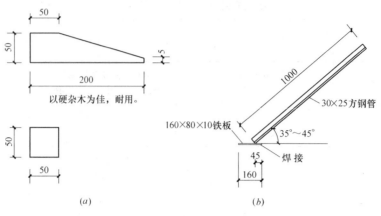

图 6.2　木楔、撬棒制作示意图
(a) 木楔；(b) 撬棒

7. 质 量 控 制

7.1　基本规定

7.1.1　条板隔墙的质量验收应执行国家《建筑工程施工质量验收统一标准》GB 50300 和《建筑装饰装修工程质量验收规范》GB 50210 的有关规定。

7.1.2　条板隔墙安装应按设计图纸要求和排版图施工；不得擅自改动建筑主体、承重结构或主要使用功能；不得擅自改动水、暖、电、燃气、通信等配套设施。

7.1.3　所有材料进场时应对品种、规格、外观和尺寸进行验收。产品应有合格证书，进场后需要复验的材料，应抽取样品进行复验。现场配制的胶粘剂应经试配检验合格后使用。

7.1.4　条板隔墙与顶棚和其他墙体的交接处、条板缝间应采取防开裂措施。

7.1.5　条板隔墙的隔声、隔热、阻燃、防潮等性能应符合设计和现行国家相关标准的要求。

7.1.6　条板隔墙验收时应检查下列文件和记录：

1. 施工图设计文件和排版图。

2. 材料的产品合格证书、性能检测报告、进场验收记录和条板复验报告。

3. 隐蔽工程验收记录。

4. 施工记录。

7.1.7　条板隔墙应对下列隐蔽项目进行验收：

1. 水电设施安装的预埋件、吊挂件。

2. 隔墙板与主体结构连接的钢板卡，竖向接板的钢板连接件或预埋件。

3. 门窗口板的预埋件。

4. 抗裂耐碱玻纤布粘贴。

7.2　主控项目

7.2.1　条板隔墙板材的规格、性能及胶粘剂、耐碱玻纤布等主要材料的技术性能指标应符合相关标准的要求。条板有隔声、隔热、阻燃、防潮等特殊要求的工程，板材应有相应性能等级的检测报告。

　　检验方法：观察；检查产品合格证书、进场验收记录和性能检测报告。

7.2.2　隔墙安装的预埋件、钢板卡件、连接件的位置、数量及连接方法应符合设计要求。

　　检验方法：观察；尺量检查；检查隐蔽工程验收记录。

7.2.3　条板隔墙板材安装必须牢固，稳定，不开裂，条板隔墙与结构梁、板、墙、柱连接方法应符合设计要求。

　　检验方法：观察；手板检查。

7.2.4 条板隔墙板底缝内细石混凝土填塞密实，混凝土强度值满足设计要求。

检验方法：观察；检查混凝土检验报告。

7.2.5 门窗框与条板隔墙连接必须牢固，框与墙体连接处应密实、无裂缝，门窗框与条板隔墙的连接方法必须符合设计要求。

检验方法：观察；尺量检查；检查隐蔽工程验收记录。

7.2.6 条板隔墙所用接缝材料的品种及接缝方法应符合设计要求。

检验方法：观察；检查产品合格证书、检验报告和施工记录。

7.3 一般项目

7.3.1 条板隔墙板材安装应垂直、平整、位置正确，转角方正，板材不应有裂缝和缺损。

检查方法：观察；尺量检查。

7.3.2 条板隔墙表面应平整光滑、洁净，接缝应平整、顺直，胶粘剂饱满，耐碱玻纤网布不得露出、褶皱。

检验方法：观察；手摸检查。

7.3.3 条板隔墙竖向接板缝错缝间距应≥500mm，边板最小板宽应≥200mm。

检验方法：观察；尺量检查。

7.3.4 条板隔墙上的孔洞、槽、盒、吊挂件应位置正确、开孔尺寸符合设计要求、套割方正、边缘整齐。

检验方法：观察；尺量检查。

7.3.5 条板隔墙安装的允许偏差及检验方法应符合表7.3.5要求。

条板隔墙安装允许偏差及检验方法 表7.3.5

项　　目	允许偏差(mm)	检验方法
墙体轴线位移	4	用经纬仪或拉线和尺检查
表面平整度	3	用2m靠尺和楔形塞尺检查
立面垂直度	3	用2m垂直检测尺检查
接缝高低差	2	用直尺和楔形塞尺检查
阴阳角垂直	3	用2m垂直检测尺检查
阴阳角方正	3	用方尺及楔形塞尺检查
门窗洞中心偏差	3	用钢尺检查
门窗洞口尺寸偏差	4	用钢尺检查

8. 安 全 措 施

8.1 条板隔墙施工中应认真执行《建筑施工安全检查标准》JGJ 59等国家现行安全施工标准、规范、规程的规定。操作前应对工人进行安全教育和交底。

8.2 条板堆放及临时存放应稳固，不得出现倾倒、滑落现象。

8.3 条板安装固定前应注意防倾倒，搭设的安装脚手架或操作平台经检查合格后方可进行条板安装作业。

8.4 施工用电应采用三相五线制，一机、一闸、一漏，手持电动工具应使用绝缘胶线。

8.5 施工操作人员应佩戴好安全保护用品。

8.6 施工机械设备操作人员应持证上岗，专人操作。

8.7 胶液存放及搅拌胶粘剂时应注意防火，避免与电焊火花等明火接触。

9. 环保措施

9.1 条板隔墙所用材料环保性能应符合《民用建筑工程室内环境污染控制规范》GB 50325 的有关规定。

9.2 施工中应采取有效措施控制现场的粉尘、噪声、振动等对周围环境造成的污染和危害。居民区内夜间不得进行条板切割、钻孔施工。

9.3 废弃的条板边块、碎渣等固体废弃物及安装施工中清理出的灰渣，严禁凌空抛撒，应统一收集清理，集中堆放，在指定地点抛弃。及时做好落手清工作。

9.4 六级风以上的天气不易施工，如需施工应采取防护措施。

10. 效益分析

10.1 条板隔墙具有轻质高强的优点，墙板的密度为 $70～110kg/m^2$，与空心砖墙、混凝土空心砌块墙相比较，可增加用户的使用面积、减轻墙体重的 50% 左右，能降低建筑物的自重。从而可相对减少基础、主体结构处理的费用。安装好的墙板垂直度、平整度好，转角方正，可减少或取消抹灰作业，而直接批刮腻子后进行饰面装饰，可减少墙体抹灰而增加的自重。也可节省抹灰的费用。板材具有较好的保温、隔声、防火效果，用作户内分室隔墙时，单层板材墙即可满足保温，隔声的要求；用作分户隔墙时，可用双层板夹保温隔声材料的复合隔墙或用单层厚板（板厚度≥120mm）加保温材料的复合隔墙。120mm 厚墙板防火能力可达 4 小时以上。条板隔墙的施工工艺先进合理，其使用功能能够满足设计和有关标准的要求，具有良好的推广应用价值。

10.2 条板的板材原材料资源十分丰富，并且是利用工农业的废弃物，有利于资源的再生和利用，有利于节能和环保，符合国家可持续发展的战略方针和节能利废政策，条板隔墙是墙体改革的替代材料。板材无放射污染，是绿色环保节能型建材，具有良好的社会效益。

10.3 施工操作简便，节省施工费用。条板隔墙的施工工艺方法简单，易学，稍加培训即可掌握。施工时 2～3 人为一个安装组，一个施工工日可安装施工 30～50m² 条板隔墙，与多孔砖砌筑墙体比较，可提高工效一倍以上，工程施工综合效益分析可见表 10.3。

条板隔墙与多孔砖墙施工用工及费用分析对照表　　　　　　　表 10.3

序号	项目	多孔砖砌体（240mm）	条板隔墙	多孔砖砌体与条板隔墙比较结果
1	每工日施工	3.5m²/人工日	墙高 3m 以下 15m²/人工日 墙高 3～4m 10m²/人工日	提高了工效一倍以上
2	装每平方米用工费	7.43 元/m²	墙高 3m 以下 3.30 元/m² 墙高 3～4m 5.00 元/m²	墙高 3m 以下节约 4.10 元/m² 墙高 3～4m 节约 2.43 元/m²
3	墙体抹灰	两侧抹灰 2×8.06 元/m²	两侧批刮腻子 2×2.51 元/m²	节约 11.1 元/m²
4	施工质量	通病易发生	垂直、平整、转角方正	质量易于控制
5	综合费用(含材料人工机械费)	78.00～87.00 元/m²	75.00～81.00 元/m²	3.00～6.00 元/m²

11. 应用实例

11.1 苏州市都市花园七期 A 标工程，建设地址为苏州市工业园区，建设单位是苏州工业园区华新国际城市发展有限公司。该工程为现浇混凝土框架剪力墙结构,共 5 幢 26 层住宅楼,总建筑面积 87000m²。该工程于 2004 年 8 月开工,2005 年 12 月竣工。工程的部分室内隔墙、厨卫间隔墙等采用 90mm 厚条板安装施工,共计 16353m²,墙体施工高度 2.7~2.9m,条板隔墙施工时间为 2005 年 2~4 月。该工程施工时一个操作组 2~3 人,每天可安装 45~55m²,施工速度快,安装后室内墙面一侧直接批刮腻子刷涂料装饰,无抹灰作业,厨卫间一侧做面砖装饰。工程竣工后经一年多的使用观察,施工质量合格,墙体固定牢固,无裂缝起壳现象产生,用户满意。该工程内隔墙安装施工综合价格为 70.12 元/m²,与混凝土加气块墙体比较,综合造价节省约 4.87 元/m²。

11.2 苏州市特诺尔爱佩斯高新塑料有限公司新建厂房工程,工程地址在苏州市工业园区,建设单位为特诺尔爱佩斯(苏州)高新塑料有限公司。该工程为混凝土框架结构,3 层,建筑面积 9568m²,墙体施工高度 4.2m,内隔墙均采用 120mm 厚双孔条板竖向接板施工,共计 3860m²。该工程于 2006 年 7 月开工,2007 年 2 月竣工。条板隔墙施工时间为 2006 年 11 月,该工程施工时一个操作组 3 人,每组每天可安装内隔墙 30~50m²,安装后的条板内隔墙牢固、稳定,墙面垂直平整,表面光洁,转角方正。经一年的使用,墙体无开裂,用户满意。综合价格为 78.32 元/m²,与混凝土多孔砖墙体比较,综合造价省 3.59 元/m²。

11.3 昆山纽约之星数码科技城工程,位于昆山市城北,总建筑面积 31000m²,地上 15 层,建设单位为昆山市中仁房地产开发有限公司。该工程为现浇混凝土框架剪力墙结构,工程于 2005 年 3 月开工,2006 年 6 月竣工。本工程室内隔墙、厨卫间隔墙、管道井隔墙均采用 90mm 厚条板施工,共计 5830m²。墙体施工高度 2.7~2.9m,一个操作组 2~3 人,每组每天可安装内隔墙 55m² 左右,条板隔墙施工时间为 2005 年 11~12 月,工程经一年多的使用,墙体无开裂、起壳现象,用户满意。条板隔墙综合价格为 70.87 元/m²,与混凝土加气块墙体比较,综合造价节省 4.12 元/m²。

液压整体提升施工工法

YJGF204—2006

中天建设集团有限公司 浙江省一建建设集团有限公司

马政纲 邵凯平 申建义 马国平 王伟

1. 前　言

　　湖南天翔房地产有限公司投资开发的中天广场，连廊钢结构在80.7m～屋顶之间将公寓区与办公区两幢主楼连接为一体。连廊钢结构安装标高为＋80.7m～98.5m，总高度为18.15m，轴线宽度为18.3m，总跨度为46.2m。连廊钢结构主要由结构层四榀钢桁架（＋80.7m～＋84.1m）和上部钢框架结构（＋84.1m～98.5m）组成。钢构件总吨位约370t。连廊钢结构共设有八个承载支座和八个稳定支座。因场地狭小，结构安装高度高，重量大，常规的安装方法是在满堂脚手架上分件安装，或采用大吨位吊车分片吊装，两种方法在经济上和环境条件上都不可行。本工程采用的方法为：在设计位置正下方，将钢连廊整体吊装的部分（全宽度，全高度）在地面散件拼装成型；将钢连廊两端的支座、分段构件和部分杆件先安装到高空设计位置，并临时固定；分别在两侧主楼的框架柱顶架设提升梁以安装液压同步提升设备（6套200t千斤顶）；在地面组装的钢连廊结构上安装提升桁架和提升下吊点；利用液压提升设备将钢连廊同步提升至设计高度附近，整个提升单元重量约300t。钢连廊两端分别与已安装的分段构件连接，安装预留后装杆件，使钢连廊形成整体。液压提升设备同步卸载，使钢连廊的自重转由八个支座承担，拆除液压提升设备及提升平台，完成钢连廊的提升吊装。工程应用取得了好的效果，特编制本工法予以推广（图1）。

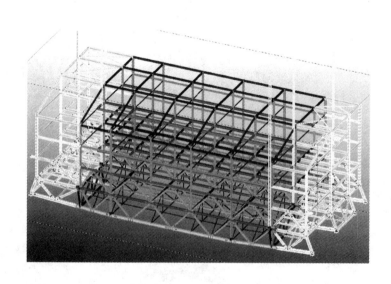

图1　连廊钢结构拼装模型图

　　液压整体提升是将结构在操作条件较好或投入较小即可创造的低标高场地上组装后，利用起吊设备一次吊装到设计位置的过程。组装场地可以是地面、坚实的平台或专门搭设的设施。整体提升可以解决结构重量大，安装高度高，安装场地狭小或施工荷载限制等因素带来的困难，大大减少高空作业量，降低施工设施投入，有效缩短施工周期。近年来在我国大跨度及大吨位结构应用越来越多，整体提升的应用会更频繁。

2. 工法特点

2.1 待提升结构在地面或低标高平台上整体拼装。主要的拼装、焊接及油漆等工作在地面进行，将高空作业量降至最少，施工安全易保证且效率高，能够有效保证钢结构安装工程的工期。

2.2 液压提升设施及设备安装在已竣工混凝土框架顶或专用提升支架上，对土建专业施工影响较小，有利于总体施工组织。

2.3 提升过程平稳，动荷载很小，利用已有结构做提升支撑点或设置专用提升支架（可反复使用或回收利用），提升设施投入最小化。

2.4 液压同步提升施工技术所使用的提升设施性能可靠，提升力富裕较大，吊装过程的安全性有保证。

2.5 电脑同步控制可以实现提升全过程的精细控制，结构吊装验算根据提升控制误差极限进行分析，避免同步误差过大时产生的施工应力超差。

2.6 提升设备可扩展组合，提升重量、面积、跨度不受设备制约，且柔性索承重，经济效益与提升高度成正比。

2.7 整体提升过程气势宏伟，具有很强的震撼力，广告效应明显。

2.8 设备一次投入过大，本企业利用率不能满负荷，需要对外承接业务来消化前期投入。也可以考虑租赁其他企业的设备，以降低经济风险。

3. 适用范围

本工艺标准适用于有一定空间或线刚度的工业与民用建筑大跨度钢结构屋盖、钢连廊、钢桥梁等类型工程的整体提升，大型混凝土构件的整体提升也可以参照应用。在现有结构可利用的情况下效果更好。

4. 工艺原理

液压同步整体提升技术采用液压提升千斤顶作为提升机具，柔性钢绞线作为承重索具。液压千斤顶为穿芯式结构，以钢绞线作为提升索具，有着安全、可靠、承重件自身重量轻、运输安装方便、中间不必镶接等一系列独特优点。通过多台液压千斤顶组合可以完成重量上万吨的单体结构。

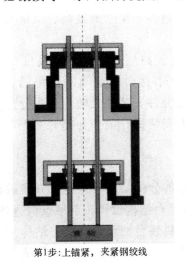 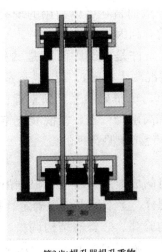 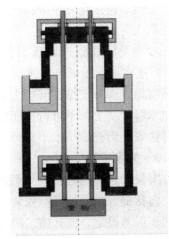

第1步：上锚紧，夹紧钢绞线　　　　第2步：提升器提升重物　　　　第3步：下锚紧，夹紧钢绞线

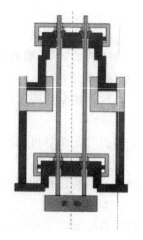 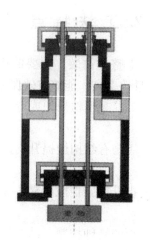 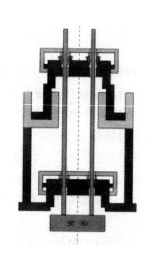

第4步：主油缸微缩，上锚片脱开　　　　第5步：上锚缸上升，上锚全松　　　　第6步：主油缸缩回原位

图4　液压提升千斤顶一个行程的工作步骤

液压提升器两端的楔型锚具具有单向自锁作用。当锚具工作（紧）时，会自动锁紧钢绞线；锚具不工作（松）时，放开钢绞线，钢绞线可上下活动。图4所示为液压提升器一个行程。当液压提升器周期重复动作时，被提升重物则一步步向前移动。

计算机控制系统液压同步提升施工技术采用行程及位移传感监测和计算机控制，通过数据反馈和控制指令传递，可全自动实现同步动作、负载均衡、姿态矫正、应力控制、操作闭锁、过程显示和故障报警等多种功能。操作人员可在中央控制室通过液压同步计算机控制系统人机界面进行液压提升过程及相关数据的观察和（或）控制指令的发布。

5. 施工工艺流程要点与操作要点

5.1　工艺流程（图5.1）

5.2　吊装条件分析

针对特定项目，应详细研究相关图纸，掌握结构特性及各部分的关联情况，还应进行项目实施现场勘察，熟悉现场平面布置环境，分析是否具备提升条件，有哪些要素是可以利用的有利因素，哪些要素是影响最优化实施的不利因素，还有哪些不利因素是可以消除的。初步制定吊装方案并进行技术、经济、安全、进度全方位分析比较。一般而言，可以利用的现有条件越多、提升高度高、重量大、跨度或面积大、场地狭小都是选择提升的有利因素。

长沙中天广场钢连廊项目的吊装条件是：连廊两端是两栋混凝土高层结构，安装高度最大为98.5m，连廊地面投影位置为地上二层混凝土框架，三层地下室。现场有两台起重量3t的塔吊，周边无宽敞空地。连廊支撑在混凝土高层80.7m框架梁上。满堂脚手架上分件安装和大吨位吊车分片安装法在技术和经济上都不可行。而以两栋高层为依托，在混凝土结构上安装提升梁作为提升支点，用整体提升法安装钢连廊技术上是可行的，经济上是合理的。

5.3　方案设计

方案设计合理与否直接关系到项目的成败和经济性。根据吊装条件分析结果，对施工方案进行具体化。包括提升单元与高空安装区域划分、上下吊点位置确定、提升平台结构设计、下吊点构造处理、提升同步误差设定、提升施工阶段结构验算、必要的结构调整、地面拼装台架设计、已有结构加固补强、混凝土结构为满足提升要求需要延缓施工的区域确定、保证拼装位置及吊点位置准确的测量控制方法。

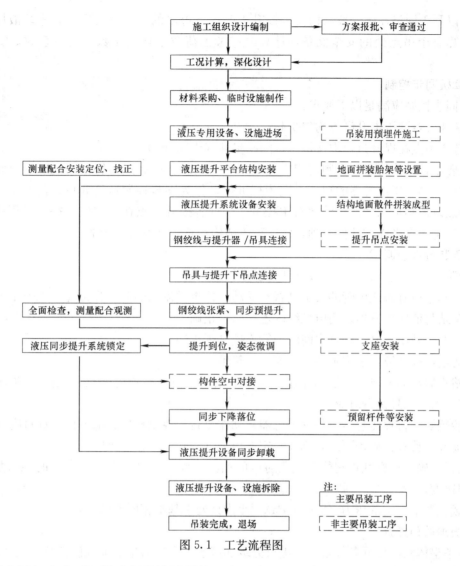

图 5.1　工艺流程图

长沙中天广场钢连廊项目提升方案设计的核心主要有以下几点：

1）根据结构特点，在两栋高层楼顶各设置了 3 个提升钢梁作为千斤顶支点，单点最大提升反力 150t。

2）提升梁为两点支承一端带悬臂的简支梁，断面采用双腹板 H 型钢，前后支点支撑在混凝土柱顶，后支点（抗拉）由拉接在框架梁上的大直径螺栓承担抗拉力，受力明确传力可靠。双腹板 H 型钢梁使用完毕后可现场剖分为钢板带，回首利用方案已提前考虑好。

3）调整了钢结构桁架的节点位置，使提升单元最大化，提升吊点与混凝土结构距离最小化，减小了提升钢梁悬臂长度。

4）对钢连廊单体进行了施工验算，调整了部分构件并根据验算结果最不利状况确定提升梁断面，调整混凝土梁断面和配筋。

5）确定严格的测量控制方法，以两栋混凝土结构顶层轴线为依据进行循环测量，确定地面拼装台、上下吊点位置、就位支座预埋件位置，闭合误差不大于 5mm。

6）用扣件式脚手架搭设格构式立柱作为地面拼装台支承点，对地下室混凝土梁进行了逐点加强，钢结构重量均匀分布到地面和上。

5.4　液压提升系统配置原则

要认真考虑系统的安全性和可靠性，降低工程风险。通过吊点位置设计，尽量使每台液压设备受载均匀。尽量保证每台泵站驱动的液压设备数量相等，提高泵站利用率。同一工程使用相同型号的液压提升设备，以利于同步控制。按结构模拟提升工况计算得出的提升反力数据，进行液压提升系统设备的配置，计算每个吊点处的安全储备，计算时应考虑荷载不均匀系数、动力系数，安全系数不小于5.0。

5.5 计算机同步控制

液压提升同步控制应满足以下要求：

1）尽量保证各台液压提升设备均匀受载；

2）保证各个吊点在提升过程中保持一定的同步性（±10mm）。

根据以上要求，针对特定工程制定相应控制策略。主、次控制点布置情况能客观反映结构空中姿态。将位于主控点的液压提升器的速度设定为标准值，作为同步控制速度和位移的基准，在计算机的控制下从次控点以位移量来动态跟踪比对主控点，保证各提升吊点在整体液压提升过程中始终保持同步。通过三点确定一个平面的几何原理，保证整体结构在整个提升过程中的平稳。

5.6 液压装置系统调试

液压提升装置系统安装完成后，按下列步骤进行调试：

1）检查泵站上所有阀或硬管的接头是否有松动，检查溢流阀的调压弹簧处于是否完全放松状态。

2）检查泵站与液压提升器之间电缆线的连接是否正确。

3）检查泵站与液压提升主油缸之间的油管连接是否正确。

4）系统送电，检查液压泵主轴转动方向是否正确。

5）在泵站不启动的情况下，手动操作控制柜中相应按钮，检查电磁阀和截止阀的动作是否正常，截止阀编号和牵引器编号是否对应。

6）检查传感器（行程传感器，位移传感器）动作是否与控制柜中相应的信号灯对应。

7）液压提升前检查：启动泵站，调节一定的压力（3MPa左右），伸缩提升油缸：检查A腔、B腔的油管连接是否正确；检查截止阀能否截止对应的油缸；检查比例阀在电流变化时能否加快或减慢对应油缸的伸缩速度。

8）预加载：调节一定的压力（2～3MPa），使锚具处于基本相同的锁紧状态。

5.7 分级加载预提升

结构在具备整体液压提升条件之后，进行分级加载预提升，对单点加载设计荷载的120%，检验吊点承载能力。通过预提升过程中对结构、提升设施、提升设备系统的观察和监测，确认符合模拟工况计算和设计条件，保证提升过程的安全。待系统检测无误后开始正式提升作业。经计算，确定液压提升器所需的伸缸压力（考虑压力损失）和缩缸压力。

结构开始同步提升时，液压提升器伸缸压力逐渐上调，依次为所需压力的20%、40%，在一切都正常的情况下，可继续加载到60%、80%、90%、100%。

结构即将离开时暂停提升，保持提升系统压力。对液压提升设备系统、结构系统进行全面检查，在确认整体结构的稳定性及安全性绝无问题的情况下，才能继续提升。

5.8 不利因素及对策

1）液压提升过程的提升力控制

根据预先通过计算得到的液压同步提升工况各吊点液压提升力数值，在计算机同步控制系统中，对每台液压提升器的最大提升力进行设定。当遇到提升力超出设定值时，液压提升器自动采取溢流卸载，以防止出现各吊点局部应力超出设计值或提升荷载分布严重不均，造成对永久结构及临时设施的破坏。

2）提升过程的空中停留

因整体提升高度一般较高，提升过程经常会达1～2个工作日。提升过程中及高空对接时，结构需要在空中停留。液压同步提升器在设计中独有的机械和液压自锁装置，保证了吊装过程中能够长时间的在空中停留，夜间停留时须用揽风绳固定。

6. 材料与设备

材料与设备表（表6）。

材料与设备表　　　　　　　　　　　　　　　表6

序号	名　称	规　格	型　号	设备单重	数　量
1	液压泵源系统	60kW	TJD-60	2.4t	2台
2	动力泵启动柜		YG-1	0.5t	4台
3	液压提升器	2000kN	TJJ-2000	1.2t	6台
4	标准油管		标准油管箱		30箱
5	计算机控制系统	16通道	YT-1		1套
6	传感器	位移			3套
7	传感器	锚具、行程			6套
8	专用钢绞线	φ15.24mm	1860MPa		11km
9	激光测距仪	Desto pro			2台
10	对讲机	Kenwood			10台
11	水平仪				一台
12	手动葫芦				四个
13	钢丝绳				40m

7. 质 量 控 制

7.1 提升单元划分和吊点设置需考虑结构的空间或线刚度，以实现总体最优化。

7.2 要根据现场条件和结构自身特点设置吊点，并进行安装阶段结构验算，必要时对结构进行调整。

7.3 上下吊点位置对应关系需精确控制，地面拼装与高空安装部分的对接方法、结构整体落位措施、提升系统拆除、高空安装围网布设及拆除等需要综合考虑。

7.4 过程测量控制

地面拼装就位偏差不大于10mm。

上下吊点投影偏差不大于10mm。

就位时吊索与垂直线夹角不大于1°。

提升同步最大误差不大于50mm。

提升过程结构摆动幅度不大于30mm。

8. 安 全 措 施

8.1 "三宝"（安全帽、安全带、安全网）配备齐全，"四口"（通道口、预留口、电梯井口、楼梯口）和临边做好防护。

8.2 在一切准备工作做完之后，且经过系统的、全面的检查无误后，现场吊装总指挥检查并发令后，才能进行正式进行提升作业。

8.3 在钢连廊整体液压同步提升过程中，注意观测设备系统的压力、荷载变化情况等，并认真做好记录工作。

8.4 在液压提升过程中，测量人员应通过测量仪器配合测量各监测点位移的准确数值，出现偏差要及时调整。

8.5 在提升过程中，观测人员应时时检查连廊结构及提升支架，出现异常情况须及时向工程指挥部报告。

8.6 液压提升过程中应密切注意液压提升器、液压泵源系统、计算机同步控制系统、传感检测系统等的工作状态。

8.7 现场无线对讲机在使用前，必须向工程指挥部申报，明确回复后方可作用。通信工具专人保管，确保信号畅通。

8.8 现场施工机械应根据《建筑机械使用安全技术规程》JGJ 33—2001 检查各部件工作是否正常，确认运转合格后方能投入使用。

8.9 现场施工临时用电必须按照施工方案完成并根据《施工现场临时用电安全技术规程》JGJ 46—2005 检查合格后方可投入使用。

9. 环 保 措 施

9.1 结构上清扫垃圾时应收集处理，严禁向结构边沿方向清扫。

9.2 包装物、油漆等废弃材料及易漂浮的塑料制品应及时清理。

10. 效 益 分 析

10.1 利用已有结构做提升支撑点或设置专用提升支架（可反复使用或回收利用），提升设施投入不大。

10.2 提升设备可扩展组合，提升重量、面积、跨度不受设备制约，经济效益与提升高度、重量成正比。

10.3 高空作业量降至最少，施工安全易保证且效率高，能够有效保证钢结构安装工程的工期。

10.4 液压提升设施及设备安装在已竣工混凝土框架顶或专用提升支架上，对土建专业施工影响较小，有利于总体施工组织

10.5 整体提升过程气势宏伟，具有很强的震撼力，广告效应明显。

11. 应 用 实 例

长沙中天广场钢结构连廊工程中采用了液压整体提升安装方法，该工程跨度 46.2m，最大安装高度 98.5m，提升重量约 300t，工程快速、优质、安全地顺利完成，取得了良好的社会效益和经济效益。

混凝土叠合箱网梁楼盖施工工法

YJGF205—2006

山东天齐置业集团股份有限公司　济南坚构建筑技术有限公司　湖南省建筑工程集团总公司

江西省建工集团公司　潍坊昌大建设集团有限公司

肖华锋　李克翔　刘玉彦　向方　熊君放　谭小星　吴祥红　李向阳　徐树发　孟宪礼　徐顺福　王明艳

1. 前　　言

"叠合箱"是由预制高强度钢筋混凝土顶板、轻质材料侧板和预制高强度钢筋混凝土底板共同组成的箱体。混凝土叠合箱网梁楼盖是由预制"叠合箱"与现浇混凝土肋梁组成的整体密肋楼盖。

叠合箱网梁楼盖技术由济南坚构建筑技术有限公司研究开发，发明人通过从蜂窝和机翼的构造获得启示，创造出了具有空间骨架、梁板合一、大翼缘工字形断面的楼盖形式。该项技术通过几十个工程的应用，不断总结改进，逐渐形成一套完整的施工工法。

《混凝土叠合箱网梁楼盖技术》于2005年7月通过了山东省建设厅鉴定委员会的科学技术成果鉴定。2005年7月荣获山东省建设厅《山东省建设新技术新产品推广证书》。《新型组合式混凝土叠合箱》2006年8月取得国家知识产权局《实用新型专利证书》，专利号：ZL2005 2 0084212.9。

2. 工 法 特 点

2.1　网梁楼盖是实现大空间建筑的技术手段

网梁楼盖很容易实现大跨度、大空间。非预应力结构可实现36m的跨度，满足建筑物多功能、多用途的需要。

2.2　网梁楼盖与现浇混凝土结构比较能节约大量钢材和混凝土

网梁楼盖自重轻、承载力高，其性能优于现有混凝土结构体系。其折算厚度（折算实心厚度与楼盖截面高度之比）在25%～35%之间，节约钢材30%～40%，现浇混凝土量为一般用量的1/3。

2.3　网梁楼盖技术节约用地

由于网梁楼盖减少了结构的厚度，从而降低楼层高度，减少建筑物之间的距离或增加建筑物的层数。

2.4　节能环保

网梁楼盖保温隔声性能良好，加之楼盖减少了无效空间，降低了建筑的运行成本，所节省的钢材、水泥均是高能耗材料。

2.5　节约投资

由于网梁楼盖技术节能、节材、节地、降低层高，顶板不用抹灰和吊顶，能直接减少工程造价。根据已完工程统计，节约造价均超过110元/m²。

2.6　缩短施工工期

网梁楼盖在工厂预制，减少了施工现场钢筋、模板和混凝土的工作量，从而缩短施工工期。

2.7　抗震性能好

网梁楼盖动力试验研究结果表明，网梁楼盖自重轻且承载力高，具有良好的抗震性能。

3. 适 用 范 围

网梁楼盖技术特别适用于跨度较大的各类建筑，如商场、车库、大会议厅、图书馆、教学楼、电视演播厅等。

4. 工 艺 原 理

4.1 基本原理

网梁楼盖是箱形截面的密肋楼盖，由预制叠合构件"叠合箱"与后浇肋梁连接成梁板合一的整体。叠合箱由预制高强度钢筋混凝土顶板、轻质材料侧壁和预制高强度钢筋混凝土底板组成。肋梁采用普通混凝土现浇而成，与叠合箱结合成整体楼盖。网梁楼盖基本构造见图4.1-1，图4.1-2。

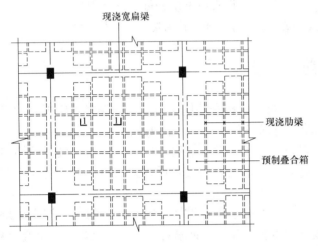

图 4.1-1 网梁楼盖平面布置图

4.2 叠合箱的基本形式

4.2.1 叠合箱的高度在 180～1400mm 内任意调整，可根据不同情况进行选择。

4.2.2 叠合箱的平面尺寸系列（mm× mm）：1000×1000，1000×700，1000×500，1000×300，700×700，500×500 等。

4.2.3 叠合箱侧壁为薄壁，厚度为 8～12mm。

4.2.4 叠合箱顶板、底板厚度可按结构不同部位进行调整，顶板最小厚度为 40mm，底板不考虑受力时最小厚度为 30mm，考虑受力时不小于 40mm。

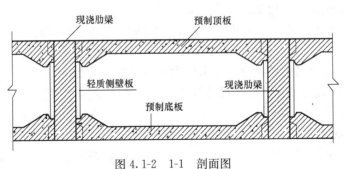

图 4.1-2 1-1 剖面图

5. 施工工艺流程及操作要点

5.1 施工工艺流程（图 5.1）。

5.2 操作要点

5.2.1 叠合箱网梁楼盖施工顺序见图5.2.1。

5.2.2 叠合箱构件制作

1. 叠合箱构件应授权委托具有混凝土建筑预制构件施工资质的企业负责加工。

2. 叠合箱预制构件的施工质量应符合《混凝土结构工程施工质量验收规范》（GB 50204—2002）的规定。

5.2.3 混凝土叠合箱网梁楼盖施工

1. 施工准备

叠合箱预制构件进场检验：检查产品出厂合格证书、试验报告。检查叠合箱的表面质量，检查有

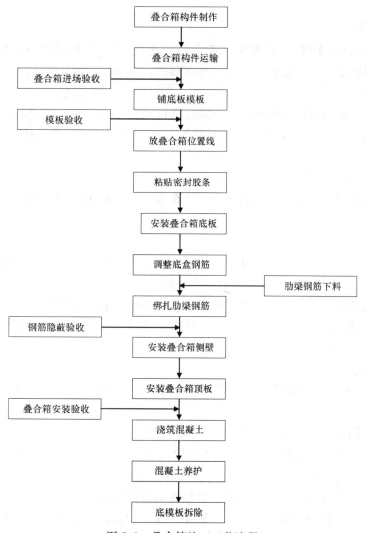

图 5.1　叠合箱施工工艺流程

无裂缝、缺损，凡不符合质量要求的不得使用。

2. 叠合箱构件的吊装

1）叠合箱构件运至施工现场后应使用塔吊等起重设备进行吊装。

2）使用叠合箱构件专用吊装工具进行吊装。将短钢管置于板底，钢管距板外边 100mm，用吊环将钢管套住，垂直起吊。开始起吊、落地时应缓慢进行，并派专人指挥。

3. 铺设底板模板

1）根据肋梁位置，搭设底模板。底模板可在肋梁范围搭设，底模板宽度比肋梁宽度大 80mm，即保证底模板支撑叠合箱的宽度每边不小于 40mm。底模板也可以满堂铺设。

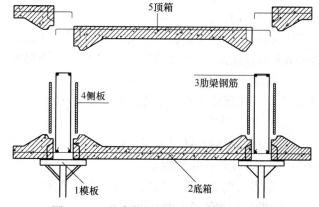

图 5.2.1　叠合箱网梁楼盖施工顺序示意图

2）网梁楼盖的跨度大于 6m 时，模板需要起拱。如图纸无明确规定时，起拱高度按短跨尺寸的 1/400 考虑。

4. 放叠合箱位置线

在已验收合格的底模板上，根据施工图纸的轴线尺寸，弹出肋梁边线（即叠合箱外边的位置线），以保证叠合箱准确就位。

5. 粘贴密封胶条

在底模板上，按照已弹好的肋梁边线（叠合箱外边线）向内侧偏移 30mm 粘贴 20mm×10mm（宽×厚）规格的海绵单面胶条，要求海绵胶条高压缩性、高弹性、和低密度。

6. 安装叠合箱底板

1）仔细对照箱形布置图纸，按照叠合箱位置线进行底盒布置。底盒之间的间距由设计要求的肋梁宽度确定，叠合箱是受力构件，位置不同，箱体的厚度配筋也不同，要严格按照箱形布置图进行摆放，防止错放箱形。

2）摆放叠合箱底箱时，应按设计要求区分明箱、暗箱。

3）就位时，应使叠合板对准所划定的叠合板位置线，慢降到位，稳定落实。箱底外边线应与肋梁边线吻合。

7. 绑扎肋梁钢筋

1）钢筋绑扎应按图纸设计要求及钢筋施工技术规范施工。双向密肋楼板的钢筋应由设计明确纵向和横向底筋的上下位置，以免因底筋互相编织而无法施工；

2）进行肋梁钢筋绑扎时，须将底盒预留锚固钢筋与肋梁主筋钩锚牢固。

3）肋梁主筋及箍筋下料时须注意图纸对钢筋保护层厚度的要求，一般要求是：侧向保护层厚 8mm，上下保护层厚 25mm。

8. 安装叠合箱侧壁

在叠合箱底板上安装叠合箱侧壁，侧壁应安装在底箱的外槽上。侧壁尺寸应与叠合箱尺寸相符。

9. 安装叠合箱顶箱

1）对照箱形布置图纸，进行顶盒安装，不得错放箱形。

2）将叠合箱顶箱预留钢筋应横平竖直，弯钩朝下，并与肋梁主筋锚固牢固。

10. 混凝土浇筑

1）叠合箱安装完成，应组织有关人员对叠合箱安装进行验收。

2）混凝土浇筑时，应提前对叠合箱壁板、箱顶侧壁、箱底侧壁进行洒水湿润，防止现浇混凝土失水，影响混凝土强度。

3）混凝土根据设计要求配制，骨料选用粒径为 5～20mm 的石子和中砂，并根据季节温差选用不同类型的减水剂。

4）混凝土浇捣应垂直于主龙骨方向进行；肋梁部位采用 ϕ30mm 或≤50mm 插入式振捣器振捣，严禁使用振捣器振捣叠合箱的侧壁，防止叠合箱因混凝土振捣产生位移。

5）混凝土浇筑完成要防止混凝土水分过早蒸发，早期宜采用塑料薄膜等覆盖的养护方法，并按照《混凝土结构工程施工质量验收规范》GB 50204—2002 的要求进行混凝土养护。

11. 底模板拆除

1）模板的拆除对结构混凝土强度要求应符合《混凝土结构工程施工质量验收规范》（GB 50204—2002）中 4.3 模板拆除的规定。

2）应遵循先支后拆，后支先拆；先拆不承重的模板，后拆承重部分的模板；自上而下，先拆侧向支撑，后拆竖向支撑等原则。

12. 板底清理

1）将叠合箱板底粘贴的海绵单面胶条（双面胶带）清除干净。

2）清理叠合箱底部与板底肋梁之间渗漏的混凝土砂浆，保证混凝土边角顺直，棱角分明。

5.3 注意事项

5.3.1 为保证海绵胶条粘贴牢固，底模板应在海绵胶贴粘贴完成后，方可涂刷脱模剂。

5.3.2 海绵胶条应与模板粘贴牢固且位置正确，确保模板不漏浆。

5.3.3 叠合箱明箱、暗箱位置正确，不得错放箱形。

5.3.4 叠合箱预留钢筋与肋梁主筋的锚固应符合《混凝土结构工程施工质量验收规范》（GB 50204—2002）的规定。

5.3.5 不得在板上任意凿洞，板上如需要打洞，应用机械钻孔，并按设计要求做相应的加固处理。

6. 材料与设备

本工法采用的主要材料与机具见表6。

主要材料、设备表 表6

序号	设备名称	设备型号	单位	数量	用途
1	叠合箱底板	设计尺寸	m²	图纸	叠合箱结构
2	叠合箱顶板	设计尺寸	m²	图纸	叠合箱结构
3	叠合箱侧壁	8~12mm	m²	图纸	叠合箱结构
4	海绵单面胶条	20mm×10mm	m		防止漏浆
5	双面胶带	15mm×5mm	m		防止漏浆
6	塔吊	QTZ-315	台	1	叠合箱吊装
7	混凝土输送泵	HB-60	台	1	灌注混凝土
8	钢筋弯曲机	GJ7-40	台	1	钢筋加工
9	钢筋切断机	GT-40	台	1	钢筋加工
10	钢筋调直机	Gj4-14/4	台	1	钢筋加工
11	插入式振动器	φ30mm	台	3	混凝土振捣
12	经纬仪	J2	台	1	箱底放线
13	墨斗		个	2	箱底放线
14	钢筋撬棍	φ20mm	根	4	调整箱底位置

7. 质 量 控 制

7.1 混凝土、钢筋、模板施工质量标准

混凝土、钢筋、模板施工质量标准执行《混凝土结构工程施工质量验收规范》GB 50204—2002 的规定。

7.2 叠合箱构件制作施工质量标准

叠合箱构件施工质量标准执行《混凝土结构工程施工质量验收规范》GB 50204—2002 的规定。

7.3 叠合箱安装质量标准

7.3.1 主控项目

1. 叠合箱强度等级必须符合设计规定。

2. 叠合箱钢筋质量必须符合有关标准的规定。

3. 叠合箱应严格按照箱形布置图进行摆放，严禁错放箱形。

7.3.2 一般项目

1. 网梁楼盖的跨度大于4m时，模板应按设计要求起拱；当设计无具体要求时，起拱高度需按短跨尺寸的1/400考虑。

2. 密封胶条应距离叠合箱外边线尺寸一致，并与模板粘贴牢固，严禁漏浆。

3. 叠合箱安装允许偏差及检验方法见表 7.3.2-1。

叠合箱安装允许偏差及检验方法　　　　　　　　　　　　　　表 7.3.2-1

项　次	项　　目	允许偏差（mm）	检验方法
1	相邻两箱体表面高低差	5	钢尺检查
2	轴线位置	5	钢尺检查
3	箱体下表面标高	+3，−5	水准仪或钢尺
4	箱体上表面标高	+3，−5	水准仪或钢尺
5	箱体高度	+8，−5	钢尺检查

4. 结构混凝土拆模后叠合箱楼板的尺寸允许偏差及检验方法见表 7.3.2-2。

叠合箱楼板的尺寸允许偏差及检验方法　　　　　　　　　　　　表 7.3.2-2

项　次	项　　目	允许偏差（mm）	检验方法
1	表面平整度	8	2m 直尺和塞尺量
2	底面平整度	5	2m 直尺和塞尺量
3	上表面标高	±8	水准仪或钢尺
4	下表面标高	±5	水准仪或钢尺

8. 安 全 措 施

8.1 楼面四周设置安全护栏及安全网，操作人员佩戴好安全帽。

8.2 叠合箱模板支柱应安装在平整、坚实的底面上，一般支柱下垫通长脚手板，用楔子楔紧。

8.3 当支柱使用高度超过 3.5m 时，每隔 2m 高度用直角扣件和钢管将支柱互相连接牢固（当采用碗扣架时，每隔 1.2m 设置水平拉杆）。

8.4 各种叠合箱应按不同型号存放整齐，高度符合安全要求。

8.5 吊装叠合箱构件时应注意安全，构件的码放方法正确，一次吊装不得超过十层。

8.6 叠合箱侧壁安装时应轻拿轻放，不得使用重物敲击。

8.7 箱体安装人员应按规定穿戴劳动用品，严禁人员穿拖鞋进行作业。

9. 环 保 措 施

9.1 施工现场成立以项目经理为组长的环境保护小组，完善各项管理制度，逐级落实责任，将组织、落实、检查、验收一体化、规范化、制度化。

9.2 叠合箱网梁楼盖施工中，应该做好建筑施工现场的环境管理工作，依照 ISO 14000 标准，根据《中华人民共和国环境保护法》，采取有效的管理措施做好环保工作。

9.3 混凝土施工时，应采用低噪声环保型振捣器，以降低城市噪声污染。

9.4 脱模剂应使用无污染环保型脱模剂。

10. 效 益 分 析

10.1　工程概况

济南军区九分部经济适用房工程位于济南市文化东路，地下 2 层，地上 16 层。地下一、二层为停车库，一至十五层为单元式住宅，十六层阁楼为储藏室。建筑面积 17516m²，其中地下车库面积

$7816m^2$。地下车库顶板全部采用叠合箱网梁楼盖结构体系，柱网尺寸主要为 7.8m×7m、7.8m× 5.7m，叠合箱网梁楼盖结构厚度为 450mm。

10.2 效益分析

10.2.1 节约投资：该工程采用叠合箱网梁楼盖技术，主体造价 480 元/m^2。若采用现浇井字梁楼盖体系，工程主体造价 605 元/m^2。叠合箱网梁楼盖节约工程造价 125 元/m^2。

10.2.2 降低层高、增加净空：该工程叠合箱网梁楼盖结构厚度为 450mm。若采用现浇井字梁楼盖体系，井字梁高度需 800mm。叠合箱网梁楼盖降低了梁板结构高度，增加了使用空间。

10.2.3 节约钢材和混凝土：该工程叠合箱网梁楼盖节约钢材 46%，现场混凝土浇筑量仅为现浇井字梁楼盖体系 21%。

10.2.4 节能环保：网梁楼盖保温隔声性能良好，加之楼盖减少了无效空间，降低了建筑的运行成本。网梁楼盖所节省的钢材、水泥均是高能耗材料。

10.2.5 缩短施工工期：由于网梁楼盖在工厂预制，减少了施工现场钢筋、模板和混凝土的工作量。该工程车库二层主体施工工期 18d，若采用现浇井字梁楼盖体系，主体施工工期约 25d，缩短施工工期 7d。

11. 应 用 实 例

工程应用实例如表 11 所示。

应用实例列表　　　　　　　　　　　　　　　　　　　　　　　　　表 11

工程名称	地点	结构形式	工法应用时间	实物工程量(m^2)	应用效果
济南军区九分部经济适用房车库	济南	框架结构	2006/10～2006/11	7816	良好
山东教育学院公共教学楼	济南	框架结构	2006/11～2006/12	2198	良好
济南军区政治部办公楼	济南	框架结构	2006/3～2006/5	1540	良好
济南小商品批发市场	济南	框架结构	2005/10～2005/11	2165	良好

大型工业厂房混凝土地面施工工法

YJGF206—2006

莱西市建筑总公司

赵成福　于振方　蔡强　李承霖　沈雷

1. 前　　言

大型工业厂房混凝土地面与普通混凝土地面相比有整体面积大、平整度要求高的特点，厂房地面在使用过程中通常承受荷载大，通常要通过各种车辆，对动荷载的承受能力要求高。普通住宅及公用建筑的混凝土地面的单块面积较小，通常可以一次性浇筑或分格成数块顺序浇筑，但大型工业厂房的面积大，通常为数万平方米，这就要求在施工时必须对地面进行详细的施工策划。大型工业厂房在交付使用投产后，维修不便，因此对施工质量要求更高。另外大型工业厂房地面还要求平整、光滑、抗渗、耐磨，无起鼓、裂纹、起砂等现象。

最早应用在海信信息产业园基板厂，本工程为二层现浇钢筋混凝土框架结构，柱距 9m×12m，层高 7m，厂房长 156m，宽 126m，混凝土地面面积 40000 多 m²，本工程地面面积大，施工质量要求高，我们通过采用新的施工方法，保证了混凝土地面施工质量。"大型工业厂房混凝土地面施工工法"获 2002 年山东省省级工法。

2. 工 法 特 点

2.1　提前做出工序策划，混凝土浇筑前支设分仓模板，采用隔仓浇筑的方法。

2.2　采用固定标高控制，通过调整膨胀螺栓，用水准仪找平模板上沿控制标高，模板采用 L5×5 角钢支模（根据混凝土地面的厚度可选用不同型号的角钢或槽钢），用 φ10 膨胀螺栓把角钢固定于基层上。

2.3　在地面与墙、地面与柱之间分别设置了介格缝，支模位置设在介格缝的位置上。

2.4　采用此工法施工的地面，能够保证地面平整光滑，一次成活，面层和基层不分开同时操作，解决了起鼓裂缝现象。

2.5　通过将大型整体地面分格成若干个小的单元，避免了使用过程中地面的收缩而形成的裂缝，保证了使用功能，提高了观感质量。

3. 适 用 范 围

本工法适用于大型工业厂房、仓库、超市等各种耐磨、质量要求较高的且要求一次成活的混凝土地面工程施工，尤其针对整体面积大，对平整度、耐磨、使用要求高的地面工程。

4. 工 艺 原 理

模板采用 L5×5 角钢支模（根据混凝土地面的厚度可选用不同型号的角钢或槽钢），浇筑混凝土采用隔仓浇筑，让先浇筑仓内的混凝土先行收缩变形，再以施工结束的地面侧面为模直接浇筑剩余部分，以此类推。通过设置固定角钢的膨胀螺栓调整表面标高控制混凝土浇筑一次到位，采用平板振动器振实及提浆机进行提浆，机械抹光。最后涂刷以专用养护剂，以达到大面积地面平整、光滑、抗渗、耐磨，无起鼓、裂缝、起砂的目的。

5. 施工工艺流程及操作要点

工艺流程：施工策划→基层处理→放线→支设分仓模板→水准仪设置控制点→混凝土隔仓浇筑→平板振动器、滚筒振实→刮杆刮平→提浆机提浆→压光机抹光→刷养护剂→切割介格缝→介格缝嵌填

操作要点：

5.1 施工策划：在施工前首先对混凝土地面进行分段，确定出施工顺序。分段时的主要依据是按柱网轴线进行分割，对柱网过大的网格进行加密，例如本工程的轴网为9m×12m，在分割时将整个地面分成9m×12m的网格，但9m宽的单块地面太大，不易控制，所以对轴线进行加密分割，即4.5m。因此将整个地面工程分割成4.5m×12m的网格。

网格确定好之后，即进行工序策划，确定出混凝土浇筑顺序，按混凝土的浇筑顺序确定出混凝土输送泵管的布管位置。

混凝土浇筑顺序如图5.1，先支设A组两侧模板，进行A组混凝土浇筑施工，施工顺序为A1→A2→A3→A4……；施工完成A段后再进行B段施工，在A

B4	B5	B6	D2
A4	A5	A6	C2
B1	B2	B3	D1
A1	A2	A3	C1

图5.1 大型工业厂房地面施工顺序图

段和B段施工时将其最靠边的C段和D段暂不施工，作为混凝土输送泵管的敷设位置，即混凝土输送管自D2处进入，敷设至A1位置，然后退步浇筑。

5.2 基层处理：对现有楼地面进行彻底清理，除去灰尘、浮杂物，把松动或过高部分凿掉，将楼地面用水冲洗干净，并除去积水。然后进行放线。

对地面工程应先做好垫层以下部分，对于有防潮要求的应先做好防潮层。

5.3 支模：以轴线划分成块，采用L5×5角钢支模，根据混凝土地面的厚度可选用不同型号的角钢或槽钢，用φ10膨胀螺栓把角钢固定于基层上。调整膨胀螺栓用水准仪找平角钢上沿。然后在处理完的基层上用1：1水泥砂浆扫浆一遍，确保新老混凝土结合牢固。

支模的主要控制要点是仓模的水平标高控制和轴线控制，它是整个地面工程的基础，在模板支设前应当先进行水准点的加密与校核，即将工程的水准控制点先放到各个柱子上，然后引至每个板块的四个角点，作为模板支设时的水平控制依据。仓模的轴线控制主要是以放样在各个柱子上的柱轴线作为控制依据，在模板支设前应对其进行校核。在仓模支设完毕后，应对仓模的水平位置、轴线及平整度进行逐点难收，做好记录。

5.4 浇筑混凝土：混凝土进行隔仓浇筑，一次浇筑混凝土至标高位置，用平板振动器振实，再用压滚往返压实，用6m长铝合金刮杆刮平，待混凝土初凝后，用提浆机在混凝土面进行提浆，然后进行面层磨光。

本工序的操作要点是混凝土的水灰比及坍落度不能过大，否则对混凝土的成型质量会造成影响。同时，要控制混凝土的振捣，不能出现欠振和过振，更不能漏振。漏振和欠振会使混凝土不密实，降低混凝土地面的承载力及耐久性，而过振会使混凝土的产生离析，使面层产生过大的收缩而出现裂缝，影响地面的使用及观感。在混凝土初凝的过程中，要注意混凝土的收缩，如果混凝土面层出现收缩下陷，会使地面的平整度超标，可在提浆时或磨面前进行补浆，补偿混凝土收缩而产生的不利影响。

5.5 提浆压光：经过找平的混凝土表面初凝后用专用提浆机提浆。随着混凝土强度的增长，调整机械抹光，由于机械抹光压力较大，较人工而言，需稍硬一点。由粗到细反复作业，使混凝土表面达到平整、光滑、密实的目的。混凝土面层应在水泥初凝前完成抹平工作，水泥终凝前完成抹光工作。抹

光宜采用专用的磨光机，在磨光时洒上耐磨料，以提高混凝土的耐磨性能。同时也可在磨光时掺入色料，可以配制出各种色泽的混凝土地面。

5.6 最后涂刷专用养护剂，防止水分蒸发引起干缩。因成型后的混凝土地面为最终面层，所以应采用不形成颜色污染的养护剂，使用前应在其他位置先做实验，确保在使用时不会污染地面。

5.7 介格切缝：支模位置设在介格缝的位置上，保证平直，纵向缝间隔 4.5m，横向缝间隔 4m。用切割机切缝，宽度为 5mm，切缝深度 3cm。切缝前应先弹好线，在切割时按线切割。将切缝清理干净后用硅酮胶密封。

6. 材料与设备

6.1 材料

本工法实例配合比是根据设计要求的 C30 混凝土，经现场取样，由实验室设计配合比，水泥：砂：石子：水＝1：1.57：3.05：0.47。

6.1.1 水泥：选用普通硅酸盐 425 号水泥，并经复试合格。

6.1.2 砂：砂子选用河砂，细度模数 2.8，含泥量少于 2%。

6.1.3 石子：采用碎石，石子粒径为 10～30mm，含泥量少于 2%。

6.1.4 水：水用饮用水。

6.2 机具设备

机具设备根据施工地面面积及工期要求而定，本工法实例为 40000 多平方米，主要机具设备见表 6.2。

施工机具设备表　　　　　　　　　　　　　　　　　　　　表 6.2

序 号	设 备 名 称	规 格 型 号	数 量
1	混凝土搅拌机	ZJM350	3
2	混凝土振动器	ZN50	3
3	地面压光机	DM60	4
4	提浆机	DM60	4
5	切缝机	ZIHQ250	4

7. 质量要求

7.1 混凝土所用的水泥、砂、石子等原材料应按照相应的规定取样，合格后方可用于工程。

7.2 混凝土浇筑前，由试验室做配合比并出具配合比通知单。混凝土强度等级应符合设计要求。

7.3 按照《混凝土结构工程施工质量验收规范》GB 54204 的要求留置标准养护试块，作为混凝土强度评定的依据。

7.4 混凝土浇筑前应将模板内的杂物清理干净，并冲洗干净，除去积水。按照要求进行振捣。

7.5 质量标准（表 7.5）

大型工业厂房混凝土地面质量标准　　　　　　　　　　　　表 7.5

序 号	检 查 项 目	允 许 偏 差	检 查 方 法
1	表面平整度	4mm	用 6m 靠尺检查
2	地面标高	4mm	水准仪检查
3	缝格平直	2mm	DJ2 经纬仪检查

7.6 其他材料：混凝土外加剂等楼地面面层材料，均应符合相关材料专项标准要求，并按规定取样检验。

7.7 成品保护

7.7.1 提高成品质量保护意识，明确各工种对上道工序质量的保护责任及本工序工程的防护，上道工序与下道工序应进行必要的交接手续，以明确各方的责任。

7.7.2 相邻板块施工注意成品保护，其施工间隔应视前期施工板块满足一定强度，一般可为3~5d。

7.7.3 抹面施工时，操作人员要脚穿平底鞋。在养护期间，当面层混凝土强度达到1.2MPa前，严禁上人。

7.7.4 面层施工结束后，应及时喷洒养护剂，覆盖塑料薄膜，严禁踩踏，养护7d后方可揭薄膜，并应有人看管，做好后期防护工作。

7.7.5 急需进行后续施工时，需在整个楼地面满铺纤维板防护，防止楼地面受损。

7.7.6 禁止在已完工的楼地面上拖运钢筋、拌和砂浆，揉制油灰，调制油漆等，防止地面污染受损。

8. 安 全 措 施

严格贯彻执行国家颁发的《建筑安装安全技术操作规范》、《施工现场临时用电安全技术规范》等各项安全规定外，还应遵守下列安全措施。

8.1 工人入场前必须经过安全教育，严格执行特殊工种持证上岗教育，操作前进行安全交底。

8.2 夜间施工有足够的照明，并派电工跟班作业。

8.3 合理布置电源、电线网络，各种电源线应用绝缘线，并不允许直接固定在钢管和钢模板上。

8.4 现场电动用具必须按规定位置保护接地或接零，并必须安装触电保护器，现场使用的电箱、闸刀、触保器必须编号，严格按三级保护用电，做到单机，单触保器，防止触电事故的发生。

8.5 现场机械设备必须定机、定人、定岗位，使用前由机电员负责验收工作，机械使用专人操作，定期维护、保养，做好运转记录。

9. 环 保 措 施

9.1 施工过程中应注意避免扬尘、粘带等现象，应采取遮盖、封闭、洒水冲洗等措施。

9.2 采用该工法施工的地面节约水泥8%，消除了环境污染，有利于社会的环境保护和节约能源。

10. 效 益 分 析

10.1 经济效益

使用本工法施工的地面，能够保证地面平整光滑，一次成活，面层和基层不分开同时操作，解决了起鼓裂缝现象。节约水泥8%，提高工效5倍，是一种多、快、好、省的新方法。海信信息产业圆整机厂地面使用本工法进行施工，工程自2001年交工至今未发现一处质量问题。公司近几年应用这种施工方法完成了30多万平方米的大面积混凝土地面，累计节约水泥300多吨，节约人工费30多万元。

10.2 社会效益

使用本工法施工的地面平整光洁，耐磨及耐久性好，保证了厂房投产后的正常使用，业主对此非常满意，它使我们赢得了业主信任，同时本工程也因质量良好被评为山东省工程质量泰山杯，为我公司赢得了良好的社会效益。

10.3 环保效益

通过本工法，节约了材料，减少了材料及劳动力的消耗，为社会节约了资源及减少了垃圾排放，可以有效地保护环境。

11. 应 用 实 例

11.1 海信信息产业园基板厂为二层现浇钢筋混凝土框架结构，柱距 9m×12m，层高 7m，厂房长 156m，宽 126m，混凝土地面面积 40000 多平方米。工程施工过程中运用本工法，工程质量良好。

11.2 青岛波尼亚厂房工程，建筑面积 10255m²，工程自 2003 年交付使用至今地面状况良好，未发现任何质量问题。

11.3 海尔新兴产业园 7 号厂房工程，建筑面积 28000m²，工程自 2005 年交付使用至今表面光洁、无磨损，质量稳定。

大面积普通混凝土地面及耐磨地面
一次成型机械研磨压光工法
YJGF207—2006

北京住总集团有限责任公司　武汉建工股份有限公司

浙江海天建设集团有限公司上海公司　浙江昆仑建设集团股份有限公司

梅晓放　朱晓锋　任红利　李文祥　王爱勋　李杨唐

黄伟　李纯发　叶坚强　施金宝　竺百川　吕怡芳

1. 前　言

目前一些大型车库、厂房、仓储物流中心等建筑采用大面积普通混凝土地面（图1），随着社会发展趋势，这种工程逐年增多，地面的面积多达上万平方米甚至更大，有些工程对地面的耐磨性等也提出了较高的要求。如果按照传统工艺人工压光混凝土地面，不仅无法达到平整度要求，地面质量通病也很难控制，地面整体观感差。利用一次成型机械研磨压光的方法替代人工压光，可以弥补人工压光大面积普通混凝土地面的不足，提高施工水平，节约劳动力，更容易控制地面工程质量。根据北京出版发行物流中心工程 42000m² 的大面积耐磨地面施工的成功应用以及其他一些同类工程的施工经验，我们加以总结制定本工法。

图1　大面积普通混凝土地面

2. 工法特点

2.1　施工机械化程度高，使用研磨机、压光机，可节约劳动力，提高效率，工艺简单，易于工人操作。

2.2　易于控制地面施工质量，不易出现起砂、空鼓、开裂现象，能够整体提高地面平整度、光洁度。

2.3　根据地面做法不同，可添加硬化剂等耐磨材料，形成耐磨地面，提高地面的耐磨性。

2.4　改变在混凝土面上进行二次施工的传统作法，在垫层混凝土初凝阶段即进行面层的施工，利用机械操作一次性成型，使面层与垫层紧密结合，杜绝地面空鼓。

2.5　采用跳仓施工方法，避免大面积地面施工产生的收缩裂缝。根据混凝土的性能和每日地面施工量，策划分仓大小及数量，在施工中分仓浇筑，初期施工跳仓浇筑，中后期回仓填筑。

2.6　每仓设数个分格缝，分仓施工缝位置应和地面分格缝两缝合一，采用专用机械切割，结合混凝土的材料特性，在强度满足切割要求的前提下，及时进行分格缝切割。

3. 适用范围

适用于大型仓储物流配送中心、厂房、车库、运动场、广场等大面积普通混凝土地面或耐磨地面的施工工程。

4. 工 艺 原 理

普通混凝土地面经振捣密实刮平后，先采用研磨机提浆、抹平，然后采用压光机替代人工进行抹压出光。研磨机与压光机类似，区别在于压光机底盘安装四把铁抹子替换研磨机浮动圆盘，通过机械带动铁抹子转动达到混凝土地面压光的效果。如 图 4-1、图 4-2 所示。

图 4-1 研磨机提浆、抹平

图 4-2 压光机收光

5. 施工工艺流程及操作要点

5.1 工艺流程

基层处理并验收→安装槽钢模板、管线敷设 →隐、预检验收→混凝土浇筑、振捣、刮平→检测校正标高→研磨机提浆、搓毛、铺料粗磨 1～2 遍压实→压光机精磨 6 遍以上收光→涂刷养护剂覆盖塑料布洒水养护→切缝→填缝

5.2 分仓设计

根据总体地面纵向、横向尺寸设计分仓尺寸，分仓尺寸不宜过大，每仓混凝土应在 3h 左右浇筑完毕，每仓混凝土量约为 60m³，面积不宜大于 300 m²，给机械研磨地面的插入预留充足的时间，充分利用现场空间分块跳仓浇筑，每日浇筑 4～6 仓。

5.3 操作要点

5.3.1 基层处理

根据设计要求进行地面基层施工处理，要预留足够的地面面层厚度，经检查验收合格，满足下道工序作业条件。

5.3.2 安装槽钢模板

1. 采用槽钢作为分仓模板。考虑到单一靠模板支设难以完全保证每仓混凝土边的顺直以及后期拆模可能破坏施工的地面边角，后期补救会产生颜色偏差等因素，在槽钢模板安装时，按照既定分格缝位置，向外侧扩出 30mm 左右，后期边角部分切割剔除，保证了边角的顺直。模板支设如图 5.3.2 所示。

2. 钢模内侧涂刷脱模剂。

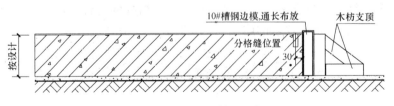
图 5.3.2 模板支设剖面示意图

3. 模板应超平，安装过程中随时用水准仪检测钢模标高，同时控制好钢模安装位置是否正确，模板及支撑应安装牢固，接头要严密，错缝应小于规范要求。钢模的高度与混凝土面板厚度保持一致。

5.3.3 混凝土浇筑、振捣、刮平

1. 采用跳仓施工的方法控制裂缝，混凝土原材配比确定后，现场应控制混凝土坍落度，混凝土坍落度宜为 140～160mm。

2. 每仓混凝土必须一次浇筑完成，中间不得出现冷缝。每仓混凝土振捣、整平可采用振捣梁（图 5.3.3），随混凝土浇筑后铺开，随用振捣梁边振捣边将混凝土表面刮平，边角局部等处采用刮杠刮平，其间随时检测混凝土表面标高以及校正边模平直，施工顺序应从里向外有序浇筑，每仓混凝土一次浇筑至标高。振捣梁可依据每仓浇筑的尺寸自制，以保证振捣时能够一次覆盖浇筑方向的整个混凝土面为宜。

图 5.3.3　混凝土振捣梁

5.3.4 研磨机提浆、搓毛、铺料、压实

1. 混凝土进入初凝阶段，现场以人站立到混凝土表面无明显脚印，使用研磨机（安装圆盘）进行作业，将表面砂浆层提浆、搓打均匀，在混凝土面上要粗磨一、二遍。

2. 当混凝土初凝后，混凝土表面的水渍消失或混凝土有足够的硬度可以承受磨光机的操作时开始撒料（根据设计要求，耐磨地面铺金属地面硬化剂或地面硬化剂，用量一般为 $5kg/m^2$，厚度不小于 3.5mm，颜色按工程设计），将规定用量的面层材料均匀地散布在初凝的混凝土表面上。普通混凝土可以直接磨光收面。金属骨料耐磨地面可以根据耐磨面层的厚度要求分两次撒料，第一次散布面层材料约 60%，待材料吸收水分变暗后，采用圆盘机械进行 1～2 次磨压，使面层材料与混凝土基层紧密结合。随后进行第二次撒播作业（余下的约 40% 材料），撒播材料的方向与第一次垂直，以保证材料撒播的均匀性。

3. 采用机械磨光的上机时间应根据混凝土的坍落度、气温等因素现场确定。在初磨期间应用 2m 靠尺随机反复检查，工作持续到混凝土表面平整、无明显缺陷时结束。

5.3.5 压光机数遍压光

待面层具备足够强度后，将机械的圆盘卸下进行地面收光，收光遍数不低于 6 遍，边角、模板边缘用铁抹子人工收光，初磨之后，调整压光机抹片角度，进行精磨，直至表面光亮结束。精磨完成后的地面应表面致密，颜色一致。对柱根、墙根等阴角部位采用手工磨面。

5.3.6 拆模

拆模作业应在混凝土地面施工完毕后 24h 后进行，返仓作业时间在混凝土地面施工完毕后 72h 后进行。

5.3.7 切缝

切缝间距可按 6m×6m，也可根据柱网尺寸做适当调整。切缝时间应从严掌握，适宜的时间为混凝土抗压强度达到 5～10MPa，控制在混凝土浇筑 48h 以内完成切缝，切缝前在水泥混凝土地面上弹出墨线，采用专业切缝机裁切（图 5.3.7）。切缝宽度 6～8mm，深度约为地面厚度的 1/3 左右。

5.3.8 养护

在地面施工完毕后应及时进行养护；养护作业首先由专人均匀涂刷养护剂，随涂刷养护剂，表面随即用塑料薄膜覆盖，覆盖完毕后表面及时洒清水，养护时间不得少于 7d，期间必须保证各项养护条件。养护期内严禁重压及其他作业，以免混凝土地面表层受损。（图 5.3.8-1～图 5.3.8-3）。

露天施工的大面积混凝土地面在冬施前应施工完成，不应在冬期施工。冬施前完成的地面在冬期可采用覆盖防火草帘被保温养护，草帘被厚度通过计算确定（如图 5.3.8-4）。

图 5.3.7 路面切缝机

图 5.3.8-1 涂刷养护剂

图 5.3.8-2 跟铺塑料薄膜

图 5.3.8-3 洒清水养护 7d

图 5.3.8-4 冬期覆盖保温

5.3.9 填缝

将地面清扫干净，切缝内杂物清理干净，可以进行填缝作业。分格缝可采用聚乙烯棒和弹性聚氨酯密封胶填充。填缝前先在切缝边贴纸保护，避免填缝材料污染地面面层，填缝材料要填充密实，一次成活，且与地面面层平，不得高于面层。填缝后及时保护，避免人员触碰，待填缝材料凝结后成活。

6. 材料与设备

主要施工机具设备：研磨机、压光机、切缝机、插入式振捣棒、平板振动器、振捣梁、经纬仪、水准仪、靠尺、3～4m 铝合金大杠。

7. 质量控制

7.1 地面混凝土强度、厚度符合设计要求，混凝土强度等级应不低于 C25。各种原材料必须符合设计及规范要求，并经检验合格。

7.2 基底回填土压实系数为满足设计要求，现场按照要求分层回填、取点试验，对墙根、柱根等处重点排查，不合格部位挖出返工，保证基底回填土质量。

7.3 基底回填土吸水率较大，在混凝土施工前，为避免混凝土的拌合水流失，同时使上下层之间结合紧密，在基层上做 20mm 水泥砂浆层。

7.4 合理进行分仓浇筑，混凝土浇筑前，将槽钢模板内的垃圾、杂物清理干净，并洒水湿润。

7.5 浇筑混凝土时，模板上表面的水泥浆要及时清理，以免造成标高超高，随时检查混凝土的上标高。测量人员在浇筑、刮平、研磨期间均随时监测标高，保证地面整体标高统一。

7.6 混凝土的振捣要严格按照规范要求，不得出现漏振和过振的现象。

7.7 混凝土浇筑完成后，设专人检查混凝土上表面的平整度，检查工具为 2m 靠尺和楔形塞尺。

7.8 严格控制面层撒料时间和用量，控制研磨时间和研磨遍数。

7.9 混凝土浇筑完成后要及时养护，养护时间不得少于 7d。

7.10 地面面层切缝要顺直，重点控制切缝时间，在混凝土施工完 48h 以内完成。

7.11 质量标准（表 7.11）

质量标准　　　　　　　　　　　　　　　　　　　　　　　　表 7.11

项次	项目	允许偏差（mm）	检查方法
1	表面平整度	4	用 2m 靠尺、楔形塞尺检查
2	切缝顺直	3	拉 5m 线、钢尺检查
3	标高	±10	用水准仪检查
4	坡度	不大于房间相应尺寸的 2/1000，且不大于 30	用坡度尺检查
5	厚度	在个别地方不大于设计厚度的 1/10	用钢尺检查

8. 安 全 措 施

8.1 施工中严格执行安全操作规程，做到预防为主。

8.2 现场施工用电制定专项措施，由于施工面积大，根据实际情况合理布置相关用电器材，施工期间要有专职电工值班，不允许操作工人擅自接电。

8.3 严格执行安全技术交底制度，在施工中杜绝违章操作行为。

8.4 由于工序要求需要连续作业，夜间施工应有足够的照明。

8.5 混凝土插入式振动棒、平板振捣器、振捣梁、研磨机、压光机、切缝机等机械设备在施工前要检查试运行，相关电器要有漏电保护装置，若有问题，要及时修理或更换处理。

8.6 操作工人要按要求佩戴安全帽，插入式振捣棒、平板振动器、振捣梁等机械操作人员要穿绝缘鞋，戴绝缘橡胶手套，防止漏电伤人。

8.7 振动器、振捣梁要配备专人负责牵引操作运行，并配专人负责跟随提拉电缆，避免电线拖地磨损导致漏电。

9. 环 保 措 施

9.1 工程所使用材料如砂、石、水泥、硬化剂、金属骨料等符合国家环保标准，并有相关单位的检测报告。环保指标见表 9.1。

9.2 施工现场不进行砂浆、混凝土搅拌，均采用搅拌站预拌，运输至现场浇筑。

9.3 施工中所用机械如振捣器、研磨机、压光机、混凝土泵等均严格检查，保证无油污渗漏等。

9.4 现场混凝土泵等设置封闭的隔音棚，减低噪声。

材料环保指标 表 9.1

序号	材料名称	有害物质名称	有害物质限量指标	使用范围	国家标准
1	水泥混凝土	放射性	主体材料：$I_{Ra} \leqslant 1.0$ 同时 $I_r \leqslant 1.0$	地面	《建筑材料放射性核素限量》GB 6566—2001
2	混凝土外加剂	氨的释放量	≤0.1%（质量分数）	地面	《混凝土外加剂中释放氨的限量》GB 18588—2001

9.5 振捣器等选用低噪声产品，尽量减少噪声污染。

9.6 现场合理进行排水、排污，避免污水、废水污染。

9.7 现场空旷场地回填土期间及时进行覆盖，避免扬尘。

10. 经济效益分析

大面积普通混凝土地面采用机械研磨压光施工方法，不仅提高了整体地面的表面平整度、光洁度，更容易保证大面积普通混凝土地面的施工质量，还节约了劳动力，提高了效率，缩短了施工周期，一次施工至面层，性价比高，面层颜色牢固，是目前大型仓储物流配送中心、厂房、车库、运动场、广场等大面积或超大面积水泥混凝土压光地面质量容易保证的施工方法。经工程实例分析可提高施工效率 5 倍，机械研磨用工是人工压光用工的 1/5，直接效益平均节约造价约 2 元/m²，地面施工周期缩短可以提前插入其他一些工序施工并可以给其他工序创造有利条件，从而缩短整体施工工期，间接经济效益明显。

11. 应 用 实 例

11.1 北京出版发行物流中心—仓储配送中心库区地面为大面积混凝土金属骨料耐磨地面，采用了一次成型机械研磨压光的施工方法。整个仓储配送中心总建筑面积 126200m²，分为 A、B 两个库区，

南北方向长为 473m，轴距为 12m，东西方向长为 173m，轴距为 9m，呈矩形。该地面混凝土强度等级为 C25，地面厚为 180mm，耐磨面层材料为金属地面硬化剂，颜色为浅灰色，分格缝内填充弹性聚氨酯密封胶。已经施工完成的 A 库地面面积 42000m²，共分 128 仓，32d 施工完毕，平均每天地面混凝土浇筑量为 236m³。目前已施工完成半年有余，由于工期质量明显提高，我集团多次组织相关单位及人员进行参观和学习，工程效果得到甲方、监理等单位的好评（图 11.1）。

图 11.1 北京出版发行物流中心—仓储配送中心库区 A 库区一角

11.2 翠成馨园 A-C 区 7 号车库为普通混凝土地面，采用一次成型机械研磨施工方法。车库面积：16600m²，柱网间距：8m×8m，分格尺寸 4m×4m，采用该法施工提高了抹压观感质量，大面积地面平整度、分格缝控制较好，节省了人工，效果很好。

自密实混凝土扩大截面加固施工工法

YJGF208—2006

湖南省建筑工程集团总公司
中南大学土木建筑学院
湖南中大建科土木科技有限公司

陈火炎　余志武　熊君放　刘赞群　余峰

1. 前 言

普通混凝土扩大截面法加固方法中，由于加固厚度较薄（0.040～0.100m），安装模板后，模板和原有构件之间的距离较小，而且其间还分布有钢筋，很难实现密实填充，混凝土质量得不到保证，成为了制约扩大截面加固方法推广应用的一个瓶颈。

采用自密实混凝土能完美地解决了这个瓶颈，自密实混凝土粗骨料较细（一般都小于0.200m），并且具有自流密实的特点，一方面能解决了施工困难，同时又能保证混凝土质量，使扩大截面加固方法能在普通的梁、柱构件加固中得到广泛使用，同时还拓展到组合结构加固中的使用。创造了巨大的社会和经济效益。

2. 工 法 特 点

本工法具有以下特点：

2.1 本工法利用自密实混凝土自流密实的特点，无需振捣，施工简单，操作性能好，施工成本低。

2.2 本工法适用于各种复杂构件的加固。自密实混凝土水灰比较低，添加了矿物掺合料和其他化学外加剂，具有优良的耐久性，不仅能应用于一般环境条件下的构件施工，还适用于冻融地区、盐碱地和沿海地区等恶劣环境下的构件，使用范围广。

2.3 本工法中采用的自密实混凝土流动性能好，渗透性能好，和老混凝土之间粘结紧密，加固效果好。

2.4 本工法施工过程中节约能耗，降低噪声污染，利用了工业废物，环保性能好。

2.5 本工法综合了扩大截面加固和自密实混凝土两种技术，并将钢—自密室混凝土组合结构应用于加固，扩充了扩大截面加固方法的内容，具有技术创新性。

3. 适 用 范 围

适用于房屋、桥梁、隧道等各种钢筋混凝土结构中各种构件的加固。

4. 工 艺 原 理

自密实混凝土—扩大截面加固方法主要通过对原劣化结构构件进行表面处理、增置加固钢材，安装模板、配制和浇筑自密实混凝土等施工过程，使新增加的混凝土结构构件和原劣化混凝土结构构件形成一个整体，扩大了原劣化结构构件的受力面积，修复了原劣化结构构件，使整个结构重新满足安全运营要求。

5. 施工工艺流程及操作要点

5.1 施工工艺流程

施工准备→加固构件表面处理→增置加固钢材（钢筋、钢板和型钢)→制作、安装模板→配制自密实混凝土→运输自密实混凝土→浇筑自密实混凝土→拆模和养护。

5.2 操作要点

5.2.1 加固构件表面处理

1. 首先用腻刀和打磨机对原构件混凝土表面进行原有粉刷层和装饰层清除，直至露出老混凝土表面。

2. 将原构件上劣化老混凝土清除至密实部位。

3. 采用人工凿毛法、气锤凿毛法等方法对原构件混凝土表面进行凿毛或打成沟槽。凿毛时清除掉表面砂浆层，暴露出粗骨料表面层；打成沟槽其方向应垂直与构件轴向，沟槽之间的距离小于0.010m，槽沟深度不小于0.005m。

4. 用具有一定压力的自来水冲洗凿毛后留在原老混凝土表面的浮碴、尘灰。

5. 当加固构件的配筋有锈蚀现象时，应用钢刷或钢丝球对钢筋表面进行除锈。如锈蚀钢筋截面面积只有到原截面的1/2时，应该补配钢筋。

6. 加固构件位于面板（如楼板）下时，在进行老混凝土构件表面处理同时，需把面板（如楼板）挫穿，制作自密实混凝土浇筑孔。浇筑孔制作要点：

1）梁加固时，浇筑孔应位于梁两侧，孔宽和加固厚度一致，孔长为0.200～0.400m，浇筑孔之间的距离不超过1.000m，两边浇筑孔应该错位制作。也可沿梁两侧将面板全部打通成浇筑孔。

2）柱加固时，如柱为棱柱体，需在棱边拐角处应制作直角浇筑孔，两直角边各为0.200～0.400m，如柱宽超过了1.000m，还需要在两直角浇筑孔之间增置浇筑孔；如柱为圆柱体，浇筑孔为弧形浇筑孔，孔宽和加固厚度一致，孔弧长为0.200～0.400m，浇筑孔之间的弧长不超过1.000m。也可沿柱周围将面板全部打通成浇筑孔。

3）墙面加固时，浇筑孔应位于墙两侧，孔宽和加固厚度一致，孔长为0.200～0.400m，浇筑孔之间的距离不超过1.000m，两边浇筑孔应该错位制作。也可沿墙两侧将面板全部打通成浇筑孔。

4）组合结构加固时，孔长一般为0.200～0.400m，浇筑孔制作的位置、距离和宽度根据加固构件的形状和尺寸大少而定。

5.2.2 增置加固钢材

1. 安装锚固钢筋或锚栓一般规定

1）采用焊剂连接、对拉钢筋、植筋锚固、锚栓锚固等形式在原构件上安装用来连接加固新构件和原老构件的锚固钢筋或锚栓。

2）如原加固构件的混凝土强度不满足锚栓锚固、植筋锚固对混凝土强度的要求，应通过焊接把连接钢筋固定在原构件中的受力钢筋上；

3）如加固原老构件厚度小于植筋和锚栓深度要求，采用打通构件，对拉钢筋的方法；

2. 植筋锚固和锚栓锚固的操作要点：

1）钻孔：钻孔的方向分为两种：直孔斜孔：直孔的方向与受力方向一致；斜孔的方向为受力方向成45°角。植筋锚固钻孔孔深一般为植筋直径（d）的15倍，钻孔直径（D）按表5.2.2中规定。

植筋直径与对应的钻孔直径设计值									表5.2.2
钢筋直径 d(mm)	12	14	16	18	20	22	25	28	32
钻孔直径设计值 D(mm)	15	18	20	22	25	28	31	35	40

采用锚栓锚固时，其产品说明书都表明有钻孔直径和钻孔深度；但对于承受拉力的锚栓，不得小于 $8.0d_0$（d_0 为锚栓公称直径）；对承受剪力的锚栓，不得小于 $6.5d_0$。

2）钻孔完毕，检查孔深、孔径，合格后将孔内粉尘用压缩空气吹出，然后用毛刷、棉布将孔壁刷净，再次压缩空气吹孔，应反复进行 3～5 次，直至孔内无灰尘，并用丙酮清洗干净，将孔口临时封闭。

3）固定锚固钢筋或锚栓

锚固钢筋应采用带肋钢筋。首先把钢筋锚固长度范围内的铁锈清除干净；然后将植筋胶注入钻孔中，植筋胶填充量应保证插入钢筋后周边有少许胶料溢出；采用旋转或手锤击打方式把钢筋推入钻孔中；植筋锚固后，在 1～3d 内不得扰动钢筋，若有较大扰动宜重新植。

把各种锚栓按其操作说明的要求固定在钻孔中。

4）锚固承重力检验：现场检验方法按照《混凝土结构加固设计规范》（GB 50367）中的附录 N 进行。

3. 焊接和捆扎加固钢筋

通过焊接或捆扎的方法把加固钢筋连接在锚固钢筋或锚栓上。在施工过程中采用钢筋定位垫块严格控制好加固钢筋的安装位置，保证加固钢筋与原老混凝土表面之间的距离。

4. 增置加固型钢

增置加固型钢主要用于组合结构加固。主要采用锚栓锚固固定和化学植筋、焊剂固定。安装钢板和其他型钢操作要点：

1）按设计要求制作钢板和其他型钢，选用锚栓和制作植筋钢筋；

2）安装锚栓或化学植筋；

3）通过螺锚或采用焊接把型钢和锚栓后钢筋连接起来，使之固定在原构件上。

5.2.3 制作、安装模板

1. 自密实混凝土是一种流态混凝土，自密室混凝土浇筑后会对模板会产生巨大的压力，须采用强度高的模板和木方；

2. 自密实混凝土是一种流态混凝土，要注意模板的密封，避免浇筑自密实混凝土时发生漏浆现象；

3. 梁、柱、墙、组合结构模板安装操作要点：

1）梁加固时，由于梁的高度不会很高，梁底面模板采用钢管承重固定，当梁高（H）＜1.000m 时，侧面模板可采用钢管栅箍固定，如梁高（H）≥1.000m 时采用对拉钢管固定；

2）柱加固时，如采用钢管栅箍固定模板，应从柱底部往上部由密到稀安装钢管栅箍，钢管栅箍的平均间距（L）＝0.200～0.500m，柱越高，平均间距越小，柱底部钢管栅箍安装越密集；如采用对拉钢管固定模板，也应注意从柱底部往上部由密到稀安装对拉钢管，平均间距（L）＝0.400～0.700m，柱越高，平均间距越小，柱底部对拉钢管安装越密集。

3）墙面加固时，采用对拉钢管固定模板，应注意从柱底部往上部由密到稀安装对拉钢管，平均间距（L）＝0.400～0.700m，柱越高，平均间距越小，墙底部对拉钢管安装越密集。

4）组合结构中，可以采用钢管栅箍、对拉钢管和其他固定模板方法，但具体固定方案应根据组合结构的形状来确定，可以参考梁、柱和墙面安装模板方法和注意点。

4. 在安装模板施工过程中采用模板定位垫块严格控制好加固钢筋的安装位置，保证加固钢筋与模板表面之间的距离，保证钢筋保护层厚度。

5. 根据实际情况需要，在模板上可预留自密实混凝土浇筑孔和观测孔，浇筑孔和观测孔的数量、位置、形状大小等由实际情况决定。

5.2.4 配制自密实混凝土

1. 确定自密实混凝土配合比设计

1）设定 1m³ 混凝土中粗骨料用量的松散体积 V_{g0}（0.5～0.6 m³），根据粗骨料的堆积密度 ρ_{g0} 计算

出 $1m^3$ 混凝土中粗骨料的用量 m_g。

2）根据粗骨料的表观密度 ρ_g 计算 $1m^3$ 混凝土粗骨料的密实体积 V_g，由 $1m^3$ 拌合物总体积减去粗骨料的密实体积 V_g 计算出砂浆密实体积 V_m。

3）设定砂浆中砂的体积含量（0.42～0.44），根据砂浆密实体积 V_m 和砂的体积含量，计算出砂的密实体积 V_s 和浆体密实体积 V_p。

4）根据砂的密实体积 V_s 和砂的表观密度 ρ_s 计算出 $1m^3$ 混凝土中砂子的用量 m_s。

5）根据混凝土的设计强度等级，确定水胶比。

6）根据混凝土的耐久性、温升控制等要求设定胶凝材料中矿物掺合料的体积，根据矿物掺合料和水泥的体积比及各自的表观密度计算出胶凝材料的表观密度 ρ_b。

7）由胶凝材料的表观密度、水胶比计算出水和胶凝材料的体积比，再根据浆体体积 V_p、体积比及各自表观密度求出胶凝材料和水的体积，并计算出胶凝材料总用量 m_b 和单位用水量 m_w。

8）根据胶凝材料体积和矿物掺合料体积及各自的表观密度，分别计算出每 $1m^3$ 混凝土中水泥用量和矿物掺合料的用量。

9）根据试验选择外加剂的品种和掺量。

10）针对具有特殊要求的地区试验设计出具有不同性能要求的自密实混凝土：如抗冻融自密实、抗盐侵蚀性能自密实混凝土、抗氯盐侵蚀自密实混凝土等。

2. 配制自密实混凝土要点

1）依据砂石含水率，调整自密实混凝土配合比中的材料用量，换算每盘的材料用量，写配合比；

2）当一个配合比第一次使用时，应由施工技术负责人主持，做自密实混凝土开盘鉴定。如果自密实混凝土工作性能不能满足要求，应及时适当调整配合比，至工作性能满足要求。

3）材料用量、投放：水、水泥、外加剂、掺合料的计量误差为±1%，砂石料的计量误差为±2%。投料顺序为：石子→水泥→外加剂粉剂→掺合料→砂子→外加剂→水。

4）搅拌时间：自密实混凝土搅拌宜采用强制式搅拌机：搅拌时间不少于120s；不宜采用自落式搅拌机，禁止人工搅拌。

5）根据现场砂、石中含水率的不同，应注意随时调整用水量和砂、石含量，使配制的混凝土流动性能好，不离析、不泌水。

3. 自密实混凝土工作性能检测

用坍落度筒测试混凝土拌合物的坍落扩展度作为评价流动性中与屈服应力 τ_0 的有关指标，用倒坍落度筒流出的时间和 L 型流动仪流动速度作为评价流动性中与黏性系数 η 有关的指标，用 U 形槽料筒和填充筒自由表面的高差（Δh）的大小来评价其拌合物的填充性能，并结合环试验测试评价。

自密实混凝土工作性能的检测参照《自密实混凝土设计与施工指南》（CCES 02）中的附录，要求坍落扩展度试验扩展度（SF）≥0.600m，U 形仪试验高度差（Δh）≤0.030mm，不离析，不泌水。

5.2.5 运输自密实混凝土

自密实混凝土自搅拌机卸出后，应及时运输到浇筑地点。在运输过程中要保证自密实混凝土不离析、不泌水。如采用商品自密实混凝土，运到浇筑地点时必须做开盘鉴定，如工作性能不能满足要求，可添加适量原搅拌用外加剂，做二次搅拌，使自密实混凝土工作性能满足要求。

混凝土从搅拌机中卸出后到浇筑完毕的延续时间，不宜超过表 5.2.5 的规定。

自密实混凝土延续时间（min）　　　　　　　　　　　　　　表 5.2.5

混凝土强度等级	气温（℃）	
	≤25	>25
≤C30	120	90
>C30	90	60

5.2.6 浇筑自密实混凝土

1. 浇筑自密实混凝土前 0.5～1h，用水充分湿润原结构构件混凝土和模板。

2. 自密实混凝土浇筑方法可以分为人工浇筑和机械泵送浇筑，人工浇筑时，一次浇筑量不能少于 15L。

3. 所有浇筑采用连续浇筑：

1）如单位浇筑工程量小，浇筑工作面集中，可以采用人工连续浇筑；如单位浇筑量大，浇筑工作面分散，应采用机械连续浇筑；

2）垂直浇筑自密实混凝土时，可采用人工浇筑；倾斜浇筑自密实混凝土时，应采用机械泵送浇筑；

3）采用泵送自密实混凝土时，必须保证混凝土泵连续工作，如果发生故障，停歇时间超过 45min 或混凝土出现离析现象，应立即用压力水或其他方法冲洗管内残留的混凝土。用水冲出的自密实混凝土严禁用在永久建筑结构上。

4）浇筑自密实混凝土同时，应在模板外进行适当的敲击。

4. 浇筑自密实混凝土构件操作要点：

1）加固梁顶部没有面板时，采用直接浇筑，可以采用赶浆法浇筑和多点浇筑；加固梁顶部铺有面板时，可以在多个浇筑孔同时浇筑；可以采用人工浇筑或机械泵送浇筑；

2）加固柱顶部没有面板时，采用直接浇筑，浇筑点之间的距离＜1.000m；加固柱顶部铺有面板时，可以在顶部浇筑孔同时浇筑；由于加固截面狭小，相当于导管的作用，无需采用导管浇筑，自密室混凝土不会发生砂，石与浆体分离现象；

3）墙面加固没有达到顶部时，可以直接浇筑，浇筑点之间的距离＜1.000m；加固墙达到顶板时，可以在顶部浇筑孔同时浇筑；同理，由于加固截面狭小，相当于导管的作用，自密室混凝土不会发生砂，石与浆体分离现象；

4）复杂组合结构加固时，宜采用软导管机械泵送浇筑，浇筑点之间的距离＜1.000m；

5）浇筑自密实混凝土时，要注意及时对模板进行加固和保护，防止跑模。

5.2.7 拆模和养护

1. 拆模时间不小于 24h。

2. 拆模后，马上对自密实混凝土进行养护，养护时间不应少于 14d，能保证混凝土始终处于湿润状态。

3. 采用塑料布覆盖养护时，其敞露的全部表面应覆盖严密，并保证塑料布内表面有凝结水。

4. 在组合结构中，如模板使用量少，拆模后，混凝土外露面积少，可以采用带模养护到 14 天；如组合结构中采用钢板形成了钢管混凝土，需对浇筑孔处的混凝土进行养护。

5. 当日平均气温低于 5℃时，不得进行浇水养护。

6. 材料与设备

6.1 材料

6.1.1 主要材料有：水泥、河砂、石（碎石，河卵石）、矿物掺合料、钢筋、钢板、钢管、型钢、钢丝、钢管扣件、模板、木方、螺杆、螺帽、垫片、外加剂和水等。

6.1.2 使用的水泥包括硅酸盐水泥、普通硅酸盐水泥、抗硫酸盐水泥、中热水泥、低热水泥等硅酸盐类水泥，硫铝酸盐类水泥和铝酸盐类水泥，碱激发水泥和磷酸盐水泥等。

6.1.3 当加固截面厚度为 0.040～0.060m 时，自密实混凝土使用粗骨料粒径为 0.005～0.015m，加固截面厚度大于 0.060m 时，粗骨料粒径可以为 0.005～0.020m，粒径连续级配，针片状骨料含量少于 10％，使用细骨料的细度模数 μ_f 大于 2.3。

6.1.4 外加剂包括各种高效减水剂、增稠剂、引气剂、减缩剂、阻锈剂等。

6.1.5 矿物掺合料包括粉煤灰、矿渣粉、硅灰、沸石粉、偏高领土粉、煅烧粘土粉、钢渣粉等；

6.1.6 商品自密实混凝土供应方提供以下资料：

1) 配合比通知单；

2) 预拌混凝土运输单；

3) 预拌混凝土出厂合格证。

6.2 设备

使用的主要设备有：混凝土搅拌机、混凝土输送泵、电子秤、电锤、打磨机、空压机、斗车、风镐和斧头等。

7. 质 量 控 制

7.1 遵守下列质量标准及其技术规范

《自密实混凝土设计与施工指南》CCES 02；

《混凝土结构加固设计规范》GB 50367；

《混凝土结构工程施工质量验收规范》GB 50204；

《建筑工程施工质量验收统一标准》GB 50300；

《混凝土膨胀型、扩展型建筑锚栓》JG 160；

《钢筋焊接及验收规程》JGJ 18；

《混凝土结构后锚固技术规程》JGJ 145；

《钢结构工程质量验收规范》GB 50205。

7.2 施工操作质量控制和验收一般规定

7.2.1 施工前，技术负责人与作业班组长、作业班组长与操作人员要认真做好书面技术交底。

7.2.2 施工过程中，施工员、质检员要坚守现场、监督管理。

7.2.3 施工过程中，施工单位和业主、监理共同作好隐蔽工程验收记录。

7.3 施工操作质量控制和验收内容

7.3.1 界面处理质量满足本工法中5.2.1款中的规定。

7.3.2 植筋锚固和锚栓锚固承重力检验：现场检验方法按照《混凝土结构加固设计规范》（GB 50367）中的附录 N 进行。

7.3.3 配制自密实混凝土的粗、细骨料要求除满足行业标准《普通混凝土用碎石和卵石标准及检验方法》JGJ 53 和《普通混凝土用砂质量及检验标准》JGJ 52 外，还需满足本工法中6.1.3中的规定；

7.3.4 配制自密实混凝土采用的外加剂除满足《混凝土外加剂应用技术规》GB 50119 中的规定外，其采用的高效减水剂的减水率不小于25％。

7.3.5 增置加固钢材应满足本工法中5.2.2中的规定；钢筋焊接时，单面焊缝位$10d$，双面焊缝为$5d$，满足《钢筋焊接及验收规程》JGJ 18中的规定；

7.3.6 模板安装应满足本工法中5.2.3中的要求；

7.3.7 新增自密实混凝土的外观不应有严重缺陷；

7.3.8 自密实混凝土强度采用随机取样和现场检测方法：在自密实混凝土浇筑地点随机留置自密实混凝土试件，其中至少留置一组标准养护试件，同条件养护试件的留置组数应根据实际需要确定；如对新增自密实混凝土强度试验报告有怀疑，可以采用回弹法或超声—回弹综合法，必要时，还可以采用取芯法修正；

7.3.9 新增自密实混凝土拆模后，应对构件的尺寸偏差进行检查。检查的数量和检验的方法应按《混凝土结构工程施工质量验收规范》GB 50204 执行；

7.3.10 自密实混凝土养护应满足本工法中 5.2.7 中的规定。

8. 安 全 措 施

8.1 在整个施工过程中,认真贯彻执行安全施工的各项规章制度和安全操作规程。

8.2 加强安全生产领导,现场项目部施工领导小组成员中应有专人分管安全工作,现场设置专门安全员。

8.3 在制作浇筑孔时,注意上层面板的散落混凝土不要跌落伤人。

8.4 植筋胶对皮肤有刺激性,人体直接接触后应用清水冲洗干净;如不慎溅到眼睛里,大量清水冲洗后立刻就医。施工人员应注意适当的劳动保护,如配备安全帽、工作服、手套等。

8.5 自密实混凝土浇筑前由安全人员对模板制作、安装、混凝土浇筑平台、输送跑道、电气设备、机械车辆进行周密检查,采取措施、防止隐患;在浇筑过程中,也应由安全员经常检查。

8.6 脚手架及高支模体系搭设,必须有结构计算,具有足够的安全度。

8.7 起吊设备及混凝土时,由专职起重工指挥,确保吊装安全。

8.8 施工人员必须佩戴安全防护用品,设备必须有安全警示标志。

9. 环 保 措 施

9.1 建筑垃圾及粉尘控制的技术措施

9.1.1 原构件混凝土表面进行处理时,应经常洒水和浇水,以减少粉尘污染。

9.1.2 原构件混凝土表面进行处理时,工人应该佩戴口罩,降低粉尘对人体的危害。

9.1.3 原构件混凝土表面处理的垃圾应由垃圾装袋运出。现场主出入口外设有洗车台位,运输车辆必须冲洗干净后方能离场上路行驶。

9.2 噪声控制的技术措施

9.2.1 施工中采用低噪声的工艺和施工方法。

9.2.2 原构件混凝土表面处理的噪声可能超过建筑施工现场的噪声限值时,应在开工前向建设行政主管部门和环保部门申报,核准后再施工;

9.2.3 原构件混凝土表面处理宜在白天进行;

9.2.4 由于采用自密实混凝土,无需振捣,降低了噪声污染,如施工工期紧张,可以在晚上进行浇筑自密实混凝土施工。

10. 效 益 分 析

10.1 经济效益

利用自密实混凝土扩大截面加固截面,和普通混凝土扩大截面加固截面方法比较,在原材料成本之间不存在很大的差价。但自密实混凝土由于具有自流密实和无需振捣的工作性能特点,在施工过程中能节省机械和电力消耗、节约劳动力、缩短工期。

自密实混凝土扩大截面加固截面与其他加固方法比较,存在以下的优势:(1)施工要求低,适用范围广,像火灾、腐蚀造成的受损结构的加固,若采用碳纤维加固和粘钢加固等方法,要求老混凝土表面平整,使得无法应用该材料进行加固;(2)材料造价相对较低,如碳纤维材料中每平方材料费用一般为 250 元~350 元,而自密实混凝土材料中每平方材料费用一般为 50~80 元,节约了原材料资金。

10.2 社会效益

该施工工法中,自密实混凝土在浇筑过程无需振捣,避免了因为振捣引起的噪声污染;同时节约能耗，自密实混凝土中大量矿物掺合料的使用，有利于节约资源、保护环境；另一方面，扩大截面加固方法施工简单，加固后新老结构整体相容一致，加固效果好，耐久性高，维修成本等施工成本低，社会效益深远。

11. 应 用 实 例

11.1 长沙市八一桥加固应用工程

11.1.1 工程概况简介

八一路跨线桥位于长沙市清水塘地段，始建于 1972 年，横跨芙蓉中路，为三跨等截面悬链线无铰双曲拱桥。近年车流量成倍递增，该桥处于超负荷营运状态，部分大梁的主拱圈出现不同程度的安全隐患，为确保安全，拟对该桥主拱圈进行加固。

11.1.2 加固方案的确定

八一路跨线桥的拱肋加固设计了以下三种加固方案，见图 11.1.2。对 3 种方案下结构基频的变化情况见表 11.1.2。从表 11.12 可以看出，在结构自重增加较少的情况下，方案（b）对提高结构刚度最为有效。

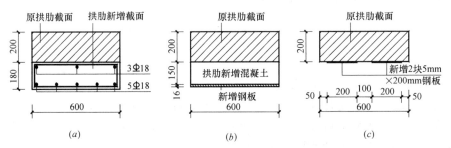

图 11.1.2 3 种加固拱肋截面方案示意图
（a）钢筋混凝土加固拱肋；（b）钢组合混凝土加固拱肋；（c）粘钢板加固拱肋

八一路跨线拱桥加固前后基频变化对比表　　　　　　　　　　　表 11.1.2

	原结构	(a)	(b)	(c)
基频(Hz)	5.108	6.559	6.923	5.192
基频增长率(与原结构比)	—	28.4%	39.1%	1.6%

经过对比选定方案（b）作为最终加固方案。从图 11.1.2 中可见，由于原混凝土拱肋和新增钢板之间只有 150mm 的空隙，采用普通混凝土根本无法进行施工，决定采用自密实混凝土。

11.1.3 加固施工过程

1. 自密实混凝土配比设计

由于从拱顶到拱脚的高度只有 3m 高，但拱跨长 30，为了达到密实，对自密实混凝土的流动性能提出了很高的要求，要求在保持不泌水、不离析的条件下坍落扩展度（SF）达到 700mm 以上。混凝土的设计强度为 C40。自密实混凝土的设计配合比见表 11.1.3。

C40 自密实混凝土配合比（kg/m³）　　　　　　　　　　　　表 11.1.3

水泥	粉煤灰	水	细骨料	粗骨料	外加剂
350	150	175	850	870	1.0%

其中：水泥为海螺牌 42.5 级普通硅酸盐水泥；粉煤灰为湘潭电厂生产的 Ⅱ 级粉煤灰；细骨料为粒径小于 5mm 的中粗砂；粗骨料为粒径小于 15mm，连续级配的碎石；外加剂为高效减水剂。

2. 加固施工过程

1）表面处理

清除表面粉刷层，凿毛后用自来水冲洗。

2）安装钢板

首先将连接钢筋通过化学植筋固定在桥拱肋上，再通过焊接把制作好的钢板固定在连接钢筋上。

3）安装模板

图 11.1.3-1　模板安装

加固设计是钢-混凝土组合结构加固方案，在安装模板的过程中，可以利用原拱肋下面的新增钢板作为低面的模板，然后把钢板和原拱肋之间的空隙封闭起来。模板安装图见图 11.1.3-1。

为了保证自密实混凝土的浇筑密实，在安装模板时，在拱顶上预留一个浇筑孔，并以拱顶为对称，分别在两边等高距预留两个浇筑孔（150mm×150mm），见图 11.1.3-2。并在孔 3 处做一个漏斗，漏斗口的边缘高度要高于钢板和拱肋之间空隙的高度，见图 11.1.3-3。

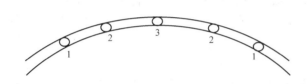

图 11.1.3-2　预留混凝土浇筑孔

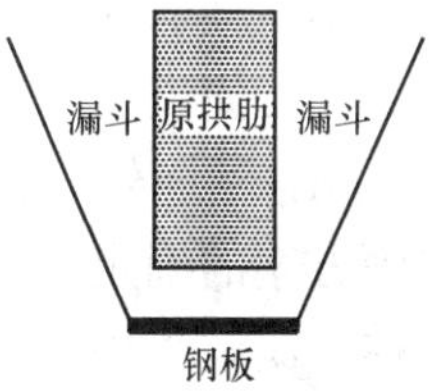

图 11.1.3-3　孔 3 处漏斗示意图

4）自密实混凝土的检测

混凝土采用了商品混凝土。在每罐混凝土浇筑前，都应该对自密实混凝土的流动性能进行检测，要求坍落扩展度都要不小于 700mm，见图 11.1.3-4。

5）自密实混凝土的浇筑

用混凝土输送泵把自密实混凝土首先从左边（右边）预留 1 号浇筑孔中输送进钢板和原拱肋之间的空隙。在浇筑前 1h，用水把钢板和模板进行湿润。在泵送自密实混凝土的过程时，应把输送管塞进空隙底部，然后一边输送一边把输送管从底部向外抽出，同时应不断在两边的木模板上用橡皮锤敲打，以保

图 11.1.3-4　浇筑前自密实混凝土
坍落扩展度检测

证混凝土的密实。当浇筑完从空隙底部到孔 1 之间的空隙后，应立刻用小模板把孔 1 封闭起来，然后在从孔 2 中进行浇筑，当浇筑满孔 2 到孔 1 之间的空隙后，立刻用模板把孔 2 封闭。然后在右边（左边）进行同样的施工。当完成两边施工后，使用同样的方法把孔 3 两边的空隙浇筑密实，并把孔 3 处的漏斗

图 11.1.4　加固后拱肋表面

灌满混凝土，自密实混凝土能产生一定的压强，使孔 3 处顶部浇筑的混凝土和原拱肋能紧密结合，形成一个共同受力整体，保证加固后的结构和原结构形成一个整体。

6）拆模和养护

采用带模养护的办法：混凝土浇筑成型 24h 后并不拆模，带模养护 3d 时间，拆模后喷水养护 14d。

11.1.4　加固效果

拆模后，整个拱肋周围的自密实混凝土表面密实、光滑（图

11.1.4），用铁锤在钢板底面敲打也没有空鼓现象，这说明混凝土密实填充了钢板和原拱肋之间空隙，达到了加固的效果。

11.2 长沙市晓园大厦火灾后加固应用工程

11.2.1 工程概况

图 11.2.1 火灾后梁、柱的破坏情况

长沙市晓园大厦东、西、北边为钢筋混凝土框架与部分砖墙承重结构，中部为两层底框抬两层砖混结构；南边为三层框架抬一层砖混结构，2005 年 9 月该大楼发生火灾，原混凝土结构柱、梁都严重破坏，见图 11.2.1。

从图中可见：梁、柱有些部位表面贯通裂缝，混凝土被烧后表面酥松，角部剥落，表面部分起鼓，柱角部分混凝土爆裂、露筋，大部分柱烧伤深度达 20～30mm，在严重损坏的部位，混凝土爆裂，烧伤深度达到 30～50mm，钢筋外露。

11.2.2 加固方案的确定

钢筋混凝土柱、梁都采用了自密实混凝土—扩大截面方法加固。见图 11.2.2。

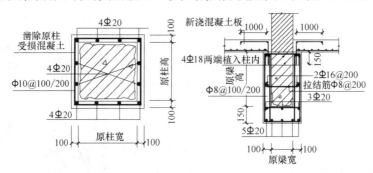

图 11.2.2 柱、梁加固设计示意图

11.2.3 加固施工工序

1. 自密实混凝土配合比设计

加固采用了 C60 的自密实混凝土，配合比设计见表 11.2.3。自密实混凝土的坍落扩展度大于 600mm。

C60 自密实混凝土配合比（kg/m³）　　　　　　　　　　　　　　　　　　表 11.2.3

水泥	粉煤灰	水	细骨料	粗骨料	外加剂
500	100	210	790	800	1.5%

注：其中水泥为海螺牌 42.5 级普通硅酸盐水泥；粉煤灰为湘潭电厂生产的 II 级粉煤灰；细骨料为粒径小于 5mm 的中粗砂；粗骨料为粒径小于 15mm，连续级配的碎石；外加剂为高效减水剂。

2. 加固施工过程

1）原构件表面处理：凿除疏松混凝土后，用清水冲洗构件表面。

2）植筋、安装模板：采用加固用钢筋和原钢筋焊接，然后把受力筋和分布筋捆扎好，安装模板时，也要注意模板和钢筋之间的距离，保证钢筋保护层厚度。

3）浇筑自密实混凝土：支模完毕浇筑自密实混凝土 1h 前，再次用水清洗构件，使构件老混凝土吸水饱和。采用人工连续浇筑。

4）拆模、养护：24h 拆模后，应及时洒水养护，养护到 14d。

11.2.4 加固效果

拆模后，梁、柱加固效果见图 11.2.4。

从图 11.2.4 中可见，拆模后，梁、柱表面光滑，用回弹器测量了混凝土柱、梁 7d 强度，实测强度都超过了 30MPa，说明达到了加固的效果。

图 11.2.4　加固后梁、柱表面情况

11.3　郴州卷烟厂明苑小区加固应用工程

11.3.1　工程概况

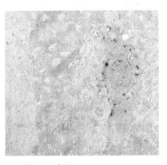

图 11.3.1　加固前混凝土质量

郴州卷烟厂明苑 1 栋、2 栋在质检部门两栋大楼主体进行了工程质量检测时，发现两栋大楼承重柱的混凝土施工质量差（图 11.3.1），实测混凝土强度远低于原设计强度，存在严重的安全隐患。

11.3.2　加固方案的确定

由于两栋楼房中承重柱多为异型柱，外包钢和外包碳纤维都无法对老混凝土形成约束；另一方面，由于老混凝土质量差，表面疏松，凹凸不平，也无法采用外包钢和外包碳纤维方法。决定采用自密室混凝土—扩大截面加固方法。

11.3.3　加固施工过程

1. 自密实混凝土配合比设计（表 11.3.3）

C50 自密实混凝土配合比（kg/m³）　　　　　　　　　　　表 11.3.3

水泥	粉煤灰	水	细骨料	粗骨料	外加剂
500	100	210	770	820	1.3%

粉煤灰采用Ⅱ级粉煤灰，外加剂采用高效减水剂。坍落扩展度大于 650mm。

2. 加固施工过程

1）表面处理、楼板凿孔：在表面处理前在被加固柱周围楼板上按设计要求凿孔。

2）植筋、绑扎钢筋：由于柱厚度不厚，采用打通柱，对拉钢筋固定加固钢筋的办法。

3）注意加强对模板的固定。要注意模板之间、模板和梁之间、模板和楼板之间的密封。

4）浇筑自密实混凝土：支模完毕浇筑自密实混凝土 1h 前，应再次用水清洗构件，使构件老混凝土吸水饱和。

5）拆模、养护

11.3.4　加固效果

拆模后，混凝土表面光滑，密实（图 11.3.4），试验室检测和现场回弹仪检测结果都超过了 50MPa，加固质量可靠。

图 11.3.4　加固柱混凝土情况

混凝土快速抹面施工（HKM）工法

YJGF209—2006

通州建总集团有限公司

瞿启忠　陆建中　夏雪康　张宏标　丁春颖

1. 前　　言

在建筑、公路、桥梁等工程领域中被广泛采用的混凝土，其抹面施工还停留在用塌饼、冲筋或拉线进行标高控制，抹面用木蟹、铁抹子进行搓平、压光的传统工艺上，这种传统作业方式已经远远不能满足当今优质高效快速的施工模式，严重制约了工程的进展，降低了工程效益，劳动消耗量大，效率低，作业人员容易产生疲劳感，有害身体健康，并且工程质量往往也难以得到有效保证。

通州建总集团有限公司通过技术创新，研制开发出一套新型、实用的混凝土快速抹面施工技术，它是对传统工艺的革新，把弯腰、下蹲作业形式转变成了直立式作业，能较好地克服传统作业中的弊端，对提高工程质量、加快施工速度、减轻劳动强度、提前工期、节省人力和材料等有极大的推动作用。经过 15 万 m² 现浇混凝土楼地面的施工实践表明：应用本工法大大节约了成本，减轻了工人的劳动强度，且能增加建筑物净高，减轻结构自重，操作简单，施工机械化程度高。可广泛适用于建筑工程楼地面、公路、桥梁、场地等混凝土的施工中，具有极其广阔的推广应用前景。

该技术 2000 年通过了江苏省科技厅的鉴定，2001 年获得江苏省科学技术进步三等奖、南通市科学技术进步奖三等奖、通州市科学技术进步二等奖，达到了国内领先水平。其中，两项关键技术获国家实用新型专利：混凝土提浆拍 ZL00220463.0；混凝土整平压光板 ZL00220461.1。同时形成了混凝土快速抹面施工（HKM）工法。

2. 工 法 特 点

通过对传统工艺中施工机具和关键技术的改进，混凝土快速抹面成套技术具有施工速度快，操作简便，节省人力，减轻劳动强度等特点。

2.1　可调式标高杆控制标高技术：可有效地控制混凝土的浇捣厚度，提高混凝土表面平整度，取代了传统工艺中用塌饼、冲筋控制混凝土厚度和平整度的方法，节约材料，并能克服混凝土表面易产生微缩干裂现象，确保混凝土的浇捣质量。

2.2　赶平尺赶平技术：代替了传统工艺中的刮杠。在混凝土浇捣过程中，对混凝土高低不平部位进行赶平和搓平，以便在后道工序施工中保证混凝土表面的平整。

2.3　提浆拍提浆及压光板压光技术：取代传统工艺中木抹子、铁抹子搓平、压光，使操作工人由下蹲、弯腰式作业转变成直立式操作，减轻工人的劳动强度，提高工作效率。

2.4　叶片式抹光机原浆抹光技术：采用叶片式混凝土机械抹光机使操作工人从繁重的人工铁抹子收光作业中解放出来，可节约大量人力，提高生产效率。

3. 适 用 范 围

可广泛用于建筑工程楼地面、公路、桥梁、场地等混凝土的施工。

4. 工 艺 原 理

该技术是在楼地面结构混凝土浇筑过程中，通过设置可调式控制标高杆控制混凝土的浇筑高度，取代传统工艺中的冲筋、塌饼，而后在混凝土振捣完成后用专利技术的混凝土提浆拍和混凝土整平压光板对混凝土进行表面整平压光，最后采用叶片式混凝土抹光机进行机械抹光，从而使混凝土地面压光一次成型，改变了以往楼地面二次找平的传统做法，而专利技术的施工工具也改变了传统的工具操作方式，减轻了工人的劳动强度。

5. 施工工艺流程及操作要点

5.1 施工工艺流程

清理基层→设置标高杆→混凝土摊铺→混凝土振捣→赶平尺赶平→提浆拍提浆→压光板压光→机械抹光（粗抹、精抹）→养护。

5.2 操作要点

5.2.1 混凝土的拌制：混凝土除应保证强度指示外，还应保证混凝土具有良好的和易性以满足原浆抹光工艺的要求，对混凝土的原材料和配合比进行严格的控制和选择，严格控制后台计量和搅拌时间，保证混凝土具有良好的和易性。

5.2.2 模板或基层清理：浇捣混凝土前应认真清除模板或基层上的浮灰、砂浆、油污、木屑等杂物，如基层面光滑应进行凿毛或刷混凝土界面剂处理，并用水冲刷干净，冲刷前，还应将下水管、地漏口堵好，避免流入混凝土和杂物。

5.2.3 标高控制：设置可调式控制标高杆，标高杆选择 30mm×60mm 矩形截面的铝合金管材，根据混凝土的设计厚度，确定铝合金管材下口高度，可取代传统工艺中的冲筋、塌饼，根据混凝土面的设计标高，调节可调式标高杆上的粗调和微调螺栓，将标高杆下口调至混凝土面设计标高。即以标高杆下口标高作为混凝土浇筑层标高，有泛水要求的，应按坡度做放射状设置标高杆，一般情况下，沿混凝土浇捣方向每2m间隔设置一道，纵向套接3～4跨。另外，标高杆必须与基层模板或钢筋用铁丝连接牢固，防止在混凝土浇捣过程中上下浮动或倒塌，完成后，还应用水平尺检查标高杆的水平情况。

5.2.4 混凝土摊铺及振捣

1. 在设置好的标高杆间均匀铺放混凝土，用铁锹初步铺设平整，虚铺厚度要根据现场坍落度而定，振捣后如局部混凝土仍高于或低于标高杆下口，应及时铲平或补平。

2. 在混凝土振捣完毕后，把赶平尺搁置在标高杆上口前后拖动，以检测混凝土的表面平整度（赶平尺下口与标高杆下口标高一致），同时进行混凝土表面搓平。

3. 混凝土浇筑时，先用插入式振动棒振捣，再用平板振动器拖振。拖动振动器时每次压痕要压住上一次压痕1/3左右，振捣时间不宜过长，应以混凝土不再显著下降为止，以免出现泌水和离析。

5.2.5 提浆拍提浆：提浆拍也相当于木抹子，兼有整平作用，混凝土经振捣密实搓平后，即可进行提浆作业，提浆时，应用力均匀，提浆拍应保持水平下落拍击混凝土表面，每一拍与前一拍应有1/5左右的重叠击拍，并配备人员随时进行标高和平整度的检查以保证混凝土表面的平整。操作时沿标高杆方向由边向内，由前向后后退操作。左右两跨均完成拍击后拆除该间隔的标高杆，对杆底部分进行补拍，以保证提浆的完整性和连续性。

5.2.6 压光板压光：相当于用铁板第一次压光，调节好压光板与操作杆间的角度，使之向前推和往后拉时与混凝土面均能保持一定角度，达到初次压光的效果。压光时，先由近及远匀速向前推送，再沿原线路匀速往回拖拉，推拉时，无需向下用力，应利用压光板自重完成第一遍压光，在混凝土初凝前完成。

5.2.7 机械抹光：采用叶片式混凝土抹光机进行机械抹光，机械抹光分粗抹和精抹两道工序。第一遍压光完毕，待混凝土完全沉实、表面完全收水、上人有脚印但不下陷时，即可用抹光机进行粗抹。粗抹前，应将抹光机叶片与混凝土面角度调到较小角度，以避免叶片转动时切入混凝土，同时叶片转速也应调至慢速挡，并使压光机保持平整。抹光时从一边开始，沿该边顺利施抹形成一个抹光带，逐渐向后推移，相邻抹光带间要重叠半个抹光机叶片宽度。粗抹后1～2h，待表面稍硬、手按有印时，即可进行精抹，此时应重新调节抹光机叶片与混凝土面角度，使角度增大，并将叶片转速调至快速挡，方法与粗抹相同，每个抹光面带应反复1～2次，直至混凝土面光亮为止。粗抹和精抹前，抹光机抹不到的边角部分，可先采用人工抹光，再实施机械抹光。

5.2.8 养护：精抹完毕即覆盖塑料薄膜，3～4h后覆盖麻袋并浇水养护7d，以防止混凝土过早失去水分和混凝土内部升温过快造成表面开裂。

6. 材料与设备

本工法无需特别说明的材料，采用的机具设备主要有混凝土提浆拍、混凝土压光板、赶平尺、可调式标高杆、混凝土振捣器、叶片式抹光机。

7. 质 量 控 制

7.1 混凝土浇捣验收按《混凝土结构工程施工质量验收规范》GB 50204—2002、《建筑地面工程施工质量验收规范》GB 50209—2002执行。

7.2 设置控制标高杆时，标高杆选材下口要平直，无弯曲，纵横连接并要与周围模板或底模用铁丝绑牢固，避免产生位移和浮动，保证混凝土的浇捣质量。

7.3 提浆操作：选择有高度责任心的技术工人操作，上岗前进行严格培训，详细介绍操作工艺和原理，使其领会技术要领，操作时，提浆拍应保持水平，击打均匀，不漏拍，提浆完成后的混凝土应产生2mm左右厚的水泥浆层。

7.4 利用压光板压光时，推、拉用力要均匀，板与混凝土间的夹角保持不变，速度保持匀速。

7.5 机械压光时，要正确调节叶片角度和叶片转速，掌握压光适宜时间、操作方向和顺序。

7.6 操作过程中产生的砂眼、坑团应及时修补，对无法用提浆拍和压光机压光处仍应用木抹子、铁抹子搓平压光。

7.7 由专人负责养护和成品保护。

8. 安 全 措 施

8.1 施工前，应编制安全技术措施，并向全体人员进行安全技术交底，操作人员均需持证上岗。

8.2 进入施工现场人员必须正确戴好安全帽，禁止穿硬底鞋、拖鞋和光脚，浇捣时应穿绝缘劳保胶靴，戴绝缘劳保手套，持振捣器人员还应佩戴防护眼镜，以防混凝土飞溅击伤眼睛。

8.3 加强"四口"、"五临边"安全防护工作，严禁高空抛掷任何物品。

8.4 对所有用电装置安装漏电保护器，加强用电装置的保护。

9. 环 保 措 施

9.1 成立对应的施工环境卫生管理机构，在施工过程中严格遵守国家和地方政府下发的有关环境保护的法律、法规和规章，加强对施工燃油、工程材料、设备、废水、生产生活垃圾、丢渣的控制和治理，遵守防火及废弃物处理的规章制度，随时接受相关单位的监督检查。

9.2 将施工场地和作业限制在工程建设允许的范围内，合理布置，规范围挡，做到标牌清楚、齐全，各种标识醒目，施工场地整洁文明。

9.3 优先选用先进环保机械，降低施工噪声，同时尽可能避免夜间施工。

10. 效 益 分 析

10.1 经济效益

10.1.1 传统做法（按 10m² 为单位，每个工日 26 元计算）。经济分析见表10.1.1。

传统做法经济分析表　　　　　　　　　　　　　　　　　表 10.1.1

名　　称	人工(工日)	单价(元)	
		水泥面层	非水泥面层
冲筋、塌饼	0.1	2.60	2.60
找平层(40mm)	1.1	28.60	28.60
材料、机械费		67.9(注)	67.9(注)
刮杠刮平	0.1	2.60	2.60
木抹子搓平	0.2	5.60	5.60
铁抹子、抹光机压光	0.3	7.80	
合计	2.0	115.10	107.30

注：找平层按 40mm 厚细石混凝土计算，参照江苏省 99 综合预算定额得每 100m² 基价 965 元，则每 10m² 元 96.5 元，扣除人工费 28.6 元/10m²，得找平层浇筑材料、机械费 67.9 元/10m²。

10.1.2 采用 HKM 技术（按 10m² 为单元每个工日 26 元计算）经济分析见表10.1.2。

传 HKM 技术经济分析表　　　　　　　　　　　　　　　　表 10.1.2

名　　称	人工(工日)	单价(元)	
		水泥面层	非水泥面层
标高杆设置	0.05	1.3	1.3
整平	0.05	1.3	1.3
提浆拍	0.05	1.3	
压光板、抹光机压光	0.1	2.6	
合计	0.25	6.5	2.6

10.1.3 两种做法经济比较

HKM 技术比传统施工的水泥面层节约费用为：

115.10－6.5＝108.60（元/10 m²）　　　节约费用 94.35%

非水泥面层节约 107.30－2.6＝104.7/10 m²，节约费用 97.58%

10.2 社会效益

10.2.1 减轻劳动强度

据医学报告，由于长期弯腰、下蹲工作的人员大多数易患腰肌劳损职业病，采用 HKM 技术，取消了传统的下蹲式工作，全部采用直立式操作，工人不疲劳，工作效率高，减少职业病的发生，使工人从疲劳的劳动中解放出来。

10.2.2 保证工程质量

楼地面空鼓、裂缝、不平整是建筑工程中常见的质量通病，采用 HKM 技术取消了找平层工序，结构层浇捣一次到面层，不存在结构层与找平层粘结处理，不会引起空鼓；采用可调式标高杆一次确定混凝土面层标高，消除了原有冲筋、塌饼引起的累计误差，使得面层更平整、标高更准确。

10.2.3 加快工程进度

从前表可知，就混凝土而言，每 $10m^2$ 可节约人工 1.75 个工日（2.0－0.25＝1.75 工日），整个工程工期就能大大提高，节约工期约 80%，不仅施工单位能获得可观的工期提前奖，而且业主能提前投入生产、使用，见效快。

10.2.4 采用 HKM 技术，取消了找平层及面层工序（一般 40mm 厚左右），建筑物能增加净高，减轻自重，从而能减少基础断面尺寸，节省资源。

10.2.5 提高机械化施工程度。采用 HKM 技术可甩掉木抹子、铁抹子、刮杠等传统工具，取而代之的是成套抹面工具，机械化施工程度大为提高。

10.2.6 HKM 技术适用范围广，操作简便，具有广阔的推广前景。

11. 应 用 实 例

11.1 苏州万州金属制造有限公司厂房、办公楼、宿舍工程，结构形式为单层钢结构及 1～4 层框架结构，总建筑面积 $23000m^2$，总造价 1600 万元，工程于 2000 年 3 月 12 日开工，2001 年 6 月 31 日竣工，其中厂房工程地面采用了混凝土快速抹面技术，效果显著。

11.2 苏州工业园区新区二期厂房 27 号、29 号工程，结构形式为 2～4 层框架结构，总建筑面积 $17571m^2$，总造价 1382 万元，于 2001 年 3 月 11 日开工，2001 年 11 月 10 日竣工，工程中局部地面采用了混凝土快速抹面技术，效果显著。

11.3 苏州工业园区国际棉纺城工程，结构形式为 3 层框架结构，楼地面每层约 $24000m^2$，总计 $73000m^2$（一次成型），楼面厚度 18cm，地面厚度 15cm，施工中混凝土快速抹面技术应用于现浇楼地面混凝土施工，取得了较好的经济、社会效益。

防静电环氧自流平地面施工工法
YJGF210—2006

江苏省苏中建设集团股份有限公司

钱红　刘光荣　景生俊　郭金宏　周健海

1. 前　言

现代工业技术的高度专业化给其生产环境带来更高和多样化的要求，洁净化生产成为制造完善品质产品的必备条件。在工业地坪领域，原来一统天下的素水泥地面逐步被各式特种地面取代。其中防静电环氧自流平地面既能避免静电对敏感电子设备的电干扰，也避免由于静电的积累而产生火花造成火灾和爆炸，同时还能够对区域内工作人员起重要的保护作用，有着较好的应用前景。我公司历经多个工程的成功应用，为进一步提高和保证防静电环氧自流平地面质量，经总结编制了本工法。

2. 工 法 特 点

2.1 防静电环氧自流平材料为无溶剂、无挥发性物质，无污染、无毒，符合环保要求；

2.2 防静电自流平地面表面平整、光滑、美观，可获镜面效果。

2.3 防静电环氧自流平地面耐酸、碱、化学试剂及溶剂、油类等，耐蚀性能优良。

2.4 防静电环氧自流平涂层附着力强、耐磨、耐划伤、强度高。

2.5 防静电环氧自流平地面防静电效力持久，能及时释放静电，不受时间、温度、湿度的影响。

3. 适 用 范 围

本工法适用于对静电敏感的元器件和电子设备、仪器的研制、生产、检测、维修及使用等高清洁防静电地面工程的施工，可推广应用到普通自流平地面工程的施工。

4. 工 艺 原 理

防静电环氧自流平地面主要由底涂层、中涂层、面涂层构成，为适应防静电需求，在各层涂料选用上为导静电型或静电耗散型材料，底涂层完全浸润基层，达到附着；中涂层流展，加强层间粘结性；面涂层加强流展自平，以达防静电、防尘、易清洁及平滑无缝的美观效果。

5. 施工工艺流程及操作要点

5.1　工艺流程

施工准备→基层处理→涂刷防静电环氧自流平底涂层→铺设导电铜箔网、连接接地端子→涂刮防静电环氧自流平中涂层→镘涂防静电环氧自流平面涂层→养护。

5.2　施工要点

5.2.1　施工准备

1. 熟悉工程设计、施工合同等要求，勘测施工现场，制定施工方案报设计及监理批复。

2. 现场环境应符合施工材料及工艺的要求，施工场地室内其他装修工程应基本完工（具备现场封闭条件），地面基层应施工验收完毕。

3. 大面积施工前需制作样板，经验收合格后方可施工。

4. 应有熟悉本技术工艺的技术人员 1～2 名进行现场指挥；质量员 1 名跟踪检查；施工时应组织具有 3 年以上施工经验的人员进场，所有施工人员均经培训上岗，按每 400m² 的施工面积配备 1 人进行组织；凡操作人员有过敏症者，不得参加防静电环氧自流平地面施工。

5.2.2　基层处理

1. 基层要求

防静电环氧地面要求基层混凝土的抗压强度不低于 20MPa，基层含水率低于 8%，地面基层下部设置防水层完好，基层平整度偏差达到不大于 2mm 的要求（用 2m 靠尺检查），基层表面无蜂窝、孔洞、缝隙等缺陷，基层表面无油品、胶漆残渣等污染。

2. 固砂、修补

若局部基层存在裂缝等缺陷，可采用环氧砂浆对地面的孔隙进行修补及打磨平整，以利自流平的正常施工。

3. 基层打磨、清理

施工前将施工区域与非施工区域用美纹纸隔离出来；将待处理地面上的垃圾清理干净，对表层积水、油污、旧油漆或其他化学物品污染等进行干燥、打磨或化学处理。处理基面高低不平处时，应对地面进行局部打磨，采用手磨机、砂纸或钢丝刷对打磨机无法到达、无法处理干净的区域进行再处理，打磨所有水泥基面，以达到整个基层面平整，以增强自流平底涂层与基层面的结合力；清理时采用吸尘器，清理后的地面基层应及时封闭保护。

4. 基层含水率测定

混凝土基层含水率对防静电地面施工品质有极大影响，含水率应控制在 8% 以下。采用进口专用仪器测定，每 10m² 测定 2 点，若含水率大于 8%，应进行复测，并标识合格区域面积；对于小面积含水率超标，可采用喷灯烘干，以确保基层含水率合格。

5.2.3　涂刷防静电环氧自流平底涂层

涂刷自流平底涂层前，采用分段施工的区域也用美纹纸隔离出来，以免产生不规则接口，影响美观。严格按产品说明书要求配制好自流平底涂，采用滚涂或刮涂的方法打底，满涂封闭基层表面，使打底料渗透基层，固化时间须达 8h 以上。对于粉化基层地面须打底 2～3 道，以加强地面基层强度。固化期间禁止人员出入。

5.2.4　铺设导电铜箔网、连接接地端子

待底涂层固化经验收合格后，用导电胶粘贴导电铜箔网，导电箔宽 15mm，厚度为 0.08mm，按不大于 6m×6m 网格敷设于底涂面（应严格按经审批的方案要求布置图敷设），导电铜箔粘贴应平整、牢固，导电铜箔网格须与房间内接地端子进行可靠连接。

5.2.5　涂刮防静电环氧自流平中涂层

防静电环氧自流平中涂层应严格按厂家配比及投料顺序配料。配料操作时先开动电动搅拌器将料搅拌均匀，应正向搅拌 1min 后反向搅拌 1.5min；将搅拌好的料放入料桶内，用运输车迅速运至现场，运料时间不得超过 5min（严格按产品说明书要求进行）。刮涂时应先里后外，逐步到达房间的出口处，最后施工人员退出房间，将剩余部分施工完毕。在刮涂过程中，刮板走向应一致，刮涂速度应均匀，两批料液衔接时间应小于 15min。刮涂 5min 后应进行消泡操作，消泡用鬃毛刷，操作时来回刷扫地面，用力应均匀，走向应有规律，不可漏消，以确保气泡排出。

5.2.6　镘涂防静电环氧自流平面涂层

中涂层干燥 8h 后方可进行面涂层施工。严格按产品说明书要求配制面涂层，应搅拌均匀后用 100 目铜网筛过滤。采用专用带齿镘刀刮涂配制好的防静电环氧自流平面涂层，应先将料液均匀铺设，根据刮涂走向，按每人 1.5m² 的宽度刮涂。要求刮涂均匀，多人同时操作，交接处不得留有痕迹。刮涂 5min 后用消泡滚筒对刮涂好的自流平面涂层进行消泡。

5.2.7 养护

养护方法为自然条件干燥养护。防静电环氧自流平面涂层完工 24 小时以内，地面禁止行人。养护期间应关好门窗，严禁灰尘、飞虫进入。常温下，工程完工 24h 后，工作人员脱鞋可以进入场地。工程完工 4～5d 后，地面可进行载重物体。地面养护时严禁明火、蒸汽及日晒雨淋，严禁重压。

6. 材料与设备

6.1 机械设备

低速带式搅拌机、磨平机、无尘打磨机、水平测量仪、吸尘器、运料车及度量衡器具。

6.2 工具

刮板、馒刀、消泡滚筒、鬃毛刷。

6.3 材料要求

底涂层选用高渗透性防静电底涂，导电铜箔规格为 15～20mm 宽、0.05～0.08mm 厚，防静电环氧自流平中涂层严格按产品说明书要求配料混合并搅拌均匀，防静电环氧自流平面涂层严格产品说明书要求配料混合及搅拌均匀，使用前过 100～120 目铜网筛，不同批次料液色泽应一致。

以上各层材料进场使用前，须由厂家委托国家授权的具有相应检测资质的单位检测并提供合格测试报告。

7. 质量控制

防静电环氧自流平地面应待完全固化（约 7d）后，方可进行地面测试及验收，测试环境温度应在 15～30℃间，相对湿度应小于 70％。防静电性能测试应符合《电子产品制造与应用系统防静电检测通用规范》或相关行业标准的要求，其余相关质量验收要求如下：

7.1 测试技术指标（表 7.1）

主要技术指标表   表 7.1

序 号	项 目	指 标
1	粘结强度（MPa）	≥3
2	耐酸性（$20H_2SO_4$，7d）	无剥落、起皱、起泡、轻微变色和失光
3	耐碱性（40％NaCl，7d）	无剥落、起皱、起泡、变色和失光
4	耐盐水性（3％NaCl，7d）	无剥落、起皱、起泡、变色和失光
5	铅笔硬度	≥3H
6	耐磨性（750g，1000 转，失重）	≤0.02
7	体积电阻、表面电阻 Ω	10^6～10^9

7.2 防静电环氧自流平地面表面观感质量标准

防静电环氧自流平地面的外观要求（距地面 1.5m 正视）：表面应无裂纹、分层、麻面现象；与基层粘合不得有明显凹凸和鼓包，人工撬起时，混凝土地面或留有自流平涂料，或撬起的部分带有混凝土碎屑；搭接缝应平直；防静电环氧自流平表面气泡和缩孔每十平方米不超过 5 个；防静电环氧自流平地面的平整度，用 2m 靠尺检查，不得大于 2mm。

7.3 防静电环氧自流平地面涂层材料环保性能应符合要求。

7.4 施工后防静电环氧自流平表面硬化期间（24h），禁止人员进入，以免留下痕迹。

7.5 配料场地应用纸板或胶纸盖好地面，防止地板材料弄脏地面。

7.6 每一道工序必须遵守相应的工艺规定；施工下一道工序前应检查并确认上一道工序是否保质保量圆满完成，尤其是底涂施工时，因底涂含溶剂，须待完全挥发后方可进行施工，以防起泡。

7.7 材料调配时应避免任何一种材料单独滴于地面上，以防造成不干，若已滴于地面上应立即擦去，涂布时发现砂粒或其他杂物应立即清除。

7.8 地面清扫可用柔软扫帚或抹布水洗清洁。

8. 安 全 措 施

8.1 施工现场要做好物料的储放工作，防静电环氧自流平材料、固化剂等务必放于阴凉、通风的地方，不可置于高温、阳光直射的场所，并远离火源。

8.2 施工人员必须佩戴防护器材，如手套、口罩等，若不慎接触眼睛，必须用清水冲洗 15min 以上及时就医。

8.3 施工现场必须严禁烟火及明火，严禁闲杂人员进出。

9. 环 保 措 施

9.1 施工现场必须通风良好，若无条件应实施强制排风措施，确保现场空气流通。

9.2 工程完工后，应将场地打扫干净后才能离场。

10. 效 益 分 析

防静电环氧自流平地面的各种性能完全能满足一切需要抗静电的地坪要求，其施工简洁、便于清洁、维护方便及价格低廉。随着国内化工企业的兴起，防静电环氧自流平地面材料已从完全进口发展到国内生产，其平方米价格已大幅度下降，目前每平方米单价约为120～165 元，比 PVC 防静电地板造价低且强度高。防静电自流平与金属防静电地板相比较，其整体无缝、高强耐磨、易修复，价格更是低廉。防静电环氧自流平地面的经济效益和社会效益非常显著。

11. 应 用 实 例

鸿福晋精密工业有限公司的防静电环氧自流平地面，面积约 3000m²，采用此施工工法，工程质量良好。中科院半导体研究所 3 号净化实验楼工程，防静电环氧自流平地面面积约为 3800m²，该工程防静电自流平地面的各项指标均满足设计及科研环境要求。

高层建筑清水混凝土施工工法

YJGF211—2006

莱西市建筑总公司

王松山　孙华明　孙涌　刘全明　于亿卓

1. 前　　言

清水混凝土是指结构混凝土硬化后不再对其表面进行任何装饰，以混凝土本色直接作为建筑物的外饰面，显得十分天然、庄重。因为清水混凝土可以避免外墙装饰的质量通病，减少资源浪费，在20世纪末欧美及日本等发达国家都有过成熟的应用。我国在一些市政及公用建筑上有过应用，但大面积清水混凝土的建筑还很少见，特别是高层建筑，在国际和国内均无成功先例。

高层建筑清水混凝土施工主要有以下特点：1. 建筑竖向高度大，接茬多，垂直度控制难度大；2. 主体施工周期长，在不同温度、湿度等气候条件下混凝土的色差控制难度大；3. 混凝土浇筑次数多，对施工管理及操作工艺要求高。

卓亭广场工程1号、2号楼地下2层、地上32层，外墙采用了清水混凝土施工技术，清水混凝土外墙面积15720m²。我公司通过组织骨干进行科技创新，研发了"高层建筑清水混凝土施工"技术，经青岛市科技局组织有关专家鉴定为国际领先水平，并获得了2007年度全国优秀质量管理小组称号。

高层建筑清水混凝土外墙不需要再做任何装饰，因而减少了抹灰与涂料等工序，节约了材料与人工；缩短了工期，同时也减少了脚手架等设施的使用时间，有很高的经济效益与社会效益。

2. 工 法 特 点

高层建筑清水混凝土施工工法在混凝土成型后不需要进行抹灰、腻子和涂料等装饰工序，以混凝土表面的质朴清雅的自然质感作为饰面，它比传统的混凝土工程有减少施工工序环节、缩短工期、减少质量通病的发生、减少安全隐患、降低工程造价等优点。

3. 适 用 范 围

本工法适用于高层建筑清水混凝土工程施工。

4. 工 艺 原 理

4.1 清水混凝土施工前进行饰面效果设计及为实现清水混凝土饰面效果的施工工艺细化设计。

4.2 针对施工工艺流程进行模拟试验，确定材料及不同施工条件下的工艺参数。

4.3 清水混凝土墙体位置偏差与垂直度偏差的高精度控制。

4.4 在清水混凝土施工周期长、浇筑次数多的情况下的清水混凝土施工稳定性控制。

5. 施工工艺流程及操作要点

5.1　施工工艺流程

根据工程特点，我们将每个标准层分为两个流水施工段，每个流水段先施工剪力墙，再施工梁板，每个单体楼座单独进行流水施工。清水混凝土的施工工艺流程如下：

细化设计确定方案→模拟施工确定施工工艺参数→施工准备→定位放线→钢筋绑扎→模板安装→混凝土浇筑→模板拆除→养护→梁板施工→下一流水段施工。

5.2 操作要点

5.2.1 细化设计确定方案

细化设计的主要内容是确定外墙饰面整体效果及细部效果，根据要实现的效果选择合适的模板体系并进行模板方案设计。针对高层建筑的施工特点，我们确定外墙标准层配备大钢模板进行施工，大钢模板的设计根据清水混凝土的效果要求按如下进行：

1. 确定外墙明缝

因本工程的标准层层高为3m，故确定外墙明缝的间隔为3m，明缝分两种，大、小明缝间隔布置。

外墙的水平施工缝处是最容易出现色差的部位，因为明缝内凹可使微小的色差不影响外墙整体效果，所以将水平施工缝设置在明缝的位置，在混凝土拆模后弹水平墨线用无齿锯去除上部浮浆，然后进行上层施工。

2. 设计外墙蝉缝

结合大钢模板设计原则，外墙在水平方向不设置蝉缝，只在垂直方向按外窗位置做均匀布置，设计完毕后画出效果图经设计、业主审核后方可通过。

3. 螺栓孔设计

每层外墙垂直方向均匀设四排对拉螺栓，螺栓水平方向间距不大于1200mm，在模板安装时配以我公司研发的专用螺栓孔模具（专利号：200720025256.3），螺栓孔成型最终效果为内凹圆台。

4. 剪力墙大钢模板设计选用要点：

1）大钢模板应具有足够的刚度，不易变形；模板按明缝和蝉缝设计，不宜过大和过小，应易于安装和拆卸。

2）阳角模和阴角模应为整块模板，模板之间的连接应为企口式连接，以确保整体墙面的平整度和角、线的顺直。

3）空调板等构件宜采用单体组合结构的定型钢模板。

5.2.2 模拟施工确定施工工艺参数

首先应对材料进行选择（详见6 材料与设备），并按《普通混凝土配合比设计规程》JGJ 55—2000的规定进行试配，初步确定配合比后即可进行模拟施工，5.2.1中细化设计的要点应在模拟施工中充分地体现，以便发现不足，进行改进。

本工程外墙清水混凝土共有C50、C45、C40、C35四种型号，根据施工进度计划，确定每种等级混凝土的施工季节，查阅历年天气情况记录，确定每种强度等级混凝土的施工条件（温度、湿度等），在实验室中模拟出不同强度等级的混凝土的实际施工条件，进行模拟施工，对出现色差的试验墙在保证材料不变的情况下调整配合比，以做到不同强度等级混凝土在同施工条件下的色差控制在允许范围之内。不同高度范围内的坍落度控制参考表5.2.2。

坍落度控制范围　　　　　　　　　　　　　　　　　　　　　表5.2.2

序　号	高度(m)	坍落度(mm)
1	<30	100～120
2	30～60	120～150
3	60～90	150～180

模拟施工成功后记录下所有施工参数，用以指导实际施工。

5.2.3 施工准备

1. 人力资源准备

施工管理人员、操作工人已就位，均经过各专业工序培训合格，并记录登记，在每次工艺参数变化前和人员变动时均要经过重新培训。

成立专职清水混凝土质量检查小组，由技术负责人任组长，对每道工序的完成前后均应进行检查、记录，确保工艺参数的准确。

2. 材料准备

在每次施工前对材料的质量证明文件和材料质量进行查验，按规定进行抽样检验与复验；与模拟施工封样的材料样品进行比对检查，确保材料材质。

3. 设备准备

每次施工前对商品混凝土搅拌站、运输车、泵送设备及振动棒等进行统计检查，并与供电部位联系确认电力情况，确保商品混凝土的连续供应和施工机械作业条件，确保施工连续进行。

4. 施工工艺准备

每次混凝土浇筑前对当时施工环境参数（温度、湿度等）进行现场测量，并与模拟实验记录的参数进行对比，确认后方可按原定工艺参数进行施工。

5.2.4 定位放线

定位放线由放线小组进行，清水混凝土质量检查小组对每次定位放线内容进行检查验收，确认无误后方可遵照施工。

标准层设四个坐标控制点，每五层设一坐标控制层，坐标控制层的坐标控制点应经过三次验收，每次标准层的坐标点引线应自上一坐标控制层引出，并与首层进行校验。

清水墙除按正常测设墙边线和 200mm 控制线外，增加一道 500mm 控制线，以便进行查验。

项目部清水混凝土质量检查小组对定位放线验收合格后报监理验收合格后方可进行下一步工序。

5.2.5 钢筋绑扎

为确保清水混凝土施工质量，钢筋分项主要有如下控制要点：

制作清水混凝土箍筋验收模具，该模具可迅速地检查出箍筋的尺寸是否符合要求，要求全数检查验收合格后的箍筋方可用于工程。

绑扎丝要求在绑扎时必须将扎丝扣和扎丝尾部折向墙中方向，不允许扎丝超出箍筋外侧平面，要求全数检查验收合格。

钢筋在运至作业面前应进行除锈，防止钢筋锈蚀污染模板，导致清水混凝土出现色差。

5.2.6 模板安装

模板安装应在钢筋分项验收合格的基础上进行，且不能破坏已完成的钢筋分项。其操作要点为：

1. 钢模板要求按照施工图纸进行加工制作。模板背面、背楞、支腿等构件必须涂刷防锈漆，并且每块模板按照平面布置图的位置进行编号，便于流水施工。钢模板进场验收标准见表5.2.6。

钢模板进场验收的标准 表 5.2.6

序　号	检查项目	允许偏差（mm）
1	宽度	0，－1
2	高度	±3
3	对角线	2
4	相邻表面高低差	0.5
5	表面平整度（用2m直尺）	2

2. 墙体底部座浆找平，确保模板底部在同一水平线。

3. 为准确保证墙体厚度，在墙体根部上 300mm 沿横向间距 900mm 设 ϕ12 钢筋撑杆，并在撑杆两端套我公司定制的成品钢筋防锈帽（专利号：200720025241.7）防止定位钢筋撑杆外露锈蚀影响清水混凝土观感和耐久性。

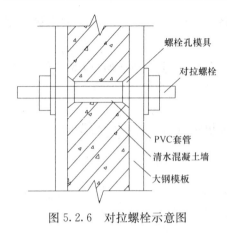

图 5.2.6 对拉螺栓示意图

4. 对拉螺栓设置：每层外墙垂直方向设四排对拉螺栓，螺栓水平方向间距不大于1200mm，在模板安装时配以我公司研发的专用螺栓孔模具（专利号：200720025256.3）。

5. 模板要求：每次安装前均应对大钢模板进行清理磨光，测量其平整度，合格后涂刷薄型快干中性脱模剂，脱模剂干燥后应立即进行安装，以免二次污染模板。

6. 明缝模具：因本工程为大、小明缝间隔布置，所以大、小明缝模具应便于拆卸、易于固定、刚度大、强度高、不易变形等特点。我们定制了专用的钢制模具，在每层浇筑混凝土时安装牢固，用于明缝留置。

5.2.7 混凝土浇筑

1. 混凝土浇筑前先用适量的水湿润基层，浇筑50mm厚与混凝土同成分水泥砂浆，砂浆的原材料、水灰比、外加剂等参数应与清水混凝土施工配合比相同；

2. 清水混凝土墙采用分层浇筑，每层500～1000mm，要求分层厚度基本一致。如果浇筑高度过高，混凝土在振捣过程中内部空气无法释放，表面易形成气泡、水眼等缺陷，影响混凝土的观感质量；

3. 混凝土振捣采用插入式振捣器，小型构件、超薄构件及异型部位用小型高频振动棒附加振捣，振动棒伸入下层不超过200mm，要求每层振捣时间基本一致，以混凝土表面出现浮浆和混凝土不再下沉、不出气泡为准，振捣时应快插慢拔，避免漏振、欠振和超振；

4. 混凝土浇筑过程中清水混凝土质量检查小组成员全过程监控检查，确保浇筑质量。

5.2.8 模板拆除

通常情况下（常温18～20℃）在混凝土浇筑后6～8h可先松动对拉螺栓，以便于模板拆除。

清水混凝土墙模板的拆除时间以混凝土能够保证在拆模过程中，混凝土表面、棱角不会受到破坏为原则，根据现场气温和混凝土试块强度确定具体拆模时间。模板拆除时应有专人协调指挥，不得损坏混凝土表面、棱角。

5.2.9 养护

混凝土拆模后立即用不能形成颜色污染的厚质塑料布（通常是透明塑料布）进行覆盖养护，塑料布不能太薄，可兼做成品保护使用。夏季浇水养护时应注意水质，不能形成颜色污染；冬季养护时宜采用塑料布加麻袋多层保温，进入冬期施工后应每天测量清水混凝土表面和内部的温度，原则上低于0℃不允许施工清水混凝土。

5.2.10 梁板施工及下一流水段墙体施工

混凝土拆模结束，保护措施就位后，即可进行梁板和下一流水段清水混凝土墙的施工。

5.3 施工缝处理

施工缝处的混凝土表面拉毛，两侧弹线用无齿锯锯深12mm，将浮浆凿掉，清除浮粒和杂物，支模前用空气压缩机冲喷干净后方可支模。在混凝土浇筑前应用水湿润后方可浇筑。施工缝设置位置见图5.3。

5.4 水、电孔洞前期的预留

混凝土墙面不能剔凿，各种预留预埋必须一次到位，对于剪力墙结构的高层建筑而言，预埋预留工作至关重要，预留的好坏，直接影响到施工质量的高低。因此，施工前各专业技术负责人要反复熟悉图纸，并认真对照其他专业图纸，切实理解图纸的意图，将预留预埋工作做好。项目技术负责人要组织各专业技术人员进行图纸会审找出相互间的问题所在，并提请设计或建设单位予以解决。在整个过程当中，均

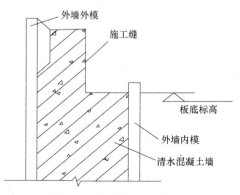

图 5.3 施工缝位置设置图

坚持以土建为主，安装配合的原则。在预留过程中，无论何种情况，均不允许破坏结构；在中期，安装工程尽早插入；后期以安装调试为主，土建紧密配合安装。

5.5　螺栓孔封堵

螺栓孔的封堵应在清水混凝土 28d 强度合格后进行，先将混凝土表面覆盖的塑料保护层临时拆除，将留在混凝土墙内的 PVC 对拉螺栓套管取出，在墙中位置安装膨胀止水带，自墙体两侧灌入专门配制的封堵砂浆，最后用我公司专门定制的封堵工具（专利号：2000720025257.8）封堵压实。封堵时应注意成品保护不得污染和破坏墙面。

5.6　成品保护

因为清水混凝土在成型后即为最终效果，不得进行修补与装饰，而高层建筑的施工周期长，穿插作业多，因此成品保护尤为重要。

5.6.1　对进入施工现场的所有人员定期进行培训教育，加强质量意识和成品保护意识，对清水混凝土工程分成若干部分分别由专人负责，并制定成品保护奖罚措施，由清水混凝土质量检查小组定期进行检查和奖罚；

5.6.2　混凝土拆模后立即用不能形成颜色污染的塑料布（通常是透明塑料布）进行覆盖，既作为混凝土的养护措施，又作为清水混凝土表面的保护措施，在外脚手架拆除前不得将塑料布拆除，以确保清水混凝土表面不被污染。

5.6.3　通过会议论证和现场模拟，确定易出现破坏的清水混凝土部位，通常主要有如下部位：首层全部清水混凝土构件、塔吊与建筑物相接部位、施工电梯每层入口和施工现场主要施工通道部位。对以上部位的清水混凝土在 2000mm 高度范围内用塑料布外加竹胶板进行保护。并安排专人定期检查。

5.6.4　外墙清水混凝土施工时的成品保护：利用大钢模板三角架进行保护，在混凝土墙体接触面处设 100mm×100mm 刨光木方，在木方内侧入压 500mm 宽 SBC 防水卷材，防止上层混凝土浇筑时污染下层墙体。详见图 5.6.4。

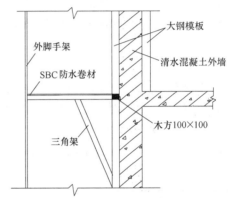

图 5.6.4　大钢模底部成品保护示意图

6. 材料与设备

6.1　材料

清水混凝土所用原材料应满足如下要求：

6.1.1　水泥

选具有一定规模、质量稳定的水泥厂生产的 42.5 级及以上硅酸盐水泥和普通硅酸盐水泥。我们为确保混凝土质量及保证成品混凝土颜色，先后对数家水泥厂的 42.5、52.5 级水泥进行了比对试验。最终确定采用了颜色和供货能力稳定的厂家的 P.I52.5R 水泥。

6.1.2　骨料

保证在满足强度和施工性的前提下，采用尽量低的砂率，使混凝土中有足够的粗骨料，一定的粗骨料含量，可以有效改善混凝土的抗裂能力；在保证混凝土级配正常的情况下，尽量增大粗骨料粒径，可减少水用量，相同水灰比情况下，减少了水泥用量，有利于减少水化热的产生；严格控制骨料含泥量，如含泥量过高，不仅增加了混凝土收缩，同时又降低了混凝土的抗拉强度，对混凝土抗裂十分不利。但粗骨料过多过大，级配差，将会导致水泥砂浆不能充分包裹粗集料而产生石头影的暗斑，混凝土容易离析，将会产生蜂窝、麻面等外观缺陷。细骨料尚应选取无碱活性的Ⅱ区中砂。

砂子采用Ⅱ区中砂，含泥量基本控制在1.5％左右，细度模数相对较大，达到2.8～3.0，能够满足设计和施工要求。

石子选择5～20mm连续级碎石，压碎指标在10.0％左右，针片状含量在7.0％左右，同时我们通过对石子进行水洗之后使石子含泥量基本控制在0.4％左右。

6.1.3 外加剂

多功能外加剂已经成为当代高性能混凝土技术的核心之一。只有采用高性能的外加剂，充分发挥其高效减水、增强、缓凝等功效，才有可能有效控制混凝土的水泥用量与用水量，控制水泥水化放热的速度；采用补偿收缩和化学减缩的外加剂能降低混凝土的收缩，在提高混凝土体积稳定性上发挥了重要作用；新型的高性能外加剂使所配置的混凝土具有更优良的施工和易性，有利于混凝土各组分材料分布更为均匀，同时可以减少大气泡产生，改善混凝土外表面肉眼可见的大孔，提高外观质量。我们采用高性能JM-PCA聚羧酸超塑化剂具有高效减水、高保坍（坍落度90min不损失），能有效降低混凝土的收缩，并能大幅减少混凝土气泡含量。

进场外加剂应附有技术文件，包括产品名称、型号、主要特性成分、适应范围极适宜的掺量、性能检验合格证书、使用方法既注意事项等。外加剂检验为每一进货批为一检验批。外加剂必须经过检测单位技术鉴定，且符合现行行业标准及国家标准《混凝土外加剂》GB 8076等规定后方可使用，其水泥适应性按GBJ 119规定通过试验确定。不得使用含氯盐及其他对钢筋有锈蚀、对环境有污染的外加剂。

6.1.4 商品混凝土生产

清水混凝土的生产应采用电子自动计量控制的商品混凝土，在每次施工前都应进行备料统计与核查，确保混凝土的连续供应。每工作班应测一次骨料含水率，并调整施工配合比。

6.2 施工机具设备

本工程采用的主要机械设备见表6.2。

主要机械设备表   表6.2

序　号	设备名称	设备型号	单　位	数　量	用　途
1	塔吊	QTZ63	台	2	垂直运输
2	钢筋切断机	GQ40	台	2	钢筋加工
3	钢筋弯曲机	GW40	台	2	钢筋加工
4	卷扬机	K-100	台	2	钢筋加工
5	电焊机	X-400	台	6	钢筋加工
6	手提砂轮机	—	台	8	清理模板
7	混凝土输运泵	HBT80	台	2	浇筑混凝土
8	混凝土振动棒	—	台	12	浇筑混凝土
9	小型高频振动棒	—	台	6	浇筑混凝土
10	混凝土布料机	PLD80	台	2	浇筑混凝土

7. 质量要求

7.1 结构尺寸允许偏差

高层建筑清水混凝土结构尺寸允许偏差详见表7.1。

7.2 混凝土观感质量要求

7.2.1 混凝土表面颜色基本均匀，没有明显色差、水印、气泡分散，不能集中出现，深度不大于2～3mm，无蜂窝麻面和裂缝现象，表面没有修补。

高层建筑饰面清水混凝土允许偏差 表7.1

项　次	检查项目		允许偏差	检查方法
1	轴线位移	柱、墙、梁	3	尺量
2	截面尺寸	柱、墙、梁	±2	尺量
3	垂直度	层高	3	线坠
		全高	$H/1000$ 且≤10	线坠
4	表面平整度		2	2m靠尺、塞尺
5	角、线顺直度		2	挂线、尺量
6	预留孔、洞口中心线位移		5	尺量
7	标高	层高	±3	水准仪、尺量
		全高	±10	水准仪、尺量
8	阴阳角	方正	1	尺量
		顺直	2	尺量
9	阳台、雨篷位置		±2	吊线、尺量
10	分格条直线度		2	拉5m线,不足5m拉通线
11	蝉缝错台		2	靠尺、塞尺
12	蝉缝交圈		3	拉5m线,不足5m拉通线
13	楼梯踏步宽度、高度		±2	尺量
14	保护层厚度		±2	尺量

7.2.2 混凝土表面平整、光滑、无漏浆、流淌及冲刷痕迹，无油污、锈斑，轴线、构件尺寸正确。

7.2.3 装饰条横平竖直，线角、边楞整齐，水平交圈、墙体表面无明显接槎。

7.2.4 明缝、对拉螺栓孔排列整齐，深度一致，明缝水平交圈位置规律。螺栓孔封堵密实，表面平整光滑，无明显色差、凹孔棱角清晰圆滑。

7.3 质量保证措施

7.3.1 完善管理检查制度，根据各个施工工序成立质量管理小组，并制定奖罚措施，由清水混凝土质量检查小组负责对各个小组的施工质量控制情况进行检查验收，每月进行评比奖罚，提高各小组的管理责任心；

7.3.2 成立由五人组成的混凝土质量控制小组，专门负责混凝土的质量，对每一次原材料的验收及搅拌的投料进行检查，并对到场的每车清水混凝土进行坍落度测试，保证混凝土的质量；

7.3.3 每个楼座成立一个成品保护小组，专职清水混凝土的成品保护和养护，由清水混凝土质量检查小组每月进行检查；

7.3.4 严格工序交接制度，不允许出现未经验收而进入下一道工序的情况。

8. 安 全 措 施

严格贯彻执行国家颁发的《建筑安装安全技术操作规范》、《施工现场临时用电安全技术规范》、省、市有关规定及公司安全管理制度等各项安全规定外，还应遵守下列安全措施：

8.1 每次混凝土浇筑前，应先检查操作面危险因素，所有危险因素得到控制，安全措施到位后方可进行浇筑。

8.2 每次施工前应对施工机具进行检修，确保机具运转正常后方可正式施工。所有用电设备必须有可靠的绝缘装置和良好的接地。

8.3 脚手板按要求搭设牢固，其材料的堆放高度和荷重不得超过规范规定。

8.4 作业人员应做到持证上岗，经安全培训和施工技术交底后方可进入操作班组。

9. 环 保 措 施

9.1 严格按 ISO 14001 环境管理体系的要求成立环保领导小组，建立环保的相关规章制度。严格遵守国家和地方政府下发的有关环境保护的法律、法规。

9.2 施工现场按省、市标准化工地要求进行建设，施工围挡、标牌统一美观，施工现场整洁文明。

9.3 施工时优先选用环保、无污染的材料和设备，施工中产生的建筑垃圾分类堆放，运到环保部门指定的位置。

9.4 施工现场道路进行硬化，定期洒水除尘，并在入口处设洗车池，防止污染周围环境。

10. 效 益 分 析

10.1 经济效益

10.1.1 采用全钢拼装大模板不仅保证了饰面清水混凝土的表面效果，而且减少了工程湿作业和冻期施工带来的不利影响。可以实行小流水段施工，加快模板周转次数，仅内外墙抹灰一项节省人工费 60 万元，机械设备和器材费 30 万元，节省材料费 15 万元。

10.1.2 饰面清水混凝土由于不做饰面抹灰节约水电资源，仅此一项可节约水电费 10 万元。

10.1.3 减少了建筑垃圾数量，节省垃圾外运费用以及运输车辆能耗和排气污染。该工程减少垃圾外运费和人工费约 8 万元。

10.1.4 钢模板能长久满足工程使用，但一次投入较大。木模则投入少，周转次数一般 10～15 次就需更换。从远期考虑钢模板节省费用约 1/3。

总计节约投资 200 万元。

10.2 社会效益

10.2.1 高层建筑清水混凝土的应用，消除了抹灰层空鼓、裂缝、脱落伤害及高层外墙维修难度大等一系列问题，而且具有节约投资、美观和耐久性、耐候性好的特点，实现了经济效益和社会效益的同步提高，越来越受到开发商和社会各界的青睐。

10.2.2 高层建筑清水混凝土使结构达到外光内实，尺寸准确。工程质量有了"质"的飞跃，同时由于省去了抹灰，为工程竣工和尽快交付赢得了时间。但其对施工单位的管理水平、技术水平要求非常高，因此施工单位必须提高管理水平，加大技术装备，增强科研能力，进而推动了建筑业经济增长和技术进步。

2007 年 5 月，青岛市科技局组织有关专家对卓亭广场的高层建筑清水混凝土施工技术进行了科技鉴定，专家组一致认为该技术达到了国际领先水平。

10.3 环保效益

由于减少了抹灰等建筑材料的使用，也减少了建筑垃圾，同时也间接减轻了城市道路交通压力，减少了车辆废气排放。具有良好的环保效益。

11. 应 用 实 例

11.1 工程概况

青岛经济技术开发区卓亭广场工程位于青岛经济技术开发区江山路，总建筑面积 99103m²，地下二层，裙房三层；1 号、2 号楼 32 层，3 号楼 24 层；其中 1 号、2 号楼外墙采用清水混凝土。

外墙清水混凝土共分四个强度等级，12 层以下为 C50；13 至 20 层为 C45；21 至 26 层为 C40；27 层以上为 C35。计划清水混凝土施工工期为 370d，每个楼座浇筑清水混凝土次数为 66 次，平均每 6d 浇筑一次清水混凝土。青岛地区一年四季温度和湿度变化较大，在不同温度、湿度条件下的清水混凝土观感质量控制是本工程最大的难点。

本工程总建筑高度为 99m，外墙立面竖向线角多，每道线角要经过 33 次施工，施工经历时间为一年，因此竖向线角的垂直度和外墙面的平整度、垂直度是本工程的难点。

室外空调外侧墙体厚度为 100mm，厚度如此小且总高度大的清水混凝土墙体施工是本工程的又一难点。

11.2 施工情况

针对本工程的实际情况，首先对外墙进行了细化设计，确定了细部效果，并制定了实现细部效果的模板、模具及各种相关方案；

针对性本工程外墙清水混凝土 C50、C45、C40、C35 四种型号，根据施工进度计划，确定每种标号混凝土的施工季节，查阅历年天气情况记录，确定每种标号混凝土的施工条件（温度、湿度等），在实验室中模拟出不同标号的混凝土的实际施工条件，进行模拟施工，对出现色差的试验墙在保证材料不变的情况下调整配合比，以做到不同标号混凝土在同施工条件下的色差控制在允许范围之内。

以模拟实验施工的工艺参数作为现场实际施工的依据，清水混凝土的观感质量得到了很好的控制。

在外墙面垂直度控制中采用计算机模拟放样和全站仪、激光垂准仪进行测设和测量监控，每层施工都要经过两次自检和两次验收，保证了外墙垂直度。

11.3 工法应用评价

通过应用高层建筑清水混凝土施工工法，卓亭广场 1 号、2 号楼工程经过了建设单位、监理单位、设计单位及质检站的验收，清水混凝土外墙垂直度、表面平整度、角线顺直度等项目经测量均在允许偏差范围之内，清水混凝土表面平整、光滑、颜色基本均匀，对拉螺栓孔、明缝、蝉缝排列整齐美观，达到了建设单位和设计单位要求。

青岛市建筑工程质量监督站对本工程的清水混凝土给予了很高的评价，并在 2007 年在卓亭广场施工现场召开了高层建筑清水混凝土观摩会，将我们的经验推广学习。

大掺量粉煤灰混凝土施工工法

YJGF212—2006

甘肃第七建设集团股份有限公司

王立红　周永平　李远滨　斯秀　刘毅

1. 前　言

大掺量粉煤灰混凝土是一种新型的高性能混凝土，在保证混凝土强度的前提下使用更多的粉煤灰，提高耐久性，节约水泥，减少环境污染。

本工法涉及的粉煤灰掺量远远超过现行规范规定的 30%～50% 限值，在实验研究的基础上对配合比优化、混凝土搅拌、运输、浇捣、养护等各环节的施工参数，进行了合理的优选与细化界定。

2002 年，大掺量粉煤灰混凝土在甘肃七建集团自建高层住宅楼基础施工中成功应用，取得了良好的经济和社会效益。我公司在总结经验后编制了本工法。本工法的关键技术《超大掺量粉煤灰高性能混凝土的开发研究》获甘肃省建设科技进步三等奖。

2. 工 法 特 点

混凝土配合比中的粉煤灰掺量远远超过现行规范规定的限量，采用集中搅拌混凝土和泵送混凝土工艺达到高效率和高质量，解决了大体积混凝土水泥水化绝热温升过高引起的温度裂缝问题。主要包括混凝土搅拌、运输、泵及管道布置、泵送与浇筑和泵送混凝土的质量控制等方法。

3. 适 用 范 围

本工法适用于地下工程与大体积混凝土施工。

4. 工 艺 原 理

粉煤灰（Fly Ash）一方面具有良好的火山灰质活性和潜在的二次水化性，另一方面粉煤灰中含有大量的玻璃体微珠，玻璃体微珠的"滚珠效应"有助于增大混凝土流动度，亦即具有"减水效果"。

现行国家规范《粉煤灰混凝土应用技术规范》GBJ 146—90 和甘肃省标准《粉煤灰在建筑工程中应用技术规程》DBJ 25—35—93 中规定粉煤灰取代水泥的最大限量，见表 4。

现行规范粉煤灰限量　　　　　　　　　　　　　表 4

混凝土种类	粉煤灰限量	混凝土种类	粉煤灰限量
钢筋混凝土、高强混凝土、高抗冻融混凝土中	≤30%	中低强度混凝土、泵送混凝土、大体积混凝土中	≤50%

注：本工法中"粉煤灰掺量"采用 GBJ 46—90 的定义：

$$I=\frac{F}{C}$$

式中　f——粉煤灰掺量系数；

　　　F——单方混凝土的粉煤灰用量；

　　　C——单方混凝土的水泥用量。

近年来的大量试验资料显示，当粉煤灰掺量小于 30％时，混凝土强度与流动度随着粉煤灰掺量的增加而降低。

2000 年美国的 Concrete 杂志刊登的一篇文章中提到，当粉煤灰掺量大于 50％时，其"滚珠效应"才明显呈现，"二次水化"才更加明显。

在此提示下，我们开始进行超大掺量粉煤灰混凝土的试验研究，可喜的结果是：当粉煤灰掺量达到一定值后，混凝土的流动度大幅度提高，缓凝时间大幅度延长，而且后期强度（特别是 60d 以后的强度）增长幅度也有较大的提高。

5. 施工工艺流程及操作要点

5.1 工艺流程

原材料试验→混凝土配合比设计→混凝土拌制→混凝土运输→布置混凝土泵及泵管→混凝土泵送→混凝土浇捣→混凝土测温控温→混凝土养护

5.2 原材料试验

5.2.1 水泥：42.5 级普通硅酸盐水泥（P.O）。

5.2.2 细骨料：细度模数为 2.6～2.8 中砂。

5.2.3 粗骨料：5～31.5mm 颗粒级配卵石。

5.2.4 外加剂：高效缓凝减水剂。

5.2.5 粉煤灰：Ⅱ级及Ⅱ级以上粉煤灰。

5.2.6 水：洁净的饮用水。

5.2.7 所用原材料试验结果，均应符合国家现行相应质量检验标准。

5.3 混凝土配合比设计

5.3.1 应符合国家现行有关标准，必须满足混凝土设计强度、耐久性和可泵性。

5.3.2 水灰比宜为 0.4～0.6。

5.3.3 砂率宜为 38％～45％。

5.3.4 坍落度宜为 160～180（mm）。

5.3.5 粉煤灰掺量由试验确定（本工法核心技术的水泥用量 150kg/m³，粉煤灰掺量 200kg/m³，为水泥用量的 133％）。

5.3.6 外加剂产品和掺量由试验确定。

5.3.7 设计强度等级的龄期宜为 60d 或 90d。

5.3.8 混凝土设计配合比必须经试验确定。

5.4 混凝土拌制

5.4.1 混凝土搅拌前采用经计量部门检定合格并在使用有效期内的标准砝码，对搅拌站混凝土原材料计量系统进行校核。校核结果：搅拌站混凝土原材料计量系统微机屏幕显示数据与标准砝码质量相一致。

5.4.2 根据天气变化、温、湿度，测定砂、石含水率，并据此将混凝土设计配合比用水量调整为混凝土施工配合比用水量。

5.4.3 混凝土拌制，原材料按混凝土施工配合比，严格计量。投料顺序为：砂、石、水、水泥与粉煤灰、外加剂，见图 5.4.3。搅拌的最短时间，应符合国家现行标准《预拌混凝土》的有关规定，但每盘从原材料全部投完算起不得低于 30s。

5.4.4 坍落度控制。第一盘混凝土出机后，应测试混凝土坍落度，根据坍落度偏差，在下一盘中通过调整用水量或减水剂使坍落度符合要求。每隔 2h 按同样步骤测试出混凝土坍落度，以保证混凝土坍落度始终符合设计及施工要求。混凝土搅拌过程中应有专人目测混凝土拌合物的稠度，发现混凝土

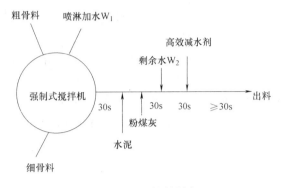

图 5.4.3　投料顺序

拌合物过干或过稀，应及时通知试验室调整混凝土用水量。

5.5　混凝土运输

5.5.1 混凝土运输：搅拌运输车装料前，应清理干净拌筒内积水。应随搅拌车携带适量稀释过的减水剂溶液，运输途中或等待卸料中，混凝土坍落度损失过大时，在保证混凝土水灰比不变的前提下，由试验室指导，适量添加不超过该车所载混凝土总用水量1％的高效缓凝减水剂稀释溶液。拌筒高速转动不少于1min。

5.5.2 混凝土持续时间：混凝土出机后，运输与等待卸料的持续时间，以当时的最高气温按表5.5.2控制。

表 5.5.2

混凝土持续时间

最高气温	持续时间	最高气温	持续时间
＜25℃时	≤2h	≥25℃时	≤1.5h

5.5.3 施工现场混凝土坍落度的测试：在泵送点连续抽测三车混凝土，若符合要求，以后不定时抽测；如发现超标，再连续抽测3车，符合要求后，再不定时抽测。抽测总数不少于10车混凝土。

5.5.4 卸料：卸料前，高速旋转拌筒，使混凝土拌和均匀，卸料时，应配合泵送均匀进行，混凝土应保持在集料斗内高度标志线以上。中断卸料作业时，应保持搅拌筒低速转动搅拌混凝土。应在混凝土泵喂料斗上安置筛网，设专人监视卸料，防止粒径过大骨料及异物进入泵管造成堵塞。卸料完毕后，及时清洗搅拌运输车拌筒并排尽积水。

5.6　混凝土泵的布置

混凝土泵布置场地应平整坚实，道路畅通，供料方便，有排水设施。

5.7　混凝土输送管的布置

5.7.1 混凝土输送管应根据工程施工现场特点进行布置，管线长度不宜过长，少用弯管和软管，装拆维修方便，施工安全。

5.7.2 地上水平管轴线与"Y"形变径管出料口轴线应垂直。向基坑下倾斜布管时，斜管上端应设排气阀，地面上的平管段长度不宜小于15m，必要时可加设弯管，且与斜管连接处应高于出机口处。当基坑深度大于20m时，斜管下端应设长度大于5倍基坑深度的平管。也可加弯管和环形管，满足5倍基坑深度的要求。

5.7.3 混凝土输送管的固定与防护：平管每隔一定间距用支架、台座或吊具可靠固定。炎热季节施工，用湿布或草帘遮盖混凝土输送管，并经常浇水，防止阳光暴晒。严寒季节施工，用保温材料包裹混凝土输送管，防止管内混凝土受冻。

5.8　混凝土的泵送

5.8.1 泵送混凝土前，按使用说明书全面检查混凝土泵，符合要求后，进行空车试运转。

5.8.2 启动混凝土泵后，先泵送适量水湿润混凝土泵的料斗、活塞、输送管内壁等直接与混凝土接触的部位。经泵送水检查，确认混凝土泵和输送管畅通后，泵送与混凝土内除粗骨料外的其他成分同配合比的水泥砂浆。

5.8.3 开始泵送时，应保持混凝土泵慢速、匀速转动，处于随时可反泵的状态。泵送速度，先慢后快，逐步加速，同时观察混凝土泵的压力和工作系统的工作状况。系统运行正常后，以正常速度进行连续泵送，必须中断时，中断时间不得超过允许值。该允许值参照表5.5.2确定。

5.8.4 泵送混凝土时，活塞保持最大行程运转。如输送管吸入了空气，立即反泵混凝土吸至料斗中重新搅拌，排出空气后再泵送。水箱和活塞清洗室中应经常保持充满水。

5.8.5 输送管的接长与拆除：混凝土泵送过程中，需接长输送管时，应预先用水湿润管道内壁。不得把拆下的输送管内的混凝土撒落在未浇筑的地方。

5.8.6 泵压异常的处理：当混凝土泵出现压力升高且不稳定、油温升高、输送管明显振动时，立即停止泵送，重新泵送前，先排除管内空气，再拧紧接头。

5.9 混凝土浇捣

5.9.1 振捣顺序：混凝土浇捣应由远而近进行，同一区域的混凝土，应分层连续浇筑。

5.9.2 浇筑混凝土时，不宜在同一处连续布料。应在2～3m范围内移动布料。混凝土浇筑分层厚度宜为300～500mm，当混凝土浇筑厚度超过500mm时，按1∶6～1∶10坡度斜面分层浇筑。

5.9.3 混凝土的"二次振捣"：振捣混凝土时，振动棒移动间距为400mm左右，振捣时间为15s。在混凝土初凝前（约第一次振捣后隔20～30min，混凝土表面已硬化，但手指按压可出现清晰压痕时），应进行第二次复振。浇筑混凝土时，经常观察，发现混凝土有不密实现象，应重复振捣，但混凝土终凝后不得再振捣。

5.9.4 排除泌水：混凝土分层浇筑时，上下层施工的间隔时间较长，经过振捣后混凝土的泌水和浮浆顺着混凝土坡面流到坑底。在混凝土垫层施工时，预先在横向上做出2m的坡度。在基础四周侧模的底部开设排水孔，使泌水及时从孔中自然流出，少量来不及排出的泌水，随着混凝土浇筑向前推进被赶至基坑顶端，由顶端模板下部的预留孔排至坑外。

5.9.5 "二次抹压"：混凝土表面适时按设计标高用2m长刮尺刮平，用铁滚筒碾压两遍以上。在混凝土终凝前进行"二次抹压"（用木抹子边洒水边搓压），消除混凝土早期干缩裂缝。

5.9.6 留置施工缝：混凝土浇筑中，应严格控制混凝土的供应满足接茬处不出现冷缝的要求；一旦因交通堵塞、停水、停电或机械等原因可能出现时，则应及时按施工缝要求留置；恢复浇筑前，该处必须按施工缝的规定进行处理后，方可开始浇筑。

5.10 混凝土测温

混凝土测温采用小型电子测温仪测定，浇筑混凝土时事先在预定测温点上、中、下布置热敏电阻测温探头，并留出线头，编号记录、测温点布置，见图5.10。测温时间不少于14d，每天分别在2∶00、8∶00、14∶00、20∶00进行测温。

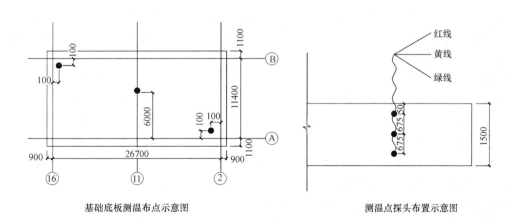

基础底板测温布点示意图　　　　　　　测温点探头布置示意图

图5.10　测温点布置

5.11 混凝土养护

混凝土养护温度：应控制在两个25℃范围内。混凝土终凝后，根据测温记录，及时掌握温差变化。当混凝土表面和中心温度差≥25℃时，或混凝土的表面与环境温度差≥25℃时，均应及时采取调整保温的办法保温养护。

混凝土养护湿度：宜采用满蓄水养护。在混凝土上表面的四周及临浇筑方向的尚未终凝混凝土与已终凝混凝土分界处铺压一行机砖，用混凝土表面的浆体勾缝，注满水（水层厚度约 50mm）养护。蓄水养护期不少于 7d，然后采用浇水养护，继续养护不少于 7d。

5.12 冬期施工

1. 冬期施工条件

依据国家现行标准《建筑工程冬期施工规程》规定：根据当地多年气象资料统计，当室外日平均气温连续 5d 稳定低于 5℃即进入冬期施工。

2. 冬期施工生产准备

1）进入冬施前，材料主管根据工程量作好原材料的采购计划，储备充足的原材料，防止生产过程中因材料断档而影响连续生产。

2）各种原材料进场后，检查质量证明，按标准要求进行严格的复检，防止不合格的材料进入生产过程。

3）砂石料应提前备料，依次堆放，晾干多余的水分，降低含水率并保持均匀。生产时，去除外面一层冰冻层，使用里面干燥未冻的砂石料，保证混凝土质量。

每天检测砂、石料的含水率，并折算减少配合比中的用水量，雪天应增加检测次数。

4）冬施混凝土所用水泥，采用 42.5 级的普通硅酸盐水泥（P.O）。

5）掺加含有早强、减水和泵送成分的复合型防冻剂，保证混凝土在达到受冻临界强度以前不受冻害。

每班最少 2 次检测外加剂掺量的准确性，严格控制好掺量，防止其波动影响混凝土质量。每班最少测量 4 次水和骨料的入机温度和混凝土的出机温度。混凝土出机温度和入模温度由热工计算确定。

6）节能措施

A. 采用抽水箱和贮水箱两极加热方式，用蒸汽加热搅拌用水。用发泡聚氨酯保温材料包裹蒸汽管与输水管，减少热量散失。进入搅拌机的水温不得超过 80℃。

B. 当只加热水不能满足要求时，应在骨料缓冲仓和搅拌机内通入蒸汽，加热骨料及机体，以保证混凝土的出机温度。

C. 输水泵、水箱、外加剂泵和外加剂箱等器具应加设保温措施，以免热量损失或冻裂器具。

D. 混凝土运输车罐体外加保温罩，减少运输途中热量损失。

7）气动支路和联结件等易冻部位应进行蒸汽预热，保证开关动作灵活可靠。

8）搅拌和输送设备提前更换防冻液，根据不同阶段气温更换相应的低温机油和低温燃油，以保证负温条件下正常工作。

9）为了及时了解生产过程中出现的各种问题，建立冬施生产质量管理及回访小组，加强与客户的沟通，负责混凝土生产过程中的质量控制及回访工作。

3. 冬施方法

1）混凝土搅拌站

A. 投料顺序：砂、石、部分热水、水泥、粉煤灰、外加剂、剩余的水，先期投入的砂石料和水的混合物在与水泥接触时的温度不得超过 60℃。

B. 搅拌时间延长 50% 左右，保证混凝土搅拌均匀。

C. 严格控制水灰比，偏差不得超过 1%。坍落度控制在设计坍落度±20mm 范围内。

D. 严格控制复合型防冻剂的品种、类型及掺量，防止混凝土冻融事故的发生。

E. 每车混凝土卸完料后，运输车司机及时冲洗掉进料口及出料口的混凝土，避免污染路面。

F. 应保持混凝土浇筑现场、搅拌站和运输车之间的通讯畅通。减少运输时间，保持生产运输的连续性。

2）施工现场

A. 生产前，使用单位应准确提供如下信息：混凝土施工部位、强度等级、计划用量、混凝土施工方法及有无特殊要求（抗渗、抗化学侵蚀）等。

B. 准备好混凝土覆盖用保温材料，如塑料薄膜、彩条布等。

C. 浇筑前，应清除模板和钢筋上的冰霜和污垢，但不得用水冲洗。

D. 不得在冻土层上进行混凝土浇筑，浇筑前，必须设法升温使冻土消融。

E. 混凝土施工缝处接茬时，应预热旧茬。浇筑后加强保温，防止接槎处受冻形成薄冰层界面，破获混凝土的连续性。

F. 严禁给装有混凝土的罐车内加水。混凝土的坍落度过小难于卸料时，可适量添加随车携带的高效缓凝减水剂稀释溶液，搅拌均匀后使用。混凝土的坍落度过大不能保证强度时，施工现场应做退货处理。

G. 泵送的清水水温不低于40℃。润管用过的水和砂浆不得直接注入模板内。

H. 检测坍落度和制作试块的取样，应在每车混凝土卸料过程的1/4～3/4之间抽取。拆模后，标准试块应及时送入标养室，同条件试块应。

I. 混凝土浇筑完，应及时覆盖塑料薄膜并加盖线毯保温养护。混凝土浇筑后对结构易受冻部位，必须加强保温，以防冻害。

J. 应适当把握好抹面时机，在终凝前（用手轻按表面可留下指痕）进行"二次抹压"，减少表面干缩裂缝。

K. 混凝土的养护时间不得少于14d。

L. 由专人负责监测和详细记录整个养护期的温度和湿度情况，发现问题及时采取补救措施。

6. 材料与设备

大掺量粉煤灰混凝土施工机具设备见表6。

大掺量粉煤灰混凝土施工机具设备 表6

序号	名　称		规　格	单位	数量	备注
1	强制式混凝土搅拌机		500L、1000L、2000L	台		按需要选择
2	电脑控制物料计量设备			套		
3	混凝土搅拌运输车		6m³	台	若干	
4	混凝土输送泵		HBT600	台	若干	
5	混凝土输送泵车			台	1	按需要选择
6	混凝土输送管	直管	D=125mm	根	若干	
		45°弯管		根	若干	
		90°弯管		根	若干	
7	混凝土输送管管卡			只	若干	
8	橡胶软管		L=3.5m	根	若干	
9	管路截止阀			个	若干	
10	插入式振捣棒		HZ6-50	台	若干	
11	平板式振动器		PZ-50	台	若干	
12	混凝土坍落度筒			个	2	
13	混凝土试模		100mm×100mm×100mm	组	若干	
14	标准砝码		10kg、20kg	个	若干	校秤
15	潜水泵			台		按需要选择

计量器具应按规定由法定计量单位进行检定，使用期间应定期校准。

7. 质 量 控 制

7.1 混凝土原材料质量应符合国家现行标准的规定要求。

7.2 混凝土原材料的计量允许偏差，应符合国家现行标准《预拌混凝土》的有关规定（表7.2）。

原材料计量允许偏差 表7.2

序号	原材料	水泥(%)	骨料(%)	水(%)	外加剂(%)	掺合料(%)
1	每盘计量允许偏差	±2	±3	±2	±2	±2
2	累计计量允许偏差	±1	±2	±1	±1	±1

累计计量允许偏差：是指每一运输车中各混凝土里的每种材料计量和的偏差。

7.3 混凝土生产质量应符合国家现行标准《混凝土强度检验评定标准》规定的生产质量水平见表7.3。

生产质量水平 表7.3

生产质量水平		优 良		一 般	
生产单位	评定指标	混凝土强度等级			
		<C20	≥C20	<C20	≥C20
预拌混凝土厂	混凝土强度标准差 σ(N/mm²)	≤3.0	≤3.5	≤4.0	≤5.0
集中搅拌混凝土的施工现场		≤3.5	≤4.0	≤4.5	≤5.5
预拌混凝土厂和集中搅拌混凝土的施工现场	强度不低于要求强度等级的百分率 P(%)	≥95		>85	

7.4 混凝土强度的检验评定，应符合国家现行标准《混凝土强度检验评定标准》的规定。

7.5 混凝土入泵时的坍落度允许误差应符合国家现行标准《混凝土泵送施工技术规程》的规定见表7.5。

坍落度允许误差 表7.5

坍落度(mm)	允许误差(mm)
>100	±20

7.6 混凝土的试块，应在浇筑地点取样、制作，且混凝土的取样试块成型、养护和试验均应符合国家现行标准《混凝土强度试验评定标准》的有关规定。

7.7 当混凝土可泵性差，出现泌水、离析、难以泵送和浇灌时，应立即对配合比、混凝土泵、泵管、泵送工艺等重新进行研究，并采取相应措施。

7.8 结合施工现场具体情况，建立质量控制制度，对材料、设备、泵送工艺、混凝土强度等进行系统的科学管理。

8. 安 全 措 施

大掺量粉煤灰混凝土施工劳动组织见表8。

8.1 牢固树立"安全第一"的指导思想，认真贯彻执行《中华人民共和国安全生产法》，遵守《安全操作规程》。

8.2 进入施工现场人员，必须戴好安全帽。

8.3 各种施工机械和电器设备由专人负责操作，并持证上岗。

劳动组织 表 8

序 号	作业项目	人数（每班）	备 注
1	领工员	2	混凝土搅拌和混凝土施工各一人
2	技术员	2	混凝土搅拌和混凝土施工各一人
3	试验员	2	混凝土搅拌和混凝土施工各一人
4	混凝土输送泵布置	6	
5	混凝土输送管布置	16	
6	混凝土搅拌	6	每台混凝土搅拌系统
7	混凝土搅拌质量目测	1	每台混凝土搅拌系统
8	混凝土运输	若干	
9	混凝土入泵目测	1	每台混凝土输送泵
10	混凝土泵送	1	每台混凝土输送泵
11	混凝土振捣	若干	
12	混凝土碾压抹平覆盖养护	若干	
13	混凝土测温	1	

8.4 所有配电箱，开关箱均应加锁，用电设备加防雨罩，外接电源及电线均为绝缘线。

8.5 配备一名专职安全员，检查现场安全生产情况。

9. 环 保 措 施

9.1 为了减小施工过程中给周围居民带来不便，施工现场进行砖墙围挡，高度宜为 2.8m，M5 水泥砂浆砌筑，1：2.5 水泥砂浆抹面，耐擦洗涂料刷白。

9.2 保证施工现场道路畅通，排水流畅，无污水，工完场清，无垃圾。

9.3 整齐堆放建筑材料，器具，并挂出标识牌，严禁乱拉乱用。

10. 效 益 分 析

10.1 大掺量粉煤灰混凝土，是生态环保型混凝土，是当代建材工业发展的重要方向之一，节约能源、提高性能、社会经济效益好，推广应用价值大。

10.2 能节约水泥约 45％ 左右，减少大量能源消耗。

10.3 可节约天然砂 15％～20％，减少再生资源消耗，维持生态平衡和国民经济可持续发展有重要的现实意义。

10.4 粉煤灰的产量巨大，据有关部门统计，2001 年全国粉煤灰排放量达到 2 亿吨，造成环境的巨大污染。如果能合理的利用，那么由此能消耗大量的粉煤灰，对保护环境，造福人类具有深远的意义。

10.5 混凝土的密实性、抗渗性能、抗冻性能、抗腐蚀性、和易性等性能都得到不同程度的改善，更可喜的是水化热低（核心区最高温度低于表面温度），后期强度高（28d 达到 32MPa 以上，60d 达到 40MPa 以上），收缩裂缝少（2000 多平方米的基础底板，仅发现两条长度小于 500mm 的浅表性干缩裂缝）。

11. 应 用 实 例

2002 年以来，大掺量粉煤灰混凝土在甘肃七建集团自建高层住宅楼等工程基础施工中成功应用，取得了良好的经济和社会效益。

本工法的第一个应用工程是 2002 年甘肃七建集团公司段家滩自建住宅楼基础底板。该工程基础底板厚 1.5m，混凝土 1800m³，设计强度等级为 C35，作为大掺量粉煤灰混凝土试点工程，混凝土配合比为：水泥 150kg/m³，Ⅱ级粉煤灰 200kg/m³。粉煤灰为水泥用量的 133.3%。实测强度 R60≥40MPa。

粉煤灰掺量远远超过现行规范规定的限值，为了保证混凝土质量，对配合比设计、搅拌、运输、浇捣、养护等各环节施工参数，在试验研究取得大量实测数据的基础上，进行了合理的优选与细化界定。

本工法的第二个应用工程是 2006 年 6 月，兰州市财富中心钢筋混凝土基础底板，由甘肃建科技术试验检测有限公司（前身为甘肃七建集团试验检测中心）负责配合比设计，兰州宏建集团负责混凝土供应，甘肃庆盛建筑公司施工，推广应用本工法取得成功。混凝土设计强度等级 C35，混凝土量 5300m³，底板长×宽＝68.3m×35.7m，最厚处 1.5m，混凝土配合比为：水泥 250kg/m³，粉煤灰掺量 180kg/m³，粉煤灰为水泥用量的 72%。实测强度 R28＝44.7～54.8MPa，R60＝55.6～61.3MPa。

本工法的第三个应用工程是 2007 年 4 月，兰州东 550kV 变电站基础底板，由甘肃建科技术试验检测有限公司（前身为甘肃七建集团试验检测中心）负责配合比设计，兰州金山集团混凝土搅拌站负责混凝土供应，甘肃送变电建筑公司施工。工程为突出地面的露天基础底板，位于兴隆山下，环境温差较大，1 期工程发生多处贯通性裂缝后采用本工法进行 2、3、4、5 期工程的施工。2、3 期工程混凝土设计强度等级 C35，混凝土量 9800m³，底板长×宽＝138m×47.6m，最厚处 2.3m，混凝土配合比为：水泥 240kg/m³，粉煤灰 190kg/m³，粉煤灰为水泥掺量的 79.2%。目前 2、3 期工程的底板混凝土已浇筑完一个多月，实测强度 R28＝43.6～49.8MPa。

以上三例工程，除个别地方因未彻底清理浮浆，出现少数（2～3 条）长度 400～500mm 的浅表性干缩裂缝（裂缝深度 20～30mm）外，基本解决了大体积混凝土的温度裂缝问题，大幅度提高了混凝土结构的耐久性。

11.1 原材料

11.1.1 永登祁连山 P.O 42.5 级水泥。

11.1.2 兰州安宁产 5～31.5mm 卵石，含泥量 0.6%，针片状颗粒含量 4.2%。

11.1.3 皋兰水阜洗砂，含泥量 2.7%，细度模数 2.8。

11.1.4 甘肃七建集团公司外加剂厂产 QJ－Ⅱ型高效缓凝减水剂。

11.1.5 兰州西固热电厂Ⅱ级粉煤灰、靖远电厂Ⅰ级粉煤灰。

11.1.6 自来水。

11.2 对比试验结果

11.2.1 混凝土抗压强度（表 11.2.1）

大掺量粉煤灰混凝土实测抗压强度试验结果　　　　　　表 11.2.1

序　号	强度等级	浇筑日期	龄　期	抗压强度（MPa）
1	C35	2002.9.17	60	39.6
2	C35	2002.9.17	60	35.7
3	C35	2002.9.17	60	38.2
4	C35	2002.9.17	60	47.8
5	C35	2002.9.18	60	38.8
6	C35	2002.9.18	60	36.1
7	C35	2002.9.18	60	39.1
8	C35	2002.9.19	60	37.9
9	C35	2002.9.19	60	35.2
10	C35	2002.9.19	60	37.2

11.2.2 混凝土收缩（表 11.2.2）

大掺量粉煤灰混凝土收缩对比试验结果　　　　　表 11.2.2

混凝土种类 \ 龄期	收缩值（×10⁻⁶）				
	7d	14d	28d	60d	130d
（对照组）普通混凝土	291	365	380	411	452
大掺量粉煤灰混凝土	106	170	183	230	289

11.2.3 混凝土抗渗性（表 11.2.3）

大掺量粉煤灰混凝土抗渗对比试验结果　　　　　表 11.2.3

水压（MPa）	试块最大渗水高度（mm）	
	普通混凝土	大掺量粉煤灰混凝土
1.6	126	110

11.2.4 混凝土抗冻性（表 11.2.4）

大掺量粉煤灰混凝土 50 次抗冻试验结果　　　　　表 11.2.4

强度损失（%）			重量损失（%）		
标准	普通混凝土	大掺量粉煤灰混凝土	标准	普通混凝土	大掺量粉煤灰混凝土
≤25	9.8	7.6	≤5	0.201	0.104

从以上试验结果可以看出，工程实例中，大掺量混凝土 60d 标养试块抗压强度均达到设计强度，混凝土标养强度标准差 $\sigma=2.48<3.5$（N/mm²），混凝土生产质量水平优良；混凝土收缩、抗渗、抗冻性能均优于普通混凝土。

11.3 经济效益分析

11.3.1 原材料采购价

永登祁连山 P.O 42.5 级水泥	305 元/t
皋兰水阜洗砂	56 元/m³
兰州安宁卵石	44 元/m³
七建 QJ-Ⅱ型高效缓凝减水剂	4500 元/t
西固热电厂Ⅱ级粉煤灰	70 元/t

11.3.2 相关参数

皋兰水阜洗砂堆积密度	1580kg/m³
兰州安宁卵石堆积密度	1650kg/m³
基础底板混凝土	1800m³

11.3.3 每立方米 C35 普通混凝土原材料成本

水泥
洗砂
卵石
QJ-2
粉煤灰
合计　　　　　　　　　　196.88 元/m³

11.3.4 大掺量粉煤灰混凝土（C35）原材料成本

水泥
洗砂
卵石

QJ-2

粉煤灰

合计　　　　　　　　　　　　　　　163.42 元/m³

11.3.5　普通混凝土降低成本额（C35）：

$$196.88 - 163.42 = 33.46 \text{ 元/m}^3$$

11.3.6　节约资金

1. 试点工程节约资金

$$33.46 \times 1800 = 60228 \text{ 元}$$

2. 按甘肃七建集团构件公司年产中低强混凝土 40 万立方米计算，可节约资金

$$33.46 \times 400000 = 1338.4 \text{ 万元}$$

3. 按预计兰州市年产中低强混凝土 300 万立方米计算，可节约资金

$$33.46 \times 3000000 = 10038 \text{ 万元}$$

仿古建筑预制构件后置焊接安装
施工工法
YJGF213—2006

陕西省第三建筑工程公司

王奇维　王福华　刘永新

1. 前　言

现代仿古建筑较多采用混凝土结构。本工法所叙述的仿古建筑构件，主要是指建筑檐口部位的斗、拱、升、耍头等。采用现浇混凝土施工工艺制做，工序繁杂、支模较难、混凝土浇筑及振捣困难、施工周期长、质量控制难度大。而采用仿古建筑预制构件后置焊接安装施工工艺，能使上述不利因素得到根本改变，为仿古建筑施工技术发展，开创出一条新路。

西安大唐芙蓉园紫云楼（仿唐建筑）的仿古构件，原设计采用现浇混凝土，工期紧。按现浇混凝土施工工艺施工，不能满足需要。陕西省第三建筑工程公司结合十余年仿古建筑施工经验，研究并提出"先进行仿古建筑框架结构施工，可穿插进行仿古构件预制。后在已完的仿古建筑框架上依次焊接安装全部仿古构件"的建设理念（即：仿古建筑预制构件后置焊接安装施工工艺）。简化仿古建筑施工主导工序，使仿古构件制做安装不占用总工期，还可提高质量控制水平，具有可行性。随后按照新的施工图，组织实施并获得成功。其后，在大唐芙蓉园内的唐集市、南大门等仿古建筑施工中再次应用，效果良好。

本工法具有创新性，由陕西省第三建筑工程公司总结形成。承建的西安大唐芙蓉园工程获国家优质工程银质奖，紫云楼工程获陕西省优质工程"长安杯"奖、陕西省建设新技术示范工程等殊荣。

2. 工 法 特 点

本工法具有较强推广性，熟悉钢筋混凝土仿古建筑施工的单位都能快速掌握。在施工方法上具有以下特点：

2.1　设计单位
应具有仿古建筑设计经验，能与施工单位相互配合，并按照本工法的基本思想进行设计。

2.2　工序安排
首先进行仿古建筑框架部分制做并将全部仿古构件进行预制，随后在已完成的仿古建筑框架上依次焊接安装全部仿古构件。

2.3　施工单位
作业难度小、强度低、工序少、速度快，技术准备要求较高。

此外，与传统的现浇混凝土施工工艺比较，本工法还具有工期短、质量控制简单易行、安全重点控制内容较少、造价较低等特点。在现代仿古建筑施工工艺中具有先进性和新颖性。

3. 适 用 范 围

3.1　工程对象或工程部位
本工法适用于钢筋混凝土结构仿古建筑。主要应用在仿古建筑非承重的斗、拱、升等构件以及檐口体系施工。还适用于民用建筑仿古装饰中较为复杂、繁琐的混凝土构件的安装。

3.2 最佳技术经济条件

在仿古建筑主体框架混凝土强度达到设计值，在拆除模板并进行清理后，即可进行全部仿古构件焊接安装。

4. 工 艺 原 理

4.1 基本原理

仿古建筑施工中，将建筑檐口的现浇仿古构件改变为预制仿古构件。主体框架结构施工时，在柱与拱、耍头等仿古预制构件连接处预理铁件。预制拱、耍头等仿古构件时，采用混凝土或陶粒混凝土制做，并在其根部预埋铁件。先完成主体框架施工，在框架柱及仿古预制构件强度达到设计要求时，在已完成的主体框架上分层次、有序地进行仿古预制构件的焊接安装。将仿古预制构件上的预埋铁件与框架柱上的预埋铁件逐一对正，进行焊接连接，从而完成建筑仿古构造的施工。通过对仿古预制构件后置焊接安装施工，达到了工艺化繁为简，施工生产趋于平衡，缩短关键工序时间的效果。

4.2 理论基础

以普通钢筋混凝土结构、轻骨料混凝土、普通钢构件焊接等成熟技术为理论基础，进行合理运用。符合设计和现行施工质量验收规范要求，并将现行的标准、规范与古建筑的法式、则例等有机地融为一体。

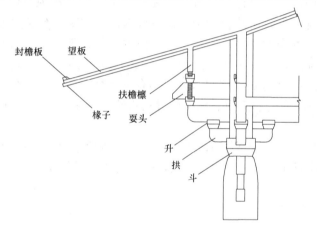

图4.3 仿古建筑檐口构造示意

4.3 名词解释

斗：用于支承柱上体系部分的构件；

拱：连接斗升和升与檐口体系之间的部分；

升：将檐口体系的荷载传递给斗的构件；

耍头：升与升之间直接传递荷载的主要通道；

扶檐檩：檐口最外侧的檩条；

椽子：在檩条上铺设，支承望板的构件；

望板：椽子上直接铺设的屋面板。

如图4.3所示。

4.4 仿古建筑预制构件后置焊接安装

施工过程示意如图4.4。

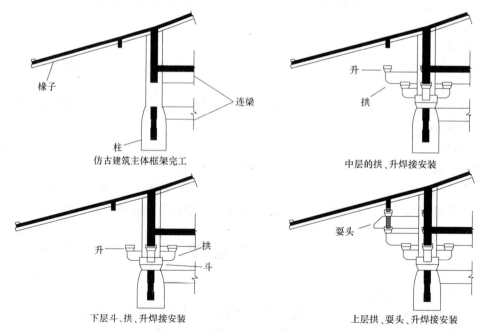

图4.4 仿古建筑预制构件后置焊接安装施工过程示意

5. 施工工艺流程及操作要点

5.1 工艺流程

5.1.1 总体流程

确定施工方案→施工现场准备→主体结构施工与仿古构件预制→搭设操作平台并进行焊接安装→质量检验

5.1.2 子流程

1. 仿古预制构件制做

计算预制构件尺寸→确定预埋铁件尺寸→计算预埋钢筋的长短、焊缝大小→加工制做预埋铁件、验收→制做安装模板及涂刷脱模剂→安装钢筋和预埋铁件→钢筋隐蔽验收→浇筑混凝土或陶粒混凝土及振捣→养护→脱模并编号→弹控制线→分规格堆放

2. 主体结构上预埋铁件

检查主体结构钢筋→确定铁件预埋位置→固定预埋铁件→支模→验收模板→复查铁件位置→浇筑混凝土→拆模及清理→再复查铁件位置→校正

3. 仿古预制构件焊接安装

搭设操作平台→在主体结构上弹设控制线（通线、竖线、平线）→分组（部件安装）→预埋铁件处理→机械准备→试安装→固定→校正→正式焊接→焊缝处理及构件修补→质量检验

5.2 操作要点

5.2.1 首先与设计院进行沟通联系，根据工程特点论证构件后期焊接安装的可行性，确定焊接安装施工工艺及质量验收标准。正式施焊前必须做好焊接工艺评定。

5.2.2 在确定施工方案时，宜采用计算机制做 3D 数字模型或制做木质 1∶1～1∶10 比例模型，验证和改进焊接安装的定位控制和作业次序。

5.2.3 构件应采用清水模板制做，如：钢制定型模板、竹覆面胶合板定型模板等。

5.2.4 必须确保主体结构上预埋铁件定位准确。框架柱与檐口、悬挑构件（拱、耍头等）相接处，柱内钢筋密度大，绑扎一般较为困难，混凝土浇筑振捣也相对较难，需要采取有效措施，避免钢筋和预埋件的位移。

5.2.5 陶粒混凝土的配合比，必须采用现场材料并经过试验确定，强度必须满足设计要求。

5.2.6 焊接安装的主要次序为：先安装建筑大角，后安装中间部分；先安装下层斗拱，后安装上层斗拱；同层斗拱先安装内侧斗拱，后安装外侧斗拱。

5.2.7 在每个仿古预制构件上弹出中心线，在主体结构相应位置也必须弹出中心线和标高控制线，以确保焊接安装就位准确。

5.2.8 层次构造复杂的檐口体系，应首先对仿古预制构件进行分组编号。安装前按设计要求及构件编组，将构件运至安装部位，对号入位。

5.2.9 每个大角先安一个挂线构件，拉通线，然后中间斗拱依线安装，经复核位置、水平度、垂直度无误后，再进行固定、施焊。

5.2.10 焊工必须持证上岗，焊工到现场后必须先另行试焊，经鉴定其技术水平达到要求后，方可正式上岗施焊。架子工应具备操作证、安全义务监督员等双重证件，才适宜上岗操作。

6. 材料与设备

6.1 主要材料

普通硅酸盐水泥、卵石、陶粒、陶砂、脱模剂、型钢或钢板（用于铁件制做）、锚固钢筋、焊条。

6.2 施工机具

钢制定型模板、竹覆面胶合板定型模板、钢筋切断机、钢筋弯曲机、塔吊、电焊机、焊钳、焊锤等。

6.3 测量仪器

经纬仪、水准仪、卷尺、水平尺、线锤。

7. 质 量 控 制

7.1 施工验收标准

7.1.1 工程的施工及质量验收，除应达到本工法规定要求外，还必须满足以下规范要求：

《建筑工程施工质量验收统一标准》GB 50300；

《混凝土结构工程施工质量验收规范》GB 50204；

《建筑钢结构焊接技术规程》JGJ 81；

《古建筑修建工程质量检验评定标准》CJJ 39。

7.1.2 主控项目

1. 仿古预制构件及预埋件所使用的材料质量必须符合设计要求和规范规定。

2. 仿古预制构件的结构性能、外观质量、尺寸偏差等应符合设计要求和规范规定。

3. 仿古预制构件钢筋设置、混凝土强度必须符合设计要求。预制构件必须安装牢固。

4. 预埋件的规格、型号、埋设位置必须符合设计要求。预埋件必须埋设牢固。

7.1.3 一般项目

1. 仿古预制构件吊运及水平运输不得损伤损坏构件。

2. 安装前按设计要求检查仿古预制构件的规格、几何尺寸、方正及预埋件等。

3. 安装前检查临时支撑架体的标高、支承能力及稳定性。

7.1.4 仿古预制构件安装允许偏差及检验方法

仿古预制构件安装允许偏差

表 7.1.4

项　目		允许偏差（mm）	检　验　方　法
柱	中心线偏移	3	尺量检查
	垂直度	3	经纬仪、吊线尺量
斗拱升	中心线	2	经纬仪、吊线尺量
	底标高	$\begin{matrix}0\\-2\end{matrix}$	水准仪、拉线尺量
	焊接后变形量	2	按控制线尺量检查

7.2 确保达到标准的技术措施和管理方法

7.2.1 确保按照 ISO 9001—2000 标准要求，建立完善的现场质量管理体系，并进行有效的运行。

7.2.2 认真细致地进行图纸会审，加强与设计单位联系和配合。

7.2.3 根据本工法和审定的施工方案，现场制做模型，对照模型和施工图纸等，对相关的管理人员和所有的操作人员，进行全面细致的技术交底。

7.2.4 对采用的测量仪器和检测工具，按规定进行法定计量检定。

7.2.5 在工程实体上选择有代表性的部位，组织进行样板施工，总结相关经验，用于指导大面积施工。

7.2.6 安排专职质检员进行跟班检验。对每一层斗拱，均进行一次全数检查。同时，要求班组加强自检和工序交接检。

8. 安 全 措 施

8.1 现场安全管理，必须执行以下规范。

《建筑施工安全检查标准》JGJ 59；

《建筑施工扣件式钢管脚手架安全技术规范》JGJ 130；

《施工现场临时用电安全技术规范》JGJ 46；

《建筑施工高处作业安全技术规范》JGJ 80。

8.2 安全管理的内容及要求

8.2.1 安全施工必须由项目经理领导和安排，专业工长对作业人员进行安全教育、下发安全技术交底，专职安全员负责每日的现场检查，确保施工安全措施到位。

8.2.2 编制专项脚手架施工方案、安全用电施工方案等，严格按规定审批执行。

8.2.3 施工用电执行三级配电、两级保护 TN-S 接零保护系统，做到一机一箱、一闸一漏。脚手架搭设必须符合要求，按规定设护身栏杆，挂好安全网，要满铺架板并固定好，做好防雷接地处理，并进行验收控制。在使用过程中进行每日巡查，保证使用安全。

8.2.4 电气设备及线路必须进行安全检查，闸刀箱上锁，电器设备安装漏电保护器。线路的敷设不得与檐口体系形成穿插并妥善的进行固定和防护。遇有雷电等恶劣天气应立即停止作业，并及时切断电源。

8.2.5 电焊工、架子工等作业人员必须配备完善的防护用具，如：安全帽、安全带、防尘口罩、护目镜、手套等。高空作业挂好安全带。雪天要清除架子上的冰雪，防止滑倒伤人。

8.2.6 照明条件应满足夜间作业要求。

8.3 必须编制的安全管理预案

主要包括：《预防高空坠落紧急预案》、《预防漏电伤害紧急预案》。

9. 环 保 措 施

9.1 环保指标主要包括

白天施工噪声≤70dB（夜间55dB），施工现场目测无扬尘，废水达标后排放，建筑垃圾分类处理。

9.2 环保监测主要包括

对施工现场的噪声、废水等进行监测项目，均需达到国家环保标准要求。

9.3 环保措施

9.3.1 减少施工噪声措施有：物体搬运轻起轻落；减少施工作业的敲击噪声；金属型材切割、铁件加工区域增加隔声墙体，进行防护；使用环保型震动器进行仿古预制构件的混凝土浇筑振捣；

9.3.2 废水、建筑垃圾处理措施有：在仿古预制构件加工现场设置污水沉淀池和筛滤网，使废水经过过滤、沉淀和化学中和后排放；建筑垃圾采用容器运输分类、分区密闭堆放，并由有资质的清运公司处理。

9.3.3 减少施工扬尘措施有：对施工现场地面进行硬化处理，并安排专人定时清扫；现场进出车辆必须进行轮胎清洗；施工人员在作业面上做到文明施工、工完场清。

9.4 文明施工管理

9.4.1 对于需创建文明工地的项目，应将本工法相关的作业内容，纳入项目部《文明工地创建规划》。无创建文明工地要求时，也应按照文明工地验收标准，制定文明施工措施并有效执行。

9.4.2 文明施工的主要措施内容包括

1. 完善施工及安全防护设施，完善各类标志及标识。

2. 及时、合理地调整现场布局，并定时清理现场。

3. 改进施工人员现场服务设施。

4. 开展职工文明施工行为教育和文化娱乐活动。

10. 效 益 分 析

10.1 经济效益

此工法从根本上简化了异型模板的制做及安装过程。能保证构件达到清水混凝土效果。相比传统工艺的工期、经济效益等，具有极大的优势。经济效益主要包括：大幅度减少施工模板等设施的投入与消耗；达到清水混凝土效果后，不再进行粉刷；节省较多的劳动力等。

10.2 环保、节能效益

节省施工设施料投入后，减少了对自然竹木制品的需求；达到清水混凝土效果后，不再粉刷，减少水泥用量；均有利于生态保护。通过应用陶粒混凝土仿古构件，减轻了结构自重；节省了混凝土养护用水；减少了高空支拆模板作业以及因此形成的粉尘、噪声污染和危险源。

10.3 社会效益

本工法的形成，为仿古建筑施工探索出一条新路，提高了仿古建筑的内在品质和科技含量。延长了使用寿命，减少了维修频次。有利于施工企业技术水平和竞争实力的增强。通过采取系列环保措施，使施工现场周边的居民及企事业单位，能正常生活和工作。是一项值得推广的、绿色的施工工法。

11. 应 用 实 例

在大唐芙蓉园内的三个工程项目应用后，仿古建筑预制构件后置焊接安装施工工艺成熟，质量和经济效益较好，分别为：紫云楼：节约 28.4 万元；唐集市：节约 12.5 万元；南大门：节约 1.1 万元；合计节约：42 万元。应用情况照片参见本工法附件。

11.1 大唐芙蓉园紫云楼

由主楼、飞桥、四座阙楼连接而成，为四层框剪结构。建筑面积 9121m²。仿古预制构件斗、拱、升及椽子等构件全部采用陶粒混凝土制做，共计 1307 种规格，20413 件。仿古预制构件的粉刷面积为 16330.4m²。施工质量较好。从模板体系的投入费用、构件表面达到清水效果方面综合计算。与传统的构件安装工艺相比较，产生经济效益共计 28.4 万元。

11.2 大唐芙蓉园唐集市

为地上两层框架结构。建筑面积 4652m²。斗、拱、升预制构件均采用轻骨料陶粒混凝土浇筑。仿古预制构件共有 926 种规格，11987 件。预制构件的粉刷面积为 7290.8m²。施工质量较好。从模板体系的投入费用、构件表面达到清水效果方面综合计算。与传统的构件安装工艺相比较，产生经济效益共计 12.5 万元。

11.3 大唐芙蓉园南大门

为地上一层框架结构。建筑面积 2473m²。斗、拱、升等仿古预制构件共计 83 种规格，685 件。仿古预制构件的粉刷面积为 560m²。施工质量较好。从模板体系的投入费用、构件表面达到清水效果方面综合计算。与传统的构件安装工艺相比较，产生经济效益共计 1.1 万元。

附件：

图 1 紫云楼檐口斗拱 1：10 模型

图 2 紫云楼陶粒混凝土仿古预制构件——斗、拱

图 3 紫云楼檐口仿古预制构件焊接安装后效果

图 4 紫云楼檐口斗拱效果

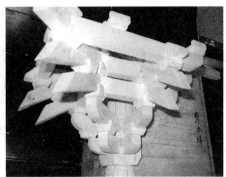

图1　紫云楼檐口斗拱1∶10模型

图2　紫云楼陶粒混凝土仿古预制件——斗、拱

图3　紫云楼檐口仿古预制构件焊接安装后效果

图4　紫云楼檐口斗拱效果

隧道"零仰坡"开挖进洞施工工法

YJGF214—2006

中铁十二局集团有限公司

邢利军　王法岭

1. 前　　言

我国幅员辽阔，地质广博，在世界隧道工程领域中也堪称隧道大国，并正逐步向隧道强国的方向迈进。但是受隧道周边地形、地质、地貌、环境及气象等外部条件和隧道内部应力的影响，隧道洞口范围施工一直是隧道施工的难点，进洞方法直接影响整个隧道的施工进度和质量。

近几年来，随着我国基础设施建设和环境保护的协调发展，隧道洞口的边仰坡和洞门区域减少植被破坏及绿化恢复越来越受工程各界的重视，在隧道洞口施工中正逐步杜绝深挖高填的做法，对洞门形式注重、工程与自然环境和谐、景观建设与环境保护提出越来越高的要求。

传统的隧道进洞方法一般是采用高刷坡、大拉槽的方式，在洞口范围内自上而下刷边仰坡，对其进行喷锚等措施防护，在保证洞口稳定和有一定覆盖层厚度的情况下采取开挖上弧导方式进洞。许多实践经验证明，这种传统的隧道进洞方法容易大面积破坏原山体自然平衡体系；造成边仰坡开挖面积和防护圬工量增大，还可能引发边仰坡坍塌等洞口工程病害。

中铁十二局集团有限公司在兰青二线铁路11座隧道建设中采用"零仰坡"开挖进洞法组织进洞施工，有效地解决洞口工程病害，保护了隧址区域自然环境，形成了隧道"零仰坡"开挖进洞施工工法。工法在确保隧道施工进洞安全和大幅减少运营期洞口地质治理以及环境保护方面效果明显，技术先进，有明显的经济和社会效益，并于2007年1月通过工法关键技术鉴定，达国内领先水平。

2. 工 法 特 点

2.1 便于洞口开挖和洞身开挖工序转换，能尽快形成施工能力，有效缩短进洞时间。

2.2 先护后挖，开挖范围小，有利于洞口段的稳定，进洞安全有可靠的保证。

2.3 工程的防护和生态恢复工作量小，易形成"自然式"边坡，使隧道工程和大自然更加和谐。

2.4 为台车的加工和安装有效地提供时间和场地，大幅度减少施工干扰。

3. 适 用 范 围

本工法适用于公路、铁路隧道进洞施工，尤其适用于洞口地质差、埋深浅，对自然景观和生态环境要求高的软质围岩隧道进洞施工。

4. 工 艺 原 理

"零仰坡"开挖进洞方法主要是指在不破坏山体边坡稳定的前提下，根据洞口处山体的地形地貌，确定最小刷坡线或尽量不刷坡（可统称零开挖），利用护拱（在不开挖山坡脚土体的情况下，洞口范围两侧开槽，在槽内施作工字钢拱架并浇筑混凝土，作为临时衬砌支护）创造进洞条件来保证安全快速环保进洞施工的一种方法。

"零仰坡"开挖进洞与传统的大刷坡进洞在洞口应力上有很大的区别，与传统方法相比，纵向土压力大大减小，但同时洞口浅埋段增加了，对浅埋段的处理是此法成败的关键因素之一。该方法的洞口巩固采用分层、分段、自下而上、边防护边开挖的施工原则。以先墙后拱的顺序开挖和施工临时衬砌支护，仰拱容易及早形成和快速封闭，大大缩短了洞口段临时衬砌支护的成环周期，在临时衬砌支护闭合成环条件的防护下进洞施工。

5. 施工工艺流程及操作要点

5.1 工艺流程

零仰坡开挖进洞施工工艺流程见图5.1。

5.2 施工要点

5.2.1 施工顺序

"零仰坡"开挖法进洞施工示意图5.2.1。

5.2.2 测量放样

根据隧道洞口的设计结构形式、洞口的地形标高和自然坡度详细计算出洞口最小开挖边仰坡边线的坐标和各桩中心坐标。利用隧道控制导线与以上计算坐标的相对关系，使用全站仪在地面上确定出边仰坡最小刷坡轮廓线，并以此控制洞口边仰坡的开挖，多数情况下，边仰坡开挖为修整清表和开挖小型平台等工作，可采用人工开挖，避免机械施工对洞口的挠动。在洞口开挖前按设计要求做好洞顶截水沟和地表防排水系统。

5.2.3 临时衬砌边墙拉槽

施工中视地形、地貌、地质情况可采用拉槽或挖井的形式开挖临时支护衬砌的两侧边墙部位。开挖过程中，尽量保留两边墙间的山体（核心土）不受破坏，以维持洞口山体稳定和下步采用台阶等方法进洞时利于形成开挖工作平台。

边墙部位采用CAT挖机对称向山体推进拉（挖）槽，每边墙开挖宽度2～4m，对失稳的坑壁采用顶撑、挂网锚喷、护壁等适当的防护，对于石质边坡可采用风镐或挖机辅以预裂爆破

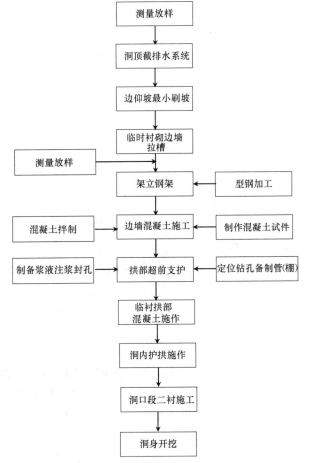

图5.1 零仰坡开挖进洞施工工艺流程

分层开挖。基底埋置深度一般应不小于1m，若埋深不满足或地基承载力小于隧道设计仰拱底基承载力时，可采取加深基础、夯实换填、锚固和注浆等措施处理。

5.2.4 钢拱架架立

按设计在现场制作并拼装钢拱架，钢拱架应准确定位，确保钢架及支护临时衬砌（护拱钢架）混凝土不侵入隧道二衬限界，保证隧道二衬厚度满足设计要求。

钢拱架架立过程中要避免钢架发生翘扭和偏斜，每两榀钢拱架架设完后，用环向间距为0.6～1.0m的ϕ22螺纹钢纵向焊于两榀钢拱架上以固定钢架，保证其稳定及整体受力，同时也可以辅以锁脚锚杆将钢拱架固定。

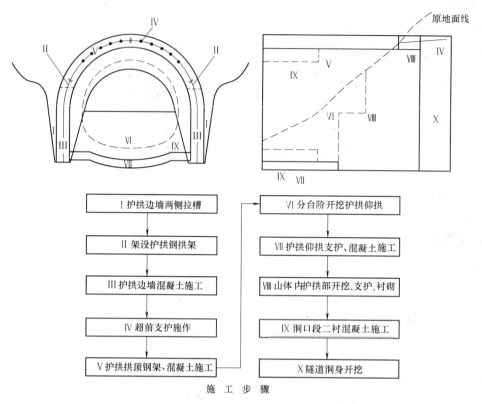

图 5.2.1 "零仰坡"开挖进洞法施工示意图

钢拱架底部连接板要立于稳固的基础上或者置于混凝土（浆砌片石）垫层上。钢架可先立边墙部位，待边墙混凝土施工完毕终凝后架立拱部钢拱架，也可一次性架设完毕。

5.2.5 边墙支模和浇筑

边墙的内外模可采用组合钢模板等材料现场拼装固定。钢拱架下内模板可用扇形支撑撑于核心土上；外模支撑于外层山体边坡上（若地质允许，外层山体边坡可选则尽量大的坡度，以外山体作为外模板）；挡头模内用 $\phi 8$ 的钢筋焊接在钢架上拉住，外用 $\phi 50$ 钢管（或其他型钢管材）斜支撑于地面。

边墙浇筑混凝土时，视现场实际情况，采用浇筑至起拱线位置或连同拱部一起浇筑的方式。一次浇筑时需将工字钢拱架一次成型，分次浇筑时要预留出拱部钢拱架的拱脚和边墙钢拱架连接钢板，并在混凝土接茬处设置接茬钢筋。如果一个浇筑段长度不能将全部套拱完成则需预留连接筋。（视地质和现场情况，适当情况下也可采用喷射混凝土护拱。）

5.2.6 拱部施工

拱部按设计先施工超前支护与拱部工字钢拱架（至少1榀）焊接牢固，若为大管棚支护则先需在钢架上定出导向管的位置，然后将导向管焊在工字钢上。拱部超前支护和工字钢拱架施工完毕后，浇筑临时衬砌拱部混凝土，拱部要考虑预留一定的沉降量。

5.2.7 洞内段护拱施工

待护拱（临时衬砌支护）初期达到一定强度后拆模，在护拱的保护下采用三台阶法（或其他方法）进洞。护拱长度一般为 2～5m，混凝土厚度为 40～60cm。若由于山形、部分拱部（靠山体里）未施做。进洞后继续施做 2～3m 护拱。下导拉开后及时将拱部钢拱架接下来，施工洞内护拱的边墙后及时开挖仰拱并尽早封闭成环。施工隧道二次衬砌前，在护拱（临时衬砌支护）上铺设防水材料。

5.2.8 洞口段二衬混凝土施工

在进入正洞一定距离（视地质情况决定距离长度），洞内施工正常，工序调整到位后，从加强洞口稳定和工程实际需要出发，可组织洞口段二次衬砌和洞门的施做，洞门可采取和洞内施工平行作业的方式，雨季前完成。洞门混凝土与洞身衬砌用同级混凝土整体浇筑；洞口边仰坡与衬砌外缘相交处填塞密实。表层覆土植草木绿化处理，做到人文景观和自然景观有机统一，使其与自然环境更加协调。

5.2.9 监控量测

监控量测是隧道施工管理中的一个重要环节。其对隧道进洞过程中洞口段围岩支护体系的稳定性状态进行监测，是确保进洞施工及结构安全、指导施工顺序、便利施工管理的重要手段。

施工过程中主要进行的量测项目、测点布置及方法见表5.2.9-1，量测频率见表5.2.9-2，对量测数据进行分析和反馈，以量测分析资料为基础及时修正初期支护设计参数，并为二次衬砌施作时间提供依据。变形管理等级见表5.2.9-3。

量测项目、测点布置及方法　　　　表 5.2.9-1

序号	量测项目	测点布置	量测方法及要求	仪器
1	洞外观察	开挖、支护后进行	地形、地貌、岩性、产状及支护裂缝观察或描述，查看边仰坡有无开裂、起壳，地表有无裂纹	地质罗盘
2	地表下沉	隧道洞口进行地表沉降量测，横断面方向沿隧道中心及两侧间距2～5m处设地表下沉测点，监测范围在隧道开挖影响范围以外	地表下沉量测在开挖工作面前方，隧道埋深与隧道开挖高度之和处开始，直到衬砌结构封闭、下沉基本停止时为止	精密水准仪铟瓦尺
3	周边位移	临时衬砌洞口端、与山体交界处、洞内端在内轨顶面以上2.5m，左右两侧对称布置量测点	开挖后按要求迅速安装测点并编号，初读数应在开挖后12h内读取	激光断面仪收敛计
4	拱顶下沉	与水平收敛断面对应拱顶设置测点	混凝土（喷混凝土）施工后迅速在拱顶设点	精密水准仪收敛计、铟瓦尺

量测频率表　　　　表 5.2.9-2

类　型	量测频率	变形速度(mm/d)	量测断面距开挖工作面距离
普通围岩	1～2次/d	$\geqslant 5$	$(0～1)B$
	1次/d	1～5	$(1～2)B$
	1次/2d	0.5～1	$(1～2)B$
	1次/2d	0.2～0.5	$(2～5)B$
	1次/周	<0.2	$>5B$

注：B 为隧道开挖宽度。

变形管理等级表　　　　表 5.2.9-3

管　理　等　级	管　理　位　移	施　工　状　态
Ⅲ	$U<(U_0/3)$	可正常施工
Ⅱ	$(U_0/3)\leqslant U\leqslant(2U_0/3)$	应加强支护
Ⅰ	$U>(2U_0/3)$	停工，采取特殊措施后方可施工

注：U 为实测位移值；U_0 为最大允许位移值。

6. 材料与设备

本工法无需特殊说明的材料，采用的主要施工机具设备见表6。

主要施工机具设备表　　　　　　　　　　　　　　　　表6

序号	作业项目	机具设备名称	规格型号	单位	数量
1	混凝土施工	搅拌站	JS500＋PL800	套	1
2		混凝土输送车	CA141	台	2
3		混凝土输送泵	HBT60	台	1
4		插入式捣固器		台	5
5	开挖	风镐	C-10A	台	4
6		挖掘机	CAT320	台	1
7		自卸车	ND3320S 北方奔驰	台	2
8	钢筋工程	钢筋切断机	QJ-40	台	1
9		钢筋弯折机	WG-40	台	1
10		电焊机	BY$_2$-500	台	2
11		电动空压机	L-20/8-1	台	1
12		冷弯机	LM-22	台	1
13	测量	全站仪	GT5	台	1
14		经纬仪	010B	台	1
15		水准仪	NA2	台	1
16		塔尺		把	1
17		小钢尺		把	2
18	其他	发电机	250GF29	台	1

7. 质量控制

7.1 工程质量控制标准

7.1.1 本工法严格遵守现行的隧道施工技术规范及验收标准。

7.1.2 开挖、钢架和模板安装施工允许偏差按表7.1.2执行。

7.1.3 超前支护施工允许偏差按表7.1.3执行。

开挖、钢架和模板安装允许偏差表　　　　　　　　　　　　表7.1.2

序号	项　目		允许偏差	检验方法	检验数量
1	开挖	基底地基承载力	不小于设计值	静力触探 标准贯入试验	每洞口不少于3处
2	钢架	间距	±100mm	尺量	每榀钢架
3		横向	±50mm	尺量	每榀钢架
4		高程	±50mm	尺量	每榀钢架
5		垂直度	±2°	尺量、垂球	每榀钢架
6		保护层	—5mm	尺量	每榀钢架
7	模板	基础轴线偏移	15mm	尺量	每边不少于2处
8		表面平整度	5mm	2m靠尺	不少于3处
9		相临模表面高低差	2mm	尺量	每处
10		底、顶面高程	±10mm	测量	不少于1处
11		起拱线	±10mm	尺量	每处
12		拱顶	0～＋10mm	尺量	每处

超前支护施工允许偏差表   表 7.1.3

序号	项目	外插角	孔间距	孔深	检验方法	检验数量
1	小导管	2°	±50mm	0～+50mm	仪器测量、尺量	每环3根
2	大管棚	1°	±150mm	±50mm	仪器测量、尺量	全部检查

7.2 质量保证措施

7.2.1 严格原材料进场前检验控制，从源头上杜绝质量隐患，混凝土施工中对各种原材严格计量，控制坍落度损失，严禁现场随意加水，确保混凝土的密实度和抗裂性，配比必须经过试验研究，科学比选确定。灌注混凝土作业中应左右对称灌注。坚持"用试验、测量数据指导施工"的原则。

7.2.2 根据地质情况，确定足够的预留变形量，确保二次衬砌施工质量和结构尺寸满足设计要求。控制进尺，仰拱及时封闭。

7.2.3 钢构件下料按1:1在大样台上进行加工，保证钢结构加工精度，焊点（缝）强度严格把关，在加工厂统一加工经检验合格后运至施工现场。

7.2.4 开挖支护、立模严格按设计交底执行，防止临时衬砌混凝土侵入隧道二衬限界。

7.2.5 严格监测操作管理制度，加强施工沉降、边坡形变的观测和评估。

8. 安全措施

8.1 各种爆破、量测人员、专职安全人员等特种作业人员必须经过专业培训并取得证书持证上岗。

8.2 建立完善安全管理体制，加强全员安全意识教育。

8.3 加强机械保养维修，降低机械噪声及废气排放，改善作业环境。

8.4 加强现场管理，保持清洁卫生，便道和弃碴厂洒水降尘。

8.5 对洞口施工过程实行全过程监控。尤其要做好围岩监控量测工作，预防洞口塌方。二次衬砌按适时衬砌的原则进行，根据围岩量测资料，在围岩和初期支护变形趋于稳定后进行。在围岩变形速率较大无法趋于稳定地段采用加强初期支护，对衬砌混凝土配筋等方法来保证施工与隧道支护体系结构安全。

8.6 编制应急预案，明确抢险具体措施并进行应急演练。

8.7 建立安全生产责任制，细化考核办法，坚持日常检查，定期考核，严格奖罚，及时兑现，消灭隐患，堵塞漏洞。

9. 环保措施

9.1 建立专职的环境保护管理组织机构，健全环境保护管理体系，强化环保管理，广泛宣传教育，提高思想认识，加强环保意识。

9.2 坚持环境保护工作"三同时"的原则，与设计、施工统筹规划、同步运作。

9.3 精心保护原有植被，对合同规定的施工限界内的植物、草皮、树木等做到尽力维护原状，严禁超范围砍伐。必要时采取迁移保护，工程完工后及时恢复。

9.4 拌合站设过滤、沉淀池，废料集中弃于指定弃碴场。施工废水、废油，采用隔油池过滤等有效措施加以处理，不超标排放，污染周围水环境。

9.5 在运输水泥、砂石料等易飞扬物料时用篷布覆盖严密，并装量适中，不得超限运输。配备专用洒水车，对施工现场和运输道路经常进行洒水湿润，减少扬尘。

9.6 机械车辆途经施工生活营地或居住场所时应减速慢行，不鸣喇叭。合理安排施工作业时间，尽量降低夜间车辆出入频率，夜间施工不得安排噪声很大的机械。

9.7 开工前与地方环保等相关部门相互了解，加强联系，理顺与其他接口单位的关系，并积极配合接口单位环保、水保方案的实施，为其提供合格的单位工程。

9.8 建立"三级"检查落实制度，即领导层抓全面，管理层抓重点，实施层抓具体落实。内部建立"包保责任制"，运用行政和经济手段，加强环保工作的落实。

9.9 实行"环保否决制"，即施工作业活动不符合环保要求的项目不得开工，具有强制否决权。

10. 效 益 分 析

10.1 经济效益

10.1.1 先支护后开挖进洞更安全，开挖范围最小，洞口工程的防护工作量和生态恢复工作量最小，同时使工程投资大幅减少。

10.1.2 开挖与原山体过渡流畅，极大的避免洞口大面积开挖而诱发的顺层/牵引滑坡、仰坡塌方、堆积体复活等地质灾害，大量节省了日后的治理费用，大幅度降低建成后因地质原因引起运营安全事故的风险问题。

10.1.3 进洞周期短、工序转换快，一般较传统的套拱法可提前 15～20d 进洞，形成开挖能力、工期效益不言而喻。

10.1.4 以兰青线增建二线铁路杨家店双线单洞隧道出口为例，与传统进洞方法施工经济效益分析对比数据表见表 10.1.4。

经济效益分析对比表　　　　　　　　　　　　　　　　表 10.1.4

序号	对 比 项 目	"零仰坡"进洞法	传统方式进洞法	备　　注
1	洞口刷坡面积	15	320	m²
2	进洞发生直接费用	3.4	9.6	万元
3	边仰坡防护	0	2.6	万元
4	洞口绿化	100	0	元

说明：1. 杨家店隧道位于湟水河老鸦峡谷左岸半山坡，地处低中山区，地形起伏，切割严重，最小埋深约 3～5m，进出口施工场地狭窄。洞口地质为第四系中更新统砂质黄土，有Ⅱ级自重湿陷性，易剥塌。
　　　 2. 两种方法均进洞采用超前小导管，本项超前支护费用表中未计。

10.2 社会效益

随着国民经济和社会的发展，人民生活水平和环境意识的提高，环境保护成为瞩目关注的事情，而零仰坡开挖进洞施工方法恰恰是以保护生态环境为前提的，是将隧道洞口施工对自然环境的破坏减到最小。并尽力创造隧道洞口及其他构造物与环境的协调发展。因此，该方法有广阔的应用前景和极大的发展潜力。

10.3 生态效益

隧道洞口周围原生态植物被得到最大限度的保护，生态效益显著，尤其是在自然风景区和干旱的大西北，类似我国西北这种植被脆弱的地区，对减少植被破坏、保持水土流失更显得尤为重要。

11. 应 用 实 例

由中铁十二局集团承建的兰青线增建二线铁路（青藏铁路公司管界）所属 11 座隧道（在建），进洞方法基本上全部采用此零仰坡开挖进洞工法组织进行进洞施工。这些隧道共同点性是洞口地质差，多为Ⅴ级围岩，不稳定、易坍塌。

兰青二线铁路地处西北内陆干旱地区，植被贫乏，生态环境极为脆弱，破坏后较难恢复。该铁路项目的隧道杨家店隧道（双线，起讫里程为 DK74＋775～DK77＋240，全长 2465m）位于湟水河老鸦峡谷左岸半山坡，地处低中山区，地形起伏，切割严重，进出口施工场地狭窄，进出口段全部为Ⅴ级围岩，其中进口地层为第四系中更新统砂质黄土，有湿陷性，易剥塌，洞口定于DK74＋775，洞门采用反斜截式洞门，洞口衬砌环节长8m；出口地层为卵石土，采用斜截式洞门，洞口衬砌环节长20m，最小埋深约3～5m。两口进洞均采用零仰坡开挖法。图11为杨家店隧道进口洞口采用零仰坡开挖进洞法施工过程照片。

图11 杨家店隧道进口洞口

兰青二线隧道已全部顺利快速地进入正洞身，安全通过洞口段软弱围岩。进度快、效益高、质量好，受到业主的好评，业主多次组织其他参建单位观摩，取得了良好的经济、社会和生态效益。

大型深水沉井采用自制空气吸泥机下沉施工工法

YJGF215—2006

中国建筑工程总公司　　深圳龙岗阳光金属构件公司

王贵军　　田茂荃　　单彩杰　　钟燕　　邓腾精

1. 前　　言

自1937年9月建成通车的杭州钱塘江大桥，到1991年12月28日江泽民同志为广东汕头海湾大桥开工典礼启动开工按钮，拉开了现代桥梁建设的序幕。随着现在国民经济的不断发展，桥梁建设蓬勃发展，深基坑施工技术和施工难度也不断的得到提高，沉井是深水基础设计的惯用手法，同时沉井下沉时的土方开挖问题也是摆在建桥人面前的一个课题。自制空气吸泥机在大型深水沉井中的应用是解决沉井下沉过程中土方开挖的一种有效手段。

2. 工 法 特 点

空气吸泥机下沉沉井操作简单、劳动强度低、工效高；可在渗水性大，不可能排水开挖的砂砾石层中顺利取土；也可在饱和水状态下的粉细砂层、易于形成流砂的情况下代替人力开挖的特点。

3. 使 用 范 围

使用于淤泥、砂、黏土，最大对角线小于排泥管的直径的砾石等土质的沉井取土下沉。

4. 工 艺 原 理

空气吸泥机由空气输送管、吸泥器、吸泥管、排泥管和射水管、射水头及其联结件组成（图4-1）。动力为空气压缩机和高压水泵。

空气吸泥机是由空气压缩机输送足够风量进入吸泥器的风包内，并向吸泥机管内喷射，形成圆锥形高速气流，向排泥管出口排放，从而带走吸泥管和排泥管中的泥水和空气。而在吸泥器下部造成负压，产生吸力，将泥砂、石块和水吸入吸泥管，随同高压气流连续不断排出排泥管外，达到除土的效果。如图4-2所示。

1）$H\delta\phi(H+h)\delta_z$

$$\delta_z\pi\frac{H}{H+h}$$

式中　　δ＝水的比重＝1；

δ_z＝空气、水与泥砂或砂夹河卵石的混合物比重。

2）压缩空气的气压

$P\phi\dfrac{H}{10}$　以 kg/cm² 计。

3）H 的深度与所吸出的土壤种类和供应的空气压力及风量有关，一般 H 不宜大于 60m，也不宜小于 5m。

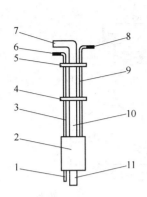

图 4-1　射水空气吸泥机示意图

1—喷射器；2—吸泥器；3—射水管；4,5—法兰盘；
6—高压水胶管；7—弯头；8—高压风胶管；
9—高压风管；10—排泥管；11—吸泥管

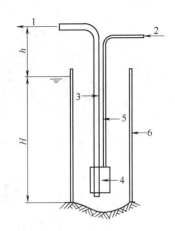

图 4-2　空气吸泥机工作原理图

1—空气、水、泥砂或砂夹卵石混合物；
2—空气；3—吸泥管；4—吸泥机；
5—风管；6—沉井

4）h 的高度不宜大于 H 的 0.7 倍。

5. 施工工艺流程及操作要点

5.1　大型深水沉井采用自制空气吸泥机下沉的操作流程（图 5.1）

5.2　自制空气吸泥机的制做要点

5.2.1　吸泥机的制做（以 D250 吸泥机为例），如图 5.2.1 所示。

吸泥器由 8mm 钢板焊接的 $\phi600$ 圆柱状风包，从风包中通过 $\phi250$ 吸泥管。在风包的中部的吸泥管上钻有 $\phi5$ 的小气孔，小气孔与管壁成 45°，均匀分布在 100mm 的范围内，要求小气孔的面积为送器管的净面积的 1.2～1.4 倍。

排泥管和吸泥管直径相同，排泥管制做成多节，用法兰盘按照沉井吸泥深度连接。

高压风管在水下部分可选用 $\phi49$ 的无缝钢管，水上外路部分采用高压胶管，承受的压力宜为送风压力的 2.0 倍。

土质为黏土时，宜设置射水器。射水器由射水头和高压胶管组成，高压水泵为动力。射水头外形为圆锥体，小头孔径为 20～30mm，大头孔径为 50mm，锥面上设置小孔，小孔与管壁成 45°，便于形成喇叭形水柱。射水管一般用 $\phi50$ 无缝钢管，一端穿过吸泥器的风包，并用法兰盘连接，射水头宜和吸泥管的下口取平。

高压风管和高压水管的钢管部分和排泥管平行对称设置，其长度基本一致。

5.2.2　自制空气吸泥机数据参考

5.2.2.1　各种吸泥器的参考尺寸（表 5.2.2.1）

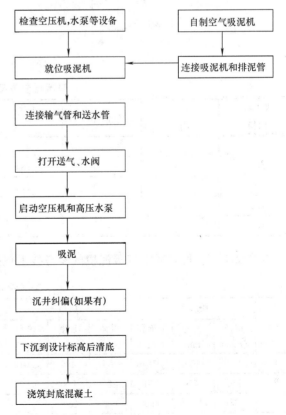

图 5.1　自制空气吸泥机下沉的操作流程

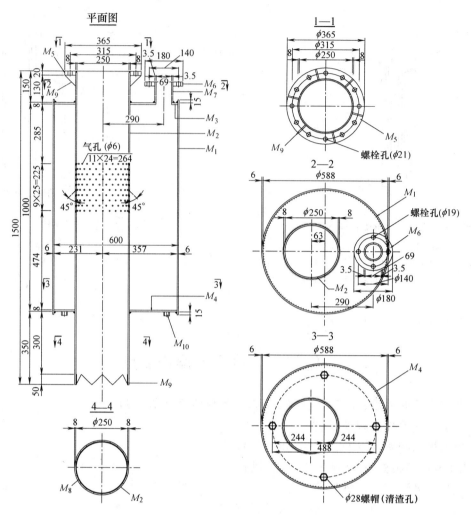

图 5.2.1 ϕ250 吸泥机

吸泥器参考尺寸 （单位：mm）　　表 5.2.2.1

吸泥管内径	进气口内径	气包外径	小气孔数量	小气孔中心至下端距离	吸泥器高度	管壁厚度	气包上下盖板厚度
300	83	700	420	600	1400	6	8
250	63	600	234	600	1500	6	8
200	50	440	172	500	1400	6	8
150	38	274	110	450	1300	6	8
100	26	206	64	300	800	6	8

5.2.2.2 各种直径空气吸泥机的参考技术规格（表 5.2.2.2）

空气吸泥机技术规格　　表 5.2.2.2

序号	吸泥管			风包			出风小孔			进风管		出风孔总面积和进风孔总面积的比值
	直径(mm)	长度(mm)	断面积(cm²)	直径(mm)	长度(mm)	容积(m³)	孔径(mm)	孔数(个)	总面积(cm²)	内径(mm)	断面积(cm²)	
1	100	800	78	194	470	0.015	5	70	1.37	32	8.0	1.72
2	150	1250	176	260	700	0.025	5	110	21.6	50	19.6	1.10
3	250	1500	490	600	1000	0.283	5	234	45.9	75	44.1	1.04
4	300	1650	706	700	1000	0.387	5	234	45.95	75	44.1	1.04

5.3 自制空气吸泥机的使用

吸泥机的效率决定于供给吸泥器的风量和风压的大小，水的深度及射水器的喷射力。另外对经常移动吸泥机的位置也有很大的关系。空压机和抽水机要就近安装，尽量减少管路损失，保证气压在0.5MPa下，以供给最大的风量和水量。水的深度越深越好，实践证明：水深2m以下，吸泥效率极差，甚至吸不出水。2～4m效率较好；4～6m以上效果最佳。吸泥量决定于排水量中所含泥沙的浓度；浓度与基土性质和射水器的喷水力，水量，水压及射水位置都有关系。除吸泥机本身设置的射水器以外，可根据土质和基底不同情况，另行设计不同形式的射水器。便于不同情况选择使用。土质松散，流动性大，清底时，可以不用射水器。由于射水空气吸泥机制造简易，使用方便，不需要电力等优点，可以替代反循环旋转钻机的真空吸泥泵或用在类似的施工中，一机多用，效果明显。

在实际施工中，沉井的刃脚和隔墙处，直管吸泥机很难完全完成除泥的使命，并且在沉井的下沉过程中，如果不及时将刃脚和隔墙处的端承力消除，沉井的下沉速度十分缓慢，甚至不能下沉；同时，如果沉井的刃脚、隔墙和转角处除土不均匀，将存在沉井在下沉过程中出现倾斜的质量隐患，为此对沉井刃脚、隔墙和转角直管吸泥机无法除泥的地方，可采用弯头吸泥机（图5.3）。

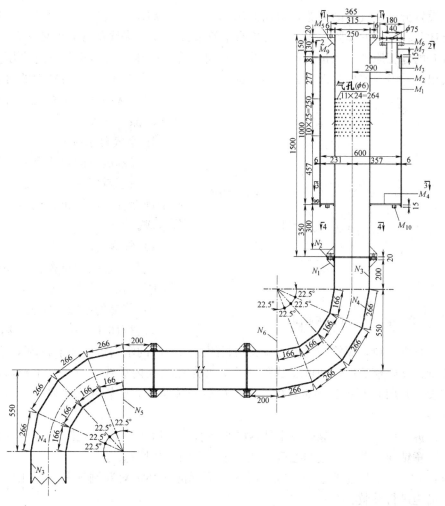

图 5.3　弯头吸泥机示意图

5.4 自制空气吸泥机在大型深水沉井下沉过程中的运用

空气吸泥机在深水沉井下沉过程中对除土起着决定性的作用，可以完全代替人力直接除土。吸泥管口和喷水一般要离开吸泥面10～30cm。过低易于堵塞，过高吸出的水浓度低，均影响吸泥效果。为此吸泥机应经常上下，左右移动，保持在最佳吸泥效果的位置上。为此，一般吸泥机都要和吊车、龙门吊等起吊设备配用，操纵吸泥机升降，定位吸泥机。根据观看吸出的泥浆浓度大小或基底面高低情况，来变动吸泥机的位置，以保证吸泥机经常处于最佳工作状态。为了使沉井均匀下沉，不发生偏斜，最好使用多台吸泥机在沉井内对称同时或轮流吸泥，使基底深度衡推进。防止偏斜或变位等现象。为使井内水位经常保持高于井外水平面，应配备相应于吸泥机流量的抽水机，不断地向井内补充水量。停机时应将吸泥机提升一定高度后，再关风和水阀，以防吸泥机和射水器堵赛或埋入土中。

大型深水沉井在下沉过程中需要谨慎，一般要求倾斜率不能大于沉井长边的 1.0%，中心点位移不能超过设计值的 15cm。一旦出现倾斜，需要经过考察和研究"对症下药"，纠偏的方法有以下几种。

5.4.1 如果是因为吸泥过程中没有对称施工造成的，采用吸泥机抽吸较高处的刃脚的土层，靠沉井自身下沉解决；

5.4.2 如果是因为地质的原因，沉井井壁摩擦力不均匀造成的沉井倾斜，纠偏处理的常用方法为：

采用专用高压射水管，井壁外射水（射水深度一般在河/海床 15～20m，可根据地址情况调整），用减少井壁侧面摩擦力的办法纠偏，效果不明显时可采用反复射水的办法解决。

采用预先设置分区泥浆套的措施，根据倾斜和偏移情况灌入膨润土浆，减小井壁摩擦力的措施。

采用预先设置分区空气幕的措施，根据倾斜和偏移情况启动空气幕，克服井壁摩擦力的措施，通过顺福桥对上述几种措施的实际检验，空气幕措施效果最明显，着重介绍本纠偏方法。

空气幕沉井的施工原理：从预先埋设在井壁四周的管道中压入高压空气，此高压空气由设在井壁上的喷气孔喷出，并沿井壁外表面上升溢出地面，从而在井壁周围形成一层松动的含有气体和水的液化土层，从而减少土对沉井外壁摩阻力，达到减小摩擦力的效果。

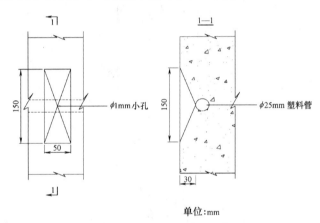

单位:mm

图 5.4.2-1 气龛构造图

1. 空气幕系统

空气幕沉井同普通沉井相比，仅在构造上增加了一套空气幕系统，这套系统由气龛、井壁中预埋管、压风机、风包及地面管路等几部分组成。

1）气龛

气龛是包括预筑在沉井外壁上的凹槽和里面的喷气孔，其构造见图 5.4.2-1。

2）气龛的制做和安装：

管材/加工：按设计尺寸，将预埋在井壁内的水平管和竖直管下料，短管的接长和端头的封闭采用专门的塑料焊枪和塑料焊条焊接。

安装预埋管：立好模板后，即可安装预埋管。首先在模板内放线，钉气龛木模，再将环形管对气龛木模中心安设，并用O形扒钉固定在模板上。最后安装竖管，竖管和水平管的连接采用塑料三通或四通，便于安装。

钻喷气孔：拆模后，先在气龛内找出外露的水平管，然后用手电钻在上面钻一个直径为 1mm 的小孔。钻孔时应注意钻通，并将周边的毛刺清理干净，否则容易堵塞。

检查气龛：为了保证气龛的通畅，每节沉井在下沉前，必须对新制气龛进行压气检查，发现气龛不通，应采取措施进行补救。

3）压风机

压风机是提供高压气体的设备。压力的大小视沉井下沉深度而定。

4）井壁预埋管

根据实际情况，沉井分成8部分埋设塑料管，具体布置可参考图 5.4.2-2、图 5.4.2-3。

5）风包

风包的作用是贮存高压气体，压气时防止压力骤然降低，影响压气效果，起到稳定风压的作用。

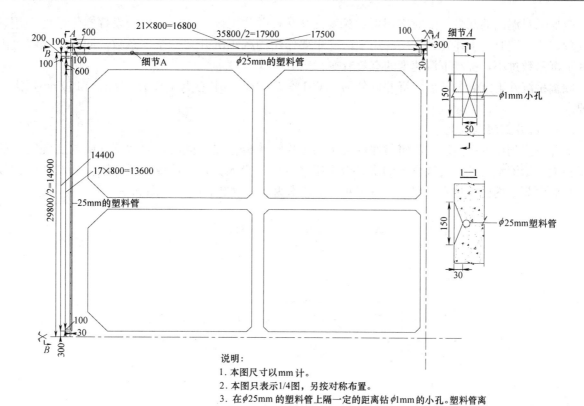

说明：
1. 本图尺寸以mm计。
2. 本图只表示1/4图，另按对称布置。
3. 在$\phi 25mm$的塑料管上隔一定的距离钻$\phi 1mm$的小孔。塑料管离混凝土外表面30mm。

图 5.4.2-2　沉井空气幕管子平面布置图

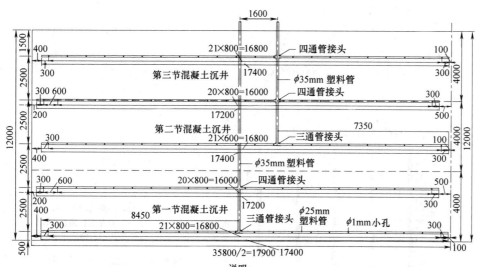

说明：
1. 本图尺寸以mm计。
2. $\phi 25mm$的塑料管上钻$\phi 1mm$的小孔，错开布置。
3. 水平塑料管共布置5层，下面2层用一竖直$\phi 35mm$的塑料管连通，上面3层用一竖直$\phi 35mm$的塑料管连通。
4. 竖直塑料管接长直地面上。

图 5.4.2-3　空气幕管道立面布置图

6）地面管路

它是用来联结压风机、风包和井顶的风管所组成的压气通路。

2. 压气下沉

空气幕沉井侧面阻力的减少是有时间性的，即在压气时减少，停气时又恢复。因此在整个空气幕沉井下沉过程中，当吸泥清除正面阻力后，还必须及时辅以压气，才能收到良好的下沉效果。吸泥过程中应加强对泥面的测量，随时掌握泥面深度的变化，并注意配合压气，充分发挥空气幕的作用，及时处理偏移。同时，上述几种常用的纠偏措施主要作用为减小沉井井壁摩擦系数，同样也是解决因为沉井下沉系数过小，提高下沉速度的有效措施。

顺福桥沉井下沉到设计后，沉井倾斜为 0.031%≤1.0%，中心点位移为 74mm≤150mm，满足验收要求。

5.5　沉井封底混凝土

沉井下沉到设计标高后，浇筑封底混凝土的工作也十分重要。同时，大型沉井的封底混凝土的浇筑量很大，给深水沉井封底混凝土的浇筑带来很多困难，投入大，经济效益低。顺便介绍一种比较经济的封底混凝土的施工技术（以顺福桥沉井施工技术为例），如图 5.5-1～图 5.5-4 所示。

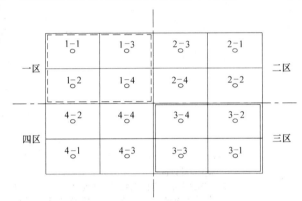

图 5.5-1　封底混凝土分区平面图

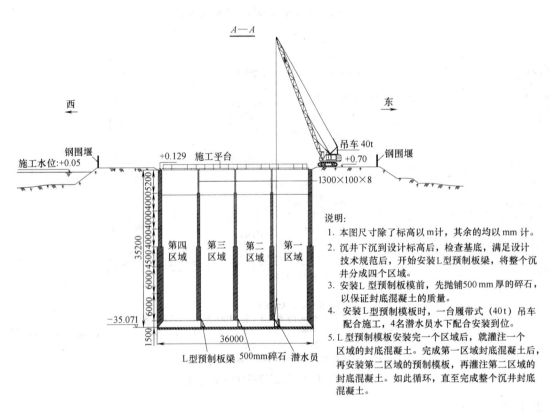

图 5.5-2　安装 L 型预制分区模板立面图（一）

采用这种分区浇筑沉井封底混凝土的方法如同浇筑一般的桥墩承台一样方便，每次浇筑混凝土的量可以控制在现场条件可以满足的条件下，不必为浇筑沉井封底混凝土而额外投入设备，减小成本投入，质量更有保证。

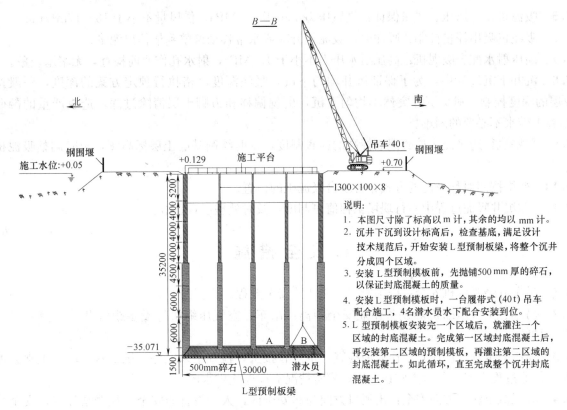

图 5.5-3　安装 L 型预制分区模板立面图（二）

图 5.5-4　沉井封底混凝土浇筑

6. 材料与设备

6.1　材料：缆风绳、钢丝绳、密封橡胶垫。

6.2　设备：履带吊车、17m³/min 空气压缩机、补水水泵、高压水泵、高压射水管若干，气割、电焊机等。

7. 质量控制

7.1　照设计图加工吸泥机，焊缝厚度≥母材厚度，保证吸泥机的抗拉强度。

7.2　吸泥管垂直控制：吊钩挂在吸泥机重心点，保证吸泥机垂直。

7.3　吸泥机作业沉井内水深控制：沉井内水深不得低于井外水位 2m，及时补水，避免翻砂。

7.4　吸泥机吸泥距泥面控制：在吸泥管上标识深度刻线，升降吸泥机时参照调整控制。

7.5 吸泥机作业风压、风量保证：供风压力不小于 0.5MPa，供风量不小于 13～17m³/min。

7.6 吸泥机吸出泥量控制：吸泥时，吸泥机升降或水平移动调整到最佳出泥量；

7.7 高压射水配合吸泥机：高压射水压力不小于 1.2MPa，射水孔作业前检查，无堵塞现象。

7.8 沉井下沉过程中，为了保证沉井均匀下沉，吸泥深度严格执行预定方案的深度，一般按照 50cm/层的深度控制，避免沉井突然不均匀下沉，出现偏移和刃脚土层清除过深，造成严重的翻砂现象，给施工带来不必要的困难。

7.9 严格执行边吸泥边检查泥面标高的检查制度，及时绘制基底土层标高图，及时调整吸泥机的位置。

7.10 严格按照对称吸泥的方式布置多台吸泥机的位置。

7.11 在沉井吸泥过程中实行现场工程值班制度，及时处理质量事故。

8. 安 全 措 施

8.1 吊车升降吸泥机安全：按国家《起重作业安全规程》执行。

8.2 吊车、空气压缩机等设备作业安全距离：吊车、空气压缩机等设备距沉井外井壁大于 5m，班组安全员监督。

8.3 高压射水管、供风管：作业前检查，重点管接头，检查结果完好，试供水、风，正常方可正式作业，作业过程中安全员检查监督，出现异常情况立即停止供水风。

8.4 吸泥机出泥口方向安全：出泥口方向为非安全区，人、设备非安全半径严禁停留，安全半径应大于 30m。

8.5 作业用电安全：按国家《施工现场用电安全规程》执行。

8.6 潜水员水下作业：按照现行的水下作业规程施工，配备联系对讲机。

9. 环 保 措 施

吸泥机吸泥过程中，采用沉淀池或配备电动筛沙机处理泥浆；严禁将泥浆直接排入江河中。

10. 效 益 分 析

与常规的抓泥斗潜水员配合施工相比较，节约大量的劳动力、设备和材料，并大大提高了施工效率。一台空气吸泥机在最深为 36m 的沉井中作业相当于 10～15 台最大抓泥量为 2.0m 的抓泥斗工作。

一台 40T 履带吊车一个台班的费用为 130USD，燃油为 40USD，共计 170USD；每个抓泥斗的平均抓泥量为 30m³，需要 1300 个台班；

沉井刃脚及隔墙处使用潜水员作业，累计土方量为 13000m³，一个潜水员水下清除 5m³/班，需要 2600 班次潜水员，每班组按照 50USD 计算，累计潜水员费用为 130000USD；

采用抓泥斗和潜水员施工费用为：$170 \times 1300 + 130000 = 350000$USD。

采用自制空气吸泥机，从开始下沉到设计标高，每个台班除泥量平均按照为 120m³，累计使用吊车的台班为 320 个台班，费用为 $170 \times 320 = 54400$USD，170m³/min 的空气压缩机一个台班的折旧费用为 40USD，燃油为 50USD，空气压缩机的累计费用为（40＋50）×320＝28800USD，自制吸泥机的研制、加工、维护费用 28800USD。

采用自制空气吸泥机的费用为：$54400 + 28800 + 28800 = 112000$USD

采用自制空气吸泥机下沉沉井的效益为：$350000 - 112000 = 238000$USD

注：沉井下沉时采用抓泥斗或自制空气吸泥，工人用量很少，计算效益费用时相互抵消。

11. 应 用 实 例

中国建筑工程总公司越南分公司在越南岘港市承接的顺福悬索大桥的锚碇基础为沉井基础，外形尺寸为 36×30×35.2（m），如图 11-1～图 11-3，表 11 所示。

图 11-1　顺福桥大型深水沉井施工

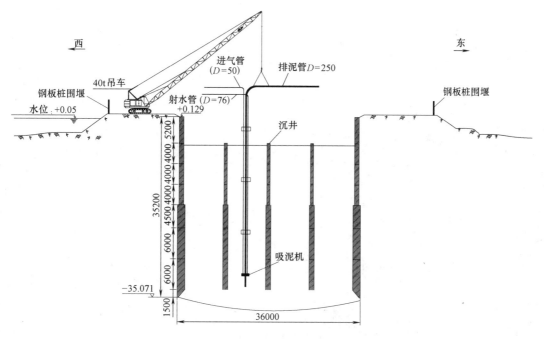

图 11-2　自制空气吸泥机下沉大型深水沉井示意图

图 11-3　自制空气吸泥机下沉大型深水沉井

沉井地质条件 表 11

层　　次	地 质 描 述	层厚(m)	极限承载力 RH(kgf/cm²)
第 1 层	细砂	6.4	1.4
第 2 层	黑灰色砂土	3.5	1
第 3 层	砂黏土	1.5	1.5
第 4 层	流塑性黏土	10.0	1
第 5 层	饱和细纱	8.3	1.5
第 6 层	砂土,密实,半坚硬	＞3.0	2.8

大型深水沉井下沉过程中，成功运用了自制空气吸泥机，取得良好的社会和经济效益。

旋喷桩内插型钢工法

YJGF216—2006

铁道第三勘察设计院集团有限公司　宏润建设集团股份有限公司

郑习羽　周建勇　杨贵生　陈超　谢剑

1. 前　言

基坑支护在地下建筑物建设中相当重要，支护结构选择不当往往造成投资引起浪费或支护结构失效造成工程事故。在国内特别是软土地区，基坑工程垮塌、人身伤亡、建筑物倾斜等事故屡见不鲜，成为工程界的难点和热点。随着经济建设的发展，许多建筑物因各种原因需扩建或部分厂房内需增设大型设备，一般紧邻原建筑物或需在厂房内施工，施工场地条件受限制，常用的支护方式如地下连续墙、钻孔桩加止水帷幕、深层搅拌桩重力式挡墙或常规 SMW 法等方法因施工设备占地场地大、支护结构占地宽等原因难以满足工程需要，成为制约工程进度和质量的技术难题，所以急需研制适宜的基坑支护方法。

目前我国许多城市都在兴建地下铁道，地铁的出入口通道经常要通过车流、人流密集的城市主干道。城市主干道下往往密布了错综复杂的地下管线。地铁出入口的施工就要遇到这些地下管线，按照常用的基坑支护形式施工必然要进行管线搬迁。搬迁管线不仅耗资巨大还会延误工期。所以研制适宜的基坑支护方法势在必行。

旋喷桩内插型钢（又称：型钢旋喷桩）项目首先由铁道第三勘察设计院提出，2000 年开始着手调研及工程试验，并于 2001 年 1 月 1 日正式列为铁三院科技发展计划项目。在研究过程中，天津大学、天津市笛翔岩土工程科技开发中心、浙江宏润集团等单位参与了部分工程和试验。研究的主要内容既是在多年来对高压旋喷桩的应用与研究的基础上提出了新型支护结构－型钢高压旋喷桩挡土墙，可以在场地狭窄的空间构筑既挡土又止水的结构，解决工程实际问题。

由于此项目具有突出的实用性，2004 年《型钢旋喷桩深基坑支护结构的研究》获得天津市科技进步三等奖。

另外，此工法在上海轨道交通 8 号线中兴路车站 3、4 号出入口过西藏北路也得到了成功应用，节省了大量管线改移费用并大大缩短了工期。此项技术目前已通过上海市建设和管理委员会科学技术委员会的技术评审。

2. 工 法 特 点

旋喷桩内插型钢工法是对型钢水泥土复合挡土墙工法（简称为 SMW 工法）的革新。SMW 工法的社会环境效益、经济效益较好，但由于目前国内对该工法的作用机理、计算设计理论的研究尚不成熟，要求施工场地较大，难以满足狭窄空间基坑支护的需要，制约了该工法在我国基坑支护工程中的推广应用。

旋喷桩内插型钢是在高压旋喷桩中插入型钢，充分利用型钢的抗拉性能和高压旋喷桩的场地适用性强、止水性好、强度高等特点，能够在狭窄的空间构筑挡土防水结构，弃土少，无泥浆污染，施工工期短，对周围地基影响少，是一种低噪声、刚度大、止水性好、施工适应性强的深基坑支护新技术。旋喷桩引孔直径小，一般不大于 150mm，在施工遇到地下管线时不需进行搬迁和中断交通，社会、经济效益显著。对于复杂的地下管线区还可以通过控制喷浆压力采取定喷、摆喷等工艺，实现加固土体完全搭接保证土体的加固强度。对于空中有高压线的施工场地，旋喷桩内插型钢工法也体现了它的优势：旋喷桩机架高度比搅拌桩高度小得多，移动灵活，可以在搅拌桩不易施工的高压电线下安全灵活的施工。

表 2 简单列出 SMW 和旋喷桩内插型钢工法的比较。

SMW 和旋喷桩内插型钢工法比较   表 2

	占地范围	改移地下管线	影响交通	成桩强度	设备灵活程度	成桩费用	设备高度
SMW	大	需改移	影响较大	小	不灵活	小	高
旋喷桩内插型钢	小	无需改移	影响较小	大	灵活	较小	矮

3. 适 用 范 围

由于旋喷桩内插型钢工法具有占地面积小、成桩强度高、施工灵活等显著特点，所以更加适用于如下工程：

1. 上海、天津、杭州等软土地层的建筑物基坑。
2. 临近既有建筑物新建建筑物基坑，施工场地狭窄，SMW 机械无法摆放的工程。
3. 在既有建筑物内净空不可改变的情况下施工新增基坑（如：厂房内增设大型设备）。
4. 地铁出入口施工通过密布地下管线区，管线搬迁困难或搬迁费用巨大。
5. 遇到空中有高压电线 SMW 机械过高无法施工的情况。

4. 工 艺 原 理

旋喷桩内插型钢挡土墙的计算可采用和其他板桩式结构相同的计算方法，其土压力可按朗金理论确定，然后对挡墙进行抗倾覆验算、抗滑动验算和墙身强度验算，并利用圆弧滑动法进行边坡整体稳定验算，当基坑底涉及流砂和管涌时尚需进行抗渗流验算，具体计算参见有关基坑设计规范。

4.1 做为支护结构，分为小型钢不拔除和大型钢拔除形式

4.1.1 小型钢不拔除

1. 受力机理

本工法的作用机理和 SMW 法基本相同，但是高压旋喷桩的强度比水泥土搅拌桩的强度高出较多，可用小截面型钢形成既挡土又止水的复合结构，钢材支出费用小，可以不考虑回收，这样就可以采取措施增大桩和型钢的粘结力，确保二者共同作用。水泥土墙作为围护结构无法承受较大弯矩与剪力，插入其中的型钢可大大改善墙体受力。型钢主要用来承受弯矩与剪力，水泥土主要用来止水防渗，对型钢还有围箍作用。

水泥土与型钢共同作用尽管无法和钢筋混凝土相比，但因水泥土的作用墙体刚度的提高十分明显，可用型钢刚度提高系数 α 表达：

$$\alpha = \frac{E_{CS} I_{CS}}{E_S I_S} \tag{4.1.1-1}$$

式中 E_{CS}、E_S——分别为加筋水泥土墙和型钢的弹性模量，E_{CS} 由试验确定；

I_{CS}、I_S——分别为加筋水泥土墙和型钢的惯性矩，由材料的尺寸计算。

2. 计算方法

旋喷桩内插型钢支护结构计算要计算其内力与位移，并验算水泥土、型钢的强度，具体步骤如下：

1）折算为等刚度厚 h 的混凝土壁式地下墙，可将其按刚度相等的原则折算为一定厚度的钢筋混凝土壁式地下连续墙。

旋喷桩内插型钢挡土墙整体刚度 $E_{cs}I_{cs}=\alpha E_s I_s$，则墙体内力计算可按整体壁式地下连续墙计算，也将其等价为厚度为 h 的混凝土壁式地下连续墙计算。

$$E_{cs}I_{cs}=\frac{1}{12}E_c(W+t)h^3 \tag{4.1.1-2}$$

$$h=\sqrt[3]{\frac{12\alpha E_s I_s}{E_c(W+t)}} \tag{4.1.1-3}$$

2）按厚 h 的混凝土壁式地下连续墙计算每延米墙体弯矩、剪力与位移 M_w、Q_w、U_w。

3）折算成每根型钢的弯矩、剪力与位移 M_w、Q_w、U_w。

4）强度验算

（1）型钢抗拉验算考虑弯矩全部由型钢承担，则型钢应力需满足：

$$\sigma=\frac{M}{W}\leqslant[\sigma] \tag{4.1.1-4}$$

（2）抗剪验算

抗剪验算分为：

① 型钢抗剪验算，型钢剪应力应满足：

$$\tau=\frac{QS}{I\delta}\leqslant[\tau] \tag{4.1.1-5}$$

②水泥土局部抗剪验算，由于型钢刚度远大于水泥土刚度，必须验算水泥土与型钢连接部位的错动剪力，设型钢之间的平均侧压力为 q，则型钢与水泥土之间剪力为 $Q=q\cdot L_2/2$，水泥土抗剪应满足：

$$\tau=\frac{Q}{2b}\leqslant\frac{\sigma tg\varphi+c}{K} \tag{4.1.1-6}$$

3. 本部分研究的关键技术问题

如前所述，旋喷桩内插型钢挡土墙的计算可采用和其他板桩式结构相同的计算方法，可折算成等刚度的板桩结构，其中最主要的参数既是刚度提高系数 α。

从SMW工法的试验表明：同一荷载作用下，水泥土与型钢组合体挠度要小一些，其相应的抗弯刚度比H型钢的刚度大20％左右，因型钢旋喷桩支护结构采用高压旋喷桩，其强度远大于一般深层搅拌桩，刚度提高系数应大于20％，同时如 α 值提高较多，意味着型钢的投入将大幅度减少，可不考虑回收，这样在施工时可增加旋喷桩和型钢的摩阻力，提高型钢和旋喷桩的共同工作的性能，同时可充分利用旋喷桩场地适用性强等特点，在复杂场地形成支护体，这也是型钢旋喷桩和常规SMW工法的主要区别。α 值的确定也是本项目的研究重点，影响其值的主要因素包括旋喷桩的截面、旋喷桩的强度、型钢的型号、型钢的间隔、型钢的插入位置等，确定方法主要包括以下两种方法：

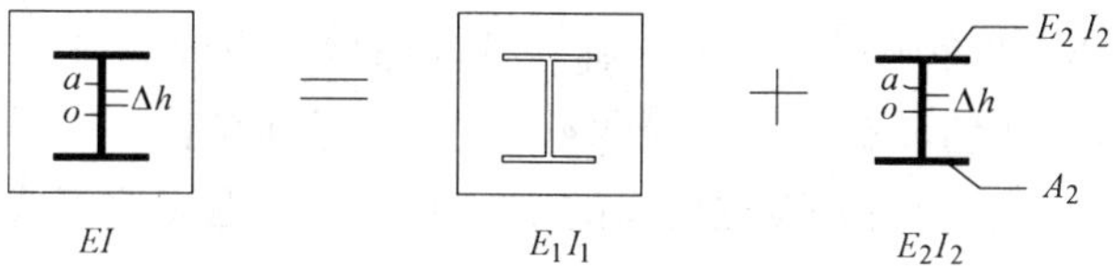

1）理论估算法

旋喷桩内插型钢复合截面抗弯刚度的计算，假设旋喷桩与型钢会相对滑动，但整体弯曲相互协调（图4.1.1），则墙体复合截面抗弯刚度计算如下：

图 4.1.1 旋喷桩内插型钢复合截面抗弯刚度

$$EI=E_1 I_1+E_2 I_2$$
$$E_1 I_1=E_1(bh^3/12-I_2-\Delta h_2 A_2)$$
$$E_2 I_2=E_2(I_2+\Delta h_2 A_2)$$

以下以几种常见布置形式进行对比计算，假定型钢采用20a工字钢，工字钢形心点与旋喷桩中心点重合，即 $\Delta h=0$，旋喷桩桩径700mm，对比结果如下：

（1）旋喷桩桩间距0.5m，型钢间距 $b=1.0m$，$\alpha=2.32$；

（2）旋喷桩桩间距0.45m，型钢间距 $b=0.9m$，$\alpha=2.19$；

（3）旋喷桩桩间距0.50m，型钢间距 $b=1.5m$，$\alpha=2.98$；

（4）旋喷桩桩间距 0.50m，型钢间距 $b=2.0$m，$\alpha=3.65$。

2）实测返算法

根据工程实际测试的变形值，返算支护结构的刚度，再进一步推算 α，这种方法的计算精度取决于土压力计算、实测变形、支护边界条件等。

通过几个工程的实践，采用小截面工字钢和旋喷桩结合，依据实测变形值，将其按刚度相等的原则折算为一定厚度的钢筋混凝土壁式地下连续墙，返算复合挡土墙刚度提高系数 α，如表 4.1.1 所示。

复合挡土墙刚度提高系数 α   表 4.1.1

项目 \ 工程名称	华利汽车 800t 基坑		环渤海经贸大厦基坑				金元宝商厦基坑	
基坑支护基本情况	ϕ700mm，旋喷桩间距 500mm；工字钢 20a，间距 500mm		ϕ700mm，旋喷桩间距 500mm；工字钢 20a，间距 50mm				ϕ700mm，旋喷桩间距 450mm；工字钢 20a 间距 900mm	
实测变形值 mm	20.2	17.6	30.5	17.9	16.2	15.2	29.3	30.5
返算提高系数 α	2.74	3.03	2.33	2.55	2.82	3.01	2.65	2.55

4.1.2 大型钢拔除

与 SMW 计算基本一致。对 H 型钢的抗弯、抗剪；水泥土局部抗剪、水泥土承载拱抗压、型钢抗拔、型钢底端旋喷桩强度进行验算，具体如下：

1. H 型钢的抗弯：旋喷桩内插型钢的弯矩应全部由型钢承担，并按下式验算型钢的抗弯强度：

$$M/W \leqslant f \tag{4.1.2-1}$$

式中　M——旋喷桩内插型钢的弯矩设计值（N·mm），可取计算得到的弯矩标准值乘以 1.25；

　　　W——型钢沿弯矩作用方向的截面模量（mm³）；

　　　f——钢材的抗弯强度设计值（N/mm²）。

2. H 型钢的抗剪：旋喷桩内插型钢的剪力应全部由型钢承担，并按下式验算型钢的抗剪强度：

$$\frac{QS}{I\delta} \leqslant f_{\mathrm{v}} \tag{4.1.2-2}$$

式中　Q——旋喷桩内插型钢的剪力设计值（N），可取计算得到的剪力标准值乘以 1.25；

　　　S——计算剪应力处的面积矩（mm³）；

　　　I——型钢沿弯矩作用方向的截面惯性矩（mm⁴）；

　　　δ——型钢腹板厚度（mm）；

　　　f_{v}——钢材的抗剪强度设计值（N/mm²）。

3. 水泥土局部抗剪：旋喷桩内插型钢应验算旋喷桩桩身局部抗剪承载力，包括型钢与旋喷桩之间的错动剪切和旋喷桩最薄弱截面处的局部剪切。

1）型钢与旋喷桩之间的错动剪力承载力应按下式验算：

$$\tau_1 = \frac{Q_1}{d_{\mathrm{el}}} \leqslant \frac{\tau_{\mathrm{c}}}{\eta_2} \tag{4.1.2-3}$$

$$Q_1 = \eta_1 q L_1 / 2$$

式中　τ_1——型钢与旋喷桩之间的错动剪应力标准值（N/mm²）；

　　　Q_1——型钢与旋喷桩之间单位深度范围内的错动剪力标准值（N/mm）；

　　　q——计算截面处作用的侧压力标准值（N/mm²）；

　　　L_1——型钢翼缘之间的净距（mm）；

　　　d_{el}——型钢翼缘处旋喷桩墙体的有效厚度（mm）；

　　　τ_{c}——旋喷桩抗剪强度标准值（N/mm²）；

　　　η_1——剪力计算经验系数；

　　　η_2——旋喷桩抗剪强度调整系数。

2）在型钢隔孔设置时，应对旋喷桩按下式进行最薄弱断面的局部抗剪验算：

$$\tau_{21} = \frac{Q_2}{d_{e2}} \leqslant \frac{\tau_c}{\eta_2} \tag{4.1.2-4}$$

$$Q_2 = \eta_1 q L_2 / 2$$

式中　τ_2——旋喷桩最薄弱截面处的局部剪应力标准值（N/mm^2）；

　　Q_2——旋喷桩最薄弱截面处单位深度范围内的剪力标准值（N/mm）；

　　L_2——旋喷桩最薄弱截面的净距（mm）；

　　d_{e2}——旋喷桩最薄弱截面处墙体的有效厚度（mm）；

　　η_1——剪力计算经验系数；

　　η_2——旋喷桩抗剪强度调整系数。

4. 水泥土承载拱抗压：在侧压力作用下，在旋喷桩内形成一抛物线承载拱，要验算拱的轴力强度：

$$\sigma = \frac{N}{A} = \frac{q l_2}{B_f} = f_c \tag{4.1.2-5}$$

式中　B_f——型钢翼宽（m）；

　　f_c——旋喷桩的设计抗压强度（kPa），可取 $q_{u28}/2$；

　　N——翼缘受到承载拱的压缩力，$N = \frac{q l_2}{2}$。

5. 型钢抗拔：

$$\sigma_H = \frac{P}{A_H} \leqslant 0.7\sigma_s \tag{4.1.2-6}$$

式中　P——型钢抗拔力（kN）；

　　A_H——型钢截面积（m^2）；

　　σ_s——型钢的屈服强度（kPa）。

6. 型钢底端旋喷桩强度验算：在型钢底端截面为一变刚度截面，须验算旋喷桩的剪切强度：

$$\tau = \frac{Q_e}{A_1} \leqslant \tau_s \tag{4.1.2-7}$$

式中　Q_e——型钢底截面处计算单元的剪力（kN）；

　　A_1——旋喷桩墙计算单元面积（m^2）。

4.2　作为承载桩和地基加固

当受场地条件限制，特别是既有厂房内部设备基础改造，由于既有厂房高度、原有老基础等限制，一般施工机械如沉管灌注桩、钻孔灌注桩等机械难以进入或不能正常施工下钻，可以采用高压旋喷桩做为桩基础，旋喷桩内插型钢，增强旋喷桩的抗压强度和刚度，并于基础保持足够强度的连接。

旋喷桩单桩承载力计算方法

根据场地的岩土工程勘察报告，结合区域资料及地区经验，并根据《建筑地基技术处理规范 JGJ 79—2002》计算旋喷桩单桩承载力：

1. 按桩身强度计算单桩竖向承载力标准值：

$$R_k^d = \eta f_{cuk} \times A_p \tag{4.2-1}$$

2. 按桩土端侧摩阻力计算单桩竖向承载力标准值：

$$R_k^d = \pi \times \bar{d} \sum_{i=1}^{n} h_i q_{si} + A_p q_p \tag{4.2-2}$$

取上两式的低值，即为旋喷桩单桩竖向承载力标准值。该值相当于旧规范中的容许承载力，乘以 2 后即为现桩基规范 JGJ 94—94 中的单桩竖向极限承载力标准值，按桩基础可取分项系数 1.65，除以该分项系数即为单桩竖向承载力设计值。

5. 施工工艺流程及操作要点

5.1　工艺流程

旋喷桩内插型钢工艺流程如下：

测量定孔位→导孔钻机就位、调平→导孔钻进→高喷钻机就位、调平、定向→钻具下放至设计深度→开泵清水试压、搅拌水泥浆→高压旋喷、提升→清洗泵、管路及钻具→高喷钻机移位→高喷孔回灌

部分过程描述如下：

1. 定孔位：根据给定基准点测量放线，定出设计孔位，用木桩做记号。

2. 铺设钻机平台：定出孔位后，沿孔位线用木板铺设钻机工作平台，上架轻轨，以便钻进导孔和旋喷。

3. 钻导孔：用地质旋转钻机按顺序钻进导孔，导孔直径φ108mm，垂直度控制在0.5％以内（用水平尺调平），孔位误差小于5cm，钻至设计深度。

4. 下三重管钻具：导孔钻进完成后，移走导孔钻机，用三重管旋喷专用机机下放三重管钻具至设计深度。

5. 喷射成桩：三重管钻具下到孔底后，依次开动压风机、泥浆泵、高压水泵，旋喷机按设计值开始旋转，在各泵压达到设计值并在孔口返出水泥浆后，开始按设计值提升钻具，提升到设计桩顶标高以上0.5m，完成旋喷，提出钻具移到下一孔位。

6. 回灌：由于三重管旋喷用水量较大，浆液在凝固时析出清水，桩顶回落，桩顶达不到设计标高，除了在施工时多旋喷0.5m外，施工24h以后必须对旋喷桩用返浆（必要时用较浓纯水泥浆）进行回灌，以充填回落部分，保证桩体质量和长度。

5.2　操作要点

1. 精确定位：旋喷桩定位误差≤50mm，旋喷桩垂直度误差≤1/200。为了不侵入建筑限界旋喷桩内插型钢围护结构应外放，一般为100mm。

2. 控制注浆压力：不同直径的旋喷桩采用不同的压力。

目前旋喷桩基本选用三重管高压旋喷成桩。三重管高压旋喷技术具有设备移动方便，施工速度快，桩径大，接茬较少，施工灵活，受地下管线影响小并能控制不同部位的加固强度，加固后的土体可有效防渗，适用于粉砂、淤泥质等多种地层。可以灵活的喷桩、定喷和摆喷。

根据不同的加固区域旋喷桩直径多采用以下多种桩径：φ850mm、φ1200mm、φ1300mm、φ1500mm，φ1600mm。摆喷半径为1100mm和1500mm。

根据桩径的不同，旋喷参数选择如表5.2。

旋喷桩施工工艺参数　　　　表5.2

工艺	成桩参数（mm）	气		水		浆液		旋转速度（r/min）	提升速度（mm/min）	喷嘴规格（mm）
		压力（MPa）	流量（m³/min）	压力（MPa）	流量（L/min）	压力（MPa）	流量（L/min）			
旋喷	直径φ850	0.50～0.70	3	28	75	<2	60～90	10～15	100	
	直径φ1200	0.50～0.70	3	28	75	<2	60～90	10～15	90	
	直径φ1300	0.50～0.70	3	28	75	<2	60～90	10～15	80	φ2.0～φ2.2
	直径φ1500	0.50～0.70	3	32	75	<2	60～90	10～15	70	
	直径φ1600	0.50～0.70	3	32	75	<2	60～90	10～15	60	
摆喷	半径1100	0.50～0.70	3	32	75	<2	60～90	10～15	100	φ1.8～φ2.2
	半径1500	0.50～0.70	3	32	75	<2	60～90	10～15	80	

3. 合理配置浆液：浆液设计采用单液水泥浆，水泥浆水灰比为1∶1～0.8∶1，比重为1.49～

1.60，后期旋喷桩加入万分之三的三乙醇胺和千分之三的食盐作为早强剂，以保证开挖工作的顺利进行。水泥采用 P.O 32.5 级普通硅酸盐水泥。

水泥浆液采用两级搅拌。一级搅拌采用立式搅拌机，按照浆液要求配比定量加水加灰（0.8∶1 水灰比加水 200L，加水泥 250kg），二次搅拌采用机械式搅拌，保证水泥搅拌均匀、不沉淀、随搅随用（停放时间不超过 1h）。

4. 确保旋喷桩加固体 28d 无侧限抗压强度 q_{u28} 值达到设计要求（一般要求 q_{u28} 值大于等于 1.2MPa）。

5.3 施工人员计划

旋喷桩内插型钢施工前，根据施工计划组织有多年施工经验的管理人员、技术人员和熟练工人进场参与施工。施工人员配置表见表 5.3。

施工人员配置表　　　　　　　　　　　　　　　表 5.3

序　号	工种/职务	数量（人）	备　　注
1	项目组长	1	全面负责工程管理
2	技术主管	1	全面负责工程技术管理
3	施工员	2	现场协调、生产管理
4	技术人员	4	含技术员、质检员、实验员、测工等
5	安全、文明施工员	2	现场安全、文明施工管理
6	旋喷桩施工队	20	施工旋喷桩
7	插型钢作业队	20	插型钢
8	综合作业队	10	管线保护、文明施工、辅助施工等
9	后勤人员	6	后勤保障
	合计	66	

6. 机 具 设 备

旋喷桩施工机械设备配置见表 6。

旋喷桩施工机械设备配置表　　　　　　　　　　　　表 6

序　号	设备名称	规格型号	单　位	数　量
1	高喷专用钻机	GP-16,GS500	台	2
2	地质钻机	SGZ-ⅢA	台	2
3	高压清水泵	3XB	台	2
4	泥浆泵	BW-250	台	2
5	泥浆泵	BW-320	台	2
6	砂浆泵		台	1
7	砂浆泵		台	1
8	空气压缩机	S300-2S/10-AC	台	1
9	卧式泥浆搅拌机	L-200	台	2
10	电焊机	BW-500 型	台	1
11	履带吊	50T（日本）	台	1
12	汽车吊	25T	台	1

7. 质量控制

7.1 旋喷桩内插型钢工法遵守的国家及地方规范如下：

1.《建筑结构荷载规范》GB 50009—21；

2.《混凝土结构设计规范》GB 50010—2002；

3.《钢结构设计规范》GB 50017—2003；

4.《地下工程防水技术规范》GB 50108—2001；

5.《地基基础设计规范》DGJ 08—11—1999；

6.《基坑工程设计规程》DBJ 08—61—97；

7.《钢结构工程施工质量验收规范》GB 50205—2001。

7.2 施工质量要求

根据工法的特殊性，施工质量尚应达到如下要求：

1. 施工中严格控制提升速度、水泥浆泵量和浓度、高压水泵压力、空压机压力和流量、钻孔孔位和垂直度。

2. 桩中心角度控制误差小于0.5%，桩心偏移小于5cm。保护好旋喷前的导孔，必要时使用PVC管作为导孔上部套管。

3. 施工中经常测试浆液比重（浓度），并做好记录，每天做6组返浆试块，测定比重和3d强度，根据测试结果和具体地质条件及时调整、合理优化施工参数，控制桩体28d强度和设计桩径。

4. 每根桩施工完成24h后，对桩顶要进行1～2次回灌，保证桩顶标高和质量。

5. 严格控制水泥质量，使用水泥前应进行复检，每批水泥都要有出厂质检单，并按规定进行抽检。

6. 做好施工用水的水质化验，保证水质符合规范要求。

7. 为保证加固地层强度，根据施工情况及时调整水泥浆配比、泵量与提升速度等。

8. 根据地层条件及经验调整注浆参数，以保证不同地层条件下旋喷桩的直径达到设计要求。

9. 在砂砾层中旋喷不容易返浆，形不成旋喷桩，在此部位，应根据砂砾层孔隙情况，调整浆液凝固时间及注浆量，可以保证该部位形成砂砾与水泥的结石体，达到设计要求强度。

7.3 加固后土体要求

1. 加固后的土体28d无侧限抗压强度 $q_{u28} \geqslant 1.2$ MPa；

2. 加固后的土体抗渗达到 110^{-7} m/s。

7.4 质量检验

1. 高压旋喷桩

1）高压喷射注浆桩体检查内容包括：桩体平均直径、垂直度、桩身中心允许偏差（为0.2倍设计桩径）和均匀性。

2）高压喷射注浆可采用开挖检查、钻孔取芯、标准贯入、荷载试验或压水试验等方法进行检验。

3）检验点应布置在下列部位：

（1）桩芯部位；

（2）施工中出现异常情况的部位；

（3）地质情况复杂，可能影响质量的部位。

4）检验点的数量应为施工注浆孔数的2%～5%，对不足20孔的工程，至少应检验一个点，不合格者进行补喷，

5）质量检验应在高压喷射注浆结束后4周后进行。

6）基坑开挖期间应着重检查开挖面墙体的质量以及渗漏水的情况，如不符合设计要求应立即采取补救措施。

2. 型钢

1）型钢的对接焊缝要符合二级焊缝质量等级。

2）处焊缝外观质量满足有关规范以外，现场必须取 20% 的对接焊缝作超声波探伤。

8. 安 全 措 施

8.1 质量保证措施

1. 加强施工技术管理，严格执行以总工程师为首的技术责任制，使施工管理标准化、规范化、程序化。认真熟悉施工图纸，深入领会设计意图，严格按照设计文件和图纸施工。

2. 严格执行工程监理制度，施工队自检、项目部复检、合格后及时通知监理工程师检查签认，隐蔽工程必须经监理工程师签认后方能隐蔽。

3. 项目部设专职质检工程师、班组设兼职质检员，保证施工作业始终在质检人员的严格监督下进行。质检工程师有质量否决权，发现违背施工程序、不按设计图、规则、规范及技术交底施工，使用材料半成品及设备不符合质量要求者，有权制止，必要时下停工令，限期整改并有权进行处罚。

4. 制定实施性施工计划的同时，编制详细的质量保证措施。

5. 严格施工纪律，把好工序质量关，上道工序不合格不能进行下道工序的施工。

6. 坚持三级测量复核制，对各测量桩点要认真保护。

7. 加强工程试验。

8. 施工所用的各种计量仪器设备定期进行检查和标定，确保计量检测仪器设备的精度和准确度，严格计量施工。

9. 做好质量记录：内容要客观、真实。

8.2 安全保证措施

1. 综合保证措施

1）建立以岗位责任制为中心的安全生产责任制，制度明确、责任到人。制定实现安全目标和保障目标的规章制度。

2）加强现场管理，搞好文明施工，建立良好的安全施工环境。

3）按施工人员的比例配备足够的专职安全员。

4）在编制施工计划的同时，编制详细的安全操作规程、细则、制度及切实可行的安全技术措施。

5）每一工序开始前，做出详细的施工方案和实施措施，报经监理工程师审批后，及时做好施工技术及安全技术交底，并在施工过程中督促检查。

6）进行定期和不定期的安全检查，及时发现和解决不安全的事故隐患，杜绝违章作业和违章指挥现象，同时加大安全教育及宣传力度。

7）开工前期制定各项安全制度及防护措施。

8）针对重点工程项目及关键工序，编制专项安全措施和专项技术交底，并设专人进行安全监督与落实。

2. 施工现场安全技术措施

1）做好施工场地平面布置，合理安排场内临时设施，使场地内排水畅通。施工现场的布置符合防火、防爆、防洪、防雷电等安全规定及文明施工的要求。施工现场的生产、生活办公用房、仓库、材料堆放场、停车场、修理场应按批准的总平面布置图进行布置。

2）施工场地的料库，配备消防设施，制定措施和管理制度。

3）施工现场的临时用电严格按照《施工现场临时用电安全技术规范》JGJ6-88 的规定执行。加强现场用电管理，确保用电安全。

4）施工场地的油库、料库、变电站、通风设施及其他所有临时设施均设置防雷设施，定期检查接地电阻，防止雷击。

3. 施工机械的安全保证措施

1）操作人员必须按照机械说明规定，严格执行工作前的检查制度和工作中注意观察、工作后的检查保养制度。

2）保持机械操作室整洁，严禁存放易燃易爆物品。

3）起重作业严格按照《建筑机械使用安全技术规程》（JGJ 86）和《建筑安装工人安全技术操作规程》规定的要求执行。

4）工程施工前，对投入本工程施工的机电设备和施工设施进行全面的安全检查。

5）对工程机械和车辆经常检查维修。

8.3 文明施工保证措施

环境保护是我国当前经济发展中的重要国策，文明施工事关施工企业形象和整体精神面貌，也是企业施工管理水平和工作的重点。

1. 综合保证措施

1）加强宣传，增强意识；

2）建立建全文明施工规章制度；

3）加强检查监督，从严要求；

4）遵守法律法规，协调好各方面的关系。

2. 现场文明施工措施

1）工地设置专职文明施工安全员。

2）施工现场的各主要出入口处均设置醒目的施工标示牌。

3）施工现场按文明施工安全生产的要求，设置各项临时设施。

4）施工现场按卫生标准和环境卫生、通风照明的求，设置相应的厕所、化粪池、简易浴室、更衣室、生活垃圾容器等职工生活设施，落实专人管理。

5）工地民工宿舍符合卫生要求和居住条件。

6）施工现场的食堂符合职工食堂管理的有关规定。

7）建筑垃圾和其他散体物料装运实行车辆密闭运输，冲洗干净后出场，运输过程中严禁沿途抛、洒、滴、漏。

8）严格按照《中华人民共和国消防条例》的规定，在工地建立和执行防火管理制度，重点部位设置符合消防要求的消防设施，并保持完好的备用状态。

9）施工过程中遵守下列规定：

（1）完善技术和操作管理规程，确保防汛设施和地下管线通畅、安全。

（2）采取各种有效措施，控制扬尘、噪声。

（3）设置各种防护设施，防止施工中泥浆水、废弃物、杂物影响周围环境，伤害过往行人。

（4）随时清理建筑垃圾，控制工地污染。

（5）控制夜间施工作业，确需夜间作业的，事先向环保部门申办《夜间施工许可证》。

（6）运用其他有效方式，减少施工时对市容、绿化和环境的不良影响。

（7）遵守交通管理规定，不得使用人力车、三轮车向场外运输垃圾、废土、物料。

10）施工人员在施工中严格遵守下列规定：

（1）按照市政职工职业道德规范文明作业。

（2）施工中产生的泥浆未经沉淀不得排放。

（3）施工中产生的各类垃圾及时清运到市容环境卫生管理部门指定的地点，严禁随意倾倒在城市道路、河道、绿化化带、空旷地带和居民生活垃圾容器内。

（4）施工中不得随意丢弃废土、旧料和其他杂物。

（5）施工中注意清理施工场地，做到随做随清。

11）确保工地出入口和道路的畅通、安全。施工中不能造成沿线单位、居民的出入口障碍和道路交通堵塞。

12）施工中造成下水道和其他地下管线堵塞或损坏的立即疏浚或修复；对工地周围的单位和居民财产造成损失的承担经济赔偿责任。

3. 文明规范施工

施工中严格按照要求实施各道工序，工人操作要求达到标准化、规范化、制度化。施工场地无淤泥积水，施工道路平整畅通，运碴途中不落石掉渣，污染道路。

9. 环 保 措 施

9.1 因施工场地狭小，泥浆拌合场地合理布置。

9.2 做好泥浆循环的路径，使污水不排列施工场地以外。

9.3 废弃泥浆进行沉淀、过滤达到要求后排进市政管网中。

9.4 工施工场地内的车辆轮胎必须经过清洗。

9.5 出土车出土必须进行覆盖，以免风尘飞扬。

10. 效 益 分 析

10.1 经济技术比较

旋喷桩内插型钢深基坑支护技术除场地适用性强等特点外，在工期和费用等方面也有一定的优势。以下以一些工程实例进行对比。

1. 华利冲压车间深基坑支护工程（表 10.1-1）

华利冲压车间深基坑支护工程方案比较 　　　　表 10.1-1

方案 对比内容	原方案	本设计方案
工程费用	330000 元（含工程桩，不含基础加固桩）	285000 元（节省 15%）
工期	30d	25d
施工难易程度	复杂、工序协调困难、泥浆排放受场区限制	工艺简单易行
桩型	灌注桩、搅拌桩、旋喷桩	高压旋喷桩
设备情况	三种设备	一种设备
环保及文明施工	泥浆需外运处理	浆液处理简单

2. 金元宝商厦基坑工程

金元宝商厦基坑工程在不同的地段采用了三种不同的支护方案，既在场地北侧场地狭窄区域采用旋喷桩内插型钢、在场地南侧空间较大的地方采用深层搅拌桩重力式挡土墙，在东西两侧采用钻孔灌注桩加深层搅拌桩，以基坑周边长度10m为计算单元，将以下几种基坑围护方案进行经济技术对比如下（表 10.1-2）：

方案一：采用钻孔灌注桩进行基坑围护，深层搅拌桩进行基坑止水，设计技术指标：钻孔灌注桩：桩径 600mm，桩长 11.5m，桩间距 700mm；深层搅拌桩：桩径 700mm，桩长 12.0m，桩间距 500mm，水泥掺入量 15%。

方案二：采用深层搅拌桩格构式挡土墙结构进行基坑围护，设计技术指标：深层搅拌桩：桩径桩径 700mm，桩长 12.0m，桩间距 500mm，水泥掺入量 15%，墙体厚度为 3100mm，格构间距 2500mm。

方案三：采用旋喷桩内插型钢结构进行基坑围护，设计技术指标：高压旋喷桩：桩径 700mm，桩间距 450mm，桩长 11.8m；型钢：I20a，长度 11.8m，间距 900mm。

三种基坑围护结构经济技术对比表　　　　　　　　　　　　表 10.1-2

	桩型	工程量	预算综合单价	预算总价(元)	市场单价	市场总价(元)
方案一	钻孔灌注桩	48.75m³	1050 元/m³	51187.5	850 元/m³	41437.5
	深层搅拌桩	96.94m³	163.748 元/m³	15873.731	103.99 元/m³	10080.79
	帽梁	6.0m³	1188.556 元/m³	7131.336	950 元/m³	5700
	总计			74192.567		57218.29
方案二	深层搅拌桩	360.61m³	163.748 元/m³	59049.166	103.99 元/m³	37499.83
	盖板	6.2m³	812.908 元/m³	5040.03	750 元/m³	4650
	总计			64089.196		42149.83
方案三	高压旋喷桩	271.4m³	190 元/m³	51566	140 元/m	37996
	型钢 I_{20a}	3.954t	2800 元/t	11071.2	2700 元/t	10675.8
	帽梁	6m³	1188.556 元/m³	7131.336	950 元/m³	5700
	总计			69768.536		54371.8

天津市市场价格对比：

旋喷桩内插型钢：深层搅拌桩：钻孔桩加深层搅拌桩＝1：0.74：1.05

3. 中兴路车站 3、4 号出入口基坑围护结构

中兴路车站 3、4 号出入口基坑围护结构原方案是采用 SMW 工法进行施工，但是考虑到 3、4 号出入口管线众多。改移管线不仅费用昂贵而且风险很高，所以采用了旋喷桩内插型钢的工法施做围护结构。基本费用比较如表 10.1-3：

基本费用比较　　　　　　　　　　　　表 10.1-3

	主体结构(万元)	围护结构(万元)	管线改移(万元)	合计(万元)
SMW	400	400	2500	3300
旋喷桩内插型钢	400	650	50	1100

虽然中兴路车站 3、4 号出入口因采用旋喷桩内插型钢的工法比 SMW 工法多花费了 250 万元的费用，但是没有进行管线改移节省了 2450 万的费用。总费用还是节省了 2200 万元。

4. 上海市其他工程的应用

目前，上海轨道交通 8 号线曲阜路车站出入口施工也采用了此种工法，效果不错。

10.2　推广应用前景

1. 与其他支护方法的区别

旋喷桩内插型钢挡土墙特性：设备单一、工艺简单、操作方便、施工过程易于控制，施工空间要求小，成桩后既满足围护要求，又能起到很好的止水效果。

与格栅式或拱形水泥土搅拌桩围护结构相比，挡墙较薄，节约空间；与地下连续墙围护结构相比，无需泥浆处理，造价较低；与柱列式连续墙加搅拌桩（或注浆）围护结构相比，全过程只有一种施工工艺，总工期短，而且无需泥浆处理；与钢板桩或预制桩相比，对周围环境挤土作用较小，而且抗渗漏能力较强。

2. 与常规 SMW 法的区别

1）高压旋喷桩中型钢插入较容易；

2）SMW 法一般水泥土搅拌桩为多排，施工空间较大，高压旋喷桩场地适应性强，可适应复杂的场地；

3）高压旋喷桩强度比水泥土搅拌桩高，复合挡土墙刚度提高系数较大。

3. 经济分析及推广应用前景

旋喷桩内插型钢工法和常用的深基坑支护结构相比，有很大的技术经济优势，根据实际工程实例

分析：4～7m深度的基坑采用旋喷桩内插小型钢不拔除结构，围护费用基坑周边延长米造价在4000～6500元左右，费用与钻孔灌注桩结合深层搅拌桩止水帷幕的投资相近，但因其即可以挡土又可以止水，占据的平面空间较小；地铁出入口通道等10米左右的基坑采用旋喷桩内插大型钢拔除结构，可以大大减小管线拆迁的费用，对交通的影响也较小。所以旋喷桩内插型钢工法具有良好的推广应用价值。

11. 应 用 实 例

11.1 旋喷桩内插型钢作为一般房建浅基坑支护结构—天津环渤海经贸大厦基坑支护

1. 工程简介：天津环渤海经贸大厦坐落于天津市解放南路473号，该建筑地下一层，地上十二层钢结构，东为环渤海装饰城展览大厅，西为解放南路主干线，基坑开挖尺寸为85m×45m，开挖深度5.1m，局部电梯井和集水井开挖深度为6.6m。拟建物基础底板外边线与既有建筑基础底板外边线相距仅3m，地下水位位于地面下0.8m（图11.1-1、图11.1-2）。

2. 基坑支护结构设计：

1）方案选择：基坑开挖深度5.1m，局部电梯井和集水井深度为6.6m，根据场地施工环境、工程地质及水文地质条件，业主对设计单位的三种方案进行比较：

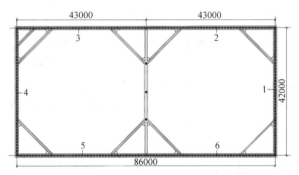

图11.1-1　环渤海经贸大厦基坑平面图　　　　图11.1-2　环渤海经贸大厦基坑现场

（1）水泥土重力式围护结构方案：由于基坑周围建筑物和管线都很重要，其位移很难控制，尤其是其占地大，影响装饰城的正常运营。

（2）钻孔灌注桩加内支撑方案：灌注桩支护是一种成熟、可靠的工艺，止水采用深层搅拌桩，但深层搅拌桩占地较大，对装饰城的正常运营有一定影响，其施工工期长，造价高。

（3）采用旋喷桩中间插型钢加一道钢管水平内支撑方案：它集挡土与止水为一体，占地小，工期短，费用低等特点，尤其是对装饰城的正常运营无影响。

2）基坑支护结构的布置及设计

沿基坑设置ϕ700@500的高压旋喷桩+工字钢（钢筋笼），工字钢（型钢）间距为1000mm，桩长11.0m，角部设置ϕ600mm×20mm轧制3号钢钢管角撑；在跨中部分设置1道ϕ600mm×20mm轧制3号钢钢管对撑；对撑下设置钢格构柱支顶，支于工程桩上。

3）监测结果

对"环渤海经贸大厦"深基坑施工过程和周围环境作了全面的监测，结果如下：

（1）周围道路和地面沉降观测点共35点，无明显沉降；

（2）距基坑3m的既有办公楼变形观测点12点，最大沉降1.3cm；

（3）对支护结构及帽梁顶面的沉降和位移观测点40点，最大位移4cm；

（4）对基坑土体侧向位移测试，6组共138点，最大位移除个别由于施工因素在开挖时未及时加支撑，引起的较大变形外，其余都控制在5cm内。

如图11.1-3、图11.1-4所示。

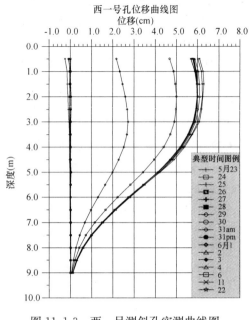

图 11.1-3　西一号测斜孔实测曲线图

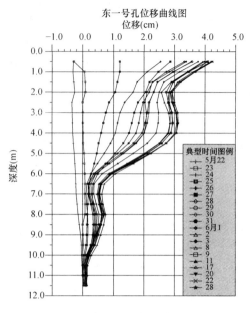

图 11.1-4　东一号测斜孔实测曲线图

11.2　旋喷桩内插型钢作为竖向承载桩－雅马哈电子乐器有限公司生产车间厂房地基加固工程

该工程建筑物为三层框架结构，厂房基础采用沉管灌注桩，承台桩采用群桩基础，桩基采用沉管灌注桩，设计桩径 450mm，设计桩长 23.05m，单桩竖向承载力设计值 500kN。二层和三层通过连廊和老建筑物连接，连廊基础因离老厂房较近且有较多的生产电缆，沉管灌注桩挤土有可能影响老厂房安全和电缆的正常使用，钻孔灌注桩又有泥浆污染问题，故设计单位采用旋喷桩内插型钢基础代替沉管灌注桩。

根据《建筑地基技术处理规范》（JGJ 79—2002）12.2.3 计算，设计桩径 800mm，桩长 23.05m，区域资料表明无侧限抗压强度取 2.5MPa。按桩身强度计算单桩竖向承载力标准值为 414.5kN，按桩土端侧摩阻力计算单桩竖向承载力标准值 633.4kN，取其低值即单桩竖向承载力标准值为 414.5kN，单桩竖向极限承载力标准值为 $414.5 \times 2 = 829.0$kN；γ_{sp} 取 1.65，单桩竖向承载力设计值为 502.4kN。

桩基检测结果如图 11.2 所示，两组试桩单桩竖向极限承载力实测值均为不小于 1050kN。

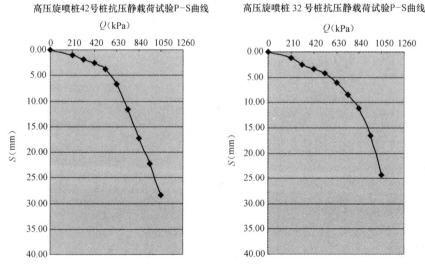

图 11.2　雅马哈工程高压旋喷桩静载曲线图

11.3　旋喷桩内插型钢作为地下铁道出入口基坑支护结构－中兴路车站 3、4 号出入口围护结构

1. 工程简介：中兴路车站是上海轨道交通杨浦线（M8 线）的一个中间车站，位于上海市闸北区西藏北路与中兴路交口，车站横穿中兴路位于西藏北路东侧。车站主体呈南北走向，3、4 号出入口位于车站西侧，横穿西藏北路。3 号出入口通道长 75m，内净空尺寸 5400mm×3300（4450）mm，顶板覆土厚度约 4.7m 左右；4 号出入口通道长 71m，内净空尺寸 5400mm×3300（4450）mm，顶板覆土厚度约 4.5m 左右。通道所处位置地质条件差，通道开挖涉及的土层②$_1$ 层、②$_{3-1}$ 层、②$_{3-2-1}$ 层、②$_{3-2-2}$ 层均为粉性土，这些土层的稳定性差、透水性较强，在一定的动水压力下极易产生流砂或管涌等不良地质现象。车站总平面图见图 11.3-1。

图 11.3-1　中兴路车站总平面图

2. 围护结构选型：上海地区目前常规的出入口基坑围护结构形式为型钢水泥土搅拌墙工法（SMW），该工法占地范围大，需要改移地下管线。西藏北路和中兴路比较狭窄，交通流量大，实施 SMW 工法必然影响甚至中断交通，疏解方案复杂且实施困难；场区内管线改移困难很大且费用很高，仅改移横跨 3、4 号出入口的 110kV 动力电缆费用估算近 2000 万元以上，且危险性极高。SMW 工法的实施受到了极大的限制。

通过反复比选，决定尝试采用新型的旋喷桩内插型钢的围护结构。就本工程而言，旋喷桩内插型钢工法的显著优点在于：首先旋喷桩较搅拌桩强度高，有利于围护结构的稳定；其次旋喷桩施工设备小，必需的施工场地小，引孔直径一般不大于 150mm，较 SMW 桩最小直径 600mm 的要求明显灵活，对狭窄场地的适应性更强；同时，不需进行管线搬迁和中断交通，社会、经济效益显著。对复杂管线区可以采取定喷、摆喷等工艺，实现完全搭接。

3. 管线处理：闸北区是上海市的老城区，地下管线错综复杂。3 号出入口位置地下管线分布情况及处理措施详见表 11.3-1；4 号出入口位置地下管线及空中障碍物分布情况及处理措施详见表 11.3-2。

西藏北路（3 号出入口位置）地下管线汇总表　　　　　　　　　表 11.3-1

序　　号	管线名称数量及管径	管线埋深（m）	备　　注
1	路灯电缆	约 0.4	缆、临时改移
2	电话电缆	约 0.6	缆、临时废除
3	ϕ1350 雨水管	约 4.6	混凝土、改换成 ϕ800 钢管
4	18 孔电力电缆	约 1.2	缆（排管）、悬吊保护
5	35kV 电力空排管	约 1.2	空排管、临时废除
6	ϕ600 雨水管	约 1.8	混凝土、废除
7	ϕ200 上水管	约 0.8	铁、悬吊保护

序　号	管线名称数量及管径	管线埋深(m)	备　注
8	φ700 上水管	约 0.7	铁、悬吊保护
9	30 孔电话电缆	约 0.8	缆、悬吊保护
10	φ300 上水管	约 1.0	铁、悬吊保护
11	3 孔联通电缆	约 0.7	缆、悬吊保护

西藏北路（4号出入口位置）地下管线汇总表　　　　表 11.3-2

序　号	管线名称数量及管径	管线埋深(m)	备　注
1	雨水管 φ1350	约 4.3	混凝土、临时废除
2	雨水管 φ1650	约 4.3	混凝土、临时改排
3	110kV 电力 18 孔	约 1.3	缆(排管)、悬吊保护
4	35kV 电力空排管	约 1.2	空排管、临时废除
5	雨水管 φ600	约 4.5	混凝土、临时废除
6	雨水管 φ600	约 1.5	橡胶管、临时废除
7	雨水支管 φ250(2 根)	约 1.2	PVC 管、临时废除
8	电话电缆 30 孔	约 1.0	缆(排管)、悬吊保护
9	电话电缆 18 孔	约 1.0	缆(排管)、悬吊保护
10	上话电缆 12 孔	约 1.2	与两检查井相连、悬吊保护
11	电力检修井	约 1.5	废除
12	上水 φ700	约 1.1	铁、悬吊保护
13	上水 φ300(2 根)	约 1.1	铁、临时废除
14	煤气 φ200	约 0.8	铁、临时废除
15	信号灯电缆一根	约 0.8	缆、临时废除
16	公用电话亭电缆 2 根	约 0.8	缆、临时废除
17	6 孔联通电缆	约 0.7	缆、悬吊保护
18	电力电缆 1 根(GDL3-2)	约 0.8	缆、悬吊保护
19	电力电缆(GD12-1～12-2)	约 1.4	缆、悬吊保护

针对西藏北路地下管线错综复杂，管线保护难度大，施工过程中分别采取如下处理措施：

1）经现场勘察，并征求管线主管部门同意部分管线采取临时搬迁或废除处置措施

（1）临时搬迁管线：φ1350 雨水管；φ1650 雨水管；φ600 橡胶雨水管；红绿灯、电话亭、配电箱临时搬迁。

（2）临时废除管线：φ1350 雨水混凝土管过 3、4 号出入口段；φ600 雨水混凝土管过 3、4 号出入口段；φ1650 雨水混凝土管过 4 号出入口段；φ600 橡胶雨水管过 4 号出入口段；φ250 雨水支管过 4 号出入口段；φ300 上水管过 4 号出入口段；φ200 煤气管过 4 号出入口段；信号灯及公用电话亭电缆。

2）地下管线分阶段保护

（1）探槽开挖阶段管线保护

为防止出现盲目施工造成管线损害，在围护结构施工前采取人工开挖探槽方式对地下管线的排位情况进行准确探测，并绘制详细的管线排位图，根据实测管线排位图调整围护桩的排列。

（2）旋喷桩施工阶段管线保护

① 为防止旋喷桩机钻头钻坏管线，采取沿通道纵向开槽的办法暴露出地下管线，并根据管线具体位置确定旋喷桩桩芯位置，确保旋喷引孔施工不破坏管线。

② 为防止旋喷提升引起管线不良隆起，拟采取将旋喷桩施工位置管线局部悬空（约 0.5～1.0m 范围），阻止旋喷提升时的压力直接作用在管线底部。

③ 在旋喷桩施工期间对悬空部分管线采用槽钢临时悬吊的方法进行保护，旋喷桩施工结束后，在

管线底部与旋喷桩桩顶之间空隙采用水泥浆液回灌；

④ 对于管径或排管宽度大于 1.0m 以上部位，由于插 H 型钢施工困难，拟采用三排旋喷桩（素桩）挡土兼起止水帷幕作用。

（3）基坑开挖阶段管线保护

对 $\phi1500$ 雨水管、$\phi1000$ 雨水管、110kV 电力电缆（图 11.3-2）、煤气管、上水管、通信排管等重点管线，通信井，1 万 V 架空电缆及高压电线杆都单独做保护方案。

图 11.3-2　110kV 电力电缆保护方法

4. 旋喷桩内插型钢施工

1）出入口基坑两侧普通段

出入口基坑两侧采用单排旋喷桩围护加固，旋喷桩内间隔插 H 型钢以增强旋喷桩体的侧向刚度。基坑两侧一般旋喷桩桩径为 $\phi850mm$，相邻旋喷桩间距为 550mm。

小断面管线两侧旋喷桩采用 $\phi1300mm$ 或者 $\phi1500mm$ 桩径，施工过程中为保证工程质量，根据具体情况可以调整桩径。

2）大断面管线穿越区基坑两侧及基底加固

（1）3 号出入口 1300mm 电话管线处加固

30 孔电话管线宽度为 1.3m，埋设深度在 0.6～0.75m。管线下部采用喷射半径为 $R=1100mm$、摆动角度为 1000 的定向摆喷旋喷桩，沿着管线方向布置，间距为 1000mm。其他要求加固的区域采用桩径为 $\phi1200mm$ 的旋喷桩（图 11.3-3）。

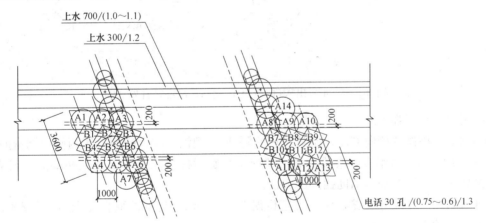

图 11.3-3　3 号出入口 1300mm 电话管线处加固

（2）3 号出入口 1900mm 超高压电缆排管处加固

110kV 电力 20 孔高压电力排管宽度为 1.9m，埋深为 1.1～1.2m。管线下部采用喷射半径为 $R=1500mm$、摆动角度为 1000 的定向摆喷旋喷桩，桩位导孔距离管线边缘为 100mm，沿着管线方向布置，间距为 1200mm。基坑两侧采用桩径为 $\phi1200mm$ 的旋喷桩，沿管线和基坑走向呈 $800\times800mm$ 梅花型布置，基坑底部加固区设计旋喷桩桩径为 $\phi1600mm$，呈 $1200mm\times1100mm$ 梅花型布置（图 11.3-4）。

3）4 号出入口 1900mm 超高压电缆排管处加固

此处管线分布最为复杂，尤其在基坑左侧加固区，不同类型管线纵横交错，设计与施工难度极大。根据管线实际情况，在此左侧区域布置了不同方向的定向摆喷旋喷桩，以进行有效加固（图 11.3-5）。其余与 3 号出入口相同位置相似。

4）旋喷桩内插 H 型钢围护结构设计要求

（1）旋喷桩采用三重管法，普通段旋喷桩直径 $\phi850$，过大断面管线部位旋喷桩直径根据管线断面尺寸分别选用 $\phi1200$、$\phi1300$、$\phi1500$、$\phi1600$ 旋喷桩及 $R=1100mm$ 和 $R=1500mm$ 摆喷桩等形式，旋喷

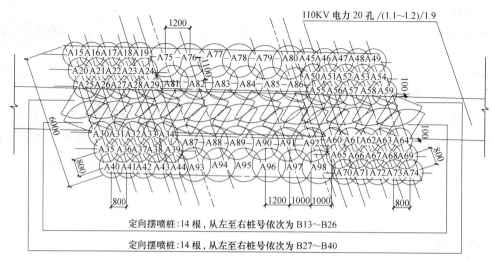

图 11.3-4　3 号出入口 1900mm 超高压电缆排管处加固

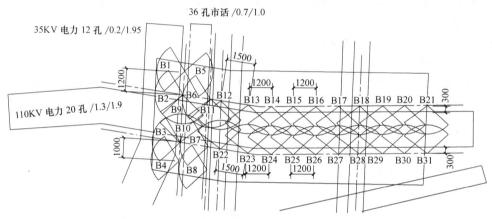

图 11.3-5　4 号出入口 1900mm 超高压电缆排管处加固

桩加固体 28d 无侧限抗压强度 $q_{u28} \geqslant 1.5MPa$。

（2）为增强旋喷桩体的侧向刚度，旋喷桩内间隔插 H 型钢（在大断面管线两侧型钢密插），型钢选用 $H700 \times 300 \times 12 \times 24$，型钢表面涂减摩剂。型钢应在旋喷桩水泥土体未完全初凝前及时靠型钢自重自由插入，必要时，采取震动锤辅助插入的方法。

（3）为确保结构净空尺寸要求，旋喷桩定位误差 $\leqslant 50mm$，旋喷桩垂直度误差 $\leqslant 1/200$，型钢旋喷桩围护结构外放尺寸为 100mm。

5. 监测数据

经过合理施工，中心路车站各项监测值都比较理想。

1）最大沉降量：

（1）通信电缆最大沉降量：$-4.8mm$；

（2）电力电缆最大沉降量：$-4.8mm$；

（3）上水最大沉降量：$-4.4mm$；

（4）煤气最大沉降量：$-4.0mm$；

（5）雨（污）水最大沉降量：$-4.7mm$。

所有管线的沉降量均小于 8mm 的警戒值。

2）最大位移量：

（1）围护墙顶最大位移量：2.4mm；

（2）围护墙体测斜最大位移量：10.33mm。

小半径曲线段盾构始发施工工法

YJGF217—2006

中国建筑一局（集团）有限公司

黄常波　李钟　牛经涛　张峰　牛晋平

1. 前　　言

盾构是目前地铁隧道施工采用的主要方式之一，该施工技术的关键是盾构机始发进洞。由于绝大多数盾构都是在车站始发，区间开始为直线段或缓和曲线，所以只需按照线路方向直线始发则可。但是，较小的曲线半径，能够较好地适应地形、地物、地质等条件的约束。在上海、北京这样的城市，随着社会经济的快速发展，高层建筑、高架桥等设施大量兴建，其深桩基对轨道交通选线形成很大的约束。此外，一些需要保护的古建筑、古树、防汛墙桩基、大型污水管等也在一定程度上影响线路走向的选择。在这样复杂的约束条件下，缩小曲线半径可以大大减少工程拆迁量。有时，如果遇到高层建筑群，一处曲线采用大、小半径引起的拆迁工程费差异达数千万元甚至上亿元。因此，盾构始发进洞就不可避免地处在较小的曲线半径上，研究小曲线半径盾构始发技术对于降低城市轨道交通造价、改善运营条件、降低运营成本具有极其重大的社会意义与价值。

北京地铁四号线工程角门北路站至北京南站盾构区间工程就是在设计线路为 350m 半径圆曲线段上的竖井始发进洞，保证开挖隧道轴线在规范允许范围内是一具有相当重大的技术难题。通过多次曲线拟合，结合施工曲线，中国建筑一局（集团）有限公司成功摸索出了一套在小半径曲线段盾构始发施工工法，为小曲线盾构始发积累了经验，对我国轨道交通事业的发展有着深远的意义。

2. 工 法 特 点

2.1 纠偏能力强，在 350m 小半径圆曲线线路上的实际推进轴线与设计线路误差控制在规范允许值内。

2.2 纠偏曲线拟合在 CAD 软件上进行，清晰直观。

2.3 纠偏节点和纠偏参数设置合理。

2.4 充分利用了空间偏移和盾构机本身的纠偏设计。

3. 适 用 范 围

本工法适用于带超挖刀的铰接式土压平衡盾构机在设计线路转弯半径不小于 300m 的曲线始发。

4. 工 艺 原 理

盾构机在始发机座上不能开铰接和采用分区油压差来进行曲线纠偏，只能直线推进，因而小半径曲线段盾构机始发主要是通过对盾构机始发轴线向曲线内侧的旋转和偏移在始发段盾构机长度范围内直线推进，过该直线段后用比设计转弯半径小的实际推进曲线来拟合设计曲线，充分利用盾构机自身的纠偏设计如超挖刀、铰接、分区油压差等，再加上合理的管片选型来保证实际推进曲线与设计曲线偏差在规范允许的范围内。

5. 施工工艺流程及操作要点

5.1 工艺流程

曲线拟合→安装始发机座→组装盾构机及后配套→安装反力架→直线推进→曲线推进纠偏。

5.2 施工工艺

5.2.1 曲线拟合

1. 根据设计线路与竖井的平面关系确定进洞盾构机长度范围内实际推进直线的轨迹，以经过设计圆曲线与洞门交点的切线为基线，绕交点向曲线内侧旋转，以直线与设计圆曲线偏差值不超过规范允许值为衡量指标，反向延长到竖井暗挖洞门作为始发轴线，结合考虑盾构机、始发机座、反力架和与竖井的空间关系，修改基线旋转角，找出满足上述要求的始发轴线。

2. 由于始发轴线在曲线内侧，盾构机直线进洞后如果还是按照设计圆曲线半径推进将出现实际推进线路与设计线路偏差逐渐增大的情况，所以在实际推进中采用比设计半径小的圆曲线来拟合设计线路，待盾构机回到设计线路上来且有向设计线路另一端反向增大的趋势时回归到设计半径，随设计线路正常推进。

5.2.2 安装始发机座

1. 测量放线，在竖井地板放出在电脑上拟合好的始发轴线。

2. 分体始发机座在地面上用高强度螺栓连接拼成整体，选择合适吊点往竖井下放，机座中线与始发轴线重合，确认机座高程无误之后，将其与底板预埋件牢固焊接。

5.2.3 组装盾构机及其后配套

1. 竖井及暗挖隧道里铺轨并放下电瓶车，将在地面组装好的后备台车吊入竖井并用电瓶车拉进暗挖隧道进行台车之间的连接。

2. 利用龙门吊及大吨位吊车按组装将本体部分一一吊入竖井中已定位好的始发机座上进行组装。

3. 在机械组装的同时穿插电气及液压连接。

4. 组装完毕之后对盾构机进行整体调试，检查各部件的运转情况。

5.2.4 安装反力架

在调试的同时进行反力架的安装，反力架由立柱、横梁加水平撑斜撑用高强螺栓法兰连接而成，各组成部件均采用箱梁内外加肋板的形式，极大提高了实际承载力。安装时按照定好的始发轴线，找准反力架中心高程将下横梁定位，依次组装左、右立柱，上横梁及支撑，由于推进轴线的旋转将在反力架水平撑与竖井壁之间形成揾口，并须用钢板将此揾口密实形成良好的传力体系。

5.2.5 直线推进

1. 负环采用通缝拼装模式，封顶块放在 12 点位置，便于始发完毕之后拆卸。拼第一环负环的 A 块时，在盾尾下半圈千斤顶之间的间隙内焊 20 的圆钢，保证第一环负环拼装完后有良好的盾尾间隙并且在推出盾尾时不会拉坏盾尾密封刷，当水平尺的气泡居中与纵向螺栓孔连线重合时用事先做好的定位板将第一块管片固定，然后依次拼装其他块，成环之后将其推出顶到反力架为后续推进提供反力，最后启动油脂泵将三道盾尾密封刷之间的间隙填满。

2. 开始推进时由于刀盘与掌子面还有一定距离，此时盾构机重心前移，易产生栽头，必须在洞口钢环处做一段导轨支撑盾构机顺利进洞。

3. 在盾构机接触到掌子面时开始旋转刀盘切削土体，加大推力，待土仓充满土建立起土压平衡之后启动螺旋输送机和皮带机开始排土，为了降低刀盘扭矩和改善土体的流动性需要通过旋转接头往刀盘前面加注适量泥浆和泡沫，同时打开超挖刀进行全断面超挖，为盾构机进入曲线段后的纠偏甩尾做准备。

5.2.6 曲线推进纠偏

1. 盾构机离开始发机座后，将铰接开到理论计算角度，加大左右分区的油压差。

2. 通过计算可以得知拟合曲线上转弯环与直线环的比例，当左右千斤顶行程差达到转弯环纠偏左右长度差时拼装转弯环。

3. 盾尾完全进入帘布橡胶圈里后开始同步注浆，注浆采用注浆量与注浆压力双控的原则。

5.3 劳动力组织

盾构隧道施工安排 24h 2 班作业，每班工作 12h，每周工作 6d，劳动力结构详见表 5.3。

盾构隧道施工劳动力组成 表 5.3

项目名称			一条隧道			两条隧道	
班组		岗位	每班人数	班组数	合计	班组数	合计
隧道掘进	隧道内及井口下	盾构司机	1	2	2	4	4
		电瓶车司机	1	2	2	4	4
		注浆	2	2	4	4	8
		千斤顶操作	1	2	2	4	4
		看土	1	2	2	4	4
		管片安装工	3	2	6	4	12
		井下挂钩	2	2	4	4	8
	地面井口区域	龙门吊司机	1	3	3	6	6
		管片装卸	3	2	6	4	12
		吊土配合	1	2	2	4	4
		制浆操作工	5	2	10	4	10
		制泥操作	2	1	2	2	2
机电维修		电工	2	2	4	4	8
		机械工	2	2	4	4	8
		蓄电池充电工	1	2	2	4	4
		轨道整修工	2	1	2	2	4
杂工			4	1	4	2	8
测量队		测量工	3	1	3	2	6
地面/隧道		工人管理员	1	1	1	2	2
总计							114

6. 材料与设备

6.1 材料

6.1.1 主材

管片、管片螺栓、管材、轨道、轨枕、泥浆、砂浆、泡沫、油脂、高低压电缆等。

6.1.2 辅材

走道板、支架、灯具、小压板及配套螺栓、大压板及配套螺栓、风筒、轨距保持器、照明电缆、通信电缆等。

6.2 设备（表6.2）

主要机械设备表　　　　　　　　　　　　　　　　　　　　　表 6.2

序　号	名　称	型　号	单　位	数　量
一	盾构及其配套设备			
1	盾构机(包括后续台车)	φ6140mm 土压平衡式	台套	2
2	背后注浆设备			
2.1	背后注浆液制备站	立轴连续式搅拌机	套	1
2.2	搅拌储存罐	容量为 6m³	台	2
2.3	砂浆泵送设备	渣浆泵(22kW)	台	3
3	泥浆制备设备			
3.1	泥浆制备站		台	1
3.2	泥浆储存罐		个	2
3.3	泥浆泵送设备	泥浆泵	台	2
4	隧道内排污水设备			
4.1	潜水排污泵	WQ20-40-7.5	台	4
5	通风系统			
5.1	轴流风机	SDF-NO10	台	2
二	洞内水平运输设备运输系统			
1	变频机车(25t)	Yxk25	台	2
2	渣车(13.5m³)	LJK8T-13.5m³	台	8
3	管片车	LJK8G	台	4
4	砂浆车	LJK8S-7.5m³	台	2
5	充电器	KCA-100A/300V	台	6
三	提升系统			
1	龙门吊	40t/15t/17.4m	台	2
2	汽车吊	50t	台	1
四	应急设备			
	应急发电机	200kW	台	1
五	机修设备			
1	车床	C620	台	1
2	钻床	Z3050	台	1
3	切割机	J3G-400	台	1
4	氧焊机		台	3
5	电焊机	BX5-400	台	5
6	千斤顶	YCQ-80	台	2
7	千斤顶	YCQ-30	台	2
8	千斤顶	YCQ-10	台	4
9	捯链	20t	台	2

续表

序　号	名　称	型　号	单　位	数　量
10	捯链	10t	台	6
11	捯链	5t	台	4
六	地面运输设备			
1	手动叉车	2t	辆	2
2	挖掘机	EX300	台	1
3	装载机	ZL40B	台	1
4	渣土运输车辆	斯太尔、太脱拉	辆	8
七	测量仪器			
1	全站仪	瑞士徕卡 TCRA1202 R100	套	1
2	电子水准仪	瑞士徕卡 DNA03	套	1
3	经纬仪	国产 北光 DJD2-G	套	1
4	水准仪	日本 索佳 C30Ⅱ	套	1
5	塔尺	国产 5m	把	2
6	钢尺	国产 50m	把	2
7	测伞	国产	把	2
8	线坠	国产 250g	个	2
9	花杆	国产 5m	根	2
10	拉力计	国产	个	2
11	盒尺	国产 5m	把	2
12	对讲机	美国 GP88S	台	4
13	计算器	日本 卡西欧 FX4500P	台	4
14	对中杆	2m	台	1
15	测量平差软件	南方平差易	套	1
16	电子手簿	PC-E500S	台	1
八	其他设备			
1	风管	D800	m	2600
2	消防系统		项	1
3	计算机			10
4	打印机	三星		1
5	复印机	佳能		1

7. 质 量 控 制

7.1　认真执行北京市和业主的有关规定，加强对所有参加施工人员进行成品保护教育，落实成品保护责任制。在施工过程中安排必要的人员，材料和设备用于整个工程的成品保护，防止任何已完工程遭受任何损失或破坏。

7.1.1　定期对全体施工人员进行文明施工、成品保护教育，提高自觉保护成品的质量意识。

7.1.2 经常进行检查，发现被碰坏、损坏、污染要及时采取措施进行纠正处理，对责任人给予经济处罚。

7.2 编制成品保护细则，加强现场管理，科学组织施工，减少成品损坏。

7.2.1 管片拆模过程中严禁用铁锤敲击，防止损伤管片。

7.2.2 管片吊装前应检查起重设备、吊具是否满足要求，吊装、翻转管片时应设专人指挥缓慢操作，防止摔坏或碰损管片。

7.2.3 管片堆放高度不应超过8层；垫木放置位置必须正确，各层垫木应在同一竖直线上且前后对齐。

7.2.4 管片运输要有专门车辆，专用垫衬，运输中要平稳行驶，堆放高度不应超过3层。

7.2.5 粘贴完成的密封垫应防止高温曝晒。

7.2.6 施工中严格控制土压，以维持开挖面的稳定。

7.2.7 在掘进施工中，应严格控制千斤顶推力和行程差，以防管片被挤裂。

7.2.8 在管片拼装时千斤顶推力应均匀，防止管片因局部受力过大而导致破裂。

7.2.9 管片拼装中应严格控制盾尾间隙的均匀性。若盾尾间隙过小，易导致在盾构后续掘进过程中盾尾与已拼装成环的管片发生挤压、摩擦，进而造成管片及盾尾密封装置的损坏。

7.2.10 管片脱离盾尾后，应及时进行壁后注浆，并严格控制注浆施工工艺，以防成型隧道出现位移或变形。

7.2.11 浆液在运输及注浆过程中不得混入杂物，以保证浆液性能。

7.2.12 在隧道中铺设轨枕时，应采取措施，防止轨枕损伤管片。

7.2.13 在隧道内铺设管路及电缆需安装支架时，应尽量利用管片连接螺栓来进行固定，严禁在管片上打孔。

8. 安 全 措 施

8.1 严格遵守施工操作规程和施工工艺要求，严禁违章施工。

8.2 进入施工现场必须戴安全帽，高空作业必须系安全带。

8.3 不得向竖井内投掷任何物品。

8.4 安全用电，注意防火，必须配备消防器材。

9. 环 保 措 施

9.1 施工前，对基坑附近建筑物、构筑物进行调查，以便采取相应保护措施。

9.2 夜间施工应采取降噪声措施，最大限度地减少扰民。

9.3 施工废水、废浆应排入沉淀池中，不得随意排放，保持场地清洁。

9.4 施工现场应制定洒水降尘措施，指定专人负责现场洒水降尘和清理浮土。

10. 效 益 分 析

小半径曲线段盾构始发技术在直线段始发的基础上充分利用空间特性和盾构机设计性能，未增加其他辅助设备和施工工法，而且日进尺与直线段始发持平，甚至略有提高。

11. 应 用 实 例

11.1 工程概况

北京地铁四号线工程角门北路站-北京南站盾构区间右线于2006年9月10日开工。设计里程：右

K2+446.318～右 K3+778.224，全长 1382.858m，其中盾构法区间长度为 1231.434m，在 K3+635.000 处设盾构始发竖井。盾构法区间隧道设计断面形式为圆形，外径为 6.0m，内径 5.4m。本区间隧道轨顶设计标高为 17.75～25.00m，隧道结构顶标高为 22.75～30.0m，隧道结构底标高为 16.75～24.00m，隧道埋深约为 16.0～23.5m，覆土厚度约为 10.0～17.5m，盾构机在设计线路为半径 350m 的圆曲线上始发。

11.2 施工情况

11.2.1 曲线拟合

1. 在 CAD 上对盾构始发进洞曲线进行反复拟合，根据设计线路与竖井的平面关系确定进洞盾构机长度范围内实际推进直线的轨迹，以经过设计圆曲线与洞门交点的切线为基线，绕交点向曲线内侧旋转，以直线与设计圆曲线偏差值不超过规范允许值为衡量指标，反向延长到竖井暗挖洞门作为始发轴线，结合考虑盾构机、始发机座、反力架和与竖井的空间关系，修改基线旋转角，找出满足上述要求的始发轴线。

2. 盾构机直线进洞后采用比设计半径小的圆曲线（$R=300$m）来拟合设计线路，管片选型按照 300m 转弯半径进行，待盾构机回到设计线路上来且有向设计线路另一端反向增大的趋势时回归到设计半径，随设计线路正常推进。设计曲线、模拟曲线及施工曲线三者之间关系见图 11.2.1。

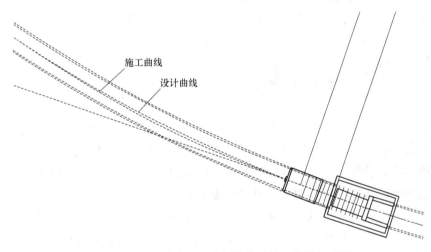

图 11.2.1 设计曲线、模拟曲线及施工曲线关系图

11.2.2 参数设定

在初始掘进段内，对盾构的推进速度、土仓压力、注浆压力作了相应的调整，指标为：

1. 上土压力控制在 0.05～0.1MPa 之间；

2. 推力控制在 1800t 以内；

3. 扭矩控制在 4200kN·m 以内；

4. 盾构机在机座上时不开铰接直线推进，打开超挖刀行程 10cm 进行全段面超挖；进入曲线段时，用 300m 的转弯半径的圆曲线来拟合设计线路，要求将铰接开到 0.86～0.92 度，超挖刀只需在曲线内侧超挖即可，左右分区油压差在 10MPa 上下。

5. 注浆上部压力在 0.25～0.3MPa，注浆量 3m³ 左右；

6. 管片选型按照 300m 转弯半径转弯环与直线环的比例是 1∶1。

11.3 施工复测与结果评价

通过盾构机自动导向系统所显示的推进轴线与设计线路误差值在轨道交通公司所试行的《盾构隧道工程质量验收标准》允许范围内，而且城勘院对成型隧道复测的结果也表示满意，实践证明该小半径曲线段盾构始发方案是合理的，可以作为以后类似工程的参照和借鉴。

混合地层泥水盾构施工工法

YJGF218—2006

广东省基础工程公司　广东省建筑工程集团有限公司

钟显奇　邵孟新　易觉　赖伟文　刘联伟

1. 前　　言

随着现代社会的升级发展，地下工程越来越多，尤其在能源、通信及城市市政工程建设方面，越来越广泛应用非开挖施工技术，其中盾构施工技术替代明挖法和部分矿山法，成为非开挖方式中的重要前沿技术，而泥水盾构属于机械密闭式盾构的一种更复杂的、自动化程度更高的、适用范围最广的盾构施工技术。

在广州地区进行推广盾构隧道施工技术，遇到面临建筑物密集，市政设施众多的难题，以及河网密布，工程地质和水文地质条件复杂多变的难题，地下水量丰富的地层中既有软弱的流塑状淤泥、淤泥质土、淤泥质砂层和粉细砂（2-1、2-2层），又有强渗水的松散的中砂、粗砂和砾砂（2-3、3-1、3-2层），既有极坚硬的、含高承压水的断层破碎带，又有完整的、高强度的岩层（8、9层），还有高黏性的极易产生泥饼的残积土、全风化岩和强风化岩（5-1、5-2、6、7层）。因此，对盾构隧道施工工艺提出了更高的要求。

广东省基础工程公司依托广州市轨道交通三号线（沥滘至大石区间）盾构工程，开展技术创新，取得了"泥水盾构施工技术在广州地区复杂地质条件下的应用"这一国内领先的新成果，于2006年通过广东省建设厅的鉴定，获得了2006年广东省科学技术进步三等奖。同时，形成了混合地层泥水盾构施工工法，该工法的推广应用产生了明显的社会效益和经济效益。该工法是华南地区首次由国内企业自行完成的泥水盾构施工技术和方法，技术先进，工艺可靠，质量优良，文明环保，适应能力强，在广州地区复杂的地质条件下进行盾构施工具有明显代表意义，对在其他地区应用也具有明显的指导意义，在目前广州的现代城市建设中具有广阔的推广应用前景。

2. 工 法 特 点

该泥水盾构工法具有以下特点：

（1）对地层和环境的适应能力强。覆盖了从软土到硬岩等不同成因的地层，对于气压和土压盾构难以施工的高透水砂层、高水压砾石层、浅覆土过江等均能进行施工，并独创传感器法测量江底沉降。

（2）掌子面稳定性高。采用泥水加压平衡原理，在开挖面上产生护壁作用，能使开挖面保持稳定，尤其在稳定性差的土层中，通过调整切口水压力，较好地确保了施工安全。

（3）地面沉降易控制。由于采用泥水平衡，切口水压较易控制，且采用双液（水泥浆＋水玻璃）同步注浆和管片二次注浆工艺，使盾构施工及后续沉降均得到较好的控制。

（4）泥浆渣土机械强制分离。使用具有自主知识产权的泥水分离处理系统可分离出适合弃土场地要求和便于运输的含水砂土。

（5）工人的工作环境好，安全性高。由于采用了水力机械管道输送泥浆和排渣，占用空间小，自动化程度高，故隧道内作业环境好，作业安全性高。

3. 适 应 范 围

该工法适合在不同成因的岩土层中进行盾构隧道掘进，尤其适应在软弱土层、强透水地层、顶部易坍塌而底部坚硬进尺困难的上软下硬地层等单一或混合地层中掘进。

该工法适合在地表沉降控制要求很高的工程区段中。

4. 工 艺 原 理

泥水平衡盾构工作原理如图4所示。由 P_1 泵或增加中继泵将满足施工的泥浆从调整槽内送入盾构泥水舱，使泥水舱内保持一定的泥水浓度和压力，推进时盾构前部的刀盘旋转切削开挖面土体，切削下来的原状土以条状或块状从刀盘开口被挤压进入泥水舱，在泥水仓经过搅拌棒搅拌合水流的冲刷下与水流混合，再由 $P_2 \cdots P_n$ 泵输送到地面泥水分离处理系统，泥渣与泥水分离，从混合泥浆中回收的泥浆进入调整槽调整后重复利用，另一部分劣质泥浆或干土外运排放。图中MV阀一般常闭，$V_1 \cdots V_5$ 阀为状态互换阀，通过阀的切换，分别形成静止、掘进、旁通、逆循环等四种工作状态。P_0 泵用于增加泥水仓的流速。

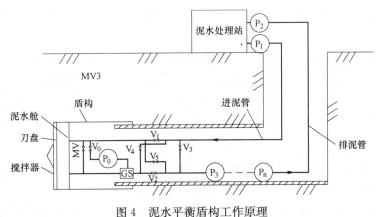

图 4 泥水平衡盾构工作原理

值得注意的是无论是推进阶段还是拼装阶段，在开挖面始终保持着泥水压力略大于地下水压力，泥水在土层中形成一层泥膜，当刀盘刀头将泥膜切削后，新的泥膜很快形成，周而复始，这层泥膜始终保持着阻止泥水压力的损失，从而维持开挖面的稳定。

5. 施工工艺流程及操作要点

5.1 施工工艺流程

施工准备（包括洞口加固，门式起重机、泥水系统、同步注浆、中央控制室等设备安装）→井下轨道、托架及反力架安装→盾构就位安装调试→系统总调试→负环拼装→洞口止水装置安装和洞门混凝土凿除→盾构机出洞→盾构推进、同步注浆（施工参数的采集与调整）→管片拼装→二次补充注浆→盾构进洞→拆除盾构、车架及其他设备→竣工。

5.2 操作要点

泥水盾构的施工要点基本类同于其他盾构，除了一些共性外，还需掌握以下要领。

5.2.1 泥水管理

泥水管理就是对泥浆质量的控制，即对泥浆四大要素的调整。四大要素为：最大颗粒粒径及粒径分布，泥浆密度、黏度和泥水压力。

（1）泥水配合比

出洞初期要配制大量的工作泥浆。工作泥浆的配制分2种，即天然土泥浆和膨润土泥浆，前者成本低，但在天然黏土中或多或少存在一些杂质、粉细砂等，故质量不太高；后者成本高，但泥浆的质量可以得到保证。

天然土泥浆配合比（重量比）为天然黏土：CMC：纯碱：水＝400：2.2：11：700。

膨润土泥浆配合比（重量比）为膨润土：CMC：纯碱：水＝250：2.2：11：850。

泥浆质量控制指标：根据不同的地层，泥浆密度 $1.05\sim1.35g/cm^3$；泥浆黏度 $20\sim35s$（漏斗黏度）；析水率＜5％；颗粒＜$74\mu m$。

（2）泥水的检查和调整

在具体施工中，要配备实验室和专门技术人员，每隔2环对泥水进行测定，一旦发现泥浆劣化，要及时进行调整。也要根据土质的不同，及时对泥浆密度加以调整。泥水相对密度的调整确保调整槽内装有已完成一次处理作业的适量泥浆，再向槽内稀释水或50％浓度的泥浆，调制成送浆相对密度；

5.2.2　掘进管理

泥水加压平衡盾构掘进是一个均衡、连续的施工过程，掘进管理是一个系统的管理，中央控制室是系统管理的中枢。在盾构每环掘进前要发出正确无误的指令；在掘进中要密切注意各个施工参数的变化情况；在掘进结束后根据采集到的各种数据进行分析，作出适当的调整，准备下一环的指令。具体工作如下：

（1）掘进前下达指令：切口水压设定；送泥水密度、黏度等技术参数设定；同步注浆量、压力的设定；推进速度的设定；进泥、排泥流量的设定。

（2）掘进后对下列参数分析，然后作出相应的调整：地面沉降量——判断切口水压是否要变化；泵的电压、电流、转速、流量、扬程——判断设备是否正常运行；进、排泥流量偏差、干砂量——判断输送管路是否畅通，是否发生超、欠挖；千斤顶总推力——判断泥水舱压力是否匹配；隧道稳定情况——判断同步注浆系统是否满足要求；开挖面稳定情况，掘削量管理，同步注浆状态——判断推进速度是否适当。

（3）控制开挖面的稳定。通过对盾构掘进速度、切口水压、泥水密度、排泥流量等数据采集、分析来监视开挖面稳定状况，并通过调整泥水各项性能指标确保开挖面的稳定。泥水舱压力的提高将有利于泥膜的形成，但泥水压力不应无限制地过高或过低，泥膜前后的任何压力差的绝对值的增大都对开挖不利，要保持这层泥膜始终存在，就必须保持泥水舱压力略大于盾构前的水压力。泥水压力的增加会使作用于开挖面的有效支撑压力增加，但不得超过其上限值，否则推进阻力增大，会造成推进困难或击穿覆盖土层。泥水舱压力即切口水压可通过计算得到，参数的调整仅在此范围内调整。掘进速度变化和送排泥管道增长是切口水压变化的主要干扰源。在影响开挖面土体稳定的诸因素中（切口水压、掘进速度、泥水性能指标等），切口水压是影响土体稳定的主要因素。因此，进行泥水平衡控制的主要对象是切口水压。

（4）泥水加压和循环系统中央管理控制内容

1）送排泥泵的启动、停止；

2）送排泥流量，送排泥泵的转速；

3）盾构掘进状态和旁通状态送排泥管内水压；

4）盾构机掘进时，为保持切口水压对送泥水压的控制等。

（5）干砂量的控制。掘削出来的土通过排泥管排出，由仪器测定送泥水和排泥水的差，通过计算求出实际出土含量，即干砂量。将流量仪和压差密度计等仪器安装在送泥竖管和排泥竖管途中，测量管内的流量和密度。根据土粒相对密度值算出土粒含量，从排泥流量和送泥流量的差值上计算出出土量（原则上是计算每一环的掘削出土量）。对照钻孔资料计算的量的差值进行判断，了解异常情况，但两者的值未必是相同的，最终还是要对两者加以对比作出推定。

应当指出，上述关系不是简单的相对关系，任何一个指令的产生都要考虑到相互之间的综合关系，有时从环报表上反映的问题很多，这时就要先抓住主要问题逐一化解，切不可全盘调整，一步到位，那样会使问题更加复杂化。

5.2.3 泥水分离处理

一般采用2级分离处理：

一级处理把泥水中包含的74μm以上的砂砾成分通过细筛和旋流器加以分离，渣料含水率小于30%；

二级处理把泥水中包含的45μm以上的砂砾和砂通过更细的细筛和旋流器加以分离；

可根据环境系统地设计选配泵送系统，保证泥浆以合理流量及压力输送至一级除渣净化系统的预筛器内，预筛器将泥浆中3mm以上的砂砾筛除，并使泥浆均匀分配至泥浆净化装置中，经旋流除砂分离及细筛脱水后清除大部分74μm粒径以上的砂质颗粒，当盾构机在砂砾石层或中砂层掘进时，泥浆经一级除砂净化系统后已满足要求。这时可转换出浆口阀门，净化后泥浆可直接进入泥浆回收槽，并由制浆系统的高速制浆机在泥浆调配槽内适时调浆后泵送回井下。当盾构机在粉土，粉沙层掘进时，一级除砂净化系统不足以把泥浆相对密度及含砂量降至合理范围内时，可转换出浆阀门使泥浆进入二级除砂净化系统。二级旋流除砂器可将泥浆中剩余的45μm粒径以上的砂质清除。二次除砂后的泥浆由出浆口自流入泥浆回收槽，经调浆后泵送回井下。

5.2.4 注浆管理

采用同步双液注浆及时充填掘进时的盾尾处建筑空隙。对沉降量要求严格的范围可作二次管片补充注浆或后续压浆。注浆管理的目的：防止土体松弛和下沉，减少地表或地下管线的沉降；保持隧道衬砌的早期稳定；同时减小管片错台和提高管片接缝的防水性能。

同步注浆材料分A液和B液，配合比如表5.2.4所示。

每立方米注浆材料的原料用量　　　　　　　　　　　　　　　　　　表5.2.4

A液				B液
固化材料(kg)	辅助材料(kg)	稳定剂(L)	水(L)	速凝剂(L)
260	60	2.5~3.0	810	80~90

其他注浆方法类同"土压平衡盾构工法"。

5.2.5 盾构机始发

泥水盾构机始发的主要工作包括：①端头加固，端头加固的长度应略大于盾构机的长度，确保泥水压力不正常时还能保证洞门的稳定；②洞门止水环（包括钢套筒）的施工；③泥浆处理系统场地布置与安装调试；④盾构施工场地布置；⑤盾构机基座及后盾支撑安装；⑥盾构机下井、组装、调试等。见图5.2.5-1。

盾构机机座安装前，按照测量放样的基线在盾构始发位置浇筑混凝土平台，并设置预埋件，在混凝土平台上安装盾构机座。在盾构安装过程中基座必须处水平支撑状态，安装位置按照测量放样的基

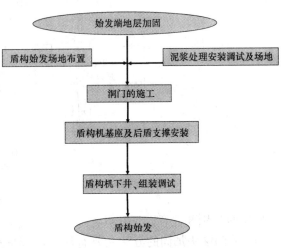

图5.2.5-1　始发流程图

线，吊入井下就位焊接，基座上的轨道按实测洞门中心居中放置，并设置支撑加固（图5.2.5-2）。

考虑到盾构在始发掘进过程中，由于盾构机自身的重心靠前，始发掘进时容易产生向下的"磕头"现象，故盾构机基座安装时纵向无需考虑坡度，只需使盾构机轴线与隧道设计轴线保持平行，盾构中线可比设计轴线适当抬高20~30mm（图5.2.5-2）。

盾构反力架由钢环、后盾框及钢支撑组成，钢环宽50cm，钢环精度要求：环面平整度5mm，使混

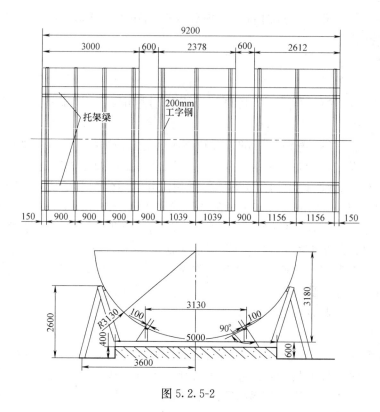

图 5.2.5-2

凝土管片受力均匀；钢环后部用 56 号二榀工字钢制做后盾框，钢环与后盾框之间焊接固定。盾构掘进时的后座反向力通过 φ600mm 钢管支撑传递至主体结构的底板和顶板上，钢支撑焊接在预埋的钢板上（图 5.2.5-3）。

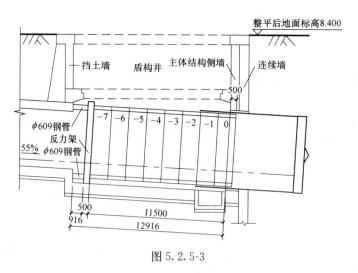

图 5.2.5-3

始发时特别要注意以下几点：

（1）洞门端头加固的方法主要有深层搅拌桩法、高压旋喷桩法、冻结法、CCP 法等。一般加固效果必须达到：砂土中无侧限抗压强度＞1.2MPa，淤泥中无侧限抗压强度＞0.5MPa 和端头止水效果。

（2）洞门止水帘板采用可调节装置，在始发掘进过程中，当盾尾完全进入洞门后，橡胶止水布帘及压板和管片外壁接触时，间隙落差瞬时扩大，为了保证切口水压的稳定，及时调整止水体与盾壳的间隙，以保证止水效果和切口水压力。

（3）盾构始发掘进阶段由于受到后盾支撑力设计值及洞门密封圈等因素的限制，切口水压实际设定值不宜过高。此区域掘进取切口水压值＋60kPa 左右。从加固区进入非加固区，在保证后盾支撑及洞门密封圈安全的条件下，逐步提高切口水压设定值至切口水压理论计算值，并根据地面监测情况进行调整。并尽快掌握调整的规律以指导掘进施工。

（4）第一负环管片定位时，管片的后端面应尽量与线路中线垂直。负环管片轴线应与线路的切线重合。负环管片采用通缝拼装方式。

（5）在进行盾构机基座、后盾支撑、钢环及首环负环管片的定位时，要严格控制盾构机基座、后盾支撑、钢环及首环负环管片的安装精度，确保盾构始发姿态与隧道设计线形符合。始发初始掘进时，盾构机处在基座上，因此需在基座及盾构机上焊接相对的防扭转支座，为盾构机始发掘进提供反扭矩。

5.2.6 盾构机到达

泥水加压平衡盾构的到达相对来说比始发容易控制，因为在盾构机到达时，止水布帘的姿态向盾构井方向侧翻，有利于布帘的防水。另外洞门的凿除是在盾构机刀盘顶住围护结构后再予以凿除，因此洞门凿除的风险大大降低。

盾构机到达前，除了无需进行反力架的安装外，其余的流程如图5.2.6所示：

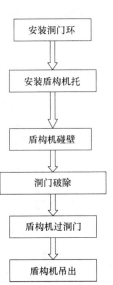

图5.2.6 流程图

（1）盾构在进入加固区前后，推进应尽量保持匀速、平顺，千斤顶推进速度控制在10mm/min以下，在盾构机抵达端头围护结构前，掘进速度应逐步降低，最后一环的推进速度应控制在3mm/min左右。在保证环流系统通畅不堵管的前提下，逐步降低盾构切口水压，以防止洞门冒浆。

（2）在盾构到达掘进期间，盾构操控手应密切注意环流系统运行状况，以严禁堵管为原则调节切口水压，并视环流运行情况对最终切口水压设定值进行微调。

（3）从盾构进入端头加固体开始，盾构操控手应注意控制好盾构掘进姿态，使盾构机尽量平缓掘进，严禁进行大幅度的纠偏动作，以保证盾构机能够平缓出洞。洞门中心根据实际测量定位，盾构操控手要考虑出洞期间盾构机处于上坡状态（到达时往往处于上坡状态），注意控制好盾构机的垂直偏差。

（4）洞门密封橡胶及带有限位装置的活页压板安装，当盾构机出洞后，采用6分的钢丝绳栓紧压板压住橡胶压到盾构机外壳上。

（5）为防止洞门凿除后可能产生渗水、漏砂等情况，因此必须备齐足够的补强、堵漏等材料，必要时采用抽水泵进行抽水；在洞门凿除的过程中，必须加强安全监测工作。

5.2.7 监测技术与分析

确保工程建设安全的关键是全过程监测隧道周边建（构）筑物的变化情况，及时测量各主要工序施工阶段引起的动态沉降数值，并与分析计算值比较，及时反馈指导设计和施工。主要的监测内容参见表5.2.7。

监测项目汇总表　　　　　表5.2.7

类别	量测项目	量测工具	测点布置	量测频率
必测项目	地表隆陷	水准仪	每30m设一断面，必要时需加密	掘进面前后＜20m时测1~2次/d 掘进面前后＜50m时测1次/2d 掘进面前后＞50m时测1次/周
	隧道隆陷	水准仪、钢尺	每5~10m设一断面	掘进面前后＜20m时测1~2次/d 掘进面前后＜50m时测1次/2d 掘进面前后＞50m时测1次/周
选测项目	土体内部位移（垂直和水平）	水准仪、磁环分层沉降仪、倾斜仪	每30m设一断面	掘进面前后＜20m时测1~2次/d 掘进面前后＜50m时测1次/2d 掘进面前后＞50m时测1次/周

类别	量测项目	量测工具	测点布置	量 测 频 率
必测项目	衬砌环内力和变形	压力计和传感器	每 50～100m 设一断面	掘进面前后<20m时测1～2次/d 掘进面前后<50m时测1次/2d 掘进面前后>50m时测1次/周
	土层压应力	压力计和传感器	每一代表性地段设一断面	掘进面前后<20m时测1～2次/d 掘进面前后<50m时测1次/2d 掘进面前后>50m时测1次/周

注：可根据施工条件和沉降情况增加或减少观测次数，随时将监测信息报告给现场技术人员。

5.3 劳动力组织

盾构施工必须三班连续作业，每班配备人数及其组成详见表 5.3。

单线泥水盾构施工班组人员配备表　　　　　　　　　　　　　表 5.3

序 号	人 员	数量(人)	序 号	人 员	数量(人)
1	中央控制室	2	11	同步注浆	2
2	井下负责人	1	12	涂料制做	3
3	盾构司机	1	13	值班长	1
4	管片拼装	2	14	检验员	1
5	机械维修	1	15	保洁员	1
6	电机车司机	1	16	普工(新浆配制)	2
7	电器维修	1	17	机修工	2
8	行车司机	1	18	电工	2
9	测量	1	19	电焊工	1
10	井底、井口吊运	2	20	施工管理人员	4

6. 材料与设备

本工法无需特别说明的材料。施工机械设备包括掘进设备，泥水处理系统，泥水输送系统，测量设备等，主要施工机械设备见表 6 所示。

泥水盾构施工机械设备表　　　　　　　　　　　　　　　　　表 6

序号	设 备 名 称		用 途	序号	设 备 名 称	用 途
1	泥水平衡盾构机		隧道施工	13	充电机	电瓶充电
2	同步注浆系统		同步注浆	14	电瓶车	井下水平运输
3	泥水处理系统	ZX-500 泥浆净化器	泥水处理	15	龙门吊	地面及井下垂直运输
4		ZX-250 泥浆净化器		16	压浆泵	管道补压浆用
5		旋流器		17	电焊机	焊接
6		砂泵		18	排污泵	隧道内排污
7		3PNL-泥浆泵		19	挖掘机	沉淀池挖土
8		清水泵		20	加温器	防水涂料制做
9		搅拌机		21	轴流风机	隧道通风
10	泥水输送系统		泥水输送	22	风管	隧道通风
11	机车		井下水平运输	23	电话总机	施工通信
12	电瓶		井下水平运输	24	测量仪器	隧道测量

7. 质 量 控 制

7.1 工程质量控制标准

7.1.1 盾构掘进施工质量执行《地下铁道工程施工及验收规范》。盾构掘进中严格控制中线平面位置和高程，其允许偏差均为±50mm。

7.1.2 管片拼装允许偏差为：高程和平面±50mm；每环相邻管片平整度4mm；纵向相邻环环面平整度5mm；衬砌环直径椭圆度5‰；螺栓应拧紧，环向及纵向螺栓应全部穿进。

7.2 质量保证措施

除了必须严格遵守国家、地方及业主制定的有关质量标准以外，在施工中还应做到：

7.2.1 通过浆体、注浆压力、注浆开始时间与注浆量的优化选择，达到能及时填满衬砌与周围地层之间的环向间隙，防止地层移动，增加行车的稳定性和结构的抗震性。

7.2.2 对注入浆液的要求：应具有能充分填满间隙的流动性；注入后必须在规定时间内硬化；必须具有超过周围地层的静态强度，保证衬砌与周围地层的共同作用，减少地层移动，具有一定的动态强度，以满足抗震要求；产生的体积收缩小；受地下水衡释不引起材料的离析等。

7.2.3 采用同步注浆时要求注入的注浆压力大于该点的静水压力和土压力之和，做到尽量填充而不是劈裂。

7.2.4 盾构起步时密封刷上必须涂足密封油膏，推进中还应按要求压注油膏，以提高密封效果，减少密封刷与村外表面的摩擦，延长密封刷寿命。

7.2.5 要严格控制管片拼装的垂直度、真圆度、拧紧螺栓的扭矩、曲线地段和修正蛇行时楔形管片或垫块的拼装位置等，防止接缝张开漏水。

8. 安 全 措 施

8.1 认真贯彻"安全第一，预防为主"的方针，根据国家有关规定、条例，结合施工单位实际情况和工程的具体特点，组成专职安全员和班组兼职安全员以及工地安全用电负责人参加的安全生产管理网络，执行安全生产责任制，明确各级人员的职责，抓好工程的安全生产。

8.2 施工现场按符合防火、防风、防雷、防洪、防触电等安全规定及安全施工要求进行布置，并完善布置各种安全标识。

8.3 各类房屋、库房、料场等的消防安全距离做到符合公安部门的规定，室内不堆放易燃品；严格做到不在油库、料库等处吸烟；随时清除现场的易燃杂物；不在有火种的场所或其近旁堆放生产物资。

8.4 氧气瓶和乙炔瓶隔离存放，严格保证氧气瓶不沾染油脂、乙炔发生器有防止回火的安全装置。

8.5 施工现场的临时用电严格按照《施工现场临时用电安全技术规范》的有关规范规定执行。

8.6 加强机械设备维护、检查、保养。机电设备由专人操作，认真遵守用电安全操作规程，防止超负荷作业。临时用电要求一律用"三相五线制"配线，三级漏电保护。所有用电设备要做好接零接地保护，传动部分要设安全罩，地下照明采用36V低压照明。

8.7 电缆应挂在洞口一侧，这样在掘进过程中电缆是渐渐松弛的，否则电缆易在工作中不注意时被拉断而造成事故。

8.8 每班必须在上班前先检查一下漏电保护器是否处于良好的状态之中；必须在切断电源的状态下接拆各类电缆接头，并且要防止各类电缆接头浸水或弄脏。

8.9 施工中必须随时排去盾构机下部的积水，同时应及时清除隧道内的泥浆，保持隧道内的清洁；工作井上部设安全平台，周围设护栏杆，井口高出地面 30cm，防止井周围物体滑落进入井内，井内上下层立体交叉作业，设安全网，安全挡板，井下作业戴安全帽；起重设备由专人操作和专人指挥，统一信号，预防发生碰撞。车靠近工作井边坡行驶时，加强对地基稳定性检查，防止发生倾覆事故。

8.10 建立完善的施工安全保证体系，加强施工作业中的安全检查，确保作业标准化、规范化。

9. 环 保 措 施

9.1 成立对应的施工环境卫生管理机构，在工程施工过程中严格遵守国家和地方政府下发的有关环境保护的法律、法规和规章，加强对施工燃油、工程材料、设备、废水、生产生活垃圾、弃渣的控制和治理，遵守有防火及废弃物处理的规章制度，做好交通环境疏导，充分满足便民要求，认真接受城市交通管理，随时接受相关单位的监督检查。

9.2 将施工场地和作业限制在工程建设允许的范围内，合理布置、规范围挡，做到标牌清楚、齐全，各种标识醒目，施工场地整洁文明。

9.3 对施工中可能影响到的各种公共设施制定可靠的防止损坏和移位的实施措施，加强实施中的监测、应对和验证。同时，将相关方案和要求向全体施工人员详细交底。

9.4 设立专用排浆沟、集浆坑，对废浆、污水进行集中，认真作好无害化处理，从根本上防止施工废浆乱流。

9.5 定期清运沉淀泥砂，做好泥砂、弃渣及其他工程材料运输过程中的防散落与沿途污染措施，废水除按环境卫生指标进行处理达标外，并按当地环保要求的指定地点排放。弃渣及其他工程废弃物按工程建设指定的地点和方案进行合理堆放和处治。

9.6 优先选用先进的环保机械。采取设立隔声墙、隔声罩等消声措施降低施工噪声到允许值以下，同时尽可能避免夜间施工。

9.7 对施工场地道路进行硬化，并在晴天经常对施工通行道路进行洒水，防止尘土飞扬，污染周围环境。

10. 效 益 分 析

泥水盾构施工工艺在复杂地质条件下的应用，丰富了盾构施工技术，为提高工程质量、节约能源、减少对周边环境的影响、扩大盾构的应用范围等具有重要的现实意义和指导意义。

11. 应 用 实 例

11.1 广州市轨道交通三号线（沥滘至大石区间）盾构工程

2003 年，广东省基础工程公司引用了两台由日本三菱重工设计制造的泥水加压式盾构机，用于建造广州市轨道交通三号线（沥滘至大石区间）盾构工程，是广州地区目前第一个采用泥水平衡式盾构工法施工的过江地铁隧道工程，通过针对广州地区特殊的地质条件对泥水盾构施工技术进行一系列的技术革新，尤其是在软弱地层沉降控制、江底监测和安全高效掘进、盾构整体吊装运输、泥浆的分离处理、环流设备的国产化、刀具的改进等方面所做的技术改造和创新，经受了穿越稳定性差的淤泥和淤泥质砂层，地下水丰富的中粗砂层，强度较高的微风化沉积岩，岩体坚硬破碎、含高承压水的断层破碎带等复杂地层的考验，成功地两次穿越宽度为 312m 和 505m 的珠江，盾构曾创下日推进 22.5m 的推进速度，地表沉降小于 3cm。

盾构主要参数：盾构外径 6260mm，盾构全长 8170mm，盾尾密封为 3 道钢丝刷，盾构总推力 36000kN，最大扭矩 6327kN·m，最大推进速度 6.7cm/min。

广州市轨道交通三号线（沥滘至大石区间）盾构工程隧道全长3051.541m，内径5.4m，江底最小覆土厚度为7.5m。圆隧道全部采用预制钢筋混凝土管片的单层衬砌结构形式，工期从2003年3月28日～2005年9月11日，穿越了浅覆土层、312m宽的三枝香水道、505m宽的南珠江、地处高灵敏度的软弱地层上的建筑物密集的村庄等。在泥浆分离处理技术上，我们采用了自有知识产权的泥浆处理技术，用泥水处理设备及传统的多级沉淀池将盾构机挖掘输送出来的泥浆充分净化，实现对渣土有效分离，泥浆重复使用的目的。

在地面沉降控制技术上，我们沿隧道轴线方向每隔30m布设一个断面监测地表沉降，每个断面设监测点5个，监测点横向间距3m；采用了自行设计研究的传感器法和超声波法对南珠江和三枝香水道的江底沉降进行监测。监测结果为地表最终沉降值为＋2～－30mm，符合设计和规范要求。

通过各项技术在实际施工中的综合应用，有效地控制了盾构施工过程中的地表沉降，减少了诸多辅助措施地实施，避免了大量的动迁及修补工作，保证了广大市民的正常生活秩序，产生了显著的社会效益和经济效益。

11.2 广州市轨道交通五号线（大坦沙至西场区间）盾构工程

广州市轨道交通五号线（大坦沙至西场区间）盾构工程，盾构隧道从大坦沙南盾构始发井东侧开始，始发里程为YDK2＋435.000，盾构区间线路（左右线）总长约3997m，包括（大坦沙至中山八路区间）和（中山八路至西场区间），4次盾构机过站（地面地下各两次）。工程总体概况见图11.2。

图11.2 大坦沙至西场区间工程概况图

大～中区间线路纵剖面左右线各有2个 $R=5000$m 凹曲线和1个 $R=3000$m 的凸曲线，最大下坡为55‰，最大上坡为21.785‰，覆土厚度最大为26m，最小为5m。中～西区间线路纵剖面左右线各有5个竖曲线，其中凸曲线4个（其中 $R=3000$m 的有2个， $R=5000$m 的有2个），凹曲线1个（ $R=5000$m）。最大下坡为23.585‰，最大上坡为25.397‰，覆土厚度最大为27m，最小为15m。大坦沙南～中山八站区间属珠江三角洲冲积平原，本段区间所处地面为大坦沙岛、珠江、青年公园和中山八路，地形略有起伏，沿线地面标高6.67～8.47m。中山八站～西场站区间沿线为剥蚀残丘或微台地貌，地形略有起伏，地面标高为6.06～9.85m。大坦沙～中区间隧道洞身穿越的地层主要为2-2、3-2，局部为2-1、7、8。中～西区间隧道洞身穿越的地层主要为7、8、9，局部为6、5-2。

工程于2006年4月开工，采用混合地层泥水盾构施工工法，目前已经成功穿越大坦沙至中区间。施工中，广州市地铁总公司委托第三方监测单位和施工单位进行了全过程的监测。根据双方监测的结果显示，地表沉降最大值为23.6mm，符合设计和规范要求。

在施工完的大坦沙至中区间中，整个施工全过程处于安全、稳定、快速、优质、环保的可控状态。工程质量达到了优良，无安全生产事故发生，得到了各方的好评。

11.3 广州市珠江新城旅客自动输送系统土建1标（林和西站至天河南二路站）盾构工程

广州市珠江新城核心区市政交通项目旅客自动输送系统土建1标段，共有天河南一路站～体育中心站区间、体育中心站、体育中心站～林和西站盾构区间、林和西站，为两站两区间，其中两区间由两段长度为259.1m＋587.494m（261.995m＋586.901m）的盾构隧道组成。

该工程有全断面黏土层，也有砂层及高强度的岩层，地质情况复杂，并且线路上跨三号线隧道，两者间净距仅为1.88m，线路也下穿体育中心电力管廊，两者净距仅0.83m，且部分为浅覆土段，最小厚度为4.3m，施工难度很大。

工程于2007年3月开始掘进，采用两台德国海瑞克公司生产制造的泥水平衡式盾构机一先一后掘进（左线比右线提前1个月始发），从林和西车站盾构井始发，目前左线完成408m，右线完成61.5m。

施工中，广州市地铁总公司委托第三方监测单位和施工单位进行了全过程的监测。根据双方监测的结果显示，地表沉降最大值为15.8mm，符合设计和规范要求。

从目前完成的情况看，整个施工过程处于安全、稳定、快速、优质、环保的可控状态。工程质量较好，并顺利通过成型隧道样板验收，无安全生产事故发生，得到了各方的好评。

连拱隧道两导洞施工工法

YJGF219—2006

中铁十六局集团有限公司

陈炳祥　易国华

1. 前　　言

连拱隧道目前普遍采用的施工工法是三导洞施工工法。其施工工序为：中导洞开挖、支护、隧道仰拱及中隔墙混凝土施工；左导洞上半断面开挖、支护，左导洞下半断面开挖、支护，隧道仰拱及填充、二次混凝土衬砌施工；右导洞上半断面开挖、支护，右导洞下半断面开挖、支护，隧道仰拱及填充、二次混凝土衬砌施工。左右导洞距离前后错开约30～50m。施工步骤见图1。

该工法的缺点是：中导洞开挖、支护、隧道仰拱及中隔墙混凝土完成，才能进行左右两个导洞的施工，平行交叉作业的时间相对较少，大部分时间采用单工序施工作业，施工功效低，施工费用高，施工工期长。在确保工程地质体稳定的前提条件下，改进优化施工方法，才是有效克服三导洞施工工法弱点，解决问题的关键所在。

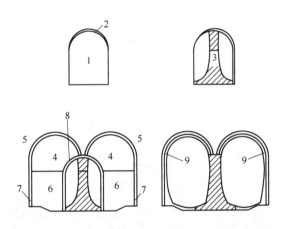

图1　连拱隧道三导洞工法施工步骤图
1—中导洞开挖；2—中导洞支护；3—隧道仰拱及中隔墙混凝土施工；4—左、右导洞上断面开挖；5—左、右导洞上断面支护；6—左、右导洞下断面开挖；7—左右导洞下断面支护；8—拆除中导洞支护；9—隧道仰拱及填充

我集团公司承担的渝怀铁路金洞隧道，隧道出口采用连拱隧道设计。设计采用三导洞工法施工，通过方案比选，选定采用连拱隧道两导洞工法施工，施工过程中对其施工方案、施工工艺进行研究、分析、应用、总结，形成了本工法。

2. 工 法 特 点

2.1 两导洞工法施工工艺系统可靠，方法先进，可操作性强，能够取得良好的社会效益和显著的经济效益。

2.2 两导洞工法施工较三导洞工法工序少，工序之间能够平行交叉作业，施工速度快、施工效高、可以较大幅度缩短施工工期。

2.3 施工质量满足设计和施工规范要求，施工安全能够得到有效保证。

2.4 施工作业空间较大，便于大型机械设备施工作业，降低人工劳动强度。

2.5 中隔墙的拱墙结合部避免出现水平施工缝，一方面增强二衬结构的整体性，另一方面提高拱墙结合部防水性能，减少了该部位出现渗漏水的可能性。

2.6 减少因中导洞施工需要拆的临时锚喷支护工程量，降低施工成本，提高经济效益。

3. 适 用 范 围

本工法适用于铁路、公路连拱隧道及其他类似结构的工程项目。对于开挖后工程地质（如：Ⅴ级围岩）稳定性较差，且跨度较大的隧道，应慎重采用该工法。

4. 工 艺 原 理

通过建立数学模型、理论计算分析连拱隧道两导洞工法开挖施工时，导出隧道洞周位移、支护内力及安全系数变化情况。确定出影响工程地质体稳定的关键部位，并在施工过程中采取必要的加固措施对其进行加固。

4.1 计算条件

4.1.1 计算断面选择。连拱隧道选在中隔墙厚度较薄处，并考虑相应的埋深。

4.1.2 计算参数。隧道围岩力学指标根据《铁路隧道设计规范》TB 10003—2001 J 117—2001 进行选取。

4.1.3 计算条件。横向计算范围左、右各取 3 倍洞跨，竖向上下各取 3 倍洞高。

计算中，围岩及二次衬砌采用二维实体单元模拟，隧道初期支护采用梁单元模拟，锚杆采用杆单元模拟。采用 Drucke-Prager 屈服准则。

4.2 两导洞工法数学模型

连拱隧道两导洞工法开挖施工，建立的计算模型网格划分见图 4.2-1，其锚喷初期支护及锚杆有限元模型图见图 4.2-2。

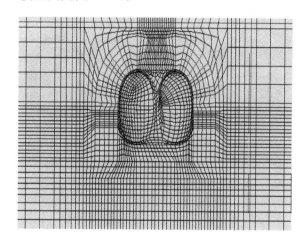

图 4.2-1 连拱隧道两导洞工法施工计算模型网格图

图 4.2-2 连拱隧道初期支护及锚杆有限元模型图

5. 施工工艺流程及操作要点

5.1 隧道施工力学特性计算分析

结合工程实际，合理选取计算参数，计算分析隧道各施工工序、各施工步骤洞周位移、支护内力变化情况及安全系数，判断能否采用两导洞工法施工及影响工程地质体稳定的关键部位，并在施工过程中采取必要的加固措施对其进行加固。

5.2 两导洞工法施工工艺流程

见图 5.2。

5.3 两导洞工法施工工序

连拱隧道两导洞工法施工工序为：左导洞上半断面开挖、支护，左导洞下半断面开挖、支护，隧道仰拱及填充、二次混凝土衬砌施工；右导洞上半断面开挖、支护，右导洞下半断面开挖、支护，隧道仰拱及填充、二次混凝土衬砌施工。左右导洞距离前后错开约 30～50m（图 5.3）。

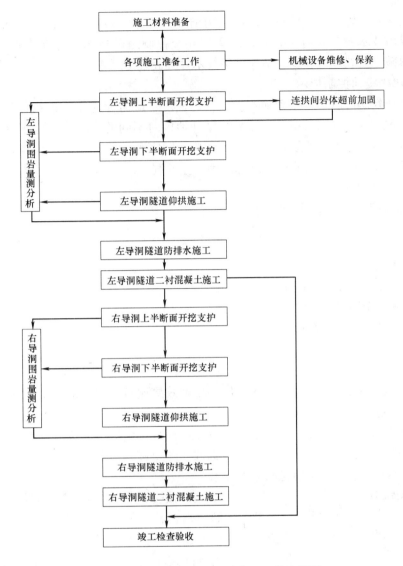

图 5.2　连拱隧道两导洞工法施工工艺流程图

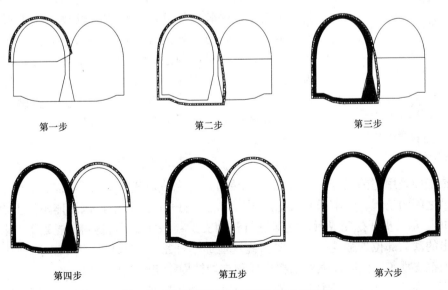

图 5.3　连拱隧道两导洞工法施工步骤图

5.3.1 开挖工序

隧道爆破施工必须以确保工程地质体的稳定为前提条件。爆破对围岩存在不同程度的破坏，其破坏程度与采用的爆破技术及参数有关，开挖中采用减震控制爆破技术，合理选用（单选或组合选择）微差爆破、光面爆破、预裂爆破和线状钻孔爆破技术，提高隧道开挖质量。

5.3.2 确定爆破震动控制指标

爆破震动的安全判据可以采用振动加速度、振动速度、应力和应变幅值指标等确定。习惯上多采用振动速度作为爆破稳定性判别的指标，多数国家和地区对不同的建筑物制定了临界振动速度值作为爆破安全的评判标准。结合工程地质资料、工程结构、国家和行业对不同的建筑物制定的临界振动速度值，确定连拱隧道开挖质点振动速度控制标准为：左导洞 $V_{kp} \leqslant 10cm/s$；右导洞上半断面开挖 $V_{kp} \leqslant 6cm/s$；右导洞下半断面开挖 $V_{kp} \leqslant 8cm/s$。

5.3.3 同时起爆最大允许装药量控制

$$Q_{max} = R^3 (V_{kp}/k)^{3/\alpha}$$

式中　Q_{max}——同时起爆最大药量（kg）；

　　　V_{kp}——安全振动速度（cm/s）；

　　　R——爆破安全距离（m）；

　　　k——地形地质影响系数；

　　　α——衰减系数。

1. 微差爆破技术的应用。大量的工程实践表明，相邻两段爆破时间间隔大于100ms，相当于两次独立的爆破，相互之间爆破震动效应不相互叠加，减震效果比较明显；间隔时间小于100ms时，有一定的影响，间隔时间越小，影响越大。

2. 光面爆破技术的应用。光面爆破是钻爆法施工应用最广泛的爆破技术，不仅可以提高开挖质量，而且施工速度比较快，只要施工条件允许，优先选取。隧道施工过程中只要不会对工程地质体和相邻隧道工程结构造成不利影响，均采用光面爆破技术。

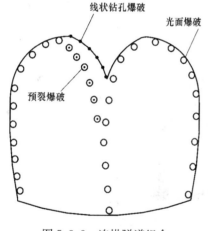

图 5.3.3　连拱隧道组合爆破技术示意图

3. 光面爆破、预裂爆破和线状钻孔爆破技术的组合应用。预裂爆破形成裂缝后，就形成了一个不透射而全反射的界面，爆破形成的入射应力波被反射到开挖区内，阻隔对开挖区以外工程岩体或工程结构物的破坏，减震效果明显，振动强度可以削弱60%左右。线状钻孔爆破，其钻孔密度较光面爆破、预裂爆破都大，装药量更小，爆破破坏性影响更少，其爆破参数根据爆破限制条件确定。连拱隧道右导洞开挖，爆破对左导洞影响非常大，爆破控制不好，就会对两洞之间衬砌结构造成破坏，因此爆破开挖成为保证质量的关键工序。连拱隧道右导洞开挖过程中，上半断面开挖，采用光面爆破，预裂爆破和线状钻孔爆破技术的组合，下半断面开挖采用了光面爆破和预裂爆破技术的组合，见图5.3.3。

5.3.4 支护工序

1. 超前支护。两连拱之间的工程岩体，因重力作用，自身不能确保稳定，施工中采用超前锚杆进行锚固，左导洞开挖完成后进行施工。锚杆长度、数量、位置布置满足将两连拱之间的工程岩体牢固锚入稳定岩层，右导洞开挖过程中，该岩体不发生松脱变形。

2. 初期支护。每一步开挖完成后，立即进行初期支护，限制工程岩体松脱变形。针对施工力学特性计算分析指出的薄弱部位加强支护，主要措施：增加锚杆密度和长度、增加钢筋网片、增加喷混凝土的厚度、增加钢支撑等，同时加强对工程岩体和支护结构稳定性监控量侧。

3. 二次混凝土衬砌。施工力学特性计算分析表明，连拱隧道开挖后仅进行锚喷支护，不能长期满足工程岩体和初期支护结构的稳定，部分部位可能发生破坏性反应。施工过程中，左导洞开挖、支护后，尽快完成二次混凝土，工程地质稳定性较差地段，二次衬砌尽量紧跟；工程地质稳定性较好地段，可以适当拉开距离，便于多工序平行作业，从而加快施工进度。左导洞二次混凝土衬砌未施工或二次衬砌混凝土强度未达到设计强度对应地段，严禁右导洞施工。

4. 施工过程工程岩体稳定性监控量测。按照施工规范开展工程地质体稳定的监控量测工作。埋设好各监测点，主要进行以下几个方面的工作：支护体状态观察、水平收敛、拱顶下沉、锚杆内力量测等。

5.4 劳动力组织（表5.4）

主要劳动力明细表 　　　　　　　　　　　　　　　　　　　　　　　　表 5.4

序号	人员分工	人数	职　责
1	施工管理人员	12	组织、指挥、协调、方案决策
2	工程技术人员	4	技术指导、方案制定、实施、质量控制
3	工班长	6	工序施工组织协调、工序方案实施
4	测量人员	4	隧道控制测量、细部测量放样
5	架子工	9	搭设各种施工用脚手架、作业平台
6	锚杆施工人员	10	锚杆切割、安装、注浆
7	钻爆工	20	爆破施工
8	汽车司机	6	清运洞内开挖石渣、工程材料
9	装、挖司机	6	装石渣、工程材料
10	安全员	3	洞内安全检查、监督
11	试验工	2	各种工程试验
12	喷混凝土工	10	洞内开挖后挂网喷混凝土
13	施工观测人员	3	观测仪器的埋设，收集原始数据并分析
14	钢筋工	8	钢筋制做
15	混凝土及模板工	16	混凝土生产、灌注、衬砌台车就位
16	其他工种	21	电工、抽水工、电焊工、空压机司机等
17	合计	140 人	

6. 材料与设备

本工法无需特别说明的材料，采用的机具设备见表6。

主要机械设备、机具表 　　　　　　　　　　　　　　　　　　　　　　　表 6

序号	设备名称	型号	单位	数量	备注
1	变压器	315kVA	台	2	
2	空压机	4L-20/8	台	3	一台备用
3	装载机	ZLC50	台	2	一台备用
4	自卸汽车	10t 以上	台	3	一台备用
		5t	台	3	一台备用
5	混凝土搅拌机	TS750p1/200	台	2	一台备用
6	混凝土运输车		台	2	
7	衬砌台车	长 9m	台	1	
8	混凝土输送泵		台	2	
9	柴油发电机	120kW	台	2	
10	挖掘机		台	2	一台备用
11	凿岩机	7655 型	台	16	一台备用
12	注浆机	DZP-50/40	台	2	
13	砂浆搅拌机		台	2	
14	锚杆拉拔仪	30t	台	2	
15	钢筋切割机		台	2	
16	电焊机	B135	台	3	
17	抽水机	DAL-1005	台	3	
18	潜水泵		台	2	
19	注浆泵	2SNS	台	2	一台备用
20	混凝土喷射机	HPC-V	台	3	
21	经纬仪		台	2	
22	水平仪		台	1	
23	全站仪		台	1	
24	砂轮切割机		台	2	

7. 质 量 控 制

7.1 爆破开挖。光面爆破、预裂爆破和线状钻孔爆破的炮痕率：整体性好的工程岩体 90％以上，其他工程岩体不低于 80％；开挖轮廓面最大超挖不得大于 10cm。爆破后工程岩体原有裂隙不得有明显扩展，不增加新的裂隙。

7.2 锚喷支护。锚杆抗拔力达到设计强度的 95％以上、注浆密实度达到孔深的 95％以上；喷射混凝土厚度、强度、钢筋网片、钢格栅施工满足设计和施工规范要求；喷射混凝土与原有岩面接触密贴；支护体不出现变形开裂现象。

7.3 右导洞爆破施工开挖，不对左洞隧道衬砌结构产生破坏，二衬混凝土不出现裂纹。

7.4 围岩收敛不发生有害变形，监控量侧采集的数据通过回归分析，其收敛趋势呈稳定状态。

7.5 连拱隧道施工完成后，排水系统畅通，无渗漏水现象。

7.6 二衬混凝土施工质量满足设计和施工规范要求，外观质量大面平顺、无错台、颜色一致。

8. 安 全 措 施

8.1 通过理论计算，分析判断连拱隧道采用两导洞工法施工方案是否可行、可能存在安全稳定问题的薄弱部位，施工过程及时采取相应的工程加固措施，减少施工盲目性，确保施工安全。分析判断连拱隧道采用两导洞工法施工（包括采取工程加固措施）可能存在安全隐患，不能或无把握确保施工安全，禁止采用该工法施工。

8.2 连拱隧道施工关键环节和开挖工序是右导洞隧道开挖，其难点是确保开挖过程中不对左导洞隧道衬砌造成破坏。施工过程中，根据工程结构和工程地质情况，合理选取爆破技术参数，采用必要减振措施。

8.3 墙脚和隧底是主要的薄弱部位，施工过程中，及时施作仰拱及隧底混凝土填充，限制围岩的变形，达到进一步确保工程岩体稳定的目的。

8.4 施工过程中，加强围岩稳定性监控量测。它能直观地反映出隧道开挖支护后，工程岩体和初期支护结构的稳定程度如何，为优化设计提供依据。

8.5 初期支护及时紧跟施作，二次混凝土衬砌尽快完成，施工质量满足设计和施工规范要求，确保工程岩体和隧道工程结构安全稳定。

8.6 建立健全安全保障体系，施工安全责任制，成立安全领导小组，配备专职安全员，加强施工安全监控，加强安全教育培训。

8.7 凡进入施工现场的人员，必须戴安全帽；洞内爆破时，所有人员必须撤离至安全地带；随时观察岩体变化情况，放炮后及时清理工作面的危石，发现险情立即发出警戒信号。

8.8 非专业人员不得操作施工机械和洞内的其他设备；喷混凝土的喷头前、注浆管前不得站人。

9. 环 保 措 施

9.1 成立对应的施工环境卫生管理机构，在工程施工过程中严格遵守国家和地方政府下发的有关环境保护的法律、法规和规章，加强对施工燃油、工程材料、设备、废水、生产生活垃圾、弃碴的控制和治理。遵守防火及废弃物处理的规章制度，随时接受相关单位的监督检查。

9.2 将施工场地和作业限制在工程建设允许的范围内，合理布置，做到标牌清楚、齐全，各种标识醒目，施工场地整洁文明。

9.3 对施工中可能影响到的各种公共设施制定可靠的防止损坏和移位的实施措施，加强实施中的监测、应对和验证。同时，将相关方案和要求向全体施工人员详细交底。

9.4 对施工场地道路进行硬化，并在晴天经常对施工通行道路进行洒水，防止尘土飞扬，污染周围环境。

10. 效 益 分 析

10.1 采用连拱隧道两导洞施工工法代替三导洞施工工法，是建立在科学理论分析的基础之上，避免了施工盲目性。在开拓创新思路和工作方法上有较好的指导作用。

10.2 连拱隧道两导洞施工工法，可以增加工序之间平行作业的时间，提高施工工效，缩短施工工期，降低施工成本，取得良好的经济效益。

10.3 连拱隧道两导洞施工工法研究与应用，是施工工法的优化创新，为连拱隧道施工积累了宝贵的施工技术和施工经验，推广应用前景良好，社会效益显著。该技术被中国铁道建筑总公司评为科技进步一等奖。

11. 应 用 实 例

渝怀铁路金洞隧道，全长 9108m，为全线控制工程之一。隧道出口 153m，采用燕尾式隧道设计，由大跨隧道、连拱隧道、小间距分离隧道三部分组成。其中连拱隧道段长 42.2m，中隔墙衬砌厚度 1.0～2.89m。主要工程地质由泥质、细砂质泥岩、粉砂岩组成，Ⅳ级软弱围岩。提前完成连拱隧道段施工，对确保整个隧道的施工工期有利。连拱隧道设计采用三导洞工法施工，通过方案比较，确定采用两导洞工法施工。

力学特性计算分析结果

主要分析解决金洞隧道连拱隧道采用两导洞工法开挖施工时，隧道洞周位移、支护内力及安全系数变化情况。

11.1 计算条件

11.1.1 计算断面选择。连拱隧道选在中隔墙厚度 1.0m 处，该对应位置埋深约 100m。

11.1.2 计算参数。隧道围岩力学指标根据《铁路隧道设计规范》TB 10003—2001 J 117—2001，结合工程实际情况进行选取，具体参数详见表 11.1.2-1 和表 11.1.2-2。

燕尾段隧道围岩力学指标   表 11.1.2-1

围岩级别	重度(kN/m³)	变形模量 E(GPa)	泊松比	内摩擦角(°)	黏聚力(MPa)
Ⅳ	20	1.0	0.3	27	0.5

隧道支护参数   表 11.1.2-2

类　别	尺　寸	材　料	仰　拱
初期支护厚度	15cm	C20	
锚杆直径	$\phi 22$mm	20MnSi	仰拱厚度～宽度
二次衬砌	30cm	C20	

11.1.3 计算条件。横向计算范围左、右各取 3 倍洞跨，竖向上下各取 3 倍洞高。

11.2 力学特性具体计算

11.2.1 洞周位移。理论计算分析表明：拱顶最大位移为 2.5cm，发生在第五步施工中；拱腰位移为 1.5cm，边墙位移为 2.2cm。

11.2.2 锚杆轴力。经计算锚杆承受的最大拉力为 19.77kN，远小于锚杆允许的极限拉应力，因此，可以判断锚杆受力是安全的。

11.2.3 初期支护内力。各施工步初期支护最大内力见表11.2.3。

各施工步初期支护最大内力值表

表 11.2.3

施工步骤	弯矩(kN·m)				轴力(kN)			
	数值	位置	数值	位置	数值	位置	数值	位置
第一步			5.3	支护脚底	−1233.6	支护脚底	−370	支护拱顶
第二步	−21.6	支护脚底	16.5	左墙偏上	−1641.7	右墙脚	434	仰拱中部
第三步	−24.3	隔墙上部	6.9	隔墙上部偏下	−726.41	左洞左拱腰	73.9	左拱脚位置
第四步	−87.1	隔墙上部	48.5	隔墙上部偏下	−1667.4	右洞左拱脚	−249.5	左洞左墙脚
第五步	−194.6	隔墙上部	85.9	隔墙上部偏下	−1686.4	右洞与中隔墙的相交处	−238.1	左洞墙脚处
第六步	−4.4	右洞与中隔墙的衔接处	1.0	右洞仰拱中部	−697.33	左洞左拱腰	231.3	左洞右墙脚

从表11.2.3计算结果可以看出：初期支护最大轴力为−1686.4kN（压力），位于右洞与中隔墙的相交处；最大拉力为434kN，位于仰拱中部；对于C20喷射混凝土，该拉力将大于其极限拉力值。初期支护设计有钢支撑。因此该初期支护能够基本能维持隧道施工安全。

11.2.4 二次衬砌内力。连拱隧道两导洞工法施工二次衬砌弯矩图见图11.2.4-1，二次衬砌轴力图（左、右隧道同）、剪力图（左、右隧道同）见图11.2.4-2。

由图11.2.4-1、图11.2.4-2可以看出：

1. 最大弯矩发生在仰拱与边墙相接处，其值为78.5 kN·m，拱顶弯矩较小，最大为17.7 kN·m。仰拱弯矩为19.9 kN·m。其他地方的弯矩均比较小。

2. 最大轴力发生在边墙与拱部的交界处，其值为652.7kN，最小轴力发生在拱部，其值为88.1kN，拱部与中隔墙相连部位，轴力为339kN。

3. 最大剪力发生在隧道墙脚处，其值为240kN，次大剪力在隧道中隔墙脚处，其值为80kN，其余位置剪力均比较小。

4. 二次衬砌安全系数：连拱隧道中导洞法施工二次衬砌安全系数最小值为3.6以上，达到了规范要求，因此采用该工法施工的连拱隧道结构是安全的。

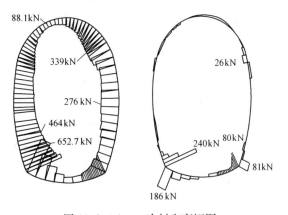

图 11.2.4-1　二次衬砌弯矩图

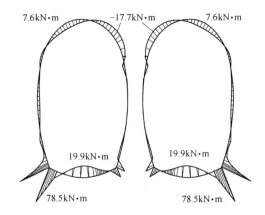

图 11.2.4-2　二次衬砌轴力图和剪力图

11.3　施工措施

11.3.1　爆破开挖

1. Ⅳ级围岩，工程地质稳定性较差，开挖中采用减震控制爆破技术。隧道施工过程中，间隔时间选取100ms。同时起爆最大药量（Q_{max}）技术参数结合工程情况选取，具体如下：

V_{kp}——最大安全振动速度（cm/s）。左导洞 $V_{kp}=10cm/s$；右导洞上半断面开挖 $V_{kp}=6cm/s$；右导洞下半断面开挖 $V_{kp}=8cm/s$。

R——爆破安全距离（m）。左导洞 $R=3.0$m；右导洞上半断面开挖 $R=1.0$m；右导洞下半断面开挖 $R=2$m。

k——地形地质影响系数。本隧道选取 $k=150$。

α——衰减系数。本隧道取 $\alpha=1.6$。

2. 微差爆破、光面爆破、预裂爆破和线状钻孔爆破技术参数（表 11.3.1）

爆破参数表 表 11.3.1

爆破种类	炮眼间距(cm)	线装药量(g/m)	炮泥长度(cm)	装药结构
光面爆破	45	135	30	间隔装药
预裂爆破	35	89	30	间隔装药
线状钻孔爆破	20	21	30	间隔装药

11.3.2 施工支护

1. 超前支护。连拱之间的工程岩体，施工中采用 4m 中空注浆锚杆（$\phi25$mm）进行超前锚固。

2. 初期支护。爆破开挖完成后，立即进行初期支护。并对施工力学特性计算分析指出的薄弱部位，采取措施为：增加锚杆密度、钢筋网片由一层调整为二层、喷混凝土厚度增加 3~5cm。

3. 二次混凝土衬砌。因连拱隧道长度较短，左导洞开挖、支护后，及时组织二次混凝土施工。

11.3.3 施工过程工程岩体稳定性监控量测

支护体状态观察未发现开裂现象；位移观测采用收敛计和水准仪，测得拱顶最大位移为 2.3cm，拱腰位移为 1.7cm，边墙位移为 1.9cm，与理论计算基本相符，存在一定差别；锚杆内力量测，采用锚杆应力计，测得最大拉力为 15.8kN，较理论计算偏小。

11.4 工程效果

11.4.1 施工工期。采用两导洞工法较三导洞工法施工，节省施工时间 35%~45%。

11.4.2 工程质量和施工安全。实践证明，连拱隧道采用两导洞工法开挖施工方案是完全可行的。施工过程中，没有出现工程岩体超限变形或坍塌掉块，右导洞后序开挖没有对已施工的左导洞二衬结构造成破坏，确保了工程施工安全。

11.4.3 经济效益。施工过程中，简化了部分施工工序及省去了部分临时支护，施工工期缩短，施工成本降低，统计分析，节省费用 1.368 万元/m。

盾构隧道衬砌管片制作工法

YJGF220—2006

中铁二十三局集团有限公司　中铁十八局集团有限公司

北京住总集团有限责任公司　南京大地建设集团有限责任公司

王乔　汪永进　李志鼎　陈英盈　龚文昌　叶尔威　杨安东　张震东　巍从新

1. 前　　言

管片作为盾构隧道的永久衬砌结构，它既有常规建筑工程用构件的生产工艺流程和质量标准，又有其高精度、高强度及高抗渗等额外性能要求。目前管片已广泛应用于很多隧道工程项目，如已建成的上海地铁、广州地铁等，取得了相当大的成功。随着各大城市地下轨道交通的进一步发展，它的发展前景将更加广阔。

中铁二十三局集团有限公司联合中铁十八局集团有限公司通过实践摸索和创新，总结出一套管片制做工法，在上海地铁二号线西延伸工程、上海地铁九号线以及成都地铁一号线管片制做上得到应用，使用效果良好。

2. 工 法 特 点

2.1 管片钢筋笼须在专用焊接靠模上定位，采用二氧化碳保护焊焊接成型。

2.2 管片制做用模具为高精度钢模。

2.3 管片生产过程中使用了一些新设备和特制工装。如专用的柔性吊、索具，真空吸盘等。

2.4 管片有一些特有的检测试验项目，如检漏试验、拼装试验等。

2.5 因为管片的高质量要求，所以对管片制做工人的要求较高，一般需要经过专业人员进行培训。对管理者的专业技能和管理能力要求也较高。

3. 适 用 范 围

本工法适用于各类盾构隧道高精度管片衬砌的工厂化预制。

4. 工 艺 原 理

严格控制各类混凝土用原材料，采用双掺技术，配制出具有良好抗渗性能、抗裂性能的高强混凝土。混凝土在高精度模具内振捣成型。为提高模型周转利用率，管片早期采用蒸汽养护，达到一定的强度后进行脱模，然后进入14天水养护，再进行自然养护。期间要抽取一定比例的管片作为样品进行各项技术指标的检测，然后根据样品的检测结果判定该批管片是否合格。合格的管片堆放在合格品堆场，等待出厂。

5. 制做工艺流程及制做要点

5.1 **管片制做工艺流程图**（图 5.1）

5.2 **管片制做检测流程图**（图 5.2）

5.3 **钢筋工程施工要点**

影响管片钢筋笼弧度的因素主要有两方面，一方面决定于构成钢筋骨架主筋的弧度，所以加工的

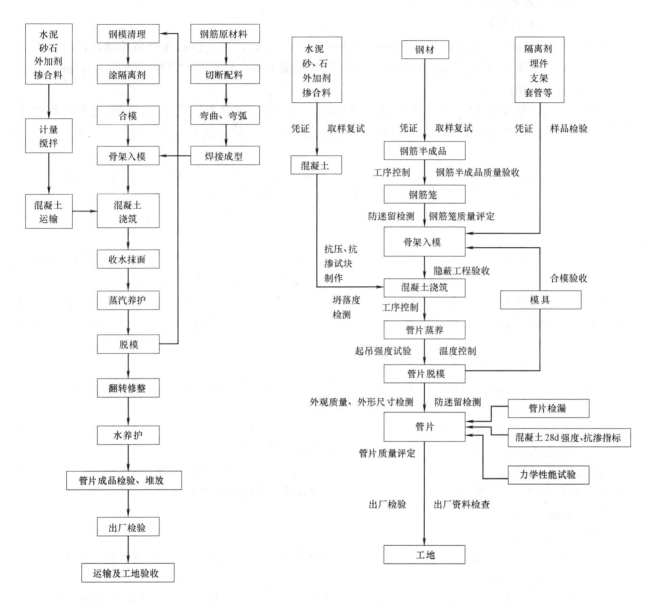

图 5.1　管片制做工艺流程图　　　　　　图 5.2　管片制做检测流程图

　　每一根主筋必须通过样板检测；另一方面决定于钢筋笼焊接靠模。管片钢筋笼采用 CO_2 低温保护焊焊接成型，且焊点较多。在焊接的过程中，弧形钢筋存在一定的延展变形，钢筋笼焊接靠模可以通过自身的弧度约束弧形钢筋的延展变形，从而保证制做出的钢筋笼弧度准确性。钢筋笼焊接靠模还通过固定钢筋笼主筋位置、箍筋位置来保证钢筋笼其他各项外形尺寸和钢筋的位置。钢筋笼焊接靠模设计制做的依据主要为管片设计施工图。

　　钢筋笼焊接靠模一般根据管片施工图设计，一般为开合式，见图 5.3。通过靠模焊接出的钢筋笼尺寸以及钢筋尺寸位置偏差完全能够达到设计使用要求，且焊接操作方便，钢筋笼起吊方便，提高管片的制做效率。

图 5.3　钢筋笼焊接靠模

5.4 模板工程施工要点

5.4.1 模具精度控制

管片制造误差和管片模具误差对提高管片衬砌质量不可低估，误差值必须严格控制在设计要求的范围内。经验表明不精细和不准确的模具经常导致管片质量不高，容易造成管片在隧道内拼装时破损，降低隧道最后的质量。

管片模具的高精度和良好的耐久性是保证管片外形尺寸精度的前提。为了保证混凝土管片能够符合设计和规范要求，在模具精度控制方面的工作内容包括钢模的设计制造、验收检测，以及生产过程中的使用维护等。

模具的检测工具主要有大量程内径千分尺（精度值：0.01mm），专用弧形检测样板。模具的弧弦长以及孔洞位置还须通过管片的三环试拼装进行检测。管片的检测工具主要有大量程游标卡尺（精度值：0.02mm）。

5.4.2 模具的验收检测

每套钢模要经历四个阶段的验收。在钢模进场前，对钢模进行严格的出厂验收。合格钢模进场固定就位后，再次对钢模的各项指标进行精确检测验收。每套钢模生产三环后，需进行三环试拼装验收，并将管片实测数据和钢模实测数据进行详细对比，待三环试拼装验收结果、钢模实测数据、管片实测数据符合设计和规范要求后，钢模投入生产。每套钢模生产100环后需进行周期检测，以确定钢模在较长时间的生产过程中是否变形。

5.4.3 模具的使用维护

对每次使用后的钢模，确保在不损伤钢模本体的前提下必须进行彻底清理。严格做到：钢模内表面和接缝不留残浆和残渣颗粒，以保证钢模的合模精度。

合模经质检员检测后，进行喷涂脱模剂的工序。脱模剂必须使用不损伤模体的专用工具均匀涂刷在钢模与混凝土的所有接触面上。涂抹后由质检员检查，消除影响管片质量的隐患。

根据钢模供应商提供的操作手册及钢模维修手册，对每一位钢模操作工（模板工）进行上岗前的理论和实际操作培训，考核合格后上岗，以确保模具使用寿命和管片生产精度。

5.5 混凝土工程施工要点

5.5.1 混凝土浇筑

混凝土振捣是管片成型质量的关键工序。管片外观质量，特别是混凝土表面的气泡、麻面多少和混凝土振捣质量息息相关。

从国内外现状来看，目前制做管片的振捣工艺主要有两种类型，分别为固定模式式和移动模式式，固定模式式是指把模具固定安放在一个位置，利用高频插入式振动棒或附着式振荡器对其进行振捣密实，在原位置养护至产品脱模为止。管片的制做过程无需对模具进行移动。相反，移动模式式是把模具移动至每个作业位置。当管片钢筋笼的钢筋密度比较大，管片连接面的结构较复杂时，难以使用内部振荡器具，一般使用固定安放在某一场所的外部振荡平台。经过比较权衡，采用高频插入式振动棒和附着式结合振捣管片，能够保证管片振捣质量。

振捣时间的长短、振点的布设是影响振捣质量的关键因素。在振捣过程中，严格做到分层布料，分层振捣。厚度每层不能超过25cm，1.2m宽度方向不少于4点，振点按梅花形布设，振捣上层要插到下层10cm左右。

振捣后的管片待混凝土不自行塌落后，可拆除盖板进行收水抹面，目的是为了保证管片外弧面能够达到光洁、密实，不允许出现任何收水裂纹，以提高管片的抗渗性能。在收水抹面过程中，每间隔30min左右转动一下芯棒，严格控制拆除芯棒的时间，确保预留孔洞光洁。

5.5.2 混凝土养护

管片混凝土的养护分早期蒸汽养护、14d水养护、自然养护三个阶段。

管片早期采用蒸汽养护，能够极大地提高模具的周转利用率，但生产实践表明，一旦温控不当，特别在气温较低的情况下，管片很容易出现温差裂缝。特别是在冬期施工（日平均温度不超过5℃）过程中，温差裂纹曾经出现。温差裂纹一般分布在管片外弧面两侧，每隔50～60cm有一条，长度一般在20cm左右，宽度一般小于0.2mm。严重时管片的端部同样也会出现。

混凝土管片是地铁结构的重要部分，裂缝的存在对于地铁的安全运营是很大的威胁，尤其是地下条件复杂，承受荷载不易估计（如突如其来的地震），在混凝土水化热逐渐发生形成的非线性温度场作用下，在制做过程中产生的裂缝向纵深发展，形成较大的深层裂缝。在地铁以后的实际运营中，裂缝部分将是应力集中区域，这些裂缝破坏了结构的整体性，改变了设计安排的应力分布图形，从而有使局部甚至整体结构发生破坏的可能。即使是一般的表面裂缝对混凝土管片的持久性，对整个结构的应力状态在运行阶段具有不可忽视的影响。

为解决裂缝问题，中铁二十三局集团有限公司成立了专项课题组进行研究，经试验分析确认，影响裂缝产生的主要有三个因素，首先是温度应力（包括温升、温降梯度和内外温差），其次是管片表面混凝土失水太快，再次是自身体积变形和混凝土干缩。

对于管片蒸养温控也作了大量的试验，并得出了一些成果。管片静养时间一般保持2～4h，升温每小时不大于15℃，最高温度控制在55℃以下，降温每小时不大于15℃，脱模温差不超过20℃。管片从模具吊出后，不宜直接暴露在空气中，需继续用毡布对其进行遮覆，既可以进一步保证管片在空气中的降温速率，又可以保持管片表面湿润，相当于对管片进行"二次降温、降湿"。生产实践表明，按上述措施进行温控，能够有效地避免蒸养微裂纹出现。

但在实际大规模的管片生产中，尤其是冬期施工条件下，管片实体温度和环境温度相差较大，而混凝土本身是热的不良导体，要使管片按要求速率降温至脱模温度，往往需要较长的时间，降低模具的周转利用率。在设计管片生产工艺时，尽量选择保温条件较好、避风的室内车间生产管片，降低管片实体和周围环境的温差。

管片脱模后放入池中养护14d，管片在池中应全部浸没水中，入池时管片与水温差不得大于20℃，吊入水池前必须对螺纹的预埋件涂嵌黄油或加闷盖。管片在水池中堆放排列整齐，并搁置在柔性材料垫条上，搁置部位正确。另外，在水养护过程中，大量自由水为水泥水化产物结合和吸附，从而产生更多的水化产物使混凝土密实度增加，提高混凝土的抗渗、抗裂性能。14d水养护满足后，管片运入专用堆场进行自然条件养护。

5.6 管片起吊驳运施工要点

图5.6 真空吸盘起吊管片

由于所设计的管片没有起吊工艺孔，沿用传统的起吊工艺，即通过在螺栓孔内插入销子进行起吊，在螺栓孔的一侧会产生应力集中，容易使管片产生局部裂缝和缺角掉边的现象，而且工作效率较低。采用真空吸盘机进行管片起吊，在脱模工序中使用，彻底消除脱模应力对管片内在质量的影响，而且还极大地提高了工作效率。真空吸盘脱模管片见图5.6。

另外在地铁二号线西延伸工程区间隧道管片加工中采用软性接触专用吊具及柔性索具，效果明显，能确保吊装管片在外观上没有明显的痕迹和损坏。

5.7 劳动力组织及生产班次安排

5.7.1 劳动力组织

生产一线工人特别是关键岗位的工人应由具有管片生产经验的员工组成，且所有生产工人全部进行生产前上岗培训和教育工作。具体工种见表5.7.1。

表5.7.1用人数量为日产管片30环时的用工人数。

5.7.2 每套管模年产能

管片生产班次和日平均气温、工效有关，在上海的气温条件下，一般每套钢模的年产量在500环左右。采用此技术生产管片，每套钢模的年产量可达550余环管片。

管片制做一线劳动力组织安排   表 5.7.1

序 号	名 称	工 种	人 数
1	钢筋加工	钢筋工	8
2	钢筋骨架成型	电焊工	16
3	混凝土输送	汽车司机	4
4	装、拆模	模板工	6
5	钢筋骨架就位	混凝土工	8
6	起重运输	行车工	10
7	管片成型	混凝土工	15
8	蒸养测温	测温工	2
9	收水抹面	收水工	8
10	管片翻转水养堆放	起重工	5
11	管片外形修补	泥工	4
12	混凝土搅拌	机操工	4
13	锅炉	司炉工	3
14	养护	养护工	3
15	其他	辅助工	6

6. 材料、机具和设备

管片用混凝土应为具有良好抗渗性能、抗裂性能的高强混凝土，强度等级、抗渗等级由设计确定。混凝土的坍落度宜控制在 2～4cm 范围内。管片用钢材的匀质性必须好，这样能够确保钢筋在弯弧的过程中弧度控制能够达到标准要求，从而保证钢筋骨架焊接成型后的外形尺寸。

其他加工机械设备、部分成品检测设备见表 6。

加工机械、成品检测设备一览表   表 6

序 号	名 称	型 号 规 格	单 位	数 量	备 注
1	混凝土搅拌机	$60m^3/h$	台	2	
2	装载机	ZL50-Ⅱ	辆	1	
3	钢筋圈圆/螺旋成型机	$\phi0$-$\phi40$	台	1	无锡
4	钢筋调直切断机	GT4-14	台	2	上海
5	钢筋切断机	GQ60Aϕ60	台	2	无锡
6	钢筋弯曲机	GW40-1	台	4	南京
7	钢筋弯弧机	GW40-1	台	2	南京
8	CO_2 保护焊机	NBC350	台	12	上海
9	单梁门式起重机	MH 型;10t	台	3	河南
10	双梁桥式起重机	QD 型;10t	台	10	常州
11	混凝土运输车	EQ3092F2G	辆	2	湖北
12	真空吸盘机	NM366;5t	台	2	法国 ACIMEX
13	空气压缩机	$3m^3$	台	1	上海
14	翻身架	液压式	台	3	自制
15	钢筋骨架焊接靠模	通用	套	2	自制
16	各类吊夹具		套	6	自制
17	燃油锅炉	4t	台	1	苏州
18	蒸养罩	通用	套	10	自制
19	三环水平拼装台	专用	套	1	自制
20	管片检漏架	专用	台	4	自制
21	迷流检测设备(电桥)	PC9A 型	套	1	上海

注：表 6 按管片日产量 30 环/d 配置。

7. 质量控制

7.1 管片质量控制标准

管片制做执行《地下铁道工程施工及验收规范》GB 50299—99（2003 版）、《混凝土结构工程施工及验收规范》GB 50204—2002 以及设计要求。

7.1.1 管片允许偏差

管片制做允许偏差表

表 7.1.1

序　号	内　容	允许误差（mm）
1	管片宽度	±0.3
2	管片内半径	±1
3	管片外半径	+2，−0
4	管片弧弦长	±1.0
5	螺栓孔直径与孔位	±1

外观质量要求：管片表面应密实、光洁、平整、边棱完整无缺损，外观色泽均匀。

7.1.2 混凝土管片整环拼装检验允差

在钢模复试合格后进行三环管片试生产及三环水平拼装，以检验管片钢模的制做质量；每生产 100 环抽查 3 环做一次三环水平拼装检验。每次进行管片三环水平拼装时，必须调整管片水平拼装台座的水平度，符合要求后方可进行拼装。拼装检测要求见表 7.1.2：

混凝土管片整环拼装允许偏差表

表 7.1.2

序　号	项　目	允许偏差（mm）	检测频率	检测方法
1	环缝间隙	≤1.0	每环测 6 点	插片
2	纵缝间隙	≤1.0	每环测 6 点	插片
3	成环后内径	±1	测 8 条	用钢卷尺
4	成环后外径	+2，0	测 8 条	用钢卷尺

对应的环向螺栓孔的不同轴度≤1mm。

7.1.3 管片检漏

将管片放在专用检漏试验台上，在 0.8MPa 水压力维持 3h 条件下，渗透深度不超过保护层 5cm 为合格。

除以上检测项目外，每个标段首次制做管片还需要进行结构性能试验，结果必须符合设计要求。

7.2 质量控制措施

7.2.1 建立质量保证体系，健全各项检查检验制度。每个关键工序由专人控制，从制度和人员控制上保证质量。

7.2.2 从原材料采购、进场、使用需层层把关，确保原材料质量。原材料质量是保证管片高强度和高抗渗性能的基础。

7.2.3 管片精度是以钢模加工装配和振捣后的精度作保证，管片模具需要定时进行维修和保养，确保足够精度。

7.2.4 在管片制做过程中，强化质量意识，坚持"百年大计，质量第一"的方针，在质量检查过程中需要坚持检查及时、数据准确、执行标准严格的原则。

8. 安 全 措 施

8.1 严格贯彻执行国家颁发的有关安全生产的法律、法规，加强内部安全管理，落实各项安全防护措施。

8.2 明确落实生产现场安全生产第一责任人，配置专职安全管理人员。建立健全安全生产保证体系，落实各级安全责任制，完善各项安全生产制度（包括奖惩制度）；按照"谁施工谁负责"的原则，负责生产责任区域的安全生产管理工作。

8.3 对一些吊运专用设备要经常检查检修。特别是用于管片起吊的真空吸盘，要定期检查密封圈的使用情况，如有损坏，需及时进行更换。

9. 环 保 措 施

9.1 粉尘防治措施：混凝土搅拌站的水泥筒仓上装有除尘装置，除尘装置采用多级布袋除尘器，除尘器有足够的除尘面积，泵送水泥的压缩空气有足够的过滤面积，不会对除尘布袋产生较大的压力；同时除尘布袋采用专用的材料由专业厂家生产；保持环境卫生，保持现场地面清洁，增加绿化面积；控制汽车等施工车辆的行驶速度，减少追尾扬尘。干燥季节施工，经常向地面洒水，控制扬尘。

9.2 废水防治措施：废水是含有水泥、砂浆的污水，采用2个较大的污水池通过2级沉淀、通过溢流可以达到排放清水的目的，沉淀池中的废渣清理堆放在指定地点，同时使用专用污水处理和砂石分离设备，在环保的同时节约成本。

9.3 噪声防治措施：在振捣车间设置隔声墙。将容易产生噪声的设备放置在封闭隔声的室内；给大噪声环境的工人配备耳罩，降低噪声对人体的影响。

9.4 废渣防治措施：将混凝土废渣集中存放在指定地点，然后倒入规定的垃圾场。

10. 效 益 分 析

10.1 经济效益：上海地铁二号线西延伸工程6500余环管片采用本工法施工，提高了管片质量，减少了返工、返修费用；管片生产效率的提高，减少了模具投入约65万元。在经济效益上，按照上海二号线西延伸地铁管片的经济效益类推，在管片制做上每年可节约成本约70万元。

10.2 社会效益：我公司已将此工法从上海地铁管片生产推广到成都地铁管片生产上，还可以继续推广应用到一些其他隧道工程上，社会效益显著。

10.3 环保效益：管片制做为工厂化施工，各种环境保护设施、方案齐全，不会对周边环境造成污染。

11. 工程应用实例

2004年3月至2005年11月，上海地铁二号线西延伸工程Ⅱ、Ⅴ、Ⅵ三个标段管片共计6500余环，上海地铁九号线一期工程R413段上行线管片共计2000余环。管片形式为：外径6.2m，内径5.5m，环宽1.2m。每环管片共有6块，一个封顶块，两个标准块，两个邻接块、一个拱底块。设计采用直线通缝形式拼装，环向、纵向均采用直螺栓连接。以上管片均采用本工法进行预制，产品质量合格率100%，优良率90%。生产进度完全满足业主需求，整个工程受到业主、监理好评。

2006年4月，上海轨道交通七号线约有8000环管片由中铁二十三局集团上海管片厂生产。管片采用本工法生产，质量、生产进度完全能够满足业主要求。

2007年7月，中铁二十三局集团采用本工法在成都仅用45d建成了一先进的管片生产线，9月即为成都地铁一号线一期工程盾构2标制做出优质管片。现已生产出管片600余环，产品质量获得成都市质监站、业主、监理好评。

顶管隧道地下对接施工工法

YJGF221—2006

上海市第一市政工程有限公司

董泽龙　徐刚　徐飞　胡瑞灵　王剑锋

1. 前　　言

随着城市市政基础工程建设的不断发展，地下工程建设逐步进入高峰，建设项目越来越多，可供开发的地下空间资源越来越紧张，工程实施的难度不断加大。随着政府与社会对城市文明建设、环境保护的日益重视，快速、文明施工的呼声越来越高，对地下工程建设的要求越来越多、越来越严格。在交通繁忙的城市中心区或交通流量较大、管线较多等道路区域进行施工，必须尽最大可能减少对地面交通的影响、减少对周围环境和居民生活的影响。所有这些因素推动着非开挖技术不断发展，作为主要非开挖技术之一的顶管施工，施工方法在不断改进，出现许多新的施工工艺，地下对接技术就是其中之一。为此，我公司立项《顶管施工地下对接技术》进行科研攻关，在2005～2006年度，成功实施了四段总长2416m的不同形式的顶管对接施工，形成了顶管隧道地下对接施工工法。该成果于2007年1月17日通过专家鉴定，总体技术水平达到国内领先。作为一种新的施工工法，它能解决超长距离或不能布置工井的顶管施工难题，在城市市区或老城区的应用相当有潜力，具有相当大的经济效益、社会效益及环境效益。

2. 特　　点

2.1　可以实现多种形式对接：线形上有直线对接、曲线对接、直角对接、斜角对接等；管径上可以是同管径隧道和不同管径隧道。

2.2　为便于对接的实现，对掘进机外壳和内部结构进行改造加工，对接成功后两个顶管掘进机的外壳作为隧道的永久结构，掘进机的内部机械拆除回收。

2.3　两个顶管掘进机在施工过程中实行联合双向测量，改进测量工艺以修正测量误差，确保精确对接的实现。

2.4　为确保对接贯通和施工安全，采取了对接区加固及防水、机头连接、内部结构施工等关键技术。

3. 适 用 范 围

3.1　适用于市中心区或老城区，交通繁忙、地下管线和房屋密集、场地狭小难以设置接收井的场合。

3.2　通过对掘进机结构的改造，可以对隧道线形、长度和管径进行各种选择和变更，适用于不同夹角隧道、不同管径隧道的直接贯通和超常距离顶管施工。

4. 工 艺 原 理

顶管地下对接是应用顶管施工的基本原理，利用两台经过改造加工过的顶管掘进机，在不设中间接收井的情况下，从两端向中间顶进，通过准确的双向测量控制，将两个顶管掘进机外壳作为隧道永久结构进行对接，实现超长距离隧道或转角隧道或不同管径隧道贯通的一种施工方法。在施工过程中，需采取一定的辅助性关键技术措施，主要有掘进机对接段的加固措施以防止水土流失和控制地面沉降；两个掘进机之间的准确定位和连接措施；对接段隧道内部结构的施工技术措施等。

5. 施工工艺流程及操作要点

5.1 施工工艺流程

如图 5.1 所示。

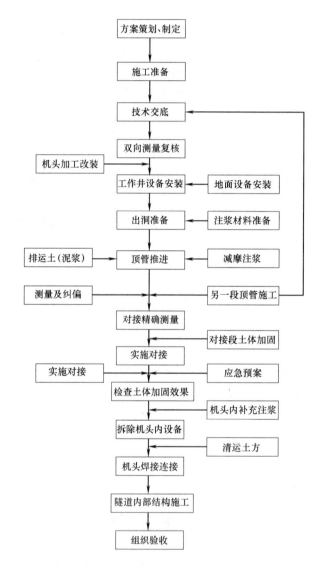

图 5.1 地下对接顶管施工流程示意图

5.2 操作要点

5.2.1 掘进机结构改造

掘进机及相关辅助设备改造对顶管地下对接特别重要，结构的好坏是对接能否完成的前提和主要条件。应着重考虑以下几个方面：

1. 双向切口结构改造以便于对接导向和连接，分直线和夹角对接两种；

2. 合理地布置整体结构，以便对接后设备拆除和后续工序的进行；

3. 合理地布置圆周注浆管和面板正面注浆管，使之能更好地改良土质和建立可靠的隔水帷幕。如图 5.2.1-1～图 5.2.1-6 所示。

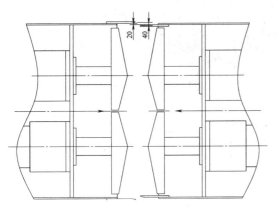

图 5.2.1-1 直线对接内切口顶管机头示意图

图 5.2.1-2 直线对接内切口顶管机头实物图

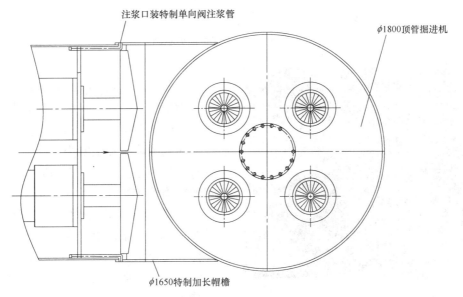

图 5.2.1-3 直角对接工具管改造（帽檐）示意图

图 5.2.1-4 直角对接工具管改造实物图（帽檐）

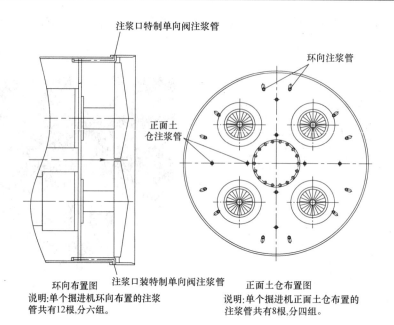

环向布置图

说明：单个掘进机环向布置的注浆
管共有12根,分六组。

正面土仓布置图

说明：单个掘进机正面土仓布置的
注浆管共有8根,分四组。

图 5.2.1-5　注浆管布置示意图

图 5.2.1-6　注浆管布置图（实物图）

5.2.2　隧道对接区加固及防水

在顶管对接施工结束后，为保证机头开仓连接施工时不发生水土渗漏，保证两个对接机头形成封闭的整体和施工安全，必须在对接施工前对顶管对接区土体预先进行加固。土体加固采用常规的旋喷桩和注浆施工方法。

1. 对接区预先加固：加固范围为顶管外径外 2～3m。由于顶管需穿越加固区，所以加固区土体强度要认真控制，强度不宜太高，以利于顶管机头顶进。加固施工可提前一周左右完成，水泥掺入比控制在 8%～10% 左右（图 5.2.2-1、图 5.2.2-2）。

顶管对接加固区域平面示意图

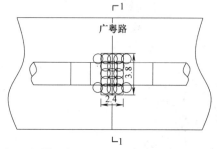

顶管对接加固区域剖面示意图

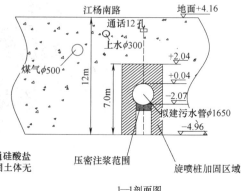

1—1剖面图

说明：顶管对接地方地基加固采用ϕ800二重管选喷桩施工,采用32.5级普通硅酸盐水泥,水灰比1.0,掺入量5%～10%,掺入量将根据施工实际情况而定,加固土体无侧限抗压强度qu>0.5MPa,加固深度7m 加固范围2.4×3.8m。

图 5.2.2-1　直线对接加固示意图

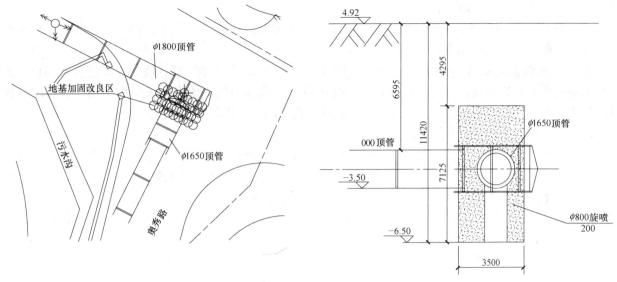

图 5.2.2-2 直角对接加固示意图

2. 机头内部注浆：对接顶管准确定位后，应提前检查土体加固情况，根据情况通过机头面板注浆孔补充注浆，以确保不发生水土渗漏。在先对接再进行对接区土体加固时，必须对机头底部的加固"盲区"进行补充注浆；对地面不具备注浆条件的情况，需在设备改造时合理布置注浆孔，通过机头内部对对接区进行土体加固。

5.2.3 顶管对接施工测量及轴线控制

顶管对接施工的测量工作是整个对接成功与否的关键，必须精心实施，确保精度，还要采取一定的轴线调整措施、技术措施和管理措施。

1. 人员组织及仪器设备：成立专门测量放样小组，由具有理论和实际施工经验的测量工程师负责实施，配备合格足够的测量仪器，施工中跟踪测量并及时作记录，每天对数据分析，指导顶管施工。

2. 顶管轴线测量控制：以两个顶管工作井的洞口实际坐标为基础，建立测量控制网，进行双向联合测量。为了确保控制网的精度，平面控制网设成附合导线形式，进行多次复核测量、平差后使用，精度必须符合要求。控制点设置在不易扰动、通视条件好、方便校核的地方，并加以保护。根据顶管轴线变动情况在顶管施工中做到勤测、勤纠、微纠。

3. 对接点控制测量：对接区轴线控制的好坏对对接顶管的成功与否至关重要，所以从技术措施到控制管理必须做到严、细、准。

1) 对接区顶进轴线的微调：对于长距离曲线对接顶管施工，隧道管节之间有张口，同时由于测量系统误差、施工误差等因素轴线的精确对接有一定难度，可采取对对接区轴线的微调措施，变曲线为局部直线对接。

2) 机头姿态的控制：两个机头顺利、准确的对接，有着极高的精度要求。在控制测量精度的同时，也要精确计算出两个机头的姿态，尽量保持两个机头中心轴线在同一条直线上，即两个机头的姿态要一致。

3) 对接区在测量频次和复核频次上加密。

5.2.4 顶管对接段机头连接施工

该阶段的距离控制、设备拆除、土体清除、补充注浆、机头连接等施工过程控制和连接措施的实施对工程安全和隧道质量尤为关键，须严格控制和管理。

1. 当两个顶管掘进机刃口接近时，必须对两个掘进机的姿态进行测量，尽可能使两个掘进机保持同轴或平行；测量与推进须配合进行，并控制对接位置；掘进机间距由对接偏差来确定，两个顶管掘进机刃口连线与掘进机轴线的夹角小于15°，将轴线偏差角度和掘进机刃口间距控制在最小值。

2. 在掘进机胸板上割除小孔，观测土体加固和渗水情况，根据观测情况进行双液补浆，直到确保安全要求，再进行下一步施工。

3.拆除掘进机内部各种机电设备：拆除顺序为电器零部件、液压系统零部件和纠偏装置、切割和拆除刀盘、驱动装置、其他掘进机附件。

4.掘进机胸板割除和刃口连接施工须同时进行。整个胸板按"井"形分块，先割除顶部胸板，并及时用提前备好的钢板将刃口焊接连接，先点焊定位，再满焊封死；依次由顶部向两侧、底部进行连接，最后封死底部；胸板两侧须对称进行，每块连接钢板间须满焊，以达到防水效果。

5.2.5 隧道对接段内衬结构施工

顶管对接机头连接完成后，需按原隧道结构设计进行结构施工，以保持隧道的完整性。

1.对接区掘进机外壳处理：割除机头内加筋板；在混凝土浇筑前对机头外壳内表面进行除锈处理；对机头外壳表面渗水点进行处理，确保混凝土浇筑前无渗水现象。

2.钢筋模板：根据隧道原有内径尺寸以及管节配筋进行钢筋绑扎并按要求固定好预埋件；模板材料可采用加工定型弧型钢模或小钢模板拼接，根据管节内径大小选择；模板施工前必须涂刷脱模剂。

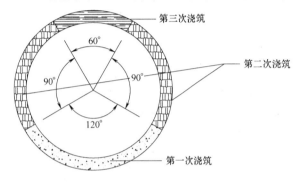

图5.2.5 对接内胆现浇分节示意图

3.混凝土浇筑：整个管节分三次浇筑，第一次、第二次采用常规混凝土浇筑方法进行混凝土振捣浇筑施工；第三次浇筑拱顶结构时，为保证混凝土的密实度，在拱顶模板间隔5m左右预留浇筑孔，采用网喷混凝土的浇筑方法，将混凝土用软管通过预留浇筑孔送入模内；混凝土需满足设计的强度、抗渗要求，并要有良好的可泵性（图5.2.5）。

5.3 劳动组织

顶管对接施工技术含量高、专业性强，现场除配备技术、质量、安全、设备、电气、材料等各类管理人员外，顶进班组还需配备作业人员。顶管施工考虑一天24h连续作业，每作业班组配备人员见表5.3。

班组人员配备 表5.3

序号	岗　位	职责分工	人数	序号	岗　位	职责分工	人数
1	组长	施工管理	1	7	泥浆工	拌浆、注浆	1
2	当班工程师	技术员	1	8	辅助工	运土、挂吊钩等	4
3	顶管司机	顶管机操作	1	9	吊车司机	吊车驾驶	1
4	机电维修工	机电检查维修	1	10	电焊工	对接施工	3
5	起重工	吊车指挥	1	11	木工	对接施工	3
6	测量员	测量控制	2	12	混凝土工	对接施工	3

6. 材料与设备

顶管隧道地下对接施工技术，根据隧道直径需要相应的顶管掘进机两台，掘进机结构需根据隧道直径和线型经过改造和加工，尤其是机头外壳要便于对接并将作为隧道永久结构外模。其他配合顶管施工的附属设备同常规顶管施工工艺。另外，由于对接区内部结构施工，需要常规钢筋混凝土结构施工的相应设备。

设备一览表   表6

序 号	名 称	数 量	备 注
1	多刀盘土压平衡顶管掘进机	1台	特殊改造
2	中继间顶进设备		根据实际需要
3	后座顶进设备	1套	
4	50t吊车	1台	根据实际需要
5	装卸车	2辆	5t
6	泥浆搅拌机	2台	0.2m³
7	单螺杆压浆泵	2台	
8	泥浆泵	1台	
9	潜水泵	2台	
10	高压水泵	1台	
11	井中对讲机	1套	
12	配电系统	1套	
13	全站仪	2台	隧道测量
14	水准仪	1台	隧道测量
15	钢筋弯曲机	1台	内胆钢筋绑扎
16	钢筋焊接机	1台	内胆钢筋绑扎
17	振捣器	2台	内胆混凝土振捣
18	双液注浆泵	1台	对接段土体加固

7. 质 量 控 制

除应遵照国家标准《建筑地基基础工程验收规范》(GB 50202—2002)、《混凝土结构工程施工质量验收规范》(GB 50204—2002)和上海市建委颁发的《市政地下工程施工质量检验规范》(DG/TJ 08—236—2006)、《钢筋焊接及验收规程》(JGJ 18—2003)标准的有关规定外,施工中还应达到表7的规定。

质量控制要求   表7

序号	控 制 要 点	控 制 指 标
1	掘进机刃口连线与掘进机轴线的夹角	<15°
2	掘进机刃口间距	<100mm
3	内胆混凝土结构	满足设计强度和抗渗
4	内胆尺寸误差	<10mm
5	纠偏角度	±1°
6	沉降和变形	符合有关规定

8. 安 全 措 施

8.1 严格遵照国家颁发的《建筑机械施工安全技术规程》(JGJ 33—2001)和上海市市政工程管理局对施工现场安全的有关规定。

8.2 顶管机及各种设备用电、混凝土管节吊运、吊车使用、各操作员的操作程序等遵照常规顶管施工规范,不得违章作业。

8.3 对接区土体加固必须认真按方案执行,对接区隧道防止水体渗漏是安全的基本保障。

8.4 对接区机头连接施工前,必须按应急预案准备好各种设备和材料。

8.5 对接区机头连接焊接施工时，改善管道内的施工条件，保持管道内空气流通，确保施工人员的健康和人身安全。

8.6 对接施工作业空间较小，对施工操作和运输人员的行动和工作部位要统一指挥，统一调度。

9. 环境保护措施

9.1 施工前，对隧道轴线沿途尤其是对接区的建筑物、构筑物、地下管线及地质条件进行调查，制定相应对策。

9.2 施工过程中，对周边的建筑物、管线等实施全过程监测，根据监测数据对施工参数及时调整并严格控制，确保土体变形在允许范围内，减少对周围环境影响。

9.3 在对接区顶管施工和土体加固施工时，严格控制施工参数，有效控制地面变形量和后期变形量，尽量减少对周边环境的影响。

9.4 对接区机头连接施工时，必须对机头内和周边环境实施全过程监控，尤其密切注意机头内水土渗漏情况和周边环境的变形情况。

9.5 对周边环境的保护措施必须及时有效。

10. 效 益 分 析

10.1 减少了中间接收井的施工，不但节约工程本身的投资，更是大大节约了社会资源，减少土地占用，减少地下管线及房屋的搬拆迁，减少对社会交通和居民生活的影响，经济效益、社会效益和环境效益明显，如表 10.1 所示。

上海合流污水三期 1.5 标工程直线对接经济效益分析一览表　　　　表 10.1

方案一（原方案）		方案二（直线对接）	
生产车间拆迁	150 万元	掘进机费用	112 万元
顺吉市政养护公司损失	50 万元	注浆加固	30 万元
广粤路立交桥保护	20 万元	对接段结构	25 万元
接收井	30 万元	特殊措施费用	35 万元
管线搬迁	380 万元	管线费用	10 万元
		测量施工费用	32 万元
节省投资 386 万元			

10.2 对接顶管施工为两个顶管掘进机从两端向中间分别顶进，两个掘进机可以同时顶进，同时减少了接收井建设，缩短了建设周期；

10.3 随着地下空间的不断开发利用和地下工程的不断发展，在城市市区的隧道工程建设中具有较大的发展潜力。

11. 应 用 实 例

这里有四段顶管对接成功实例。其中上海市污水治理三期 UWW1.5 标工程有三段，两段为曲线顶管对接，一段为直角对接；另外，杨高中路电力隧道工程有一段大口径的曲线顶管对接。

11.1　工程概况及施工情况

11.1.1　上海市污水治理三期 UWW1.5 标工程

原设计 XYW1-2 顶管接收井位于江场路与粤秀路交叉口。该井周围有广粤路三号桥，奎照村污水泵站，海军地下军事设施，4 根 380V 电缆，通信电缆 4 根，给水 $\phi 200$。因无法实施，决定取消 YXW1-2 顶管接收井，改为地下顶管直角对接。为了使地下直角顶管对接具有可操作性和安全性，以及保护军事通信光缆和地下军事设施，减小对俞泾浦驳岸的影响，原 KZW2-1 工作井至 YXW1-2 接收井的 $\phi 1650$ 顶管改为 $\phi 1800$ 顶管；YXW1-1 工作井至 YXW1-2 接收井的 $\phi 1650$ 顶管不变。两段均为"S"曲线顶管（图 11.1.1）。

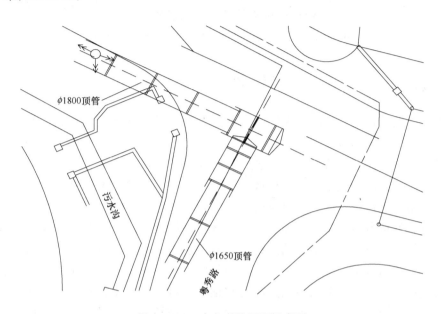

图 11.1.1　直角对接平面示意图

GYW4-2 号～GYW6-1 号之间采用 $\phi 1650$ 顶管施工穿越南何支线铁路。整段顶管 619m，含三段曲线，曲率半径均为 $R = 600$m，因穿越铁路无法实施接收井，采用顶管地下对接施工方法。JYW1-2～GYW6-1 顶管为长距离"S"型曲线顶管，顶程 747m，含三段曲线，曲率半径均为 $R = 600$m，因遇到地下障碍物，采用顶管对接施工。

11.1.2　杨高中路电力隧道工程

该工程 9 号～10 号顶管总长 530m，为半径 1023m 曲线顶管。隧道中心埋深为 7.2～7.8m。原设计顶管是以 9 号作为工作井，向 10 号接收井顶进。在顶管施工过程中，当掘进到约 298m 时，掘进机两侧及前端均有不明障碍物，导致无法再行掘进。经物探和专家会分析，从场地条件、施工安全、工程经济、工期等方面综合考虑，对"明挖清障法"与"反向顶管对接"两种方案进行比选，决定采用从 10 号接收井反方向顶管对接施工。

11.2　工程检测与结果评介

以上四段顶管对接施工均顺利贯通。根据现场竣工测量及第三方监测反馈，杨高中路电力管道工程直线对接地表沉降 $-5.52 \sim -1.17$mm，轴线平面最大偏差 3.6cm，高程最大偏差 4.3；上海市污水处理三期 UWW1.5 标工程直角对接地表沉降 $-2.07 \sim -0.15$mm，重要管线沉降 $-0.08 \sim -1.30$mm，南何支线铁路最大沉降 8mm，广粤路桥最大沉降 3mm，轴线平面最大偏差 3.3cm，高程最大偏差 4.3cm；所有沉降和偏差均在施工允许误差范围内。

对接全过程处于安全、稳定、快速、优质的可控状态，对接区域无渗水、漏水现象，防水良好，满足业主使用功能要求，得到了业主和上级领导的好评。

桥梁深水桩基础基桩与钢套箱平行施工工法

YJGF222—2006

四川公路桥梁建设集团有限公司

张佐安　于志兵　李文琪　马青云　刘益平

1. 前　言

在桥梁工程中，尤其是在一些跨越大江、大河、湖泊以及海洋的大型桥梁工程中，深水基础施工是我们经常面对的一项较难的施工任务。在我国现代桥梁结构的设计施工中，深水基础较多的采用基桩（钻孔灌注桩）与承台共同组成的结构形式——桩基础，对此根据不同的地质、水文条件，施工中常采用钻进成孔后灌注孔内混凝土的方法形成基桩，常采用钢套箱、钢围堰和钢吊箱等围水结构物围水，在其内抽水后施工承台，完成桩基础的施工。

针对深水桩基础的承台施工采用钢套箱的施工方法，传统的施工工艺流程是在基桩全部施工完成后进行钢套箱的整体拼接下沉，到位后抽出钢套箱内的水再施工承台的流水作业方式。在湖北省鄂黄长江公路大桥主5号墩深水基础的施工中，四川公路桥梁建设集团有限公司对传统的桩基础施工工艺及流程进行了改进和创新，首次采用钻孔灌注桩和钢套箱拼接下沉平行作业施工工艺，有效地减短了施工承台的工期，在较短的时间（一个枯水期）内完成了该桥深水基础施工，并取得了良好的社会效益和经济效益，其施工工艺经总结形成本工法。

2. 工法特点

2.1　工期短

平行施工作业的应用改变了传统的施工桥梁水下桩基础的流水作业法，最大限度地在不同工序之间采用平行流水作业法，大大地缩短了基础工程施工的工期，确保在一个枯水期内或短期内完成桥梁深水基础施工。

2.2　成本低

利用桩基础施工中在钻孔时就已在使用的常规设备同时用于实施对钢套箱的安装，从而大大地节约了用传统方法施工所必须使用的大吨位浮吊船及相应辅助设备的费用。

2.3　质量好

钢套箱的现场拼接下沉，利用基桩钻孔平台定位、导向，具有较好的施工可控性，很好地保证了其下沉的铅直度，钢套箱到位质量好。

3. 适用范围

本工法适用于大型桥梁工程中具有覆盖层（覆盖层厚度大于5m以上）的深水群桩基础的施工。尤其是施工受洪水影响大、工期控制要求严、缺乏大型水上起吊设备的深水基础工程项目。

4. 工艺原理

传统钢套箱施工深水桩基础常采用的是流水作业法，即先搭设基桩施工的平台，在平台上进行基桩的钻孔和成桩施工，待基桩全部施工完成后进行钢套箱的现场分段拼接下沉施工，方法是将钢套箱沿高度方向上分成若干节段，在工厂整段制做成型，运输至现场由大吨位浮吊（250t 及以上）整段起吊就位接高下沉。而本工法采用了平行施工作业法，即先完成群桩周边基桩的成桩施工，然后利用施工平台和周边已完成的基桩及其钻孔钢护筒定位、导向，实施钢套箱的分片组拼及接高下沉施工，方法是将钢套箱划分成若干片，工厂加工成型，运输至现场利用基桩施工平台和基桩钻孔施工现场已在使用的 60t 及 35t 的浮吊等水上起吊设备拼接下沉施工。在实施钢套箱拼接下沉的同时，进行群桩内剩余部分基桩的钻孔和成桩作业，当基桩钻孔成桩全部完成时，钢套箱也下沉到位。

5. 施工工艺流程及操作要点

5.1 施工工艺流程（图 5.1）

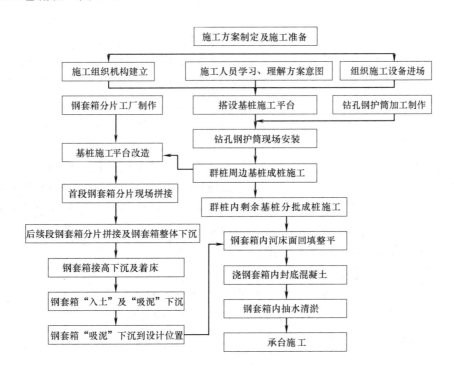

图 5.1 深水桩基础施工工艺流程图

5.2 操作要点

5.2.1 施工准备

施工前的准备工作包括作业指导文件准备和现场的施工作业准备两部分内容，前者包括根据施工方案制订详细的施工实施细则及进行技术交底等内容；后者包括水上施工船只、浮吊船、钻机等主要施工机具设备组织进场，测量控制网的布设等。

5.2.2 基桩施工平台的搭建

根据群桩布置方式，搭建覆盖整个基础的水上施工平台。平台采用钢桩桁架结构形式，即用打桩船在覆盖层中打入钢管桩（桩径及数量根据施工荷载确定）作为支承体系；插打钢管支承桩时应严格控制其平面位置和垂直度。在桩顶采用万能杆件、军用梁或贝雷架等制式器材拼装成桁架平台。

5.2.3 钻孔灌注桩成桩施工

包括钢护筒埋设、钻进成孔、基桩钢筋笼制做安装以及桩身混凝土浇筑等相关内容。基桩施工分批进行，首先完成周边各桩，而后进行群桩内剩余各桩的施工。

1. 钢护筒埋设。根据基桩直径和实际地质条件以及插打深度设计钢护筒。钢护筒一般采用 Q235 钢板卷制，其直径（内径）$D=\phi+(30\sim40\mathrm{cm})$（$\phi$ 为基桩直径）。钢护筒的现场埋设包括对接、定位、插打等主要工序。选用 ZD-150 型或 ZD-250 型震动打桩锤震动插打钢护筒至根据地质情况计算确定的设计深度位置。钢护筒埋设应严格控制其平面位置和垂直度，此两项指标直接关系到成孔质量的好坏和钻孔施工能否正常进行。

2. 钻进成孔施工。对于大直径（$\phi 300cm$ 及以上）钻孔施工，宜选用 ZSD-3000 或 KP-3500 等机械性能好、自动化程度高的钻机，同时采用优质膨润土并参入适量的外加剂（如 Na_2CO_3 等）配制钻孔护壁泥浆，严格控制泥浆的相对密度、黏度（s）、静切力（Pa）、含砂率（％）、胶体率（％）、失水率（ml/30min）、酸碱度（pH）等技术指标；在覆盖层中裸眼（无钢护筒）钻进时，护壁泥浆质量的好坏直接关系到成孔质量及孔壁的安全性。钻进施工采用气举反循环工艺，钻进覆盖层宜选用刮刀钻头；在基岩中钻进选用滚刀钻头或球齿钻头，同时在满足钻机提升能力的前提下适当地对钻头配重，以起到重钻头导向的作用，避免斜孔现象出现，确保成孔质量。

3. 基桩钢筋笼制做及安装。根据设计图纸将钢筋笼分节段制做，主筋的接长采用机械接头（如镦粗直螺纹连接或挤压套筒连接），现场施工快捷且质量能够得到保证。制做场一般选择在离墩位较近的平整场地上或在一艘 400t 级以上的平板驳船上布置胎座进行制做。根据设计图纸的要求在钢筋笼上安置超声波检测管，检测管宜选用无缝钢管，确保在钢筋笼安装和混凝土浇筑时不漏浆堵管。制做完成的钢筋笼节段，编号挂牌运输至安装现场，由浮吊船起吊入孔、对接下放安装，其间须在钢筋笼外侧安装混凝土保护层垫块，适时向检测钢管中注入清水。

4. 桩身混凝土浇筑。采用拔球法浇筑水下桩身混凝土工艺。其施工现场作业分"前场"和"后场"两个工作面。"前场"作业包括二次清孔、安装和拆出混凝土导管、送混凝土入孔、适时监测孔内混凝土面的上升情况等内容。其中二次清孔利用水下混凝土浇筑导管采用悬挂式风包气举清孔工艺；浇筑时在孔口位置布置一个集料斗，其容量应满足首批混凝土入孔后规范要求的导管最小埋置深度，即：$W=h \times \pi d^2/4+Q$，式中 W 为骨料斗最小容量；h 为规范要求的导管最小埋置深度，一般为 1.0m；d 为桩孔孔径；Q 为导管内存混凝土量。"后场"主要是混凝土的生产和供给，采用水上拌合站生产混凝土，由输送泵直接泵送混凝土至孔口集料斗内。

5.2.4 钢套箱工厂分片制做及运输

选择专业的钢结构加工厂商制做钢套箱。根据设计图纸，制定相应的加工工艺和质量保证措施。钢套箱分片加工制做完成经检验合格后，通过水上运输至墩位现场待组拼。

5.2.5 钢套箱现场拼接下沉施工

此项施工内容是本工法的关键所在，其先进性和经济性亦体现于此。

1. 施工平台改造及定位、导向系统的建立。因周边基桩已经完成，拆除施工平台周边对钢套箱下沉有干扰的部分并在剩余平台的边缘采用型钢布置钢套箱组拼悬吊梁；将周边相邻的钢护筒用型钢连接成整体，并在其上设置定位、导向装置。

2. 钢套箱分片组拼。钢套箱组拼分为首节段（刃脚段）组拼和后续段组拼两个过程。

首节段组拼时将运输至现场的该节段的分片钢套箱（重量一般控制在 40t 以内）按照编号用 60t 浮吊起吊依次就位，每片钢套箱采用平面已精确定位的 4 个 10t 的手动葫芦悬吊于平台上的悬吊梁上，通过手动葫芦调节相邻钢套箱块的竖向高度，使其拼接缝良好地吻合，然后实施现场拼缝、焊接。完成焊接后采用超声波探伤仪检测焊缝质量，达到要求后实施下沉。下沉是通过全部手动葫芦统一、协调的收放操作进行的。当首段钢套箱下沉到一定位置时，在水中处于自浮状态。

后续段组拼是在完成首节段钢套箱下沉后，拆去其上的全部手动葫芦，改吊在该段钢套箱的内壁板上部设置的吊点上，通过向该钢套箱隔仓内注水及调整吊点使钢套箱顶面高度距水面 1.0～1.5m，并使其处于同一水平面上，然后起吊后续段的各分片置于相应钢套箱位置的顶面并临时固定在平台上的悬吊梁上（图 5.2.5-1），待此节段的各分片全部安装到位后调整相对位置实施拼缝、焊接完成（图 5.2.5-2），再通过注水或浇筑填壁混凝土的方式配重整体下沉钢套箱。如此往复进行直至全部节段的钢套箱组拼焊接完成。

3. 钢套箱着床入土及吸泥下沉。当钢套箱刃脚着床时，检测其平面位置和垂直度，通过下拉缆的收放、在相应隔仓内注水配重等方式调整其平面位置和垂直度，达到设计要求后着床。钢套箱着床后，在钢套箱内布置空气吸泥机等吸泥设施，吸出钢套箱内的覆盖土层以减小下沉阻力，钢套箱在自重、填壁混凝土重力以及隔仓内注水重力的作用下施沉到设计标高处。

图 5.2.5-1　钢套箱拼装图　　　　　　　　图 5.2.5-2　节段钢套箱拼毕下沉图

5.2.6　钢套箱内封底混凝土浇筑施工

当钢套箱下沉到位后，与此同时作业的基桩施工已全部完成，采用砂卵石或碎石回填整平钢套箱内的河床面，使其顶面达到封底混凝土设计底面标高。在平台上布置一个中心骨料斗，根据钢套箱内围面积以及基桩的布置情况在钢套箱内均匀布置数根水下混凝土浇筑导管，实施封底混凝土的浇筑。

5.2.7　承台施工

封底混凝土浇筑完成达到设计要求的强度后，采用数台抽水机抽干钢套箱内的水，并清除浮浆等杂物，割除桩顶以上的钢护筒和相应位置的平台支承钢管桩，凿除桩顶的多余混凝土，在钢套箱内实施承台钢筋的绑扎、埋设预埋筋并浇筑承台混凝土，完成承台施工。

6. 材料与设备

深水桩基础基桩与钢套箱平行施工主要材料和设备详见表 6-1 和表 6-2。

深水桩基础基桩与钢套箱平行施工主要材料　　　　　　　表 6-1

序号	名　称	规格型号	单　位	数　量	备　注
1	施工钢材	φ820×12 钢管桩	t	施工设计提供	钢平台
2	施工钢材	型钢	t	施工设计提供	钢平台
3	钢护筒	桩径＋(30～40cm)	t	施工设计提供	成孔施工
4	钢套箱	各种板材、型材	t		设计图纸提供
5	套箱封底混凝土	C20	m³		
6	套箱填壁混凝土	C15	m³		

深水桩基础基桩与钢套箱平行施工主要设备　　　　　　　表 6-2

序号	名　称	规　格	单　位	数　量	备　注
1	方驳船	400t	艘	2	现场工作船
2	拖轮	400HP	艘	2	拖运船只
3	打桩船	80 型	艘	1	钢管桩插打
4	经纬仪	T2	台	2	控制测量

序号	名 称	规 格	单 位	数量	备 注
5	全站仪	PCS-215	台	1	定位控制测量
6	交通船	50～70t	艘	2	水上交通
7	浮吊	60t	艘	1	现场起重设备
8	浮吊	35t	艘	1	现场起重设备
9	振动打桩锤	ZD-150	台	1	插打钢护筒
10	振动打桩锤	ZD-250	台	1	插打钢护筒
11	回旋钻机	ZSD-3000	台	2	钻孔施工
12	回旋钻机	KP-3500	台	2	钻孔施工
13	空压机	P1050	台	4	钻孔、吸泥用
14	水上拌合站	80m³/h	座	1	混凝土生产
15	混凝土输送泵	HBT-80	台	2	混凝土输送
16	水下混凝土导管	φ299×10	套	10	混凝土浇筑、吸泥、清孔
17	手动葫芦	100kN	台	40	钢套箱组拼
18	高压水泵	9级	台	6	钢套箱及壁内抽、注水
19	电焊机	BX-500	台	10	现场焊接
20	履带吊车	50t	辆	1	装卸材料设备
21	泥浆船	200t	艘	2	运输排放泥浆

7. 质 量 控 制

7.1 建立工程质量保证体系

7.1.1 思想保证：通过全质教育宣传、总结、反馈、分析原因，制定措施，树立全员全过程质量意识，明确质量是企业生命的观点。

7.1.2 组织保证：经理部、工程处、生产班组分级管理，层层建立质量责任制，并由一名副总工程师专门负责质检工作。

7.1.3 技术保证：进行施工组织设计时，精心拟定好各主要工程项目的施工工艺和技术标准。层层进行技术交底，组织业务学习，进行上岗前的技术培训，建立健全测试手段，建立工地试验室，严格计量，做好标准化工作。

7.1.4 创优保证：制定优质工程计划、措施、项目落实到人，进行工序控制，开展QC活动，执行三检制（自检、互检、专检）。

7.1.5 工程施工全过程严格执行交通部《公路工程施工监理办法》，主动接受监理工程师的监督与管理，任何与实施施工承包合同有关的施工活动，经监理工程师批准后再进行。

7.1.6 经济责任保证：在执行分项工程经济承包中，优质优价，奖罚分明。各分项工程均制定工程质量奖惩办法，班组承包，质量拥有否决权。

7.2 建立质量检查程序

为确保本工程达到全优工程，认真贯彻"质量第一"的方针，坚持预防为主，执行"管生产必须管质量，谁施工谁负责质量，谁操作谁保证质量的原则"，实行"三级检验"制度（自检、互检、专检）。

7.2.1 分项工程质量检验评定：分项工程质量检验评定在班组或工序自检、互检合格的基础上，由该分项技术负责人组织有关人员进行，并填写分项工程质量检验评定表，专职质量员核定，验收后，由质检部门填写"报监理通知单"，请监理工程师验收。

7.2.2 分部工程质量评定：分部工程质量评定在分项质量评定的基础上，由工程项目技术负责人（项目总工程师）组织有关人员进行，并填写分部工程质量评定表，专职质量员核定。其中基础、主体部分工程质量由上级质量管理部门组织评定。

7.2.3 单位工程质量评定：单位工程质量评定，在分部工程质量评定的基础上，由公司总工程师组织有关部门进行。并将有关的质量检验评定资料送监理工程师，审查认可后交政府质量监督站。

7.3 钻孔成桩于钢套箱施工平行作业质量保证措施

7.3.1 工程过程的每道工序，事先拟定好质量检查标准和控制办法，认真实施。

7.3.2 工程的关键部位以及施工质量不稳定的工序设置质量点，强化管理。加强质量意识教育，层层建立质量责任制，精心拟定施工组织设计中各工程项目施工技术标准；组织QC攻关小组，对技术难关实行攻关。

7.3.3 基桩施工质量应满足《公路桥涵施工技术规范》JTJ 041—2000 和现行《公路工程质量检验评定标准》及设计文件的相关要求。

基桩的平面位置偏差：$\Delta S \leqslant 50mm$；

成孔深度：$L \geqslant$ 设计值；

成孔直径：$\phi \geqslant$ 设计值；

倾斜度：$f \leqslant 1\%$ 桩长，且不大于 300mm；

孔底沉淀厚度：$\Delta L < 20mm$；

钢筋骨架底面高程容许偏差：$\Delta H < \pm 50mm$。

7.3.4 钢套箱施工质量控制包括结构件的加工质量和现场下沉质量控制两部分，其中钢套箱钢结构加工制做严格执行《钢结构工程施工及验收规范》GB 50205 及《建筑钢结构焊接规程》JGJ 81。钢套箱现场下沉施工质量严格执行《公路桥涵施工技术规范》JTJ 041—2000 和设计文件的相关规定。钢套箱质量检验报告单见表 7.3.4-1 及表 7.3.4-2。

表 7.3.4-1

钢套箱分块制做现场质量检验报告单

监理单位：			合同段：
承包单位：			编　号：
工程名称	钢套箱（直径为 d）	施工时间	
工程部位	第　节第　块	检验日期	
项　　次	检 验 项 目	规定值或允许偏差（mm）	实测值或实测偏差（mm）
1	内外壁板长度	$\leqslant L/1000$，且$\leqslant 5$	
2	内外壁板高度	$\leqslant L/1000$，且$\leqslant 5$	
3	拼板对接缝错位	$\leqslant 1$	
4	内外壁板间距差	$\leqslant \pm 6$	
5	内外环板曲率	$\leqslant d/2000$	
6	内外壁板曲率	$\leqslant d/2000$	

承包方施工负责人：　　　　日期：

结论：
监理工程师：　　　日期：
高级驻地监理工程师：　　　日期：

表 7.3.4-2

钢套箱分块制做现场质量检验报告单

监理单位：				合同段：
承包单位：				编　号：
工程名称	钢套箱(直径为 d)		施工时间	
工程部位	第　节第　块		检验日期	
项　　次	检　验　项　目	规定值或允许偏差(mm)	实测值或实测偏差(mm)	
1	钢套箱内外径	+40,-10		
2	钢套箱分节高度	±3.0		
3	圆度	$d/500$ 或 5.0		
4	对口错边量	$t/10$ 或 3.0		
5	端面垂直度	$d/500$ 或 3.0		
6	倾斜度	≤1/600		

承包方施工负责人：　　日期：

结论：

监理工程师：　　日期：

高级驻地监理工程师：　　日期：

8. 安 全 措 施

8.1　组织措施

8.1.1　建立健全水上施工安全保障体系。

8.1.2　工程施工的项目部成立水上施工作业安全领导小组，全面负责水上基础施工的安全管理、组织工作。

8.1.3　在项目经理部安全领导小组的指导下按照施工部位成立安全检查和安全施工监督小组。

8.1.4　由项目经理部安全领导小组组织施工作业人员培训、学习国家现行的相关安全法规和操作规程，工作中认真执行。

8.2　钻孔成桩于钢套箱施工平行作业安全保证措施

8.2.1　针对各施工作业班组进行岗前安全教育培训，施工前进行相关施工操作规程的讲解和安全技术交底，同时操作人员务必持证上岗。

8.2.2　在工程施工水域内设置安全航标，同时配置一艘水上安全巡逻艇，对施工水域及上、下游过往船只进行巡视，引导其顺利通过施工水域。配备一艘 400HP 的专用拖轮，用于应急拖移施工水域内失去动力的船只和水上大体积漂流物，防止其撞击施工平台和施工船只。

8.2.3　施工平台上布置安全警示标语，安装安全警示灯，保证夜间船只航行安全；水上施工作业人员务必穿救生衣，戴安全帽；水上交通船严禁超载超员。

8.2.4　起吊重物施工务必在专业人员的统一指挥下进行，严禁超负荷或违规起吊，钢套箱分片吊装时不得在夜间进行。

8.2.5　钢套箱现场组拼和下沉与基桩施工平行作业阶段，严格划分作业区域，相关指挥、作业人员不得随意进入与之无关的施工作业区。

9. 环 保 措 施

9.1　水上生产区

9.1.1　在施工作业船上设置"环保厕所"（干厕），粪便定期收集运至岸上生活区化粪池，统一处理。在水上施工平台设置若干个垃圾桶，集中贮放生活垃圾，定期由驳船运至岸上垃圾场深埋。

9.1.2 禁止使用一次性塑料餐具，防止白色污染。交通船舶、施工机械产生的废油料及润滑油等，必须集中收集运至岸上业主指定的弃土场深埋。

9.1.3 生产用油料必须严格保管，防止泄漏，污染江水。

9.1.4 所有 50t 以上的施工作业和运输船舶，设置油水分离器，船舶舱底水含油量≤15mg/L 时，方可排放。

9.1.5 水上施工人员的生活污水，用固定容器收集，定期由驳船运至岸上，采用"地埋式生活污水处理设备"处理。

9.2 生产及生活区

9.2.1 施工机械运转中产生的油污水，采取隔油池等措施处理，不得超标排放。生产生活区，亦须设置一定数量垃圾桶，贮放生活垃圾，由垃圾车运至业主指定的垃圾场深埋。

9.2.2 清洗骨料及其他生产污水，进行过滤沉淀后排放。施工过程中的废弃物、边角料、包装袋等及时收集、清理，运至垃圾场掩埋。

9.2.3 钻孔灌注桩施工中需要排放的钻渣和泥浆配备两艘专用泥浆运输船，将排渣和泥浆运输到指定的地点集中处理。

10. 效 益 分 析

10.1 技术效益

桥梁深水桩基础基桩与钢套箱平行作业施工法打破了传统的钢套箱施工深水基础方案的流水作业方式，成功地实现了钻孔灌注桩与钢套箱同时施工作业，避免了在钢套箱施工中使用大吨位浮吊设备，创出了一个枯水期完成大型深水基础施工的先例，为大型桥梁水下群桩基础施工创造了一种缩短工期的有效方法，为推动桥梁施工技术进步起到了积极的作用。采用该工艺与传统得流水作业工艺在工期上的对比见表 10.1。

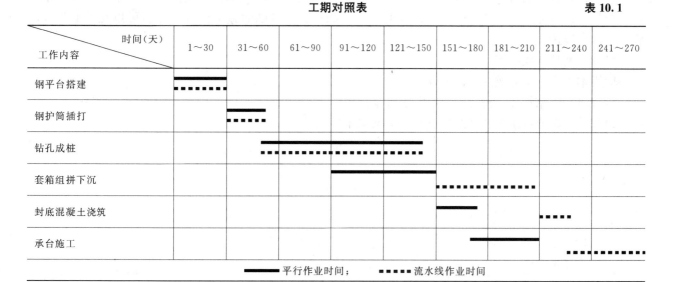

工期对照表　　　　　　　　　　　　　　　　　表 10.1

时间（天） 工作内容	1～30	31～60	61～90	91～120	121～150	151～180	181～210	211～240	241～270
钢平台搭建									
钢护筒插打									
钻孔成桩									
套箱组拼下沉									
封底混凝土浇筑									
承台施工									

━━━ 平行作业时间；　▪▪▪▪▪ 流水线作业时间

10.2 经济效益

本施工作业方法改变了传统的施工桥梁水下桩基础的流水作业法，创造性地在桥梁水下桩基础施工不同工序之间采用平行流水作业法，从而缩短了桩基础工程施工的工期，降低了成本；利用桥梁水下桩基础施工在钻孔时就已在使用的常规设备同时用于实施对钢套箱的安装（并不影响钻孔进度），大大节约了用传统方法施工所必须用的 250t 以上的大型浮吊船及相应辅助设备等的费用。

11. 应用实例

11.1 湖北省鄂黄长江公路大桥

11.1.1 工程实例概况

湖北省鄂黄长江公路大桥主桥为 460m 的 PC 斜拉桥，该桥主 5 号墩基础施工时水深达 23m，覆盖层平均厚度达 26m，钻孔岩石强度高达 125MPa，岩面倾斜最大达 45°，且一进入岩面即为弱风化层，施工难度大。基础设计为深水桩基础，共计 19 根 ϕ300cm 基桩，呈梅花型布置，承台直径为 30.0m，厚度为 7.0m。四川公路桥梁建设集团有限公司中标承建湖北省鄂黄长江公路大桥 B 标，其中的主 5 号墩基础施工按本工法实施。

11.1.2 实施效果

1. 湖北省鄂黄长江公路大桥 5 号主墩基础施工质量好。本基础基桩孔倾斜度均小 1/100，桩径符合设计要求，基桩混凝土质量经超声波及钻芯检测均为优良，基桩及承台平面位置准确，承台混凝土经温控养护无裂纹，强度大于设计要求，其基础质量检验评定分达 98.84 分，各项技术指标均满足或高于现行《公路工程质量检验评定标准》及本桥专用技术标准的要求。

2. 节约大型浮吊船及其他船机设备。传统方案需拼装双体船做平台，用另外的浮吊配合在平台上拼成整节钢套箱，再另外进场起吊 250t 以上的浮吊将钢套箱吊装就位。实施本工法仅利用钻孔时的已有设备（60t 及 35t 浮吊）就完成了对钢套箱的拼接下沉作业，并且不影响钻孔进度。

3. 缩短施工工期。原计划本桥基础施工采用传统方法，1999 年 11 月 1 日开始钻孔，2000 年 5 月 31 日完成该桩基础承台的施工，但 1999 年洪水退去较晚，至同年 11 月 20 日才开始钻孔，即推迟钻孔 19d。实施本工法后，尽管在实际钻孔时的岩石较预计的更坚硬、岩面倾斜最大达 45°钻孔难度更大的情况下，仍于 2000 年 5 月 6 日亦即提前 25d 完成本基础工程的施工，以推迟 19d 钻孔并提前 25d 完成本基础施工任务来计算，缩短施工工期 19d＋25d＝44d。

湖北省鄂黄长江公路大桥 B 标主 5 号墩基础施工按本工法实施后，达到了有效保证工程质量缩短工期节省设备资源的目的，共节约资金 725 万元。通过该桥 5 号主墩基础的施工实践，首次成功实现了在一个枯水期内完成处于长江中下游地区的特大桥深水群桩基础的施工任务，今后可以在类似工程的施工中推广应用。

11.2 其他工程实例

应用本工法施工完成的其他工程有：

11.2.1 南京长江三桥北主塔墩深水桩基础工程。

11.2.2 湖北荆岳长江公路大桥北主塔墩深水桩基础工程。

大断面斜井机械化作业线快速施工工法

YJGF223—2006

中煤第五建设公司

孔庆海　曹武昌　袁兆宽　黄坤强　李明

1. 前　言

大断面斜井机械化作业线快速施工工法是我处近年来在斜井井筒施工中总结出来的成功技术，该工法吸取了国内外先进施工技术、施工设备和施工工艺，这些技术、设备和工艺经过在施工实践中的广泛应用，证明了具有很强的可操作性和充分的可靠性。

2. 技术特点

2.1　根据井筒断面的大小、长度及水文地质条件来合理配置机械装备，既能实现快速施工又能最大限度发挥各施工设备的效率。

2.2　各工序之间紧密衔接，并根据断面大小最大限度地实现多工序立体交叉平行作业，从而实现快速施工。

2.3　排矸系统采用大耙斗、大箕斗、大提升机，加大了排矸能力，缩短了排矸时间，解决了制约斜井井筒施工速度——排矸慢的问题。

2.4　采用多台高频高效风钻凿眼，缩短打眼时间。

2.5　采用激光指向和直眼掏槽技术，并且优化爆破参数，提高爆破效果，实现了光面爆破，炮眼的利用率提高到90％以上。

2.6　喷射混凝土采用长距离输料技术。

2.7　劳动组织采用固定工序循环作业和专业工种计件工资制，充分发挥工人的主观能动性。

3. 适用范围

3.1　本工法广泛适用于煤炭、黑色金属、有色金属、稀有金属和非金属等各类矿山工程斜井井筒的施工。

3.2　适用于净断面$\geqslant 7m^2$以上的斜井井筒，最大净断面无限制。

3.3　对斜井长度无限制，并斜井越长，断面越大，越能充分发挥机械化快速施工优势。

3.4　适用于坡度5°～25°之间各种角度斜井施工。

3.5　适用各种水文地质和复杂地层施工。

3.6　井筒涌水量：当井筒涌水量小于$10m^3/h$时，可按工法正常施工；当井筒涌水量大于$10m^3/h$时，应采取治水措施，否则将影响机械效率的发挥，施工速度和经济效益将受到一定影响。

4. 工艺原理

本工法工艺核心部分就是按"三大二光一优"工艺进行组织快速施工。即：提升选用大型提升机、排矸选用大箕斗、耙装矸石选用大耙矸机，炮孔定位和喷浆成形采用两台"激光指向仪"不间断标定；

掘进实施光面爆破，并根据不同岩性不断"优化"爆破参数，实现不超挖、不欠挖，确保工程质量。

5. 施工工艺流程及操作要点

5.1 工艺流程

本工法主要工艺流程如图 5.1 所示。

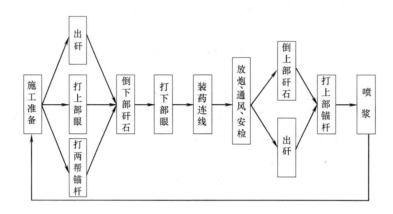

图 5.1 工艺流程图

施工中按照工艺流程依次反复循环施工。

5.2 操作要点

5.2.1 最合理井筒排矸设备

斜井施工排矸时间占 45% 以上。选用与提升、耙矸能力相匹配的井筒排矸设备是保证斜井快速施工的关键。为此，要根据排矸大小来选用斗容 3～6m³ 排矸箕斗。当掘进断面＞10m²，斜井长度＞300m 时，应优先考虑用 6m³ 箕斗，当掘进断面＞20m² 时优先选用 9m³ 箕斗。

实例之一：寺河矿主斜井井筒掘进断面 18.3m²，倾角 16°，斜长 768.m。井筒施工中选用 6m³ 箕斗，斗容 0.9m³ 的耙装机和一套单钩提升绞车。

实例之二：寺河矿井副斜井采用一套单钩提升，提升绞车为 2JK-3.0/20 型提升机，配一个 6.0m³ 前卸式箕斗出矸，井筒安装一台 P-90B 型耙装机，斜井机械化作业配套示意图见图 5.2.1。

5.2.2 最佳提升设备的配套

斜井施工中所需各种材料、特别是爆破出的矸石必须从工作面装运到地面（或从地面工厂运到工作面）。因此，要确保实现快速、优质、安全施工，重要条件之一就是要配备足够的提升能力来满足提升的需要。当掘进断面＜18m²，斜井长度＜600m 时宜选用一套单钩提升；当掘进断面＞18m²，斜井长度＞650m 时宜选用主、副两套单钩提升。提升机选型应根据斜井长度和断面的大小等综合因素确定。

5.2.3 最合理耙装设备

装矸设备的合理与否直接影响装矸工序时间，因此要根据断面大小和斜井不同斜井提升循环时间来选用耙装机。一般选用斗容 0.6m³ 或 0.9m³ 耙装机。

5.2.4 最先进的长距离输料技术

喷浆作业时间占 25%～35%，机械化快速施工中采用最先进的长距离输料技术就可以保证喷浆作业与出矸、清理等其他工作平行，大大地提高了工时利用率。当斜井角度≤15°时最大经济输料距离 400m；当斜井角度＞15°时最大经济输料距离为 550m。

井筒斜长大于 600m 时宜用副提升系统矿车送喷浆料。

实例之一：在掘进断面 15.5m²，斜井长度 586.9m，倾角为 20°井筒施工时，采用长距离输送技

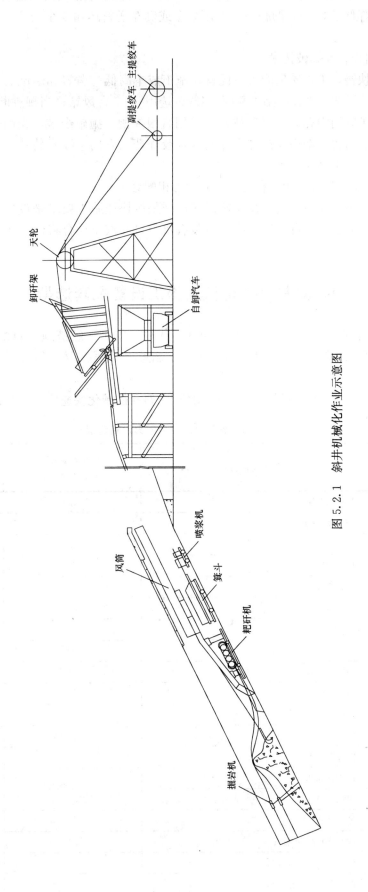

图 5.2.1 斜井机械化作业示意图

术，每天节约 4.5h，井筒施工期节省喷浆时间 600h 以上，并且在喷浆时还可进行出矸、清理、打眼等工作。工人劳动强度降低了 80％，彻底消除了用矿车或箕斗送料运输安全隐患。为经济、快速、安全施工发挥了重要作用。

5.2.5 最优凿岩设备及爆破技术

斜井施工速度的快慢，工程质量能否达优良、施工成本高低与凿岩和爆破有着密切关系。凿岩选用 YTP-26 型高频高效风钻。当井筒掘进断面≤15m² 选用 5～7 台风钻；当掘进断面在 15～25m² 时选用 8～12 台风钻。爆破宜用中孔光面爆破技术。采用直眼掏槽，抛碴爆破，光面爆破参数优化。根据不同的煤、岩性质和瓦斯含量选用煤矿许用炸药或水胶炸药，采用连续式装药结构，毫秒延期电雷管引爆。巷道爆破成形好，工程质量优良。

5.2.6 地面矸石仓要与排矸能力和装岩提升能力相配套

根据多个斜井快速施工经验总结，地面转载和排矸是按快速施工要求来设置，先进的配套设施是采用地面转载矸石仓，通过 2 台自卸汽车或 1 台装载机与自卸汽车配合将矸石排至矸石场地（或矸石山）。

6. 斜井机械化快速施工设备配套选型

为使各设备能力得到最大限度发挥，实现快速、优质、安全、经济施工目的，达到凿岩、装矸、排矸、锚杆支护、提升和运输各环节相互匹配的要求，经多年实践总结，斜井机械化快速施工主要配套设备选型见表 6-1。

实例之一：掘进断面 24.9m² 斜长 1606.7m 倾角 16°斜井机械化快速施工主要设备见表 6-2。

斜井机械化快速施工主要配套设备选型　　　　　　　　　　　　　表 6-1

工序名称	设备或设施名称	断面≤16m² 斜长≤600m	断面>16m² 斜长>600m
凿岩	YTP-26 凿岩机	√	√
	7655 凿岩机	○	×
耙矸	PB-90B 耙矸机	√	√
	PB-60B 耙矸机	○	
排矸（井筒）	6m³ 箕斗	√	√
	4m³ 箕斗	○	×
翻矸	前倾式自动卸载	√	√
提升	2JK-3.5/20	○	○
	2JK-3.5/15.5		√
	2JK-3.0/20	○	○
	2JK-3.0/15.5	√	
	2JK-2.5/20		√（作副提）
	2JK-2.5/20		○
通风	KJ(B)-№9.6		√
	SWF-111-13	√	
	YBT-№6	○	
排水	BQF-50/25 风泵	○	○
	80D30×（4～8）卧泵	√	√
井筒指向	DJE-1 型激光指向仪	√	√

工序名称	设备或设施名称	断面≤16m² 斜长≤600m	断面>16m² 斜长>600m
喷浆料搅拌	JS-1000 强力搅拌机	√	√
	JW-375 强力搅拌机	○	
计量系统	PL-1200 型电子自动计量系统	√	√
喷浆	PZ-5B 型混凝土喷射机	√	√
排矸(地面)	转载矸石仓(12~25m³)自制	√	√
	ZB-50 装载机		√
	ZB-40 装载机	√	
	斯太尔 11t 自卸汽车		√
	斯太尔 8t 自卸汽车	√	

注:斜长>980m 时主提升机必须改造;
排水采用风泵与卧泵联合排水;
√表示优先选用、○表示可以选用、×表示不宜选用。

斜井机械化快速施工主要设备表　　　　　　表 6-2

序号	名　称	主要技术特征	单　位	数　量
1	主提升机	2JK-3.5/15.5 型(改造)685kW	台	1
2	副提升机	JK-2.5/20 型 410kW	台	1
3	箕斗	斗容 6m³(900mm 轨距)	台	1
4	矿车	1t 固定式(600mm 轨距)	辆	4
5	耙装机	PB-90B 型 45kW	台	1
6	凿岩机	YTP-26 型	台	9
7	地面转载矸石仓	自制斗容 21m³	座	1
8	装载机	2L-50 型斗容 0.5m³	台	1
9	矸石运输车	11t 斯太尔自卸车	辆	3
10	风泵	BQF-50/25	台	4
11	卧泵	80D30×4	台	5
12	风机	DKJ(B)-№9.6 型 60kW	台	1
13	混凝土搅拌机	JS-1000 型 55kW	台	1
14	自动计量系统	PL-1200 型	套	1
15	喷浆机	PZ-50B11kW	台	3
16	激光指向仪	DJE-1 型 127V	台	2

7. 劳动组织及安全

在快速施工中要严格推行项目法管理,配备精干人员、科学管理、严格措施、精心组织就能取得预期目标。按工程规模设立项目部,下设经营、技术、物资设备及生活后勤保障等部室。管理层人员必须精干,作业层人员必须有熟练操作技能。积极推广"四六"制多工序平行作业,采用"三大二光一优"为核心工艺的机械化快速施工工法。

实例之一:寺河矿三个井筒同时施工管服人员仅 42 人,见管服人员配置表 7-1,其中一个井筒劳动力配置见表 7-2。严格按正规循环图表要求控制做业时间,保证正规循环率达到 93%以上。

序号	类 别	人数（个）	备 注
1	经理部	4	
2	工程调度	6	
3	安监站	2	
4	物资设备	4	
5	计财	4	
6	劳资	2	含定额考核
7	后勤服务	14	含食堂人员
8	司机	6	
	合计	42	

管服人员配置表　　表 7-1

序号	工 种	人数（个）	备 注
1	队部人员	4	含技术人员
2	掘进工	66	在册人数
3	锚喷工	22	在册人数
4	耙装机司机	4	在册人数
5	放炮员	4	在册人数
6	井口上下信号把钩	12	在册人数
7	机电	8	在册人数
	合计	120	

劳动力配置表　　表 7-2

施工中建立安全生产责任制和安全监督体系，严格执行措施的编制、审批和贯彻制度、"一坡三挡"设施齐全牢固，严禁"三违"。

8. 质 量 要 求

8.1 本工法在煤矿斜井井筒施工中执行的规范和标准有：

1)《煤矿安全规程》（2006 年版）；

2)《煤矿建设安全规定》（试行，1997 年版）；

3)《矿山井巷工程施工及验收规范》（GBJ 213—90）；

4)《矿山井巷工程质量验收评定标准》（MT 5009—94）。

8.2 按照 ISO 9001：2000 国际质量管理体系标准编制了质量管理体系文件，并已取得认证，在施工中严格执行。

8.3 斜井井筒质量要达到：

1) 井筒净宽不小于设计，不大于 100mm；

2) 井筒净高不小于设计要求，不大于 100mm；

3) 喷身混凝土强度和厚度均不小于设计值；

4) 表面平整度≤50mm；

5) 井筒竣工总漏水量≤6m³，且不得有≥0.5m³/h 集中出水点；

6) 锚杆安装符合质量要求，拉拔力≥设计值；

7) 井筒底板（按腰线）允许偏差－30～＋50mm，铺底厚度符合设计要求，底板表面平整度≤10mm；

8) 水沟、台阶符合质量要求。

9. 安 全 措 施

9.1 认真贯彻"安全第一、预防为主"的方针，根据国家有关规定、条例，结合施工单位实际，和工程具体特点，在施工项目部派驻安全监察员，项目部领导班子设专职安全副经理，施工区队设安全网员，组成全面有效的安全监督、管理系统。

9.2 在斜巷运输方面，认真执行中煤第五建设公司的《斜巷施工安全管理专项规定》，其主要内容如下：

一、提升司机实行双监护。提升机司机必须持证上岗，提升控制室内必须装备电视监控系统，且图像清晰；同时要配齐人员，做到一人操作、一人监护，严禁疲劳操作。

二、绞车供电实行双回路。提升机高、低压供电必须具备双回路要求，且供电电源可靠。

三、绞车保护实行"八加一"。提升机的"八大保护"装置必须齐全有效，并配备后备保护装置。

四、绞车司机必须做到"六不开"。绞车状况不完好不开，钢丝绳不合格不开，安全设施不齐全不开，信号设施不齐全不开，信号不清不开，"四超"车辆无运输措施不开。

五、把钩人员必须做到"六不挂"。安全设施不齐全不可靠不挂，联系不清不挂，"四超"车辆无措施不挂，物料装车不合格不挂，连接装置不合格不挂，斜井（巷）内有行人不挂。

六、人车应有防跑车装置。垂深超过 50m 应采用机械运送人员，运送人员的车辆应装有可靠的防跑车装置。

七、串车提升应设防脱钩装置。使用串车提升时，必须使用不能自行脱落的连接装置并加装保险绳，保险绳应按照提升钢丝绳的要求进行日常检查。使用"V型"矿车提升时，应装置防翻斗、防掉斗、防跳销装置。

八、斜井提升应设语音提示。斜井（巷）斜长超过 100m，必须装设语言报警装置。

九、斜井运输要设"一坡三挡"。斜井运输必须严格按照《煤矿安全规程》第 370 条的规定设置挡车装置。

十、斜井运输行车不行人。斜井运输必须做到行人不行车、行车不行人，并有醒目的标识。

十一、风水管线悬吊要规范。巷道内各种风水管及电缆的敷设方式、敷设地点、敷设高度、吊钩等必须符合设计和安全要求，并做到美观。

十二、轨道铺设质量必须符合要求。轨道、道岔铺设必须达到《煤矿安全规程》第 353 条中有关规定。

十三、项目部必须每班配备安检员，进行相关检查，检查要严肃认真，严谨细致；查出的问题反馈要及时准确，并填写好检查记录，记录必须真实齐全。

十四、各工程处必须针对以上专项规定制定考核办法，奖优罚劣，确保以上规定真正落到实处，切实加强斜井提升运输管理，确保斜井施工安全，提高公司斜井施工管理水平。

9.3 加强顶板管理，严禁空顶作业，炮后及时敲帮问顶并进行临时支护，永久支护跟跟耙矸机。

9.4 坚持"一炮三检"和"三人连锁放炮制"，炮后检查工作面，发现问题及时处理。

9.5 定期进行机电设备检查，及时排除设备故障，确保正常运转，避免失爆。

9.6 长距离喷浆要保证井上下的信号联系，发现问题及时处理。

10. 环 保 措 施

10.1 严格按照 ISO 14001：2004 环境管理标准体系要求开展日常的各项工作。

10.2 成立对应的施工环境卫生管理机构，制定切实可行的环境管理目标，日常检查，逐月考核，并和各级施工、管理人员工资、绩效挂钩。

10.3 在施工过程中严格遵守国家和地方政府下发的有关环境保护的法律、法规和规章，加强对施工排矸、生活垃圾、生产生活废水的控制，加强对燃油、材料、设备的管理，遵守有关防火及废弃物处理的规章制度，与当地环保部门签订危险废弃物处理的协议，妥善处置好危险废弃物。

10.4 将施工场地和作业限制在工程建设允许的范围内，合理布置临时工业广场，做到标牌清楚、齐全，各种标识醒目，施工场地及井下整洁文明。

10.5 防止矸石运输及其他材料进场时的散落，防止沿途污染，必要时进行洒水降尘，防止尘土飞扬，按当地环保部门指定要求进行排放生产生活污水。

11. 效 益 分 析

斜井机械化快速施工工法的实质就是充分发挥"三大二光一优"的优势，推行项目法管理和"四六"平行作业，实现快速、优质、高效、安全施工，大大缩短建井工期，直接效益：

（1）节省井筒施工辅助费；

（2）减少建井期内贷款利息；

（3）矿井早投产，早收益。

最大社会效益是积累丰富斜井井筒施工经验和施工技术，促进了我国建井技术的发展，提高了我国煤矿建设的速度，提高企业知名度，增强企业竞争能力。

实例之一：在寺河煤矿三个斜井施工中，先后 11 次打破月成井 110m 水平，最高月成井 277m；其中主斜井平均月成井 119.3m；连续五个月破 110m 水平。月成井破 110m 统计表见表 11。井筒施工工期较合同提前 4 个月，工程质量评为部优工程，机械化程度 95％以上，设备完好率 100％，全员人均效率达 25.6 万元/人年，实现了安全施工。为第一工程处节约人工费、材料费和辅助费达 416.7 万元。不仅为建设单位节约投资和贷款利息 2000 余万元，而且仅井筒工期提前就可使矿井获纯利润 1.4 亿元。

月成井破 110m 统计表　　　　　　　　　　　　　　　　　表 11

井筒名称 ＼ 时间	1996 年							1997 年		
	6 月	7 月	8 月	9 月	10 月	11 月	12 月	1 月	2 月	3 月
主斜井	122.1	118.0	132.2	112.0	116.0					
西斜井							110.0	162.2	277.0	108.0
副斜井	105	107								

12. 应 用 实 例

多年来中煤第五建设公司第一工程处采用"斜井机械化快速施工工法"施工的矿井 8 对计斜井井筒近 20 个，总生产能力 18.7Mt/a，月成井破 110m 的记录 30 个。除正在施工的井筒外，都取得显著效果，较突出的有五个工程，斜井机械化快速施工应用实例表见表 12-1。

斜井机械化快速施工应用实例表　　　　　　　　　　　　　表 12-1

序号	矿井名称	设计产量（Mt/a）	斜井名称	净断面（m²）	倾角（度）	斜长（m）	开工日期	竣工日期	基岩段平均速度（m/月）	月超 110m 个数	最高速度（m/月）	安全情况	质量评定
一	晋城矿务局寺河煤矿	6.0	主斜井	18.3	16	768.3	1996.4.1	1996.10.15	118.2	5	132.2	安全	部优
			副斜井	19.9	19	598.4	1996.4.1	1996.9	92	4	107	安全	部优
			西斜井	16.8	16	1004	1996.5.1	1997.6.1	97	2	277	安全	/
二	西山矿务局屯兰煤矿	3.0	主斜井	18.1	16	933	1989.5	1990.5	77.5	2	104	安全	省优
			副斜井	15	20	755	1989.5	1990.3	76	2	101	安全	省优
三	亚美大宁煤矿	1.2	主斜井	15.5	20	586.9	2001.4	2001.10	97.8	3	152	安全	省优
四	汾西矿务局中兴煤矿（扩建）	1.8	主斜井	27.6	27	596.8	2001.5.1	2001.8.31	149.2	4	202	安全	部优
			副斜井	13.7	20	625	2001.7.21	2001.11.18	159	5	328	安全	部优
五	分析矿务局双柳主斜井	1.5	主斜井	14.7	17	592	1999.11.30	200.5.3	98.7	3	125	安全	部优

曙光煤矿实例：曙光煤矿位于孝义市下棚乡南道村，2003 年 5 月开工建设，2004 年 2 月 11 日井筒顺利落底。

主斜井井筒掘进断面 18.05m²，倾角 22°，长 1023.2m；井筒布置两套单钩提升系统。主提升绞车为 JK—2.5/20 型，前卸式 6.0m³ 箕斗排矸，副提升绞车为 JK-2.0/20，1 吨矿车串车（3 辆/钩）辅助运输；安装 $20m^3$ 转载矸石仓，迎头工作面配备 $0.9m^3$ 耙矸机一台，施工初期喷浆采用长距离输料，选用 PZ-5B 型喷浆机，井口设置两台喷浆机，后期井口喷浆机移至井下，利用副提升串车下料，不占用箕斗提升排矸时间，以满足快速施工需要。见施工主要设备表 12-2。

施工主要设备表 表 12-2

序 号	设 备 名 称	规 格 型 号	数 量	备 注
一	提升设备			
1	提升机	JTP-1.6/20	3 台	
2	提升天轮	ϕ1600	3 个	
二	装岩排矸设备			
1	耙装机	PB-30B	1 台	
		PB-60B	2 台	
2	箕斗	$4m^3$	3 台	
三	通风、排水、压风			
1	风动泵	BQF-50/25	3 台	
2	局部通风机	JBT-51-2	1 台	11kW
3	压风机	5L-40/8	2 台	备用一台
		4L-20/8	1 台	
四	混凝土搅拌、输送设备			
1	搅拌机	JQ-500	3 台	强制式
2	喷浆机	PZ-5B	3 台	
五	供电设备			
1	变压器	S_7-800/10/6kV	1 台	
2	变压器	S_7-630/10/0.4kV	1 台	
3	矿用变压器	KBSG-315/6/0.69kV	1 台	
六	其他设备			
1	装载机	ZB-50	1 台	
2	自卸汽车	斯太尔 11T	3 台	
3	平板汽车	斯太尔 11T	2 台	
4	电焊机	BX3-500	2 台	

按照作业工艺要求，采取专业和固定工序作业方式，"四六"制平行作业，掘进与喷浆平行作业，每个圆班完成 3 个循环。

在工程施工的管理形式上采用项目法管理，根据作业方式、工期要求按各专业工种配备劳动力。劳动力配备 94 人，后勤及辅助人员 58 人，管理技术人员 15 人，总人数 167 人。具体见表 12-3 井下人员配备表和表 12-4 后勤辅助人员配备表。

井下人员配备表 表 12-3

序 号	工种名称	班 次					备注
		一班	二班	三班	四班	小计	
1	打眼工	6	6	6	2	20	
2	点眼工	1	1	1	1	4	
3	放炮员	2	2	2		6	
4	班长	1	1	1	1	4	

序　号	工种名称	班　次					备注
		一班	二班	三班	四班	小计	
5	耙矸机司机	1	1	1	1	4	
6	信号工	1	1	1	1	4	
7	机电维修工	1	1	1	1	4	
8	跟班干部	1	1	1	1	4	
9	喷浆手	1	1	1	2	5	
10	照灯工				2	4	
11	上料工				4	4	
12	喷浆机司机				2	2	
13	刷帮工				2	2	
14	井口信号工					6	三八制
15	井口把钩工					3	三八制
16	绞车司机					9	三八制
17	其他	2	2	2	2	8	
	合计			94			

后勤辅助人员配备表　　　　　　　　　　表 12-4

序　号	工　种	人　数	备　注
1	变电所	3	
2	压风机房	3	
3	食堂	12	
4	澡堂	2	
5	更衣室	4	
6	汽车司机	5	
7	搬运工	12	
8	机电维修工	12	
9	供应	5	
合计		58	

曙光项目部 2003 年 5 月份开工以来，连续 7 个月超百米，连续 3 个月超 150m，2003 年 8 月份创造月成井 180m，工程质量全优，安全无事故。

立井冻结表土机械化快速施工工法

YJGF224—2006

中煤第五建设公司　中煤第一建设公司

中煤第三建设（集团）有限责任公司

杜勇　蒲耀年　徐辉东　程志彬　刘传申

1. 前　　言

山东省巨野矿区郭屯煤矿隶属山东鲁能菏泽煤电开发有限公司（1998年4月25日鲁能集团与地方合资成立鲁能菏泽煤电开发有限公司，首期注册资金5亿元，主要从事菏泽巨野煤田及外围煤炭资源的开发，目前拥有45万t/a彭庄矿井、240万t/a郭屯矿井和正在筹备中的杨莹矿井，公司合称"三矿一厂"）。郭屯煤矿井田地质储量7.8亿t，可采储量1.7亿t，设计生产能力240万t/a，服务年限52.4年，立井开拓，主、副、风三个井筒位于同一工业广场内，井筒直径分别为5.0m、6.5m、5.5m，井筒深度分别为853m、883m、878m。计划工期为2004年底开工，2008年底投产。

矿井由中煤国际工程集团南京设计研究院负责设计，该院所属南京华宁工程建设监理公司对工程进行监理。经公开招投标，我处中标承建郭屯煤矿副井井筒及相关硐室掘砌工程，2005年1月21日签订承包合同。承包方式为工程总承包（包工包料），合同工程量为：临时锁口4.5m、井筒879m、马头门及附属硐室54.55m。合同工期487d。

副井表土层厚度582.7m，表土和风化基岩段均采用冻结法施工（兖州新陆公司冻结），冻结深度702m。工程于2005年10月20日试挖，11月18日正式开工。冻结表土层施工时，引进了小型挖掘机用于工作面土层的掘挖，首次采用挖掘机（CX55B）配合中心回转抓岩机（HZ-6）掘进和装土，创立了一套立井冻结表土段机械化快速施工工法，通过该技术的应用，外壁平均月成井141m，最高单月成井176.4m。工作面人员为0.36人/m²，比采用人工配合风镐掘进平均减少0.54人/m²。工程质量经甲方、监理、质监站月度检查验收被评为优良工程，安全无事故，受到甲方的盛赞，取得了良好的经济效益和社会效益，开创了国内冻结表土段机械化快速施工技术的先河，达到国内一流、国际先进水平。

另外，中煤五公司三处采用该项施工技术，在河南神火煤电集团公司泉店煤矿副井、山西潞安矿业公司高河煤矿主井、巨野矿区郓城煤矿主井、河南焦煤集团赵固二矿主、副、风井等6个井筒的冻结表土段施工中，同样取得了很好的效果，在同等工程条件下充分显示出了这一技术的优越性。

中煤五公司三处在该项工法的应用实践过程中，取得了多项施工佳绩，不断刷新立井施工纪录。通过不断地进行技术跟踪，加大技术创新力度，对这一新工法进行了有效的完善与优化，主要体现在挖掘机与中心回转抓岩机配套技术的研究、挖掘机应用范围的拓展、挖掘机应用条件的分析与配套设施的改造等方面，确立了该工法的先进性和适用性。

2. 工　法　特　点

在以往的立井冻结表土施工方法的基础上，该工法将挖掘机与中心回转抓岩机配套掘进技术恰当地揉入其中，形成了机械化装备水平更高的新技术。

挖掘机与中心回转抓岩机配套掘进技术的核心如下：

小型进口挖掘机（CX55B型）放置在井下工作面，通过履带式行走机构在工作面移位，利用动臂操作挖斗挖土和刷帮（或操作破碎锤破土），并将土集中在吊桶附近以利于装罐（也可辅助装罐）；吊盘上安装一台中心回转式抓岩机，负责将挖掘机集中的土装入吊桶。通过挖掘机司机和抓岩机司机的密切配合辅以专职人员的统一指挥，两种设备在工作面实现"双机配合"，挖土与装罐同时进行，共同完成冻结段土层的掘、装作业。

该技术的最大特点是提高了冻结井筒表土掘进的机械化水平、减少了井下劳动力投入、降低了井下工作面工人的劳动强度、提高了表土的掘进施工速度。具有很大的推广应用价值。

1）把地面使用的小型挖掘机用到井下工作面进行土层的挖掘，结束了长期以来完全靠风镐挖掘表土的历史，进一步解放了生产力。

2）立井井筒冻结表土段的掘进，实现了挖掘机和中心回转抓岩机的"双机"配合作业，用于工作面挖掘土层和装罐，把非凿井专用设备和凿井专用设备结合在一起，形成了新的机械化配套作业技术，大大提高了表土段施工的机械化装备水平。

3）挖掘机的投入使用，其目的是用来挖掘土层和配合装罐，在实际应用中，通过不断地研究，扩大了挖掘机的应用范围，即可以用于刷帮和代替人工对散土进行集中。

4）不同的土层和不同的冻结情况，挖掘机的工作效率不同。在硬度低、未冻土的条件下，挖掘机工作效率最高，相反则降低，但即使在硬度高、冻土进入井筒多的条件下，挖掘机还是可以发挥一定的作用：用来集中散土、更换挖掘配用件后可挖掘冻土。

5）挖掘机的投入使用，不改变原有的施工工艺，挖掘机与中心回转抓岩机的配套作业易于掌握，设备操作简单。

6）通过对吊盘喇叭口的改造，进一步扩大了该技术的应用范围，即不同的井径，可以采取相应的措施，使其能够将挖掘机投入到井下使用。目前，井筒净直径5m及以上的井筒均可应用该技术。

7）该技术的不足之处是：对冻土和高硬度土层的挖掘还需进一步研究，主要是挖掘配用件的研究；挖掘机为柴油发动机驱动，产生一定的尾气，对工作环境产生一定的污染，解决这一问题的途径为加强通风，或改为液压驱动（目前已改造为液压系统，正在进行现场试验）。

3. 适 用 范 围

1）适用于煤炭、有色金属和其他非金属矿山立井井筒的表土段施工。

2）适用于直径不小于5m的井筒，且直径越大越能发挥其优势。

3）适用于硬度不大的未冻土层，且表土层越深、未冻土层范围越大越能发挥优势。对于冻土、硬度大的未冻土层或砾石层，挖掘机挖斗无法直接挖掘，但可配合风镐使用，对破碎后的散土进行集中，同样具有一定的应用价值。

4. 工 艺 原 理

其核心部分就是挖掘机与中叫回转抓岩机配套掘进技术及原冻结表土施工方法相结合，按"三对设备完成三道工序"工艺进行施工，即提升运输选用凿井专用"大提升机"＋"大吊桶"；掘进选用"挖掘机＋中心回转抓岩机（双机配套作业）"；砌壁选用大模板＋小模板（外壁为整体金属下行模板，内壁为液压滑升模板或金属组装模板）。

5. 施工工艺流程及操作要点

5.1 本工法的工艺流程主要为

立井冻结段外壁施工：

双机掘进与工作面找平（两个或三个掘进班）→泡沫板铺设与钢筋绑扎（可单设一个班或并在浇筑

班里)→脱模、立模、浇筑（下一循环)→接管路（一般为 3 个循环一次）

立井冻结段内壁施工：

液压滑升模板或金属组装模板自下而上连续浇筑。

冻结段外壁施工依次反复循环，每一循环时间一般为 13～17h，实例之一：立井冻结表土段正规循环图表见表 5.1。

5.2 操作要点

5.2.1 挖掘机上下井运输方案的优化

挖掘机的外形尺寸较小，其中 CX55B 型挖掘机机体长×宽×高为 mm；2480×1960×2600，只要把动臂拆除，即可以通过封口盘、固定盘和吊盘，但吊盘喇叭口需做特殊处理：喇叭口钢梁的布置应满足挖掘机通过的要求，运输时还需拆除喇叭口和部分吊盘铺板。挖掘机上下井时，拆除动臂，利用钩头提升出井或下放到工作面。当井筒开挖时就使用挖掘机，可以将挖掘机从一开始就放在井筒内工作，省去了一次向井下运输的环节。一般情况下，挖掘机一直放置在井下工作面，待表土施工结束一次性提升出井。当井筒断面较大时（净立直径超过 6.5m），可将吊盘主（或副）提升喇叭口加工成矩形，则挖掘机可直接上下井，不需再拆除喇叭口和吊盘铺板。

井冻结表土段正规循环图表　　　　表 5.2.1

班　别	工　序　名　称	工　时		时　　间(h)					
		h	min	1	2	3	4	5	6
掘一班	交接班		10						
	掘进工器具准备		10						
	掘进(净径 1.7m)	3	40						
掘二班	交接班		10						
	掘进(刷帮)	1	50						
	全断面掘至 2.5m	2							
掘三班	交接班		10						
	全断面掘至 3.6m	3	40						
	掘进工器具收回		10						
砌壁班	交接班		10						
	铺泡沫板扎筋回填刃脚	1							
	脱模立模		20						
	打灰	2							

说明：一个循环 15.5h，循环成井 3.6m。根据表土岩性和冻土进荒径量，控制循环时间为 13～17h。

5.2.2 挖掘机在井下工作面站位、移位的优化

井下空间狭小，吊桶、挖掘机、抓岩机、施工人员互相影响，挖掘机又占用工作面较多的空间，因此挖掘机站位必须合理。站位原则是避开吊桶、远离吊桶、靠近井帮、挖掘范围大并利于刷帮、利于把土集中在吊桶附近（最好是两吊桶之间）。较为理想的站位点是两吊桶连线的垂直线上并靠近井帮或外壁，如抓岩机下方或对侧等。挖掘机在井下行走路线是绕圈（距井壁或井帮约 0.5m）行走，不宜在井筒中间穿行，其原因一是水位观测孔多布置在井筒中心位置，影响挖掘机行走，二是绕圈行走时挖掘机与吊桶、抓岩机的相互干扰最小，便于双机配合作业。以郭屯煤矿副井为例，挖掘机站位与移位示意见图 5.2.2。

5.2.3 挖掘机与中心回转抓岩机的配套应用（双机三同时操作要领）

挖掘机挖土能力强，而装土速度相对较慢，故挖掘机主要任务是挖土和将土集中在吊桶附近形成"土堆"。抓岩机的任务是装土，因抓斗摆动速度较慢，故在吊桶附近装土时水平摆动距离短，不发

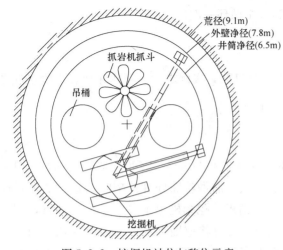

荒径(9.1m)
外壁净径(7.8m)
井筒净径(6.5m)

图 5.2.2　挖掘机站位与移位示意

"飘"，容易控制，可提高工作效率。当挖掘机在某区域内挖土时，先将原始土挖起，挖满斗后再摆臂到吊桶附近将土卸在土堆上，接着摆臂到原位继续挖土。挖掘机挖土时抓斗在土堆处抓土，挖掘机向土堆摆臂时抓斗向吊桶运动，挖掘机卸土时抓斗向吊桶卸土，这样就形成了"双机三同时"配合作业法，即同时取土、同时运土、同时卸土。当土层较软易于挖掘时，挖掘机也可辅助装罐，此时挖掘机与抓岩机宜分别在吊桶两侧装土。当土层较硬而造成挖掘能力小于吊桶提升能力时，"双机三同时"配合作业很可能在一定时间段内被打破，即抓岩机装罐时挖掘机忙于挖土而来不及运土，形成"各自为政"的局面，此种情况下，挖掘机宜重点倾向于挖掘，而抓岩机可辅助集中散土。

双机配合作业时，两者的摆臂动作应为同向或反向运动，尽量避免作相向运动，以防相互碰撞或互相影响。吊桶装土时，如果是两个吊桶，一般不同时滞留在工作面，应交替装土提升，以确保给挖掘机提供足够的作业空间。

5.2.4　砌壁模板及下料工艺

砌壁模板是立井冻结段快速施工中具有工艺特征的关键设备，模板性能好坏直接影响到施工速度的快慢及质量的好坏。目前，外壁施工模板一般均采用 MJY 型整体金属刃脚下行模板，该模板具有脱模能力强、刚度大、变形小、立模方便等优点，一般在地面由 3～4 台稳车悬吊。模板直径根据井筒直径来选型，段高一般为 2.5～3.6m，砌壁混凝土一般由井口的混凝土集中搅拌站提供，强制式搅拌机拌料，底卸式吊桶下料至吊盘，经分灰器送灰入模，当井筒较浅时也可以用输送管下料。内壁施工模板常用的有两种：内爬杆式金属液压滑升模板和多套（10～15 套）金属组装模板。内壁施工为自下而上连续浇筑混凝土。

5.3　劳动组织及作业制度

立井冻结表土机械化快速施工只有按项目法管理严密组织、精心施工才能产生高效率。根据工程实际情况设立项目部，项目部班子由经理、生产副经理、技术副经理、机电副经理、安全副经理组成，下设掘进队、机电队、工程技术、安全监察、经营管理、物资设备、职工培训及生活后勤等部门，项目部实行垂直管理和扁平化管理，简化管理环节。项目部以承包合同为依据，以创精品工程为目标，实施从工程进点到全部工程竣工移交的全过程管理，对工程安全生产、施工质量、工期、成本实行全面控制。

冻结段外壁施工采用专业工种"滚班"作业制，三掘一砌，循环成井 3.6m（掘砌段高 2.5m 时两掘一砌），机电工及其他辅助工采用"三八"作业制度。冻结表土段施工劳动组织实例（井筒净直径 6.5m，井壁厚度 1.5～2.0m）见表 5.3。内壁施工采用三班或四班"滚班"定量作业制，每班完成规定的工作量（如完成套壁 3m 的任务）后，再由下一班继续施工。

冻结表土段外壁施工劳动力组织表　　　　表 5.3

	班组	掘一班	掘二班	掘三班	支护班	合计	备注
井下人数	冻土进入荒径前	15	20	20	25	80	
	冻土进入荒径 600mm	18	25	25	25	93	
	冻土进入荒径 1000mm	20	30	30	25	105	
管理人员及其他工种	管理人员	18		绞车司机		14	
	后勤人员	20		压风司机		4	
	机修工	10		搅拌工		5	
	电工	5		井口信号工		7	
	司机	4		井口把钩工		14	

6. 材料与设备

根据立井冻结表土机械化配套中挖土、装罐、支护、提升和运输各个环节相互匹配的要求，使设备综合能力最大限度得到发挥，取得快速、经济施工的效果。经过实践总结，立井冻结表土机械化快速施工主要配套设备选型见表6-1。实例之一：净直径 $\phi6.9m$、井深739.5m、表土层厚度524.4m（赵固二矿副井）的井筒机械化主要设备见表6-2。

立井冻结表土机械化快速施工主要配套设备选型一览表 表6-1

工 序	设备或设施型号	井筒净直径(m)		备注(√为优选)
		$\phi5.0\sim\phi6.0$	$\phi6.5\sim\phi8.0$	
装岩	中心回转抓岩机 HZ-6	√(1台)	√(2台)	
挖掘	CX55B型挖掘机	√	√	1台
翻矸	座钩式吊桶翻矸装置	√	√	
排矸	10T自卸汽车	√	√	
砌壁	整体金属下行模板	√	√	
	金属液压滑升模板	√	√	
	金属组装模板	√	√	多用于高标号混凝土
提升	2JK-3.6/15.5	(作主提)√	(作主提)√	深井 改绞
	2JK-3.5/20	(作主提)√	(作副提)√	改绞
	2JK-3.0/20	(作副提)√		浅井 改绞
	JK-2.8/15.5	(作主提)√	(作主提)√	
	JK-2.5/20	(作副提)√	(作副提)√	
凿井井架	Ⅳ型金属凿井井架	√		浅井
	ⅣG型金属凿井井架	√	√	
	Ⅴ型金属凿井井架		√	
	永久井架	√	√	业主方创造条件
悬吊设备	双层吊盘	√	√	
	三层吊盘	√	√	适用于块模套壁
测量	DJ2-1型激光指向仪	√	√	
	碳素钢丝悬吊锤球法	√	√	简便适用
混凝土搅拌站	出料量大于50m³/h	√	√	电子自动计量配料
通讯系统	井口电话交换机	√	√	井下抗噪声电话
信号装置	KJX-SX-1煤矿井筒专用	√	√	配电视监控
照明	DGC175/127投光灯	√	√	
通风机	2BKJ56.No6	√	√	浅井
	FBD-No9.6	√	√	表土层超过400m
压风机	GA250 SA120A	√	√	按用风量配置
供电系统	移动变电站、开闭锁	√	√	

立井冻结表土机械化快速施工主要设备特征表（实例）　　表 6-2

序　号	设备名称		型号规格	单　位	数　量	备　　注
1	提升	井架		座	1	永久井架
		绞车	JKZ-2.8/15.5	台	1	1000kW
		绞车	ASEA-2.75/30.88	台	1	630kW
		吊桶	4/3m³	个	3/2	
		吊桶	DX-2	个	3	其中一个备用
2	稳车		JZA-5/800	台	1	安全梯
			JZ-16/800A	台	6	抓岩机 2 台、吊盘 4 台
			JZ-10/600A	台	10	模板、稳绳 4 台、放炮电缆、动力电缆各 1 台
3	挖掘机		CX55B 型（美国进口）	台	1	
4	抓岩机		HZ-6 型	台	2	其中一台备用
5	装载机		ZL-50	台	1	
6	汽车		10T	辆	2	自卸式
7	扇风机		2×30 对旋	台	1	60kW（单电机运转）
8	搅拌机		JS1000	台	2	
9	混凝土配料机		PLD2400	台	1	
10	吊盘		φ6.6m	副	1	三层吊盘层间距 4.0/4.5m(下层)
11	压风机		GA250　SA120A	台	2/1	根据用风量运转
12	外壁模板		φ8.3/8.5/8.9/9.3m	套	1	段高为 2.5/3.6m
	套壁模板		φ6.9m 滑模	套	1	高度 1.4m(上段 C40 以内低标号混凝土用)
	套壁块模		φ6.9m 块模	套	15	每套高度 1.1m(用于高强度混凝土)

7. 质 量 控 制

7.1　执行标准

本工法执行的主要规范、标准有：

1)《矿山井巷工程施工及验收规范》GBJ 213—90；

2)《煤矿井巷工程质量检验评定标准》MT 5009—94；

3)《钢筋混凝土工程施工质量验收规范》；

4)《普通混凝土拌合物性能试验方法》GBJ 80—85；

5)《混凝土强度检验评定标准》GBJ 107—87；

6)《普通混凝土配合比设计规程》JGJ 55—2000；

7)《混凝土外加剂应用技术规范》GB 50119—2003；

8)《混凝土拌合用水标准》JGJ 68—89；

9)《煤矿测量规程》；

10)《建筑工程施工质量验收统一标准》GB 50300—2001；

11)《煤矿安装工程质量检验评定标准》MT 5010—95；

12)《煤矿安全规程》（2006 年版）；

13)《煤矿建设安全规定》（1997 年版）；

14)《煤炭工业建设工程质量技术资料管理规定》；

15)《煤炭工业煤矿井巷工程、建筑安装工程单位工程质量保证资料评级办法》；

16）GB/T 19001—2000 idtISO 9001：2000 标准。

7.2 工程质量管理体系

7.2.1 明确质量目标，实行目标管理

施工中，根据总体目标要求和各类标准对保证项目、基本项目及允许偏差项目的规定，明确各单位工程和分部分项工程的质量目标，制定切实可行的保证措施，认真贯彻执行。

7.2.2 建立质量管理系统，明确职责分工

建立行政、技术和经济管理相结合的质量管理系统，明确各类工作人员的职责，以保证质量目标的实现。井筒冻结段工程质量管理体系见图 7.2.2。

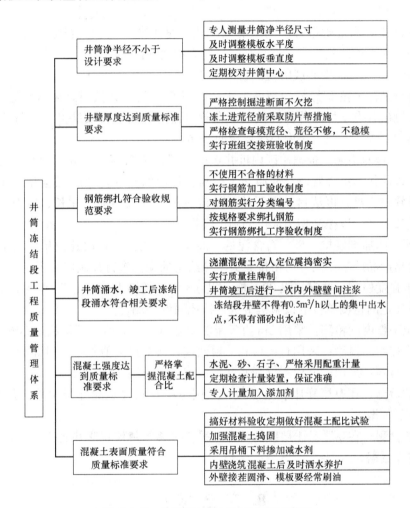

图 7.2.2 井筒冻结段工程质量管理体系

7.3 质量保证主要措施

1）原材料质量的控制：原材料要尽量保持稳定的货源和稳定的质量。用于永久工程的各类原材料，均应提供产品合格证，或提出分批量原材料抽检试验合格证书。杜绝不合格原材料进场、入库、使用。

2）配料的控制：采用微机控制计量法，确保混凝土组分计量准确性，严格控制混凝土的水灰比，外加剂要选用较精确的容器量取，误差不得超过±0.5%，配合比必须经试验确定，施工措施中应明确试验确定的合格配合比。根据试验确定的混凝土配合比，经理论换算成每拌料的重量比或容积比，制做成牌板悬挂于配料操作场所，指定操作人员执行，配合比的实际误差不得大于设计规定值的±2%。

3）用于现浇混凝土支护的井下施工用模板，必须经地面预组装验收合格后，方可入井投入使用。

4）施工工艺的控制：搅拌机的纯拌料时间每次不少于 3min，保证搅拌均匀，要经常检查混凝土外加剂及水灰比，发现有较大变化时，要找出原因并及时调整。

5）加强混凝土的振捣，为保证混凝土密实，入模的坍落度控制在 8～12cm。

6）实行专职质检员对刷帮、稳模、浇筑混凝土质量进行跟班检查验收制度，不合标准不得进行下一道工序施工，从施工过程控制上保证工程质量。

7）严格按施工图设计、施工组织设计和施工措施组织施工，严格执行相关规范或标准，并做好有关记录。加强施工现场的组织管理，明确各工种操作人员的职责，加强自检互检。

8）严格执行质量管理体系三个层次文件的有关规定，严格按质量管理程序要求进行施工和管理。确保工程质量总体目标的实现。

9）施工检测

施工检测是检查井筒施工质量好坏的最有效手段，是工期、质量、安全管理体系中的重要一环。在井筒施工过程中，施工检测是经常、反复甚至是每天都要做的事情。

① 井筒十字中心线及井筒中心线的检测：

根据矿区近井点坐标，按 5″导线的精度要求，布置 5″导线，并按设计要求标定井筒十字中心线，建立十字基点，实测出各点坐标。井筒开挖后，在封口盘的井筒中心安装井中下线板，用细钢丝配锤球作为井筒施工的中心线。井筒十字中心线要定期检测。

② 井筒施工中高程的检测：根据矿区内近井点的高程，按四等水准测量的精度要求，将井筒的十字基点高程测出，以此作为沉降观测、井筒施工中高程传递的基准。在施工至井筒冻结段下部壁座等位置时，将高程导致封口盘，再从封口盘下放一检定过的长钢尺，加上比长、拉力、温度、自重等的改正，将高程传递致井下，以控制相关部位的施工高程。

③ 钢筋、水泥、添加剂复检、砂、石含泥量、混凝土配比检测，由建设单位指定的检测单位进行检测和配制。不合格产品严禁使用，严格按有关单位给定的配比进行配制混凝土。

④ 井壁混凝土强度检测：井深每隔 20m 取一组（3 块）规格为 mm：150×150×150 立方体混凝土试块，在建设单位指定的检测单位的试验机上进行抗压强度检测。

⑤ 井壁混凝土平整度的检测：采用 2m 直尺量测检查点上最大值。不得超过 10mm。

⑥ 井壁混凝土接茬的检测：采用直尺检查一模两端，接茬最大值不得超过 30mm。

⑦ 井帮温度的检测：采用温度检测仪观测井帮温度，每模测一次。

⑧ 井帮位移的检测：在厚层膨胀黏土层段，采用位移收敛仪观测井帮位移，并对数据进行分析，为井筒施工提供可靠数据。

⑨ 井底底鼓的检测：在膨胀黏土层段的井底，采用位移收敛仪观测井底位移，并对数据进行分析，为井筒施工提供可靠数据。

8. 安 全 措 施

8.1 安全管理主要制度

1）建立以项目经理为主要安全责任者的安全生产责任制，做到层层落实，实行下级对上级负责逐级联保制和班组互保制，对现场 24h 不失控。对生产中出现的安全问题，实行跟踪解决并落实措施，杜绝事故的发生。

2）建立健全安全监督检查机构，按照安全质量标准化标准及安全生产重大隐患排查制度的要求，定期组织安全检查，做到警钟长鸣，把安全事故消灭在萌芽状态，达到安全生产的目的。

3）严格执行一工程一措施的管理制度。工程开工前，将施工顺序、技术要求、操作要点、达到的质量标准及安全注意事项，认真向工人进行交底，切实贯彻落实。

4）经常向职工进行技术、安全教育，提高安全意识和技术水平。对要害工种进行考核，坚持持证上岗制度。

5）建立健全各项管理制度和安全生产岗位责任制，并严格执行。

6）对项目部实行安全承包制度、安全风险抵押金制度、安全奖罚制，并实行安全技能账户及安全目标奖罚制度等，确保工程施工安全。

8.2 安全管理主要措施

1）切实抓好施工中的防冻、防洪、防坠落、防片帮、防火灾等各种灾害预防工作。

2）挖掘机、中心回转抓岩机等大型施工设备的使用，上、下井要编制专项措施和操作规程，指定操作人员执行，要害工种及特殊工种，必须持证上岗。

3）提升、悬吊钢丝绳，应指定专人做好使用前、使用中的试验、检查工作。

4）制定要害场所管理制度，并严格执行。

5）严格遵守不安全不生产制度，做好大临工程的检查验收工作，杜绝事故隐患。

6）合理配备通风设备加强井内通风，做好挖掘机尾气排除工作。

7）登高作业人员，必须佩戴保险带并生根牢固，所有作业人员必须配置相应的施工作业劳动保护用品。

8）大型安装工程所用起重设备、机具、绳索等应严格按施工组织设计要求选用，使用前应认真逐台（件）检查检修，并有书面检查记录。

9）凿井平台安装要设置警戒范围，禁止非有关人员进入警戒区。

10）安装工程要有明确分工，专人指挥，统一信号，严禁"三违"。

11）井口、井筒安装施工时，必须配置相应的灭火器材。无可靠保护情况下，严禁上、下层同时作业。

12）严格执行交接班制度，加强自检和互检工作，交安全、交质量、交进度，认真填写施工验收记录。

13）井筒施工设施严格按照五公司三处编制的《立井提升吊挂手册》执行。

14）工程施工中每道工序和各种设施严格按照五公司及三处制定的《安全质量标准化标准》执行。

15）冬期施工要特别注意以下几点：

（1）注意人员保暖。（2）井筒内要经常检查，发现结冰要及时处理，风筒等不得有破损现象。（3）混凝土搅拌用水要有加热措施（矿方保障），入模混凝土温度要控制在 15～20°之间。盘台上的电缆在升降时要小心提放，不得任意弯曲。（4）井口棚内不得有结冰现象。（5）加强管路、各种设备等的保暖工作，确保冬季正常运转。

16）雨期施工要特别注意以下几点：

（1）增加各种设备、设施的防雷电、防淋雨措施。（2）疏通井口等处的排水通道，做好防洪措施。（3）排出室外设备、设施附近的积水，防止因积水浸泡而破坏基础。（4）砂、石等施工材料要有防雨措施，防止受潮变质或因含水量变化而影响混凝土质量。（5）封口盘要封严，防止雨水流入井内。

9. 环 保 措 施

9.1 环境目标控制

9.1.1 初始环境评审

1）开工前明确使用的相关法律、法规及其他应遵守的要求。

2）评价环境现状与上述要求的符合程序，包括污染物排放，化学品使用，资源能源消耗情况等。

3）所在区域的相关环境背景资料，包括用地使用历史沿革污染物排放管网位置分布、功能区域划分等。

4）相关方提供的报告、记录等背景资料。

9.1.2　环境因素调查

识别工程施工过程中可能存在的各种环境因素。

9.1.3　确定环境目标

对废水、废气、噪声等进行控制，做到达标排放；对固体废弃物进行控制，做到分类收集，分类处理；对危险品进行有效控制，建立危险品仓库。

9.1.4　制定环境管理方案

废气排放

1）柴油发动机使用符合国家相关标准的柴油产品。

2）对车辆定期进行尾气排放监测，使用无铅汽油，确保汽车排放符合标准。

3）选用环保型锅炉，减少大气污染。

废水排放

1）合理控制化学品使用，禁止直接倾倒化学品和成分不明的液体。

2）生产及生活废水应汇入指定的污水管网。

噪声排放

风机安装消声装置，施工现场噪声做到不超过85dB。

9.2　环境保护措施

1）开工前组织全体干部职工进行环境保护学习，增强环保意识，养成良好环保习惯。

2）在生产区和生活区修建必要的临时排水渠道，并与永久性排水设施相连，不至引起淤积冲刷。

3）施工废水、废油、生活污水分别进入污水沉淀池和生化处理池，净化处理后排放。生活区及生产区修建水冲式厕所，专人清扫。

4）通风机等选用符合国家标准的低噪声设备，并采取措施，降低噪声污染

5）施工车辆在现场或附近车速应限制在8km/h以下，施工路面经过适当的防尘处理，定时洒水。

6）机具冲洗物，包括水泥浆、淤泥等应引入污水井中，以防止未经处理的排放，还要防止污水、含水泥的废水、淤泥等杂物从工地流至邻近工地上或积累在工地上。

7）派专人定时清理现场空罐子、油桶、包装等环境污染物，并及时清理现场积水。

8）使用环保锅炉，减少大气污染。

10. 效 益 分 析

立井冻结表土机械化快速施工工法，实践证明具有可观的经济效益。①挖掘机的投入使用和双机配套作业技术，与普通风镐掘进工艺相比，工作面劳动力投入由原来的0.8～1.0人/m² 减少到0.3～0.5人/m²，减少了50%左右；②施工速度可达140～150m/月（平均），当土层硬度较低时提高了40%以上、当土层硬度较大时提高了20%左右，正常情况下一个掘砌循环时间可控制在15h左右，在郭屯煤矿副井冻土未进和少量进荒径施工时，平均循环时间小于15h，最短的一个掘砌循环时间仅为12h15min（段高3.6m）；③减少了黏土层的井帮暴露时间，掘进时间一般为10h左右，为大段高模板的投入使用和膨胀性黏土层的安全施工奠定了基础。另外，挖掘机的投入使用，大大减少了风动工具的使用量（减少量为50%左右），具有十分明显的节能作用。

中煤五公司三处采用挖掘机与中心回转抓岩机配套掘进技术，除在郭屯煤矿副井应用外，在泉店煤矿副井、高河煤矿主井、郓城煤矿主井、赵固二矿主、副、风井等井筒施工中，冻结表土段外壁平均施工速度均达到140m/月以上，也因此，冻结段平均进度达到了90～100m/月，施工速度比原来提高了30%。由于冻结段井筒施工速度的提高，冻结站供冷时间也相应减少了20%左右，而冻结站的用电量减少了15%～20%。经过初步计算，采用该技术后，由于施工速度的提高，井筒冻结段施工成本降低了10%以上。

劳动力投入及施工速度对比情况见表 10-1 和表 10-2。

井筒冻结段掘进施工工作面劳动力投入对比表　　　　表 10-1

工程名称	施工工艺	班组	人数(人)	最多人数(人/m²)	工程名称	施工工艺	班组	人数(人)	最多人数(人/m²)
郭屯煤矿副井	双机配套掘进	小断面掘进班	15/20	0.36 荒断面83.3m²	泉店煤矿副井	双机配套掘进	小断面掘进班	16/25	0.5 荒断面80m²
		刷帮班	20/30				刷帮班	19/35	
		全断面掘进班	20/30				全断面掘进班	22/40	
		支护班	25				支护班	24	
郭屯煤矿主井	风镐掘进	小断面掘进班	30/40	0.94 荒断面48m²	泉店煤矿主井	风镐掘进	小断面掘进班	25/30	0.89 荒断面45m²
		刷帮班	35/45				刷帮班	30/40	
		全断面掘进班	35/45				全断面掘进班	35/40	
		支护班	23				支护班	26	
郭屯煤矿风井	风镐掘进	小断面掘进班	30/45	0.85 荒断面59m²	泉店煤矿风井	风镐掘进	小断面掘进班	28/35	1.0 荒断面45m²
		刷帮班	40/50				刷帮班	30/40	
		全断面掘进班	40/50				全断面掘进班	40/45	
		支护班	22				支护班	28	
高河煤矿主井	双机配套掘进	小断面掘进班	18/32	0.38 荒断面93.3m²	说明：斜线前面是冻土未进或少量进入荒径时的人数，斜线后面是冻土进入荒径1000mm左右时的人数。				
		刷帮班	20/35						
		全断面掘进班	25/35						
		支护班	28						

井筒冻结段外壁施工速度对比表　　　　表 10-2

工程名称		净径	施工工艺	模板(m)	试挖时间	2005年				2006年			累计 m	平均 m/月
						09	10	11	12	01	02	03		
郭屯煤矿	副井	6.5	机械		05.10.20		(45)	176.4	100.04	0	0	90	411.44	141
	主井	5.0	风镐	3.7	05.09.11	(37.7)	130.5	131	113	53.3		65	530.5	109
	风井	5.5	风镐	3.7	05.09.10	(12)	86	99	93.1	88.7	77.2	80	536	86
泉店煤矿	副井	6.5	机械		05.12.06				103	126.6	104.4	(75.6)	409.6	124
	主井	5.0	风镐	3.7	05.12.01				87	98	59.6	62.8	307.4	76
	风井	5.0	风镐	4.2	06.01.9					83	164.86	105.04	352.9	129
高河	主井	8.2	机械	3.6	06.02.8						90	50	140	140

说明	模板段高：郭屯煤矿副井：2005 年 11 月份为 3.6m，之后为 2.5m。 　　　　泉店煤矿副井：2005 年 12 月份为 2.5m，之后为 3.6m。 施工时间：郭屯煤矿主井：第一次套壁时间为 2006.1.18～2006.2.28。3 月份外壁施工 25d。 　　　　郭屯煤矿副井：第一次套壁时间为 2005.12.24～2006.1.23。2006.1.23～2006.3.6 因冻结原因而停工。2005 年 12月份外壁施工 24d，2006 年 3 月份外壁施工 25d。 特别说明：带( )的数字不进入平均进度的计算。 　　　　泉店煤矿副井：于 2005 年 12 月 15 日试挖结束，成井 25m。3 月份为钻爆法施工。 　　　　泉店煤矿风井：土层与主、风井相比易于挖掘，为普通地层。 　　　　高河煤矿主井：于 2006 年 2 月 15 日试挖结束，成井 25m。表土于 3 月 14 日施工结束。

　　这一施工施工技术的采用，不仅给施工单位创造了可观的经济价值，对建设单位而言，基本建设工期的提前，所带来的经济价值更大。该技术的采用，提高了施工单位的施工能力，增强了市场竞争力，赢得了更好的社会信誉。该技术的应用，也进一步提高了立井井筒的机械化装备水平，为立井凿井设备的进一步研制和拓宽树立了榜样，为我国立井井筒施工水平的再次提高开创了新局面。

11. 应 用 实 例

11.1 中煤第五建设公司第三工程处应用实例

该工法在郭屯煤矿副井、泉店煤矿副井、高河煤矿主井、郓城煤矿主井、赵固二矿主、副、风井等7个井筒中得到了成功应用，证明了在不同的土层条件下，该工法均能得到较好的应用，均在冻结表土段施工中提高了劳动生产率、经济效益和社会效益。

采用该工法的井筒施工速度统计见表11.1。

中煤五公司三处立井井筒冻结段综合进度统计表（2007年5月）　　　　表11.1

井　别	冻结段综合平均进度（m/月）	最高进度（m/月）	施 工 时 间
泉店煤矿副井	93.64	126.6	2005\12～2006\06
赵固二矿主井	138（外壁）	156.8	2007\01～2007\05
赵固二矿副井	126（外壁）	136.8	2007\03～2007\05
赵固二矿风井	142（外壁）	150.7	2007\02～2007\05
高河煤矿主井	77.4	101	2006\01～2006\04
郓城煤矿主井	106	115	2006\10～2007\05
郭屯煤矿副井	76	193	2005\10～2006\08
平均	108.4		

11.2 中煤第一建设公司应用实例

该工法在中煤第一建设公司的山东兖煤菏泽能化公司赵楼煤矿主井、副井、山东鲁能菏泽煤电公司郭屯煤矿风井井筒施工项目中得到了成功应用，均取得了良好的经济效益和社会效益，具有重要的推广应用价值。

11.3 中煤第三建设（集团）有限责任公司应用实例

该工法在中煤第三建设（集团）有限责任公司的淮南潘北煤矿副井、风井、淮北桃园煤矿风井、钱营孜煤矿副井、袁店煤矿副井、山东郓城煤矿副井等立井施工项目中得到了成功应用，均显著加快了施工速度，降低了工人的劳动强度、节省了劳动用工、提高了施工效率，为企业创造了良好的经济效益和社会效益。

深立井冻结孔施工工法

YJGF225—2006

中煤第一建设公司

梁洪振　郭永富　李庆功　黄文学　马万昌

1. 前　言

冻结法施工在矿山开采中是一种最有效、最可行、最普遍的方法，冻结法施工第一步就是冻结孔施工。我国矿产资源，埋藏深度比较浅的大部分已被开采，未被开采的资源大都埋藏在较深且地质条件复杂的地层中，开采时一般多采用冻结法施工。随着矿井冻结深度的增加，我们不断更新设备和采用新技术，通过多年冻结造孔实践，总结了一套完整的冻结造孔施工工法。

2. 工 法 特 点

2.1　冻结孔施工是冻结施工的重要前提

冻结孔施工是冻结措施工程中的重要环节，是一种隐蔽项目，质量好坏不能单凭肉眼判断，必须通过专项的陀螺仪测试定向仪定向技术，通过计算分析判断，才能评价钻孔施工质量。冻结孔施工质量的好坏关系到冻结制冷的成败，所以冻结法施工中的重中之重是抓好冻结造孔质量。

2.2　冻结孔施工的地层越来越复杂化

随着经济的发展，矿产能源不断开发，我国矿产资源埋藏地质条件好的、好开发的井田多已开发，新开发的井田大多埋藏在地质条件复杂的地层中。

2.3　冻结深度不断增加，增加了造孔难度

最近新开发的煤田大多埋藏较深，冻结深度已从400多米跃跨到500米、600米、700多米。冻结深度增加，给冻结造孔施工造成了很大困难，迫使我们不得不采用新技术、新工艺、新设备。我项目部承担的山东鲁能郭屯煤矿冻结深度702m，是亚洲冻结第一深井，采用的是新技术、新工艺、新设备。

2.4　冻结孔数量不断增多

随着冻结深度的增加，要求冻结壁有一定的厚度，因冻土发展速度有限，再有业主要求建井周期短，这就迫使我们不得不增加冻结孔圈数，增加冻结孔数量，用以满足业主冻结井需要。冻结孔的数量及布置参数一般如表2.4。

		冻结孔参数表			表2.4
冻结深度		400m以内	400～500m	500～600m	600m以上
布孔圈数		1圈孔	2圈孔	3圈孔	4圈孔
布孔间距	主孔	1.2～1.3m	1.2～1.3m	1.2～1.3m	1.2～1.3m
	辅孔	0.5～1.5m	1.5～2m	1.5～2.5m	1.5～3m
布孔圈径	最内圈	>1m	1～1.5m	0.5～1m	0.5～1m
	外圈孔	保证冻结壁有效厚度满足设计要求			

3. 适 用 范 围

该工法主要应用地层条件复杂，地层松散，有流沙及淤泥等特殊不稳定的地层的冻结施工，也部分适用于岩石注浆，地质检查钻孔等工程。

4. 工 艺 原 理

利用钻机设备带动钻具钻头机具回转，不断切割挤压破碎底下岩石，利用泥浆泵，通过钻具往地下岩石破碎空间注入黏土泥浆，循环置换充填破碎的岩石空间。钻机带动钻具钻头回转期间不断接长钻具，同时按要求测斜纠斜定位。如此循环直至达到冻结造孔深度，下置冻结管，完成一个冻结孔施工工艺，然后钻塔搬迁移位，转入下一个冻结孔施工。

5. 施工工艺流程及操作要点

5.1 钻孔施工控制程序（图5.1）

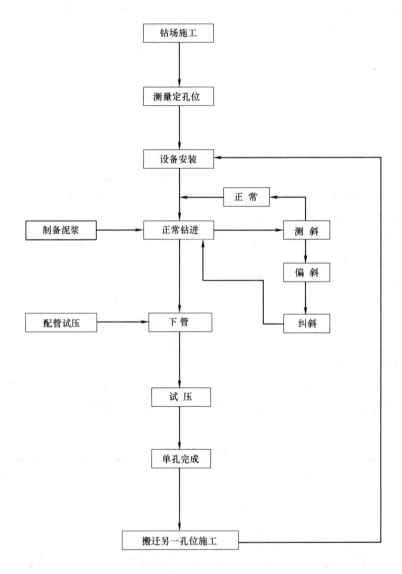

图5.1 钻孔施工工艺流程图

5.2 施工顺序

钻孔施工顺序

施工准备→（钻场基础施工、临建施工）→钻机安装及定位、调制泥浆→确定孔位→开孔钻进→正常钻进→测斜、纠斜、终孔测斜→下管→冻结管试压→钻孔验收

5.3 灰土盘施工

以井筒中心位置测量灰土盘大小范围放线定位，平整场地。回填300mm三七灰土，分层夯实，待三七灰土夯实到设计要求厚度时，进行冻结孔测量放线定位，并预留钻孔位置和砌筑泥浆循环沟槽，报监理及业主验收。合格后浇筑混凝土，混凝土厚度因冻结孔深度和地层情况而定，一般如表5.3所示。

混凝土厚度

表5.3

冻结深度 （m）	<200	200~400	400~600	>600
混凝土厚度（mm）	150	200	300	>300
灰土盘圈径 （m）	R＝最外圈孔布孔半径+4.5m			

5.4 钻机安装

必须保证天轮中心、钻机转盘中心、孔位中心三点一线，并垫平钻机底盘，保证钻机稳固。

5.5 开孔钻进

安装好机电设备配套好泥浆设施，接通水、电，安装夜间照明，检查钻具，做好各项准备工作后，进行试钻开孔。开孔时一定要平稳周正，钻进20m时及时进行测斜。

5.6 正常钻进

钻机采用ϕ89mm钻杆，ϕ150mm加重杆，ϕ190.5mm、ϕ171.4mm牙轮钻头组成的钻具组合，回转式钻进泥浆护壁的方法，分班连续作业方式。

5.7 泥浆配制

选取优质黏土，并经实验确定其中各项指标。正常钻进时，泥浆性能为1.10~1.15，含砂量不超过4%，失水量不超过25ml，胶体率不小于95%。施工中，加强对泥浆性能的监测，经常测定泥浆指标，根据冲积层和基岩的地层特点，调整泥浆指标，以保证钻孔护壁效果。泥浆性能参数见表5.7。

泥浆性能参数表

表5.7

地层名称	黏度(δ)	相对密度	含砂量(%)	胶体率(%)
砂土	20~27	1.10~1.15	<4	>97
黏土	16~18	1.05	<4	>97
风化带	18~20	1.10	<4	>97
基岩	17~19	1.05	<4	>97

5.8 孔位

严格按设计要求开孔施工，开孔孔位与设计偏差不得超过50mm，成孔后孔位与设计孔位偏差不大于100mm。

5.9 孔径

一般采用ϕ170mm或ϕ190mm钻头配ϕ89mm钻杆、ϕ159mm加重杆钻进。

5.10 孔深

各类钻孔必须确保设计下管深度，不得有负值，不大于设计深度0.5m，在深孔钻孔施工时，考虑到孔深、径大、孔内沉淀、钻孔偏斜等因素，钻孔深度应比设计深度增加1m。

5.11 钻进参数

钻进时，立轴平稳旋转不晃动，按钻孔深度及地层情况合理选择钻进参数，钻进中严格控制钻机转速，以防止钻孔偏斜（表5.11）。

钻进参数表

表5.11

地层名称	钻压(kg)	泵量(L/min)	转速(转/min)
砂层	500~600	500~600	55,77
黏土	600~800	400~600	124
风化带	800~1000	500	77,124
基岩	>1000	500	124,125

5.12 钻孔测斜

为检查钻孔偏斜情况，按规范和设计要求每20m测斜一次。此规范是以前在比较浅的冻结井、使用千米钻机设备63.5钻杆的基础上编写的。若按此要求施工严重影响施工效率，实践证明，表5.12测段比较理想：

理想测段表 表5.12

开孔测斜	钻机开孔后，一般20～30m灯光测斜一次
钻进中测斜	砂层、砂质黏土层测段50～100m，黏土层测段50～70m，基岩测段50m
纠斜后测斜	根据钻孔偏斜决定是否纠斜，纠斜后一般钻进20～50m测斜一次
终孔测斜	钻到孔底后进行终孔测斜一次
竣工测斜	全盘钻孔结束前进行冻结孔内测斜验收

5.13 钻孔偏斜要求

① 冻结孔偏率一般表土段≤3‰，基岩段≤5‰，相邻孔间距必须符合设计要求。

② 测温孔偏率≤3‰。

③ 水文孔各水平落点不得超出井筒净断面。

5.14 下管

① 所有管材均采用20号低碳钢无缝钢管，下管前要重新丈量钻具全长和校验孔深，确保下管深度符合设计要求。

② 配管

应对冻结管内壁进行除锈及清理杂物，保证管内通畅，然后根据每个孔的深度、规格进行配管，对管子逐跟进行丈量、编号、配组、标识，并做好原始记录。

③ 底锥

冻结管、测温管、水文管须设密封底锥和加强隔板，要求底锥钢板和加强隔板厚度不小于各类管壁厚，材质与各类管材相同。

④ 焊接

焊接时，要求管材、管箍、焊条材质必须一致，焊接厚度不小于各类管壁厚度，焊接必须严密无砂眼，无裂纹，并要求管端必须对正焊三遍以上，采用内接箍连接时，在焊接前必须按设计要求打坡口焊接。

⑤ 每个钻孔完成下管之前应向矿方、监理方报验下管通知单，内容包括钻孔深度、钻孔便斜、冻结管配管单等有关资料。

5.15 冻结管耐压试验

冻结管下管完成后，必须按"规范"要求进行水压耐压试漏，试验时达到设计压力，试压稳定30min压力不变，或压力下降值小于0.05MPa，再延续15min，其压力保持不变为合格。打压要设专人并做好原始记录，打压合格后，加盖密封管口。

5.16 钻孔复测

全部冻结管下完竣工后，有冻结单位组织进行成孔复测，不合格的冻结孔要增打补孔。

6. 材料与设备

打钻设备主要采用DJZ-500/1000型 TSJ-2000E型钻机，与之配套的泥浆泵有TBW-850/50型 TBW-120/TB型，测井设备有灯光测斜仪和陀螺测斜仪，陀螺测斜仪主要有JDT-3型、JDT-5A型。

7. 劳 动 组 织

劳动组织如图7、表7-1、表7-2所示。

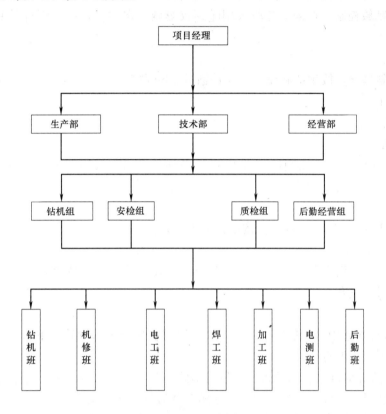

图7 现场施工组织机构图

打钻管理辅助人员配备表　　　　　　　　　　　表7-1

项目经理	项目副经理	电测	机电	会计	材料保管	司机	后勤	合计
1人	2人	4~8人	4~6人	1人	1人	1人	3~4人	17~24人

8台钻机冻结施工劳动力计划表　　　　　　　　　表7-2

序　号	工种或职务	钻 孔 施 工	冻 结 施 工
1	项目经理	1	
2	项目副经理	2	2
3	技术人员	2	2
4	安检员	1	1
5	质检员	1	1
6	机　长	16	
7	钻　工	120	
8	电焊工	8	4
9	电　工	6	9
10	冻结站长		2
11	冻安工		30
12	测温工		2
13	修理工	6	6
14	电测工	6	
15	材料保管员	2	2
16	劳资、会计	2	2
17	炊事人员	10	
18	生活车司机	1	
	合计	247	

8. 质 量 控 制

随冻结深度增加对冻结孔质量要求更高，本工法的质量要求完全高于国家规范，在较深冻结孔施工偏斜质量都实行靶域控制。在偏斜孔段采用陀螺仪测斜、定向仪定向、螺杆钻具纠斜措施，保证钻孔质量。

8.1 钻孔测斜

为检查钻孔偏斜情况，按规范和设计要求每钻进 20m 测斜一次，并每隔 30～50m 绘制钻孔实际偏斜方位图以指导施工。

8.2 钻孔偏斜要求

8.2.1 冻结孔

冻结钻孔偏斜率必须严格控制，相邻孔间距必须符合设计要求。防片帮孔向井心偏斜不大于 200mm。孔间距严格按设计要求施工。

8.2.2 测温孔

偏斜率按不大于 3‰ 控制。位置严格按设计要求布置。

8.2.3 水文孔

各水平落点不超出井筒净断面，花管位置要控制在设计的层位，按设好止水位，按放好冻结管后要按设计要求充分进行洗孔。

8.3 下管

8.3.1 所有管材均选用（GB/T 8163—1999）20 号低碳钢无缝钢管，下管前要重新丈量钻具全长和校验孔深，确保下管深度符合设计要求。

8.3.2 配管：应先对冻结管内壁进行除锈及清除杂物，保证管内畅通，然后根据每个孔的深度进行配管，并对管子逐根进行准确丈量、编号、配组，并做好原始记录。

8.3.3 底锥：冻结管、测温管、水文管设密封底锥和加强隔板，冻结管的底锥焊接必须是双层，焊接后必须在地面打压合格后，方可使用。要求底锥钢板和加强隔板厚度不小于各类管壁厚，材质与各类管相同。焊接采用与管材材质相符合的 J422 焊条，焊接厚度不得小于各类管壁厚，焊接必须严密。

8.3.4 焊接

除外圈冻结管 250m 以上采用外接箍连接外，其他冻结管全部采用内衬管连接方式，测温管和水文管采用外接箍连接方式，接箍长度均为 200mm。

焊接时要求管材、管箍、焊条的材质必须一致，焊接厚度不低于冻结管壁厚，无砂眼，无裂纹，并且要求管端必须对正，保证同心度，焊接要严格按焊接工艺进行焊接。

8.3.5 下管结束经打压合格后，管口加盖封牢固定，才能转入下一个孔施工。

8.4 冻结管耐压试验

冻结管下置完成后，必须按"规范"要求进行水压耐压试漏。试验压力不低于设计压力。试压时间为 30min 内压力不降，或压力下降值小于 0.05MPa，再延续 15min，其压力保持不变为合格。打压必须设专人，并做好原始记录。打压合格后加盖密封管口，以防杂物掉入或泥浆灌入管内。

8.5 水文孔施工

一般布置 1～3 个水文孔，水文孔布置须躲开井筒主提升线，各水平落点不得超出井筒净断面。

8.5.1 水文管规格一般为 $\phi108～159$ mm。

8.5.2 滤水孔孔径为 $\phi20$mm，孔距横向 100mm，纵向 100mm，梅花形排列，管外焊 $\phi6$mm 垫筋，按管径不同分别焊 3 根、4 根、6 根，外缠 22 目钢丝网 2 层，并用 14 号钢丝按 5～6mm 间距均匀扎紧，并用 8 号钢丝固定。

8.5.3 水文孔底部必须加焊底锥。

8.5.4　水文管连接处必须焊牢,不渗漏并保证同心度。

8.5.5　水文管下置后必须进行认真洗孔,以出清水为准。

8.6　冻检孔施工:

为进一步检验副井所穿过的地层地质情况,首先施工地层倾斜下方的深冻结孔,对基岩段进行取芯,以便校核地层结构,确保冻结深度合理。副井取芯起止深度均暂定为585～600m。

8.7　各类钻孔施工,均要认真做好原始记录,要求全面、详细、准确。严格按 ISO 9001:2000 标准,做好各环节、各过程控制,确保施工质量。

8.8　冻结钻孔施工竣工后均提交如下资料。

1)钻孔施工数据总表;

2)钻孔测斜成果表;

3)钻孔偏斜总平面图;

4)冻结检查孔柱状图;

5)水文孔施工结构图;

6)冻结孔施工竣工报告;

7)各水平冻结壁交圈平面图。

9. 安 全 措 施

本工法除严格遵守《煤矿安全规程》、《矿山井巷工程施工及验收规范》等规程、规定之外,为保证工法的顺利实施,还应注意的主要安全措施有:

(1)安、拆钻塔要有专人统一指挥,有秩序的进行,严禁塔上、塔下平行作业。

(2)高空作业人员要戴安全帽,系安全带,穿防滑鞋,所用工具要用工具包接送,防止坠物伤人。

(3)钻孔期间要严格按照操作规程作业,并做好防雷、防火等防护工作。

10. 环 保 措 施

深立井冻结孔施工工法对周围环境无污染、噪音低、粉尘少,属于绿色环保施工方法。本工法可以大大提高钻孔施工效率,节省大量电费和水资源,有利于企业提高节能降耗的能力。

11. 效 益 分 析

冻结孔的施工质量与冻结质量关系重大,冻结孔施工质量好坏直接关系到冻结的成败,关系到企业的信誉。冻结孔终孔间距如果减小0.1m,冻结时就可以减少5d积极冻结期,就可以节约水电费人工工资十几万到上百万。所以优良的冻结孔是降低成本节约资金的重要环节。

12. 应 用 实 例

山东郓城煤矿副井井筒净直径7.2m,表土段埋深536.63m,井筒冻结深度594m。总钻孔工程74680m,2005年12月29日开工,2006年5月24日竣工,历时147d,平均台月进尺效率2470m/台月,最高效率内5号孔日进尺按302m/台日的最好记录。下冻结管71790m焊接无一漏孔,受到业主的表彰。

山东郭屯煤矿主井井筒净直径5.5m,表土段埋深587.40m,井筒冻结深度702m。总钻孔工程量78546m,2004年9月30日开工,2005年4月24日竣工,冻结管下放77436m焊接无一漏孔,受到业主表彰和奖励。

斜井井筒冻结工法

YJGF226—2006

中煤第一建设公司

梁洪振　郭永富　黄文学　马万昌　李志清

1. 前　言

冻结法是根据热力学原理，利用制冷机组进行热功转换，从被冷冻的物质中抽取热量，使其逐步降温并达到预定温度的一种工艺方法。将这一原理应用于地下岩土工程即成为冻结法凿井技术。

该技术就是在井筒开凿之前，用人工制冷的方法，将井筒周围地层（流砂、淤泥、含水层等不稳定地层）冻结，使其形成一个坚固封闭的保护体——冻结壁，以抵抗地下水、土压力，隔绝地下水和井筒的联系，井筒在冻结壁的保护下进行安全掘砌施工的一种特殊凿井方法。

自 1883 年德国工程师波茨舒发明冻结法以来，冻结法施工技术在世界上得到广泛的应用，成为井筒通过含水不稳定地层的有效手段。我国自 1955 年首次采用冻结法凿井技术，该技术主要应用于煤矿立井井筒施工，斜井冻结起始于 20 世纪 70 年代，应用于江苏卜戈桥，山东陶阳等矿，但冻结深度浅，水平长度短。进入 80 年代，由于斜井投资少，出煤快，一些矿井采用斜井开拓，在用普通法施工无效的情况下，采用斜井冻结法施工，安全顺利地通过了不稳定地层，（如榆林主副斜井宁夏煤矿等），取得极好经济效益与社会效益，斜井冻结技术研究于 1990 年 8 月获得了国家科学技术颁布的国家科技成果奖。

2. 工 法 特 点

利用水冻结成冰这一现象，通过制冷机组及其他辅助设施，在斜井井筒周围冻结形成一个不透水的筒状冻结壁，井筒在冻结壁的保护下安全顺利施工，这一工法与普通凿井法的显著特点如下：

1）极大地改善了井筒施工条件，保证了井筒掘砌施工的安全

因冻结壁具有一定的强度和厚度，不仅隔断地下水与工作面之间的联系，而且对开挖工作面具有临时支护作用，从而使井筒掘进工作环境大为改观，取消了排水设施，省去了排水和临时支护费用，极大地改善了施工环境，保证了施工人员的安全。

2）解决了普通法凿井难以解决的问题

当井筒地质条件复杂井筒需要穿过流沙、淤泥、深厚黏土等不稳定地层，采用其他方法很难顺利通过，采用冻结法是顺利该特殊地层的最有效工法。

3）极大地提高了施工速度

因井筒掘砌环境的改善，排水设施的取消，不仅解决了普通法难以通过的难题，而且使井筒掘砌速度大为提高，施工质量有了明显提高。

3. 适 用 范 围

1）斜井冻结法主要用于地质条件复杂、地层松软及有流砂、淤泥等特殊不稳定地层，用普通法无法开凿的斜井、平洞、地基加固等地下工程施工。

2）地质条件及地下水流速、流向是冻结法施工设计的两个主要技术指标，常规地下水流速小于

10m/s，流速大时可采用加密冻结孔等措施冻结。

3）根据冻结法原理，目前该工法成功地应用于煤炭、水利、交通、地铁、桥涵等地下工程建设中，为特殊地质条件下工程建设的可靠共法。

4. 工 艺 原 理

工艺原理：包括冻结壁设计原理和制冷系统原理

4.1 冻结壁设计原理

利用制冷压缩机制取冷量，采用冷煤剂将冷量送到需要冻结的部位，对该地层一定范围进行冻结，斜井冻结的关键技术是冻结方案设计，即根据不同地层的埋深、地压值大小、地下结构、地下水情况设计不同区域的冻结壁厚度和平均温度，其冻结壁厚度的确定理论基础如下：

1）两侧冻结壁厚度：依据浅埋硐室松动压力的岩柱理论，斜井井筒两侧的冻结壁厚度应能支承塌落拱以上岩体重量时才是安全的。

$$C = H \mathrm{tg}(90° - \phi)/2 \tag{4.1-1}$$

式中　C——所需冻结壁厚度，m；

　　　H——斜井井筒从两帮墙基算起与地面水平垂直高度，m；

　　　ϕ——冻土内摩擦角，26°。

2）顶部冻结壁厚度：按平衡拱理论或简支梁两端承受最大剪力计算：

$$E = (rHb/2)/[\tau] \tag{4.1-2}$$

式中　E——顶部冻结壁厚度，m；

　　　b——斜井井筒掘进宽度，m；

　　　r——岩体平均相对密度；

　　　$[\tau]$——冻土允许抗剪强度，0.8～1.0MPa。

3）底板冻结壁厚度：由于斜井均需通过含水松散的砂层和黄土层，则必须形成人工冻结底垫。斜井垂直深度较浅，取冻结壁厚度为3.0m，一般斜井底部压力小，从结构上考虑可以满足要求。斜井采用全封闭反拱支护，掘进断面近似椭圆形，假设四周压力相差不大，可用拉麦公式计算参考值：

$$E = R \left\{ \sqrt{\frac{[\sigma]}{[\sigma] - 2P}} - 1 \right\} \tag{4.1-3}$$

式中　R——井筒掘进半径，按椭圆长轴计算，m；

　　　$[\sigma]$——冻土允许抗压强度，3.0MPa。

4.2 制冷原理

制冷原理包括盐水循环系统、冷却水系统、氨循环系统。

4.2.1 盐水循环系统

利用水的低温结冰性质，在斜井井筒周围一定范围内施工钻孔（冻结孔），孔深为所需冻深，然后在钻孔内下置冻结器（冻结管、供液管等组成），经过冻结站降温的低温盐水（－20～－35℃的氯化钙水溶液）经管路输送，抵达冻结器底部，沿冻结管与供液管之间的环状空间上升，此时低温盐水吸收地层传给冻结管的热量，使低温盐水逐步升温，并返回到冻结站，进行再次冷却，这就是盐水循环系统。低温盐水吸收冻结管传来的热量，使冻结管四周温度逐步降低，结冰范围逐步扩大形成冻结圆柱，各个冻结圆柱不断扩展，两两相连，形成一封闭的具有一定厚度和强度的冻结壁。当冻结管的强度与厚度达到设计要求后，井筒即可开挖。井筒在冻结壁的保护下安全施工。

4.2.2 冷却水系统

在冷凝器中，冷却水不断地流过冷凝器，吸收内部氨相态变化所放出的热量，并使冷却水水温升高，这就是冷却水循环系统。

4.2.3 氨循环系统

利用液氨蒸发吸热的原理采用压缩机降低蒸发器中氨的压力，氨汽化蒸发吸收盐水热量从而降低盐水温度。

综上所述，冻结法凿井的基本原理，就是盐水从地层中吸收热量，并将其热量传递给氨，氨经压缩机压缩后，将这部分热量传递给冷却水，最后由冷却水把热量散发到大自然中。这样通过三大循环，逐步地将地层降温并冻结，形成所需之冻结壁（图4.2.3）。

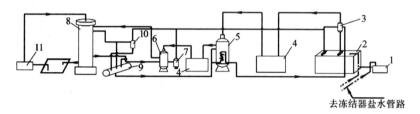

图 4.2.3 冻结法凿井工艺流程图

1—盐水泵；2—蒸发器；3—氨液分离器；4—压缩机；5—中间冷却器；6—油氨分离器；
7—集油器；8—冷凝器；9—氨贮液桶；10—空气分离器；11—冷却水泵

5. 工艺流程及施工要点

5.1 工艺流程（图5.1）

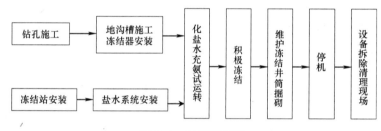

图 5.1 工艺流程图

5.2 斜井冻结孔布置

斜井冻结时，边排孔是主体冻结孔。从开始冻结直至井筒全长施工结束，全部冻结孔均不停地工作。依据井筒通过的土层性质和掘进尺寸，中排孔可以为双排或局部双排（图5.2）。所以中排孔有两个作用：一是加快斜井顶部的冻结速度，缩短形成封闭冻结圈的时间。二是提高顶部冻土强度，为保证冻结范围内全部封闭，必须在斜井冻结起始端部和尾部设置3～4个封头孔。

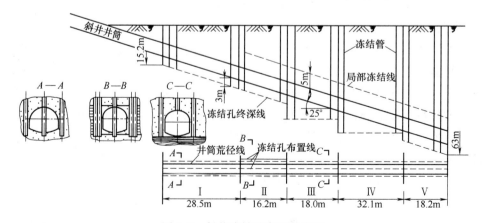

图 5.2 斜井冻结孔布置示意图

5.3 斜井冻结的区段划分

采用垂直孔冻结范围大的斜井。冻结孔数量多，需冷量大。如采用分段顺序冻结时，可以减少总装机容量，缩短维护冻结时间。其划分区段的原则，应能保证斜井连续施工，各区段的需冷量均衡。也就是当第一区段进行积极冻结时，第二段供给适当冷量；第一段开坑转入维护冻结时，第二段进入积极冻结，第一段内层井壁套壁结束停止冻结，而第二段进行开挖转入维护冻结，而第三段转入积极冻结，这样直至全部冻结段掘砌完毕。此外，斜井进入深部时，冻结孔上段无需工作，可采用局部冻结减小冷量消耗。冻结区段划分见图5.3。

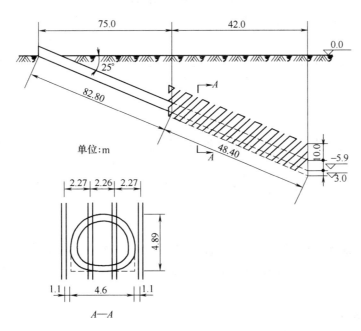

图 5.3　斜井冻结孔区段划分示意图

5.4 设计施工要点

1）根据地质及水文地质资料，全面掌握井筒所穿过的地层特性、地下水的流速与流向、冻结段终止位置的地层特点。根据地层结构、地下水流速大小及冻结终止部位的地层含水状况等资料编制施工组织设计。对于地下水流速较大的地层，可分别采取减少冻结孔间距、加大冻结管直径或布置双圈孔等措施以克服水流的冷量散失。对于冻结段终止的地层必须是不透水的稳定基岩，否则会使冻结段下部出水，造成透水事故。

2）冻结孔施工要重点把握冻结孔开孔位置准确，各水平钻孔偏斜率及间距不许超过设计值。

3）冻结管打压试漏合格，深度达到设计要求，并根据测斜情况绘制各水平冻结交圈图以备后用。

4）冻结站各设备管路安装完毕后，进行氨系统、盐水系统、冷却水系统的打压试漏工作，做到不渗不漏，设备单台及联合试运行正常。

5）根据地下水流向，确定好冻结水源井的位置，以水井抽水不影响井筒冻结为原则，要求冻结水源井应距井筒水流上游300m以上。盐水比重应达到设计要求。首次充氨量宜适量，随着盐水温度的降低，系统液氨须不断地加以补充。

6）试运转开机时要掌握系统中各压力、温度的变化应在正常指标的范围之内，如有异常要及时加以处理。

7）随着制冷系统的运行，盐水温度逐渐降低，地层温度也随之而降，此时应加强冻结器及测温孔温度的监测。冻结器应检查每根冻结管的盐水流量及去、回路温度，查看冻结器结霜情况，了解冻结器的运行。测温孔应每天测量记录，收集原始温度数据，掌握各地层冻结发展状况，及时分析异常数据。

8）开机20d后，对各个冻结器进行纵向测温，从而全面掌握每个冻结器的运行状况及各水平地层的冻土发展情况。

9）开机后应对井内水文孔及井外参考水井的水位进行每日观测，记录水文孔水位变化，掌握含水地层的冻结交圈时间。

10）当井内水文孔冒水，并经测温孔温度计算，冻结壁厚度、强度达到设计值时，开始井筒掘进。

11）当井筒掘进距设计冻结深度剩 5～8m 时，停止掘进，进行套内壁作业。当复壁正常，并经测温孔计算冻结壁可以满足复壁施工时，即可停止冻结运转，复壁工作结束后，可以进行下一步冻结站拆除及现场清理工作。

6. 材料与设备

6.1 材料

材料主要有：液氨（纯度大于 99.8％）、氯化钙（纯度大于 70％）、水（饮用水）、20 号低碳钢管（规格 $\phi108\times5$、$\phi127\times5$、$\phi133\times6$、$\phi140\times7$、$\phi159\times8$ GB 8163 流体管）、聚乙烯塑料管（$\phi50\times5$、$\phi60\times5$、$\phi75\times6$）

6.2 机械设备

斜井井筒冻结设备主要分两类：即打钻设备与冻结设备。

6.2.1 打钻设备

目前，国内常用的打钻设备，有 DZJ-500/1000 型、TSJ-2000E 型等钻机，与之配套的有 TBW-850/50 型、TBW-120/TB 型泥浆泵。

6.2.2 测斜设备

常用的有灯光测斜仪和陀螺测斜仪。灯光测斜仪适用于浅冻结孔，陀螺测斜仪为目前使用的较多的测斜仪。其中 JDT-3 型、JDT-5A 型测斜仪均可实现不提钻测斜，所测结果可以自动打印。

6.2.3 冻结设备

主机及附属设备包括：

（1）主机

主要有氨工质的 8AS-12.5、8AS-17、8AS-25 等活塞式压缩机，螺杆机有 25CF、KA20C 等。

（2）附属设备

主要有冷凝器、蒸发器、中冷器、油分器、储液器、盐水泵、清水泵等设备、管路、阀门。

7. 劳 动 组 织

（1）劳动组织安排，见图 7。

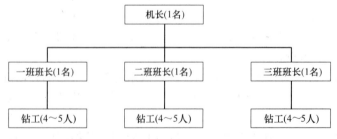

图 7　一台钻机劳动组织图

（2）打钻管理辅助人员配备情况（表 7-1）。

打钻管理辅助人员配备表　　　　　　　　　　　　　　　　　　　　表 7-1

项目经理	项目副经理	电测	机电人员	会计	材料保管	司机	后勤	合计
1人	2人	4～8人	4～6人	1人	1人	1人	3～4人	17～24人

（3）冻结人员配备情况（表 7-2）。

冻结人员配备表　　　　　　表 7-2

项目经理	项目副经理	冻结站长技术人员	班长	冻氨工	机电人员	会计	材料保管	司机	后勤	合计
1 人	2 人	4 人	5 人	15～30 人	10～16 人	1 人	1 人	1 人	3～4 人	43～65 人

8. 质 量 控 制

8.1 钻孔施工质量要求

（1）钻孔偏斜：

在冲积层中要求偏斜率＜0.3％，基岩段＜0.5％。钻孔孔间距：冲积层＜3m、基岩段＜5m。

（2）冻结管下置深度误差＜0.5m，开孔误差＜0.05m。

（3）冻结管下置完毕后进行打压试验，以确保冻结管不渗不漏。试验压力公式为：

$$P = 1.5P_1 + (d-1)H/10 \tag{8.1}$$

式中　P_1——盐水泵压（kg/cm^2）；

　　　d——为盐水比重；

　　　H——为冻结管深度（m）。

8.2 冻结施工质量要求

1）冻结站安装应严格按设计图纸施工。冻结站安装完毕后，对氨系统进行打压试漏试验压力：高压系统 $18kg/cm^2$；中压 $14kg/cm^2$；低压 $12kg/cm^2$；观察 24h，压力降＜$0.2kg/cm^2$ 为合格。

2）开机前，对三大循环系统从单台设备、单个系统到整体系统进行逐步试运行，确认各系统运行良好后方可进行化盐水、充氨等最后工序。

3）冻结站盐水降温在 0℃以上，每天不得超过 5℃，盐水达到 0℃以下时，每天不少于 2℃，一般在开机 40～60d 后，盐水温度应达到设计值。

4）冻结站开机后，其冻结器的检查工作是冻结工程的重点，为此，加强对冻结器运行状况的检查和对测温孔数据的分析是确保冻结成败的关键。

开机后，应重点检查：a. 冻结孔各孔流量不小于设计值；

　　　　　　　　　　b. 冻结孔纵向温度自上而下，比较均匀无突变点现象；

　　　　　　　　　　c. 测温孔温度应均匀下降，降幅一般为 0.2～0.5℃/d。

5）开机后应对水文孔水位及井筒四周参考井水位进行观测，掌握地下水位与井筒内水位变化，以及了解冻结壁交圈情况。

6）冻结壁交圈检验：

a. 当经过水文孔水位观察，井筒内水文孔水位有规律上涨，并冒出地面。

b. 冻结器检查没有发现异常现象。

c. 测温孔推算冻结壁已交圈时，可以认为冻结壁已交圈。

9. 安 全 措 施

本工法除严格遵守《煤矿安全规程》、《矿山井巷工程施工及验收规范》等规程、规定之外，为保证工法的顺利实施，还应注意的主要安全措施有：

9.1 打钻部分

（1）安、拆钻塔要有专人统一指挥，有秩序的进行，严禁塔上、塔下平行作业。

（2）高空作业人员要戴安全帽，系安全带，穿防滑鞋，所用工具要用工具包接送，防止坠物伤人。

（3）钻孔期间要严格按照操作规程作业，并做好防雷、防火等防护工作。

9.2　冻结部分

（1）加强各种设备、管路的巡查，杜绝氨、盐水、油的跑、冒、滴、漏现象，各种压力容器按有关规定进行试验。

（2）冻结站内要做好防火、防爆、防毒等安全防护工作。冻结制冷操作人员要有防毒面具、橡胶手套等防护用品。

（3）冬期施工不得赤手触及金属物件，场地周围应采取防滑措施，供水管路采用保温材料包扎，当停止供水时，应及时将设备和管路内的水放净。雨期施工时，应了解当情况，要安装避雷针，连接好接地极。

10. 环 保 措 施

斜井井筒冻结施工工法无污染，对周围环境大气、土壤、地下水没有有害影响，是斜井井筒防止水首选的绿色环保施工方法。本工法对冷却水系统进行改进，相比其他施工工法可以节省大量水，同时选用新型高效的冷冻机，可以节省电费，符合国家节能降耗方针。

11. 效 益 分 析

冻结法凿井主要用于特殊地层条件下的井筒掘进，在冲积层较深，地层含流砂、淤泥等条件，采用普通施工方法难以通过时采用，它是目前煤矿斜井井筒穿过特殊地层的最主要、最有效、最可靠的施工方法。虽然冻结法施工成本较高，但综合考虑工期、质量、施工速度等因素，冻结法在特殊地质条件下具有明显的优越性，就目前而言，若一个井筒要穿过赋存在100m以下的富水厚砂层，采用其他施工工艺花七、八千万元可能无法通过，但是采用冻结法施工，就变得不怎么复杂，只需三、四千万即可完成且施工速度快，效益好，所以斜井井筒冻结法凿井是解决复杂地质条件下井筒顺利掘进的有效工法，随着冻结法施工技术的发展，冻结法凿井必将成为我国建井行业的主要工艺。

12. 应 用 实 例

榆树林子煤矿副斜井1983年5月开工，采用明槽、板桩、井点及注浆法施工，均未成功。主斜井于1984年5月开工，成井26.8m。两斜井均在流砂层施工中发生冒顶，地表塌陷，主斜井陷坑直径15m。副斜井陷坑直径26m。最后采用冻结法施工取得了圆满成功。

宁夏固源地区王洼煤矿主、风斜井1984年最初采用普通法开工。两井施工至静水位29m以下遇到饱和黄土层（粉质黏土）由于黄土层含水量超过塑限，处于流动稀泥状，后改用井点和板桩法继续施工。由于水中含泥量高达10%～20%，在排水掘进过程中大量泥土流失，发生冒顶、片帮、地表塌陷。主、风斜井塌陷坑直径分别为50m和76m，最大陷坑深达9m，井壁开裂下滑无法继续施工，后改用冻结法施工取得了圆满成功。

综上所述，当斜井井筒穿过流砂等不稳定地层时，采用斜井冻结法施工，是解决复杂地质条件下进行斜井井筒建设的有效工法，应予大力推广。

盾构机通过矿山法开挖段管片衬砌施工工法

YJGF227—2006

中铁隧道集团有限公司

杨书江　　周红芳　　王国安

1. 前　　言

随着城市轨道交通事业的快速发展，盾构法施工技术在上海、广州、深圳、北京、南京等城市地铁建设中得到广泛应用。目前国内使用的复合式土压平衡盾构对于软土及岩石单轴抗压强度小于80MPa的硬岩地层施工是完全适应的，但随着该项技术的推广应用，已遇到长度超过100m、岩石单轴抗压强度超过100MPa的地层，而国内外还没有用盾构法施工的先例或成功经验报到。

如能使中间通过部分硬岩的情况仍能用盾构设备，则可避免因改变工程结构和施工方案造成很大程度的不合理投资，充分发挥先进机械设备和方法在地下工程领域中的优势。合适的方法是在局部硬岩地层采用矿山法开挖，盾构空载推过，并完成管片拼装衬砌等工序，形成一套新的工程技术。

广州市轨道交通三号线（大石南～汉溪站～市桥北区间）盾构工程首次遇到这种情况，开展了与此相对应的科技创新研究，形成了采用矿山法开挖与初期支护、盾构空载推进拼装管片通过、管片背后喷米石与注浆结合完成隧道工程的新工艺，并初步总结成工法。

之后，在广州地铁四号线（小谷围～新造站区间）、广州大学城过江隧道这两个水下的盾构工程成功地进行了推广应用，使本工法的应用范围和技术含量进一步扩大和提高，规避了盾构在较长硬岩地层中掘进的风险，拓展了土压平衡盾构在较长距离硬岩地层中地下和水下隧道施工配套技术，其科研成果《盾构机在硬岩地层掘进技术研究及盾构空载通过矿山法隧道施工技术研究》2005年1月通过中国铁路工程总公司评审，2005年10月获中国铁路工程总公司科技进步二等奖。

2. 工 法 特 点

2.1 利用区间隧道风井作为施工竖井或另行增加施工竖井，在盾构到达前用矿山法施工盾构法隧道的局部硬岩地段或地质复杂、岩层均一性差的地段，避免了盾构在硬岩地层中掘进时的刀具磨损及意外破坏，并能运用于水下隧道，极大地拓展了盾构法施工的适用范围。

2.2 矿山法段隧道施工紧紧依靠隧道工程的超前地质预报、钻爆设计、地层加固、地下水的观测与控制、监控量测等技术和措施，确保工程施工质量与安全。

2.3 盾构到达、接收、通行与进行管片安装衬砌中，盾构以不同于一般的掘进过程中的模式与参数运行。应用此工法进度快、工期效明显，盾构通过硬岩段管片拼装衬砌速度平均每天12m。

3. 适 用 范 围

适用于盾构或双护盾TBM施工的城市地铁、铁路、公路、水工隧道、水底隧道等地下工程中含有较长距离硬岩地层的地段。并适用于工程地质复杂、岩层均一性差（工程的不同地段既有软弱地层又有较完整的Ⅰ～Ⅲ级硬岩地层）等情况。其他类似的地下工程也可用作参考。

4. 工 艺 原 理

以常规矿山法施工技术为基础进行隧道开挖，在盾构到达硬岩地层前，通过竖井或直接从隧道一个方向，利用矿山法开挖硬岩地层，并进行必要的初期支护、地层加固、地下水的观测与控制、监控量测等，开挖后在隧道底部施作弧形钢筋混凝土导向平台。盾构到达后在导向平台上空载推进通过，同时进行管片拼装衬砌。管片背后与矿山法初期支护间的空隙采用喷填豆砾石、同步注浆与补充注浆相结合的方式充填密实，达到全隧道的净空、结构和防水设置与设计要求一致。

5. 施工工艺流程及操作要点

5.1 施工工艺流程

隧道开挖施工工艺流程如图 5.1-1 所示，管片衬砌施工工艺流程如图 5.1-2 所示。

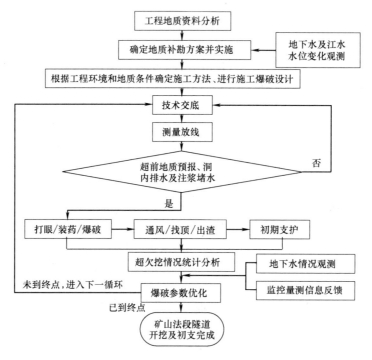

图 5.1-1 隧道开挖施工工艺流程

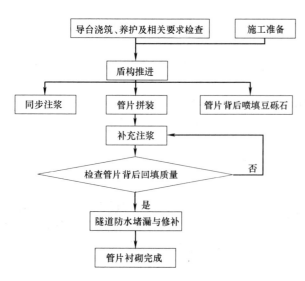

图 5.1-2 管片衬砌施工流程图

5.2 隧道开挖施工方法及操作要点

5.2.1 地质资料分析与补充地质勘察

开工前结合详勘资料和工程实际情况，对隧道所处工程地质、水文地质条件进行全面分析，分析内容应包括：是否有软弱围岩侵入隧道范围、基岩节理裂隙发育情况以及水底隧道的基岩裂隙水与江水的连通性、在隧道范围有无断裂破碎带或风化深槽等其他不良地质构造等。

结合对既有地质资料分析的结果，确定补充地质勘察方案。补充勘察关键位置应包括：隧道端头、岩性变化处、隧道结构变化接口段、基岩覆盖厚度较小地段、岩性发生变化或其他地质构造出露地段。地质补勘可运用的手段包括：地质钻孔取芯、抽水试验、物探等。

5.2.2 施工方案确定

根据设计图、工程环境、工程地质等情况选择正确的施工方案，通过竖井或隧道的一端进行施工，采用全断面或台阶法，认真进行爆破设计、采用先进的施工工艺和步骤。

5.2.3 硬岩地层爆破设计

1. 爆破参数

周边眼间距（E）45～55cm，抵抗线（W）50～65cm。炮眼深度2.5～3m。

2. 炮眼布置及装药量

采用斜眼掏槽，除周边眼间隔装药外，其余炮眼连续装药。周边眼装药系数取45％。开挖断面单位体积用药量通常不大于1.3kg。对爆破振动有要求时，需认真进行控制爆破工艺方案设计，对单段起爆药量及单孔装药量等爆破参数进行认真计算与检核。

5.2.4 超前地质预测预报

主要用YT-28钻机在掌子面钻地质探孔进行地质超前预测预报。每循环打眼之前钻6m长超前探孔，每7～10m² 布置一个，也可根据节理裂隙情况针对性的增加超前探孔。根据超前探孔钻进及渗流水情况对前方地质进行判断，并将判断结果作为下一循环施工参数确定的依据。在工程地质情况无法预测或分析认为前方地质可能发生变化的情况下，可利用TSP超前地质预报系统及超前地质钻机等先进设备进行更加超前、更加准确的预报。

5.2.5 隧道开挖

台阶开挖时，上下台阶分别采用3～4台YT-28凿岩机进行打眼作业。开挖一般应注意如下几点：

1. 按设计好的炮眼布置图精确进行测量放样，不随意放大或缩小断面。

2. 严格控制炮眼打钻精度，重点控制周边眼的外插角和各孔的开口误差，使炮眼基本能按设计位置成孔。

3. 严格控制爆破作业质量，特别是要控制好装药量，并保证按正确的起爆顺序连接和起爆。

4. 对打眼、装药、爆破的方法与技术措施进行详细的现场交底，并派技术人员进行全程监控。

5.2.6 初期支护

多为喷、锚、网结构，开挖后在现场人工风钻打眼，利用工作台架布置锚杆、挂网、喷混凝土。

1. 锚杆施工

按设计和规范要求，锚杆宜用Φ22钢筋制做，采用加工好的锚固药卷锚固，使锚杆可及早受力。

1）钻孔前应根据设计要求定位、做好标识，锚杆孔深、孔径及布置形式、孔距偏差应符合设计及规范要求。

2）在锚杆孔内的积水和岩粉吹洗净后才安装锚固药卷。

3）锚固药卷浸水后，应立即用锚杆体送至孔底，做到每个锚孔及时连续装完，且在锚固剂初凝前将杆体送入。

2. 钢筋网加工与挂设

1）钢筋网提前加工成片，现场安装，并将网格间距允许偏差和搭接偏差控制在允许范围内。

2）开挖后先初喷找平，挂设钢筋网后再喷混凝土至设计厚度。

3）钢筋网应用点焊等方法与锚杆连接牢固，达到喷射混凝土时无晃动。

3. 混凝土喷射施工

按设计等级和配合比进行试验、拌制和喷射，按潮喷法或湿喷法进行作业。为保证初支喷射混凝土在开挖完成后能及时完成，避免因各种原因拖延时间，喷射设备、管路配备宜按两套配置。

5.2.7 监控量测

在隧道施工全过程中进行。根据量测数据调整施工工艺及支护参数，确保施工及地表建筑物的安全。通常进行地表沉降、隧道拱顶下沉及水平收敛的监测。水下隧道则包括江底沉降监测与隧道内空收敛、拱顶沉降量测等。对于水底隧道施工，除了做好隧道内空收敛和拱顶沉降的监控外，对地下水观测也很重要，主要包括地下水位变化、江水涨落潮以及隧道出露地下水水量与江水涨落潮之间的关系等。盾构空载过硬岩隧道时，因矿山法隧道变形已基本稳定，同步注浆压力仅有0.05～0.08MPa，对结构影响小，这时的监测以管片拼装后的姿态测量为主。

5.2.8 施工排水与注浆堵水

对于地下水丰富的隧道工程和水底隧道，需针对施工排水和堵水制定专项预案，提前设计出现透水、涌水等意外情况下的堵水方案，做好物资、人员、机具贮备，并进行相关演练。根据隧道长度布设多级抽水泵、多路排水管，抽水泵的扬程和排量必须能满足排水要求。为减小隧道内积水量，应根据隧道渗漏水情况，及时进行注浆堵水，注浆堵水应包括超前注浆和后注浆两种方式。意外情况堵水方案应包括：注浆方式、注浆孔布置、注浆浆液等，并做好相应的物资准备。

5.3 管片衬砌施工方法与控制要点

5.3.1 基本情况说明

矿山法施工视情况有先于盾构法施工和后于盾构法施工两种情况，后者对工期和已施工的相邻段隧道结构安全影响很大，除有特殊效措施外一般不采用。矿山法开挖、盾构法衬砌涉及不同的方法和较长的施工区段，其纵断面示意参见图 5.3.1。

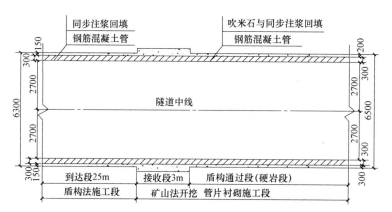

图 5.3.1　硬岩段矿山法开挖、盾构法衬砌纵断面示意图（单位：mm）

1. 盾构通过段

盾构通过段隧道设计比盾构外径大。该段采用矿山法开挖，具体支护参数根据围岩条件和监控量测结果进行调整。

2. 盾构接收段

为了保证盾构出洞时的空间，通常把矿山法隧道距盾构隧道处的3m左右作为盾构接收段。盾构接收段隧道净空一般比矿山法隧道净空直径扩大300mm左右。为便于盾构到达后对盾构进行底部处理，底部70°范围内的半径还需加大，一般对于直径6300mm的盾构可扩大到6700mm。

3. 导向平台施工

为保证盾构按设计姿态通过，隧道底部60°范围内设置半径为3150mm厚度150mm的弧形混凝土导向平台，导向平台顶部铺设 $\Phi10@200$ 钢筋网片。

在导向平台两侧每隔6m对称预埋两块钢板，钢板与平台钢筋进行焊接，便于安装牛腿，为盾构推进时提供反力。

5.3.2 盾构到达段的掘进施工

盾构法隧道与矿山法隧道贯通前25m为盾构到达段，采用土压平衡模式掘进。盾构进入到达段时，逐步减小推力、降低推进速度，并加强出土量的监控。隧道贯通前3环采用敞开式模式掘进。采用小推力、低转速进入盾构接收段。掘进参数见表5.3.2-1、表5.3.2-2。

盾构到达段掘进参数表　表 5.3.2-1

编号	项目	参数	适用范围
1	土仓压力	$(1.2\sim1.4)\times10^5$Pa	
2	刀盘转速	1.65～1.85r/min	隧道贯通前 25m
3	推力	≤800t	
4	推进速度	≤25mm/min	

贯通前3环掘进参数表　表 5.3.2-2

编号	项目	参数	适用范围
1	土仓压力	敞开式	
2	刀盘转速	1.60～1.75r/min	贯通前最后 3 环
3	推力	≤600t	
4	推进速度	≤10mm/min	

隧道贯通前 150～200m，对盾构法隧道和矿山法隧道内所有测量控制点进行一次整体的、系统的复测和联测，对所有控制点的坐标进行精密、准确的平差计算。贯通前 100m、50m、20m 时分别人工复测盾构姿态，及时纠正偏差，确保盾构顺利进入接收段。

盾构在到达段掘进过程中，派专人负责观察矿山法隧道段的岩面变化情况。发现岩面或隧道初期支护混凝土有较大震动或变形时，立即通知盾构主司机调整掘进参数，防止推力过大，造成刀盘前部围岩的大面积坍塌。

5.3.3 盾构进入接收段后的工作

1. 刀盘前方碴土清理

隧道贯通时的碴土无法用盾构出碴系统出碴，只能人工清理。清理后的碴土通过矿山法隧道施工的运输车辆从竖井运出洞外。

2. 导向平台的顺接

碴土清理完成后，用 C30 早强混凝土将盾构前体下部至矿山法隧道段内已施工的导向平台进行顺接，确保盾构顺利过渡到导向平台上。

3. 安设提供反力的牛腿及千斤顶

为保证拼装管片圈止水条的挤压止水效果，盾构推进时需要有足够的反力。一般情况下采用在刀盘前方堆碴。为防止反力过小，在导向平台预埋钢板上安设牛腿，在牛腿与盾构土仓隔板间安设液压千斤顶，为盾构步进提供反力。

5.3.4 盾构步进、拼装管片通过矿山法隧道段

盾构推进前，将喷射机、米石等材料机具通过矿山法隧道段的施工竖井运至刀盘前方。如果是先到达施工竖井后过暗挖隧道段，则应该尽量在暗挖隧道掌子面后方 3m 内，另挖一个 Φ1200 mm 以上的小竖井，以便进行材料补给、施工通风、设备进出和二次始发掘进。

1. 盾构步进

根据刀盘与导向平台之间的关系，调整各组推进油缸的行程，使盾构姿态沿设计线路方向推进

盾构步进中，派专人在盾构前方检查、监测，刀盘前方的监测人员与盾构主司机要紧密配合，使盾构沿导台的中心进行前移，保证盾构前移时管片受力均匀。如矿山法隧道的开挖成型断面有侵入盾构刀盘轮廓的部位存在、盾构前体下部与导台的结合情况不良、米石回填不密实等情况时，需先进行处理，达到要求后盾构再步进。

2. 管片拼装

管片拼装工艺与正常掘进时的工艺相同，按先下部、再两侧、后上部的顺序进行。拼装中，需根据盾尾间隙与油缸行程差，结合盾构姿态选择合适的管片。

每安装一片管片，先人工初步紧固连接螺栓。安装完一环后，用风动扳手对所有管片螺栓进行紧固。管片出盾尾后，重新用风动扳手进行紧固。

5.3.5 管片背衬回填

管片背衬回填由喷射米石、盾尾同步注浆、补充注浆等组成。通过喷射米石在管片脱离盾尾时对管片进行支撑，防止管片下沉产生错台，并增加盾构向前推进的摩擦力。利用盾构同步注浆系统压注水泥砂浆，使衬砌管片与地层间紧密接触，提高支护效果。根据注浆后的检查结果，从管片注浆孔补充注浆固结管片。

1. 喷射米石回填

在管片拼装的同时分两步进行：第一步，每隔 4.5m 在盾构的切口四周用袋装砂石料围成一个围堰，围堰范围不小于 60°～300°，以防管片背后的米石、砂浆前窜。用喷浆机通过加长钢管喷头，从刀盘前方向盾构后方（管片上）喷入粒径 5～10mm 的米石骨料，喷射压力为 0.25～0.3MPa。第二步，在管片拼装完成并脱出盾尾后，从管片注浆孔向管片背后喷入米石骨料（图 5.3.5）。

2. 盾尾同步注浆

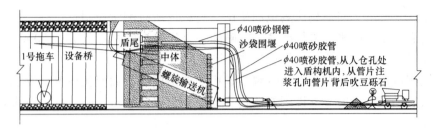

图 5.3.5　喷射米石回填示意图

1）注浆浆液

用水泥、膨润土、粉煤灰、砂、水按一定比例配制。浆液胶凝时间一般初凝 8h，终凝 10.5h，但施工时需根据盾构推进过程中浆液的流动情况，适当调整浆液胶凝时间。

2）注浆作业

同步注浆在每环管片喷射米石回填后进行，与盾构步进同步。注浆通过盾构自身配备的同步注浆系统，采用手动控制方式，由人工根据现场情况随时调整注浆流量、速度、压力。

为保证管片背后空隙的有效填充，防止砂浆前窜至刀盘前方，注浆压力可为 0.05～0.08MPa。

因同步注浆时盾壳外围是敞开的，压力变化不大，不以压力作为注浆结束的控制标准。当注浆量达到理论注浆量的 80%以上时可结束注浆。在注浆过程中，加强对盾构四周以及盾壳外部的围堰变形观测，发现有浆液外泄，应暂时停止注浆。

3）注浆效果检查

在盾构管片安装 10 环后，间隔 6m（4 环管片）在管片注浆孔处开口检查注浆效果。根据检查效果，决定是否进行补充注浆。

3. 补充注浆

补充注浆根据工艺工序需要通常分两次进行。

第一次补充注浆的目的是填充管片背后尤其是顶部的空洞，确保管片与硬岩隧道初期支护间的密实度。经检查管片背后存在空洞时，利用砂浆运输罐车从管片上部 30°或 330°位置的注浆孔进行注浆。浆液与同步注浆浆液相同，注浆压力控制在 0.2～0.4MPa，注浆结束标准用注浆压力单指标控制。注浆时，避开封顶块位置。

第二次补充注浆在盾构通过矿山法隧道后，根据管片间渗漏水情况用 KBY-50/70 双液注浆泵进行注浆堵水。

浆液采用 1：1 的水泥-水玻璃双液浆，注浆压力 0.2～0.3MPa，注浆流量不大于 10L/min。注浆结束标准采用注浆压力单指标控制。

5.3.6　二次始发掘进

如盾构先到达施工竖井，后通过矿山法隧道段，在盾构刀盘推进到小竖井下方时，先停机尽量把后方管片和盾壳上方全部喷满米石，并撤出盾构前方的所有设备。然后边推进边进行管片拼装衬砌通过竖井，在盾壳上方继续回喷米石，直至刀盘抵到掌子面。保证整个盾壳与围岩之间都被米石充填。盾构二次始发掘进时，采用小推力、低转速，掘进参数可参照贯通前 3 环的掘进参数，达到一定距离后方可转入正常掘进，完成盾构在暗挖隧道内的重新始发。

5.3.7　劳动组织

隧道开挖施工主要人员配置见表 5.3.7-1，盾构推进与管片拼装施工人员配置见表 5.3.7-2 所示，补充注浆施工人员配置如表 5.3.7-3 所示。

隧道开挖施工主要人员配置表　　　　　　　　　　　　　　　表 5.3.7-1

序　号	类　　别	人　数	主要职责
1	技术人员	16	施工技术、测量、试验、质检、监测、地质预报等
2	提升机操作员	3	操作提升设备

序 号	类 别	人 数	主要职责
3	装载机司机	3	操作装载机
4	反铲司机	3	操作反铲
5	汽车司机	3	操作汽车
6	空压机操作员	3	操作空压机
7	爆破工、隧道工	30	打眼、装药、爆破、找顶等隧道开挖作业
8	喷射混凝土工	10	初支施工
9	电焊工	6	锚杆、钢筋网制做
10	电工	2	电气设备操作与维护
11	机修工	3	设备检修、保养
12	管道工	4	通风排水等管线延伸与维护
合计		86人	

盾构推进与管片拼装施工人员配置见表（一个作业班组）　　　表 5.3.7-2

序 号	岗位名称	人 数	工 作 职 责
1	班长	1	负责现场施工管理
2	盾构主司机	1	盾构操作
3	值班土木工程师	1	现场技术指导
4	管片安装司机	1	操作管片安装机
5	管片安装工	4	安装管片
6	管片供应	4	管片选型及止水材料粘贴
7	同步注浆司机	1	操作同步注浆泵
8	机车司机	2	管片、砂浆及其他材料运输
9	搅拌站	3	拌制同步注浆用砂浆
10	门吊司机	1	吊放管片及其他材料
11	喷射机司机	1	喷射机操作
12	水平运输车司机	2	运送豆砾石
13	空压机司机	1	空压机操作
14	电动葫芦司机	1	吊放刀盘前方所需材料
15	洞内辅助工	6	豆砾石喷射(4)、电工(1)、修理工(1)
16	洞外辅助工	4	轨排加工(2)、管线工(1)、充电工(1)
17	盾构维保	6	
18	安全员	1	刀盘前方安全巡查
合 计		41人	

补充注浆施工人员配置表（一个作业班组）　　　表 5.3.7-3

序 号	岗位名称	人 数	工 作 职 责
1	班长	1	负责现场施工管理
2	值班土木工程师	1	负责现场注浆技术指导
3	机修工	1	机械维修及管路清洗
4	运料工	3	水泥、水玻璃等材料运输
5	注浆泵司机	2	注浆泵操作及施工记录
6	制浆工	4	浆液配制
合 计		12人	

6. 材料与设备

6.1 材料

本工法没有使用需说明的特殊或新型材料。

6.2 设备

本工法主要施工机械设备配置如表6.2-1、表6.2-2所示。

矿山法隧道开挖主要施工机械设备配置表　　　　表6.2-1

项　目	设备名称	型号规格	主要参数	单　位	数　量
土石方施工设备	反铲	PC-60	0.3m³/斗	台	2
	装载机	ZL40	2m³/斗	台	1
	自卸汽车	康明斯	7.5t	台	1
	风动凿岩机	YT-28	φ38～45	台	12
	风镐	G10		台	10
支护工程设备	自落式拌合机	JZ250	250L	台	2
	混凝土喷射机	TK-961	5m³/h	台	3
	空压机	4L-20/8	20m³/min	台	1
	空压机	VY-12/7	12m³/min	台	2
	注浆机	KBY50-70	0.5～5MPa	台	3
	各种管线				若干
提升设备	提升与提升井架	JK-10	10t	台	2
	汽车吊	PY25C	25～50t	台	1
钢筋工程	钢筋调直机	GTJ-8/14	1.5kW	台	1
	钢筋切断机	GQ40-13	7.5kW	台	1
	钢筋弯曲机	WJ40-10	7.5kW	台	1
	交流电焊机	BX3-300	24.5kVA	台	4
测量与监测设备	精密水准仪	DSZ2+FS1	精度0.01mm	台	1
	全站仪	徕卡-905L	2″	台	1
	钢钢尺			把	2
	收敛计			台	2
超前地质预报	超前地质预报系统	TSP203plus		套	1
	超前钻机	RPD	钻深150m	台	1
辅助设备	通风机	TC-9	28kW	台	2
	潜水泵	WQ12-40-4	扬程40m	台	6
	潜水泵	WQ15-28-4	扬程15m	台	10
	抽水机		15kW	台	10
	发电机		150kVA	台	1

盾构推进与管片拼装主要施工机械设备配置表　　　　表6.2-2

序　号	名　　称	规格型号	数　量	用　途
1	土压平衡盾构	EPB6280mm	1台	推进并拼装管片
2	同步注浆泵	SWING KSP12	2台	管片背后同步注浆
3	编组列车	机车45T	2列	运输管片及砂浆

序 号	名 称	规 格 型 号	数 量	用 途
4	砂浆搅拌站	TS-500(35m³/h)	1座	拌制同步注浆用砂浆
5	水平运输车辆	EQ1090(2m³)	2辆	运送豆砾石
6	混凝土喷射机	ZSP-6	2台	喷射豆砾石
7	双液注浆泵	KBY-50/70	1台	补充注浆
8	双液搅拌机	QV-500/50	1台	浆液拌制
9	门式起重机	15T/23.2m	1台	管片及轨排等材料吊放
10	电动葫芦	CD104	1套	刀盘前方所需材料吊放
11	交流电焊机	BX3-500	1台	焊接喷射豆砾石作业台架
12	内燃空压机	VY-12/8	2台	为喷射机供风

7. 质 量 控 制

7.1 施工中认真进行地质观察和描述，根据围岩情况优化爆破参数，选取最佳循环进尺、最佳眼孔布置和用药参数，提高爆破质量。

7.2 施工前对超前地质预报、测量、开挖、初期支护、施工排水、注浆堵水、地下水位及变形量测、盾构步进、喷射米石、同步注浆等关键工序作业进行培训和技术交底，必要时由值班土木工程师跟班进行指导、监控。

7.3 导向平台施工模板定位后必须进行测量复核，混凝土浇筑后再进行标高的复测，如果误差较大，则要进行凿除或修整，确保导台的施工精度在 0～＋15mm 以内。

7.4 盾构从盾构隧道进入矿山法隧道前，及时调整盾构的出洞姿态，确保盾构出洞时的旋转值 Roll 小于±3mm/m。盾构在导向平台上步进时，调整盾构的旋转值 Roll 小于±5mm/m。盾构的姿态偏差要控制在±40mm 以内，每环的姿态变化量或纠偏量不大于 15mm/环。

7.5 在盾构与矿山法隧道贯通前安装管片时，每环管片用 $\phi22$ 钢筋与上一环管片相连，并点焊连接牢固，防止因贯通时刀盘前方突然失去反力造成已安装的管片松动。

7.6 盾构空载推进中，如果不能达到规定的反力，则在盾构步进前方，利用导向平台上的预埋钢板焊接牛腿，安设两个 80t 的千斤顶，或直接在刀盘前方堆碴，确保推进作业工程质量。

7.7 安装管片时，在该环管片的螺栓紧固完毕后，对上一环管片的螺栓进行二次紧固，以保证管片的块与块之间、环与环之间的紧密连接。

7.8 每 3～5 环对管片姿态进行人工测量，根据测量结果结合盾尾间隙进行管片的选型，使管片安装能保证紧密而不损坏，使隧道成洞质量良好。

8. 安 全 措 施

8.1 开工前结合详勘资料和工程环境、设计情况、地质水文条件进行全面分析，对不足的地方进行补充地质勘察，避免因对控制工程建设的主要方面不了解形成的不安全因素。

8.2 合理选择开挖方法与支护工艺，认真设计爆破方案，加强施工中的超前地质预报，严格进行地下水观测和洞内变形量测，预先制定施工排水方案和注浆堵水预案，为工程建设安全作好技术支持。

8.3 配备注浆堵水预案的材料和设备，施工排水方案的设备和管路应合理有富余，喷混凝土作业应按又机双管路布置，掌握安全生产主动权。

8.4 加强矿山法隧道段（包括竖井段）的通风和照明工作，对米石进行洒水湿润，以减少粉尘，提高洞内作业环境条件，确保人员和设备安全。

8.5 隧道贯通后，及时对暴露的岩面用喷混凝土或喷锚网封闭，加强刀盘前方安全巡查，避免发生坍塌。

8.6 需在盾构刀盘前方、设备桥、后配套拖车及修补架等高空处进行作业时，作业人员必须佩戴好安全防护品，布好安全防护设施，防止发生高空坠落。

8.7 喷射米石回填及后期补充注浆。喷射米石时，先固定好喷头，再开喷浆机进行喷射，避免米石突然喷出造成人员伤害或和设备仪表损坏。

8.8 水底隧道施工时，观测与掌握江水涨落潮规律，加强对地下水变化情况的观测，完善防排水措施。跟踪了解重大天气与气候变化，并针对具体情况提前做好对恶劣天气情况的应对措施。

9. 环 保 措 施

9.1 编制可行性环保措施和方案，制定相关环保制度，明确各级环保责任人的职责。

9.2 在工作场地内设置沉淀池，对施工废水进行沉淀净化，对场地内运输道路进行洒水降尘或硬化处理，土、石、砂、水泥等材料运输和堆放进行遮盖，减少污染。

9.3 对施工中遇到的各种管线，先探明后施工，并做好地下管线抢修预案。加强监控量测，有效控制地表沉降。

9.4 施工期间，严格按照国家有关法规要求，控制噪声、振动对周围地区建筑物及居民的影响。合理安排施工工序，钻爆、重型运输车辆的运行时间，避开噪声敏感时段。

10. 效 益 分 析

10.1 社会效益

本工法将钻爆法施工与盾构法施工相结合，并在水下环境中推广应用，避免了盾构法在岩层太硬、距离偏长的地层中施工对设备的损坏和对盾构法应用的限制，有效地避免了施工风险，极大地方便了城市与交通等方面的建设规划，并能保证工程和周围环境的安全，社会效益明显。

10.2 经济效益

10.2.1 施工速度快、工期效应明显。盾构拼装管片通过硬岩段可以达到平均每天 12m 的施工进度，其综合进度比盾构法在一般较硬岩层地段的进度还快，每延米隧道至少节省 5.8h。

10.2.2 避免了盾构在硬岩层段掘进时的刀具磨损及意外破坏，相比之下形成较大成本节约。

10.2.3 避免了硬岩地层掘进盾构震动剧烈对设备造成的损坏，延长了盾构的使用寿命，形成相应的经济效益。

10.3 环境效益

采用本工法施工，减少对地层的扰动，有效地控制了地表沉降，施工中通过采取可行性处理措施防止地下水的流失，减少对周边环境的污染，保证了施工安全与工程质量，达到了一定的环保效果。

11. 工 程 实 例

11.1 广州市轨道交通三号线（大石南～汉溪站～市桥北区间）盾构工程

全长 3960 双延米，由一个明挖区段、三个盾构隧道区段和一个矿山法开挖盾构管片衬砌段组成。矿山法开挖盾构管片衬砌段在右线隧道 YDK16＋708.5～＋937（228.5m）和左线隧道 ZDK16＋730～16＋929（199 m），地层主要为 8Z-2 混合岩中风化层和 9Z-2 混合岩微风化层，为 Ⅰ、Ⅱ 级围岩，岩石单轴抗压强度达 118MPa，地质条件好，但坚硬岩层只能用矿山法开挖。

结合工程实际，矿山法开挖段在盾构到达前利用区间隧道中间风机房的风井作为施工竖井进入，采用全断面法先完成开挖支护。盾构隧道与该段隧道贯通后，盾构在已施工的混凝土导向平台上空载推进，同时进行管片拼装，管片背后与钻爆法初期支护间的空隙采用吹米石与注浆结合的新工艺进行回填，使隧道结构密实、牢固、防水。

右线隧道 2003 年 9 月 20 日贯通，9 月 24 日完成准备开始空载推进，9 月 29 日～10 月 5 日停机处理导向平台，10 月 6 日恢复后于 11 月 1 日通过矿山法开挖段。综合进度平均每天 3.4 环（5.1m），最高 13 环（19.5m），扣除导向平台造成的影响，平均进度为每天 4.8 环（7.1m）。

左线隧道 2003 年 11 月 22 日贯通，11 月 26 日完成准备开始空载推进，12 月 10 日通过矿山法开挖段。平均进度为每天 7.4 环（11.1m），最高为 14 环（21m）。

由于圆满解决了各项问题，工程安全顺利建成。经现场实测，管片姿态、高程和平面偏差均小于 30mm，符合《地下铁道工程施工及验收规范》中管片拼装允许偏差±50mm 的要求，管片表面无破损，相邻管片无明显的错台，无渗漏水现象。工程质量得到驻地监理部和业主代表的好评。

11.2　广州大学城供热供冷管道过江隧道工程

为单线隧道，是广东省第一条穿越珠江的综合管线隧道，全长 529m，江底段长约 450m，其中珠江底北岸端 160m 硬岩段采用矿山法施工，其余段采用盾构法施工。隧道设计净空为 ϕ5.4m 圆形断面，采用管片衬砌，其盾构与前一实例相同，为 ϕ6.28m 复合式土压平衡盾构。

硬岩段为下古生界混合岩地层，中～微风化，节理裂隙较发育。隧道通过区域构造稳定，无断层。地下水稳定水位埋深一般为 0.40～12.90m，矿山法段隧道覆土厚度为 17～20m，地下水主要为孔隙承压水和基岩孔隙裂隙水。盾构掘进段隧道洞身地质较复杂，包括中～微风化下古生界混合基岩、32m 断裂破碎带及较软弱的全强风化混合岩和残积土层。按照 200 年一遇洪水水位算，最大江水深度为 18m。

根据工程情况，矿山法施工从隧道工程的北岸一端进行。在推广应用广州市轨道交通三号线矿山法开挖管片衬砌施工工法的同时，鉴于基本处于江底水下，首先进行地质资料分析与补充地质勘察，选择了台阶法进行施工，并合理设计爆破方案，加强了施工中的超前地质预报，严格进行地下水观测和洞内变形量测，预先制定了施工排水方案和注浆堵水预案。开挖完成后及时进行混凝土导台施工，达到了既安全又快速优质的效果，使本工法的应用范围和技术含量进一步扩大和提高。

矿山法开挖段于 2004 年 8 月 25 日开工，2004 年 9 月 27 日完工，施工过程安全、连续，未发生异常事故，平均日进尺 4.5m，最高日进尺为 5.1m。盾构推进并拼装管片平均日进度为 12m，隧道开挖超欠挖控制良好，监控量测结果符合规范要求，管片拼装质量良好，背后回填密实，隧道无渗漏水情况，完工后的隧道已顺利通过验收。

11.3　广州地铁四号线（小谷围～新造站区间）盾构工程

从新造站北端的盾构明挖始发井向北经过曾边村、新广公路、下穿 510m 宽的珠江新造海、新造北岸、练溪村，最后到达小谷围站南端的吊出井。隧道不同程度穿越 10 多种界线起伏大的地层，其物理力学性质差异大，工程环境和地质条件复杂，地下水位高，与珠江水位相通，且隧道埋深浅，最浅处仅 3.0～6.5m。右线隧道 YDK22＋119～YDK21＋951（168m，112 环），左线隧道 ZDK22＋329～＋380（51m，34 环）段，地层主要为 7Z 混合岩强风化层、8Z 混合岩中风化层和 9Z 混合岩微风化层，属上元古界震旦系的混合岩体，其岩石单轴抗压强度达 210MPa，且软硬岩层互为夹层现象普遍，岩层均一性差，按设计采用矿山法开挖管片衬砌工法施工。

在矿山法开挖管片衬砌施工工法的推广应用中，右线利用区间隧道中间风机房的风井作为施工竖井，并在暗挖隧道掌子面后方开挖了一个小竖井作为投料孔。左线的小松盾构在江中硬岩段刀盘出现严重磨损后，在江边开挖了一个 ϕ3.0m 的小竖井（与江边联络通道结合），从小竖井下进行隧道开挖和支护。均采用台阶法施工，通过短进尺弱爆破强支护等手段，加强了施工中的超前地质预报，严格进行地下水观测和洞内变形量测，预先制定施工排水方案和注浆堵水预案，开挖完成后及时进行混凝土导台施工。

左线隧道 2005 年 8 月 5 日盾构到达暗挖隧道，8 月 13 日通过暗挖隧道，开始二次始发。除掉 3d 到达施工准备及更换尾刷时间，平均进度为每天 6 环（9m），最高为 8 环（12m）。

经现场实测管片姿态，高程和平面偏差均小于 30mm，符合《地下铁道工程施工及验收规范》中管片拼装允许偏差要求（±50mm），管片表面无破损，相邻管片无明显的错台，无渗漏水现象，工程质量优良。

浅埋暗挖地铁区间隧道"PBA"施工工法
YJGF228—2006

中铁十八局集团有限公司

郭北硕　弭尚宝　黄广锴　安建平　顾华

1. 前　言

　　20世纪70年代初，国外开始新奥法应用于浅埋地层的研究，到70年代末80年代初已基本形成了一套完整的技术。我国在借鉴国外成功经验，以及我国山岭隧道硬岩新奥法施工经验的基础上，结合中国国情和地质与水文地质情况，由工程院院士王梦恕主持创造了地下工程浅埋暗挖施工技术，该技术用于地铁工程起源于1986年北京地铁复兴门折返线工程。经过十多年的发展，已在城市地铁、市政地下管网及地下空间的其他浅埋地下结构物的工程设计与施工中广泛应用。该技术多应用于第四世纪软弱地层，根据不同断面形式开挖方法有正台阶法、单侧壁导洞法、CD法、CRD法、双侧壁导洞法、PBA法等，各种工法的适用条件及特点如表1所示。

施工方法的适用条件及特点　　　　　　　　　　　　　　　　　　表1

施工方法	台阶法	CD法	CRD法	双侧壁导洞法	PBA法
示意图					
适用条件	适用于较好地层的中小型断面，一般断面<8m	适用于软弱地层的中小型断面，一般断面<8m	适用于软弱地层且地面控制严格的中型断面，一般断面8～12m	适用于软弱地层且地面控制严格的中型断面，一般断面>12m	适用于地层条件差，断面特大的多跨结构，如地铁站、地下停车场、地下商业街等
特点	施工方便，速度较快，可增设临时仰拱和锁脚锚杆，对控制下沉有利	施工方便，速度较快，对控制地面沉降有利	施工复杂，速度慢，有利于控制地面沉降，但成本较高	施工复杂，速度慢，废弃工程量大	施工复杂，速度较慢，有利于控制地面沉降

　　结合适用于"PBA"工法施工的工程项目地质、水文、周边环境以及自身结构的情况，该工法在实施过程中应当控制及解决的关键技术有：地下水控制（降水）施工技术；多导洞开挖技术；洞内孔桩施工技术；主体结构扣拱施工技术；监控量测施工技术。

　　该工法由北京城建设计研究总院副总工程师崔志杰主创，在其工艺原理基础上，经过了部分优化、改进，2005年6月首次应用于地铁区间隧道大跨断面，针对工期紧，施工难度大，科技含量高的特点，中铁十八局集团北京地铁十号线03标段项目经理部经过不懈地努力，攻克了施工过程中一系列的技术难题，圆满地完成了施工任务。从目前的情况可以看出，施工方法是安全可靠的，所采用的技术措施是合理的。同时也为国内地铁区间隧道超大断面浅埋暗挖施工开创了新的里程碑。该工法科学技术研究成果已荣获"中铁十八局集团科技进步一等奖"，并已在北京市轨道交通建设管理有限公司科技部备案。

2. 工 法 特 点

　　2.1 减小地面沉降，两侧小导洞边跨扣拱完成后，开挖中部主体可实现快速封闭，使得支护结构受力更合理，从而有效减小拱顶下沉，减少沉降曲线的叠加，对保护暗挖结构附近的地下管线、构筑物（桥桩等）和周边建筑物的安全有利；

2.2 拆除临时支护工作量相对较小，从而简化了施工工艺；

2.3 主体初期支护结构扣拱完成后，形成具有一定刚度的支护体系，主体洞室的土方开挖较安全，同时可以实行机械开挖，工效较高。

3. 适 用 范 围

该工法适用范围较广，适用于地层、地质条件很差、跨度大、地面沉降要求严格的浅埋暗挖大跨地下工程施工，如地铁站、地下停车场、地下商业街等。

4. 工 艺 原 理

"PBA"法即 Pile-Beam-Arch method 简称，是将传统的明（盖）挖施工方法和暗挖法进行有机结合，在地面上不具备施工挖孔桩结构时，将明（盖）挖法施工的挖孔桩、梁等转入地下进行，因此也称做地下式盖挖法。即在地下提前暗挖好的施工导洞内施作挖孔桩、冠梁，然后施作主体顶拱，使边桩、冠梁及顶拱共同构成桩、梁、拱支撑框架体系，承受施工过程中的外部荷载，然后在顶拱和边桩的保护下，逐层向下开挖土体，自下而上施工主体结构，最终形成由外层边桩及顶拱初期支护和二次衬砌组合而成的永久承载体系。

5. 施工工艺流程及操作要点

5.1 施工工艺流程

"PBA"法施工工艺流程图详见图 5.1 所示。

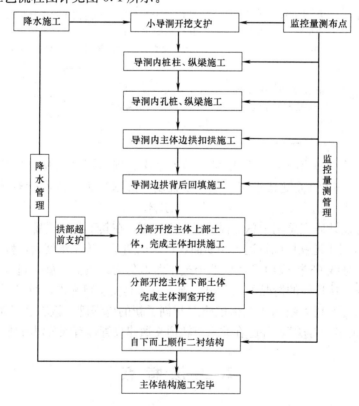

图 5.1 "PBA"法施工工艺流程图

5.2 操作要点

5.2.1 降水施工

根据施工图纸设计，采用地面降水井将施工场区地下水降至结构底板以下 1m，如不能有效降低地下水，则采取洞内水平井等降水措施，保证隧道开挖无水作业条件。

5.2.2 监控量测布点

隧道开挖前，按设计图纸要求布设地表沉降监测点、净空收敛、拱顶下沉、初支内力、管线沉降、地下水位等监测点，每断面布设监测点不少于 5 个，量测断面间距 5～10m，地面、洞内的测点保持在同一断面上，且与线路中线垂直。断面间距和地面点位由全站仪放样。

5.2.3 小导洞开挖施工

1. 合理安排小导洞间开挖顺序，导洞较多时按先下后上，先两边后中间的顺序开挖小导洞，各导洞开挖掌子面纵、横向错开一定距离，纵向错开距离不小于 1.5 洞径，避免相互干扰。

2. 小导洞开挖，先进行拱部超前预注浆加固，然后采用台阶法开挖，上台阶预留核心土弧形开挖，台阶长度保持 2～3m，格栅钢架架立后在两侧拱脚各打设 2 根锁脚锚管，长度不小于 2.5m，并与格栅主筋焊接，格栅拱脚垫加气砖或木块控制格栅安装过程中的沉降。开挖前采用超前小导管对拱部地层超前预注浆加固，根据地层压注水泥浆（圆砾卵石层）、水泥水玻璃双液浆（砂层）或超细水泥浆（粉土层）。

3. 小导洞初支施工时在拱部与主体扣拱连接部位预埋连接筋，连接筋预埋通过在拱部安装激光指向仪，保证连接主筋位置准确。预埋连接筋两侧外露长度不小于 35d，外露部分钢筋采用编织袋包裹，防止喷射混凝土时被封住（图 5.2.3-1）。

4. 洞内孔桩及纵梁施工：洞内孔桩施工空间狭小，施工时跳 2 眼孔施工，防止孔桩施工时串孔及相互间施工干扰。孔桩采用全站仪定位放线，孔桩钢筋笼分段下放，采用机械连接，导管法灌注泵送混凝土，确保孔桩混凝土施工质量。适时凿出桩头施作桩顶钢筋混凝土纵梁，确保桩主筋锚入纵梁内的长度不小于 30d（桩主筋 $\phi 25$ 时），在主体拱脚部分格栅同纵梁连接处，直接将格栅钢架主筋延伸插入纵梁混凝土内，保证初期支护结构同冠梁连接的整体性，锚固长度≥35d（图 5.2.3-2）。

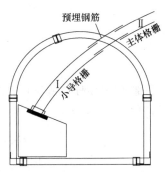

图 5.2.3-1 预埋主拱连接筋示意图

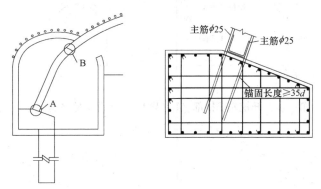

图 5.2.3-2 纵梁与主拱初支连接细部示意图

5. 小导洞边跨背后回填施工

小导洞边跨背后的空隙设计采用素混凝土回填。边跨初支结构施工时，在靠近顶部位置预留混凝土灌注口，间距 6m。考虑背后回填混凝土数量较大，在边拱下部采用碗扣式脚手架进行支撑，支撑采用 I16 工字钢作为弧形支撑＋碗扣式脚手架＋可调丝杠支撑体系，碗扣式脚手架和可调丝杠顶在拱形支撑上，脚手架水平间距 600mm，垂直间距 600mm，垂直边拱方向加设斜撑，支撑体系详见图 5.2.3-3 所示。

6. 主体扣拱施工

1）主拱施工严格遵循"管超前，严注浆，短开挖，强支护，快封闭，勤量测"及"先护后挖，及时支撑"的原则，少分部开挖，快封闭、早成环，开挖后及时架设工字钢支撑。

2）主体拱部采用超前大管棚预注浆加固拱部地层，管内压注水泥浆，管棚采用壁厚≥10mm 无缝

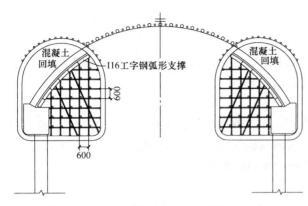

图 5.2.3-3　边跨背后回填混凝土支撑体系图

钢管，管棚间距 0.4m，纵向搭接长度≥3m，采用钻孔静压顶入法施工，减小管棚施工过程中地层沉降变形。

3）管棚施工

A. 位置控制

移动钻机至钻孔部位，调整钻机高度，将钻杆放入导向管中，前后移动自行式钻机使钻孔轴线、钻机转轴和钻杆在一条直线上，根据事先预留好的孔位，用吊线量距的办法定出这一直线的位置，然后将钻机固定牢固。

B. 钻孔控制

① 钻孔时随着孔深的增长，需要对回转扭矩、冲击力及推力进控制和协调，尤其是推力要严格控制，不能过大。

② 为防止钻杆在推力和振动力的双重作用下，上下颤动，导致钻孔不直，钻孔时，应把扶直器套在钻杆上，随钻杆钻进向前平移。

C. 顶管控制

① 接长管件应满足管棚受力要求，相邻管的接头应前后错开，避免接头在同一断面受力。

② 缓慢低速前进对准第一节钢管端部（严格控制角度），钻机再以冲击压力和推进压力低速顶进钢管当第一根钢管推进孔内，孔外剩余 30～40cm 时，开动钻机反转，使顶进连接套与钢管脱离，钻机退回原位，人工装上第二节钢管，钻机重新校正。

4）主拱采取分部开挖，减小开挖跨度，缩短每循环作业时间，尽快将开挖后地层封闭成环，并及时架设临时支撑，各部均采用台阶法开挖，预留核心土，主体扣拱施工顺序详见下图。主体扣拱完成后，自上而下分部开挖主体剩余土体，并及时架设临时支撑（图 5.2.3-4）。

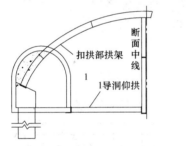

第一步：开挖左侧拱部（1号导洞），架设拱部格栅

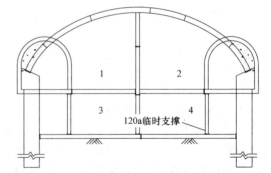

第二步：开挖左侧拱部（2号导洞），施作上部临时支撑

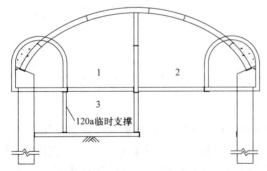
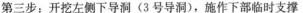

第三步：开挖左侧下导洞（3号导洞），施作下部临时支撑

第四步：开挖右侧下导洞（4号导洞），导洞封闭成环

图 5.2.3-4　主体扣拱施工顺序图

5）主体扣拱施工时，在开挖掌子面打设超前探孔，做好超前地质预报，探明前方水文地质及地层空洞情况，以指导下步施工。

7. 二次衬砌结构施工：采用顺作法，按照仰拱、侧墙、拱顶的顺序分段浇筑二次衬砌结构，通过监控量测情况严格控制拆撑长度。

8. 监控量测信息反馈

制定监控量测基准值，坚持信息化施工。根据监控量测基准值制定相应应急预案，通过现场监控量测，对监控量测数据及时分析，了解地层变动与结构的动态信息，及时反馈设计、施工用以修正支护参数与施工措施，以期达到施工安全与经济合理的目的，确保地下工程施工和周边环境的安全。

6. 材料与设备

6.1 工程材料

该工法应用的主要材料主要为超前支护采用的小导管、钢管、初期支护采用的钢格栅（钢筋加工）以及根据地层需要注双液浆时采用的水玻璃、硫酸等，具体材料规格、技术指标如表 6.1 所示。

工程材料一览表　　　　　　　　　　　　　　　　　　　　　　　　　　　表 6.1

材　料	材料规格	材料技术指标	材料使用要求
HPB235 钢筋		含 C 量 0.25%	加工使用
HRB335 钢筋		含 C 量 0.17%～0.25%	加工使用
Q235 钢材	板材		加工使用
小导管	$\phi42\times3.25$		分节制做使用
钢管	$\phi159\times10$		分节制做使用
水玻璃		模数 2.2～2.8，浓度不低于 40 Be'	
硫酸		浓度 98% 以上	

6.2 机具设备

投入的机具设备如表 6.2 所示。

机具设备一览表　　　　　　　　　　　　　　　　　　　　　　　　　　　表 6.2

机械名称	规格型号	额定功率(k)或容量(m³)吨位(t)	用　途
注浆泵	KBF-50/70	7.5kW	超前注浆和回填注浆
混凝土喷射机	PZ-5C	5m³/h	喷射混凝土作业
风镐	G10		打管和开挖
风钻	YT-28		打孔
提蓝	橡胶	个	人工挖孔桩提土
简易轳辘		台	人工挖孔桩提土
钻机	HXY-500M	台	打射大管棚
电动空压机	LGD110/018J	20m³	进行喷射混凝土作业
搅拌机	JZ350	10～14m³/h	拌料
电焊机	BX1-500	500kVA	钢筋焊接
钢筋调直机	GT4/10A	5.5kW	钢筋加工
滚扎直螺纹机	GY40	4.09kW	钢筋直螺纹加工
潜水泵	150QJ10-50/7	3.3kW	洞内抽水
污水泵	150JC30×3	5.5kW	洞内抽水
自卸汽车	东丰	23t	出土
机动翻斗车	时丰	5t	洞内出土
台钻	32MM		加工钢板

7. 质 量 控 制

7.1 施工遵循的标准、规范

为确保工程质量在 PBA 工法施工过程中必须执行标准、规范如下：

1)《隧道工程施工质量验收标准（试行）》；
2)《建筑工程质量检验评定标准》GB 50210—2001；
3)《地下铁道工程施工及验收规范》GB 50299—1999；
4)《钢筋焊接及验收规程》JGJ 18—96；
5)《钢筋机械连接通用技术规程》JGJ 107—2003；
6)《带肋钢筋套筒挤压连接技术规程》JGJ 108—96；
7)《混凝土质量控制标准》GB 50164—92；
8)《混凝土结构工程施工质量验收规范》GB 50204—2002；
9)《北京市轨道交通土建工程施工质量验收统一标准》QGD—005—2005；
10)《工程测量规范》GB 50026—93；
11)《暗挖隧道注浆施工技术规范》DB J01—96—2004；
12)《建筑与市政降水工程技术规范》JGJ/T 111—98；
13)《锚杆喷射混凝土支护技术规范》GB 50086—2001。

7.2 质量验收标准

7.2.1 洞内人工挖孔桩质量标准见表 7.2.1。

挖孔桩成孔质量标准　　　　　　　　　　　　表 7.2.1

序 号	项 目	允 许 偏 差	检 查 方 法	检 查 数 量
1	孔径	不小于设计孔径	测量检查	每根桩均检查
2	孔深	不小于设计孔深并进入设计土层		
3	孔位中心	≤50mm		
4	倾斜度	≤0.5%孔深		

7.2.2 挖孔桩钢筋笼制做允许偏差见表 7.2.2。

挖孔桩钢筋骨架允许偏差表　　　　　　　　　表 7.2.2

序 号	项 目	允许偏差(mm)	检 查 数 量	检 查 方 法
1	钢筋骨架承台底以下长度	±100	每根桩均检查	尺量检查
2	钢筋骨架直径	±20		
3	主钢筋间距	±0.5d(d 为钢筋直径)		
4	加劲筋间距	±20		
5	箍筋间距或螺距	±20		
6	钢筋骨架垂直度	骨架长度1%		吊线或尺量检查
7	钢筋骨架底面高程	±50		

7.2.3 超前小导管和管棚支护控制要求见表 7.2.3。

超前导管和管棚支护控制标准　　　　　　　　表 7.2.3

支护形式	适用地层	钢管直径(mm)	钢管长度		钢管沿拱的环向布置间距	钢管沿拱的环向外插角	沿隧道纵向的两排钢管搭接长度
			每根	总长			
导管	土层	40～50	3～5	3～5	300～500	5°～15°	1m
管棚	土层或不稳定岩体	80～180	4～6	10～40	300～500	不大于3°	1.5m

7.2.4 区间隧道开挖断面控制标准见表7.2.4。

区间隧道开挖轮廓尺寸允许误差 表7.2.4

序 号	项 目	允许偏差(mm)	检 查 方 法
1	拱部	+100 −0	量测开挖轮廓周边尺寸,绘制断面图核对
2	边墙及仰拱	+100 −0	每5~10m检查一次,在安装格栅和喷射混凝土前进行

7.2.5 格栅钢架加工与安装允许偏差见表7.2.5。

格栅钢架加工与安装误差 表7.2.5

加工允许误差	矢高	弧长	
	+20mm	+20mm	
拼装允许误差	宽度	高度	扭曲度
	±20mm	±30mm	20mm
安设允许误差	与线路中线位置	两榀钢架间距	垂直度
	±20mm	±30mm	5‰

7.2.6 隧道二次衬砌结构控制要求见表7.2.6。

隧道二次衬砌结构允许偏差表(mm) 表7.2.6

项 目	允许偏差值						
	内墙	仰拱	拱部	变形缝	柱子	预埋件	预留孔洞
平面位置	±10	—	—	±20	±10	±20	±20
垂直度(%)	2	—	—	—	2	—	—
高程	—	±15	+30 −10	—	—	—	—
直顺度	—	—	—	5	—	—	—
平整度	15	20	15	—	5	—	—

8. 安 全 措 施

8.1 "PBA"工法需遵循的安全规程

1)《建设工程施工安全技术操作规程》;

2)《中华人民共和国安全生产法》;

3)《北京市市政工程施工安全超作规程》;

4)《北京市市政基础设施工程暗挖施工安全技术规程》。

8.2 安全保证措施

8.2.1 建立健全安全保障体系,成立安全领导小组,责任到人,分工明确。

8.2.2 建立突发事件应急处理小组,并坚持以"预防为主、重在防范"的原则开展工作。

8.2.3 编制详细合理的各分项施工方案,各分项施工方案的建立及确认应贯穿施工设计、施工组织、施工实施的全过程。

8.2.4 结合设计文件及现场情况对暗挖结构的施工组织、施工工序提出严格的要求和操作级的要求,应对一线工班进行系统、严密的安全教育、技术交底和考核。

8.2.5 建立严密的监控量测系统,并实时分析数据、及时反馈信息、准确预测变形趋势,指导现场施工，预防工程事故的发生。监测项目主要包括：洞内围岩观测，初支应力及变形监测，地层水位观测，地下管线及地表沉降监测等。

8.2.6 针对各安全风险源，分别制定突发事件应急处理预案，并在施工现场适当地点准备充足抢险物资，以防意外。对于紧急情况下的预案应落实到单位、工班，且应编制可操作工序指导作业书（条件允许时可进行应急预案演习）。

8.2.7 对特种作业人员实行持证上岗，定期进行培训和考核；施工现场实施机械安全管理和检查验收制度，确保使其处于良好的状态；制定临时用电制度和电器维修检查制度。

8.2.8 采用合理的开挖方式，施工时严格按照："管超前、严注浆、短开挖、强支护、快封闭、勤量测"的原则进行，利用时空效应控制成环时间。

8.2.9 二次衬砌施工破除临时支护结构时，及时进行换撑，并对二衬模板支撑体系进行受力计算，确保施工过程中支撑体系安全。

8.3 安全技术及应急处理措施

"PBA"工法施工中的安全隐患主要包括洞内塌方、洞内及地表沉降等，其相应的应急及预防处理措施主要包括：严格遵循"管超前、严注浆、强支护、快封闭。短开挖、勤量测"的施工原则，制定严密的监控量测方案，建立完善的安全生产体系，编制完整的专项风险预案，成立专门的应急处理机构确保工法安全有序进行。

8.3.1 严格遵循"管超前、严注浆、强支护、快封闭、短开挖、勤量测"。其中，小导管超前注浆加固地层，控制开挖步距，土方开挖到位立即架设钢架，对控制隧道内塌方，减小隧道拱顶和地表沉降十分重要。

8.3.2 监控量测指导施工

施工过程的安全状态主要是通过对隧道结构变形、地下结构沉降、地表建筑物的沉降、倾斜等反映出来，因此，监控量测对施工安全尤为重要，对现场施工起指导作用。施工过程中，当测量数据出现异常时要立即对数据进行分析，施工现场采取相应的技术措施，以控制施工处于安全状态。

8.3.3 编制专项风险预案

地下工程通常会穿越既有的建筑大楼、市政管线，桥梁，铁路等存在的安全风险较大，为确保既有各种建筑物，管道及工程施工安全。施工前需要对施工过程中的风险进行评估，确定其安全等级，编制出安全风险预案及应急处理措施，一旦出现险情立即启动风险预案，将风险及损失减小到最低。

9. 环 保 措 施

9.1 环保遵循的标准、依据

1）《中华人民共和国环境保护法》；

2）《建设工程施工现场环境保护标准》；

3）《北京市建设工程施工现场生活区设置和管理标准》；

4）《环境管理体系 规范及使用指南》（标准号为 GB/T 24001—1996 idt ISO 14001：1996 标准）。

9.2 环保控制要点

根据本工法特点，环保控制要点如下：

1）空气环境保护；

2）施工噪声及光污染；

3）施工、生活污水处理；

4）施工及生活垃圾；

5）道路遗撒；

6）原材料与自然资源的使用、消耗和浪费。

9.3 环护措施

9.3.1 空气环境保护

1. 施工生产、生活区域裸露场地、运输道路，进行场地硬化并经常洒水降尘；

2. 装卸、运输土方时，采用专用车辆、采取覆盖措施，在旱季和大风天气适当洒水，保持湿度；

3. 加强机械设备的维修保养和达标活动，减少机械废气、排烟对空气环境的污染；

4. 施工中，由材料管理人员负责对施工用料进行控制，限制对环境、人员健康有危害的材料进入施工场地，防止误用；

5. 施工中对临时弃渣场地进行平整、碾压或覆盖，如长期堆土应植草防护或按有关要求进行处理；

6. 现场使用的锅炉、茶炉、大灶必须符合环保要求，应使用清洁燃料；

7. 喷射混凝土采用湿喷工艺。

9.3.2 施工噪声控制

1. 在施工期间严格遵守国家和北京市有关法规，控制噪声、振动对周围地区建筑物和居民的影响。施工噪声严格遵守《建筑施工场界噪声限值》的有关规定，施工振动遵守《城市区域环境振动标准》。施工前，首先向环保局申报并了解周围单位居民工作生活情况，施工作业严格限定在规定的时间内进行。

2. 合理安排组织施工，对周围单位、居民产生影响的施工工序，均安排在白天或规定时间进行。严格按北京市的规定和业主的要求安排施工作业时间。空压机、发电机、起吊机具等高噪声作业，严格限定作业时间，减少对周围单位居民的干扰。空压机、发电机设密闭棚，棚内使用吸音材料。

3. 选用环保型先进的机械，加强机械设备的维修保养，采取消声措施降低施工过程中的噪声。产生噪声的机械设备按北京市的有关规定严格限定作业时间。

4. 施工运输车辆在现场内及现场附近慢速行驶，不鸣喇叭。

5. 施工照明灯的悬挂高度和方向合理设置，晚间不进行露天电焊作业，不影响居民夜间休息，减少或避免光污染。

6. 所有产生噪声的机械都设置吸音设备，最大限度地减少降低噪声。

9.3.3 施工、生活污水处理

1. 在现场设置沉淀池，对施工废水进行沉淀净化达标，并用于场地道路的洒水降尘。不经沉淀池净化达标的水不得排入市政污水管线。

2. 现场存放油料，必须对库房进行防渗漏处理，储存和使用都要采取措施，防止油料跑、冒、滴、漏、污染环境和水体。

3. 现场临时食堂严禁将加工废料、食物残渣及剩饭等倒入下水道，使用无磷洗涤剂清洗餐具；按规定设立隔油池，指派专人或委托有资格的单位每半月清理一次。经过除油净化达标的废水方可排入市政管网。

4. 施工及生活垃圾处理

1）生产生活垃圾分类集中堆放，按市环保部门要求处理。施工现场设垃圾站，专人负责清理，做到及时清扫、清运，不随意倾倒。

2）施工弃土按甲方或北京市环保部门要求运至指定地点堆弃，随弃土随平整、碾压，同时作好防护，保证不因大风下雨污染环境。

3）加强废旧料、报废材料的回收管理，多余材料及时回收入库。

5. 道路遗撒

1）施工现场出口设洗车槽，并设专人对所有出场地的车辆进行认真冲洗达到标准方可出场。

2）运土及垃圾的车辆，装土或垃圾应低于槽帮 10cm 并用苫布等盖严，严防遗撒污染道路，影响环境。

6. 原材料与自然资源的使用、消耗和浪费。

1）施工现场资源控制的对象，主要有燃料、油类、各种原材料、半成品、成品等要严防浪费。

2）制定施工现场水、电节约的管理办法并实施。

3）施工、生产、生活的废水经处理达标后可用于降尘等。

4）施工中积极应用新技术、新材料，坚持清洁生产，综合利用各种资源，最大限度地降低各种原材料的消耗，节能、节水、节约原材料，切实做到保护环境。

10. 效 益 分 析

浅埋暗挖地下工程"PBA"施工工法首次在中铁十八局集团承建的北京地铁十号线03标段苏-黄区间隧道中得到应用。该技术的应用，成功解决了地铁工程大跨结构，在由于地面交通繁忙，地下管线较多，不适宜采用明挖法施作的情况下，采用该技术能够安全、优质、高效、按期的完成施工任务；施工中减少了临时支护结构拆除的工程数量，有效地保护了自然环境，节约了能源；并且地面沉降量能满足工程要求，保证了地下管线及周边环境安全，未对地面交通产生干扰；按照初步设计明挖法的方案，苏黄区间隧道大跨段总造价为1606.29万元（包括管线临时改移、占地及交通疏解费），采用浅埋暗挖"PBA"施工工法后实际工程总造价为1261.8万元，节省投资344.49万元，比原工程造价节约20.7%。

该工法优化、改进后的成功的应用取得了突出的环境效益、经济效益和社会效益，具有十分重要的意义。

11. 应 用 实 例

11.1 工程概况

该工法经过优化、改进后首次应用于北京地铁十号线苏-黄区间隧道大跨断面。北京地铁十号线是奥运工程，一期工程自万柳站至劲松站，线路北段由西向东沿巴沟路、海淀南路、知春路、北土城东路至太阳宫大街，东段由北向南沿机场路、东三环路至劲松站，全长24.552km。中铁十八局集团有限公司担负施工的北京地铁十号线3号标段，含苏州街站至黄庄站区间双线隧道、黄庄站至科南路站区间双线隧道及科南路车站。其中苏黄区间隧道大跨段为北京市轨道交通建设管理有限公司重点关注的一级环境安全风险点，该段隧道起讫里程k2+240.3～k2+296.3，全长56m，最大开挖宽度17.5m，为国内地铁区间隧道所遇单跨最大断面，高度10.5m，覆土厚度为6m。苏-黄区间大跨断面结构平面布置如图11.1-1所示。

该段隧道穿越地层自上而下依次为：杂填土①层，粉土填土①1层；粉土③层细砂、粉砂③1层，粉质黏土③2层；粉质黏土④层，粉土④2层；粉质黏土⑥层，粉土⑥1层；卵石、圆砾⑦层，细砂、中砂⑦2层；粉质黏土⑧层，黏土⑧1层；卵石⑨层，细砂、中砂⑨1层，粉质黏土⑩层。隧道拱顶穿越地层主要为粉质黏土层、粉土层，洞身及地板主要处于细砂层、圆砾卵石层。

本区间处于工程水文地质分区Ⅰa、Ⅲa亚区的交界区域，隧道工程地质及水文地质情况见图11.1-2苏黄区间大跨段区间主体纵剖面图。

苏-黄区间隧道沿现状海淀南路敷设，位于海淀南路（人大北路）北侧主路车行道下，交通十分繁忙，该段地下管线较多，对施工有较大影响的管线主要是与线路走向大致平行的 $\phi800$ 上水、$\phi500d$ 然气、$\phi300$ 上水管、$\phi1400$ 上水管、$\phi1000$ 雨水管，其中 $\phi1400$ 上水管和 $\phi1000$ 雨水管距结构较近，$\phi800$ 上水管年代比较久，为20世纪50年代修建的混凝土预应力承插管，管节长度约为5m，壁厚约为60mm，对沉降要求极高。

地下管线情况见表11.1苏—黄区间大断面地下管线明细表，图11.1-3苏—黄区间大跨断面上方管线分布图。

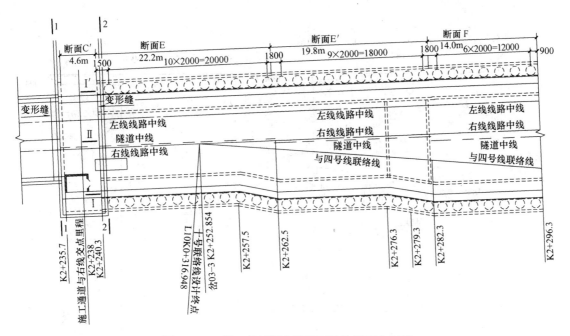

图 11.1-1　苏—黄区间大跨断面结构平面布置图

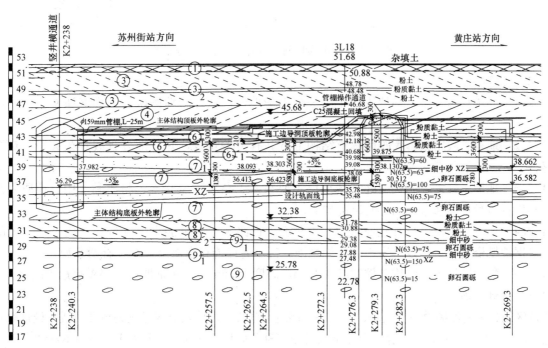

图 11.1-2　苏黄大跨断面地质纵剖面图

苏—黄区间大断面地下管线明细表　　　　　　　　　　　　　　　　　表 11.1

位置	管线名称	规格型号	材质	埋深	与结构位置关系	距主体结构近距
海淀南路	热力管沟	DN800	混凝土	约1.27m	平行,上穿	10.0
	雨水管	DN1000	混凝土	约2.49m	平行,上穿	7.3
	上水管	D1400	钢管	约1.76m	平行,上穿	5.1
	电信管块	700×500mm	混凝土	约1.38m	平行,上穿	6.3
	天然气	DN300	钢	约1.63m	平行,上穿	6.4
	自来水	DN300	铸铁	约1.20m	平行,上穿	6.4
	天然气	DN500	钢	约1.63m	平行,上穿	8.0
	上水管	DN800	混凝土	约1.25m	平行,上穿	9.8
	电力隧道	1800×2300mm	混凝土	约6.90m	平行,上穿	9.3

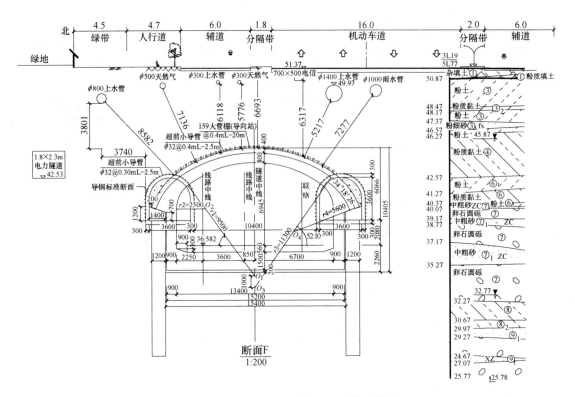

图 11.1-3　苏-黄区间大跨断面上方管线分布图

11.2　工程特点

11.2.1　周边环境复杂：该地段位于中关村繁华地带，紧邻海淀医院，地面交通繁忙，周边建筑物较多；

11.2.2　地下管线密集：大跨段隧道结构上方共有类条管线，并且部分管线年久失修，对沉降极为敏感；

11.2.3　地质条件差：结构所处场区地层主要在人工杂填土及粉土、粉质黏土中，地质复杂、土层结构不均且多种地质掺杂，局部有错乱现象；

11.2.4　地下水丰富：据查此处原为一大鱼塘，道路施工时未能完全处理，形成了一个大的地下水镶。根据地勘资料，该区段为富水区，加之雨、污水管可能存在渗漏，存在补给水源；

11.2.5　断面跨度大：结构开挖宽度 17.5m，高度 10.5m，为北京地铁所遇单跨最大断面。

11.3　设计参数

苏黄区间超大断面隧道为地铁四、十号线联络线岔线段，由单孔双线过渡为单孔三线，设计采用拱顶直墙型断面。同时大跨段隧道根据线路走向又分成三种不同尺寸的断面：断面 E，里程 K2＋240.3～K2＋262.5，长 22.2m，跨度 15.076m，高度 9.3m；断面 E′，里程 K2＋262.5～K2＋282.3，长 19.8m，跨度 15.937m，高 9.855m；断面 F，里程 K2＋282.3～K2＋296.3，长 14.0m，跨度 17.5m，高度 10.5m。

11.3.1　施工小导洞

小导洞设置在两侧，开挖轮廓 3.6m×3.6m（宽×高），初期支护形式采用"拱部超前小导管预注浆＋300mm 厚网喷 C25 混凝土＋全断面格栅钢架（步距 0.5m）"，拱墙设置 $\phi6$ 单层钢筋网，网格间距 @150mm；小导洞外侧钢架底纵向设 I25a 型钢连接，纵向布置，钢板连接，步距与钢架同步。

11.3.2　边桩与冠梁

边桩为 $\phi1200$mm 人工挖孔桩，间距 2m，护壁厚 150mm，桩间采用 $\phi6$ 钢筋网喷射混凝土封闭，桩上设冠梁，冠梁断面形式为梯形，短边长 1000mm，长边长 1600mm，宽 1400mm，挖孔桩及冠梁采用 C30 混凝土浇筑。

11.3.3 主体拱部

主体拱部采用 $\phi159$ 超前长管棚支护，管棚间设 $\phi32mm$ 水煤气管注浆预加固，管棚壁厚 10mm，长度：E 断面 25m、E′断面 25m、F 断面 20m，环向间距 0.4m，外插角 1°～2°；$\phi32mm$ 水煤气管，壁厚 3.25mm，管长 L＝2.5m，环向间距 0.4m，纵向间距 1m，外插角度 10°～15°。初期支护采用格栅钢架与网喷混凝土联合支护，喷层厚 400mm，格栅间距 0.5m；二次衬砌采用 C30 防水钢筋混凝土，厚度：E 断面 700mm、E′断面 750mm、F 断面 800mm。

11.4 施工效果评价

目前，苏黄区间大跨段隧道主体结构已全部施工完毕。通过现场监测资料表明，地表监测点累计最大沉降值为 54mm，地层中各种管线处于安全状态。对施工各阶段的监测成果进行分析，发现其变形规律与设计计算基本相符，满足了工程及周边环境的要求，确保了施工安全；主体初支大弧扣拱完成后，增大了下方土体开挖的安全性，提高了工效，共缩短工期约 60d，有效地保障了地铁十号线总体控制性工期目标的实现；二衬混凝土表面光洁，结构线条流畅，施工质量受到了北京市轨道交通建设管理有限公司的高度赞扬，成为北京地铁十号线的闪光点，甲方多次组织其他参建单位到此观摩、学习。

通过北京地铁十号线苏-黄区间隧道大跨结构采用"PBA"工法施工实例，可以充分说明，浅埋暗挖地下工程"PBA"工法设计是可靠的，施工是成功的，可以为今后类似的工程实例提供借鉴经验。

滩涂海域区承台装配式
钢筋混凝土底板钢套箱围堰施工工法
YJGF229—2006

中铁四局集团有限公司
中铁十九局集团有限公司

詹崇谦　张万虎　黄新　刘昌济　卜显英　李志斌

1. 前　　言

海域桥梁承台施工，不仅要考虑承台围护结构的结构安全，而且还必须解决如何降低海上作业风险和施工成本，形成快速高效的施工。

杭州湾是世界三大强潮海湾之一，潮水为半日潮，其海洋环境特点为强潮汐、急流速、强冲刷、多台风，甚至风潮合一。在这种海上施工有效作业时间很短、施工难度大、安全风险高的恶劣海洋环境下，承台施工采用目前国内外传统的钢板桩围堰或钢套箱围堰的施工方法无法满足施工需要，也很难在短期内安全高效地完成数量巨大的承台施工任务。为了确保承台施工质量，我们经过深入研讨，积极开展技术创新，采用装配式钢筋混凝土底板钢套箱围堰施工方案，进度大大加快，工程质量稳步提高。本工法是在实践中摸索并不断改进、完善的过程中总结而形成。

2. 工 法 特 点

2.1　与钢板桩围堰相比，钢套箱结构合理，受力明确，结构稳定性好，钢套箱大部分构件可以重复利用，节约钢材，降低了工程成本。

2.2　装配式钢筋混凝土底板钢套箱围堰的安装可在潮差间歇的短时间内完成，施工速度快。

2.3　装配式钢筋混凝土底板采用陆地工厂化预制，承台施工现场拼装，海上作业时间少。

2.4　装配式钢筋混凝土底板减压孔的设计，使钢套箱围堰在涨潮时结构受力明确、合理，结构更加安全。

2.5　装配式钢筋混凝土底板钢套箱围堰工艺简单、操作方便、施工安全、进度快。

3. 适 用 范 围

本工法适用于浅海、有潮汐影响的跨河水上高桩承台施工。

4. 工 艺 原 理

钢套箱钢筋混凝土底板采用装配式，分四块陆地工厂化整体预制成型，海上施工现场组装焊接；底板采用下部支撑结构，利用焊接在钻孔桩结构钢护筒上的型钢牛腿支撑，型钢牛腿在低潮时间段焊接；钢套箱箱体工作平台分节组拼成型，利用履带吊分节吊装在混凝土底板上，采用U形卡将套箱底口法兰盘与混凝土底板卡固，并将钢套箱与钢护筒用槽钢支撑固定，防止钢套箱因风浪影响移动；在低潮无水状态下进行二次封底混凝土浇筑，在封底混凝土达到要求强度后封堵底板减压孔，从而形成一个隔水箱体，用以达到承台无水施工的目的；承台、墩身施工完毕后，分块拆除钢套箱围堰，循环使用。

5. 施工工艺流程及操作要点

5.1 施工工艺流程

装配式钢筋混凝土底板钢套箱围堰施工工艺流程如图 5.1。

5.2 操作要点

在钢套箱围堰安装前要认真做好以下技术准备工作：

1. 钻孔桩结构钢护筒偏位的精确测量，以确定预制钢筋混凝土底板的开洞位置。

2. 支撑牛腿焊接位置的定位测量工作，确保牛腿标高准确无误。

5.2.1 牛腿安装

低潮位时，在每个钢护筒四周均布焊接四组型钢牛腿，作为钢筋混凝土底板和钢套箱的支撑结构。牛腿由三个三角形钢板焊接而成，顶面用钢板封闭，圆弧状，宽度与每组牛腿顶面一致。牛腿焊接接缝必须饱满、无焊渣，焊缝高度不小于 6mm，每组牛腿的水平相对高差不大于 3mm。

5.2.2 装配式钢筋混凝土底板的预制与安装

1. 装配式钢筋混凝土底板预制

1）底板预制采用陆地工厂化预制，每个承台钢筋混凝土底板共分成 4 块，预制时采用 4 块整体预制（如图 5.2.2 所示）。每块底板设置 1 个 $\phi16cm$ 的减压孔，底板配筋采用双层钢筋网片。

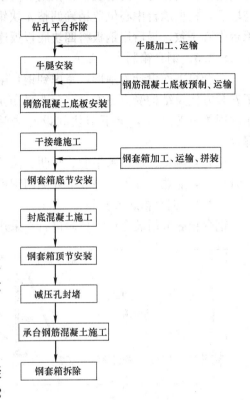

图 5.1 装配式钢筋混凝土底板
钢套箱围堰施工工艺流程

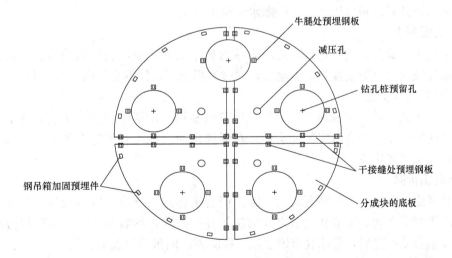

图 5.2.2 底板分块及预埋件示意图

2）在底板干接缝处和牛腿位置设置上下两层预埋钢板。

3）在每块底板表面沿圆弧方向内侧 30cm 处各设置 4 个钢套箱加固预埋件。

4）底板混凝土表面作拉毛处理，以增加底板和封底混凝土之间的连接性。

2. 装配式钢筋混凝土底板运输

装配式钢筋混凝土底板预制完毕，强度达到设计强度的90％后，分块运至承台施工作业平台上。

3. 钢筋混凝土底板安装

在低潮位期间，履带吊停靠在承台作业平台上分块依次起吊、安装装配式钢筋混凝土底板。安装时利用钢护筒作为导向系统，根据钢护筒中心位置调整每块钢筋混凝土底板的中心位置。4块底板安装完毕后，根据承台中心位置精确调整4块钢筋混凝土底板的中心位置，确保钢筋混凝土底板的圆心与承台中心一致，最后用钢板将四块底板板连接成一个整体，并将底板和钢护筒焊接牢固。

5.2.3　钢套箱制作

钢套箱平面设计为圆形，考虑到钢套箱侧模兼作内模，内部按承台直径设计。钢套箱高7.5m，为了安装方便及结构受力更安全，分为两节加工、安装。顶节节高3.5m，底节节高4.0m，每节侧模按照圆周等分为4块，上下节块间设有法兰盘，采用螺栓连接，并夹入橡胶止水条密封，以防渗水、漏水。

钢套箱侧模、侧模水平肋、竖肋、法兰盘、面板均采用钢板焊接加工而成。为了在承台混凝土施工时与外界隔热，在钢套箱底节外侧用钢板密封，里面填入隔热保温材料，作为承台混凝土保温材料。

5.2.4　钢套箱底节安装

钢套箱底节吊装在低潮位时进行，采用履带吊整体吊装。安装前，底节钢套箱在作业平台上整体拼装成型。安装时，调整钢套箱底节圆心的位置，确保钢套箱的位置偏差符合要求，然后将钢套箱与底板和钻孔桩钢护筒进行连接固定。固定分为上部固定与下部固定（图5.2.4）。上部固定采用型钢支撑，在钻孔桩钢护筒顶口与钢套箱顶部形成连接；下部固定分箱内和箱外固定，箱内固定采用型钢或木楔将钢套箱底部与底板的预埋件卡紧，箱外固定采用U形卡将套箱底节底口法兰盘与混凝土底板连接牢固，并用砂浆填堵套箱底节与预留槽间空隙。

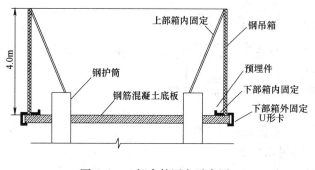

图5.2.4　钢套箱固定示意图

钢套箱底节安装后，开通底板减压孔，允许潮水淹没钢套箱。

5.2.5　封底混凝土

封底混凝土施工在低潮位期间进行，此时套箱内处于无水状态，利用溜槽直接进行封底混凝土灌注，在涨潮之前完成混凝土封底灌注。涨潮后，通过底板减压孔使钢套箱内外水头差始终一致。

5.2.6　钢套箱顶节安装

封底混凝土浇筑完毕后，安装顶节钢套箱。顶节钢套箱采用履带吊整体吊装，顶节与底节之间设止水条，用法兰连接。顶节钢套箱安装完毕后，在低潮位通过减压孔清除套箱内的泥沙，然后封堵减压孔，进入承台无水环境作业。

5.2.7　钢套箱拆除

在承台、墩身施工完毕后进行钢套箱的拆除。钢套箱拆除为钢套箱安装的反工序进行。首先依次将顶节钢套箱四块侧模之间、顶节和底节之间的法兰连接拆除，然后利用履带吊依次分块起吊拆除钢套箱顶节。顶节钢套箱拆除后，拆除底节钢套箱，拆除方法同顶节钢套箱拆除。

5.3　装配式钢筋混凝土底板钢套箱围堰施工工序时间

装配式钢筋混凝土底板钢套箱围堰施工工序时间安排见表5.3。

装配式钢筋混凝土底板钢套箱围堰施工工序时间安排表 表5.3

序号	名　称	有效时间（小时）	说明
1	底板预制	7	陆地工厂内
2	牛腿加工	0.5	陆地工厂内

序号	名　　称	有效时间(小时)	说明
3	牛腿焊接	3	海上
4	底板安装	3	海上
5	钢套箱拼装	2	作业平台
6	顶节钢套箱安装	2	海上
7	封底混凝土	2	海上
8	底节钢套箱安装	1.5	海上
9	减压孔封堵	0.5	钢套箱内
10	围堰拆除	3	海上
	合计	23.5	海上作业时间14.5h

5.4 劳动力组织（表5.4）

劳动力组织表　　　　　　　　　　　　表5.4

工序名称	工　　种	工作内容	合计人数
底板预制	木工2人，钢筋工2人，混凝土工2人	安装模板，绑扎钢筋，浇筑混凝土	6
安装底板	履带吊司机1人，指挥1人，电焊工4人，其他2人，测量员2人	装卸底板，安装底板，放样校核	10
安装钢套箱	履带吊司机1人，指挥1人，电焊工2人，其他4人，测量员2人	拼装、吊装钢套箱，指挥，测量复核	10
封底混凝土	指挥1人，混凝土工3人，其他2人	放料、振捣收面	6
封堵、止水	焊工1人，混凝土工2人		3

6. 材料与设备

本工法无需特别说明的材料，采用的主要施工机械设备见表6。

机械设备表　　　　　　　　　　　　表6

序号	名　　称	型号规格	单位	数量	备注
1	汽车起重机	QY25	台	1	良好
2	平板运输汽车	10t	辆	2	良好
3	履带式起重机	80t	台	1	良好
4	潜水泵	7.5kW	台	2	良好
5	混凝土搅拌运输车	8m³	台	3	良好
6	混凝土搅拌站	JS100	座	1	良好
7	发电机	200GD200kW	台	1	备用
8	电焊机	WSM-400	台	4	良好
9	振捣棒	橡胶带嘴型	个	4	良好
10	气割设备	30	套	5	良好
11	钢筋切断机	PCC40B	台	1	良好

7. 质量控制

7.1 工程质量控制标准

执行《杭州湾大桥施工规范》、《杭州湾大桥质量评定及验收标准》、《公路桥涵施工技术规范》JTJ

041—2000和《公路工程质量检验评定标准》JTJ 071—98。

7.2 质量保证措施

7.2.1 严格技术交底，强化全员质量意识，坚持岗前培训制度。

7.2.2 加强对原材料的质量检查，做到不合格成品不进场。

7.2.3 底板预制严格按照技术交底实施，预留孔洞及预埋件的位置应准确无误。

7.2.4 底板及套箱定位测量做好复核工作，确保位置准确。

7.2.5 做好钢套箱的拼缝检查，做到不漏不渗

8. 安 全 措 施

8.1 建立现场安全管理机构，健全各项安全规章制度，并认真落实各项安全规章制度。

8.2 做好安全技术交底制度，制定针对性的安全技术方案及措施，并认真进行交底，使施工人员熟悉安全措施以增强自我保护意识。

8.3 严格特殊工种管理，做到持证上岗。

8.4 履带吊在起吊底板和钢套箱时，必须由专人指挥，起吊前必须进行试吊。

8.5 现场临时用电必须按安全规定进行布置线路，严禁乱拖乱拉。经常对施工现场的用电设备进行安全检查，定期测试漏电开关及接地电阻，发现问题立即整改。

8.6 对氧气瓶和乙炔瓶保管、存放、运输和使用严格按照操作规程执行。

8.7 现场作业人员必须按水上作业规定和条例进行施工操作，作业人员必须佩戴安全带、救生衣等防护设施。

8.8 加强气象收集及预报工作，成立防台、防汛、防龙卷风应急处置领导小组。在遭遇强台风、大潮汛、龙卷风袭击时，负责组织所有员工进行救助及采取相应的紧急措施，避免和减少损失，确保员工生命安全。

9. 环 保 措 施

9.1 建立现场环保管理机构，健全各项环保规章制度，并认真落实各项环保规章制度。

9.2 在施工平台上，设置"环保厕所"（干厕），粪便定期收集运至岸上生活区化粪池，统一处理。

9.3 禁止使用一次性塑料餐具，防止白色污染。平台上施工机械产生的废油料及润滑油等，必须集中收集运至岸上指定的弃土场深埋。

9.4 生产用油料必须严格保管，防止泄漏，污染海水。

9.5 施工过程中产生的废电焊条等废弃物、边角料、包装袋及时收集、清理，运至垃圾场掩埋。

9.6 严格执行用车淘汰报废制度，选用符合国家卫生防护标准的车辆，严格控制各种柴油车尾气排放，保证施工用的机动车尾气完全达标。

10. 效 益 分 析

10.1 利用装配式钢筋混凝土底板钢套箱围堰施工，各部分组件在后方加工场地制作后运至海上施工现场拼装，每循环海上作业时间仅为14.5h，把部分海中作业转化为陆地工厂化制作，与其他钢板桩围堰、常规钢套箱围堰相比，大大减少了海上作业时间，降低了海上作业风险，提高了工效。

10.2 相对于钢板桩围堰，装配式钢筋混凝土底板钢套箱围堰施工刚度、抗风浪潮冲击能力、密封性、稳定性较好、成本投入较低、海上施工周期短、无封底回填的二次凿除，材料耗费少、对海水

环境影响小；相对于常规钢套箱围堰，装配式钢筋混凝土底板钢套箱围堰施工工艺简单、成本投入较低、机械设备配置要求低、机械利用率高、海上施工周期短、受涨潮、退潮、海浪影响较小，装配式钢筋混凝土底板钢套箱围堰施工工艺简单、操作方便、投入低。

10.3 杭州湾跨海大桥 IX-A 合同段海上承台采用装配式钢筋混凝土底板钢套箱围堰施工工期比计划采用常规钢套箱围堰提前了 7 个月，节约材料成本约 190 万元，且承台的质量均符合规范的要求并明显高于采用钢板桩和常规钢套箱围堰的施工质量。

10.4 采用装配式钢筋混凝土底板钢套箱围堰施工海中承台，实现了部分海中作业转化为陆地工厂化制作的先进施工理念，施工过程对海水环境未产生影响，资源消耗少，成功地解决了海上承台安全快速高效施工的技术难题。杭州湾跨海大桥指挥部在全桥推广装配式钢筋混凝土底板钢套箱围堰施工工艺，取得了良好的社会效益。

11. 应 用 实 例

实例：杭州湾跨海大桥 IX-A 合同段

11.1 工程概况

杭州湾跨海大桥 IX-A 合同段全长 5.35km，位于杭州湾南岸滩涂海域。杭州湾是世界三大强潮海湾之一，潮水为半日潮，其海洋环境特点为强潮汐、急流速、强冲刷、多台风，甚至风潮合一。IX-A 合同段远离岸边约 10km，受潮水影响，大型船舶无法进入。主桥墩号范围 F01～F108，共 216 个承台；承台为圆形，其中墩号 F01～F17 段，直径为 11.2m，厚度 3m，承台底标高为 −1.0m，共 34 个承台；墩号 F18～F108 段，承台直径为 9.8m，厚度 2.5m，承台底标高为 −0.5m，共 182 个承台。高潮位潮水淹没承台，低潮位承台底露出水面。承台结构见图 11.1-1、图 11.1-2。

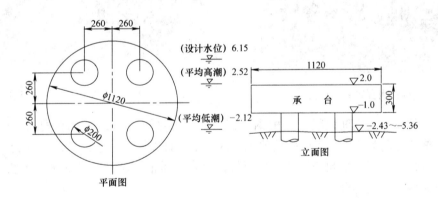

图 11.1-1 φ11.2m 承台结构（高程单位：m，尺寸单位：cm）

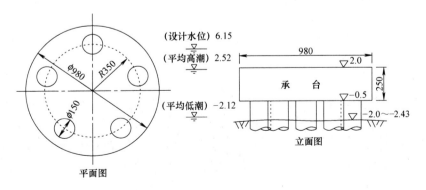

图 11.1-2 φ9.8m 承台结构（高程单位：m，尺寸单位：cm）

11.2 施工情况

本合同段主桥承台施工全部采用装配式钢筋混凝土底板钢套箱围堰的施工方法，共用 6 套钢套箱。

图 11.2 钢筋混凝土底板钢套箱围堰吊装

钢筋混凝土底板在陆地工厂化制作，通过栈桥运送到海上施工现场组拼。型钢牛腿在陆地工厂内加工，利用 GPS 定位，低潮位时焊接在钢护筒上。钢套箱利用履带吊吊装、连接在钢筋混凝土底板上，通过二次封底在低潮位封堵减压孔，进行承台无水环境作业（图 11.2）。

11.3 实施效果

杭州湾跨海大桥 IX-A 合同段于 2004 年 8 月开始第一个装配式钢筋混凝土底板钢套箱围堰的承台施工，到 2006 年 6 月完成全部 216 个承台，月平均完成 9.1 个。在这两年多的施工中，杭州湾地区经历了多次台风袭击，装配式钢筋混凝土底板钢套箱围堰并未出现任何安全、质量事故，说明装配式钢筋混凝土底板和钢套箱围堰的设计和参数选取是合理的，是符合杭州湾这种复杂海洋环境的。在完成的 216 个承台中，合格率达 100%，优良率达 95% 以上，也超出了杭州湾跨海大桥 100 年设计寿命的验收规定（图 11.3、图 11.4）。

图 11.3 拆除钢套箱后的承台

图 11.4 钢筋混凝土底板钢套箱围堰

通过对已施工的装配式钢筋混凝土底板钢套箱围堰统计结果显示：一个装配式钢筋混凝土底板钢套箱围堰的海上施工时间为 14.5h，包括陆地工厂内加工共计 23.5h，达到了既快速施工又减少海上作业时间，提高安全性的目的。杭州湾跨海大桥指挥部已在全桥推广这种新型的施工工艺。

杭州湾跨海大桥 IX-B 合同段

南岸滩涂区 IX-B 合同段为海中 6.25km 下部结构的施工，墩号为 F69～F194，该工法自 2004 年 8 月开始应用直至 2005 年年底工程结束，完成了南岸滩涂区所有的承台、墩身施工，工程质量良好，进度超前。同时钢套箱围堰的应用丰富了围堰结构的类型，为潮汐条件下海工结构物的施工提供一个新的思路。

绞吸式挖泥船"三锚五缆"施工工法

YJGF230—2006

中交天津航道局有限公司

董保顺　赵凤友

1. 前　言

在港口与航道疏浚和吹填造陆工程中，绞吸式挖泥船是主要的挖泥机械之一，特别是对黏硬密实土质、珊瑚礁、风化岩的开挖具有极大的优势。随着港口向大型化、深水化发展和吹填造陆规模的扩大，施工区域风浪越来越大，土质越来越坚硬。为了提高设备利用率和挖泥船时间利用率，满足工程建设的需要，中交天津航道局有限公司在传统的绞吸式挖泥船"五锚五缆"施工法的基础上，经实践、总结、完善、创新形成了绞吸式挖泥船"三锚五缆"施工工法（本工法，下简称"三锚五缆"工法），经国内科技查新，该工法属国内首创。在山东石臼港疏浚工程、天津港北港池疏浚工程以及苏丹绿地工程中，皆采用了"三锚五缆"工法施工，保证了工程顺利实施，取得了明显的经济效益和社会效益。

2. 工 法 特 点

2.1 弃用"五锚五缆"施工法中两口定位边锚，借用两口横移锚（兼做定位边锚）一锚两用，避免了"五锚五缆"施工法的一些缺陷，一定程度地提高了有效挖泥时间。

2.2 弃用两口定位边锚，降低了绞吸式挖泥船对挖槽两侧水域、水深的要求。

2.3 弃用两口定位边锚，减除了两口定位边锚独立的抛设和移动工作程序（定位锚、横移锚两锚合一，可直接用起锚拔杆起下），大大减少了对辅助船舶的需求。

2.4 消除了水深、土质对用钢桩定位的限制，提高了施工船抗风浪能力和设备利用率。

3. 适 用 范 围

本工法适用于绞吸挖泥船在无掩护条件、海况差、土质及水深对使用钢桩定位受限的疏浚、吹填造陆工程，以及一般情况下钢桩作业时出现故障后的连续作业。

4. 工 艺 原 理

"三锚五缆"工法是在"五锚五缆"施工法基础上的拓展和创新，其原理是利用平面"三点定位"几何原理和海水中多维空间内船体浮力与锚缆拉力的相互作用，在克服风、流、土等外力影响后，使船舶在水面上固定、施工作业。

"三锚五缆"定位属柔性定位，是由三口定位锚（尾锚、左边锚、右边锚）、三根定位缆（尾缆、左边缆、右边缆）、三缆柱、及绞锚设备组配完成。三缆柱是定位的中心枢纽，三根定位钢缆经过柱中心通过各自的导向滑轮后与定位锚相接（图4-1）。挖泥时三缆柱与船作相对位移转动，始终固定一个位置，起到固定船位的作用。

施工中以三根定位缆固定船舶的平面位置，以横移缆引船摆动挖泥。进步时先放松尾缆一定长度，再收与横移锚相连的左右两根定位边缆，实现船舶前移完成挖泥循环（图 4-2）。当一个挖泥循环完成后，船舶向前移动，这时绞收左右两根定位缆，适当放松尾缆即可。当一个定位循环完成后，则用起锚拔杆将左右两定位锚缆（与摆动锚缆一起）向前移动来完成。

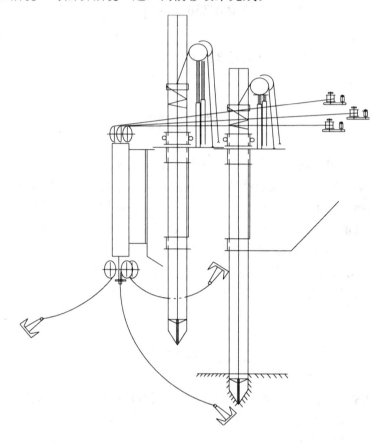

图 4-1　三缆钢桩设备示意图

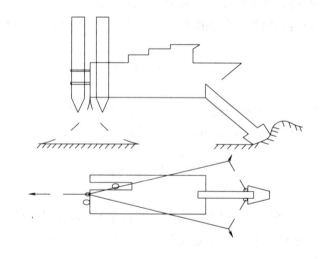

图 4-2　三锚五缆施工示意图

本工法的智慧之处是左右两定位边锚（缆）的调整与横移锚的调整同时进行，由船上的起锚拔杆一次完成；可省去抛设两口定位边锚及倒钢桩台车的流程和时间。

5. 施工工艺流程及操作要点

5.1 施工工艺流程

见图 5.1 绞吸船三锚五缆施工工艺流程图。

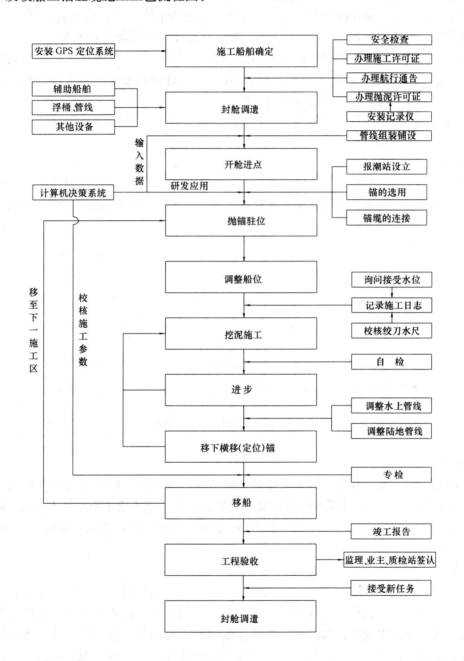

图 5.1 绞吸船三锚五缆施工工艺流程图

5.2 施工操作要点

5.2.1 施工准备

(1) 弃用左右两口定位锚,根据土质情况选用抓力好、重量适宜的横移锚(兼定位锚)。

(2) 检查定位边缆的破损情况,如不符合要求应进行更换。

(3) 将左右两根定位边缆、横移缆同时与选好的左右横移锚锚尾相连。

（4）进行联动操作调试，熟悉掌握多锚缆联动操作要领。

5.2.2　进点驻位

（1）挖泥船由拖轮拖带进入施工区域后，利用DGPS平面定位系统，找寻设计的起始挖泥点，然后停船将横移锚抛入海底，定住船位。

（2）将绞刀调整挖槽中线上，下桥梁让绞刀着地。

（3）抛尾锚，锚位尽量抛在挖槽中线上，距设计起挖点船尾约50～70m为宜。

（4）收绞尾缆，将船调整顺直，船中线基本在挖泥中线上，然后将尾锚刹紧。

（5）将绞刀桥梁离开海底，用配备的辅助船舶顶推挖泥船，以下放的尾缆长度加船长为半径，使绞刀先后移至挖槽左右边线处将绞刀下放至海底，并用锚拔杆分别抛设左右横移（兼定位）锚。也可反复起下、收绞横移锚，将绞刀绞至左右两边线处下锚。

（6）将绞刀移至挖槽中线并下落到海底，收紧左右定位缆将三缆柱调整到设计的挖泥中线（或参考线）上，而后即可施工挖泥。

5.2.3　挖泥

施工船利用三根定位缆固定船位，以三缆柱为中心，用横移缆绞船左右摆动进行挖泥施工。施工中可根据开挖泥层厚度，在一个开挖断面上控制绞刀逐次下放分层开挖至设计深度（图5.2.3）。

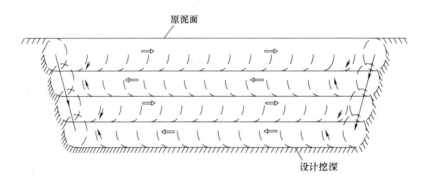

图5.2.3　绞刀挖泥轨迹示意图

5.2.4　进步

一个开挖断面完成后需前移进步。方法是将尾缆放出一定长度，同时收绞左右两定位缆。前移距设计一般为1.5m左右，可视其土质和开挖泥层厚度进行确定，软土质步距可稍大一点，硬土质则要控制在1.0m以内。施工船前进一个步距后，即完成一个小的挖泥循环，之后可继续下个断面（小循环）的施工。

5.2.5　移锚

当施工船前进一段距离（约25m）时，施工船的横移锚、缆与船舶摆向远端边线时的船轴线夹角已过小，这时应该调整横移锚位。移锚时，先将绞刀绞挖到移锚一侧边线停住，并停止绞刀转动，绞刀不抬离海底；收绞起锚缆起锚；锚离地后绞横移缆调整锚位到预定位置后下锚，收绞横移缆、定位边缆，使横移锚达到一定抓力；调好船位，开动绞刀即可恢复施工。待挖至另一边线时停止，按前一程序将另一横移锚移好后恢复施工；此时即完成一个大施工循环，如此往复进行。

5.2.6　移船

施工船完成一个条、区后需移船进行下一个条、区的施工。如果移船到相邻的条、区较近，可充分利用尾锚长度先移尾锚、缆到设定位置，然后起桥梁和两口横移锚，同时收绞两定位边缆、横移缆离开海底；绞收尾缆，并用横移锚协助移船到位。如果移船距离较远，则将左右横移锚收起（吊在拔杆上即可）。起尾锚收尾缆（留有适当长度），起桥梁到一定高度，用起锚艇或拖轮将挖泥船拖带至新的施工地点；依进点程序进行布锚驻位即可。

6. 材料与设备

6.1 材料

6.1.1 燃、润油：船用轻、重柴油及润滑油。

6.1.2 船舶机械耗材。

6.1.3 挖泥机具备配件及耗材。

6.2 施工主船

采用本工法施工的绞吸式挖泥船须具备三缆定位系统。我公司津航浚 215 船（绞吸式）具备此条件，主要性能见表 6.2。

津航浚 215 船舶性能表

表 6.2

施工船名称	施工船舶性能			
	建造厂：日本 IHI 爱知工厂		出厂日期：1985.6	
	总吨位：4380t		满载排水量：5904t	
	总长：113.01m		最大挖深：30m 最小挖深：6m	
	总宽：19.5m		燃油舱容：818m³	
	型深：5.8m		淡水舱：236m³	
	满载吃水（船尾）：4.71m		挖宽：30～100m	
	流量：11500m³/h		排距：500～4500m	
	公称生产率：2500 m³/h		最高建筑：26.3 m（基线上）	
	主发电机功率：4263kW		副发电机功率：441kW	
津航浚 215 船	舱内泵功率：2940kW×2		舱内泵主机额定转数：600r/min	
	舱内泵转数：340r/min		叶轮宽度：460mm	
	水下泵功率：900kW		水下泵主机额定转数：900r/min	
	水下泵转数：900r/min		水下泵叶轮宽度：560mm	
	绞刀功率：750kW		绞刀转数：2.5～30r/min	
	绞刀重量：19.2t		桥梁重量：590t	
	绞刀直径：3.0 m		桥架长：41.7m	
	三缆柱长：10.7 m		三缆柱直径：1.4m	
	定位缆长度：300m×3（缆长可临时加长）			
	钢缆直径：56mm(三根钢缆直径相同)			
	钢桩：长 46.5m，直径 1.6m，重量 90.5t			
	横移锚：8.5t×2		三缆锚：尾 7.5t，边 15.5t×2	

6.3 辅助船舶

配备施工主船的辅助船舶为一艘专业锚艇，它的主要功能是辅助施工主船移锚、移船、调整水上浮筒管线等。船舶性能见表 6.3。

辅助船舶性能表

表 6.3

辅助船名称	辅助船舶性能			
	总吨位：241t		满载排水量：286.04t	
	总长：28.5m		燃油舱容：37.68m³	
	型宽：10.0m		淡水舱：39.62m³	
起锚艇（津航艇 22）	型深：2.9m		最大起锚力：45t	
	满载吃水（平均）：1.88m		空压机压力：3MPa	
	航行主机功率：221kW		航速：9.7 节/h	
	起锚速度：5m/min		出厂日期：1985.5	

7. 质 量 控 制

7.1 质量标准

施工质量执行以下标准：

1）《疏浚工技术规范》JTJ 319—99；

2）《疏浚工程质量检验评定标准》JTJ 324—96；

3）《水运工测量规范》JTJ 203—2001；

4）企业定额；

5）绞吸式挖泥船施工质量标准主要由超宽和超宽两项技术指标衡量，其标准值见表7.1。

超宽和超宽标准值（单位：m）　　　　　表7.1

施工船型	计算超宽				计算超深			
	部颁标准		企业标准		部颁标准		企业标准	
绞吸式挖泥船	绞刀直径1.5～2.5	3.0	1600～2500m³/h绞吸船	3.0	绞刀直径1.5～2.5	0.4	1600～2500m³/h绞吸船	0.4
	绞刀直径大于2.5	4.0	1600～2500m³/h绞吸船	3.0	绞刀直径大于2.5	0.5	600～2500m³/h绞吸船	0.5

7.2 质量控制措施

7.2.1 严格按照工程施工质量管理体系要求，开展各项质量管理工作，确保施工全过程得到有效控制。

7.2.2 制定质量工作计划，分析影响质量的因素，找寻对策。

7.2.3 成立 TQC 小组，项目总工程师为 TQC 小组组长，疏浚工程师、测量工程师、挖泥船船长、管线班班长等为 TQC 小组成员；针对质量管理开展工作，通过 PDCA 循环程序解决质量难题。

7.2.4 向施工船作详细技术交底，明确质量控制内容，严格执行操作规程。

7.2.5 控制超深措施

（1）工前疏浚工程师会同挖泥船船长对挖泥绞刀下放深度指示器进行校核，误差控制在正负 0.1m 以内。

（2）码头基槽断面不得超挖，港池、航道断面控制在允许值内。

（3）严格执行检测制度，掌握自检与专检的误差规律，总结分析不同土质造成的残留程度，及时调整绞刀的下放深度。

7.2.6 控制超宽措施

（1）应用先进的 DGPS 定位系统指导施工，配备计算机辅助决策系统，实时跟踪挖泥绞刀所处的平面位置。

（2）施工技术人员根据开挖土质情况、设计坡比及挖泥机具特性等，设计出正确合理的开挖终止线，基槽边坡严禁超挖。

（3）施工船驾驶人员应根据 DGPS 指示的绞刀位置、设计开挖终止线、土质塌坡情况等确定绞刀到线后的回摆时机，防止超挖和欠挖。

（4）加强检测，根据检测数据修正设计挖泥终止线及操作工艺后进行正确的挖泥控制操作，将平均超宽值严格控制在规范、标准规定值以内。

8. 安 全 措 施

8.1 施工前准备

8.1.1 组织人员培训及海上挖泥施工安全技术交底。

8.1.2 根据施工区特点，为施工船配备安全防范设备，并对施工船舶及附属船舶、设备进行彻底的安全检查，消除隐患。

8.1.3 办理航行通告和水上施工许可证。

8.1.4 建立海上气象无线传输系统，建立覆盖施工区的应急救助系统。

8.1.5 落实安全责任制，把安全生产指标落实到各岗位和人员；贯彻"谁主管谁负责的原则"。

8.2 施工过程

8.2.1 严格按照航行通告规定的施工区域进行作业，施工悬挂沿海作业信号标志。

8.2.2 抛锚定位时，要先收后松定位缆，避免锚缆缠绕打架。

8.2.3 了解港口船舶进出港动态，加强瞭望和安全值班，及时避让，防止碰撞。

8.2.4 施工人员水上作业时，应穿救生衣，冬季要防冻、防滑，避免出现人身伤害事故。

8.2.5 施工船进行修理需明火作业时，要履行必要的申报手续，安排专人值班，备足消防设备。

8.2.6 经常检查挖泥船吸、排管在机、泵仓段的磨损情况，防止爆漏、灌仓事故的发生。

8.3 防台

8.3.1 根据施工区的自然条件和工程的具体情况制定防台预案，及时收听气象预报，按照施工区当地海事部门规定避风锚地提前两天撤离施工区进行避风。

8.3.2 建立防抗台指挥部，与海事部门防抗台指挥中心保持联系，布置防抗台方案和指挥处理应急时间。

9. 环 护 措 施

9.1 严格遵守《海洋保护法》，严格执行国家关于海洋环境保护的各项规定。

9.2 督促施工船编制环保实施细则和操作规程，制定环保预警和应急救援预案，并指定专人负责环保工作的实施。

9.3 项目经理部所属船舶均须采取有效措施，集中油污、污水并妥善处理，严防油污、污水泄漏到施工水域中。加装燃、润油时做好全过程管理，做好溢油事故的应急处理方案。

9.4 在施工水域和生活区的垃圾，应放置到专用垃圾袋、箱内，联系当地环保部门妥善处理。

9.5 积极配合当地海洋环保部门的工作，做好当地海洋环保部门要求的其他工作。

10. 节 能 措 施

10.1 减少移锚缆、倒钢桩等生产性停歇时间，增加有效挖泥时间。

10.2 减少辅助船舶作业时间。

10.3 减少相应设备的使用和消耗。

10.4 控制施工质量，减少废方量。

11. 效 益 分 析

用"三锚五缆"工法施工能提高时间利用率和设备利用率。

与采用钢桩施工相比：一是解决了风浪大无法施工、水深大钢桩够不着底和底质硬钢桩无法插入定位的问题，使不能施工变为可能，提高了设备的利用率。二是省去了倒收台车的程序，施工时间的有效利用率能提高 5％左右，仅此一项，就等于增加了单船产值 5％的利润。例如津航浚 215 船年产值8000 万元，则可年增利润 400 万元。

与常规"五锚五缆"法施工相比：一是弃用两口边锚节约了移边锚时间，减短移船时间，挖泥时间利用率可提高 3% 左右。二是少占用水域，消除了起下两边锚对挖槽两侧水域和水深的要求及移锚移船对辅助船的完全依赖；三是减少了施工干扰，增加了有效挖泥时间。

采用"三锚五缆"工法施工，不仅提高施工设备利用率、时间利用率，使得不可能施工的工程变为可能，同时还能使工程提前竣工，缩短建筑工期，社会效益显著。

12. 应 用 实 例

此工法在正常、特殊工况或定位钢桩出现故障的情况下，仍能使施工船正常施工。如津航浚 215 船 1988 年在山东石臼港施工时，开挖的泥层薄厚不均，开挖厚泥层时使用钢桩定位施工，待开挖薄泥层时底质坚硬（弱风化岩），限制了钢桩入泥深度，不能有效固定船位，并且施工区无掩护浪大施工困难；1987 年开挖天津港北港池，因淤泥土层厚钢桩重，施工时钢桩漏桩严重，造成钢桩起升困难；2000 年在苏丹绿地工程施工中，开挖珊瑚礁时船艉水深达 200m，不能使用钢桩；2006 年在曹妃甸开阔水域和天津新港南疆工程钢桩故障情况下，皆采用了"三锚五缆"工法施工，很好地解决了上述困难，保证了工程顺利实施（图 12-1、图 12-2）。

图 12-1　津航浚 215 三锚五缆施工实况图

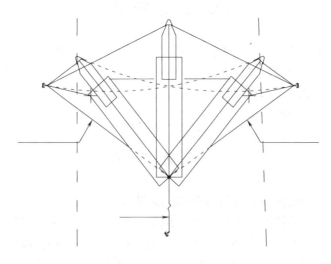

图 12-2　三锚五缆施工示意图

无盖重高压固结灌浆施工工法

YJGF231—2006

中国水利水电第十工程局

向学忠　史青松　赵启强　方成名　鲍庆红

1. 前　　言

随着我国水力电力在自然保护区和高山峡谷区内的开发，高水头引水式水电站气垫式调压室，是采用布置在远离地表的山体中，施工过程属全封闭状态，施工产生的噪声、爆破振动、对地表破坏得到有效的控制，对生态环境起到了很好的保护。气垫式调压室采用的是无衬砌形式，引水隧洞对岩层较好的地段也采用无衬砌，为此，无盖重高压固结灌浆，也成为一个新的灌浆方式，中国水电十局通过自一里水电站、小天都水电站的气垫式调压室的成功修建及木座水电站引水隧洞的结灌浆施工，对高压无盖重固结灌浆技术进行了总结归纳。

2. 工 法 特 点

2.1　使用功能特点

气垫式调压室是作为替代衰减电站负荷变化时引水隧洞水流瞬变过程的开敞式调压室，是在岩石体内由岩壁和水涌形成封闭气室，并利用气室内高压空气形成"气垫"，达到抵制室内水位高度和水位波动幅值的变化。气垫式调压室是性能优越的水锤和涌波控制设备。高压无盖重灌浆是保证气室内气压（气垫）存在的保障，为此，无盖重高压固结灌浆的成败，关系到气垫式调压室的成败。

2.2　施工方法特点

2.2.1　开工前应确定科学合理的灌浆方案。

2.2.2　在灌浆方案确定后，选择合理的灌浆参数，并在施工中由于围岩的变化而及时进行灌浆参数的调整。

2.2.3　首先进行灌浆试验，得出数据，然后进行浅孔无盖重固结灌浆，随后进行深孔无盖重高压固结灌浆。

2.2.4　气垫式调压室无盖重高压固结灌浆的安全管理。

2.2.5　灌浆施工对生态环境的保护。

3. 适 应 范 围

3.1　对于气垫式调压室的无盖重灌浆。

3.2　引水隧洞的无盖重固结灌浆施工。

3.3　其他类似的无盖重固结灌浆施工。

4. 工 艺 原 理

4.1　气垫式调压室开挖后，对围岩的封闭是采用无盖重高压固结灌浆。灌浆采用浅孔固结与深孔固结灌浆的方式进行，灌浆前应对围岩裂隙进行嵌缝处理。

4.2 气垫式调压室灌浆施工顺序为：在同一地段内，先进行裂隙灌浆，后进行系统固结灌浆；先进行水泥灌浆，后进行化学灌浆；在有帷幕灌浆的地段，先进行固结灌浆，后进行帷幕灌浆。

4.3 调压室无盖重高压固结灌浆，第一段采用常规卡塞法灌注，以下各灌浆段宜采用"孔口封闭、孔内循环、自上而下分段钻灌"工艺。灌浆采用高压注浆泵灌注，灌浆过程中，采用灌浆自动记录仪进行全程监控并记录。

4.4 浅孔无盖重高压固结灌浆分两段进行施工，孔口段 2～3m 钻孔完成并做完洗孔和压水试验后，采用卡塞进行低压固结灌浆；第一段灌浆结束后不待凝接着进行第二段钻孔，终孔后埋设孔口管，埋深 2m，待凝72h 小时后，安装特制孔口封闭器，采用孔口封闭，孔内循环法进行第二段灌浆施工。

4.5 深孔无盖重高压固结灌浆自孔口向孔底分段钻灌施工，第一段灌浆段长 2m，以下各段灌浆段长 3～5m，孔口段钻孔的孔径 ϕ90～120mm，低压灌浆后埋设 ϕ76～108mm 地质管作为孔口管，埋深为 2m。剩余段次采用稍小的钻头进行钻进，孔内安装封闭器进行自上而下孔内循环灌浆。灌浆分为孔口低压灌浆段，中间高压灌浆段以下是更高压力灌浆段（设计最高灌浆压力）进行施工。

4.6 气垫式调压室固结灌浆不单是对围岩进行加固，同时也有防渗、闭气的作用，故灌浆结束标准仍按《水工建筑物水泥灌浆施工技术规范》SL 62—94 规范执行。

4.7 灌浆孔灌浆结束后，排除钻孔内的积水和污物，采用"全孔灌浆封孔法"封孔。终孔段灌注浆液水灰比为 0.5∶1 的浓浆，直接用纯压式灌浆封孔；封孔纯压力采用最大灌浆压力，封孔压时间少于 1h。

5. 施工工艺流程及操作要点

5.1 工艺流程

无盖重高压固结灌浆采用孔口封闭，自上而下孔内循环法分段灌注，其施工程序如下：钻孔→冲洗→简易压水试验→灌浆→循环进行下一段钻灌→终孔段灌毕后采用全段压力灌浆封孔。

5.2 施工操作要点

5.2.1 开工前的必备条件

1. 气垫式调压室灌浆前必须建立严密的统一施工指挥系统，制定岗位责任制、安全操作、质量检查等各项规章制度。

2. 现场技术人员及测量人员必须熟悉施工图纸、测量人员复核控制点基本数据，无误再进行准确的施工放线，施工人员应严格按图纸要求进行施工。

3. 为保证施工质量，调压室灌浆前还应制定《高压固结灌浆施工措施》。对制定出的措施要对全体施工人员进行交底和技术培训，培训合格方可上岗操作。

4. 在满足工程结构要求的基础上，根据已揭示的地质情况，针对不同地质条件制定相应的安全支护措施。

5. 供电、供水系统及输、排风辅助设备布置完毕，检查合格。在此基础上进行施工机具和材料的准备。

在施工方案及施工措施制定时，充分考虑各种可能影响施工质量的因素，以保证开挖施工质量。

5.2.2 灌浆工程施工

1. 钻孔

1）所有钻孔应统一编号，并注明施工次序。由测量人员按设计要求进行间、排距布置钻孔。

2）钻孔必须按分序加密的原则进行，环间分两个次序，环内分二或三个次序。

3）临近裂隙的固结灌浆孔，应与裂隙成大角度相交。

4）钻孔时应对孔内各种情况如漏水、返水及岩层等情况进行详细记录。

5）钻孔结束待灌或灌浆结束待加深时，孔口均应妥善保护，以免被堵塞。

2. 现场生产性试验

1）现场灌浆生产性试验的目的与任务：

a. 确定适宜的灌浆孔钻孔工艺和方法；

b. 选择使用适宜的无盖重高压固结灌浆方法及其施工工艺、灌浆材料和浆液配合比；

c. 揭示围岩的可灌性；测试灌浆效果；

d. 提供有关孔距、孔深、灌浆压力等合理的技术经济指标；

e. 基本形成编制详细灌浆设计和施工技术要求等文件的条件。

2）根据工程的建筑物布置和地质条件，选择地质条件与实际灌浆区相似的地段作为灌浆试验区，进行现场灌浆生产性试验。

3）根据灌浆工程施工图纸的要求或按监理工程师指示选定试验孔布置方式、孔深、灌浆分段、灌浆压力等试验参数。

4）在灌浆试验区内，按批准的灌浆施工程序和方法进行灌浆试验，检查灌浆的效果，整理施工资料，并提交监理工程师。

3. 钻孔、裂隙冲洗及压水试验

1）灌浆孔（段）在钻进结束后，必须进行钻孔冲洗，孔底沉积厚度不得超过 20cm。

2）灌浆孔（段）在灌浆前采用压力水进行裂隙冲洗。裂隙冲洗直至回水清净为止，冲洗水压采用 80％的灌浆压力，并不大于 1MPa。

3）当邻近有正在灌浆的孔或邻近灌浆孔结束不足 24h 时，不得进行裂隙冲洗。

4）灌浆孔（段）裂隙冲洗后，该孔（段）应立即连续进行灌浆作业，因故中断时间间隔超过 24h，则在灌浆前重新进行裂隙冲洗。

5）压水试验在岩石裂隙冲洗结束后进行。固结灌浆压水试验孔不少于总孔数的 10％，压水试验压力采用 100％灌浆压力。压水试验采用单点法或五点法，并按《水工建筑物水泥灌浆施工技术规范》SL 62—94 附录 A 执行。

4. 无盖重高压固结灌浆

1）裂隙嵌缝

a. 洞室开挖成形并清除危岩后，采用高压水将岩面冲洗干净，以便于寻找围岩裂隙。

b. 钻孔灌浆施工前先大面积地查找裂隙，根据外露裂隙的发育走向，采用人工对其进行凿槽（槽深 5～10cm），清洗干净并烘干后，采用环氧砂浆进行嵌缝，等达到一定强度后，再进行固结灌浆钻灌施工。

c. 在进行灌浆孔（段）裂隙冲洗和压水试验时，如出现岩石表面仍有漏水裂缝，则先补嵌缝后再继续灌浆，以防止灌浆时漏浆，影响灌浆质量。

2）灌浆材料

气垫式调压室固结灌浆根据分段采用不同的材料，孔口段可采用普通水泥浆液或超细水泥浆液，以下各灌浆段宜采用超细水泥浆液。水泥必须符合质量标准，受潮结块的水泥不得使用，对超细水泥应严格防潮并缩短存放时间。

根据工程的需要，在水泥浆液中可加入适量的外加剂或掺合料，所加入外加剂和掺合料的种类及其掺量应通过室内浆材试验和现场灌浆试验确定。

3）施工方法

调压室无盖重高压固结灌浆，第一段采用常规卡塞法灌注，以下各灌浆段宜采用"孔口封闭、孔内循环、自上而下分段钻灌"工艺。灌浆采用高压注浆泵灌注，灌浆过程中，采用灌浆自动记录仪进行全监控并记录，并根据需要进行抬动监测。

a. 浅孔无盖重高压固结灌浆

这里的浅孔指的是孔深小于 8m 的灌浆孔。浅孔灌浆分两段进行施工，即孔口 2～3m 段的低压固结灌浆和第二段的高压固结灌浆。孔口段2～3m钻孔完成并作完洗孔和压水试验后，采用栓塞进行低压固结灌浆；第一段灌浆结束后不待凝接着进行第二段的钻孔，终孔后埋设孔口管，埋深为2m，待凝72h后，安装特制孔口封闭器，采用孔口封闭、孔内循环法进行第二段的灌浆施工，第二段采用高压固结灌浆，灌浆压力采用设计最高压力灌注；也可采用在孔口段灌浆完成后，先埋设孔口管，待凝后再进行第二段的钻灌施工。

浅孔无盖重高压固结灌浆施工工艺流程：高压水冲洗岩面并查找外露裂隙→环氧砂浆嵌缝→测量定孔位→孔口段钻孔→孔口段卡塞洗孔、压水试验→如岩面漏水则环氧砂浆补缝（对细微裂缝用快速堵漏剂补缝）→孔口段灌浆→第二段钻孔并洗孔→埋设孔口管并待凝→第二段洗孔、压水试验→第二段灌浆→采用0.5：1的浓浆灌浆封孔。

b. 深孔无盖重高压固结灌浆

该处的深孔指孔深≥8m的固结灌浆孔。采取自孔口向孔底分段钻灌施工，第一段灌浆段长2m，以下各段灌浆段长为3～5m。孔口段钻孔的孔径$\phi 90 \sim 120mm$，低压灌浆后埋设$\phi 76 \sim 108mm$地质管作为孔口管，埋深为2m。剩余的段次采用稍小的钻头进行钻进，钻头的大小以能穿过孔口管且钻孔时不易损坏孔口管为宜，安装封闭器进行自上而下孔内循环灌浆。灌浆分为孔口低压灌浆段，中间高压灌浆段，以下为更高压力灌浆段（设计最高灌浆压力）进行施工。

深孔无盖重高压固结灌浆施工工艺流程为：高压水冲洗岩面并查找外露裂隙→环氧砂浆嵌缝→测量定孔位→孔口段钻孔→孔口段卡塞洗孔、压水试验→如岩面漏水则环氧砂浆补缝（对细微裂缝用快速堵漏剂补缝）→孔口段灌浆→埋设孔口管并待凝→换用稍小的钻头进行第二段钻孔→第二段洗孔、压水试验→第二段灌浆→如此循环至终孔→采用0.5：1的浓浆灌浆封孔。

4）灌浆施工

a. 无盖重固结灌浆，根据灌前洗孔和压水试验，对岩石表面裂隙发育的部位进行嵌缝处理或喷一层5cm素混凝土，然后先按工序采用低压、浓浆、间歇灌浆的方法灌注孔口段，并可根据具体情况采取浅孔加密，形成灌浆盖重后，按工序钻灌以下各段，直至终孔。

b. 灌浆压力

孔口段采用低压灌浆，其灌浆压力根据现场灌浆试验并结合围岩情况确定，一般Ⅱ序孔的孔口段压力比Ⅰ序孔可稍高，灌浆采用逐级升压的方法，从起始压力逐步升至目标压力，每级增加0.3～0.5MPa。

孔口段的以下各段次灌浆应尽快达到设计压力，但对于注入率较大或岩石易于被抬动的部位应采用分级升压。

c. 灌注浆液配合比采用5：1、3：1、2：1、1：1、0.8：1、0.6：1、0.5：1等七个比级，开灌水灰比采用5：1或根据现场灌浆试验确定。

d. 浆液浓度应由稀到浓逐级变换，浆液变换原则为：

当灌浆压力保持不变，注入率持续减少时，或当注入率不变而压力持续升高时不得改变水灰比。

当某一比级浆液的注入量已达300L以上或注入时间已达30min，而灌浆压力和注入率均无改变或改变不明显时，应改浓一级。

当注入率大于30L/min时，可根据具体情况越级变浓。

e. 灌浆结束标准

气垫室固结灌浆不单是对围岩进行加固，同时也有防渗、闭气的作用，故灌浆结束标准仍按稍严格的《水工建筑物水泥灌浆施工技术规范》SL 62—94。即在该灌浆段最大设计压力下，注入率不大于0.4L/min，延续灌注30min，即可结束灌浆。

f. 封孔

灌浆孔灌浆结束后，排除钻孔内的积水和污物，采用"全孔灌浆封孔法"封孔。如终孔段灌注浆液水灰比为0.5（或0.6）：1的浓浆，直接采用纯压式灌浆封孔；如终孔段灌注浆液水灰比稀于0.5

（或0.6）：1时，先用0.5：1的浓浆置换后再进行纯压式灌浆封孔。封孔压力采用最大灌浆压力，封孔纯压时间不少于1h。

5）特殊情况处理

① 无盖重高压固结灌浆因表层无盖重，易发生表面冒浆或漏浆现象，在该部位除采用常规的处理措施外，还可以考虑用下面方法进行处理：

a. 判断冒浆情况：在灌浆前结合洗孔和压水试验，通过压力水在表面的渗漏情况进行判断，最为有效；

b. 堵漏方法：在大面积的冒浆部位，可采用喷素混凝土的施工方法，厚度5cm左右，待凝72h后再灌；在渗流较小且在一个部位较为分散的，可以考虑在该部位补孔进行表面低压灌浆封堵；若某一条裂缝渗流较大，可对该裂缝采用环氧砂浆作嵌缝处理。

② 对围岩裂隙发育及表层岩体破碎的部位，在进行无盖重高压固结灌浆时，先按序施工第一段灌段，并可根据具体情况采取浅孔加密，待区域内固结灌浆孔的表层围岩全部完成形成盖重后，再分序进行第二段灌浆。

③ 灌浆过程中，发现冒浆、漏浆，应根据具体情况采用嵌缝、表面封堵、低压、浓浆、限量、间歇灌浆等方法进行处理。

④ 灌浆施工中发生串浆时，如串浆孔具备灌浆条件，可以同时进行灌浆，应一泵灌一孔。否则应立即将串浆孔用灌浆塞塞住，待灌浆孔灌浆结束后，串浆孔再继续钻进和灌浆。

⑤ 大量耗浆孔段的处理

a. 遇有大量耗浆孔段时，首先应降低灌浆压力，采用浓浆，减少并限制其注入率，并视耗浆量情况，采用水泥砂浆，待该段耗灰量超过3t/m，仍不见压力回升，地面又无漏浆的迹象，则应停止灌浆。待凝24h后复灌；

b. 复灌时注入率逐渐减少，则应灌至正常结束；

c. 复灌时注入率仍很大，灌浆难于结束时，则采用掺中、细砂、水玻璃、水泥浆液和水玻璃双液法等方法，待耗灰量超过0.5～1t/m后，再待凝后复灌至正常结束；

d. 复灌时注入率较待凝前相差悬殊，且耗灰量很小，则应对该段扫孔后再灌浆，如扫孔后注入率仍很小，此孔即告结束。

6. 材料与设备

6.1 灌浆材料

所有灌浆材料：砂、水泥、外加剂等，均应符合有关的材料质量标准，并有生产厂家的质量证明书，每批材料入库前均按规定进行检查验收。

6.1.1 灌浆用砂

灌浆用砂为质地坚硬的天然或机制中细砂，粒径不大于2.5mm，细度模数不大于2.0，其含泥量不大于3%，SO_3含量小于1%，有机物含量不大于3%；气垫式调压室气室内固结灌浆水泥浆液不得掺合砂和黏土。

6.1.2 水泥

灌浆采用普通硅酸盐水泥或硅酸盐大坝水泥，水泥标号不低于425号（钢衬接触灌浆水泥标号不低于525号），细度要求通过80μm方孔筛的筛余量不大于5%，水泥必须符合质量标准，受潮结块者不得使用，对超细水泥应严格防潮并缩短存放时间。

6.1.3 灌浆用水

灌浆用水应符合拌制水工混凝土用水要求（凡适于饮用的水，均可用以拌制），且拌浆用水的温度不得高于40℃。

6.1.4 掺合料

根据工程的需要，水泥浆液可掺入下列掺合料：

1. 粉煤灰：应为精选的粉煤灰，不宜粗于同时使用的水泥，烧失量宜小于8％，SO₃含量宜小于3％。

2. 玻璃：模数宜为2.4～3.0，浓度宜为30～45波美度。

3. 其他掺合料。

其掺入量通过试验确定，试验成果报送监理工程师批准。

6.1.5 外加剂的使用

灌浆过程中，遇有特殊情况，为加速水泥浆液的凝结，可加入下列外加剂：

1. 速凝剂：水玻璃、氯化钙、三乙醇胺等；

2. 减水剂：奈系高效减水剂、木质素磺酸盐类减水剂等；

3. 稳定剂：膨润土；

4. 其他外加剂。

各种外加剂的质量应符合DL/T 5100—1999中的有关规定，其最优掺加量通过室内试验和现场试验确定，试验成果报送监理工程师审批。能溶于水的外加剂以水溶液状态加入。

根据气垫式调压室工期安排与开挖强度，在施工中配置了必要施工机械。

6.2 灌浆设备和机具

6.2.1 灌浆泵：本工程水泥灌浆采用SGB 6—10型三缸柱塞泵和100/30型灌浆泵，其排量和压力满足灌浆要求，且两种灌浆泵均能灌注水泥砂浆，有利于回填灌浆及大渗漏带的封堵。

6.2.2 灌浆记录仪：使用湖南力合科技发展有限公司生产的GJY-IV型灌浆压水自动记录仪。GJY-IV型灌浆记录仪，对工作环境的适应性好，数据采集精度能符合施工技术要求。

6.2.3 高速搅拌机：采用杭州探矿机械厂生产的ZJ-400型高速搅拌机进行制浆，转速1200r/min，拌制能力400L/min。

6.2.4 特制孔口封闭器：根据施工钻孔情况，分别订制不同规格的孔口封闭器，满足孔内循环灌浆的要求。

钻孔、灌浆机械配置见表6.2.4。

钻孔、灌浆机械配置表   表6.2.4

序号	设备名称	型号规格	单位	备　注
1	高速搅拌机	ZJ-400	台	用于搅拌水泥浆
2	灌浆泵	SGB6-10	台	用于高(中、低)压灌浆
3	手风钻	YT28	台	钻孔
4	潜孔钻	100型	台	钻孔
5	抬动观测仪		套	
6	普通搅拌机	JJS2A	台	储浆用
7	简易台车		自制	

7. 质量控制

7.1 气垫式调压室灌浆施工时，必须遵照以下规范严格执行：

7.1.1 《水工建筑物水泥灌浆施工技术规范》SL 62—94

7.1.2 《水电站基本建设工程单元工程质量等级评定标准》DL/T 5113.1—2005

7.1.3 《水利水电建筑安装安全技术工作规程》SD 267—1988

7.2 根据工地施工的实际情况，编制现场质量控制措施。

7.2.1 灌浆是一项技术含量较高的隐蔽性工程，在灌浆的整个施工过程中，严格按照设计要求及有关规程规范要求施工。施工前按照规程规范和有关技术文件制定施工质量保证措施；施工中，严格执行"三级检查、验收"制度，所有施工人员都具有多年的实践经验，安排质检人员对施工过程中的钻孔、冲洗、压水、灌浆的全过程进行二十四小时跟踪检查，以确保施工作业的规范性和灌浆质量的可靠性；通过加强过程控制，不断完善施工措施，使其满足技术要求和有关文件规定，确保灌浆质量。

7.2.2 所有材料都进行验收抽检，不合格的材料不准用在工程上。所有施工仪器仪表都必须符合规范和设计要求。

7.2.3 灌浆时，如果遇到大漏量，首先采用限压、限流进行处理，或者灌注稳定浆液或水泥砂浆，必要时采用间歇灌浆；如果遇到大溶洞，采用预填料灌浆法或灌注水泥砂浆进行处理。

7.2.4 如果发生孔段串浆，在条件许可时将其并联灌浆；如不具备条件，则可将串浆孔用阻塞器封闭，再进行灌浆。

7.2.5 如果发生孔段涌水，则首先测定漏水压力，然后加大压力进行灌浆，灌浆结束后，闭浆24～48h。

7.2.6 严格按操作规程和技术要求进行作业，认真控制所有灌浆项目的灌浆压力、浆液比重、变浆标准和结束标准，保证满足各种设计指标。

7.2.7 所有灌浆均采用自动记录仪进行监控记录，建立规范的资料档案系统和质量、安全信息系统，确保各种记录真实、准确、齐全。

7.2.8 灌浆工作是隐蔽性工程，对施工情况记录必须如实、准确、详细，不得涂改，对原始资料及时进行整理分析，并为验收作准备，其验收要求按规范执行。

7.2.9 灌浆效果采取钻孔取芯、压水试验、岩体声波测试及灌浆资料等方法进行综合评定。

7.2.10 灌浆质量检查孔位置根据施工质量、地质情况及现场的工作条件等因素确定。

7.2.11 固结灌浆质量检查采用压水试验的方法。检查孔的钻进在灌浆施工完成3～7d后进行，检查孔的数量不宜少于灌浆孔总数的5%。

8. 安 全 措 施

8.1 项目开工前，由安全环保部编制实施性安全施工措施，对灌浆作业编制和实施专项安全施工措施，从措施上确保施工安全。

8.2 实行逐级安全技术交底制，由项目部组织有关人员进行详细的安全技术交底，凡参加安全技术交底的人员要履行签字手续，并保存资料，安全环保部专职安全员对安全技术措施的执行情况进行监督检查，并做好记录。

8.3 特殊工种的操作人员需进行安全教育、考核及复检，严格按照《特种作业人员安全技术考核管理规定》且考核合格获取操作证后方能持证上岗。对已取得上岗证的特种作业人员要进行登记，按期复审，并设专人管理。

8.4 确保必需的安全投入。购置必备的劳动保护用品，安全设备应齐备，完全满足安全生产的需要。所有现场施工人员佩戴安全帽，特种作业人员佩戴专门的防护用具。对于被允许的参观者或检查人员进入施工现场时，佩戴安全帽，非施工人员不得进入施工现场。

8.5 在工程现场周围配备、设立必要的安全标志和标识牌，以便为施工人员和公众提供安全和方便。标志牌包括警告与危险标志、安全与控制标识、指路标志。

8.6 用电施工措施由专业人员负责编制，内容包括配电装置及其电容量、供电线路的走向和现场照明的设置，生活、生产设施用电负荷情况，编制有针对性的电器安全技术规定。

8.7 专业电工持证上岗。电工有权拒绝执行违反电器安全规程的工作指令，安全员有权制止违反用电安全的行为，严禁违章指挥和违章作业。

9. 环 保 措 施

9.1 项目部进场后由项目经理组织有关人员制定文明施工的实施细则，并层层宣传加以贯彻落实。定期对实施情况进行检查，并提出进一步整改措施。并在进入生产区域的出入口处，醒目的地方设置"一图五牌"，施工人员统一着装并佩戴工作证或上岗证。

9.2 项目在施工时，应严格遵守国家的各项有关环境保护的法律、法规及合同的有关规定，搞好施工中的环境保护工作，以防止由于工程施工造成附近地区的环境污染。

9.3 工程施工期间，对噪声、扬尘、振动、废水和固体废弃物进行全面有效的控制，最大限度地减少施工活动给周围环境造成的不利影响。施工废水按要求处理达到一级排放标准后才排放。

9.4 为使施工期间对环境影响达到最低限度，及时掌握并控制现场施工情况，拟建完善的工地环保管理机构，对全体施工人员进行系统的环保教育，养成良好的环保意识，做到规范作业文明施工。

9.5 尽量减少对施工区域内的环境造成不必要的损失，严禁员工在工地内外砍伐树木。施工期间，采用合理可行措施疏通施工区内的积水，设置排水系统，并保持畅通，使施工区域及工程设施不会导致侵蚀和污染。

9.6 对风、水、电、通信设施，施工照明等管线路布置合理，颜色分类，标识清晰。安全、牢固、做到平、直、顺整齐有序。管线的架设高度严格按措施的要求实施。

9.7 在施工区域，对汽车及开挖设备产生的废气进行控制，对尾气排放量不达标准的车辆不得进入施工现场。施工过程中，因爆破开挖、装渣、运渣、及卸所产生的粉尘、采用喷水雾进行防护和控制。

9.8 工程完工后，及时拆除施工临时设施，清除施工区和生活区及其附近的施工废弃物及建筑垃圾等，并按环境保护措施计划完成环境恢复。

10. 效 益 分 析

无盖重高压固结灌浆，作为气垫式调压室施工的一部分，对气垫式调压室的成败起着关键作用，对类似工程的施工也有着指导意义。随着我国气垫式调压室的不断推广，此项工艺也将被广泛应用，对节约工程部体投资有着重大意义。

11. 应 用 实 例

目前我国气垫式调压室施工技术正处于试验应用阶段，国内第一座采用埋藏式调压室的电站是：四川平武县华能自一里水电站，由中国水电十局承建。此后相继承建了小天都水电站气垫式调压室工程。

11.1 自一里水电站

该电站位于国家级自然保护区内，于 2002 年 5 月开工，2004 年 12 月竣工投入运行。电站装机容量 130MW，引用流量 34m³/s，设计水头 445m。调压室开挖断面为 112m×10m×13.9m（长×宽×高）的城门型，体积为 11927m³，设计气体体积 10000m³，水床深 3m，设计气压 3.25MPa，最大工作压力 3.8MPa。水幕洞布置于气室正上方 14.1m 处，长 112m，开挖断面为 4m×4m 的城门洞型。水幕廊道内打 74 个向下倾斜 30°夹角、深 35m，孔径 70mm 间距为 3m 的水幕孔，在气室上方形成水幕伞，水幕超压为 0.3MPa，即水幕压力达到 4.1MPa。

11.2 小天都水电站

该电站位于四川省甘孜州康定县，于 2003 年 5 月开工，2005 年 11 月第一台机组发电。电站装机

240MW，设计水头 400m。调压室采用气垫式调压室，气室开挖断面为 94m×16m×20.17m（长×宽×高）的城门型，气体体积 14458m³，水体体积 5955m³，工作压力 4.8MPa。水幕室布置在气室上部，轴线与气室相同，长 94m，宽 4.5m，高 5.85m。水幕室内设置水幕孔，水幕压力为 5.76MPa。

通过气垫式调压室灌浆的成功施工，使我们积累了较为丰富的施工经验，并对施工方法进行总结和归纳，这对国内无盖重高压固结灌浆施工将起到指导作用。

11.3 木座水电站

木座水电站位于四川省北部平武县境内，是涪江上游左岸的一级支流火溪河梯级开发的第三座水电站，电站装机容量为 2×50MW。该电站为引水式电站，主要由首部枢纽、引水系统和厂房系统三部分组成。我部承担 1 号、4 号、5 号引水隧洞的灌浆工程；该引水隧洞设计为"一坡到底"，对灌浆要求极高。

水泥混凝土路面碎石化施工工法

YJGF232—2006

山东省公路建设（集团）有限公司　山东省公路养护工程有限公司

贾海庆　张建　孙同波　张鹏

1. 前　　言

山东省公路建设集团控股公司、山东省公路养护工程有限公司于 2003 年国内首次引进美国水泥混凝土路面多锤头破碎机，并将其施工工艺命名为水泥混凝土路面碎石化。

水泥混凝土路面碎石化是利用多锤头破碎机将旧水泥混凝土路面破碎成表层小于 8cm 、板底小于 38cm 的混凝土块，经压实并撒布透层沥青后作为新建路面的基层，然后在其上铺筑沥青混凝土面层。

在 2003 年的实际施工中，针对目前国内半刚性基层上铺筑水泥混凝土路面的实际情况，山东省公路养护工程有限公司对引进设备和施工工艺进行了改进，并形成了较为完善的施工体系。

2005 年 12 月，以水泥混凝土路面碎石化为主要内容的课题"水泥混凝土路面碎石化综合技术研究"通过了山东省科技厅组织的专家鉴定。鉴定结论为：研究成果具有明显的创新性、显著的社会经济效益和良好的推广应用前景，总体上达到国际先进水平，其中碎石化后沥青加铺层设计方法的研究达到国际领先水平。

2. 工 法 特 点

与国内同类技术相比，水泥混凝土路面经碎石化施工破碎后，水泥混凝土路面具有明显不同的粒径结构，从而有着不同的结构特点：粒径自上而下逐渐增大，内部形成紧密的咬合嵌挤的结构，可以比较充分地保留原路强度；表层破碎充分，作为应力消散层，彻底消除应力集中现象。碎石化工艺是目前解决水泥混凝土路面反射裂缝最彻底的方法，同时能够达到更好的表面强度平均化程度，具有施工速度快、振动小、造价低的特点以及重要的环保意义。

3. 适 用 范 围

3.1　基本条件

采用碎石化施工工艺的路段应满足表 3.1 所列要求。

适用碎石化工艺的关键因素　　　　　　　　　　表 3.1

相关指标	土基 CBR	基层稳定情况	板体材料
界限或性状	＞5	基本稳定	未出现松散

3.2　路况调查

当路面路况调查有以下特征时，可采用碎石化工艺：

1）罩面上出现大量反射裂缝；

2）大量接缝破坏，如：错台、翻浆和角隅破坏，以至于超过 20％的接缝需要修补；

3）超过 25％的板开裂；

4）超过 20％的工作长度出现纵缝缺陷，且宽度超过 10cm；

5）超过 10％ 的路面需要开挖修补以达到结构性要求；

6）超过 20％ 的路面已经修补或需要修补；

7）出现冻胀开裂或碱集料反应或其先兆，需要加铺罩面或重建；

8）碎石化方法比其他重建方法费用低。

4. 工 艺 原 理

在水泥混凝土路面的整个使用周期内，其路面状况与修复方法的关系有如图 4-1 所示。

从结构上考虑，水泥混凝土路面的碎石化工艺是一种重建的手段，它应该在其他方法不能起到好的效果时才可以采用。这种技术具有排他性，破碎后水泥混凝土路面不能再作为面层。

图 4-2 表示，当水泥混凝土路面破碎的程度增加时，其机构强度的损失增大，但反射裂缝出现的可能性降低。混凝土路面破碎需要在结构性降低和反射裂缝风险增高之间寻求平衡。适宜的破碎后有效模量应使反射裂缝可能性降低到一定程度，在此情况下尽量保证原混凝土板块结构性。破碎后有效模量是与破碎后颗粒粒径密切相关的，所以存在一个合理的破碎后粒径区间，能使有效模量达到有效模量适宜范围。

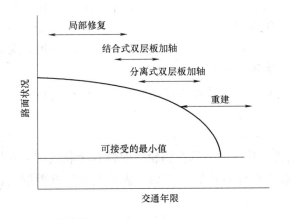

图 4-1　各阶段适用措施与使用的年限关系示意图　　　　图 4-2　碎石化工艺的基本原理

5. 施工工艺流程及操作要点

碎石化施工工艺的主要流程如下：

1）移除现有的罩面层；

2）在进行碎石化前至少两周设置排水设施；

3）在与非破碎段或其他构造物邻接处全深锯切；

4）破碎水泥混凝土路面；

5）切割移除暴露的加强钢筋；

6）对破碎后水泥混凝土路面进行检验性碾压；

7）对软弱区域进行移除替换；

8）对破碎后路面进行至少 3 次碾压；压实按如下顺序进行：

Z 纹压路机至少三遍；振动钢轮压路机一遍。

9）撒布透层油；

10）摊铺热拌沥青混合料调平层和面层。

6. 材料与设备

6.1 碎石化工艺需要的材料为慢裂乳化沥青为主的透层油和路面施工设计中确定使用的道路材料。

6.2 MHB（Multiple-Head Breaker）是一种多锤头破碎设备，如图 6.2 所示。它利用设备所带多个重锤的下落对水泥混凝土路面板进行锤击。

图 6.2　MHB 型机械

这种机械具有两个可选装配的侧翼，每个侧翼带有两个翼锤，在不加和加上侧翼的两种情况下，MHB 可以破碎 8 英尺（约 240cm）到 13 英尺（约 400cm）两种宽度的路面。MHB 型机械所携带的重锤分两排成对装配在整台机械的尾部（后排重锤对角地装配在前排重锤间隙中心），每对重锤单独地以一套液压提升系统为动力，重锤下落时可产生 1000～8000 磅英尺（1383～11060N·m）的冲击能量。其典型工作效率是（每台班）：1 英里（约 1.6km/车道，碎石化时）；2～3 英里（3～5km/车道，为移除进行破碎时）。

机械的前端有一横杆，可作为机械破碎时的位置参考，当机械直线移动时，这一横杆的位置与后部重锤下落宽度相一致。

在使用 MHB 进行水泥混凝土的碎石化时，应同时配备下列碾压设备：

1. Z 型压路机：Z 型压路机是一种振动式钢轮压路机，特殊的是其在钢轮表面带有 Z 状纹理。在振动模式下运作时压路机的总重不小于 9.1t（10t），可以压稳碎石化后的路面，为其上的沥青面层提供一个平整的表面。

2. 光轮振动压路机：在振动模式下运作时压路机的毛重不小于 10t，可以平整碎石化后的路面，为其上的沥青面层提供一个平整的表面。

7. 质量控制

MHB 设备在我国还是一种较新的旧水泥混凝土路面碎石化设备，国外应用的过程中主要关注的是其破碎后粒径组成情况。例如美国 Delaware（特拉华州）对碎石化的要求是上部不大于 3 英寸（7.5cm 左右）和 12 英寸（30.5cm 左右）。然而，碎石化后粒径的大小与多种因素相关，如原水泥混凝土板块的抗压强度，如果水泥混凝土板块所用水泥标号不同，破碎后其颗粒粒径控制在以上范围内，MHB 设备施工时的参数也不同，另外，基层的强度对破碎的效果也有影响，所以控制碎石化施工的质量除基本的粒径控制外还应该作其他方面的要求。

影响碎石化效果的因素相关参数分为三大类，一类是原水泥混凝土路面的强度等特性；一类是碎石化过程中的设备控制类参数；一类是碎石化的检测和评定指标类。这三类指标中，原水泥混凝土路面的强度特性参数是碎石化工艺的基础条件，设备控制类参数是施工过程中需要加以控制的参数，而检测和评定指标是根据工程经验或理论分析要求碎石化达到的参数范围。在进行碎石化工艺质量的控制过程中，应明确的是碎石化的检测和评定指标，这也是进行碎石化的指标目标。建立质量控制体系的任务有两个方面：一是确定指标的目标值大小、范围；一是为不同的工艺基础条件初步选择相应的施工控制参数。本章第一节讨论了质量控制指标的相关内容，下面讨论碎石化工艺相关设备的初步控制参数选择范围。

7.1 碎石化工艺试验段设备参数推荐

MHB 作为一种施工机械，其重锤的重量是固定的，可以控制的指标主要有：落锤高度、锤迹间距。这两项指标决定了重锤在原水泥混凝土板块平面上的锤击位置分布特性和每个锤击位置上作用的冲击能大小，从而最终决定了破碎后结构层在整个厚度范围内的粒径分布特性以及其力学性质。

出于机械性能方面的考虑，MHB 施工中一般采用固定的落锤频率，实际施工中可以方便调节的只有落锤高度和 MHB 的锤迹间距。根据本课题相关试验段施工情况，推荐的大范围施工试验段或小面积施工时的设备参数如表 7.1。

初步选定的设备控制参数范围 表 7.1

	原水泥混凝土下卧层强度状况					
	强度较高		强度一般		强度较低	
水泥强度等级	32.5	42.5	32.5	42.5	32.5	42.5
下落高度(m)	1.2	1.2	1.1	1.1	1.0	1.0
锤迹间距(cm)	8~12	6~10	8~12	6~10	8~12	6~10

破碎过程中设备落锤高度的可调整范围为 1.0~1.2m，其两次冲击纵向间距可控制在 6~12cm 范围内。

水泥混凝土板块下的基层、土基强度较高时可能造成碎石化困难，所以要对其强度作出定性评估。一般情况下，属于土质较好情况下的挖方，应属于下卧层强度较高类，土质一般的挖方和填方属于一般强度类，而路基填料土质较差或含水量可能相对较高的情况属于下卧层强度较低类。

需要指出的是，因原水泥混凝土路面状况差异较大，上述推荐的施工参数只是在试验段调试设备运行参数阶段的参考，具体施工设备运行参数需根据试验段得出的结果来调整。

7.2 施工质量控制的一般过程

施工质量控制应在碎石化大面积施工开始前，及施工过程中和施工后分别加以控制。其一般过程如下：

1. 设置路段条件具有代表性的试验段，其长度最小 100m，在该试验段中安排不同锤迹间距（2cm左右级差）的子区段，每段长度不少于 50m，其分界要标记清楚；

2. 根据推荐值并结合施工经验选择设备控制参数，为试验段施工采用；

3. 试验段施工结束后，对不同锤迹间距的子区段粒径进行检测，选择对应的设备控制指标；

4. 检测回弹弯沉（或、和回弹模量），验证其是否满足变异性要求，推荐采用回弹模量指标，测试的点位随机选定，并应不少于 9 个，其具体数据处理方法见第四章第二节"碎石化加铺结构设计方法"。如果不满足，要增加试验段长度并根据增加落锤高度或减小锤迹间距的方式调节，以使其破碎程度增加，变异性减小，直到达到前述质量控制指标要求；

5. 进行大面积施工过程中，要注意单幅路面长度破碎超过 1km 时，每 1km 要补充 1~2 个试坑（建议表层破碎不均匀时抽检），验证粒径是否满足要求，如果不满足要作小幅调整，在此过程中无需继续检测回弹模量指标，而以试坑粒径状况与试验段无显著差别作为判断是否合格的依据；

6. 对于下卧层强度差异较大的不同路段要作不同的设备参数控制，可在其中一段控制参数的基础上，作小幅调整以满足其他段的破碎要求；

对粒径的确认应通过开挖试坑后卷尺结合目测的方式进行（试坑面积为 $1\times1m^2$，深度要求达到基层）的方式进行，试坑位置的选取应有随机性。可按前文提出的初步施工参数推荐值为基础进行调整来确定。

试验段测试的内容除颗粒粒径外还有顶面的当量回弹模量（或增加回弹弯沉测试），检测要在乳化沥青撒布后、粒径合格的试验子区段内进行。以上测试的试验段测点数目至少需要 9 个。

试验段子区段安排过程中应包含开始破碎的前 10m 和结束破碎前 5m，指标的检测不能安排在这一区域进行。

7.3 碎石化施工中需特别关注的问题

根据碎石化工艺施工特点，在施工过程中需要的主要环节有：

1. 排水设施的设置及施工过程中的防水、排水；

2. 施工正式开始前的试验段施工与粒径控制，及施工过程中对破碎情况的持续监控；

3. 施工前对基层局部软弱部位的处治；

以上三个方面是控制施工质量的最基本的要素。有关水的问题有两个方面：新路面结构的排水体系的建立和在破碎完成后，新路面加铺层施工前的防水。

8. 安 全 措 施

8.1 组织保证措施

1. 项目部成立以项目经理为第一责任人的安全生产领导小组。

2. 项目部配专职安全员并建立各级网络，做到"专管成线，群管成片"。

8.2 制度保证措施

1. 严格按照交通部及山东省有关保证安全生产的文件和规定执行。

2. 为加强施工中管理、保障施工人员和国家财产的安全，根据"谁主管谁负责"的原则，建立以项目经理为第一责任人的各级安全生产责任制，做到"纵向到底，横向到边"。各级负责人签订安全生产责任状，谁出了问题，追究谁的责任。

3. 建立安全生产定期和不定期检查制度。每月召开一次安全生产例会，对可能存在的安全隐患消灭在萌芽状态。每旬对安全生产情况进行一次检查。

8.3 思想保证措施

1. 全体施工人员严格执行党和国家有关安全生产方针、政策、法令和安全生产技术规程，自觉遵守交通部及业主的有关安全生产的管理规定。

2. 增强全员安全意识。认真贯彻执行"安全生产、预防为主"的方针，打好安全基础，使各级明确自己的安全目标，制定各自的安全规划，达到全员参加，全员实施的目的，体现"安全生产、人人有责"的原则。

3. 抓好安全岗位培训。开工前，对所有上岗人员进行安全知识教育，分批培训，把有关安全操作规程印发给各基层单位，对照检查，对照实施，特种行业人员一律持证上岗。

4. 随时接受业主及监理单位对安全生产的督促、检查、考评，对提出的问题，确定方案组织实施，确保安全生产。

8.4 施工安全保证措施

1. 现场安全防护措施

所有作业、测量、管理、监理、参观人员，进入现场注意施工车辆交通安全及作业机械安全，施工车辆要限速行驶，保证人员安全。

2. 施工防火保护措施

1）施工现场的布置应符合防火、防电等安全规定和文明施工的要求，生产、生活办公用房、仓库、配件堆放场等按批准的总平面布置图进行布置。

2）生产、生活区均要设足够的消防水源和消防设施，消防器材应有专人管理，施工人员要熟悉并掌握消防设备的性能和使用方法。

3）房屋、库棚等的消防安全距离应符合国家或公安部门的规定，室内不得堆放易燃品，现场的易燃杂物，应随时清除；严禁在油库等处吸烟。

3. 机械设备安全管理措施

1）机械设备操作人员（或驾驶员）经过专门训练，熟悉机械性能，经考试取得操作证或驾驶执照后方可上机（车）。不准操作人操作与操作证不相符的机械；不准将机械设备交给无操作证的人员操作，对机械操作人员要建立档案，专人管理。

2）机械操作人员和指挥人员严格遵守安全操作技术规程，工作时集中思想，谨慎工作，不擅离职守，不酒后驾车。

3）机械设备发生故障后及时检修，严禁带故障工作。严禁存放易燃、易爆物品，严禁酒后操作机械，严禁机械带病运转或超负荷运转。

4）机械操作人员做好各项记录，达到准确、及时，严格贯彻例保制度，认真执行清洁、润滑、坚固、防腐、安全作业。

5）机械设备在施工现场停放时，应选择安全的停放地点，夜间应有专人看管。

6）严禁对运转中的机械设备进行维修、保养、调整等作业。

7）定期组织机电设备、车辆安全大检查，对检查中查出的安全问题，按照"三不放过"的原则进行调查处理，制定防范措施，防止机械事故的发生。

4. 配件材料安全保证措施

工地设物资配件仓库，统一对物资进行管理，按照材料的储存要求，修建具备相应功能的仓库，做到分门别类储放，门前标志牌清楚，消防器材齐全。

9. 环 保 措 施

9.1 搞好项目部建设。环境清洁，办公设施整齐，规章制度、岗位职责、工程图表上墙，动态图表能真实反应当前工程的质量和进度情况，天气记录真实准确。

9.2 工程实施过程中应特别注意避免对工程实施区域内的环境造成污染，工程接近完工时组织对施工沿线现场、生活住区等的环境进行集中彻底清理，降低因施工带来的对环境的破坏和影响，切实做到文明施工、文明交工。

9.3 对施工过程中可能影响到的建筑物指定可靠的防止损坏的实施措施，并在施工过程中实施监控。

9.4 采取隔声措施，尽可能的降低噪声污染。

10. 效 益 分 析

经济性研究表明：10％～15％的路面面积需要修补，是采用修补和碎石化技术的平衡点。这个百分比因地方经济状况不同而有所差异。实际工程经济性评价时应根据本地材料价格及拟定的可能加铺结构进行计算。

10.1 水泥混凝土路面改造不同方案造价比较（图10.1）

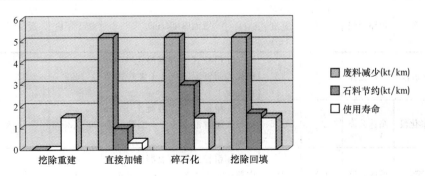

图10.1 资源节约和改造后寿命比较

10.2 各方案性能价格比比较（图10.2）

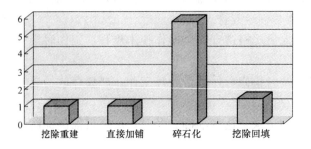

图 10.2 性能价格比较

10.3 水泥路面改造技术分析（表10.3）

水泥路面改造技术分析   表 10.3

项 目 ＼ 方 案	挖除重建	直接加铺	碎石化
反射裂缝	完全解决	不能解决	完全解决
路基形式	柔性	刚性	类似柔性
基层处理	新铺	利用	利用
废料减少（t/km）	0	5200	5200
石料节约（t/km）	0	1000	3000
沥青节约（t/km）	0	50	150
工期比例（%）	100%	18%	20%
交通影响（%）	100%	35%	30%
使用寿命（年）	15	3	12
成本比例	100%	66%	75%
性价比指数	1.0	1.2	5.8

综合分析，碎石化的性价比高，不仅可以减少废料，降低环境污染，节约石料和沥青，还能缩短工期，降低工程成本。

11. 应 用 实 例

应用实例如表11所示。

工程实例列表   表 11

序号	项目名称	道路等级	路面长度（km）	路面宽度（m）	罩面厚度（cm）	施工年份	原水泥板厚度（cm）	原基层情况
1	205 国道临沂段	二级公路	2.5	15	6cm 粗粒式沥青混凝土＋5cm 中粒式沥青混凝土＋4 细粒式沥青混凝土	2002	22	15cm 石灰土
2	京沪高速泰化段	高速公路	27	22.5	8cm 粗粒式沥青混凝土＋6cm 中粒式沥青混凝土＋4 细粒式沥青混凝土	2002、2003	24	18cm 水稳基层＋20cm 石灰土底基层
3	薛馆路泰肥段	城区公路	1.5	15	6cm 粗粒式沥青混凝土＋5cm 中粒式沥青混凝土＋4 细粒式沥青混凝土	2002	22	2 层 15cm 石灰土

序号	项目名称	道路等级	路面长度（km）	路面宽度（m）	罩面厚度(cm)	施工年份	原水泥板厚度（cm）	原基层情况
4	105 国道平阴段	二级公路	3.5	8	6cm 粗粒式沥青混凝土＋5cm 中粒式沥青混凝土＋4 细粒式沥青混凝土	2003	24	2 层 15cm 水泥稳定碎石基层
5	安徽合宁高速段	高速公路	12.6	9	4cmAC10 找平层＋8cm 粗粒式沥青混凝土＋6cm 中粒式沥青混凝土＋4 细粒式沥青混凝土	2003、2004	24	2 层 15cm 水泥稳定碎石基层
6	104 国道湖州段	一级公路	5.9	16	6cm 粗粒式沥青混凝土＋5cm 中粒式沥青混凝土＋4 细粒式沥青混凝土	2003、2004	22	45cm 二灰土
7	浙江 35 省道仙居段	二级公路	5	9	7cm 中粒式沥青混凝土＋5 细粒式沥青混凝土	2003、2005	22	2 层 15cm 石灰土
8	浙江 35 省道临海段	二级公路	1	11	7cm 中粒式沥青混凝土＋5 细粒式沥青混凝土	2003	22	2 层 15cm 石灰土
9	青岛市黄岛区小积路	二级公路	8	24	6cm 粗粒式沥青混凝土＋5cm 中粒式沥青混凝土＋4 细粒式沥青混凝土	2004	22	20cm 水泥灰土稳定砂基层
10	104 国道温州段	一级公路	12	16	7cm 中粒式沥青混凝土＋5 细粒式沥青混凝土	2004、2005	24	2 层 15cm 水泥稳定碎石基层
11	318 国道广德段	二级公路	8	12	7cm 中粒式沥青混凝土＋5 细粒式沥青混凝土	2004	22	30cm 天然砂砾＋18cm 水泥稳定碎石
12	329 省道聊城段	二级公路	4	12	5cm 中粒式沥青混凝土＋3 细粒式沥青混凝土	2004	22	15cm 石灰土
13	浙江 37 省道义乌段	城乡公路	0.4	16	7cm 中粒式沥青混凝土＋5 细粒式沥青混凝土	2004	22	20cm 水泥灰土稳定砂基层
14	浙江金华东黄线	城乡公路	3.1	6	5cm 中粒式沥青混凝土＋3 细粒式沥青混凝土	2005	22	15cm 石灰土
15	浙江金华金兰北线	城乡公路	4	8	6cm 中粒式沥青混凝土＋4 细粒式沥青混凝土	2005	20	20cm 水泥灰土稳定砂基层
16	104 国道济南段	一级公路	20	18	12cm 沥青大碎石＋6cm 中粒式沥青混凝土＋4 细粒式沥青混凝土	2005	20	20cm 水泥灰土稳定砂基层
17	320 国道衢州段	一级公路	18	23.5	7cm 中粒式沥青混凝土＋5 细粒式沥青混凝土	2005	24	18cm 水泥稳定碎石
18	206 国道苍山段	二级公路	14	2	7cm 中粒式沥青混凝土＋5 细粒式沥青混凝土	2005	22	15cm 石灰土

机场停机坪混凝土道面施工工法

YJGF233—2006

中国建筑第八工程局　河北建设集团有限公司
云南省第四建筑工程公司
黄昌标　宋建忠　吴建国　穆少飞　刘再龙　刘占虎　拜继梅　王天锋　王自忠

1. 前　　言

我国民航机场建设正在处于蓬勃发展时期，机场道面类型绝大多数是混凝土道面。混凝土道面以其强度高、耐久性好、抗滑性能好、维护费用低而被广泛用于机场道面工程，属于高级道面。

机场道面承受着飞机的机轮荷载、高温高速喷气流以及冷热、干燥、冻融等自然因素的作用。机场道面必须具有：足够的承载力和刚度，防止道面出现裂断、错台、拱起等不平整现象；满足道面表面抗滑性要求，保证飞机起飞和着陆安全；满足道面平整度要求，使飞机滑跑稳定、乘客舒适；具有耐久性，道面能在设计使用寿命年限内正常使用。为了满足上述机场道面的使用要求，通过对影响混凝土道面的强度、平整度、裂缝、抗滑性、耐久性等关键技术过程的研究探索，满足了道面使用要求，形成此施工工法。

本工法包含两种施工工艺，一种是采用滑模机械摊铺机的施工工艺，一种是采用整平机进行铺筑的施工工艺。

2. 工 法 特 点

2.1 采用滑模施工技术比固定模板施工技术施工速度提高1倍以上。

2.2 采用滑模摊铺的混凝土质量稳定。

2.3 从摊铺到混凝土最终成型均采用机械化，机械化程度高。

2.4 采用本技术可以减少支模、振捣以及整平等劳动力；每条板带仅需支两块端头模板，大大减少模板用量。

3. 适 用 范 围

本工法适用于机场的停机坪、滑行道、跑道的水泥混凝土道面施工，也适用于城市高等级混凝土道路和大型停车场混凝土路面的施工。

4. 工 艺 原 理

4.1 采用滑模摊铺机施工工艺原理

摊铺滑模技术是使用先进的滑模摊铺机，利用新浇筑混凝土的内聚力与摩擦力之间的时间关系，在保证混凝土外形无坍塌的条件下满足道面侧向模板顺利滑移，形成平整光滑的混凝土道面的一种机械化施工技术。

在整个混凝土道面滑模摊铺施工中，混凝土摊铺机及其配套装置，通过设备自身的行走系统、液压机构及控制系统完成设备的调平与导向、自身行走与模板滑移、传力杆安放、混凝土振捣与找平、表面拉毛、混凝土养护剂喷洒等工艺连续作业，实现不间断滑移形成条状的混凝土道面（图4.1）。

4.2 采用整平机进行铺筑施工工艺原理

1. 合理选用混凝土配合比，采用干硬性混凝土（水灰比≤0.45），采用低碱水泥，粗集料采用连续级配，减小空隙率，可提高混凝土的密实度和强度，控制混凝土早期收缩裂缝，提高混凝土耐久性。

图4.1 滑模摊铺机

2. 通过施工工艺和环境控制，减少或消除混凝土裂缝：使用自行排式高频振实机振捣混凝土，提高干硬性混凝土的密实度；混凝土从浇筑到终凝前，控制抹面时间和抹面次数，提高浆体密实度和强度，防止混凝土表面砂浆薄厚不均，形成所谓的"砂浆窝"，这些"砂浆窝"前期容易泌水，形成薄弱环节，尤其在夏季高温施工，失水干缩加快，形成裂缝。

3. 机场道面平整度对飞机在滑行中的动力性能、行驶质量和道面承受动力荷载三者的数据特征起着决定性的作用。道面设计中的纵向变坡、施工中道面板在接缝处允许的邻板高差是道面固有的不平整度，所以在施工中很好的控制每块道面板的平整度和邻板高差是施工的关键环节。

4. 机场道面抗滑性能主要指标为道面摩擦系数和道面粗糙度，对于施工而言，主要控制道面粗糙度，采用专用拉毛工具或刻槽机增加道面表面的平均纹理深度。

5. 工艺流程及操作要点

5.1 采用滑模摊铺机施工工艺流程及操作要点

5.1.1 工艺流程

混凝土道面滑模施工流程见图5.1.1所示。

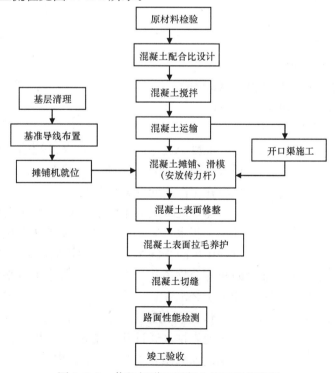

图5.1.1 停机坪道面混凝土施工工艺流程

5.1.2 操作要点

1. 混凝土配合比设计

见附录混凝土配合比设计。

2. 混凝土的搅拌

1）搅拌楼的配备

搅拌站的生产能力应和摊铺机铺筑能力匹配，密切配合。搅拌站的选择按公式5.1.2-1进行：

$$Q=60\mu\times\beta\times b\times h\times v \tag{5.1.2-1}$$

式中　Q——搅拌楼总拌合能力（m³/h）；

　　　b——每次摊铺宽度（m）；

　　　h——摊铺厚度（m）；

　　　v——摊铺速度（m/min）（一般≥0.6m/min）；

　　　μ——搅拌楼可靠性系数1.2～1.5，根据搅拌楼的可靠性选择，可靠性高选较小值，可靠性低取较大值。混凝土中掺有纤维等材料，取较大值，坍落度要求较低者，取大值；

　　　β——搅拌楼出料系数1.25～1.6，根据坍落度及是否加入引气剂选择。

2）混凝土搅拌

混凝土搅拌开始前，试验工程师应在搅拌站进行坍落度或维勃稠度的核实，以满足混凝土摊铺的需要。

混凝土的搅拌应采用强制式搅拌机，搅拌时间不少于45s，当掺加纤维等外加材料时，搅拌时间不少于90s。

每台班开拌第一罐混凝土时，应增加10～15kg水泥及相应的水与砂，并适当延长搅拌时间。

3. 混凝土运输

混凝土采用自卸卡车进行运输，自卸卡车的数量应根据摊铺能力、搅拌能力、运输距离和路况进行配置。参照下式计算确定

$$N=2n\left(1+\frac{s\gamma_b Q}{V_C G_C}\right) \tag{5.1.2-2}$$

式中　N——汽车数量（辆）；

　　　n——相同产量搅拌楼数量；

　　　s——单程运输距离；

　　　γ_b——混凝土密度（t/m³）；

　　　Q——一台搅拌楼每小时生产能力（m³/h）；

　　　V_C——车辆的平均运输速度（km/h）；

　　　G_C——汽车载重能力（t/辆）；

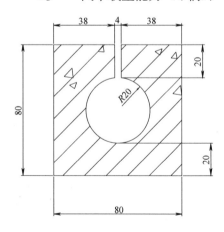

图5.1.2-1　开口渠剖面图

混凝土运输的最基本要求是运输到摊铺前的拌合物必须是适宜摊铺的，应根据施工气温及水泥的初凝时间来确定混凝土滞留在车内的允许最长时间。

运送混凝土的车辆装料前，车厢内应清理干净，洒水湿润并排干积水，装料时自卸车应挪动车位防止离析；混凝土运输过程中应防止漏浆、漏料和污染路面，自卸车运输应减小颠簸，防止拌合物离析，车辆起步和停车应平稳；搅拌站卸料落差不应大于2m。

4. 开口渠施工

地表排水通过开口渠进行，开口渠的形式为外方内圆，开口渠剖面见图5.1.2-1所示。内圆支模采用充气内模。

1）施工准备

（1）对充气内模进行充气检查，检查其外径公差，要求外径公差在2%以内；

（2）检查充气内模的气压降，在20～30min内无明显压降现象；

（3）钢筋已经经监理验收合合格；

（4）空压机到位。

2）开口渠的施工程序

混凝土垫层浇筑→弹线→钢筋绑扎→安放充气内模→外模支设→充气→混凝土浇筑→抽充气内模→拆除外模→养护。

3）充内模施工要点

（1）安放充气内模

钢筋绑扎完毕验收合格后，即可安放充气内模。充气内模充气端应露出模板外不少于500mm，以便充气抽取内模。

用绳牵引将芯模穿入钢筋笼内，并使芯模纵向接口朝上放置，在穿放过程中芯模中间需由人工辅助抬起，避免芯模与钢筋笼碰撞。

（2）芯模充气

采用空压机进行充气。当气压达到使用压力（一般为0.04MPa）时将进气阀关闭。充好气后，应观察内模有无压降20～30min，以免在使用过程中内模气压不足造成质量问题。

芯模上部采用ϕ12钢筋间距1000mm进行固定，下部采用ϕ12钢筋间距1000mm固定，避免芯模振捣混凝土时上浮。如图5.1.2-2所示。

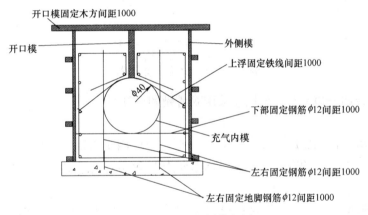

图5.1.2-2　开口渠模板图

（3）混凝土浇筑

混凝土浇筑时，插入式振捣棒应从两侧同时振捣，防止芯模左右移动，振捣棒尽量不要触及芯模以免损坏芯模。浇筑过程中应经常检查压力表，以保持芯模气压。

（4）抽芯模

混凝土初凝后，即可打开气阀放气，构件中抽出芯模。芯模在混凝土内时间不应过长，避免芯模和混凝土粘在影响脱模和芯模的使用寿命。开口模和芯模应同时拆除。

（5）外模拆除和混凝土养护

拆模时间以不使混凝土边角碰落为准。拆外模不能碰坏混凝土的边角，特别是开口渠的上边角。模板拆除后应及时对混凝土进行养护，养护时间不少于7d。

（6）成品保护

在混凝土道面施工前，应对开口渠上边角进行保护，以免在施工过程中碰坏。

（7）芯模使用注意事项

芯模使用后用清水冲洗干净，有附着的水泥浆应用钝器小心刮除；芯模应放置在通风干燥处；不得在芯模表面涂油和其他脱模剂。

5. 基准导线布置

1）测量

施工放线定位测量使用标定合格的全站仪，高程测量采用水准仪，水平桩距离采用钢尺进行测量，满足二等水准的规定精度要求。施工测量平面、高程控制点的位置，除利用已有的平面、高程控制点外，按施工需要每100m加密一个测量平面、高程控制点。控制桩按要求埋设。

2）基准导线形式

基准线是为摊铺机上的4个水平传感器和2个导向传感器提供的，是混凝土摊铺机平面和高程的参考系。道面摊铺的高程和平整度主要取决于导线的设置精度，滑模摊铺机工作时，通过接触传感系统，由前后四个水平传感器控制高程（以两侧的导线为基准高程），并由前面两个导向传感器控制平面位置（以两侧导线为基准位置），保证平面位置的准确性。纵向传力杆或拉杆通过液压系统将其插到预定的位置；横向传力杆通过机械布杆系统均匀分布，当摊铺机运行到预定位置时，液压系统将其压入混凝土中。

全滑模导线设置见图5.1.2-3。

滑模施工道面混凝土的基准线，采用拉线和滑靴。全滑模采用双导线。

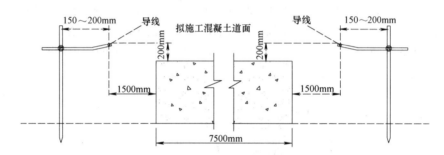

图5.1.2-3 滑模导线布置图

单滑模采二边导线和一边滑靴，全填仓采用双滑靴和单导线。

3）基准线宽度

基准线的宽度除满足摊铺宽度（板块的宽度）外，尚应满足摊铺机履带与纵向插入传力杆横向支距的要求，即板块边缘到线桩的距离，一般根据需要为1000～1600mm。

4）线桩的固定

线桩固定时，板块完成面到夹线臂的高度以200～300mm为宜，基准线到桩的水平距离宜为150～200mm。当进行单滑模或全填仓时，可利用缩缝进行固定和设置线桩，线桩底部焊接角钢，用木楔固定。

5）基准线桩纵向间距

基准线桩纵向间距一般不应大于10m，以和板块同宽为宜。

6）基准线长度和拉力

单根基准线最大长度一般不宜超过450m，基准线拉力不小于1000N，基准线应先张紧，再挂到夹线臂中，不得先夹扣再张拉。

7）基准线设置精确度

基准线精确度要求应符合表5.1.2规定。

基准线设置精确度要求 表5.1.2

项　　目	平面位置（mm）	道面宽度偏差（mm）	纵断面标高偏差（mm）	横坡偏差（%）
偏差值	≤10	≤10	±5	±0.1

8）基准线的保护

基准设置后，严禁扰动、碰撞和振动。一旦碰撞变位，应立即重新测量纠正。在混凝土摊铺期间应有专门的巡线员，进行检查。

6. 摊铺机就位

1）滑模摊铺机的施工参数设定及校准

滑模摊铺机首次摊铺前，应挂线对其几何参数、铺筑位置和机架水平度进行调整和校准，正确无误后方可开始摊铺。校准的程序一般如图 5.1.2-4。

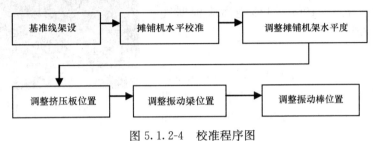

图 5.1.2-4　校准程序图

2）架设基准线

测量设置两根基准线，线间的水平宽度＝道面板块设计宽度＋两侧横向支距

两侧横向支距＝边缘拉杆设置所需要的宽度＋履带宽度＋传感器至履带的合适宽度

3）校准摊铺水平位置

将滑模摊铺机开进两基准线间，然后将四个水平传感器和两个方向传感器放在基准线上，来回行走 1～2 次，使滑模摊铺机对中待摊铺的板带，摊铺中线偏差不大于 5mm，可停止对中。

4）调整滑模摊铺机机架水平度

在基层上设置与道面厚度、高程和横坡相同的左右两根线，操作滑模摊铺机水平传感器高低控制键，使剂压板后底边贴近路面几何参数控制线，调出路面横坡。

5）振动棒的位置

道面厚度大于等于 300mm，振动棒下边缘 1/3 位置应在挤压板最低边缘以下；道面板厚度小于 300mm，振动棒的下边缘应提至挤压板最低边缘。振动棒的横向间距应均匀排列，不宜大于 450mm，两侧最边缘振动棒与摊铺边缘距离不宜大于 250mm。

7. 混凝土摊铺、滑模

1）混凝土摊铺准备

（1）混凝土摊铺前所有配合机具设备均应到位，并且运转良好；基层表面杂物清理完毕，基层的标高应复核并不得超过设计标高 20mm；导线的位置、高程经监理检查合格。

（2）端头模板安装：端头模板采用自制钢模，端头模板的安装高度要比道面高底约 10mm，宽度要比道面宽度窄 30mm，以便摊铺机能顺利通过。端头模板形式见图 5.1.2-5。

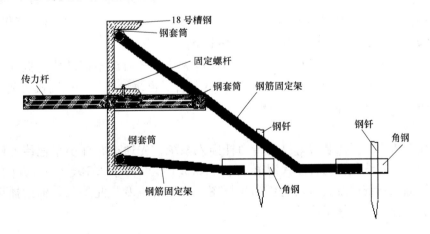

图 5.1.2-5　端头模板示意图

2）混凝土布料

滑模摊铺机摊铺时，可采用挖掘机辅助布料，采用摊铺机前的布料犁进行分布，见图5.1.2-6。卸料、布料应与摊铺速度相协调，坍落度一般控制在10～30mm之间，松铺系数一般控制在1.08～1.15之间。堆料与摊铺机之间施工距离宜控制在5～10m，具体距离应根据气温、风速和湿度进行调整。

3）搓平梁

振荡搓平梁前沿宜调整至与挤压板后沿高程相同，搓平梁的后沿比挤压板后沿低约2mm，但与路面高程相同。在正常摊铺时，搓平梁前面一般应有不小于100mm高度的砂浆卷。详见图5.1.2-7。

4）纵向超级抹平板

在搓平梁后边一般带有纵向超级抹平板，以消除混凝土表面的缺陷、提高表面平整度，见图5.1.2-8。纵向超级抹平距离板块边缘不小于100mm，以免造成坍边。

5）复核测量

摊铺过程中，应对最初进行的一个板块（一般为4.5～7.5m）的路面标高、厚度、位置和坡度等进行复核，在10m内应调整完毕，各项指标应在规范控制范围内。

6）摊铺速度

滑模摊铺机一般应均速、不间断地进行作业，维特根SP850摊铺机的摊铺速度一般在0.5～1.5m/min，不得料多追赶或随意停机等待。当混凝土的稠度发生变化时，应先调节振动棒频率，再改变摊铺速度。

7）松方控制板

松方控制板用来控制松方混凝土进料高度，开始应略高些，以保证进料，正常摊铺时应保持振动仓内混凝土高度高于振动棒100mm左右，料位高低宜控制在±30mm之内。

8）振捣频率控制

混凝土正常摊铺时，振动棒的振动频率可在6000～12500r/min之间调整，一般宜采用9000～10000r/min的

图5.1.2-6　布料犁布料图

图5.1.2-7　搓平梁运行图

图5.1.2-8　抹平板作业图

频率，为防止混凝土过振或欠振，应根据混凝土的稠度大小，随时调整振动棒的振动频率，也可调整摊铺机的速度。摊铺机起步时，应先开启振动棒2min左右，再缓慢摊进，摊铺机脱离混凝土后，应立即关闭振动棒，防止振动棒烧坏。

9）传力杆的设置

滑模摊铺机配有传力杆插入装置，纵向传力杆插入系统首先通过布杆小车把传力杆运至指定的位置，再通过液压和振动系统把传力杆压入混凝土中，图5.1.2-9、5.1.2-10、5.1.2-11分别为传力杆分布图、横向传力杆插入系统以及就位后的横向拉杆图。施工时应专门配备三人辅助插设传力杆，表面的痕迹需要通过振荡搓平梁来抹平修补。

图 5.1.2-9　传力杆分布图

图 5.1.2-10　横向传力杆插入系统

图 5.1.2-11　就位后横向拉杆图

8. 混凝土表面修整

在超级抹平板后面配备一名操作工移动操作桥，对纵向超级抹平板工作不到边，以及混凝土表面的麻面或孔洞进行道面局部修整。

纵缝边缘的倒边、塌边和溜肩，可支设临时模板或在上部支设铝方管进行修边。

9. 混凝土表面拉毛养护

1）混凝土拉毛

采用维特根 TCM85 拉毛机，见图 5.1.2-12。

图 5.1.2-12　拉毛机

该设备带有拉毛设备、自动喷洒养护剂系统和自动测距系统，拉毛的时间应通过试验块，以及根据施工时的气温加以确定，一般用手指轻按混凝土表面，以水泥浆不粘手为准。

拉毛的深浅一般采用表面构造深度来确定。可通过施工试验块，分别拉出深度不同的几种拉毛道面，然后通过试验确定合适的表面构造，一般构造深度 TD 在 0.4～0.8 之间。

2）混凝土养护

混凝土板做面完毕后，应立即实行早期养护，早期养护可采用养护剂，并设防雨防晒棚进行防护。当混凝土进行初切缝后即采用土工布进行洒水覆盖养护。混凝土的养护时间不少于 7 天。养护期间禁止车辆等重物上道面。

10. 混凝土切缝

一般分为纵缝和横缝。纵缝的深度一般在 30～40mm，可一次切割成型；横缝的深度一般同时有二种，一种是细缝，缝深一般为板块厚度的 1/3～1/5；另一种是宽缝，深度一般为 30～40mm，见图 5.1.2-13。

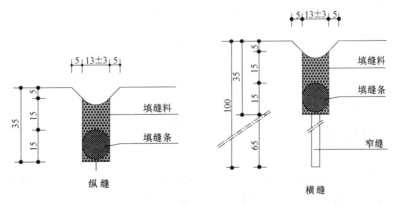

图 5.1.2-13　道面切缝示意图

窄缝切割可采用桁架式切割机和手扶切割机进行，见图 5.1.2-14。扩缝倒边可采用专门定制的扩缝倒边机进行一次成型切割，见图 5.1.2-15。

图 5.1.2-14　桁架式切割机

图 5.1.2-15　道面扩缝机

切割可根据混凝土浇筑的时间顺序进行，也可从控制缝间距约 1/2 的接缝位置开始切，然后向相邻板块位置展开。纵缝的切割一般可沿着已经形成的混凝土收缩缝进行切割，避免形成"双缝"。切缝时应注意相邻板缝的连接，不得错缝或漏切。

横缝切割时，应首先在混凝土板块上弹线，并应与已经切割好的板块的横缝进行校核，无误后方可切割，横缝应一次切割到位。

混凝土横缝切割应及时，避免混凝土板块产生不规则的裂纹或断裂。切割缝时间，应根据施工时的气温和混凝土的强度通过试验确定，一般混凝土强度达到 7～9MPa 即可。

混凝土板块在揭开养护材料后，应及时采用草绳或其他填塞物将缝填满。对采用养护剂养护的板块，切割后即可用草绳或其他填塞物将缝填满，以免砂土或其他杂物落入缝内。

11. 路面性能检测

停机坪道面应对构造深度进行测试，道面构造深度测定结果按下式计算：

$$TD = \frac{1000V}{\pi D^2/4} = \frac{31831}{D^2} \tag{5.1.2-3}$$

式中　TD——道面构造深度，mm；

　　　V——砂的体积 250mm³；

　　　D——摊平砂子的平均直径 mm。

每处取 3 次道面构造深度的测定结果的平均值作为试验结果，精确到 0.1mm。

摊平砂子的直径测试方法如下：

1）随机取样选点，但一般宜离道面边缘不少 1m；

2）用扫帚或毛刷将测点附近的路面清扫干净，清扫面积不小于 300mm×300mm；

3）用小铲子向量筒中注满砂子，手提量筒上方，在硬质路面上轻轻地叩打 3 次，使砂子密实，补足量筒中的砂子，用钢尺一次刮平；

4）将砂倒在已清扫的道面上，用摊平板由里向外重复做摊铺运动，稍稍用力将砂尽可能地向外摊开，使砂填入凹凸不平的路表面的空隙中，并将砂摊成圆形，不得在表面上留有浮动余砂。

5）用钢板尺或钢卷尺测量所形成圆的两个垂直方向的直径，取其平均值，准确 1mm。

6）按以上方法，在同一处平行测定不少于 3 次，测点间距约为 3～5m。

5.2　采用整平机进行铺筑施工工艺流程及操作要点

5.2.1　施工工艺流程

施工准备→测量放线→支立模板→高程测量→混凝土搅拌合运输→混凝土铺筑→混凝土振捣→混凝土整平、压实、提浆→做面→拉毛→混凝土养护→切缝→灌缝→清理

5.2.2　施工准备

1. 道面施工前，必须铺筑试验段，确定各工艺参数、混凝土配合比、施工组织、人员配备及适宜的施工进度计划，做好有关记录，并对试验结果写出总结报告，经监理工程师批准后正式施工。

2. 对基层及相关隐蔽工程的质量检查验收合格。

3. 对给定的平面控制点、高程控制点已经进行了复测和验收合格。

5.2.3 操作要点

1. 测量放线

1）施工放线定位测量使用标定合格的全站仪，按照《工程测量规范》（GB 50026—93）中二级导线测量精度要求施测。高程控制桩采用水准仪、铟钢尺进行测量，满足二等水准的规定精度要求。

2）控制点复测接收后，所有测量标志均采用砖砌围挡并插测量标志旗进行妥善保护。

3）施工测量平面、高程控制点的位置，除利用已有的平面、高程控制点外，按施工需要每100m加密一个测量平面、高程控制点。

4）施工测量控制点采用永久性混凝土标石。标石的顶面不小于150mm×150mm，底面不小于250mm×250mm。一般地区埋设深度不小于800mm，在北方寒冷地区还应在最大冰冻线以下200mm，埋设高度要高出完工后场地标高50～100mm。

2. 支立模板、高程测量

1）支模板前要根据模板位置用墨线弹出模板控制线，作为支立模板的依据。

2）模板采用钢模板，形式为阴企口。每块模板长4995mm，其尺寸偏差符合《民用机场飞行区水泥混凝土道面施工技术规范》。模板采用可调式 $\phi18$ 螺栓拉杆支撑固定（钢模板支撑见图5.2.3-1）。模板连接处采用10mm厚橡胶垫密封，同时在模板底边缝隙处用油毡条封堵，防止混凝土振捣时漏浆。

3）在道面基层上按照设计分仓。根据道面设计高程在每块模板下抹水泥砂浆平台，以控制模板高程，并在其上面用"十字线"精确标出立模板的位置。

3. 混凝土搅拌合运输

1）混凝土混合料采用2台HBS75双卧轴强制式搅拌机搅拌，为确保拌合物搅拌均匀，混凝土连续搅拌时间为60～75s。

2）混凝土混合料按重量配合比，其允许误差为：水泥-±1％，水-±1％，砂、石料-±2％。

3）搅拌机投料顺序：大碎石、小碎石、水泥、砂，进料后边搅拌边均匀加水。

4）工地试验室及时测定砂、石的含水率，确定混凝土施工配合比。

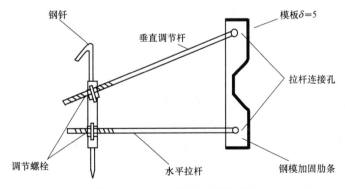

图 5.2.3-1　钢模板支撑示意图

5）搅拌站出料口的卸料高度以及铺筑时自卸汽车卸料高度均不超过1.5m，以防止混凝土离析。

6）混凝土运输采用自卸汽车。从搅拌站运至铺筑现场期间要保持水分，在炎热、干燥、大风或阴雨天气运输混凝土时，混合料要覆盖彩条涤纶布。

7）运输道路要平坦、畅通，以免汽车剧烈颠簸，造成混凝土离析。运料前洒水湿润汽车料斗，停运后将料斗冲洗干净。

4. 混凝土铺筑

1）混凝土摊铺前，应对下列内容进行检查：

（1）基层表面应保持密实、平整、湿润，高程符合设计要求。

（2）模板的平面位置、高程、牢固性及涂刷的脱模剂应符合要求。

（3）浇筑填仓混凝土板时，检查两侧混凝土板边的直线性，否则用切割机修缝；同时检查邻板侧壁沥青隔离层的涂刷情况。

（4）充分准备防晒、防雨棚及混凝土养护用无纺布，施工机械设备、工具要有充足的易损配件。

（5）接缝钢筋、补强钢筋到位。

（6）混凝土浇筑令已下达到搅拌站操作人员。

2）混凝土从搅拌机出料后运至铺筑地点进行摊铺、振捣、做面（不包括拉毛）允许的最长时间，要符合表 5.2.3-1 规定。禁止使用已经初凝的混凝土进行摊铺。

混凝土从搅拌机出料至做面允许的最长时间　　　　　　　　　　表 5.2.3-1

施工气温（℃）	出料至做面允许的最长时间（min）	施工气温（℃）	出料至做面允许的最长时间（min）
5～10	120	20～30	75
10～20	90	30～35	60

3）混凝土摊铺

（1）混凝土摊铺厚度：预留混凝土振实的沉落度，经现场试验确定为混凝土板厚的 15%～20%。

（2）混凝土摊铺时，应先摊铺板的边角混凝土，再摊铺板的中部混凝土，并采用扣铲法摊铺。混合料的摊铺严禁抛掷或耧耙，以防止混凝土离析。

（3）铺筑填仓混凝土的时间，按两侧混凝土面层最晚铺筑时间算起，其最早时间见表 5.2.3-2。

（4）纵向连续铺筑混凝土施工时，相邻板的施工缝至少错开一个板块；一次连续铺筑混凝土的最大长度，一般不允许大于 150m。

铺筑填仓混凝土的最早时间　　　　　　　　　　表 5.2.3-2

昼夜平均气温（℃）	铺筑填仓混凝土的最早时间（d）	昼夜平均气温（℃）	铺筑填仓混凝土的最早时间（d）
5～10	6	20～25	3
10～15	5	≥25	2
15～20	4		

（5）铺筑填仓混凝土时，要对已成型的道面边缘用麻袋片进行保护，并及时清除流淌到道面板的砂浆。

5. 混凝土振捣

1）采用自动排式高频混凝土振实机进行振捣。当人工摊铺混凝土 4～5m 工作面后，开启振实机，慢慢地将振动棒插入混凝土并行走。行走速度不大于 0.8m/min，振实机在每一位置振捣的持续时间以混凝土停止下沉，不再有气泡并表面泛浆为准，不宜过振。混凝土振捣过程中要进行初步找平，挖高补低，尽可能少挖多补，振捣后的混凝土表面要大致平整。

2）振实机行进振动时，遇有钢筋、传力杆时，应采取提起、插入方式振捣。遇有混凝土边角、板端头、封仓及不规则板时，应采用 φ50 振捣棒振捣。浇筑独立仓混凝土时，振实机行走轮在两侧模板上行走；浇筑填仓混凝土时，行走轮在已完成的道面上行进，这时，道面上垫 5mm 厚橡胶板条，以保护成品道面，防止振实机行走时刮碰板面或边角。

3）不规则的板块采取混凝土分层摊铺，平板振捣器振捣；边角采用插入式振捣棒振捣。

4）钢筋网和传力杆等预埋件，在浇筑混凝土过程中要加强保护，确保不受损坏和定位准确。

6. 混凝土整平、压实、提浆

1）为保证道面混凝土面层砂浆厚度和均匀性，保证道面平整度，采用三辊混凝土整平机整平。

2）整平作业时，先用三辊混凝土整平机静压 2 遍，再振动碾压 4～6 遍，然后再静压 2 遍，以保证混凝土表层骨料分布均匀、密实和表面砂浆均匀，确保做面质量。摊铺工配合三辊整平机及时将辊前偏高的混凝土找平，低洼处用偏细的混凝土（不能用砂浆）填补，并及时清除模板顶面粘浆。

3）上述工序完毕后，再辅以自制钢滚筒进一步提浆、找平。先往返滚动2~4遍，然后固定钢滚筒平拖两遍，最后再滚动4~6遍，以使表面乳浆更加平整、均匀。

4）用铝合金刮扛刮除表面多余浮浆，同时用铝合金靠尺沿对角及纵、横方向检查表面平整度。乳浆厚度控制在3~5mm。

7. 做面

采用三道木抹和两道铁抹做面工艺：

1）提浆后随即上一道木抹，将表面碎石揉压平整，使乳浆均匀分布在表面，稠度一致。

2）混凝土表面出现泌水时，进行第二道木抹抹面，并用铁抹子（第一道）压实、压平表面乳浆。出现的泌水能够比较均匀的散布在混凝土表面。

3）第一道铁抹子压光后，用5m靠尺检查表面平整度。

4）混凝土表面泌水基本散失时，便可上第三道木抹抹面，使表面乳浆更加均匀的分布在表面，随后上第二道铁抹，使混凝土板面光滑平整。

5）在进行第二道铁抹子抹面时，应把粘在模板或两边混凝土板的乳浆清理干净。

6）做面后混凝土表面应平整、密实、无砂眼、抹痕、气泡、龟裂等现象。做面时严禁在混凝土表面上洒水或洒干水泥。

8. 拉毛

1）做面工序完成后，按设计对道面表面平均纹理深度的要求，适时对混凝土表面拉毛，以满足道面粗糙度要求。拉毛的纹理应垂直飞机滑行的方向。

2）拉毛使用专用拉毛刷工具（图5.2.3-2）。拉毛刷分上下两层，上层长120mm，下层长105mm。毛刷采用ϕ1mm胶棒，每组3根，间距0.8mm，排距10mm，以满足道面表面平均纹理深度0.4mm的技术指标。

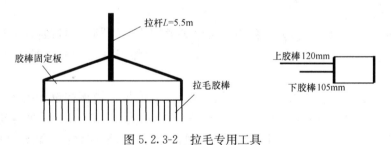

图5.2.3-2 拉毛专用工具

3）拉毛纹理顺直控制：在垂直于纵缝方向放一铝合金靠尺，毛刷紧贴靠尺匀速拉行，用力一致，使整幅板的纹理均匀顺直、深浅一致，防止拉毛的纹理与横缝斜交；为避免出现褶痕，拉毛时中途不得停止或颤动，每次拉毛完成后立即清洗毛刷上粘附的水泥浆。

4）掌握拉毛时机：拉毛时机与气温、风力及混凝土的坍落度等因素有关。若拉毛太早，则容易产生露石现象，达不到粗糙度要求；若拉毛太迟，达不到要求的纹理深度。根据施工经验，拉毛时在毛刷前有一定厚度（3~5mm）砂浆，但不积聚，且能均匀的分布在混凝土表面为最佳时机，或以手指按压混凝土表面起痕、不粘浆为宜。此时拉毛，能保证表面纹理均匀，且易达到设计要求的粗糙度。总的原则是宜早不宜晚。

5）拉毛完成后，先用钢丝刷，再用毛刷，清除粘在模板和混凝土板面上的乳浆。

6）在大风和炎热季节拉毛，要及时盖上防晒棚，避免混凝土道面产生龟裂。

9. 混凝土养护、拆模

1）混凝土养护是控制道面早期裂缝的关键工序之一，应引起高度重视。在混凝土表面开始凝结（用手指轻压无明显压痕）时，及时覆盖保水性能良好的无纺布（400g/m²）。当无纺布下混凝土表面变成灰色时，便可洒水养护，并使无纺布经常处于潮湿状态，养护期不少于14d。养护期间防止混凝土表面露白，防止养护初期施工人员和车辆误上道面。

2）拆模时间应根据气温和混凝土强度增长情况确定，折模时混凝土抗压强度应大于10MPa（由工地试验室经试验确定）。折模时必须认真细致，不得硬撬，以避免损坏混凝土板的边角，并注意保护好企口。拆模后，应按设计要求及时均匀涂刷沥青予以养护，不得露白。

10. 切缝

1）切缝使用专用切缝机。切缝刀片为宽4mm及宽8mm的金刚石锯片。切缝前根据设计要求用墨线精确弹出纵、横缝的缝位，作为切缝导向。

2）切割横缝假缝时，首先每隔4道缝切一道4mm的窄缝，然后再依次切缝；纵缝按已形成的施工缝切一道4mm窄缝，避免形成双缝。切缝深度按设计要求。

3）为保证整个道面横、纵缝顺直，用经纬仪将窄缝调直，并用墨线在窄缝边缘弹出通线，然后进行扩缝（缝宽8mm）。切缝后立即将浆液冲洗干净，并用泡沫塑料条将缝槽添满，防止砂、石等杂物进入缝内。

4）切缝时间的掌握：切缝时既不扰动混凝土内部结构、避免打边，又防止混凝土发生不规则收缩裂缝为原则。以混凝土抗压强度达到6～10MPa为宜，要宜早不宜晚。

11. 灌缝

1）清缝：灌缝前用清缝机清除缝内杂物，并用电动毛刷机刷除缝壁上的灰浆，最后用空压机从上风头往下风头通过高压气流将缝内杂物吹出。

2）压条：清缝并干燥后，按设计要求嵌入ϕ10mm泡沫塑料条，并用滚轮将其压入缝底部。

3）灌缝：用灌缝机将聚氨酯嵌缝材料一次灌入缝内，聚氨酯顶面高度低于道面1～2mm，以避免高温季节聚氨酯溢出。灌缝应饱满、密实、缝面整齐。

4）清理：灌缝的同时，设专人清除被聚氨酯污染的道面。嵌缝材料未凝固前禁止车辆、行人通行，防止污染道面。

12. 道面横向施工缝施工

1）每天结束施工、或因机械故障、停电及天气等原因中断混凝土铺筑时，在设计的接缝位置设置施工缝。严禁施工缝设在道面宽度的同一断面位置上，相邻板的横向施工缝至少错开一至两块混凝土板。

2）施工缝按设计要求安装传力杆。在接缝位置处支立模板，模板按设计的传力杆位置钻孔。靠近施工缝模板处先铺筑1/2板厚的混凝土，振捣密实后，将传力杆一半长度从外侧穿入模板孔，再铺筑并振实上层混凝土。模板外侧传力杆用支架支立牢固，传力杆水平或垂直安装允许误差为10mm。混凝土达到要求强度并达到规定的时间拆模后，直接铺筑相邻板的混凝土。

3）传力杆的一般要求：传力杆采用光圆钢筋制做，钢筋切断前将钢筋拉直，切口毛茬打光。传力杆一端按设计要求长度均匀涂刷沥青，沥青厚度为1mm，不宜过厚。禁止使用沥青脱落的传力杆。

13. 道面接缝类型（图5.2.3-3～图5.2.3-6）

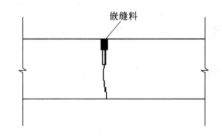

图5.2.3-3 道面假缝

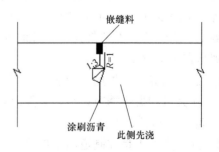

图5.2.3-4 道面纵向企口缝

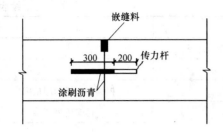

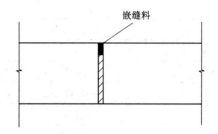

图 5.2.3-5　道面传力杆缝（施工缝）　　　　　　　图 5.2.3-6　道面胀缝

6. 材料与设备

6.1　材料

6.1.1　水泥

道面混凝土应优先选用收缩性小、耐磨性强、抗冻性好、含碱量低且强度等级不低于 32.5 的道路水泥、硅酸盐水泥、普通硅酸盐水泥或矿渣硅酸盐水泥。

6.1.2　砂子

砂子采用 0～5mm 河砂或破碎砂。

6.1.3　石子

石子的最大粒径为 40mm。采用两个级配的组合。不同规格的石子需要有良好的级配，石子粒度分析应符合技术条款书的要求。

在施工中，对于料源和规格不同的石料或同一料源和规格相同石料，每进场 500m³，均应分别进行抽样试验。不合格者不得使用，或经技术处理，鉴定合格后方可使用。

6.1.4　水

饮用水均可用于混凝土配制和养护。

6.1.5　外加剂

混凝土中可掺加减水增塑剂，引气剂等。

外加剂品质应符合相关规定，并应符合下列要求：

1. 外加剂品种的选用，应根据使用外加剂的主要目的（如改善和易性、增强耐久性、节约水泥、提高早期强度、推迟混凝土初凝时间等），通过技术经济比较确定。

2. 外加剂的掺量应根据使用说明书、施工条件、当地气温、材料等因素通过试验确定。

6.2　机具准备

停机坪滑模摊铺一般须配备的机具如表 6.2。

停机坪滑模摊铺机具配备　　　　　　　　　　　　　　　　表 6.2

序　号	设 备 名 称	数　量	备　注
1	混凝土摊铺机	1 台	
2	拉毛养生机	1 台	
3	混凝土搅拌站	按摊铺能力配备	备注
4	卡车	根据运输距离和搅拌能力确定	一般为减震自卸汽车
5	洒水车	2 辆	主要用于切割和道面洒水
6	反铲挖掘机	1 台	用于混凝土初平
7	切割机	根据混凝土的生产量确定	可用手扶式或桁架式
8	高压水枪	1 台	用于摊铺机、卡车的冲洗

序　号	设 备 名 称	数　量	备　注
9	装载机	按搅拌站的搅拌能力配备	
10	发电机	1台	
11	金刚砂切割机	1～2台	根据传力杆的用量确定
12	运输车	1辆	运输传力杆等
13	空压机	1台	
14	插入振动棒	4台	
15	钢筋机械	1套	
16	电锤	2个	

7. 质 量 控 制

7.1　道面混凝土施工质量执行《民用机场飞行区水泥混凝土道面施工技术规范》、《民用机场飞行区工程竣工验收质量检验评定标准》、《民用机场飞行区技术标准》、《工程测量规范》等现行标准规范。

7.2　检验方法

施工质量控制标准、检验频率与检验方法符合表7.2的规定。

水泥混凝土道面面层施工质量控制标准和检验方法　　　　　表7.2

检查项目	质量标准或与允许偏差	检验频度	检验方法
抗折强度	≥28d设计要求	每400m³成型1组28d试件；每1000m³增做一组90d试件；留一定数量试件供竣工验收检验。10000m²钻一圆柱体	1. 现场成型室内标样小量抗折试件； 2. 现场随机取样钻圆柱体试件进行劈裂试验作校核
平整度	≤3mm(最大间隙)	分块总数的20%	用3m长直尺和塞尺测定,一块板量三次,纵、横、斜随机取样,取一尺最大值
相邻板偏差	±2mm	块总数的20%	纵、横缝,用尺量
表面平均纹理深度	符合设计要求	用填砂方,检查分块总数的10%	每块抽查三点,布置在板的任一对角线的两端附近和中间
纵、横缝直线性	≤10mm	抽查接缝总数总长度10%	用20m长直线拉直检查
板厚度	设计厚度±5mm	抽查分块总数的10%	拆模后用尺量
		每10000m²抽查一处	随即钻孔去芯后尺量
长度	跑道1/7,000	验收时沿中线测量全长	按三级导线测量规定精度检查
宽度	跑道1/2,000	每100m测量一处	用钢尺自中线向两侧丈量
道面高程	±5mm	每10m长测一横断面,测处间距不大于两块板	用水准仪测量
预埋件预留孔位置中心	±10mm		纵、横两个方向用钢尺量
外观	1. 不应有以下严重缺陷:断板、裂缝、错台、板角断裂、露石、脱皮起壳、大面积不均匀沉降,接缝缺边掉角; 2. 不应有以下一般缺陷:小面积剥落、起皮、露石、粘浆、凹坑、足迹、积瘤、蜂窝、麻面等现象; 3. 应纹理均匀一致,嵌缝料饱满,粘结牢靠,缝缘清洁整齐		

7.3　质量保证措施

7.3.1　成立以项目质量管理领导小组,对工程全过程进行质量预控、监控。

7.3.2　编写切实可行的质量计划,制定质量保证技术措施和操作规程,并对施工人员进行技术交底。

7.3.3 严把材料进场检验关，严格工序管理。

7.3.4 使用先进的、计量准确的施工设备，加强对施工设备维护、保养；确保设备运行良好，确保混凝土连续施工。

7.3.5 树立全员质量管理意识，强化质量责任心，对现场对施工人员进行质量培训，确保作业规范化。

8. 安全措施

8.1 认真贯彻国家"安全第一，预防为主"的方针，专门成立安全领导小组，设立专职安全管理人员，制定安全管理方案，确保安全生产。

8.2 施工机电设备应有专人负责保养、维修和看管，施工现场用电严格遵守《施工现场临时用电安全技术规范》，电缆线用采用"三相五线制"。

8.3 施工过程中，应制订搅拌楼、运输车、滑模摊铺机、拉毛养生机、挖掘（辅助摊铺）等大型机械设备及其辅助机械的安全操作规程，并在施工中严格执行。

8.4 在搅拌楼的搅拌锅内清除粘结的混凝土时，必须关闭电源，关闭操作室，并在操作室门上挂禁止入的警示牌，人员不得入内。

8.5 辅助挖掘机布料时，其操作范围内不得站人。

8.6 运输车辆应鸣笛倒退，并有专人指挥。

8.7 施工中严禁所有机械设备操作手擅离岗位，严禁用手或工具触碰正在运转的机械部件。

8.8 在施工中摊铺机、拉毛养生机和挖掘机等机械设备严禁非操作人员登机。

8.9 夜间施工时，在摊铺机、拉毛养生机上均应有照明设备和明显的警示标志。

8.10 严禁各种大型机械设备人员疲劳操作。

8.11 所有施工机械、电器、燃料等部位，严禁吸烟和有任何明火。摊铺机、搅拌楼、储油站、发电机房和配电房等设施上应配备消防设施，确保防火安全。

9. 环保措施

9.1 成立项目环境卫生工作小组，制定环境管理方案，确保施工现场、办公区和生活区卫生整洁。

9.2 晴天应用洒水车进行道路洒水，防止扬尘。

9.3 经常清理搅拌楼、生活区和施工现场，保持环境卫生。

9.4 搅拌楼、运输车辆、摊铺机和拉毛养生机等设备的清洗污水不得随处排放，应当经过沉淀池后排入指定的出水口。

9.5 搅拌站应尽量建在远离生活区和办公区处，避免对工作和生活造成影响。

9.6 现场清理出的混凝土残渣和杂物应分类集中堆放，及时按规定进行处理。

9.7 原材料应分类有序堆放，下班后机械设备应摆放整齐。

10. 效益分析

10.1 采用该工法机械化程度高，可以加快施工进度，缩短施工工期，与普通工艺相比可提高工效1～2倍。

10.2 采用该工法可以节约模板和劳动力，滑模摊铺技术只需四块端头模板和少量不规则板块模板即可，仅需支设端头模板，减少支模、振捣以及整平等劳动力，节约大量的模板与劳动力。

10.3 采用该工法能够保证混凝土质量，具有较好的经济效益和社会效益。

11. 应用实例

11.1 阿尔及尔国际机场停机坪工程

该工程位于阿尔及尔阿尔及尔省，停机坪面积约为 26 万 m^2，其中水泥混凝土道面约为 13 万 m^2，混凝土总方量为 49100m^3，设计 28 天最小抗折强度为 5.3MPa，道面板块普遍尺寸为 7.5m×7.5m，道面厚度为 370mm。

现场搅拌设备采用中国产 HZS120 混凝土搅拌站二座（每座搅拌站额定出料量为 120m^3/h），一座德国产搅拌站 EMS 60m^3/h 作为备用。

采用德国产 SP850 滑模摊铺机，摊铺速度为 0～6m/min，最大摊铺宽度 10m，最大摊铺厚度 450mm，施工板带最长达 300m，混凝土摊铺自 2005 年 8 月 28 日开始施工，至 2005 年 11 月 29 日结束；道面混凝土拉毛采用 TCM850 拉毛养生机，带有自动喷洒养护剂系统和自动测距系统；采用 QY-750 桁架式切割机和手扶切割机进行窄缝切割，采用专门定制的扩缝倒边机进行扩缝倒边一次成型切割。

施工过程安全顺利，板块质量良好，没有发现有开裂板块，道面的平整度和粗糙度均达到设计和技术条款要求（法国规范要求），该机场于 2006 年 6 月正式通航，经过近一年的运行，运行正常，受到业主和监理的好评，取得了良好的经济效益和社会效益。图 11.3 为竣工后的阿尔及尔国际机场停机坪。

11.2 呼和浩特白塔机场站坪工程

该工程位于呼和浩特市白塔镇，站坪面积 201197m^2（不包括道肩），结构形式：道面为水泥混凝土，道面厚度 260、300、380mm 三种；道面基层为 400mm 厚水泥稳定砂砾石，道面基础为砂砾石。开工时间 2005 年 10 月 8 日，竣工日期 2006 年 10 月 25 日。该工程已经陆续交付业主使用。道面经过季节的变化及使用，未发现道面板裂缝、断板、错台、拱起等现象，达到了设计要求。

11.3 北京首都机场扩建工程飞行区工程东跑道东西两侧联络滑行道工程（DK-06-01 合同段）

该工程的联络滑行道混凝土道面面积 122312m^2，混凝土用量 43219.3m^3；开工时间为 2006 年 6 月 6 日，竣工时间为 2007 年 3 月 6 日。业主和监理反映该技术工艺先进，质量可靠，施工工艺成熟，能够在民航机场建设中发挥积极的作用。

附录：混凝土配合比设计

1. 强度要求

混凝土配合比设计强度应满足下式要求：

$$\overline{f}_{f配} = f_{f标} + 1.04\sigma \tag{1}$$

式中　$\overline{f}_{f配}$——混凝土配制抗折强度，即所需的平均抗折强度（MPa）；

　　　$f_{f标}$——混凝土设计抗折强度标号（MPa）；

　　　σ——施工单位混凝土抗折强度标准差（MPa）。

标准差 σ 由施工单位统计连续 30 组以上的抗折强度资料用下式计算得出：

$$\sigma = \sqrt{\frac{\sum_{i=1}^{n}(f_{fi} - \overline{f}_f)^2}{n-1}} \quad 或：\sigma = \sqrt{\frac{\sum_{i=1}^{m}f_{fi}^2 - n\overline{f}_f^2}{n-1}} \tag{2}$$

式中　f_{fi}——第 i 组试件抗折强度（MPa）；

　　　$\overline{f}_f$——n 组抗折强度平均值（MPa）；

n——总试验组数。

抗折强度统计资料应取至本单位前一期工程或本次工程中抗折标号相同的并在类似条件下生产的混凝土的强度试验数据。应取 2～3 批 30 组以上的强度数据，分别统计出 σ 后，取 σ 的平均值。对于缺少前期资料的工程，σ 取值不得低于 0.75MPa。

2. 耐久性要求

最大水灰比不应大于 0.5，最小水泥用量 300kg/m³，粗骨料最大粒径不大于 40mm。一般应在混凝土中掺加引气剂，特别是有抗冻要求的混凝土。

3. 和易性要求

滑模摊铺的混凝土坍落度控制在 10～30mm。

4. 道面水泥混凝土配合比计算

1）水灰比

根据配制抗折强度 $\overline{f}_{f配}$ 即所需的平均抗折强度和实测水泥抗折强度按下式计算所需水灰比：

$$碎石混凝土：\qquad w/c = 0.96 - \frac{\overline{f}_{f配}}{1.26 f_t^c} \qquad (3)$$

式中　$\overline{f}_{f配}$——混凝土配制抗折强度（MPa）；

　　　f_t^c——水泥实测 28 天抗折强度（MPa）；

　　　w/c——混凝土水灰比。

2）耐久性校核

道面滑模混凝土水灰比应控制在 0.5 以内。

3）选择水泥用量和用水量

道面滑模混凝土水泥用量一般控制在 300～400kg/m³，根据选择的水泥用量和计算出的水灰比，用下式计算用水量 G_w：

$$G_w = G_c \times w/c \qquad (4)$$

用水量是否满足和易性要求，还应通过试拌确定。

4）确定石子的最优比例，计算石子的空隙率

停机坪道面混凝土配合比石子一般分二级，也可分为三级，根据优选法确定最优配合比例，然后确定空隙率。

$$V_0 = \frac{\rho_石 - \rho_{0石}}{\rho_{0石}} \times 100\% \qquad (5)$$

式中　V_0——石子空隙率；

　　　$\rho_石$——石子密度（kg/L）；

　　　$\rho_{0石}$——石子紧堆积密度（kg/L）。

5）计算砂石比和砂率

同普通混凝土。

6）计算砂石总绝对体积

同普通混凝土。

7）计算 1m³ 混凝土石子用量和砂子用量

同普通混凝土。

8）列出 1m³ 混凝土组成材料用量。

9）试验室试拌调整和强度检验

先调整砂率，达到最优砂率（在计算砂率的 8% 或 13% 之间调整），达不到要求时，可调整水泥用量。试拌出的混凝土是否真正组成 1m³ 混凝土，尚需要通过密度校核加以修正。校核和修正的方法是实测调整后的配合比的混凝土混合料的密度，取三次试验的平均值与配合比的计算密度相比较，并计算出修正系数 K：

$$K = \frac{\text{实测密度}}{\text{计算密度}} \tag{6}$$

将试拌调整后的配合比乘以修正系数 K 就得到实际上 $1m^3$ 的混凝土组成材料用量。

经过试拌调整、密度校核、满足和易性要求的配合比是否满足配制的抗折强度的要求，必须通过强度试验来检验。

用调整和修正后的配合比制做 6 组抗折试件，每组 3 个试件，标准养护 28 天，实测抗折强度，当 6 组试件的平均抗折强度大于或等于要求的配制抗折强度，且抗折强度标准差小于或等于 0.25MPa 时，该配合比为合格，否则应重新制做。

适用于海上高墩施工的 CDMss50/1200 移动模架施工工法

YJGF234—2006

广东省长大公路工程有限公司

郭波　王中文　陈士平　刘刚亮　刘志峰

1. 前　言

移动模架系统（Movable Scaffolding System）是一种自带模板，利用可移动过孔的模架主梁支承模板，对结构混凝土箱梁进行逐孔原位现场浇筑的施工机械。

湛江海湾大桥系广东省"十五"重点建设项目之一，其海上东、西引桥全长 1700m，为双幅共 68 孔 50m 跨预应力混凝土箱形连续梁，要求采用移动模架现浇施工，由于桥墩为空心薄壁墩，类似情况下的移动模架支撑形式、安装均较复杂，而墩高 19～52m，高空安装难度大、风险高。鉴于这种状况，为积累经验，推动桥梁施工技术进步，广东省长大公路工程有限公司自行组织对大型桥梁施工移动模架进行项目研究，并在研究成果的基础上结合湛江海湾大桥结构特点及类似桥梁施工要求，自行设计、制造了 CDMss50/1200 移动模架，用于湛江海湾大桥海上引桥施工，现已安全、顺利完成。该项目作为广东省交通厅 2005 年度科研项目开展，已于 2006 年 6 月通过了科技成果鉴定，鉴定委员会认为"项目成果充分吸收了国内外的先进技术并进行了自主再创新，总体达到了国际先进水平，具有较好的推广应用前景"。

2. 工 法 特 点

移动模架系统（Movable Scaffolding System）是一种自带模板，利用可移动过孔的模架主梁支承模板，对结构混凝土箱梁进行逐孔原位现场浇筑的施工机械。

本工法使用的移动模架结构简单明确，组成的构件长度适宜，单件重量适当，有利于拼装、运输、拆卸、吊装组合，该模架适用性广，自动化程度高，动作平稳、安全，施工快捷，部件的重复利用率高，符合我国当前发展循环经济的总体要求。

2.1.1 采用 CDMss50/1200 移动模架进行施工

CDMss50/1200 移动模架设计合理，布局紧凑，操作方便。主梁和前后导梁连接处采用连接销和剪力键同轴设计，既可实现移动模架曲线转动过孔，又能保证各种工况下连接部位剪力的安全传递。

2.1.2 移动模架采用轻型三角托架支承

采用轻型三角托架的支承方式，主要支承点采用铰接支座，受力明确。与其他方案相比结构简单、安全可靠、经济合理。

2.1.3 采用前端吊机安装托架

采用可在前导梁上移动的大吨位前端吊机，降低了托架安装难度及使用成本，提高了施工安全性。

2.1.4 外模板系统循环使用

采用可循环使用的模块式模床设计，整个外模系统对不同截面形式的桥梁可以最大限度重新组合，重复使用，更为经济、环保节能。

2.1.5 内模板系统装、拆、运机械化

采用全自动机电液一体化内模小车拆除、转运、安装内模板，减轻工人的劳动强度，加快施工进度。

2.1.6 后支点悬挂荷载动态自动控制

采用后支点悬挂动态控制技术，在保证外观质量的基础上确保悬挂荷载在设计范围内。

2.1.7 移动模架安装方式简便

本工法对移动模架采用地面拼装再起吊的方案进行安装，减少了高空作业安全隐患，降低设备使用成本，加快拼装进度。

3. 适 用 范 围

本工法适用于50m及以下跨径桥梁预应力混凝土连续箱梁逐孔现浇施工，作业不受地面条件的影响，在城区、软土地基、海滩、跨河、高空等各种环境下施工时，本工法具有很大的优越性，此外对采用薄壁墩身设计及墩身高度较大的桥梁亦能适用，通常本工法在移动模架一次安装后施工的桥跨孔数多则其经济性更好。

4. 工 艺 原 理

4.1 CDMss50/1200移动模架系统结构组成

CDMss50/1200移动模架系统主要可分为上下两部分，上部包含外模板系统，主框架（承重主梁、前后导梁及横梁），前端吊机，内模板系统，后支点悬挂系统，配重及其平台，下部包含墩旁托架，支撑台车，纵横移装置，此外还有电气系统和液压系统。如图4.1-1、图4.1-2所示。

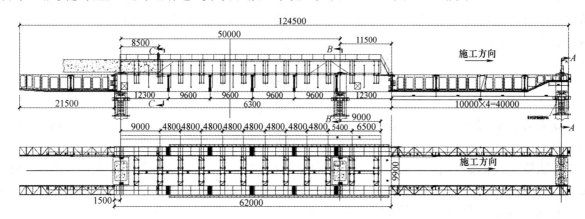

图 4.1-1 CDMss50/1200 移动模架系统总图

4.2 工作原理

CDMss50/1200移动模架是一种用于整孔现浇桥梁上部混凝土箱梁的施工机械，其利用承重主梁支承自带的钢模板系统，对结构混凝土箱梁进行逐孔原位现浇，主梁通过在桥梁下部构造墩身上安装的三角托架支撑并自行移动过孔。

4.2.1 外模板系统由外模架、标准大块钢模板及异型钢模板组成。移动模架在施工项目间周转使用时，对不同的箱梁截面，只需更换异型钢模板重新组拼即可，外模架和标准大块钢模板可多次重复使用。

4.2.2 外模系统通过支撑螺杆及横梁附着在模架左右两侧的承重主梁上，施工过程中的箱梁结构自重、施工人群、设备自重等荷载均传递给主梁承受。

4.2.3 施工中主梁通常由三个点提供支撑，即前、后三角托架上的机械自锁千斤顶及在已浇箱梁悬臂端的一个悬挂支点（后支点悬挂），此悬挂支点反力值通过液压系统可动态控制，主要作用是减小该点模架主梁下挠值，从而控制新旧混凝土结合面的错台及漏浆。

4.2.4 由主梁、机械自锁千斤顶传来的施工荷载最终通过墩旁三角托架、牛腿传至桥梁墩身，通

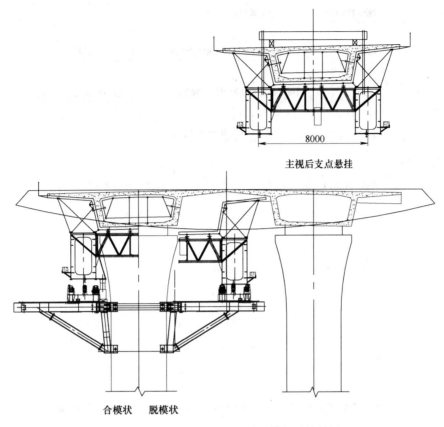

主视后支点悬挂

合模状　脱模状

图 4.1-2　CDMss50/1200 移动模架系统总图

过在牛腿下设置铰接支座扩散应力，可解决以往墩身预留孔内承压混凝土局部压溃、开裂等问题。

4.2.5　每孔现浇箱梁施工完成后，支撑模架主梁的前、后及后支点悬挂千斤顶卸荷，移动模架的上半部分在自重作用下下落脱模，转换支撑在托架支撑台车的纵向滚轮上。

4.2.6　支撑台车通过滑块支承在三角托架上弦杆表面的滑道上，为主梁带模板移动过孔提供轨道及动力。移动模架上部落下，解开底模及横梁中线上的连接螺栓，分为左右两部分后，即可在支撑台车液压动力系统的带动下，实现横移、纵移过孔、反向横移合模，最后由机械自锁千斤顶顶升支撑后进行下一循环施工。

4.2.7　内模板系统为纵向分段的大块模板。箱梁绑扎好底板面层钢筋后，内模小车即可通过底板上铺设的轨道行走，利用自身液压伸缩的机械臂与内模板上的对应销孔连接，逐段拆除、收缩、运送、展开并重新支立内模。

4.2.8　前端吊机单侧起重能力为 25t。移动模架过孔并重新合模支立好后，前端吊机沿导梁上弦前移到下一墩顶并锚固好，下放吊具到水面，把转运过来的三角托架、支撑台车从承台面整体起吊到预留孔位置安装，为模架的下一次移机过孔做好准备。

5. 施工工艺流程及操作要点

5.1　施工工艺流程

5.1.1　移动模架安装、使用及拆除工艺流程（图 5.1.1-1～图 5.1.1-3）。

5.1.2　混凝土箱梁施工工艺流程（图 5.1.2）

5.2　操作要点

5.2.1　移动模架安装

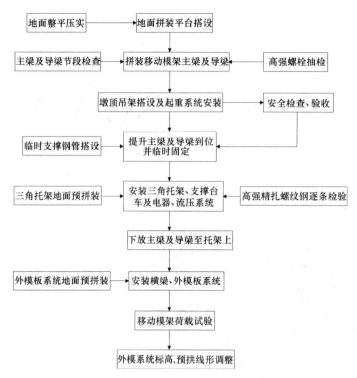

图 5.1.1-1　模架安装工艺流程图

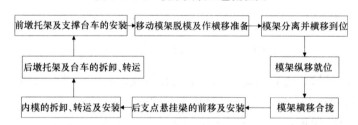

图 5.1.1-2　模架使用工艺流程图

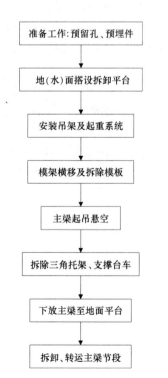

图 5.1.1-3　模架拆除工艺流程图

CDMss50/1200 移动模架采用在相应安装墩位地面整体拼装以后，在墩顶搭设吊架，设置卷扬机滑轮组起重系统整体起吊的施工方法完成安装。

1. 地面整体拼装主梁及导梁

1）地面需作平整、硬化处理，不影响运输车、吊车作业。

2）在墩跨之间设立拼装支承膺架，膺架基础应具备足够的承载力和稳定性，保证在拼装过程中不下沉、摆动。

3）主梁节段运输至现场，利用吊机将节段吊放在支承膺架上并调平，设置 20～30mm 上拱度，并不允许向内旁弯。

4）通过拧紧连接高强螺栓将钢箱主梁节段拼成两条独立的钢梁。高强度螺栓施拧过程必须严格控制。先进行初拧，初拧值取终拧扭矩值的 50%，再进行终拧，终拧四小时后，二十四小时前，进行检查，不合格必须返工，确保主梁安装质量。

2. 安装吊架及起重系统

1）通过在墩顶预埋的地脚螺栓安装固定吊架支撑钢管，在钢管脚内外浇筑 50cm 混凝土固定。

2）在钢管顶上横桥向吊装预先拼装好的承重贝雷大梁，将贝雷梁与支撑钢管顶部紧固在一起。

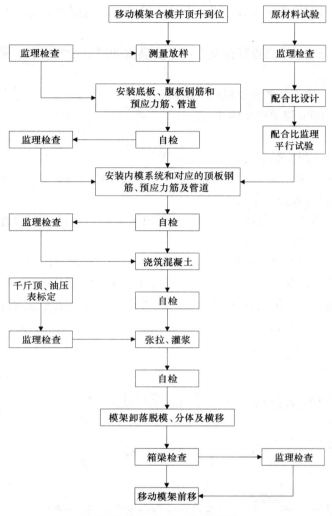

图 5.1.2 施工工艺流程图

3）在贝雷大梁两悬臂端上起重系统：扁担梁、滑轮组、转向滑车等，牵引用 8t 卷扬机固定在地面上。

3. 主梁起吊

安装主梁上的吊点转换架并与起重系统动滑轮组连接，分别预紧四个吊点卷扬机的钢丝绳，将两条主梁同步起吊到设计安装高度以上 30cm 处。

4. 主梁临时固定

1）将起吊到预定高度的主梁用 φ32mm 精轧螺纹钢筋临时锚固在吊架上。

2）将两侧大梁与预先于桥下搭设的钢管支架间垫实，作为保险。

5. 安装墩旁三角托架

1）将三角托架配套的铰接支座用螺栓固定在墩身预留孔上。

2）在墩身两侧搭设脚手架工作平台，用吊机将在地面拼装好的单个三角托架起吊、手拉葫芦配合微调就位，穿好固定用的精轧螺纹钢并按要求张拉至设计吨位，完成三角托架的安装。

3）将支撑台车起吊，安装固定在墩旁托架的横移轨道上。

6. 主梁下放

1）拆除临时固定设施。

2）启动卷扬机将两侧主梁平衡下放到支撑台车上。

7. 横梁及外模板系统安装

1）操作支撑台车的油缸驱动机械，使两组主梁在纵向、横向、竖向就位。

2）调整左右主梁标高和水平位置后，进行横梁安装，单条横梁可在地上预先拼装好后，再一次整体吊装。

3）利用吊机或塔吊完成外模支撑螺杆及外模架、模板的组拼，外模架、模板可预先于地面的胎架上组拼调整好后再吊装。

4）安装主梁外配重、梯子、平台及栏杆等附属构件。

至此完成 CDMss50/1200 移动模架的拼装。

8. 移动模架整机试验

试验包括静载试验和不同工况下的应力应变检测。

1）试验的目的为了验证移动模架系统的安全性和可靠性，同时为箱梁施工预拱度设置提供试验依据。

2）移动模架整机试验一般分三个主要部分：

第一部分为制梁前的移动模架静压试验，在架梁现场采用加砂包与水的方法进行分级加载。检测项目包括测试移动模架各主要部位应力、挠度及位移。

第二部分为第一孔梁浇筑混凝土过程中移动模架各控制受力部位的内力、位移监测。

第三部分为第一孔梁浇筑混凝土完毕后移动模架前移过程中各控制受力部位的内力、位移监测。

若移动模架周转使用正常，最近的使用中未发生可能影响性能的事故或长时间闲置，其中第一、二部分试验可酌情简化为一次试验。

5.2.2 预应力混凝土连续箱梁施工工艺

1. 施工步骤图（图 5.2.2）

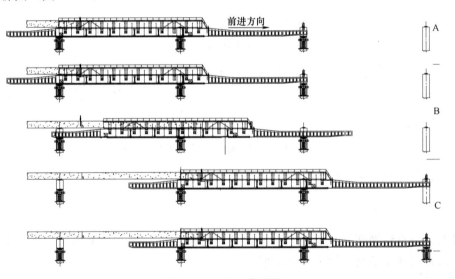

图 5.2.2 施工步骤图

2. 施工周期表（表 5.2.2-1）

施工周期表 表 5.2.2-1

作业项目 \ 天数	1	2	3	4	5	6	7	8	9	10	11	12
脱模,分模,纵移就位,合模,顶升就位	■											
安装外模并调整	■											
布底板和侧板钢筋,铺内模轨道			■	■								
内模就位,安装锚具					■							
布顶板钢筋,补前一孔梁,质检						■	■					
浇筑混凝土,养护								■	■	■	■	
脱内模、端模										■		
拆后墩旁托架,到前方墩安装									■			
预应力张拉,压浆												■

3. 劳动力使用情况表（表 5.2.2-2）

劳动力使用情况表

表 5.2.2-2

序　号	作　业　组	主要作业内容	人　　数		
			技术员	技工	普工
1	技术组	施工组织设计	3		
2	安全员	安全检查	1		
3	试验组	混凝土质量控制	2	2	1
4	桥工班	移动模架操作	4	15	5
5	钢筋班	钢筋的加工、安装	3	3	32
6	木工班	模板工程	2	3	25
7	混凝土班	混凝土拌制、运输	2	6	3
8	电工	电气维护		2	
9	张拉组	预应力工程	2	4	8
10	杂工班	混凝土浇筑、养护、凿毛	1	4	25

4. 外模板系统调整

1）外模板系统包括：调节螺杆、底模、侧模、翼板模。

2）为了保证预应力混凝土连续箱梁的外形，必须使底模具有合理的预拱度。预拱度分为两部分：一是根据理论计算钢箱梁和底模桁架在整个荷载加上后的挠度，并作荷载试验确认；二是设计为保证成桥线形所需要（同时考虑已浇梁段端头在后支点悬挂荷载作用下发生下挠对模架主梁挠度的影响）的预拱度值，由设计院提供。故最终的预拱度值需在荷载试验和设计院提供相关数值后再定出。

3）移动模架就位后，整个外模系统随移动模架整体就位，不需再次安装，只需对断面尺寸、纵向偏位和预拱度值进行微调。纵向偏位通过移动模架整体横移保证，预拱度通过横梁和底模间的支撑螺杆调整。

5. 内模板系统工程

1）内模板的安装和转运采用内模小车来完成。在绑扎、布置完底板、腹板钢筋和预应力管道后，用内模小车把前一孔箱内的内模分段地拆除、运送到本孔箱梁相应的位置后张开内模，并在初步调整好模板后把内模固定。如此往返，直到把全部内模初步装运安装完毕。

2）拆除、安装内模时要严格按照使用要求规定的顺序伸缩油缸，保证内模的顺利拆除和安装。

3）待全部内模安装以后，统一按照设计标高调整螺杆保证内模的高程满足设计要求。

4）安装底板齿块模板时要采取可靠的固定措施，如压重、设置锚固筋等方法，防止灌注混凝土时模板上浮。

6. 钢筋工程

1）移动模架顶面配备 1～2 台简易单轨龙门吊，龙门吊轨道安装在箱梁的翼缘板与腹板结合处翼板模表面，底板、腹板钢筋及预应力管道在已浇好的混凝土箱梁上分块预制好，分块长度为 12m，然后用龙门吊将预制好的钢筋骨架节段吊运进移动模架模床中安装。

2）底板钢筋、腹板钢筋和预应力管道分节段吊装、连接好，内模安装完成后，绑扎顶板和翼板钢筋，同时布设预应力管道。

3）钢筋之间的间距必须符合图纸要求，搭接长度、焊接长度、厚度及宽度等也必须满足规范和设计图纸的要求，在施工中必须特别注意钢筋保护层垫块的布设以保证保护层的厚度。

7. 预应力工程

1）预应力管道安装质量在很大程度上影响预应力张拉的质量。管道应按设计坐标安装顺直，每隔80cm设置定位钢筋一道。

2）预应力管道安装时应注意安装足够的管道排气管，在波纹管附近的地方作业时，应避免波纹管受到机械损伤或电焊、气割火花烧伤。

3）预应力钢材下料前应进行外观检查，有明显外观问题的钢绞线不得使用。

4）预应力钢绞线张拉按设计文件及施工规范要求，采用张拉吨位与延伸量双控。安装千斤顶，使千斤顶与管道中心线相重合，工具锚对中准确，钢绞线在工作锚与工具锚之间顺直。张拉程序：0→初应力10%→σ_k（持荷2min）→σ_k（最后补足锚固）。

5）张拉时要对箱梁上拱度进行观测，并做好上拱度记录。

6）预应力筋张拉后，马上按规范要求进行管道压浆。

对曲线孔道应从最低点的压浆孔压入，由最高点的排气孔排气。压浆顺序宜先压注下层孔道。压浆应缓慢、均匀、连续地进行，不得中断。

8. 浇筑混凝土

1）混凝土采用混凝土运输车进行场内运输，输送泵泵送入模。

2）整个箱梁混凝土采用先底板、腹板、最后顶板的施工顺序，纵向浇筑顺序为从低处向高处浇筑。

3）箱梁底板一次浇筑完毕，腹板施工时，混凝土必须分层浇筑，分层厚度为30cm。

4）浇筑腹板混凝土时，底板表面必须设置不小于30cm的反压模板，同时调整混凝土坍落度在120～140mm之间，防止腹板根部翻浆。

5）连续箱梁施工过程中设专人监测支架沉降并记录。

9. 混凝土连续箱梁施工注意事项

1）浇筑顺序为从箱梁的悬臂端开始浇筑，浇筑时要保证左右浇筑混凝土的数量基本保持一致，不至于使移动模架系统承受不均匀的荷载。

2）每段箱梁的底、腹板均应分层一次浇筑完毕，中间不留施工缝（水平向）。上层与下层浇筑距离不可过近（保持相距2.5m以上），避免未凝固的混凝土拌合物形成陡坡，发生混凝土离析的情况。

3）在倾斜面上浇筑混凝土时，应从低处开始逐层扩展升高，保持水平分层。分层浇筑厚度不大于30cm。

4）使用插入式振动棒时，提空移动间距不应超过振动棒作用半径的1.5倍，与侧模保持5～10cm的距离；分层浇筑时，插入下层混凝土5～10cm；每一处振动完毕后应边振动边徐徐提出振动棒；应避免振动棒碰撞模板、钢筋。

5）对每一振动部位，必须振动到该部位混凝土密实为止。密实的标志是混凝土停止下沉，不再冒出气泡、表面呈现平坦、泛浆。

6）试验人员必须严格控制好现场坍落度，按规范要求制做试件。

7）浇筑混凝土过程中须安排测量人员对支架沉降及变形进行观测监控，发现异样情况需及时报告，同时浇筑全过程安排模架操作人员随时检查移动模架系统受力部分的情况，木工班人员必须保证有3个人值班。

8）进行箱梁施工，必须特别注意预埋件的安装。

9）混凝土施工前，应由现场安全员负责组织相关人员按检查表进行全面的安全检查，检查中相关人员必须按表填写检查情况和处理措施，检查人员和当值施工员需签名。

10）在顶板混凝土的浇筑过程中，应采取措施保证箱梁顶面平整度，在处理好的混凝土顶面禁止人员走动，并在混凝土终凝后再盖麻袋养护。

5.2.3 移动模架在施工过程中的操作

1. 前墩三角托架及支撑台车的安装

1）前墩托架的安装

注：a. 所指托架的安装（或拆卸、转运）是指每套托架作为一个整体的安装（或拆卸、转运）；b. 所指前墩均为移动模架前导梁（40m 端）前端所对应的桥墩。

（1）将前端吊机支撑、防风缆绳解除，沿导梁上弦表面拖拉至前端桥墩顶上，下放支腿并与墩顶预埋地脚螺栓紧固，并将吊架与导梁端部连接。

（2）绑扎固定好提升两侧托架的钢丝绳（注意：确保吊点位于托架的重心上方），下放前端吊机两侧的吊钩，分别吊住两侧的托架，并逐一预紧，然后再提升到比安装位高些的位置（注意：三角托架牛腿应基本对正墩身预留孔）。

（3）利用手拉葫芦配合辅助夹具及提升卷扬机采用钓鱼法分别将左右两边托架牛腿横移到位，然后利用辅助夹具调整并预紧好托架。

（4）调平两边托架，对称分步张拉高强精轧螺纹钢筋固定三角托架，对每根精轧螺纹钢筋先各施加约 5t 的预紧力，使每根钢筋受力均匀，再按顺序逐根张拉至设计吨位，最后再逐根检查一遍。

2）支撑台车的安装

（1）用前墩吊机将支撑台车吊起 1.5m，清理干净四氟板滑块表面，并均匀涂抹上润滑脂。

（2）起吊并纵移到位。

（3）进行测量，保证支撑台车四氟板滑块中心线与托架上轨道中心线一致。

（4）落位后将四个限位销安装，并安装横移顶推滑座与横移油缸的连接销。

3）托架安装的要点及注意事项

（1）安装预留孔铰接支座前复测预留孔底面混凝土标高，误差应小于 3mm，钢板对位误差控制在 5mm 以内。

（2）就位张拉前，在上、下端梁与墩身之间各放置两个橡胶垫块，橡胶板厚度不宜超过 8mm。

（3）张拉力：每对托架张拉 20 条精轧螺纹钢（上端梁 18 条、下端梁 2 条），单束精轧螺纹钢束张拉力为 26.6t。

（4）张拉原则：对称张拉。

（5）张拉顺序：先下端梁精轧螺纹钢束，后上端梁精轧螺纹钢束，其中上端梁精轧螺纹钢束张拉顺序为先内后外，先中间后上下。

（6）张拉过程中需要控制的标高：单边托架内外侧高差小于 20mm（但要求外侧高于内侧），前后高差小于 8mm；两边托架高差（靠近墩身 2.5m 左右的位置）控制在 4mm 以内，否则横梁不能准确对位。

（7）三角托架上轨道不能有破损，安装、拆除、运输过程中必须认真保护。

2. 移动模架脱模及横移准备

1）移动模架脱模

（1）将前端吊机沿导梁上弦表面拖拉到主箱梁和导梁接头处，作好支撑，拉好防风缆绳。

（2）支撑台车横移就位，确保两侧各车轮轮缘与轨道侧面间隙基本相等，车轮轴与轨道纵向中心线垂直，安装限位销。

（3）启动顶升悬挂系统液压泵站和顶升系统液压泵站，整体下放模架主梁，实现整体脱模。

（4）将纵移油缸和安全反钩（即限位顶推滑座加调节螺杆）安装就位。

2）移动模架横移

（1）将前端吊机中间连接螺栓解除。

（2）将外模板两底模板之间连接螺栓解除，然后将两底模框架之间连接垫座的单边螺栓解除。

（3）将横梁桁架的连接螺栓解除。

（4）同时开启左右两边四个驱动液压泵站，模架以桥墩纵向中心线为基准，从中间向左右两边分离并横移到位。

（5）左右两边各运行 3m，油泵卸荷，不得解除横移油缸与顶推滑座的连接。

（6）检查模架轴线与桥梁轴线是否平行，底膜内侧边缘距离桥墩墩帽的宽度是否 100mm 以上，若不符合，需要纠偏。

3）脱模及横移注意事项

（1）顶升油缸动作尽量保持一致，不同步误差不大于 20mm。

（2）模架要准确地落在支撑台车的车轮踏面上，否则需要通过横移支撑台车达到要求。

（3）两边的横移需要基本保证同步进行。

（4）随时观察墩旁托架与桥墩之间的垫块是否密贴，模架动作是否平稳。

3. 模架纵移就位

1）同时开启左右两边液压泵站，操纵纵移油缸手动换向阀手柄向后或向前，油缸伸或缩，逐次推动模架向前纵移过孔。

2）就位后将安全反钩与纵移孔板连接。

3）注意事项

（1）两边主梁的纵移要基本同步进行，不同步误差不大于 500mm。

（2）特别注意纵移顶推滑座与纵移孔板，防止出现卡阻现象。

（3）当主梁前后端处于最大悬臂时，要特别仔细缓慢驱动油缸。

（4）密切监视墩旁托架上的精轧螺纹钢和垫块情况。

4. 模架横移合拢

1）移动模架以桥墩纵向中心线为基准，从左右两边向中间合拢，按照模架分离操作步骤的相反动作操作。

2）左右两边横移各距桥墩纵向中心线 100mm 时，需停止动作，仔细检查横梁桁架中间锥销与孔是否能穿合，否则需用外力调整个别横梁桁架或通过单边模架移位整体调整所有桁架的对孔位，然后继续缓慢横移使之合拢。

3）安装横梁桁架连接螺栓。

4）安装外模两底模板之间连接螺栓，及两底模框架之间连接垫座螺栓。

5）安装前端吊架联体螺栓。

5. 模架及底模就位

模架通过顶升油缸就位。

1）启动顶升系统液压泵站，顶升油缸（机械自锁千斤顶）上升。此步骤需要四个顶升油缸同时操作，动作须保持一致。

2）模架基本到位时，将手动换向阀手柄置于中位，然后分别对前后左右四个顶升油缸进行操作，直到模架准确就位，这可能需要重复几次这样的操作。

3）锁紧四个顶升油缸的机械锁紧螺母。

4）用螺旋千斤顶将主箱梁与桥墩帽和墩角顶住，以防止模架在水平面内移动。

5）顶升过程中注意观察横梁连接部位，出现异响应停止操作，查明原因。

6. 后支点悬挂的前移及安装

利用桥面吊机将后支点悬挂梁前移就位。

1）后支点悬挂梁就位后，用螺旋千斤顶将其顶起。

2）将垫块放置于距离悬挂油缸作用位置内侧合适的位置。

3）穿精轧螺纹钢束并对其张拉，每条张拉力为 25t。

4）安装悬挂油缸。混凝土浇筑过程中启动两个顶升悬挂液压泵站，当悬挂油缸工作压力升至 45MPa 时，悬挂处于保压状态，油泵处于卸荷状态；当工作压力升至 52MPa，悬挂回路卸荷；当工作压力低于 45MPa 时，油泵重新启动并向悬挂回路供压力油，如此保证后悬挂梁对箱梁的力不大于

300t。此步骤需要两个悬挂油缸同时操作，动作尽量保持一致。

7. 墩旁托架及支撑台车的拆卸及转运

1）已浇筑箱梁适当位置设预留孔，通过卷扬机（5t 或 8t）拆卸墩旁托架及支撑台车。

2）操作方法与墩旁托架和支撑台车的安装相同，顺序相反。

3）通过浮吊或平板车转运。（注意：做好防护措施，避免破损，油管口必须包扎，防止进入杂物、灰尘。）

5.2.4 移动模架拆除

1. 混凝土箱梁面预留孔、预埋件

1）在箱梁面相应位置预留用来下放后导梁的孔洞。

2）在箱梁面相应位置预留用来下放牛腿的孔洞。

3）预留用来拆散横联的孔洞。

4）预留安装滑轮组和精轧螺纹钢的孔洞。

5）在箱梁面预埋工字钢作为卷扬机、转向滑轮的后锚。

6）在吊架安装位置预埋锚固钢筋。

7）在桥面预留进人孔方便以后作业。

2. 贝雷梁、工字钢、吊架准备

贝雷梁、工字钢、吊架等均与起吊时所用材料相同，需要检查材料是否完整。

3. 在水面上搭设拆卸平台

1）在模架拆除桥孔的两端桥墩承台上架设贝雷梁，并在两端桥墩之间搭设钢管桩平台作为临时支撑。

2）移动模架最终下放到位后，需要注意防止海水侵蚀模架钢构件。

4. 安装吊架及起重系统

与模架安装施工序类似。

1）通过在已浇混凝土箱梁表面预埋的地脚螺栓安装固定吊架支撑钢管，在钢管脚内外浇筑 50cm 混凝土固定。

2）在钢管顶上横桥向吊装预先拼装好的承重贝雷大梁，将贝雷梁与支撑钢管顶部紧固在一起。

3）在贝雷大梁两悬臂端上起重系统：扁担梁、滑轮组、转向滑车等，牵引用 8t 卷扬机固定在箱梁面上。

5. 移动模架移机及拆除模板

1）移动模架脱模后，左右分离并横移到最外侧。

2）主梁与墩身之间临时固定，保证拆除模扳时主梁的稳定。

3）利用桥面吊机按规定顺序分段拆除模板。每段拆除时候先拆除附带螺杆等配件，再拆翼板及框架，最后拆除底模板及框架。

4）模板全部拆除后，拆除配重梁，左右两边对称拆除。

5）利用预留孔拆除横梁，使下放时主梁重量减到最轻。

6）主梁横移到下放位置。

7）主梁纵移到下放位置准备下放。

6. 安装主梁上的吊点转换架，并与起重系统动滑轮组连接，分别预紧四个吊点卷扬机的钢丝绳，将两条主梁同步起吊悬空，调整主梁水平。

7. 拆除所有三角托架、支撑台车。

8. 下放主梁

启动卷扬机同步下放两边主梁。下放过程需要统一指挥四台卷扬机同步进行，随时调整主梁水平。

9. 拆卸、转运主梁

6. 材料与设备

本工法未使用需特别说明的材料，采用的主要机具设备见表 6。

配套施工设备表 表 6

序 号	名 称	设备型号	单 位	数 量	用 途
1	移动模架	CDMss50/1200	套	1	
2	电焊机		台	8	钢筋施工
3	砂轮切割机		台	2	预应力材料切割
4	钢筋切断机		台	1	钢筋施工
5	钢筋弯曲机		台	1	钢筋施工
6	插入式振捣器		台	12	混凝土施工
7	卷扬机	8t	台	4	用于安装、拆除托架
8	链条葫芦	10t	台	8	配合安装、拆除托架
9	混凝土拌合站	2000l	座	2	
10	混凝土输送泵	80m³/h	台	2	
11	混凝土搅拌运输车	6m³	台	4	
12	张拉千斤顶	25t	台	2	横向预应力张拉
13	张拉千斤顶	100t	台	2	三角托架安装
14	张拉千斤顶	250t	台	4	纵向预应力张拉
15	张拉千斤顶	400t	台	2	纵向预应力张拉
16	人字桅杆浮吊	50t	台	1	用于水中转运托架、台车等
17	油泵		台	4	预应力张拉
18	净浆搅拌机		台	2	预应力管道压浆
19	压浆泵		台	2	预应力管道压浆
20	真空吸浆泵		台	1	预应力管道压浆
21	水泵		台	2	养护
22	汽车吊	25t	台	1	配合施工材料的装、卸车
23	汽车	8t	台	1	转运施工材料
24	简易门吊	5t	台	2	钢筋骨架安装
25	螺旋千斤顶	20t	台	4	校正模板
26	P 锚挤压机		台	2	P 锚挤压

7. 质量控制

7.1 质量标准

7.1.1 移动模架现浇箱梁施工中须满足以下文件有关要求：

1) 施工合同书（含技术规范）；

2) 设计图纸文件；

3)《公路桥涵施工技术规范》JTJ 041—2000；

4)《公路工程质量检验评定标准》TJT 071—98；

5)《公路工程施工安全技术规程》JTJ 076—95。

7.1.2 箱梁混凝土配合比的合理选用。因为其每一孔施工梁段的混凝土数量都比较大（400～500m³），而且有钢筋和预应力管道比较密集，浇筑时间长的特点，所以在选用配合比时不但要考虑其满足必要的强度和水泥用量的问题，还要考虑其混凝土的初凝时间、工作性能、对施工气温的适应程度等等问题。混凝土要选用减水性能高的减水剂和掺加适量的粉煤灰，在箱梁的施工期间要根据不同的温度环境和骨料的含水率随时调整施工配合比。

7.1.3 作为箱梁施工的材料，如：钢筋、水泥、沙石料、减水剂、粉煤灰、钢绞线、锚具等材料必须按照《公路桥涵施工技术规范》的有关规定进行检验试验，不合格的材料不得使用，同时对以上材料在存放期间需要采取必要的保护措施，避免材料发生受污染或生锈等影响质量的问题。

7.1.4 工地试验室的试验器械、预应力工程使用的千斤顶、油表，拌合楼的电子秤、流量计等必须定期委托有资质的单位进行，标定的频率按《公路桥涵施工技术规范》的有关规定执行。

7.1.5 箱梁预应力工程如预应力材料的保护、预应力材料的下料、预应力管道定位、预应力筋张拉、预应力孔道压浆等质量检查和质量标准按《公路桥涵施工技术规范》中预应力混凝土工程有关规定执行；预应力工程的安装过程中，特别需要注意锚具的安装位置、角度和管道的坐标，必须保证预应力管道的准确和平顺；在浇筑混凝土的过程中必须有人值班，随时对管道进行疏通，避免管道的堵塞，混凝土浇筑完成后还要对管道进行通水检验，及时处理堵塞的管道。如表 7.1.5 所示。

后张法预应力筋制做安装允许偏差　　　　　　　　　　　　　　表 7.1.5

项　　　　目		允许偏差（mm）
管道坐标	梁长方向	30
	梁高方向	10
管道间距	同排	10
	上下层	10

7.1.6 箱梁钢筋工程如钢筋加工、钢筋连接、钢筋网绑扎等尺寸和位置必须准确、绑扎要牢靠，要注意混凝土垫块的位置和数量，保证保护层的尺寸，施工过程要严格执行三检制度。

7.1.7 每一次移动模架系统合拢顶升之前需要在已浇箱梁的端头和待施工箱梁的墩顶进行箱梁中线的放样，然后根据中线合拢并顶升移动模架系统；直至移动模架系统的后端模板与已浇筑的箱梁紧贴和前端墩身位置的标高与设计相符，最后锁紧液压千斤顶。

7.1.8 调整箱梁模板的标高时，需要考虑箱梁的设计线线形和箱梁预拱度的因素，同时箱梁线形及断面尺寸标准按《公路桥涵施工技术规范》质量标准执行。具体的控制方法是：底板左右倒角处作为纵向标高控制线，左右翼板上各设置 1 条标高控制线，控制线上在每块模板的角点作为高程控制点，根据测量数据确保箱梁线形；在控制桥面平整度时，在顶板钢筋上纵向设置 5 排控制点（纵横间距以 3m 为宜），纵向控制点之间采用 L8 角钢按照测量高程进行连接，混凝土浇筑时以此角钢底面标高为标准收浆抹平，确保箱梁表面平整度及标高符合要求；在控制模板、标高控制点的高程时要考虑预拱度的影响，同时在浇筑混凝土的过程中要观测箱梁的挠度，并对挠度进行数理统计和分析，作为下一孔箱梁预拱度设置的依据（表 7.1.8）。

箱梁模板安装标准　　　　　　　　　　　　　　表 7.1.8

项　　目	允许偏差（mm）	项　　目	允许偏差（mm）
模板标高	±10	模板相邻两板表面高差	2
模板内部尺寸	+5,0	模板表面平整	5
轴线偏位	10		

7.1.9 要建立完善的质量控制体系，对所有的工序均需要进行交接检或三检制度，并留下检查记录。

7.1.10 每次箱梁混凝土浇筑之前必须组织人员对整个移动模架系统进行全面的机械、安全、质量检查，所有的检查项目均达到规定后方可以浇筑混凝土（表7.1.10）。

移动模架系统检查表　　　　　　　　　　　　　　　　　　　　表7.1.10

幅～孔50m箱梁　　　　　　　　　　　　　　　　　　　　　　　　年　月　日

		检查结果	处理意见	复检情况
主梁检查	连接板及螺栓是否松动			
	腹板是否变形			
	顶板、底板是否变形			
	牛腿及周围钢板是否异常			
	主梁与导梁是否顺直			
	自锁装置是否按要求安装			
导梁检查	连接板及螺栓是否松动			
	腹板是否变形			
	桁架是否变形			
横梁	焊缝是否异常			
	螺栓是否松动			
外模板	撑杆是否异常			
	模板变形情况			
	螺栓连接情况			
	断面尺寸是否符合要求			
内模板	内模小车是否正常			
	撑杆是否支撑牢固			
	模板变形情况			
	断面尺寸是否符合要求			
后支点悬挂	千斤顶及油泵是否正常			
	千斤顶的支垫情况			
	连接油管是否漏油			
	钢箱梁位置是否正确			
	精轧螺纹钢是否安装垂直			
	精轧螺纹钢是否试拉(每使用3次)			
	钢箱梁是否有保护垫座			
	液压系统的保养情况			
	机械系统的保养情况			
	文明施工			
	安全设施			

施工员：　　　　专业队：　　　　质检：　　　　安全：　　　　项目领导：

7.2 质量控制制度

完善的制度是工程质量控制的必要手段。

7.2.1 建立、健全质量保证体系，推行全面质量管理制度，制定和完善岗位质量规范、质量责任及考核办法。

7.2.2 由总工程师组织各专业工程师，按照技术规范和操作规程，完善各工序、各专业质量检测制度，并在施工中认真贯彻执行。

7.2.3 施工各相关部门和人员均对各自所承担的施工任务的工程质量负责，严格执行质量奖惩制度。

7.2.4 各分项工程、各工序施工前应做好一切准备工作（包括施工人员、机械设备、材料的准备，施工计划和实施方案的制定），施工中应按核技术规范、施工图设计和有关规定严格执行。

7.2.5 要建立详细的材料、产品标识和可追溯性制度，严格按照 ISO 9001 质量控制体系的要求建立产品标识和可追溯性文件。

7.2.6 加强过程控制：按照程序文件 MP0901《施工过程控制程序》的要求进行过程控制，特别是各工序，应严格按程序进行检查即三检（自检、交接检、复检），保证符合设计和施工技术规范的要求。

7.2.7 加强检验和试验制度：项目部要设立工地临时试验室，负责本工程项目的水泥、钢材、砂、石、土料、混凝土试件抗压强度等的检验和试验。其程序按照程序文件 MP1001《施工检验和试验程序》、MP1301《不合格品控制程序》控制。

8. 安 全 措 施

8.1 一般安全措施

8.1.1 进入施工场地的作业人员，必须穿防滑鞋，戴安全帽，悬空悬臂作业地段必须系扣好安全带方可进行作业。

8.1.2 箱梁模板拆除后，桥面必须安装防护栏。

8.1.3 在箱梁混凝土浇筑前，必须组织相关人员对移动模架各部分按专用检查表逐项进行检查验收，确认安全后方可进行混凝土浇筑。

8.1.4 在混凝土浇筑过程中，测量部门应对箱梁施工过程进行监控。

8.1.5 箱梁施工各项安全防护工作，由安全部门布置落实并进行监控。

8.1.6 各员工必须认真遵守各自的安全操作规程，对施工场地挂设的施工标志、安全警示牌，未经安全部门同意，不准随意拆除或破坏，违者按相关规定处罚。

8.1.7 凡使用气割班组，氧气瓶、乙瓶必须用挂蓝吊运，禁止用麻绳等物捆绑吊运，氧气瓶、乙瓶在施工场地应竖放、间距为 5m 以上，离动火点 10m 以上，违者一经发现罚款 200 元，应此造成事故者，追究当事者及班组长的责任。

8.1.8 作业人员上班前一律不准喝酒，不准在工作作业场所打闹、嬉戏，看书报等。

8.1.9 高处作业人员禁止向下抛物，违者一经发现罚款 200 元，因此造成事故者追究当事人的责任。

8.2 墩旁托架及支撑台车的安装

8.2.1 每次安装托架之前必须对托架进行焊缝、变形等内容的检查，检查合格后方可使用。

8.2.2 墩身预留孔必须清理干净，并复测保证左右高差控制在允许范围内，如果高差超出允许范围时采用垫钢板的方案解决。

8.2.3 用卷扬机作为起吊设备，每次使用前要对其电气和钢丝绳进行检查，并进行试机。

8.2.4 墩旁三角托架精轧螺纹钢束分多次施加预应力，每根最终张力为 26.6t，以保证墩旁托架与墩身密贴并使每根精轧螺纹钢束受力均匀（表 8.2.4）。

8.2.5 墩旁托架的上下端梁必须用垫块使其与墩身密贴。

8.2.6 墩旁托架必须调平，左右托架的安装高差不得大于 15mm。

8.2.7 精轧螺纹钢束不得有损伤，必须采用 PVC 管进行保护。

8.2.8 将托架上轨道面安装前先清洗、擦干、涂机油。

8.2.9 检查支撑台车的四氟板滑块，若有破损必须更换，就位后将四个限位销安装。

8.3 移动模架脱模、分模及横移

8.3.1 脱模前对液压泵站进行电液检查。（按《液压系统使用说明书》）

移动模架托架精轧螺纹钢张拉记录表 表 8.2.4

墩　　号			张 拉 日 期			设计张拉力	
精扎螺纹钢编号	千斤顶/油表编号		张拉应力值(T)			是否有异常情况	
1							
2							
3							
4							
5							
6							
7							
8							
9							
10							
11							
12							
13							
14							
15							
16							
17							
18							
19							
20							
21							
22							
23							
24							
25							
26							

张拉后托架 相对标高值(mm) 纵向：5mm 横向：15mm	左　托　架				右　托　架			
	①	②	③	④	①	②	③	④

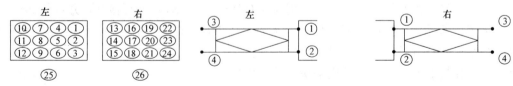

施工员：　　　　张拉：　　　　质检：　　　　测量：　　　　项目领导：

8.3.2 张拉完成后，必须先解除后支点悬挂。

8.3.3 液压操作须做到缓慢且基本同步，不同步误差小于 10mm。

8.3.4 主梁下降时，随时注意主钢箱梁轨道与支撑台车轮子的接触，确保准确就位。（注意支撑台车横桥向中心线应确保平行于托架轨道）

8.3.5 横移前仔细检查底模、框架、横梁的连接是否解除完全。

8.3.6 在主梁横移之前，必须清理移动模架上所有杂物，且内侧不得有附加荷载。

8.3.7 必须松开垂直顶升油缸的快速接头。

8.3.8 支撑台车纵向安全反钩必须安装。

8.3.9 对液压系统进行检查，确保安全稳定运行。

8.3.10 在横移过程中，必须保证左右两侧主梁横移基本同步。

8.3.11 密切观察墩旁托架与桥墩之间的各垫块是否密贴，保证贴紧。

8.3.12 横移到位后不得解除横移油缸与顶推滑座的连接，将支撑台车的限位销安装。

8.3.13 横移过程中应密切注意液压管路，防止卡位或被设备挤压等。

移动模架合模的注意事项与分模横移相同。

8.4　移动模架纵移

8.4.1 清理移动模架上的杂物，不得有附加载荷。

8.4.2 对液压泵站进行电液检查。

8.4.3 液压操作必须缓慢且基本同步，不同步误差小于一个油缸（50cm）的行程。

8.4.4 随时注意主钢箱梁轨道与支撑台车轮子边缘的距离，注意纠偏，不能出现卡阻现象。

8.4.5 随时注意纵移顶推滑座与纵移孔板，避免出现卡阻时还继续操作液压系统。

8.4.6 密切观察墩旁托架与桥墩之间的垫块是否密贴，保证贴紧。

8.4.7 密切注意前导梁头部是否能上前方桥墩的支撑台车。

8.4.8 纵移到位后不得解除纵移油缸与顶推滑座的连接，且安装上支撑反钩。

8.4.9 前两孔前移后，应对主梁连接螺栓重新全面检查紧固。

8.5　混凝土箱梁浇筑状态

8.5.1 对液压泵站进行电液检查。

8.5.2 支承主框架的四个垂直油缸机械螺母必须锁定，或旁边机械顶已顶牢，并防止其倾翻。

8.5.3 用螺旋千斤顶将主箱梁与桥墩帽和墩角顶住，以防止移动模架在水平面内移动。

8.5.4 随时检查模床中缝的连接，底模框架上螺杆的支撑是否安全可靠。

8.6　内模支撑和移动

8.6.1 不得使用内模小车作推动它物用。

8.6.2 内模小车在作内模板收缩动作时，尽量平衡，以防侧倾。

8.6.3 内模小车走行前需对轨道和周边障碍物进行清理。

8.6.4 退出内模小车后应及时安装支撑杆。

8.6.5 注意内模小车收放电缆时，避免被钢筋骨架拉伤而漏电。

9. 环 保 措 施

中华人民共和国环境保护法第二十四条：产生环境污染和其他公害的单位必须把环境保护工作纳入计划，建立环境保护责任制度。采用本工法施工应明确环境保护的相关责任制，对环境因素进行分析、评价，采取有效的措施，将环保工作纳入日常工作操作程序。同时，与地方环保部门联系，由地方环保部门对项目的环保工作实施监控。

移动模架在施工过程中主要使用下列设备、设施：移动模架、电焊机、乙炔焰割、砂轮切割机、卷扬机、插入式振捣器、链条葫芦、混凝土拌合站、混凝土搅拌运输车、张拉千斤顶、油泵、水泵、汽车吊、汽车、P锚挤压机、人字桅杆浮吊船。移动模架在施工过程中主要污染源是废焊条、混凝土废渣、烟尘排放、废油、棉纱头等。

9.1　根据中华人民共和国固体废物污染环境防治法第十五条、第十六条、第十七条、第三十五条规定，移动模架在施工前应对相关操作人员进行岗前培训，操作中佩带相关防护用品。各相关部门、各工班负责人经常向下属员工进行节约资源、减少废弃物产生的宣传教育工作，指导对废弃物进行分类的操作，并制定各种措施减少各操作岗位产生的废弃物。

9.2 对废油类、油棉纱头、废油漆等油性废物，为防止流失污染环境，采用在相应施工地点配置贮存容器进行回收，再统一运输到指定地点集中处理。

9.3 对废焊条、废钢筋、混凝土废渣等固体废物应统一清理、集中、定点存放，以进行分类处理，综合回收利用，防止过程中沿途丢弃遗撒，减少对环境的污染。

9.4 对水泥粉尘、便道扬尘等烟尘污染采用有针对性的措施进行控制，保持场地整洁。主要是做好混凝土拌合站设备的维护，抑制水泥粉尘的产生，场地便道路面应进行硬化处理，并安排专人定时洒水防尘，必要时在施工场地出入口处应设置车辆车轮清洗水槽，防止运输车辆污染周边道路路面。

9.5 日常环境保护工作由各施工负责人管理，各相关部门进行监控。

9.6 对操作人员要采取措施防止高温伤害。主要是箱梁浇筑完成后，要通过设置鼓风机、铺设喷雾水管等措施，加强箱梁内的通风散热，改善预应力张拉、内模拆装工序的工人操作环境。

10. 效 益 分 析

10.1 经济效益

10.1.1 总体方案创造的效益

湛江海湾大桥施工中共投入四套 CDMss50/1200 移动模架用于东西两岸水中引桥 50m 跨连续箱梁的施工，若与采用搭设支架进行施工的方案对比，节约人工成本、周转材料和机械设备使用费用共约 1250 万元，节约工期 15 个月。

10.1.2 科技创新创造的经济效益

1. 内模施工方案的比较

内模施工可采用内模小车进行内模施工，也可采用人工进行内模施工，两相比较，前者比后者直接节约成本 26.33 万元。

2. 墩旁托架及支撑台车安装方案的比较

墩旁托架及支撑台车的安装可用前端吊机，也可用浮吊来安装，两相比较，前者比后者直接节约成本约 150 万元。

3. 外模板设计方案的比较

外模板设计成分体式可循环利用的模板，也可设计为一体式大块常规模板，两相比较，前者比后者节约成本 62.4 万元。

4. 移动模架支撑方式的方案比较

移动模架支撑可采用托架附带牛腿与墩身预留孔配合的支撑方式，也可采用托架通过钢管在承台上的支撑方式，两相比较，前者比后者节约成本约 165 万元。

5. 主梁拼装方案的比较

主梁可整体吊装，也可在空中悬拼，两相比较，前者比后者节约成本约 74.02 万元。

综上所述，施工中使用一套 CDMss50/1200 移动模架，科技创新创造的经济效益约为 477.75 万元。

10.2 社会效益

1. CDMss50/1200 移动模架施工工法机械化程度高，重复的工序易于掌握，改善了工人的施工环境，极大地降低了工人的劳动强度。

2. CDMss50/1200 移动模架采用可循环使用的模块式模床设计，整个外模系统对不同截面形式的桥梁可以最大限度重新组合，重复使用，更为经济、环保节能。

3. 使用本工法施工，相比传统的支架现浇施工大大缩短了工期，施工质量高，安全可靠，环保节能，为湛江海湾大桥的早日通车做出了巨大的贡献，促进了当地经济的发展，提高人民的生活水平。

4. 本工法在湛江海湾大桥成功实施，大大提高了工作效率，降低了工程成本，使我国桥梁施工的总体水平有了进一步的发展和提高。

11. 应用实例

11.1 应用实例一

湛江海湾大桥系广东省"十五"重点建设项目之一，起于湛江市坡头区，于湛江市平乐渡口上游1.3km 处跨越麻斜海湾，止于湛江市乐山大道。大桥全长 3981.17m，主桥全长 840m，为双塔双索面斜拉桥，跨径组合（60＋120＋480＋120＋60）m。引桥分左右两幅，水上东、西引桥全长 1700m，其东岸引桥上部构造为两联 9×50m 跨、西岸引桥两联 8×50m 跨等高度预应力混凝土连续桥梁，单箱单室，单幅单跨箱梁重 1000t，设计文件要求采用移动模架现浇施工，桥墩为空心薄壁墩，墩高19.2～52.2m。

湛江海湾大桥适合使用移动模架工法施工的特点：

1. 预应力混凝土箱梁基本在水中：东西四联 34 孔箱梁中只有 28 号、67 号孔位于岸上其余均处于水中；

2. 墩身高：最低的墩身高度为 19.2m，最高的墩身高度为 52.2m，所有的均为高墩水中施工，采用水中搭设支承平台再用支架施工不现实；

3. 箱梁自重大：第一孔箱梁施工自重为 1200t（计人群施工荷载为 1320t），普通孔为 1000t（1100t）；

4. 施工工期紧：采用支架施工不能满足工期要求；

5. 美观要求高：大桥兼有城市桥梁和城市标志的功能，对外观要求甚高，支架施工的沉降大，外观线形不易控制。

CDMss50/1200 移动模架于 2005 年 2 月完成全部设计和加工后投入湛江海湾大桥使用，经支撑体系试验及整机荷载试验后于 2005 年 7 月浇筑第一次混凝土，至 2006 年 9 月顺利完成全部 68 跨预应力混凝土连续箱梁现浇施工任务。

通过移动模架系统托架和预留孔试验结果表明：CDMss50/1200 移动模架系统的托架和支撑托架的墩身预留孔下部混凝土在力学性能上能满足设计和使用要求。通过移动模架系统整机试验结果表明：CDMss50/1200 移动模架具有足够的强度、刚度安全储备，实桥预拱度达到了预期目标，走行过程中导梁的受力是安全的，无失稳和屈曲现象发生。

11.2 应用实例二

金塘大桥连接浙江省金塘岛与宁波市，是舟山大陆连岛工程中的第五座大桥，在舟山连岛工程中投资最大，技术最关键。该桥起于金塘岛上雄鹅嘴，接西堠门大桥，经化成寺水库、茅岭、沥港水道和灰鳖洋海域，止于宁波镇海，接宁波连接线，长 26.54km，其中金塘侧引桥（K28＋948～K29＋955m、A0～A23 墩）全长 1007m，桥跨布置为 2×（5×30）＋2×（7×50）m，50m 跨径预应力混凝土连续箱梁单幅单跨重 1200t，设计文件要求采用移动模架施工，下部构造采用花瓶形实体墩，墩高20.381～35.355m。

金塘大桥适合使用移动模架工法施工的特点：

1. 墩身高：最低的墩身高度为 20.381m，最高的墩身高度为 35.355m，采用支架施工不经济且不安全；

2. 施工工期紧：该段合同工期至 2008 年 5 月，采用支架施工不能满足工期要求；

3. 美观要求高：金塘大桥工程规模较大，业主对外观要求甚高，支架施工的沉降大，外观线形不易控制；

4. 箱梁自重大：第一孔箱梁施工自重为 1500t（计人群施工荷载为 1620t），普通孔为 1200t（1300t）；

CDMss50/1200 移动模架于 2006 年 12 月从湛江海湾大桥转运至金塘大桥使用，经拼装后于 2007 年 4 月浇筑首跨混凝土箱梁，至目前移动模架施工较为顺利，左右幅箱梁均已完成现浇施工。

煤矸石填方路基施工工法

YJGF235—2006

中交第一公路工程局有限公司

胡益众　谢建怀

1. 前　　言

　　煤矸石是煤在形成过程中与煤伴生或共生的一种岩石，是煤炭开采生产的废弃物。煤矿的排矸石量占煤炭开采量的 10%～25%，是矿区有待开发利用的最大废弃物。

　　我单位在一级公路 102 国道改建工程京郊三河段，使用煤矸石填筑路基取得成功。又在河南平临高速公路 NO4 标再次使用煤矸石填筑高速公路路基也取得了很好经济效益和社会效益。

　　煤矸石是一种废弃物，不利用既污染环境，又占用土地。煤矸石用于填筑路基，有方便施工，板结、强度高、稳定性好的特性。借助本工法的宣传作用，会加速煤矸石的广泛应用，煤矸石在路基上的利用，将使废弃的煤矸石由原来需要花钱处理，变成很受欢迎的工程材料，并可减少土方取用对环境造成的破坏。

　　由于这是一项一举多得的好事，为了便于在有条件的地方得到推广使用，我们于编了本工法。该工法在总结以上两次施工经验的基础上编写的。被评为局级和集团级工法。该工法在平临高速公路、漯平高速公路成功使用，得到了当地政府、业主的好评。

2. 工 法 特 点

　　2.1　煤矸石 CBR 高，一般达到 20%～35%，远远高于路基施工规范要求的 CBR 最小值 8%，也大大的高于各类土的 CBR 值；其压碎值偏大，一般达到 20%～30% 之间；

　　2.2　煤矸石的压缩系数较小，压缩模量较高，由于含有三氧化二铝、二氧化硅、三氧化二铁等活性物质，具有一定的板结作用，所以路基强度远高于土路基，具有良好的力学性能。路基的整体弯沉较小，一般在 30～80 (1/100mm) 之间，并且较均匀。

　　2.3　煤矸石路堤具有施工效率高，施工质量易保证，经济并有利于环保的特点。

3. 适 用 范 围

　　煤矸石可以应用于二级以上公路的路堤、路床填筑，其他公路的路堤、路床填筑、及路面底基层填筑。

4. 工 艺 原 理

　　煤矸石做填料，它与土石做填料的土石路堤或者是软石做填料的路堤施工工艺基本一样。

　　由于煤矸石是含碳岩石和其他岩石的混合物，随着煤层地质年代、地区、成矿条件的不同，煤矸石的矿物成分、化学成分各不相同，尤其是膨胀物质高岭石、伊力石、蒙脱石等成分含量多少对膨胀量的影响最大。煤矸石在自然力的作用易风化，为防止煤矸石在自然力的作用下的风化和在水的作用下，引起在路基中的崩解，膨胀现象发生，保证煤矸石路基的强度与稳定性，煤矸石路基下层需要设置土质隔离层，宜有较适宜排水横坡，路堤边坡应设置包边黏土边坡、封顶层、碎石盲沟（见图4），以利封水、排水和抵抗自然力对路堤边坡的风化作用（图4）。

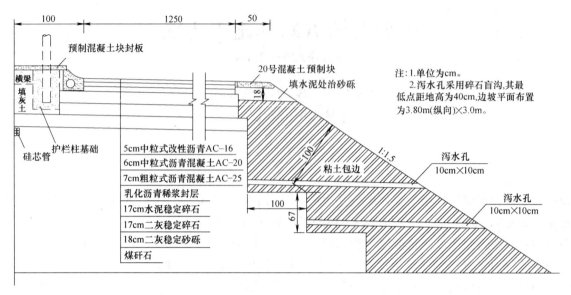

图4 煤矸石填方路基结构形式示意图

5. 施工工艺流程及操作要点

5.1 施工工艺流程（图5.1）

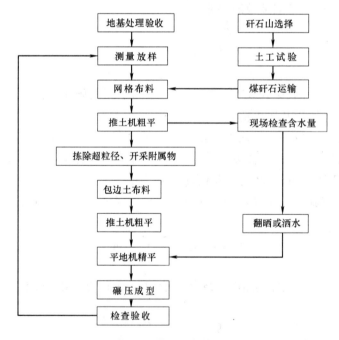

图5.1 施工工艺流程

5.2 操作要点

5.2.1 准备工作

1. 施工测量：路基开工前，测量人员全面恢复中线，钉出中、边桩，并固定路线主要控制桩。

2. 地基处理：清除路基用地范围内表土、腐殖土、草皮等杂物，运到指定的地点，按设计要求处理、验收地基。

5.2.2 试铺试验路段

通过试验段的填筑，检验施工机械功能、机械组合、人员配制是否合理，是否能达到设计要求；通过试验段的填筑，确定煤矸石填筑路基的松铺厚度、压实速度、压实遍数等工艺参数，以利指导大规模施工。试验段的各项技术指标，经检测合格并得到监理签认后，方可施工。

5.2.3 煤矸石路基填筑

1. 用黏土按设要求填筑隔离层

2. 运输煤矸石、包边土

采用装载机或挖掘机装料，15t 自卸汽车运输煤矸石，8t 自卸汽车运输包边土。

3. 布料及摊铺

在已检验合格的路基上，用全站仪测中线控制桩。沿路线方向每 20m 设一桩，并用水准仪测其横断面高程，准确定出边桩，确定填筑煤矸石范围及包边土范围，最下层包边土宽度宜按 280cm 宽度填筑。实际填筑宽度比设计超宽 30cm，用石灰划出的方格网，开始上料布料，采用推土机摊料初平。

4. 碾压

在自卸汽车按布料网格卸料后，按如下顺序进行操作：

推土机摊料初平→平地机精平→20t 压路机静压 1 遍→20t 压路机碾压 5～6 遍→压路机静压 1 遍。

5. 碾压注意事项：

1) 碾压前应对填土层的松铺厚度进行检查，符合要求后方可进行碾压。

2) 碾压时应控制其含水量比最佳压实含水量大 2%。

3) 压实应遵照先轻后重、由路边至路中、先慢后快的原则，直至达到规范要求压实度为止，要把路基边缘补压二至三遍，确保压实度达到技术规范要求。

4) 采用振动压路机碾压时，第一遍应不振动静压，然后先慢后快，先弱振，后强振。

5) 各种压路机的碾压行驶速度开始时宜用慢速，最大速度不宜超过 4km/h；碾压时直线段由两边向中间，小半径曲线段由内侧向外侧，纵向进退式进行，轮迹重叠 0.15～0.20m；横向接头对振动压路机一般重叠 0.5～1.0m，应达到无漏压、无死角，确保碾压均匀。

5.2.4 煤矸石路基填筑注意事项：

1. 压实后的路基表面，不应出现轮迹、松散、坑槽、软弹、沉陷等现象；填筑下部路堤时，横坡宜稍大，以利于排水；稳压后应采用细料将表面空隙填实；包边土应与煤矸石同时填筑，同时碾压，并达到规定的压实度要求。

2. 注意拣除超粒径煤矸石块及开采附属物，推土机摊料初平、平地机整平时，仍有可能发现有超粒径的煤矸石块及开采附属物，必须派人挖除和清拣，装载机配合，集中堆放，清理出场。

3. 煤矸石含水量偏大时，路基会出现"弹簧"现象，应及时翻晒或挖除换填。在天气干燥的情况下，路基表面应经常洒水并压实，防止"浮土"现象的发生。

4. 因煤矸石本身具有较高的强度，故每层煤矸石路基报验合格后，应进行洒水养生防止失水开裂，以保证路基的整体强度、稳定性。

5. 原地面整平、压实，经监理工程师验收合格后方可进行路基填筑，填筑路基宜采用水平分层填筑法施工。如原地面不平，应由最低处分层填起，每填层，经过压实符合规定要求之后，再填上一层。

6. 两个作业面交接处，不在同一时间填筑，则先填地段按 1∶1 坡度分层留台阶。若两个地段同时填，则分层相互交错衔接，其搭接长度不得小于 2m。

6. 材料与设备

6.1 材料要求

6.1.1 煤矸石作为高速公路路基填料，应符合如下要求：

1. 对采用的煤矸石应做膨胀性试验，膨胀性试验包括自由膨胀率小于 40%，液限小于 40%，含膨胀性的煤矸石的比例大于 50% 的混合填料不能用来填筑路基。

2. 宜采用硬质煤矸石，且存放 5 年以上，泥结煤矸石严禁使用。

3. 矸石料粒径最大不超过压实厚度的 2/3，路堤最大粒径不超过 20cm，路床最大粒径不超过 10cm。

4. 烧失量不超过 20%，有机含量不超过 10%。

5. 承载比试验 CBR 值大于 8%。

6.1.2 包边土不得使用膨胀土，宜采用塑性指数大于 12 以上的黏土。

6.2 施工设备

一个作业面的机械配备，见表 6.2，可供参考。当进行多段作业时，其机械可适当调整，以提高机械使用率。

机械配备 表 6.2

序　号	机 械 名 称	用　　途	数　　量
1	装载机	装载上料	1
2	推土机	煤矸石的初平碾压	1
3	平地机	煤矸石精平	1
4	洒水车	洒水	1
5	压路机(拖振)	振动	1
6	压路机	静压	1
7	15t 以上自卸汽车	运输煤矸石	15(可根据供料运距而定)
8	8t 自卸车	运输包边土	5(可根据供料运距而定)

7. 质 量 控 制

7.1 质量控制措施

煤矸石既不同于灰土，又不同于碎石土和土石路堤，由于煤矸石的矿物成分、来源不同，其工程、物理力学特性必定存在差异，因此对煤矸石进行填筑时必须采取有效的质量控制措施。

7.1.1 原材料质量控制

在进行煤矸石填筑前必须全面了解煤矸石的物理特性、力学特性、工程特性，了解煤矸石的膨胀性，有机质含量不超过 10%，烧失量不超过 20%，自由膨胀率小于 40%，液限小于 40%。

煤矸石中含有许多开采附属物，如煤块、木条、雷管、铁件、防水布、波纹塑料管、橡胶管等等。这些开采附属物是不能混填在路基中的，施工过程中应尽可能加以清除。

大部分煤矸石呈黑褐色，层状结构，油脂光泽，较易压碎，路基成型后，其表面平整、密实。小部分煤矸石呈灰白色，质地坚硬，不易压碎，影响路基成型表面的平整、密实。压实含水量宜大于最佳含水量 2% 为宜。

7.1.2 碾压机械控制

为保证煤矸石填筑层的平整度，要求采用平地机进行整平，振动压路机的振动力宜选用 20t 以上的中型或重型振动压路机。

7.1.3 压实度控制

填筑厚度一般在 30cm，最大不超过 40cm，应根据施工实际使用的压路机功能通过试验确定，以保证填筑路基的压实效果；摊铺后的煤矸石必须及时碾压，做到当天摊铺，当天碾压完毕，以防止水分蒸发影响压实效果；否则，在碾压前搁置时间过长，特别是经历雨天后，煤矸石本身具有板结现象，无法继续进行压密。

7.1.4 压实度检测标准（表 7.1.4）

煤矸石路基压实标准

表 7.1.4

填 挖 类 型		路床顶面以下深度（cm）	压实度（%）
路堤	上路床	0～30	≥96
	下路床	30～80	≥96
	上路堤	80～150	≥94
	下路堤	>150	≥93
零填及挖方路基		0～30	≥96
		30～80	≥96

注：表列压实度以部颁《公路土工试验规程》重型击实试验法为准。

7.2 压实度检测法

采用直径为 20cm 灌砂筒，进行压实度检测。根据试坑内煤矸石中 5～40mm 占 40mm 以下含量，在标准击实修正曲线图 7.2 中查找对应的最大干密度来计算现场煤矸石的压实度。另外，以压实度控制煤矸石路基填筑外，还要采用沉降观测法进行对照检测（图 7.2）。

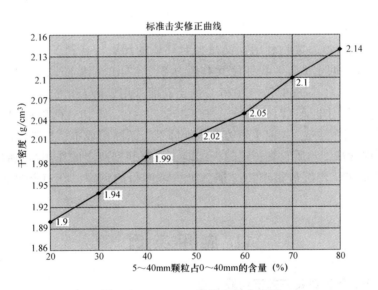

图 7.2 5～40mm 粒径含量曲线图

7.3 包边土施工控制

由于煤矸石填筑厚度一般在 30～40cm，所以包边土按两层施工，先填筑 15cm 左右，压实检验合格后，填筑煤矸石，煤矸石初平后，填筑第二层包边土，并用推土机推平，最后与煤矸石一起平整碾压。

7.4 压实度检测

7.4.1 压实度采用灌砂法试验进行检测，按照《公路工程质量检验评定标准》（JTG F80/1—2004）的有关规定执行，与土方路基检验项目及频率相同。

7.4.2 由于煤矸石中 5～40mm 粒径含量不同，其密度随含量的多少而变化。所以，应对各种煤矸石料场取试样按照 5～40mm 粒经含量占总重的 20%、30%、40%、50%、60%、70%、80%分别进行标准击实试验，进行校正，根据校正的最大干密度、最佳含水量和 5～40mm 颗粒占 0～40mm 的含量来绘制修正曲线。

8. 安 全 措 施

本工法的安全措施如同一般路基的安全措施。

9. 环 保 措 施

本工法的环保措施如同一般路基的环保措施。

10. 效 益 分 析

10.1 直接经济效益

平临高速公路 No.4 标段地处煤矿区，耕地少，征地相当困难，就近有大量的煤矸石可供利用。该标段路线长 10.28km，共计填方 2150274m³，外运借土填筑的单价为 13.5 元/m³，复耕费按 9000 元/亩，则土方需要支付的工程费用为 2150274×13.5＋2150274/(3×666.7)×9000＝38704448 元，而煤矸石的单价为 15.01 元，则煤矸石路基需要支付的工程费用为 2150274×15.01＝32275613 元，节约工程投资 6428835.5 元。

10.2 社会效益

煤矸石用于路基填筑，既是废物利用，又减少对环境的污染，有利于环境保护；以平临高速公路 No.4 标为例：如采用线外取土填筑，我标段共有填方 2150274m³，按照取土场挖深 3m 计算，线外取土场需要征用土地 2150274/(3×666.7)＝1075.083 亩。而采用煤矸石填筑，取料场煤矸石山，平均高度按 35m 计算可以退还占用土地：2150274÷(30×666.7)＝92.15 亩，两项相加共减少占土 1167.233 亩。该标段煤矸石平均运距 5km，较取土填方大大地降低了筑路填成本；另外煤矸石 CBR 比土的 CBR 高得多，由于煤矸石中含活性物质它具一定的板结能力（可起到灰土的作用），所以煤矸石路基比土路基的整体强度提高了很多，弯沉值很小。这是一个一举四得的创举。在有条件的地方值得大力推广使用。

11. 应 用 实 例

11.1 一级公路 102 国道改建京郊三河段工程

一级公路 102 国道改建，我单位承担京郊三河段，其中夏店至李齐庄段 8.25km 是采用的煤矸石填筑路基，填方 21.5 万 m³，当时征用不到土地取土，就近有大量煤矸石可免费取用。由此，我们首次采用煤矸石填筑路堤。该路路基施质量较好，投入使用后没有出现过任可质量问题。现在该段路基还在使用中。

11.2 平临高速公路 NO.4 标工程

11.2.1 工程概况

平顶山至临汝高速公路是交通部"国家重点公路建设规划"中所确定的 16 条东西向干线之一的上（海）洛（阳）国家重点公路之重要段落，也是河南省干线公路网规划确定的"五纵、四横、四通道"其中的一横，该路按双向四车道高速公路标准设计，路基总宽度 28m，其中中央分割带宽 2m，路缘带宽 2m×0.50m，行车道宽 2m×3m×3.75m，土路肩宽 2m×0.50m。我单位承建的 No.4 合同段起讫桩号为 K18＋000～K28＋200，全长 10.28km，路基填筑 2150274m³，填方最高达 8.4m。由于本标段取土较为困难，附近有大量的煤矸石，我标采用平顶山市平煤集团 5 矿、9 矿、11 矿及高庄矿的煤矸石，作为路堤、路床填料。

11.2.2　工程评价

该工程由于采用了煤矸填筑，不受征地困扰，并且施工比填筑土快，提前一年交工。煤矸石的压缩模量高，CBR 值高路基成型后，密实度完全符合质量标准要，尤其是路基弯沉检测很小，在 13～50（1/100mm）范围内，远远小于设计指标 296（1/100mm），路基表面平整、密实、无松散、坑槽等现象。工程质量达到优良标准。

11.3　漯平高速公路

我单位承建漯平高速公路 2 个标段。两个标段全长 15.1km，路基填筑 1583528m³。业主组织到我单位修建的平临高速公路参观煤矸石路基填筑后，将漯平高速公路的部分路段的路基填料全部变更为煤矸石填筑。

由于采用了"煤矸石路基施工工法"，既保证了工程质量，也加快了工程进度。工程于 2005 年 7 月份完工，交工时均为优良工程，现已通车一年多，煤矸石路基使用性能良好，得到了社会的高度评价，有良好的社会信誉。为煤矸石应用于高速公路路基提供了丰富的施工经验。

钢桥面铺装浇筑式沥青混凝土施工工法

YJGF236—2006

天津五市政公路工程有限公司　天津城建滨海路桥有限公司

黄玉海　李凡　巴金辉　徐凤亮　李琳

1. 前　言

随着城市建设的飞速发展，钢结构桥梁不断涌现，钢桥面沥青混凝土铺装技术也不断创新。世界上对钢桥面铺装沥青混凝土路面铺装技术的研究早在20世纪六、七十年代就开始了。我国对钢桥面铺装沥青混凝土路面铺装技术的研究开始于20世纪90年代，因为该项铺装技术的研究过程需要花费大量的时间和物资，并且耗资巨大，所以我国对该项铺装技术的研究主要以引进为主。20世纪90年代中期，我国引入了以德国和日本为主要研究国家的钢桥面铺装技术——浇筑式沥青混凝土铺装技术。钢桥面浇筑式沥青混凝土铺装施工技术作为新技术之一已经应用于城市钢结构桥面铺装施工中。

2004年天津五市政公路工程有限公司在我国北方地区首次完成了天津市西河大桥钢桥面的浇筑式沥青混凝土铺装施工，效果甚好，根据施工研究完成的天津市建委级课题"浇筑式沥青混凝土在钢桥面铺装施工中的应用与研究"（课题编号：2004-21）通过了专家组的科技成果鉴定，课题研究成果达到国内领先水平。我们对其施工技术进行了总结，整理成本工法。

2. 工法特点

2.1　造价中等，降低维修及养护费用。

2.2　延长桥面施工寿命（一般为5~8年不大修）。

2.3　抗高温稳定性能、抗低温开裂性能较好。

2.4　防水性能较好。

3. 适用范围

钢桥面铺装浇筑式沥青混凝土适用于新建或改建钢桥面铺装工程，其钢桥面采用浇筑式沥青混凝土作为桥面铺装的连接层工程，符合钢桥的防锈要求、铺装使用期内钢板与铺装的粘结要求、铺装层与钢板的追从性、铺装层的抗低温开裂，抗高温变形、抗疲劳开裂、抗水损害等性能要求。

4. 工艺原理

钢板喷砂除锈后直接涂布两层环氧胶黏剂，环氧胶黏剂采用新型材料，增大了钢板与铺装层之间的粘结力。增加了防水缓冲层，既起到防水作用，又增加了一层应力缓冲区间，路面结构采用浇筑式沥青混凝土。

在钢桥面上将高流动性热混合料经过摊铺、刮平，凝固后形成一定厚度具有一定强度的，对钢桥面有防水、缓冲作用的，平整、密实的沥青混凝土连接层。

5. 施工工艺流程及操作要点

5.1 浇筑式沥青混凝土的生产

5.1.1 浇筑式沥青混凝土的拌合可参照普通沥青混凝土的拌合工艺，但必须严格控制各工序温度和拌合时间。浇筑式沥青混合料干拌 5s，湿拌 35～55s。当需要改变生产条件或生产方法时，应通过试验研究确定。

5.1.2 浇筑式沥青混凝土应随拌随用。若出现出厂温度低于要求值、粗细集料离析以及其他影响产品质量的情况时，应予废弃。

5.1.3 生产浇筑式沥青混凝土过程中应及时对卸料斗进行清理并涂刷隔离剂。

5.1.4 卸料斗清理前应断电并悬挂警示牌，清理人员应戴安全帽、穿防护服。

5.2 浇筑式沥青混凝土的运输

5.2.1 浇筑式沥青混凝土的运输应采用升温搅拌运输设备，设备应具有沥青混凝土搅拌系统和加热系统，其运输能力应满足现场摊铺能力，形成不间断的供料车流。

5.2.2 升温搅拌运输设备在施工前应进行检查和温度调试，初次运料前应将其加热系统预热至 160～165℃。

5.2.3 浇筑式沥青混凝土停留在升温搅拌运输设备中的时间，不应小于 4h，不得大于 12h。

5.3 浇筑式沥青混凝土的摊铺

5.3.1 浇筑式沥青混凝土的摊铺应使用专用摊铺机。摊铺机应具有自行式牵引系统、前置的布料系统以及混凝土摊铺刮平系统。

5.3.2 施工前应根据桥面铺装总宽度及摊铺宽度，准确定位侧限挡板的位置，该挡板可进行循环布置。

5.3.3 碎石撒布机应紧跟摊铺机后，已摊铺沥青混凝土温度达到 60℃时，应撒布预拌沥青碎石，并用 1～1.5t 钢轮压路机匀速碾压一遍，使其半镶嵌在浇筑式沥青混凝土中。

5.3.4 待已铺装完毕的浇筑式沥青混凝土温度降至 60℃时，可拆除侧限挡板，同时进行下一道工序施工。

5.4 边界处理

桥面纵向边界处理采用人工摊铺方式，施工人员应站在桥面人行道位置进行施工，摊铺完成后应保证其表面平整，预拌沥青碎石撒布均匀。

5.5 接缝施工

钢桥面浇筑式沥青混凝土铺装施工的接缝处理必须采用热接缝处理，处理后搭接处应紧密、平顺。

5.6 劳动力组织

劳动力组织见表 5.6。

劳动力组织　　　　　　　　　　　　　　　　　　　　表 5.6

工　　种	机械操作人员	拌合站机组人员	修理工	测量工	普通工人
数量	7人	5人	2人	2人	10人

6. 材料与设备

6.1 材料

6.1.1 天然地沥青：自然形成的沥青与矿质材料的混合物。天然地沥青技术指标应符合表 6.1.1 的要求。

6.1.2 浇筑式沥青混凝土：在热状态下能浇筑并能自然致密的沥青混凝土，由碎石、砂、矿粉和沥青构成。

6.1.3 浇筑式沥青混凝土铺装层：在钢桥面上将高流动性热混合料经过摊铺、刮平，凝固后形成一定厚度具有一定强度的，对钢桥面有防水、缓冲作用的，平整、密实的沥青混凝土连接层。

天然地沥青主要技术指标 表 6.1.1

试验项目	单 位	质量技术要求
针入度(25℃,100g,5s)	0.1mm	1～4
软化点	℃	93～98
三氯乙烯可溶成分	%	52.5～55.5
闪点	℃	240 以上
密度(15℃)	g/cm³	1.38～1.42

6.1.4 侧限挡板：布设在钢桥面摊铺宽度两侧防止浇筑式沥青混凝土侧向流动，起辅助摊铺的钢制挡板。

6.2 设备

机具设备见表6.2。

主要施工机械设备表 表 6.2

机械名称	规格型号	数量(台)	用 途
沥青混凝土拌合机	ASTEC BA-2500	1	拌合
摊铺机	ABG423 或 525	2	摊铺
摊铺机	S1800	2	
钢轮压路机	BW 100AD	1	碾压
钢轮压路机	DD110	2	
钢轮压路机	BW 202AD/AHD	5	
轮式装载机	ZL20	1	
轮式装载机	ZL50	3	
刮平机		1	刮平
升温搅拌运输车		5	恒温保温

7. 质 量 控 制

7.1 沥青混合料原材料必须满足技术规范要求。

7.2 浇筑式沥青混凝土经高温拌合后，其质量技术要求应满足表7.2的规定。

浇筑式沥青混凝土性能要求 表 7.2

项 目	单 位	质量技术要求
施工和易性	s	<30
贯入度	mm	1～4
贯入度增量	mm	≤0.4
动稳定度(60℃,0.7MPa)	次/mm	≥300
低温弯曲应变	—	≥6×10⁻³
孔隙率	%	0～1

7.3 钢桥面浇筑式沥青混凝土铺装施工前,依据设计要求应对钢桥面进行全面清理,经检验合格后,应立即施作防腐涂层保护。

7.4 沥青混合料摊铺要按照设定的摊铺速度匀速摊铺,不得随意改变摊铺速度或停机。

7.5 钢桥面浇筑式沥青混凝土铺装施工各阶段施工温度应按照表7.5执行。

钢桥面浇筑式沥青混凝土施工温度控制表 表7.5

施 工 工 序		控 制 温 度	测 量 部 位
沥青加热	℃	170~190	沥青加热罐
集料加热	℃	370~400	热料提升机
混凝土出厂	℃	≥180	升温搅拌运输车
摊铺	℃	230~260	摊铺机

7.6 禁止对施工作业面的污染,严禁施工设备出现滴漏柴油、机油等现象。

7.7 注意成品保护。施工过程中,未冷却的工作面禁止一切车辆通行(包括施工车辆)。

8. 安 全 措 施

8.1 施工现场应设安全领导小组,并指定安全负责人,特殊工作人员必须经劳动部门培训,考试合格,签发作业操作证后上岗,严禁无证上岗操作。

8.2 施工现场主要出口,危险处和警戒区等处挂醒目的安全,防火标志提示牌。

8.3 桥梁施工局部作业面狭窄,施工人员无法在两侧站立,桥梁防护栏等防护设施不齐全,操作人员更应提高注意力,防止人员高空坠落和机械、运输车辆伤人。

8.4 施工过程中在施工周边加设防护板,施工人员应佩戴安全帽和防滑鞋。

9. 环 保 措 施

9.1 各种规格的原材料应分仓堆放,细集料应搭设雨罩棚并做好标识。

9.2 溶剂、油类材料按国家工业标准处理。

9.3 拌合站场地应进行硬化处理,四周做好排水设施。

9.4 施工现场剩余废料要用专用车辆运走,不得随意乱放。

10. 效 益 分 析

10.1 经济效益

钢桥面铺装浇筑式沥青混凝土造价约为1400元/m²(部分国产、部分进口沥青及化工类产品),较双层环氧沥青混凝土结构节约700元/m²,具有一定的经济效益。

10.2 社会效益

浇筑式沥青混凝土具有良好的耐疲劳性、密水性等特点,所以浇筑式沥青混凝土铺装层具有很长的使用寿命,从而减少了对桥面的维修,减少了因道路施工带来的交通堵塞等问题。

10.3 技术效益

西河大桥钢桥面采用浇筑式沥青混凝土铺装,在天津市钢桥面铺装的施工中尚属首次。根据西河桥钢桥面浇筑式沥青混凝土铺装施工我公司编写了《天津市钢桥面浇筑式沥青混凝土铺装施工技术规程》,此项技术填补了天津市在钢桥面铺装方面的空白,同时也奠定了我公司在钢桥面施工技术方面的优势地位。

11. 应 用 实 例

天津西河大桥桥面铺装施工。

2004年通车运营的天津西河大桥为咸阳路工程中一座跨越子牙河（一级河道）大桥，桥梁主要跨越子牙河及子牙河南北两条道路，桥梁总长度553.1m，其中主桥采用自锚式悬索桥，主桥钢桥面长度211.1m，铺装面积为6755.2m²，目前通车运营情况良好。该工程荣获中国市政金杯示范工程奖和天津市市政公路工程质量金奖。

水泥稳定再生混合料底基层施工工法

YJGF237—2006

中交第二公路工程局有限公司

吴敏　董勋　黄志静　张井锋　于定权

1. 前　　言

随着交通量的日益增大，部分高等级公路已满足不了交通发展的需求，而需进行改扩建。如何利用旧路结构层的铣刨料，引起了广大公路工作者的重视。

我局在沪宁高速公路扩建工程中，利用沥青路面铣刨料和二灰碎石铣刨料外掺水泥（如铣刨旧料与施工底基层总量有偏差时，可适量添加石屑），并经厂拌组成的混合料进行底基层施工（以下简称"再生混合料"），在成功应用"再生混合料"作底基层的施工技术和施工工艺的基础上，通过总结、完善，形成了本工法。

2. 工 法 特 点

2.1 采用铣刨方法实现旧路材料的回收利用，与传统底基层施工比较，成本较低。

2.2 保护环境和资源，由于利用部分原路面结构的铣刨料，减少废料存放，减少了新材料的开采，有利于环保和资源保护。

2.3 再生混合料采用厂拌，施工方法简单，能保证工程质量。

3. 适 用 范 围

本工法适用于沥青面层和二灰碎石基层组合结构的公路改扩建工程铣刨旧料的再生利用。

4. 工 艺 原 理

水泥稳定再生混合料是原沥青面层和二灰碎石基层分别铣刨后，将铣刨原沥青路面及二灰碎石基层料运回拌合厂，按沥青路面铣刨料：二灰碎石铣刨料＝30％：70％或50％：50％的比例，外掺2％水泥并经厂拌组成的混合料（以下简称"再生混合料"），再运至现场，经摊铺、碾压构成拓宽部分的底基层。

5. 施工工艺流程及操作要点

5.1　工艺流程图

工艺流程图见图5.1。

5.2　施工操作要点

5.2.1　原路面铣刨

1. 按图纸及确定的病害范围对原路面路进行铣刨。

2. 沥青面层、二灰碎石基层、底基层按台阶拼接的要求分层铣刨，不同材料不能混铣混装。

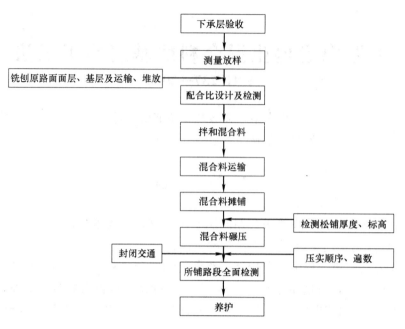

图 5.1　工艺流程图

3. 铣刨机必须选用带自动找平装置的进口铣刨机，铣刨宽度 1.9～2.1m，铣刨最大深度≥30cm。

4. 铣刨料粒径不得大于 5cm。

5. 铣刨机在施工段加水，不能积水，防止水渗入保留的路面结构层中，影响路面的长期使用质量。

5.2.2　铣刨料的运输、堆放

1. 铣刨作业边角切缝处的大块旧料（如沥青止水带、风镐切除的边角料）要单独装运废弃，不得堆放到铣刨回收利用处。

2. 对于不同结构层的铣刨料要分类运输、堆放。

3. 场地要有良好的排水系统。

4. 为防止铣刨料结块或产生离析可采取以下措施：

（1）在铣刨时适当加大用水量；

（2）铣刨料堆高不要超过 2m；

（3）在铣刨料仓中增加破拱装置，或定期对铣刨料进行翻拌。

5.2.3　铣刨料底基层混合料比例

老路面层沥青铣刨料和基层铣刨料可按 30%：70% 或 50%：50% 的比例，外掺 2% 的水泥，满足设计强度要求，控制最佳含水量±2%，拌合方式为厂拌。

5.2.4　铣刨料底基层的施工

1. 混合料的拌合

（1）开始拌合前，拌合场的备料应能满足试铺需要，检查各种集料的含水量，考虑到气温因素，外加水与天然含水量的总和要比最佳含水量略高 1%；进行水泥流量的检测，实际采用的水泥剂量和现场抽检的实际水泥剂量控制在设计用量的±0.5%。

（2）采用连续式稳定土拌合机拌制，检查含水量以及混合料的比例是否符合设计要求。

（3）混合料应做到拌合均匀，减少离析。

（4）拌合机出料采取配备带活门漏斗的料仓，由漏斗出料直接装车运输，装车时车辆应前后移动，分三次装料，避免混合料离析。

2. 混合料的运输

（1）运输车辆要检验其完好情况，装料前应将车厢清洗干净。运输车辆数量一定要满足拌合出料与摊铺需要，并略有富余。

（2）应尽快将拌成的混合料运送到铺筑现场。车上的混合料应覆盖，减少水分损失，并满足 2h 内碾压成型的要求，否则予以废弃。

3. 混合料的摊铺

（1）摊铺前将下承层层面彻底清扫干净并适当洒水湿润。

（2）按放样标高及宽度数据在摊铺段外侧单侧立模，并固定好。

（3）摊铺前应检查摊铺机各部分运转情况。

（4）调整好传感器臂与导向控制线的关系；严格控制松铺系数、厚度，两台摊铺机接缝熨平板重叠 10～15cm。同时调整摊铺机使路拱横坡度满足设计要求。

（5）摊铺标高控制；以硬路肩边缘的设计标高减去底基层以上结构厚度作为底基层的外侧标高，并作为钢丝基准面的控制标高，内侧控制标高为设计标高控制的铣刨台阶标高；摊铺交界处采用平衡木控制标高；摊铺外侧时，通过走钢丝，控制纵向顶面高程，横向用横坡仪控制横坡。

（6）摊铺机摊铺混合料时应保持连续摊铺。摊铺机摊铺速度应根据拌合机的产量而定，避免摊铺机停机待料。摊铺机的摊铺速度宜在 1.5～2.0m/min 左右。

（7）混合料摊铺采用两台摊铺机梯队作业，一前一后（前后距离相差 4～8m）应保证速度一致、摊铺厚度一致、松铺系数一致、路拱坡度一致、摊铺平整度一致、振动频率一致等，两机摊铺接缝平整。

（8）摊铺机的螺旋布料器应有 2/3 埋入混合料中。

（9）在摊铺机后面应设专人消除集料离析现象，并铲除局部集料"窝"，并用新拌混合料填补后一起碾压。

4. 混合料的碾压

水泥稳定再生料底基层碾压遵循的原则是：先轻后重，先静后振，由低向高，由边向中。

（1）摊铺机后面紧跟双钢轮压路机，振动压路机和轮胎压路机进行碾压，一次碾压长度为 50m。

（2）碾压程序为：先稳压→开始轻振动碾压→再重振动碾压→最后胶轮复压。

（3）碾压的具体过程为：先用轻型双钢轮压路机稳压一遍，碾压速度为 1.5～1.7km/h；重型振动压路机各轻振二遍，强振二遍，碾压速度为 1.8～2.2km/h；胶轮压路机碾压二遍，碾压速度为 1.5～1.7km/h。碾压过程中，用灌砂法检测压实度，直至达到要求的压实度，同时没有明显的轮迹为止。

（4）碾压顺序由路肩向中心进行，压路机碾压时应重叠 1/2 轮宽。稳压要充分，振压不起浪、不推移。

（5）碾压段落层次分明，设置明显的分界标志，设专人值班，记录碾压遍数。

（6）压路机倒车换挡要轻且平顺，不要使基层发生推移，在第一遍初步稳压时，倒车后尽量原路返回，在未碾压的一头换挡倒车位置错开，要成齿状。

（7）严禁压路机在已完成的或正在碾压的路段上调头和急刹车，以保证水泥稳定碎石层表面不受破坏。

5. 横缝设置

（1）应尽量减少横向作业缝，每天作业段的端头和桥梁通道的两端均需设置横缝，桥梁通道两端的横缝最好与桥头搭板、通道搭板末端吻合。每天作业收工时的作业缝最好留在与桥头搭板或通道搭板相连的断面上；

（2）横向接缝应符合 JTJ 032—2000（3.5.13）的要求，横缝设置时，末端用方木支撑，方木的高度应与混合料的压实厚度相同；整平紧靠方木的混合料；

（3）在从新开始铺筑混合料之前，用 3m 尺沿纵向位置，在摊铺段端部的直尺呈悬臂状，碾压层与直尺分离处即为横向接缝的位置，人工将摊铺机末端的混合料清理整齐，形成与道路中心线垂直的一条直线并清扫干净；

（4）摊铺机返回到已碾压好且标高和平整度都符合要求的混合料末端，调整好高度、厚度、横坡度等从新开始摊铺混合料；

（5）用钢轮压路机在压实的基层上跨缝横向碾压，并逐渐推进到新铺的混合料上，直至碾压密实，再开始纵向碾压。

6．养护

（1）碾压完成后立即开始养护，并进行压实度检查。

（2）养护方法：应将麻布或土工布湿润，然后人工覆盖在碾压完成的底基层顶面。覆盖2h后，再用洒水车洒水。

（3）洒水次数视气候而定，整个养护期间应始终保持水泥稳定碎石层表面湿润。

（4）底基层养护期不少于7d。养生期内洒水车在另外一侧车道上行驶。

（5）在养护期内应封闭交通。

6. 材料与设备

6.1 原材料要求

6.1.1 水泥：

32.5级，早强缓凝硅酸盐水泥，安定性满足要求，使用温度<50℃。

6.1.2 铣刨混合料：

最大粒径<50mm，不结块，含水量≤3%。

6.1.3 石屑：

最大粒径≤4.75mm，0.075通过量≤8%，粉料的塑性指数≤7。

6.1.4 水：一般生活用水。

6.2 机械设备

主要机械设备见表6.2。

主要机械设备配置 表6.2

序 号	机械设备名称	规格型号	单 位	数 量	备 注
1	稳定土拌合机	300-500型	台套	2	
2	摊铺机		台套	2	
3	双钢轮振动压路机	10～12t	台	1	轮宽2.0m
4	轮胎压路机	25t	台	1	
5	重型振动压路机	25t	台	2	激振力>40t
6	三轮压路机	18t	台	1	
7	平地机		台	1	自动找平
8	铣刨机	宽度1.9～2.0m	台	2	
9	铣刨机	宽度1.0m	台	1	带有精铣刨鼓
10	自卸车	15t	台		按需要配置
11	照明灯车		台	3	
12	水车	8t	台	2	
13	加油车	8t	台	1	
14	安全设备	灯车、标牌、警示锥	套	2	
15	其他小型机具	切缝机、平板夯等			按需要配置

7. 质量控制

7.1 质量标准

执行《公路沥青路面施工技术规范》、《公路路面基层施工技术规范》等国家标准及施工图纸和施工指导意见相关要求。具体涉及标准要求如下：

7.1.1 《公路路面基层施工技术规范》JTJ 034—2000；

7.1.2 《公路工程无机结合料稳定材料试验规程》JTJ 057—94；

7.1.3 《公路路基路面现场测试规程》JTJ 059—95；

7.1.4 《公路土工试验规程》JTJ 051—93；

7.1.5 底基层现场质量标准表（表7.1.5）。

底基层现场质量标准　　　　　表7.1.5

检查项目	质量要求		检查规定		备注
	要求值或容许误差	质量要求	频率	方法	
压实度（%）	≥98	符合技术规范要求	4处/200m/层	每处每车道测一点，用罐沙法检查，采用重型击实标准	
平整度（mm）	8	平整、无起伏	2处/200m	用3m直尺连续量10尺，每尺取最大间隙	
纵横高程（mm）	+5，−10	平整顺适	1断面/20m	每断面3~5点用水准仪测量	
厚度（mm）	代表值−8	均匀一致	1处/200m/车道	每处3点，路中及边缘任选挖坑丈量	
	极值−15				
宽度（mm）	不小于设计	边缘线整齐，顺适，无曲折	1处/40m	用皮尺丈量	
横坡度（%）	设计值±0.3		3个断面/100m	用水准仪测量	
水泥剂量%	设计值±0.5		2000m²6个以上样品	EDTA滴定及总量校核	拌合楼拌合后取样
级配		符合规范范围	每2000m²1次		拌合楼拌合后取样
强度（Pa）	>1.0	符合设计要求	2组/d		上、下午各一组
含水量（%）	±2	最佳含水量	随时	烘干法	
外观要求	①表面平整密实，无浮石，弹簧现象；②无明显压路机轮迹				

注：①水泥剂量的测定用料应在拌合机拌合后取样，并立即送到工地试验室进行滴定试验。
　②再生底基层7d龄期必须能取出完整的钻件。

7.2 其他注意事项

7.2.1 应按招标文件及业主确定的技术质量标准要求执行。

7.2.2 底基层成型后，表面应平整，无松散、离析、裂缝；

7.2.3 底基层的接缝应紧密、平顺；

7.2.4 底基层外部边缘应顺直；

7.2.5 若有新的行业标准时，应按新标准执行。

旧料底基层的最终质量有赖于选择正确的施工工艺，合适的级配，以及最后对所处理的材料施工合理的摊铺、压实和修饰。再生材料的质量，现有材料与水和水泥的连续、高质量的拌合确保了再生层的质量。水泥的添加因采用微机控制的输送系统而非常精确。各组分材料的精确计量和可靠输送是获得优质再生材料的保证。

施工完毕后，必须进行再质量控制方面的检测。检测的目的就是确认底基层质量能否达到预期的要求，再生路面是否具有预期的结构能力（或者设计寿命）。底基层质量由以下试验结果决定：

1. 强度。取混合料的样品在试验室进行各种强度试验检测进行确定。

2. 压实材料的干密度。底基层施工完成后，采用钻芯法测定再生基层的压实度。

3. 底基层厚度。这是影响底基层长期性能最重要的因素之一。通常用物理的方法检测层面的厚度。

4. 质量控制措施

（1）加强沥青旧料的下料情况控制，保证下料的连续性；

（2）加强含水量的控制，根据天气情况进行适当调整，保证含水量满足工程施工最佳需要。

8. 安 全 措 施

8.1 明确项目经理是安全第一责任人，并成立安全领导小组，各负其责。

8.2 树立以"质量第一、安全第一"的意识，结合本工程特点对员工进行安全教育，严格安全操作规程。

8.3 进行全员教育，对安全操作规程、安全管理制度、安全岗位职责进行全面认真的学习，施工期间定期进行安全生产大检查，针对安全隐患制定预防措施，并认真整治、整改，落实安全责任。

8.4 拌合场有防火、防盗的措施，拌合设备动力部分按国家有关规定设置安全警示标志，进场人员配戴安全帽。

8.5 自设燃油库，远离主要生产设施和办公、生活设施，通风良好。

8.6 在交通干扰较大的地段设立醒目的交通标志，设专人指挥管理，严防安全事故的发生。

8.7 各种用电机械设备、线路专人管理，定期检查维修。

8.8 做好防火工作，把安全因素消灭在萌芽状态。

8.9 铣刨现场及铣刨机上的警示标志要明显，防止人员伤亡。

9. 环 保 措 施

9.1 严格遵守国家和地方政府关于环境保护的法律、法规和规定。

9.2 加强环保机构，采用环保设备。

9.3 重视环保工作和制定检查制度及奖罚措施，制定详细的施工期间水资源和生态环境保护方案。

9.4 掌握施工区域环保特点实施环境保护。

9.4.1 生活垃圾、施工垃圾的清除及生产、生活环境的空气污染，对生活垃圾及废弃的包装物品一律运至地方环保部门指定处掩埋。

9.4.2 噪声控制

对于来自施工机械和运输车辆的施工噪声，为保护施工人员的健康，遵守《中华人民共和国环境噪声污染防治法》并依据《工业企业噪声卫生标准》合理安排工作人员轮流操作机械，减少接触高噪声的时间或穿插安排高噪声的工作。对距噪声源较近的施工人员，除取得防护耳塞或头盔等有效措施外，还缩短其劳动时间。同时，注意对机械的经常性保养，尽量使其噪声降低到最低水平。

9.4.3 铣刨时，铣刨机输送带出料端离地面最好不要超过 1.5m，以免混合料受风的影响；风大时不宜进行掺灰铣刨，以免造成水泥损失，污染环境。

9.4.4 贯彻执行 ISO 14001 环境管理标准，建立环境管理体系和相应的规章制度，识别环境因素，控制重大环境因素，确定目标，落实责任，定期组织检查。

10. 效 益 分 析

10.1 经济效益

10.1.1 与常规的基层施工相比较，使用铣刨旧料铺筑底基层，一方面能将铣刨旧料利用，在减少材料成本的同时减少了对矿产资源的浪费，运输方面只需要把铣刨废料从铣刨场地运到拌合场，节省了运输费用。

10.1.2 在存放的时候，不需要分仓堆放，节省了料场建设费用。

10.1.3 混合料对拌合和摊铺设备的磨耗也比常规底基层小。

10.2 社会效益

在旧路改造的过程中，对铣刨废料的重复利用，能较大程度地节约资源，保护环境，避免山石过多被开采。大修高速公路，大量沥青路面废料的堆放将使资源的有效利用、废料存放的场地及环保等问题越来越突出，沥青路面废料的再生利用将不单单是技术问题，而是一个社会问题。矿产资源是不会再生的，过度的开采会导致资源的枯竭。节约自然资源，保护自然环境是我国的基本国策。从节约资源出发，将旧沥青路面再生充分加以利用是一项行之有效的措施。有关专家指出，重复利用沥青路面废料是从根本上解决处置沥青路面废料和缓解资源压力的有效途径，也是适应当前可持续发展战略的形势。

由于水稳铣刨废料底基层施工减少了资源的浪费和环境的破坏，具有巨大的经济效益和社会效益，目前在我国还处于试验推广阶段，在强调可持续发展的今天，进一步加强研究水稳铣刨废料底基层施工技术，对我国公路的建设发展具有特别重要的意义。

11. 应 用 实 例

11.1 江苏省沪宁扩建工程 LM-5 标截止到 2005 年 10 月，铺筑的铣刨废料底基层 441478m²。铺筑长度为全幅 23km，摊铺方式为底基层拼接，拼接宽度正常路段为 10.2m，压实厚度为 20cm。经业主和质检站的多次检查，施工质量均满足设计要求，受到业主的好评。

11.2 沪宁高速公路扩建工程 LM-8 标，全长 19.849km，路床处理 7700m²，该项目在指挥部大干 60d 劳动竞赛活动中获优胜单位，并被指挥部评为先进路面施工单位和先进项目经理部，最终交工验收被评为优良工程。

11.3 沪宁高速公路扩建工程 LM-10 标，全长 27km，路床处理 10480m²，该项目在市高指大干 120d 劳动竞赛活动中获优胜单位，在省市高速公路指挥部 2005 年度上半年荣获"先进集体"称号，2006 年 1 月 19 日，该项目被江苏沪宁高速公路扩建工程指挥部评为"先进项目经理部"，最终交工验收被评为优良工程。

混凝土结构自锚悬索桥施工裂缝控制施工工法

YJGF238—2006

天津第三市政公路工程有限公司
天津城建集团有限公司工程总承包公司
贾明浩　黄立伟　姜彧申　訾建忠　钱林玉

1. 前　　言

近年来，随着国民经济和桥梁技术的发展，桥梁建筑规模不断扩大，大型现代化新型桥梁结构不断增多，而混凝土结构以其材料廉价物美、施工方便、承载力大、可装饰强的特点，成为构成大型桥梁结构主体的重要组成部分。而混凝土抗拉强度低、其产品质量易受施工过程中多方面不利因素环节所控制，因而桥梁结构混凝土开裂问题是在工程建设中带有普遍性的看似简单，实际非常复杂的技术问题，大量的工程实践证明，几乎所有的混凝土构件均是带裂缝工作的。混凝土结构自锚式悬索桥由于其特定的成桥施工工艺顺序，主体箱梁结构在不同的施工阶段承受着不同的外力作用和结构内力的变化极易造成混凝土结构裂缝形成，因而混凝土结构箱梁防止开裂问题在自锚式混凝土悬索桥施工中尤为重要。桥梁是长期承受动载结构，桥梁结构主体裂缝一旦形成，特别是贯穿裂缝出现在重要的主体结构部位，危害极大，它会降低桥梁结构的耐久性，严重削弱桥梁结构承载能力，危害到桥梁结构的安全使用。如何采取综合有效施工工艺防止桥梁结构混凝土的开裂是施工过程中重要关键问题。如图1所示。

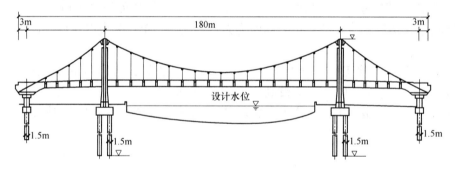

图1　混凝土自锚悬索桥立面示意图

2. 工 法 特 点

混凝土结构自锚悬索桥裂缝控制施工工法可以避免混凝土箱梁非结构受力裂缝的发生，有效地控制主体结构受力裂缝的形成。

3. 适 用 范 围

适用于混凝土结构自锚式悬索桥和一般混凝土连续箱梁结构施工。

4. 工 艺 原 理

针对混凝土结构自锚式悬索桥受力结构及施工工艺特点，自锚式悬索桥混凝土箱梁主体在各施工阶段各部位受力状况，合理确定施工工艺，并采取相应措施使箱梁各部位在施工过程中混凝土结构内应力始终不大于混凝土抗拉设计值，以达到控制混凝土自锚悬索桥结构无结构裂缝发生，提高自锚混凝土悬索桥施工质量。

5. 施工工艺流程及操作要点

与混凝土自锚式悬索桥主体结构裂缝控制相关的施工程序为：确保预应力混凝土箱梁支撑体系稳定的支架设计和施工→原材料及混凝土配比试验选择及混凝土施工工艺制定→预应力混凝土箱梁分段施工和预应力张拉施工工艺确定及施工过程控制→根据混凝土自锚悬索桥结构受力体系转换工艺要求及各阶段计算分析的预应力混凝土箱梁应力状态确定结构体系转换吊杆张拉工艺程序数值和施工措施。

5.1 混凝土结构自锚悬索桥非受力裂缝控制施工工艺

5.1.1 由混凝土质量引起的非结构裂缝的控制

1. 合理选择混凝土施工原材料

选用混凝土收缩性较低的高标号普通水泥，粗骨料选用温度线膨胀系数较小的石灰岩骨料，粒径选用 5～30mm。细骨料选用含泥量较低的中粗砂，细度模数 2.5～3.2，含泥量小于 1‰。

2. 优化选择混凝土施工配比，选用保水性好的缓凝早强高效减水剂。水灰比控制在 0.35～0.4，砂率 40% 左右，初凝时间 8～12h，严格控制坍落度在 12～14cm。避免混凝土内外温差过大的温度收缩裂缝及体积收缩裂缝产生。

3. 严格控制钢筋混凝土保护层厚度，避免保护层过薄收缩不均产生裂缝。箱梁侧墙薄壁结构应根据原设计实际情况，增配构造钢筋。构造上配筋应优先采用小直径钢筋（$\phi8～\phi14$）、小间距布置（@10～@15cm），全截面构造配筋率可采用 0.3%～0.5%。以提高混凝土自身的抗裂能力。

4. 混凝土施工采用 30cm 分层浇筑，60mm 震捣棒加强机械震捣，一般以 5～15s/次为宜，确保混凝土震捣密实而不过震，表面终凝前二次木抹子压平，避免发生混凝土塑性收缩沉陷裂缝和顶面的收缩裂缝。

5. 采用土工布全截面苦盖洒水养护 7d，适当延长内外侧墙及底模脱模时间，避免混凝土结构表面过早风干失水干缩龟裂发生。

5.1.2 由温度应力引起的非结构裂缝的控制

1. 尽量选择温度低的夜间进行混凝土浇筑施工。以降低混凝土入模温度。

2. 高温季节混凝土施工时，应采用措施降低混凝土拌制水温 10℃。

3. 选用水化热小和收缩小的混凝土配比，提高混凝土的早期强度，加强振捣提高混凝土的密实性以减少水化热和收缩量的发生。避免结构表面温度裂缝和沉陷收缩裂缝产生。

4. 箱体在腹板底板间距 10m 留置通气孔，以降低箱梁内外温差。

5. 达到设计及规范要求时及时张拉和压浆，以限制结构温度裂缝发生。

6. 由自锚悬索桥结构受力特点所决定，一般混凝土箱梁自锚端高度达 5m 左右，属大体积混凝土浇筑应按大体积混凝土施工要求施工。除采取上述各项施工措施外还应在箱梁自锚端内部上下左右间隔 1m 分层设置 $\phi50mm$ 冷却水管，结构表面采用塑料布及土工布苦盖保温养护，并严格控制进出水温度及混凝土内外温度不应超过 25℃。以减少混凝土内外温差，避免结构表面与冷却管附近混凝土裂缝发生。

5.2 混凝土结构自锚式悬索桥结构受力裂缝控制施工工艺

5.2.1 避免地基及支架的不均匀沉降造成预应力混凝土箱梁的裂缝控制。

1. 混凝土自锚式悬索桥的预应力混凝土箱梁必须在支架上逐段现浇，逐段预应力张拉，在主缆索股架设前浇筑完成，且该部分支架在结构受力体系转换主梁全部脱架后才能拆除，支架支撑时间较长，且在分段混凝土施工及预应力张拉及体系转换中各支撑受力均不相同。箱梁现浇结构支撑体系中支撑设计荷载取值应大于箱梁结构静载2倍，基础沉降不大于0.5cm。河中主跨支撑体系基础以承载能力较强的混凝土灌注桩或钢管桩为宜，以避免施工过程中支撑体系不均匀沉降引起混凝土箱梁开裂（图5.2.1-1、图5.2.1-2）。

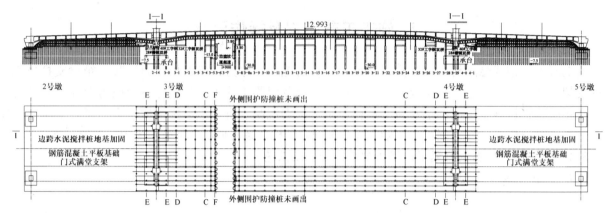

图 5.2.1-1　箱梁纵断面支撑示意图

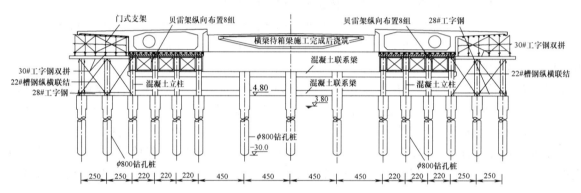

图 5.2.1-2　箱梁标准断面支撑图

2. 边跨混凝土箱梁支撑体系一般均位于软弱回填土层或淤泥质河滩，高度较低，主跨边跨箱梁支撑体系应尽可能采用同一支撑结构体系，避免结构基础类型差别过大。当支撑体系采用碗扣支架满堂红支撑体系施工时，基础处理宜采用水泥搅拌桩和加厚20cm整体C20钢筋混凝土复合基础。在箱梁施工段接缝前后各2m范围内的支撑体系应加强，该处支撑设计时，设计荷载取值应大于箱梁结构分段重量的1/2。对于主跨边跨采用不同支撑体系，其基础承载能力及沉降变形应协调一致（图5.2.1-3）。

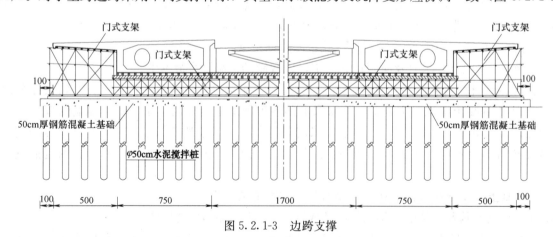

图 5.2.1-3　边跨支撑

3. 支撑体系基础处理应作承载能力及沉降变形试验以确保基础处理工艺满足施工设计要求。承载能力应≥2倍结构设计净载，基础稳定沉降应≤0.5cm。

4. 箱梁模板支设完毕，应作预压试验，预压荷载取支撑体系设计荷载的 1.2 倍。预压时间控制在 10d。并连续观测记录沉降至稳定为止。以检查支架的承载能力，减少和消除支架体系的非弹性变形及地基的沉降。为施工提供可靠依据。支架压重材料采用相应重量的砂袋（或钢材），并按箱梁结构形式合理布置砂袋数量。

5. 箱梁施工过程中应限制集中堆放大量施工机具、材料，严格按照施工工艺施工。

6. 对于混凝土自锚悬索桥主体为横向混凝土系梁刚性连接两侧纵向混凝土箱梁的结构。应先行分段施工两侧主纵混凝土箱梁并进行箱梁纵向预应力张拉，后进行横系梁混凝土施工并张拉横向预应力。横系梁施工应比两侧主纵箱梁施工推迟两个施工阶段。以避免两侧主纵梁由于地基不均匀沉降而造成系梁混凝土裂缝发生。实物图如图 5.2.1-4 所示。

图 5.2.1-4

5.2.2 预应力混凝土箱梁施工过程中箱梁裂缝的控制

1. 主梁浇筑应从主跨跨中开始往两边逐段浇筑逐段预应力张拉推进，以避免由于支撑体系纵向刚度过大，箱梁主体预应力张拉位移约束而引起结构开裂。如图 5.2.2-1 所示。

2. 混凝土强度达到设计强度的 80%，立即拆模进行预应力张拉施工并及时压浆。以预应力对混凝土施加的压应力消除结构内外温差和内外收缩差所产生混凝土裂缝发生的可能。

3. 拆除顶板腹板的模板后应继续洒水养护或喷涂混凝土养护液养护。

4. 桥梁主体混凝土箱梁一般均为三项预应力混凝土，为避免分段箱体上下预应力束张拉施工过程中分段箱梁梁段腹板开裂，分段箱体梁端应加强构造配筋，并应采取以下张拉顺序：竖向预应力张拉力 80%→纵向预应力张拉 100%→横向预应力 100%→纵向预应力钢筋张拉力 100%。

如图 5.2.2-2 所示，红色线条表示纵向预应力钢筋，箱梁各施工段浇筑完成后，分段张拉预应力钢筋使箱梁处于受压状态。

5. 混凝土箱梁顶面人孔位置及预应力锚固端位置应严格按设计要求加强构造配筋，混凝土应加强震捣密实，以避免空洞周围和锚固端局部应力集中而产生开裂。

6. 应严格控制预应力筋中心位置，以避免改变结构受力状态，避免预应力束位置距离结构表面位置太小，而使结构表面产生沿预应力筋方向局部开裂。

7. 混凝土箱体分段浇筑时，先浇混凝土接触面必须认真凿毛、清洗干净，后浇箱体结合部位加强竖向构造配筋，并加强混凝土震捣养护，以避免由于新旧混凝土之间粘结力小，后浇混凝土养护不到位，导致新旧混凝土施工缝之间混凝土收缩差异过大而引起开裂。

5.2.3 体系转换中预应力混凝土箱梁裂缝的控制

结构受力体系转换是混凝土自锚式悬索桥结构成桥的关键。混凝土自锚式悬索桥的结构特点决定了吊杆在加载过程中，吊杆之间、吊杆与悬索主缆线形及主塔受力相互影响很大，其施工加载数值顺序与控制过程是否合理将直接影响到桥梁结构受力是否满足结构设计要求和成桥运营使用安全可靠。

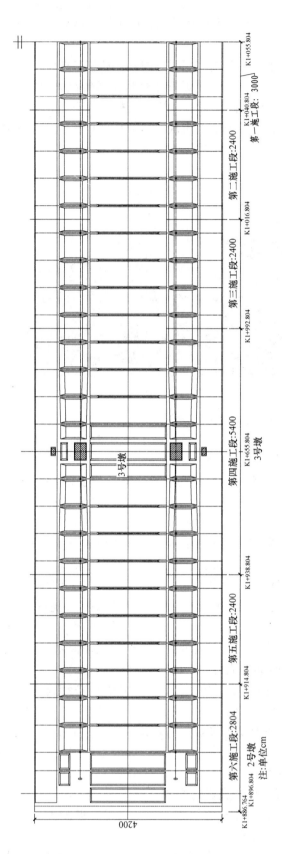

图 5.2.2-1 绍兴市解放路 3 号景观桥施工顺序平面图

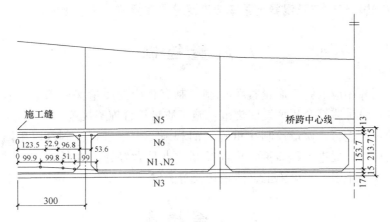

图 5.2.2-2

1. 混凝土自锚悬索桥成桥结构受力体系转换施工必须严格按照设计要求施工工艺顺序进行施工。不得擅自改变施工工艺顺序和结构受力状态。以确保结构实际受力状态符合设计要求。

2. 混凝土箱梁结构自锚式悬索桥，由于其结构自重，结构刚度大，抗拉强度低，吊杆的加载过程比钢结构自锚悬索桥更为复杂，应根据主梁、主缆和吊杆的实际刚度、自重采用计算机空间受力仿真模拟分析，得出最佳加载程序，精心设计吊杆张拉次序及张拉力控制数值。施工全过程中必须严格按照监控指令施工，严格控制箱梁混凝土应力不大于混凝土结构允许设计值范围，以控制结构体系转换过程中混凝土箱梁结构不产生开裂。

3. 对于主塔、混凝土箱梁及支撑体系受力关键部位必须设置混凝土应力变形挠度检测设备，每一施工过程中必须严格同步监测主缆鞍座偏位、主塔应力变形、主缆线形、吊杆拉力、箱梁标高、箱梁应力等各部位实际受力状况并随时反馈与理论计算受力状态校核，及时修正吊杆张拉数值及张拉次序等施工参数。

4. 结构体系转换施工中吊杆加载应严格遵循结构受力对称、逐渐加载到位的原则。张拉吊杆所用YCW250千斤顶及相应张拉加长杆应配备至八组16个千斤顶为宜，以适应多吊点同步加载，避免箱梁结构局部受力过大开裂。

5. 体系转换过程中，吊杆张拉应采用以吊杆张拉力控制为主吊点张拉位移控制为辅的双控原则进行。吊杆第一次张拉是混凝土自锚悬索桥体系转换最关键工序，大部分主梁自重通过首次吊杆张拉后转换为主缆承受，吊杆张力、主梁内力均会发生显著变化。应对每一阶段吊杆张拉进行多次小吨位叠加重复张拉以保证主梁结构受力均匀，避免箱梁裂缝的产生。

现浇预应力混凝土箱形梁结构产生裂缝是施工过程中常见的质量通病，通过认真分析制定科学合理的施工工艺，严格控制施工过程质量，就完全可以避免混凝土结构裂缝的发生。

6. 材料与设备

6.1 钻孔灌注桩机、水泥搅拌桩机

若中跨采用混凝土桩支架、边跨采用水泥搅拌桩加固地基；需要采用钻孔灌注桩机、水泥搅拌桩机数台，具体依据工期计划确定。

6.2 千斤顶

混凝土箱梁预应力张拉设备 YCD200 需配置 6 台套。体系转换吊杆预应力张拉所采用千斤顶及配套设备需配置 16 台套。

6.3 压力环、应变器、全站仪

吊杆张拉中配置 2 台压力环 2 台索力测定仪测量吊杆拉力，应变器预埋在混凝土箱梁内监测混凝土应力变化，配置全站仪一台测量主塔偏位和箱梁标高变化。

6.4 混凝土搅拌站、运输车及混凝土泵车应满足分段箱梁施工强度要求。

7. 质 量 控 制

建立科学管理机制和相应的施工质量检测机制，制定相应的质量保证预案，有预警机制。支架设计、吊杆张拉程序计算设计应符合相关设计规范，施工质量符合施工规范。

施工严格应按照规范进行，质量控制注重施工前和施工中全过程控制，以预防为主，加强对工作质量、工序质量等的检查，促进工程质量。事前控制重点是做好施工准备工作。过程控制则全面控制施工过程，重点控制支架施工、箱梁施工、体系转换等关键工序的施工质量。

8. 安 全 措 施

8.1 必须严格遵守施工现场的各项安全规定，尤其是预应力张拉和电气操作等安全规定，并应有应急措施。

8.2 现场统一指挥，并具有科学合理的安全施工措施和预控方案。

8.3 施工队每天进行施工安全检查并做好详细记录，提出保持或改进措施，并落实实行。

8.4 施工人员必须进行岗前培训和安全技术交底，施工过程中现场指挥人员不能擅自离岗。

9. 环 保 措 施

9.1 建立项目经理负责的环境管理组织机构，部门分工明确，环保责任落实到人。

9.2 制订培训计划。定期对参与环保管理的人员进行环境保护专业知识培训。

9.3 基础施工严禁向河道内排放泥浆等工程废弃物。

9.4 预应力箱梁及吊杆预应力张拉施工做好设备维护，严禁油污河道。

10. 效 益 分 析

通过自锚悬索桥预应力混凝土箱梁裂缝控制施工工法可以避免和减少混凝土箱梁施工裂缝，从而减少混凝土箱梁内钢筋及预应力束腐蚀破坏，确保混凝土箱梁结构承载力、耐久性和抗渗能力等满足国家标准规范要求，延长自锚悬索桥混凝土箱梁结构安全运营使用寿命。节省桥梁日常养护维修费用。

11. 应 用 实 例

浙江省绍兴市解放北路延伸工程二标段为混凝土结构自锚式悬索桥（镜湖大桥），现浇预应力混凝土连续箱梁全长336m，未留伸缩缝、混凝土连续箱梁施工过程中和在支架搁置8个多月后，结构受力体系转换成桥期间吊杆多次反复张拉提吊箱梁，整个施工过程中混凝土箱梁未出现发生任何结构裂缝。

195m跨钢筋混凝土拱桥多节段缆索吊装工法

YJGF239—2006

中铁十七局集团有限公司

王宇　戴志用　梁毅　王清明　孙良标

1. 前　言

钢筋混凝土拱桥因其截面设计合理、横向刚度大、造价相对低廉、养护量小、费用低等优点，具有广泛的应用前景，但也因其施工过程中线形控制、横向稳定性、吊装工艺、接头处理等多项难点限制了其发展。中铁十七局集团有限公司结合贵州省六圭河特大桥净跨195m钢筋混凝土箱型拱公路桥的施工，立项开发并总结了"采用分节段预制、缆索吊多节段吊装、逐段固结扣挂、合拢后松索成拱的施工技术"。

这项技术在贵州省六圭河特大桥净跨195m钢筋混凝土箱型拱公路桥施工中应用，取得成功，并获得了良好的经济效益和社会效益。2005年该技术通过了山西省科学技术厅组织的技术鉴定。鉴定认为："该技术工艺先进，安全可靠，在同类型桥梁工程中具有较好的推广价值，研究成果达到国内领先水平"。

2. 工法特点

2.1　参照斜拉桥的悬拼原理，采用逐段固结扣挂的方法，解决了多节段吊装的稳定性和线型控制问题，达到了较高的线型控制精度。

2.2　采用双索面扣索，因扣索非保向力的作用，拱肋横向稳定性高。

2.3　缆索吊系统的设计构造简单、起吊重量大、安全经济、运行效率高。

2.4　采用主扣塔合用的设计及施工技术，克服了地形复杂、场地狭窄的困难，减低了造价、缩短了工期。

3. 适用范围

本工法适用于大跨度钢筋混凝土箱型拱桥，尤其适用于跨度大、吊装节段多、地形复杂，现浇及转体难以完成的钢筋混凝土箱型拱桥的施工。

4. 工艺原理

主拱箱吊装借鉴拱桥的吊装方法和斜拉桥的控制方法，采用预制拱箱节段，缆索吊起重运输至设计位置，每段吊装到位调整好后即固结，然后进行体系转换，将缆索吊受力转换给斜拉索，并参照悬拼斜拉桥的方法进行施工控制。

5. 施工工艺流程及操作要点

5.1　施工工艺流程

各段的主要吊装工艺流程为：预制场地预制→拱箱吊具安装、起吊→拱箱纵移至缆索吊下方 →拱箱转体→缆索吊起吊→到位后调整线形，上紧螺栓→焊接接头钢板→上钢绞线连接器→拉紧扣索钢绞线进入后锚系统→千斤顶张拉钢绞线→逐级调索、吊点受力转移给扣索受力→拉拱箱风缆、卸吊具回天车→下一段拱箱安装直至全部吊装完成→浇注合龙段混凝土→按程序放松扣索，索力转化为拱肋推力实现单肋合拢。

5.2 操作要点

5.2.1 施工准备

1. 进行缆索吊装系统、扣挂系统的总体布置和规划，要求空间关系清楚，受力体系明确。

2. 准备移运梁系统、缆索吊装系统及扣挂系统所需各种卷扬机、滑轮、索鞍、塔架杆件、钢丝绳、千斤顶等材料、机具和设备。

3. 平整场地，设置拱箱预制场，安装预制拱箱节段吊装门架及移梁设备。要求节段预制采用预制场长线法预制，即预制台座应能保证半跨拱肋嵌合预制，保证预制节段尺寸准确，结合面嵌合好。如因地形等原因限制无法实现，可以采用几片一联，每联内耦合预制的办法。

4. 建立的空间测控网。

5. 建立电视监控和指挥系统。

5.2.2 缆索吊装系统的设计、加工及安装。

1. 缆索吊总体设计。缆索吊机以万能杆件（或其他钢结构）作为支架，以钢丝绳作为承重索和运行轨道，配以牵引系统和起重系统的大型吊装设备。主要吊装作用是对主拱圈节段、上部预制构件进行吊装施工。缆索吊装系统主要构成有承重主索、起重系统（含动力系统）、牵引系统（含动力系统）、滑移式索鞍、运行天车系统、地锚、固定式主塔架、支索器、各种缆风索、防雷系统等。其总体布置如图5.2.2所示。

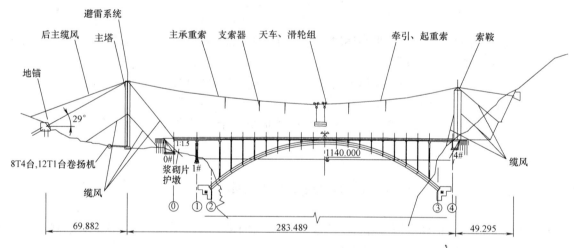

图5.2.2 缆索吊装系统总体布置图

2. 施工地锚，拼装承重塔架。按塔架设计图中杆件型号、位置、数量拼装主塔，所有构件的螺栓均按要求上满、拧紧，并随高度的增加而设置临时缆风绳，以确保结构的稳定。

3. 安装塔顶分配梁、索鞍座及索鞍。索鞍支座和分配梁是主要受力构件，安装时一定要按图纸要求施工。

4. 安设塔架风缆。

5. 安装主承重索。先安装φ21.5临时牵引绳，形成单线闭合回路，作为安装主索及起重，牵引索的工作索。主索的收紧以垂度控制，在主索挂设完成后，无任何荷载时（包括天车、支索器等）主索的垂度控制在设计值左右，且各索间相互高差控制在5cm之内。主索的收紧应对称进行，避免塔架受扭，安装主索的过程中随时调整风缆的张力，保持塔架的偏位在计算范围内。

6. 安装天车、牵引系统及起重系统

7. 分级加载试吊，分别用25％、50％、75％、100％、110％的额定载重进行动载试验，用120％的额定载重进行静载试验，观察、测试各个系统的运行状态，合格后办理签证手续投入使用。

5.2.3 扣挂系统设计、加工及安装。

1. 扣挂系统是在施工过程中逐步形成的，主要由扣塔、地锚、风缆、扣索、索鞍等组成的。其总体布置如图5.2.3所示。

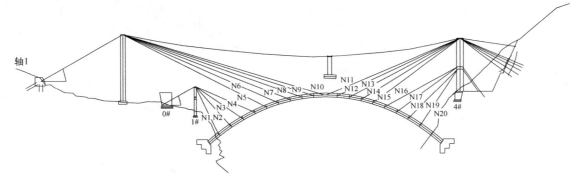

图5.2.3 扣挂系统总体布置图

2. 拼装塔架（主扣塔合用部分则同缆索吊装系统同时施工）及施工地锚。

3. 安装扣索索鞍分配梁、索鞍座及索鞍。

4. 准备扣挂系统所必需的钢绞线、千斤顶等为吊装扣挂做好准备。

5.2.4 拱箱预制、纵移起吊及转体。

1. 拱箱预制。拱箱预制时分底板、腹板两次进行，拱箱预制时需注意吊具预埋件位置、钢绞线预埋位置和角度、端部预埋角钢位置、拱肋端头尺寸等，否则将会造成无法起吊或者无法拼装对接的严重后果。预制时将相邻耦合节段预埋件的螺栓临时固定，这样可以确保空间相对位置，并使预制的拱箱上弧长应比下弧长每侧短0.5～1cm，以确保吊装对接过程中不出现下开口的情况。拱箱预制接头采用如图5.2.4-1所示的结构。

2. 拱箱预制好后，将两台门架与预制拱箱对位后，开始安装起吊分配梁等吊具，安好吊具后，提升拱箱，待上升足够高度后，将梁体与门架间固定紧成为整体。吊具如图5.2.4-2所示。

3. 门架与拱箱节段将沿着铺设的纵移轨道运行。

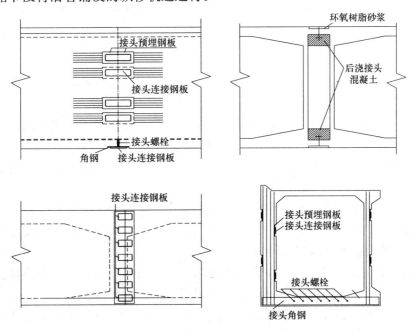

图5.2.4-1 拱箱接头示意图

4. 待拱箱一端的吊点位置纵移到缆索吊下方时，将拱箱一端放在枕木垛支点上，另一端放在转向平车上，移走门架。用缆索吊一组天车上的两个吊钩，吊起拱箱一头向左岸或者向右岸方向缓慢移动天车，同时配合 5t 牵引卷扬机牵引平车运动，此时，平车是作前进及转体动作，最终实现梁体 90 度旋转至顺桥向，最后利用另一组天车下起重滑轮组吊起已转体后的平车上的一端拱箱。转体工艺见图 5.2.4-3 所示。

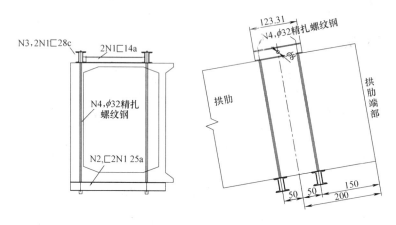

图 5.2.4-2　吊具设计图

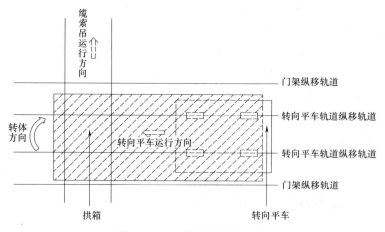

图 5.2.4-3　拱箱转体示意图

5.2.5 拱箱吊装对位、体系转换。

1. 同时提升第一组、第二组天车下的起重滑轮组，将拱箱吊起足够高度，启动牵引卷扬机向右岸移动到指定位置。

2. 利用两组天车下滑轮组起落调整，通过调整四个吊钩，逐步将拱箱线型调正。考虑预制和安装误差的修正及温度场的影响，采用动态控制的方法精确定位拱箱空间位置。

3. 把初步调好线型的拱箱节段同已安装好的拱箱对接，用水平仪及经纬仪精确定位，无误后穿定位 M36 螺栓，并上紧。

4. 拉拱箱横向缆风绳，收紧时保证主拱箱中线准确。

5. 安装扣挂钢铰线，后端锚于主地锚上，过塔顶鞍座后，同梁上预埋的钢铰线用连接器逐根锚固好，并初步收紧（此步可以和焊接钢板同步进行）。

6. 将已调整对位好的拱箱节段同已安装好的拱箱节段间用连接钢板焊接成整体。其要求是：先每块钢板点焊定位后，再对称焊接完成每块连接板，否则将会造成中线偏位。

7. 节段受力体系转换：即张拉本段拱箱扣挂斜拉索（钢铰线）、前一段拱箱扣挂斜拉索（以及根据计算必须进行调索的其他斜拉索），并逐渐松放四个起重滑轮组钢丝绳，要求张拉钢绞线和松起重绳协调一致，每一工作循环线型标高以1～2cm变化为控制，经多级循环转换，使缆索吊机吊重完全释放到斜拉索上，至此，体系转换完毕。

8. 拆除拱箱前后吊点系统，（分配梁及吊杆）通过缆索吊带回左岸倒换使用直至吊装完全部拱箱。

9. 用同样的方法安装其他各段拱箱。

5.2.6 合拢段施工、解除扣索形成单肋。

1. 现浇合拢段施工。选择合拢时间以夜间温度较低后焊接钢支撑较为适宜，焊接完全部钢支撑，随即绑扎钢筋，浇筑合拢段混凝土，时间宜控制在第二天早6点钟之前完成。

2. 单肋主拱圈全桥合拢后，按照计算得出的松索程序，逐步对称松掉全部斜拉扣索钢铰线，形成单肋。

5.2.7 横移缆索吊装系统，吊装另一条拱肋。

5.2.8 拱上结构施工。

1. 拱箱各肋施工完成后，分段、分环加载施工形成整体拱箱。

2. 形成裸拱后，按计算确定的加载程序在主拱圈上施工立柱和盖梁，然后预制架设空心板梁，最后施工桥面铺装、安装桥面系。

5.3 劳动力组织

劳动组织表 表5.3

机构名称		组织机构职能	人数	备注
指挥协调组		负责总体协调指挥和调度	4	
技术组		负责吊装过程的技术工作，包括协同监理、设计、监控进行观测、处理吊装过程中的各种技术问题等。	6	
吊装作业组	组长	现场吊装操作总指挥	1	
	副组长	现场吊装操作副总指挥	1	
	移梁作业组	起顶→移位→转体	12	
	吊装对接作业组	起吊纵移拱箱，拉横向缆风、拱圈对接前点、焊接对位、卸吊具	16	
	扣挂系统安装组	扣索连接、牵引、调索等	12	
	缆索吊机操作司机	操作缆索吊卷扬机	4	
现浇接头混凝土作业组		负责浇筑接头混凝土等相关工作	12	

6. 材料及设备

材料及机械设备见表6-1、表6-2。

主要材料表 表6-1

序号	材料名称及规格	单位	数量	备注
1	主索(6×37+NF-56,1770级)	m	450×7+550×1	
2	牵引索(6×37+NF-28,1770级)	m	1×1700	
3	起重索(6×37+NF-21.5,1770级)	m	1250×4	
4	各种风缆	m	7700	
5	索鞍	套	6	根据总体布置确定
6	万能杆件	t	520	
7	吊具	套	2	
8	32T四门滑车	套	4	
9	拱箱运输轨道	m		根据现场运输距离而不同

机具设备表　　　　　　　　　　　　　表 6-2

序号	材料名称及规格	单位	数量	备注
1	32t索道天车	台	4	
2	12t电动卷扬机	台	1	
3	8t电动卷扬机	台	4	
4	5t电动卷扬机	台	2	
5	2t电动卷扬机	台	1	
6	油压千斤顶及配套油泵	套	8	
7	全站仪	台	2	
8	100t转向平车	辆	1	
9	拱箱起吊运输龙门吊	套	1	

7. 质 量 控 制

7.1　质量标准。

根据交通部《公路桥涵设计通用规范》JTG D60—2004、《公路钢筋混凝土及预应力混凝土桥涵设计规范》JTG D62—2004、《公路工程质量检验评定标准》JTJ071—98、《公路桥涵施工技术规范》JTJ 041—2000、《公路工程技术标准》JTJ 001—97等相关设计及施工规范，制定质量标准如下：

7.1.1　万能杆件塔架的拼装误差：

塔顶标高偏差不大于 50mm；

塔顶平面高差不大于 10mm；

立柱侧向弯曲小于 $H/1500$（H 为塔架高）；

立柱倾斜小于 $H/2000$（H 为塔架高）；

构架的平面扭转不大于 1°。

7.1.2　缆索吊主索间的高差不大于 5cm。

7.1.3　当前节段拼装过程中的控制标准：

当前拱箱前端定位标高允许偏差：±5mm；

当前拱箱轴线前端横向偏位：±10mm；

合龙口两端相对误差：±20mm；

扣索索力控制张拉最大允许误差：最大不同步张拉力为 100kN，同时不同步索力使扣塔塔顶产生的顺桥向偏移值不得大于 20mm。

7.1.4　已拼装完成节段的控制误差：

拱圈底面高程误差：±20mm；

拱圈对称接头相对高程误差：±20mm；

轴线横向偏位误差±20mm，拱肋间距误差±30mm。

7.2　质量控制措施

7.2.1　建立质量保证体系，开展全面质量管理活动，各工序指派专人负责，技术人员跟班作业。

7.2.2　搞好操作工人技术培训，做到操作熟练，避免违章作业。

7.2.3　做好各种材料、机具、设备的进场验收和使用前复查工作，未经复查严禁使用。

7.2.4　关键工序，施工前必须做好试验工作，以确保设计参数的准确性及施工操作的可靠性。

7.2.5　搞好"三检"工作，严格按照质量标准施工，达不到标准坚决返工。

7.2.6　按照监控指令操作，严格控制拱箱节段的空间位置。

7.2.7　吊装过程中及加载过程中设专人观测拱箱中线及高程、塔顶偏位、扣索索力等，及时反馈

数据，监控及时根据实测数据调整相关参数。

7.2.8 吊装前，要认真测量拱箱节段尺寸，特别是拱箱接头要专人检查、认真复核，对有关问题及时处理。

8. 安 全 措 施

8.1 严格按照施工规范及设计文件指导生产。

8.2 严格施工程序，对每道工序检验合格后，方可进行下道工序施工。

8.3 严格遵守国家有关安全生产的法律法规，严禁违章作业。

8.4 缆索吊系统及扣挂系统的设计是确保安全的基本条件，必须确保设计方面不出任何纰漏。运用科学的设计理念和先进的计算手段结合现场实际情况进行合理设计，需多专业分工协作，共同攻关，要进行专题研究，设计方案必须经过专家论证，以确保设计的安全性。对各种临时设施的设计成果采用试验、检测手段进行验证，通过验证结果优化设计方案，形成由设计理论指导施工实践，再从施工实践中总结经验对设计理论进行完善的良性循环体系。

8.5 对起吊设施定期检查，发现问题要及时整改，处理结果要有记录。

8.6 吊装过程中测量工作要认真负责，做到吊装过程连续观测，测量数据及时整理汇报。

8.7 对塔架受力较大的杆件应力测试及塔顶位移要随时监控，发现异常情况，及时采取相应措施处理后，方可继续施工。

8.8 在每一个项目施工前，应对全体施工人员进行技术交底和安全教育。

8.9 缆索吊机工作跨度大，视线远，必须制定统一的指挥系统，配备对讲机为联络工具，确保操作安全，必要时设置电视监控系统。

8.10 缆索吊机为起重机械，操作人员必须严格执行"起重作业"的有关规定。

8.11 缆索吊装涉及高空作业，因此必须严格按照高空作业的有关安全技术要求进行操作。

9. 环 保 措 施

9.1 优化施工设计，减少对周边环境的破坏。总体布置尽可能地利用两岸地形条件，尽可能地利用永久性设施，地锚的设计尽可能地和周边环境相协调，如采用的地锚集中设置、采用锚索式地锚等均可以最大限度地减少对周边环境的破坏。

9.2 施工中的建筑垃圾、开挖中的废渣、施工中的废水等的排放、废弃物的堆积必须统一规划，不能随处排放堆积。必要时采用修筑挡碴墙集中堆放废渣、利用废渣修筑田地、废水沉淀净化后再排放等措施以减少对环境的影响。

9.3 在桥头植树造林，美化环境，做到建一桥，添一景。

9.4 采用"四新"技术，精心组织，科学施工，减少对周边环境的影响。如临时设施用建筑材料尽可能采用可循环和周转使用的环保材料，采用新技术和新工艺等减少材料和能源的浪费，做好施工组织施工以注意噪声、烟尘等对周边环境的影响等等。

10. 效 益 分 析

10.1 本工法施工费用低，节省支架材料，以贵州六圭河特大桥为例，节约投资470多万元，经济效益明显。

10.2 由于逐段固结扣挂，采用双索面扣索，横向稳定性好，线形精度高，缩短了吊装架设时间。

10.3 本工法适宜于复杂地形条件下的大跨度钢筋混凝土拱桥，受地形条件及影响小，桥下通航不受影响。

11. 应 用 实 例

贵州六圭河特大桥地处岩溶峰丛区的高原中山深切河谷地带，沿桥位轴线岸坡地面高程河床最大高差 235m，河谷横断面为不对称的"V"字形峡谷。其主跨为上承式钢筋混凝土箱型拱桥，总体布置是：净跨 $l_0 = 195m$，净矢高 $f_0 = 39m$，桥宽为 12.0m。左岸设两孔 20m 预应力空心板引桥，右岸设一孔跨度为 20m 预应力空心板引桥。全桥总长 255.76m。该桥是国内目前跨度最大、吊装节段最重的钢筋混凝土箱形拱桥。

该桥在施工难度特别大，地形异常复杂、气候条件恶劣的情况下，主跨采用"分节段预制、缆索吊多节段吊装、逐段固结扣挂、合拢后松索成拱"的施工技术，圆满地完成了施工任务。该桥上下游两片单肋拱箱吊装节段为 20 段，全桥拱箱吊装节段为 40 段（最重节段 95T），跨中设置 60cm 的合拢调整段，在吊装完成后成拱状态下，主拱拱底标高实测值与理论值吻合良好，绝对误差远远小于规范的规定值（$L/3000 = 65mm$），主拱轴线实测值与理论值吻合良好，绝对误差远远小于规范规定值（$L/6000 = 32.5mm$），在整个施工过程以及成拱状态下，主拱线形流畅，扣索、扣吊塔受力合理，拱体结构安全可靠。

该桥的成功建成，为箱形拱桥的发展积累了经验，将会促进箱形拱桥的发展。

混凝土斜拉桥牵索式挂篮施工工法

YJGF240—2006

天津第一市政公路工程有限公司　天津天佳市政公路工程有限公司

何大川　张宝刚　李庆华　李会东　杜亚民

1. 前　言

牵索式挂篮是混凝土斜拉桥主梁施工的常用的设备，又名前支点挂篮。牵索式挂篮属于大型高空作业钢结构设备，重量大、操作流程复杂、安全标准高、工期及质量要求严格。是施工企业施工能力、技术水平的综合体现。

滨海大桥是我国北方地区最大的双塔双索面预应力混凝土斜拉桥，主跨364m，主梁为Ⅱ型双肋板式预应力混凝土结构，施工难度大、技术含量高、质量标准高。我公司以该工程为载体，自主开发研制了新型牵索式挂篮，在主梁施工中发挥了极其重要的作用，确保了施工控制各项指标得以有效的实现，验证了这套设备的科学性和先进性。滨海大桥已于2003年11月顺利竣工通车，该成果经过设计评审、施工应用、性能分析、成果评审等一系列专家评议，被鉴定为天津市科学技术成果；该工法已被认定为天津市市级工法；《丹拉海河斜拉桥牵索式挂篮设计与应用》一文荣获天津市建设系统第六届优秀科教论文。

斜拉桥作为现代桥梁的代表，造型美观，姿态雄伟，跨越能力大，是其他桥型所无法比拟的。我国斜拉桥的建设有着广阔的空间，作为混凝土斜拉桥施工的核心设备—牵索式挂篮的设计、制造、应用水平直接决定着我国斜拉桥的施工水平。新型牵索式挂篮的开发和研制以及在滨海大桥的成功应用，将此类设备设计、应用水平提升到了新的高度。特总结、升炼此套工法，以指导类似工程的施工实践。

2. 工 法 特 点

牵索式挂篮施工工法在天津市政公路工程中属于首次采用，经过我们的研究开发和施工应用，该工法具有如下五个方面特点：

2.1　设备重量轻，仅为待浇块件结构荷载的0.37倍（设计控制指标一般为≤0.42倍），远小于常规的后支点挂篮。可以有效地保证施工质量、提高经济效益。

2.2　施工速度可达到6d一个标准快件，处于国内同类桥梁施工的领先水平。

2.3　牵索系统采用空间模拟平行索面自动转向校正系统，挂索定位精度高、速度快、安全简易。

2.4　模板系统为自升降式模板支架集成系统，操作安全简易、施工速度快、荷载重量轻。

2.5　主横梁采用多功能变截面箱体，有效降低了设备重量。

如图2.5所示。

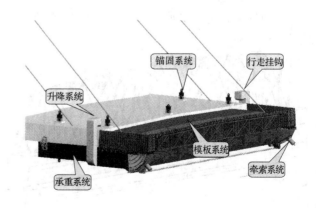

图2.5　挂篮结构效果图

3. 适 用 范 围

该工法适用于混凝土斜拉桥主梁悬臂浇筑施工。

4. 工 艺 原 理

4.1 工艺原理

牵索式挂篮属于复杂的空间三维受力体系，设备处于工作状态（浇筑混凝土）时，以C形挂钩及中横梁三组吊带作为后支点，吊挂在已浇主梁节段上；以斜拉索作为前支点，拉索通过张拉系统锚固在挂篮前端弧形梁锚槽上面，形成施工块件混凝土承重平台，满足各工序施工操作的需要。

4.2 结构设计

4.2.1 设计荷载分析

施工过程荷载主要包括：主梁节段重量、施工荷载重量、挂篮自重、风荷载，挂篮结构设计必须满足支持标准节段和加长节段施工的受力要求和技术要求，同时考虑到挂篮空载行走、浇筑前挂索张拉等特殊工况的受力特点，拟定出科学、安全、经济、便利施工的方案。

4.2.2 设计分析方法

在挂篮结构设计过程中，首先应用AUTOCAD建立主梁计算节段三维立体模型，然后对结构体进行空间拆分，应用CAD的实体特性查询功能得到各个荷载单元的准确量值。挂篮的概念形式结合主梁形式分析确定后，即开始对各主要承重部件进行独立分析。分析过程中，将计算截面在CAD环境中做成面域，即可通过查询得到截面特性参数的精确数值。结构力学计算采用了结构有限元计算程序，保证了结果的精确性和可靠性。结构计算按照"连续梁→平面刚架→空间刚架"的计算层次进行，确保各种受力、变形特征在计算过程中得以体现，保证挂篮在空间受力体系下的稳定性和安全性。

4.2.3 主体构造设计

1. 主体结构：

1）承重系统：包括前、中、后横梁及牵索纵梁。

2）模板系统：由底模、外侧模、内侧模及横隔板模板组成，采用顶模垂直下落、侧模翻转折叠式模板系统。

3）牵索系统：由弧形梁、牵引杆、垫块及千斤顶组成。

4）锚固系统：包括后吊带、中吊带、水平止推销等。

5）升降系统：挂钩升降千斤顶、后顶轮装置。

6）行走系统：由C形挂钩、滑靴、滑道、牵拉精轧螺纹钢筋及穿心式千斤顶、侧向限位轮组成。

2. 关键结构部位分析：

1）前横梁：为主要承重横梁，应力和应变值均较难控制，本设计经过详细的分析、计算、比较，拟定如下方案：

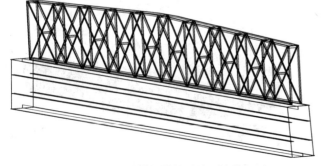

图4.2.3-1 前横梁结构设计三维模拟图

结构形式采用箱形变截面，上立加强钢桁架以提高刚度，兼做横隔板模板，有效控制了挂篮重量；下部设置预应力拉杆以控制挠度变形，以变形控制计算预应力P的施加值。预应力值应随节段的不同、施工程序的进展而进行调节图4.2.3-1。

2）牵索纵梁（图4.2.3-2）

A：采用箱形变截面，根据主梁节段的结

构特点，纵梁的前、后部分设置 40cm 的高度差。在索锚固区将梁体空间扩大，以提高牵索区段梁体刚度和强度，并满足斜拉索方位角空间变化的需要。在拉索接长杆与弧形梁的连接部位表面设置抗滑定位分隔挡片，使拉索在体系转换之前与挂篮的牵索纵梁的相对位置保持稳定。

B：弧形梁的设计完全以斜拉索的空间角度为基准，模拟牵索接长杆在牵索纵梁前端的运动轨迹，以此确定牵索弧面板的空间方位，保证牵索系统的精确就位。

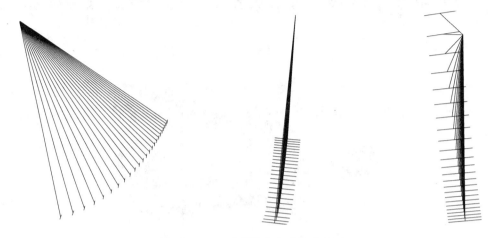

图 4.2.3-2　弧形梁牵索系统分析图

3）行走挂钩（图 4.2.3-3）

采用 C 形变截面，通过滑靴、滑道支撑于已浇段主梁的边肋顶部，必须满足 a. 挂篮行走时支持挂篮重量、模板重量、必要的辅助施工设备重量的要求；b. 混凝土浇筑时作为后支点的结构强度和刚度要求。

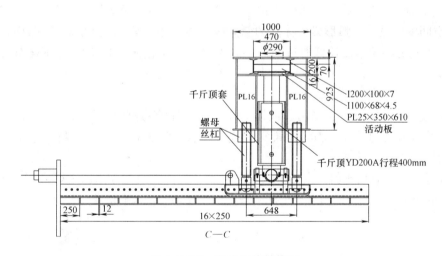

图 4.2.3-3　行走系统结构图

4）模板系统设计（图 4.2.3-4）

模板系统的设计原则为：a. 结构合理，受力明确；b. 操作简便，节约工期；c. 调节方便，保证线性；d. 保证刚度，防止漏浆；e. 保证强度，控制重量。

基于以上原则，拟定采用了顶板模板下落、边肋及横隔立板模板折叠翻转的模板操作方式。

5）脚手平台系统设计（图 4.2.3-5）

脚手平台是挂篮施工操作的重要附属结构，合理、安全的脚手平台可以极大地提高施工操作的速度和安全性，并可以降低附加荷载的重量。我们采用轻型钢骨架与钢板网、细钢筋组合连接的形式作为施工操作的平台和通道，并对存放重型施工设备、人员集中的点位进行结构安全验算，确保万无一

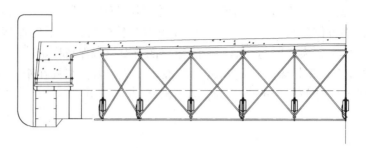

图 4.2.3-4　模板及支撑系统结构图

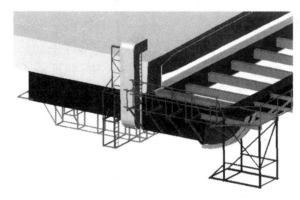

图 4.2.3-5　脚手平台布置图

失。脚手平台系统主要由梁底平台、上下爬梯、水平通道、模板操作平台、挂索平台等部分组成。

4.2.4　结构设计创新点分析

1. 前横梁变截面钢箱，即在 30m 长的横梁上立板焊钢桁架，既作为与横梁一体的受力结构，又兼作横隔板模板的侧模板。仅此一项就比常规设计减轻重量 10t 以上，为其他重要部件重量的分配打下了基础。

2. 弧形梁空间索面设计，弧形梁为挂篮的牵索锚固端，由于索面为倾斜空间曲面，常规设计通常采用大宽度开口以满足斜拉索接长杆通过的需要，本设计完全按照斜拉索的空间索面来进行弧形梁的开口及锚固面板的曲面设计，最大限度的减少了弧形梁空间尺寸面积，大大降低了弧形梁重量，极大地方便了斜拉索的定位操作（图 4.2.4-1）。

3. 翻转升降模板系统，本工法采用了顶板下降、侧模翻转的模板操作方式，支撑系统主要采用脚手管，以倒链作为提升动力系统，均为桥梁常用施工材料，极大地降低了材料的重量和损耗，为安装和使用节约了时间、提高了效率。

4. 水平止推系统设计，由于斜拉索产生巨大的水平分力，必须在挂篮与主梁之间设置水平约束，使挂篮保持纵桥向的稳定。本设计采用水平止推销来实现此项功能，水平止推销采用 40Cr 合金钢结构，锚固

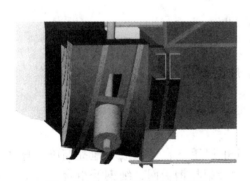

图 4.2.4-1　弧形梁结构三维图

图 4.2.4-2　止推销结构三维图

与主梁上的 40cm 浅孔，具有重量轻、操作方便、对主梁截面受力损失小的优点（图 4.2.4-2）。

5. 施工工艺流程及操作要点

5.1 施工工艺流程

5.1.1 总体施工顺序

挂篮首先需在浇筑主梁 0、1 号块时提前对称预埋于河侧和岸侧，待 0、1 号块支架现浇完成后，提升就位，行走至 2 号块位置，进入标准块件施工阶段。河侧、岸侧挂篮对称施工，其中岸侧挂篮浇筑完毕边跨最后一块悬浇块后即转入边跨合龙阶段，边跨合龙后即拆除边跨挂篮，完成一套挂篮的使用周期。河侧挂篮循环施工至中跨最后一块悬浇块后块件之后，即进入中跨合龙阶段。中跨合龙后，河跨侧挂篮后退至塔根位置进行拆除，至此完成了主梁挂篮施工的全套流程。

5.1.2 挂篮安装流程

第一根牵索纵梁吊装就位→第二根纵梁放到另一侧（暂不就位）→后横梁→中横梁→前横梁→第二根纵梁就位→次纵梁→焊接前横梁→施拧后横梁→施拧中横梁→施拧次纵梁（→挂篮就位提升）→挂钩安装就位→组装挂钩→前次纵梁的组装→模板的安装

5.1.3 标准块件施工工艺流程（图 5.1.3）

图 5.1.3 牵索式挂篮施工工艺流程图

5.2 操作要点

5.2.1 挂篮安装

1. 工作平台的搭设：

0 号块和 1 号块桥面在距离地面 30m 空中，挂篮后部是通过使用精轧螺纹钢筋固定在 1 号块上，挂篮浇筑混凝土部分（前端）是悬臂的。所以挂篮在现场拼装时为了能够保证准确就位，需要在 1 号块位置搭设挂篮拼装用的工作平台（图 5.2.1-1、图 5.2.1-2）。平台上要铺设木板，操作人员可在上方便行走，平台四周也要加护栏保证操作人员的安全。

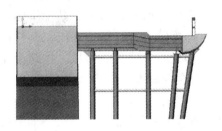 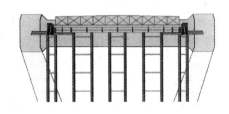

图 5.2.1-1　挂篮安装侧视图　　　　　　　　图 5.2.1-2　挂篮安装立面图

2. 现场起吊工艺：

根据现场场地情况，现有 300Tm 的塔吊只能够将挂篮较轻的部件吊到工作平台上，还需要租用两台 100T 的汽车吊。用两台吊车同时将牵索纵梁和挂钩吊到工作平台上，其他的所有部件均用 300Tm 的塔吊进行吊装施工。

3. 现场焊接：

1）挂篮各部位的焊接使用 J506 焊条（焊接钢板材质为 16Mn），焊条应按要求烘干。酸性焊条要视其受潮情况烘干，温度为 100～150℃/1～2h。

2）焊接时所使用的电焊机由于在野外作业，为了保证焊接质量电源应不能与其他大负载设备共用，防止电压的波动影响焊接质量。

3）焊前应仔细清理焊接边缘 50mm 以内的油漆、垢、锈等污物。焊完一遍后，应将其表面上的熔渣等杂物清除，同时应在第一遍未冷却时即进行第二遍的焊接。焊接过程中的焊渣清理要干净，防止夹渣等焊接缺陷的出现。

4. 高强螺栓的施拧工艺要点：

1）拧方法，高强螺栓施拧分为初拧、终拧两步，均采用扭矩法施工。

2）设计给定预紧力，通过试验确定不同规格螺栓的扭矩系数 K 值。大六角头高强螺栓施工前按出厂批复验扭矩系数

3）初拧扭矩为施工扭矩的 50% 左右，然后进行终拧。终拧采用扭矩法施工，终拧时采用电动扳手按照上表施工扭矩进行施拧。施工人员必须严格按照施拧参数所定的数值进行初拧。

5.2.2 荷载试验

1. 试验目的：

为了验证结构关键部位的受力和变形规律，取得了可以指导施工的第一手数据，以便在后续施工中确定合理、准确的模板预拱度，消除结构的非弹性变形，使结构在使用过程中在弹性范围内规律的变化，满足梁体施工线性控制的要求，需要在使用前进行荷载试验（图 5.2.2）。

2. 试验方法：

荷载试验采用 110% 超载预压的方式，检验结构安全的承受荷载的能力，对结构主要受力构件的变形、焊接质量进行重点观察，验证结构的可靠性。

5.2.3 混凝土浇筑

混凝土浇筑对称、均衡浇筑，混凝土入模遵循先"前端"再"后端"的原则，同时按"水平分层，斜向分条"进行浇筑，即先边肋、再横隔板、最后顶板的顺序。对称块件的浇筑要同步进行，以减少

图 5.2.2　挂篮加载试验

施工过程中不平衡弯矩的产生。对于浇筑 1/2 拉索工作，必须严格控制，监测与测量人员落实到位，从索力和标高上来控制整个块件的对称性和空间平衡（图 5.2.3）。

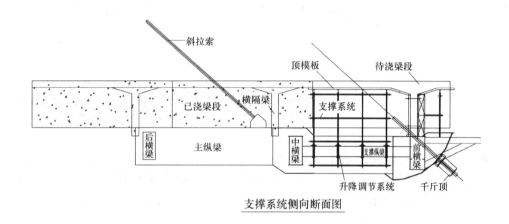

支撑系统侧向断面图

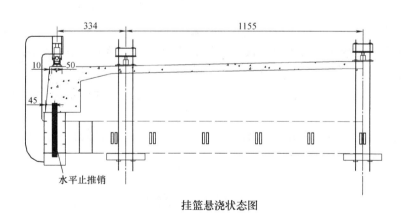

挂篮悬浇状态图

图 5.2.3　挂篮悬臂浇筑施工图

5.2.4　挂篮移动

　　前移之前要注意检查挂篮模板、止推销等部件是否已经彻底与主梁脱离，保证挂篮移动无纵向约束；挂篮移动应对称、均衡进行；挂篮移动过程之中难免出现移动方向左右偏移现象，测量人员要随时观测挂篮偏移情况，根据实际情况对挂篮进行左右调整，调整方法为左右挂钩不对称移动，利用不平衡摩擦原理对挂篮进行横向位置的微调；挂篮移动过程中，技术人员要在梁顶、梁底对挂篮位置进行全程监测，保证挂篮能够平衡、准确的就位；挂篮移动到位后，对所有主要焊口进行检查，防止因不平衡扭矩造成焊口脱焊、开裂，保证结构安全。

5.2.5 线形控制

挂篮线性控制主要是指挂篮高度的调整和变形的分析控制。挂篮作为悬浇施工支撑设备，在每次承受施工荷载后必然产生纵向、横向的挠度变形。对于纵梁的变形，直接影响着主梁节段高度的控制，因此必须通过试验和对前一块件变形的分析来制定出下一块件抛高的指导数据；对于横梁的变形，通过计算和实际测量提出横梁的预拱度，以此指导横梁底模板的预抛调整，满足结构尺寸控制的要求。

5.2.6 挂篮拆除

挂篮施工完最后一个块件后，边跨挂篮就地下落至地面后进行拆除；中跨挂篮沿原施工路线后退至主塔根部，然后下落至地面进行拆除；如果施工路线下方所对应的区域均为水面，则采用原处下落，驳船运输。具体过程如下：

1. 安装吊带

采用精扎螺纹钢筋，利用连接器逐段结长作为吊带，顺主梁预埋的吊带孔吊挂在挂篮的前横梁和中横梁上。共设置8个吊带组，四个用于下降操作，四个用于吊带接长时临时承载。

2. 切割挂钩

吊带持力，解开挂钩顶丝，将东、西侧挂钩环向切割，满足挂篮下降空间需要。

3. 搭设操作支架

在吊带周围搭设10m高脚手架，满足吊带接长的需要。

4. 安装千斤顶

四个主降吊带组采用60T千斤顶；四个转换吊带组采用120T千斤顶。（根据实际挂篮重心及吊带受力情况进行计算确定）

5. 下降流程

1）主降吊带利用千斤顶持荷下降，转换吊带直接下顺。

2）主降吊带下降至接口处，改为转换吊带荷载下降。主降吊带用特制连接器接长连接。

3）主降吊带连接器落下垫板后，开始持荷下降，转换吊带不持荷直接下顺。

4）循环以上步骤直至挂篮下落距离地面2m。

6. 挂篮接触地面准备工作

挂篮落至梁底距地面2m左右，停止下落，拆除模板系统及脚手平台系统。提前搭设支撑平台，用方木在挂篮主纵梁及三道模梁位置下方搭设方木垛，满足挂篮下落后的支撑要求。

7. 挂篮落地

挂篮附属系统拆除后，继续下落至方木支撑平台上，解除各组吊带，吊带解除后上提逐节拆除。

8. 挂篮解体

挂篮前横梁在原接口附近环向切割与纵梁分离，中、后横梁解除高强螺栓连接与纵梁分离，同时次纵梁解除栓接后与前、中横梁分离。

6. 材料与设备

6.1 主要材料

6.1.1 主要承重部位材料均采用16Mn钢，由于挂篮属于临时施工设备，此钢材容许应力可达到：$[\sigma]=230MPa$，$[\tau]=130MPa$

6.1.2 销轴采用40Cr合金结构钢，轴承采用粉末冶金轴承，以保证关键部位在组合应力作用状态下的结构可靠性。模板及支撑系统采用Q235钢材。

6.2 机具设备（表 6.2）

机具设备（每套挂篮） 表 6.2

序号	名称	规 格	数量	单位	用 途
1	塔吊	300t. m	1	座	安装及荷载试验
2	吊车	100t	2	台	吊运安装
3	电焊机	普通	4	台	安装连接
4	吊带	ϕ32 精轧螺纹钢筋	5	组	挂篮锚固
5	千斤顶	200 型	2	台	挂篮顶升
6	千斤顶	120 型	2	台	挂篮前移
7	千斤顶	250 型	3	台	挂篮中吊带
8	千斤顶	150 型	2	台	挂篮后吊带
9	千斤顶	450 型	2	台	牵索系统张拉
10	千斤顶	200 型	2	台	挂篮高度调节
11	滑道	6.8m	4	道	挂篮移动

6.3 劳动组织（表 6.3）

劳动组织表 表 6.3

序号	岗 位	定员	职 责
1	现场总指挥	1	总体指挥协调
2	技术员	2	对挂篮操作进行技术指导
3	安全员	1	对操作全过程进行安全管理
4	电工	1	现场用电线路、设备的电力保障
5	起重工	1	挂篮安装、移动等过程的指挥管理
6	张拉工	8	升降、前移、牵索张拉操作
7	操作工	20	模板及支撑、其他辅助工作

7. 质 量 控 制

为了确保牵索式挂篮结构设计、施工目标的可靠度，实现技术先进、经济合理、安全适用的总体目标，必须严格确保加工质量，执行钢结构设计、加工、安装、操作等一系列国家有关标准。保证钢材的质量、焊缝的质量、结构尺寸的精确性。关键部位必须对焊缝进行超声波检测，严格控制焊缝的质量。保证构件的各项技术指标均达到设计和规范要求。

7.1 严格按 ISO 9002 质量保证体系运行，健全从公司到现场、项目部到施工班组的质量保证组织系统，实行全过程预防与控制以确保工程质量。

7.2 开展全面质量管理工作，在施工中全方位的对挂篮施工操作的每个步骤进行质量监控。

7.3 严格执行各项挂篮施工的专项质量管理制度，认真按有关规范和设计图纸施工。

7.4 坚持自检、互检、专检制度，及时交接验收，作好原始记录，使施工质量始终处于受控状体。

7.5 对挂篮的主体结构不允许随意进行切割、焊接，如确实需要必须经过技术负责人确认、并提出可靠的加固措施后再进行。

7.6 在挂篮使用过程中，要不间断的对挂篮的各个部位进行监控，特别是对于主梁上的焊口要定期进行超声检测。

7.7 挂篮各部位都有既定的承载能力，应根据操作规程控制各部位的堆载荷承载，防止超过挂篮的极限承载力。

8. 安 全 措 施

8.1 搞好安全交底，针对该大型钢结构悬臂浇筑高空作业的特点，向操作人员提出每一步操作的安全技术要求。

8.2 做好挂篮的临边防护，挂篮内作业人员必须配戴安全带。

8.3 每次进入挂篮前，均须仔细检查挂篮骨架的牢固性，重点检查焊口有无开裂、脱焊等安全隐患。

8.4 移动过程中，挂篮梁体及梁底严禁站人；操作时严防工具等物品坠落桥下，必要时桥下通行区域要设专人监护。

8.5 千斤顶的张拉操作要统一指挥，服从指令；防止不平衡受力导致挂篮结构破坏。

8.6 挂篮移动之前挂篮侧面所有的约束都要解除，要有专人于侧面旁站，发现异常情况及时与操作指挥联系；

8.7 挂篮移动过程中如遇到移动困难、移动过程中有特殊声响等异常情况，必须暂停移动，分析原因制定对策后再继续操作；

8.8 挂篮就位后处于工作状态时，要对千斤顶的自锁稳定、锚固螺母的紧固等重要部件情况要认真检查，确保锚固锁定系统的安全；

8.9 遇到大风、大雨等不利于施工的天气时，要停止操作，将挂篮稳定，待天气好转时继续施工。

9. 环 保 措 施

9.1 挂篮施工过程中严禁将废弃物随意抛掷，要集中收集弃运，保护好河道的环境。

9.2 进行电焊、张拉等工作时，应将操作面下方封闭保护，防止焊渣、液压油随意飘落桥下。

9.3 张拉油泵、千斤顶等施工机械设备放置于桥面时，要下垫彩条布，防止漏油污染桥面。

10. 效 益 分 析

10.1　施工进度成果

应用牵索式挂篮的先进技术，我们实现了主梁长度的快速增长，最快时达到了6d一块，达到了国内同类桥梁施工速度的最高水平。

10.2　工程质量成果

牵索式挂篮在模板连接设计、弧形梁空间曲面设计、前横梁变截面钢箱等方面科学、独特的思路，使主梁的施工质量得到有力的保证，主梁内、外质量完全达到了工程创优的技术要求。

10.3　施工安全成果

挂篮提供了安全、稳定、可靠的施工操作平台，满足了各个工种顺利、无干扰施工的要求，整个主梁施工过程中无一次重大伤亡事故发生，为超高空结构物施工的安全管理积累了宝贵经验。

10.4　经济效益成果

牵索式挂篮工法的应用，极大地节约了脚手支撑材料的投入，节省了起重设备的占用时间，节约了大量人力资源的投入，有效地控制了施工成本，提高了项目的经济效益。同时，该工法所进行的创造性地设计开发、应用研究，使这套新型牵索式挂篮具有广阔的产业化发展方向，对提高我国大型混凝土斜拉桥的施工技术水平、提升施工能力、降低施工能源的消耗具有很高的推广应用价值。

11. 应 用 实 例

丹拉高速滨海大桥是位于国道主干线丹拉（丹东-拉萨）支线高速公路上、横跨海河的一座双塔双索面预应力混凝土特大型斜拉桥，主桥全长668m，跨径布置为：152m＋364m＋152m。开工日期为2001年3月，竣工日期为2003年11月，历时2年零8个月。其中2003年5月4日主梁边跨合龙，9月7日主梁中跨胜利合拢、全桥贯通。经过对内在、外观质量的综合评定，全部质量指标均达到优良标准。

我们在丹拉高速滨海大桥工程的主梁施工中，应用了新型牵索式挂篮施工工法，主梁施工速度达到6天/节段、中跨合拢标高误差仅为5mm，全桥线形流畅、内坚外美，取得了显著的技术经济成效，得到了业主、监理及有关领导的肯定和好评。该桥荣获了2004年度天津市建设工程海河杯奖（市优），该项技术成果于2005年6月被鉴定为天津市科学技术成果（图11）。

图11 工程整体效果图

YZP5 型路基边坡压实一体机施工工法

YJGF241—2006

中铁十五局集团公司

熊建新　徐向真　赵中华　王红升　杨俊

1. 前　言

中铁十五局集团有限公司联合石家庄铁道学院研制的 YZP5 型路基边坡压实一体机是铁道部科技司 2000 年立项的科研项目（2000G25）。经过设计、制造和现场工业性试验，取得了较好的效果，2004 年 5 月通过了铁道部科学技术司主持的技术鉴定（铁道部技鉴字［2004］第 007 号），认为该技术创造性地采用了压实装置的刚性连接结构形式，实现边填边压、纵向碾压边坡的施工方法。目前 YZP5 型路基边坡压实一体机已在多项铁路、公路的路基工程中应用，并取得了良好的经济和社会效益。

该工法于 2004 年被中铁十五局集团有限公司评为局级优秀工法，2005 年被中国铁道建筑总公司评为总公司优秀工法，2006 年被中国铁道工程建设协会审定为 2005~2006 年度铁道工程建设工法，所应用的"YZP5 型路基边坡压实一体机"获 2004 年度中国铁道学会科学技术奖三等奖、2004 年度中国铁道建筑总公司科技进步一等奖、2004 年度中铁十五局集团公司科技进步特等奖。

2. 工 法 特 点

2.1　具有一机多用功能。与国内外其他类型的边坡压实设备相比，YZP5 型路基边坡压实一体机具有结构紧凑，定位准确的特点，因其压实装置主要附于 TY220 推土机后，前面保留了推土功能，故做到了一机多用。

2.2　保证边坡质量。传统的做法是通过每侧超填宽度不低于 50cm，成型后人工配合机械刷坡修整，再进行夯实。既增加了工程造价，刷坡前边坡的稳定性也不好。YZP5 型路基边坡压实一体机施工时，坡面平整，顺直，既节约填方量，又能保证边坡压实度满足设计及验收规范的要求，确保了路基边坡的稳定。

2.3　缩短工期，保护环境。由于减少了超填方用量，免去了刷坡土方倒运的施工过程，大大地缩短了施工周期，保护了周边植被地貌，减少了环境污染。

3. 适 用 范 围

适用于填方高度超过 1m 的铁路路基、公路路基及其他填方类型的边坡施工。

4. 工 艺 原 理

采用 YZP5 型路基边坡压实一体机进行施工。当路基填筑高度≥1m 时，用反铲挖掘机清坡后，YZP5 型路基边坡压实一体机进行第一次边坡压实；以后逐层碾压边坡，使边坡碾压与路基填筑同步进行。同时，每填筑三层，用反铲挖掘机清边坡一次。这样的施工方法既节省了填筑方量，又保证了路基的几何尺寸和边坡填方的密实度，并提高了施工期间边坡的稳定性和美观度。

5. 施工工艺流程及操作要点

5.1 施工工艺流程

施工工艺流程见图 5.1。

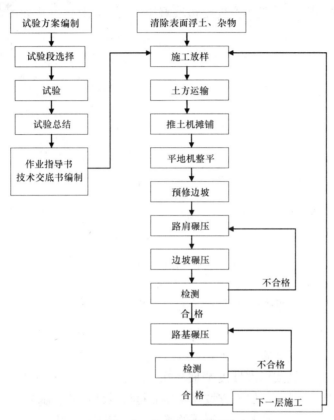

图 5.1 施工工艺流程图

5.2 操作要点

5.2.1 施工方法

按照路基传统填筑方法，为保证路基边坡的压实度，前 6 层（填筑高度在 1m 左右）填筑宽度在设计宽度基础上每侧路基加宽 0.5m。当路基填筑高度达到 1～1.5m 时，技术人员根据设计尺寸，用白灰洒出白线，利用反铲挖掘机铲斗固定坡度后进行清坡。清坡后，路基边坡压实机对边坡进行首次压实。

在以后路基填筑时，与正常路基填筑方法一样，首先进行施工放样，然后按照放样时所画方格，在每格内倾卸规定车数的土方，推土机进行摊铺土方和初平工作，平地机进行整平。

整平后，在路基进行正常碾压前，插入路肩和边坡压实工作。

每填筑三～五层，用反铲挖掘机进行边坡修整，使路基边沿平整、顺直，超填松铺宽度根据试验段要求进行控制。

边坡压实机到位后，履带外缘距路基边缘控制在 1.5m 左右，将振动辊展开，平放在路基表面路肩位置，先进行 1～2 遍的静压，表面稳定后，再进行弱振若干遍，接着进行数遍的强振，及时进行检测，压实度合格后，进行 2～3 遍的静压工作，以保证表面整洁。

路肩碾压结束后，进行边坡压实。边坡碾压顺序与路肩碾压基本相同，也是"静压→弱振→强振→静压"的顺序。其碾压遍数根据试验段试验成果确定。

在边坡碾压时应注意两个方面的问题：

1. 新旧接合面含水量控制：在碾压边坡时，因原先边坡面长期外露，进行上一层碾压时，如不进行技术处理，必然在继续碾压时，因层间含水量差别，出现起皮，剥层等现象。针对这一情况，在实际施工时，可采用洒水覆盖法，提高原边坡的含水量。具体做法是，对碾压范围内的边坡进行喷雾式洒水，洒水后用塑料膜或土工布覆盖，进行保水。待碾压时揭开，这样碾压范围内一定深度的含水量都较为均匀，可提高碾压效果。连续施工时，每次碾压结束，及时覆盖边坡，相邻层间含水量差额不大，有利于碾压。

2. 边坡预留宽度的控制：边坡超填宽度是边坡碾压的关键，具体办法如图 5.2.1 所示。

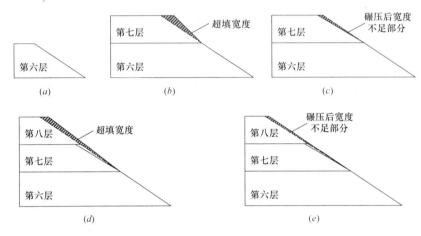

图 5.2.1　边坡填筑示意图

（a）第六层刷坡后情况；（b）第七层摊铺土方松铺超填情况；（c）第七层碾压后边坡实际欠宽情况；
（d）第八层摊铺土方松铺超填情况；（e）第八层碾压后边坡实际欠宽情况

如图 5.2.1 所示，第六层以下是刷坡成的标准边坡；第七层在上土时考虑虚铺因素，宽度大于设计宽度，但碾压后宽度略小于设计宽度；上第八层土时，土会自然干滑补足不足部分。以此类推，每填筑三～五层后，用反铲挖掘机按标准坡度清坡一次。通过施工实践得出结论认为：有上层土方对下面土方的约束，施工上层土方时，下层土方坡面碾压后符合设计尺寸要求。

当路肩和边坡都碾压合格后，按照路基碾压的施工工艺要求进行施工。

5.2.2　路基边坡压实一体机操作注意事项

1. 使用前要认真阅读 YZP5 型边坡压实机的使用、保养和维护说明，并在工作中严格遵守。

2. 工作时首先检查边坡压实机的所有仪表、操作部件等是否正常。

3. 不在过松的土壤上起振，一般情况下静压 2～3 遍后才能起振。

4. 压实作业时，前手柄（掌握振动辊起降的手柄）始终处于浮动或向下的位置。待边坡坡度满足要求后，用角度指示仪校准振动辊的倾斜角。

5. 当边坡压实机在改变行进方向前应先关闭振动开关。

6. 边坡压实机操作顺序为：先行驶后起振；先停振后停驶；先设置大小振幅选择开关位置，再打开起振开关；调整振幅前，先关闭起振开关，停几秒，待振动停止后，再调整大小振幅选择开关位置，才能再次打开起振开关。

7. 工作完毕，振动辊应停放在坚硬的平地上，以利于消除减振块的疲劳。

5.2.3　劳动力组织

边坡压实施工分压实和检测两部分，主要劳动力组织见表 5.2.3。

主要劳动力组织分工表　　　　　　　　　　　　　　　　　　　　　　表 5.2.3

序号	工种	人数	工作内容
1	施工员	1	负责劳动力协调和压实机指挥
2	机械司机	1	边坡压实机操作、维护
3	反铲挖掘机司机	1	边坡预修整

序号	工种	人数	工作内容
4	测量员	2	测量放样
5	试验员	2	试验检测
6	路基工程师	1	技术指导、资料整理、报验

6. 材料与设备

6.1 本工法无需特别说明的材料，采用的设备主要为 YZP5 型路基边坡压实一体机，其主要技术指标见表 6.1。

YZP5 型路基边坡压实一体机主要技术指标 表 6.1

项　目		单　位	数　值
工作质量		kg	5995.6
振动辊外型尺寸(直径×宽度)		mm	1000×1100
振动辊横向变位行程		mm	800
振动辊最大离地间隙		mm	600
激振力	大振幅	kN	130
	小振幅	kN	60
名义振幅	大振幅	mm	1.75
	小振幅	mm	0.8
振动频率		Hz	30
压实作业行驶速度		km/h	0-3
静线压力		N/cm	300
单位线压力	大振幅	N/cm	1182
	小振幅	N/cm	546
外形尺寸	长(运输状态)	mm	7050
	宽(工作状态)	mm	5882
	高	mm	3395

6.2 根据工程及现场具体情况，适当配备其他施工机具。

7. 质量控制

7.1 工程质量控制标准

边坡压实度严格遵照《公路路基施工技术规范》或《铁路路基施工技术规范》等现行的国家标准、部颁标准及业主要求进行控制。

7.2 质量保证措施

7.2.1 边坡压实前必须按设计要求保证填方的结构尺寸和外形。

7.2.2 压实度检测可采用核子密度仪或其他检测方法，必须满足设计及业主的要求。

8. 安全措施

8.1 在推土状态与边坡压实工作状态间转换时，一定要在平地进行，严禁在坡道（坡面）上进行，以防倾覆等意外事故发生。

8.2 边坡压实时，边坡压实机履带外缘与路肩边缘应保持不小于 50cm 的安全距离，以保证边坡压实机安全。

8.3 边坡压实机在工作时，严禁人员上下车。

8.4 边坡压实机在进出场时，上下平板车要注意安全。

9. 环 保 措 施

9.1 合理规划每处施工场地和施工便道，设置明显标志。

9.2 取土场开挖范围和开挖削坡比，严格按设计进行开挖施工，严禁任意扩大取土范围。取土结束后，及时按照水保方案要求实施回填、土地整治等，尽量减少对地表植被和结皮的扰动破坏，减轻水土流失。

9.3 加强各种施工机械的维修保养，缩短维修保养周期，尽可能降低施工机械噪声的排放，现场运行的施工机械应符合下列要求：

9.3.1 固定连接紧固，无松动现象。

9.3.2 机械运转平稳，无异响和振动。

9.3.3 各运转机构有良好的密封性，不能有漏油、漏气、漏水现象。

9.4 在维修、保养过程中产生的废油、废弃物由维修人员及时回收，禁止倒在地上，以免对土壤造成污染。

9.5 施工、生活场地范围内要做好集水、排水工作，不阻塞地面径流自然通道，防止壅水和场地冲刷。

9.6 施工中修建的临时设施，工程交验后必须在规定的时间内予以拆除，并尽可能恢复原有地形、地貌。

10. 效 益 分 析

10.1 使用本工法在中铁十五局集团公司承建的洛（阳）三（门峡）高速公路 No2 标、秦（皇岛）沈（阳）客运专线、西安至南京铁路南阳枢纽、济焦高速公路 No2 标的等路基施工中，累计减少超填方 97000 余立方米，同时减免后期刷坡方量 97000 余立方米，节约费用 152 万元。

10.2 通过使用本工法，边坡与路基同时成型，为后期防护工程的施工争取了宝贵的时间，其间接效益是无法估量的。特别是对高填方段路基施工，经济效益尤为显著。

11. 应 用 实 例

11.1 在样机问世后，2001 年首先在中铁十五局集团第五工程有限公司施工的洛（阳）三（门峡）高速公路 No2 标进行边坡压实作业，使路基一次成型，得到了监理公司和建设单位的赞扬，社会效益和经济效益显著。

11.2 2002～2003 年又先后在中铁十五局集团有限公司施工的秦（皇岛）沈（阳）客运专线和西安至南京铁路南阳枢纽进行了多次应用、总结和改进。

11.3 2004 年 3～4 月在中铁十五局第五工程有限公司施工的济（源）焦（作）新（乡）高速公路 No2 标对改进后的样机进行了结题试验，效果显著。

桥梁悬臂浇筑无主桁架体内斜拉挂篮施工工法
YJGF242—2006

中国建筑第七工程局

毌存粮　焦安亮　鲁万卿　崔秉育　黄延铮

1. 前　　言

挂篮悬臂浇筑施工是大跨度连续桥梁常用的方法，特别是在现代连续梁桥、T形刚构、连续刚构桥、斜拉桥等自架设桥梁中，常采用挂篮悬臂浇筑施工。我们结合以往类似的桥梁施工经验，创新了无主桁架体内斜拉挂篮施工技术，该项技术成果被评为省部级科技成果奖及省级工法。为积累类似工程施工经验，特编制本工法。

2. 工 法 特 点

无主桁架体内斜拉挂篮在同类型桥梁悬浇施工挂篮中属于国内领先水平。与国内同类型桥梁悬浇挂篮相比，该挂篮具有受力合理、安全可靠；结构简单、用钢量少、经济实用；操作简便、易于保证施工质量等特点：

2.1 受力合理、安全可靠。通过充分利用有限的空间、改变行走时挂篮的受力支撑体系和改进挂篮前端支撑吊挂系统，使无主桁架体内斜拉挂篮各施工阶段杆件受力合理、使用安全。

2.2 结构简单、用钢量少，经济实用。采用无主桁架体内斜拉挂篮减少了挂篮在桥面以上部分结构，从而减轻了挂篮的重量，节约钢材用量，工具式杆件可多次重复使用，经济效果明显。

2.3 操作简便，易于保证施工质量。在施工过程中可对桥梁节段的施工误差及时调整，从而更有效的保证悬臂浇筑梁体施工精度。

3. 适 用 范 围

3.1 本工法适用于钢筋混凝土连续梁桥、T形刚构、连续刚构桥、斜拉桥等桥型悬臂浇筑梁体施工。

3.2 适用于悬臂块体 3～4m 长，梁宽 15m 以下。

4. 工 艺 原 理

滑梁和斜拉杆依靠已浇筑的混凝土段交替推进，实现悬臂梁体浇筑施工。即：

无主桁架体内斜拉挂篮行走与箱梁块体施工时，挂篮分别由内滑梁与斜拉杆受力。由于挂篮无上横梁，所以挂篮滑梁前端以及模板系统前端，采用支撑吊挂系统直接支撑于前下横梁上；同时为解决挂篮无主纵桁梁，以及箱梁较矮时，斜拉杆上拉角度过大，向上分力不足的问题，该挂篮在桥面上设置了矮立柱装置，以抬高斜拉杆上端高度，减小斜拉杆上拉角度，解决斜拉杆向上分力不足的问题。

5. 施工工艺流程及操作要点

5.1　施工工艺流程

挂篮行走时，先走滑梁、底篮和侧模板系统，再走内模板系统，即先固定内模板系统，在内滑梁前端设置吊轮（吊轮锚固于已完成块体前端），滑梁后端设置顶紧装置，向上顶住滑行轨道，然后，撤去斜拉杆，转为内滑梁承受挂篮重量，采用牵引装置向前移动滑梁，走出底篮及侧模板系统。底篮和侧模板系统行走到位后，安装斜拉杆，转换为斜拉杆承受挂篮重量，再走出内模板系统。

5.1.1　挂篮行走工艺流程（图5.1.1）

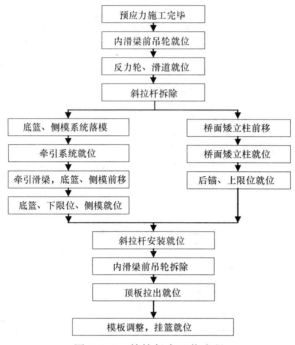

图5.1.1　挂篮行走工艺流程

5.1.2　箱梁块体悬臂施工工艺流程（5.1.2）

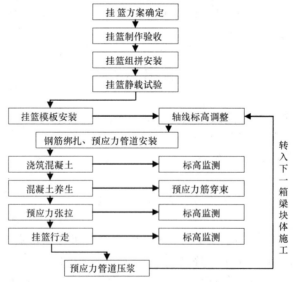

图5.1.2　箱梁块体悬臂施工工艺流程

5.2　操作要点

5.2.1　挂篮主要结构构造

根据设计指标及要求，整个无主桁架体内斜拉挂篮设计按结构分为：承重系统、行走系统、锚固定位系统、底篮、模板系统（图5.2.1）。

1. 承重系统

主要由斜拉杆、桥面矮立柱体系构成，斜拉杆为主要承重结构，桥面矮立柱的作用主要是当施工

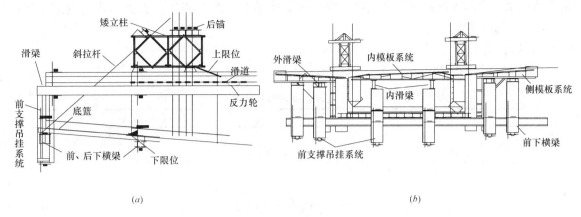

图 5.2.1 无主桁架体内斜拉超轻型挂篮构造图
(a) 纵断面图；(b) 横断面图

箱梁梁高不足时，用以抬高斜拉杆上端高度，从而减小斜拉杆上拉角度，解决斜拉杆竖直向上分力不足的问题。从结构受力情况看，斜拉杆主要承受轴向拉力。

2. 行走系统

行走方式的不同是该挂篮不同于传统挂篮的主要特点。本挂篮走行系统主要由内、外滑梁、反力轮、滑道以及前支撑吊挂系统构成。

3. 锚固定位系统

锚固定位系统主要由后锚、上限位以及下限位三部分组成，其中后锚及上限位设置于桥面矮立柱上，下限位设置于挂篮底篮。

4. 底篮以及模板系统

挂篮模板系统直接承载着箱梁块体荷载，所以必须具备足够的强度和刚度，底篮以及侧模板、内顶板全部采用定型钢模板。

5.2.2　挂篮的使用

1. 安装

挂篮安装前主梁 0 号块或 1 号块应已施工完毕，混凝土强度达到设计要求并张拉压浆完毕，具备挂篮安装条件。

挂篮安装前应安装好操作平台，并在平台上进行试拼，确认各部件正确无误。

挂篮安装时先安装滑梁、底篮和侧模板系统，再安装内模板系统和桥面矮立柱以及斜拉杆，最后安装调整锚固定位系统，将模板系统由支架受力转换为挂篮受力。

挂篮受力后应进行荷载试验，满足设计要求后方可使用。

2. 行走

传统挂篮行走时挂篮模板通过上横梁悬吊于挂篮主桁下，由主桁承重。该挂篮由于没有主桁梁以及上横梁系统，挂篮行走时由内滑梁承重 [图 5.2.1 (a)]。挂篮行走时，先走滑梁、底篮和侧模板系统，再走内模板系统，即先固定内模板系统，在内滑梁前端设置行走滑车（锚固于已完成块体前端），滑梁后端设置反力轮，向上顶住滑行滑道（滑道固定于箱梁顶板混凝土下侧面），然后，撤去斜拉杆，转为内滑梁承受挂篮重量，采用牵引装置向前移动滑梁，即可走出底篮及侧模板系统。底篮和侧模板系统行走到位后，将桥面矮立柱以及斜拉杆就位，转换为斜拉杆承受挂篮重量，再走出内模板系统，即可完成挂篮的行走，转入下一箱梁块体施工。

挂篮行走与箱梁块体施工时，挂篮分别由内滑梁和斜拉杆受力，这是无主桁架体内斜拉挂篮设计的主要特点。由于挂篮无上横梁，所以挂篮滑梁前端以

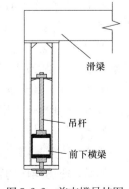

图 5.2.2　前支撑吊挂图

及模板系统前端，采用支撑吊挂系统直接支撑于前下横梁上（图 5.2.2）。挂篮行走时内滑梁通过前支撑吊挂系统以及前下横梁，承受挂篮重量。

5.3 劳动组织

一个挂篮施工所需的劳动力如表 5.3

挂篮施工所需的劳动力 表 5.3

序 号	工 种	人 数	工 作 内 容
1	技术工	10	检查挂篮结构，拆卸固定斜拉杆、滑动横梁、模板、紧固固定系统等
2	配合工	10	配合施工，运输材料、紧固螺栓、清理材料和垃圾，打凿混凝土等

6. 材料和设备

6.1 挂篮使用的主要材料以型钢为主，其质量及检查方法应符合《钢结构工程施工质量验收规范》GB 50205—2001 中第 4 章"原材料及成品进场"的相关要求。

6.2 主要机具：

一个挂篮施工所需的主要专用机械设备如表 6.2。

挂篮施工所需的主要专用机械设备 表 6.2

序 号	设备名称	数 量	备 注
1	电动葫芦	10	用于挂篮移动、固定
2	螺旋千斤顶	10	用于挂篮移动、固定
3	电焊机	1	用于挂篮修改
4	经纬仪	1	用于挂篮监测
5	水准仪	1	用于挂篮监测

7. 质量控制

7.1 采用本工法施工的桥梁质量应符合《公路工程质量检验评定标准》JTGF 80—1—2004 的要求。

7.2 挂篮的设计和安装质量应符合《公路桥涵施工技术规范》JTJ 041—2000 的要求。

7.3 除以上两个标准外，尚应符合其他相关的现行国家和地方标准的要求。

8. 安全措施

8.1 挂篮施工前，应对挂篮进行预压试验，以验证挂篮设计承载能力，并通过实测预压时挂篮的变形值，确定悬臂的立模标高。

预压的方法：首先通过预埋地锚以及设置于底篮上的油压千斤顶对挂篮进行分级加载，加载最大荷载达到了实际最大浇筑块体重量的 1.2 倍，然后分级卸载。

8.2 对混凝土浇筑前后、预应力张拉前后、挂篮行走前后的挠度变化必须严格定期仔细观测，以达到施工→量测→识别→修正→施工的良性循环过程，保证各阶段施工尺寸精确。

8.3 各类吊杆、锚杆和斜拉杆在使用前，必须进行逐根预拉，以防止使用中破断，造成事故。

8.4 挂篮悬臂浇筑前应确保锚固限位体系到位，确保挂篮的使用安全。

8.5 现场操作的特殊工种，必须按规定佩戴好个人的劳动保护用品。

8.6 机械设备操作人员必须经过培训合格后方能上岗，同时要坚守岗位，加强机械设备的检查、维护和保养，确保施工顺利进行。

8.7 设备和照明用电，应采用 TN-S 系统并由专业电工操作，以防触电。

8.8 施工现场要加强安全防护设施，挂篮系统的运行，必须有专人指挥，操作人员严禁酒后上岗。并且操作人员要具备特殊工种上岗证，后方可上岗。

8.9 悬臂施工时，下方有人员、车辆、船只通行的，应在底部采用双层密目安全网封闭，防止落物，挂篮移动时应设置安全警戒区，暂时封闭通行。

8.10 施工现场应严格按照《建筑施工安全检查标准》JGJ 59—99 的有关要求执行。

9. 环 保 措 施

挂篮施工时，要求作业层废弃物不得向下方抛撒，模板面隔离剂也不得向下方遗漏，防止污染。

10. 效 益 分 析

10.1 经济效益

无主桁架体内斜拉挂篮主承重结构简单，挂篮自重轻，与最大施工梁段重量比达到 0.18，远小于同类桥梁施工用挂篮重量，达到了国内领先水平。

直接经济效益：无主桁架体内斜拉挂篮与同类型桥梁悬臂浇筑施工挂篮相比，每个节约钢材约 20t，按溅水河特大桥 8 个挂篮计算，约节约钢材 160t，按当时挂篮加工价格计算，直接节约成本 104 万元，成本降低率 40%。取得了较好的经济效益。

10.2 社会效益

10.2.1 采用本工法降低了不可再生资源（钢材）的消耗，具有很好的社会推广意义；

10.2.2 本工法施工，可减少土地占用，降低了工人的劳动强度，提高了工程质量，能够保证施工安全。

11. 应 用 实 例

溅水河特大桥无主桁架体内斜拉超轻型挂篮已安全使用，圆满完成施工任务，经实践检验，无主桁架体内斜拉超轻型挂篮施工工艺易于掌握，操作简单，安全可靠，施工质量优良。根据施工过程中的各项数据观测，挂篮使用正常，挂篮的设计结构新颖，材料节约，技术可靠、成熟，可大面积推广应用。

架桥机跨内斜吊桥面梁工法

YJGF243—2006

上海市第七建筑有限公司

王美华　朱王怡　吴杏弟　曾安平

1. 前　　言

目前在现代城市桥梁施工中，面对大跨度、大吨位、超高城市高架桥面梁吊装架设时，面对城市高架桥梁施工用地范围狭小、受地面交通管线及交通影响等因素，如何在城市高架桥梁施工中高效、安全地把这些大吨位的梁架设到设计位置，是现代城市高架桥梁建设的关键所在，也是本工法研究解决的关键技术课题。

在本公司承建的上海市卢浦大桥、上海市共和新路工程中，以及中环线 A2.7-3 标真北路高架工程，其 122t 重 45m 长 T 梁及 75t 重 40m 长钢箱梁均采用架桥机跨内斜吊架设桥面梁施工工艺，取得了成功。本工法的开发应用解决了常规城市桥梁架设施工占地面积大、对桥梁下地面交通及架空管线影响大、对架梁施工地基处理复杂等问题。能提高机械化程度、缩短施工周期、降低工程成本。

本架桥机架梁施工方法于 2003 年 6 月 13 日申请发明专利，于 2006 年 11 月 1 日获得授权，专利号为：ZL03129254.2。

以该工法应用工程项目为背景所编制的《三层轨道交通与高架公路施工技术研究》于 2004 年 12 月 19 日获上海市科学技术进步奖三等奖，并于 2004 年 12 月荣获第十八届上海市优秀发明选拔赛一等奖，同时在第五届中国国际发明展览会上荣获金奖。

以该工法应用工程项目为背景所编制的《在城市高架道路中架桥技术的开发与应用》于 2004 年 12 月荣获第十八届上海市优秀发明选拔赛一等奖，同时在第十四届全国发明展览会上荣获铜奖。

2. 工法特点

架桥机可进行城市高架桥梁大跨度、大吨位桥面梁架设施工；桥梁架设施工时可不受地面交通、架空管线影响；对地面吊装路基处理可基本不考虑；针对城市高架桥梁施工特点，架桥机吊梁时无法采取尾部喂梁进行吊装，必须采取直接在跨下斜吊上盖梁就位。

3. 适用范围

本工法适用于大跨度大吨位的城市高架桥面梁采用架桥机跨内喂梁就位架设安装施工。

4. 工艺原理

架桥机跨内斜吊吊装施工工艺是架桥机在桥跨内直接提升桥面梁并吊装就位，吊装过程中使桥面梁倾斜一定角度，保证其桥面梁水平投影长度小于盖梁间净距。

5. 施工工艺流程及操作要点

5.1　施工工艺流程

待架设桥面梁运到待架设桥跨下→桥面梁上安装吊索具→同时启动两台起吊车将桥面梁水平吊起

一定距离（工况①）→靠近中支腿的后起吊天车继续提升，前起吊天车停止，使桥面梁倾斜角度达到 σ 度（工况②）→2 台天车同步提升，使桥面梁一端先跃过盖梁顶（工况③）→桥面梁向中支腿方向纵移一定距离（工况④）→继续起吊桥面梁另一端使其也跃过盖梁顶（工况⑤）→将桥面梁落梁就位（工况⑥）（桥面梁起吊工况图见图 5.1-1～图 5.1-6）。

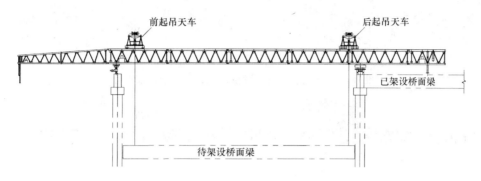

图 5.1-1　工况 1：待架设桥面梁提离地面一定距离（约 2m）

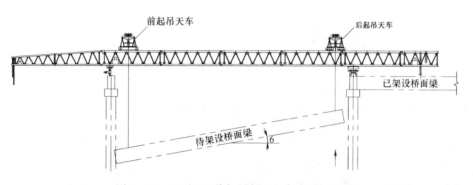

图 5.1-2　工况 2：待架设桥面梁倾斜一定角度

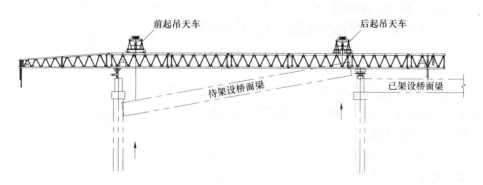

图 5.1-3　工况 3：待架设桥面梁同步提升，保证一端先越过盖梁面

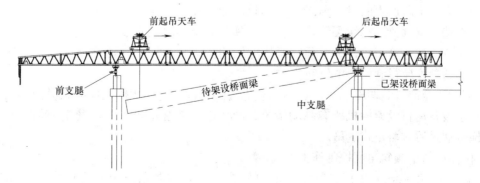

图 5.1-4　工况 4：待架设桥面梁向中支腿方向平移一定距离（保证待架设桥面梁另一端也能越过盖梁）

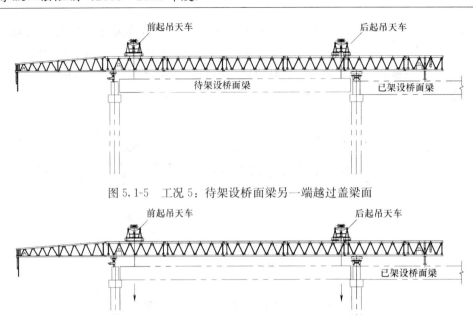

图 5.1-5　工况 5：待架设桥面梁另一端越过盖梁面

图 5.1-6　工况 6：桥面梁架设就位

5.2　施工操作要点

5.2.1　架桥机跨内斜吊吊装工艺必须重点解决吊装机械受力、吊装流程、桥面梁倾斜角度的控制等三方面问题。

1. 吊装机械受力

吊装机械架桥机型号必须根据工程中最大起吊构件重量确定，同时要充分考虑架桥机上前后两部起吊天车设计单独起吊重量必须能满足因桥面梁斜吊所引起桥面梁荷载的不均匀分布，以 45m T 梁、122t 重 T 梁斜吊为例，两部天车的荷载分配比率（起吊时）为 70t 和 52t，因此架桥机型号选定时必须保证其任何一部起吊天车起重量满足桥面梁斜吊最大起重量的要求。

2. 吊装流程

考虑到桥面梁在跨内起吊、吊装、就位过程中，垂直及水平方向步骤较多，因此，在确定每一步骤时，应用计算机仿真技术，根据现场的不同梁型以及不同形式的盖梁，进行吊装工况模拟，详细确定桥面梁跨内的斜吊过程；同时根据盖梁、桥面梁结构尺寸确定桥面梁斜吊就位时需保证的最大倾斜角度。

3. 桥面梁倾斜角度的控制

桥面预制 T 梁均为预应力构件，如果预制梁斜吊时倾斜一定的角度后，由于水平方向跨度的减少，预制梁自重产生的跨中弯矩 $M = G$ 自重 $L2/8$ 将与跨度 L 有关，跨度越小，弯矩 M 越小，相应由弯矩引起的预制梁的上翼缘的压应力就越小，当倾斜角度达到一定程度，由自重引起的对上翼缘的压应力就不能平衡预应力钢束所产生的对上翼缘的预加拉应力，而使预制梁上翼缘受拉，超过预制梁混凝土抗拉强度后，将造成预制梁上翼缘裂缝，严重则使预制梁上翼缘某点断裂报废。鉴于以上原因，必须对预制梁倾斜角度进行计算复核，确保预制梁构件倾斜一定角度后保证混凝土构件受力安全；此预制梁斜吊过程中倾斜角度应得到设计单位确认。

5.2.2　架桥机全部拼装调整完毕，并进行架桥机试运行，包括架桥机横向、纵向移动，天车纵向移动，天车起吊设备运行及架桥机所有制动系统、液压电气系统是否正常，确定一切正常后，报请专业检测单位检测通过后方可正式起吊。

5.2.3　桥面梁斜吊倾斜角度控制施工措施

先起吊前天车的吊点，并采用自行设计的时钟指针盘，控制角度至允许最大倾斜角度 σ 度时停止（图 5.2.3）。

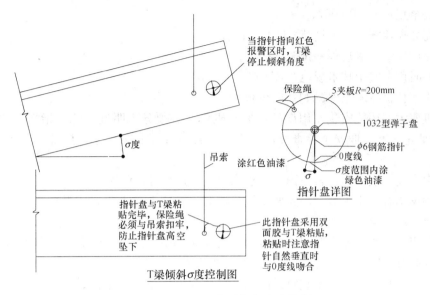

图 5.2.3　桥面梁斜吊倾斜角度控制

5.2.4 同时起吊前后两天车，使预制梁平稳上升至前天车吊点端先超过盖梁，并超过架桥机中支腿联结杆。

5.2.5 两台起吊天车同步前移至预制梁最前端距盖梁一定距离。

5.2.6 启动前、后两起吊天车起升按钮，至后天车吊点桥面梁顶面离开盖梁一定安全距离。

5.2.7 两台起吊天车同步前移，为后一步工序桥面梁后天车吊点起吊以碰不到盖梁结构为标准。

5.2.8 启动后起吊天车，使桥面梁后吊点拉过盖梁结构。

5.2.9 横向移动架桥机，至该榀桥面梁的位置处，放好垫块，同时启动两台起吊天车的按钮，落梁就位。

6. 材料与设备

6.1 预制梁及其连接件。

6.2 主要吊装机械设备：架桥机。

7. 质 量 控 制

7.1 施工质量执行标准：

《建筑工程施工质量验收统一标准》GB 50300；

《公路桥涵施工技术规范》JTJ 041；

《现行道路与桥梁工程应用技术与标准规范大全》（一）～（六）；

《钢结构工程施工质量验收规范》GB 50205。

7.2 桥面梁支座轴线、标高严格按规范复核验收。

7.3 桥面梁架设就位轴线、标高按规范复核验收。

8. 安 全 措 施

8.1 施工安全执行标准：

《起重机械安全规程》GB 6067；

《建筑施工高处作业安全技术规范》JGJ 80；

《建筑机械使用安全技术规程》JGJ 33；

《施工现场临时用电安全技术规范》JGJ 46；

《单臂式铁路架桥机技术条件》TB/T 2939。

8.2 架桥机属大型桥梁安装专用设备，架桥机作业必须分工明确，统一指挥，要设专职指挥员、专职操作员、专职电工和专职安全检查员，以上人员必须持证上岗，并由具备专业施工资质的施工单位进行架桥机安装、吊装及拆除施工。

8.3 前、中支腿的横向运行轨道铺设要求水平，并严格控制间距，二条轨道必须平行。

8.4 城市桥梁均有一定纵坡，因此架桥机吊梁必须在桥上坡方向采用卷扬机对加桥机主梁及混凝土桥面梁进行拉结保护。

8.5 桥面梁提升时必须专人监视，架桥机起吊天车携桥面梁纵移时必须确保两台天车同步，天车携梁启动运行过程中严禁点击控制开关，避免给架桥机本身带来过大冲击。

8.6 架桥机工作状态，必须安装轨道两头的挡块和限位开关，并随时检查限位开关是否正常。

8.7 起吊天车第一次起吊梁时，必须检验卷扬机刹车的可靠性，调整刹车的松紧，使刹车距离满足要求；在以后的架设中应定期检查卷扬机刹车。

8.8 起吊天车提升作业与携梁行走严禁同时进行，提升结束后必须使混凝土梁稳定后，再启动起吊天车行走机构使天车携梁平稳前移。

8.9 架桥机安装作业时，要经常注意安全检查，每安装一跨必须进行一次全面安全检查，发现问题要停止工作并及时处理后才能继续作业。不允许机械及电气带故障工作。

8.10 五级风以上严禁作业，必须用缆绳稳固架桥机和起吊天车，架桥机停止工作时要切断电源，以防发生意外。

8.11 雨雪、大雾及恶劣天气严禁架桥机施工。

8.12 施工中操作工人必须配备充足劳防用品，操作工人穿戴工作服，佩戴安全帽、安全带。

8.13 吊装作业区域设置安全警戒线，设专人监护，非施工人员严禁入内。

8.14 架桥机行走轮处配备用楔铁，若由于机械、电气或误操作引起架桥机滑行时，应立即将楔铁塞入行走轮与轨道之间，使架桥机不能继续滑移。

8.15 每天工作结束后，必须夹紧夹轨器，并用手拉葫芦把架桥机固定，在有纵坡的情况下，起吊天车应用木楔塞住，清理现场后方可下班。

9. 环 保 措 施

9.1 控制施工机械产生的噪声，减少对周边居民的影响。

9.2 对于施工期间的照明，应注意对周边光污染的防护措施，灯光应向场内照射，以减少对周边的影响。

9.3 对进出场道路及车辆应做好保洁工作，降低粉尘等对周边环境污染。

9.4 对于施工期间产生的废料、油污及其他污染物，在指定地点集中堆放，在夜间按环保要求运输至场外指定地点进行处理。

9.5 在施工期间加强噪声控制，严格按环保要求的控制指标组织施工，安排合适的施工时间，并设置必要的噪声防护措施，减少对周边的噪声污染。

10. 效 益 分 析

10.1 本工法施工进度快。

10.2 本工法采用跨下斜吊吊装就位，很好解决了架桥机尾部喂梁的局限性。与常规履带吊吊机吊装相比，使用架桥机跨内斜吊的方法进行城市高架桥梁的吊装只需满足桥面梁运输要求，而不必对整个吊装道路进行路基处理。

10.3 有利于降低工程成本，创造良好的经济效益；在同等施工条件下与 300t 履带吊双机抬吊相比可节约 150 万元左右。

10.4 采用本工法施工可减少对周边环境、道路交通、架空管线的影响。

11. 应用实例

2002 年由上海市第七建筑有限公司在上海卢浦大桥及上海共和新路高架工程施工中，应用本工法进行桥面梁安装，其中卢浦大桥 3 标共计 22 跨 209 根 T 梁及 4 根 40m 长钢箱梁，共和新路共计 38 跨 429 榀 T 梁，其中最大起吊构件为 45m 长 T 梁，净重 120t。卢浦大桥工程中最大起吊高度达到 45m；以上工程应用本工法施工均一次成功，并有效缩短工期，降低工程成本。取得了良好的经济效益及社会效益。

图 11-1 架桥机起梁斜吊

本工法还在中环线 A2.7-3 标真北路高架架设桥面箱梁施工中得到应用，该标段全线长 3.5km，上部结构主要为预制箱梁结构，主线共 115 跨 845 根，匝道共 27 跨 54 根，及跨越沪宁铁路的钢筋混凝土叠合梁（21 根）、跨越桃浦河的 T 梁（18 根）。本工程的箱梁断面尺寸大、重量重，架桥机架设最重箱梁重 210t。该工程应用本工法施工质量和进度均得到有效控制。见图 11-1～图 11-3。

图 11-2 架桥机斜吊上盖梁

图 11-3 架桥机吊梁就位

地下水平拉索平衡上承式拱桥现浇施工工法

YJGF244—2006

中铁十五局集团公司

苏举 胡志广 韩庆洲 梁统战 马林林

1. 前　　言

天津开发区西区北大街唐津高速公路分离式立交位于北大街与唐津高速公路相交处，其主桥设计为二绞型上承式拱桥结构。主桥主拱净跨度为62m，矢高为8.8m，拱上建筑总跨径为70m。本工程采用法国人设计理念进行设计，结构设计十分新颖，构件纤细轻巧，体现了设计的先进性和经济性。目前在外国这种桥梁形式只有钢构件形式，混凝土结构在国内属首次在本项目上进行设计和施工，具有节省材料、满足使用要求及具备标志性结构的特点，施工难度大，各道施工工序均应在理论指导、受力检算及设计要求、施工监测下控制施工，通过工程实践形成本工法。该工法被评为2005～2006年度铁道工程建设工法，于2005年11月22日通过了中国铁道建筑总公司主持的科技成果评审，评审意见认为，该技术达到了国内先进水平，可推广应用。其所形成的技术成果被评为2005年度中国铁道建筑总公司科技进步一等奖、2005年度集团公司科技进步一等奖。应用该法施工的本工程获2005年度中国铁道建筑总公司优质工程、集团公司2004年度优质工程。

2. 工法特点

2.1　顶（拉）管施工。本桥主要靠张拉水平拉索用以平衡结构本身及车辆荷载对拱脚产生的水平推力。拉索用无缝钢管进行保护，在既有高速公路下部需要进行顶（拉）管的施工，且施工精度要求控制在±5cm偏差之内，施工难度较大。

2.2　拱肋现浇施工质量、几何尺寸及空间位置控制。拱桥拱肋断面是不断变化梁高和宽度的三边形壳体，其结构纤薄，钢筋密集，结构尺寸不断发生变化。施工过程中对其几何尺寸和空间位置难以控制，是本工程的一个难点。

2.3　拱桥结构施工全过程拉索索力、结构应力、承台变位综合调控技术。由于拱桥的结构受力和施工工艺十分复杂，施工过程中的结构受力和变形状态的变化和控制无法按照现行规范和采用目前已有的计算软件去加以模拟和计算。

3. 适用范围

本工法适用于在既有线上部进行施工的桥梁工程，对普通河流上的桥梁工程，亦可应用。

4. 工艺原理

4.1　拉索套管施工采用JT-4020型水平钻机及750D型无缆导向仪进行精确就位。

4.2　利用CAD软件指导施工测量放样，对异型拱肋线形和空间结构尺寸采用计算机进行计算控制，指导桥位现浇拱肋施工。

4.3　对桥梁结构采用大型空间结构分析软件进行仿真计算，并对施工全过程进行监控和对比分析。

5. 施工工艺流程及操作要点

5.1 方案选定

主桥设计推荐施工方案为预制吊装方案，但由于唐津高速公路的协调问题，主桥设计施工方案一直难以确定，在此之前，主桥无法进行施工；由于全桥位于鱼塘内，在引桥位置做预制场地，将影响引桥的施工，鱼塘处理时间长，引桥的工期不能得到保证；再加上吊装方法和施工荷载的不确定性，搭设支架作业平台规避此问题，并保证实现设计意图。综合以上各种考虑，决定采用现浇的施工方案。

考虑到唐津高速公路的交通情况，高速公路上支架采用六四军用梁及六五军用墩器材的施工方案，利用高速公路的两个硬路肩和中央分隔带浇筑混凝土条形基础，其上安放六五式军用墩，军用墩上架设军用梁。军用梁上形成作业平台，再搭设碗扣脚手架。高速公路外侧均搭设满堂脚手架，考虑到拱肋的结构形式，碗扣脚手架采用30×60间距，以便调整拱肋底模定位。

先施工拱靴，再施工拱肋。三条拱肋单独进行施工，落架后通过临时连接成整体。拱肋浇筑时，注意拱脚处混凝土振捣密实。

为控制拱肋混凝土应力变化，在下行桥1号拱肋的拱顶、拱脚和四分点等三个截面作为应力测试截面，在拱肋的每个测试截面内安装4个钢弦式混凝土应变计。为控制立柱混凝土应力变化，选择下行桥1号拱肋17号墩边立柱和D4中立柱作为试验测试立柱。对于边立柱，将柱顶截面、柱中间截面和柱脚截面以及柱与纵梁连接的正交截面作为应力测试截面；对D4中立柱，将柱顶截面和柱脚截面作为应力测试截面。

5.2 施工步骤（图5.2）

步骤1　进行钻孔灌注桩基础施工、顶管施工以及承台和拱靴的施工；

步骤2　搭设支架，浇筑拱肋；

步骤3　拆除拱肋支架，进行拉索张拉；

步骤4　浇筑立柱、张拉拉索；

步骤5　浇筑纵横梁和桥面板、张拉拉索；张拉纵梁预应力束；

步骤6　张拉拉索，主体施工结束。

5.3 顶管施工

每个承台内设六根拉索其布置形式如图5.3所示，在高速公路下埋深为2.2～2.5m，拉索保护钢管在两端承台内采用9m长$\phi299×12$无缝钢管，中间高速公路下方采用52.29m长$\phi402×12$无缝钢管，在其之间2m范围内进行变管径接顺，长度形式为9m＋2m＋52.29m＋2m＋9m。钢管采用热浸锌处理，外涂两层防锈漆。拉管施工采用美国进口的JT4020水平钻机进行钻孔，美国进口的750D无缆导向仪进行导向、定位。

5.3.1 钻机机械性能指标

扭矩：3800psi；

最大给进力：2600psi；

最大回拉力：2600psi；

射水压力：450psi；

流量：75加仑/分；

钻杆直径：$\phi88mm$；

钻杆长度：4.5m。

5.3.2 导向控制原理（图5.3.2）

钻孔的定位主要依靠地面的无缆导向仪接受钻头端部的导向棒中发出的红外线进行定位，根据其

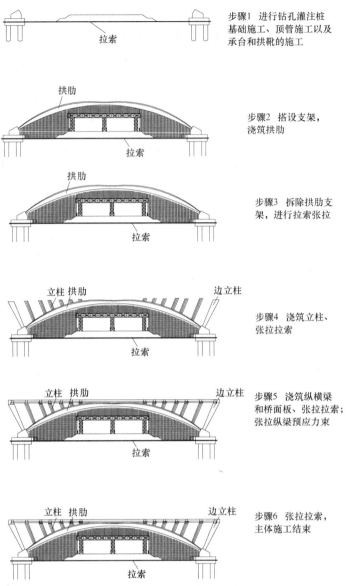

步骤1 进行钻孔灌注桩基础施工、顶管施工以及承台和拱靴的施工

步骤2 搭设支架，浇筑拱肋

步骤3 拆除拱肋支架，进行拉索张拉

步骤4 浇筑立柱、张拉拉索

步骤5 浇筑纵横梁和桥面板、张拉拉索；张拉纵梁预应力束

步骤6 张拉拉索，主体施工结束

图 5.2 拱桥施工工艺流程示意图

工作原理示意图可知，无缆导向仪在地面的横向偏差在左右各 30cm 范围内，对高程的影响值为

$$(2×2+0.3×0.3)^{1/2}-2=0.02\text{cm}。$$

由此可知，无缆导向仪对钻杆的标高容易控制，对其横向偏差却难以控制。

5.3.3 施工工艺（图 5.3.3）

5.3.4 施工要点

1. 控制点布设

在钻进施工前，用全站仪施放钻孔在地面上的投影位置，每 1m 设置一个点位。对其调整后的标高进行计算，以便为无缆导向仪提供控制数据。

2. 标高导向控制（图 5.3.4）

由于钻杆直径为 ϕ88mm，所形成的导向孔直径为 12cm 左右，而拉管扩孔的孔径为 55cm 左右，钢管直径为 ϕ402mm，钻杆在拉管过程中与钢管不能同心。从钻杆与钢管、扩孔的位置关系可以得出，钻杆进口处标高为应较设计标高抬高 7.5cm，考虑到扩孔后的实际情况，施工时采用标高较设计标高抬

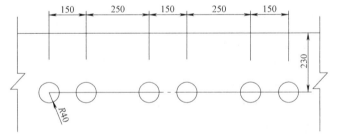

图 5.3 地下拉管布置示意图（单位：mm）

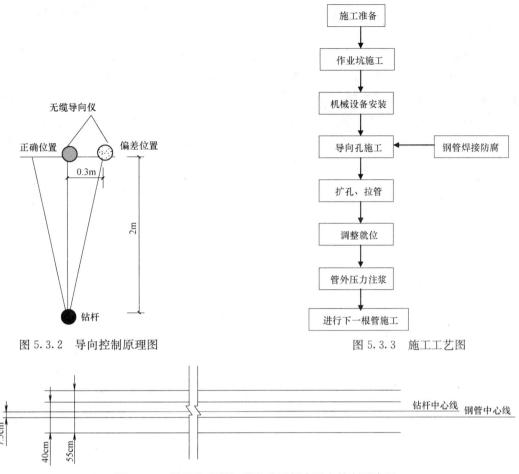

图 5.3.2 导向控制原理图

图 5.3.3 施工工艺图

图 5.3.4 钻杆与钢管、扩孔位置标高导向控制示意图

高 5cm。从施工效果看，拉管后标高刚好达到设计位置。

3. 水平偏差控制

从理论可知，水平偏差是导向控制的重点和难点。由于唐津高速公路路基填料复杂，在粉煤灰填料中夹杂有土工布、碎石、块石等，对钻孔的偏位控制又增加了一定难度。根据这些情况，我们采取了以下措施：

1）在设计孔位外进行试钻，对试钻中检测的数据与实际效果进行对比，以进行偏差调整。

2）采取措施，保证导向孔精确就位。在导向孔到位后，进行孔位复核，若偏差较大，重新进行导向孔钻进，以保证导向孔在拉管前位置在设计规定的范围内。

3）钢管纠偏。钢管到位后，若出现偏差，进行纠偏，因扩孔后，孔径较大，钢管有移动空间，利用钻机或挖掘机等设备可对钢管进行位置调整，直至达到设计位置后方可进行压浆施工。

4）压浆

钢管外压浆可以填充钢管与路基间的空隙，保证高速公路安全和钢管位置不位移。压浆要在钢管到位后马上进行。压浆采用水泥浆，在拉管过程中，用 PVC 管绑扎在钢管上以深入到路基中央。压浆时，对两端孔口进行封闭，仅保留压浆孔和出浆孔。压浆采用压浆泵进行，直至从出浆口冒出浓浆为止。

为防止压浆过程中，钢管在水泥浆浮力作用下上浮，故采用在钢管内预先灌水，以保证钢管位置在压浆过程中不发生位移。

5.3.5 确保高速公路不发生沉降变形措施

1. 在拉管所在高速公路坡脚处，打钢板桩 136bL＝6m 位置在拉管管间处，以保证施工中，高速公路路基不滑动。

2. 在钻孔、扩孔施工中，匀在泥浆中作业，而且扩孔作业对孔壁泥土是挤压扩孔，使所扩孔壁泥土密实度远远大于原土密度。

3. 为确保高速公路路基不产生变形，钻孔、扩孔拉管必须在 2d 内完成。

4. 保证高速公路路基拉管后的稳定，不塌陷变形，拉管就位后，2h 内对该处拉管造成的空隙进行压力注浆补强——采用加压泵将水泥浆注入空隙内并保证在 24h 内注入水泥浆强度达到 80％以上，注浆密实度达 90％，从而保证高速公路安全。

5. 由于本工程每孔间距为 1.5～2.5m 之间，为减少孔多造成的路基变形，采用完成一孔穿管注浆并达到 80％强度后，再进行下一孔施工方式，确保公路通行万无一失。

5.4 拱肋施工

5.4.1 支架搭设方案

1. 地基处理

在承台与高速公路路肩范围内清除表土，在压路机压实后回填砖渣并压实，铺一层土工隔栅，其上填筑 50cm 厚碎石，然后填 3：7 灰土至主桥承台顶，最后在灰土上浇筑 15cm 厚的 C25 号混凝土。两侧挖排水沟，保证排水体系畅通。以免雨水进入，浸泡地基造成沉陷。

2. 跨高速部分支架搭设

由于在施工期间要保证高速公路的正常运营，故跨高速公路部分采用铁路六五、六四式军用器材，目的是为搭设上部满堂支架创建一个工作平台。首先在高速公路硬路肩和中央分割带两侧浇筑混凝土基础，然后吊装军用墩、垫梁并将已拼装好的 28m（18m＋10m）六四军用梁吊装就位。然后在军用梁上按 1.0m 间距铺设 20 号工字钢，然后在所有工字钢之间铺 2 道 20×20cm 方木，最后在上满铺 1.0cm 厚的竹胶板，两侧用角钢、钢筋及密度网作安全防护，中间分隔带用 20 号工字钢跨越其上用竹胶板满铺，最后形成搭设支架平台。

3. 支架搭设

在已处理好的基础及跨越高速公路军用器材作业平台上进行支架搭设，采用碗扣式支架，支架立杆顺桥向间距 30cm，横桥向间距在拱肋处为 60cm，在拱肋间为 30cm，竖向间距为 60cm。底座落在混凝土基础或方木上，立杆上可调托内设支撑方木（15cm×15cm），方木横桥向放置。在军用梁平台两端，由于拱肋底面高度的变化，一部分采用不同高度的钢管及方木墩来调整其高度，使之形成与拱肋底面相适应的弧线。由于支架搭设密度较大，任何部位均能满足设计预留支墩的要求。

相临两片拱肋之间的距离为 4m，拱肋的截面又是一个变化的多边形壳体，造成拱肋与拱肋之间的净距离最小只有 70cm，下部支架有一部分不能向上延伸，就不能满足纵横梁、桥面板的支撑。为此在这些位置考虑在每个拱肋之间搭设一排军用墩（8m 长），军用墩高 8.5m，墩顶高出拱肋顶 20cm，在军用墩上放垫梁，然后在每两排军用墩上铺工字钢和方木，最后在上面搭设满堂脚手架与延伸上来的其他脚手架形成一个整体一直到纵横梁和桥面板底，以支撑纵横梁和桥面板。

5.4.2 支架预压和预拱度设置

为了有效消除支架的塑性变形，预测支架的弹性变形值，支架搭设完毕后，对支架进行预压，预压荷载为拱肋自重的 1.2 倍，加载的主要材料采用砂袋。具体程序为：

1. 底模板安装完毕后，检查支架的紧固情况及模板与横梁、纵梁之间密贴情况，对不密贴的情况及时进行处理。

2. 布置测点。在底模顶面、支架顶托平面、支架基础顶面各布置一组测点，每组 8 个点，用精密水准仪测量各点的高程值，并用 J2 经纬仪测各点平面位置，作为初始值。

3. 用汽车吊吊装堆载材料平稳置于底模上，用仪器测定各点的高程和平面位置。

支架经加载预压后，地基沉降及支架的塑性变形可以消除，根据测量结果和设计拱度确定出底模的最大竖向拱度值，满足梁的设计拱度。根据设计单位提供的数据，考虑到支架的具体情况，拱顶预拱度采用 6cm，梁的两端预拱度为零，其他各点的预拱度按二次抛物线进行分配时，计算方法按式

(5.4.2)，其结果（表5.4.2）。

预留拱度分配表 表5.4.2

x(m)	δ(cm)	L(m)	δ_x(cm)	x(m)	δ(cm)	L(m)	δ_x(cm)	x(m)	δ(cm)	L(m)	δ_x(cm)
1	6	62	6.0	12	6	62	5.1	23	6	62	2.7
2	6	62	6.0	13	6	62	4.9	24	6	62	2.4
3	6	62	5.9	14	6	62	4.8	25	6	62	2.1
4	6	62	5.9	15	6	62	4.6	26	6	62	1.8
5	6	62	5.8	16	6	62	4.4	27	6	62	1.4
6	6	62	5.8	17	6	62	4.2	28	6	62	1.1
7	6	62	5.7	18	6	62	4.0	29	6	62	0.7
8	6	62	5.6	19	6	62	3.7	30	6	62	0.4
9	6	62	5.5	20	6	62	3.5	31	6	62	0.0
10	6	62	5.4	21	6	62	3.2				
11	6	62	5.2	22	6	62	3.0				

$$\delta_x = \delta(1 - 4 \times x^2/L^2) \tag{5.4.2}$$

式中 δ_x——任意点（距离 X）的预加拱度；

δ——拱顶总预加高度；

L——拱圈跨径；

X——跨中至任意点水平距离。

5.4.3 拼装拱肋模板及绑扎拱肋钢筋

每幅桥三片拱肋，由于场地条件限制，采用两次施工，先施工两边拱肋，再施工中间拱肋。

模板由底模、外侧模及内侧模三部分组成，其中内侧模在拱肋施工过程中边浇筑混凝土边封闭，形成一个封闭的模板体系，防止由于拱肋坡度较大而引起混凝土在浇筑过程中从底侧翻起。模板采用1.2cm竹胶板加工而成，保证足够的强度、刚度和稳定性，在混凝土的压力下其变形量不大于3mm。模板与支撑进行整体设计，整体加工，利用高强度横拉杆加固。

模板接缝处夹垫海棉条防止漏浆，板间连接确保平整。将底模清扫干净后，绑扎底板钢筋，立侧模，由于钢筋绑扎过程较长，模板表面很难长时间保持干净，在混凝土浇筑前，用小型空压机对模板特别是底模进行空气压风清除。

模板的支护很关键，如做不好会影响梁体的外观几何尺寸。首先要根据测量中线来调整模板的位置及几何尺寸，注意垂直度和方向性，曲线段一定要圆顺。底模加固要注意两个方面：其一支架上的方木是否合理有效，防止局部支撑不牢，导致模板不均匀下沉；其二是底模两侧加固是否牢固，防止浇筑混凝土过程中底模偏离中线，倾向一侧。侧摸加固，外部用方木撑向里顶推；内部每隔1.0m用 $\phi16$ 的钢筋通长内拉，使模板处于稳定的平衡状态，确保梁体几何尺寸的准确。

钢筋制做在加工场地进行，严格按照设计图纸标明的尺寸下料，弯制尺寸满足规范要求，所有钢筋加工前在加工平台上放出大样，对尺寸进行复核后再开始加工。

骨架钢筋的连接采用双面电弧焊，其他钢筋连接采用单面电弧焊。钢筋焊接前进行焊接试验，待合格后方可进行批量生产；加工好的钢筋编号、整齐堆放，注明型号和部位等，并加以遮盖。

钢筋绑扎采用模板内现场绑扎；钢筋焊接严格按照设计要求和规范规定。绑扎时安放保护层塑料垫块。钢筋安装两侧对称进行。

预埋件和立柱钢筋的数量、位置要准确，与拱肋钢筋进行焊接，防止其在混凝土浇筑过程中出现移位。

5.4.4 浇筑拱肋混凝土

1. 混凝土的拌合与运输：混凝土由采用自动计量装置的拌合站拌合，拌合能力 45m³/h，以保证混凝土灌注时间控制在规定范围以内。混凝土输送车运输，用混凝土泵车入模。

2. 混凝土浇筑速度要慢，顺序由拱脚向跨中对称浇筑。为防止混凝土浇筑过程中，由于混凝土的挤压而引起拱架上翘，浇筑混凝土前，在拱顶设与混凝土等重的荷载，边浇筑混凝土边拆除预加的荷载。

3. 混凝土浇筑采用两台泵车进行施工，泵车分别放在高速公路两侧，进行对称施工。混凝土灌注入模时，下料要均匀，注意与振捣相配合，混凝土的振捣与下料交错进行。操作插入式振动器时要快插慢拔，振动棒移动距离不超过振动棒作用半径的 1.5 倍（约 45cm），普通振动棒振动时间约 20～30s，高频振动棒 5～8s，振动时振动棒上下略为抽动，振动棒插入深度以进入前次灌注的混凝土面层下 50mm 左右。注意混凝土表面没有气泡逸出为宜。

4. 灌筑过程中，指定专人检查模板、钢筋，发现楔子、支撑等松动及时打牢。发现漏浆及时堵严，钢筋和预埋件如有移位及时调整，确保其位置正确。

5. 施工期间，在肋拱两侧设防护网，保证施工人员安全。并且避免施工器具从高空坠下，保证高速公路行车安全。

6. 为保证拱肋在混凝土施工完毕支架拆卸后的稳定，除在设计位置进行拱肋连接外，另每 6m 在拱肋之间加一道连接，方法为在拱肋顶预埋 14 号槽钢，最后用 14 号槽钢进行横向连接。临时连接在整个拱桥施工完毕后进行拆除。

5.4.5　拱肋落架（图 5.4.5）

在拱肋混凝土强度及弹性模量均达到设计值后，方可进行拱肋现浇支架的拆除。由于支架拆除过程中，拱肋结构应力将不断发生变化，拱肋支架的拆除要依据设计要求的顺序和监控单位提供的数据进行。

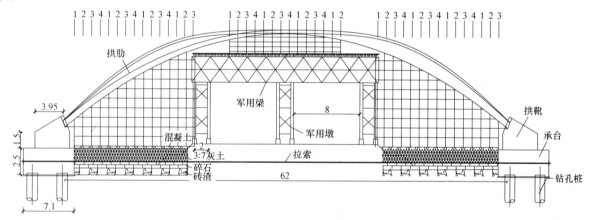

图 5.4.5　拱肋落架示意图

拱肋落架是拱肋施工成败的一个关键工序，拆除前，先制定落架方案，报监理和设计单位审批后实施。对参加施工的人员进行技术交底，统一指挥。

1. 准备阶段

1）对所有的脚手杆进行编号，以便按顺序拆除；

2）对碗扣支架顶丝不能脱落的提前进行拆除。

2. 落架程序

1）首先拆除拱肋 1/4 处 4m 范围的脚手架；

2）在听到指令后，把所有标识有 1、3 的脚手架的顶托落下，然后再顶上，以免应力变化过大，对结构产生不利影响；

3）在听到指令后，把所有标识有 2、4 的脚手架的顶托落下，然后再顶上；

4）在听到指令后，拆除拱脚处 3m 范围内的脚手架；

5）在听到指令后，拆除 1/4 跨左右各 4m 范围内的脚手架；

6）在听到指令后，拆除拱脚处 6m 范围内的脚手架；

7）在听到指令后，对称拆除拱顶至军用梁边的所有脚手架；

8）在听到指令后，拆除剩余的所有脚手架。

3. 结尾工作

1）焊接连接横撑，使三片独立的拱肋连成整体，形成一稳定体系；

2）张拉拉索，观测承台位移。

5.5 拉索施工与监测

拉索施工是主桥施工成败的关键，通过张拉拉索用以平衡两个拱脚产生的水平推力，在承台中心线设置平行 6 组拉索，每组拉索为 OVMPES（FD）7-109Ⅲ。

拉索为江苏法尔胜生产，其各项指标均满足设计要求，锚具为冷铸墩头锚。拉索采用分阶段张拉、逐级加荷的原则；以应力控制为主，伸长量校核为附，索力监控作为复核。拉索张拉采用 350t 千斤顶进行张拉。

张拉采用两台千斤顶，张拉采用一端张拉方式，张拉端为没有压力环的一端。每次张拉两根，由两侧向中间对称进行。

5.5.1 张拉程序：

第一次：首次增加每个拉杆 200kN，在拱肋混凝土浇筑前进行；

第二次：增加每个拉杆 300kN，在拱肋支架拆除前进行；

第三次：增加每个拉杆 500kN，在拱肋支架部分拆除后进行；

第四次：增加每个拉杆 300kN，在拱肋支架完全拆除后进行；

第五次：增加每个拉杆 500kN，在立柱混凝土浇筑完毕后进行；

第六次：增加每个拉杆 500kN，在桥面 T 梁混凝土浇筑完毕后进行；

第七次：增加每个拉杆 500kN，在桥面 T 梁混凝土预应力施工完毕后进行。

累计每个拉杆施加拉力 2800kN。

5.5.2 索力测试（图 5.5.2）

该拱桥拱脚承台之间的拉索为全桥受力平衡并直接影响全桥承载安全的关键受力杆件，在施工过程中，由于施工荷载的不断变化，必须对施工过程中拉索的索力进行实时监测与控制。全桥 12 根拉索均进行索力监控。拉索索力的测试方法为采用钢弦式锚索测力计（每个钢弦式锚索测力计内部具有 6 个钢弦应力计）。

本桥采用的钢弦式锚索测力计为 3000kN，安装在每根拉索的锚固端的纠偏球面垫圈与垫板之间，如图 5.5.2 所示。通过测试钢弦式锚索测力计的频率变化，根据钢弦式锚索测力计的标定曲线，确定

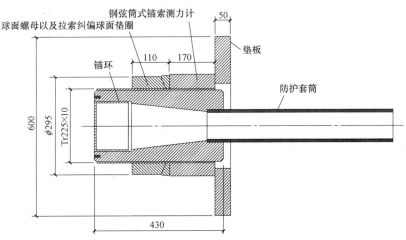

图 5.5.2　钢弦筒式锚索测力计安装示意图（单位：mm）

钢弦式锚索测力计所受的压力。

5.5.3 封锚

因为工程完工后，要定期测试索力，所以在完成封锚后，安装锚头保护罩，以方便日后该桥使用过程中的索力测试和更换拉索工作。

5.6 施工效果

5.6.1 拉管施工

在高速公路路面下暗挖施工高精度拉管，在国内尚没有成功与先进的范例。以往的拉管施工主要是针对水、电、通信光缆等，其精度要求不是很高，且不是受力结构。我们采用的 JT4020 水平钻机是目前国内比较先进的进口设备，用以施工这种精度的管道也是第一次。我们分析了其工作原理，据此制定了施工方案和控制措施，使拉管施工精度全部满足设计要求。在同类型施工的三座桥中，我们首先完成，且精度也是最高的，受到设计与监理单位的好评。

5.6.2 拱肋的整体现浇施工

拱肋设计与预制吊装方案，其吊装后在拆除支点过程中，应力变化迅速，对结构受力并不利。我们采用整体现浇施工，在拱顶 2m 范围内采用微膨胀混凝土，以减少混凝土收缩徐变对结构的影响。从施工质量和拱肋应力监控情况看，没有出现拱肋裂纹和应力超常的情况，均取得比较好的效果。

5.6.3 拱肋空间位置的控制

根据理论计算，拱肋结构本身的挠度为 1.5cm，我们根据支架本身情况，并参照施工手册和以往施工经验，确定拱顶最大挠度为 6cm，拱脚处为 0，其余各点按二次抛物线布设。拱肋支架拆除后，拱顶下沉 2cm；拱上结构浇筑完毕，成桥后，拱顶又下沉 2cm，累计发生挠度 4cm。在拱肋空间位置的把握上比预制吊装的效果更为理想。

5.6.4 立柱施工

拱上斜立柱施工是拱上结构施工的一个难点，最高的中立柱达 7m 高，其结构断面复杂，尺寸小。在空间位置很小的情况下，我们合理搭设支架，对立柱钢筋一次预埋到位，混凝土一次浇筑完毕，既节约了施工时间，又保证了施工质量。

6. 材料与设备

主要施工机械及材料配制见表6。

主要施工机械及材料配置表

表6

序　号	设备名称	单位	数　量	规　格	备　注
1	导向钻进铺管钻机	台	1	JT-4020	定向钻机
2	无缆导向仪	套	1	750D	美国
3	吊车	台	3	16t 以上	
4	塔吊	台	1	5t	东侧
5	水泵	台	2	15m³/t	
6	钻具	套	1		
7	泥浆搅拌机	台	1		
8	挖掘机	台	1		
9	工字钢	t	80	I20、I40	
10	64 式军用梁	t	66		
11	65 式军用墩	t	220		
12	方木	m³	300		

7. 质 量 控 制

7.1 成立专业攻关小组，编制做业指导书并进行工前培训，明确岗位职责。

7.2 精确调整钻机的位置及角度，以保证入孔位置准确。

7.3 导向孔每钻进 1m 停钻测定一次，发现偏差及时调整，确保导向孔偏差在 ±50mm 范围以内。

7.4 司钻应严格按照探测员的指令操作，遇有异常情况应及时停钻，现场研究钻进措施，不允许凭一人经验擅自主张，服从现场统一指挥。

7.5 控制钻进速度，增加扩孔次数，保证引孔畅通。

7.6 导轨基础稳定，方向准确是保证拉管位置的关键。

7.7 注意泥浆稠度和孔内的饱满度，防止管道在孔内上浮于孔顶和避免孔壁坍塌。

7.8 做好支架的预压，防止产生不均匀沉降。

7.9 现浇施工严格采用对称施工，防止不对称施工造成偏压而影响整个结构的安全。

7.10 为防止拱肋混凝土收缩徐变对结构的不利影响，拱顶 2m 范围内混凝土采用微膨胀混凝土。

7.11 每步施工严格在施工监控的指导下进行施工，不得盲目施工，发现应力或变位异常，要停止施工，查清问题后方可继续施工。

7.12 为保证拱肋在混凝土施工完毕支架拆卸后的稳定，除在设计位置进行拱肋连接外，另每 6m 在拱肋之间加一道连接，方法为在拱肋顶预埋 14 号槽钢，最后用 14 号槽钢进行横向连接。临时连接在整个拱桥施工完毕后进行拆除。

7.13 支架拆除时严格按应力检测数据进行，确保支架拆除安全。

8. 安 全 措 施

8.1 在高速公路坡脚处打钢板桩，保证开挖作业槽临空面处路基不滑动。

8.2 确保钻进、扩孔施工在泥浆中作业，确保每孔钻进，扩孔、拉管和注浆当天完成。

8.3 多道管铺设时要跳开间隔施工，完成一孔穿管注浆强度达 80% 后再进行下一孔钻进施工，减小多孔引起的路基承载力减弱效应，控制路基变形。

8.4 由于本工程施工测控和导向作业必须在穿越的高速公路上进行，因此，必须制定相应的安全防护措施，并报高速公路管理部门批准后组织实施，确保高速运营安全和施工作业人员的人身安全。

8.5 高速公路上支架搭设时，严格按交通导流图进行施工，不影响高速公路的正常运行。

8.6 支架施工前，将支架搭设方案报交警和高速公路管理部门审批，保证支架的行车道净高和净宽。

8.7 高速公路上支架军用墩基础采取混凝土墩防撞措施，防止车辆撞击而影响支架的稳定。

8.8 高速公路上空支架采用满铺竹胶板和挂密目网，防止施工过程中坠物掉入高速公路。

8.9 高速公路上的支架夜间安装灯光标志，并有安全员 24h 值班监护。

9. 环 保 措 施

9.1 工地混凝土施工采用拌合站罐装水泥自动拌合设备，减少粉尘污染。

9.2 施工用水及员工用水分开，设立排污管道，将污水排到指定位置，防止水源污染。

9.3 施工现场及生活区配备洒水车，及时对道路、场地洒水，减少灰尘飞扬。

9.4 合理规划沙石料、成品、半成品、物资器材堆放场地，做到取用方便、没有污染。

9.5 及时回收施工现场废弃物，做到分类堆放，及时清除。

10. 效 益 分 析

地下拉索上承式拱桥施工技术的研究，将拱肋预制吊装、拱上结构现浇合二为一，采用拱桥整体现浇施工，在适当增加支架成本的情况下，节约了大型构件吊装的费用，节约成本约 340000 元。采用水平钻机精确施工拉索套管施工技术，解决了非开挖施工使拉索套管精确就位的技术难题，比开挖施工或顶管施工具有缩短工期，节约成本的特点，节约成本约 162000 元。

本拱桥结构形式新颖轻便，给人以一种耳目一新的视觉感受，具有节省材料、满足使用要求及具备标志性结构的特点，其施工难度大，科技含量高。建成后成为天津经济技术开发区的又一靓丽风景线。

11. 应 用 实 例

天津开发区西区北大街跨唐津高速主桥于 2004 年 1 月 21 日开始施工，10 月 14 日完成桥梁主体施工。已进行了成桥试验，各项指标均符合设计及使用要求，工程已于 2005 年顺利通车，通过这几年的观测，其运行情况良好。本桥采用水平拉索解决了沿海软土地基拱桥的水平推力问题，也避免了地基的不均匀沉降在结构中的附加内力，其三边形壳体拱肋有效实现了一跨跨越唐津高速公路这一壮举。该工法的成功应用，解决了类似大跨度立交的施工难题，施工工艺相对简单，施工速度快，工效高，而且受力良好，外观优美，能够切实保证桥梁的整体美观和使用功能。天津开发区西区北大街跨唐津高速地下拉索拱桥的施工，不仅为天津开发区增加了一道靓丽的风景线，同时也为同类型桥梁的施工提供了宝贵的经验，也必将给我们的设计与施工带来一种新的理念。

大跨度钢管混凝土平行拱侧倾转化提篮拱工法
YJGF245—2006

中铁二十局集团有限公司

杜越　王永刚

1. 前　言

钢管混凝土提篮拱桥是我国近年来在钢管混凝土拱桥基础上发展起来的新技术，具有自重轻、强度大、抗变形能力强、造型美观等特点。目前，我国钢管混凝土提篮拱桥数量不多，常见为中承式四肢桁架拱，架设多采用缆索吊机双肋分段吊装法安装（浙江铜瓦门大桥）和双肋分段拼装后竖向转体法安装（江苏邳州连云港～徐州高速公路京杭大运河大桥）。

无锡华清大桥为哑铃型截面下承式提篮拱桥，桥面宽40m。由于受航道通航及桥位地形限制，前面提到的两种技术不能应用在无锡华清大桥主桥上，因此，设计单位提出采用50t缆索吊机法先分段吊装形成两根平行拱，然后采用侧向缆风绳收放，使两根平行拱肋由拱顶横向间距24.602m变为7.692m，转化成提篮拱。考虑到设置4组与拱肋成90°的侧倾缆风绳系统受运河宽度（约100m）和通航条件制约，以及钢丝绳柔性较大，不便于最后精确控制提篮拱轴线，因此，我们在设计方案的基础上，大胆创新，在平行拱之间安装4组可调式内撑杆进行拱肋侧倾，内撑杆上设置丝杠与丝母，人工旋转丝杠，内撑杆缩短并带动两根拱肋向内位移。即变设计"外控"为"内控"，并以"内控"为主，"外控"为紧急预案，实现拱肋侧倾时的双保险。

中铁二十局集团第一工程有限公司开展科技攻关，设计了能在侧倾过程中分节拆除的可调内撑杆，并进行了模拟试验，进一步验证可调内撑杆在一定轴向压力下，人工是否可以转动丝杠，以及其强度和稳定性等问题，并通过试验进一步优化了可调内撑杆的结构，模拟试验成功后，对平行拱进行侧倾，总结形成了"大跨度钢管混凝土提篮拱桥安装技术"这一国内领先的新成果，并于2005年通过了中国铁道建筑总公司科委会鉴定，专家们一致认为该技术达到了国内领先水平，具有较为广阔的推广应用前景，该成果获得了2006年度中国铁道建筑总公司科技进步二等奖。同时形成了"大跨度钢管混凝土平行拱侧倾转化提篮拱工法"。由于其对航道影响小，施工方便，安全经济，故为大跨度钢管混凝土提篮拱施工提供了一种快捷的施工方法。

2. 工 法 特 点

2.1 拱肋段对位容易，省去了现场分段拼装工作及相关辅助设施的投入。

2.2 对航道影响小，占用航道时间短（2～2.5h）。

2.3 在分段长度不变的情况下，不需增加缆索吊机的起重能力。

2.4 安装方便，施工进度快，经济安全。

3. 适 用 范 围

3.1 各种截面的下承式钢管混凝土提篮拱桥。

3.2 中承式钢管混凝土提篮拱桥。

4. 工 艺 原 理

在拱肋底部与拱脚之间设置双向可转动的临时钢球铰，采用缆索吊装技术，先分段吊装形成平行拱，然后在平行拱之间安装 4 组可调长度的内撑杆。每根内撑杆主要由数节 1m 内撑杆、2 根 $\phi94$mm 丝杠、2 个丝母及销轴组成，其中丝杠设置在两端，丝母通过钢销固定在内撑杆腹腔内。该杆两端与拱肋铰接，人工站在操作平台上旋转丝杠，则框架与丝母一起向内移动，从而带动拱肋向内倾斜。当丝杠旋进 1m 时，停止转动，用连接板把丝杠固定端与内撑杆连成整体，然后打掉第一节内撑杆固定丝母的钢销，反转丝杠，丝母退回到第二节内撑杆销孔位置时，重新安装丝母固定钢销，拆除连接板及第一节连接杆，继续旋转丝杠，拱肋随之继续向内倾斜，直至拱肋倾斜到设计位置。

5. 施工工艺及操作要点

5.1 施工工艺流程

平行拱侧倾转化成提篮拱工艺流程见图 5.1。

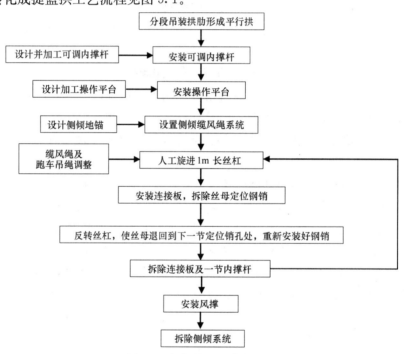

图 5.1 侧倾施工工艺流程图

5.2 关键技术

5.2.1 可调内撑杆设计

可调内撑杆主要承受拱肋在侧倾过程中因自重产生的水平轴向力及风力，设计时风力一般考虑七级风，内撑杆不均匀系数取 1.5～2。轴力确定后，拟定内撑杆截面尺寸、丝杠直径、螺纹形式及螺母，最后验算强度和稳定性是否满足受力要求。为提高丝杠抗剪能力，在内撑杆两侧设置导梁。本桥可调内撑杆总装布置见图 5.2.1。

5.2.2 侧倾缆风绳系统设计

侧倾缆风绳系统设计主要包括地锚设计、缆风绳计算、缆风绳调整装置的选择等。

1. 缆风绳及地锚布置

考虑到地形条件及缆风绳与拱肋的夹角（不小于 60°），缆风绳对称设置在第 5 根吊杆附近，呈"八字"形状。地锚设置在岸边，采用重力式地锚，用 C20 混凝土浇筑，并预埋 3 组拉环，缆风绳及地

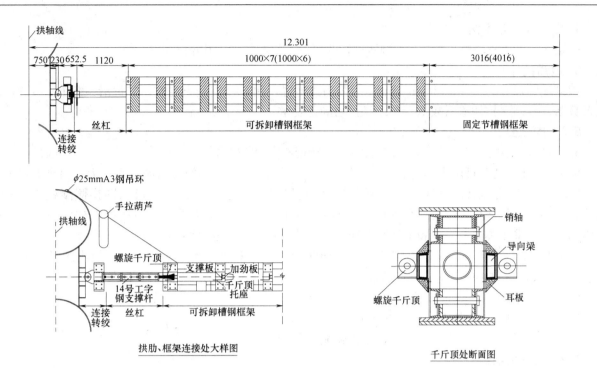

图 5.2.1　可调内撑杆总装布置图

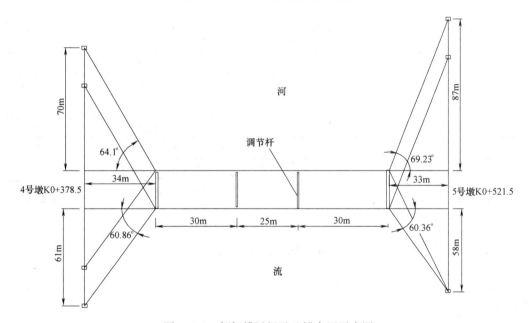

图 5.2.2　侧倾缆风绳及地锚布置示意图

锚布置见图 5.2.2。

2. 缆风绳及地锚受力计算

首先计算出缆风绳在水平方向的分力，该分力为拱肋自重产生的水平分力＋风力（七级风），经计算，一组缆风绳最大水平分力为 $F_{max}=36.7t$。求算出缆风绳最大水平分力后，再根据缆风绳与拱肋之间的夹角、缆风绳与地锚的夹角，分别计算出绳力及地锚要承受的水平拉力，依此分别设计地锚、选择钢丝绳直径，配置调索装置。根据图 5.2.2 中 $F_{max}=36.7t$ 计算出侧缆风绳组中的理论最大拉力为 46t。

3. 缆风绳的选择

根据 46t 拉力，侧向缆风绳均选用 1 根 $6\times37-\phi47.5-170$ 钢丝绳，其安全系数为：

$$K=140\div46=3.04>3$$

K 满足要求。

4. 缆风绳调整方法

采用 5 门 50t 滑轮组与 1 个 10t 捯链进行收紧调整。滑轮组选用 $\phi17.5$ 钢丝绳。

5. 地锚设计

拟订地锚尺寸为：3m×3.5m×6m，为重力式地锚，用 C20 混凝土浇筑，其抗滑系数 $K_f=1.3$，抗拔系数 $K_v=7.4$、抗倾覆系数 $K_m=2.25$，均满足要求。

5.3 操作要点

5.3.1 调整拱肋侧倾缆风绳，使两拱肋关于线路中心线对称。

5.3.2 在拱肋与可调内撑杆的两端各设置一个 5t 捯链，给拱肋施加内倾的水平力（铅垂拱状态）。

5.3.3 人工分别转动丝杠，使两拱缓慢向内侧移动。当丝杠旋转 2～5 圈（两拱侧倾约 2～5cm）时停止转动，对外侧缆风绳及跑车进行一次调整。如此循环，直至完成第一节内撑杆的内倾（当丝杠旋转困难时，采用螺旋千斤顶和工字钢撑杆配合，减小螺母与丝杠之间的摩擦力）。

5.3.4 丝杠旋转至剩余 2 圈螺纹时，在导向梁与格构框架之间插入剪力销，拔出螺母上下 2 根 $\phi40$ 钢销，反转丝杠使螺母退至下一节框架起始位置（同第一节所在位置），插上 $\phi40$ 钢销。

5.3.5 用扳手拆除第一节框架的导向槽、螺栓和上下盖板，卸下第一节内撑杆。

5.3.6 将第一节框架上的导向槽移至第三节框架固定。

5.3.7 重复 5.3.3～5.3.6，直至拱肋侧倾到设计位置。

5.4 劳动力组织

劳动力组织情况见表 5.4。

劳动力组织情况表　　　　　　　　　　　　　　　　　　表 5.4

序 号	分 组	人 数	备 注
1	测量组	3	观测拱肋位置及内撑杆中心位置
2	内撑杆组	5	负责操作内撑杆，每套内撑杆的一端安排 4 人操作丝杆，另外 1 人操作手拉葫芦
3	缆风绳组	3	收放缆风绳，每个地锚 3 人
4	吊装组	1	调整跑车绳力，配合进行侧倾
5	技术组	2	现场技术指导
6	指挥	2	1 名总指挥、1 名现场指挥，负责各班组之间协调

6. 材料与设备

6.1 材料

拱肋侧倾主要施工材料见表 6.1。

拱肋侧倾主要施工材料表　　　　　　　　　　　　　　　表 6.1

序 号	材料名称	规 格	主要技术指标
1	侧倾内撑杆	[14a 槽钢 10mm 钢板 12mm 钢板	可拆卸框架每节长 1.0m；固定节长度分别为 3016mm(4016mm)；计算截面积 74.08cm²；计算长度 23m；最大惯性矩 48556cm³；最大长细比 89.8；计算轴向力 36t；最大弯矩 145475N. m
2	内撑杆丝杠、导向梁	丝杠直径 96mm，45 号钢；导向梁矩形截面尺寸 200mm×73mm，厚度 10mm，Q235 钢	丝杠计算长度 150cm，计算截面积 72.35cm²；长细比 70
3	框架连接销轴	直径 40mm，Q235 钢材	计算截面积 1256mm²；容许最大剪力 157kN

6.2 设备

拱肋侧倾主要施工机具设备见表 6.2。

拱肋侧倾主要施工机具设备   表 6.2

序 号	机具设备名称	设备型号	单位	数量	用 途
1	可调内撑杆		套	4	在拱肋侧倾中起到内控作用
2	捯链	5t	台	24	吊操作平台及内撑杆用
3	捯链	10t	台	16	对拉拱肋及调整侧倾缆风绳用
4	5门滑轮组	50t	个	32	可利用扣索滑轮组
5	螺旋千斤顶	16t	台	16	用于内撑杆所受轴力不均导致丝杠旋转困难
6	慢速卷扬机	10t	台	2	通过转向滑轮收紧两拱肋球铰处,防止滑脱
7	全站仪	SET2110Ⅱ	台	2	动态观测拱肋的横向位移值
8	千分表		个	4	观测侧倾地锚位移

7. 质 量 控 制

施工中除必须严格执行《公路桥涵施工技术规范》JTJ 041—2000 的有关规定外,还必须满足以下技术要求:

7.1 侧倾内撑杆下料、焊接、组装精度必须控制在内撑杆设计图规定的允许偏差范围内。

7.2 侧倾内撑杆安装前,采用两台千斤顶施加轴向力进行现场模拟试验,进一步确定内撑杆的工艺控制参数。

7.3 工前对各作业工班集中组织技术培训。

7.4 拱肋侧倾过程中,两组测量人员分别对两根拱肋实施全程动态观测,确保两根拱肋匀速、缓慢、对称的向内倾斜。

7.5 拱肋侧倾过程中,内撑杆每内缩 5～10cm,对两侧的缆风绳用捯链进行调整一次,确保侧倾过程中的缆风系统和内撑杆为一稳定体系。

7.6 拱肋吊装前,在拱肋球头和球绞支座的球窝中均匀地涂抹润滑油,减小侧倾时的摩擦阻力。

8. 安 全 措 施

8.1 拱肋侧倾时由专人统一指挥,做好技术交底与组织分工工作。

8.2 调节丝杠时要力争同步操作,使两钢管拱肋匀速对称向内倾斜。

8.3 及时调整侧向缆风绳系统各手拉葫芦,防止钢管拱肋倾斜过大导致纠偏难度增大。

8.4 侧倾作业人员采取穿防滑鞋、救生衣,佩带安全绳等措施,搞好高空作业安全防护工作。

8.5 严防物品高空坠落。

9. 环 保 措 施

9.1 合理规划施工场地,优化临时施工设施的布置,做好施工区域自然景观和既有设施的保护工作。

9.2 钢管拱侧倾施工时间选择每天 8：00～12：00、13：30～17：30 两个时间段,夜间不施工,大大降低了施工噪声对周边居民的干扰。

9.3 钢管拱侧倾施工完成后,凿除侧倾地锚、清理施工现场,并积极配合有关部门及时恢复原有地表植被。

9.4 施工人员生活中采用液化气,禁止燃煤;工地生活垃圾严禁焚烧处理;施工现场采用洒水车及时洒水,有效防止了大气污染、控制了粉尘和扬尘。

9.5 施工区域的生活污水，经过滤网过程，通过污水管输入池中沉淀，并采取生物接触氧化为主体的处理工艺，经甲方和环保部门认可后排放。

10. 效 益 分 析

10.1 该工法实施标准化作业，施工工序规范，施工控制要素明确，操作简单，能达到全过程安全、质量控制目标。

10.2 其经济社会效益主要表现在：

10.2.1 可省去现场分段拼装提篮式拱段的作业时间和拼装平台，不需要水上运输设备，本项目直接经济效益 69 万元。

10.2.2 拱肋空中对位快，每次吊装作业时间可控制在 2.5h 之内，缩短了临时封航时间，减少了对水上交通的影响。

10.2.3 拱肋侧倾作业不需要对航道进行交通管制，可节约封航费用。

10.2.4 侧倾设备简单，安全可靠，侧倾作业可在 8d 内完成，施工速度快。

10.2.5 为钢管混凝土提篮拱桥的安装提供了新的方法，具有良好的经济和社会效益。

11. 应 用 实 例

无锡华清大桥工程主桥上部结构为跨度 148m、净矢高 33m 的下承式钢管混凝土提篮拱桥，跨越河面宽约 100m 的京杭大运河。该桥钢管拱肋在工厂分段加工制做后，采用缆索吊装技术先在铅垂面分别安装成两根平行的空钢管拱肋，然后采用侧倾技术在空中进行侧倾形成提篮拱形式。本桥从 10 月 8 日开始进行拱肋侧倾作业，共用了 8 个作业日安全顺利地完成了拱肋侧倾工作。该法与提篮拱分段吊装的方案相比，可减少主索、扣索的平移及提篮式拱段临时定位横撑，省去现场分段拼装工序，减少对航道的影响，加快了施工进度。通过工程技术人员的认真总结，形成此工法。

自锚式悬索桥主跨钢梁无支架施工工法

YJGF246—2006

中铁十八局集团有限公司

陈野　王建秋

1. 前　　言

自锚式悬索桥是我国近几年才开始兴建的新型桥式结构，结构新颖，外形美观，有"桥梁皇后"之称。索山大桥位于苏州市市区，横跨京杭大运河，是连接苏州中心城区和新区的重要纽带。该桥的建设，极大地改善了苏州城西的交通状况，加强中心城区和新区的联系。大桥全长378m，主桥设计为（33＋90＋33）m三跨自锚式悬索桥，主缆采用半成品索，桥面采用钢混叠合梁。索山大桥主塔采用三跨自锚式悬索桥，90m主跨为我国目前所建的自锚式悬索桥的跨度之最，主桥采用无支架法施工也为悬索桥设计施工的第一次。采取的无支架法成套施工技术成果已经通过了天津市科委组织的专家评审，获得天津市科技进步三等奖。现将工法整理如下。主桥结构示意见图1。

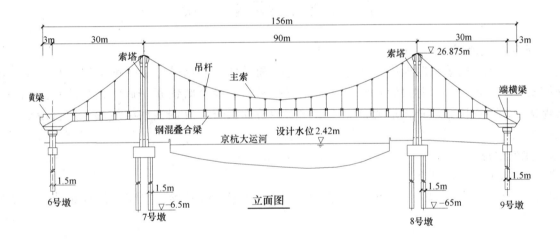

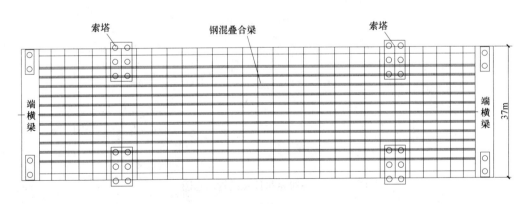

图1　索山大桥主桥结构示意图

2. 工 法 特 点

自锚式悬索桥常规的施工方法为先梁后索法施工，即先在支架上拼装钢梁，然后安装主缆和吊杆，形成自锚体系。本工法的特点是先架设主缆，然后利用主缆和吊杆进行钢梁的提升，避免在通航的河道上安装临时支架造成对航道通航的影响，即先索后梁法施工。

3. 适 用 范 围

该工法适用于中小跨径悬索桥跨越有通航要求并运输繁忙的河流施工，对环境和气候条件均没有特殊要求，且不影响通航。

4. 工 艺 原 理

利用由临时地锚、临时锚索、主缆和吊杆（及接长吊杆）所形成的悬索体系，分节段吊装钢梁，进行钢梁线形调整和合拢焊接，形成自锚体系，随着桥面荷载的增加随时张拉吊杆进行线形调整（拆除接长吊杆），最终使桥面线形、主缆线形达到设计要求。

5. 施工工艺流程及操作要点

5.1 施工工艺流程

施工工艺流程：安装临时地锚、临时锚索、主缆和吊杆形成悬吊体系→钢梁场内加工及运输→边跨钢梁安装→中跨钢梁对称吊装，同步调整索鞍位移，张拉临时锚索→调整钢梁线形至成桥线形→钢梁焊接合拢→拆除临时锚索形成自锚体系→安装桥面板→反复调整钢梁线形至成桥线形→桥面系施工→竣工通车。

5.2 操作要点

5.2.1 临时悬吊体系的形成

临时悬吊体系由临时锚碇（包括锚碇横梁）、临时锚索、端横梁、主缆和吊杆组成，其结构如图5.2.1。

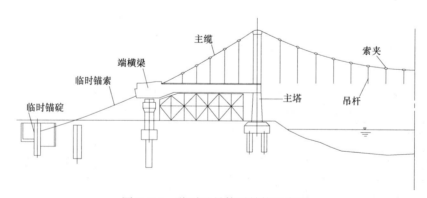

图 5.2.1 临时悬吊体系结构示意图

主缆的水平力由临时地锚平衡，竖向力由端横梁的自重平衡。端横梁又是连接主缆和临时地锚的巨大连接器。临时采用预应力钢绞线束，其一端采用P形锚的形式锚固在端横梁上，另一端作为张拉端锚固在临时锚碇梁上。根据桥面不同安装阶段的索力变化，在张拉端对临时锚索的索力进行调整。

5.2.2 钢梁加工

1. 钢梁的加工

钢梁在厂内加工。钢梁结构尺寸大，适合采用水路运输，选择在有水路码头的厂家进行分节段加工。首先对进场的原材料按照设计要求检验，然后根据焊接工艺要求确定焊接工艺并选择有资质的焊工。按设计要求放样制做胎膜，根据焊接试验结果和施工条件预留焊接变形量，按照焊接顺序进行场内工装和焊接，对所有的焊缝进行探伤检查，最后进行防腐处理。

钢梁节段的划分除根据设计图纸的分段要求外，还要根据运输能力和现场的安装条件进行适当的调整，尽量减少现场焊接工作量从而保证焊接质量。

钢梁节段必须在厂内进行预拼，同时确定吊装轴线，检查各部结构尺寸，尤其是锚箱中心偏差和相邻节吊点偏差在±2mm以内。

2. 钢梁的防腐

钢结构表面防腐分为吊装前防腐（厂内）与吊装现场防腐两个阶段。吊装前主要完成钢结构外表面喷砂、喷铝、封闭漆、第一道面漆及箱梁内表面的喷砂、喷涂底漆。吊装现场防腐要在梁段装焊后进行，主要完成钢结构在运输与拼焊过程中被损处的防腐和现场焊接部位的防腐及外表面最后一道油漆的施工。

钢结构的防腐与涂装应采用性能可靠、附着力强、耐候性好、防腐性强、成熟可靠，其使用期保证在 20 年以上的涂装材料。

5.2.3 梁段的运输

各梁段经涂装、报检合格后进行装运，并根据施工进度安排制定装运计划与装运次序。

1. 装船

梁段采用平板车运至码头，用浮吊上船，并利用梁体的临时吊耳、手拉葫芦和钢丝绳将梁段与船体牢固连接，且钢丝绳与梁段接触处加木垫块以防伤梁。

对中跨各梁段需用 1.5m 高的钢墩支托，使钢梁底部预留出现场顶升梁所需要的操作空间。

2. 运输

由于桥址附近没有大型码头，施工场地狭小，不便于钢梁存放。一般为边运输边安装。在运输前对通行的航道进行实地考察，明确航道要求，确定行船路线。为方便吊装，在钢梁装船前，在甲板上进行测量放线，并明确标定吊杆孔和下部垫梁的位置。钢梁上船后，在四周增加限位。并确定钢梁的顶面标高符合航运部门的要求，装船高度不能超限。

5.2.4 边跨钢梁安装

边跨钢梁采取浮吊装卸，汽车吊抬吊安装。在现场搭设的型钢支架上进行钢梁节段的精确定位，根据预测的焊接变形量来预留焊接变形值，然后在现场按照焊接工艺要求进行组焊。1 号段钢梁在端横梁施工前进行安装，其端板预埋在端横梁混凝土中。为解决施工场地狭窄问题，边跨钢梁可采取横向分块，纵向分段的办法进行安装。

5.2.5 中跨钢梁吊装施工

中跨钢梁吊装是本桥最关键的施工工序，需要全程控制、观测的关键工序包括：钢梁吊装线形、主缆线形、主索塔的偏移量与索鞍的顶推、端横梁的位移、临时锚碇的变形以及临时锚索的分级张拉等。要进行分工合作、协同作业，制定出完善、周密的施工计划。

钢梁吊装采取相对对称的安装顺序进行，允许不对称节段为一个节段。为确保钢梁吊装工作快速完成，在安装前作好施工准备工作。

1. 中跨特殊梁段的安装

靠近塔根部的节段一部分在岸上，一部分在水中，故采取特殊方法进行安装。船只靠岸后，在运输船只和河堤之间搭设滑道滑动钢梁使其锚孔位置和吊杆调整到同一铅锤线上，轨道分为两组，每组由型钢焊接而成。根据钢梁安装完成后船只的吃水深度来确定轨道的标高，以便于轨道的对接。轨道下部地基要经过压实处理，并垫枕木来调整标高。然后安装吊具进行起吊。

在滑行上岸过程中船受到不平衡力作用，要对船体进行倾覆检算，防止船体倾斜过大，造成意外事故。

2. 中跨梁段安装

将钢梁节段运输到设计位置的正下方，然后进行定位，安装工具吊杆和连续千斤顶。

运输船只定位要求准确，保证起吊时吊杆的垂直度。首先对河床及水文情况进行调查并和航道管理部门及时联系。在钢梁吊装的过程中进行限航、限速。运输驳船沿水流方向投锚，船头和船尾各用缆绳固定在同侧岸的地锚上，顺水方向按锚索的长短进行调节，顺桥方向依靠辅助船只和岸上缆绳进行调节。由于来往船只的影响，运梁驳船摆动幅度为1～1.5m左右，能够满足工具吊杆和千斤顶的安装，达到安全提升的要求。起顶后撤除运输船和定位船只，一次将钢梁顶升到位。

在钢梁吊装过程中对主缆的变形和塔顶的位移进行观测，同时观察索夹和端横梁的位移变化。每个节段钢梁安装完成后根据观测的结果，分别对索鞍的位移进行调整，对端横梁的位移通过增加临时锚索的索力进行调整，保证悬吊结构受力正常。

3. 钢梁焊接合拢及线形调整

钢梁吊装完成后，将钢梁节段进行临时螺栓连接，并采用千斤顶逐段调整至成桥线形进行节段环缝的焊接，焊接的顺序为：先边跨后中跨；先边箱后中间小纵梁。每节钢梁的焊接顺序为：焊接腹板→焊接底板→焊接顶板。利用环境温度的变化进行钢梁的合拢，在恒定的温度下进行合拢焊缝的焊接。然后对称，分级拆除临时锚索形成自锚体系。

由于采取先索后梁法架设，由于荷载的增加，主缆及钢梁的线形呈非线形变化，并且变化值较大，故钢梁的线形调整根据桥面荷载的变化分多次进行，每次均将钢梁调整至设计成桥线形，以保证在施工阶段钢梁的应力在允许范围之内。钢梁的线形调整采用多台张拉千斤顶在梁底按照上下游对称，两端对称的原则循环进行，同时采用索力测定仪对吊杆的索力进行监测，使之达到设计要求。

5.2.6 桥面施工

利用吊车分两批将面板安装到位，板车运输。在安装过程中严格遵循对称、同步的原则。在钢箱梁安装施工栈道作为操作平台。在每批面板完成后，按照双控的原则对钢梁进行调整直至达到成桥线形，同时对全桥的吊杆索力进行标定。

在桥面板架设前或架设过程中，焊接剪力钉，连焊桥面板连接钢筋，浇筑湿接缝混凝土等工作。

6. 材料与设备

6.1 主要施工机具（表6.1）

主要施工机械设备表　　　　　　表6.1

序　号	机具名称	型　号	单　位	数　量	备　注
1	连续千斤顶		台	4	连续顶升钢梁
2	泵站		台	2	
3	主控台		台	1	
4	螺旋千斤顶	50t	台	20	
5	张拉千斤顶	ycw250	台	8	
6	张拉千斤顶	ycw100	台	8	
7	张拉油泵	zb-50	台	8	
8	手拉葫芦	10t	台	6	
9	手拉葫芦	5t	台	6	
10	汽车吊机	50t	台	2	
11	汽车吊机	50t	台	2	

序　号	机具名称	型　号	单　位	数　量	备　注
12	直流电焊机		台	6	
13	二氧化碳焊机		台	6	
14	碳刨机		台	6	
15	油漆喷枪		台	2	
16	电动空压机		台	2	
17	砂轮抛光机		台	12	
18	索力测定仪		台	2	
19	钢弦应变计		套		
20	全站仪		台	1	
21	精密水准仪		台	1	
22	普通水准仪		台	1	

6.2　主要材料

6.2.1　主缆材料：大桥主缆共有 2 根，横向间距为 29.5m，矢跨比为 1/8，总索力为 3000t/根，每根主缆由 19 股平行钢丝索股编制而成，每股索由 ϕ7-61 丝组成，采用正六边形半成品索。主缆采用冷铸锚锚固体系，冷铸锚头现场铸造，在主缆散索鞍后呈辐射形散开，分别锚固在端横梁上。

6.2.2　主缆防腐材料：主缆是悬索桥的主要承重构件，在大桥的使用期内是不可更换的，因此，从组成主缆的钢丝到主缆本身在其防护涂装方面都要求很高。除了在对主缆钢丝表面采用电化学方法进行处理外，对最后形成的整条主缆结构还须采用物理方法进行整体防护涂装，使其免受或减少环境的侵害，提高主缆整体使用寿命，确保全桥安全。使用的主要防护材料为：HM105 密封剂；HM106 密封剂；XF06-2 磷化底漆；81-02 环氧云铁底漆；881-Y01 聚氨酯面漆；定型铝块等。

6.3　劳动组织

劳力组织安排见表 6.3。

劳力组织安排表　　　　　　　　　　　　　　　　　　　　　　　　　　表 6.3

序　号	工　序	工　种	人　数	工作内容
一	钢梁顶升	工序负责人	1	负责顶升施工中的协调指挥
		工程师	1	现场技术指导,落实施工方案
		主控台司机	1	控制千斤顶
		油泵司机	2	控制千斤顶
		司顶	8	监控千斤顶工作状态
		修理工	2	设备维修
		杂工	4	零星工作
二	索力调整	工序负责人	1	负责索力调整中的协调指挥
		技术员	1	现场技术指导,落实施工方案
		司泵	8	控制油泵
		司顶	8	监控千斤顶工作状态
三	索鞍调整	工序负责人	1	负责索鞍位移调整中的协调指挥
		起重工	8	调整千斤顶顶力
四	监测	测量工	4	现场测量
		试验员	2	应力测试
		安全员	4	负责现场安全

7. 质 量 控 制

7.1 结构施工过程中受力和变形控制

桥梁的施工控制是一个施工-量测-判断-修正-预告-施工的循环过程，为了能够控制桥梁的外型尺寸和内力，首先必须安排一些基本的必要的量测项目，主要内容包括塔、梁、主缆的吊杆在各施工阶段的位移和应力情况。在每一工况返回结构的量测数据之后，要对这些数据进行综合分析和判断，以了解存在的误差，并同时进行误差分析。在这一基础上，将产生误差的原因尽量消除，给出下一工况的施工控制指令，使现场进行良性循环。

钢梁的架设是整个悬索桥施工的关键环节。因为在缆和梁的架设过程中，塔和缆上的荷载不断发生变化，主缆的线形也随之变化，由承受本身自重的悬链线，逐渐变成承受全部恒载的抛物线。为使悬索桥建成后的主梁和主缆都能达到设计线形，就需要对整个施工过程进行严格控制。在钢梁架设阶段，需要通过对主缆线形、塔顶变形、索鞍偏移量、塔身控制截面应力等状态参数进行实时跟踪监测及控制分析，对结构进行优化控制，确保成桥线形能最大限度地接近设计理想状态。这一阶段的主要工作内容是：根据实际主缆线形修整索夹位置及吊杆长度；根据加载情况确定鞍座顶推时间和顶推量；确定钢梁节段的吊装顺序、方法；通过吊杆索力调整主缆、主梁线形；最后确定钢梁固结顺序。

7.2 钢梁焊接的质量控制

钢梁现场焊接质量是施工质量控制的关键环节，主要采取如下措施进行质量控制。

焊接完成后焊缝一次检查全部合格，且达到优良标准。

7.2.1 制定现场焊接施工工艺

在钢梁焊接前制定现场焊接施工工艺，在施工过程中严格按照焊接工艺执行。

7.2.2 选择合理的焊接顺序

钢梁的焊接顺序对焊件结构变形的影响很大，往往影响到整个工序是否能顺利进行及整个结构产生的变形大小。钢梁焊接应先进行钢箱梁的环缝对接，然后进行嵌补焊接和附件的焊接。

7.2.3 采取钢性固定措施减小施工变形

采取强制措施来减少焊接后变形。可采取重物压住、临时支承、焊接夹具、法兰螺栓等方法，焊接后要用机械矫正、火工矫正等方法来减少拉力。

7.2.4 选择合适的气候条件进行焊接

阴雨天及湿度大的天气不进行焊接施工。尽量选在气温偏低且稳定的时段（3：00—8：00；17：00—21：00）进行施工，以减少钢梁的焊接应力。

7.2.5 焊缝质量检查

对所有的焊缝均进行无损探伤检查。

7.3 成桥试验

为了桥梁运营的可靠性，验证设计的合理性，检验桥梁施工的质量，测定桥梁的静动力性能，综合评价和确定桥梁的承载能力，为了大桥的竣工验收提供实验依据，对设计荷载下桥梁工作性能进行测试。

7.3.1 主要测试内容为：静载实验测试；振动测量；动载应力及挠度。

7.3.2 采用的测试方法为：应变测试；挠度及位移观测；吊杆索力的测定；影响线测试；动力性能测试。

通过本桥的静、动载试验，对主桥结构性能满足设计要求。

8. 安 全 措 施

8.1 成立现场安全施工领导小组，制定详细的安全操作规程，和安全管理规定，积极展开工作，尤其在钢梁吊装过程中积极活动，和地方航道部门取得联系，加强协调在吊装过程中保证吊装安全，保证通航船只顺利通航，焊接中采取措施保证焊花和焊渣不掉入运河。防止高空坠落。

8.2 施工监控：在工程施工过程中对结构受力点进行受力监控，使结构受力在施工监控下进行，保证施工过程中的结构安全。

8.3 遵守施工现场安全作业、安全用电、安全防火管理制度。

8.4 焊接作业点必须远离易燃、易爆物品。

8.5 焊接作业时穿戴好劳动保护用品；清除焊渣、打磨焊缝时应戴防护眼镜。

8.6 高空作业时必须系安全带；夜间或在管内作业时，照明灯电压应低于36V。

8.7 工作结束和下班时，必须切断焊机电源，并仔细检查作业现场，确认无燃烧物时，方可离开现场。

8.8 吊装时，吊车站位准确，支腿牢固，起吊就位平稳，对于超重梁段、横梁等件采用双机抬吊时，每台起吊重量应根据该机的性能乘以折减系数（$K=0.7\sim1$）。

8.9 吊点的选择应能保证梁的吊装强度，以防变形。

8.10 吊具选择：如吊索、吊耳、锚具、千斤绳等必须通过计算以保证有足够的强度。

9. 环保措施

索山大桥位于风景秀丽的苏州城区，对于环保的要求很高，针对该桥在结构设计上具有桥梁跨度大，桥面宽，主塔上下游独立受力和主索采用正六边形半成品索的特点，同时施工中又要避免对京杭大运河通航造成影响的要求等。施工单位针对该桥的结构特点和施工中的要求，专门研究了针对该桥的成套施工技术，不仅解决了该桥施工的难题，同时避免了对航道通航的影响，很好地保护了京杭大运河周围生态环境和水环境。

9.1 利用猫道架设主缆成品索，避免了悬索桥主缆架设施工中采用大型的架索和整形施工机具，不仅简化了施工操作程序保证了施工质量，同时避免了对京杭大运河航运的影响。

9.2 主桥钢梁厂制加工，紧密联系实际，边跨采取横向分块，纵向分段的安装方法，解决了现场施工场地狭窄的难题，避免了大量的场地拆迁工作，也减少了对附近居民生活的影响。中跨钢梁采取无支架法顶升施工，解决了对京杭大运河的通航干扰问题，同时也避免了施工对京杭大运河水质的污染。

竹园大桥在施工期间，工程质量、安全均取得了良好效果，文明施工和环境保护方面也得到了当地政府和相关部门的好评，为企业创下了良好的社会信誉。

10. 效益分析

我们通过对该桥施工技术的研究和应用取得了良好的经济和社会效益。

自锚式悬索桥一般施工方法为：在支架上安装主梁，利用支架调整梁体线形。在通航的河流上不能按此方法施工。

大跨度的悬索桥一般采取"预抛高法"安装主梁，全部恒载安装完成后进行微调即可达到成桥线形。对于中小跨度的桥梁由于梁体本身刚度大，如采用"预抛高法"安装钢梁后进行焊接，恒载安装完成后，钢梁变形产生的应力大于钢梁本身的容许应力，所以钢梁采用"预抛高法"一次安装成型对中小跨度桥梁是不适用的。

钢梁焊接完成后，利用千斤顶在钢梁下部直接将钢梁顶起。在悬索桥施工过程中，还没有相类似的施工经验。

根据大桥本身的结构特点，总体的调整原则是：利用吊杆的长度控制钢梁的线形，避免因索力不均匀，而造成吊杆的反复调整。原计划使用 12 台 YCW150 千斤顶，在实际施工过程中只用了 4 台，就将钢梁线形分两次调整到位，每次 2～3 个循环。

每次线形调整时间 2～3d，每批面板架设时间为 3～4d 的时间。原计划 15d 时间，实际用了 12d 时间全部完成钢梁线形的调整和面板的安装（包括湿接缝钢筋的焊接）。钢梁线形圆顺，符合设计要求，各个重点的施工控制部位无出现异常现象，保证了整体结构的安全，施工效果良好。

10.1 利用猫道架设主缆成品索，有效地解决了成品索架设施工的难题，避免了悬索桥主缆架设施工中采用大型的架索和整形施工机具，简化了施工操作程序，同时保证了施工质量。节约了资金约 350 万元，为悬索桥成品索安装积累了经验。

10.2 主桥钢梁在边跨采取横向分块，纵向分段的安装方法，解决了现场施工场地狭窄的难题，避免了大量的场地拆迁工作；中跨钢梁采取无支架法顶升施工，解决了对京杭大运河的通航干扰问题，确保了在钢梁施工期间运河不断航，节约了航道的占用费用 80 余万元。

10.3 通过设置钢梁成桥线形，并反复进行钢梁线形的调整，确保了大桥的梁索应力在施工过程中和成桥后满足设计要求，解决了小跨径悬索桥中跨无支架吊装施工中主索受力后线形变化突然的问题；为无支架法施工自锚式悬索桥线形调整积累了经验。

10.4 该套技术的研究在我国自锚式悬索桥施工中首次采用，确保了繁忙的京杭大运河通航顺利，不仅取得了较好的经济效益，更具有较为深远的社会效益。

10.5 我们通过该桥的施工，为中铁十八局二公司培养和锻炼了一批桥梁建设技术人才，拓宽了施工领域，为类似桥梁施工积累了经验。

11. 应 用 实 例

苏州索山大桥位于苏州市市区，横跨京杭大运河，是连接苏州中心城区和新区的重要纽带。大桥全长 378m，主桥设计为（33＋90＋33）m 三跨自锚式悬索桥。索塔采用分离式半弓形结构，主索采用半成品索，索山大桥主缆共有 2 根，设计采用每根主缆由 19 股平行钢丝索股（不带外护套）编制而成，每股索由 $\phi7$-61 丝组成。主缆钢丝重量为 123t。全桥共有索夹、吊杆各 29 对，索夹每件最重为 594kg。中跨吊杆间距为 5m，边跨间距为 4.5m，吊杆采用 $\phi7$-73 丝成品索。该桥由中铁十八局集团第二工程有限公司施工，从 2002 年 7 月开始施工至 2003 年 10 月通车，该桥首次采取了自锚式悬索桥无支架法施工，其优越性主要表现在对航道影响小、不断航、节省大型水上吊装设备、施工速度快等优点。取得良好的社会经济效益，索山大桥的钢梁安装成功为以后的自锚式悬索桥施工提供了宝贵的经验。

70m 跨双铰型上承式拱桥施工工法

YJGF247—2006

中铁十八局集团有限公司

王朝辉　谭伟姿

1. 前　言

随着桥梁建筑的国际化发展，不断引进国外一些先进的设计理念，使得桥梁的结构及外观形态多样化。双铰型上承式拱形结构是一种新型的拱桥结构形式，在近几年的公路立交桥梁中不断涌现，其拱桥结构技术含量高，施工难度大，是桥梁施工中一个新的课题。在天津开发区西区中心庄路跨京津塘高速公路立交桥工程中，我集团公司研发和采用的 70m 跨双铰型上承式拱桥施工工法取得了很好的效果，天津市科技委员会予以本施工技术达到国内领先水平的鉴定，获得集团公司科技进步一等奖、总公司科技进步三等奖、天津市科技进步三等奖。

2. 工 法 特 点

2.1　针对双铰型上承式拱桥设计特点，结合施工环境，将各工序形成成套施工工艺，技术含量高，可操作性强。

2.2　采用龙门吊作为吊装设备，操作简单，取材便捷，吊装时不影响所跨公路的运行，可以远距离平移、吊装，安全可靠，施工效率高，确保施工质量。

3. 适 应 范 围

本工法适用于跨公路、铁路等建（构）筑物的双铰型上承式立交拱桥施工，为类似工程提供参考。

4. 工 艺 原 理

拱肋采用现场预制，采用高支墩双栈桥龙门吊吊装拱肋，分片对称吊装，横向、纵向依次连接，最后湿接形成整体，依次成组落架，边落架边张拉，实现体系转换。

5. 施工工艺流程及操作要点

5.1　施工工艺流程

本工法工艺流程见图 5.1。

5.2　操作要点

5.2.1　拉索穿越高速公路施工

采用水平导向钻机进行拉管施工。先打一个直径较小的导向孔，在施工导向孔时用高性能泥浆护壁，在钻进过程中用电子导向仪对钻头定位，发现偏位时用电子导向仪指挥钻头纠偏。导向孔施工完后，在钻杆上接上专用的扩孔钻头及钢管，使扩孔钻头在孔内高速旋转，将泥土造成泥浆，流出孔外，同时将钢管拉过去，扩孔与拉管一次完成。

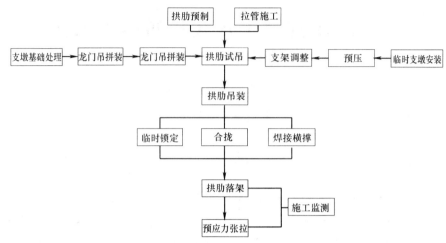

图 5.1 70m 跨双铰型上承式拱桥施工工艺流程图

5.2.2 拱肋预制施工

1. 地基处理

采用换填法对支架的地基进行处理。

根据地质的特性和要求，选定灰土作为换填材料，灰土的压实度为 93%～95%，承载力可达到为 200～250kPa＞σ＝40kPa，满足使用要求。

2. 搭设支架

每组拱肋分两半预制，拱肋底面为连续变化的弧形。为调整出拱肋底面的形状，采用碗扣件搭设作业平台，碗扣件纵向步距 30cm，横向间距 90cm，扣件顶面铺设 10cm×10cm 方木。

3. 支立模板

精确调整每根方木的高度，使其与拱肋底面的线形一致，在已调整好高度的方木上放样出拱肋的中心轴线，用来控制底模的线形。

在方木上钉底模，底模采用木胶板，底模钉好后，由测量人员放样出拱肋底模的边线，用切割机对底模进行裁边，裁边时不要使底板边缘处有毛刺。侧模采用木胶板，木胶板背棱用 10cm×10cm 的方木加固，背棱垂直于拱肋的长度方向，每 30cm 一根。

4. 加工及绑扎钢筋

由于拱肋的断面连续变化，拱肋纵向主筋的平面位置及高度均连续变化，每根箍筋的形状均不相同。为保证钢筋下料的准确，在加工钢筋前计算出每根钢筋的详细尺寸及长度，下完料的钢筋分类堆码整齐。

先绑扎拐角部位的主筋及箍筋，以形成骨架，再绑扎其他部位的主筋及箍筋，绑扎过程中要控制好每根纵向主筋的位置。

在预制拱肋时要预埋拱上立柱的钢筋，绑扎时控制好预埋钢筋的平面位置及倾斜度。

5. 混凝土浇筑

混凝土用泵车浇筑，浇筑时从两头向中间进行，由于拱脚处的钢筋非常密集，施工时采用直径小的振捣棒振捣，适当加长振捣时间。浇筑时特别注意将拱脚处的混凝土振捣密实。拱肋的外观质量非常关键，派专人负责混凝土的抹面、收浆、压光。

5.2.3 龙门吊拼装

龙门吊采用高支墩双栈桥龙门吊，先架设临时支墩，后架设栈桥，最后吊装横梁及天车。

1. 栈桥临时支墩基础设计与处理

设计基准：基底承载应力按 [σ]＝200kPa 进行设计。

处理方式：为保证地基的承载能力，在每个支墩处设5根深层撑拌桩，桩径为50cm，桩长为10m，同时做支墩基础时将地基夯实。

地基计算应力：$\sigma = 124\text{kPa}$。

2. 龙门吊栈桥布置

龙门吊栈桥的临时支墩以高速公路分隔带中心线为准，向公路两侧布置，跨度为32m，两头用非标准跨调整（图5.2.3）。

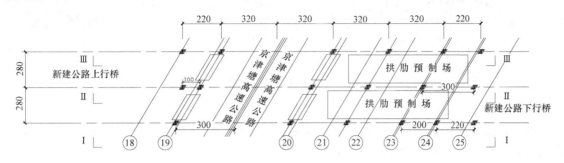

图5.2.3 龙门吊栈桥布置图

3. 龙门吊临时支墩设置

采用八三式军用墩，支墩下在压实的地基上浇筑1.0m厚混凝土基础，在混凝土基础上预埋钢筋，将钢筋与支墩垫梁焊接，以增强支墩的稳定性。

4. 栈桥梁设置

栈桥梁采用六四式加强型军用梁，双层双片，两片军用梁中—中间距1.5m，单侧168m长。军用梁顶面横铺[16槽钢，每30cm一根，槽钢与军用梁用U形螺栓连接。在槽钢顶面铺设60kg/m钢轨。

5. 龙门吊横梁设置

龙门吊横梁采用HD2000加强型贝雷梁，单层四片，四片贝雷梁之间用7.5cm方钢连接成整体，方钢每70cm一根。在顶面方钢上铺60kg/m钢轨，在钢轨上安装天车，每台天车上安装两台3t卷扬机，卷扬机钢丝绳走12。

5.2.4 试吊

龙门吊拼装好后，先在高速公路外试吊，按实际吊装拱肋时龙门吊的各种工况进行试吊，试吊时进行下列测试与演练：

1. 各工况情况下梁的挠度；

2. 走行设备同步调试；

3. 梁体侧向稳定观测；

4. 各工种协调配合演练。

5.2.5 拱肋临时支墩及支架

1. 四支点临时支撑

每片拱肋下设有四个临时支墩，用于临时支承拱肋。四个临时支墩分别位于：主桥承台上、高速公路坡角边、高速公路硬路肩上、高速公路中间分隔带上（图5.2.5-1）。

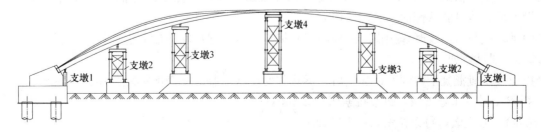

图5.2.5-1 拱肋临时支墩布置图

2. 拱肋临时支墩设置

临时支墩采用八三式军用墩，军用墩下采用 40～50cm 的混凝土基础。在混凝土基础上预埋钢筋，将预埋钢筋与军用墩垫梁焊接固定（图 5.2.5-2）。

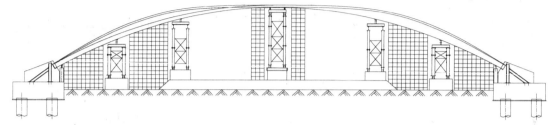

图 5.2.5-2 临时支架布置图

3. 预压

由于各临时支墩所处的地基情况不一样，为防止拱肋架上后，各临时支墩的沉降不一样，在架拱肋前在支墩顶用砂袋进行预压，预压的重量与架拱时支墩承受的重量一致。

4. 精确调整标高

预压完后如有沉降，重新调整支墩顶面的标高。在支墩顶面放样标出各拱肋的中心轴线，以备架设拱肋时参照。

5.2.6 拱肋吊装

1. 龙门吊拼装好，试吊无问题后，方可投入使用。

2. 在吊装每一片拱肋前，根据每片拱肋就位的位置在栈桥上划出横梁行走的限位标志，横梁行走到此位置后，用制动器限制横梁行走轮，然后拱肋就位。

3. 拱肋从预制场吊起后，水平行走，行走过程中吊起高度尽可能低，吊装到临时支墩上方后，两处吊点开始升降，使拱肋就位。

4. 由于拱肋底面是一个曲面，拱肋放在临时支墩上会下滑，为了解决这个问题，在预制拱肋时在临时支墩的位置在拱肋底面做了一个三角形的混凝土楔块，拱肋吊上去后，三角形的混凝土楔块是水平放置在支墩上的，将拱肋对支墩的水平推力转换为垂直力。

5. 为防止拱肋吊上去下滑，在拱肋拱脚的部位，在主桥承台上预埋型钢，当拱肋吊上去后，在拱脚部位用型钢顶住拱肋，防止下滑。

6. 架设高速公路北侧的拱肋时，拱肋需从高速公路南侧纵移过去，由于龙门吊高度的限制，拱肋需从高速公路临时支墩与龙门吊支墩的中间穿过去，然后横移就位。

7. 同一条拱肋南、北两个半片拱肋吊装完后，立即将拱顶的预埋钢筋焊接上，以防止拱肋下滑。

8. 拱肋吊装就位后，从侧面及底面将拱肋撑稳固后，龙门吊方可松钩。

9. 拱肋吊装就位后，以下部位加固好，由施工人员确认无问题，向现场总指挥报告后，龙门吊方可摘钩：1）拱脚处加固；2）拱肋横向稳定支撑；3）各支点处的加固。

5.2.7 临时锁定

由于拱肋的断面复杂，当单片拱肋架上去后，拱肋是一片裸拱，与周围没任何联系，拱肋可能发生横向倾覆，为了保证拱肋架上去后的稳定性，在架拱之前，在拱肋的侧面及底部搭设碗扣支架，当拱肋架设上后，将拱肋从侧面及底面撑稳固。

拱肋吊装就位后，及时焊接拱肋的横向联系横撑，以增强拱肋的横向稳定性。

5.2.8 拱肋落架

合拢段及拱靴混凝土达到设计强度后，拆除临时支墩，临时支墩的拆除顺序为（图 5.2.8）：

1. 拆除 1 号及 4 号支墩，每束拉索张拉 300kN；

2. 拆除 2 号支墩，每束拉索张拉 500kN；

3. 拆除 3 号支墩，每束拉索张拉 300kN。

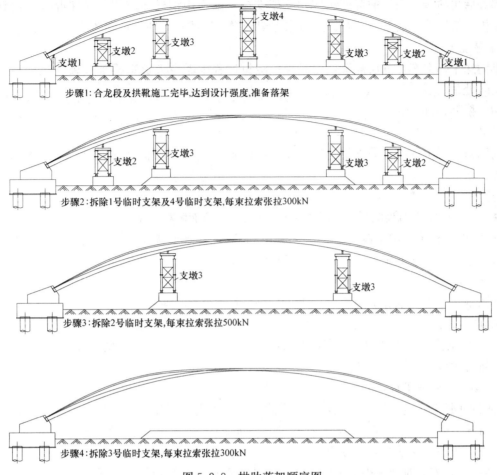

步骤1:合龙段及拱靴施工完毕,达到设计强度,准备落架

步骤2:拆除1号临时支架及4号临时支架,每束拉索张拉300kN

步骤3:拆除2号临时支架,每束拉索张拉500kN

步骤4:拆除3号临时支架,每束拉索张拉300kN

图5.2.8 拱肋落架顺序图

5.2.9 拱上立柱施工

1. 搭设施工作业平台

立柱与桥面板支架的作业平台统一考虑,拱上立柱施工完后,支架可以作为施工桥面板的支架,支架采用碗扣支架。在四片拱肋之间的空隙及拱肋外侧立脚手架,作为拱上立柱施工时的作业平台。跨高速公路部分立门式支架,支架进行全封闭防护,以防坠物落到高速公路上(图5.2.9)。

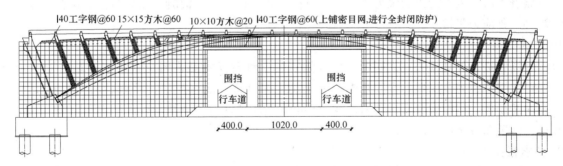

I40工字钢@60 15×15方木@60 10×10方木@20 I40工字钢@60(上铺密目网,进行全封闭防护)

围挡 行车道   围挡 行车道

400.0 1020.0 400.0

图5.2.9 拱上立柱、桥面板支架图

2. 绑扎钢筋

按设计长度将立柱的主筋接长,钢筋接长采用绑条双面焊,焊接长度5d。绑扎钢筋时控制好立柱的倾斜度,倾斜度用线垂检查。

3. 支立模板

将拱肋立柱处凿毛,支立模板。由于立柱是倾斜的,因此先立倾斜面一面的模板,其他三面的模板等钢筋绑好后再拼装。模板的背面用碗扣支架支撑，前面用钢丝绳拉住。立柱混凝土达到设计强度后，拆除模板。拆除模板后及时从背面用碗扣支架支撑，以防止立柱失稳倾覆。

4. 灌注混凝土

混凝土输送采用泵车，分层浇筑，在混凝土浇筑过程中派专人负责检查模板支架的稳定情况，有异常情况及时处理。

5.2.10 桥面板施工

1. 立支架

支架利用施工拱上立柱时的支架，将高度不够的地方接长。拱肋上方采用型钢过渡，高速公路上方采用门式支架。

2. 立模板

1）主桥 T 梁纵梁底面为圆形，半径 $R=815.642$m，顶面随桥面的竖曲线变化，梁端斜交 25°。

2）T 梁的纵、横梁采用木模板。T 梁的纵梁、横梁的外观形状复杂，为保证 T 梁的外观质量，模板拼装制做要精细，尺寸准确。模板的拼缝用海绵条塞严。

3. 加工及绑扎钢筋

按设计图纸及施工规范加工钢筋，各种型号的钢筋应分类堆整齐。

4. 绑扎波纹管

主桥 T 梁纵梁为预应力结构。钢束孔道采用预埋波纹管成孔，波纹管的长度为 8～10m，在现场用接头波纹管将各段波纹管连接起来。

1）根据预应力管道坐标，放出波纹管的位置控制点。

2）梁体钢筋骨架与定位网片绑扎好后，将波纹管穿入定位网片并确保其定位准确（定位网片沿桥向每 100cm 设置一道），管节连接平顺。拐点处要保证定位准确，形状圆滑，线形顺畅。波纹管与钢筋有冲突的地方，可适当移动钢筋的位置。

3）安装锚具，安装时使锚板的承压面与钢束轴线垂直。波纹管与锚垫板的连接处用胶带密封，以防止浇筑混凝土过程中砂浆进入波纹管内，排气孔与波纹管连接处用胶带密封。

5. 浇筑混凝土

为保证拱肋的对称受力，混凝土浇筑从两端向中间进行。混凝土浇筑采用混凝土输送泵，浇筑采用斜向分段，水平分层的方法浇筑，分层厚度不大于 30cm，先后两层混凝土的时间不得超过初凝时间，振捣采用插入式振捣器，振捣上一层混凝土时，应插入下一层混凝土 5～10cm，振捣时以混凝土表面不再显著下沉，表面泛出灰浆为止，不得过振，也不能漏振。混凝土振捣时注意保护波纹管。

5.2.11 预应力张拉

1. 拉索安装

拉索进场后进行外观检查，无问题方可开始安装。将卷扬机安装到拉索的固定端，先在无缝钢管内穿一根钢丝绳，作为牵引绳。在固定端锚杯上旋上带外螺纹的张拉杆，将张拉杆与卷扬机的牵引绳连接，开动卷扬机，将拉索穿入钢管内。在拉动的过程中要注意保护拉索外面的 PE 护套。将固定端的纠偏螺母、传感器及螺母安装到设计位置。

2. 拉索张拉

1）张拉前，千斤顶必须进行校验，以保证张拉力的准确性。

2）钢束编束和穿束

采用符合《预应力混凝土用钢绞线》GB/T 5224—1995 标准的高强低松弛钢绞线，标准强度为 1860MPa。

编束时，应保持每根钢绞线之间平行，不缠绕，每隔 1.0～1.5m 用 20 号软钢丝绑扎一道，在每束的两端 2.0m 范围内应保证绑扎间距不大于 50cm。

钢绞线伸出锚垫板长度，下料前核对图纸长度，确定无误后方可下料。

3）预应力钢绞线的张拉顺序

拆除 1 号、4 号临时支墩：每束拉索张拉 300kN。

拆除 2 号临时支墩：每束拉索张拉 500kN。

拆除 3 号临时支墩：每束拉索张拉 300kN。

4）张拉控制措施

张拉时应采取双控即以应力控制为主，伸长量作为校验，实际伸长值与理论伸长值相比较误差应保持在±6％以内，如发现伸长值异常应停止张拉，查明原因。张拉时应为对称张拉。

张拉时混凝土强度须达到设计强度的 90％，弹性模量达到 $3.55×10^5$ MPa。

张拉顺序为：$0→10\%\sigma_K→103\%\sigma_K→$持荷 5min→锚固。

5）孔道压浆

预应力钢束张拉完毕后，及时压浆，在预应力钢束顶点处设置通气孔，保证孔道压浆密实。

5.2.12 变形与变位的监测

1. 拉索拉力的测试

拉索拉力的测试方法为采用钢弦式锚索测力计（压力环）。试验过程中在每根拉索两端的锚环下各安装一个 3000kN 的钢弦式锚索测力计。通过测试钢弦式锚索测力计的频率变化，根据钢弦式锚索测力计的标定曲线，确定钢弦式锚索测力计所受的压力。

2. 混凝土应力的测试

采用先进的钢弦式混凝土应变计，测试混凝土的应变值，然后根据试验时混凝土的弹性模量值，计算出混凝土的应力值。

3. 承台变位的监测

随着施工工序的增加，在拱脚水平推力以及拱脚和边立柱的竖向荷载的作用下，承台可能会发生顺桥向的水平变位。为了监测承台的位移，在每个承台的侧面埋设百分表，并派专人负责每天观测。

4. 拱肋竖向变形的监测

随着施工工序的增加，拱肋不断受力而发生竖向变形。为了实施监测整个拱肋的竖向变形，从拱脚到拱顶设置 5 个测点，采用 BJSD-2B 激光隧道限界检测仪对各个测点的位置进行实时跟踪测试。

6. 材料与设备

本工法所用材料与设备见表 6。

拱肋吊装材料数量表　　　　　　　　　　　　　　　　　　　　表 6

序　号	名　称　规　格	单　位	数　量	备　注
	军用梁材料数量			
1	龙门吊机　　50t/台　一对套	台	2	跨度中-中 28m
2	军用梁标准三角	个	380	
3	2m 端构架	个	24	
4	端弦杆	个	16	
5	撑杆	个	8	
6	斜弦杆	个	8	
7	标准弦杆	个	40	
8	军用梁钢销	个	1612	备用 20 个
9	撑杆销栓	个	34	备用 2 个
10	连接系钢枕	根	680	
11	1 号 U 形螺栓	套	2720	连接钢枕与军用梁

军用梁材料数量

序　号	名　称　规　格	单　位	数　量	备　注
12	16号槽钢 2.7m/根（自制）	根	332	军用梁横向连接
13	2号U形螺栓	根	1328	军用梁横向连接
14	木轨枕（旧料）16cm×16cm×270cm	根	680	
15	旧钢轨　43kg/m	m	340	
16	鱼尾板 43kg/m	对·套	16	
17	道钉	个	2770	备用50个

龙门吊栈桥临时支墩材料数量

序　号	名　称　规　格	单　位	数　量	备　注
1	直径630mm钢管壁厚10mm	m	390	中间一排采用钢管立柱，边上一排采用军用墩
2	C1（3m立柱）	个	80	
3	C2（1.5m立柱）	个	24	
4	C3（1m立柱）	个	16	
5	C4（水平撑）	个	168	
6	C5（2m斜撑）	个	224	
7	C6（1.5m斜撑）	个	32	
8	C7（1m斜撑）	个	32	
9	C8（节点板）	个	336	
10	C12（4m垫梁）	个	48	
11	C18（间隔撑）	个	48	
12	40号工字钢	m	250	

中央隔离带支墩（军用墩）材料数量

序　号	名　称　规　格	单　位	数　量	备　注
1	直径630mm钢管壁厚10mm	m	390	中间一排采用钢管立柱，边上一排采用军用墩
2	C1（3m立柱）	个	304	此支墩为门吊与临时支墩共用
3	C2（1.5m立柱）	个	56	
4	C3（1m立柱）	个	108	
5	C4（水平撑）	个	804	
6	C5（2m斜撑）	个	884	
7	C6（1.5m斜撑）	个	64	
8	C7（1m斜撑）	个	104	
9	C8（节点板）	个	1608	
10	C12（4m垫梁）	个	192	
11	C13（6m垫梁）	个	76	
12	C15（垫梁缘拼接钣）	个	172	
13	C16（垫梁腹拼接钣）	个	172	
14	C18（间隔撑）	个	300	
15	40号工字钢（旧料）	m	250	

7. 质 量 控 制

7.1 各工序施工质量满足《公路桥涵施工技术规范》JTJ 041—2000 标准及设计要求。

7.2 严格控制拱肋预制施工质量，吊装就位要准确，各项偏差满足规范要求。

7.3 拱肋吊装过程中全程对栈桥进行监测，确保变形在允许范围内，每吊装一片拱肋后，派专人检查龙门吊的各个部件。

7.4 拱肋体系转换过程中加强施工监测，及时分析，掌握拱型结构的变形状态。

8. 安 全 措 施

8.1 在吊装前将对所有参与施工的人员进行安全教育，设专职人员指挥吊装。

8.2 吊装前，对钢轨、车轮、钢丝绳等构件进行严格的润滑和防护处理。

8.3 在拱圈就位时，不能先摘钩，必须等落梁稳固，加固好以后方可给信号摘钩。拱肋就位后，立即焊接横向支撑，临时锁定，及时施工合拢段，形成整体，确保裸拱的稳定。

8.4 设专职安全员对所跨公路进行交通疏导。

9. 环 保 措 施

9.1 施工期间噪声满足《建筑施工场界噪声限值》GB 12523—90 要求，对设备进行保养维修，降低设备本身的施工噪声，施工过程中各种设备轻拿轻放，避免噪声污染。

9.2 渣土、泥浆等及时苫盖或外运，避免污染施工现场及周边环境。

10. 效 益 分 析

在天津开发区西区中心庄路跨京津塘高速公路立交桥工程中，由于施工过程中各种措施得力，拱肋吊装施工的整个过程非常顺利，最多的一天吊装 5 片拱肋。拱肋吊装后，经复测，拱肋的位置准确，各项误差均在规范允许范围内，达到了理想的效果，取得了较好的经济效益与技术效益，节约成本 300 余万元，整体工期提前 2 个月，70m 双铰型上承式拱桥施工技术荣获集团公司科技进步一等奖、铁道部科技进步三等奖、天津市科技进步三等奖。

11. 应 用 实 例

天津经济技术开发区中心庄路跨京津塘高速桥主桥采用跨径为 70m 的双铰型上承式拱形结构，净跨径 62m，主桥上、下行桥各设计四组平行混凝土拱肋，矢高为 8.8m，拱肋断面是不断变化梁高和宽度的三边形壳体，立柱采用二十二面倾斜纤薄的混凝土立柱，桥面板采用变截面现浇 T 梁，于 2003 年 11 月 22 日开工，2004 年 10 月 15 日通车，工期紧、施工难度大。采用 70m 双铰型上承式拱桥施工工法施工，质量优良，无任何安全事故发生，节约成本 300 余万元，先后获得铁道部优质工程奖、天津市海河杯奖、天津市 2006 年度市政公路工程质量金奖。

TLJ900t 箱梁架设工法

YJGF248—2006

中铁三局集团有限公司线桥分公司

张宁南　陆宝川　高彦明　刘彪　许美英

1. 前　　言

TLJ900 型架桥机是客运专线及高速铁路需要大吨箱梁架设情况下，通过我国自主研发新型架桥机，具有结构简单、架梁速度快，安全、环保的特点。中铁三局集团在石太客运专线 Z9 标 108 孔双线简支箱梁的架设施工中，经对其架梁工艺的总结完善，形成本工法。

2. 工 法 特 点

2.1 架桥机在简支状态下沿导梁实施过孔作业。

2.2 箱梁起吊、装车、途中运输、喂梁架设及支座安装均实现"四点支承，三点受力"原理支承箱梁，使箱梁以原始平面状态就位。

2.3 解决了进口设备与国产设备的自动化搭载配套，实现了运梁、架梁流水作业。

2.4 重力注浆设备的研制，保证浆体配合比例，缩短凝固时间。

3. 适 用 范 围

用于重量在 900t 以下的 32m、24m、20m 双线混凝土简支箱梁的架设。

4. 工 艺 原 理

900t 箱梁架设是架桥机在简支状态下沿导梁实施过孔作业。整个装车、运输、架设及安装过程中，始终处于"四点支承，三点受力"的平衡状态。防止梁体发生扭曲变形而产生裂缝。

5. 施工工艺流程及操作要点

5.1　施工工艺流程

施工复测→箱梁验收→制梁场支座安装→制梁场箱梁装车→运梁车运输箱梁→喂梁→落梁→接顶调平→支座灌浆→安装防落梁挡块→架桥机过孔→架梁。

5.2　操作要点

5.2.1　施工复测控制要点

1. 线下临时水准点的复测。

2. 支承垫石标高的复测。

3. 墩台中心线复测。

4. 跨度的复测。

5. 支座十字线的复测。

6. 梁端线的复核。

7. 预留锚栓孔位置、大小、深度的复测。

5.2.2 箱梁验收

对箱梁进行验收时，制梁场提供出厂合格证明及终张拉和压浆记录等资料后，双方技术及双方监理共同对表《梁场验收箱梁质量检查表》中项目进行严格逐项检查。全部合格后，签字确认，箱梁方可出场架设。

5.2.3 制梁场支座安装

箱梁外形尺寸和外观质量检查合格后，进行支座安装作业。根据待架箱梁在石太线上所处的桥孔（桥图）确定所需支座的类型，将待架箱梁及其支座复核无误后，安装支座。

支座安装完毕后，要用塞尺检查支座上底板与梁底预埋钢板的密贴程度。

5.2.4 箱梁装车

1. 安装吊具

在待装箱梁的支座安装完毕并检查合格，将提梁机的吊杆对准吊梁孔下落，在吊杆底部接近梁顶面时缓慢下降，并人工牵引吊杆落吊梁孔中。然后安装垫板及螺母，保证垫板与梁顶板底的密贴。

2. 装梁

单点提梁机天车先将梁体一端提升一定（约10cm）高度后停止，然后两台提梁机天车同步提升，使梁底高于运梁车约0.5m，慢速横移箱梁至运梁车正上方，精确对位后两提梁机同步落梁到运梁车（双点提梁机端梁底先接触运梁车支点）。

3. 解除吊具

解除吊杆上的螺母及垫板放好，以便下次吊梁方便使用，然后缓慢提升吊杆脱离吊梁孔。至此装梁完毕。

5.2.5 箱梁运输

运梁车行走过程中，应有专人对运梁车进行随行监护，操作人员应高度集中精力，保证箱梁运输安全。

5.2.6 喂梁及落梁

1. 喂梁

（1）运梁车驮运混凝土箱梁到架桥机后部，距后支腿10m时司机室转向，距后支腿台车后端面300mm停止。

（2）前吊梁行车前移对位，第一吊吊具中心与后支腿中心距为3.45m。将吊杆穿入吊装孔，安装垫板及螺母。

（3）将箱梁前端提起适当高度后，前吊梁行车与运梁车驮梁小车同步前移。当运梁车驮梁小车前移接近极限位置时，架桥机操作台取消运梁车同步信号，后吊梁行车前移对位，将吊杆穿入吊梁孔，上好垫板及螺母，吊起箱梁后端；解除架桥机与运梁车的连接线。

（4）前后吊梁行车同步前移箱梁，当箱梁后端与前一孔梁体间距约为10cm时，开始落梁。

2. 落梁

（1）精确对位。调整梁缝、对好中支承垫石十字线与支座中心线，确保各项偏差均在规范允许范围之内。

（2）箱梁后端千斤顶顶升，当压力表有压力后停止起顶，架桥机后吊梁台车落钩到钢丝绳不受力为止。

（3）重复上述起顶步骤，箱梁前端千斤顶顶升接梁。

（4）调整箱梁前、后端千斤顶，使箱梁高程及水平满足验标要求。且使支座下底板距垫石顶面约2.0cm满足灌浆要求。

（5）拆除架桥机吊具，架桥机收起前后吊具。

5.2.7 支座灌浆

1. 架梁前凿毛支座安装部位的支承垫石表面，清除留在地脚螺栓孔中的杂物。

2. 箱梁就位后，浸湿支承垫石表面并安装支座灌浆模板，准备灌浆。

3. 支座灌浆、拆除模板。

4. 撤除千斤顶、安装支座钢围板。

5.2.8 防落梁挡块的安装

支座锚固完成后，要进行防落梁挡块的安装，防落梁挡块安装时，要选择合适型号的防落梁挡块，安装后要求防落梁挡板上缘与箱梁底部预埋钢板密贴。

5.2.9 架桥机过孔

架桥机过孔分为两个步骤：架桥机过孔和下导梁过孔。

1. 架桥机过孔

（1）顶起后支腿顶升油缸，使其承重。拆除走行轮箱下的支承垫块。

（2）后支腿顶升油缸回缩，使后支腿走行轮压在走行轨道上并承重。

（3）顶升辅支腿油缸使辅支腿走行轮压在下导梁走行轨道上，并使前支腿提离墩台15cm，然后利用销子将辅支腿锁定稳固。

（4）辅助支腿下部与主机电机同步运行，架桥机开始过孔。

2. 下导梁纵移过孔

（1）调节辅支腿油缸使吊挂轮提起下导梁。

（2）前吊梁行车前移吊起下导梁后端。

（3）辅助支腿吊挂轮吊起下导梁，使下导梁前端脱离墩台面20cm；提起下导梁后前移。

（4）当下导梁前移至能够挂第一吊装点时停止；下导梁天车对位挂钩，前吊梁行车、辅支腿、下导梁天车三者同步运行使下导梁前移。

（5）下导梁天车运行到能够挂第三吊装点时停止，下导梁天车摘钩，后移至第三吊装点重新挂钩。

（6）下导梁天车运行到能够挂第四吊装点时停止，此时下导梁前端处于前桥墩上方。

（7）起升下导梁天车使下导梁前支腿离开桥墩顶面，下导梁天车与辅支腿配合，前移下导梁到位。调整位置后，下导梁天车落钩，辅助支腿油缸顶出，使下导梁落到桥墩上，辅助支腿不受力。

5.2.10 首末孔架设的过孔方法

1. 最后两孔过孔方法

（1）主机正常过孔到倒数第二孔位置后，下导梁先正常过孔，当下导梁前端到达桥头路基上以及下导梁前支腿到达桥台时，下导梁天车落钩，将下导梁支于桥墩上，拆除下导梁前支腿与下导梁的连接螺栓，使下导梁前支腿支于最后一个桥墩上，做好保护措施，然后下导梁天车起钩，下导梁正常纵移过孔到位，下到梁天车落钩使下导梁前端落于事先准备好的枕木上，且用木板将下导梁前后垫平。

（2）架设完倒数第二孔桥后，桥机主机正常过孔，当桥机前支腿到达桥台时，利用辅助支腿油缸将桥机前支腿支立于桥墩上，拆除前支腿底座及前支腿加长节与前支腿立柱的连接螺栓，同时将前支腿加长节上的钢丝绳挂于固定在前支腿上的电动导链上，顶升辅助支腿油缸使前支腿底座与前支腿脱离，利用电动导链折叠前支腿，当折叠后的前支腿位于桥台平面以上时，主机正常过孔到位，利用吊车将前支腿底座吊到桥台上，人工对位后将底座与前支腿立柱连接，操纵辅助支腿油缸，将桥机前支腿支于桥台上，主机过孔完毕。下导梁先正常过孔，当下导梁后支腿的斜支撑与前支腿接触后，利用辅助起升设备将后支腿斜支撑拆下，下导梁继续纵移至后支腿位于桥墩上方时，利用辅支腿油缸将下导梁后支腿支于桥墩上，拆除下导梁后支腿与下导梁的连接螺栓，使下导梁后支腿支于桥墩上，做好保护措施，然后操作辅助支腿油缸提起下导梁，正常纵移过孔到位，下导梁两端均落于事先准备好的枕木上，且用木板将下导梁前后垫平。

2. 架第一孔桥时的过孔方法

（1）桥机处在接近桥头位置，桥机前支腿处于被电动导链拉起折叠状态，下导梁前端位于桥台上，下导梁前后支腿按前后顺序支于第一个桥墩上且中心与桥台中心线重合，下导梁正常过孔，纵移到下导梁前支腿安装处时，利用辅助支腿油缸起升或者下落。使下导梁位于前支腿正上方，穿上连接螺栓并拧紧，下导梁前支腿安装完毕（如果架设下坡梁时，在安装前支腿时必须加上高为200mm或400mm的垫墩）。

（2）下导梁前支腿安装好后立于桥墩上并承重，下导梁后端支立于枕木上，此时桥机主机正常过孔，当前支腿到达桥台边缘时，利用辅助支腿油缸使桥机前支腿支于桥台上，拆下前支腿底座，顶升辅助支腿油缸使前支腿离开地面，利用吊车或者电动导链将桥机前支腿底座放于第一个桥墩的垫梁石上，且使底座中心与垫梁石中心基本重合（误差在1cm以内）后，主机正常过孔，当前支腿位于垫梁石正上方时，放下折叠节，然后调整辅支腿油缸安装好前支腿，调节好前支腿位置及垂直度并使其承重。

（3）桥机前支腿支好后，下导梁继续正常过孔到位后，利用辅支腿油缸和辅助起重设备安装好下导梁后支腿斜支撑及下导梁后支腿（后支腿安装方法与前支腿相同）。安装好后将下导梁落到位，正常过孔到位后即可架设第一孔桥。

5.2.11 变跨方法

1. 32m跨变24m跨

（1）架设倒数第二孔32m梁完毕后，架桥机正常过孔。将下导梁前支腿后移8m，下导梁正常过孔至24m桥跨。

（2）最后一孔32m梁架设完毕后，架桥机前移8m，将架桥机前支腿后移8m固定，再将架桥机辅支腿后移8m固定，架桥机过孔到24m桥跨。

（3）下导梁过孔。

2. 24m跨变32m跨

24m跨变32m跨是32m跨变24m跨的逆过程。

5.3 劳动力组织表（表5.3）

劳动力组织   表5.3

岗位	人数	职 责	岗位	人数	职 责
提运梁	11	提梁、运梁	综合维修	3	架桥机、提梁机、运梁车维修
箱梁架设	20	喂梁、架梁、	支座安装	12	砂浆搅拌、支座安装

6. 材料与设备

本工法无需特别说明的材料，采用的主要机具设备见表6。

主要机具设备   表6

序号	名 称	规 格	单 位	数 量	用 途
1	架桥机	TLJ900	台	1	架梁
2	运梁车	KSC900	台	1	运梁
3	提梁机	MGt450	台	1	梁场箱梁装车
4	搅拌用具		套	1	搅拌混凝土砂浆
5	支座灌浆用具		套	1	支座灌浆
6	支座安装工具		套	1	支座升降与安装

7. 质 量 控 制

7.1 工程质量控制标准

7.1.1 《客运专线铁路桥涵工程施工技术指南》。

7.1.2 《客运专线铁路桥涵工程施工质量验收暂行标准》。

7.1.3 《客运专线桥梁盆式橡胶支座暂行技术条件》。

7.1.4 《客运专线铁路测量暂行规定》等规定。

7.2 质量保证措施

7.2.1 箱梁、支座均要求有出厂合格证。正确安装支座位置，调整活动支座的预偏量。

7.2.2 架梁前对墩、台支承的标高、支座预留孔等进行复测，不符合标准要求的进行处理，直到达标。

7.2.3 箱梁在装运过程中支点应位于同一平面，同一端支点相对高差不得超过 2mm。

7.2.4 预制梁架设完成后保证每个支座反力与四个支座反力的平均值相差小于 5%。

7.2.5 预制箱梁架设后的相邻梁跨梁端桥面之间、梁端桥面与相邻桥台胸墙顶面之间的相对高差不得大于 10mm；预制箱梁桥面高程不得高于设计高程也不得低于设计高程 20mm。

7.2.6 模板边缘与支座下底板边缘所夹的注浆层宽度不得小于 30mm，也不得大于 50mm。

7.2.7 预制箱梁支承垫石顶面与支座底面间的压浆厚度不得小于 20mm，也不得大于 30mm。

8. 安 全 措 施

8.1 架桥机的作业人员必须经过培训合格后上岗。

8.2 架桥机工地拼装后，必须经检查及试吊合格，办理特种设备安装准许证后才能进行架梁作业。

8.3 电气系统应有可靠的接地装置及防漏电保护装置。

8.4 运梁台车运梁中必须有专人瞭望观察。

8.5 运梁台车出入架桥机时，必须以低速行驶，禁止刹车。

8.6 运输线路上严禁堆放其他杂物。

8.7 前后吊梁行车同步落梁，落梁速度不应超过二档。

8.8 以不大于 0.5m/min 的速度落梁；在接近预定位置时要换为低速档位。

8.9 在横向，使梁纵向中心线与运梁车中心线重合，误差控制在 ±10mm 之内。

8.10 变跨组装作业完成后，进入架梁作业前应先拆除作业平台。

9. 环 保 措 施

9.1 在布置施工驻地、临时道路、水电管线、施工场地等临时工程时，保证原有交通的正常运行和维持沿线村民饮水、灌溉、生产、生活用电及通信管线的正常使用。

9.2 在施工过程中，确保机械的油、水不得有跑、冒、滴、漏的现象发生。确需换油时，溢出油液须用容器回收，不得随意抛洒。

9.3 砂浆材料包装袋及砂浆残渣，必须回收集中保存。

10. 效 益 分 析

10.1 经济效益分析（包括节能）

1. 采用本工法合理的流水作业，工序之间相互衔接紧密，提高了工效近 10%。从而降低了施工成本。

2. 该工法充分利用了进口设备与国产设备的自动化搭载配套，节约能源，减少了进口设备的数量。节约费用 500 万元。

3. 通过本工法对石太线 Z9 段 475 孔 900t 箱梁架设，取得了 2375 万元直接的经济效益。

10.2 社会效益（包括环保）

1. 采用该工法，架设 900t 箱梁全部满足《制梁技术条件》中防止箱梁扭曲的要求，确保了现场施工的顺利进行。

2. 采用本工法架设 900t 箱梁后，不但没有对当地环境造成任何不良影响，而且带动了地方的经济。

11. 工 程 实 例

本工法应用于石太线、郑西客运专线已架设 100 多孔 32m 双线简支箱梁。实践证明，架桥机架设简支箱梁的施工技术必将在今后高速及客运专线铁路建设中得到广泛的应用。用本工法架设 900t 箱梁安全可靠，进度快，值得推广。

千斤顶斜拉扣挂连续浇筑拱肋混凝土施工工法

YJGF249—2006

广西壮族自治区公路桥梁工程总公司

冯智　韩玉　陈光辉　李玉彬　秦大燕

1. 前　　言

SRC（劲性钢骨架钢筋混凝土）拱桥采用先架设劲性钢骨架，然后以该骨架为支架浇筑拱肋混凝土（因将骨架自身也包裹在内，故通常还称其为外包混凝土）的施工方法。拱肋混凝土的连续浇筑过程中，整个拱肋的应力和变形会发生很大的变化，如不采取必要的调载措施来控制，会使拱肋线形发生不可逆转的变化，从而使拱肋受力性能和结构安全性受到非常不利的影响，严重的甚至会导致拱肋在施工过程中直接失稳。常用的调载方法有：地锚加载法（如丹东沙河桥），水箱加载法（如宜宾桥），多点均衡浇筑法（如本桥最初方案）。前两种方法相当于在拱上施加额外的荷载，对稳定不利，第三种方法则是多点作业，需要设备多，施工难度大。"千斤顶斜拉扣挂连续浇筑拱肋混凝土施工工法"，即在劲性骨架架设完成后，在其上实现分环从拱脚至拱顶对称连续浇筑拱肋混凝土的施工方法，是由过去大跨度拱桥拱肋混凝土浇筑时调载方法——"加载法"拓宽思路而提出的"减载"新概念新设想。该工法关键技术是在跨径312m的邕宁邕江大桥的施工中开发的，经交通部鉴定具有国际领先水平，曾获国家科技进步二等奖。该工法还被推广应用到大跨径钢管混凝土拱桥的管内混凝土灌注施工中。

2. 工 法 特 点

2.1 斜拉扣挂连续浇筑调载方法是"减载"，不是对拱肋额外增加荷载，从这个概念上来说，最具先进性。

2.2 受力明确，计算简单，操作容易，效果突出。

2.3 施工快速，与多工作面均衡浇筑法相比，施工速度大大加快。

2.4 混凝土施工缝少，且浇筑过程中拱肋各断面标高始终都是下降、反复变化小，大大提高成桥后的整体受力性能。

2.5 可充分利用劲性骨架吊装施工时的斜拉扣挂系统，投入小，节能环保。

2.6 采用斜拉扣挂体系，可以根据需要灵活调整拱肋浇筑顺序，如：可先浇筑完成拱肋横撑位置混凝土，以提前加设横撑，达到提高拱肋整体稳定性的目的等。

3. 适 用 范 围

适用于大跨度SRC拱桥拱肋混凝土及大跨径钢管混凝土拱桥管内混凝土浇筑。

4. 工 艺 原 理

在劲性骨架若干适当位置利用千斤顶、钢绞线扣索，施加一个随混凝土浇筑过程而变化的，斜向拱轴线上方的拉力，用以调整劲性骨架在对称连续浇筑外包混凝土过程中产生的应力和变形，使其应力和变形控制在规定的目标内，实现连续浇筑拱肋混凝土的目的。在应力和变形两者间，以应力控制为主，变形控制为辅，力求做到在连续浇筑混凝土过程中没有反复变形或者反复次数最少。

5. 工艺流程及操作要点

5.1 工艺流程

工艺流程见图 5.1。

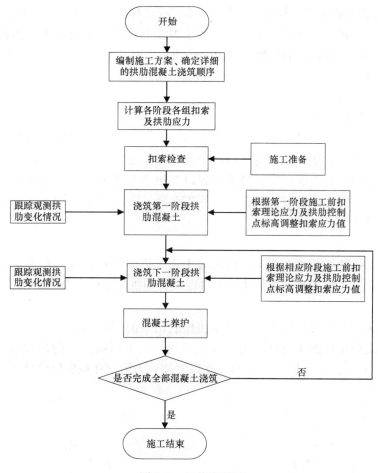

图 5.1 工艺流程图

5.2 工法操作要点

5.2.1 斜拉扣索的设置

1. 设置依据

根据拱肋混凝土施工各阶段工况对拱肋劲性骨架及扣索进行受力分析。通常情况下，斜拉索的抗拉刚度小于拱劲性骨架的抗推刚度的 0.87%，斜拉索的索力在拱劲性骨架上浇筑外包拱肋混凝土的过程中变化值小于 5%，为了简化计算，假设在拱骨架浇筑混凝土过程中，斜拉索索力不自动改变。

2. 斜拉扣索的组数、位置、索力值确定程序

1）画出在分环对称连续浇筑混凝土时拱脚、$L/8$、$L/4$、$3L/8$、拱顶及截面尺寸突变处的控制应力过程线。

2）从应力过程线中找出应力严重超标的截面，首先选择一组对该截面应力影响较大的斜拉索，其位置通常靠近拱脚，计算这组对称斜拉索索力为 1 时，对上述截面应力的影响，然后通过试算来确定这组斜拉索的索力及变化，将其对上述控制截面应力产生的影响与控制截面应力过程线叠加，如能使应力全部控制在预定值内，斜拉索位置、索力的选择就完成了。如果不能满足，再设第二组索，重复

上面第一组斜拉索的计算，只是第二组斜拉索产生的影响与叠加了第一组斜拉索影响的应力过程线叠加，如不满足再设第三组斜拉索。

3）经计算满足了应力要求后，再计算混凝土连续浇筑过程中挠度变化，是否超标，是否反复次数多。如是，则增加斜拉索再进行计算。

4）斜拉索的位置最好与劲性骨架悬拼时相同，最大拉力最好在原扣索的能力内，如能这样，只是把劲性骨架悬拼时的扣索再用一次，无需增添任何设备、最为经济。如不能满足，需要增加前锚固设施，当然设施费用也不高。

5）斜拉扣索的组数及索力的选择是主要针对连续浇筑混凝土过程中应力超标大的截面，使其应力降到目标范围内，但斜拉索施力后又会使原来一些应力小的截面，应力增大，因此防止这些截面应力增大到超标，同样是选择斜拉扣索的组数和索力时必须考虑的。

5.2.2 斜拉扣索系统

1. 前扣点设置要求及设计

1）考虑拱肋分段及吊装需要

斜拉扣索不但在浇筑混凝土时起作用，在之前的钢骨架吊装阶段也要作为扣挂体系来实现骨架的安装，为了方便施工，安装骨架阶段和浇筑混凝土阶段的扣点位置和扣索钢绞线根数最好一致，以便二次利用。因此，在设计拱肋大段长度、接头位置以及拱肋吊装阶段扣索布置时，就应考虑拱肋混凝土浇筑时调载的需要。当然，如受施工限制（如吊装重量、段数过多等）则扣点位置可作相应的调整，在混凝土浇筑前另行设置。

2）受力要求

扣点的设置需考虑拱肋各截面在整个拱肋混凝土浇筑期间的具体受力情况。合理地设置扣点位置可减少扣索调整次数，减少施工难度、加快施工进度及有利拱肋结构安全。

3）扣点结构

扣点结构即扣索和拱肋连接的结构，可以沿用拱肋吊装时所用的扣点，只需注意将扣索与将来施工的拱肋外包混凝土之间留够施工空间即可。扣点结构一般采用扁担梁的结构形式，由支撑腿、承力横梁和锚垫板组成（图5.2.2-1～图5.2.2-3）。支撑腿和承力横梁在拱肋钢骨架制作时即安装在钢骨架

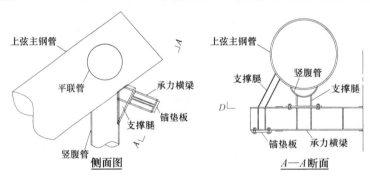

图 5.2.2-1 扣点结构

图 5.2.2-2 吊装劲性骨架时的扣点

图 5.2.2-3 浇筑外包混凝土完成后的扣点

上，锚垫板在钢骨架节段安装前先穿入钢绞线，然后将钢绞线穿入端采用P锚固定，待钢骨架节段就位后带有锚垫板的钢绞线扣索从侧面卡入支撑横梁，螺栓定位后，张拉钢绞线即形成斜拉扣挂作用，见图5.2.2-4。

2. 扣索选择

扣索一般采用拱肋吊装所用低松弛钢绞线。每组扣索根据扣索最大张拉力配置一定数量的钢绞线，并且保证扣索安全系数>2.0。

3. 扣塔架

扣塔架可采用独立或与缆索吊装系统主塔架共体的形式，组拼材料一般采用万能杆件、型钢和钢管材料等。邕宁邕江大桥扣塔架为单独设置，用万能杆件组拼成塔身，塔底设三角铰。在扣塔设置扣索鞍使扣索转向，扣索鞍的横向位置一般与扣索扣点平行，而标高位置则根据受力计算的需要布置。

4. 扣索地锚

扣索地锚可根据地质条件采用重力式或桩式地锚（图5.2.2-5、图5.2.2-6）。扣索地锚后部为扣索锚固和张拉位置。

图5.2.2-4　锚垫板

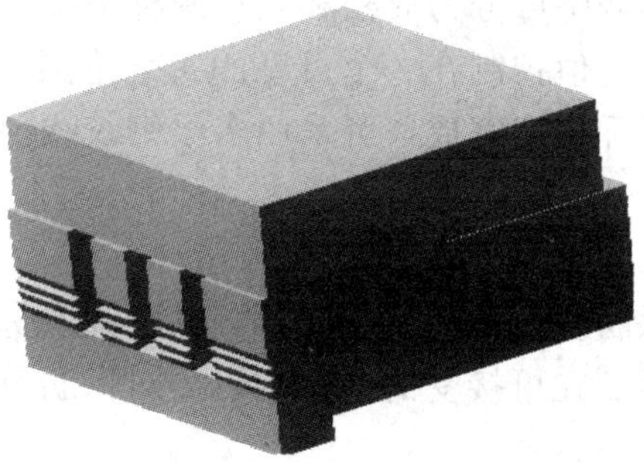

图5.2.2-5　重力式扣索地锚

图5.2.2-6　桩式扣索地锚

5.2.3　混凝土施工

1. 混凝土浇筑顺序

SRC拱桥拱肋外包混凝土的浇筑直接关系到整个劲性骨架的受力安全及成桥线形和成桥受力性能，所以其浇筑顺序确定非常关键，必须结合计算和施工条件及能力进行确定。对外包钢筋混凝土需将混凝土断面进行划分，确定每个阶段浇筑的混凝土在断面上的高度、范围以及纵向长度，预先做好浇筑及斜拉扣索调整方案，明确每次浇筑的时间、部位、数量以及扣索力大小、扣索力调索程序。为确定最佳的浇筑顺序，应计算每一个浇筑阶段拱肋各控制断面以及扣索的应力变化情况，综合选择最佳的浇筑程序。

由于劲性骨架外包混凝土数量大，一般采用同一个拱肋分环，每环两岸对称连续完成，而两肋之间交替进行各环混凝土浇筑，保持进度相差一环的顺序进行外包混凝土的浇筑。见图5.2.3。

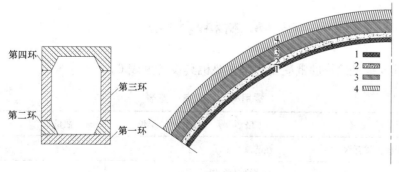

图5.2.3　拱肋钢骨架外包混凝土浇筑顺序图

2. 混凝土浇筑

拱肋混凝土浇筑前先将钢筋绑扎完成，然后将钢模板固定在钢骨架外围底部和两侧。混凝土用输送泵泵送至浇筑位置，从模板上口倒灌入模板内，然后用振动棒，必要时配合附着式振捣器，振捣密实。

特别需要注意的是，由于外包混凝土随着拱肋高度进行分环浇筑，新施工混凝土高度不断升高，先后施工混凝土高度差越来越大，先施工混凝土内受到压力也逐渐增大，如果不处理，先施工的未初凝的混凝土将鼓出模外。故外包混凝土每环施工过程中除底模、侧模要固定之外，必须在混凝土浇筑完成后马上做好压模措施，采用组合模板绑在劲性骨架上等措施将浇筑振捣好的混凝土表面压住，使之不在后浇混凝土压力下鼓出模板外。另外要控制混凝土坍落度和浇筑速度，以尽可能减小混凝土浇筑时产生的压力。

5.2.4 扣索力调整

扣索力的调整一般分为浇筑前、浇筑中和浇筑后三个阶段。虽在制定整个拱肋混凝土浇筑程序时已对各浇筑阶段拱肋及扣索力进行了计算和分析，但在每个阶段的混凝土浇筑前还应重新对本阶段受力情况重新进行复核计算，并结合实际监测值进行调整，然后根据需要在混凝土浇筑前、浇筑中或浇筑后对扣索力进行调整。扣索力的调整可分为放松和张拉两种情况。具体根据拱肋截面应力的变化情况确定，目标是确保拱肋各截面应力值控制在一个可靠的安全范围内。无论扣索是放松还是张拉，扣索力的调整均在扣索地锚后依靠千斤顶来完成，可采用多根钢绞线同时张拉或单根钢绞线逐根张拉两种方式进行。

5.2.5 拱肋变形及应力监测

在拱肋混凝土浇筑过程中，拱肋应力不断发生变化，其轴线及标高也是一个动态的变化过程，为能确保实际施工与理论计算偏差控制在可接受的范围内，需对拱肋及扣索在混凝土浇筑过程中进行变形和应力的跟踪监测。

拱肋的变形主要体现在轴线和标高的变化上，一般采用在拱肋上设置足够多的观测点，用精密水准仪、经纬仪及全站仪进行观测的方法取得其变化的数据。拱肋应力包括劲性骨架应力和已浇筑混凝土应力，均可采用预设钢弦式应变计等进行观测。扣索应力的变化则可采用千斤顶在张拉端实测的方法测得。

5.2.6 拱肋浇筑顺序的局部调整

如果拱肋在严格按照分环浇筑时的整体稳定性较差，稳定安全系数较小，可以打破分环连续浇筑次序，先施工完成永久横撑位置的混凝土拱箱，提前安设横撑以提高整体稳定性，这也是千斤顶斜拉扣挂法的优点。

5.2.7 在特大跨径钢管混凝土拱桥管内填芯混凝土灌注中的应用

特大跨径钢管混凝土拱桥管内填芯混凝土从拱脚到拱顶对称连续灌注施工过程中，其拱肋部分位置的标高有先上挠后下挠的现象，产生不可恢复的变形，不符合我们的预期，如采用斜拉扣挂调索技术，一般加1组扣索就可以保证管内混凝土灌注过程中标高不发生反复变化，效果非常明显。

6. 材料与设备

千斤顶斜拉扣挂连续浇筑拱肋混凝土施工主要机具设备见表6。

需用材料、设备一览表 表6

序号	机具设备	规格型号	单位	数量	备注
1	混凝土输送泵	性能满足要求	台	4	其中备用2台
2	混凝土拌合站	性能满足要求	套	4	其中备用2套

序号	机具设备	规格型号	单位	数量	备注
3	泵管、变径管、弯管、管扣	与输送泵配套	若干		满足现场布置要求
4	变电站	功率满足要求	套	2	
5	发电机	满足使用要求	台	2	备用
6	电焊机	直流焊机	台	若干	性能满足使用要求
7	氧气切割机		套	若干	
8	插入式振动棒、附着式振动器		台	若干	
9	止回阀		个	若干	满足周转使用要求
10	高压水泵		台	若干	清洗、养护使用
11	钢绞线	ϕ15.24	t	若干	根据实际需要确定
12	千斤顶	YC25	套	8	扣索张拉
13	钢模板		块	若干	钢筋混凝土施工

7. 质 量 控 制

7.1 严格贯彻执行《ISO 9000 质量管理体系》，遵照《公路桥涵施工技术规范》JTJ 041—2004、《公路工程质量检验评定标准》JTG F80/1—2004 的有关规定。

7.2 整个浇筑过程拱肋及扣索的应力分析是保证施工质量的关键，必须深入、仔细研究，不但要满足相关标准和规范的要求，还要结合施工实际和以往的施工经验，尽量优化施工程序。

7.3 在施工前，做好详细的施工技术交底，施工时严格按照制定的施工方案进行，严格地按照各施工流程的操作要点进行。

7.4 在混凝土浇筑施工前，必须做好设备的检修和调试工作，保证在浇筑过程中设备不出现故障，并且要设置足够数量的备用设备。

7.5 成立专门的质量管理小组，实行质量负责制度。

8. 安 全 措 施

8.1 严格贯彻执行"三标一体化"管理体系，遵照《公路工程施工安全技术规程》JTJ 076—95、《混凝土泵送施工技术规程》（建规［1995］96 号）、《施工现场临时用电安全技术规范》JGJ 46—2005 等有关规定。

8.2 在施工前做好安全技术交底工作，成立安全管理领导小组，实行安全生产责任制度。

8.3 编制专项安全保证措施方案和生产安全事故紧急预案。

8.4 拱上布置的混凝土输送泵管通道、人行通道和工作平台要安全、牢固，并要挂设安全网。

8.5 施工中，各个工作面要保持通信通畅，统一协调指挥。

8.6 加强施工控制，保证拱肋承载骨架的安全。

9. 环 保 措 施

9.1 严格贯彻执行"三标一体化"管理体系，遵照《建设工程施工现场管理规定》有关规定。

9.2 制定施工期间环境保护措施，做到统筹规划、合理布置、综合治理、化害为利。

9.3 生产生活垃圾、废水集中处理。

9.4 采取有力措施防止施工中的燃料、油、混凝土、污水、废料和垃圾等有害物质对植被、河流的污染，防治噪声对环境的污染。

10. 效 益 分 析

10.1 技术效益

采用千斤顶斜拉扣挂连续浇筑拱肋混凝土施工工法，成功地解决了大跨径钢骨架钢筋混凝土拱桥拱肋混凝土连续浇筑施工的技术难题，确保了施工安全，提高了工效，降低了费用，增加了效益，且此工法还可以应用到大跨径钢管混凝土拱桥管内混凝土的灌注施工中，提高钢管混凝土拱桥的施工质量。

10.2 经济效益

该工法施工方便，大大缩短工期，节约人工，可有效降低工程造价，具有显著的经济效益，仅在广西邕宁邕江大桥的施工中应用就节约工期 5 个月，节省费用 298 万元。在钢管混凝土拱桥中应用也取得了较好的效益。

10.3 社会效益

该工法不但解决了 SRC 拱桥劲性骨架外包混凝土施工周期长、加载点多面广、工艺复杂的难题，而且解决了大跨度钢管混凝土拱桥拱肋钢管内填芯混凝土加载时标高反复变化的难题，有力地促进了这两种桥型向更大跨度发展。

11. 应 用 实 例

11.1 广西邕宁邕江大桥

广西邕宁邕江大桥为主跨 312m 的中承式钢管混凝土劲性骨架钢筋混凝土拱桥，全长 460m，桥面宽 16.5m，设计荷载：汽—超 20，挂—120。由武警交通指挥部工程设计所设计，广西公路桥梁工程总公司第二工程处施工，建设工期：1993 年 1 月～1996 年 9 月。该桥拱肋骨架外包混凝土采用千斤顶斜拉扣挂连续浇筑拱肋混凝土施工工法，半跨采用了 3 组扣索，最大索力分别为 400、1100、1150kN。外包钢筋混凝土在断面上分 4 层，沿拱轴线方向则根据拱肋安全和现场需要，共分 10 次完成混凝土浇筑（浇筑顺序见图 11.1），其中底板混凝土的浇筑只用了 40h，如用多工作面均衡浇筑法最少需 30d，可见效果之好。该桥施工设计技术研究荣获 1998 年度国家科技进步奖二等奖，交通部优质工程二等奖。

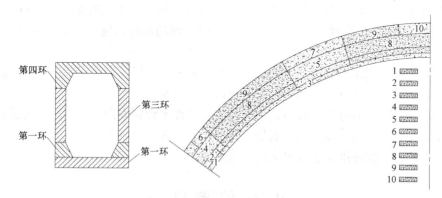

图 11.1 邕宁邕江大桥外包混凝土浇筑顺序

11.2 广西三岸邕江大桥

广西三岸邕江大桥为主跨 270m 中承式钢管桁架混凝土架拱桥，全长 352m，桥宽 32.8m，6 个车道，设计荷载：汽—超 20，挂—120，为当时世界最大跨径的中承式钢管混凝土拱桥，由广西交通规划勘察设计研究院设计、广西公路桥梁工程总公司第二工程处施工，建设工期：1996 年 1 月～1998 年 12

月，该工程在拱肋钢管混凝土的施工中应用了本工法，半跨采用了1组扣索调载，取得了良好的效果。

11.3 广西六景郁江大桥

广西六景郁江大桥位于柳州至南宁高速公路上，全长480m，主跨220m为中承式钢管混凝土桁架拱桥，桥宽25.1m，4个车道。设计荷载：汽—超20，挂—120。建设工期：1997年10月～1999年10月。由广西交通规划勘察设计研究院设计，广西公路桥梁工程总公司第二工程处施工。该工程在拱肋钢管混凝土的施工中应用了本工法，半跨采用了1组扣索调载，取得了良好的效果。

大跨度提篮拱桥拱肋单吊单扣安装工法

YJGF250—2006

广西壮族自治区公路桥梁工程总公司

冯智　韩玉　陈光辉　何华　李彩霞

1. 前　言

提篮拱具有以下特色：（1）具有比常见的上承式拱大得多的面外稳定性；（2）放松了对拱桥的宽跨比的要求；（3）具有良好的施工稳定性及抗震性能。因此，提篮拱桥正越来越多地得到应用。

由于提篮拱桥的拱肋向内有一定角度的倾斜，因此为保证安装时单边拱肋稳定，以往常常采用双吊双扣法施工，即首先在起吊场地上将对称于桥轴线的两段拱肋通过横联拼接成一个整体，然后再用两组索道吊点同时起吊安装。但为保证拱肋钢管空中顺利对接，此法需要将拱肋全断面立式预拼，预拼时需要不断修改预拼台座的标高及宽度，每个预拼好的节段需要安设强大的临时横联，以形成较强大的总体刚度，保证吊装过程中不发生扭转等变形，因此需要的预拼场地宽大、场地吊装设备起吊高度大、吊重能力大，造成地面工序多、投资大、费用高、施工速度慢等问题。而提篮拱的单吊单扣法，采用先将对称于桥轴线两段拱肋分别吊装到位再安设横联的方法，避免了全断面预拼接，只需将单边拱肋卧式预拼即可，需要的预拼场地小、材料省、起重设备小、费用省。

广西壮族自治区公路桥梁工程总公司先后在国内外知名特大跨径钢管混凝土提篮拱桥——浙江三门口象山大桥北门桥和中门桥以及安徽太平湖大桥的施工中采用了大跨度提篮拱桥拱肋单吊单扣安装工艺，取得了良好的社会和经济效益，并在施工中不断地对该工艺加以改进和完善，形成本工法。其关键技术"提篮式钢管混凝土拱桥上部结构施工关键技术研究"于2007年5月21日通过了广西科技厅的鉴定，技术水平达到国际先进水平。

2. 工 法 特 点

2.1　此法需要的预制场地小，设备少，地面工序少，费用省；

2.2　依靠主索鞍可横移缆索吊装系统的优点，在拱肋起吊前，通过移动两主塔上的主索鞍，使主索基本与待安装拱肋节段两者在水平面上的投影基本重合，从而使节段拱肋起吊后不需要横桥向过多调整即可满足就位需要；

2.3　结合扣挂系统的创新，将扣索前索呈内八字布设，使其与钢拱肋两者在水平面上投影相切，从而避免了扣索拉力对拱肋产生横桥向水平分力。采用双弧形板扣索鞍适应扣索角度转向以及锚固端采用半球形垫，使扣索布置更加灵活，避免了扣索的局部弯折，受力条件大大改善，安全性得到保证。

3. 适 用 范 围

本工法适用于大跨度钢管混凝土和钢箱提篮拱桥。

4. 工 法 原 理

采用可横移索鞍缆索吊装系统及新式斜拉扣挂系统，通过横移索鞍、起吊单侧节段拱肋、调整空间姿态（拱肋平面与铅锤面倾角）、纵向运输到位、安设扣索和横向缆风、拱肋就位、调整标高和轴线、张拉扣索同时放松直至解除吊点等工序完成本段安装，用同样方法安装对称于桥轴线的节段拱肋，然后安装横联，从而完成一对对称拱肋吊装，如此操作直至拱肋全部安装完成（图4）。

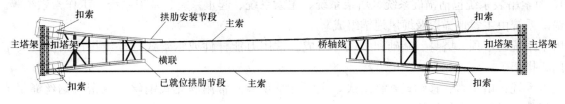

图 4　拱肋安装示意图

5. 施工工艺流程及操作要点

5.1　工法工艺流程见图 5.1

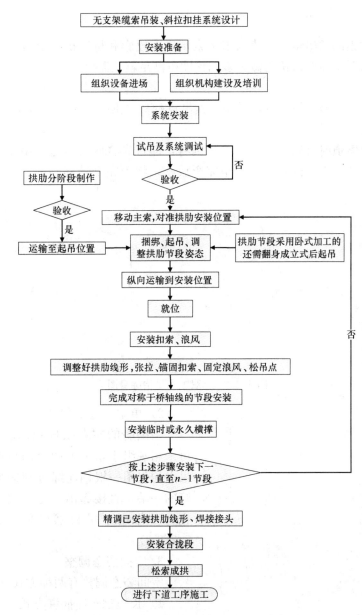

图 5.1　拱肋缆索吊装工法工艺流程图

5.2 工法操作要点

5.2.1 形成缆索吊装及斜拉扣挂系统

提篮拱桥拱肋的单吊单扣安装主要依靠缆索吊装及斜拉扣挂系统来实现。

1. 缆索吊装系统包括锚碇系统、塔架系统、主索系统、起重系统、牵引系统、工作索系统等。

锚碇系统由主索地锚以及缆风地锚组成。

塔架系统由塔顶、塔身、基础和缆风等组成。常用万能杆件或钢管式杆件组拼成塔身，其结构通常为门式排架。

主索系统：由主索、移动式索鞍组成。主索（承重索）常用满充式钢丝绳或密封钢丝绳组成，其型号、根数和垂度应根据计算确定。

起重系统主要由起重滑轮组、起重索、起重卷扬机和导向滑车等部件组成。

牵引系统主要由跑车轮、牵引绳、牵引卷扬机及转向滑轮组等组成。

工作索系统主要用于吊运重量较轻的构件、轻型设备及工具等，也可用于处理主吊装系统故障。

2. 斜拉扣挂系统包括前锚点、扣索鞍、后锚点、钢绞线扣索、扣索地锚组成。

5.2.2 钢管拱肋的吊装工作

1. 索鞍横移

通过横移同一组主索的两岸索鞍，使这组主索水平面投影和待装拱肋节段成桥后水平面投影相重合，确保节段拱肋起吊后不需要横桥向做过多调整即可满足就位需要。

2. 拱肋翻身

将加工好的拱肋节段运至起吊位置，采用主索吊点翻身。拱肋节段的翻身有两种方式：

1）双主索吊抬翻身

当吊装系统为两组索道时可以采用这种方式翻身，即首先将两组索道的吊点都提高，然后一组索道的吊点提高，另一组的吊点逐渐降低，直至完全放松，将力完全转移到前一组吊点，完成翻身（图5.2.2-1）。

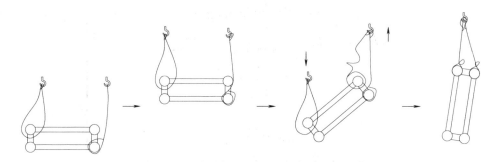

图5.2.2-1 双主索吊抬翻身图

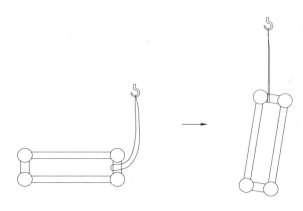

图5.2.2-2 单主索起吊翻身示意图

2）单主索起吊翻身

当拱肋的左右弦杆距离较近，横联管较短时，可采用一组主索上的两个吊点进行翻身，即在每个吊点均仅用一根钢丝绳分别捆绑上弦两个水平横联管的一端，直接起吊，完成翻身工作，拱肋翻身后在自重作用下呈自然倾斜状态（图5.2.2-2、图5.2.2-3）。

3. 空间姿态调整

空间姿态调整有两种方式（图5.2.2-4）：

1）长短钢丝绳捆绑方式：

拱肋翻身时就在每个吊点均采用精心调整的长

图 5.2.2-3　单主索起吊翻身施工图

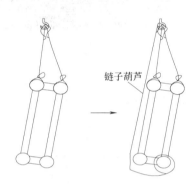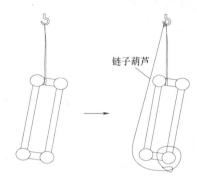

长短钢丝绳捆绑方式　　　　　　　捆绑上弦横联管方式

图 5.2.2-4　空间姿态调整

短不同的两根钢丝绳千斤绳，将其分别捆绑在拱肋上弦两条主弦管上，使拱肋翻身完成后在自重作用下基本形成空间姿态，再进一步采用链子葫芦微调以达到设计要求的空间姿态。对于钢箱拱则设置专用吊点。

　　2）捆绑上弦横联管方式：

　　拱肋翻身后，采用链子葫芦对其进行调整，使之形成设计要求的空间姿态。

　　第一种方式适用范围广，调整得角度也比较到位，但工序较多；而第二种方式可一次完成翻身和姿态调整，但事先须对横联管和主弦管连接处焊缝及横联管自身的强度进行验算，确保在吊装过程中的结构安全。具体施工见图 5.2.2-5、图 5.2.2-6。

图 5.2.2-5　长短钢丝绳捆绑方式施工图　　　　图 5.2.2-6　捆绑上弦横联管方式施工图

　　4. 纵向运输

　　拱肋姿态调整完成后，起高吊点并纵向运输到待安装位置。见图 5.2.2-7。

　　5. 拱肋就位

　　拱肋纵向运输到位后挂上扣索、安装好横向缆风后进行就位工作。通过升降前后吊点调整拱肋前

2445

后高差及标高，通过链子葫芦精细调整空间姿态，通过横向缆风调整轴线。全部符合要求后，完成与已安装拱肋的连接（法兰螺栓连接或马板焊接），从而完成就位。见图5.2.2-8。

图5.2.2-7　拱肋运输

图5.2.2-8　拱肋就位

6. 斜拉扣挂

拱肋就位完成后要进行扣索张拉和吊点的放松及收紧横向缆风的工作，并使拱肋标高和轴线都满足规范的要求。

1）扣索布置

扣索前索布置与钢拱肋的水平投影在扣点位置大致相切，呈内八字布设（图5.2.2-9）。

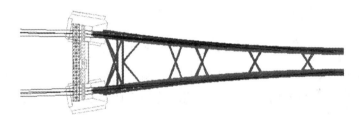

图5.2.2-9　扣索布置水平面投影图

图5.2.2-10　扣索前锚点图

2）扣索前锚点（图5.2.2-10）

拱肋扣索前锚点由前锚梁和锚板组成，前锚梁采用型钢加工而成，锚垫板一般不小于20mm，根据需要按5cm间距开设直径为2cm的圆孔，以便钢绞线穿过。前锚点一般尽可能设在拱肋节段前上部以减小扣索力。

由于拱肋为空间结构，前扣点必须按照空间立体图进行设计和布设，所以实施难度较大，不可避免地存在偏差，将使钢绞线扣索锚固端有可能受到较大的弯折从而产生剪切破坏，采用在钢绞线锚固端后面加球形铰可以解决这个问题。

3）后锚点

后锚点由后锚梁和锚垫板组成。后锚梁采用间距5cm槽钢加工而成，槽钢大小需按照计算结果选用，要根据所锚固扣索的角度进行安装。

4）扣索的安装和张拉

人工和卷扬机配合牵引扣索通过扣塔上扣索鞍后，采用缆索吊装系统工作索牵引到达拱肋节段安装位置，待拱肋运输到就位位置后，卡入扣点横梁，安装好扣索。扣索张拉时，先利用卷扬机初步收紧，然后在保持拱肋标高基本不变的前提下，一边放松缆索吊装系统起重吊点，一边利用YC250或YC160千斤顶逐根逐级张拉扣索钢绞线，使拱肋从依靠吊点力保持平衡向依靠扣索力的斜拉扣挂作用保持平衡逐渐转化，直至吊点彻底松开。

5）固定缆风

单吊单扣施工过程中，每段拱肋都必须设置对称横向固定缆风，以保证因对称拱肋未安装而导致横联无法安装之前拱肋的稳定性，横向缆风采用 $\phi 26mm$ 以上钢丝绳，具体布置见图5.2.2-11。

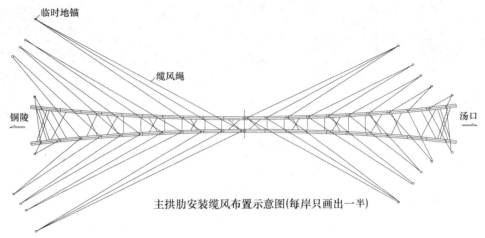

主拱肋安装缆风布置示意图(每岸只画出一半)

图 5.2.2-11　横向缆风布置图

扣索张拉完成吊点松开后，标高已满足规范要求，再通过横向缆风调整好拱肋轴线使标高和轴线都符合规范要求后，将缆风锁死，如标高超限则采用张拉或放松扣索调整。

7. 横撑连接

为增加拱肋安全稳定性，在无永久横撑的节段必须使用临时横撑结构，临时横撑与钢拱肋弦管的连接采用栓接或焊接形式，临时横撑可根据计算使用钢管等材料，在安装节段的前端上下弦各设置一根，上、下弦临时横撑适当进行连接加强刚度。

8. 接头焊接

为了保证拱肋安装稳定性，拱肋接头应及时及早焊接固结。

9. 拱肋合拢关键技术

合拢前通过扣索、横向缆风索，对拱肋进行线形、标高的调整，并根据需要进行温度修正，选择温度稳定时段用临时合拢装置实施瞬时合拢。合拢后对拱肋线形及位置实施精确测量，通过扣索和拱顶合拢装置进行精调，调整合格后固定合拢装置，进行合拢节段间连接处的焊接工作，完成后拆除临时合拢装置。实践表明大桥一侧拱肋合拢而另一侧拱肋未合拢成拱的情况下，温度变化会对其拱肋产生少量不可消除的横向位移，因此，提篮拱应尽可能采用上下游拱肋同时合拢方式进行合拢。

10. 扣索放松和拆除

拱肋吊装节段接头及永久横撑的焊缝焊接完成后，即可按预定方案放松、拆除扣索。扣索放松要分批分期严格按松索方案进行，放松扣索过程中要加强标高和轴线等的观测工作。

6. 材料与设备

无支架缆索吊装系统及斜拉扣挂系统的主要组成及所需的材料、设备如表6。

拱肋安装主要机械设备表　　　　　　　　　　　　　　　　　　　　　　表6

序号	名　称	型号及规格	单位	数量	备　注
1	万能杆件及附件	（配套）	t	3500	主、扣塔系统
2	工作索跑车	（多种型号）	t	4	支承在工作索主索上的纵移装置
3	工作索下挂	个	4		悬挂在主索下的起吊装置
4	塔顶平车	4轮	个	4	主索的横移平车

序号	名　称	型号及规格	单位	数量	备　注
5	主吊点大跑车		个	4	支承在工作索主索上的纵移装置
6	卷扬机	10t	台	8	主吊点牵引卷扬机
7	卷扬机	8t	台	8	主吊点起重卷扬机
8	卷扬机	5t 快速	台	8	工作索牵引卷扬机
9	卷扬机	5t 慢速	台	8	工作索起重卷扬机
10	六门滑车		套	8	收、放主索
11	四门滑车		套	12	收、放工作索
12	单门滑车		套	120	起重、转向系统
13	密封钢丝绳	$\phi50$	根	18	主索，每根长 1500m
14	钢丝绳	$\phi47$	根	2	工作索每根长 1500m
15	钢丝绳	$\phi17\sim\phi28$	m	80000	起吊、牵引索
16	钢绞线	$\phi J15.24$	t	350	扣挂体系
17	千斤顶	YC250	套	8	扣索张拉

7. 质 量 控 制

7.1　执行质量标准

《公路工程质量检验评定标准》JTG F80/1—2004。

《公路桥涵施工规范》JTJ 041—2000 拱肋施工质量控制标准。

7.2　质量控制和检查

7.2.1　拱肋安装的质量要求：按照 JTG F80/1—2004《公路工程质量检验评定标准》和设计要求执行。

7.2.2　拱肋分节段制作的质量控制：严格按照 JTG F80/1—2004《公路工程质量检验评定标准》和设计要求执行，做好三检制度。

7.2.3　斜拉扣挂体系的合理设计和扣索的调整是保证拱肋安装质量的关键，结合施工监控进行合理有效的扣索调整来保证拱肋安装质量。

7.2.4　进场的钢丝绳、钢绞线和机械设备必须进行全面的检查，检查项目包括：生产合格证、型号规格和数量、保养情况、有无磨损等等。对于钢丝绳、钢绞线必要时进行破断拉力试验。

7.2.5　缆索吊装系统所有受力结构要认真进行计算、复核，在技术上确保结构的安全。塔架基础和地锚所使用的混凝土要抽取混凝土试件进行试验，保证混凝土强度达到设计要求。

8. 安 全 措 施

8.1　对施工人员进行安全教育，提高他们安全意识和防范能力，落实安全责任制，定期进行安全检查，并做好检查记录台账。

8.2　除了在设计、施工质量充分保证缆索吊装体系的技术安全性外。在实际使用、操作中必要严格实行统一指挥制度。同时，所有操作人员必须经过专业培训，持证上岗。

8.3　建立缆索吊装系统定期检查、维修制度，杜绝机械设备带病作业。

8.4　起吊作业时，运行途径范围内不得有障碍物（尤其应注意避让输电线路，确保在安全距离内），注意与扣索钢绞线的碰撞。

8.5　起吊操作人员和信号指挥人员必须密切配合，保证通信信号的畅通，指挥人员必须熟悉所指挥的缆索吊装系统的性能，被吊物的实际重量；操作人员必须执行指挥人员的信号指挥。

8.6 起重作业时，重物下方严禁人员停留或通过；无论何种情况，严禁用起重设备吊运人员。严禁斜拉、斜吊或起吊埋设地下和凝固在地面上的重物，吊挂时应平稳，应用卡环严禁用挂钩。吊挂位置点要选在适当处或标明的位置上，钢丝绳与被吊物的夹角应大于 45°。

8.7 使用的钢丝绳必须有制造厂的质量合格证，钢丝绳的规格、直径、强度，必须符合该起重机型的要求；卷筒上的钢丝绳应连接牢固，排整齐，放出钢丝绳时，卷筒上必须保留三圈以上。钢丝绳不得打环、打结、弯折和有接头。

8.8 严禁夜间进行缆索起吊施工作业，并做好看守机组的人员安排。

8.9 高空作业和危险区域要设置防护围栏，安全警示标牌，并安排安全人员值班维护，引导。

9. 环 保 措 施

9.1 环境保护体系：以项目经理为核心，建立环保领导小组，设立专职环保工程师，全面负责环保工作。

9.2 为保护施工范围内的环境卫生，施工垃圾，用汽车运到指定的地方弃倒，施工现场保持干净整洁，每天用完用剩的材料及时处理或堆放整齐。

9.3 采用有力措施，确保施工废水、生活污水不直接排入湖，污染水源。

9.4 为减少施工作业产生的灰尘，随时进行洒水或其他抑尘措施，使现场不出现明显的降尘。

10. 效 益 分 析

10.1 经济效益

采用此工法，顺利完成跨径亚洲第一的安徽太平湖大桥、浙江三门口象山大桥北门桥、中门桥的拱肋安装，通过周密计算，精心设计和编制实施方案，太平湖大桥节省型钢 60t，木板及其他已耗品约 2 万元，节省钢管 120t，并加快施工进度，节约工期 75d，节约费用约 284.7 万元，北门桥、中门桥各节省型钢 40t，木板及其他已耗品约 2 万元，节省钢管 180t，并加快施工进度，节约工期 45d，各节约费用约 179.9 万元。

10.2 社会效益

此工法的使用，保证了太平湖大桥拱肋安装的顺利进行，对太平湖大桥的建成，有着至关重要的作用。而太平湖大桥的建成，极大地改善了安徽的交通环境，对加快安徽的经济发展，具有十分重要的意义。同时太平湖大桥位于黄山区太平湖柳家梁峡谷风景区，与原有的斜拉桥形成了"弓箭合璧"的优美景象，使大桥已成为黄山区的又一道风景及标志性建筑。

10.3 技术效益

通过采取一定的措施，单吊单扣法完全可以将提篮拱桥的安装按照平行拱桥同样对待，能节省加工场地、减少临时构件和降低运输费用，节约大量资源。该技术可以扩展应用到外倾拱桥的施工中。解决了大跨径钢管混凝土提篮拱桥拱肋安装的难题，使大跨径钢管混凝土提篮拱桥易于建造，将大力推进大跨径提篮拱桥的推广应用。

11. 应 用 实 例

11.1 浙江三门口象山大桥北门桥

浙江三门口象山大桥北门桥，为中承式钢管混凝土提篮拱桥，拱肋轴线采用悬链线，拱轴系数 1.543，拱肋轴线间距：拱脚处为 22m，拱顶处为 6.969m，拱肋内倾角为 8°，拱肋结构采用节间为 4m

的N形桁架形式，上下弦杆采用φ80cm钢管，共4根，腹杆采用φ40cm钢管。截面尺寸拱肋宽2.4m（钢管中心间距1.6m），高为5.3m（钢管中心间距4.5m）。两片拱肋共设11个横撑。2005年5月7日，北门桥钢管拱肋采用单吊单扣工法安装胜利合拢，并安然无恙地经历了4次台风洗礼，经验收，标高、轴线均控制在设计允许范围内，精度较高。

11.2　浙江三门口象山大桥中门桥

浙江三门口象山大桥中门桥，为中承式钢管混凝土提篮拱桥，拱肋轴线采用悬链线，拱轴系数1.543，拱肋轴线间距：拱脚处为22m，拱顶处为6.969m，拱肋内倾角为8°，拱肋结构采用节间为4m的N形桁架形式，上下弦杆采用φ80cm钢管，共4根，腹杆采用φ40cm钢管。截面尺寸拱肋宽2.4m（钢管中心间距1.6m），高为5.3m（钢管中心间距4.5m）。两片拱肋共设11个横撑。大桥采用单吊单扣工法安装，于2007年2月9日上午顺利合拢，标高、轴线均控制在设计允许范围内，精度较高。

11.3　安徽太平湖大桥

安徽太平湖大桥，为中承式钢管混凝土提篮拱桥，全长504m，主桥净跨336m，其跨径为同类桥梁的亚洲第一。大桥拱肋宽度不变，为3.0m，高度变化，拱脚高11.28m，拱顶高7.28m，拱轴线内倾10.008°。钢管材质为Q345D，共重约3500t。最大吊装节段重87.7t，采用单吊单扣工法安装，除去天气的影响，实际只用了60d的时间就完成了44段拱肋及12条风撑的安装，基本达到每天安装一段拱肋或风撑的水平，于2006年6月完成主跨钢管拱肋的安装施工。经验收，太平湖大桥拱肋标高误差绝对值不超过25mm，远低于施工规范允许值（$L/3000=112$mm）；轴线横向偏位误差绝对值不超过30mm，远低于施工规范允许值（$L/6000=56$mm），可见采用单吊单扣工法安装的拱肋标高、轴线均控制在设计允许范围内，达到了较高的精度水平。

超宽桥面部分斜拉桥悬灌施工工法

YJGF251—2006

中铁四局集团有限公司

姚松柏　罗贤辉　唐俊　王江洪　胡永

1. 前　　言

部分斜拉桥与同等跨度的 PC 梁桥或斜拉桥相比，具有节省材料，经济指标更好；同时，随着国内经济的不断飞快发展，普通的双向四、六车道桥梁已难以满足日益增长的交通量需要，宽桥的建设是未来的趋势。柳州三门江大桥良好地将部分斜拉桥与宽桥面桥（双向 8 国道）有机结合一起，构造新颖，国内首创。

本桥现浇梁段规模大，进行全断面悬灌浇筑较一般连续梁或刚构挂篮设计更为复杂、施工难度更大；由于桥面宽，使其面板、横隔板结构极易出现裂缝，主梁的线形施工控制难度也较连续梁或刚构更大。中铁四局集团开展了科技创新，取得了"超宽桥面部分斜拉悬灌施工技术"这一国内领先的新成果，于 2007 年通过安徽省科技厅鉴定。同时，形成了超宽桥面部分斜拉桥悬灌施工工法。由于在处理超宽桥面主梁悬灌施工、平行钢绞线挂索方面效果明显，技术先进，故有明显的社会效益和经济效益。

2. 工 法 特 点

2.1　全断面整幅浇筑较分幅浇筑有利于梁体的成型质量，防止因施工缝的处理不当而影响桥梁的使用性能，同时加快施工进度。

2.2　通过采用组合式挂篮，有机形成大型挂篮设备，确保了宽桥面主梁全断面浇筑的平台；并根据箱梁截面特征，合理设置主桁架的位置及主桁架的构造，确保了挂篮能够同时满足有索梁段和无索梁段的施工；挂篮构件大量采用成品型材，方便装拆，并提高回收再利用率、大大减少了周转料的投入，填补了国内宽桥面主梁全断面悬臂浇筑技术的空白。

2.3　积极采用理论计算和现场监测数据指导施工生产，采用先移篮再挂索的施工工艺具有加快施工进度的优点，为部分斜拉桥施工提供良好的借鉴。

2.4　针对平行钢绞线拉索体系构造特点及影响拉索拉力偏差因素，采用单股依次挂设、依次等张法初张拉、再整束张拉的挂索工艺，先进合理，拉索拉力偏差控制合理，较其他工艺易组织施工、投入少的优点。

3. 适 用 范 围

适用于宽桥面 PC 连续梁桥、部分斜拉桥混凝土箱梁的悬灌施工，以及平行钢绞线拉索体系挂索施工。

4. 工 艺 原 理

通过设计使用组合式三角挂篮，实现超宽桥面箱梁全断面悬臂浇筑的作业平台，达到成桥质量和施工进度满足要求的目标。

一方面，根据超宽桥面部分斜拉桥主梁断面特征合理设计挂篮：采用三组相对独立的主桁架、一组整体式底篮，组装成一套组合式挂篮；根据箱梁自重的分布情况，按同一安全系数、沉降控制量设计挂篮的主桁架和底篮构造，以满足箱梁承重要求并尽量减轻挂篮自重、确保挂篮在同一截面不同位置处沉降量的均匀性；主桁架设计充分考虑斜拉索布置情况，挂篮同时满足有索梁段和无索梁段施工；充分利用梁体自身的竖向钢束进行后锚，提高挂篮的操作性能；充分考虑横隔板的影响而采用可拼式钢框木模作为内模，有效提高模板调整的操作性能；18m跨横隔板及桥面板区，底模系统采用碗扣式满堂脚手架、人工装拆，底篮下放后挂篮前移过孔，操作安全简便，满足箱内狭小空间作业。

另一方面，通过理论计算和现场监测，指导施工生产，施工中采取先移篮后挂索的工艺，减少挂篮和挂索间的干扰，并采用基于最小二乘法的误差控制理论，对梁体进行线形控制。

5. 施工工艺流程及操作要点

5.1 施工工艺流程

5.1.1 总体施工工艺程序

主桥连续箱梁施工，主要分成四部分，梁体的分段见图5.1.1-1所示：

第一部分：0号、1号梁段，采取在主墩承台上搭设钢管桩、贝雷梁支架，分层、分幅浇筑施工；

第二部分：主墩两侧2号～21号块梁段，采用挂篮对称整幅悬灌施工；

第三部分：边跨现浇段，采用搭设膺架整幅、分层现浇；

第四部分：边、中跨合拢段，采用在两悬臂段间、悬臂段与边跨现浇段间设置托架整幅浇筑施工。

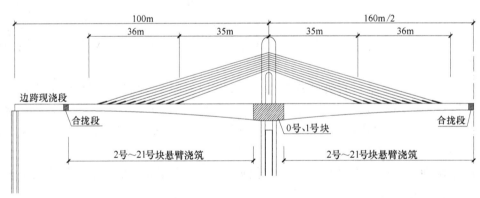

图5.1.1-1 梁体分段示意图

主桥梁体总体施工工艺程序如图5.1.1-2所示。

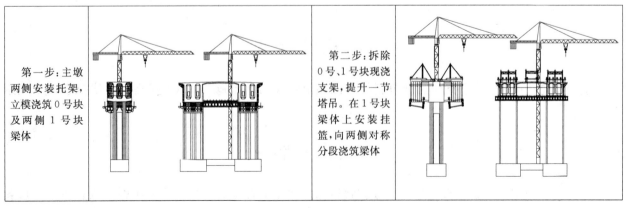

第一步：主墩两侧安装托架，立模浇筑0号块及两侧1号块梁体

第二步：拆除0号、1号块现浇支架，提升一节塔吊。在1号块梁体上安装挂篮，向两侧对称分段浇筑梁体

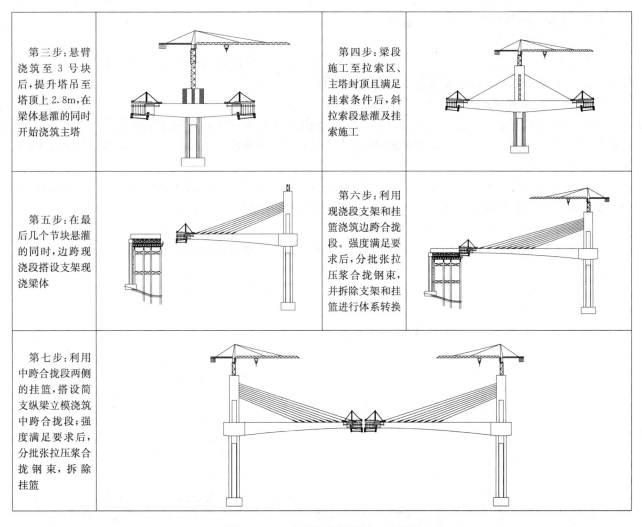

图 5.1.1-2 主桥梁体总体施工步骤图

5.1.2 主梁施工工艺流程

主梁施工工艺流程见图 5.1.2。

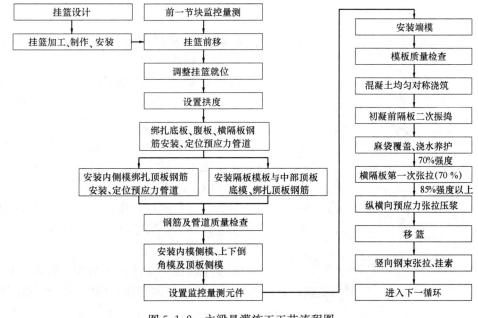

图 5.1.2 主梁悬灌施工工艺流程图

5.2 主要工序操作要点

5.2.1 组合挂篮设计

挂篮设计采用有限元计算软件建模计算，将挂篮自重和悬臂段长度等参数在最不利组合的条件下计算，计算结果满足要求后，并重点考虑以下两方面：

1. 主桁架的布置形式及后锚方式

主桁架共设置三组，左右两箱室顶设置一组，各由三榀桁架组成，对应于箱梁腹板布置；另一组主桁架设置于两箱室间的跨中，由两榀桁架组成，分列于桥轴两侧；主桁架后支点均设于横隔板的正上方，确保梁体足以抵抗支反力。

桁架的底纵梁截面采用双肋梁形式，肋净宽 22cm，稍大于梁体腹板竖向钢束的排距（16cm），使主桁架直接利用梁体竖向钢束作后锚；中部桁架利用横隔板的预埋件作后锚。

2. 有索区梁段和箱室间 18m 跨区的施工

由于拉索位于箱室中腹板的两侧，净距 85cm，桁架纵向主梁设计截面宽度为 35cm，以满足拉索安装施工空间的要求。

由于梁段两箱间的施工作业繁杂，底模及侧模采用了可拼式钢框木模，支撑系统采用腕扣脚手架，以便操作。

挂篮结构设计图如图 5.2.1-1、图 5.2.1-2 所示。

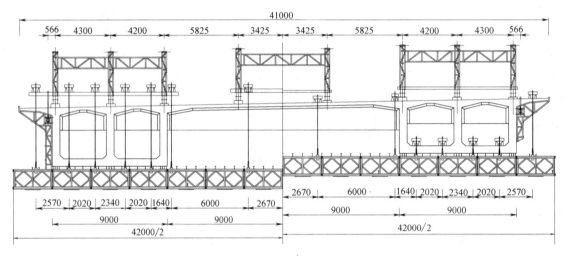

图 5.2.1-1　挂篮正面图（单位：mm）

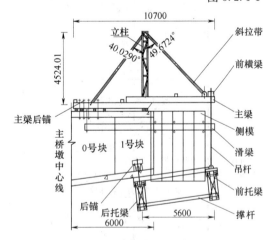

图 5.2.1-2　挂篮侧面图（单位：mm）

5.2.2 主梁梁段施工

1. 施工组织

两个主墩 4 个悬臂端分别由两个综合作业队施工（除混凝土、预应力工序），根据梁段截面特征，将每个悬臂端划分成左幅箱室、右幅箱室、中间 18m 跨隔板和桥面板等 3 个工作面，并细分成 21 道施工工序，组织平行、流水施工，悬臂施工节拍平均周期控制在 11～12d。

2. 钢筋制作安装

钢筋统一在陆地制作后，按吊运至桥面安装。

安装顺序为：底板→腹板→隔板→顶板。

3. 混凝土施工

箱梁全断面一次性浇筑成型，设置两台地泵分别浇筑主墩两侧悬臂端，确保前、后对称浇筑；在已浇梁段上设置转向台座，确保左、右均衡浇筑。

浇筑顺序及布料工艺为：底板区，从两侧腹板及箱顶开孔布料，分层浇筑→横隔板底以下腹板区，分层浇筑→横隔板及剩余腹板区，由隔板的跨中向两端，并沿至腹板，分层浇筑→顶板，分层浇筑。

梁段混凝土自前端向后浇筑，防止因前端下沉产生裂缝。

4. 钢束预应力施工

主梁为三向预应力，张拉顺序为：隔板横向钢束初张拉→纵向钢束张拉→横向钢束张拉→移篮→竖向钢束张拉。

5. 挂篮走行

整个挂篮的走行分两次完成，第一次前移三组主桁架和外滑梁，第二次前移外侧模和底篮，三组主桁架实行分别前移就位。

挂篮全宽 42m，前移时设置五处牵引点，同步均匀施力，防止底篮纵横向变形。

当风力达到五级以上时，不宜前移底篮。

6. 宽桥面板及横隔板裂缝控制措施

由于横隔板 1800×415（280～550）×40cm 大跨度结构特点，施工过程中极易产生裂缝，控制措施主要有以下几点：

1）有限元建模设计挂篮，组合式挂篮的同一沉降量控制，并增强挂篮整体刚度。

2）提高混凝土的抗裂能力和减小收缩能力。优化混凝土的配合比，减小水灰比，减小砂率，增加骨料用量并改善骨料的级配。

3）提高混凝土的表面抗裂性能。在横隔板侧面设置一层防裂钢筋网。

4）改进混凝土的施工工艺。箱梁底、腹板、横隔板浇筑完毕，且混凝土稳定后（初凝前）再分层浇筑面板，在与腹板、与顶板交界处采用二次振捣工艺；当外界气温高于 32℃时不宜进行灌筑，并确保外界温度上升时梁段混凝土灌筑完毕。

5）预应力工艺紧跟施工。在混凝土强度达到设计值时，及时施加预应力。对横隔板的预应力采用二次张拉工艺，在混凝土强度达到设计强度的 70% 时，张拉 60% 的设计张拉力，以有效地抵消早期板内由于收缩而引起的拉应力，防止裂缝产生。待强度达到 85% 后，再张拉至 100% 的设计张拉力。

6）增强养护措施，延长养护时间，不少于 7d。

7. 斜拉索施工

1）斜拉索采用平行钢绞线拉索体系，其施工工艺为：单根挂索、初张→整束张拉→合拢前全面调索，达到梁体线型及索力，符合设计要求。

2）单根张拉

采用等张力法进行单根钢绞线的张拉。等张力法首根钢绞线拉力取值：

$$f = KF\mathrm{con}/n \qquad (5.2.2)$$

式中　　$F\mathrm{con}$——每束拉索的设计控制索力；

$\quad\quad n$——拉索中钢绞线的根数；

$\quad\quad K$——梁体刚度系数（对于桥面系轻的梁，如钢箱梁，可取 1.5～1.7；对于混凝土等桥面系重的梁，取 0.9～1.1）。

首根钢绞线张拉前在锚板上安放单根测力传感器测试锚固应力值，其余各根钢绞线均以此值进行锚固。

3）整体张拉（调索）

在拉索单根张拉完成，根据设计索力要，用整体张拉千斤顶对拉索进行整体张拉。当整体张拉达到设计要求以后，进行最终锚固。在斜拉索整体张拉时，由技术人员统一指挥，同时张拉的 4 对拉索应对称同步进行加载。

单根钢绞线张拉及拉索整体张拉见图 5.2.2-1、图 5.2.2-2。

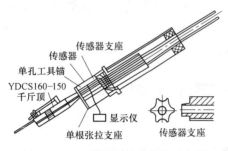

图 5.2.2-1 单根钢绞线张拉示意图

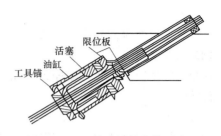

图 5.2.2-2 拉索整体张拉示意

8. 合拢段施工

1) 合拢时由边至中对称进行，先合拢边跨，后合拢中跨，均采用托架法施工。边跨合拢段：托架主梁一端支撑于边跨现浇段支架，一端支撑于悬臂端（21 号块处）挂篮的底篮前托梁上，形成托架；中跨端的两侧挂篮在施工完 21 号梁段后，其底篮间净距只有 0.4m，底篮分别与梁段脱离、下放 20cm 左右，再在两底篮间铺底模系统，形成托架。

2) 考虑墩、梁、塔固结，梁体刚度大，采取边、中跨三处合拢段相继混凝土浇筑合拢，再依次分批张拉、压浆合拢预应力钢束，再分别拆除现浇段支架、合拢段挂篮。通过事前理论计算，该合拢工艺，在跨中和梁根部底板区混凝土最大拉应力为 1.1MPa，满足规范要求，梁体总体变形与设计相符。

3) 合拢时间、温度、合拢口的确定。在梁顶对称分布的 5 个测点，进行 24h 跟踪测量，测量的主要内容有温度梯度、轴线位置、高程、合拢口长度，以合拢口参数基本稳定时为最佳合拢锁定时间、锁定温度。

4) 为确保施工进度和保证两个 "T 构" 在合拢过程中大致保持对称平衡，合拢段挂篮采取同时拆除。

5.2.3 主梁施工控制

施工中设立实时测量监控体系，对施工过程中结构的内力、位移和温度进行现场实时跟踪测量，为施工监控工作提供实测数据，采用专用桥梁软件、前进分析计算。

1. 建立测量监控体系。由现场测试和计算分析人员组成的监控组；建立一套完善的报表体系及测量制度，以监控和指导施工。

2. 变形监测：在各梁段的悬臂前端顶板上，横向布置 7 个观测点，结合部分斜拉桥悬臂施工的步骤，采用四阶段观测法，即分别在挂篮前移就位后、混凝土浇筑完成后、预应力张拉完成后和斜拉索张拉完成后，对已施工梁段上的测点进行量测一次；采用倾斜仪监测索塔顶的纵向倾角。合拢前，对悬臂 "T" 构线形进行通测，指导压载方案；全桥合拢后，进行梁体线形通测，结合梁体应力通测，指导桥面调平层纵断面的设计及施工。

3. 主梁、索塔的应力监测：在索塔主梁的根部，以及拉索区梁段，预埋应力测试元件，测试主梁特征截面在各施工阶段的混凝土应力；根据实测数据，调整拉索的张拉顺序和张力，以调整主梁的线形。

4. 索力测试：采用频谱分析法，求得实际索力后以确定是否调索，在全桥合拢完毕后，进行全索通测，无误后进行拉索锁定。

5.3 劳动组织（表 5.3）

劳动力组织表　　　　　　　　　　　　　　　　　　表 5.3

序号	单项工程	所需人数	备　　　注
1	指挥员	4	吊装、移篮指挥
2	技术人员	6	测量、质检、试验及旁站等
3	挂篮施工	16	移篮、挂篮调整等

序号	单项工程	所需人数	备 注
4	模板施工	58	内模加工、安拆等
5	钢筋加工安装	52	含预应力管道施工
6	电工	3	电源分配及线路管理
7	混凝土施工	30	浇筑、养护及接茬面凿毛
8	司机	10	混凝土运输车、泵机及运输船
9	普工	20	钢筋、钢绞线等半成品搬抬
10	预应力施工	20	张拉、压浆,拉索张拉
11	合计	219	

6. 材料与设备

施工主要材料数量见表 6.1,主要施工机械设备见表 6.2。

主要材料数量表 表 6.1

序号	材料名称	材料规格	单位	数量	用 途
1	三角主桁架	型钢主梁、立柱与斜拉带	榀	32	4套(12只)挂篮主桁所用
2	贝雷梁	1500mm×3000mm	片	224	4套挂篮底篮所用,含支撑架
3	立柱横联	4∟75组合桁架	套	20	1套挂篮5片
4	前横梁Ⅰ	钢板组合箱梁	套	8	1套挂篮共2根
5	前横梁Ⅱ	钢板组合箱梁	套	4	1套挂篮共1根
6	中后横梁Ⅰ	[16a组合梁	套	24	1套挂篮共6根
7	钢框木模	1200mm×600mm	块	128	内模使用
8	浮桥	2.5m宽	座	2	施工便桥

主要机具设备表 表 6.2

序号	材料名称	材料规格	单位	数量	用 途
1	塔吊	5013B	座	2	施工运输、吊装
2	铁驳船	10t	艘	1	交通船
3	汽车吊	20t	台	2	一般吊装
4	钢筋机具		台/套	20	切断机、弯曲机、电焊机等
5	木工机具		台/套	12	电锯、电刨等
6	拌合机站	0.75L	座	2	河岸两侧各一座
7	混凝土输送泵	60型	台	3	悬臂两端各一台,一台备用
8	振动器	50/30	台	20/3	
9	混凝土运输车		辆	4	
10	张拉油顶	25～400t	台	8	合拢束张拉时需12台
11	压浆泵		台	2	两个主墩各设一台
12	真空机		台	2	两个主墩各设一台
13	压力试验机	200t	台	1	
14	万能材料试验机	60t	台	1	
15	全站仪		台	1	
16	水准仪		台	2	
17	索力测试仪		台	1	
18	混凝土应变传感器	JXH-2	台	1	

7. 质 量 控 制

7.1 质量控制标准

7.1.1 遵循并执行《公路桥涵施工技术规范》JTJ 041—2000，《钢结构工程施工质量验收规范》GB 50205—2001。

7.1.2 箱梁混凝土构件无危害裂纹。

7.1.3 成桥线形：中线偏差15mm，合拢段高程偏差±30mm。

7.1.4 索塔顶部偏移：15mm。

7.1.5 每根拉索各股钢绞线拉力离散误差不大于理论值的±3％，一对拉索两根间的差值不大于整索索力理论值的±2％，斜拉索整索索力误差不大于理论索力的±2％。

7.2 质量保证措施

7.2.1 挂篮设计采用专用桥梁结构软件计算，安装完成后进行加载预压试验，着重监测各主桁架、底篮变形情况，并与理论值校核；同时对后锚点锚力监测，是否满足安全系数。

7.2.2 细部水准测量等级按三等水准测量控制。在两岸加密两条平行于桥轴线的基线并设加密控制点，指导挂篮就位、立模、浇筑混凝土等，保证了桥梁线形。

7.2.3 用不漏浆的塑料波纹管作预应力管道，严禁在施工中电弧烧伤或尖锐器物伤害波纹管，确保管道畅通。

7.2.4 使用泵送缓凝早强混凝土，合拢段采用微膨胀高强混凝土，确保接缝接合紧密。

7.2.5 斜拉索环氧喷涂钢绞线放盘，下垫麻袋或地毯保护，防止PE外套破损、泄漏油脂。

7.2.6 张拉油顶、油表、应力传感器有周检计划。

8. 安 全 措 施

8.1 挂篮精轧螺纹钢吊带进行冷拉试验，施工中电焊作业远离钢吊带。

8.2 反复使用并拆装的螺栓要经常涂油、检查，保证螺纹处于良好状态。

8.3 挂篮主桁后锚筋拧入连接器的长度达8cm，并在钢筋上作拧入长度标记。

8.4 每班作业前检查各部位（螺栓、销子）、钢丝绳、葫芦及主要受力焊缝，做好记录，发现问题及时通知负责人并及时处理，否则不得开工作业。

8.5 混凝土灌注时，设专人仔细观察和检查吊带、锚固系、侧模、牛腿等主要受力部件有无变形，发现问题要及时完善处理。浇筑混凝土随时测量挂篮的挠度（前托梁及吊带变形）、及时调整。

8.6 张拉现场有明显标志，与该工作无关的人员禁止入内。千斤顶支架与梁端垫板接触良好。每一梁段张拉完毕后，检查端部和其他部位是否裂缝。

9. 环 保 措 施

9.1 建筑垃圾集中堆放，统一运至陆地适当位置淹没或运至垃圾中转站处理，杜绝直接向江中抛扔。

9.2 做好机械保养工作，防止漏油事件。

9.3 施工范围出入口处设置洗车槽、沉淀池及高压冲洗水枪冲洗出入车辆及地泵。

10. 效 益 分 析

10.1 该工法具有施工操作简便，安全可靠，各工序衔接合理，实施简便，宜于提高成桥质量，成功地克服了宽桥面部分斜拉桥主梁整幅悬臂施工难题，提高集团公司桥梁施工技术水平，为企业树立良好形象。斜拉索张拉采用等力张拉法，逐股穿索、张拉，当每根斜拉索各股钢绞线全部安装后，一次性整体张拉到位，经检测各项误差均能满足设计要求。

10.2 本工法中采用组合式挂篮，杆件大多采用定型型材，具有加工安装、拆除方便等特点，并回收利用率高，减少施工成本；合拢段施工的托架充分利用现有的挂篮和现浇段支架，减少周转材料的投入；采用该工法施工的主梁型材投入成本610万元，回收280万元。采取先移篮、后挂索工艺，有利于施工组织，并缩短关键线路工期28d。

11. 应 用 实 例

柳州市三门江大桥 A 标段主桥

11.1 工程概况

柳州市三门江大桥主桥是国内首座41m宽桥面的双塔双索面部分斜拉桥，长360m，跨径组合为100m＋160m＋100m，塔、梁和墩固结。主梁采用分离式双主箱断面，为预应力混凝土箱形截面，直腹板，梁底设置二次抛物线。全截面宽41m，每个分离式箱梁底宽9m，为单箱双室截面，外侧翼缘板悬臂长度2.5m，梁段根部高6.5m，箱间与箱内设横隔板。箱梁悬臂梁段长度分为3m、3.5m和4m三种，0～10号、20～22号梁段（合拢段）为无索区，11～19号梁段为有索区，索塔结构高度21.8m，桥址水深14.3m。全桥成型实景见图11.1。

图 11.1 柳州三门江大桥成型实景

11.2 施工情况

0号、1号梁段采取在承台顶搭设钢管桩、贝雷片膺架进行现浇施工，初次浇筑至腹板与顶板间的倒角下，最后施工倒角及顶板。为确保梁体的成型质量，同时加快施工进度，2～21号梁段采用挂篮全断面悬臂施工。23～27号梁段为边跨现浇段，采取在河床搭设钢管桩、贝雷片膺架整体现浇法施工。施工中材料主要通过码头、浮桥、泵管、运输驳船、塔吊等设施、设备进行水平和垂直运输，既节约成本，又安全可靠。

本工法施工的主桥箱梁2号梁段于2006年3月4日开始拼装施工，2006年10月30日主桥顺利合拢，11月15日挂篮拆除完毕，梁段施工周期平均为12d，施工中未出现任何质量、安全事故。

11.3 工程监测与结果评介

在整个施工控制过程中，控制截面混凝土应力的实测值与理论值基本吻合，应力变化趋势相同。主梁高程及线形变位控制达到了较高的精确度，结构变位及高程变化特点与预应力混凝土连续箱梁相接近；采用高程控制为主，索力调整为辅的施工控制方法是切实可行的。

由于挂篮刚度影响当前施工梁段混凝土的成型位置，也即影响相邻梁段的相对高程，因此，控制好挂篮在混凝土浇筑过程中的变形对当前梁段的高程控制相当重要。做好长期的挂篮变形监测，并根据梁段重量对预抬量进行适当调整，而不能单纯凭经验去估算挂篮变形值。

对预应力混凝土桥梁结构而言，预应力是其根本。因此，应重视与预应力相关的所有施工环节（孔道成型、预应力张拉、真空灌浆等），确保施工质量。

成桥后，通过广西大学土木工程试验检测中心动静载试验，均满足设计要求。

斜拉桥预应力混凝土单索面牵索挂篮施工工法

YJGF252—2006

广东省长大公路工程有限公司　路桥集团国际建设股份有限公司

王中文　刘刚亮　毛志坚　霄志超　付开庆　袁志宏

1. 前　　言

根据崖门大桥主桥的结构特点，在研究国内外各种挂篮施工优缺点的基础上，针对目前国内外单索面预应力斜拉桥施工技术的发展状况，吸取各种挂篮施工技术的优点，结合崖门大桥的具体情况，研究一种适合崖门大桥箱梁施工用的单索面牵索挂篮，作为崖门大桥上部箱梁施工的关键技术，为当今乃至今后特大跨度跨海大桥上部箱梁施工提供经济、可靠、实用的施工技术。

《崖门大桥单索面牵索挂篮悬臂施工技术研究》课题主要完成单位为广东省长大公路工程有限公司，在 2002 年 7 月 11 日由广东省交通厅组织通过鉴定。

其中《崖门大桥单索面牵索挂篮悬臂施工技术研究》获 2003 年度广东省科学技术三等奖，《单索面牵索挂篮》（实用新型专利）（专利号：ZL02289507.8），《崖门大桥建设成套技术》获 2005 年广东省科技进步一等奖

2. 工法特点

本工法使用的单索面牵索挂篮充分利用斜拉桥本身斜拉索索力，减少箱梁浇筑过程中混凝土的内力，充分保证箱梁的结构受力状况与设计状况一致；在箱梁浇筑过程中可多次调整标高控制主梁线形；该挂篮承重系统与移机系统并用，减少了挂篮用钢量，整机重量轻，刚度可靠，特别是横向抗扭刚度好。该工法在单索面混凝土斜拉桥箱梁施工中首次采用全断面一次现浇成型工艺，充分保证箱梁外观质量和内在质量。

3. 适用范围

本工法适用于沿海地区、海湾地区大跨度单索面混凝土斜拉桥上部构造的施工。

4. 工艺原理

4.1　工艺原理

在充分利用单索面牵索拉力的同时保证挂篮整体结构受力变形的稳定性和对称性。挂篮的走行结构与承重结构尽可能兼用。

牵索挂篮主要由底篮、止推装置、牵索接长杆、移机装置和支架及模板五个部分组成。布置在混凝土主梁下方的底篮前支点由牵索经接长拉杆牵引；中支点和后支点则锚固在已浇箱梁节段；由牵索引起的水平力，则通过设置在主纵后部箱梁底板上的止推装置传递给箱梁底板。在浇筑箱梁混凝土时，可通过多次张拉塔内千斤顶来调整挂篮前支点标高。挂篮移机时，通过手动链葫芦的牵引，底篮前支点通过吊轮在主梁顶面钢板梁上滚动，底篮边纵梁在固定于箱梁底板下方的托轮上滚动。

4.2　牵索挂篮技术特征、力学性能、技术指标

4.2.1　结构参数及设计荷载

箱梁节段长 6m，宽 26.8m，高 3.48m。箱梁为单箱五室结构，底板厚 20cm，顶板厚 22cm。箱梁标准节段重 267t，最大重量 280t，挂篮重量 116t，施工动荷载 5t。

挂篮杆件内力选择浇筑状态，建立空间模型，分别计算 1 号块和 25 号块内力，结果如表 4.2.1-1、表 4.2.1-2、图 4.2.1。

1 号块浇筑时挂篮主要构件应力应变表　　　　表 4.2.1-1

梁	最大轴向应力 （kg/cm²）	最大轴向应力 发生位置	梁单元竖向挠度 （mm）	备　注
主纵梁				
前横梁	1070	主纵梁外侧西外	19.1.19	端部、中部、端部
前加劲桁中竖杆	1100			
前加劲桁下弦杆	−1250	中间部位		
后加劲桁下弦杆	950	中间部位		

25 号块浇筑时挂篮主要构件应力应变表　　　　表 4.2.1-2

梁	最大轴向应力 （kg/cm²）	最大轴向应力 发生位置	梁单元竖向挠度 （mm）	备　注
主纵梁	1540	靠近前横梁处		
吊杆				
前横梁	1020	主纵梁处	23.16.23	端部、中部、端部
前加劲梁	−1170	中间下弦杆		
后横梁				

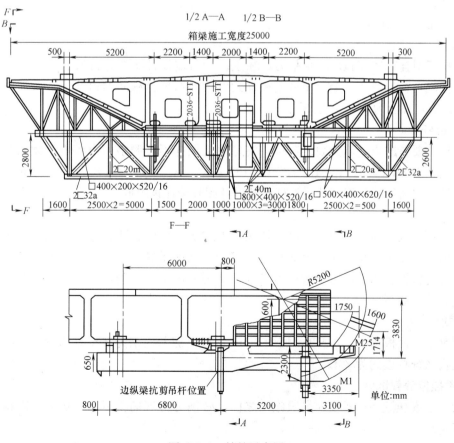

图 4.2.1　挂篮示意图

4.2.2 挂篮结构主要技术特征

1. 底篮

底篮为一钢板梁和型钢焊接而成的空间劲性组合钢结构，由主纵梁、边纵梁、前横梁、后横梁、分布纵梁组成。主纵梁为挂篮主要受力构件，主要承受牵索引起的纵向弯矩和水平力。为采用定长接长拉杆适应拉索的角度变化，将主纵梁设计成圆弧形的曲梁。边纵梁主要为移机而设置。为提高底篮的横向刚度，将前横梁和后横梁设计成桁架形式。为避开 1 号拉索，将前、后横梁间距设计成 5.2m，前横梁单侧横向悬臂长度 $L=10.5m$。

1）主纵梁

主纵梁为二个单箱单室用缀板组合成的钢板梁，为适应斜索空间牵面变化，端头做成 $R=5.2m$ 的弧形梁。

2）边纵梁

边纵梁全长 16.4m，单箱钢板梁截面尺寸为：120cm×80cm×1.6cm，后横梁上弦杆置于边、纵梁顶面，前横梁上弦杆则穿过边纵梁腹板，边纵梁后端与箱梁通过锚杆连接，前端在移机时，通过吊杆和轴承悬挂于辅助劲性骨架上。

3）前横梁

前横梁桁高 2.6m，上弦杆中部 10m 半范用采用 80cm×60cm 钢板梁，其余为 60cm×40cm 钢板梁，下弦杆为 60cm×40cm 钢板梁，腹杆则采用工140、工132 和工120，前横梁上弦杆均穿过主纵梁和边纵梁，与纵梁刚性连接。

4）后横梁

后横梁桁高 2.8m，上弦杆采用 40cm×20cm×1.6cm 钢板梁，下弦杆采用 2工32，腹杆采用 2×20a 槽钢。

5）分布纵梁

分布纵梁采用 2工40 工字钢。

2. 止推装置

为抵抗斜拉索对挂篮底篮施加的水平力，在主纵梁后端设计 1 个止推装置，止推装置由止推块预埋钢板和螺栓构成，止推块为一个三角形钢板加劲的楔形组成，纵向四道肋板，预埋钢板为留有预埋孔的 2cm A3 钢板，螺栓为 M42 精制螺栓。

3. 牵索接长杆

牵索接长杆主要考虑与挂篮为固定连接，施工中接长杆不再调整而由塔内牵索张拉端调整。此外还要适应牵索锚具 LMh109-L、121-L、127-L、139-L、l51-L、163-L、187-L 共计 7 种直径规格螺纹的连接。接长拉杆主要由短杆、连接器、长杆、螺母及卸载千斤顶组成。

4. 移机装置

考虑在箱梁顶设置钢板梁和箱梁底设置托轮的方式实现移机。即底篮前支点通过吊轮在钢板梁上滚动，底篮边纵梁在固定于箱梁底板上的托轮上移动。钢板梁除用于移机使用外，还用于底篮模板标高调整。移机时先将钢板梁于轨道上牵拉滑移到位，再通过手动链葫芦实现移机。为了安全，在 4 点牵拉处均设置反拉链葫芦。

5. 模板系统

模板采用钢模，面板为 4mm 厚度，加劲 4mm 钢板，加劲槽钢为 2×10 槽钢，底模与底盘用勾头螺钉连接，模板系统总重约为 20t。

4.3 牵索挂篮静载试验

试验目的：牵索挂篮在正式投入梁段施工之前，必须进行现场模拟荷载试验，以检验其钢结构强度和刚度是否满足设计要求，并加以完善。

试验内容：根据挂篮的结构受力计算，主要检测主纵梁、边纵梁、前横梁、后横梁，分配纵梁和吊杆等关键部位的应力以及控制点的挠度。

试验方法：采用模拟荷载的试验方法。即在试验台架上，采用充水浮箱模拟混凝土主梁荷载，通过模拟牵索拉杆的 YCW 250 液压千斤顶微调挂篮顶面水平，并通过其油压测得支点反力。

测试方法：应力采取在钢构上粘贴应变片，用静态应变仪测读。应变片采用国产 BE120-3AA 和 BE120-3CA 型，，静态应变仪为东华 DH3815 静态应变测量系统。挠度采用在测点处贴标尺，用高精度水准仪测读。

模拟工况：标准 6m 梁段，牵索仰角 $\alpha=24°$，梁段自重 2800kN，内外模板及三脚架总重 500kN，底篮上部总荷载为 $G=3300$kN。

模拟荷载：采用 $(2×3×6)$m³ 浮箱 10 件并充水，浮箱自重 50kN，充水重 350kN，总计 $Gs=400$kN。按照实际梁段对底篮各条纵梁的垂直投影荷载，布置浮箱。

加载方法：按空载偏载、50%G、80%G、100%G、120%G、满载偏载、千斤顶偏载工况加载。

试验结果：

（1）在试验状态及试验荷载作用下，挂篮最大应力为主纵梁腹板主压应力（135.8MPa）和前横梁 A5 号、A8 号杆件拉应力（114.9MPa），它们均低于 Q235 钢材的容许应力（140MPa）。挂篮具有足够的强度。

（2）前横梁上、下游与中点的相对挠度为 -11mm，后横梁上、下游两端与 14 点处的相对挠度分别为 -6mm 和 -8mm。

（3）试验过程中未发现焊缝开裂和脱焊现象。

由现场模拟荷载试验可知挂篮结构强度及刚度满足施工要求。

5. 施工工艺流程及操作要点

5.1 牵索挂篮安装
挂篮安装采用场地整体拼装，现场整体吊装就位的方法。

5.2 单索面牵索挂篮操作程序
单索面牵索挂篮操作程序见图 5.2。

5.2.1 安装移机滚轴
位于次纵梁的后滚轴为挂篮前移的后支点，下放吊杆使其卡在滚轴上，滚轴与吊杆沿次纵梁整体前移 6m，再从主梁入洞提升吊杆，安装垫梁及螺母。

5.2.2 前移钢板梁及体系转换
钢板梁为挂篮移机的承重梁，也是挂篮前移的前支点。钢板梁沿滑道前移 6m，然后安装后锚，并收紧挂篮前端吊杆，进行体系转换，即挂篮前支点由斜拉索承受变为钢板梁承受，然后拆除拉杆。

5.2.3 移机就位
用手动千斤顶下放挂篮 15～20cm，使挂篮平稳地落在移机后滚轴上，拆除中支点和后支点吊杆，以手拉葫芦为动力，前移挂篮 6m，安装中支点、后支点吊杆，提升挂篮。

5.2.4 立模
立模采用简支法，利用钢板梁上的千斤顶调整挂篮标高直到监控标高，然后安装后支点千斤顶及吊杆。

5.2.5 混凝土施工
浇筑混凝土前，张拉 25% 的索力，浇混凝土到一半后，进行第二次张拉，索力达 38%，浇完混凝土后进行第三次张拉索力达 50%。在张拉斜拉索过程中，必须精确测量当前段高程，若高程与监控索力不符时，应以标高为主，兼顾索力的原则。

5.2.6 牵索终拉

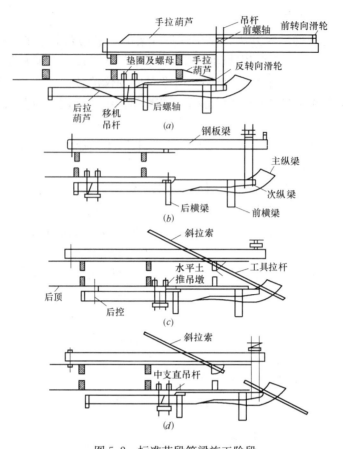

图 5.2　标准节段箱梁施工阶段

（a）移动机态；（b）立横状态；（c）浇筑状态；（d）终拉状态

待张拉完所有预应力钢筋后，再进行体系转换，把索力由挂篮转换箱梁，最后第四次终拉索力。

5.3　箱梁全断面一次浇筑施工工艺

5.3.1　概述

主梁标准节段箱梁施工始于 0 号块施工完毕，终于边跨、中跨合拢。

5.3.2　模板施工

施工重点：要掌握好内外模板倾斜度，保证其几何尺寸准确，安装牢固。

挂篮吊装就位后，就开始底模和侧模的安装。每次安装 6m，底模的标高用三角楔木调整，调整直到符合设计立模标高。当底板钢筋和腹板钢筋以及其体内的预应力筋安装好，开始内模的安装。内模由定型角模和组合模板拼装而成，槽钢水平加劲，中间箱斜拉索贯穿处，利用收分条调整满足锚管的位置、角度。先安装此处的内模，底板贯穿斜拉索处现场开洞安装。内模腹模下转角处，加 60cm 组合模板作为压板，以防浇筑混凝土时产生反浆。在腹板下转角处每隔 1m 用 1 条短对拉螺钉和底板钢筋焊接在一起，以防止内模在浇筑混凝土时上浮。内模安装好后，进行顶板钢筋以及其体内的预应力筋安装，再进行端头模板安装。

5.3.3　锚管安装

锚管施工重点：安装中间箱内模位的准确性，安装斜拉索时，产生的作用力对锚管、内模的影响。

根据锚管角度、锚管处的箱梁锚梁几何尺寸，利用收分条模板，在安装横隔板模板时，调整满足标高。

将锚管在每节梁段的空间角度，在劲性骨架上相互之间定好位，现场安装时只要调整其中一个就可以定好位。定好位后，劲性骨架四个脚在模板上做记号，就可以开始安装斜拉索。梁端锚管处，用木板和麻袋在劲性骨架上垫实锚管出口处，将安装斜拉索时产生的水平力传递给混凝土箱梁和避免磨损胶套。

劲性骨架分临时支撑骨架和定位骨架。锚管定位骨架由角钢做成桁架形式；临时骨架由型钢做成框架形式，用以抵消安装斜拉索时产生的水平力，斜拉索安装到位，拆除临时劲性骨架，钢筋绑扎好后加固锚管定位劲性骨架，浇筑混凝土。

5.3.4 钢筋施工

按图纸要求，钢筋在车间弯曲制作，运至现场，再行放样绑扎。若普通钢筋与斜拉索套筒及各锚下螺旋筋相碰，可适当挪动普通钢筋。

注意各阶段的钢筋变化多样，制作时立牌分清种类，由于主梁截面尺寸小，保护层小，严格控制钢筋的形状尺寸，从而控制钢筋保护层。保护层用水泥垫块垫高，底板顶板斜腹板的钢筋中间用方凳垫高，每隔50cm布置一个，减少施工荷载使钢筋发生错位，从而保证箱梁施工的质量。

安装时，严格控制伸出模板的钢筋间距（包括预应力筋），以免影响端头模板的安装。

5.3.5 预应力施工

主梁纵、横、竖向都有预应力筋。等混凝土强度达到85％设计强度，方可张拉。

主梁纵向预应力张拉顺序：先长束，后短束，先底板束，后顶板，并关于箱线对称进行张拉操作。

整个预应力体系的张拉施工顺序：先张拉锚固竖向精轧螺纹钢，再张拉横向钢束，最后张拉纵向预应力筋。

5.3.6 混凝土施工

配制混凝土的性能受材料质量、配合比、气温、运距的影响较大，通过试验分析，确定材料来源及混凝土配合比。

标准梁段采用拉篮在塔的两侧对称浇筑，标准梁段混凝土为106m³/每梁段。

混凝土浇筑是一道关键工序，混凝土通过泵送到浇筑平台进行浇筑，混凝土浇筑顺序：左右对称，从下到上，均匀浇筑。

主梁两边的斜腹板采用附着式振动器振捣。混凝土浇筑入模高度高于振动器安装部位方可开始振捣。

主梁其他部位采用插入式振捣器，振捣时快进慢出，上下略为抽动。插入点均匀排列，逐点移动，并避免碰撞模板、钢筋、预应力筋、预埋件等。

5.4 牵索挂篮的拆除

挂篮下放要求中跨与边跨同时进行。边跨挂篮在边跨合拢完成后即可进行吊架及卷扬机安装。中跨挂篮下放分两步进行。第一步，用50t手摇式螺旋千斤顶下放，当13号墩完成中跨25号箱梁施工后，用千斤顶下放挂篮5m并固定，以确保12号墩中跨25号块挂篮前移有足够空间。12号墩中跨25号块完成后，下放3m并固定，安装中跨合拢段支架。第二步，待中跨合拢完成后，用卷扬机下放中跨挂篮至船驳上，同时下放边跨挂篮。

6. 材料与设备

主要机具设备如下：短平台复合型牵索挂篮（500t）4台，液压拉伸机配油泵（600t）8台、（25t）4台、（75t）8台；液压千斤顶（250t）8台；油压表（0135级标准型）8个；钢索微振测力仪（DJC伺服加速度计）4套；轮胎式起重机（25t）2台；卷扬机（5t电控）8台。

7. 质量控制

7.1 挂篮成型后主要质量标准（表7.1）

挂篮成型后主要尺寸允许偏差　　　　　　　　　　　　　　表7.1

项　　目	允许误差	说　　　明
两主纵梁横向中心距	±0.5	用于安装两接长拉杆
两边纵梁横向中心距	±2	
前后横梁中线纵向距离	±2	

项 目	允 许 误 差	说 明
前后横梁桁高	±2	
节间长度	±2	
各梁旁弯	S/5000	S为所测段两端中心线所连直线与设计位置中心线的偏差
吊杆孔中心距	±3	
主纵梁腹板螺栓孔中心度	φ1	保证螺栓装拆自如

7.2 质量控制

7.2.1 箱梁钢筋工程如钢筋加工、钢筋连接、钢筋网绑扎等尺寸和位置必须准确、绑扎要牢靠，要注意混凝土垫块的位置和数量，保证保护层的尺寸，施工过程要严格执行三检制度。

7.2.2 调整箱梁模板的标高时，需要考虑箱梁的设计线形和箱梁预拱度的因素，同时箱梁线形及断面尺寸标准按《公路桥涵施工技术规范》质量标准执行（表7.2.2）。

箱梁模板安装标准　　　　　　　　　　　　　　表 7.2.2

项 目	允许偏差(mm)	项 目	允许偏差(mm)
模板标高	±10	模板相邻两板表面高差	2
模板内部尺寸	+5,0	模板表面平整	5
轴线偏位	10		

7.2.3 要建立完善的质量控制体系，对所有的工序均需要进行交接检或三检制度，并留下检查记录。

7.2.4 每次箱梁混凝土浇筑之前必须组织人员对整个挂篮系统进行全面的机械、安全、质量检查，所有的检查项目均达到规定后方可以浇筑混凝土。

8. 安 全 措 施

8.1 挂篮安装注意事项

1. 吊装前，明确起重吊装安全技术要点和保证安全技术措施；

2. 参加吊装人员应进行安全技术教育和安全技术交底；

3. 吊装工作开始前，应对起重运输和吊装设备以及报用索具、卡环、夹具等的规格，技术性能进行细致检查或试验，发现损坏现象，后应即调换或修复。起重设备应进行试运转，发现转动不灵活、有磨损，应即修理。经检查各部位正常，才可进行正式吊装；

4. 要做好防止高空坠落和落物伤人的措施；

5. 吊装时，应有专人负责统一指挥，指挥人员应位于操作人员视力所及的地点，并能清楚地看到吊装的全过程，起重机操作人员必须熟悉信号，按指挥人员的各种信号进行操作，不得擅自离开工作岗位；遵守现场秩序，服从命令昕指挥。指挥、信号应事先统一规定，发出的信号要鲜明、准确；

6. 操作时，必须在统一指挥下，动作协调，同时升降并移动，并使滑车组、吊钩均应基本保持垂直状态；起重机操作人员要相互密切配合，防止一台起重机失重，另一台起重超载现象出现；

7. 吊装停止时，应刹住回转和行走机构，关闭和锁好操作箱。

8.2 标准箱梁施工

1. 要掌握好内外模板倾斜度，保证其几何尺寸准确，安装牢固；

2. 安装时，严格控制伸出模板的钢筋间距（包括预应力筋），以免影响端头模板的安装；

3. 标准梁段采用拉篮在塔的两侧对称浇筑，混凝土浇筑是一道关键工序，混凝土浇筑顺序：左右对称，从下到上，均匀浇筑。混凝土浇筑应连续进行，如因故必须间断时其间断时间应小于前层混凝土初凝时间或能重塑的时间。浇筑混凝土前，一定要检查各预埋件是否合格要求、牢固，方可浇筑混凝土。下料点不准对着预埋件，以免使预埋件产生错位变形；

4. 挂篮施工为高空作业，工作人员须做足安全防护措施；

5. 由于套筒定位精度要求较高，在套筒定位加固后，不得将套筒及托架作为受力点，如有冲突应尽量绕开，以锡套筒走位。

8.3 挂篮拆卸

挂篮拆卸应选在无风或小风且平潮时进行。下放前施工人员要仔细检查各受力点是否牢靠，清除所有松脱物件，以免高空坠物，下放时挂篮上不准站人，拖轮及平驳在一旁待命，等挂篮下放到接近河面时才可驶出就位，挂篮在平驳上固定好才能拆除卷扬机吊点。

9. 环 保 措 施

采用本工法施工应明确环境保护的相关责任制，对环境因素进行分析、评价，采取有效的措施，将环保工作纳入日常工作操作程序。同时，与地方环保部门联系，由地方环保部门对项目的环保工作实施监控。

牵索挂篮在施工过程中主要污染源是废焊条、混凝土废渣、烟尘排放、废油、棉纱头等。

根据中华人民共和国固体废物污染环境防治法第十五条、第十六条、第十七条、第三十五条规定，在施工前应对相关操作人员进行岗前培训，操作中佩带相关防护用品。各相关部门、各工班负责人经常向下属员工进行节约资源、减少废弃物产生的宣传教育工作，指导对废弃物进行分类的操作，并制定各种措施减少各操作岗位产生的废弃物。

对废油类、油棉纱头、废油漆等油性废物，为防止流失污染环境，采用在相应施工地点配置贮存容器进行回收，再统一运输到指定地点集中处理。

对废焊条、废钢筋、混凝土废渣等固体废物应统一清理、集中、定点存放，以进行分类处理，综合回收利用，防止过程中沿途丢弃遗撒，减少对环境的污染。

对水泥粉尘、便道扬尘等烟尘污染采用有针对性的措施进行控制，保持场地整洁。主要是做好混凝土拌合站设备的维护，抑制水泥粉尘的产生，场地便道路面应进行硬化处理，并安排专人定时洒水防尘，必要时在施工场地出入口处应设置车辆车轮清洗水槽，防止运输车辆污染周边道路路面。

对操作人员要采取措施防止高温伤害。主要是箱梁浇筑完成后，要通过设置鼓风机、铺设喷雾水管等措施，加强箱梁内的通风散热，改善预应力张拉、内模拆装工序的工人操作环境。

10. 效 益 分 析

10.1 经济效益

崖门大桥主梁采用 4 套牵索挂篮悬臂施工，从 2000 年 8 月开始使用，每套挂篮共施工标准节段箱梁 25 块，其中最重箱梁 280t，而挂篮重 116t，挂篮重量与最大块件箱梁重量之比为 0.41。4 套牵索挂篮全部自行设计及加工，材料全部采用 Q235 (A3) 钢板，挂篮底盘采用全焊接连接，焊条采用特制焊丝 (CO_2 气体保护焊)，这项就节约加工重量 200t，一次性节约资金近 160 万元。使用牵索挂篮施工操作简便，行走方便，工人劳动强度小，用它施工主梁可每标准节段节约资金 6.05 万元，全桥主梁悬臂施工一次性节约资金 605 万元。

所以崖门大桥主梁施工采用牵索挂篮悬臂浇筑，一次性经济效益近 785 万元，施工工艺先进，给崖门大桥带来了明显的经济效益。

10.2 社会效益

崖门大桥是广东省"九五"期间重点交通工程之一，将广东省的西部沿海与东部紧密的连在一起。

崖门大桥主梁采用牵索挂篮施工每节段可缩短工期2d，可使全桥工期提前100d，同时可保证施工质量和安全。崖门大桥施工工期短，施工要求高，一开始就以争创"鲁班奖"和"国家优质工程"为目标。采用牵索挂篮悬臂施工为实现这一目标奠定了坚实的基础。崖门大桥的早日建成将大大促进广西部经济发展。崖门大桥主梁采用牵索挂篮悬臂施工的工艺将对国内大跨度斜拉桥建设起推动和促进作用。故崖门大桥主梁使用牵索挂篮施工具有重大的社会效益。

11. 应 用 实 例

广东省西部沿海高速公路崖门大桥为主跨338m单索面预应力斜拉桥，跨度国内第一，世界第三。崖门大桥主梁为单箱五室混凝土结构，施工时采用全断面一次性浇筑。箱梁工程是控制整个崖门大桥工期的关键工程，而用于箱梁现浇施工的牵索挂篮则是关键中的关键。

崖门大桥主梁采用4套牵索挂篮悬臂施工，从2000年8月开始使用，2001年12月全部完成箱梁施工任务，为崖门大桥创造直接经济效益785万元，为崖门大桥提前工期100d。单索面牵索挂篮施工工法在崖门大桥的成功开发和应用为我国大跨度斜拉桥上部构造施工做出了创造性贡献。

钢箱梁双吊机吊装施工工法

YJGF253—2006

中交第二航务工程局有限公司　江苏省苏通大桥建设指挥部

张鸿　陈鸣　刘鹏　彭晔丹　白炳东

1. 前　言

苏通大桥主跨1088m，居世界斜拉桥之首。上部结构采用双吊机悬臂拼装工艺，主梁宽41m、高4m，单节段长16m，重450～330t，吊高近80m。为了将苏通大桥钢箱梁悬臂拼装经验推广，特编制本工法。

2. 工 法 特 点

2.1　新型的吊机结构

桥面吊机采用分离式双吊机结构，并优化了支点布置，对于宽、重钢箱梁，可有效减小已安梁段的局部变形，有利于节段间匹配和结构受力。

2.2　先进的控制系统

桥面吊机采用先进的电脑控制系统。钢箱梁节段吊装时，用一台电脑控制两台钢绞线千斤顶同步提升，可自动和手动保持荷载和高度平衡。每台千斤顶具有缓慢下放功能，可以实现桥面节段缓慢下放，满足调位和荷载转移的要求。

2.3　快速的连接构造

吊具与吊点之间采用柔性连接，可在运梁船颠簸状态下，实现吊具与梁段快速连接。吊机后锚与已安梁段之间采用链杆式后锚，可以适应较大的变形与误差，实现吊机快速锚固。

2.4　高精度的调位系统

可快速实现空间三个方向各1mm的定位精度和梁段纵坡调整。极大地减少了精确匹配时间和工人作业强度，提高了工效，基本实现无应力匹配，确保了匹配精度和几何控制法的实施。

2.5　合理的匹配工艺

应用有限元程序分析，确定梁段匹配时，先固定纵隔板，然后用马板配合千斤顶调整腹板高差和顶、底板局部高差的匹配程序。

2.6　局部线形控制方法

采用局部测量方法控制主梁局部线形，实现了预拼装线形在安装过程重现。

2.7　便捷的行走系统

吊机采用单点顶推步履式前移系统，通过液压千斤顶推进桥面吊机行走，操作方便。

3. 适 用 范 围

本工法适用于斜拉桥宽、重钢箱梁双吊机悬臂吊装施工。

4. 工 艺 原 理

采用分离式双吊机结构适应宽、重钢箱梁特点，运用可自行走起吊装置——桥面吊机在主梁悬臂上逐段向前行走，从驳船上吊起钢箱梁，采用合理的工艺实现吊装梁段与已安梁段匹配，并控制主梁局部线形，然后施焊连接。

5. 施工工艺流程及操作要点

5.1 施工总体工艺（图 5.1）

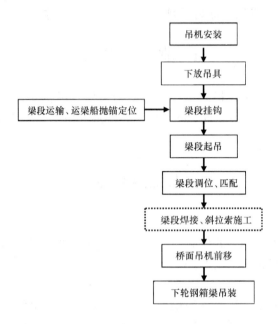

图 5.1 施工工艺图

5.2 操作要点

5.2.1 桥面吊机系统

1. 桥面吊机主体结构

桥面吊机主要由钢构架、提升系统、行走系统、调位系统、吊具及工作平台等组成，其主体结构见图 5.2.1。

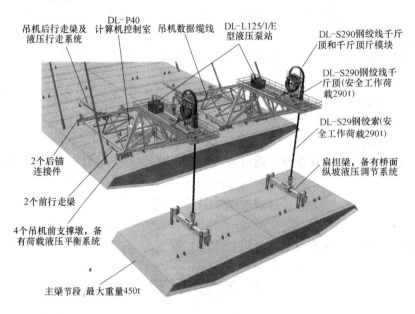

图 5.2.1 桥面吊机主体结构图

2. 桥面吊机的布置

每个作业面布置2台桥面吊机联合提升、调整、安装钢箱梁节段。

3. 桥面吊机的主要技术性能参数

桥面吊机主要技术性能参数选择要点：

（1）起吊速度：根据吊装高度和航道情况确定；

（2）纵坡调整范围：根据主梁安装阶段已成梁段线形变化情况确定；

（3）梁段水中定位允许偏差：根据千斤顶允许钢绞线最大折角值确定。

5.2.2　桥面吊机安装

1. 吊机安装

根据起吊设备能力和现场实际情况，选择拼装方案。拼装程序如下：

（1）吊机行走轨道安装；

（2）吊机钢构架安装：采用杆件散拼后整体安装或现场散拼；

（3）提升机构安装；

（4）液压、电器、控制系统安装；

（5）吊具安装。

2. 吊机检验

（1）设计资料检查：对设计说明、设计图纸和设计计算书进行检查；

（2）制造资料检查：对材料、焊接、试验、检测与质量控制资料进行检查；

（3）试验：进行空载、静载、动载、液压密封等试验。

试验合格获取特种设备使用许可证。

5.2.3　梁段运输及运梁船抛锚定位

（1）梁段采用专用自航式运梁船运输。

（2）运梁船到场后停泊在桥墩附近安全水域，等待吊装。

（3）吊装作业时与海事部门取得联系，在施工水域增派巡逻船只加强警戒，当需要占用主航道时，临时封闭航道。

（4）运梁船起锚，将梁段运输至起吊位置抛锚定位（图5.2.3）。

（5）根据水文气象资料制定吊装作业计划。避免在强风、大浪和潮水涨落交替时段进行抛锚定位，引起走锚或者定位不准确等问题。为了达到梁段稳定而准确的定位，尽可能选择吊装时间内最适宜执行吊装操作的时段，利用GPS辅助运梁船抛锚定位。运梁船抛锚定位偏差控制在±0.5m以内。

图5.2.3　运梁船抛锚定位

5.2.4　标准梁段起吊

1. 施工工艺流程（图5.2.4）

2. 吊装前检查

制定详细的《桥面吊机吊装检查表》，对桥面吊机锚固系统、千斤顶系统、吊索具系统、操作系统等进行逐项检查，确认无误后下放吊具。

（1）对于锚固系统，重点检查前支点限位、锁定，以及后锚点锚固、锁定情况。

图 5.2.4　标准梁段起吊流程图

（2）对于千斤顶系统，在每次吊装前取出主千斤顶夹片，进行检查，磨损超标的及时更换，对夹片内的渣滓用钢丝轮打磨清洁，打蜡保养后重新安装。

（3）对于吊索具系统，重点检查吊索完整性。

3. 吊具与梁段连接

（1）检查完成后下放吊具至待吊梁段上。

（2）吊具与吊装节段采用钢索柔性连接，可在颠簸的条件下实现吊具与梁段吊点的快速连接，减少航道占用时间。

（3）拧开吊钩在吊具上两端的固定螺栓，使吊钩可以在吊具上滑动。连接好梁段吊耳和吊具，缓慢收紧钢绞线使各吊点开始受力，用水平尺测量吊具是否水平。如不水平则通过吊具上的液压千斤顶调整吊钩位置，确保钢箱梁水平起吊，保证各吊点均匀受力。当吊具达到水平状态时拧紧固定螺帽，避免起吊过程中吊钩在吊具上产生滑动。

4. 正常起吊

（1）通过电脑控制每个吊点受力均衡，起吊梁段重量30%后，停止起吊，检查确认吊机系统及吊耳情况是否良好。通过控制系统按每500kN为一级逐级加载，每次加载时检查吊机、吊耳情况。当加载接近梁段起吊重量80%时，拆除梁段的临时固定装置，做最后全面检查，并确认钢绞线是否受力均匀，有无打滑松弛现象。

（2）当检查确认无任何影响起吊的障碍和确保安全后，两台主顶同时连续起吊，一次性将梁段吊离运梁船，此时，移走运梁船。在双悬臂施工条件下，岸侧梁段与江侧梁段要求同步、对称、匀速起吊。

（3）吊装过程中，由电脑控制起吊同一梁段的两台主千斤顶同步运动，如发现同一梁段上下游两台吊机受力和位移出现不均匀时，系统可自动进行调整，也可通过系统操作界面手动控制某一千斤顶的升降来调整受力情况，以保持梁段平衡。

（4）正常起吊过程中，全过程监视操作界面吊点荷载与位移变化情况，监视主千斤顶动作、钢绞线松弛和钢绞线卷盘情况，并巡视吊机锚固系统。

（5）每台提升千斤顶有上下两个锚具，其开合均通过电脑程序自动控制，所以上下锚不可能同时打开，即使在液压失效时，钢绞线千斤顶也可安全锚固。

5.2.5 梁段调位及匹配

1. 梁段匹配模拟分析

梁段匹配原则：减小匹配时产生的附加应力，实现基本无应力匹配。

建立三维有限元模型，模拟计算确定待吊梁段与已安装梁段匹配工艺。

已安装梁段在吊机前支点反力和斜拉索拉力的作用下，钢箱梁出现中间下挠，两边上翘的临时状态，而此时吊装钢箱梁在自重作用下出现的变形状态正好相反。通过模拟计算不同的匹配工艺，选取最优匹配方案。

2. 梁段粗匹配

（1）当梁段吊装至桥面附近时，利用吊具上的水平千斤顶调整吊装钢箱梁的纵坡与已安梁段纵坡一致，使其与已安梁段对应位置处上下接口的缝隙宽度大致相等。继续提升梁段，调整高程，使其与已安梁段的表面大致齐平。

（2）利用桥面吊机前端的纵向调位千斤顶驱使钢箱梁纵向移动，使梁段向已安梁段缓慢靠拢。然后，利用桥面吊机前端的横向调位千斤顶调整钢箱梁的横向位置，使吊装梁段与已安梁段的轴线对齐。

（3）反复微调，使吊装梁段与已安梁段的纵隔板处的顶止顶板对齐。

（4）在止顶板上焊接交叉限位板，限制相邻梁段变位，并将梁段纵隔板处匹配件通过螺栓连接，锁定主吊千斤顶。至此，梁段粗匹配完成。

3. 梁段精匹配

(1) 当达到施工控制条件时进行精匹配作业。

(2) 首先进行悬臂前端局部测量，对比控制指令，确定所需调整量。

(3) 略为放松匹配件螺栓，根据调整量，微动吊机主千斤顶调整梁段上、下游控制点相对高差。

(4) 在腹板位置布置千斤顶调整钢箱梁轴线。

(5) 复测悬臂前端局部线形与轴线，满足精度控制要求后，焊接固定止顶板处交叉限位板，拧紧匹配件螺栓，锁定千斤顶。

(6) 锚腹板和顶板局部残余高差用马板配合千斤顶调整。

至此，梁段精匹配完成。

5.2.6 梁段局部线形控制

1. 梁段局部线形控制原则

(1) 遵循构件几何控制法。

(2) 以匹配件定位为主，重现主梁预拼装线形。

2. 梁段局部线形控制方法

(1) 采用局部测量控制主梁夹角和相对轴线。

(2) 采用垫片调整主梁局部转角。

3. 主梁夹角控制

(1) 在（$N-2$）号梁段上游和下游侧各布置一台激光经纬仪或全站仪，测量主梁悬臂前端3个梁段相对高差。仪器置平时，关闭自动补偿装置。

(2) 对比基于制造数据的施工控制指令，进行微整。

(3) 2台仪器测量公共点，检查调整后吊装梁段前端上、下游高差与已成梁段是否一致。

4. 主梁局部轴线控制

(1) 在（$N-3$）号梁段轴线上布置全站仪，测量主梁悬臂前端4个梁段相对轴线差 ΔV。仪器置平时，关闭自动补偿装置。

(2) 对比基于制造数据的施工控制指令，进行微整。

5. 精度控制指标（表5.2.6）

精度控制指标　　　　　　　　　　　　　表5.2.6

序号	项　　目	精度指标(mm)	序号	项目	精度指标(mm)
1	W3(实测-理论)	10	3	△(轴线)	2
2	W3(上游-下游)	5			

5.2.7 桥面吊机行走

桥面吊机采用单点顶推步履式行走系统，实现快速、安全前移。行走程序为：

1. 转换桥面吊机后锚

2. 前行走梁前移

3. 吊机前移

4. 后行走梁前移

5. 行走到位

循环2次，完成吊机前移。

6. 主要设备和人力资源

主要设备和人力资源见表6-1、表6-2。

人力资源组织表 **表 6-1**

序号	职能或工种	主要作业内容	人数		
			技术员	技工	普工
1	技术部	施工组织设计、现场控制	4		
2	质检部	现场质量检验、监督	2		
3	劳安部	现场安全及环保管理	2		
4	船机部	设备保养维护、执行吊机操作	4	6	
5	工段长	现场人员调配		4	
6	起重组	挂钩、起吊指挥		4	30
7	监测组	梁段匹配监测、控制	10		
8	匹配组	梁段调位、匹配	2	8	20
9	抛锚定位组	运梁船抛锚定位	2	2	20

设备列表 **表 6-2**

序号	设备名称	规格、型号	单位	数量	备注
1	桥面吊机	DLP40 分离式	台	8	
2	交通船		艘	2	
3	拖轮	HP500	艘	2	
4	运梁船		艘	2	
5	电焊机		台	4	
6	全站仪	徕卡 TCA2003	台	4	
7	GPS	SR530	部	2	
8	水准仪		台	2	
9	激光经纬仪		台	4	
10	普通螺栓	M12×35	套	100	
11	销钉	M5	个	100	

7. 质 量 控 制

7.1 钢箱梁吊装匹配标准

（1）上游和下游测量点标高平均值的误差：≤±10mm；

（2）上游和下游测量点的标高差：≤5mm；

（3）主梁的轴线与已成相邻梁段偏差：≤±2mm。

保证新旧梁段顺接匹配，线形流畅。

7.2 钢箱梁吊装质量保证措施

（1）注意吊装的同步性，避免梁段因不均匀受力产生变形。

（2）严格遵守操作规程，吊装时要循序渐进，避免梁段碰撞变形，保护构件表面不受损伤。

（3）严格按监控指令调位，确保无应力匹配。

（4）加强测量仪器的保养与维护，确保测量精度，保证匹配质量。

（5）测量时加强对公共点的检查，确保测量成果的可靠性。

7.3 钢箱梁的成品保护

（1）钢箱梁节段现场拼焊完成后，对焊接部位进行涂装。

（2）采取措施防止桥面吊机等设备用油污染钢箱梁，易污染处预先用麻袋、土工布围护。

（3）禁止用重物撞击及敲打钢箱梁。

（4）成品钢箱梁禁止电焊、气割等损伤。

（5）如有硬质物体接触钢箱梁应加枕木铺垫，避免硬质物体直接接触钢箱梁，引起划痕和破坏涂装。

（6）禁止对钢材有化学反应的化学制剂接触钢箱梁。

（7）禁止在钢箱梁表面直接拖拉移动重型设备，造成梁体表面损伤。

8. 安 全 措 施

8.1 桥面吊机使用安全措施

（1）制定详细检查表格，钢箱梁吊装前对桥面吊机系统进行全面的检查。

（2）桥面吊机投入使用前，必须进行特种设备相关试验，试验合格后方可投入使用。

（3）操作人员必须经过严格培训，熟悉吊机的工作原理、性能及电脑操作，经过考试合格后上岗作业。

（4）操作人员必须严格按安全操作规程操作，作业前，应按规定穿戴好个人防护用品，如手套、安全帽、安全带等。

（5）钢箱梁吊装时有专人全过程监视吊装操作界面，并对桥面吊机支点及锚固结构进行巡查，发现异常停止作业。

（6）每次吊装前检查千斤顶夹片、钢绞线和钢丝绳，磨耗超标的夹片、钢绞线、钢丝绳等用具要及时更换，保证吊装安全。

（7）主千斤顶和钢绞线卷盘位置安排固定看护人员，全过程监视设备运行情况，发现异常停止作业。

（8）超过设备最大允许工作风力时停止吊装作业。

8.2 水上安全措施

（1）运梁船在进入施工现场作业前，由船机部、劳安部派员对船舶进行一次安全检查，检查后申请海事对船舶进行安检，确保船舶处于良好的适航状态。

（2）在船舶作业和停泊时，按规定显示好灯光信号，落实值班制度，派专人守听高频，保持与海事和项目部的通信畅通，在锚缆抛出后设置好锚浮。

（3）对通过主航道的大型船舶必须减速慢行，减少航行波对吊装的影响。

（4）设置并保护水上施工标志，专人水上瞭望，防止意外撞击事故发生。

（5）合理安排劳动力、机械和船舶的使用，禁止不符合生产安全规定要求的设备、人员进入现场。

（6）严格执行安全技术操作规程，组织有关人员对机械设备、设施进行定期检查。

（7）水上施工船舶严格执行项目经理部的各项安全制度，执行当地航政、港监部门的规定和交通部规定的船舶管理制度。

（8）随时检查船舶各部位工作情况，检查锚、缆绳等的完好状况，注意涨、落水时船舶的系缆和移位。发现船舶（包括所有施工船舶）情况异常，应及时进行处理；无法自行妥善处理的，必须及时向有关领导和部门报告，确保船舶施工作业的安全。

（9）施工船舶的抛锚定位由专人负责。

8.3 施工期抗风及防台措施

钢箱梁吊装及调位安装时可能突遇大风，或跨越台风期施工，这将对施工会带来极大的影响和困难，因此在施工时必须要做好相应的抗风和防台措施，组建抗风防台应急小组，在大风和台风来临时能够迅速做出反应，保证梁段的吊装及调位施工万无一失。

9. 环 保 措 施

（1）废弃的钢板、焊条等应集中堆放。

（2）各种液态材料在运输、使用过程中，应防止意外落入江中造成江水污染。

（3）运梁船、交通船、驳船等船泊、机械所用废油采用油水分离器，分离后废油集中收集，废水符合排放要求后，方能排入江中。

（4）在施工期间的废弃物、边角料分类存放，统一集中处理。

（5）在此期间的生活垃圾物，采用在船上设置垃圾桶，并定期运至岸上集中，再经生活垃圾车运至指定垃圾场处理。

10. 效 益 分 析

10.1 经济效益

运用电脑控制系统操纵液压千斤顶进行标准钢箱梁吊装是一种先进的施工工艺，极大地减轻了工人劳动强度，并提高了生产效率，与传统卷扬机吊装施工工艺相比有着显著的经济、社会效益。

在经济方面，本工艺最大的特点就是实现了自动化、机械化和数字化作业，以苏通大桥为例，标准梁段从水面起吊至桥面高度（70～80m）仅需要 2h。从下放吊具至粗匹配完成仅需 6h，精匹配仅需 1～2h，在双悬臂施工阶段南北塔共 4 个作业面，在 1d 内可完成 4 段标准钢箱梁的吊装与匹配。施工效率大幅度提高，施工费用降低明显。

10.1.1 工期效益

全液压自动化、数字化、机械化作业与传统卷扬机吊装钢箱梁标准节段相比可节约 1d 左右梁段匹配时间，取得经济效益约 121.02 万元。

10.1.2 其他经济效益

标准梁段吊具与吊装节段采用钢索柔性连接，可在颠簸的条件下实现吊具与梁段吊点的快速连接，极大减少了对长江黄金水道占用时间，封航时间的缩短而产生的广泛的经济效益巨大，难以估算。

10.2 社会效益

采用钢箱梁双吊机施工工法施工，社会效益方面更为突出，可以树立企业良好的形象。钢箱梁双吊机施工技术先进，有效地保证了斜拉桥的第一次千米跨越，受到社会各界的广泛关注。

钢箱梁双吊机施工运用先进的电脑系统控制液压千斤顶提升钢箱梁段，操作人员直接利用电脑控制程序完成梁段起吊到匹配的所有操作，最大程度降低了误操作的产生，极大地减轻了工人劳动强度，提高了生产效率，施工工期大幅降低。同时，最大限度地缩短了占用长江主航道的时间，节约了大量社会资源，为大桥早日合拢提供了有力保障，为实现促进区域均衡发展以及沿江整体开发作出了巨大贡献，社会各界反映良好，创造了巨大的社会效益。

钢箱梁双吊机施工技术是国际桥梁工程施工中一种先进的施工工艺，具有很高的科技含量，它在苏通大桥的成功应用，将有助于提升我国建桥水平和建桥地位，同时，苏通大桥钢箱梁双吊机施工技术的研究及成功实施，必将为众多即将建设的大型桥梁钢箱梁施工提供有益的借鉴和宝贵经验。

11. 工程实例及推广前景

苏通长江公路大桥主桥采用 100＋100＋300＋1088＋300＋100＋100＝2088m 的双塔双索面钢箱梁斜拉桥。主桥钢箱梁采用全焊扁平流线形结构，全桥钢箱梁分为 17 种类型 141 个节段，其中采用桥面吊机悬臂吊装的钢箱梁标准节段长 16m，最大起吊重量 450～330t，最大起吊高度约 80m。钢箱梁含风嘴全宽 41m，中心线处高 4m。

标准梁段施工从 2006 年 11 月初开始，于 2007 年 6 月初结束，整个工程质量在建设期间受到一致好评。

根据我国交通发展总体规划，21 世纪前期我国公路建设将形成以高速公路为主的"五纵七横"国道主干线，这将跨越很多江河、海湾。如国道同江至三亚线就有五大跨海工程。

这些特大型跨江跨海工程的实施，面临着一系列技术难题的挑战。随着苏通大桥双吊机钢箱梁吊装施工技术工艺的研究及成功完成，由其总结出的《双吊机钢箱梁吊装施工工法》必将为众多即将建设的大型桥梁钢箱梁施工提供有益的借鉴。

风积沙路基（湿压法）施工工法

YJGF254—2006

中冶京唐建设有限公司

朱焕柏　欧林　张建英　刘邓辉

1. 前　言

内蒙古省际通道通辽至下洼高速公路塔（甸子）—阿（布海）段是内蒙古省际通道支线赤峰至通辽高速公路中的一段，路基设计采用风积沙作为填料，路基顶面用碎石封层，填方边坡采用浆砌片石结合空心灰砂砖防护，空心部分用腐殖土回填后植草，挖方边坡采用秸秆作成隔栅，内部植草，路基两侧植柴草作为沙障，以防止风蚀作用对路基的破坏。

中冶京唐建设有限公司路桥公司承担了内蒙古省际通道支线通辽至下洼高速公路塔阿八标段12km的风积沙路基工程施工，目前，国内尚没有风积沙路基施工技术规范，在施工中，按照设计文件，结合《内蒙古自治区省际通道办风积沙路基施工技术规程》、《公路路基施工规范》、《公路工程质量检验评定标准》，通过对大量试验数据和施工经验的总结，采用双轮驱动振动压路机在风积沙保水的状态下进行压实，达到一定的密实度，满足路基设计要求，从而摸索出湿压法施工风积沙路基的施工工艺，并形成工法。

2. 工法特点

2.1　环保经济性好

在有地表或地下水源的沙漠地区采用风积沙筑路，可以就地取材，少占耕地，保护环境。

2.2　质量可靠

风积沙的固有物性决定了风积沙路基具有较高的强度和较好的稳定性。

2.3　与土方路基施工有明显区别

风积沙路基施工中主要采用推土机和装载机挖运填筑；运距较远时，需采用二次倒运的方法，由自卸汽车运至路基坡脚，再用装载机运至路基上；压实必须采用双轮驱动振动压路机进行压实。

2.4　路基洒水与一般土方路基不同

由于洒水车在路基上不能行走，不能采用洒水车在路基上进行洒水，一般在路基两侧打井，利用水泵直接抽水至路基上。

3. 适用范围

本工法适用于有地表或地下水源的沙漠地区公路、铁路、场平等工程的施工。

4. 工艺原理

4.1　湿压法施工主要是利用水为结合料，采用推土机与双轮驱动振动压路机配合压实，使沙的颗粒重新排列，小颗粒紧密地嵌入大颗粒之间，达到密实。

4.2 根据库仑定律：$\tau_f = \sigma \cdot \tan\phi + C$，抗剪强度 τ_f 是由粘聚力 C，内摩擦角 ϕ 和作用于剪切面上的法向应力 σ 形成的。风积沙的粘聚力基本为 0，因此只有增大内摩擦角才能获得较大的抗剪强度。试验表明，压实是风积沙路基施工中的难点，初压时，压轮挤出的松沙壅积于前轮下，后轮碾压过的表面由于剪切作用发生错动，造成压路机行走困难，若沙层含水量偏低，还会出现压路机打滑以至于深陷于沙层中的现象。通过水的作用及双轮驱动振动压路机特殊的机械功能，解决了湿压法施工中的压实问题。

5. 施工工艺流程及操作要点

5.1 工艺流程

5.1.1 风积沙湿压法施工工艺流程见图 5.1.1。

5.1.2 施工工序

风积沙路堤主要施工工序为：测量放线—施工清表—基底翻松碾压—基底检测—路基上料—摊铺整平—洒水碾压—现场检测—封层施工—刷坡—圬工防护等。

5.2 操作要点

5.2.1 施工准备

1. 施工便道

在风积沙上运输车辆几乎无法行走，施工便道修筑特别重要。沿路线走向及取土场至路基间应设置施工便道，便道宽度以 6m 为宜，为了加强环境保护，施工便道应尽量修建在征地线以内，少占农田。先用推土机粗平，再用平地机精平，为提高便道的承载力，铺筑 30～50cm 厚黏土路基，面层铺筑 20cm 厚 8% 灰土或碎石土，有条件的路段也可以铺筑山皮土，洒水碾压密实。

2. 水源解决

选择距施工现场较近的沙丘间湿洼地钻井，井深一般 10～40m，配备 15～24kW 柴油发电机组，5.5～7.5kW 潜水泵从井中抽水。考虑到沙漠地区气候炎热、蒸发量大，风积沙路基施工用水量大等特点，原则上沿路基每隔150～300m 布设一处供水点。

3. 取土场选择

采用集中取土场取土，取土场选择应尽量避免对荒漠植被造成破坏并尽量设在路基两侧，距路基尽量较近，减少运距，且根据路基设计图做到移挖作填，合理利用，避免弃土。在取土完毕后，对取土场进行平整，与原有地貌相协调并恢复植被。

4. 路基填料试验检测

路基施工前，试验室应完成取土场、挖方段、填前碾压区风积沙的各项指标检测。主要

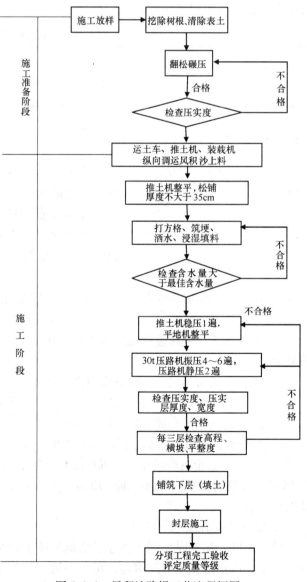

图 5.1.1 风积沙路堤工艺流程框图

2479

试验检测指标与土基本相同，包括：颗粒分析、标准击实、液塑限、天然含水量、易溶盐含量、有机质含量、CBR 值等。通过试验确定合格填料，选取砂场。

根据现场大量试验研究表明：风积沙标准击实曲线随着含水量由 0％至最佳含水量的变化，往往呈现出波动形状，在 0％附近和最佳含水量时会出现两个较大的干密度峰值，所以在风积砂施工中，一般可采用干压实和湿压实两种不同的施工工艺。在有条件取水的施工地段，采用湿压法进行路基碾压，工艺简单，易于控制、操作，应优先选取。

根据《公路工程土工试验规程》JTJ 0531—93 利用湿法进行风积沙室内标准击实试验，含水量试验区间一般为 8％至 15％，由标准击实曲线得出最大干密度一般在 1.6～1.7g/cm³ 之间，其标准过低无法控制施工，采用饱水振动法确定的最大干密度与实际较接近，施工中应采用饱水振动法确定的最大干密度。

饱水振动法主要是利用小型振动台（石家庄长安建设仪器厂生产的混凝土振动台）对风积沙试件进行饱水振动密实，试模采用《土工试验规程》中粗粒料标准击实筒，混凝土振动台是计量合格的振动台，将饱水的风积沙试件置于振动台上，经过连续振动一定时间，振动时间分别是 1、2、4、6、8、10min 等，取得风积沙的湿容重，进行 12h 以上连续烘干，取得干容重，再计算出干密度，以干密度为纵坐标，以振动时间为横坐标，绘制出干密度与振动时间关系曲线，曲线上的峰值点为最大干密度，其结果见表 5.2.1 和图 5.2.1。

饱水法确定标准击实试验结果　　　　　　　表 5.2.1

项目	1	2	3	4	5	6
振动时间(min)	6	9	12	15	18	21
干密度(g/cm³)	1.780	1.821	1.850	1.836	1.815	1.775

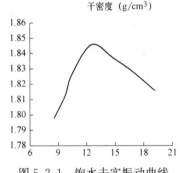

图 5.2.1　饱水击实振动曲线

通过对多处取土场取样试验，最大干密度一般在 1.83～1.90g/cm³ 之间。

当风积沙中小于 0.074 组分质量大于总质量的 5％时，采用标准击实法，其最大干密度比较准确。

5. 开工前应做好施工测量工作

包括导线点及水准点的闭合、中线、横断面抽查及补测、增设水准点，主要仪器为全站仪和水准仪，施工测量精度应符合公路勘测规范的要求。

5.2.2　路基施工

1. 试验路段

1）试验路段位置应选择在地质条件、断面形式均具有代表性的地段，长度取 200m 为宜，宽度为路基全幅。

2）试验路段所用填料和设备应与全线施工所用的填料和设备相同，通过试验路段的施工最终确定每层松铺厚度、碾压遍数、松铺系数、最佳的机械配套组合和切实可行的施工方法。

3）试验路段施工完成后，及时写出试验报告，以便指导全面施工。

经过试验路段施工，确定每层松铺厚度一般为 30～35cm，松铺系数一般为 1.3，压实设备采用推土机与 CA30D 双轮驱动振动压路机相配合，93 区碾压遍数为推土机静压一遍，压路机振动碾压 4 遍，94 区碾压遍数为推土机静压一遍，压路机振动碾压 5 遍，96 区碾压遍数为推土机静压一遍，压路机振动碾压 6 遍。

2. 填方路堤施工

填筑原则：填筑时采用水平分层填筑法施工，按照横断面全宽分成水平层次逐层向上填筑。如原地面不平，应从最低处分层填起，每填一层，检测下层压实度符合规定后，再填筑上一层。若填方分几个作业段施工，在相接处应按每层厚度做出搭接长度不小于 2m 的台阶；同一时间填筑的应分层相互交替衔接，搭接长度不小于2m，以防止路基不均匀沉降。当原地面纵向坡度缓于1∶5且基底经过处理符合要求时，可直接在清表碾压后的基底上分层填筑路堤；原地面纵向坡度陡于1∶5时，应将原地面开挖成搭接长度不小于2m的台阶，并压实。填筑时自下而上逐层填筑、压实。所有台阶填完后，即可按一般填方施工。路基两侧各超填30~60cm，保证路基边缘压实度，边坡控制在大于1∶2，填方超过6m时，在6m处设置2m宽平台。

1）施工放样

采用全站仪放出路基中线20m一点，确定路基边桩及坡脚线，并用白线挂出虚铺厚度。

2）基底处理

原地面的坑、洞以及低矮沙丘应推平或用风积沙回填，草皮、有机土、腐殖土、淤泥等应清除，并堆置于适当地点，可用于路基防护填土，基底0~60cm范围内进行翻松压实，达到规定压实度后（可按93区控制）进行路基填筑施工。

严重下湿地段应先对基底用抛石挤淤的方法进行处理。片石抛填至地表长期积水水位以上，片石以上填50cm厚的天然砂砾或碎石土，宽度每侧比路基基底宽1m，然后再填筑路基。

3）上料

填筑用的风积沙不得夹带块状黏土、植物、草皮、树根等杂质，保证填料匀质。

上料前，首先根据松铺厚度和松铺系数计算好填料堆积数量，打好方格，保证上料准确。

填筑用风积沙首先施工利用土方，不足部分进行借土填方。运距近的采用推土机或装载机进行调运，运距远的，通常采用自卸汽车将填料运至路堤坡脚处，然后采用装载机或挖掘机通过二次倒运的方法运至施工作业面上。如条件允许也可在沙层上铺天然沙砾、碎石土或土工织物等，使重载车直接运送填料上路基。

4）摊铺填料

采用推土机及平地机进行摊铺，摊铺每层最大松铺厚度控制在35cm以内。

5）洒水

每层填筑完成后用人工将填料打格筑埝，埝高15cm左右，再进行洒水，由于水车在路基上不能行走，因此，洒水主要利用水泵直接将水抽至路基上，洒水过程中水压不可过大，喷洒速度不可太急。保证慢速、均匀，使水有充分的渗透时间。

6）碾压

碾压方法

碾压前，先检查含水量，含水量控制在比最佳含水量高1%~2%，压实区域以50~80m作为一个碾压段，碾压分稳压、振压和终压三个阶段。

稳压：用推土机或振动压路机静压一遍；

振压：用振动压路机振动压实4~6遍，碾压时，压路机由慢到快，直线段由两边向中间，小半径曲线段由内侧向外侧，纵向进退式进行，轮迹重叠宽度不小于1/3，前后相邻两区段纵向重叠两米以上，应达到无漏压、无死角，碾压均匀。

终压：用压路机静压两遍。

7）检测方法

每填一层，检测压实度符合规定后，再填筑下一层。检测压实度的主要方法为灌沙法，采用随机取样，取样深度宜在15cm以下，每2000m²检测8点，不足200m²检测2点，150cm以下为93区，150~80cm为94区，0~80cm为96区。台背回填每50m²检测1点，不足50m²也检测1点，按96区检测。

3.路堑段施工

1）复查两阶段施工设计图，核实挖方横断面设计图，用木桩标明轮廓。

2）对已开挖且适用于种植的草皮表土应定点堆放，以便利用其覆盖弃沙面，减少土地沙化。

3）根据试验结果，对开挖出的适用沙土用于路基填筑，不适用的按规定堆弃。

4）施工过程中发现风积沙层下部出现土质变化，应将上部风积沙全部挖除后再进行下部开挖，上部风积沙边坡坡度应符合设计要求。风积沙的边坡通常设计挖方小于 1.5m 为 1：6，挖方大于 1.5m 为 1：3。

5）路堑开挖应根据选用设备、路堑深度及纵向长度的不同，采用横挖法和纵挖法两种开挖方式：

横挖法：以路堑整个横断面的宽度和深度从一端或两端逐渐向前开挖的方式。

纵挖法：沿路堑全宽以深度不大的纵向分层挖掘；也可采用混合式开挖，即横纵法结合使用，先沿路堑纵向挖通道，然后沿横向坡面挖掘，以增加开挖面。与常规土方开挖不同的是风积沙的开挖通常采用装载机或推土机配合装载机。

6）零填及挖方路段，开挖至上路床标高后再超挖 30～80cm。对下层碾压达到要求后，再分层回填超挖部分，至设计路床标高，以保证路床顶面以下 0～80cm 范围内的压实度。

7）对填挖结合部的路基，要先进行填方段的施工，避免挖方时将填方区域掩埋。

5.2.3 路基封层施工

振动压路机碾压后表层 5～10cm 松散，路基弯沉值满足不了设计要求。通常在风积沙顶层采用 20～30cm 级配碎石、砂砾或山皮土，其目的为保证路面结构层下承层稳定，利于路基弯沉的检验和基层施工车辆的通行。封层材料一般采用机械配合人工整平，并在其表面 3cm 范围内人工铺洒中砂、石屑等细料。最后用 15t 上双驱轮压路机碾压 3～4 遍，使路基顶面形成平整、紧密的表面。

5.2.4 风季路基临时防护

沙漠地区风季长且风力强，风蚀现象是对路基的最大危害。路基施工大多为跨年施工，为减少风沙对路基的侵蚀，路基施工当年应合理安排工期，最好当年将碎石封层填筑完毕，以封住路基顶部风积沙，并在当年施工结束时，及时将路基迎风侧和挖方路堑段采取格状沙障进行防护。沙障可采用玉米秸秆、稻草布设成矩形或菱形，间距不宜过大。此外最好在路基两侧的取弃土场及移动沙丘修建固沙带，及早施工柴草沙障，保证路基在冬春两季施工间歇期不被风蚀。

5.2.5 施工注意事项

根据沙漠地带的气候特点和风积沙路基施工的特殊工艺，施工时应注意：

1. 应尽量避开中午的炎热高温和沙尘天气，沙漠夏季的平均气温在 30.1℃ 以上，人员和机械均难以承受，施工时间应尽量安排在早、晚和夜间。在沙尘天气中，机械不宜使用，无孔不入的沙尘对机械设备有难以估量的破坏作用。

2. 施工段划分不宜过长，应集中力量从路线一端进行推进，并使各施工段尽快连成一片，便于所有机械设备尤其是振动压路机的统一调配，提高设备的利用率。同时，利用已成型路基作为施工便道，可大大提高车辆的运输效率。

3. 由于风积沙成型后的抗剪强度较差，振动压路机压实后表层 5～10cm 密实度较低呈松散状，作为中间层，不会影响路基质量。实践证明，风积沙透水性好，上层施工时，水在沙层中直接往下渗，该松散薄层的含水量增大，在压路机的作用下，密实度将达到规定值。振动压路机的有效压实范围可达 50cm，并且在有效压实范围内越往下密度越大。

4. 风积沙含水量过大，碾压时出现弹簧现象不会对纯风积沙填筑的路基质量产生不利影响，由于风积沙的滤水作用和水稳性好的特点，出现弹簧现象的路基填方不用翻挖，只要等待约 1h 后碾压即可达到规定的密实度。

5. 路基顶层交验段落不宜过长，以 300～500m 为宜，交验合格后立即用封顶层碎石、砂砾料进行覆盖。

6. 材料与设备

6.1 材料

6.1.1 风积砂路基填料按路基土分类属细砂，风积沙的颗粒组成比较集中，0.074～0.5mm 颗粒含量在 90％以上，天然含水量在 3％左右，液限在 20％左右，塑性指数为 0，易溶盐含量为 200.86mg/kg，有机质含量 0.58％，CBR 值在 8％左右。

6.1.2 在自然状态下风积沙的干密度在 1.4g/cm³ 左右，湿密度在 1.5g/cm³ 左右。风积沙在压实过程中密度增长很快，其最大干密度可以达到 1.76～2.05g/cm³，是天然状态下的 1.2～1.4 倍。其天然含水量很低，最低不足 1％，最高不超过 6％。保水性较差，水稳定性很好，易溶盐含量很小、呈微碱性，其本身无腐蚀性，压缩变形小、完成时间短，压缩量与荷载呈指数关系，回弹模量值较大，风积沙在保水状态下易压实。

6.2 设备

6.2.1 施工机械车辆的选择

沙漠地区高温、沙尘天气对机械车辆的损害大，地广人稀，交通运输极为不便，机械维修保养、配件供应等极为不便。沙漠地区特殊的地理自然环境决定了施工机械车辆的选择特殊性，应尽量考虑在沙漠地区能较为便利行走的大型施工机械，推土机宜采用 T140 以上，自卸车采用双桥 8～15t，洒水车采用 8～15m³ 较为经济，DH-50 型装载机，自行履带式铲运机，双轮驱动 18t 以上振动压路机，普通振动压路机在风积沙路基上无法行走。进场设备尽量选用较新设备，避免经常修理。

6.2.2 主要施工机械设备

风积沙路基主要施工机械见表 6.2.2。

风积沙路基主要施工机械　　　　　　　　　　　　　　　　表 6.2.2

序号	设备名称	型号规格	数量	备 注
1	挖掘机	日立 EX-200	4 台	取料
2	压路机	CA30D	8 台	碾压
3	装载机	DH-50	10 台	备料
4	平地机	PY160	2 台	整平
5	推土机	T-140	6 台	备料、整平
6	推土机	T-220	2 台	备料、整平
7	自卸汽车	东风	30 台	备料
8	柴油发电机	15～24kW	40 台	
9	水泵	5.5～7.5kW	70 台	
10	洒水车	10m³	2 台	
11	加油车	8t	1 台	

6.2.3 检测仪器

风积沙路基主要检测仪器见表 6.2.3。

风积沙路基主要检测仪器　　　　　　　　　　　　　　　　表 6.2.3

仪器名称	仪器型号	数量	仪器名称	仪器型号	数量
电子天平	WT2102 型精度为 0.01g 最大称量 200g	2 台	液塑限测定仪	FG-Ⅲ型 100g	1 台
电子天平	JY15000g 精度为 1g 最大称量 15kg	2 台	CBR	标准	1 套
测力环	5～7.5　　20～30　　50～60kN	各 1 个	振动台	0.5m²	1 台
电热鼓风恒温干燥箱	HWX-L 型	1 台	灌砂桶	标准	5 套
路面材料强度试验机	LO127 型	1 台	50m 钢尺		1 个
容积升		1 套	3m 直尺		1 个
标准土壤筛		1 套	水准仪	DZS3-1	6 台
烧杯		2 个	经纬仪	DT-101	1 台
铝盒	大　中　小	10 个	全站仪	GTS-335	1 台
多功能电动击实仪	BKJ-Ⅲ型	1 台			

7. 质 量 控 制

7.1 检验标准执行《公路工程质量检验评定标准》JTG F80/1—2004，试验标准执行《公路工程土工试验规程》JTJ 051。

7.2 风积沙有机质含量、烧失量、易溶盐含量必须满足规范要求。

检验方法：室内化学分析试验。

7.3 风积沙 CBR 结果应满足设计要求。

检验方法：室内 CBR 试验。

7.4 压实度满足规范 JTG F80/1—2004 及设计要求。

7.4.1 碾压时间必须掌握在含水量超出最佳含水量 1%～2% 开始，在含水量降低到最佳含水量以下 1% 时，完成碾压。

7.4.2 碾压按试验段工艺要求、设备组合、碾压遍数严格控制。

7.4.3 碾压完毕后，进行压实度检测，达不到要求的及时补水补压。

7.4.4 检验方法：灌砂法，取样深度宜在 15cm 以下，每 200m 每压实层测 4 处。

7.5 弯沉满足规范及设计要求。

检验方法：贝克曼梁检测每 200m 80～120 点；

7.6 纵段高程、横坡检测满足规范要求。

7.6.1 开工前、复工后、降雨后、有怀疑时均应对水准点进行复核，闭合差符合要求后使用。

7.6.2 每层按设计高程和横坡进行调拱调坡，每 20m 一个断面，弯道、超高段每 10m 一个断面，每个断面不少于 4 点。

7.6.3 检测方法：水准仪逐断面检测。

7.7 中线偏位满足规范要求。

7.7.1 确定直线段 20m、曲线段 10m 中桩坐标。设计为给出的，根据曲线要素计算确定。

7.7.2 采用全站仪直线段 20m、曲线段 10m 一点逐桩测设中桩。

7.7.3 沙漠地区环境恶劣，全站仪在计量检定周期内，至少每 10d 进行一次使用前误差检查，发现异常及时检校。

7.8 宽度满足规范要求。

7.8.1 路提填筑每侧应宽填 50cm，以力保水碾压。宽填部分在边坡砌筑前方可刷除。

7.8.2 每三层用全站仪精确测设该层边桩坐标法，以修正边桩偏差。

7.8.3 风季边坡应做好临时防护，采用植物沙障或碎石土覆盖，防止风蚀路基。

7.9 平整度满足规范要求。

检测方法：3m 直尺每 200m 测 2 处 ×10 尺。

7.10 封层厚度满足设计、规范要求。

7.10.1 为保证路基质量，路基顶层交验合格后应立即进行封层施工，封层宜为碎石、砂砾料，路基顶层交验段落不宜过长，以 300～500m 为宜。

7.10.2 封层既是路基防护层又是路基顶层施工质量控制尤为重要，应保证厚度不低于设计值，且密实稳定。

7.10.3 检测方法：每 200m 挖验 4 点。

8. 安 全 措 施

8.1 安全规程执行《公路工程施工安全技术规程》JTJ 076、《公路筑养路机械操作规程》及有关指导安全、健康与环境卫生方面的法规和规范。

8.2 建立安全生产责任制，安全工作日查月审制度，使安全工作做到时时讲、事事讲、处处讲。

8.3 加强安全知识教育，提高员工的安全保护业务素质

8.3.1 所有专业工种都必须结合工种和施工现场地形特点，加强岗前培训，系统掌握有关安全知识，并通过考核合格后持证上岗。

8.3.2 利用一切机会开展普遍的安全知识教育，提高职工对自然灾害知识的认识和在险情下的应对能力。

8.3.3 施工前进行安全施工技术交底。

8.4 加强安全工作的物质保障

8.4.1 特殊环境下作业人员必须配发有关的劳动保护用品，如防风镜、绝缘鞋等。

8.4.2 定期对施工人员进行体检，不适宜沙漠环境条件下工作的人员要及时撤换，对员工要给予营养补助，保持健康。

8.5 在工程现场周围配备、架立并维修必要的标志牌，为员工和公众提供安全和方便。包括警告与危险标志；安全与控制标志；临时交通标志。

8.6 对操作人员进行培训，熟悉掌握工艺要求和机械设备性能，严格遵守各专用设备使用规定和操作规程。大型机械设备必须专人操作，严格执行交接班制度和机具保养制度，发现故障和异常现象时，应及时排除。

8.7 临时供电采用三相五线制，配备标准配电箱；取水水泵等水下用电设备，应有安全保险装置，严防漏电；电缆收放要与水泵同步进行，防止拉断电缆造成事故；水井处需设防护并设标志，并设围栏防护。

8.8 加强天气预报的监收，随时掌握不利自然条件的影响，及时采取对策，防止因自然灾害的影响带来的伤亡损失。

8.9 办妥保险手续，要对施工设备和人身安全投保。

9. 环 保 措 施

9.1 遵守国家和地方有关环境保护、控制环境污染的规定

1. 防止施工中的燃料、油、污水、废料、和垃圾等有害物质对河流、湖泊、池塘和水库的污染。对生产、生活设施统筹规划、合理不置、综合治理、化害为利。

2. 防止扬尘、汽油等物质对环境空气的污染，防止噪声对环境的污染，把施工对环境、空气、居民生活和动植物生存的影响减少到法律允许的范围内。

1) 施工现场勤洒水，防止扬尘；

2) 废弃物、生活垃圾集中堆放、掩埋；重点控制塑料袋等白色垃圾飞扬；

3) 现场人员、施工机械不得在征地范围以外行走，保护当地脆弱生态环境。

9.2 防止水土流失、保护绿色植被

9.2.1 施工时保持工地及受影响区的良好的排水状态，将临时排水与永久排水工程相结合，防止淤积和冲刷。

9.2.2 弃方应远离河道，尽量不压盖植被并与自然环境相协调，对弃方及时进行压实和植被恢复工作。

10. 效 益 分 析

10.1 利用风积沙作为填料，解决了沙漠地区缺乏筑路材料问题，加快沙漠地区公路建设步伐，

节约资源和缩短工程建设周期；同时减少沙害，保护植被地貌，减少水土流失，保护生态环境，社会效益显著。

10.2 降低施工成本，工程预算填方14～15元/m³，实际成本12元/m³，降低造价14.3％～25％。

11. 应 用 实 例

11.1 内蒙古省际通道通锡盟段 ASTJ2006 合同段 20km 路基工程位于锡盟境内，于 2002 年 8 月 20 日开工，2004 年 6 月竣工。路基填料局部为风积砂，风积沙总工程量 76 万 m³，降低造价约 190 万元。

11.2 2003 年内蒙古哈磴高速公路第七合同段 8km 路基工程位于内蒙古包头境内，于 2003 年 8 月 23 日开工，2005 年 11 月竣工。路基填料局部为风积沙，风积沙总工程量 43 万 m³，降低造价约 130 万元。

11.3 内蒙古省际通道通辽至下洼高速公路塔（甸子）—阿（布海）段第八标，位于通辽境内，施工的里程为主线 K61＋900－K66＋131，路线长 4.2km，连接线 8.2km，路基工程于 2005 年 6 月 20 日开工，2006 年 6 月竣工。路基填料全部为风积沙，风积沙总工程量 98 万 m³，降低造价约 245 万元。

11.4 采用本工法施工速度快，质量可靠，在业主组织的全线工程质量与进度检查评比中一直名列前茅，受到业主监理的好评。

桥梁高塔（墩）液压爬模施工工法

YJGF255—2006

中交第二航务工程局有限公司

汪文霞　罗承斌　肖文福　刘鹏　高雄

1. 前　言

随着国内桥梁工程建设发展，特别是高塔施工工艺的发展，传统的爬模、翻模工艺满足不了科技水平的不断进步以及人们对混凝土外观质量、耐久性和施工安全性的要求，通过中交第二航务工程局有限公司引进和消化国外技术，自行研究开发了 HF-ACS100 液压爬模系统，并在苏通大桥 300.4m 高塔、安庆长江大桥、杭州湾跨海大桥、株洲湘江四桥、徐州立交桥等多个工程的应用，总结液压爬模施工工艺，逐步完成了本工法的编写。

液压爬模是桥梁建设高塔及墩身施工中一种先进的施工形式。采用液压控制，使模板与模架导轨交替上爬。它具有爬升平稳，模板俯仰角可调范围大，模板采用钢木混合结构成本低，单轨爬升能力大，施工质量易于控制等优点，适用于各种线型的塔、墩施工。2003 年经过湖北省科技厅组织的 HF-ACS100 液压爬模系统鉴定，认定本系统主要技术性能处于国内领先地位，并于 2005 年取得了实用新型专利。该系统获中港集团科技技术进步二等奖，获湖北省公路学会三等奖。同时，该项工法经使用证明具有良好的操作性、安全可靠性、施工的高效性和使用的经济性，具有明显的社会效益和经济效益。

2. 工法特点

2.1　采用全封闭多层平台施工，爬架刚度大，工作平台稳定可靠，塔、墩身线形易于控制，能有效保证施工质量。

2.2　每层施工平台均设有安全护栏和安全网，封闭了爬模与墩身或塔身之间的缝隙，为避免高空坠物伤人提供了安全保障。

2.3　采用全液压操作系统，自动化程度高，操作简便，施工工艺容易掌握。

2.4　模板定位、调整非常方便，每次只需 0.5h 即可完成。

2.5　爬升周期短（一般在 1～2h 左右），施工速度快，劳动强度低。

2.6　在六级风以下，可组织 24h 连续施工。

3. 适用范围

本工法适用于公路、铁路桥梁工程建设中的高塔及墩身施工。

4. 工艺原理

4.1　概述

本工法同传统施工法的主要不同是工作平台的结构形式和特性。本工法采用 HF-ACS100 液压自动爬模系统，工作平台设置在爬架上，爬架系统自带动力，在工作过程中可携带模板自动爬升，满足构筑物不断升高施工的需要。

4.2 轨道爬升

如图 4.2 所示，轨道爬升时，爬架与锚座系统及已浇构筑物牢固地连成一体，轨道与锚固装置脱开，但可在锚固装置中上下滑动，液压动力装置的活塞杆上下伸缩运动，通过辅助步进机构带动轨道向上运动。辅助步进机构的功能类似于棘轮机构，只允许从动件向一个方向运动，从而保证轨道持续向上提升。活塞杆每一个伸缩周期，向上提升一步，步长小于油缸行程，等于轨道节距。

4.3 爬架爬升

如图 4.3-1 所示，爬架爬升时，轨道紧固在锚座系统上，同已浇构筑物牢固连成一体。爬架可沿轨道上下运动，同轨道提升状态相仿，活塞杆的伸缩运动通过辅助步进机构带动爬架在轨道上向上爬升。辅助步进机构类似于棘轮机构，但也不完全等同于棘轮机构，其区别在于可预先调整允许运动的方向。辅助步进机构在某一状态时只允许从动件向一个方向运动，但调整方向后，则只允许从动件向相反方向运动。爬升系统正是利用这一特性，用同一动力装置提升相对运动为反向的爬架和轨道。爬升系统到位后工作状态如图 4.3-2 所示。

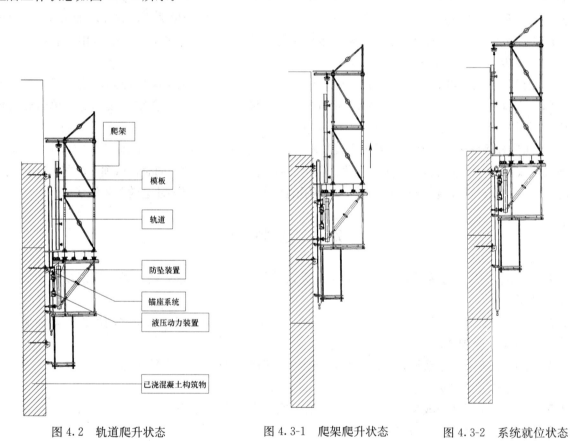

图 4.2　轨道爬升状态　　　　图 4.3-1　爬架爬升状态　　　　图 4.3-2　系统就位状态

5. 施工工艺流程及操作要点

5.1 工艺流程（图 5.1）

5.2 操作要点

5.2.1 爬模预拼装

1. 爬升装置及承重部件预拼装

1）将承重架与爬头和下支撑分别进行可靠的连接；

2）将步进装置上爬箱与爬头和液压缸分别进行可靠的连接；

3）将锚板固定在预埋锚锥位置；

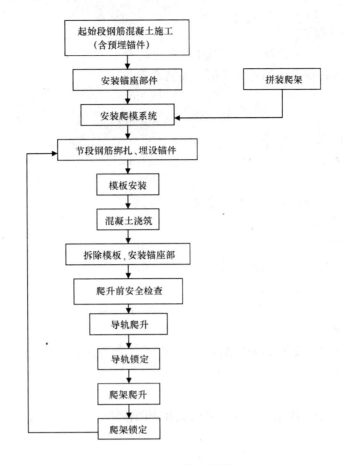

图 5.1 工艺流程图

4）锚靴挂在锚板上，并用限位销限位。

2．将预拼装好的部件挂到锚靴上

1）将承重销轴插入锚靴固定孔中；

2）将预拼装好的部件挂在承重销轴上；

3）插入安全销轴，锁定爬头位置。

5.2.2 爬模的现场安装

1．上爬架及下吊架的拼装

按照设计施工图拼装上爬架及下吊架，并按施工工艺图逐步进行系统的总体拼装。

2．将预拼装好的部件挂到锚靴上

1）将承重销轴插入锚靴固定孔中；

2）将预拼装好的部件挂在承重销轴上。

3．轨道安装

1）在下一节段安装锚板锚靴；

2）调节下支撑，调整步进装置上下爬箱横向位置，拼装好轨道撑脚；

3）在轨道上插入楔形板，吊起轨道；

4）穿过下一节段锚靴、爬头及上爬箱、下爬箱，下放轨道至楔形块卡在下一节段锚靴上；

5）将下与油缸用销轴可靠连接，安装步进装置摆杆、弹簧复位器等；

6）将轨道撑脚用销子可靠连接在爬升轨道上，旋转轨道撑脚，使其支撑在混凝土面上。

4．移动模板支架的拼装与调整

在施工现场拼装移动模板支架时严格按设计图要求进行拼装，主要拼装程序包括：预拼装、整体拼装、模板的调整、定位与脱模。

5.2.3　安装定位精度控制要求

1. 锚锥定位应采用适当工艺措施，保证其平面定位误差小于10mm。

2. 各构件预拼装的容许偏差应满足如下精度控制要求：

1）单元总长　　　　　　　　　　　　　　±3mm

2）接口截面错位　　　　　　　　　　　　±2mm

3）节点处杆件轴线错位　　　　　　　　　±2mm

4）各层框架两对角线差　　　　　　　　　±1mm

5）框架总对角线差　　　　　　　　　　　±2mm

3. 拼装的容许偏差应满足如下精度控制要求：

1）爬升装置安装垂直度　　　　　　　　　±2mm

2）上爬架和下吊架安装垂直度　　　　　　±5mm

3）两爬升装置、上爬架和下吊架间间距　　±5mm

4）支座中心线对定位轴线的偏移　　　　　±3mm

4. 未明确的安装要求按照现行《钢结构工程施工质量验收规范》GB 50205—2001的规定执行。

5.2.4　液压系统的安装与调试

液压爬模系统的现场安装及调试应严格按照设计图纸及产品技术要求进行。

1. 安装步骤

1）连接液压管路系统；

2）连接电控系统，启动液压系统，检验其功能及密闭性能；

3）系统减压、管路拆除。

2. 系统调试

1）按照液压系统说明书，加入液压油至油箱液位计上限；

2）系统通电，检查控制柜信号灯指示正常；

3）启动液压泵电机，观察液压动力站压力、油温信号指示是否正常。当油温低于25℃时，应让液压泵在液压缸不工作的状况下运行约15min，直至油温升至25℃。液压泵稳定运行后压力表指示应稳定在20MPa；

4）打开液压缸上所有双向球阀，关闭流量控制阀。再半开流量控制阀，用螺旋锁保护；

5）打开液压缸排气孔排尽所有液压缸内空气；

6）检查系统管路正确连接，检查所有液压缸同步运动，检查螺旋接合点紧密，在缩回和伸长液压缸情况下分别有压维持20s。

5.2.5　液压爬模系统标准爬升程序

1. 爬升轨道的提升

依次将各爬升导轨插入悬挂靴中，其上的槽形孔应露出悬挂靴约5cm。直至所有的爬轨悬挂在上部悬挂靴上并固定在混凝土结构上。

1）确保下支撑撑住混凝土表面，同时爬升轨道大约0.5m（3～4步）。

2）将轨道撑脚撑在混凝土面上。

2. 爬模架的爬升

松开承压丝杆，取下锁紧板，后退承压丝杆（距离12cm）装回锁紧板予以固定，然后打开液压千斤顶整体提升模板。

1）放松下支撑，使之距混凝土面12cm左右。

2）同时爬升爬架。

3）插入锚靴安全销轴并锁定，使下支撑撑住混凝土面。

5.2.6 液压爬模系统的维护

1. 模板系统的维修、保养

1）模板面板在储存时，要避免暴晒雨淋。切割和钻孔后用防水油漆封边。

2）施工完一个节段，要及时清理模板表面，并对沉头螺栓处重新涂刷油性腻子。

3）吊运模板时注意不能碰坏模板，特别是板面。

2. 动力装置的维护详见《液压系统使用说明书》。

5.3 组织机构

配备五个作业班组：起重组、钢结构加工组、木工组、机修组、电工组。其中起重组负责液压爬模的预拼装及现场安装的吊装；木工组负责爬模系统的安装、调校；钢结构加工组负责液压爬模的钢结构件加工及焊接；机修组负责液压系统的使用及维护；电工组负责液压爬模施工的用电保障。

6. 材料与设备

6.1 主要材料

主要有型钢、木模板、防火材料、安全网等。

6.2 主要设备

HF-ACS100 液压自动爬模系统。采用系统的套数由工程的具体情况确定，HF-ACS100 液压自动爬模系统的主要技术参数如下：

1）额定垂直爬升能力　　　　100kN

2）最大垂直爬升能力　　　　130kN

3）爬升单步长　　　　　　　163mm

4）最大爬升倾角　　　　　　内倾 17.50°、外倾 17.50°

5）工作平台最大承载能力

主要工作平台　　　　　3kN/m²

辅助工作平台　　　　　1.5kN/m²

电梯入口平台　　　　　1.0kN/m²

6）液压系统额定工作压力　　20MPa

最高工作压力　　　　　　　25MPa

7）供电制式　　　三相交流　　　380/220V

8）外形尺寸

最大高度　　　　　　　　　15.52m

最大宽度　　　　　　　　　2.96m

7. 质 量 控 制

7.1 模板拼装质量保证措施

对槽钢背楞放位安装质量、木工字梁放位固定及平整度和面板外形尺寸、平整度进行严格控制，整体面板的平整度及模板断面尺寸，才能满足模板设计要求。

7.2 模板吊装及转运质量保证措施

1. 模板装、转运过程中不得有尖锐的构件压在面板上或刮到面板上，以免面板刮伤损坏。

2. 吊装过程中注意对模板周边棱角的保护，不得破坏棱边棱角，以免相接后不良发生漏浆等，线形被破坏。

3. 装运时，模板起吊要均匀平衡受力，堆放平整并进行固定，以免滑落。

7.3 模板安装及拆除质量保证措施

1. 拉杆安装：对拉杆的长度要和索塔试验段断面尺寸一致，在外螺母上紧模板时，必须安排人员在模板内侧检查模板内面断面尺寸，确保与设计尺寸相符。模板受拉后断面尺寸过小，则造成内撑杆向外的力过大，易造成面板局部发生凹陷，因此模板断面尺寸控制到位后上紧外螺母即可。拉杆过松则造成塔身尺寸偏大，因此同样也要上到位为止。

2. 拆模和安装模板需安排同样一批人员控制，以便于对模板保护。

3. 拆模时，模板起吊要均匀平衡受力。

4. 模板安装时，同节中相接的竖缝均需粘贴双面胶护缝以免向外渗浆，但胶带边口必须平于接缝边口线（否则混凝土会出现嵌缝的缺陷）或统一稍低于边口线且胶带必须拉顺直，确保接缝顺直良好。

5. 在松拉杆时，各块模板需设置临时固定保护，以免模板突然倾斜压人或高空掉落。

7.4 模板施工及存放保护

1. 混凝土浇筑过程中振捣棒不得接触到模板板面振捣，泵管等移动时也不能撞击到面板上，以防面板被破坏。

2. 浇筑完成后及时将模板外侧残余混凝土清除，清洁面板刷上脱模剂用彩条布覆盖保护。

3. 模板拆除后及时对模板进行检查，发现问题需及时修补，如：螺钉松动，面板局部受损、拉松，封堵螺钉眼的原子灰被破坏，棱角被破坏等，以免影响后续混凝土浇筑质量。

4. 模板存放要整齐、平整、垫实，避免在其上堆积重材料。

8. 安 全 措 施

8.1 爬模施工安全措施

1. 预埋锚筋不能粘上油类，尤其注意不能粘上脱模剂。

2. 操作荷载不得超过工作平台设计荷载。

3. 吊装模板等物件必须有专人指挥，物件应垂直坐落于操作平台上，不得碰撞模板以及防护栏杆。

4. 爬架爬升时，每边爬架设置 3～4 根防坠落保护钢丝绳。

5. 在风速达 45.5m/s 时，模板必须合拢且用钢丝绳固定在劲性骨架上。

8.2 防火、防台措施

1. 严禁在作业现场吸烟，每层平台必须配备灭火器。

2. 采取保护措施严防焊接火花掉落在易燃物品上。

3. 台风来临前停止作业，落实防台措施和预案。

9. 环 保 措 施

9.1 水污染防治措施

1. 水上混凝土拌合站废水，集中运至岸上存放点，经沉淀处理后排放。

2. 在液压爬模的施工平台上，设置"环保厕所"（干厕），粪便定期收集运至岸上生活区化粪池，统一处理。

3. 交通船舶、施工机械的废油料集中收集运至岸上收集点处理，防止泄漏，污染江水。

9.2 固体、废弃物的处置措施

1. 在液压爬模的每层施工平台设置垃圾桶、垃圾袋收集各种废弃物，定期运至岸上垃圾场处理。

2. 船舶上的生活垃圾，用袋（桶）装，集中运至岸上垃圾场处理。

10. 效率与效益分析

10.1 主要工序用时分析

1. 爬模的预拼装完成约 30d 左右。
2. 爬模的现场安装完成约 10d 左右。
3. 液压系统的安装完成约 3d 左右。
4. 爬升轨道的安装完成约 1d 左右。
5. 爬升轨道的提升完成约 0.5d 左右。
6. 液压爬模的提升完成约 1~2h 左右。

从主要工序用时可看出采用液压爬模工艺施工，前期爬模预拼装是关键，一定要高度重视，精心施工。

10.2 生产周期分析

视墩身或塔肢的施工难度而定，一般线形简单的墩身施工完成一个节段需要 3~4d，线形复杂的塔肢施工完成一个节段需要 5~6d 时间。

10.3 效益分析

20 世纪 90 年代以前，国内高塔（墩）施工多停留在脚手架、挂架翻模等传统技术，模板的装卸、清理等都需要塔吊完成，工期长，需要占用大面积的场地；在升降过程中的稳定性差，没有良好的作业平台，坠落事故时有发生。采用液压爬模施工，爬升过程平稳、同步、安全、爬升速度快；除因结构的要求需要对模板及架体改造外，爬模架一次组装后，一直到顶不落地，节省了施工场地，而且减少了模板的碰伤损毁；木模板体系可适应结构变化，现场操作简洁；提供全方位的操作平台，安全性高，施工时不必重新搭设操作平台；结构施工误差小，纠偏简单，施工误差可逐层消除，塔（墩）结构尺寸准确度及外观质量容易保证。

直线段墩身用该液压爬模施工，每月可完成 7 到 8 个节段。高塔用该液压爬模施工，每月可完成 4 到 5 个节段。相对于传统的翻模施工或搭设脚手架施工，爬模施工不仅在安全上有较大的保障，而且大大地提高了施工进度。如高 300.4m 苏通桥北索塔，施工历时仅 16 个月，比预定工期提前两个月时间。创造了国内高塔的快速施工记录，为世界最大跨径斜拉桥抢在台风期前进行中跨合拢赢得了时间。

在社会效益方面，采用液压爬模技术施工，可以树立企业良好的形象，液压爬模施工技术先进，业界人士关注广泛。其施工工艺简单、施工效率高，且对施工安全有较大的保障，能大幅度提高施工速度，为世界上最大跨径的斜拉桥抢在台风期来到前中跨合拢节约了 2 个月宝贵的时间。另外，HF-ACS100 型液压爬模系统的通用性和周转使用性，大大节省了社会资源，减少了废弃物，社会效益意义深远。

11. 应 用 实 例

11.1 苏通长江大桥北索塔

苏通长江大桥北索塔采用倒 Y 形，包括上塔柱、中塔柱、下塔柱和下横梁，塔高 300.4m，是世界上最高的斜拉桥索塔，中、下塔柱横桥向外侧面的斜率为 1/7.9295，内侧面的斜率为 1/8.4489。因修建位置处于长江入海口，气象条件比较恶劣，对桥塔施工速度和施工安全影响最大的是暴雨、台风和大雾。而桥塔的施工工期要跨越两个台风多发季节（7、8、9 月），这都给施工单位在保证质量前提下按时完成施工任务带来了极大的麻烦。施工单位在北索塔的修建过程中采用了液压爬模施工技术，针对大桥索塔结构特点及桥区自然条件，对液压爬模系统进行了有针对性的设计，尤其是要求爬模系统能在中上塔柱交汇段处能顺利过渡而不需拆下重装，真正实现"一爬到顶"，同时，要求必须有足够的抗风能力。通过设计、制造、安装和使用各方的共同努力，优质高效地完成了世界第一索塔液压爬模系统施工。不仅在施工中没有出现任何安全事故，竣工后的塔身无论从结构还是外观来说都是优质的，而且比预定工期提前了近两个月。

11.2 徐州立交桥主塔

徐州立交桥主塔采用 H 形空间索塔。塔柱底面高程为 956.000m，塔顶高程为 1157.316m，索塔总高度为 201.316m。索塔包括塔柱、横梁以及索塔附属设施。下塔柱从塔柱底至下横梁顶点，其高度为 78.072m，上塔柱从下横梁顶点至塔顶高度为 123.244m。下塔柱横桥向外侧面的斜率为 1/20.848，内侧面为直线变化段，上塔柱横桥向外侧面的斜率为 1/27.962，内侧面的斜率为 1/27.962；索塔顺桥向的斜率为 1/106.165。

徐州立交桥主塔除下塔柱（异型段）外，其余均应用液压爬模施工工法施工，起始节段为第六节段，中塔柱施工完成后，由于塔柱倾斜角度的改变，所以将爬架重新利用塔吊悬挂到预埋件系统上，以调整爬架角度。现整个塔柱施工已完成，工期比预计提前了整整一个月，塔柱外观质量得到了业主及监理的高度认可。

大跨径钢筋混凝土箱形拱桥拱圈悬浇施工工法

YJGF256—2006

四川路桥建设股份有限公司

聂东　张佐安　廖旭　曹瑞　裴宾嘉

1. 前　言

钢筋混凝土箱形拱桥是适宜山区建造的桥型之一，它具有造价低、抗震性能好、经久耐用、外形美观、易维护等优点。近年来，在山区高速公路建设中，跨越较大的沟谷时，大多选择建造大跨径钢筋混凝土箱形拱桥。但传统的大跨径钢筋混凝土箱形拱桥拱圈的施工方法，即拱圈的拱箱分段预制后采用无支架缆索吊装施工拱圈成拱法及搭设支架现浇拱圈成拱法，已不能满足适合修建拱桥但又受地势陡峭、场地狭窄等条件制约的钢筋混凝土箱形拱桥拱圈施工的需要。

由四川路桥建设股份有限公司承建的四川西攀高速公路 C12 合同段白沙沟 1 号大桥——净跨为 150m 的钢筋混凝土箱形拱桥，是西部交通建设科技项目"山区大跨径钢筋混凝土箱形拱桥设计及施工技术研究"的依托工程，采用了挂篮悬臂浇筑（悬浇）方法进行该桥拱圈的施工，在国内首次成功实现了钢筋混凝土箱形拱桥拱圈的节段悬臂浇筑法成拱，经总结形成本工法。

2. 工 法 特 点

2.1 大跨径钢筋混凝土箱形拱桥拱圈悬浇施工所开发应用的挂篮具有结构合理、施工操作方便、适应性强等优点，挂篮可拆卸和再利用。

2.2 基本不受地形限制，特别在跨越较大的沟谷修建钢筋混凝土拱桥时，受地势陡峭、场地狭窄等条件制约的情况下具有显著的优越性。

2.3 施工成型的拱圈整体性及拱轴线形较预制安装好。

2.4 相对于拱圈预制安装施工而言要投入挂篮等施工设施，但节约了大型的无支架缆索吊装设施，并且不需进行拱圈预制场地建设。

2.5 施工人员在挂篮、扣塔及锚碇的相对封闭的环境里作业，最大限度地减少了高空作业，能保证施工安全和提高工作效率。

3. 适 用 范 围

适用于跨越较大沟谷的钢筋混凝土拱桥的施工，尤其是在地势陡峭、深沟峡谷及场地受限等条件下的钢筋混凝土箱形拱桥拱圈的施工。

4. 工 艺 原 理

钢筋混凝土箱形拱桥拱圈挂篮悬浇施工，是在搭架现浇拱圈拱脚段后，将拱脚段扣挂于交界墩盖梁（桥台）上，通过锚固于锚碇与交界墩盖梁间的锚索来平衡因扣索产生的交界墩盖梁上的不平衡水平力，再安装拱圈悬浇节段的挂篮支承于已浇筑的拱圈节段上并调试，应用挂篮作为拱圈节段悬浇的承重结构，用挂篮的自身刚度及支反力系统来平衡拱圈悬浇节段的重量，利用交界墩及其上布置的扣塔按照斜拉扣挂的原理布置扣索锚索锚固系统，通过张拉调整扣索、锚索以控制拱圈的内力和线形，通过控制扣塔、交界墩的偏位，来保证拱圈悬浇中结构的稳定。挂篮调试完成后绑扎拱圈节段钢筋并安装拱圈模板，浇筑节段混凝土并养护待强，挂扣索、锚索并张拉调整、锚固，然后挂篮前移就位进入下一节段施工，如此循环直至拱圈合拢。待合拢段混凝土达到要求的强度后，拆除拱圈悬浇用的挂篮，由拱顶向拱脚逐级放松扣、锚索，直至扣、锚索完全放松并拆除，从而完成拱圈施工。

5. 施工工艺流程及操作要点

5.1 施工工艺流程（图5.1）

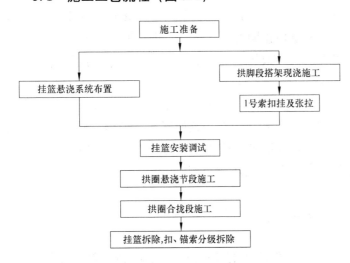

图5.1 施工工艺流程图

5.2 操作要点

5.2.1 挂篮悬浇系统布置

拱圈挂篮悬浇系统包括挂篮、扣塔、锚碇、扣（锚）索及其锚固系统、工作天线系统等部分，见图5.2.1-1。拱圈挂篮悬浇系统的布置包括：挂篮设计及挂篮加工、试验，扣塔设计及加工、安装，扣（锚）索及其锚固系统设计、加工，锚碇设计及施工，工作天线系统布置。

1. 挂篮（图5.2.1-2）

挂篮是拱圈节段悬浇的主要承重构件。采用适应拱圈特点的侧桁式钢结构挂篮，挂篮的挂钩既是行走承重构件，又是拱圈节段混凝土浇筑过程中的支承构件；挂篮的后横梁直接设置支点反作用于梁底形成可靠的后锚支承。

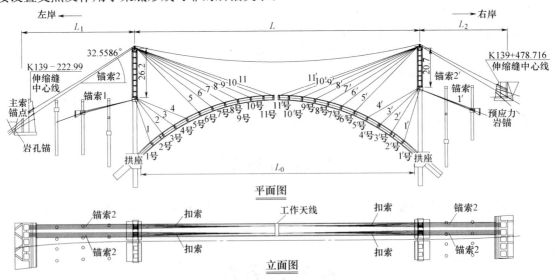

图5.2.1-1 拱桥拱圈悬浇施工总体布置图

挂篮安装采取在地面将单件组装成块，再用汽车吊分块起吊拼装的方式进行安装，安装时先将底篮后半段用汽车吊起吊搁置于现浇段支架上，再起吊安装通过横梁连接的挂梁并将挂梁与搁置在现浇段支架上的后半段底篮连接，之后安装两侧桁架及前半段底篮，最后安装挂篮底模等构件。

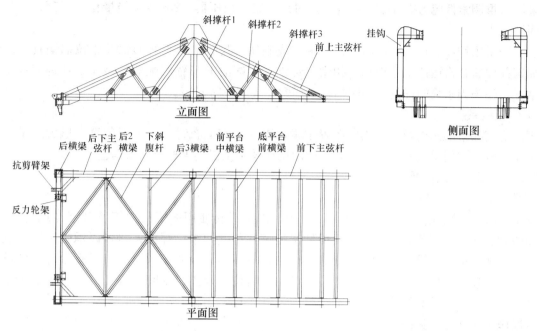

图 5.2.1-2　拱桥拱圈悬浇施工挂篮示意图

挂篮试验是在全部构件通过钢结构专业厂家完成制做并进行检验和试拼合格，于现场整体组装完成后，在现场按设计荷载及技术要求进行预压试验。试验时将配重搁置于地面型钢梁上，通过连接型钢梁并穿过搁置于挂篮底篮上的千斤顶的精轧螺纹钢连接，通过千斤顶逐级张拉来获得不同荷载作用下挂篮控制点位的变形及应力，以验证挂篮受力性能并为节段悬浇立模标高提供依据。

挂篮走行，由挂篮挂钩下支撑在走行轨道上、底篮后端的支撑轮支于拱腹上及锚固于节段前端反力型钢梁并穿过挂篮挂梁的精轧螺纹钢，通过挂梁后端安置的千斤顶逐级张拉穿出的精轧螺纹钢来实现，精轧螺纹钢穿过反力型钢梁前端设球铰以保证挂篮在弧形拱背上也能轴向受力。挂篮走行过程中同步采用手拉葫芦系于反力型钢梁前端做保险装置，防止千斤顶牵引挂篮爬升走行时失效，以确保挂篮走行安全。

挂篮拆除是在合拢段施工完成并达到设计强度后通过工作天线系统分块拆除，拆除顺序为挂篮分块安装的逆顺序。

2. 扣塔

扣塔是支承扣、锚索的塔架，是确保拱圈节段悬浇安全的重要组成部分。扣塔采用多肢空心钢管做立柱组成的钢管格构式结构，固结于交界墩盖梁上。扣塔顶的纵向位移是通过调节扣索、锚索索力来控制，使扣塔顶偏位在容许范围内。

扣塔安装，是在工地现场将钢管分节段相贯焊接成片，用单独拼装的井字架扒杆提升安装，片与片、节段与节段之间的连接采取现场焊接连接以保证受力均匀并克服非弹性变形，扣塔顶横向通过型钢、纵向通过钢锚箱连接成整体。

扣塔拆除采用直接设置于扣塔上的独脚扒杆起吊并按安装的逆顺序分片、分节段截割拆除。

3. 锚碇

锚碇是固定锚索的重要结构物。实施中将锚碇与桥台、交换梁等相结合，以减少工程量并节约投资，根据现场地质情况进行比选，分别采用了重力式锚碇加岩孔锚、轻型锚碇加岩锚等锚碇结构形式。

4. 扣、锚索及其锚固系统

悬浇拱圈后未合拢前其节段须通过锚固于交界墩盖梁或扣塔顶锚箱上的扣索及锚固于锚碇的锚索来稳定。扣、锚索采用钢绞线。扣索的固定端在拱圈节段上，张拉端在交界墩盖梁或扣塔顶的锚箱上；锚索的固定端在锚箱上，张拉端在锚碇上。扣、锚索固定端采用 P 形锚及对应的圆锚圈及锚环固定，张拉端采用双重调索低应力夹片锚固系统，通过反力架、顶压器、2500kN 轻量化千斤顶进行扣、锚索张拉锚固及索力调整。

扣索、锚索用钢绞线在工地现场下料编束完成制做，其固定端的 P 形锚及张拉端锚具均由专业厂家完成加工并检验合格运达工地现场。扣索、锚索固定端的 P 形锚用配套的挤压机在现场锁定，各扣索、锚索张拉端锚固系统的锚具在相应扣索、锚索安装就位时安装。

5. 工作天线系统

利用悬浇用扣索的扣塔及扣索锚碇布置主索，再在主索上布置起吊牵引装置，形成起吊重量较小的小型工作天线，方便拱圈施工中所需的结构用钢材及小型机具等材料设备运输。

5.2.2 拱圈施工操作要点

1. 拱脚段施工

拱圈拱脚段为搭架现浇段，其现浇支架利用工地上周转使用的螺旋焊管及型钢经现场组焊而成。由于拱脚段倾斜度大，因此，在拱座内预埋伸出型钢并与支架纵梁焊接连接，以承受拱脚段混凝土浇筑时产生于支架上的水平推力，避免支架倾覆。在拱脚段顶面设置压模，施工过程中应特别重视混凝土的拌制质量及现场振捣工作，施工时在顶压模的隔板位置及拱箱中间位置开洞以便于混凝土进入及振捣，下部断面浇满后及时焊接钢板封堵孔洞并使混凝土从上端开洞断面进入。

拱脚段施工工艺流程见图 5.2.2-1。

2. 悬浇节段施工

具体施工步骤为：安装挂篮于起步段（拱脚段）上，上好止推及反力装置，按照监控指令调节好模板高程及轴线，绑扎底板、侧板、隔板钢筋，安装内模、侧模，绑扎顶板钢筋，安装顶板压模。复核节段轴线偏位及左、中、右各点高程，经检验合格后浇筑拱圈节段混凝土。混凝土采用集中拌合、罐车运输、输送泵泵送入模，控制好施工配合比、原材料质量及混凝土的坍落度、和易性，节段混凝土浇筑至 1/2 时按监控指令对扣、锚索索力进行调整，再完成节段剩余混凝土的浇筑并养护。混凝土强度达规定值后扣挂扣、锚索并按监控指令控制张拉，检测扣、锚索索力、拱圈标高及顶底板应力、扣塔及交界墩偏位，符合要求后放松挂篮底模，用千斤顶顶推挂篮前移至下一节段，循环进行下一节段的施工。

悬浇节段的施工工艺流程见图 5.2.2-2。

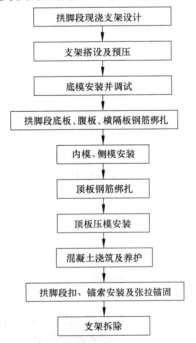

图 5.2.2-1 拱圈拱脚段施工工艺流程图

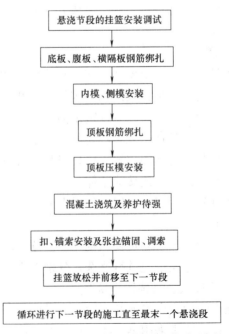

图 5.2.2-2 悬浇节段施工工艺流程图

3. 合拢段施工

拱圈最后一个悬浇节段的混凝土施工完成经养护达到规定的强度，按监控指令对相关扣、锚索进行索力调整满足合拢指标，安装合拢段吊架及底模板，标准时段内实施劲性骨架锁定，纵向钢筋连接及绑扎箍筋，安装校准内模、侧模板，标准时段内完成合拢段混凝土浇筑。

4. 挂篮及扣、锚索拆除

合拢段混凝土养护至95%设计强度且龄期大于96h后，拆除合拢段模板，挂篮退回起步段拆除，分级、对称自拱顶向拱脚放松并拆除扣、锚索，至此，完成拱圈施工。

5.2.3　主拱圈施工过程中的测量、监测项目

施工一个拱圈节段为一个阶段，为了改善施工过程中的挂篮和混凝土拱圈的受力，每阶段分成三个工况：挂篮前移并定位立模；拱圈节段混凝土浇筑一半，调整扣、锚索索力；拱圈节段混凝土浇筑完毕，再次调整扣、锚索索力。各个工况主要测试内容如下：

1. 拱圈挠度观测

每一节段悬臂端截面拱顶设立三个高程观测点，同时也作为坐标观测点。当前现浇节段悬臂端截面同时设立三个临时标高观测点，作为当前节段控制截面梁底标高用，并给出对应的测点的高程关系。用精密水准仪测量测点标高，用全站仪测量主拱坐标。

2. 扣塔顶水平变位测量

交界墩扣塔顶上、下游各设1～2个测点，测点位置选在塔顶便于观测的可靠位置处，用全站仪测量。

3. 截面钢筋应力或混凝土应变观测

拱圈纵向应力监测断面选为悬臂根部、1/4跨径、1/2跨径处等关键截面，拱圈截面上重点测试上下缘处的值，交界墩应力监测断面取距墩底2m处的标准截面。应变计采用国产的优质振弦式应变计，振弦式应变计采用相应的专用仪器测试。

4. 温度场观测

混凝土中温度选用NTC型直径4mm的热敏电阻，使用读数精度达5位100点全自动温度数据采集系统采集。在拱圈的标准截面内选择2个标准断面各布置15个测点预埋温度元件，以测量其内部的温度场分布。测试时间为拱圈施工期间选择有代表性的天气进行24h连续观测。

5.3　劳动力组织（表5.3）

劳动力组织情况表　　　　　　　　　　　　　　　　　　　表5.3

序号	单项工程	所需人数	备　注
1	管理人员	4	指挥、协调
2	技术人员	8	现场值班、取试件
3	挂篮悬浇系统施工	60	现场施工作业
4	拱圈拱脚段施工	60	现场施工作业
5	拱圈悬浇节段施工	80	现场施工作业
6	钢筋加工	10	制做钢筋
7	混凝土生产、运输	10	机架人员
8	杂工	12	配合现场施工
	合计	244人	4、5项中只需满足5项的80人

6. 材料与设备

本工法无需特别说明的材料，采用的主要机械设备见表6。

主要机械设备表 表6

序号	名　　称	规格型号	单位	数量	用　途
1	挂篮	专门设计制造	套	2	拱圈节段悬浇
2	扣塔	专门设计加工	个	2	扣、锚索支承结构
3	钢锚箱	专门设计加工	个	20	扣、锚索锚固
4	专用锚具	8孔(14孔)	套	112(192)	扣、锚索锚固
5	挤压机	YDC40	台	2	挤压P形锚
6	张拉千斤顶	2500kN	台	12	扣索、锚索张拉
7	油泵	ZB4-800	台	12	扣索、锚索张拉
8	混凝土拌合站	50m³/h	座	1	混凝土生产
9	混凝土罐车	6m³	辆	3	混凝土运输
10	混凝土输送泵	HBT-60C	台	2	混凝土浇筑
11	工作天线系统		套	2	材料、小型机具设备运输

7. 质 量 控 制

7.1　工程质量控制标准

7.1.1　拱圈拱脚段搭架现浇及拱圈悬浇混凝土施工质量执行《公路工程质量检验评定标准》。拱圈施工允许偏差见表7.1.1。

拱圈混凝土浇筑实测项目 表7.1.1

项次	检查项目	规定值或允许偏差	检查方法和频率	权值
1	混凝土强度(MPa)	在合格标准内	按《公路工程质量检验评定标准》JTJ F80/1—2004 附录D检查	3
2	轴线偏位(mm)	$L/4000$	经纬仪:每肋检查5点	1
3	拱圈标高(mm)	$\pm L/3000$	水准仪:测量5处	2
4	对称点相对高差(mm)	$L/3000$	水准仪:测量5处	2
5	断面尺寸(mm)	± 10	尺量:检查5处	2

7.1.2　拱圈钢筋加工及安装施工质量执行《公路工程质量检验评定标准》。

7.2　质量保证措施

7.2.1　挂篮的全部构件在钢结构专业厂家完成制做并进行检验和试拼，合格后再于现场整体组装检验，并按设计荷载及技术要求进行预压试验。

7.2.2　挂篮总重控制在设计限重之内；允许最大变形：20mm；施工时、行走时的抗倾覆安全系数大于2；自锚固系统、各限位系统安全系数大于2。

7.2.3　拱圈拱脚段现浇支架进行预压，支架的强度、刚度、稳定性应满足《公路桥涵施工技术规范》的要求。

7.2.4　拱圈斜拉扣挂作业过程中，扣索、锚索张拉调整应分级、对称进行，施工过程中控制扣塔塔顶的最大变位不超过塔高的1/600（mm），过程索力的最大误差10％。

7.2.5　配制高性能的混凝土，重视混凝土的振捣质量和养护工作以保证混凝土质量。

7.2.6　确保拱圈节段连接处混凝土凿毛的质量，并在混凝土浇筑前充分清洁润湿以保证拱圈节段间混凝土接缝的施工质量。

8. 安 全 措 施

8.1 认真贯彻"安全第一，预防为主"的方针，根据国家有关法规、条例，结合施工单位实际情况和工程的具体特点，建立完善的安全保证体系。

8.2 施工现场按符合防火、防风、防雷、防洪、防电等安全规定及安全施工要求进行布置，并完善各种安全标识。

8.3 施工现场的临时用电严格按照《施工现场临时用电安全技术规范》的有关规定执行。

8.4 电气线路应采用"三相五线"接线方式，电气设备和电气线路必须绝缘良好。

8.5 室内配电柜、配电箱前要有绝缘垫，并安装漏电保护装置。

8.6 氧气瓶与乙炔瓶隔离堆放，严格保证氧气瓶不沾染油脂、乙炔发生器有防止回火的安装装置。

8.7 机械设备定期安全检验合格，操作人员持证上岗，严格执行机械设备操作规程。

8.8 主要的施工设施进行结构设计并通过验算，满足有关技术规范要求。

8.9 严格按监控指令进行挂篮悬浇系统扣索、锚索张拉调整工作，确保结构安全。

8.10 加强施工作业中的安全检查，确保施工作业标准化、规范化。

9. 环 保 措 施

9.1 成立施工环境保护管理机构，在工程施工过程中严格遵守国家和地方政府下发的有关环境保护的法律、法规和规章，加强对工程材料、设备、生产生活垃圾、废油、废水、施工燃油、工程弃渣的控制和治理，遵守防火及废弃物处理的规定，接受相关单位的监督检查。

9.2 将施工场地和施工作业限制在工程建设允许的范围内，合理布置、规范围挡，做到标牌清楚、齐全，各种标识醒目，施工场地整洁文明。

9.3 对施工废浆、废水、生活污水进行集中，认真做好无害化处理，防止施工废浆乱流。废水按环境卫生指标进行处理达标并按当地环保要求的制定地点排放。弃渣及其他 工程废弃物按工程建设制定的地点和方案进行合理堆放和处治。

9.4 优先选用先进的环保机械。控制施工噪声到允许值以下。

9.5 对施工场地道路进行硬化，并在晴天经常对施工通行道路进行洒水，防止尘土飞扬污染周围环境。

9.6 对因清方、修建便道等破坏的边坡采取种草、种树等措施进行植被恢复，将生态破坏降到最低。

10. 效 益 分 析

10.1 经济效益

10.1.1 拱圈采用挂篮悬浇施工工艺较预制安装只需增加挂篮费用，但节约了大型缆索吊装系统及预制场建设等费用。

10.1.2 拱圈采用挂篮悬浇工艺成拱其拱圈整体性好，避免了因吊重限制而导致的由多片拱箱组拼形成拱圈所造成的腹板多而厚、钢筋多的问题，拱圈断面及钢筋布置更多地考虑了成桥受力需要，断面尺寸更小，减少拱圈节段间的临时连接构造，节约拱圈混凝土的数量。

10.1.3 施工作业人员在相对封闭的挂篮、扣塔、锚碇上作业，变高空为平地，施工更安全，现场更整洁，做到了文明施工。

10.2　社会效益

解决了在跨越较大沟谷修建钢筋混凝土拱桥时，受地势陡峭、场地狭窄等条件制约的情况下钢筋混凝土拱桥的拱圈成拱的施工难题，填补了国内大跨径钢筋混凝土拱桥的拱圈用挂篮悬浇施工工艺成拱的空白，丰富和发展了拱桥的施工技术；最大限度地节省了桥两岸的施工用地，保护了施工环境。

11. 应 用 实 例

四川省西攀高速公路 C12 合同段白沙沟 1 号大桥左幅桥及右幅桥

11.1　工程概况

四川西攀高速公路白沙沟 1 号大桥为钢筋混凝土箱形拱桥（图 11.1），大桥分左、右幅分幅设计，单幅桥梁宽度 11.25m。该桥拱圈为等高度悬链线钢筋混凝土箱形拱，净跨径 $L_0=150$m，净矢高 $H_0=30$m，净矢跨比 $H_0/L_0=1/5$，拱轴系数 1.988，拱箱为单箱双室截面，箱宽 6m、箱高 2.7m。

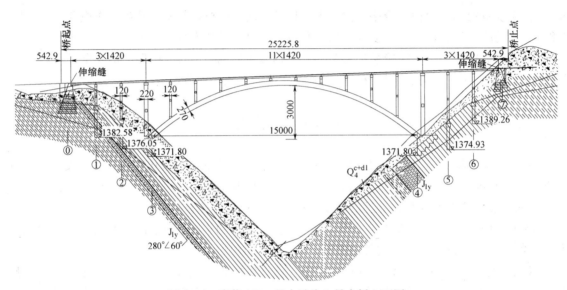

图 11.1　净跨 150m 的白沙沟 1 号大桥立面图

11.2　施工情况

四川西攀高速公路白沙沟 1 号大桥的箱形拱圈采用挂篮悬浇施工，即利用挂篮作为拱圈节段悬浇的承重结构，挂篮支承在已浇拱圈节段上，利用挂篮的自身刚度及支反力系统来平衡拱圈悬浇节段的重量，利用交界墩及布置的扣塔按照斜拉扣挂的原理布置扣索锚索锚固系统，通过张拉调整扣索、锚索来控制拱圈的空间位置和扣塔、交界墩的偏位，从而保证拱圈悬浇节段中结构的稳定。

该桥施工中，开发并应用了适应拱圈特点的后支点侧三角桁架结构形式的挂篮（以名称悬浇拱桥的侧桁式挂篮申报，获得国家专利，专利号：ZL200620035365.9），挂篮侧桁采用三角形构造，桁高3.5m，总高 4.4m，挂篮净宽 7m，全长 16.8m，桁架自重 42.5t，水平状态下挂篮前端承受最大的竖向力为 220t；实施中自主开发并应用了双重调索低应力夹片锚固系统（获得国家专利，专利号：ZL200620034582.6）对扣、锚索进行调索和锚固，成功实现了对扣塔和拱圈节段悬浇的有效控制。施工所采用的拱圈节段挂篮悬浇系统，很好地保证了拱圈的施工质量和施工安全，达到了预期的目标。

11.3　工程监测结果与评价

施工过程中，拱圈混凝土的最大压应力为 5.1MPa，最大拉应力＜2.0MPa；扣索钢绞线受力为 0.45R_y^b，过程索力的最大误差 10%；拱圈对称截面高程的最大相对误差为 33mm；扣塔的最大变位为 35mm；拱圈轴线最大偏位为 9mm；拱圈合拢段两端高程的最大相对误差为 4mm，拱顶段高程误差为 10mm。

四川西攀高速公路白沙沟 1 号大桥左幅桥拱圈施工于 2006 年 6 月 1 日开工，2007 年 1 月 31 日实现拱圈合拢。

四川省西攀高速公路 C12 合同段白沙沟 1 号大桥左幅桥施工完成后，利用其挂篮，拆除用于右幅桥拱圈的施工；左幅桥施工的扣塔在左幅桥施工完成后，通过预先在盖梁顶设置的横移滑道整体横移到右幅，横移时通过设置于扣塔顶的抗风绳的交互配合及布设于扣塔底附近的横移千斤顶逐级张拉来实现，扣塔横移到位固定后用于右幅桥的施工。该桥右幅桥拱圈悬浇于 2007 年 7 月开始施工，同年 10 月 7 日实现合拢。

白沙沟 1 号大桥拱圈采用挂篮悬浇节段法施工，填补了国内该项施工技术的空白。整个施工过程均处于良好的控制状态，实施后拱圈的线形及内在质量优良，各项技术指标均满足设计及施工规范要求，未发生安全生产事故，受到了同行业人员的称赞。

门式膺架半拱整体安装钢管拱肋施工工法

YJGF257—2006

中铁一局集团有限公司

李世清　李宏涛

1. 前　　言

近几年，随着桥梁建设事业的不断发展，钢管混凝土拱桥因其受力性能好、跨越能力大，在我国桥梁建设中数量急剧增加。钢管拱常用的架设方法主要有支架法、缆索吊吊装法、平转法、竖转法、浮吊法以及几种方法综合应用的方法。

本工法是在中铁一局集团桥梁工程公司承建的南昌生米大桥钢管拱架设施工中形成的。南昌生米大桥主桥为 75＋228＋228＋75m 双连跨中承式钢管混凝土系杆拱桥，结构为刚性拱柔性系杆结构。主拱轴线为二次抛物线，桥面以上由四根 $\phi900mm$ 钢管组成空间桁架结构，拱肋断面高 4.6m，宽 2.6m。每根拱肋长 188m，重 600 余吨。

本工法摒弃了传统的缆索吊装，采用门式膺架半拱整体施工方案，创意新颖，工艺先进，符合桥梁大节段吊装施工的发展趋势。

该项技术于 2005 年 3 月通过包括中国工程院院士在内的国内知名桥梁专家技术鉴定，2006 年 3 月通过了中国铁路工程总公司科技成果评审，一致认定该成果技术先进，达到国内领先水平，对类似工程有一定的借鉴作用。

2. 工 法 特 点

2.1 在施工期间主孔通航不受限制，对河道通航影响较小。

2.2 与传统缆索吊施工相比，门式膺架法整体吊装安全性更高。

2.3 拱肋采用两大段吊装，减少了拱肋空中安装时间及焊接次数，施工受桥位处风力的影响概率减小。

2.4 将大量工地焊接工作转移至厂内进行，减少了现场空中焊接及线形调整工作量，确保成桥后钢管拱的线形精度，保证了钢管拱施工质量。

2.5 吊装设施为大型龙门，起吊能力远大于缆索吊。

2.6 工艺简单，施工周期短。

3. 适 用 范 围

3.1 适用于无支架法施工的下承式、中承式、上承式拱桥施工。对于跨度较大的拱桥，其优越性更明显。

3.2 适用于工期较短的公路、市政桥梁施工。

4. 工 艺 原 理

经计算，在钢管拱合理吊点处施工桩基，其上拼装万能杆件门式膺架。拱圈分段在厂内加工制做，按 1/4 拱段运输至桥址后，每两片 1/4 拱段在驳船拱胎上焊接成 1/2 拱段。先利用三角区的小龙门和门式膺架两点起吊半幅拱圈水平上升，为了避免钢管拱与临时铰相碰撞，在拱肋提升到一定的高度后，后吊点沿小龙门顶滑板向立柱方向滑移，继续起吊钢管拱，待钢管拱提升高度与临时铰平齐时，后吊点再沿小龙门顶滑板滑回设计吊点位置，将拱脚与临时铰连接，继续起吊拱肋跨中吊点，直至拱肋达到设计位置时停止，同理起吊另半幅拱肋就位，调整拱顶千斤顶，使拱顶标高达到设计位置，调整，焊接合拢段，形成整体，完成拱圈安装。

5. 施工工艺流程及施工要点

5.1 工艺流程

门式膺架半拱整体吊装钢管拱施工工艺流程如下：

厂内制做1/4钢管拱拱节段——→施工架拱临时设施——→1/4拱节段运输就位——→1/4钢管拱节段顶升——→两片1/4拱节段对接形成1/2拱——→1/2拱节段提升——→1/2拱节段拱脚临时铰销接——→两片1/2拱合拢——→另半幅拱圈合拢——→安装风撑。

5.2 施工总体布置及吊装设备

5.2.1 施工总体布置

两跨钢管拱架设，共采用7台吊装设备，其中固定式门式膺架4座，活动式龙门3台。其中三角区活动龙门作为两跨的公用设施。其总体布置如图5.2.1。

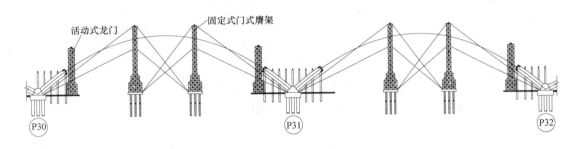

图 5.2.1 施工总体布置

固定式门式膺架作为1/2拱跨中起吊设备，活动式龙门作为1/2拱拱脚起吊设备。

5.2.2 吊装设备

1. 固定式门式膺架

固定门式膺架应满足吊装跨度、高度及起吊重量的要求。结构形式如图5.2.2-1。

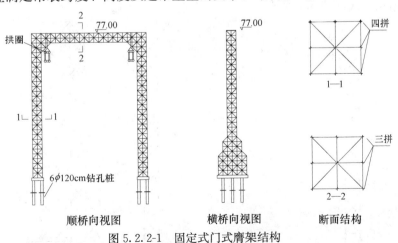

图 5.2.2-1 固定式门式膺架结构

固定式门式膺架由门式膺架、桩基承台基础及缆风绳三部分组成。

门式膺架由立柱、横梁两部分组成，均由N形万能杆件拼装而成。立柱横桥向宽度4m，顺桥向为变截面，由12m递减至4m。立柱杆件根据受力采用双拼、三拼、四拼形式。横梁断面高度4m，宽度4m，采用三拼形式。

门式膺架基础：为了保证结构稳定性，门式膺架基础采用桩基承台结构形式。主要承担门式膺架自重及起吊钢管拱1/2拱段时前吊点的反力。应根据结构受力确定承台及桩基的配筋。

门式膺架缆风绳：缆风绳设置在门式膺架两侧，分为顺桥向和横桥向两种方向。顺桥向缆风绳锚固于主墩承台。横桥向缆风绳锚固于门架横向上下游120m远处的水中锚上。缆风绳根据吊装过程中的受力大小，确定钢丝绳的规格及数量。

门式膺架缆风绳布置见图5.2.2-2。

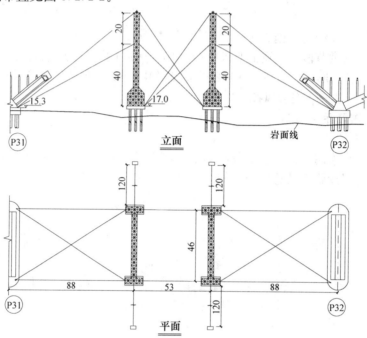

图5.2.2-2 门式膺架缆风绳布置图（单位：m）

2. 活动式龙门

活动式龙门除了在吊装钢管拱拱肋时作为后吊点外，还兼作三角区施工设备。因此活动式龙门安装有动力走行设备。活动式龙门由立柱、横梁、走行轮三部分组成。江心滩活动龙门走行轨道设置于混凝土条形基础上，水上活动龙门基础设置于混凝土拱肋临时桩桩侧牛腿上。

活动式龙门结构形式如图5.2.2-3。

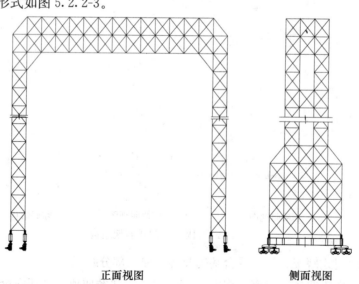

正面视图 　　　　　 侧面视图

图5.2.2-3 活动式龙门结构图

3. 连续提升系统

提升系统选用提升千斤顶作为提升系统连续千斤顶主设备，其特点是结构紧凑，体积小，重量轻。提升系统主要由五部分组成：（1）千斤顶；（2）主控台、泵站；（3）提升钢绞线及收线器；（4）纠偏器；（5）吊具。提升系统总体布置见图5.2.2-4。

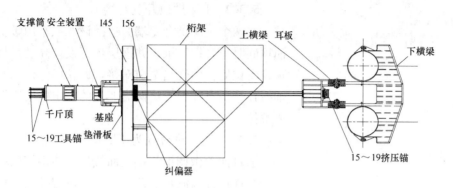

图 5.2.2-4　提升系统总体布置图

千斤顶：千斤顶作为连接提升系统的工作部分，由两台穿心顶组合而成。千斤顶结构及安装见图5.2.2-5。

主控台、分泵站：主控台是连接提升系统的控制部分，由控制电路组成。

提升钢绞线及收线器：

提升钢绞线标准为270级，公称直径ϕ15.24mm（标准强度1860MPa），左右旋应均布；收线器由钢管制成，具体见图5.2.2-6。

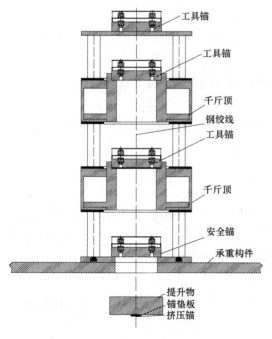

图 5.2.2-5　千斤顶结构及安装图

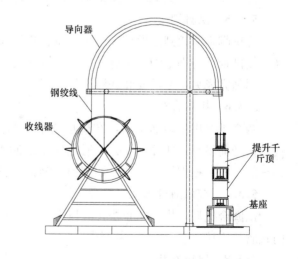

图 5.2.2-6　收线器示意图

纠偏器：纠偏器防止提升过程中钢绞线出现死弯。

吊具：主要由上横梁、耳板、下横梁三部分组成。见图5.2.2-7。

5.3　钢管拱架设施工步骤

5.3.1　钢管拱浮运就位

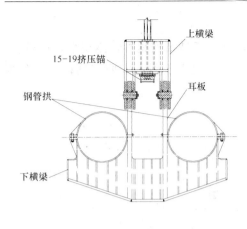

图5.2.2-7 吊具结构图

标注：上横梁、15-19挤压锚、耳板、钢管拱、下横梁

单片主拱肋分为四段在工厂内拼装焊接并检查合格后，用铁驳船运至施工现场桥位处，半跨两个1/4拱沿开挖好的河道方向拖至设计位置。即拱脚段1/4拱靠近三角区，跨中段1/4拱靠近门式膺架。

5.3.2 1/4拱顶升及对接

在两个1/4拱合龙端旁边搭设八三军用墩支架并使用两台油顶同时顶升钢管拱，并逐层垫至设计高度。将另1/4钢管拱顶升到位后将两艘船牵引对接，调整船体位置，使两片1/4拱轴线在一条直线上。将两艘船上的固定桁架连接，使两艘船形成整体。

5.3.3 1/4拱合拢为1/2拱

通过油顶微调钢管拱立面线形，使钢管拱精确对位，其轴线和合拢点标高满足规范要求。将拱端外法兰按厂内预拼时的位置对齐，安装连接板。在安装连接板时，全部使用过眼销钉，并保持50％留在孔中。待高强螺栓安装完毕后，取掉保留的销钉，用高强螺栓代替。由于外法兰连接后已成为厂内预拼时状态，其轴线标高已与设计相吻合。再次进行复测，完全符合要求后将其按要求焊接，形成1/2拱圈。焊接包括腹杆相贯线、主弦管对接环缝、缀板嵌补段焊接。焊接完后对焊缝进行100％超声波探伤检查合格后半幅主拱肋成型待吊。

5.3.4 1/2拱段提升

船体平移到位后，上好前、后吊具。首先利用门式膺架和三角区活动龙门两点同时水平起吊焊接好的1/2钢管拱。待拱刚脱离刚性胎架后，停滞15min，指派专人对门式膺架、龙门吊及吊具、浪风绳等设备关键部位进行检查。检查无误后，仅启动前吊点连续油顶，通过钢绞线缓慢提升钢管拱。在提升过程中吊点在上升的同时逐步后移，因此船只需要随着1/2拱提升逐渐前移，确保吊点大致位于油顶正下方。

待1/2拱起吊到轴线与理论轴线基本平行时，启动后吊点，前后吊点同步提升钢管拱。

5.3.5 拱脚销接

待拱脚临时铰到达设计高度时，调整拱脚位置，穿入临时铰销轴。缓慢提升前吊点并随时测量标高，使拱轴线与理论轴线重合，完成半拱安装。

同理完成另1/2拱安装。

5.3.6 拱顶合拢

两个1/2拱吊装到位后，在拱顶两个腹箱处各安装一个油顶。启动油顶使油顶抵住另半个拱圈。逐渐松开前吊点，使油顶受力。通过油顶给油或回油调整拱顶标高及线形，待达到要求，且温度介于10～20℃时，根据拱顶尺寸，切割预留钢管并安装就位进行焊接，完成拱圈合拢。

5.3.7 缆风绳设置

拱圈合拢后，为了防止桥位处风力影响，在拱圈每侧设置4道缆风绳，前吊点位置通过钢丝绳与门式膺架连接。

5.3.8 风撑安装

在左右两幅拱圈均安装完毕后，在两幅拱脚处安装卷扬机，通过导向轮，将卷扬机钢丝绳引至风撑安装位置，绕过主拱腹杆垂至风撑运输船正上方。连接钢丝绳与风撑吊点。两台卷扬机同步启动，将风撑起吊至设计位置。精确调整风撑位置，焊接风撑短接头，完成风撑安装。

主拱安装步骤如下（图5.3.8）：

步骤1：两片1/4拱圈浮运就位。

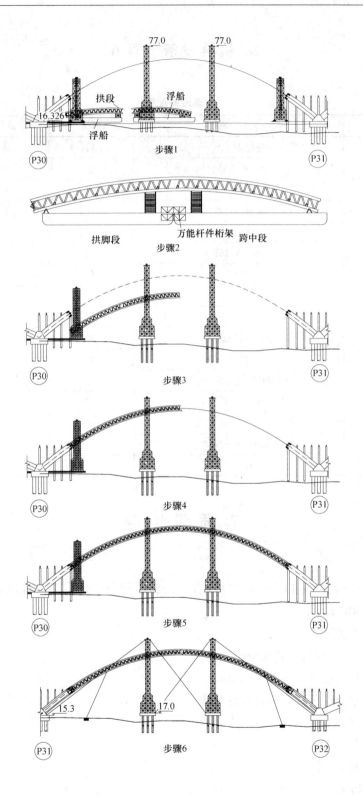

图 5.3.8　施工步骤图

步骤 2：两片 1/4 拱圈顶升、对接及合拢。

步骤 3：1/2 拱段提升。

步骤 4：1/2 拱段提升到设计位置后，拱脚销接。

步骤 5：提升另 1/2 拱段，两片 1/2 拱段合拢。

步骤 6：安装拱圈缆风绳。待左右幅拱圈安装完成后，安装风撑。

6. 机具设备（表6）

主要设备配置 　　　　　　　　　　　　　　　　　　　　　　表6

序号	使用项目	名　　称	单位	数量	备　　注
1	钢管拱运输	拖轮220kW	艘	2	
2		600t平板驳船	艘	4	
3	钢管拱拼装	慢速卷扬机10t	台	2	
4		交流电焊机	台	4	
5		发电机200kW	台	1	
6		汽车吊16t	辆	1	安装吊具
7		吊具	套	4	前后吊点各两套
8		钢丝绳	—	—	根据实际情况配备
9		滑车组	套	2	
10		300t提升龙门	座	4	
11		100t提升龙门	座	3	
12		ZLT300连续提升千斤顶	台	8	
13		ZLT300提升系统泵站	套	4	
14		ZLT300提升系统控制台	套	2	
15		YCD60A千斤顶	台	4	拱脚滑移
16		钢绞线	—	—	根据实际情况配备

7. 质量控制

7.1 质量标准

根据《公路桥涵施工规范》JTJ 041—2000和《公路工程质量评定验收标准》JTJ 071—98及其他有关规定，制定质量标准如下：

7.1.1 1/2钢管拱拼装

1. 轴线误差±10mm，高程误差±5mm。

2. 钢管拱焊接时其错边量不得大于2mm。

3. 钢管拱焊缝尺寸及焊缝探伤符合设计要求。

7.1.2 钢管拱安装就位

1. 轴线偏位不得大于$L/6000$。

2. 拱圈高程不得大于$\pm L/3000$。

3. 对称点高差不得大于$L/3000$。

4. 拱肋焊缝错边量不得大于2mm。

5. 焊缝尺寸及焊缝探伤符合设计要求。

7.2 质量控制措施

7.2.1 建立可靠的质量保证体系，开展全面质量管理活动，各工序指派专人负责，技术人员跟班作业。

7.2.2 架设精度的控制

为测量控制准确方便，设一独立平面、高程控制网。

1. 布置原则：以东岸Z2，D4西岸3、4号点为控制点进行加密，加密点既有坐标又有高程。其中东西两岸Ⅱa形横梁，端横梁上各设一点，独立控制网控制钢管拱架设及拱脚预埋定位，放样时必须使用。网内控制点作为置镜后视点，坚持以远边后视放样原则，不能设置转点或使用其他点位。

2. 钢管拱架设纵向轴线控制：沿拱轴线方向，在主拱拱脚后退50m处及端横梁各设置一点，计算出其坐标。用独立网控制点放样各点，确保四点一线，钢管拱架设时在拱脚后50m处置镜，后视端横梁控制点，然后控制拱顶位置。

3. 钢管拱架设高程控制：架设右拱时，置镜主桥主跨左幅箱梁上，测量各点高程，架设左拱时，反之，测量时尽量前后视距相等，确保测量数据无误，并做好详细记录。

8. 安 全 措 施

8.1 各龙门立柱设爬道，爬道每隔10m设置休息平台。龙门顶均设置钢管栏杆、安全网、脚手扳通道。

8.2 提升人员施工必须戴安全帽，穿防滑鞋，并穿救生衣。

8.3 提升过程中，提升系统操作人员仔细观察油顶及油表，出现异常立即停止，并通知总指挥。

8.4 提升过程中，缆风组地锚观察人员仔细观察地锚，出现异常立即通知总指挥。

9. 环 保 措 施

由于本工法实施点位于南昌市一级水源保护区内，因此桥位处的环境保护，尤其是水体保护是施工中的重点。施工中遵照《江西省建设项目环境保护条例》和《江西省环境污染防治条例》，并结合施工的实际情况制定了具体的环境保护措施：

9.1 定期组织项目管理人员和现场施工人员认真学习环境保护条例和具体要求，在思想上树立环保意识。

9.2 水上施工机械和船只定期严格检查，防止油料泄漏。

9.3 严禁将废油、生活垃圾、施工建筑垃圾等随意抛入河水中。

9.4 临时桩钻孔泥浆按照环保局规定送到指定地点处理，不直接排入河水中。施工完后，清理水下钻孔桩，恢复河道原貌。

9.5 施工污水、生活污水经过无害化处理后，才可以排入河水中。

9.6 严禁将施工剩余混凝土倒入河水中。

9.7 材料运输船设置围护，防止材料，尤其是含粉尘材料落入河中。

在南昌市环境监测站定期与不定期的河水监测中，桥位处的水质一直处于受控状态，做到了水中施工不污染水体的要求。

10. 效 益 分 析

10.1 施工进度快。以南昌生米大桥为例，创造了三个月架设2400t4榀钢管拱的记录。

10.2 采用门式膺架整体吊装钢管拱，避免了大型缆索索塔施工，节省了费用约28万元。

10.3 采用门式膺架整体吊装钢管拱，节省了轨索、起重设备、走行设备等约200万元。

10.4 采用门式膺架整体吊装钢管拱，节省了地锚约20万元。

11. 应 用 实 例

南昌生米大桥主跨为 2m×228m 双连跨中承式钢管混凝土系杆拱桥，是目前国内最大的双连拱。其主拱采用门式膺架半拱整体吊装工艺，属国内首创。

中铁一局集团有限公司桥梁工程公司应用本工法，根据现场的实际情况，在工期紧、任务重的情况下，合理组织、精心施工，制定了门式膺架半拱整体吊装方案，施工速度得到了明显提高，既保证了工期，又节约了资金，得到了业主和地方政府的好评。先后受到江西省电视台、南昌市电视台、江南都市报、南昌晚报等多家新闻单位的采访和报道，为公司赢得了显著的经济效益和社会效益。

高原、高寒大坡道铁路机械架梁施工工法

YJGF258—2006

中铁一局集团有限公司

孙军红　樊卫勋　孙柏辉

1. 前　言

1.1　新建青藏铁路格尔木至拉萨段是目前世界上海拔最高、技术难度最大、穿越高原、高寒及连续性永久冻土地区最长的铁路。由于高原、高寒、缺氧和低气压，使人的身体和机能发生一系列复杂的适应性变化。机械设备启动困难，磨损加剧，动力性能严重下降。线路设计的最大坡度达20‰，对架桥机施工安全性威胁很大，对架桥机动力牵引系统和制动系统要求很高。沿线全年一半以上时间为6级以上大风，不仅对架梁施工安全威胁很大，而且对架桥机的发动机配气系统影响大。

1.2　中铁一局集团铺架工程项目经理部承担着青藏铁路南山口至安多段的铺轨架梁工程。为使青藏铁路特殊条件下架梁作业能顺利进行，中铁一局集团公司组织具有多年铺架经验的专家、技术人员，进行研究、论证，对JQ-130型架桥机进行了一系列适应性改造。通过从南山口至楚玛尔河段架梁施工情况表明，经改造的JQ-130型架桥机既能架设普通型号的桥梁，又能架设超高、超宽、超重的耐久梁，使得JQ-130型架桥机在青藏铁路特殊的施工条件下架梁施工得以实现。

2. 工法特点

2.1　针对高原缺氧和低温对架桥机机械部分的影响，对架桥机进行高原适应性改造，可以满足高原高寒情况下架设包括耐久梁在内的32m以下桥梁。

2.2　针对青藏铁路长大坡道十分普遍的特点，通过对架桥机走行系统、制动系统的改造，使得架桥机可以安全地在20‰的长大坡道上架梁作业。

2.3　针对青藏线风季时间长且风速大的特点，通过在架桥机机身两侧加装四个液压防风支腿，增加了架桥机的横向稳定性，提高了架桥机的安全性能。

2.4　鉴于高原缺氧对人体机能的影响，施工人员不宜从事高强度、长时间作业，在施工组织上按四班三倒制安排班次，每班作业要求不超过8h，休息24h。同时科学定员每班人数，确保施工人员在身体健康的条件下，完成架梁任务。

2.5　铁路冻土段全部采用新型耐久梁，其外形尺寸、重量及架设工艺都有别于普通桥梁。

3. 适用范围

3.1　适用于海拔4000m以上高原条件下机械架设普通梁及耐久梁（专桥青藏01～07）。

3.2　适用于−40℃以上气温条件下机械架梁施工。

3.3　适用于20‰长大坡道条件下机械架梁施工。

4. 工艺原理

4.1　针对高原低压缺氧、高原低温严寒、长大坡道、高原大风、沙、雷电、紫外线和盐雾等恶劣

气候条件对机械设备、人员的影响，通过对铺架施工设备进行高原适应性改造，以满足高原特殊环境下的架梁施工。

4.2 针对青藏铁路冻土地段采用的新型耐久梁，制定特殊的架设工艺，合理安排施工组织。

5. 工 艺 流 程

工艺流程见图5。

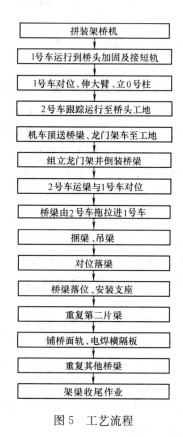

图5　工艺流程

6. 施工操作要点

6.1　设备改造

6.1.1　设备发动机改造

1. 改造增压器

普通增压柴油机在高原上使用，发动机尤其是增压器会超速运转，从而导致增压器耐用性降低，寿命下降。虽然对增压器而言，转速越高，进气量越大，但是增压器超速也会造成许多危害。改造增压器主要是在不超速的情况下增大进气量。另外柴油机与增压器的匹配很重要，匹配不好时，柴油机会发生喘振或功率不足。增压器有喘振区和阻塞区两个区段，匹配时增压器转速要在两个区段之间。

2. 重新设计发动机进、排气系统。

3. 调整发动机冷却风量

由于高原空气密度减小，发动机尤其是风冷发动机夏季的散热能力会显著下降，必须重新调整发动机冷却风量，降低发动机温度，保证整机热平衡。

4. 调整发动机扭矩曲线

高原情况下，发动机主要表现是扭矩大幅下降，而转速下降较少。扭矩下降将直接影响发动机功率的发挥，必须重新调整发动机扭矩曲线。

5. 调整发动机供油时间

由于高原空气密度减少，发动机压缩终了汽缸压力会明显降低，发动机难以起动甚至不能起动，同时燃烧会滞后，燃烧时间延长，发动机工作恶劣，调整发动机供油时间后，发动机工作情况会明显改善。

6. 发电机组改造

JQ130 架桥机原用道依次 150kW 普通风冷发电机组已不能满足青藏线高海拔、长大坡道的需要，现改为道依次 243kW 风冷式中冷增压柴油发动机。

6.1.2 牵引走行系统改造

目前，国内的架桥机适应的最大坡度为 12‰，超过 12‰ 坡度时，对位、走行、运梁均需机车推进，作业效率严重下降，而且施工组织难度增大。对于青藏线 20‰ 的长大坡道，为了提高效率，便于施工组织和保证安全，必须对走行系统进行改造，使架桥机自行对位、运梁，满足长大坡道使用要求。

1. 增大牵引电机功率：将原直流牵引电机功率由 24kW 增大为 40kW（型号为 ZQ40/440V，额定转速 850r/min）。

2. 增大牵引减速器速比：将原牵引减速器速比从 12 增大到 27，增大了铺架机的牵引力，提高了爬坡能力。

3. 取消架桥机走行系统中的十字接头，提高传动系统效率，减少了走行系统的故障率。

6.1.3 制动系统改造

青藏线最大坡度达 20‰，对轨道行驶的设备制动系统提出了很高的要求，特别是架桥机，不仅负荷大，而且常工作在桥头和线路前端，而原来制动只能保证 12‰ 以下坡道，必须进行改造，以增大制动力，满足大坡道制动的安全需要。主机前后转向架原 14 时闸缸各由一台增为二台，全车共四台；将打气泵由原来的一台，增加为二台。青藏线长大坡道，架桥机原有制动系统已不能满足需要，改造后的制动系统增大了制动力矩，保证了制动的可靠性，且空气制动空压机采用了双配置，以解决高原低气压下产生的打风量减少的问题；空压机加装防冻液加注装置，排除低气温下，空气系统中水分冻结造成制动阀堵塞、制动失灵等不安全因素。

6.1.4 其他改造

1. 对电线、电缆等机电产品采用新型紫外线防护技术和材料，能避免机电产品过早损坏，从而减少故障率，提高了设备耐用性。

2. 对液压系统改造：将 JQ130 架桥机二号柱摆头机构改为液压传动；机身两侧加装四个液压防风、防溜支腿；能够抵御 8 级以上大风，确保了架桥机安全。

3. 对 JQ130 架桥机起吊卷筒改造：钢丝绳由于低气温柔性差排绳不良，为了增大安全性对起吊卷筒进行了改造。

4. 对 JQ130 架桥机梁拖拉、梁走行机构改造，并加高 1 号、2 号柱高度增加架桥机内部净空。

6.2 JQ-130 型架桥机施工操作要点

6.2.1 拼装架桥机宜选择在车站股道或桥头岔线的直线地段进行，直线有效长不宜小于 80m。拼装时 1 号柱、2 号柱的连接螺栓和插销，各油缸的固定螺栓和插销，以及其他部位的连接螺栓和插销，必须拧紧安装到位，不应缺少。主机拼装后必须按规定要求进行试运转检查。

6.2.2 架桥机经过的线路必须按照有关的规定进行压道和加固，尤其是桥头 50m 范围内线路应重点压道和加固。运行时应有专人护送防止掉道，严禁机臂处于高位状态走行。1 号、2 号车自力运行速度宜保持在 10km/h 以内，侧向通过道岔河曲线时宜保持在 5km/h 以内，走行地段线路坡度不得大于 12‰，超过时应用机车顶送至桥头。

6.2.3 1 号车应根据轨面上画出的停车标记（提前计算好 1 号车第一轮对的中心到胸墙前端或已经架梁的前端距离）准确的停留在架梁位置上，对位时设专人安放止轮器和操纵紧急制动阀，制动风

压不得小于0.6MPa。伸机臂时，主动吊梁小车、主动吊梁小车要运行到规定位置，机臂宜处于水平状态，伸到位后应立即安装定位插销，方可拉动机臂和摆动机臂。在桥墩上立0号柱时，应用硬质木板作为支垫，支垫必须垫平垫实，其面积应大于0号柱地面面积。在桥台上立0号柱时，为防止压坏T形台托盘，要在托盘实心部位搭设扣轨，扣轨上再搭设素木枕垛和硬质木板作为支垫，将0号柱反力直接传到桥台实心部分。

6.2.4 组立倒装龙门架应在坡度不大于10‰的直线或曲线半径不小于1200m的线路上进行，倒装龙门架左右支柱与线路中线间的距离应保持相等，允许偏差为±10mm。两支柱的支承基面应保持同一高程，允许偏差为±4mm。倒装龙门架组立完成后，应进行空载试运转检查。倒装桥梁时应有专人负责指挥，倒装桥梁应平起平落。倒装不同跨度的梁，必须按照梁允许悬出长度或规定的吊点调整倒装龙门架的位置。梁落在2号上时，梁中心宜在车体纵向中心线上，允许偏差为±20mm。梁落实后，前后端应加设横向支撑。

6.2.5 2号车运梁速度可根据线路条件确定，可控制在0.5～12km/h以内，接近1号车时，应减速到0.5km/h。2号车与1号车对位时应有专人指挥，并操纵紧急制动阀，严禁冲撞。车钩连接到位后必须保持摘钩状态。2号车对位停车后，应加设制动铁鞋和木楔。制动风压应保持在0.6MPa以上并处于良好的制动状态。

6.2.6 梁从2号车拖拉进1号车时，2号车升降横梁应同时且均衡起落，不应使梁倾斜。捆梁时千斤绳不应误用，各股千斤绳应受力均匀，不应有绞花和两股互压现象，千斤绳与梁底面转角接触处必须按放护梁铁瓦。吊梁时应保持左右侧卷扬机升降速度一致，受力正常，同时应检查钢丝绳有无跳槽和护梁铁瓦有无窜动脱落情况。梁吊离支承面20～30mm时，应暂停起吊，对各重要受力部位和关键处所进行观察，确认一切正常后方能继续起吊。出梁时，0号柱处应设专人指挥和监护，梁的前后端下落落差不得大于500mm，有紧急情况时，应拉动紧急限位器，严禁梁端碰撞0号柱和机臂。

6.2.7 落梁时，每孔梁的第一片梁千斤到位后，宜在落至低位后进行横移梁。横移到位后方可安装支座落梁就位。第二片梁应在下落高度距第一片梁约50～100mm时，开始横移梁，当移开第一片梁后应及时落梁，再横移到位安装支座落梁就位。

6.2.8 铺桥面轨排时，吊点的位置应符合相应规定。当架桥机压在桥面短轨地段时，应将机臂回到半悬臂状态，退出短轨地段，拆除短轨后，方可半悬臂铺设正式轨排。

6.2.9 焊接桥面横向联结板时，电焊前应将联结角钢或联结板上的混凝土溅渣、油污和铁锈等去除干净，电焊条和联结角钢应保持干燥，低温作业时应采取预热措施，焊缝厚度不得小于8mm，并不得有裂缝和气孔等缺陷。

6.2.10 每架完一孔梁，应至少焊接3个（两端及跨中）以上横向联结板后，架桥机方可继续向前移动架设下一孔梁。缩回机臂时，主机前钩与0号柱之间和0号柱前后严禁站人。架完梁后应及时做好其他收尾工作。

6.3 接短轨的方法

6.3.1 以往短轨均为人工钉设木枕短轨，放在桥头准备，架桥机架完一孔梁后退回桥头吊短轨。在青藏线我们使用了K形分开式扣件。即在木枕上铁垫板已钉设好，接短轨时只需将钢轨放在枕木上将螺帽上紧，紧扣钢轨即可。K形分开式扣件的特点是钢轨与木枕采用扣件拼装在一起，方便拆装，每次拆装不用打道钉，降低了劳动强度。

6.3.2 以往架桥机的短轨有几种长度：6.25m的3对，2m的2对，1m的1对。分别可以拼成25m长度以内的任何长度的短轨。这样做理论上可行但现实中操作起来很麻烦，有时接一节短轨要拼很多根短钢轨才能满足架桥所需。本条线对短轨的长度改进如下：配备7.6m的短轨3对，2m的2对，1m的1对。因为本条线机械架梁多为32m梁。32m梁一座桥第一孔短轨接好后后面架梁的短轨长度全为在第一次短轨的长度上加减7.6m短轨而已（7.6m为32.6m梁长减去25m轨节的长度）。这样做方便快速，避免了人工计算组合短轨长度的麻烦。短轨可以拆卸放在轨节两侧的桥梁挡碴槽内，避免了架桥机退机到桥头吊短轨，节约了架梁时间，提高了作业效率。

6.4 减少梁上预铺碴厚度和宽度以降低架桥机所承载的重量。

6.5 人员适应高原保障措施

高原、高寒、缺氧和低气压，使人的身体和机能发生一系列复杂的适应性变化，人的体质和对疾病的抵抗能力，机体的恢复能力、劳动能力、生存能力都大大降低，恶劣的生存环境使人无法长时间、超强度的进行重体力劳动。为此，对劳动力进行科学安排，前方铺架施工作业人员采取四班三倒制，并配备足够的备员。现场施工救护车跟班，发现病员现场救治。高海拔地区坚持吸氧休息，以缓解缺氧对人体带来的负面影响。针对季节性铺架施工特点，对作业班次做出相应调整。夏季为理想施工季节，采用四班三倒的作业方式，全天工作；冬季气温较低，采取三班两倒的作业方式，必要时采用一班的作业方式，夜间适时停工，合理安排作业量，保证铺架进度。

7. 机具配置

主要架梁施工设备配置表（表7）

主要架梁施工设备配置表 表7

序号	设备名称	规格	型号	数量	功率	备注
1	架桥机	130t	JQ130改造型	1台	200kW	
2	倒装龙门架	65t×2	YD65	2台	42kW	
3	轨道车	222kW	GCS220G	1辆		
4	工程指挥车	5座		1辆		
5	救护车			1辆		
6	油罐汽车	8t		1辆		
7	载重汽车	5t	康明斯	3辆		焊桥发电用
8	载重汽车	3t	康明斯	1辆		
9	电焊机	315A	ZX5-315	2台		
10	电焊机	400A	ZXG-400	3台		
11	内燃机车		DF4	2台		
12	平板车		N15	17辆		

8. 质量控制

8.1 质量标准

简支T形梁在架设时，严格按照《铁路架桥机架梁规程》要求内容架设。应采取措施控制每孔梁各片T梁的横隔板预留孔在统一轴线上，预留孔位置应准确。简支T形梁在架设后，外观检验执行《铁路桥涵工程质量检验评定标准》和《青藏铁路高原多年冻土区桥梁工程质量检验评定及验收标准（试行）》标准。即外观检验应符合梁端面平齐，梁缝符合要求，两侧挡碴墙外缘平直圆顺。支座安装严格按设计要求进行，支座与梁间、支座与墩台垫石间必须密贴，支座落位调整后的底板十字线与墩台十字线间的纵、横向错动量和同端支座中心线横向距离的允许偏差符合《青藏铁路高原多年冻土区桥梁工程质量检验评定及验收标准（试行）》相关内容的规定。T形梁横向联结采用联结板临时焊接时，冬期施工必须采用低温条件下的焊接工艺，横隔板钢筋混凝土的施工，必须符合冬期钢筋混凝土施工的有关规定，混凝土的强度必须符合设计要求，拆模强度不得小于设计强度的80%。

8.2 质量措施

8.2.1 在架梁施工前10d由路基调查组提前与线下桥梁施工单位联系，索取路基、桥墩台等相关施工资料，并进行有效的检查和复测。同时，将交接、检查、复测结果报监理及有关单位。发现问题，及时通知线下施工单位进行整改；对有疑问的地段，及时通报有关单位进行处理。

8.2.2 成立以项目经理为组长的质量控制领导小组，负责施工全过程的质量控制和保证，监督检查各项质量措施的落实。

8.2.3 做好图纸会审工作，对于会审存在的问题与设计和监理单位协调解决。

8.2.4 为施工的每道工序制定详细的施工技术交底，制定各环节各工序相应的质量控制和检查标准，严格把好质量关。

8.2.5 严把原材料检验关，成品梁必须符合设计与规范要求，架设前必须对成品梁长度、跨度、外观及配件进行检查，经检查不合格者严禁架设。

8.2.6 制定雨季、冬季、低温等特殊条件下施工工程质量保证措施，确保工程质量不受外界因素的影响。

9. 安 全 措 施

9.1 架桥机出退机注意事项

9.1.1 必须执行列检和架桥机机组人员两级监督检查制度。重点检查走行部分、制动部分状态，应符合规定；机身两侧派专人手持木楔或铁鞋进行监护。

9.1.2 出退机的走行速度不大于 5km/h；遇天气状况恶劣，影响架桥机安全时，严禁出退机作业。

9.1.3 架桥机在长大坡道上停车前，必须指派专人跟踪在下坡道方向打两对铁鞋。出退机过程中，必须派 8～10 名有经验的人员对出退机进行全过程监控，并有一名领导现场负责。

9.1.4 出退机到位后，操作司机做好制动系统操作，并采取防溜措施，打满铁鞋，支好防风支腿。

9.2 架桥机在运行中操纵的安全措施

9.2.1 架桥机走行司机每次交接班以及出退机前必须对架桥机的制动、走行部分进行全面细致的检查。制动行程为 80～125mm。

9.2.2 严禁架桥机走行、制动部分带病作业。下坡道对位应注意控制速度，在 0.5km/h 以内，带闸对位。

9.2.3 严格执行运行规定，在未接到信号或信号不清的情况下，严禁操作走行。

9.3 工程列车在龙门架下对位安全措施

9.3.1 因受地形限制，龙门架组立在大于 10‰的下坡道上时，选址应是路基坚实的地段，基础一定要平整密实。机车推送桥梁至龙门架下对位以后，2 号车停留位置应与路料列车首车前端保持在 30m 以上的安全距离，并在下坡道方向打好止轮器；起车前必须进行制动机检验。

9.3.2 在桥梁吊起以后，机车牵引料车退出龙门架时，必须在机车起动后在缓解列车，防止列车溜逸与龙门架相撞。

9.4 架梁作业安全措施

9.4.1 在下坡道对位时，必须带闸对位。对位后的制动管风压应保持在 600kPa 以上，并采用铁鞋、木楔等在车轮下止动，车轮下必须打满铁鞋并抄木楔。

9.4.2 一号车在桥头对位时，要注意信号；停车后，要打满铁鞋。

9.4.3 架桥机架梁时，如坡道过大，应通过调整零号柱支垫高度减小大臂倾斜度或采用顺坡的形式使线路平缓，以满足架梁需要。

9.4.4 二号车载梁后，桥梁一定要支撑牢固，拖梁台车前后要打好木楔。防止桥梁窜动，发生危险。

9.4.5 二号车对位时要注意信号；停车后要打好至少 8 对铁鞋，制动管风压应保持在 600kPa 以上，处于制动状态。

9.4.6 遇到六级以上大风、大雨、沙尘等不良天气时停止架梁作业。

9.4.7 架桥机在架梁状态下（对位后），应将 1 号车前液压缸位置下的线路枕间加放一根Ⅰ类油枕或硬杂木枕，轨外侧枕面上加放两根硬杂木枕木头并用薄板抄平，顶面略高出线路轨面 10～20mm，再压下液压缸。每只轮下正反各打 1 只铁鞋（共计 36 只），其最前端的车轮并应可靠地压在铁鞋上，然后抄紧木楔。出大臂立好零号柱后再派专人检查抄紧一遍木楔，确认无误后方可架梁。

10. 环 保 措 施

10.1 加强环境保护的宣传工作。

10.2 **高原植被保护措施**

10.2.1 施工过程中的临时便道必须严格按设计方案或有关要求组织实施，不得随意开辟便道，任意就近取、弃土或破坏植被。

10.2.2 铺架基地及沿线临时设施施工时，其范围内外的植物要尽力维持原状，确实需要扰动时，必须报请甲方和相关方同意后，再行施工。临时工程拆除后，应采取有效措施恢复地表植被。

10.3 **水土保护措施**

10.3.1 施工期间产生的废油、废水、生活污水及废液，采用隔油池等有效措施加以处理，不超标排放。

10.3.2 严格禁止将施工废水、生活污水、废液直接排入草甸、河流或池塘。靠近生活水源的施工，采用沟壕或堤坝隔离，避免造成污染。

10.3.3 在河道、水塘中临时工程施工时，不得向河流中弃土，并不得随意改变河流流向。施工弃土或弃碴须按设计指定地点堆放，待完工后统一处理，并设置必要的防护，防止水土流失。临时设施拆除后，进行彻底清理，恢复原状原貌。

10.3.4 自觉维护高原土壤结构，保护好原有的防沙、治沙及防止盐溶发展的设施，防止人为恶化环境。

10.4 **冻土结构保护措施**

10.4.1 施工中严格执行设计程序，严禁破坏冻土的热平衡，贯彻"预防为主，保护优先，开发和保护并重"的原则。

10.4.2 在临时工程建设中应按设计要求合理安排，尽最大限度减少临时工程占地面积，禁止将临时工程建在植被覆盖良好和高含冰量冻土地段。完工后，根据环保设计要求，平整并覆盖合适的土料，尽量恢复地表的天然状态。

10.4.3 工程施工中不得随意改变、切割、阻挡地表水的排泄，不允许形成新的积水洼地，以免形成热融湖塘，造成日融夜冻反复循环，破坏多年冻土。

10.5 **野生动物保护措施**

加强对参建职工进行保护野生动物的法制教育，严格禁止捕杀、恐吓、袭击任何野生动物，并不得参与任何野生动物及标本的买卖行为。

10.6 **大气环境保护措施**

10.6.1 凡产生烟尘的生产、生活设备，尽量采用燃油、电或太阳能等环保能源或选择污染程度最低的设备，并安装空气污染控制系统，防止污染高原大气环境。

10.6.2 对有毒、易燃、易挥发物品设专人管理，密闭存放，取用时尽量缩短开启时间。

10.6.3 在有粉尘、烟尘和有害气体的环境中作业时，除采取相应的措施外，作业人员尚应佩戴必须的劳动防护用品。

10.7 铺架基地环境保护

10.7.1 合理布置基地设施，施工营地及生产设施尽量利用现有公路道班及青藏公路施工时废弃的场地，最大限度地减少对地表植被的侵扰。

10.7.2 在铺架基地设立"科学施工、珍爱生态环境，以人为本、铸造精品工程"、"爱护高原每一寸绿地"、"珍爱野生动物、呵护高原生态"等内容大型环保广告宣传牌。

10.7.3 铺架基地生产区和生活区的施工垃圾和生活垃圾，应集中堆放，在征得当地环保部门同意后，运到指定地点进行处理。

10.7.4 施工现场及生活区的厕所均按冲水式设置，每日坚持专人清理打扫，并定期对周围喷药消毒，防止蚊蝇滋生、传播疾病。

10.7.5 在施工现场和生活区设置足够的卫生设施，经常进行卫生清理，营造良好的生产、生活环境，同时在生活区周围种植适合高原生长的花草、树木、美化生活环境。

10.7.6 铺架宿营车生活垃圾必须装在垃圾袋或垃圾桶内，定期集中运往指定地点进行处理。

10.7.7 宿营车停放地点应搭建符合环保要求的简易厕所，消除随意排泄的陋习，净化高原环境。

11. 效益分析

青藏线格拉段自2001年6月29日开工以来，一直得到社会各界的关注。改造后的铺架机完全能够满足青藏铁路高原、高寒、长大坡道铺架施工的需要，并创出了日架32m曲线耐久梁8.5孔和月架32m耐久梁124孔的高原架梁纪录，创造了世界铁路建设史上的奇迹。并提前完成了青藏铁路4标段的铺架任务，受到了铁道部等领导的多次高度赞誉。

12. 应用实例

在青藏铁路冻土区及高原、高寒、缺氧、大风、长大坡道等特殊条件下，应用本工法共架设桥梁3488孔。其中南坡特大桥里程K981+677，18孔—32m梁，海拔4700m，坡度20‰下坡；不冻泉以桥代路特大桥里程K998+579，90孔—32m梁，海拔4603m，坡度3.5‰上坡。架梁平均日进度5.6孔，最高单班进度3.5孔，最高日进度8.5孔，创青藏铁路架梁纪录。

水泥药卷张拉锚杆施工工法

YJGF259—2006

中国水利水电第十四工程局
黄岗 杨天吉 董发俊 李武诚

1. 前　言

在各类地下洞室的开挖支护施工中，一般遵循"新奥法"原则，将"新奥法"各要素有机结合，充分利用围岩自身承载能力，锚杆支护在开挖支护施工中发挥十分重要的作用，地下洞室规模大，地质结构复杂，如何保证地下洞室在开挖施工中围岩及时得到支护抗力，是开挖支护施工的技术难点。传统的普通锚杆支护，不能快速提供围岩支护抗力。

中国水利水电第十四工程局在所承建的大型地下工程施工中不断总结及改善洞室开挖支护技术，在龙滩、小湾、三峡、彭水等大型水电站导流洞、地下厂房、主变室和尾水隧洞等地下工程中均成功采用技术先进、工艺成熟的水泥药卷张拉锚杆施工工艺，洞室围岩及时得到了支护抗力，加快了施工进度，确保了洞室围岩稳定和安全，具有技术先进性，并有明显的社会效益和经济效益。

2. 工法特点

2.1　水泥药卷张拉锚杆是采用水泥基药卷作为锚杆锚固剂，使其具有快速实施支护，充分利用围岩自身承载能力。

2.2　水泥药卷张拉锚杆与传统的灌浆张拉锚杆相比，水泥药卷张拉锚杆具有注浆饱满、水泥浆不易外流、施工器具少、程序简单、施工快捷、占用工期短、环境污染少的特点。

3. 适用范围

适用于地下洞室的喷锚支护，目前，已广泛应用于各类地下洞室和边坡支护工程。

4. 工艺原理

采用药卷喷枪分别将快硬水泥药卷与缓凝水泥药卷注射入孔口内，然后插入锚杆杆体，孔口找平，开始安装托板、垫圈和紧固螺帽，在快硬水泥药卷达到张拉强度后和缓凝水泥初凝前，张拉和锁定锚杆。其工艺原理的核心部分为：快硬水泥终凝时间短，结石强度提高快，能及时实现预应力锚杆张拉，从而及时提供围岩支护抗力；缓凝水泥初凝时间较长，快硬水泥与缓凝水泥一起注入孔内，注浆一次成型，整个施工操作简单、方便、快捷。

5. 施工工艺流程及操作要点

5.1　施工工艺流程

水泥药卷张拉锚杆施工工艺流程见图5.1。

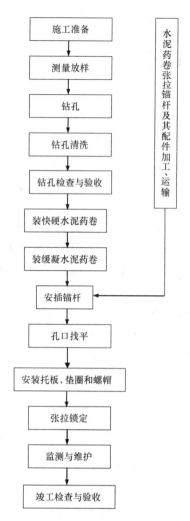

图 5.1　水泥药卷张拉锚杆施工工艺流程图

5.2　操作要点

5.2.1　准备工作

收集和研究相关技术资料，事先检查其断面是否欠挖，欠挖事先处理。基面杂物、附着泥土和松动岩块清理干净；施工风、水、电、照明就绪，施工通道和场地平整，满足施工要求。

5.2.2　测量放样

1）测量人员根据设计图纸进行放样；

2）放出支护区域的起止桩号和基准高程，要求桩号每间隔 5m 做一个标记，根据需要，部分洞段桩号可适当加密；

3）按图示支护参数进行锚杆孔位放样，并用红油漆做好标识。

5.2.3　钻孔

1）锚杆钻孔采用三臂凿岩台车、锚杆台车等钻孔。钻孔角度根据洞室的结构形式和锚杆所处的部位可分为：90°、45°、0°、<0° 等几种方向。当锚杆轴线与岩石层面夹角过小时，钻孔角度须根据监理工程师指示局部调整。根据规范要求，结合钻孔设备的实际技术参数，钻孔孔径选用 $\phi 42\sim 55mm$。

2）钻孔施工时钻头要对准岩壁上锚杆孔孔位标识下钻，最大偏差不得大于 150mm，开孔应用小功率缓慢钻进，钻进约 50cm 后，校正钻孔方向，全功率钻进。为了准确地控制钻孔的角度，钻孔施工时由当班技术员用地质罗盘配合操作手一起控制钻杆的方向，钻孔与锚杆预定方位的允许角偏差控制在 1°～3°。钻孔深度可根据钻杆的长度控制。当孔深与钻杆的长度成几何倍数时，由钻杆的根数控制孔深，当不成几何倍数时，则在钻杆上标好长度记号以控制钻孔深度，要求钻孔深度不小于杆体有效长度，并比锚杆体有效长度深 50～200mm。

5.2.4　钻孔清洗

工作区锚杆孔全部钻完后，用压力水枪对所有钻孔依次进行冲洗。工作面较大时，可一边钻孔一边洗孔。当孔内不再有浊水流出时，结束冲洗，然后用压力风枪将孔内积水吹出孔外。

5.2.5　钻孔检查与验收

钻孔清洗完毕，进行孔位编号，并对各孔的实际孔径、孔深、孔位、孔向和孔洁净度进行班组自检，填好自检记录表。自检合格后报队级质检员复检（二检），复检合格后报质量部终检（三检），合格后报请监理工程师验收，监理工程师验收合格后用干净的水泥纸或其他物品将孔口盖好。

5.2.6　安装水泥药卷

安装快硬水泥药卷前，安装人员先用杆体试探钻孔的深度，并做出标记。根据设计锚固段长度（2.6m），将 $\phi 32$PVC 注浆管每 50cm 做一道标记，管头 50cm 处做一个挡头比孔径小 10mm，以防药卷吹出，插入孔中距孔底 50cm 处。用体积法算出药卷用量，但根据现场试验经验，由于岩孔内有裂隙，且是风送，药卷超细粉粒雾化损失较大，需乘以损失系数 1.4。如：9.3m 深孔内锚段理论 36 支，实际需 50～55 支，张拉段实际需 125～140 支缓凝 M 药卷，具体操作如下，将快硬 K_3 药卷按 70～90s 浸泡后取出放入风枪，扭动扳机，延续 10s 再关，管路长时断续连扣三次，每打 10 支锚固剂将浆管外拔 50cm，便于药卷被风反吹出，打完快硬 K 药卷后浆管外退至距孔底 3.1m 处，再打缓凝药卷，以免 M 药卷混吹入锚固段影响锚固力，缓凝 M 药卷浸泡完后可凉 1～2min，这样不易折断在管内造成堵塞，其余操作同快硬 K 水泥药卷一样。

5.2.7 安插杆体

缓凝水泥装完后，即开始安插锚杆体。锚杆安装采用人工或机械安装，在施工作业平台上用人工或用锚杆台车、三臂凿岩台车将杆体缓慢推至设计位置。为了防止浆液流失，孔口应封孔保护。杆体送至设计位置时，停止推送。

5.2.8 安装托板、垫圈和螺帽

当杆体安装结束后，进行锚杆附件（托板、螺帽等）的安装。由于设计要求锚杆的外露长度为 0.15m，而且岩面的平整度不足，施工中必须进行孔口找平及做一个小型的垫墩（根据托板的规格尺寸确定为：20cm×20cm×8cm）。施工中由于受锚固段粘结材料性能的限制，要求垫墩必须在张拉时段内达到一定的强度，否则将在锚杆张拉时被破坏从而失去作用，致使锚杆无法进行正常张拉。垫墩采用现场制作，在垫墩施工中采用与锚固段相同的速凝水泥药卷作为垫墩的制作材料。在垫墩施工中为避免垫墩材料将杆体外露段锚固死，致使张拉时无法达到预期效果，施工中采用了涂锂基脂及外套胶管套将杆体外露段进行保护 8cm 长度，使之与垫墩材料隔离。垫墩制作完成后，马上进行托板安装，以保证在垫墩初凝前调整安装好托板。托板的安装要必须平整，并与杆体轴线保证垂直，以确保杆体张拉时的受力方向。托板装好后进行螺帽安装，安装螺帽时不必加力，以避免将杆体拉出，螺帽只要能固定托板即可。

5.2.9 张拉锁定

锚杆的张拉锁定应在快硬水泥终凝且水泥结石强度≥20MPa，和缓凝水泥初凝前进行。根据水泥药卷初、终凝时间，张拉时段控制在 4~8h 之间。张拉方式有两种：一种是用扭力扳手加载；另一种是用液压千斤顶加载。龙滩电站工程张拉锚杆施工采用扭力扳手加载，液压千斤顶只用于监测锚杆张拉；张拉时分级分别为设计荷载的 25%、50%、75%、115%。每次张拉到位稳定 5min 后在继续加载，并做好记录，当扭力扳手发出达到张拉报警后即可达到预定张拉吨位，最后一级荷载加完后稳定 20min，无异常情况后锁定。在张拉过程中，要求对每一级张拉结束后的杆体拉伸值进行记录。为保证张拉设备的准确度，张拉用的预置式扭力扳手每张拉 50 根锚杆后须进行率定，对使用一段时间后产生的误差进行校定。张拉锁定后每 6h 测量一次应变值，另外可以同预锚应力计监测数据对比，即时掌握锁定应力变化情况。

5.2.10 竣工检查与验收

水泥药卷张拉锚杆施工结束后，应将锚杆施工各阶段—造孔、注浆（水泥药卷）、安装、张拉和监测等的记录加以整理、分析和评定，并及时报请监理工程师进行工程验收。

6. 材料与设备

6.1 原材料

6.1.1 杆体及附件

张拉锚杆为Ⅱ级 20MnSi、25MnSi 螺纹钢筋，其性能标准符合国家标准，有出厂证明，现场材质试验检验报告，使用前将表面油脂、漆污锈皮清除干净，锚杆钢筋须经调直；按设计要求一端进行车丝，与杆体配套的紧固器材（托板、垫圈、螺帽，在监测锚杆时增设传感器）从专业厂家购买，有出厂证明，现场试验检验报告，强度刚度满足要求。

6.1.2 水泥药卷

水泥药卷从专业厂家购买。采用优质的速凝型水泥药卷和缓凝型水泥药卷。水泥药卷初、终凝时间和抗压强度满足要求。

6.2 设备

水泥药卷张拉锚杆施工主要设备：测量设备（全站仪、罗盘）、钻孔设备（三臂凿岩台车、锚杆台

车等）、气压式锚卷喷射枪、千斤顶、扭矩扳手、压力传感器。

7. 质 量 控 制

7.1 总则

（1）施工前，作业厂队和施工班组必须收集并认真研究相关图纸、文件，严格按照设计图纸和规范规定组织施工。

（2）各分项工程的验收严格执行"三检制"。首先由作业班组自检，并按要求填好分项工程验收表；自检合格后报队级质检员复检（二检）；复检合格后报请质量部三检，三检合格后由质量部报请监理工程师终检。

（3）加强质量宣传教育，树立职工"百年大计，质量第一"的质量意识，力创"精品工程"。

7.2 材料

（1）所有材料（水泥药卷、水泥药卷张拉锚杆、紧固和张拉部件等）除必须有出厂合格证外，还要进行进场抽检，重要材料（如锚杆）须按有关规范或监理指示做验收试验，未经检查批准的任何材料，不得用于施工。

（2）水泥药卷的贮存应严防受潮，不得使用过期或受潮结块的水泥药卷。

（3）水泥药卷张拉钢筋应顺直，表面不得有污物、铁锈或其他有害物质，并严格按设计尺寸下料。验收合格的锚杆体应妥善保护，以免腐蚀和机械损伤。

7.3 设备

锚杆张拉前，张拉设备须进行率定，扭力扳手每张拉 50 根率定一次，平时应注意保养和维护。

7.4 锚杆孔

（1）钻孔的深度与方位应严格控制，孔位偏差小于 150mm，孔深允许偏差 50～200mm；钻孔与锚杆预定方位的允许角偏差为 1°～3°。

（2）装水泥药卷前，钻孔内的石屑与岩粉须清理干净，并将孔内的积水排净。钻孔验收合格而不能及时安装水泥药卷和锚杆时，应用干净的纸团或木楔将孔保护好以防粉尘或其他杂物污染孔内。

7.5 装水泥药卷

为了保证锚杆孔内水泥药卷充填密实，快硬水泥药卷一定要确保安装到位，缓凝水泥药卷要装至孔口泛浆为止。

7.6 锚杆张拉

张拉的时机要掌握好，根据速、缓凝水泥药卷的特性，张拉时段最好是在锚杆安装完毕后 6～12h 内进行。张拉时要认真检查各张拉附件的位置是否准确可靠，承压垫座是否与锚杆轴线垂直。张拉过程中认真量测和记录锚杆的应力及锚头的位移情况，出现问题，及时处理。

7.7 锁定

用液压千斤顶加载时，张拉完毕应确保将螺帽拧紧锁定，必要时加盖锁紧螺帽。

8. 安 全 措 施

8.1 加强安全管理，树立职工的安全意识，并派专人进行安全巡视检查。

8.2 注意松石、危石伤人，施工前及时处理。

8.3 设备停放部位要安全平稳，支腿须着落在坚实稳固的地面上。

8.4 洞内或晚间作业时要有良好的通风与照明，并定期检查洞内有害气体浓度。

8.5 认真检查电源线路和设备的电器部件，保证用电安全。

8.6 张拉锚杆时，锚杆正前方和下方严禁站人。

9. 环保措施

9.1 在施工过程中严格遵守国家和地方政府下发的有关环境保护的法律、法规和规章,加强对施工工程材料、设备、废水、生产生活垃圾、弃渣的控制和治理,遵守有关防火及废弃物处理的规章制度,做好文明施工,加强对职工的环保、水保教育,提高职工的环保、水保意识,杜绝人为破坏环境的行为做好施工区环境保护和水土保持工作。

9.2 在工程施工过程中,加强施工机械的净化,减少污染源(如掺柴油添加剂,配备催化剂附属箱等),配置对有害气体的监测装置,禁止不符合国家废气排放标准的机械进入工区。加强对施工中有毒、有害、易燃、易爆物品的安全管理,防止管理不善而导致环境事故的发生。

9.3 进场施工机械和进场材料停放、堆存要集中整齐,施工车辆在施工完后都将必须清洗干净后,方可停放在指定停车场。建筑材料堆放有序,并挂材料名称、规格、型号等标志牌。

9.4 施工废水、废油和生活废水经污水处理池(站),经处理后达到《污水综合排放标准》GB 8978—1996 一级标准及地方环保部门的有关规定再排放,保证下游生产、生活用水不受污染。生活污水按招标文件的有关规定处理合格后排放。

9.5 做好施工产生的弃渣和其他工程材料运输过程中的防散落与沿途污染措施,弃渣和工程废弃物拉至指定地点堆放和治理。

9.6 洞室作业需设置有效的通风排烟设施,保证空气流通,洒水除尘,防止或减少粉尘对空气的污染,作业人员配备必要的防尘劳保用品,大型钻孔设备配备除尘装置,使钻进时不起尘。

10. 效益分析

10.1 经济效益

水泥药卷张拉锚杆与传统的灌浆张拉锚杆相比,施工器具和施工工艺简单,加快了锚喷支护施工进度,确保了洞室稳定和安全,实现了地下洞室快速施工。以龙滩水电站地下引水发电系统为例,采用水泥药卷张拉锚杆使整个地下引水发电系统开挖工期提前了 22d,在洞室开挖中未发生洞室塌方,取得了良好的经济效益。

10.2 社会效益

1. 在隧道工程及地下锚喷支护施工中,水泥药卷锚杆减少了传统水泥灌浆锚杆浆液外流,有利于文明施工。

2. 实现了地下洞室锚喷支护快速施工,充分利用了围岩自身承载能力,确保了洞室和施工安全,提前了工期,具有较好的社会效益。

11. 应用实例

11.1 实例 1

龙滩水电站地下引水发电系统(主厂房、尾水调压井、尾水隧洞出口段等洞室)。

11.1.1 工程概况

龙滩水电站地下厂房位于广西壮族自治区天峨县境内的红水河上,共布置 9 台机组,单机容量为 700MW,总装机容量 6300MW。龙滩水电站左岸地下引水发电系统由引水系统、厂房系统及尾水系统三大系统组成。其主要洞室开挖尺寸庞大,开挖支护工程量巨大,总开挖工程量达 300 万 m^3;三大洞室开挖尺寸分别为:主厂房 398.5m×28.90(30.70)m×77.3m,尾水调压井 67(76、95)m×21.6m×87.2m,3 条尾水隧洞开挖直径为 22.60~25.00m。

11.1.2　施工情况

龙滩水电站地下厂房、调压井和尾水隧洞出口段开挖采用钻爆法施工，分层开挖分层支护方法，锚杆施工采用了水泥锚杆药卷张拉施工工艺方法。工程于 2001 年 11 开工，2004 年 7 月开挖支护结束，主要工程量：预应力锚杆：$\phi32$，$L=9.5$m，入岩 9.35m 和 $\phi32$，$L=8.0$m，入岩 7.85m，共计 9872 根。

11.1.3　工程监测与结果评价

采用水泥药卷张拉锚杆工法进行施工，对围岩及时施加了支护抗力，减小了围岩变形，实现了快速安全施工，确保了洞室稳定安全。据监测资料分析：锚杆应力一般在 300MPa 以内，主厂房顶拱最大位移值 7.67mm，均小于理论计算值，目前地下厂房首台机组已经投产发电，锚杆和洞室工况运行良好。

11.2　实例 2

小湾水电站地下工程（主、副厂房工程）。

11.2.1　工程概况

小湾水电站地下厂房系统布置在双曲拱坝右岸山体内，主厂房开挖尺寸 298.4m×30.6m×84.88m（长×宽×高）。由于主副厂房开挖跨度较大，采用系统锚杆、喷 C25 纤维混凝土支护。主厂房开挖共分十层，由上往下依次开挖支护。

11.2.2　施工情况

小湾水电站地下主、副厂房锚杆锚杆施工采用了水泥锚杆药卷张拉施工工艺方法，小湾水电站地下主副厂房开挖支护于 2004 年 12 月开工，2006 年 7 月结束。主要工程量：$\phi32$、$L=9$m，$\phi32$、$L=6$m，$\phi32$、$L=4.5$m，共计使用药卷张拉锚杆 6455 根。

11.2.3　工程监测与结果评价

主副厂房工程顶拱最大变形 4.5mm，锚杆应力和洞室围岩变形小于理论计算值，开挖支护结束 18 个月后，锚杆和洞室工况运行良好。

11.3　实例 3

11.3.1　工程概况

三峡地下电站位于微新岩体中，岩石坚硬，完整性较好，岩石主要为前震旦系闪云斜长花岗岩和闪长岩包裹体，主厂房开挖尺寸 311.3m×31.6m×87.3m（长×宽×高）。设计上，采用系统锚杆、喷 C30 钢纤维混凝土 15～20cm 厚支护。

11.3.2　施工情况

三峡地下厂房采用水泥药卷张拉锚杆施工工法，主要使用部位为地下电站主厂房，锚杆参数分别为 $\phi32$，$L=12$m，入岩 11.85m 和 $\phi32$，$L=9.0$m，入岩 8.85m 两种。共计张拉锚杆 8650 根。

11.3.3　工程监测与结果评价

三峡电站地下厂房工程顶拱最大变形 9mm，锚杆应力一般在 50～150MPa 之间，岩石位移小于理论计算值，锚杆应力和洞室围岩变形小于理论计算值，锚杆和洞室工况运行良好。

碾压混凝土拱坝诱导缝重复灌浆施工工法

YJGF260—2006

中国水利水电第八工程局　中国水利水电第十一工程局

何培章　郭国华　丁寿波　付兴安　闻艳萍

1. 前　言

碾压混凝土坝往往采用全断面通仓薄层碾压、连续上升的方法施工，拱坝不预埋冷却水管，坝体碾压混凝土靠自然冷却，其混凝土水化热散发速度缓慢，在水库蓄水前封拱时坝体混凝土温度达不到稳定温度就需对诱导缝进行灌浆处理。随坝体混凝土温度降低，在冷却到稳定温度场的过程中，已灌浆的诱导缝将形成较大的温度拉应力，导致坝体诱导缝再一次拉开，需要进行重复灌浆。

诱导缝重复灌浆技术是在一次性与多系统多次常规接缝灌浆技术基础上发展起来的，由于坝体是采用在需要设置缝面的位置埋设诱导板自然成缝且缝面灌区需实现重复灌浆，其施工工艺较一次性常规接缝灌浆复杂，但相对于多系统多次常规接缝灌浆技术，可降低施工成本；比单系统常规接缝灌浆技术提高了可靠性，在水利水电碾压混凝土拱坝施工中，具有广泛的应用价值。

1999年5月～2003年9月，在沙牌碾压混凝土拱坝施工中开展了国家"九五"攻关项目"沙牌碾压混凝土拱坝诱导缝重复灌浆研究"，并在拱坝2、3号诱导缝进行了重复灌浆施工，通过场内试验与不断改进施工方法，解决了管路埋设与检查、缝面灌浆与管路冲洗等一系列技术问题，创立了一套满足设计要求的切实可行的碾压混凝土接缝重复灌浆施工方法，得到了中国水电顾问集团成都勘测设计研究院以及中国水利水电科学研究院等国内外多家单位以及专家认同，并通过水利部验收。该技术已在国内多项水利水电碾压混凝土拱坝设计及施工中（湖北招徕河水电站、贵州清水河大花水水电站）推广应用。

2. 工法特点

碾压混凝土诱导缝重复灌浆具有以下特点：

1. 较常规接缝灌浆施工工艺更加严谨，需特别重视施工前各项准备工作。
2. 选择满足设计要求的特制出浆盒是实现重复灌浆的关键。
3. 准确把握灌浆后管路冲洗时机。

3. 适用范围

本工法适用于水利水电工程碾压混凝土拱坝诱导缝重复灌浆施工。

4. 工艺原理

灌浆浆液在高于出浆盒开环压力下通过出浆盒上的出浆孔灌入缝面，由于出浆盒具有单向流通性，浆液进入缝面后不会从缝面沿灌浆管路回流，可在接缝灌区灌浆结束后，浆液初凝前，采用低于出浆盒开环压力的水流对灌浆系统进行冲洗，保持管路通畅，待诱导缝缝面再次拉开后，进行重复灌浆。

5. 施工工艺流程及操作要点

5.1 工艺流程

碾压混凝土拱坝诱导缝重复灌浆施工工艺流程如图5.1。

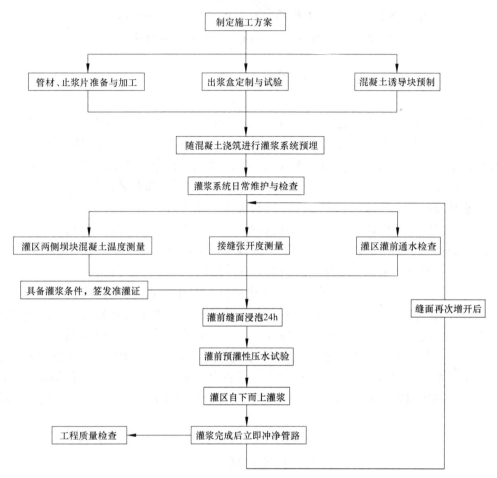

图5.1 碾压混凝土拱坝诱导缝重复灌浆施工工艺流程图

5.2 操作要点

5.2.1 出浆盒试验

每一批次出浆盒必须进行抽样试验，测定出浆盒的开环压力。检测器材包括压力泵、压力表、灌浆管路、减压阀等。出浆盒开环压力一般为0.2MPa左右为宜。常用的出浆盒结构如图5.2.1所示，为一种特制橡胶套阀。该橡胶套阀由一根穿孔钢管、一个橡胶套和两个管接头组成，能够通过管接头方便快捷地串联安装在灌浆管路中。橡胶套由优质高弹和耐久性优良的橡胶硫化而成。该套包裹在穿孔管的外面借助收缩压力能紧密覆盖管壁上的出浆孔，只有当管内压力达一定值时，水或浆液才能顶开橡胶套，从出浆孔流出；而无论何种外压也不会使管外的水或浆液回流。

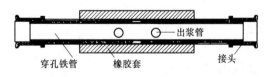

图5.2.1 重复灌浆出浆盒结构示意图

5.2.2 灌浆系统预埋施工

系统典型布置形式如图5.2.2-1所示。

根据碾压层的厚度，按一定碾压高度埋设诱导板，一般采用重力式混凝土诱导板（结构如图

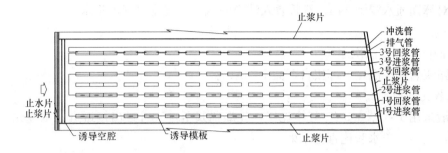

图 5.2.2-1　碾压混凝土拱坝诱导缝重复灌浆系统典型布置示意图

5.2.2-2），诱导板内设置重复灌浆系统的进出浆管，并将管头引至坝下游。埋设方法为：当埋设层的下一层碾压结束后，按诱导缝的准确位置放样，再将准备好的预制板安装在已碾压好的诱导缝上，诱导板的安设工作先于1～2个碾压条带进行，并将重复灌浆管逐步向下游延伸；当铺料带在距诱导缝5～7m时，卸料后，将碾压混凝土缓慢推至诱导缝位置，将预制混凝土诱导板覆盖，并保证预制板的顶部有5cm左右的混凝土料，以免碾压混凝土时损伤诱导板。对诱导缝的止浆片和诱导腔部位采用改性混凝土浇筑。测缝计安装在测缝计专用模板中间，采用掏孔后埋法施工。

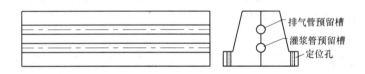

图 5.2.2-2　重力式诱导板结构示意图

灌浆管（含进回浆管、排气管、冲洗管等）根据设计图纸在车间内加工而成，诱导板在预制场按规定的规格及混凝土配合比进行预制。

5.2.3　灌浆系统检查与维护

为防止混凝土施工时对管路产生破坏，灌浆系统预埋管路需由专人负责检测与维护，跟班检查，发现问题及时解决。每一层灌浆管路系统预埋完成后，原则上要求通水检查，但考虑到碾压混凝土施工中不允许有过多的水进入仓面，通水检查一般安排在一次混凝土施工完成后3d到第二次碾压混凝土施工前进行，通水检查压力≤0.1MPa。

5.2.4　缝面张开度和坝块温度测量

缝面张开度一般通过预埋在缝面上的测缝计来观测。缝面两侧坝块温度由预埋在混凝土内部的温度传感器测定。

5.2.5　灌前通水检查

通水检查分四步进行：

第一步，灌浆管路通畅性检查，主要检查进回浆管路的通畅性。采用压力水通过压力表、水表等仪器进行灌浆管路的通畅性检查。

第二步，排气管路的通畅性检查，主要检查排气管路与冲洗管互通情况。

第三步，出浆盒及缝面的通畅性检查。采用单开通水检查方法，即利用某一进浆管路通水，其回浆管路封闭，压力控制在0.4MPa左右，观测进浆管路进水和排气管路出水流量。

第四步，灌区的密封性检查。通水时观测坝前、坝后及观测廊道，缝面有无外漏现象。

系统通水检查结果需达到设计或规范要求条件，否则应根据具体情况采取有效措施进行处理。

5.2.6　灌前预灌性压水试验

灌前预灌性压水试验的压水压力与灌浆压力相同。

5.2.7　灌前缝面浸泡与风干

灌浆前应对缝面通水浸泡24h，然后通入洁净的压缩空气排除缝内积水。

5.2.8 灌浆

1. 灌区各回路浆管灌注次序

灌区各回路浆管灌注次序全部按自下而上的原则。

2. 浆液水灰比的控制

水灰比一般采用1:1、0.5:1二个比级，先灌稀浆至排气管排出接近进浆浓度浆液或灌入量约等于缝面容积后，改浓一级水灰比直至结束。

当缝面增开度大，缝面管路通畅，缝面通畅性检查排气管单开流量大于30L/min时，可使用0.5:1浆液开灌。

为使浓浆尽快填满缝面，开灌时，除第一层灌浆回路的回浆管安装阀门调节灌浆压力，其他进、回浆管口及排气管全开放浆，测记相应管口排出浆液的密度与弃浆量。先一回路浆管灌注结束闭浆的同时，立即开启其后一回路的管路开始灌浆。后一回路灌注起始水灰比为先一回路灌注的最终水灰比。当排气管排出最浓一级浆液时，调节阀门控制压力直至结束。

3. 灌浆压力及缝面增开度控制

灌浆过程中，利用测缝计跟踪监测缝面增开度，确保缝面增开度控制在设计允许范围之内。

灌浆进浆压力以各回路回浆管出口压力表指示压力控制，回浆管堵塞的回路用进浆管管口压力控制。最终以排气管压力来控制灌浆的进程。

4. 结束标准

排气管出浆达到或接近最浓比级浆液、排气管口压力或缝面增开度达到设计规定值、注入率≤0.4L/min时续灌20min，灌浆即结束。

5.2.9 灌后冲洗

灌浆结束后，立即轮换对灌区各回路进、回浆管进行冲洗，冲洗压力根据出浆盒的开环压力确定，确保小于出浆盒开环压力，直至回水清净。

排气管冲洗时间较难把握，一般在灌浆结束后10～30min之间进行，冲洗至管路回清水，并保持间歇冲洗30min左右，防止残余渗出的浆液堵塞管路。

5.2.10 特殊情况处理

1. 进回浆管及排气管路堵塞情况处理，主要采用掏孔、冲洗、钻孔等方法。掏孔具体针对管口被堵塞的管路；冲洗是采用高压脉冲水反复冲洗微通的管路；而钻孔则是在管路完全不通时，在灌区合适位置（廊道或坝后）钻穿缝面，孔位、孔向、孔斜等参数根据计算确定，测量放样，孔深以穿过缝面20cm控制。

2. 缝面外漏时，采用嵌缝堵漏措施。

3. 串浆时，如果灌浆具备灌浆条件，灌浆设备及材料满足要求，采用几个灌区连续灌浆的方法。

6. 材料与设备

系统预埋材料主要包括铁管、铁板、出浆盒、止浆片、诱导板、测缝计等。

灌浆材料一般采用普通硅酸盐水泥或细、超细普通硅酸盐水泥。根据缝面张开度及可灌性情况，必要时，通过现场试验确定，可进行其他特殊材料的灌浆。

灌浆设备主要包括中压泥浆泵、高速制浆机、储浆桶和灌浆自动纪录仪等。

7. 质量控制

1. 施工原材料使用前均需要进行检测，以达到规范或设计要求。

2. 预制诱导板质量需满足设计要求，特别是安装排气管预制块不得有缺陷或变形，安装后采用钢钉进行固定。

3. 出浆盒采用特制或购买成型产品，使用前对其性能进行试验，满足设计要求开环压力，开环后能有效收缩。

4. 每一层预埋均需测量放样，确保各预埋件在同一垂直面上。

5. 系统预埋后，灌浆前应经常对系统通水检查；灌前通水检查严格按要求分步进行。

6. 灌浆前做好各项准备工作，灌浆过程严禁中断。

7. 灌浆完成后及时对各管路进行冲洗，冲洗干净后的管路间隔一段时间后应进行通水检查，确保管路通畅。

8. 其他方面严格按照工程设计文件要求及《水工建筑物水泥灌浆施工技术规范》DL/T 5148—2001 执行。

8. 安 全 措 施

1. 灌浆管路系统安装时与混凝土碾压施工交叉作业，因此仓面施工设备多、人员杂，需采取有效安全防护措施。

2. 进入施工现场的施工人员，必须按规定配戴和使用劳动防护用具。

3. 施工现场及作业地点应有足够的照明，在潮湿、易于导电触电的作业场所使用照明灯具地面高度低于 2.2m 时，其照明电源电压不得大于 36V。

4. 在操作平台、通道、栈桥等处固定时，应与平台、通道杆件焊接或绑扎牢固，并搭设防护顶棚。

5. 在悬崖、陡坡、杆塔、坝块、脚手架以及其他高处危险边沿进行悬空作业时，必须设有爬梯，临边必须设置防护栏杆，并应根据施工具体部位，配带安全带、安全绳等个体防护用品，挂设水平安全网或设置相应的吊篮、吊笼、平台等设施。

6. 灌浆管路一般采用直接引至坝后，系统检查与灌浆人员需高空作业，需确保施工排架安全，必要时设置坝后桥。高处作业人员应具有相应的健康证明。

9. 环 保 措 施

1. 在工程施工期间，对废水和固体废弃物进行全面控制，最大限度地减少施工活动给周围环境造成的不利影响。生活污水、施工废水处理达到国家标准后进行排放。

2. 灌浆须采用无毒害、对混凝土无腐蚀的材料。灌浆施工过程中将产生大量的废弃浆液，现场应配备弃浆池，收集从回浆管及排气管口返出的弃浆，弃浆应回收处理达标后方可排放。如条件允许，应回收利用，如可用于帷幕灌浆、回填、固结灌浆等。

3. 结合各施工岗位，制定严格的作业制度，规范施工人员作业行为，做到文明施工，科学施工，避免有害物或不良行为对环境造成污染或破坏。

10. 效 益 分 析

由于碾压混凝土拱坝诱导缝均需要进行接缝灌浆，常规接缝灌浆需要混凝土分坝块进行浇筑，不仅功效低且很难实现重复灌浆。诱导缝重复灌浆系统不需要混凝土坝块分缝，从而可实现坝体混凝土通仓浇筑，大大提高了坝体碾压混凝土上升速度，沙牌水电站大坝混凝土浇筑月上升高度达 20m，大花水水电站混凝土浇筑月上升高度超过 30m。由于碾压混凝土重复灌浆系统能可靠实现坝块接缝重复灌浆，水库蓄水时间可大大提前，从而可实现水电站尽早投产，经济效益显著。

有两种灌浆管路系统布置方案可实现重复灌浆。第一种是在坝体接缝处预埋两套灌浆管路系统，其中一套用于第一次封拱灌浆，另一套留作二次重复灌浆时备用，例如普定和温泉堡碾压混凝土拱坝即是如此。第二种布置方案是，只预埋一套可重复利用的灌浆管路系统。和第一种方案相比，第二种方案具有费用低廉、容易安装、节省时间等优点，但是要求灌浆管路系统和出浆盒易于冲洗干净，能重复用于接缝灌浆。

11. 应 用 实 例

1. 沙牌水电站位于四川省汶川县境内，碾压混凝土拱坝高为 132m，拱坝共计碾压混凝土 36.5 万 m^3，碾压混凝土浇筑采用全断面通仓薄层碾压、连续上升的方法施工。拱坝共设置 2 条诱导缝（2 号、3 号缝面）和 2 条横缝（1 号、4 号缝面）。

诱导缝 20 个灌区自 2001 年 4 月开始至 2001 年底完成首次灌浆，灌区面积 3210.6 m^2，注入水泥总量 93409.6kg，最大单位注灰量 56.5 kg/m^2，最小单位注灰量 10.3 kg/m^2。首次灌浆后，随着坝体混凝土温度降低，到 2003 年 4 月坝体混凝土温度基本达到稳定温度，坝体混凝土收缩使得已灌浆的诱导缝又一次拉开，缝宽最大达到 1.6mm，再次对缝面进行了灌浆，共耗水泥总量 21021.8kg，最大单位注灰量 9.6 kg/m^2，最小单位注灰量 3.7 kg/m^2，大坝运行至今缝面未发生渗水现象。

2. 大花水水电站位于贵州省开阳县清水河上，拦河大坝为抛物线双曲拱坝＋左岸重力墩。最大坝高 134.50m。坝顶宽 7.00m，坝底厚 25.0m，厚高比 0.186。坝体大体积混凝土为 C20 三级配碾压混凝土，坝体上游面采用二级配碾压混凝土自身防渗。拱坝基础垫层常态混凝土浇筑层厚 1.0～2.0m，碾压混凝土浇筑采用全断面通仓薄层碾压、连续上升的浇筑方式，每一升层高度为 3～9m；拱坝采用 2 条诱导缝＋2 条横缝的分缝方案。诱导缝编号为 2 号、3 号，其中 2 号缝诱导缝自下而上分为 13 个灌区，面积共 1523.9 m^2；3 号诱导缝共分 12 个灌区，面积为 1418.1 m^2。

诱导缝采用单回路灌浆管路重复灌浆系统，每一灌区由 6 套进回浆管路和 1 套排气管路组成，出浆盒为自行特制。诱导缝高程范围 738.5～840m，大坝蓄水前，坝体尚未达到稳定温度，缝面张开度较小，最大值不到 1.0mm。25 个灌区的首次接缝灌浆从 2007 年 3 月 1 日开始，至 2007 年 3 月 26 日全部完成。诱导缝灌浆累计注入水泥总量 15513kg，单位面积平均注入水泥量 5.27 kg/m^2；灌区最大单位注入水泥量 15.5 kg/m^2，最小单位注入水泥量 3.56 kg/m^2；灌浆效果良好。

3. 招徕河水电站：招徕河大坝是一座空间变厚不对称的对数螺旋线型碾压混凝土双曲拱坝。大坝设计最低建基面高程 EL200.5m，坝顶高程 EL305.5m，最大设计坝高 105.0m，招徕河碾压混凝土拱坝设置了三条诱导缝（2 号、3 号、4 号）和两条横缝（1 号、5 号），2 号、3 号、4 号诱导缝的底部分别为 EL203.1m、EL206.4m、EL241.0m，1 号、5 号横缝的底部为 EL270m。坝体接缝灌浆工程从 2004 年 4 月 19 日开始，至 2006 年 3 月 5 日施工完毕；坝体接缝灌浆 6200 m^2，注入水泥总量 64787.8kg，最大单位注灰量 45.8 kg/m^2，最小单位注灰量 5.7 kg/m^2，平均注浆量 10.5 kg/m^2。大坝运行至今缝面未发生渗水现象。

石粉掺量对碾压混凝土性能影响试验工法

YJGF261—2006

中国水利水电第四工程局

田育功　高居生　胡宏峡　王焕　郑凯

1. 前　　言

　　目前，我国在建的大坝中，挡水建筑物主要以混凝土坝为主，水工混凝土质量的优劣直接关系到建筑物的施工质量、安全运行和使用寿命。由于水工混凝土工作条件的复杂性、长期性、重要性等特点，其设计指标或配合比试验方法均与普通混凝土有很大区别。水工混凝土设计指标采用长龄期（90d或180d），抗渗、抗冻、抗裂和温控指标要求高，原材料采用大骨料级配、低胶材用量、高掺合料和外加剂，混凝土拌合物采用较小的坍落度（VC 值）、良好的和易性、适宜的含气量、同时满足不同季节和不同气候条件施工要求的凝结时间。为了达到混凝土高质量、高性能和经济性的要求，混凝土配合比试验工作尤为重要。

　　混凝土配合比是混凝土高坝的核心技术。在水利水电开发建设中，中国水利水电第四工程局作为混凝土高坝建设的主力，从 50 年代的刘家峡水电站工程建设开始，截至目前，承担的已建和在建混凝土大坝 30 多座，在长期的实践中，紧紧围绕混凝土高坝的核心技术，在水工混凝土配合比试验和科研项目实施过程中逐步形成了先进的、成熟的、可行的、具有鲜明特点的试验工法。

2. 工　法　特　点

　　2.1　本工法是在长期的、大量的现场试验中形成的，是对水工混凝土试验规程的补充和完善，具有鲜明的实用性和可操作性。

　　2.2　工法严格按照水工混凝土设计指标要求，紧密结合工程所处的地域环境、气候条件、施工条件和原材料特性，科学的规范了水工混凝土配合比试验程序。

　　2.3　工法突出混凝土拌合物性能，重点研究新拌混凝土坍落度（VC 值）、含气量、凝结时间、表观密度等性能与时间、时段、温度变化的相互关系，为混凝土施工提供科学依据。

　　2.4　建立混凝土配合比试验工艺流程，使混凝土配合比试验科学、规范、合理、有序的进行。

　　2.5　试验数据采用先进的计算机程序进行处理，保证试验结果及时、科学、准确地整理分析。

3. 适　用　范　围

　　适用于不同地域、气候、施工条件下的水工建筑物大体积常态和碾压混凝土配合比试验。

4. 工　艺　原　理

　　4.1　根据混凝土配合比设计指标，制定科学合理的技术路线和配合比试验计划，规划布置试验室，准备有代表性的、足够的原材料。

　　4.2　工法重点突出水工混凝土配合比的拌合物性能，关键技术是对新拌混凝土坍落度（VC 值）、含气量、凝结时间、表观密度等性能与时间、时段、温度变化等相互间的关系进行研究，找出其内在规律。

4.3 进行配合比试验，确保试验结果的准确可靠，提交满足设计、施工要求且经济合理的施工配合比。

5. 施工工艺流程及操作要点

5.1 施工工艺流程见图 5.1

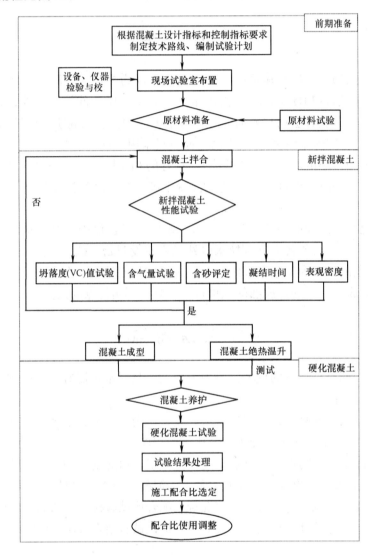

图 5.1 施工工艺流程

5.2 操作要点

5.2.1 编制试验计划

根据混凝土设计指标和控制指标要求，按照不同工程地域、气候条件、施工条件、原材料特性情况，制定合理的技术路线，编制的"水工混凝土配合比试验"计划。

5.2.2 现场试验室

由于水工混凝土配合比试验是在施工现场进行，所以现场试验室是保证混凝土配合比试验的首要条件，应根据试验项目和现有条件科学合理的布置现场试验室，试验工作间一般布置 12～18 间。拌合间是水工混凝土配合比试验的最重要工作间，应高度重视拌合间的布置。一般试验拌合间应有 50～80m² 的面积，用于布置搅拌机、拌合钢板、振动台、水池、料仓、工作台等。

1. 搅拌机：由于水工大体积混凝土大粒径的特点，搅拌机必须有足够的拌合容量，采用自落式搅拌机一般为 100～150L，强制式搅拌机一般为 60～100L。

2. 拌合钢板：钢板尺寸应满足长×宽×厚＝(2000～2500mm)×(1500～2000mm)×(8～10mm) 的要求。钢板一般纵向垂直对齐搅拌机出料口，水平摆放且比地面低 50mm 或在钢板周边焊接 L50mm 角铁，方便混凝土拌合的连续试验。同时钢板侧面应布置有排水的集水沉淀池。

3. 振动台：振动台台面尺寸一般为 (1000mm±10mm)×(1000mm±10mm)，表面平整光洁，频率 50±3Hz，振幅 0.5±0.02mm，安装在不妨碍其他试验和操作的位置，要求台面水平。

4. 料仓：一般在拌合间端部靠墙布置 4～5 个高 90～110cm 的料仓，分别堆放试验用的饱和面干砂料和粗骨料，其中砂料仓应足够大。料仓上部可预制搭建工作台，放置水泥、粉煤灰等材料及工器具。

5. 力学间：力学间的面积应保证各种材料试验机的布置、安装、维护、检修和试验人员的正常操作等。面积一般为 40～60m²。根据力学试验内容，一般配置 100kN 和 1000kN 万能材料试验机、2000kN 压力试验机及相关的附件等。全级配混凝土力学性能试验配置 5000～10000kN 的压力试验机。

6. 养护室：养护室严格按温度、湿度要求布置。根据混凝土工程量、取样频率、养护龄期以及施工高峰期等因素，确定养护室面积一般为 40～80m²，屋顶宜密封。

5.2.3 原材料的准备

水工混凝土配合比试验用的原材料（水泥、掺合料、骨料、外加剂等）试验样品，必须按材料用量计划备足同一批次的、具有代表性的工程实际使用样品，尽量避免二次取样，防止原材料波动导致试验结果的差异，这是保证高质量配合比试验的前提。各种材料应根据计划提前检测，掌握配合比试验所需原材料的品质和性能。

1. 胶凝材料：水泥、掺合料等胶凝材料保存应避免受潮，一般采用塑料薄膜等防潮材料密封包裹。试验拌合时，应把胶凝材料拆包分别装入带盖的塑料大桶容器，盛料应使用专门的器具，每次盛完料后应及时加盖，保持胶凝材料原状。

2. 骨料：骨料需要提前一天堆放到室内料仓，宜满足饱和面干状态，表面覆盖湿麻袋保持湿润。每天拌合前，对室内料仓存放的骨料进行翻拌均匀，并检测骨料含水率，为配合比计算提供依据。

3. 外加剂：外加剂溶液需要提前一天进行配制，且足量。一般减水剂浓度为 10%～20%，引气剂浓度为 1%～2%。同时应对外加剂配制难易程度、是否沉淀进行观察评定，为拌合楼外加剂溶液配制和控制提供依据。

5.2.4 混凝土拌合

混凝土拌合试验是配合比试验的重点，拌合间室内温度保持在 15～25℃。混凝土拌制前，采用与配合比相近的砂浆或小级配混凝土进行搅拌机搅拌挂浆和拌合钢板挂浆。第一罐新拌混凝土一般仅用于初步评判，不用于正式成型。水工混凝土不宜采用人工拌合。

1. 拌合容量：考虑拌合条件边界效应的影响，混凝土拌合最小容量一般不宜少于搅拌机容量的 1/3，以保证拌合物的均匀性、稳定性。

2. 投料顺序：应通过试验确定。自落式搅拌机投料顺序一般为粗骨料、胶凝材料、水和外加剂混合溶液、细骨料；强制式搅拌机投料顺序一般为细骨料、胶凝材料、水和外加剂混合溶液、粗骨料。其中，应在计算好的水中盛出少量水以备冲洗盛外加剂容器，然后将外加剂溶液倒入剩余水中。

3. 拌合卸料：按规定时间搅拌好的混凝土卸料后，应用镘刀将罐内的浆体刮净，然后将搅拌机恢复到原位，及时遮盖湿麻袋或加盖，防止搅拌机内干燥，以备连续拌合。刮出的浆体和出机的新拌混凝土混合翻拌三遍，观察评定混凝土外观和匀质性。用于成型的新拌混凝土，应及时用湿麻袋覆盖，避免坍落度损失过快影响试验结果。

5.2.5 和易性试验

大量试验发现，新拌混凝土表面水分蒸发、水泥水化等原因造成新拌混凝土的坍落度、含气量经时损失不可避免，因此，对设计的混凝土配合比要进行大量反复的试拌，掌握混凝土拌合物的稳定性和规律性。试验时，仪器和工具与新拌混凝土接触部分应提前润湿或挂浆。

1. 过湿筛：对出机的新拌混凝土进行拌合物性能试验时，若骨料粒径大于 40mm，应采用湿筛法剔除大于 40mm 粒径骨料，筛前应用喷雾器或湿拖把对方孔筛润湿。过湿筛后的拌合物，需对翻三遍。

2. 温度测试：将温度计插入出机后的混凝土中 50～100mm，温度测试完备后方可拔出温度计，同时记录室温。

3. 坍落度（VC 值）：一般两人同时在钢板上平行进行坍落度试验，减小人为误差；碾压混凝土 VC 值一般测试两次。同时，需要进行坍落度（VC 值）的经时损失试验，为施工提供依据。

4. 含气量：对抗冻等级要求高的水工混凝土，含气量测试采用精密含气仪。装料时严禁工具碰撞含气仪量钵沿口，试验后应及时对含气仪气阀保护清洗。同时，要进行含气量与坍落度（VC 值）经时损失的关系试验，为拌合楼质控、施工浇筑及混凝土耐久性提供依据。

5. 含砂评定：含砂情况对混凝土性能有很大影响，一般采用三种方法评定：一是用镘刀抹混凝土拌合物表面，二是通过振动台振实过程中测试试模内混凝土泛浆情况，三是在仓面观测振捣器振捣时混凝土泛浆情况。

6. 表观密度试验：表观密度试验采用原级配混凝土，四分法装料，用振动台试验。常态混凝土一次性装料，碾压混凝土分层装料，以混凝土振实泛浆为准。

7. 凝结时间：对新拌混凝土拌合物过 5mm 湿筛，将砂浆装入凝结时间试模。常态混凝土临近初凝、终凝时应加密试验，碾压混凝土按等时段（每隔 1～2h）进行试验。试验数据宜采用计算机计算绘图。

5.2.6 混凝土成型

1. 成型粒径：采用标准试模成型时，混凝土拌合物的骨料最大粒径不得超过试模最小断面尺寸的 1/3；用于成型强度、弹模、抗渗、抗剪、抗折等试验的混凝土过 40mm 湿筛；用于成型极限拉伸、抗冻、干缩、湿胀等试验的新拌混凝土过 30mm 湿筛；过筛后拌合物必须翻拌均匀。全级配试验采用 450mm×450mm×450mm 和 ϕ450mm×900mm 试模。

2. 试模装料：成型前，试模内壁应均匀刷油，以不浸纸为宜；成型时，应将同型号试模放在混凝土拌合物旁摆放整齐，按试模对角线正反方向均匀装料，避免骨料集中。碾压混凝土、全级配混凝土成型时需注意分层装料。

3. 试模振捣：混凝土成型时需用振动台机械振实；由于人工插捣成型试验结果偏差大，不宜采用。振实过程中，可用抹刀光面贴试模内壁插数下，以排除气泡空隙及使骨料表面布浆。碾压混凝土振动成型以泛浆为准。全级配混凝土成型宜采用软轴振捣棒进行插捣。

4. 抹面编号：成型后试件摆放位置要做好标识，及时抹面编号，编号一般分三行编写，三行分别为试验编号、龄期、试验日期。

5. 试件拆模：试件编号后宜及时放入养护室养护，也可采用薄膜覆盖并加盖湿麻袋保湿。拆模时间视混凝土强度等级、粉煤灰掺量、凝结时间以及气候条件决定。拆模后的试件应及时送入养护室养护。

5.2.7 混凝土养护

1. 养护室条件：必须满足温度 20±3℃、湿度大于 95% 的保湿保温条件，应安装恒温恒湿自动控制仪、喷雾设施和空调等措施。

2. 养护室安全：养护室内应配制 36V 的低压安全灯，进出养护室应配置自动切断电源装置或醒目警示标志。

3. 养护架：一般采用 L50mm 角钢（或 ϕ32mm 钢筋）以及 ϕ10～ϕ14mm 的钢筋制作养护架，一般养护架尺寸长×宽×高为（1500～2000mm）×（500～600mm）×（1400～1600mm），每层高度宜为 250～300mm，分为 5 层～6 层。

4. 试件摆放：混凝土试件摆放间距为 10～20mm，试件按试验日期摆放在规定月份的养护架上，方便试验和检查。

5.2.8 硬化混凝土试验

硬化混凝土试验必须符合规程规范的要求。试验时，混凝土试件从养护室取出后要注意保湿，及时进行试验。

1. 物理力学试验：强度、弹模、抗剪、抗弯等试验一般采用 1000～2000kN 的试验机，极限拉伸一般采用 100～300kN 的试验机。若进行全级配混凝土试验，根据强度等级，一般采用 5000～10000kN 的试验机。

2. 抗冻试验：宜采用微机自动控制的风冷式快速冻融机。试验前，抗冻试件至少在养护室标准温度的水中浸泡 4d；试验时，擦去试件表面水分，测试试件的初始质量和自振频率，基准值一定要测试准确。

3. 抗渗试验：采用混凝土抗渗试验仪进行试验。试件到龄期后，从养护室取出试件，待表面晾干后，用钢丝刷将圆锥体侧面浮浆清除，然后用毛刷刷去粉尘。一般在试件侧面采用水泥黄油腻子密封，其比例：水泥：黄油＝3：1～4：1。在试件侧面将配制好的密封材料用三角刀均匀刮涂 1～2mm 厚，然后将试件套入抗渗试模中，在试验机上用 100～200kN 的力将试件压入套模中。试验结束后，及时将试件在试验机上退出、劈开、标记，测量渗水高度。

4. 干缩试验：干缩室必须安装空调，确保恒温干燥条件，试验采用卧式测长仪，门上应留有玻璃观察窗，防止试验时发生意外。

5. 数据处理：试验数据宜采用计算机处理，编制相应的计算处理程序。记录应符合国家计量认证或实验室认可要求。

5.2.9 绝热温升试验

在绝热条件下，测定混凝土胶凝材料（包括水泥、掺合料等）在水化过程中的温度变化及最高温升值，为混凝土温度应力计算提供依据。混凝土绝热温升试验采用绝热温升测定仪，仪器置于 $20\pm5℃$ 的清洁、无腐蚀气体的绝热温升室内进行。由于绝热温升试件体积大、比较笨重，人工装卸困难，所以，在绝热温升室内安装起吊设施，一般采用横梁和倒链。

混凝土绝热温升试验采用原级配。试验前 24h 应将混凝土原材料放在 $20\pm5℃$ 的室内，使其温度与室温一致；试验时必须严格按照提供的混凝土配合比进行拌合试验，拌合物满足和易性要求后，方可进行绝热温升试验。制作试件的容器内壁应均匀涂刷一层黄油或其他脱模剂，便于脱模，成型时将拌制好的原级配混凝土拌合物分两层装入容器中，每层均用捣棒插捣密实，在试件的中心部位安装一只紫铜测温管或者玻璃管，管内盛少量变压器油，插入中心温度计，用棉纱或橡皮泥封闭测温管管口，以防混凝土或浆液落入管内，然后盖上容器上盖，全部封闭。用倒链把装入好的混凝土绝热温升试件连同容器放入绝热室内，启动仪器开始试验，直到规定的试验龄期，并做好实验记录。其中混凝土从拌合、成型到开始测读温度，应在 30min 内完成。

试验结束后，打开绝热室的密封盖，取出中心温度计，用倒链把混凝土绝热温试件连同容器从绝热室内提出，小心脱模，防止脱模过程中弄坏容器。

5.2.10 施工配合比选定

根据混凝土设计指标、施工要求以及现场复核试验结果，并进行技术经济分析比较，确定科学合理的混凝土施工配合比。

5.2.11 施工配合比调整

混凝土配合比在使用中，应根据施工现场的条件变化和原材料的波动情况，及时对配合比进行调整。但关键参数，如水胶比、单位用水量、粉煤灰掺量一般不允许调整；一般根据现场砂子细度模数、粗骨料超逊径、气温和含气量变化，对砂率、级配、外加剂掺量等按配合比参数关系规律进行调整。

5.3 劳动组织

混凝土配合比试验共 16 人，其中混凝土拌合人员 12 人可穿插作业，参见表 5.3。

试验人员组织安排表 表 5.3

项 目		人数	工 作 范 围
试验计划编制		2	根据混凝土设计指标和控制指标要求,编制详细、具体的混凝土配合比试验计划
组织实施		2	混凝土配合比试验人、材料、设备等资源合理布置
资料		2	对试验数据整理、分析
混凝土拌合	配料单	2	配料单计算、校核
	原材料计量、投料	6	按配料单进行胶凝材料、骨料、外加剂、水等材料称量,按规定顺序将材料投到搅拌机
	拌合物性能试验	4	坍落度(VC值)、含气量、凝结时间、表观密度测试
混凝土成型、养护		4	成型、抹面、编号、拆模、养护等
热学试验		2	绝热温升等试验
硬化混凝土	物理力学试验	3	抗压、劈拉强度(抗剪)等试验
	耐久性试验	3	抗冻、抗渗等试验
	变形试验	4	极拉、弹模、干缩等试验

6. 材料与设备

6.1 材料

水工混凝土配合比试验所需主要材料见表6.1。

水工混凝土配合比试验所需主要材料 表 6.1

序号	名 称		品 种	原 则	作 用
1	水泥		中热硅酸盐水泥、低热硅酸盐水泥、低热矿渣硅酸盐水泥、硅酸盐水泥、普通硅酸盐水泥、抗硫酸盐硅酸盐水泥等	根据工程部位、技术要求和环境条件	满足混凝土配合比各项性能要求,降低混凝土发热量,抵抗环境侵蚀
2	掺合料		粉煤灰、火山灰、矿渣微粉、硅粉、粒化电炉磷渣、氧化镁等	根据工程技术要求、掺合料品质和资源条件,通过试验论证	具有改善混凝土性能、提高混凝土质量,降低混凝土水化热,抑制碱骨料反应,节约水泥,降低成本
3	骨料	细骨料	天然砂、人工砂	质地坚硬、洁净、级配良好	保证混凝土和易性和工作性能,提高混凝土密实性能等
4		粗骨料	卵石、碎石	优质、经济、就地取材	保证混凝土质量,决定混凝土强度和耐久性等
5	外加剂		高效减水剂、缓凝高效减水剂、高温缓凝剂、引气剂	根据工程混凝土设计指标要求	改善混凝土和易性、节约材料、调整施工性能、提高强度和耐久性等
6	水		饮用水	符合国家标准	水泥水化胶结和混凝土流动性作用

6.2 机具设备

水工混凝土配合比试验所需主要仪器设备见表6.2。

水工混凝土配合比试验所需主要仪器设备　　　表 6.2

序号	设备名称	规格型号	单位	数量	用途
1	胶砂搅拌机	JJ-5	台	1	水泥、掺合料、外加剂、骨料物理试验
2	胶砂振实台	ZS-15	台	1	
3	高温炉	SX2-4-1300	台	1	
4	水泥胶砂流动度测定仪	NLD-2	台	1	
5	净浆标准稠度凝结时间测定仪	(ISO)	台	1	
6	雷式夹膨胀测定仪	LD-50	台	1	
7	水泥比表面积测定仪	DBT-127	台	1	
8	水泥标准养护箱	40 超声加湿	台	1	
9	电热鼓风干燥箱	101-2	台	1	
10	水泥雷式沸煮箱	FZ-31	台	1	
11	水泥负压筛析仪	FYS-150B	台	1	
12	水泥电动抗折机	5000	台	1	
13	水泥压力试验机	YAW-300B	台	1	
14	水泥净浆搅拌机	160B	台	1	
15	恒温水浴锅	HHS-6	台	1	水泥、掺合料、外加剂、骨料、水等化学试验
16	火焰光度计	6400A	台	1	
17	分析天平	1/10000、1/1000	台	2	
18	酸度计	PHS-3C	台	1	
19	黏度计	NDJ-1	台	1	
20	电动沉淀离心机	LDZ-4-8	台	1	
21	分光光度计	7230G	台	1	
22	自落式混凝土搅拌机	100-150	台	1	混凝土拌合物性能试验
23	强制混凝土搅拌机	60-100	台	1	
24	拌合钢板		块	1	
25	骨料筛	方孔孔径 40mm、30mm	套	1	
26	表观密度筒	20~80L(壁厚 3mm)	套	1	
27	坍落度筒		只	5	
28	维勃工作度仪	HGC-1	台	2	
29	混凝土含气量测定仪	H-2783	台	2	
30	混凝土振动台	1m²	台	1	
31	混凝土贯入阻力仪	HT-80	台	1	
32	恒温恒湿自控仪	全自动	台	1	
33	压力试验机	YE-2000	台	1	硬化混凝土试验
34	万能材料试验机	WE-1000B	台	1	
35	万能材料试验机	WE100~300	台	1	
36	极限拉伸仪	YJ-26	台	1	
37	弹性模量测定仪		台	1	
38	混凝土快速冻融机	风冷式 CDR-2	台	1	
39	动弹测定仪(抗冻试验)	QL-101	台	1	
40	抗渗仪	HP-40 型	台	1	
41	混凝土卧式测长仪	SP-540	台	1	
42	绝热温升仪		台	1	热学试验

7. 质量控制

7.1 质量标准

采用本工法试验，除严格执行《水工混凝土试验规程》DL/T 5150—2001、《水工混凝土施工规范》DL/T 5144—2001、《水工碾压混凝土试验规程》SL 48—94、《水工碾压混凝土施工规范》DL/T 5112—2000 以及与工法相关的国家行业标准、现行法律法规外，结合本工法特点注意以下质量标准：

1. 实际工程设计技术条款要求；

2. 编制并被批准的《试验室质量管理体系文件》和《混凝土配合比试验计划》。

7.2 质量保证措施

1. 试验室应具备计量认证（或国家试验室认可资质），推行"全面质量管理，质量第一"的方针，实行严格的科学管理，有效地控制影响检测质量的各个要素，确保检测数据和检测结果的真实性、准确性和完整性。

2. 试验室用于混凝土检测的仪器设备检定合格后，才能用于各类试验中，以确保量值传递的准确性。

3. 试验室检测试验人员经考核，应取得试验资格上岗证；并定期参加学习培训，不断提高技术业务能力。

4. 试验室定期组织与权威的国家认定第三方检测机构进行比对试验，以验证环境设施标准性、仪器设备精确性、检验过程规范性及试验人员的操作水平，提高试验检测能力。

5. 为保证混凝土配合比试验的顺利进行，试验要配备足够合理的人员，确保所有操作专门设备、从事检测和评价结果以及签署检测报告人员的能力。

8. 安全措施

8.1 严格遵照执行国家、地方和行业安全方面的法律、法规、标准和试验室安全体系的要求进行试验操作，建立完善的职业健康安全管理体系，编制安全操作规程。试验人员必须经过安全方面的培训，清楚所使用仪器的安全操作规程，熟练掌握安全用电、用水等方面的常识和知识。

8.2 试验前后，对所有使用的电器控制闸刀、电器、线路连接进行检查，开关控制到位。

8.3 试验前后，对试验仪器状态进行检查，试验人员必须熟悉操作规程。

8.4 养护室需配置低压照明系统，进出养护室必须有自动控制电源的开关或明显标志。

8.5 化学试验使用的各类药品分橱存放，严格管理，使用前后做好登记；对特殊药品按要求的试验过程严格控制，并作明显标识。

8.6 各类试验中，必须严格按程序操作，杜绝人身伤害事故的发生。

8.7 在试验过程中如果发生安全事故，试验人员应迅速采取应急措施，事故的处理依照有关的事故、不符合项与预防措施控制程序执行。

9. 环保措施

9.1 严格遵照执行国家、地方和行业在环境保护方面的法律、法规和标准，建立完善的环境管理体系，编制环境保护相关程序文件规定。试验人员必须经过环保知识方面的培训，清楚所使用仪器、设备和材料对环境所带来的危害，并控制试验操作对环境所造成的危害程度，贯彻执行的国家、地区及行业等有关环境保护法规中规定的环保指标。

9.2 试验室应保持整洁、有序、安静、卫生，对检测中形成的残渣、杂物和有害物质应实施严格的控制和管理，达到环境保护的要求。

9.3 在试验过程中如遇到相邻区域的互相干扰或影响时，应进行有效隔离措施，防止交叉污染。如实施隔离后仍达不到规定要求，应暂停试验检测活动，待具备条件再进行试验。

9.4 试验人员应在检验开始、检验中间、检验完成后检查和记录环境监控参数，避免环境条件发生偏离后给检验结果造成不良影响。

10. 效 益 分 析

中国水利水电第四工程局在承担建设的长江三峡水利枢纽工程、广西百色水利枢纽碾压混凝土主坝工程、黄河拉西瓦水电站工程高拱坝、澜沧江小湾水电站工程高拱坝等工程，通过采用本工法试验确定的混凝土配合比，具有技术先进、实用性强、经济和社会效益显著等鲜明特点，达到国内领先和国际先进水平。

10.1 长江三峡水利枢纽工程二期左岸厂房坝段、三期右岸厂房坝段工程

1997年9月至2006年5月，中国水利水电第四工程局试验中心应用水工混凝土配合比试验工法进行大坝混凝土配合比试验。提交的大坝混凝土施工配合比技术经济指标先进，该配合比在三峡水利枢纽工程中成功应用。仅左岸厂房坝段施工配合比与中标配合比费用相比，节约投资约3600万元。

10.2 广西百色水利枢纽碾压混凝土主坝工程

2002年1月至2006年12月，针对百色碾压混凝土采用辉绿岩骨料，人工砂石粉含量高等不利情况，应用水工混凝土配合比试验工法进行了辉绿岩人工砂石粉在碾压混凝土中的利用研究课题，取得了大量的碾压混凝土筑坝技术科研成果，保证了百色碾压混凝土主坝施工，取得了显著的社会效益。

10.3 黄河拉西瓦水电站工程

混凝土配合比试验于2003年4月开始，针对高原高寒地区的混凝土耐久性特级抗冻等级F300的情况下，应用水工混凝土配合比试验工法，通过技术创新，深化试验研究，在混凝土单位用水量、胶材用量、耐久性能和抗裂性能等方面达到了国内领先、国际先进水平，施工和质量控制结果表明，提交的施工配合比与现场应用结果十分吻合，创造了良好的技术和经济效益。

11. 应 用 实 例

广西百色主坝工程碾压混凝土配合比试验

11.1 工程概况

广西右江百色水利枢纽碾压混凝土主坝工程位于百色市上游22km的右江河段上，多年平均气温22.1℃，实测最高气温42.5℃，实测最低气温−2.0℃，水库总库容56.6亿 m^3，其中防洪库容16.4亿 m^3。枢纽工程由碾压混凝土重力坝、地下发电厂房系统、两座副坝和通航建筑物组成。碾压混凝土重力坝最大坝高130m，坝顶全长720m。本工程共有混凝土工程量约261万 m^3，其中碾压混凝土为218万 m^3。碾压混凝土施工工期从2003年1月到2006年12月，总工期4年。

根据《技术条款》以及混凝土设计变更，百色水利枢纽主坝工程碾压混凝土设计指标见表11.1。

11.2 原材料试验

水泥：根据设计要求，碾压混凝土配合比试验采用广西田东525中热硅酸盐水泥，检测结果表明：水泥物理和化学指标符合标准。

碾压混凝土设计指标表　　　　　　　　　　　　　　　表 11.1

类别	混凝土强度等级（MPa）	最大骨料直径（mm）	粉煤灰取代最大限量（%）	抗渗等级	抗冻等级	极限拉伸值（10^{-6}）	表观密度（kN/m^3）	使 用 部 位
1	$R_{180}15$	60	63	P4	F50	70	24.53	坝体内部混凝土
2	$R_{180}20$	40	58	P10	F50	75	24.53	防渗层，3A、3B、6A～9B 坝下游面 164～220m 高程
3	R_v20	40	—	P10	F50	80	24.53	变态混凝土，坝体表面，岸坡、坝段基础上游侧部位
4	E_v15	60	—	P4	F50	80	24.53	变态混凝土，坝体外表面，廊道、孔洞周边、岸坡坝基

粉煤灰：碾压混凝土试验采用的粉煤灰为云南曲靖Ⅱ级粉煤灰和贵州盘县Ⅱ级粉煤灰，检测结果表明：两种粉煤灰均符合Ⅱ级粉煤灰指标要求。

骨料：百色工程采用辉绿岩人工骨料，在水工大体积混凝土中的应用在国内尚属首次。辉绿岩人工骨料密度大，达到 $3.0g/cm^3$ 以上，硬度大、弹模高、加工难，特别是辉绿岩人工砂石粉含量很高、粒径级配较差、需水量比远远高于国内采用的其他品种人工骨料，比一般人工骨料拌制的混凝土多用水 30～40kg/m³。

外加剂：通过试验优选，确定碾压混凝土选用缓凝高效减水剂 ZB-1RCC15，常态混凝选用缓凝高效减水剂 JM-Ⅱ，引气剂为 DH9。

11.3　混凝土配合比试验

11.3.1　配合比试验参数

根据设计要求，主坝碾压混凝土的强度保证率不得低于 80%。碾压混凝土配合比采用最大密度法设计，针对百色辉绿岩人工骨料密度大、需水量大的特点，碾压混凝土施工配合比试验参数见表 11.3.1。

碾压混凝土施工配合比试验参数表　　　　　　　　　　表 11.3.1

试验编号	混凝土等级	级配	水胶比	试验参数（%）				材料用量（kg/m³）						VC 值（s）	石粉含量（%）
				粉煤灰	砂率	ZB-1 RCC15	DH₉	水	水泥	粉煤灰	砂	石	表观密度		
BR-1	$R_{180}20$	Ⅱ	0.50	60	38	1.5	0.015	98	78	118	837	1366	2500	3～8	20
BR1-1	S10D50	Ⅱ	0.50	60	38	1.2	0.015	102	82	122	833	1359	2500	3～8	20
BR-2	$R_{180}15$	准Ⅲ	0.60	65	34	1.5	—	88	51	96	780	1513	2650	3～8	20
BRF-3	S2D50	准Ⅲ	0.60	65	34	1.2	—	93	54	101	775	1505	2650	3～8	20

11.3.2　配合比试验结果

在固定人工砂石粉含量 20% 的条件下，VC 值满足施工要求，拌合物液化泛浆快，塑性好，骨料包裹充分，不分离；振实后的混凝土表层浆体均匀，密度大，有一定弹性和粘聚性，可碾性好。碾压混凝土配合比试验结果说明：为了满足碾压混凝土凝结时间要求，Ⅱ级配掺 1.2%、准Ⅲ级配掺 1.5% 的 ZB-1RCC15 外加剂。

在人工砂石粉含量较高时（石粉含量 23.6%），由于高掺外加剂的高减水作用，碾压混凝土拌合物可碾性明显改善，在设计的单位用水量不变的条件下，碾压混凝土的 VC 值符合要求，大坝迎水面和内部 180d 抗压强度分别达到 33.8MPa 和 26.0MPa，与其他各项性能指标同时满足设计和施工要求。

11.3.3　碾压混凝土性能与施工条件关系试验

1. 辉绿岩人工砂石粉含量对碾压混凝土性能影响试验

采用石粉含量分别为14％、16％、18％、20％、22％、24％的水洗混合砂进行碾压混凝土拌合物性能、力学性能、耐久性、变形性能以及干缩等试验。结果说明：

1）随人工砂石粉含量的降低，碾压混凝土总表面积相应减小，用水量呈规律性的降低。

2）过高的辉绿岩石粉对碾压混凝土含气量有不利影响。

3）辉绿岩人工砂石粉对碾压混凝土凝结时间影响较大，石粉含量降低，初凝时间延长。

4）石粉含量对强度有较大的影响，石粉含量在16％～18％范围时，碾压混凝土密实度和强度最优。

5）随着石粉含量的降低，碾压混凝土干缩率有规律的减小；随龄期延长，碾压混凝土干缩率有规律的增大。

2. 高温条件碾压混凝土凝结时间试验研究

1）通过比选选出适应高温气候条件施工的改进型缓凝高效减水剂。

2）掌握温度条件与碾压混凝土凝结时间、外加剂掺量的关系规律。

3）确定根据温度、风速变化和太阳照射情况，调整缓凝外加剂用量，解决高温气候条件碾压混凝土凝结时间严重缩短的难题，满足不同气温条件和各项技术指标的大坝碾压混凝土施工配合比见表11.3.3。

不同气温条件大坝碾压混凝土施工配合比表　　　　　　　　表11.3.3

序号	工程部位	混凝土设计要求	级配	水胶比	砂率（％）	粉煤灰（％）	ZB-1$_{RCC15}$（％）	DH9（％）	用水量（kg/m³）	表观密度（kg/m³）	VC值/坍落度
1	大坝迎水面	R$_{180}$20 S10D50	Ⅱ	0.50	38	58	0.8/ 1.0/ 1.2	0.015	106	2600	3～8s
2	大坝内部	R$_{180}$15 S2D50	准Ⅲ	0.60	34	63	0.8/ 1.0/ 1.5	0.015	96	2650	3～8s

说明：在温度小于25℃，ZB-1RCC15掺量0.8％，在温度大于25℃时，ZB-1RCC15掺量1.0％，当温度大于28℃且曝晒的情况下，ZB-1RCC15掺量1.5％。

11.4　辉绿岩人工砂石粉在碾压混凝土中应用

11.4.1　辉绿岩人工砂石粉特性

百色工程是国内国外采用辉绿岩人工骨料进行水工大体积混凝土施工的首例。由于辉绿岩骨料自身特性和巴马克干法生产，人工砂级配不连续，2.5mm以上粗颗粒多达35％左右，0.16～2.5mm颗粒仅占40％左右，石粉含量高达20％～24％，粒径小于0.08mm微粉颗粒占石粉的40％～60％，粗细颗粒两极分化。石粉很细、需水量高，但对混凝土有填充密实作用。

11.4.2　石粉掺合料碾压混凝土性能

1. 可碾性：当石粉作为掺合料等量替代部分粉煤灰后，碾压混凝土表面积减小、孔隙率减小，在用水量保持不变时，水泥浆包裹充分，碾压混凝土拌合物液化快，可碾性好，提高了密实性。

2. 用水量：碾压混凝土在外加剂掺0.8％时、VC值相近时，用水量随石粉掺合料用量增大而降低，石粉掺合料每增加8kg/m³，用水量约降低1kg/m³。

3. VC值：替代量0kg、4kg、8～32kg时，碾压混凝土的VC值随石粉替代量增加逐渐减小，当石粉替代量达到24kg/m³时，碾压混凝土的VC值开始增大，工作性降低，凝结时间缩短明显。

4. 凝结时间：在22～26℃自然条件下，当石粉掺合料从0kg、4kg、8～40kg等量替代粉煤灰时，准Ⅲ级配碾压混凝土初凝时间从5：35h缩短至4：25h，缩短约50min，说明了随石粉替代量的增加（粉煤灰用量减小），碾压混凝土凝结时间逐渐缩短。

5. 力学性能：随石粉掺合料用量的增加，碾压混凝土的抗压强度等指标有所减小；但降低幅度不大，均满足设计要求。

6. 耐久性：石粉作掺合料碾压混凝土抗渗、抗冻性能均满足设计要求。

7. 干缩：石粉是影响混凝土干缩的主要因素。随石粉掺合材等量替代粉煤灰量的增加（细颗粒总含量相应减少），需水量相应降低，水分水化损失相对减少，干缩率减小。

11.5 不同温度条件下石粉利用与不同温度条件下碾压混凝土施工配合比

根据上述配合比试验研究结果，提出不同温度条件下利用石粉替代粉煤灰利用碾压混凝土施工配合比见表 11.5。

不同温度条件下利用石粉替代粉煤灰利用碾压混凝土施工配合比表　　　　表 11.5

序号	工程部位	混凝土设计要求	级配	水胶比	砂率（%）	粉煤灰＋石粉（%）	ZB-1$_{RCC15}$（%）	DH9（%）	用水量（kg/m³）	表观密度（kg/m³）	VC 值（s）
1	大坝迎水面	$R_{180}20$ S10D50	Ⅱ	0.50	38	48.7 +9.3	0.8/1.0/1.2	0.015	106	2600	3～8
2	大坝内部	$R_{180}15$ S2D50	准Ⅲ	0.60	34	50.5 +12.5	0.8/1.0/1.5	0.015	96	2650	3～8

施工实践表明：在高温、太阳暴晒或有风的施工条件下，固定碾压混凝土配合比参数中，调整外加剂 ZB-1RCC15 掺量是行之有效的、简洁的技术措施。当温度大于 30℃时，迎水面碾压混凝土二级配 ZB-1RCC15 掺 1.2%，主坝内部碾压混凝土准三级配 ZB-1RCC15 掺 1.5%；温度在 25～30℃时，ZB-1RCC15 掺 1.0%；气温在 11～25℃时，ZB-1RCC15 掺 0.8%；冬季气温低于 10℃时，ZB-1RCC15 掺 0.6%。解决了辉绿岩人工砂高石粉含量碾压混凝土不同条件下的施工。

11.6 碾压混凝土配合比应用效果

11.6.1 百色水利枢纽碾压混凝土主坝工程采用辉绿岩人工骨料，在国内、国外尚属首次。辉绿岩骨料硬度大、加工难、密度大、表面粗糙，人工砂采用巴马克干法生产，由于辉绿岩特性，致使生产的人工砂石粉含量高、级配差，导致辉绿岩骨料拌制的碾压混凝土用水量大，特别是辉绿岩人工骨料造成碾压混凝土凝结时间严重缩短等问题，这在国内已建、在建的碾压混凝土工程中是前所未有的。

11.6.2 通过大量的试验研究，提交的混凝土配合比在高温气候施工条件下，保持碾压混凝土配合比参数不变，根据不同温度条件调整外加剂掺量，在外加剂掺量与VC值的叠加作用下，延长了碾压混凝土凝结时间，满足了高温气候的碾压混凝土施工。

11.6.3 辉绿岩人工砂石粉具有填充增强作用，在碾压混凝土中利用石粉等量替代粉煤灰，减小了碾压混凝土比表面积，加快液化泛浆、提高了层间结合和可碾性，同时满足碾压混凝土强度、抗冻、抗渗、极限拉伸值、静压弹性模量以及干缩性能等设计要求。当石粉含量大于 20% 且微石粉含量较高时，可以利用石粉等量替代粉煤灰 12～20kg/m³ 方案，技术经济效益显著，该成果荣获 2005 年度中国电力科学技术奖三等奖。

水工建筑物流道抗磨蚀层环氧砂浆施工工法

YJGF262—2006

中国水利水电第十一工程局

张涛　黄俊玮

1. 前　　言

环氧砂浆是由环氧树脂、固化剂及特种填料等配制而成的高强度、抗冲蚀、耐磨损的高性能材料。近年来，作为过水流道抗冲磨材料，应用效果良好。

抗冲磨层环氧砂浆施工技术于1999年首次在黄河小浪底水利枢纽工程进水口流道应用，作为抗冲磨保护层，施工应用总面积17000余平方米，效果良好，被列为"小浪底工程建设五大新技术之一"。此后，在长江三峡、二滩、紫坪铺、大朝山以及苏丹麦洛维等国内外数十个水利水电工程中应用，总施工面积超过5万 m^2，创造了环氧砂浆大面积应用的中国之最。该项材料技术获得了国家发明专利，并通过了部级技术成果鉴定，目前在国内处于领先水平，曾先后荣获中国企业纪录、中国大禹水利科学技术三等奖、河南省百项技术优秀成果奖等奖项。因此，为推进我国混凝土过流面抗磨蚀技术的发展，总结多年来的环氧砂浆抗磨层施工的成功经验，形成本工法。

2. 工 法 特 点

2.1 材料无毒无污染，对施工人员无健康危害，不污染环境，符合环保要求；

2.2 常温条件施工，不粘施工器具，与传统环氧砂浆施工相比，方便、快捷、施工面平整、光洁；

2.3 环氧砂浆涂层与基底混凝土的相容性、变形性较好，使用耐久性好；

2.4 材料双组分包装，现场使用方便、工序简单，易于保证施工质量；

2.5 能够在干燥面、潮湿面、低温等不同环境条件下施工，适用范围广泛。

3. 适 用 范 围

水工建筑物过流面的抗冲磨蚀与气蚀保护，混凝土的缺陷修补施工。

4. 工 艺 原 理

本工法采用的环氧砂浆材料既具有良好的粘接性和耐磨性，又有很好的柔韧性和抗冲击性能，其线性热膨胀系数与混凝土比较接近，能够解决普通环氧砂浆因与混凝土变形性能不一致而造成的粘接面脱空及开裂等技术难题，可以提高环氧砂浆施工面的使用耐久性。

5. 工艺流程及操作要点

5.1 施工工艺流程图

施工工艺流程见图5.1。

5.2 施工操作技术要点

5.2.1 基面处理

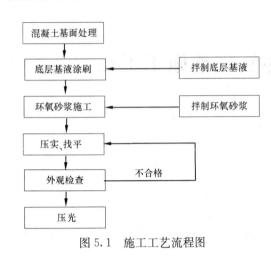

图 5.1　施工工艺流程图

1. 基面处理：必须对混凝土表面的渗水缝进行处理，根据渗水量的大小，可采用凿槽封堵、化学灌浆或用排水管引水等方法进行处理；

2. 根据混凝土基面施工面积及环境条件的不同情况，可采用喷砂法、高压水冲洗法、角磨机磨削法和凿毛法等对混凝土基面进行糙化处理；

1) 喷砂法采用工作压力为 0.5～0.7MPa 风砂喷枪，风源由空压机提供。打毛用砂选用天然、人工混合干砂，粒径为 0.8～2.0mm。处理质量以清除混凝土基面上的乳皮、松动颗粒等异物、外露新鲜混凝土骨料、且不对骨料产生扰动为佳。此处理方法的优点是：效率高、对基面骨料无扰动、表面糙度好。缺点是：重型设备移动不便、粉尘及回弹料对周围环境影响大；

2) 高压水冲洗法是采用冲洗压力为 30～50MPa 的高压冲洗机，将混凝土表面的水泥浆薄层及污染物全部冲洗掉，使混凝土基面外露新鲜骨料。此处理方法的优点是：效率高、对基面骨料基本无扰动、表面糙度好。缺点是：重型设备移动不便、需要解决施工用水及排水问题；

3) 角磨机磨削法是采用电动角磨机，使用金刚石磨轮及碗型钢丝刷配合对基面进行处理。先用金刚石磨轮将混凝土表面的乳皮及污垢磨除干净，再用电动钢丝刷和高压风清除松动颗粒和粉尘。此处理方法的优点是：施工灵活轻便、对基面骨料无扰动、对周围环境影响较小。缺点是：施工效率较低、粉尘大；

4) 凿毛法是采用小型手持式风镐，风源由空压机提供。凿除混凝土表面的乳皮、疏松体、薄弱层及污垢，使混凝土外露新鲜骨料。此处理方法的优点是：机动灵活，尤其适合于小块的缺陷修补施工，缺点是效率低、对基面骨料扰动大；

3. 糙化处理后，应用高压水或高压风清除混凝土基面上的粉尘，基面清理干净后，对局部潮湿的基面还需进行干燥处理，干燥处理采用喷灯烘干或自然风干。

5.2.2　底层基液施工

1. 按材料生产商提供的配比与配制方法称量与拌和底层基液。基液拌制应现拌现用，以免因时间过长而影响涂刷质量，造成材料浪费和粘结质量降低。

2. 基液拌制后，用毛刷均匀地涂抹在基面上，基液涂刷应尽可能薄而均匀、不流淌、不漏刷。基液涂刷完毕后，静停 10～40min（具体时间视现场温度而定），手触有拉丝现象即可施工环氧砂浆。

5.2.3　抗磨层施工

1. 按材料生产商提供的配比与配制方法称量和拌制环氧砂浆。

2. 将拌制好的环氧砂浆用抹刀按设计要求的厚度涂抹到已刷好基液的基面上。涂抹时应尽可能同方向连续摊料，并注意衔接处压实排气。边涂抹、边压实找平，表面提浆。涂层压实提浆后，间隔 1h 左右，再次抹光。

3. 当边墙和顶拱的施工厚度大于 15mm 时，应分层施工，分层施工的间隔时间一般不宜小于 24h。

4. 对于施工间断出现的缝面，按施工缝处理，施工缝面应做成由下游到上游的 1:1 缓坡。后续施工时，应首先对缓坡表面进行洁净处理，涂刷基液后，再进行环氧砂浆施工。施工时，要着重做好环氧砂浆接缝处的压实、抹光，消除缝茬，保证新老施工块的平滑衔接。

5.2.4　养护

1. 施工完毕的环氧砂浆面需要进行养护，养护期一般为 7～14d。

2. 施工完毕的环氧砂浆面 7d 内禁止受到水浸、刮擦以及人踏等。

3. 施工完毕的环氧砂浆面 14d 内应避免受到阳光直射、热源靠近等。

6. 材料与设备

6.1 环氧砂浆的主要性能指标见表 6.1。

环氧砂浆的主要性能

表 6.1

主要技术性能	检测指标	备 注
抗压强度	80.0MPa	—
抗拉强度	10.0MPa	—
与混凝土粘结抗拉强度	>4.0MPa	"＞"表示破坏在 C50 混凝土本体
抗冲磨强度	$2.7h \cdot cm^2/g$	冲磨介质的流速为 40m/s
抗压弹性模量	2150MPa	—
线性热膨胀系数	$9.2 \times 10^{-6}/℃$	—
碳化深度	0.86mm	相当于自然界空气中 50 年
抗冲击性	$2.1kJ/m^2$	—
老化性能	优良	相当于自然界空气中 20 年
毒性指标	合格	

6.2 材料性能检验方法执行《环氧树脂砂浆技术规程》DL/T 5193—2004。

6.3 按 $100m^2$ 一个工作面配备,基面处理采用喷砂法,所需要的机具设备见表 6.3。

主要设备机具

表 6.3

机具名称	型号及规格	数 量(台)	备 注
移动式空压机	$9m^3$	1	选用
喷砂机	AC-3P	1	选用
电动角磨机	1kW	4	
砂浆搅拌机	30L/2.2kW	1	
基液搅拌器	1kW	1	

7. 质量控制

7.1 施工期间每班次应进行施工拌合料的抽检及施工质量检测,并做好检测记录。

7.2 厚度控制:施工时应严格控制层厚,仓面设立标准板尺。用钢针插试法测定环氧砂浆施工层厚度。

7.3 平整度控制:用 2m 靠尺靠检施工层面,各部位应满足设计要求。施工期间要求不断进行抽检,发现问题,及时采取补救措施。环氧砂浆施工面不得有可视性接缝、麻面、下坠等现象。

7.4 密实度控制:施工时应侧重压实—抹平—提浆等关键工序。采用实际单位面积的环氧砂浆耗用量进行施工密实度的控制。

8. 安 全 措 施

8.1 施工人员应配备工作服、安全帽和防护手套,基面处理人员还应配戴防护眼镜及防尘帽。

8.2 施工现场严禁烟火。

8.3 高空作业时应做好脚手架、马道板的安全检查工作,确保施工人员安全。

9. 环 保 措 施

9.1 经国家建筑材料测试中心对本工法所使用的环氧砂浆按室内装修材料测试方法进行毒性试验检测结果显示：环氧砂浆的各项主要毒性成分的含量均远低于国家标准规定的合格值。

9.2 环氧砂浆包装桶及掉落的材料应及时回收清理，统一运出施工现场。

9.3 现场材料设备摆放整齐，废旧包装由专人负责统一回收处理，做到工完、料清、场地净。

10. 效 益 分 析

10.1 本工法采用的环氧砂浆及其施工技术目前在国内处于领先水平，缩短了我国与其他环氧砂浆应用技术先进国家的差距，为环氧砂浆的大面积施工应用积累了丰富的实践经验。

10.2 本工法施工快捷、操作简便、工作效率高，且经济环保。与国内类似施工技术相比，能够降低能源与劳动消耗、节省工程投资、保证工期顺利完成，并且不会危害施工人员的身体健康和污染环境；与国外同类施工技术相比，施工技术水平相当，而综合成本能够降低30%～35%。

11. 应 用 实 例

紫坪铺水利枢纽工程两条泄洪洞抗冲磨层施工

11.1 工程概况

四川紫坪铺水利枢纽工程两条泄洪洞的过水流速为46m/s，原设计与施工为50cm厚的C50硅粉混凝土，经过一个汛期的过水运行，混凝土冲磨蚀破坏严重，无法正常继续使用。

11.2 施工情况

施工达25000余平方米。底面大于30mm的冲蚀坑先用环氧混凝土填平，然后再整体施工一层10mm厚的环氧砂浆抗磨层，边墙的施工厚度为7mm。

该工程于2004年9月1日开工，2006年7月10日竣工。

11.3 结果评价

该工程施工完后就投入了过水运行，到目前为止已经经过了三个汛期的过水运行。2008年5月18日进洞检查，环氧砂浆抗磨层整体完好，没有明显的冲磨蚀现象，受到了业主、设计和监理的好评，保证了枢纽工程经济效益和社会效益的正常发挥。

工程质量优良率100%，无安全生产事故发生。

此外，还在黄河小浪底枢纽工程、长江三峡水利枢纽工程、四川二滩水电站等工程中施工应用。

斜井开挖激光导向施工工法

YJGF263—2006

中国水利水电第三工程局　　中国水利水电第一工程局

王鹏禹　姬脉兴　皮高华　王振军　徐景辉

1. 前　　言

本施工工法旨在明确斜井开挖激光导向施工各个环节的具体操作，确保斜井施工快速、准确。在斜井施工中，施工分导井开挖施工和扩挖施工。按施工导井分为：正导井法和反导井法。在斜井施工中比较常用的导井开挖方法为：人工辅助设备施工法（掘进升降机爬罐）和机械施工法（反井钻法）。目前国内常用爬罐进行施工，它具有快速、安全、高效、经济等优点。但是斜井开挖激光导向施工的测量问题一直是一个备受关注的技术问题，它关系到导井的方向、施工的进度、测量技术是否能够满足施工要求，尤其是导井施工到一定长度，在通视条件差的情况下，怎样进行测量，控制激光导向，达到设计技术标准，编写斜井开挖激光导向施工工法，以便于斜井施工。本斜井开挖激光导向施工工法，运用于山西抽水蓄能电站斜井施工，浙江铜柏抽水蓄能电站斜井施工、仁宗海电站斜井施工，指导了工程的施工测量，达到了精确贯通。

2. 工 法 特 点

本施工工法特点：为测量人员提供了在斜井开挖激光导向施工中，测量的方法、测量控制点的等级要求、控制点的布设、测量设备的选型，提供了技术要求和满足测量规范、遇到测量问题的解决办法，便于测量快速准确的完成斜井施工。

3. 适 用 范 围

本工法适用于水工建筑物 100m 以上的斜井的施工测量。在斜井导井的施工中，采用本工法利用激光导向仪器设备，控制导向达到导井贯通，提高贯通精度，满足规范、设计标准。

4. 工 艺 原 理

4.1　斜井开挖激光导向施工工艺原理

目的：在水工建筑物中斜井设计比较广泛运用于输水系统，施工难度大，设计要求精度高，相应施工测量作业的难度和高危作业都很大，工法规范要求斜井开挖激光导向施工测量的方法，提高工效。

工艺原理：在斜井的施工中，测量进行控制点加密，将测量控制网点加密到作业区，从而进行测量放样，在斜井的正、反导井施工中，采用激光给斜井施工提供快捷，高效的激光导向，控制导井方向，指导导井放样。在导井完成后，进行导井扩挖，测量放样出设计边线，满足规范、设计要求，严格控制超欠挖，加快施工进度，都是在测量人员的测量放样下才能完成。

导井开挖一般分为：正井法和反井法，人工正导井的方法：是从上至下的开挖方法；一般施工钻爆开挖，人工或辅助一定小型出渣设备通过导井在导井顶部出渣的施工方法。正导井法由于钻爆成本高，出渣困难，在实际施工中采用较少；反导井法：是从下向上开挖导井的方式。反导井开挖具有快速、安全、出渣便捷等优点。反导井开挖一般选用短斜井，采用人工架设施工平台，长斜井选用机动平台（爬罐）和反井钻施工方法。

4.2 斜井施工测量

首先在考虑斜井施工测量时，需对斜井特殊布设近井控制点，而且近井控制点必须纳入基本导线中施测。这样就相当于为保证贯通而设的洞内第一级控制——基本导线直接放样。斜井贯通后，将在近井点上直接测量贯通误差，进行贯通平差。

4.2.1 测量规范

1. 《水工建筑物地下开挖工程施工技术规范》DL/T 5099—1999
2. 《国家三四等水准测量规范》GB 12898—91
3. 《水电水利工程施工测量规范》DL/T 5173—2003
4. 《国家三角测量规范》GB/T 17942—2000

4.2.2 正导井斜井开挖激光导向施工测量

1. 正导井近井点的布设

导井布置在斜井断面中部，其中心轴线与斜井中心轴线铅垂面重合。为了便于放样，正导井近井点布置在导井中心轴线反向延长线上距斜井上部平段（或弯段）为点位，测量控制点尽可能的位于导井中心线上。

施测后求得近井点成果，根据其桩号、高程等数据计算出在实际斜井中的位置关系。

2. 具体实施

1）采用全站仪对正导井进行测量放样。放样时在近井点架设仪器，后视上一个基本导线点，水平角转至引水洞设计中心线方向，用正倒镜法于掌子面上放出两点，坡度符合设计坡度，并标出一条方向线，然后根据该点与方向线在设计导井中的位置，用钢尺支距法将导井轮廓线放出。

2）在导井施工长度≥15m后，安装激光指向仪，在距激光器5m处安装激光觇牌，用激光控制导

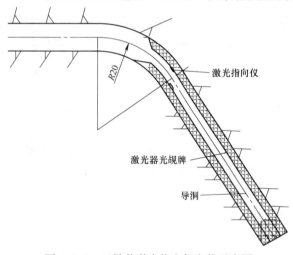

图 4.2.2　正导井激光指向仪安装示意图

井方向（觇牌为一块菱形铁板，下面焊接一个伸缩管，伸缩管由 4″钢管和 6″钢管组成，可以使觇牌上下调整位置。觇牌固定在激光定向仪前方的岩壁上，让激光束从觇牌的目标孔穿过，起到定位的作用，目标孔孔径＜8mm）。

3）采用全站仪测量导井位置、桩号及高程并进行精确的检测，以提前预计贯通误差及制定贯通计划，调正作业导井的位置，提高贯通精度。正导井激光指向仪安装示意图见图 4.2.2。

4.2.3 反导井斜井开挖激光导向施工测量

反导井施工采用激光定向仪控制反导井的测量方案，包括激光指向仪的安装、使用，激光束的定位、检核，放样。

1. 反导井近井点的布设

反导井近井点（控制点）的布置原则仍然是保证精度、便于放样，根据导井中心在各个桩号的设计坐标来设置。如采用爬罐作业，要考虑到爬罐本身的结构，为了便于控制激光，近井点设在下平段与斜井相交处底板上，埋设两点，分别埋在中心线偏左约80cm及中心线偏右60cm处，各埋设一块铁板，上面作点，同样纳入基本导线进行施测。

2. 采用激光指向仪

在反导井施工中，采用在近井点架设仪器进行测量放样时，每次由于仪器架高不同，测量数据必须重新进行计算，测量比较繁琐。另外，由于爬罐的结构导致只有轨道两侧可以有空隙通视，这样仪

器架设的高度也很难控制，而且每次架设仪器均需对近井点所在之处的堆渣进行处理，增加了测量放样的时间和测量人员及设备的危险性，而且随着开挖深度的增加，通视条件逐步恶劣，为之所需要的通风时间成倍增加，而采用激光定向仪后不但可以连续提供中心方向线，又可以定期检测，与施工可以融洽配套，减少了工序，减少了测量危险程度，具有既保证精度，又安全快捷的优点。

3. 反导井施工激光指向仪的安装

在反井开挖一定距离（20m）后，安装激光定向仪。为了减少爆破石碴对激光定向仪的撞击及便于利用爬罐平台控制及实测激光，激光定向仪安装在距斜井反导井口3～5m的顶拱上，需要将激光定向仪安装在中心线偏左约80cm的位置上。为了保护罩能最好的保护激光及便于安装激光定向仪，要求顶拱岩壁开挖平整，根据实际经验及保护罩开孔的最佳位置，需要比设计顶拱超挖约20cm。

安装前，首先在近井点上架设全站仪，后视上一个基本导线点，转至斜井方向。在预先确定的安装位置上，在仪器的指挥下，先将激光仪安装中心线在岩壁上放出，利用激光定向仪定位板将安装孔位放出，钻孔后，用膨胀螺栓将激光定向仪安装在岩壁上。同样方法将激光定向仪的两目标孔位点位放出并安装。并安装激光指向仪光觇牌，反导井激光指向仪安装示意图见图4.2.3-1。

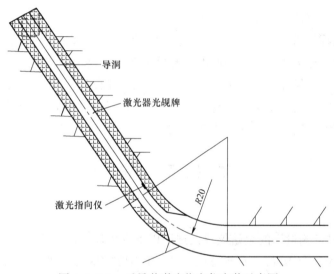

图 4.2.3-1 反导井激光指向仪安装示意图

4. 激光定向仪的控制检查

激光定向仪安装固定以后，首先通过测设激光管底部末端管中心线的三维坐标及激光管口中心的三维坐标，对激光管进行粗调，估计激光管的直径（约6cm），计算后求出激光束的基本位置，然后进行精确调整及校正。在激光定向仪调整好以后，将激光定向仪的厚钢板保护罩安装就位。

5. 斜井轴线测量数据计算

利用大地坐标转换施工坐标的方法（图4.2.3-2），利用坐标旋转公式计算，具体公式如下：

$$E = (X_1 - X_0) \times \sin a + (H_1 - H_0) \times \cos a$$
$$S = (H_1 - H_0) \times \cos a - (X_1 - X_0) \times \sin a$$

注：E 斜长，S 距中心距离，X_0 旋转点桩号，H_0 旋转点高程

a 旋转角度 X_1、H_1 为测量点坐标

说明：左右桩号 Y_1 即为测量得工程坐标系左右数据

6. 误差分析：经计算，20m内3′角度可以

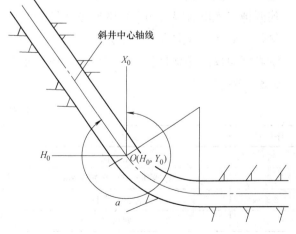

图 4.2.3-2 施工坐标示意图

使激光束点最大偏移 1.7cm。根据实际作业，目标觇牌随开挖进尺，向前延伸，当导井开挖到＞80m 以后，为保证导井的方向准确性，将觇牌安装在距激光指向仪 60m 处。为了减弱系统误差，激光定向仪要经常性检查校正，5、6 个施工循环校正调整一次，而且要让调整偏差正负值以均等概率出现。

通过上述办法进行实测、调整至设计的方向与倾角。通过较长距离的基线来精确控制激光。理论和实践证明，随着进尺延伸，前排目标孔上移后，在一定的距离（200m）内，由于调整校正激光束的基线延长，非常有利于将激光束调整至相对精度相当高的程度。按照比例概念，设 100m 的基线误差为 20mm，即使延伸控制 500m，误差也仅为 100mm，满足导井开挖精度要求。

7. 要求开挖作业人员，每次作业前，必须调正激光穿过觇牌，作业面用激光点控制放样作业边线。

4.2.4 斜井扩挖的测量放样

1. 扩挖时测量控制点加密

在斜井进行扩挖时，控制点的加密点距按斜距 50～80m 布设，点位测量方法按支导线，加密点的精度要求按Ⅲ等加密。同时要进行贯通测量平差。

2. 扩挖测量放样

1）在斜井的扩挖测量放样，采用全站仪进行放样，计算工具用 CASIO FX4500P（或 FX4800P），根据设计图的数据进行编程计算，编程必须同设计图数据校对，无误后方可运用。

2）在放样时，测量放样边线要加支护厚度为开挖边线，不能出现欠挖，控制超挖。

3）当开挖满足设计体型尺寸后，按规范要求进行开挖断面测量，作为竣工资料上报、存档。

4）不要用激光指向仪控制开挖边线（这种设备控制边线是在全站仪不具备无棱镜测距时，用于控制扩挖边线），激光指向仪控制边线，易出现超欠挖，影响进度和经济效益。

5. 机 具 设 备

5.1 全站仪的选择

在斜井的施工测量时，测量用的全站仪建议选用以下系列设备：

徕卡 TCR802　　徕卡 TCR702　　徕卡 TCR402　　TGRTCR303

（因为徕卡 TCR 系列全站仪采用激光和红外光同轴，选用激光可无棱镜测量，上述全站仪基座小，便于测量倾角 60°以下的斜井）。

5.2 激光指向仪的选择

在斜井正、反导井施工时，激光指向仪建议选用以下系列设备：（爬罐配用的设备除外，当原配的激光指向仪不能完成时，可选用以下设备）

陕西神华光电有限公司 YJH800 或 YJH800A

徐州天测测绘仪器设备有限公司 YBJ-600 型

激光指向仪的光有绿色光和红色光，绿色光比红色光在斜井内的穿透力强。

5.3 设备配置

设备配置表　　　　　　　　　　　　　　　　　　表 5.3

序　号	设备名称	数　量	备　注
1	全站仪	1 套	按上述全站仪的选择配置
2	计算器（FX-4500P，FX-4800P）	3	
3	激光指向仪		根据作业面的数量配
4	对讲机	3 台	

6. 劳 动 组 织

劳动力组织表　　　　　　　　　　　　　　　　表6

序　号	人　员	数　量	备　注
1	技术人员	1名	助工或工程师
2	测量工	2名	
3	辅助工	2名	

注：测量人员（按一作业面）。

7. 质 量 控 制

7.1 测量作业人员必须按规范要求作业，进行控制点加密、放样。

7.2 测量人员必须熟悉图纸，检查图纸中平面、立面、交接面的图纸尺寸是否相同。

7.3 测量人员在熟悉图纸的同时，要熟悉工程坐标换算的旋转角度，旋转点大地同工程坐标系的关系，对换算程序要同照图纸进行校算，无误方可运用。

7.4 测量的放样数据要保存，在现场的测量交底必须在现场用文字交接，以免发生用错数据造成错误施工。

8. 安 全 措 施

8.1 在斜井上布设的加密控制点，要提前进行测量控制点位平台开挖，平台尺寸 1m² 左右，周围设安全护栏，以确保在作业人员和测量设备的安全，点位要用风钻造孔埋钢筋头（埋深>20cm），测量控制点布设的测量报告报监理部门审批。

8.2 测量人员在进行测量作业时，要按安全规范正确使用安全帽、安全带，在斜井>50m 要配备氧气设备，在入井施工前，必须启动供风设备，供风 15min 后，人员再进入测量区。

8.3 在反导井测量时，测量仪器架在下部，危险程度很高，在作业前要求施工人员对作业上部的危石进行清理，工器具放置好。在测量作业时，测站人员要提前预计撤退方向。要设安全观看人员，如有下落物，测量设备、人员可及时撤离。

9. 环 保 措 施

9.1 要注重施工区的环境保护，工器具要整齐摆放。

9.2 废旧材料要根据环境保护要求处理。

10. 经济效益分析

本工法以工程的实际施工测量经验、借鉴了国内其他工程单位在斜井施工测量的技术方法，编制而成。

10.1 社会效益

在西龙池抽水蓄能电站的长斜井施工中，采用科研和生产相结合的方式，用反井钻和阿里玛克联合施工，成功得高精度地贯通了长 515.474m，坡度 56°的斜井，创造了爬罐施工导井382m 的国内最新纪录，阿里玛克爬罐测量贯通误差 40mm，反井钻偏斜 0.44%，创造了国内领先水平。加快了施工速度，缩短了施工工期，确保了工程的顺利进行。

10.2　经济效益

长斜井作业环境差，异常危险，经常发生事故。测量人员的作业在高危区作业，提高测量人员放样速度和测量的准确性对工程的进度、经济效益都有好的成效。

在施工中我们采用国产激光指向仪替代进口激光指向仪，节约成本 60%，且维护简便，该指向仪功率大、可调焦、射程长、抗干扰性能好。

11. 工程实例

本工法运用于西龙池抽水蓄能电站和仁宗海水库电站、浙江桐柏抽水蓄能电站输水系统斜井施工的斜井施工测量。

11.1　西龙池抽水蓄能电站斜井施工

西龙池抽水蓄能电站位于山西省五台县境内，电站装机容量为 1200MW，输水系统包括上水库进/出水口、压力管道上平段、引水事故闸门井、上斜井、中平段、下斜井、下平段、岔管、高压支管，尾水隧洞、尾水闸门井及下水库进/出水口等。压力管道采用"一管两机"供水方式，尾水隧洞采用"一洞一机"布置，引水隧洞单洞总长分别为 1 号－1448.33m、2 号－1431.18m，单条压力管道斜洞长为 756.59m。上平段内径 5.2m，上斜井内径 4.7m，中平段和下斜井上部内径为 4.2m，下斜井下部及下平段内径 3.5m。在距厂房中心线 54m 左右布置高压岔管，岔管采用对称"Y"形内加强月牙肋形钢岔管，分岔角为 75°，公切球直径 4.1m。岔管将每条高压主管分成 2 条内径为 2.5m 的高压支管。尾水隧洞有 4 条，单洞长度为 362.19～456.88m。斜井分为上斜井斜长 515m，坡度为 56°，下斜井斜长 242m，坡度为 60°。

高差大，坡度陡，加之施工支洞长，上平洞 630m，1 号中支洞 1200m，2 号中支洞 1300m，下引施工支洞 1250m，给施工的测量控制和放样提出了很大的难度。上斜井下段反导井用爬罐施工，施工长度 382m，导井的激光指向仪偏差在 382m 时为 75mm，贯通误差 40mm。

11.2　仁宗海水库电站斜井施工

仁宗海水库电站位于四川省甘孜州康定县和雅安市石棉县境内，为引水式龙头水库电站。本工程采用混合式开发，即在田湾河干流上建坝，将干流上的水量引至田湾河最大支流——环河上的仁宗海水库，汇合干、支流水量发电。本电站装机 2 台，单机容量 1120MW，总装机容量 240MW。仁宗海水库电站主要由坝区枢纽、引水系统、厂区枢纽及"引田入环"输水枢纽等建筑物组成。水库坝区枢纽包括拦河大坝、泄洪洞、放空洞等建筑物。引水系统由电站进水口、引水隧洞、调压室和压力管道组成。地下厂房系统由主副厂房、主变室、母线洞、尾水洞、进厂交通洞、通风洞、出线洞等组成。

引水系统的斜井的上斜井长 330m，倾角 56°，下斜井长 250m，导井施工采用反导井施工（爬罐），测量贯通误差符合规范要求。

11.3　浙江桐柏抽水蓄能电站输水系统斜井施工

桐柏抽水蓄能电站位于浙江省东部天台县境内，距杭州市约 150km，电站装机 4×30 万 kW，最大水头 285.7m。其中斜井单井长 392.22m，斜井倾角 50°。斜井开挖直径 10m，衬砌后断面为 9m。采用本工法施工，测量贯通误差符合规范和设标要求。

混凝土坝塑料拔管法接缝灌浆系统施工工法

YJGF264—2006

中国水利水电第四工程局　葛洲坝集团第五工程有限公司

汪文生　王裕彪　李琪　王剑　吕芝林　杨友山

1. 前　　言

随着水电事业的日趋发展，对接缝灌浆的升浆系统要求越来越高，预埋出浆盒的施工方法已满足不了目前施工生产的要求，还需在原有的施工方法的基础上，进一步研制一种满足于工期、质量、安全、经济、环保的施工方案。中国水利水电第四工程局在李家峡、江口、三峡等水电站研究开发并应用了塑料拔管法施工技术，取得良好效果好。本工法是经不断摸索和进行总结而形成的。

2. 工 法 特 点

施工中塑料拔管制作容易，安装方便。采用塑料拔管法进行接缝灌浆与采用传统的出浆盒进行接缝灌浆相比，具有以下两大优点：一是以出浆孔的线出浆代替出浆盒的点出浆，灌浆效果更佳；二是用塑料管材代替钢管管材，可节约大量钢材，降低工程成本。

3. 适 用 范 围

适用于各类大中型水电站混凝土大坝的接缝灌浆系统。

4. 工 艺 原 理

塑料拔管法接缝灌浆系统的施工是在先浇块缝面上预埋 ϕ32mm 的半圆钢管；待先浇块混凝土浇筑完毕后，拆掉半圆钢管，在缝面上形成 ϕ32mm 的半圆槽；后浇块混凝土浇筑前在半圆槽内预埋 ϕ24mm 的塑料管，后浇块混凝土浇筑完毕后，拔出塑料管形成骑缝孔（出浆孔）。骑缝孔与进回浆管路用三通连接起来，从而形成接缝灌浆管路系统。

从理论上讲，塑料拔管方式在缝面上出浆是若干条"线"，比出浆盒方式在缝面上出浆是若干个"点"的情况好，且不会发生出浆盒被堵塞不能出浆的现象。

5. 施工工艺流程及操作要点

5.1　工艺流程

塑料拔管法施工工艺流程：键槽模板制作安装→预埋件安装→先浇块混凝土浇筑→拆模（缝面成半圆槽）→进回浆管、拔管制作安装→后浇块混凝土浇筑→拔出拔管（成孔）→通水检查、孔口保护。

5.2　操作要点

5.2.1　键槽模板制作、安装及拆除

键槽模板由后方加工，现场进行拼装。每架模板宽 75cm，高 75cm、130cm 两种，单条键槽重 98.56kg 左右。模板板面焊接 ϕ32mm 的半圆钢管，并在板面上沿半圆管两侧按间距 50cm 钻 8mm 的孔

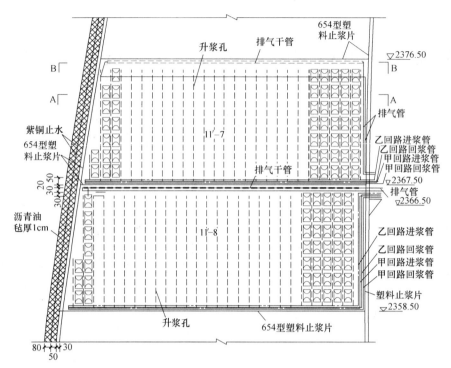

图 5.2.1　键槽模板及半圆管模具安装形式

洞（预埋 8 号铅丝用）。模板现场安装时，应保证半圆钢管在一条垂直线上，其安装误差允许±2mm。模板拆除后在缝面上形成 ϕ32mm 的半圆槽（图 5.2.1）。对拆下的模板进行检修，并刷脱模剂，重复使用。

5.2.2　预埋件安装

预埋件仅指固定进回浆管路、拔管所用埋件。固定进回浆路的埋件要求预埋 ϕ10mm 的插筋，插筋长 50cm，埋入先浇混凝土内 25cm，外露 25cm。固定软管的埋件要求预埋 8 号铅丝，预埋的钢丝外露长度不小于 10cm，间距 50cm 左右。

5.2.3　进回浆管路制作安装

进回浆管路安装在起始层后浇块内进行。进回浆管路管材用 ϕ50mm 的聚乙烯硬管，壁厚 5mm，三通管材选用 ϕ32mm 的聚乙烯硬管，壁厚 3mm。进回浆管的安装大样见图 5.2.3-1，进回浆管施工工艺流程参见图 5.2.3-2。

进回浆三通管标准件构造

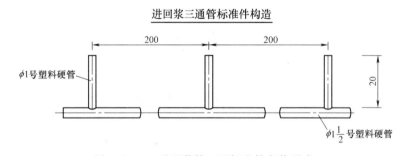

图 5.2.3-1　进回浆管三通标准件安装形式

1. 截取管材：ϕ50mm 硬塑料管每 6m 长截成一段，ϕ32mm 的硬塑料管每 20cm 长一段。

2. 在 ϕ50mm 硬塑料管上钻孔，孔径为 20mm，然后将 ϕ32mm 管与 ϕ50mm 管焊接在一起，焊接采用塑焊，焊条可直接从聚乙烯硬管上截取，焊接完毕后应检查三通管的牢固性和是否渗漏。

3. 将对接完毕的进浆管用 10 号钢丝固定在预埋插筋上，固定时尽量让管 ϕ32mm 管紧靠在先浇块形成的半圆孔壁上并用预埋的钢丝紧固在半圆槽内。

4. 将软管将直放入半圆槽内，套入用 φ32mm 的硬塑料截成 10cm 长的支护管，高差间距为 50cm，用半圆槽两边预埋的钢丝固定支护管，固定时防止软管变形。

回浆管的安装工序与进浆管基本相同。

5.2.4 塑料拔管的制作与安装

1. 拔管制作工序见拔管制作工艺流程图 5.2.4-1。

1）截取管材，每段管长比浇筑层厚度增加 100cm。

2）距拔管外露端 30～50cm 处用手提电钻开一个 5mm 的孔洞。

3）将软管放入 50℃ 左右的温水中，浸泡 5min 取出，在 5mm 孔内安装气门嘴。

4）将软管两端放在电炉上加温，直至熔化状，随后将其放入模子（图 5.2.4-2）内将两端压制成圆锥形封闭状（图 5.2.4-3）。

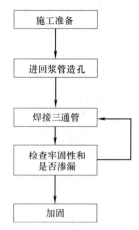

图 5.2.3-2　进回浆管施工工艺流程图

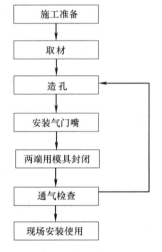

图 5.2.4-1　拔管制作工艺流程图

图 5.2.4-2　加工塑料拔管模具形式

5）加工完毕的软管内充 0.48MPa 左右的压力气，放置 24h 以后检查其密封性，密封性好的软管作上合格标志，放掉所充气体待用。

2. 拔管的安装工序

安装工序：安装前应对半圆槽壁进行检查、处理。把槽壁上沾结的砂浆等杂物清理干净；把槽壁内的错台修整成不大于 1∶5 的顺坡。半圆壁处理完毕检查合格后，便可进行拔管的安装。塑料拔管安装、固定大样见图 5.2.4-4。

1）在软管上套入 φ32mm 的硬塑料管，长度 10cm，高差间距为 50cm。

图 5.2.4-3　用模具将塑料拔管压制成型形式

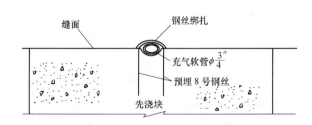

图 5.2.4-4　塑料拔管安装、固定大样

2）将没有气门嘴的一端插入硬塑料管内，插入深度约20～35cm。

3）软管内充入0.39～0.59MPa的压力气体，使软管外径膨胀至28mm左右。

4）将软管理直放入半圆槽内，用半圆槽两边预理的钢丝固定住，固定时要防止软管变形。

5.2.5 成孔及孔口保护

1. 把进回浆管加工完毕的标准段进行现场对接，接头连接方式可采用塑料焊接或套管连接。

2. 将对接完毕的进回浆管用8号或10号钢丝固定在预埋插筋上。固定时应尽量让 ϕ32mm的硬塑料管靠在半圆槽壁上。后浇块混凝土浇筑完12～24h后，放掉塑料拔管内的气体，将其从混凝土中拔出，在混凝土中形成 ϕ28mm左右的骑缝孔，此孔便是以后灌浆用的升浆孔。用高压水冲洗孔中杂物，同时检查灌浆管路畅通情况。完成上述工作后，用木塞封堵孔口。

3. 对进回浆管的引出端进行编号并采取妥善保护。

4. 对拔出的软拔管进行清理，充气检查完好情况，进行重复利用。

5.3 劳动力组织见表5.3。

劳动力配置情况表　　　　　　　　　　　　　　　　　　表5.3

序　号	单项工程	所需人数	备　注
1	管理人员	4	
2	技术人员	4	
3	熟练工	8	
4	普工	8	
5	杂工	5	
	合计	29	

6. 材料与设备

6.1 材料：塑料拔管管材选用软聚氯乙烯透明软管，管径（内径）为19.0±0.5mm，壁厚1.5±0.3mm，每根软管可承受1.47kN以上的拉力，当软管充入0.39～0.59MPa的压力气体时，外径可膨胀至27～28mm。

6.2 设备：加工塑料拔管的模具见图5.2.4-2。

7. 质 量 控 制

7.1 工程质量控制标准

塑料拔管法接缝灌浆系统施工必须做好施工过程（工序）的质量控制和检查，其检查的内容、方法、合格标准应根据工程的具体情况按照《水工建筑物水泥灌浆施工技术规范》DL/T 5148—2001标准有关条文的要求或设计要求确定。

7.2 质量保证措施

7.2.1 塑料拔管法接缝灌浆系统系隐蔽工程，在施工前应对操作人员进行全面的技术交底和培训，严格按设计图纸、设计文件、技术要求等规程，规范执行。

7.2.2 软拔管材料选择应重点控制充入压力气时管壁的膨胀性和材料的柔性抗拉承受力满足要求。

7.2.3 制作完成的成品软拔管检查时，充气膨胀后放置和混凝土初凝时间等同的时段后检查，防止慢撒气。

7.2.4 严格控制键槽模板安装时半圆管的垂直度；安装软拔管前对先浇块半圆槽内的杂物、混凝土浆块清理干净；将槽壁内的错台修整成不大于1:5的顺坡。

7.2.5 软拔管安装尽量安排在混凝土浇筑前，防止过早安装造成软拔管受损或放置时间过长造成慢撒气。

7.2.6 混凝土施工过程中注意软拔管保护并防止跑偏。

7.2.7 拔管拔出时间应针对不同混凝土级配、强度、外界环境、养护等条件进行试验确定。

8. 安 全 措 施

遵循环境与职业健康安全管理体系（E&OHSMS），建立健全项目安全管理制度，严格执行班前5min安全会制度，做到预防为主，安全第一。

安全员随时在现场巡视，做好施工用电的管理，发现不符合安全操作规程的作业及安全隐患，及时进行处理或停工，以防患未然。

在施工工作面较高时，应在施工工作面周围加设防护栏并张挂安全网。

各级施工人员必须严格按安全操作规程施工，杜绝违章操作现象的发生。严禁酒后作业，进入施工工作面人员，必须戴好安全防护用具。高空作业，作业人员必须佩戴双保险。

加强电源线路的专职管理，电器开关板上，必须安装漏电保护装置。保证工作面有充足的照明，上下作业相互配合好，防止掉物伤人。

施工中要做到各种材料堆放整齐，做好场内清理工作。

9. 环 保 措 施

建立和完善环境管理体系，编制和实施环境管理作业指导书，成立相应的施工环境卫生管理机构，在施工过程中严格遵守国家和地方政府下发的有关环境保护的法律、法规和规章制度，加强对施工燃油、材料、设备、废水、生产生活垃圾、弃渣的控制和治理；遵守有防火及废弃物处理的规章制度。

将施工现场和作业限制在工程建设允许的范围内，合理布置。做到标识牌清楚、齐全，各种标识醒目，施工场地整洁文明。

10. 效 益 分 析

该系统在众多电站接缝灌浆的应用中，经过工程实施和灌浆质量检查，说明采用软塑料拔管造孔成型可提高灌浆质量，施工简便，可降低成本，另外还可以节约钢材。在混凝土施工接缝灌浆预埋件预埋中，传统的方法耗用钢材多，费用较高，而采用新工艺塑料拔管法，材料费仅为传统方法的10%左右。仅李家峡水电站采用本工法技术，创造直接经济效益达260万元。

11. 应 用 实 例

11.1 李家峡水电站

李家峡水电站是黄河上游第一个采取招投标方式建设的大型水电站，电站由中国水利水电第四工程局中标承建。李家峡水电站是我国第一座采用双排机布置的水电站；电站的大型引水压力钢管裸露于大坝背后，属国内首创。大坝为三圆心双曲拱坝，最大坝高165m，总装机容量为2000MW（5×40MW），年发电量59万kW·h。

李家峡水电站1987年5月开工，1996年3月竣工。李家峡水电站通过实践证明采用塑料拔管法进行接缝灌浆效果显著。

李家峡通过两年多施工实践及已进行接缝灌浆施工过的灌区统计，拔管法施工接缝灌浆系统管路畅通率达到100%，已施灌灌区通过单元验收合格率为100%。且采用塑料拔管法进行接缝灌浆节约了大量钢材，降低了工程成本。

2004年2月荣获青海省"江河源"杯——省优质工程；

2006年6月被中国电力建设企业协会授予"中国电力优质工程"荣誉称号。

2006年年底荣获中国建筑工程鲁班奖（国家优质工程）；

11.2 江口水电站

江口水电站位于重庆市武隆县，是一座以发电为主的综合利用工程，是重庆重点工程之一。枢纽工程库容5.05亿m^3，最大坝高140.0m。

江口水电站工程于1999年3月开工，2000年10月20日截流，2003年3月第一台机组发电，2005年1月竣工。

监理通过对江口水电站灌浆质量检查和灌浆资料分析，对江口电站接缝灌浆126个灌区进行评定。其中合格灌区100%，优良灌区115个，优良率91.3%，各项指标均达到设计及规范要求。

江口水电站工程被授予2006年度中国电力建设企业协会"中国电力优质工程"荣誉称号。

11.3 三峡水利枢纽工程

长江三峡水利枢纽整个工程包括一座混凝重力式大坝，泄水闸，一座堤后式水电站，一座永久性通航船闸和一架升船机。三峡工程建筑由大坝、水电站厂房和通航建筑物三大部分组成。大坝坝顶总长3035m，坝高185m，水利枢纽左岸设14台机组，右岸12台机组，共装机26台，单机容量为700MW的小轮发电机组，总装机容量为1820MW，年发电量847亿kW·h。通航建筑物位于左岸，永久通航建筑物为双线五包连续级船闸及早线一级垂直升船机。

三峡工程分三期施工，总工期18年。一期工程5年（1992～1997年），主要为前期准备工程；二期工程6年（1998～2003年），工程主要任务为左岸大坝的建设和机组安装，同时继续进行永久船闸、升船机的施工；三期工程6年（2003～2009年），主要进行的右岸大坝建设和机组安装。

长江三峡水利枢纽三期工程右岸厂房坝段1A标段（合同编号：TGP/CI-3-1A）高程EL.148.62m以下的设有横缝灌区75个，灌浆面积17904.46m^2，经业主和监理验收75个灌区全部合格，合格率100%，其中优良灌区有70个，优良率93.5%。

混凝土取长芯施工工法

YJGF265—2006

中国水利水电第三工程局　葛洲坝集团基础工程有限公司

中国水利水电第八工程局　中国水利水电第四工程局

赵存怀　姜命强　李力　余开云　赵献勇　袁志

1. 前　言

在水利水电工程大坝混凝土质量检查的诸多方法中，对混凝土进行钻孔取芯、压水试验，并对所取芯样作物理力学性能检测，是对混凝土质量进行检查的一种重要方法，其结果也是评判混凝土质量的一项主要指标。在混凝土钻孔取芯过程中，大直径长芯样的钻取能完全揭示混凝土原状，真实地反映出混凝土的质量情况，长芯样的取得对混凝土密实程度、层面胶结情况等质量方面的鉴定能比超声波等检测方法提供更为直观有力的证据。

水利水电建设集团公司在混凝土长芯样钻取方面积累了丰富的施工经验，并造就了一批有丰富实践经验和技术水平的施工队伍。混凝土长芯钻取施工工法在大朝山水电站、公伯峡水电站、龙滩水电站、喜河水电站、景洪水电站、小湾水电站等国内大中型水电工程的施工中都得到了广泛的应用并取得成功。其中水电三局在景洪水电站取出了长度为14.13m的碾压混凝土芯样，水电四局在云南小湾水电站取出了长度为15.6m的常态混凝土芯样，分别刷新了现在的国内碾压、常态芯样长度记录。

2. 工法特点

2.1　混凝土大口径长芯样能够比超声波检测等方法更加直观地揭示混凝土的浇筑情况，使判断混凝土浇筑质量变得简单易行。

2.2　与传统的取芯方法相比，本工法技术先进、新颖，能更好地提高长芯样钻取的成功率，保证芯样的完整性。

3. 适用范围

混凝土内布置的钢筋、埋件、结构缝等都对长芯样的钻取有影响。因此，本工法适用于大体积碾压混凝土、素混凝土以及钻孔范围内钢筋、埋件较少的混凝土芯样的钻取。

4. 工艺原理

采用合适的钻孔设备及钻孔机具，根据不同的混凝土级配和强度来确定合理的钻进参数，采用金刚石钻头回转钻进法钻进，并采用特殊的卡簧提断芯样，用专用夹具及起吊设备将芯样提出并运离现场，施工全过程应最大限度地减少对芯样的扰动及人为因素的影响。

5. 施工工艺流程及操作要点

5.1　工艺流程

测量放孔位→钻机就位调平稳固→开孔钻进→芯样提取→运输保存。

5.2 操作要点

5.2.1 钻场场地要求

长芯样在钻进完毕提取芯时一般要求吊车或门塔机配合，运输时需要 8.0m 长以上的平板拖车，所以混凝土长芯样孔位布置时应考虑施工场地满足上述要求。

5.2.2 钻机就位稳固

钻孔设备按测量放桩就位后，可以采取地锚、预埋螺杆或安装膨胀螺栓的办法将钻机固定在混凝土面上，安装钻机时用经纬仪或使用吊锤对钻机立轴和主动钻杆进行垂直校正，同时通过增减钻机底部垫片高度调节钻机至水平状态。开钻前调整好钻机动力头与滑轨之间的间隙，保证立轴动力头在钻进时平稳，消除引起钻机钻进不平稳的一切因素。

5.2.3 钻进

1. 钻孔结构要求

1）孔径：混凝土长芯样的钻取，最适宜的孔径为 $\phi219$mm，也可采用 $\phi168$mm；

2）孔深：考虑到采用整根长岩芯管取芯效果较好，而孔口几米由于受设备及工艺限制，一般不宜取长芯，所以应选择孔深超过 20.0m 以上的钻孔钻取长芯样；

3）垂直精度：如果钻孔垂直偏差较大，钻具在钻进过程中容易产生振动，使芯样在钻具中承受较大的侧向压力，造成混凝土芯样在浇筑层间结合或密实性欠佳等部位产生断裂，所以应确保钻孔有较高的垂直精度。

2. 确定合理的钻进参数

根据金刚石的性质和破碎机理，金刚石钻进具有以高转速为主体的钻进特点，但必须配以相应适当的压力，尽量减少对金刚石及芯样的振动冲击作用，并需有足够的冲洗水量，保证钻头充分冷却。根据理论计算和实践证明，在混凝土取芯施工过程中，采用下列合理的钻进参数，是取得长芯样并获得最佳钻进效率的重要保证。随着混凝土骨料硬度级配不同与钻进过程中孔深的不断加深，长芯样钻进时效应控制在 0.3～0.5m/h；孔底钻进压力根据混凝土的实际的抗压强度，可控制在 5～10MPa，随着孔深的增加，钻具与钻杆自身重量将增大，应适时使钻机反向加压，以便调节孔底钻进压力；转速控制在 60～180r/min，冲洗水量控制在 50～100L/min。

3. 钻进过程控制

钻机稳固就绪后方可开孔。开孔应采用钻机的最低转速，一般为 40～60r/min，钻压采用低压，确保开孔的垂直度。

正常钻进时钻进压力、水量、转速应统一调整到最佳状态。采用短岩芯管开孔钻至一定孔深后，可开始取长芯样。长芯样钻取时应尽量采用长岩芯管钻进，以便减少对芯样的扰动。若混凝土强度较高，岩芯管的连结同轴度能满足要求，也可采用空心直接头与短岩芯管连接的方法进行钻进。

如有必要可选用润滑冲洗液钻进，以提高冲洗液携带岩粉的能力，避免钻孔过程中产生的岩粉及碎渣沉积对芯样产生扰动，并及时冷却钻头，才能使芯样完整光洁。一般润滑剂采用普通洗衣粉就可以；高效润滑剂有 L-HP 等产品，该润滑剂除润滑性能好，净洗率强外，还有较好的抗钙镁和抗乳能力，能在芯样表面形成保护膜，可进一步提高在混凝土缺陷部位取得原状芯样的成功率。

钻进过程中应特别注意的几个问题：

1）正常钻进时，钻进压力与转速的调整应做到协调一致，使钻进进尺均匀，如果转速上升了，钻进压力过小，则进尺很慢，容易使该处芯样与孔壁受到磨损，使芯样表面不平滑，出现缩径，同时易造成钻孔偏斜，对芯样产生侧压力。

2）钻进过程中不可避免遇到钢筋或冷却水管等钢结构物体时，应注意减小孔底钻进压力，适当加大水量，降低转速，直至切穿，同时严密注视回水量大小，以免因钻破冷却水管后突然失水，造成卡钻。

3）在长芯样钻进前应选好钻头与扩孔器，一旦开始钻进，中途不得改用其他钻头与扩孔器，以免因前后所使用的新旧钻头内外径不一致，造成扩孔或芯样缩径，甚至芯样断裂。

4）单管钻具混凝土取芯卡料应采用粒径 2mm 左右颗粒均匀的石英砂。在准备取长芯样开钻时应加大进水量，将上一回次取芯后遗留在孔底的部分石英砂冲出，对于少量颗粒较粗未冲洗出来的石英砂，应在开孔进尺约 15cm 之后，将钻具上提 50cm 左右，加大水量将粗颗粒石英砂冲洗至 15cm 深的槽口内，然后放下钻具将槽内沉砂低速磨碎后冲出，否则很可能因粗颗粒卡料掉入岩芯管与长芯样缝隙之间而卡断长芯样。

5.2.4 取芯

当钻取的芯样长度满足要求之后，应及时卡取芯样。卡取岩芯前必须加大清水供应量以便将孔内岩粉冲洗出来，保证孔内清洁，避免在下钻取芯时因芯样周围岩粉过多而使卡簧中途受阻，进一步造成芯样断裂。

应尽量采用长岩芯管取芯。取芯前先起钻并用游标卡尺测量钻头内径，安装合适的卡簧（卡簧内径宜比钻头胎体内径小 0.3～0.5mm）和专用卡簧座，下钻确认卡簧座已到达孔底且卡簧卡住芯样后，在孔口利用夹板将岩芯管夹住，采用两个 5t 的千斤顶同时均匀加压顶住夹板，将芯样从卡簧底部处强行拉断。在装有卡簧的岩芯管下入孔底过程中，严禁向上提动岩芯管，以免将芯样卡断，芯样拉断后可向岩芯管与长芯样间隙之间加满粒径小于 0.5mm 的均匀粉砂或配置好的膨润土泥浆，以便在芯样吊运过程中起到保护芯样的作用。

卡簧座加工制作材料与规格要求与所使用的岩芯管一致，管壁厚度不宜小于 8mm，卡簧是一个断面呈倒立楔形的薄壁圆环，楔形坡角为 4°～6°，薄壁圆环内面可车几道宽约 2mm 的槽口。卡簧嵌于卡簧座对应的槽口内，卡簧座底部内表面可倒车成喇叭口，以便于岩芯管下放。当岩芯管下好之后，一般向上稍微提动岩芯管，则卡簧相对下滑可将芯样卡住。如果芯样直径过小，卡簧卡不住，则可加入少量石英砂至卡簧内表面 2mm 的槽口内，则立即可将芯样卡住。

5.2.5 芯样吊运与存放

芯样拉断后可利用吊装设备进行吊运，吊运前应将相应长度的槽钢斜靠在某一支架上，将芯样吊出之后顺向缓慢放入槽钢并绑扎好之后，连同槽钢与装有芯样的岩芯管一并放平，然后采用工字钢制作的专用长芯样吊装横梁将槽钢与岩芯管一并吊入拖车，拖车内预先应铺砂并采用三角枕木垫平进行缓冲，以防运输过程中道路不平使芯样断裂。芯样吊运至存放地点后，将卡簧座取下，一边用水冲洗岩芯管内粉砂，一边用千斤顶与葫芦顶压芯样至槽钢内存放。在芯样从岩芯管取出过程中，严禁使用榔头猛烈击打钻头钻具，以防芯样受振断裂。为了长期保存，防止芯样发生龟裂，可在芯样表面涂刷一层透明保护膜。

6. 材料与设备

6.1 材料

钻具与钻杆等管材的选用：弯曲度应＜0.3％，螺纹连接后应保证同轴度＜ϕ0.05mm，端面与轴线的垂直度＜0.10mm。钻杆宜选用 ϕ89mm 或 ϕ114mm 的钻杆，大钻杆刚性较强，在钻进过程中受压抗弯曲性能较好，钻进平稳，可避免钻杆晃动对芯样产生扰动；并能承受较大的扭矩，不易发生孔内事故。

金刚石钻头与扩孔器的选用：开始取长芯样时，根据所取部位混凝土的特性及可能切割的钢筋与冷却水管（钢管）预估数量，确定金刚石钻头的有关配方参数。一般在碾压混凝土中钻孔要求金刚石目数为 40～45 号，品级为 JR5，钻头胎体硬度为 25°～28°。

6.2 钻孔设备

基于钻孔结构要求，要确保钻进时芯样不断并能取得长芯样，选用 300～800 型回转取芯钻机，如 XY-4 型、YL-6A 型、GQ-80 型等钻机，该类钻机特点是自重大，稳定性好，钻杆直径大，回转精度较高，钻进稳定，钻进扭矩大，适合于φ150以上的大口径取芯钻进。在上机之前应调整好钻机立轴动力头与滑轨之间的间隙，要保证立轴动力头在钻进时很平稳，消除引起钻机钻进不平稳的一切因素。

6.3 起吊设备

根据钻孔施工部位的情况，如果就近布置有高架门机，在长芯样钻取结束起钻时，采用高架门机。如果没有门机，可采用16t吊车起吊，要求起吊平稳，保证在起吊过程中钻具不和周围发生碰撞。

6.4 运输设备

根据所钻取的芯样长度，可采用8m以上的平板拖车。要求在运输过程中匀速前进，尽量减少急停、急转。芯样在车上加固牢靠，并在底部安装缓冲装置，也可在底部铺均匀厚度的砂子，减少在运输过程中振动。

7. 质量控制

混凝土长芯钻取施工必须严格按照设计文件要求的质量标准及技术规范执行。

7.1 工程质量控制标准

各个工程对于取芯的质量标准规定不完全相同，但为了最大限度地保证长芯采取的成功率，一般应遵循以下规定：孔位偏差不大于5cm，孔深不小于设计孔深，钻孔的偏斜度（针对垂直孔而言）不大于5‰，芯样应粗细均匀，表面光滑。钻进应保证最大限度地取得芯样。

7.2 质量保证措施

7.2.1 为保证芯样钻取成功，混凝土必须达到设计龄期才能开钻施工。

7.2.2 施工所用钻材符合质量要求，即钻具和钻杆的弯曲度＜0.3%，螺纹连接后应保证同轴度＜φ0.05mm，端面与轴线的垂直度＜0.10mm。

7.2.3 钻进参数严格控制，施工前做好技术培训及技术交底工作。

7.2.4 施工中选用有一定实践经验及技术水平的钻探熟练工操作，与施工无关人员严禁在钻探过程中操作钻机。

8. 安全措施

本工法施工要遵守相应的《钻探安全操作规程》、《门机、起重机安全操作规程》等。施工中应注意以下几点：

8.1 竖立和拆卸钻架必须在机长统一指挥下进行。立架时，左右两边设置牵引绷绳以防翻倒。滑车除检查和加油外，还应设置保护装置。

8.2 每次开钻及钻进中，注意胶管缠绕钻杆，应设防缠装置。钻进中不得用人扶持水龙头及胶管。

8.3 认真检查升降机的制动装置、离合器装置、提引器、拧卸工具等是否安全好用。天车要定期加油和检查。

8.4 检查钢丝绳的磨损情况，断丝超过规定（每一捻距内断丝数不得超过1/7）及时更换。

8.5 经常检查起吊设备是否存在安全隐患。

8.6 经常检查施工用电，电机设备必须严防油水污物流入，钻场电线均应绝缘良好，确保安全用电。

8.7 建立完善的施工安全保证体系，加强施工作业中的安全检查，保证作业标准化、规范化。

9. 环保措施

9.1 严格执行国家和工程所在地政府及行业有关的环境保护法律法规，加强对施工燃油、工程材料、设备、废水、生产生活垃圾弃渣的控制和治理。遵循有关防火和废弃物处理的规章制度。

9.2 钻进过程中要产生一定量的携带岩粉的污水，故要采取围护沉淀处理措施，施工现场的废水经沉淀后，排到工区指定的集水坑，岩粉、岩渣、人工清除出作业面，倒至指定渣场；在采用冲洗液时，污水中还含有一定的化学成分，为防止钻进冲洗液对工作面和河水的污染，应对冲洗液进行净化和回收。

10. 效 益 分 析

此工法工艺合理，技术可靠。由于采用了较为合理的钻进和取芯方法，取芯质量得到了保障，能如实反映取芯部位混凝土的浇筑质量，具有较好的社会效益。

11. 工 程 实 例

实例一：2006 年 5 月 30 日～2006 年 8 月 5 日，水电三局在陕西汉江喜河水电站大体积混凝土浇筑完成并达到龄期后，在大坝、导墙等部位不同形态、不同标号混凝土中采用此工法共钻取 7 个孔，钻孔进尺 104.5m，并在 2 号孔中取得长度为 11.07m 的强度等级 C9010W4F50，三级配常态混凝土芯样。钻孔采用 Y2-300 型钻机，钻孔孔径 168mm，芯样有效直径 146mm。获得业主及监理的好评。

实例二：2006 年 8 月 30 日～2006 年 11 月 15 日，水电三局使用此工法在云南景洪水电站厂房 19 号坝段取出长度为 14.13m 碾压混凝土芯样。钻孔孔径 219mm，芯样有效直径 197mm。创造了当时碾压混凝土芯样长度的全国纪录。

实例三：2004 年，水电八局在索风营水电站碾压混凝土大坝钻取直径 219mm 芯样两根，长度分别为 11.16m 和 10.51m。

实例四：2006 年，水电八局在龙滩水电站碾压混凝土大坝取出 4 根长度超过 10m 的芯样，其中最长的一根为 12.41m。

实例五：水电四局在云南小湾水电站 17 号坝段成功取出了直径为 $\phi195～\phi197$mm，长度为 15.6m 的常态混凝土芯样，刷新了当时常态混凝土芯样的全国记录。

混凝土面板堆石坝冬期施工工法

YJGF266—2006

中国水利水电第一工程局

常焕生　刘万海　李伟　冯兆彤　王显艳

1. 前　言

为了适应混凝土面板堆石坝在严寒地区发展的需要,通过改善和改进施工技术,确保混凝土面板堆石坝在严寒地区严冬气候条件下连续、快速、经济地施工,妥善地解决坝体堆石填筑、混凝土面板及趾板越冬、抗冻、防裂等诸多问题。

中国水利水电第一工程局结合黑龙江省莲花水电站混凝土面板堆石坝工程施工,完成了科技攻关项目"严寒地区混凝土面板堆石坝施工技术研究",攻克了严寒地区混凝土面板堆石坝施工技术难关。该项技术1999年荣获中国水利水电工程总公司科技进步一等奖,2000年荣获国家电力公司科技进步二等奖。1996年12月莲花水电站实现第一台机组提前两年发电目标,创造经济效益达12亿元。莲花水电站工程2001年荣获鲁班奖。

2. 工法特点

2.1 本工法针对严寒地区混凝土面板堆石坝冬期施工的难点,提出了一系列施工方法和措施。

2.2 由于冬季严寒,堆石碾压时不能洒水,在不改变碾压机械的条件下,减薄堆石铺填层厚和增加碾压遍数。

2.3 截流后的高难度施工。寒冷地区的水电工程,在大汛后截流后很快进入冬期施工。由于冬期的施工困难和不能浇筑趾板混凝土,要达到翌年大坝的度汛要求,必须进行截流后冬期的高难度施工和春期的高强度施工。

2.4 混凝土的抗冻性能和耐久性要求高。由于寒冷地区坝体运行的需要,面板混凝土处于强冻融变化条件中,要求具有高抗冻性和耐久性。

2.5 在寒冷地区,由于施工期天气干燥、昼夜温差大、冬季严寒等不利条件,对面板混凝土需要采取严格的防裂和越冬保温措施。

3. 适用范围

本工法适用于寒冷地区混凝土面板堆石坝施工。

4. 工艺原理

4.1 采用扩药壶爆破法进行冻土爆破。

4.2 冬季期间,对施工设备采取可靠的保温、防冻等维护保养措施。

4.3 面板堆石坝冬季填筑采取不洒水、薄层铺筑、增加碾压遍数等技术措施。

4.4 优选水泥、外加剂,优化混凝土配合比,满足面板混凝土高抗冻性能和高耐久性要求。

4.5 面板混凝土越冬采用聚苯乙烯板进行保温,防止产生温度裂缝。

5. 施工工艺流程及操作要点

5.1 工艺流程

坝基开挖→(堆石料的开采)→堆石区填筑(主堆石料及次堆石料)→过渡层区填筑→(垫层料制备)→垫层区填筑。

5.2 操作要点

5.2.1 坝基开挖

大坝基础开挖采用分期分区施工。石方开挖部位主要为左右坝头及趾板。中部为冻土开挖。

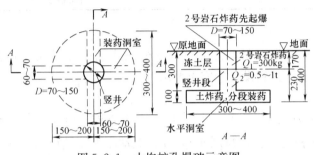

图 5.2.1 小炮扩孔爆破示意图

1. 冻土开挖

大坝开挖进入冬季后采用扩药壶爆破法进行冻土爆破。即采用打钎形成铅垂孔,以小炮将铅垂孔扩大、扩深至冻土层以下,采用人工在孔底扩挖水平药室,装硝铵化肥掺加柴油的"土炸药"并辅以少量2号岩石炸药,进行爆破。具体布置见图5.2.1。弃渣采用推土机骨料,4m³ 电铲及3m³ 装载机装32t 自卸汽车,运至土料场贮存。

2. 石方开挖

1) 左右岸坝头、坝肩开挖

左右岸坝头、坝肩开挖时,先进行上游区开挖,后进行下游区开挖。右坝头、坝肩开挖采用自上而下分层开挖的方法施工,每层高度为 3～5m,手风钻钻孔,钻孔间距为 0.6～0.8m,炸药单耗为 0.5～0.6kg/m³。设计边坡采用预裂爆破技术,以保证坝头边坡和基岩稳定。

右坝头开挖局部采用了洞室爆破,在药室内靠永久边坡一侧设置柔性垫层(锯末),以减轻对永久边坡岩石的振动。

2) 趾板开挖

趾板开挖首先采用1.6m³ 挖掘机将覆盖层清除,至岩石后,采用潜孔钻机、手风钻配合进行钻孔爆破。首先开挖先锋槽,然后分别向左右岸方向开挖。爆破孔采用垂直孔。沿建基面采用潜孔钻钻预裂孔,孔距 0.8～1.0m,线装药密度控制在 300～450g/m。

挖装方法与土方开挖相同,利用方运至贮存料场。强风化岩石及河床段砂卵砾石直接运至弃渣场。

5.2.2 堆石料冬季开采

爆破采用微差挤压爆破。冬期料场爆破开采参数见表5.2.2。

冬期料场爆破开采参数 表 5.2.2

部位 岩性 参数	溢洪道		3号采石场	
	强风化	弱风化	强风化	弱风化
梯段高度(m)	8～12	8～12	10	10
间距(m)	2.3	2.0	2.0	1.7
排距(m)	2.3	2.0	2.0	1.7
孔角	75°	75°	75°	75°
孔径(mm)	90～100	90～100	90～100	90～100
最小抵抗线(m)	2.3～2.5	2.3	2.0	1.7

续表

部位 岩性 参数	溢洪道		3号采石场	
	强风化	弱风化	强风化	弱风化
单耗(kg/m³)	0.7	0.9～1.1	1.0	1.0～1.2
装药结构(段)	1	1～2	1	1～3
起爆方式	排间,V形	V形	排间,V形	V形
用料部位	下游堆石区	主堆石区、垫层料原料	下游堆石区	主堆石区、过渡层区、垫层料原料

5.2.3 垫层料的制备

采用的垫层料是由破碎机破碎的最大粒径 80mm 的石料，掺配骨料筛分场成品砂和最大粒径为 20mm 的细石料组成，铺层厚度为 40cm，碾压 10 遍，达到设计干容重要求。

5.2.4 堆石料冬季填筑

大坝坝体采取分层填筑的方式进行，每层厚度为 0.8～1.0m，每一层为一个仓面，以两层垫层料的厚度控制仓面的填筑厚度。首先填筑两层垫层料和过渡料，每层厚 0.4m，振动碾碾压结束后，再分别填筑主、次堆石区。垫层料和过渡料由 15t 自卸汽车运至坝面，采用后退法铺料，人工配合推土机摊铺，用高频振动碾碾压。主、次堆区料由 32t 自卸汽车运至仓面，采用进占法铺料，推土机摊平，振动碾碾压。坝体填筑参数见表 5.2.4。

冬季坝体分区填筑碾压参数及压实密度要求　　　　　表 5.2.4

分区填筑坝料	料源、生产	颗粒级配				压实密度		施工参数			
		最大粒径 D_{max} (mm)	小于5mm粒径含量(%)	小于0.1mm粒径含量(%)	不均匀系数 C_u	干容重 γ_d (kN/m³)	孔隙率 n(%)	铺厚(cm)	碾压遍数	洒水量	施工机械
小区料	从垫层料中筛选小于40mm粒径的石料	40				22.0		20		不洒水	小型机具碾压压实
垫层料	洞渣料用碎石机破碎成粗、细碎料再掺砂	80	32～37	<5	≥30	21.5	<18	40	10	不洒水	SD-150高频自行式振动碾,1档速
过渡层料	碎石料剔除大、超径块石,部分来自4号采石场	300	10～30	<2	≥15	21.0	<20	40	10	不洒水	
主堆石区料	溢洪道、采石场爆破采石	500	10～20	<2	≥15	20.5	22～24	60	10	不洒水	
次堆石区料	溢洪道、采石场爆破采石	800	10～20			20.0	<25	100	8	不洒水	

6. 材料与设备

采用的材料略，使用的设备见表6。

机械设备投入表

表6

序 号	名 称	规格及型号	数 量	用 途
1	电动挖掘机	4m³	5	开挖填筑施工
2	液压反铲	1.6m³	10	开挖填筑施工
3	自卸汽车	32t/20t/15t/12t	74	开挖填筑施工
4	推土机	T330	7	开挖填筑施工
		YT220		开挖填筑施工
		D80		开挖填筑施工
5	装载机	3m³	10	开挖填筑施工
6	颚式破碎机	200×400	2	填筑施工
		400×600	3	填筑施工
		600×900	1	填筑施工
7	反击式碎石机	720m³/班	1	填筑施工
8	自行振动碾	SD-150D	4	填筑施工
9	凿岩台车	CM351	8	开挖施工
10	手风钻	Y26	40	开挖施工
11	载重汽车	CA141	10	开挖填筑施工
12	空压机	40m³/min	6	开挖施工

7. 质量控制

7.1 主堆石料质量控制

料场质量控制是保证坝体填筑质量的重要环节。为了在开采石料过程中获得合格的级配料，首先在采石场做爆破试验，分析确定不同岩石结构的基本钻爆参数；其次是设立统一的料场质检站，对料场覆盖层剥离、开采区划分、开采方法及爆破参数等，按设计要求进行检查。采用全部和抽样检查两种方法，重点检查爆破梯段的平面布置、高程、炮孔布置形式、炮孔位置、炮孔深度和炸药单耗等，达到规定要求后才进行爆破。爆破的石料，由监理工程师会同专项质检、试验室等部门对指定部位进行随机取样，通过颗粒级配试验分析，达到上坝料要求后方可上坝。

7.2 垫层料质量控制

制备垫层料的石料必须新鲜、坚硬，应采用微风化岩石进行破碎。掺配成品砂采取"平铺立采"的方法，保证掺配均匀。垫层料的级配应满足设计要求。垫层料按设计层厚均匀摊铺，防止分离。采用经过试验确定的碾压设备和碾压遍数进行碾压。

7.3 过渡料质量控制

过渡料为弱风化或微风化岩石，采用微差挤压爆破方法在料场开采，或直接采用洞渣料。在过渡料装车时剔除超径石。少量运到坝上的超径石在摊铺时剔除。

7.4 大坝填筑碾压试验

在施工现场对不同分区的填筑堆石石料分别进行碾压试验，采用振动平碾进行。在试验过程中，找出影响压实效果的因素，确定各种堆石料的填筑碾压以及垫层料斜坡碾压工艺和施工参数。

7.5 坝体填筑

在坝体填筑过程中，通过各分区间设置的定位标志控制分区界线，防止混料。上游边坡采用 50：70 三角尺测坡挂线，防止过大的边坡盈亏，保证垫层区、过渡区的铺填宽度，并使铺料厚度控制在要求的范围之内。主、次堆石采用"进占式"摊铺的方法进行填筑，使细料小块石充填于架空或塌陷处，形成较平整的顶面。填筑过程中对超出坝体表面的冒尖石或大块石用夯板击碎、砸平。靠近岸坡边界或坝内相邻填筑接坡处利用细料铺填，防止大料集中或架空。由质量检查人员在现场值班，当发现有大料集中、架空或漏碾部位时及时指出，并要求施工人员补填细料直至合格。垫层料、过渡料必须摊铺均匀，严禁超厚，不允许填筑面上存在顺水流方向或两分区衔接间的大料集中区等情况。

7.6 坝体相邻填筑区接坡接缝处理

采用台阶收坡法填筑，台阶宽度不小于 2m；未采用台阶收坡的接缝，随填筑高程的升高，利用反铲配合推土机逐层进行坡面虚方剥离，接缝处按台阶收坡重新碾压验收，合格后方可上料填筑。施工时采用接坡坡比不陡于 1：1.4 的台阶式结合；对接坡段颗粒级配进行严格的控制，压实后按设计干容重取样检验。

7.7 坝料压实质量检验

根据规范要求，采用试坑取样检验方法，测定其干容重，达不到要求部位必须补压至合格。每一铺层确定为 1 个单元工程，先进行测量放样，填筑完后再进行测量验收，严格控制各分区和上下游的填筑边线，避免超填和欠填。经监理与施工单位质检验收合格后方可进行上一层铺填。

7.8 混凝土面板质量控制

7.8.1 混凝土原材料选择及配合比试验

对于严寒地区的面板坝，如何保证面板混凝土达到设计要求的抗冻性和耐久性，至关重要。经过对比试验，结果表明：原抚顺硅酸盐 525 号大坝水泥混凝土 28d 强灰比为 0.134～0.145，快速冻融循环达到 250 次，极限拉伸值大于 1.0×10^{-4}，动、静弹性模数分别为 4.307×10^4 MPa 和 3.459×10^4 MPa，参数较优。掺加 SK 型引气复合减水剂不仅有显著的减水增强效果，而且混凝土的弹性模数最低，极限拉伸值适中，快速冻融循环达 250 次，有较好的抗冻耐久性能。所以，面板混凝土实际采用的材料是：砂石骨料为当地天然砂砾料，水泥为原抚顺硅酸盐 525 号大坝水泥，外加剂为 SK 型引气复合减水剂。面板混凝土采用的配合比见表 7.8.1。

面板混凝土配合比表　　　　表 7.8.1

水泥品种	坍落度(cm)	水灰比	砂率(%)	水泥(kg/m³)	砂(kg/m³)	水(kg/m³)	小石(kg/m³)	中石(kg/m³)	SK 外加剂(%)
抚顺大坝 525 号	4～7	0.338	40	340	783	115	707	472	0.32

7.8.2 面板混凝土质量保证工艺措施

混凝土采用薄层浇筑，每层浇筑厚度为 25～30cm。振捣器选用 $\phi25$、$\phi50$、$\phi70$ 和 $\phi80$ 的软轴振捣器，中间部位大面积振捣采用较大的振捣器，钢筋密集处、止水附近及预埋观测仪器附近等部位，采用 $\phi25$ 振捣器，并剔除大骨料。

滑模模板每次提升 30cm 左右，控制提升速度不超过 3m/h。为防止模板上浮，加钢筋配重 2～3t。脱模后混凝土表面及时进行修整，修整后的混凝土面即被滑模下面拖带的塑料布覆盖。混凝土达到初凝后，及时覆盖草帘，然后连续洒水养护（冬季除外）。

7.8.3 面板混凝土越冬保温

面板混凝土越冬保温措施：浇筑面板混凝土时预埋 $\phi10$ 钢筋钩，间排距为 2m×8m，外露 8cm。入冬前，在面板上覆盖 5cm 厚聚苯乙烯板，用 $\phi22$ 钢筋按预埋钢筋钩位置压在聚苯乙烯板上，并用 14 号钢丝绑扎在预埋钢筋钩上。聚苯乙烯板之间的接缝用木板压盖。

8. 安 全 措 施

8.1 贯彻执行国家安全生产法令、法规，坚持"安全第一"和"安全生产，预防为主，防管结合"的安全生产方针。设立安全领导机构，建立完善的施工安全保证体系，设置专职安全员和班组兼职安全员以及工地安全用电、用火负责人，并形成安全生产管理网络，执行安全生产责任制，明确各级人员的职责，抓好安全生产。

8.2 加强安全生产教育，认真学习施工技术安全规程，提高安全防范意识，正确使用个人防护用品和安全防护设施。施工现场按符合防火、防风、防滑、防触电等安全规定及安全施工要求进行布置，并完善安全标识。

8.3 各类房屋、库房、料场等的消防安全距离符合有关规定，室内不堆放易燃品；严格做到不在料库等处吸烟；随时清除现场的易燃杂物；不在有火种的场所或其近旁堆放生产物资。

8.4 施工现场的临时用电严格按照《施工现场临时用电安全技术规范》等有关规范规定执行。施工供电线路要经常检查维护，确保施工用电安全。

8.5 施工现场要有交通指示标志，交通频繁的交叉路口、通道应牢固、平整、整洁、无障碍、无积水，危险地区要悬挂"危险"或"禁止通行"牌，夜间设红灯警示。

8.6 夜间施工应有足够的照明。工作面应采用低压安全灯。电气设备必须接零，并有避雷设施；非电气维护及操作人员禁止维修及操作电器设备。

8.7 严格执行消防有关规定。工地设置安全消防车库，配备消防车和各种消防器材。定期进行消防检查。随时做好灭火准备，及时扑灭火险。

8.8 冬期施工做好人员、施工设备的取暖、防寒、保温工作。施工设备须使用适应低温条件的燃油和润滑油。在道路沿线事先备足炉渣、风化砂等防滑材料，安排专人、配备专用设备做好施工道路的养护、防滑工作。

9. 环 保 措 施

9.1 成立相应的文明施工和环境保护领导机构，全面贯彻国家和有关部门关于文明施工、环境保护的法令、法规和规章制度，对施工现场文明施工、环境保护进行统一领导、管理和检查监督。制订切合实际的文明施工、环境保护制度，贯彻到每个施工人员中去。对全体施工人员进行文明施工、环境保护教育，在进行技术交底的同时进行文明施工和环境保护详细交底。

9.2 加强对施工燃油、工程材料、设备、废水、生产生活垃圾、弃渣的控制和治理，遵守有关防火及废弃物处理的规章制度，做好交通环境疏导，充分满足便民要求，随时接受相关单位的监督检查。

9.3 生产、生活设施布置按监理工程师签证批准的方案进行，尽可能减少对道路、耕地、绿地的占用。对工地范围的原有植被、树木、耕地、水利设施做好保护工作，尽可能不改变原有的生态环境。如确因施工需要使用征地范围以外的土地，须征得当事人或管理部门同意后方可使用。因施工需要使用当地公共设施时，以不影响周围居民正常生活为原则。

9.4 对施工中可能影响到的各种公共设施制定可靠的防止损坏和移位的实施措施，加强实施中的监测、应对和验证。

9.5 合理安排施工作业时间，附近居民休息时间尽可能不安排对当地居民干扰大的作业，选用先进环保设备，采用隔声措施，降低施工噪声到允许值以下，减少因施工造成的对周围居民生活的干扰。

9.6 加强施工现场管理，现场设备、材料堆放合理整齐，做到工完、料尽、场地清。

9.7 设立专用排浆沟、集水井，对废浆、污水进行集中、处理及排放。

9.8 做好弃渣及其他工程材料运输过程中的防散落、防沿途污染措施，废水除按环境卫生指标进行处理，并按要求定点排放。弃渣及其他废弃物均按要求堆放及处理。

9.9 施工结束后，按相关要求尽快清理并撤离施工现场。

10. 效 益 分 析

严寒地区混凝土面板堆石坝冬期施工在技术上是可行的。冬季的连续施工，更加显示了混凝土面板堆石坝施工快捷、经济的优越性。

莲花水电站工程由于混凝土面板堆石坝的冬期施工，为电站提前两年发电提供了条件，而电站提前两年发电创造了 12 亿元以上的经济效益。

混凝土面板堆石坝是一种比较安全、经济的坝型。此工法使在寒冷地区乃至严寒地区修建混凝土面板堆石坝得以实现。

11. 应 用 实 例

11.1 莲花水电站

11.1.1 工程概况

莲花水电站位于黑龙江省牡丹江地区，多年平均气温 3.2℃，绝对最低气温 -45.2℃，属严寒地区。施工期实测最低气温为 -37.5℃。大坝最大坝高 71.8m，坝顶长度 902m，坝体填筑总量 $423.5 \times 10^4 m^3$，混凝土面板面积 $7.54 \times 10^4 m^2$，属大型混凝土面板堆石坝。

11.1.2 施工情况

莲花电站 1992 年开工。为加快施工进度，当年冬季进行了大坝坝基土方冻土开挖及石方开挖。石方开挖采用常规爆破法（手风钻钻孔分层开挖的方法）与特种爆破方法（洞室爆破）相结合的方式进行。主堆石区和下游堆石区填筑采用进占法，垫层区和过渡层区填筑采用后退法进行。利用 T330 推土机和 D85 推土机配合摊平，水平碾压采用 13.5t 振动碾。为了保证工程施工质量，进行填筑碾压试验，通过不断摸索，确定了冬期施工碾压不加水、薄层及增加碾压遍数的措施，有效地解决了冬期施工的难题，确保了工程质量。

莲花水电站施工期为 1992 年 11 月 13 日至 1998 年 12 月 31 日，期间 1992～1996 年的五个冬季未间断施工。

11.1.3 工程监测与结果评价

莲花水电站工程施工质量良好，满足国家有关规程规范要求。自 1996 年 8 月 22 日蓄水以来，大坝、二坝、溢洪道等挡水、泄水建筑物历经 12 年的洪水期考验，一直运行正常。

莲花水电站大坝整体质量优良。填筑密实，施工期沉陷量仅为坝高的 0.17%；面板板面平整、光洁；总面积 $7.54 \times 10^4 m^2$ 的混凝土面板裂缝数量仅为 57 条；大坝最大渗漏量只有 12L/s。这几项指标均为国内同类坝型的领先水平。大坝已经经过了 12 个严寒冬季和汛期的考验。

11.2 小山水电站

11.2.1 工程概况

小山水电站位于吉林省抚松县境内，主要由混凝土面板堆石坝、溢洪道、引水发电系统等组成。混凝土面板堆石坝高 86.3m，坝顶宽 8m，坝顶长 325m，堆石填筑量 $142.79 \times 10^4 m^3$，碎石垫层填筑量 $8.62 \times 10^4 m^3$。

11.2.2 施工情况

小山大坝坝基开挖采用自上而下分层分阶段的方式。冻土层采用药壶爆破，利用电铲装自卸车出渣。堆石体填筑采用自卸车运输上坝料，采用前进和后退混合法卸料，过渡料、垫层料采用平起铺料后退法卸料，利用 T330B 推土机和 D85 推土机配合摊平，水平碾压采用 17.5t 振动碾，斜坡碾压采用

11.5t振动碾。在负温条件下，采用了莲花大坝成熟的施工技术，保证了大坝施工质量，达到了设计要求。

小山水电站施工时段是1993年6月1日至1999年12月31日。

11.2.3　工程监测与结果评价

小山水电站工程于1993年6月开工，1994年11月份截流，1997年9月下闸蓄水，1997年12月首台机组并网发电，1998年6月第二台机组正式并网发电，1999年底枢纽工程全部完成，2000年5月通过竣工验收安全鉴定，2001年9月通过枢纽工程专项竣工验收。小山大坝蓄水以来，已经历了10个汛期的考验，枢纽工程建筑物安全稳定，运行正常。

11.3　双沟水电站

11.3.1　工程概况

双沟水电站位于吉林省抚松县的第二松花江上游松江河上，拦河大坝是以安山岩为主要筑坝材料的混凝土面板堆石坝，最大坝高110.00m，坝顶长294.00m，上游坝坡1：1.4，下游平均坝坡1：1.52，坝体填筑总方量为$250 \times 10^4 m^3$，面板总面积$3.7 \times 10^4 m^2$。该工程于2005年1月开始施工。

11.3.2　施工情况

双沟水电站于2004年11月30日截流。目前正在进行主体工程施工。大坝施工采用我局已经积累的严寒地区混凝土面板堆石坝施工技术。该工程计划2008年末首台机组发电，2009年完工。

11.3.3　工程监测与结果评价

本工程为东北严寒地区最大坝高的面板堆石坝。通过该工程的建设，严寒地区混凝土面板堆石坝施工技术将得到进一步发展。目前该工程正在施工，其结果有待完工后再行评价。

连续拉伸式液压千斤顶—钢绞线斜井滑模系统施工工法

YJGF267—2006

中国水利水电第一工程局　中国水利水电第十四工程局

常焕生　张洪江　金晨　邓孝洪　熊训邦　张玉彬

1. 前　　言

陡倾角、大直径、长斜井混凝土衬砌施工历来是水利水电工程施工的一个难点，施工难度特别大，存在着很多不安全因素。如何从施工技术的角度优化施工方案，改进以前的斜井混凝土衬砌施工技术，以技术进步保证斜井衬砌施工的安全、质量和进度，是我们面临的一个严峻的课题。

在桐柏抽水蓄能电站斜井施工中，中水一局在中国水利水电建设集团公司支持下独立承担了新型斜井滑模系统的研发工作，取得了"连续拉伸式液压千斤顶-钢绞线斜井滑模系统"这一具有国际先进水平的新成果。该项成果于2005年获中国水利水电建设集团公司科技进步一等奖，2006年获得国家发明专利，2007年获吉林省科技进步二等奖。同时，形成了斜井滑模混凝土衬砌新的施工工法。连续拉伸式液压千斤顶-钢绞线滑模系统为难度极大的陡倾角、大直径、长斜井混凝土衬砌施工提供了一个可靠的施工系统，经济效益和社会效益显著。

2. 工法特点

2.1　利用LSD液压千斤顶作为滑模体的提升系统，达到了连续不间断滑升，受力合理，提升体积小、提升力大，并可控制出力。

2.2　该系统运行连续、稳定，施工效率高，衬砌混凝土成型准确、外观质量好，有效保证了混凝土施工质量，缩短了施工工期。

2.3　与其他斜井滑模系统相比：结构设计合理，模体滑升时偏心力矩小，安全可靠，投资少，实现了连续无间断施工，运行维护简便，降低了施工成本，综合经济效益显著。

2.4　LSD液压千斤顶-钢绞线斜井滑模系统具有较高的实际应用价值，在斜井混凝土衬砌施工中具有广阔的推广应用前景。

3. 适用范围

适用于各种倾角、直径和长度的斜井混凝土衬砌施工。

4. 工艺原理

连续拉伸式液压千斤顶-钢绞线斜井滑模系统技术方案要点：在斜井混凝土衬砌滑模模体上安装LSD液压提升系统，该系统由两台LSD连续拉伸式液压千斤顶、液压泵站、控制台、安全夹持器等组成。通过控制台操作液压泵站及千斤顶进行工作。液压千斤顶通过上下夹持器的交替动作来拉伸钢绞线，以达到提升模体的作用；安全夹持器可防止钢绞线回缩。液压泵站设有截流阀，可控制千斤顶的出力,防止过载。模体所受牵引力与斜井轴线基本重合,以避免偏心受力。钢绞线上端锚固在上弯段顶拱围岩中,或固定在安装于上弯段的钢构架上。

5. 施工工艺流程及操作要点

5.1 施工工艺流程(图5.1)

5.2 操作要点

5.2.1 滑模系统布置

滑模系统由中梁、平台、模板、行走系统、牵引系统、运输系统等六部分组成(图5.2.1)。

1. 模体结构

中梁为主承载钢结构体。千斤顶牵引中梁滑升。中梁结构形式及长度根据洞径、作业平台位置决定,可分多节组装。模体共设五层平台,分别承担不同的施工用途。模体各层平台主要作用见表5.2.1。

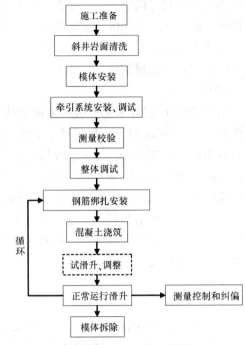

图5.1 施工工艺流程图

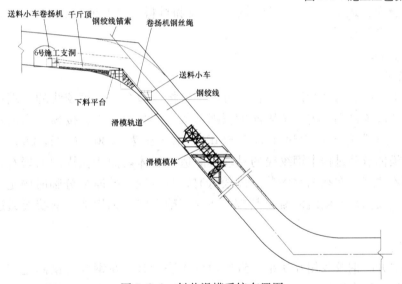

图5.2.1 斜井滑模系统布置图

模体各层平台主要作用   表5.2.1

层 数	名 称	主 要 作 用
第一层	上平台	存料,保护浇筑平台安全
第二层	浇筑平台	混凝土分料、下料
第三层	主平台	钢筋安装、混凝土振捣作业
第四层	悬挂平台	混凝土养护、质量检查、缺陷处理
第五层	尾部平台	拆移后行走轮下铺设的槽钢

模板安装在第三层平台(主平台)以下。底拱模板长1.2m,顶拱120°范围模板长1.5m。模板在水平面上的投影为椭圆形。模板的面板厚度为6~8mm。为保证模体顺利滑升,模板应有一定的锥度,一般为4.2‰(上口大下口小)。

2. 行走系统

应根据模体尺寸确定合适的轨距，以保证模体的运行稳定，不产生偏斜。轨道一般按模体的重量选择钢轨。钢轨每段长度以达到滑升过后可回收为标准。轨道安装完成后做条形混凝土基础，以保证牢固。模体的前轮在铺设好的轨道上行走；后轮在已浇筑完成的混凝土面上行走。为防止后轮对混凝土面产生压痕，采用槽钢垫在后轮下。

3. 牵引系统

采用 LSD 液压提升系统牵引两束钢绞线提升模体，牵引系统的牵引力安全储备要达到 2 倍以上。钢绞线选择 1×7 标准型，公称直径 15.2mm，强度级别 1860MPa，每根钢绞线的破断力为 259kN。模体左右各布置一束钢绞线，每束钢绞线的根数以达到总牵引 4 倍以上安全系数选取。每束钢绞线沿牵引方向锚固在上弯段顶拱围岩内，或固定在安装于上弯段的钢构架上。两个液压千斤顶左右对称安装在滑模模体上。液压控制系统布置在滑模模体上。两个千斤顶由一台主控制台进行控制，主控制台可对两台千斤顶进行联动控制也可进行单台分动控制。在需对模体校偏时采取分动方式，以保证模体平稳滑升。如需对千斤顶进行维修，可直接将千斤顶放松，这时安全夹持器会自动锁住。千斤顶在必要时可做短距离的后退。

4. 运输系统

混凝土、钢筋等材料及人员上、下运输均采用运输小车，其行走轨道即为滑模轨道。运输小车采用无极变速高速卷扬机牵引，卷扬机要满足 2 倍以上牵引力要求。钢丝绳安全系数按有人员运输考虑，应不小于 14 倍。在竖向转向滑轮处应设置限载保护器。混凝土由运输小车送至上平台的存料斗，再由手推车运至混凝土仓面。运输小车不得同时运载人员和材料，以保证人员安全。如采用两台卷扬机，应在运输小车上设置平衡装置。

5.2.2 钢绞线的安装

1. 钢绞线的锚固

事先对钢绞线的承载能力进行试验。锚固方法一：将试验合格的钢绞线的一端按预应力锚索的内锚段编束，锚入上弯段顶拱围岩内。锚固深度根据钢绞线的受力大小、按预应力锚索内锚段计算方法确定。锚固孔内灌注水泥净浆，灌浆压力 0.6MPa，水灰比为 0.30～0.35，28d 的强度要求不小于 50MPa。为了避免模体滑升过程中钢绞线的晃动可能造成岩体表面锚孔周围的岩石松动脱落，锚孔孔口以内留一定深度不注浆。在孔内水泥浆强度较低时，将钢绞线外露部分临时固定。锚固方法二：在上弯段底板岩石上钻设锚杆并浇筑混凝土基础，在此基础上安装钢构架，钢绞线通过构件夹持器固定在钢构架上。

2. 钢绞线的编索

为了避免模体滑升时钢绞线相互扭结，致使模体无法滑升，在钢绞线锚固之前，首先根据每根钢绞线的左、右捻向进行每束钢绞线的编索，在每束钢绞线中，左、右捻钢绞线相间排列。每束钢绞线沿全长须保持平顺，并按 3～5m 的间距用钢丝进行固定，防止钢绞线互相扭结。

3. 钢绞线的穿索及预紧

在钢绞线穿索时，应将其表面擦拭干净，严禁油污等侵蚀，否则在牵引张拉时很容易造成钢绞线的松动。钢绞线穿入千斤顶时，要注意钢绞线的排列与锚固孔引出的钢绞线的排列相一致。穿索完成后，对每根钢绞线利用 2t 手拉葫芦进行预紧，尽可能做到每根钢绞线受力均匀。

5.2.3 千斤顶调试、安装及运行

1. 出厂前千斤顶的调试

液压千斤顶在出厂前应进行调试，以便发现问题及时解决。

2. 千斤顶用于生产前的调试

在模体各项工作准备就绪后，必须对千斤顶进行三至四次调试运行，检验各个部件的运行情况，以确保滑模系统运行的可靠性、安全性和稳定性。在调试过程中要对千斤顶的压力表读数做记录，以便对千斤顶、钢绞线的安全性再次进行校核。液压千斤顶的安装严格按照说明书进行操作。

3. 夹片的安装、使用与更换

夹片是 LSD 液压提升设备的一个关键承力部件，在千斤顶活塞往复运动提升过程中，夹片反复、交替地卡紧钢绞线而承受来自模体的全部荷载。所以，夹片是出现故障几率最高的部件之一，在模体滑升过程中必须经常对夹片进行检查。

5.2.4 斜井滑模模体的安装

模体正式安装之前，在制作场地进行预组装，检查各部位尺寸，对不符合设计要求的进行处理，达到合格后，再解体、运至斜井的底部进行组装。采用卷扬机将模体牵引到斜井直线段滑模施工起始点，再安装液压提升系统。

5.2.5 电气控制系统

1. 通信控制

1）在斜井滑模施工中，上、下通信联系可采用对讲机与座机相结合的方式。

2）由于运输小车在斜井中运行速度较快、运行频繁，为保证小车运行安全可靠，采用无线遥控装置作为联系信号，编制不同的指令来控制运行。

2. 卷扬机电气控制

运输小车由无极变速卷扬机牵引，设有变频器，可均匀调整运行速度，防止运输小车出现急停及突然加速的现象。为保证运行安全，在小车上、下终点位置分别安装限位开关，同时在接近终点位置 2m 处安装自动减速控制开关，当小车运行到接近终点时，触碰自动减速控制开关，使卷扬机速度降低到 7～9m/min，并发出报警信号，提醒卷扬机司机注意。若卷扬机司机没有及时停车，小车撞到限位开关即自动停车。

3. 备用电源

为确保斜井滑模的连续运行，防止由于供电线路长时间停电，造成混凝土运输中断，已浇筑的混凝土凝固，模体无法滑升，要备用柴油发电机组作为备用电源。

4. 安全监控

由于斜井施工难度大、安全隐患多等因素，为使卷扬机司机能准确判断运输小车在斜井中启动与停车的时间，确保小车在斜井中往复频繁运行的安全可靠性，可在整个斜井段安装电视监控摄像头，对运输小车在斜井运行的全过程进行实时监控。

5.2.6 混凝土施工

1. 混凝土浇筑前的施工准备

模体安装就位前要对斜井岩面进行全面清洗。模体进入斜井直线段调试完成后，支立底部模板，绑扎钢筋。事先做好混凝土试配工作，试验出混凝土达到出模强度（0.3～0.5MPa）所需的时间，使混凝土性能满足滑升速度要求。

2. 混凝土运输

混凝土由搅拌运输车从拌合站运至斜井上部工作平台处，由溜槽溜至运输小车贮料斗内，再由运输小车运至滑模模体上平台下料斗。

3. 混凝土浇筑

混凝土在浇筑平台采用人力小推车由上平台下料斗下面接料、分料，通过串筒下料入仓，沿环向交圈分层进行浇筑。下料顺序为先顶拱、再边墙、后底拱。浇筑后的混凝土顶面大致为水平面，保证模板不发生倾斜或扭转。混凝土分层浇筑厚度控制在 20～30cm，使下层混凝土还处于流塑状态时浇筑完上一层混凝土，以便两层混凝土的结合。每层混凝土浇筑后应保持仓面以上有外露的环向钢筋。

4. 模板滑升

1）试滑与起滑

在正常滑升前先进行试滑，千斤顶以短行程、多次数提升，观察液压系统和模板的工作情况。试滑几个行程后，如整个滑模系统情况全部正常，即可转入正常滑升。

2）正常滑升

正常滑升阶段，模体滑升的时间间隔控制在 0.5h 左右，每次滑升 10cm 左右，模体正常滑升的平均速度为 20cm/h。如发现混凝土出模强度不够时，须减缓滑升速度。

3）混凝土修整、养护及模板清理

混凝土出模后，在模体悬挂平台（第四层平台）上检查混凝土表面，若混凝土有缺陷，利用混凝土原浆或 CU 乳液等及时进行修整，使混凝土表面平整度达到设计要求。

混凝土养护：在悬挂平台外围布置一圈喷淋水管进行养护。应控制喷淋的水压，使混凝土表面既能保持湿润，又不致被水流冲坏。应特别注意对混凝土顶拱加强养护。

对滑出混凝土面的模板应及时进行清理，可用铁铲清除粘附在模板表面的混凝土，用小刷清扫水泥砂浆，使模板表面光滑，以减少模板摩阻力。

6. 材料与设备

本工法采用的主要机具设备、材料见表 6。

机具设备、材料表　　　　　　　　　　　　　表 6

序 号	名 称	规格型号	单 位	数 量	用 途
1	模体	自制	台	1	混凝土施工作业平台
2	液压千斤顶	LSD	台	2	提升模体，规格与提升力有关
3	液压泵站、控制台		套	1	控制千斤顶运行
4	卷扬机		套	2	牵引运输小车，型号与牵引重量有关
5	钢绞线	1×7 标准型，公称直径 15.2mm	m		数量与斜井长度有关
6	运输小车	自制	台	1	运输人员、材料

7. 质量控制

7.1 工程质量控制标准

7.1.1 钢结构模体制作、安装施工质量执行《钢结构工程施工质量验收规范》、《滑模工程技术规范》、《水工建筑物滑模施工技术规范》等标准。滑模钢结构构件制作允许偏差见表 7.1.1-1。

滑模钢结构构件制作允许偏差　　　　　　　　　表 7.1.1-1

名 称	内 容	允 许 偏 差(mm)
钢模板	高度	±1
	宽度	−0.7～0
	表面平整度	±1
围令	弯曲长度≤3m	±2
	弯曲长度>3m	±4
	连接孔位置	±0.5
主梁	高度	±3
	宽度	±3

滑模装置组装允许偏差见表 7.1.1-2。

滑模装置组装允许偏差 表 7.1.1-2

内　　　容		允 许 偏 差(mm)
模板装置中心与结构物轴线位置		3
主梁中心		2
围令位置偏差	水平方向	5
	垂直方向	3
模板轴线与结构物轴线	外露	5
	隐藏	10
模板倾斜后尺寸偏差	上口	0～+3
	下口	−2～0
相邻两块模板平面平整偏差		2

滑模轨道安装允许偏差见表 7.1.1-3。

轨道安装允许偏差 表 7.1.1-3

序　号	项　　目	允 许 偏 差(mm)
1	标高	±5
2	轨距	±3
3	轨道中心线	3

7.1.2 斜井滑模混凝土施工质量控制执行《混凝土结构工程施工质量验收规范》、《水工混凝土施工规范》、《水工建筑物滑模施工技术规范》等标准。

7.2 质量保证措施

7.2.1 模体的纠偏及施工精度的控制

1. 模体偏移的预防和纠偏

在滑模施工中，很可能出现平台上的荷载分布不均匀、千斤顶不同步及浇筑混凝土时入模位置不够对称等因素，致使模体发生偏移。针对上述情况，施工中采用下述措施预防和纠正偏移：

1）液压千斤顶设有位移传感器，在出厂时同步性已经调好，偏差很小，但在长期往复运行过程中，会有累积偏差，所以在施工中要随时检查，随时调整。

2）操作平台上的荷载尽可能均衡布置。

3）混凝土浇筑顺序是先顶拱、再边墙、后底板，这样可以防止模体上浮，下部轨道控制模体滑动方向，混凝土浇筑尽可能均衡，如发现偏移，可采取改变浇筑顺序，逐步纠正其偏移。

4）在模体中梁设置一水平水准管，当模体发生偏移时，可通过观察水准管判断模板偏移方向，采取措施调整偏差。

5）模体每滑升 5～6m 对模板进行一次测量检查，发现偏移及时纠正。

2. 施工精度控制

1）轨道精度控制

滑模模体沿着轨道滑升，由轨道控制滑升方向，所以在轨道施工中利用激光打出轨道中心线，以激光为基准进行安装，严格控制精度，确保轨道安装偏差控制在允许范围之内。

2）千斤顶控制

随时观察千斤顶的同步性，如发现有不同步可通过分动来控制调整。

3）测量控制

每滑升 5～6m 对模板进行一次观测、检查。

7.2.2 停滑措施

由于斜井混凝土施工难度大，工艺复杂，施工中根据工作需要或其他原因，需停止滑升时，应采取相应的施工方法：

1. 停滑时确保混凝土的浇筑面基本水平。

2. 每隔20～30min提升一次千斤顶，确保混凝土与模板不粘结，同时控制模板的滑升量小于模板全高的3/4。

3. 为保证在发生意外停电事故时滑模牵引千斤顶能够动作，备有一台柴油发电机组。

7.2.3 混凝土施工时要控制混凝土浇筑厚度，及时充分振捣，不可漏振和过振。控制滑升速度，防止出模混凝土强度过低或过高。出模后的混凝土表面要压光，并及时洒水养护。

8. 安 全 措 施

8.1 一般规定

8.1.1 为了保证滑模施工安全，应遵守国家和行业的有关规定。

8.1.2 对参加滑模施工的人员，应进行技术培训和安全教育，使其了解本工程滑模施工特点和本岗位的安全技术操作规程，并通过考试合格后方能上岗工作。主要施工人员应相对固定。

8.1.3 滑模系统安装完毕后，应按照有关要求进行安全验收。

8.1.4 斜井滑模施工应有充足的照明。

8.2 施工现场

8.2.1 滑模施工现场布置应按施工组织设计进行。

8.2.2 在斜井上口应应设置围栏和明显的警戒标志。

8.2.3 进行立体交叉作业时，上、下工作面之间应搭设隔离安全棚。

8.3 滑模操作平台

8.3.1 滑模操作平台的制作、安装应经检验合格，符合设计要求。

8.3.2 操作平台及悬挂脚手架上的铺板应严密、平整、固定可靠并防滑。操作平台上的孔洞应设盖板或防护栏杆。

8.3.3 操作平台及悬挂脚手架边缘应设防护栏杆，其高度不小于120cm，横挡间距不大于35cm，底部设高度不小于18cm的挡板。在防护栏杆外侧应挂安全网封闭。

8.4 提升（牵引）系统和人员上下交通

8.4.1 应进行连续拉伸式液压千斤顶及安全夹持器承载能力试验、钢绞线抗拉强度及锚固强度试验。

8.4.2 提升运输设备应有完善可靠的安全保护装置，如制动、限位、限载、信号、紧急安全开关等装置，运输人员的提升设备还应设置牵引失效保护装置。

8.4.3 提升运输设备安装完毕后，应进行负荷试验和安全保护装置的可靠性试验，并进行验收。

8.4.4 对提升运输设备应进行定期检修和保养。

8.4.5 提升运输设备的操作人员，应通过专业培训，考试合格后持证上岗。

8.4.6 运送物料和人员的卷扬机，宜采用双绳双筒同步卷扬机；应在运输小车上设置牵引钢丝绳平衡装置。

8.5 安全用电

8.5.1 滑模施工的电气系统应进行专项设计，动力电源应有安全保护装置。滑模施工应配备备用电源。

8.5.2 滑模施工现场的场地和操作平台上应分别设置配电装置。运输小车上应有紧急断电装置。总开关和集中控制开关应有明显标志。

8.5.3 滑模施工中发生较长时间停工时，应切断操作平台上的电源。

8.5.4 滑模施工的照明灯具应采用不高于36V的低压电源。

8.5.5 滑模操作平台上采用380V电压的电器设备，应安装触电保安器。经常移动的用电设备和机具的电源线，应使用橡胶绝缘软线。

8.5.6 滑模操作平台上的总配电装置应安装在便于操作、调整和维修的地方。开关及插座应安装在配电箱内，并采取防滴水措施。

8.5.7 敷设在滑模操作平台上的各种固定的电气线路，应安装在隐蔽处；对无法隐蔽的线路，应有保护措施。

8.5.8 滑模操作平台上的用电设备的接地线或接零线应与操作平台的接地干线有良好的电气通路。

8.6 通信与信号

8.6.1 滑模施工所采用的通信联络方式应直接、明确，所用装置应灵敏可靠。各处信号应统一，并挂牌标示。

8.6.2 在滑模施工过程中，通信联络设备及信号应设专人管理和使用。

8.6.3 滑模施工的通信联络应有声、光、电话三套独立信号装置。

8.7 防火

8.7.1 操作平台上不应存放易燃物品，不得使用明火；应设置足够和适用的消防器材。用过的油布、棉纱等易燃物应及时回收，妥善保管。

8.7.2 在操作平台上进行电（气）焊时，应采取防火措施，并安排专人进行防火监控。

8.7.3 滑模施工现场的消防设备及器材，应设置在明显和便于取用的地点，其附近不得堆放其他物品。

8.7.4 消防设备及器材应由专人负责管理，定期检查维修，使其保持完好。寒冷季节应对消防栓、灭火器等采取防冻措施。

8.8 施工操作

8.8.1 开始滑升之前，应对滑模系统进行全面的安全检查，并应符合下列要求：

1. 操作平台系统、模板系统及其连接符合设计要求。
2. 液压系统经试验合格。
3. 运输系统及其安全保护装置试车合格。
4. 动力及照明用电线路的检查及设备保护接地装置检验合格。
5. 通信联络与信号装置试用合格。

8.8.2 操作平台上材料堆放的位置和数量应符合施工组织设计的要求，不用的材料、构件应及时清理，运至地面。

8.8.3 模体滑升应在施工指挥人员的统一指挥下进行。

8.8.4 滑升速度应严格按要求进行控制，不得随意提高滑升速度。每作业班应设专人负责检查混凝土的出模强度，控制混凝土出模强度不低于设计出模强度。若发现安全问题，应立即停滑，进行处理。

8.8.5 滑模施工中，应随时对运输系统进行安全检查。

8.9 滑模装置拆除

8.9.1 应制定详细的滑模装置拆除施工方案，明确拆除的内容、方法、程序、使用的机械设备、安全措施及指挥人员的职责等。

8.9.2 滑模装置拆除应由专业队伍承担，并由专人负责统一指挥。

8.9.3 用于滑模装置拆除的垂直运输设备和机具，应经检查合格后方准使用。

8.9.4 滑模装置拆除前，应检查各支承点埋设件是否牢固、作业人员上下走道是否安全可靠。

9. 环保措施

9.1 设置施工环境卫生管理机构，在工程施工过程中严格遵守国家和地方政府下发的有关环境的法律、法规，加强对施工燃油、工程材料、设备、废水、弃渣的控制和治理，遵守有防火及废弃物处理的规章制度，随时接受相关单位的监督检查。

9.2 将施工现场和作业限制在工程建设允许的范围内，合理布置，规范围挡，做到各种标识齐全、醒目，施工现场整洁文明。

9.3 对施工中可能影响到的各种公共设施制定可靠的防止损坏和移位实施措施，在实施中加强监测。同时，将相关方案和要求向全体施工人员详细交底。

9.4 设置专用排浆沟、集浆（水）坑，对废浆、污水进行集中，进行无害化处理，按当地环保要求的指定地点排放。

9.5 定期清运沉淀泥砂、弃渣及其他工程材料，在运输过程中采取防散落、防沿途污染措施。

9.6 优先选择先进的环保机械。

9.7 对施工场地道路进行硬化，并在晴天经常对施工道路进行洒水，防止尘土飞扬，污染周围环境。

10. 效益分析

综合经济效益显著。采用 LSD 斜井滑模系统与采用液压爬钳斜井滑模系统比较，一条 300m 长斜井可降低施工成本约 40 万元。桐柏抽水蓄能电站采用 LSD 斜井滑模系统比采用国外 CSM 斜井滑模系统至少节省了建设资金 1660 万元。

采用液压爬钳斜井滑模系统的轨道是爬钳的支承体，因此轨道须抬高到接近衬砌混凝土表面，轨道基础侵占衬砌断面较大。而 LSD 斜井滑模系统的轨道仅起导向作用，因此轨道可以尽可能降低，轨道基础尽量利用超挖部分，侵占衬砌断面较小。轨道条形基础是由喷混凝土形成，施工难度大，既费时、费力，而且造价比斜井衬砌混凝土高。因此，LSD 斜井滑模系统与液压爬钳斜井滑模系统比较，轨道条形基础可节省造价 12%。

液压爬钳斜井滑模系统的轨道不能拆除，LSD 斜井滑模系统的轨道能够拆除再用，仅此一项，每米斜井滑模即可节约轨道成本约 400 元。

11. 工程实例

11.1 桐柏抽水蓄能电站斜井滑模施工

11.1.1 工程概况

桐柏抽水蓄能电站枢纽建筑物由上水库、下水库、输水系统、地下厂房、地面建筑物等组成，其中输水系统共有两条斜井，斜井开挖直径 10m，衬砌直径 9m，每条斜井轴线总长度为 413.12m，其中直线段长度 363.12m，倾角 50°。衬砌混凝土强度指标为 C25W10。衬砌结构布置单层钢筋。

11.1.2 施工情况

桐柏抽水蓄能电站 1 号斜井混凝土衬砌采用 LSD 滑模系统，于 2004 年 6 月 12 日正式起滑，至 2004 年 8 月 29 日滑模结束，历时 78d，除因强台风影响停工两天外从未间断施工，共滑升 362m，共浇筑混凝土量 6889.75m³，日平均浇筑混凝土 88.3m³，日平均滑升 4.76m，日最快滑升 9.15m，月最快滑升 189.5m。

桐柏 2 号斜井采用 LSD 滑模系统于 2005 年 2～6 月施工，期间除按施工总体安排停滑、以便进行斜井下部固结灌浆外，一直连续滑升，无任何故障。

11.1.3　工程结果评价

LSD斜井滑模系统在国内外属于首创，首次应用于桐柏抽水蓄能电站斜井混凝土衬砌施工，获得圆满成功。国电信息中心查新结论确认："国内外文献，没有查到与本课题LSD斜井滑模系统牵引技术相同，采用连续拉伸式液压千斤顶-钢绞线技术，在斜井倾角50°、开挖直径10.0m、衬后直径9.0m、连续滑升长度362m的抽水蓄能电站引水道压力斜井衬砌施工中应用的内容。"鉴定意见认为："连续拉伸式液压千斤顶-钢绞线斜井滑模系统与其他斜井滑模系统相比：结构设计合理，模体滑升时偏心力矩小，安全可靠。""该系统运行连续、稳定，施工效率高，衬砌混凝土成型准确、外观质量好，有效保证了混凝土施工质量，缩短了施工工期。""与其他斜井滑模系统比较，该系统投资少，实现了连续无间断施工，运行维护简便，降低了施工成本，综合经济效益显著。""该课题研究成果具有较高的实际应用价值，在斜井混凝土衬砌施工中具有广阔的推广应用前景，达到了国际先进水平。"

11.2　宝泉抽水蓄能电站斜井滑模施工

11.2.1　工程概况

宝泉抽水蓄能电站位于河南省新乡市辉县峪河上，总装机容量1200MW。

该电站共有4条引水斜井，其中1号上斜井直线段长398.10m，2号上斜井直线段长393.75m，1号、2号下斜井直线段长均为303.22m。上斜井因穿越两层古风化壳，开挖直径分为8.1m、7.5m、8.9m等三种；下斜井开挖直径均为7.5m。斜井衬砌直径均为6.5m。

11.2.2　施工情况

宝泉抽水蓄能电站斜井混凝土衬砌施工采用由中国水电一局研制并已在桐柏抽水蓄能电站斜井衬砌施工中成功应用的连续拉伸式液压千斤顶-钢绞线斜井滑模系统，自2006年10月至2007年5月，完成了全部4条斜井混凝土衬砌施工，施工进度得到了保证。4条斜井滑模施工进度情况如下：

1号下斜井滑升299.47m，用时59d（2006年10～11月），平均5.05m/d，最快日滑升7.8m；

1号上斜井滑升394.35m（含两层古风化壳），用时112d（2006年12月～2007年3月），平均3.52m/d，最快日滑升6.8m；

2号下斜井滑升299.47m，用时64d（2007年2～5月），平均4.74/m，最快日滑升7.5m；

2号上斜井滑升390m（含两层古风化壳），用时97d（2007年2～5月），平均4.02m/d。

11.2.3　工程结果评价

宝泉抽水蓄能电站4条陡倾角、长引水斜井采用LSD斜井滑模系统进行混凝土衬砌施工，混凝土施工质量得到了进一步提高，常规性混凝土通病减少，蜂窝、麻面、脱空等现象杜绝，混凝土外观质量较好。斜井滑模混凝土工程优良率达到90%以上。

11.3　广东惠州抽水蓄能电站水道工程

11.3.1　工程概况

惠州抽水蓄能电站分A、B两厂布置，输水系统均为一洞四机供水方式，A、B厂输水系统共布置上、中、下三级斜井，上斜井直线段长为100.96m；中斜井直线段长为281.59m；下斜井直线段长为242.97m；上斜井采用40cm厚钢筋混凝土衬砌，中、下斜井均采用60cm厚钢筋混凝土衬砌，隧洞成型断面尺寸均为φ8.5m。混凝土总量38026m³。

11.3.2　施工情况

该项工程由水电十四局承担施工。采用液压千斤顶沿钢绞线爬升的斜井滑模系统进行斜井直线段混凝土衬砌。斜井滑模主要由井口平台、轨道、滑模本体、液压爬升装置、运输系统、安全保险设施等部分组成，总重约40t。斜井滑模是整体结构，模板、中梁、施工工作平台、模板平台、抹面平台、中梁前后行走装置等位置相对固定。在中梁前头架位置布置四台400kN的液压千斤顶（爬升器），千斤顶沿固定在井口锁定梁上的钢绞线带动滑模整体向上爬升。

2006年8月31日开始进行输水系统A厂上斜井混凝土衬砌，截止目前已将A、B厂上斜井、中斜井、下斜井 6 条斜井全部施工完成，日最大滑升纪录为 12m，平均每月滑升 210m。

11.3.3 工程结果评价

各施工工序井然有序，施工效率高，质量好，且保证了施工安全。隧洞成型形体尺寸及表面平整度满足设计要求，结构轮廓线条直顺美观。

11.4 龙滩水电站左岸引水系统工程

11.4.1 工程概况

龙滩水电站左岸地下引水系统工程 4 号～6 号斜井长度均为 73.96m，开挖直径 11.20m，衬砌直径 10.0m。混凝土衬砌厚度为 60cm，为单层钢筋；混凝土工程量为 4431m³，钢筋工程量为 238t。

11.4.2 施工情况

该项工程由水电十四局承担施工。采用液压千斤顶沿钢绞线爬升的斜井滑模系统进行斜井段混凝土衬砌。斜井滑模主要由井口平台、滑模本体、液压爬升装置、运输系统、安全保险设施等部分组成，总重 36.7t。斜井滑模是整体结构，模板、中梁、施工工作平台、模板平台、抹面平台、中梁前后行走装置等位置相对固定。在中梁前头架位置布置有四台 TSD40 液压千斤顶（爬升器），千斤顶沿固定在井口锁定梁上的钢绞线组带动滑模整体向上爬升。

2004 年 6 月 29 日开始进行 4 号引水斜井滑模混凝土衬砌，2006 年 11 月 17 日完成 6 号斜井滑模混凝土衬砌；日最大滑升纪录为 9m，单条斜井滑升时间平均为 15d，日平均滑升 4.9m。

11.4.3 工程结果评价

各施工工序间井然有序，施工效率高，质量好，且保证了施工安全。隧洞成型形体尺寸及表面平整度满足设计要求，结构轮廓线条平顺美观。

面板堆石坝坝身溢洪道施工工法

YJGF268—2006

中国水利水电第十二工程局　中国水电建设集团十五工程局有限公司

景建国　卓玉虎　程林　朱宏伟　续继峰

1. 前　言

面板堆石坝是因地制宜的当地材料坝，我国至今建成和在建的自 1985 年来已超过 150 多座。混凝土面板堆石坝筑坝技术发展很快，并取得了显著的经济和社会效益。面板堆石坝往往采用岸边式泄水建筑物。但将溢洪道直接布置在堆石坝坝顶和下游坡面上，不仅可以避免下游水流流态差及由于岸边地形陡深开挖造成高边坡等问题，而且可使枢纽布置简化、水流顺畅、施工方便，并且大幅度地节约工程造价，对以后狭谷区面板堆石坝工程泄流方案的选择有较大的指导意义，从而极大地拓宽了堆石坝坝型的适应条件，发展前景广阔。

中国水利水电第十二工程局通过科技创新，解决了面板堆石坝坝身溢洪道锚固技术施工、坝身溢洪道部位坝体填筑施工、坝身溢洪道混凝土施工及坝身溢洪道与大坝施工干扰等问题，2006 年通过了中国水利水电建设集团公司科技鉴定，达到了国际先进水平，并获得了工程局科技进步一等奖、中国水利水电建设集团公司科技进步二等奖和全国企业新记录。同时形成了一套完整的面板堆石坝坝身溢洪道施工工法。

2. 工 法 特 点

2.1　通过现场试验，采用 $\phi28$ 钢筋外套 3 英寸钢管，钢管内灌注水泥砂浆，端部外加 40cm×40cm 混凝土锚固梁的锚固筋和 40cm 厚混凝土锚固板，作为溢洪道泄槽底板与坝体间的锚固结构。

2.2　锚固结构采用二次施工工艺，解决了锚固结构施工与坝体填筑干扰，以及与泄槽底板连接问题。锚固结构上部堆石料在混凝土浇筑 3d 后进行振动碾压，确保了锚固结构安全。

2.3　坝体采用全断面均匀填筑，待坝体沉降速率稳定在 1.0mm/月以下时，开始溢洪道混凝土施工，确保溢洪道混凝土不因下部堆石体沉降变形而开裂。

2.4　坝身溢洪道泄槽底板混凝土采用无轨滑模工艺施工，一次滑升到顶，增强结构整体性。

2.5　设在堆石体中的溢流堰垂直锚筋采用高风压钻机配偏心跟管钻具施工工艺，解决坝体填筑与垂直锚筋施工干扰问题，保证了锚固筋施工质量。

3. 适 用 范 围

各种土石坝采用坝身溢洪道泄流方式的工程。

4. 工 艺 原 理

4.1　锚固结构采用了 $\phi28$ 钢筋外套 3 英寸钢管，钢管内灌注水泥砂浆，端部外加 40cm×40cm 混凝土锚固梁的锚固筋和 40cm 厚混凝土锚固板的新型锚固结构，达到防腐及适应堆石体沉降变形要求。

4.2 解决了锚固结构施工与坝体填筑干扰，以及与泄槽底板连接问题，锚固结构采用二次施工工艺。为了防止锚固结构上部堆石体碾压时，对锚固结构造成破坏，堆石体碾压应在锚固结构混凝土浇筑达到 3d 龄期后进行。

4.3 根据防止溢洪道混凝土因坝体沉降而开裂，待坝体沉降速率稳定在 1.0mm/月以下时，方可进行溢洪道混凝土施工。确保溢洪道下部堆石体满足高密实度、强透水性的要求。

4.4 坝身溢洪道泄槽底板混凝土采用无轨滑模工艺施工，增强结构整体性。

4.5 为了避免堰首垂直锚筋施工与坝体填筑之间的干扰，垂直锚筋在坝体填筑结束后施工。采用偏心跟管钻具施工工艺，保证垂直锚筋施工质量。

5. 施工工艺流程及操作要点

5.1 施工工艺流程

溢洪道部位坝体基础开挖→挑流鼻坎混凝土施工→坝体填筑→锚固结构施工→大坝混凝土面板施工→堰首垂直锚筋施工→堰首混凝土施工→泄槽底板混凝土施工→泄槽侧墙混凝土施工→出水渠施工。

5.2 操作要点

5.2.1 溢洪道部位坝体填筑施工

1. 坝身溢洪道部位的坝体填筑要满足高密实度、低孔隙率、强透水性等要求，以减小坝体沉降变形量。

2. 坝身溢洪道部位坝体主要由垫层料、过渡料和主堆石料组成，填筑顺序采用先粗后细的原则进行，全断面均匀填筑。施工工艺流程为：堆石料开挖爆破→堆石料运输→主堆石料填筑碾压→过渡料填筑碾压→垫层料填筑碾压→碾压质量检测→下一循环填筑。

3. 填筑料

坝身溢洪道部位的坝体应全部采用弱微风化至新鲜岩石进行填筑。

4. 爆破、碾压试验及参数

施工前，通过开挖爆破试验和填筑碾压试验，确定了不同料区的开挖爆破参数和坝体填筑碾压施工参数。

垫层料和过渡料填筑层厚不大于 40cm，主堆石料填筑层厚不大于 80cm。

5. 碾压设备采用 25t 以上振动碾。

5.2.2 锚固结构施工

1. 锚固筋施工

1）施工工艺流程为：坝体填筑至锚固筋设计高程→碎石垫层铺设→5cm 厚 M7.5 砂浆铺设碾压→端部横梁钢筋制安→ϕ28 锚筋及外套 3 吋钢管制安→端部横梁立模→端部横梁混凝土浇筑→钢管内灌注砂浆→混凝土等强（3d）→锚固筋上部碎石垫层铺设→上部堆石体填筑碾压。

2）碎石垫层及砂浆层采用人工铺设找平，用平板夯压实。

3）采用注浆器向钢管内灌注 M25 水泥砂浆，砂浆配比为：水泥:砂:水＝1:1:0.43～0.45。

4）锚固筋拟分二段施工，坝体填筑期间，伸到垫层表面以下 15cm，不露出垫层表面，以利于垫层斜坡碾压。其末端用细铁丝扎紧伸出垫层表面，以利于锚筋外端施工时寻找定位。泄槽底板混凝土施工前，从垫层中找出，采用熔槽焊接长至设计长度。

5）锚固筋为了能有适应坝体沉降变形的能力，防止溢洪道泄槽底板因约束产生拉裂，锚固筋在溢洪道泄槽底板下表面以内 60cm 不套 3 英寸钢管，采用防锈漆做防腐处理。

锚固筋结构参见图 5.2.2-1。

2. 锚固板施工

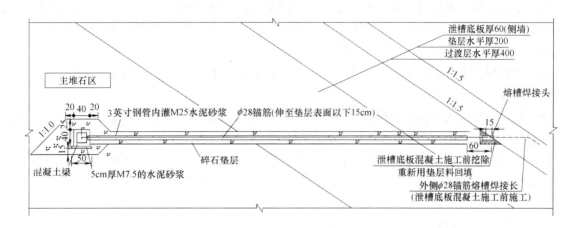

图 5.2.2-1　泄槽底板、侧墙锚筋部位细部结构图

注：图中高程、桩号以 m 计，尺寸以 cm 计。

1）施工工艺流程为：坝体填筑至锚固板设计高程→碎石垫层铺设→5cm 厚 M7.5 砂浆铺设碾压→钢筋制安→立模→混凝土浇筑→混凝土等强（3d）→锚固筋上部碎石垫层铺设→上部堆石体填筑碾压。

2）碎石垫层及砂浆层采用人工铺设找平，用平板夯压实。

3）锚固板分二次施工。施工缝外侧"L"形部分，暂不浇筑，采用垫层料按设计边坡填筑。

4）浇筑泄槽底板混凝土前，将"L"形部位的垫层挖除，并用 10～15cm 厚的混凝土挡墙固壁。
锚固板结构参见图 5.2.2-2。

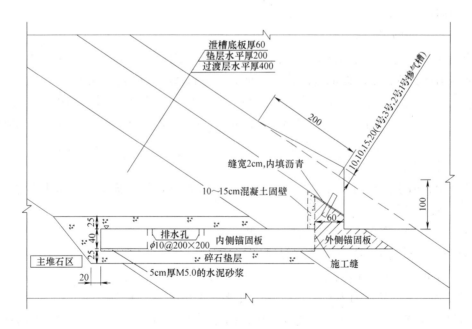

图 5.2.2-2　锚固板部位细部结构图

注：图中高程、桩号以 m 计，尺寸以 cm 计。

10～15cm 厚的 C20 挡墙固壁混凝土也可与一期锚固板一起浇筑。

5.2.3　混凝土施工

坝身溢洪道混凝土主要包括堰首混凝土、泄槽底板及侧墙混凝土、挑流鼻坎混凝土和护坦混凝土。其中堰首混凝土、挑流鼻坎混凝土及护坦混凝土采用常规方法浇筑，本工法不再详细阐述。

1. 泄槽底板混凝土施工

1）施工工艺流程：泄槽砂浆垫层平整度检查、修补→泄槽底板施工缝、结构缝基础处理→锚固筋接长→锚固板施工缝外侧部分施工（坝体三角区开挖，挡墙固壁施工）→钢筋制安→立模及止水安装→泄槽底板混凝土浇筑→滑模"过桥"→锚固板外侧部分混凝土浇筑→抹面→养护。

2）泄槽底板混凝土应采用无轨滑模施工工艺。无轨滑模由卷扬机牵引。混凝土采用溜槽入仓，人工平仓振捣。

3）泄槽底板混凝土浇筑根据其横缝和掺气槽的设置分段进行，从挑流鼻坎起滑，对掺气槽部位采用滑模"过桥"的方案施工。依次再进行上段底板的施工。

4）滑模"过桥"即在掺气槽两侧支立侧向模板，等下一段泄槽底板滑升到顶后，滑模继续滑升至上一段泄槽底板位置停放，然后立即进行锚固板外侧部分的混凝土浇筑。

5）混凝土脱模后，立即进行抹面处理，采用二次压面的施工工艺。压面完成后，立即在混凝土表面覆盖塑料布保湿，4h 以后更换养护毛毯，用长流水养护。

6）混凝土配合比

为了提高泄槽底板混凝土的耐久性，提高抗裂及抗气蚀能力，泄槽底板及挑流鼻坎面层混凝土应采用防裂混凝土或钢纤维混凝土，施工前进行混凝土配合比试验。

2. 泄槽侧墙混凝土施工

泄槽侧墙混凝土拟安排在泄槽底板混凝土施工后施工。主要是解决泄槽侧墙混凝土施工时的模板支撑问题。泄槽底板浇筑时，在混凝土内预埋大型套筒螺栓，作为泄槽侧墙混凝土施工时的模板受力支点。泄槽侧墙采用竹胶板立模，内置式套筒螺栓拉条固定。

泄槽侧墙伸缩缝内填充泡沫板，以确保混凝土浇筑成型后，泄槽侧墙伸缩缝的尺寸满足设计要求，达到溢洪道适应坝体变形的需要。

混凝土采用溜槽入仓，人工平仓振捣。

3. 泄槽侧墙伸缩缝施工

待泄槽侧墙混凝土达到一定强度后人工挖除侧墙伸缩缝内的泡沫板，用高压水管冲洗干净，自然凉干，保持干净干燥。待已清理好的缝面验收合格后，进行 SR 填料嵌填施工。SR 填料采用按"先缝里、后缝外，先两边、后中间"的原则施工。将 SR 材料向两边粘贴至设计的角钢固定处，然后填满接缝，用木榔头将 SR 表面整成设计规定的鼓包。在 SR 填料上覆盖 PVC 塑胶盖片，将已钻孔的角钢压在塑胶片的两边，用冲击电钻沿角钢孔位往混凝土上打孔，然后用镀锌膨胀螺栓紧固。

5.2.4 垂直锚筋施工

堰首底板设垂直锚筋拟采用偏心跟管钻具钻孔，套管跟进，然后插筋，灌水泥砂浆，拔管的施工工艺，具体施工程序如下：

放样定位→钻孔下套管→成孔后起钻杆→插筋→灌注砂浆拔管。

5.2.5 坝身溢洪道与大坝间施工关系处理

1. 坝身溢洪道混凝土在坝体沉降速率稳定在 1.0mm/月以下时进行施工。

2. 先进行坝身溢洪道部位面板施工，后进行坝身溢洪道混凝土施工。

3. 坝身溢洪道堰首底板以上坝体填筑时，堰首两侧按 1:2 的坡比收坡，等堰首闸墩混凝土施工到顶后，再进行边墩两侧缺口三角块坝体填筑施工。

4. 为了满足坝身溢洪道堰首部斜坡碾压及面板施工，同时防止对溢洪道堰首基础垫层面的破坏，对该部位超填 1m，在坝身溢洪道堰首混凝土施工前再挖除至设计高程。

5.2.6 监测技术与分析

为了观测坝身溢洪道受力及变形情况，应在坝身溢洪道部位坝体及坝身溢洪道中分别埋设沉降仪、钢筋计、锚筋应力计、测缝计、应变计、脱空计及渗压计。及时监测各主要施工阶段沉降数据及应变、应力数值，并与设计计算值比较，以便指导设计与施工。

5.3 劳动力组织（表5.3）。

劳动力组织情况表　　　　表5.3

序号	单项工程	所需人数	备注
1	管理人员	4	
2	技术人员	4	
3	开挖爆破	20	
4	坝体填筑	20	
5	混凝土施工	30	
6	监测	4	
7	试验	2	
8	其他	6	

6. 材料与设备

6.1 材料
坝体填筑拟为微风化至新鲜石料；泄槽底板钢纤维要满足设计要求。

6.2 设备（表6.2）

机具设备表　　　　表6.2

序号	设备名称	型号	数量	备注
1	开挖设备		根据强度定	
2	振动碾	>25t	2台	
3	液压钻		1台	垂直锚筋钻孔
4	跟管钻具		2套	
5	钢筋加工设备		一套	
6	电焊机		2台	
7	无规滑模架		一台	
8	注浆机		一台	锚固筋注浆
9	混凝土生产系统		一套	
10	可变桁架		一套	
11	混凝土搅拌车		根据强度定	
12	自卸车		根据强度定	
13	卷扬机	10t	2台	提升滑模架
14	监测设备		一套	

7. 质量控制

7.1 钻孔爆破执行《水电水利工程爆破施工技术规范》DL/T 5135—2001。

7.2 坝体填筑执行《混凝土面板堆石坝施工规范》DL/T 5128—2001或《碾压式土石坝施工规范》DL/T 5129—2001。

7.3 混凝土施工执行《水工混凝土施工规范》DL/T 5144—2001和《水工混凝土钢筋施工规范》DL/T 5169—2002。

7.4 质量保证措施

7.4.1 填筑料级配必须符合设计要求。

7.4.2 坝体压实度、透水率必须满足设计要求。

7.4.3 锚固筋、锚固板达到 3d 龄期后，方可进行上部堆石体振动碾压。

7.4.4 泄槽底板平整度必须满足规范要求。

7.4.5 泄槽侧墙伸缩缝必须满足设计要求。

7.4.6 坝体沉降量稳定在 1.0mm/月以下时，方可进行溢洪道混凝土施工。

8. 安 全 措 施

8.1 严格遵守《水利水电建筑安装安全技术工作规程》SD 267—88，和《建筑施工安全检查标准》JGJ 59—99，严格执行各项安全技术措施，施工人员进入施工现场必须按规定穿戴和使用（三宝）安全防护用品。

8.2 建立以项目经理为安全生产第一责任人的安全生产领导机构，健全安全管理网络。

8.3 建立和健全《安全生产责任制》等各项安全生产规章制度；建立在安全生产委员会领导下的安全生产保证体系。

8.4 建立安全教育制度。做好职工的进点教育；做好新工人和外来务工人员的三级安全教育；做好职工的转岗教育、复工的安全教育。从事特种作业的人员，必须按国家有关规定进行专门的安全知识与操作技能培训，并经考核合格，取得特种作业资格后，方能上岗工作。

8.5 确保施工工地和生活区用电安全。凡可能漏电伤人或易受雷击的电器及建筑物均设置接地或避雷装置，做好避雷装置有采购、安装、管理和维修，并建立定期检查制度。

8.6 制定爆破作业安全管理制度；严格遵守国家有关爆破安全管理规程，做好爆破作业组织工作。

8.7 起重机械的保险、限位、制动装置必须齐全、灵敏、可靠；驾驶、指挥人员必须持证上岗；起重机械的传动部位的齿轮、皮带轮、链轮等外露部位必须设防护罩盖，电气设备须有防雨措施；各种吊索绳应做好保养工作。使用前进行检查，使用中严格按规定要求进行作业。

8.8 施工现场所有机械设备按其技术性能和安全操作规程的要求正确使用。对机械停放地点、行走路线、运料方式等均应制定施工安全措施。机械设备安全装置完好，按照机械保养维修规定，定期检查、保养、维修各种机械设备，确保机械设备安全运行。

9. 环 保 措 施

9.1 遵守国家有关环境保护的法律、法规和规章，并按本合同有关规定，做好施工区的环境保护工作，防止由于工程施工造成施工区附近地区的环境污染和破坏。

9.2 制定严格的施工作业制度，规范施工人员作业行为，做到文明施工，科学施工，避免有害物质或不良行为对环境造成污染或破坏。

9.3 施工道路与场地。道路畅通、平坦、整洁，不乱堆乱放、无散落物；建筑物周围应浇筑散水坡，四周保持清洁干净；场地平整不积水，无散落物；场地排水成系统，并畅通不堵。

9.4 优先选用环保机械，运输车辆要严格控制尾气排放标准，加强对各类机械设备的保养维护，保证发动机在良好状态下工作。使用燃烧值高、符合环保要求的燃油，以减少有毒气体的排放。

10. 效 益 分 析

10.1 坝身溢洪道方案与岸坡式溢洪道相比，不仅可避开不良地质条件，而且避免了深开挖而形成高边坡失稳或处理困难问题，也避免了开挖及弃碴对环境的破坏等问题。社会效益显著。

10.2 坝身溢洪道方案与岸坡式溢洪道相比，不仅减少了溢洪道开挖及支护和混凝土工程量，减少了坝体填筑工程量，节约投资约为单项工程投资的 40%。经济效益显著。

11. 应 用 实 例

11.1 工程概况

华东桐柏抽水蓄能电站位于浙江省天台县栖霞乡百丈村，是一座日调节纯抽水蓄能电站。主坝为钢筋混凝土面板堆石坝，溢洪道位于坝体的河床部位（轴线位置为坝 0＋241.00m），由溢流堰进口段、泄槽、挑流鼻坎、护坦、预挖冲坑及出水渠组成，全长约 200 多米。

11.2 施工情况

施工前进行了爆破及碾压试验，确定了爆破参数和填筑碾压参数。坝体采用全断面均匀填筑，坝体填筑完成后预沉降 8 个月，再开始溢洪道混凝土施工。

通过现场试验，采用 $\phi28$ 钢筋外套 3 吋钢管，钢管内灌注水泥砂浆，端部外加 40cm×40cm 混凝土锚固梁的锚固筋和 40cm 厚混凝土锚固板，作为溢洪道泄槽底板与坝体间的锚固结构。泄槽底板锚固筋及锚固板均采用二次施工工艺。各层锚固筋和锚固板施工后在其上填筑堆石料，并采用 25t 振动碾碾压，碾压在混凝土浇筑 3d 后进行。

坝身溢洪道泄槽采用采用滑模工艺施工，一次滑升到顶。混凝土采用混凝土防裂配合比，达到预期的防裂目标。

溢流堰垂直锚筋采用高风压钻机配偏心跟管钻具的施工工艺，确保了施工质量。

该工程于 2002 年 1 月开工，2005 年 4 月竣工。施工质量优良。

11.3 工程监测与结果评价

为了观测坝身溢洪道受力及变形情况，坝身溢洪道中分别埋设了钢筋计、锚筋应力计、测缝计、应变计、脱空计及渗压计。到目前为止，测得的具体数据如下：

11.3.1 下库溢洪道共埋有上下两层 8 支钢筋计，2007 年 3 月 23 日测得最大压应力为 Ry7＝−20.05MPa，Ry8 为受拉拉应力为 19.19MPa。

11.3.2 为了了解溢洪道坝体预浇梁对底板的受力情况，设计在溢洪道布置了 8 支锚筋测力计，2007 年 3 月 23 日测得最大压应力为 Rym7＝51.8MPa。

11.3.3 溢洪道侧墙块与块之间设计了一道压缩缝，为了了解溢洪道在施工后及运行中缝的变化情况。在块与块之间共埋有 8 支单向测缝计，2007 年 3 月 23 日测得最大压缩缝为 Lf2＝13.31mm。

11.3.4 为了解溢洪道混凝土的应力应变共埋设了 4 组两向应变计，2007 年 3 月 23 日测得最大拉应变为 Sy1−2＝74.7×10−6；最大压应变发生在 Sy4−2＝ −72.3×10−6。

11.3.5 坝身溢洪道埋设有 3 组脱空计，最大脱空值为 Jy3＝0.53mm。

11.3.6 坝身溢洪道埋设有 3 支渗压计，均未测到水压力。

11.3.7 坝身溢洪道侧墙表面共埋有 8 套三向测缝计，各套测缝计测得数值规律较一致，缝剪切变形和沉降变形均较小，缝压缩变形稍大，目前最大值为 Sf32−2，值为 1.52mm。

11.3.8 溢洪道表面变形，溢洪道侧墙上的表面变形利用 TCA2003 全站仪交绘观测，截止 2007 年 3 月 22 日最大的水平位移量为 TPX19＝9.6mm。各测点累计值见表 11.3.8。

溢洪道及坝后坡表面水平位移表（mm）　　　　表 11.3.8

仪器编号	累计位移	仪器编号	累计位移	备注
TPY2	7.7	TPY9	2.5	
TPY4	1.8	TPX19	9.6	坝后坡
TPY7	7.5	TPX20	5.4	坝后坡

从以上观测仪器测得的数据来看，其值都不大，均在设计允许范围内，说明施工工法合理，施工质量优良。

大直径调压井混凝土衬砌滑模施工工法

YJGF269—2006

中国水利水电第五工程局　　中国水利水电第十工程局

母中兴　蔡远武　肖红斌　陈勇　万春来　林德槐

1. 前　言

能源的可持续发展事关经济发展、社会稳定和国家安全。水电作为技术最成熟的可再生能源，具备大规模开发的技术和市场条件。我国水电开发的主战场主要是在西部地区。而西部水电资源富集区的大地构造环境相当复杂，由不良地质条件引发的工程安全问题十分突出。受地形及水力条件约束，我国今后还将进行更多大型调压井工程建设，其工程规模将会越来越大，而且所处工程地质条件也会愈加复杂。

如何在地质条件复杂的地区安全快速地进行大型竖井施工成为我们急需解决的首要技术难题。

从过去已经施工完成的调压井工程中，我们不难发现，大型竖井施工中，均存在安全、质量、进度以及经济效益难以保证的问题。

针对大井开挖和支护过程中的安全和技术问题，中国水利水电第五工程局福堂水电站调压井工程项目部和四川大学水利学院一起通过考察研究，进行了超大直径液压滑升模板的研究设计，并对福堂水电站调压井采取了井周岩体预加固技术、整体悬挂模板、混凝土直溜系统、倒挂混凝土衬砌技术、超大直径液压滑升模板以及门槽二期混凝土翻模施工等新技术的应用，成功解决了安全、质量、进度以及经济效益难以保证的问题。圆满完成了施工总目标。开创了我国在不良地质条件下安全、优质、快速、经济建造大型调压井工程的成功先例。

2006年，福堂调压井工程混凝衬砌滑模施工工法获得了2006年度集团公司科技进步一等奖。

2. 工法特点

2.1　本工法采取了合理利用千斤顶布置和液压系统进行控制。具有断面大、循环快，接缝少，成型好的特点。在工期、质量、安全等方面都比模板拼装加固分片浇筑的传统施工方法更具优势，同时，由于施工工艺的提高，使施工工期大大缩短，降低了工程造价。

2.2　本工法有针对性的采用了新技术、新工艺、新设备、新材料，采用的关键技术是同步滑升，同步成型，整体施工，整体受力。具有安全性好、施工方便、循环周期短的特点。

3. 适用范围

本工法适用于开挖断面大、井身高度大的大、中型竖井开挖。对于工期紧的大、中型竖井更应首先选用。

4. 工艺原理

液压滑模施工就是利用液压滑模系统形成的模板整体移动快速形完成井壁模板安装，从而提高模板安装的速度和工程量，有效的提高施工效率，缩短施工工期。

液压滑模系统主要由平台系统、模板系统、液压系统和辅助系统等组成，滑模的滑升是由空心式千斤顶带动模板沿爬杆往上滑升来完成，模板系统由整体悬挂模板调整而成。

通过滑模系统组装，可形成滑模的整体成型、整体施工，整体受力，安全性好，循环周期短的特点。

5. 施工工艺流程及操作要点

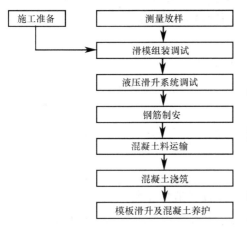

图 5.1 混凝土衬砌滑模施工工艺流程图

5.1 混凝土衬砌滑模施工工法的工艺流程见图 5.1

5.2 工作要点

5.2.1 施工准备及测量放样

施工前，试验室应对混凝土的配合比及外加剂掺量等技术参数进行试验测定，为滑模做好技术准备。

准备工作还包括测量放线，底板处理，滑模组装调试等工作。

5.2.2 滑模组装调试

滑模组装按设计要求制作安装，完成后进行调试运行，并按有关质量标准进行检查调整。

安装时严格按照调压井周边线进行控制，确保其垂直度、偏差符合施工质量技术要求。

5.2.3 液压滑升系统调试

1. 平台组装质量与控制测量必须满足规范要求。

平台的控制测量可设一个上中心点和多个外侧点；每天进行一次平台水平测量。

2. 滑升控制技术必须严格控制，确保控制作业面和操作平台稳固，水平。

为了防止水准线经过几次使用后，有积累误差，在正常浇筑施工过程中，测量队应每天测放一次水准线，以提高施工精度。

若施工中出现千斤顶不同步造成的平台倾斜，可用液压控制台后面的针形阀来调整平台，使之大致处于一个水平位置。

模板施工时，还应加强维护工作，控制箱在每次滑升前油泵空转 1~2min，给油终了时间 2~3s，回油时间不少于 10s，在滑升过程中应了解设备运行状态，有无漏油和其他异常现象，工作不正常的千斤顶要及时更换，拆开检修备用。

3. 停滑处理措施应满足规范要求。

由于天气等多种突发性因素，必须停止施工时，应做停滑处理。停滑时，留设水平施工缝，将混凝土浇筑至同一水平面；每隔 1h 提升一次，连续提升 6~7h，直至上层混凝土与模板无粘连；再次滑升时应将混凝土表面凿毛，用骨料减半的混凝土或水泥砂浆浇筑一层后再继续滑升。

5.2.4 钢筋制安

按设计图纸进行钢筋制安，钢筋安装时应注意钢筋的错缝搭接长度符合设计及规范要求，每次浇筑后必须露出最上面一层横筋，钢筋绑扎间距符合要求，每层钢筋基本上在同一水平面上，上下层之间接头要错开，竖筋间距按设计布置均匀，相邻钢筋接头要错开，在同一水平面的钢筋接头数应小于总数的 1/5。要经常备用一部分钢筋，竖筋不超过 50 根，横筋不少于 3 层。

5.2.5 混凝土料运输

1. 混凝土的水平运输采用混凝土罐车进行运输。

2. 混凝土在运输过程中，尽量缩短运输时间。泵送混凝土的运输时间一般不得超过 60min。因故停歇过久时，应通过试验室的检验后方可进行处理或使用。严禁在运输途中和卸料时加水。

3. 混凝土的自由下落高度不宜大于 2m。超过时，应采取溜槽或溜筒等缓降或其他措施，以防止骨料分离。

4. 垂直运输设备根据竖井深度配置，如果大井深度超过 50m，可考虑在井身中部高程以下设置 1 台 HBT-60A 型混凝土卧泵，在井身中部高程以上设置 1 台 HBT-60C 型混凝土卧泵，作为主要垂直运输设备。

5.2.6 混凝土浇筑

本工法中混凝土浇筑采用泵送入仓，人工平仓，ZN70 或 ZN50 振捣棒振捣，下料时严格按照分层分片对称浇筑混凝土，每次滑升间隔时间不超过 2h，滑升高度最大不超过 300mm。

5.2.7 模板滑升及混凝土养护

当混凝土浇筑完成后进行模板滑升，并及时进行混凝土养护。

5.3 液压滑升模板施工工艺

5.3.1 施工准备

1. 液压滑升模板施工前必须做好准备工作，包括底板的凿毛、冲洗，滑模组装调试，测量放线等。

2. 液压滑升模板按设计要求制作安装完成后，应进行调试运行，并按有关质量标准进行检查调整。

3. 滑模施工时，为方便操作及施工修理，应将液压滑升模板的滑升千斤顶进行编组。

4. 液压滑升模板调试：滑模组装检查合格后，安装千斤顶、液压系统，插入支撑杆并进行加固。然后试滑升 3～5 行程，对提升系统、液压控制系统、盘面及模板变形情况进行全面检查，发现问题及时解决，确保施工顺利进行。

5. 为保证混凝土浇筑质量，在抹面平台挂架上敷设一趟胶质管，以便及时对出模的混凝土进行洒水养护。

5.3.2 滑模施工工艺

1. 钢筋绑扎

液压滑升模板施工的特点是钢筋绑扎、混凝土浇筑、滑模滑升平行作业、连续进行、互相适应。

模体就位后，按设计进行内圈提升架影响范围内的钢筋绑扎、焊接；非影响范围的设计钢筋超前安装，减少现场滑模施工组织管理工作量，降低现场劳动强度。

滑升过程中，支撑杆在同一水平面内的接头不超过总接头数的三分之一，因此要按 3.0m、4.5m、5.0m 长度错开布置。正常滑升时，滑升距支撑顶端小于 350mm 时，应接长支撑杆，接头对齐，不平处用钢锉凿平。支撑杆要求平整无锈皮，并同环向钢筋相连加固。

2. 交通运输

混凝土的运输根据各工程的具体情况进行配置。福堂水电站调压井工程施工中，混凝土由搅拌站集中拌制，混凝土罐车运输至卧泵操作面，由 HBT60 型混凝土卧泵输送至滑模平台上，进行分料后入仓浇筑。钢筋及其他材料的运输，采用 DMQ540/30t 门机吊运至滑模作业平台上。施工作业人员由爬梯或栈道进入施工作业面。

5.3.3 混凝土浇筑工艺

滑模施工按以下顺序进行：

下料→平仓振捣→滑升→钢筋绑扎→下料。

入仓要求对称均匀，每层厚度为 30cm。采用 ZN70 或 ZN50 型插入式振捣棒进行平仓振捣。在振捣时，应经常变换振捣方向，并避免直接振动支撑杆及模板。振捣棒插入深度不得超过下层混凝土面 50mm。滑模正常滑升根据现场施工情况确定合理的滑升速度，正常滑升每次间隔 2h，控制滑升高度 30cm，口滑升高度控制在 2.5m 左右。

混凝土初次浇筑和模板初次滑升应严格按以下六个步骤进行：第一次浇筑 100mm 高减半骨料的混

凝土或砂浆，接着按分层300mm浇筑两层，高度达到700mm时，开始滑升30～50mm，检查脱模的混凝土凝固是否合适，第四层浇筑300mm后滑升150mm，继续浇筑第五层300mm后滑升150mm，第六层浇筑后滑升200mm，若无异常情况，便可进行正常浇筑和滑升。模板最大衬砌高度1.2m，严禁超出标记线。

模板初次滑升要缓慢进行，并在此过程中对提升系统、液压控制系统、盘面及模板变形情况进行全面检查，发现问题及时处理，待一切正常后方可进行正常浇筑和滑升。

5.3.4 模板滑升工艺

施工进入正常浇筑和滑升时，应尽量保持连续施工，并设专人观察和分析混凝土表面情况，根据现场条件确定合理的滑升速度和分层浇筑高度。依据下列情况进行鉴别：滑升过程中能听到"沙沙"的声音；出模的混凝土无流淌和拉裂现象，手按有硬的感觉，并留有1mm左右的指印；能用抹子抹平。

滑升过程中由专人检查千斤顶的情况，观察支撑杆上的压痕和受力状态是否正常，检查滑模中心线及操作盘的水平度。

1. 混凝土养护及预埋件

混凝土表面修整是关系到结构外表和保护层质量的工序，当混凝土脱模后，须立即进行此项工作。一般用抹子在混凝土表面作原浆压平或修补，如表面平整亦可不做修整。为使已浇筑的混凝土具有适宜的硬化条件，减少裂缝，在辅助盘上设洒水管喷水对混凝土进行养护。

对于有二期混凝土工程，需凿毛和埋件处理，应针对不同埋件设专人进行及时处理。

滑模中线控制：为保证模板的控制边线符合设计要求，需同时在12个大模板均分6个位置悬挂6根垂线，保证其模板边缘部位的测量要求。

滑模水平控制：一是利用千斤顶的同步器进行水平控制；二是利用水准仪或水准管测量，进行水平检查。

滑模滑升至井口高程时，将滑模滑空后，利用门机将滑模进行拆除。

2. 停滑措施及施工缝处理

滑模施工要连续进行。因结构变化、意外停滑时应采取"停滑措施"，混凝土浇筑停止后，每隔0.5～1h，滑升1～2个行程，直到混凝土与模板不再粘结（一般4h左右）。由于施工造成施工缝，根据施工规范，预先作施工缝，然后在复工前将混凝土表面残渣除掉，用水冲净，先浇筑一层减半骨料的混凝土或水泥砂浆，再浇筑原配混凝土。

5.4 滑模施工中出现的问题及处理方式

5.4.1 易出现的问题

滑模施工中可能出现的主要问题：滑模操作盘倾斜、滑模盘平移、扭转、模板变形、混凝土表面缺陷、支撑杆弯曲等，根本原因在于千斤顶工作不同步，荷载不均匀，浇筑不对称，或者纠偏过急等。因此，在施工中应把好质量关，加强观测检查工作，发现问题及时解决。

5.4.2 纠偏措施

利用千斤顶自身纠偏，即关闭1/5的千斤顶，然后滑升2～3个行程，再打开全部千斤顶滑升2～3个行程，反复数次逐步调整至设计要求。并针对各种不同情况，施加一定外力给予纠偏。所有纠偏工作不能操之过急，以免造成混凝土表面拉裂、死弯、滑模变形、支撑杆弯曲等事故发生。

5.4.3 支撑杆弯曲处理

支撑杆弯曲时，采用加焊钢筋或斜支撑。弯曲严重时，将该支撑杆切断，接入支撑杆与下部支撑杆焊接，并加焊"人"字形斜支撑。

5.4.4 模板变形处理

对部分变形较小的模板采用撑杆加压复原。变形严重时，将模板拆除修复。

5.4.5 混凝土表面缺陷处理

采用局部立模，并用比原标号高一级的膨胀细骨料混凝土修补，用抹子抹平。

5.5 液压滑模施工的安全管理

5.5.1 安全防护

临边作业设有防护栏杆，并悬挂安全网，悬空作业人员系好安全带。将整个平台系统用4cm厚的木板铺设，抹面平台底部增挂2mm×2mm的钢丝网。

5.5.2 垂直交通安全

上下交通可在井壁上采用"之"字形斜道，斜道宽度1.2m，坡度1:3，并设有防滑条，斜道两侧设有1.2m高的栏杆。

5.5.3 管路检查

经常检查液压管路，发现破损及时更换，防止高压油管伤人。爬杆随时加固，防止弯曲。加强施工用电管理，大模上装有漏电保护器，防止漏电事故发生。

5.6 液压滑升模板使用注意事项

5.6.1 严格按台面操作程序进行操作。操作人员应熟悉自控台结构、原理，未经培训人员不能随意操作。

5.6.2 加压时间是指向千斤顶供油的时间，可以通过测定确定，即测出加压开始到压力表针稳定的停在调定的压力数值上所需时间，再加上3～5s的时间余量。回油时间可以通过测定回油开始，到离控制台最远一组千斤顶的全部回油结束时间，再加上3～5s的时间余量。整定时通过时间继电器中心的按键数字开关进行调整。

5.6.3 动作次数计时值的整定应根据滑升的行程数计算滑升时间。滑升时间在数值上为加压时间和回油时间的总和与滑升次数的乘积，再减去一半的回油时间。为计算滑升时间的方便，加压、回油时间最好选择为5的倍数。

5.6.4 停滑延时报警计时值的整定一般为1h，但在具体施工中应根据泵送混凝土凝固时间及操作人员的熟练程度等各种因素进行确定。

5.6.5 使用时注入30号或20号普通液压油。油液必须保持清洁，并应定时滤清和更换，经常检查油位，避免油泵吸空。

5.6.6 经常检查油位、油温，发现漏油应及时查明原因，进行处理、补充。油温应不超过60℃，过高时应查明原因，加以消除。

5.6.7 液压回路接头应保持连接牢固可靠，避免松脱漏油。胶管走向应平置或大弧度，不得有扭曲、死弯，以免影响油路畅通和使用寿命。

5.6.8 电机运转正常后，电液阀方可换向，进入工作状态。

5.6.9 经常检查电器元件温度是否过高，继电器动作是否灵活，接点通、断是否可靠。

5.6.10 在施工过程中应注意保护千斤顶的清洁，防止混凝土砂浆顺支撑杆流入千斤顶内。

6. 材料与设备

主要施工机械设备和材料表见表6。

主要施工机械设备和材料表　　　　　　　　　　　　　　　　　　　表6

编号	设备名称	规格型号	备注
1	超大直径整体式悬挂模板		
2	超大直径液压滑升模板		
3	常态混凝土直溜系统		混凝土入仓
4	拌合楼	JD1000	自落式
5	自卸汽车		水平运输

续表

编号	设备名称	规格型号	备注
6	HBT60 型混凝土卧泵		
7	软轴式振捣棒	ZN70/ZN50	
8	门 机	DMQ540/30t	

注：本工法中所用材料均为混凝土施工的常规材料，根据具体的施工需求确定，这里不进行叙述。

7. 质量控制

7.1 主要执行标准

《水工混凝土施工规范》DL/T 5144—2001

《水工混凝土试验规程》DL/T 5150—2001

《水工混凝土外加剂技术规程》DL/T 5100—1999

《普通混凝土用碎石或卵石质量标准及检测方法》GB/T 14685—2001

《普通混凝土用砂质量标准及检测方法》GB/T 14684—2001

《硅酸盐水泥、普通硅酸盐水泥》GB 175—1999

《用于水泥和混凝土中的粉煤灰》GB 1596—91

《水利水电工程施工质量评定规程》（SL 176—1996）

7.2 原材料

7.2.1 泵送混凝土所使用的原材料，必须按规定进行质量检验，对外购入的材料（如：水泥、粉煤灰、砂、小石、外加剂等）做进场质量检验。

7.2.2 泵送混凝土原材料质量检测按表 7.2.2 规定执行。

原材料质量检测项目与抽样表 表 7.2.2

名称	检测项目	取样地点	抽样次数	备 注
水泥	细度、相对密度、安定性、凝结时间、烧失量、强度等级、标准稠度	罐车	50～100t 或每一批号一次	进场质量检测
粉煤灰	相对密度、烧失量、细度、需水比、含水量、SO₃	罐车	50t 取样一次	进场质量检测
砂	细度、石粉含量、含水量全分析	骨料仓	每月 5 次	进场质量检验
石	超、逊径全分析	骨料仓	每月 5 次	进场质量检测
外加剂	相对密度、pH 值、表面张力、凝结时间、减水率、强度比	仓库	每批进场一次	进场质量检验

7.2.3 原材料质量检测和控制由试验室负责，如发现较大的质量问题，试验室应将试验成果报告和处理意见，呈报总工程师审批后执行。

7.3 拌和

7.3.1 拌合站配料称量的"允许误差"和"偶然波动范围规定"如表 7.3.1，当称量误差属于"偶然波动范围"时，操作人员应按试验室人员的意见处理。情况严重对混凝土质量影响大，则应做废料处理。如频繁发生范围波动，混凝土质量失控时，则应临时停机检修。

原材料配料称量允许误差 表 7.3.1

材料名称	允许误差（%）	偶然波动范围（%）
水泥、粉煤灰	1	2～3
砂、石	2	3～4
水、外加剂	1	1

7.3.2 泵送混凝土拌合生产时，对原材料及拌合物质量控制检测项目与抽样按表7.3.2-1～表7.3.2-4执行。

原材料及拌合物检测项目表   表7.3.2-1

名称	检测项目	取样地点	工作量
水泥	安定性、强度等级	拌合站	每周一次
粉煤灰	细度、烧失量、需水量	拌合站	每周一次
外加剂	相对密度	拌合站	每班二次
配制液	配制、相对密度	外加剂水箱	每班二次
砂	细度、石粉含量、含石量	骨料仓	每周一次
	表面含水率	骨料仓	每班一次
	相对密度、含泥量	骨料仓	必要时进行
中、小石	小石表面含水率	骨料仓	每班一次
	超、逊径	骨料仓	每天一次
泵送混凝土拌合物	容量、含气量	机口或料车上	每班一次
	抗压强度成型	机口和仓内	每周三组（详见表7.3.2-2）
	混凝土性能成型	机口和仓内	每班一组（详见表7.3.2-3）
温度测试	水温	拌和用水	每班二次（详见表7.3.2-4）
	气温	拌和站室外	每班二次（详见表7.3.2-4）
	混凝土出机温度	机口	每班二次（详见表7.3.2-4）

机口取样抗压强度成型安排   表7.3.2-2

项目名称	组数	龄期
开机后第二罐标准料	2	28
每隔2～3d	2	28

泵送混凝土性能成型安排表   表7.3.2-3

检测项目	成型次数(C20)	成型组数	备注
抗压强度	1	1	28d
劈裂抗拉	1	1	28d

测温时间安排表   表7.3.2-4

班次	白班(7:00～19:00)	夜班(19:00～7:00)
时间	10:00	21:00
	15:00	5:00

7.3.3 严格控制泵送混凝土含气量，其变化范围宜控制在$4\pm1\%$。

7.3.4 当砂的表面含水率变动超过配料单采用值1%时，需调整砂的配料量。当含水率变动超过7.5%时，必须立即停机查明原因，采取相应的处理措施。

7.3.5 当石子逊径大于10%时，需调整各级石子配料量，具体调整量按表7.3.5执行。

石子调整量表   表7.3.5

逊径含量(%)	调整量(%)	逊径含量(%)	调整量(%)
10～20	5～10	20～30	15～20

7.3.6 当砂的细度模数（F、M）在2.1～3.0范围内时，以配料单采用值为准，每变动±0.3时，砂率调整$\pm1\%$，石粉含量在13%～17%范围内时，砂率暂不作调整。

7.3.7 现场配制的外加剂溶液，相对密度按设计标准值±0.005控制，当超出范围时，必须及时查明原因并处理，如情况严重时需请有关技术人员协商做出处理方案，无法达至要求时应废弃。

7.3.8 拌合出机的混凝土，有下列情况之一者，做废料处理，严禁入仓。

1. 拌合不充分的生料。

2. 由于配料不准，使水灰比超过设计值0.05％以上。

3. 水泥、粉煤灰严重欠称或外加剂超欠称数量达到10％以上。

4. 混凝土拌合物均匀性很差，达不到密实要求。

5. 由于混凝土浇筑施工，导致混凝土在罐车内停滞时间超过规定运输时间，且经试验室检测后不合格的混凝土料。

6. 由于拌合原因，混凝土拌合物无法进行垂直泵送运输的混凝土料。

7.4 仓面施工质量检测

7.4.1 在泵送混凝土施工中，质量管理部、试验室值班人员应按表7.4.1规定的项目检查，测试并做好记录。

仓面施工质量检查、测试项目表   表 7.4.1

序号	检查项目	质量标准	检查单位
一	层面结合		
1	仓面洁净	无杂物、油污	质量管理部
2	泌水、外来水	无积水	质量管理部
3	水泥砂浆或异种混凝土	摊铺均匀,无遗漏	质量管理部
4	层间间隔时间	下层混凝土未初凝	质量管理部
二	卸料平仓及振捣		
1	骨料分离处	分散处理	质量管理部
2	平仓厚度、平整度	高差不大于10cm	质量管理部
3	振捣棒插入范围及深度	梅花型布置,间排距70cm,深度不超过下层混凝土面10cm	质量管理部
三	混凝土废次料处理	按规范处理	试验室
四	抗压强度	符合设计要求	试验室
五	特殊气象条件下施工		
1	雨期施工	措施符合要求	质量管理部
2	冬期施工	措施符合要求	质量管理部

7.4.2 在泵送混凝土施工中，施工作业人员应遵照有关规范和本工法规定精心施工、保证质量，值班队长对各个工序的施工质量应加强检查，发现问题及时处理。

7.4.3 质检和试验人员对施工质量进行检查和控制，发现问题及时与仓面施工员协商解决，当意见不一致时，应先按质检和试验人员处理意见执行，施工员可以保留意见或报总工程师裁决。

7.4.4 质检和试验人员应按照规定做好质控记录，对各自分管的检查项目，当班按优、良、合格、差四个等级逐项进行质量评定，对严重问题和产生原因及处理过程记录清楚，提出有效改进措施。

7.4.5 质量管理部和试验室根据现场质控记录，对每一单元工程施工质量等级做出评定，并将评定结果及时书面报送领导和有关单位，并做为奖励依据。

7.4.6 泵送混凝土施工中，对较大质量问题必须及时处理，不得遗留，否则追究责任。属施工人员不执行质检和试验人员意见造成的由施工人员负全部责任。属质检和试验人员漏检或不及时提出的，施工人员负施工责任，质检和试验人员负主要责任。

7.5 混凝土表面质量缺陷检查

7.5.1 对于竖井内表面外露面质量情况，出模后由质量管理部负责检查，检查项目及内容如表

7.5.1，并记录好出模时间。

混凝土表面检查项目及内容

表 7.5.1

序号	检查项目	检查内容	分项等级	总评
1	混凝土表面损坏	处数、面积、深度		
2	表面平整度			
3	麻面	数量、面积		
4	蜂窝、孔洞	数量、面积、深度		
5	层间结合	数量、长度、深度		
6	混凝土与基岩结合	数量、长度、深度		
7	渗水、漏水	点数、严重程度		

7.5.2 质量管理部应对混凝土表面质量缺陷产生原因、处理措施及处理后的质量情况进行评定。

7.6 特殊气象条件下施工

7.6.1 雨天施工

1. 雨天施工加强降雨量测试工作。降雨量测试由试验室负责，每小时向调度室、生产经理报告一次测试结果。

2. 当降雨量持续时间过长或降雨量较大时，泵送混凝土可以继续施工，但应采取如下措施：

1）拌合站生产混凝土拌合物的坍落度及用水量应适当降低或减少，降低量或减少量应由试验室质控人员进行确定。

2）应在浇筑仓面实施覆盖塑料编织布等措施进行防止雨水进入仓内。

7.6.2 雪天施工

1. 冬期施工必须按工程管理部制订的温控措施进行施工。

2. 冬期施工应加强气温的测试工作。

3. 冬期施工时，应对骨料进行防雪覆盖，以防止骨料冻结，特别是上料斗内的骨料。要坚决杜绝结块现象。

8. 安全措施

8.1 主要执行标准

《中华人民共和国劳动法》（主席令二十八号，1995 年 1 月 1 日）；

《水利水电工程劳动安全与工业卫生设计规范》DL 5061—1996；

《水利水电工程施工安全防护设施技术规范》DL 5062—2002；

《安全标志使用导则》GB 16179—1996；

《安全标志》GB 2894—1996。

8.2 施工安全管理

建立安全生产责任制。设立安全委员会和安全管理部，下设专职安全员。从上到下，形成安全管理、检查和监督体系。

坚持安全生产一票否决。将安全生产责任制层层分解落实，任务和安全同步落实。

坚持"安全第一，预防为主"的方针，加强全员安全意识教育，勤落实、勤检查，消除安全隐患，把不安全的因素消灭在萌芽状态。

8.3 施工安全措施

策划安全预案，编制安全劳动保护手册。抓好安全教育，设置安全标志和安全警示，做好安全防护设施，并符合国家有关规程规范要求。

对于施工用电，应严格遵照国家有关规定执行。

8.4 安全生产的检查和控制

设立安全奖惩制度，建立安全检查制度，做好检查记录，对事故隐患及苗头及时发现、及时处理。

8.5 对事故处理的措施

对任何事故，一旦发生，就得坚持"三不放过"的处理原则。立即对事故进行全面调查，查明事故发生的时间、地点、类别、原因、责任人。并提出事故报告及有关处理意见。同时事故发生单位要提出纠正和预防的措施，以免同类事故的再次发生。

8.6 事故的预防和控制

利用事故分析法，查明事故发生的原因和各种事故因素，并对各类事故进行分析研究，制定有效的补救措施，杜绝同类事故重复发生，确保该项目施工安全顺利完成。

9. 环 保 措 施

严格遵守国家有关环境保护的法律、法规和规章，建立环境保护保证体系，做好环保规划。配置专职人员配合当地环保部门，做好工程施工的环境保护工作。

9.1 主要执行标准

《中华人民共和国环境保护法》（1989 年 12 月 16 日）；

《中华人民共和国水法》（2002 年 8 月修订）；

《中华人民共和国水污染防治法》（2002 年 11 月 17 日）。

9.2 渣场、废渣的防护措施

9.2.1 对于工程施工中出现的渣料，应运至指定地点分类堆存，在弃渣场低洼边，应设置边坡防护和排水孔，并作好堆渣区的表面排水设施，防止堆渣区的开挖弃渣冲蚀河床或淤积河道。

9.2.2 保护施工区外的植被，不被损坏，完工后及时进行绿化。

9.3 施工期的消防、防火措施

在生活区和生产区，设置齐备的消防设施和消防器材。

在重点防火单位还应设置专用器材，设立警示标志。

成立消防突击队。

10. 效 益 分 析

本工法在福堂水电站工程中应用后，创造了多项国内施工新记录，工期明显缩短，并提前 4.5 个月交工。施工成本明显降低，电站提前 3.5 个月投产发电，经济效益巨大，社会效益显著。获得的经济效益超过 2.3 亿元，直接经济效益为 1.38 亿元。新增利润 6000.2 万元，其中，施工成本降低达 166.9 万元。

福堂水电站是国家扶持民族地区经济发展，四川省实施西部大开发的重点工程之一，是阿坝藏族、羌族自治州"水头"换"木头"和实施天然林保护工程的替代项目，也是阿坝州充分利用资源优势、振兴民族经济的"翻身工程"。

福堂水电站的建设对促进民族地区经济发展、社会进步和生态环境保护都具有重要的作用。

11. 应 用 实 例

福堂水电站工程开创了我国水电工程史上在不良地质条件下安全、优质、快速建造超大型竖井工程的成功先例；安全完建，无任何安全事故；通过竣工验收，施工质量优良，并已安全运行一年。运行观测证明，福堂调压井工程及其所处山体是稳定、安全的。该项目已获得了李冰优胜奖和全国五一劳动奖状。

本工法采用的混凝土衬砌的新技术与新设备等新设备与新技术在工程施工中应用实践，有力地保证了施工安全，明显地缩短了施工工期，使施工质量达到优良，并提高了施工效益，值得在同类工程中推广应用。

大型环保人工砂石系统半干式制砂工艺施工工法

YJGF270—2006

中国水利水电第九工程局

王忠禄　李永杰　张国军　魏辉　尹宏程

1. 前　言

在"西部大开发"，实现"西电东送"的大型水电站建设中，人工砂石料得到了更广泛的应用。混凝土对人工砂的质量标准要求越来越高，传统的制砂工艺技术弊病较多，已经不能满足环保和节约能源的要求。这就迫使我们必须将原有的制砂工艺技术进行改进，中国水利水电第九工程局研发的大型环保人工砂石系统半干式制砂工艺便是在这种条件下的产物。

本工法成果鉴定结果：2005年5月，贵州省科学技术厅鉴定大型环保人工砂石系统半干式制砂工艺施工工艺达到国内领先水平（证书号：黔科鉴字【2005】第052号）。

本工法2005年度荣获中国水利水电第九工程局科学进步一等奖、贵州省科学技术进步三等奖、贵州省省级工法证书；2006年荣获省工会技术创新成果奖、中国水利水电建设集团公司科学技术进步二等奖、全国建设工程优秀项目管理成果三等奖。

2. 工 法 特 点

传统技术中的制砂工艺有湿法、干法制砂两种：

2.1　湿法制砂

湿法制砂广泛用于大、中型工程建设。采用湿法制砂工艺，工艺技术复杂，耗资大，需用棒磨机来调节砂料的级配，一次性投入大，运行成本高，砂的脱水周期长，对成品砂的产量影响较大，需要脱水调节的仓容大，含水率不易控制在6%以下。另外，砂的石粉流失量也大，成品砂的石粉含量低，达不到特种混凝土用砂的最优标准，无法解决砂的石粉含量波动问题，流失的石粉对环境造成的污染较大，噪声大。

2.2　干法制砂

干法制砂一般用于中、小型工程。采用干法制砂工艺，粉尘大，扬尘严重，方圆2km以内的人和动、植物都会遭到粉尘的侵害，不利于环保，只有实行封闭式生产才能避免扬尘污染，但在封闭厂区内的作业人员仍然存在受粉尘污染的侵害，而且石粉含量超标，波动较大，一般在22%以上，砂中的含泥量不易控制，小于0.08mm的泥粉无法分离，泥粉混在石粉中直接影响混凝土的质量，造成混凝土后期强度低，极限拉伸值很难满足设计要求，混凝土易产生裂缝。

2.3　半干式制砂

采用本工法的特点是："前湿后半干，干湿相结合，以破代磨，节能降耗，绿色环保"。同时避免干法、湿法制砂存在的缺陷，一次性投资少，能够实现低投入，高产出。砂的石粉含量、细度模数、含水率均得以较好控制，同时可以消除粉尘大气污染，辅以粉砂、水回收利用，提高砂的产量和减少用水量。

半干式制砂与干法和湿法制砂比较见表2.3：

半干式制砂与干法和湿法制砂比较 表2.3

对比项	湿法制砂	干法制砂	半干式制砂
建设投资	初期投资费用高，运行费用高	初期投资费用少，运行管理方便	投资费用少，砂水回收率高，运行成本低
制砂料源	一般以25mm以下的碎石作原料	可采用40mm以下尺寸碎石作原料	可采用80mm以下碎石作原料
设备与环境状态	由于全部用棒磨机研磨，产生的石粉随湿式易流失，对原河流污染严重	扬尘严重，制砂原料要求干燥，含水量不大于2%，否则影响空气分离石粉效果	采用立轴式制砂机配合砂粉及废水回收，对环境污染小，属环保型
质量指标	成品率砂因石粉流失和含水偏高，需增加辅助措施才能满足质量要求	原料中含泥不易处理影响成品砂质量	制砂原料含泥经湿式解决，成品砂不含泥粉，石粉含量和含水率可人为控制，不需其他辅助措施，成品质量优良
运行成本	产生的大量污水，需大型污水处理设备，运行成本较高	采用空气分离设备，系统产量在200t/h时运行成本低，当系统产量在大于200t/h时运行成本较高	运行成本低

3. 适 用 范 围

本工法适用于碾压混凝土坝、常态混凝土坝的建设，同时也可用于机场、桥梁、公路、工业与民用建筑等领域。

4. 工 艺 原 理

本工艺实施的方式为"先湿后半干，干湿相结合"，改变传统的棒磨机制砂工艺，"以破代磨"，在对成品分级的同时，用高压水冲洗各种级配的骨料，除去骨料表面所裹的泥粉，骨料分级、脱水后，选择合适粒径的骨料作为制砂料源，采用立轴式制砂机制砂，加砂水、粉砂回收利用，严格控制制砂工艺各个环节骨料的含水率，从而达到半干式制砂。

5. 施工工艺流程及操作要点

砂石加工系统工程的施工工艺是由料场（毛料开采粒径）、粗碎、中碎和细碎三个破碎阶段结合筛分、脱泥、水、粉砂回收等工序构成。工艺流程简图如图5所示。

料场开采主要是对料场进行详细勘察，根据毛料的储藏情况，剥去覆盖层，剔除无用料，同时根据粗碎车间进料口的大小，确定爆破参数，控制毛料的最大粒径，降低毛料的二次解破量。

5.1 粗碎车间一次脱泥控制技术

粗碎车间主要是将毛料粒径较大的块石进行初级破碎，粗碎车间产品含泥量直接增加后面工序的骨料含泥处理难度和影响成品质量。在粗碎车间除泥主要采用了两种方案，一是控制料源，对料场中毛料含泥量超过标准的部分在料场中剔除，作弃料处理，不允许进入生产系统；二是在毛料进入粗碎裂破碎机之前，通过控制棒条给料机棒条间距和调节筛分机筛网孔径来进行脱泥处理，即是将从给料机棒条之间和筛分机筛孔筛下的小粒径泥团、泥粉及风化岩石碎屑等物料全部作为废料弃掉。

5.2 半成品骨料加工中脱泥分级工艺技术

经粗碎加工的半成品进入预筛分车间进行分级和洗石脱泥。在预筛分车间对来自粗俗的半成品骨

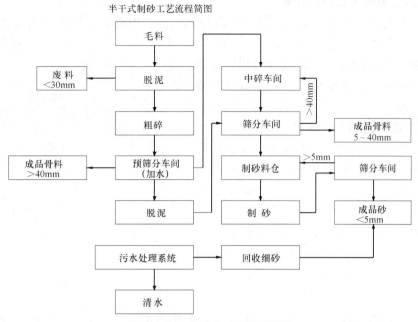

半干式制砂工艺流程简图

图 5　半干式制砂工艺流程简图

料进行筛分分级，粒径范围在 40～80mm 和 80～120mm 之间的合格骨料进入成品料仓，多余的特大石、大石和粒径＞120mm 的超径石进入中碎车间进行二次破碎；预筛分车间筛面采用高压水喷淋冲洗（冲洗水压力不小于 2.5MPa），粒径小于 40mm 的骨料进入洗石机进行搓洗。

5.3　制砂料源的含水量控制技术

制砂料源主要是经粗碎和中碎破碎后分级出来、需要进一步破碎的碎石，制砂原料的粒径＜40mm（根据工艺情况调整，但最大粒径应控制＜80mm），为保证细碎车间在运行中给料均匀和满足细碎段闭路生产要求，需设置细碎调节料仓。

制砂料源的含水率控制是系统的一个重要环节，含水率过高则成砂率低，且容易造成砂筛分车间筛网堵网现象；过低则车间扬尘严重、污染大，料源需满足最佳含水状态。当骨料岩石吸水率不同，最佳含水率也是不同的。制砂料源的水来自两个方面：一是预筛分车间进入洗石机中的骨料含水，二是进入中碎设备破碎的骨料含水；能否有效降低这两部分的骨料含水是制砂料源含水率控制的关键。

为避免天气因素对制砂料源含水率的影响，系统需在制砂调节料仓设雨棚和做好排水措施。

5.4　立轴式破碎机参数的控制

半干式制砂工艺技术的最大特点是"以破代磨"，采用立轴式破碎机取代传统的棒磨机制砂，为人工砂生产的节能环保创造了条件。

由于直接采用立轴式破碎机制砂的细度磨数偏粗，所以半干式制砂工艺必须解决的一个问题，就是如何控制细度磨数。

主要控制立轴冲击式制砂机有两种，一种是石打石，另一种是石打铁。石打石型立轴冲击式制砂机主要采用了双料流，一部分料从抛料头周边下料，一部分从中间下料，通过抛料头将碎加速，撞击周边的物料进行破碎。石打铁型立轴冲击式制砂机是从顶部正中下料，通过抛料头给物料加速，物料与筒体周边的反击板相碰撞进行充分破碎。

立轴冲击式破碎机的破碎效果与转子转速有关。如果通过提高转子的线速度来提高破碎物料动能，能让骨料能够充分破碎，从而提高制砂机的成砂率和石粉含量；同时，提高转速后，进料粒径也需相应变小，设备衬板的磨损速度也会加快。

岩石的岩性不同，其经济线速度也不同；因此，根据不同的岩石特性，选取不同的线速度，可以保证提高系统成砂率的同时，避免过量的耐磨衬板消耗增加运行成本。

5.5 砂筛分分级及细度模数的控制

在半干式制砂工艺中，砂的主要来源有三个部位，粗碎、中碎、立轴冲击式破碎机。粗碎、中碎生产的主要是粗砂，总产量一般在 10% 以下（根据岩性不同，结果会有差异）。立轴式破碎机生产出的砂通过中径检测筛调节砂的级配，将超量的粗砂返回调节料仓进行重新破碎，保证成品砂细度磨数满足要求，颗粒级配更合理。

5.6 砂、水回收系统的工艺技术

系统的生产污水主要由前半段湿式生产工艺中产生，生产污水中的悬浮物主要为固态悬浮物，处理方案主要为沉淀分离方式。水、砂回收工艺流程简图如图 5.6 所示：

系统的生产污水采用两级处理方案，一级是采用竖流式沉淀池进行污水的初级浓缩，浓缩物经抽砂泵泵入细砂回收车间，对有用的砂进行回收，回收后的砂直接进入成品；经一级水处理设施处理的污水（含

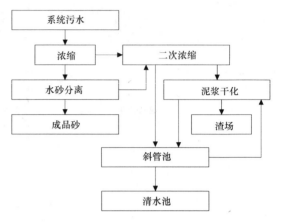

图 5.6　污水处理工艺流程简图

砂回收车间处理后的废水）进入二级处理系统，二级水处理系统由二次（级）浓缩池、斜管沉淀池和泥浆干化装置组成，二次（级）浓缩池和斜管沉淀池沉淀浓缩的污水由砂泵泵入泥浆干化车间，干化车间干化的泥浆弃料由自卸车运送至弃渣场。

经两级污水处理之后的清水进入清水池进行回收利用。二次浓缩后的泥浆进入泥浆干化装置，将泥浆干化后运至弃渣场。

6. 材料与设备

6.1 材料

在砂石系统工程中，常用的材料是筛网、衬板、反击板等易损耗材料。目前国内外使用的筛网主要有聚氨酯筛网、钢丝筛网、不锈钢筛网和聚氨酯编织筛网等。聚氨酯筛网主要用于粗骨料的分级，其特点是弹性好，不易堵孔，经久耐用，更换方便；缺点是体积笨重，开孔率低。钢丝筛网、不锈钢筛网和聚氨酯编织筛网主要用于细骨料的分级，三种筛网都克服聚氨酯筛网成孔率低的特点，但钢丝筛网使用寿命短，更换颇烦；不锈钢筛网使用时间长，但成本高，噪声大；聚氨酯编织筛网开孔率高，使用寿命长，更换方便，成本低等优级点。衬板、反击板都选取用国内外通用的镍铬锰合金材料，有耐磨、抗折力强、硬度高等优点。

6.2 破碎设备

破碎设备主要是根据岩石特性（破碎功指数和磨蚀指数等）和处理量来确定设备的种类、规格、型号等。粗碎主要选用的设备是颚式破碎机、反击破碎机、旋回破碎机等。颚式破碎机对岩性的适用范围宽，但出料粒形差，多用于处理能力在 400t/h 以下的小型砂石系统。大型砂石系统粗碎多选用反击破和旋回破，反击式破碎机主要用于破碎功指数在 18 以下，磨蚀指数在 0.4 以下的骨料加工破碎，其进料粒径小，易堵料，但安装方便，维修简单，利于工期紧，场地开阔，便于布置的场区；旋回破碎机进料粒径和单台处理能力大，对岩性的适应范围宽，不易堵料，但土建工程量大，维修困难。

6.3 中碎设备

中碎设备功能是对粗碎产品中超径的部分进行再次破碎和对中小骨料的整形，因此中碎设备主要为圆锥式破碎机或反击式破碎机。

6.4 制砂设备

在半干式制砂工艺中，制砂设备主要为立轴式破碎机，主要有石打石和石打铁两种，可根据制砂

料源岩性的不同来选择；同时立轴式破碎机的对于细度磨数和石粉含量的调整也比较方便，可根据系统需求，通过采用变频器或更换传动比不同的皮带轮，改变制砂机转子转速，从而调节进入立轴式破碎机内部的骨料颗粒初始动能和碰撞摩擦次数，来增加或降低出料的细度磨数和石粉含量。

6.5　输送设备

输送设备主要选用胶带机。根据系统设计量的大小，确定带宽和带速，在正常情况下的带速为 1.5m/s、2.0m/s 和 2.5m/s。

6.6　筛分设备

粗骨料分级选用圆振筛，砂分级采用圆振筛或高频振动筛均可，圆振筛振动频率低，处理能力低，但可以处理粒径较大的骨料；高频率动筛振动频率高，处理量大、筛透率高，只能处理小粒径的物料，主要用于砂筛分环节。

6.7　脱水设备

脱水设备选用 ZKR1230 或 ZKR1445 直线脱水筛，脱水筛选用 2.5mm×2.5mm 的聚氨酯筛网，该种筛网使用时间长。

6.8　水处理设备

水处理设备主要有抽砂泵、泥浆泵、链板式刮砂机（螺旋分级机）、泥浆净化装置等设备。

7.　质　量　控　制

7.1　质量控制标准

2001 年 1 月 1 日开始实施的 DL/T 5112—2000《水工碾压混凝土施工规范》人工砂的细度模数在 FM＝2.2～2.9 之间，石粉含量在 10％～22％之间，含水率小于 6％，含水率允许偏差 0.5％。

常态混凝土 DL/T 5144—2001《水工混凝土施工规范》人工砂的细度模数在 FM＝2.4～2.8 之间，石粉含量在 6％～18％之间，含水率小于 6％。

7.2　质量控制措施

在半干式制砂工艺中，砂的质量控制主要有三个方面，即细度模数控制、石粉含量控制和含水率控制，均达到规范要求。

细度磨数控制：在砂筛分车间设置中径筛，控制进入成品的粗砂量来控制成品砂细度磨数，设置中径筛还能有效调节砂的连续级配，改善砂的级配曲线。

石粉含量控制：对于不同的岩石，采用立轴式破碎机制砂的石粉含量是不同的，根据不同的岩石岩性，采用不同的立轴式破碎机经济线速度，可以调节成品砂的石粉含量。对于石粉含量较高，分离量大的情况，还可以根据现场情况采用水力分级或气力分级措施分离超量石粉。

含水率控制：制砂料源含水率主要是通过控制预筛分车间进入洗石机中的骨料含水和进入中碎设备破碎的骨料含水来实现；主要控制措施有：一是做好预筛分车间进入中碎车间的多余大石、特大石和超径块石的梭槽排水，防止冲洗水沿梭槽进入中碎破碎机；二是控制预筛分车间的冲洗水量和进入洗石机的骨料量，超量冲洗水和骨料能增加清洗骨料的含水率；三是调节洗石机倾斜角，增加洗石机倾斜角能减少清洗骨料含水和降低设备能力。

8.　安　全　措　施

8.1　执行的法规和技术标准

认真执行国家和地方（行业）法规和国家颁布的《安全法》、《国家电力公司水电建设工程安全文明生产管理规定》、《劳动保护法》、《施工现场临时用电安全技术规范》和《爆破安全规程》。严格按照《水电施工企业安全文明施工考核标准》建立健全安全保障体系和安全监督体系，坚持实施全过程安全目标管理。

8.2　安全措施

认真贯彻"安全第一，预防为主"的方针，根据国家有关规定和条例，结合工程施工实际情况和具体特点，各现场施工点设专职安全员，负责整个现场施工全过程的安全管理。认真执行安全生产制，严格现场安全管理，明确各级人员职责，抓好工程的安全生产。

施工现场按符合"防火、防风、防雷、防洪和防触电"等安全规定及安全施工要求布置，并完美布置各种安全标志。

对于危险作业或操作，设立专门安全监督岗，在危险地点附近设置醒目的标志，提醒工作人员的注意。

9. 环 保 措 施

9.1　执行的环保法规和标准

施工过程中严格遵守国家和地方政府下发的有关环境保护的法律、法规和规章，生产必须符合《中华人民共和国水污染防治法》、《中华人民共和国环境噪声污染防治法》、《中华人民共和国固体废物污染环境保护法》和《中华人民共和国大气污染防治法》，满足现行的 GBJ 4—73《工业"三废"排放试行标准》和《工业企业噪声卫生标准》（试行草案，1979）要求；同时应满足其他国家及地方有关环保方面的标准及规范要求（表9.1）。

相关标准限值

表 9.1

粉尘	小于或等于	≤2～10mg/m³	建筑施工噪声	小于或等于	≤85dB
厂界噪声	小于或等于	≤70dB	排放的生产污水固体悬浮物	小于或等于	≤200mg/L

9.2　环保措施

认真编制环境保护措施；做好生产废水的回收和处理工作，防止废水污染；做好开挖弃渣的综合治理；做好除尘、降噪的工作，对有扬尘点，设喷雾防尘或安装吸尘器；实施控制爆破的单孔药量和单响药量，减少爆破震动和空气冲击波；做好系统环境卫生和完工后的环境恢复工作，保护了环境和减少对人体健康造成影响的几率。

10. 效 益 分 析

以索风营水电站工程为例计算经济效益，与湿法制砂比较，降低运行电量67%，电减少10kW·h/m³；降低运行水量82%；水减少2.3t/m³；同时可降低混凝土掺合料的用量6%。

11. 应 用 实 例

11.1　索风营水电站砂石系统的使用情况

索风营水电站位于贵州省修文县、黔西县交界的乌江六广河段，左岸黔西县、右岸修文县，是乌江干流上的第三个梯级，坝型为 RCC 重力坝，最大坝高 115.8m。本工程主体及临建工程的混凝土总量约 116 万 m³，其中碾压混凝土（RCC）为 65.85 万 m³，常态混凝土 50.15 万 m³。混凝土的综合配比为大石 16.32%、中石 29.19%、小石 22.4%、砂 32.08%。根据施工总进度安排，砂石系统建成后共需加工砂石成品料约 254，1 万 t，其中大石 41.48 万 t、中石 74.18 万 t、小石 56.92 万 t、砂 81.52 万 t。中坝砂石系统工程于 2001 年 9 月 23 日正式开工。根据 RCC 坝对砂细度模数、石粉含量、含水率等指标的特殊要求，针对石灰岩的特性，采用立轴式制砂机"以破代磨"，结合粉砂、水回收利用与环保工程配套，降低粉尘大气污染，人为控制细度模数、石粉含量，分析半干法生产 RCC 人工砂的控制方法；探索了灰岩生产 RCC 人工砂的优化工艺；环保人工砂石系统半干式制砂工艺不仅有效地控制了砂的三大指标：细度模数、含水率和含粉量，同时控制了噪声、粉尘、砂水回收、废水排放等环保问题。

11.2　湖南皂市水利枢纽人工砂石系统工程的使用情况

湖南皂市水利枢纽人工砂石系统工程，人工砂石加工系统主要承担大坝工程的砂石骨料供应，主体工程混凝土总量为 96.41 万 m^3，需砂石净料总量 216.34 万 t，其中碎石量 151.44 万 t；砂量 64.9 万 t。工程于 2003 年 11 月 15 日开工，于 2004 年 10 月 1 日投产运行。半干式制砂工艺应用于施工中，解决了干法和湿法生产中存在的问题，所生产的碾压混凝土用砂细度模数在 FM＝2.6～2.95 之间，石粉含量在 13%～17% 之间，含水率 3.5%，骨料质量完全达到碾压混凝土施工规范要求，污水排放及治理大气污染上做了很多工作，在石粉回收及废水处理的回收利用方面都取得了较为明显的效果。

11.3　贵州光照人工砂石系统工程的使用情况

贵州光照人工砂石加工系统位于北盘江左岸光照基地附近，向左岸混凝土生产系统供应混凝土骨料。承担的混凝土总量 248 万 m^3，需砂石净料总量约 546 万 t，其中碎石 368 万 t，砂 178 万 t。砂石加工系统于 2004 年 9 月开工。由于应用了半干式制砂工艺，解决了干法和湿法生产中存在的问题，所生产的混凝土用砂细度模数在 FM＝2.7～2.9 之间，石粉含量平均在 16%，含水率 3%～6%，满足了系统的设计要求。